普通高等教育“十一五”国家级规划教材
全国高等农林院校“十二五”规划教材

植物生理学

（第3版）

郑彩霞　主编

中国林业出版社

内容简介

本书为普通高等教育“十一五”国家级规划教材，由我国高等林业院校及涉及林学专业高校的植物生理学专家编写而成，是一部具有木本植物生物学及树木生理学特色的植物生理学著作。本书在整合前沿性与时代性知识的基础上，围绕植物细胞生理、代谢生理、生长发育生理及环境生理等主题，反映了植物生理学各领域的主要内容与最新进展。除精心组织设计内容外，在各章还设有扩充知识和提高兴趣的“知识窗”，具有帮助学生掌握知识的小结，以及提高综合分析能力和知识应用能力的思考题。

本书内容编排合理，图文并茂。可以作为高等林业院校、农业院校及综合性大学各相关专业的教材及教学参考书。也可供从事植物栽培、育种学，森林培育学，园林、园艺学，植物及森林保护学，生态学，环境科学，水土保持学，生物科学与技术，生物工程及食品科学等领域从事科研、教学与生产实践人员参考。

图书在版编目（CIP）数据

植物生理学／郑彩霞主编．-3版．-北京：中国林业出版社，2013.7（2020.1重印）
普通高等教育“十一五”国家级规划教材　全国高等农林院校规划教材
ISBN 978-7-5038-7079-8

Ⅰ.①植…　Ⅱ.①郑…　Ⅲ.①植物生理学-高等学校-教材　Ⅳ.①Q945

中国版本图书馆CIP数据核字（2013）第127542号

中国林业出版社·教材出版中心

策划编辑：牛玉莲　　**责任编辑：**肖基浒
电话：（010）83143555　　**传真：**（010）83143516

出版发行	中国林业出版社（100009　北京市西城区德内大街刘海胡同7号） E-mail：jiaocaipublic@163.com　电话：（010）83143500 http：//www.forestry.gov.cn/lycb.html
经　销	新华书店
印　刷	固安县京平诚乾印刷有限公司
版　次	1981年7月第1版 1991年12月第2版 2013年7月第3版
印　次	2020年1月第2次印刷
开　本	850mm×1168mm　1/16
印　张	34.5
字　数	836千字
定　价	75.00元

《植物生理学》（第3版）
编写人员

主　　编　郑彩霞

副 主 编　孙广玉　谢寅峰　刘玉军
　　　　　　赵德刚　马焕成　杜克久

编　　委（按姓氏笔画排序）

马焕成（西南林业大学）
刘玉军（北京林业大学）
孙广玉（东北林业大学）
杜克久（河北农业大学）
李冰冰（中国农业大学）
李继泉（河北农业大学）
张秀丽（东北林业大学）
陆　海（北京林业大学）
郑艳玲（西南林业大学）
郑彩霞（北京林业大学）
赵　瑞（北京林业大学）
赵德刚（贵州大学）
施大伟（南京林业大学）
敖　红（东北林业大学）
贾文锁（中国农业大学）
谢寅峰（南京林业大学）

审 稿 人　尹伟伦　李凤兰　陈少良
　　　　　　夏新莉　郑炳松　陈善娜

第3版前言

《植物生理学》第2版自1990年出版以来，已经使用了20多年，作为全国高等林业院校的统编教材，在林业院校各相关专业的教学中起了一定作用。随着林业高等教育的发展、人才培养的需求以及植物生理学和树木生理学的发展，对原教材的修订已势在必行。受第2版主编王沙生和高荣孚两位先生的委托，我们承担了第3版的修订和编写工作。于2010年7月在北京召开了编委会议，讨论确定了本教材第3版的编写大纲，并且进行了编写任务分工。2年中各位编委认真努力工作，按期完成了书稿的编写任务。编委对完成的初稿进行了通讯互审，同时邀请了校内外有关专家对部分稿件进行了审阅。根据专家们提出的宝贵意见，各位编委对稿件进行了认真修改。于2012年8月在北京召开了审稿会议，对教材进行了集中的统稿、审稿工作，就各章提出了新的修改意见。会后各编委对稿件进行了第3次修改，于2012年10月完成定稿。

第3版教材共分16章。在保留第2版特色的基础上，对章节结构进行了适当的调整，更新与补充了原版各章内容，增加了新的章节，并尽可能采用木本植物的研究内容。第3版各章增设了知识窗、小结和思考题等，提高了教材的可读性和导读性。增加了插图，提高了教材的吸引力与可视性等。本次修订，将第1章改为植物细胞生理与信号转导，主要介绍植物细胞的结构与功能，增加了细胞信号转导的内容。第2章改为植物生物化学基础，包括植物细胞的生物大分子和酶。将第2版第1章中的植物细胞化学成分的内容并入本章，加强了对细胞壁组成成分的介绍。第3章仍为植物的呼吸作用，但是增加了新的内容，加强了植物呼吸途径的多样性及生物氧化和抗氰呼吸的介绍，增加了呼吸代谢调控的内容等。第4章仍是光合作用，参照国外教材及相关文献，调节了结构顺序，增加了新的信息和图，加强了光合作用对环境因子响应的内容。第5章仍为植物体内有机物代谢、运输与分配，加强了有机物运输机制的介绍，增加了有机物分配的内容。第6章仍为植物的水分代谢，增加了水的理化性质，水跨膜运输机制，水分子长距离运输机制，树木空穴化作用、水分参数测定技术及合理灌溉的生理基础等内容。第7章仍为植物的矿质营养，依据当前的发展，增加和更新了相关内容，特别是较为系统地介绍了矿质跨膜运输的机制，增加了植物氮、硫、磷的同化和铁的利用，合理施肥的生理基础等内容。第8章依然为植物生长物质，更新了生长素极性运输机制、赤霉素等激素生物合成及生理作用的相关内容。新增加了五大类植物激素作用的信号转导途径，其他内源生长调节物如油菜素内酯、多胺、茉莉酸、水杨酸等及与植物激素作用的相互关系等内容。第9章改为植物的生长生理，将第2版中的第9章与第10章合并，增加了植株再生，生长的相关性，光形态建成，森林生产力的生理基础等内容。第10章为休眠与萌发，加强了种子生理的内容，如种子结构和类型、种子萌发的测定、种子萌发的策略、安全贮藏与休眠机制等。第11章为植物的成花与生殖生理，将第2版的第12章与第13章的生殖生理部分合并，对光周期、春化作用、木本植物成花问题等相关内容进行了更新与补充，新增了花发育的分子生物学机理。第12章为植物的成熟和衰老，增加了种子成熟生理，衰老与脱落调控的分子机制等内容。第13章为植物的逆境生理，调节了内容顺序，新增了植物逆境生理概论和植物对逆境的感知与响应机制的内容。第14章为环境污染与植物响应，增加了土壤污染的内容。从大气和土壤污染对植物的伤害及植物抗污染能力，对环境的修复作用等方面展开阐述。第15章为次生代谢与植物防御，将第2版第16章并入，从次生代谢产物的产生及调控作用出发，阐述了植物抗病与抗虫性。第16章为新增加的树木的分子调控机制与基因工程，重点介绍了基因工程的概念与发展，阐述了基因工程在木材改性、林木育种与树木抗逆性研究中的应用。

尹伟伦院士在百忙中指导了本教材编写大纲的制订与审定工作，对于本教材的建设与发展给予了热情的关心与指导。王沙生与高荣孚先生对本教材的建设给予了大力的支持与鼓励。北京林业大学植物生理学教研组全体同仁及兄弟院校的同仁对于教材的建设作出了基础性的工作，给予了不可或缺的关怀与支持。在此对他们表示衷心的感谢。

本教材的奠基人，即第1版的编写者有王沙生、高荣孚、张良诚、陆宪辉、吴贯明、董建华先生，参与审稿工作的有关裕宓、汪安琳、孟庆英、林良民、洪铁宝、项蔚华、胡义文、徐声杰、彭幼芬和裴保华先生。第2版的修订与编写工作由王沙生、高荣孚和吴贯明先生承担。时光荏苒，尽管这些前辈们已经走下了三尺讲台，有的已经离我们而去，但是他们留给我们的宝贵精神和知识雨露将永远伴随和滋润着我们及后人。在此，我们向各位前辈致以真诚的谢意！并深深怀念已故的前辈！

本教材绪论，第2章第1节，第3章，第8章第1、2、9节由郑彩霞编写；第1章由杜克久编写；第2章第2节，第8章第5、8节由赵瑞编写；第4章，第15章由刘玉军编写；第5章，第8章第6节由敖红编写；第6章，第8章第3节由孙广玉和张秀丽编写；第7章由李继泉编写；第8章第4、7节，第9章，第12章由谢寅峰和施大伟编写；第10章，第14章由马焕成和郑艳玲编写；第11章由赵德刚编写；第13章由李冰冰和贾文锁编写；第16章由陆海编写。在修改中参阅与借鉴了国内外多部教材和有关的专著及文献，在此向原著者表示感谢！向付出辛勤劳动的编委们及其家属致谢！在编写中得到中国林业出版社编辑及北京林业大学教务处张戎和孙楠的鼎力相助，在此一并致谢！

这次修订维持了植物生理学的科学体系，适当选用了较新的材料和概念，内容较第2版更丰富。教学中教师可根据不同专业的特点及教学要求进行取舍。本教材在编写中力求科学性、严谨性和时代性，但由于我们的水平有限，必然存在不少缺点和错误，敬请读者批评指正。

郑彩霞
2012年10月

第2版前言

这本教材的第一版自1979年出版以来，承有关院校使用，在林业各专业的教学中起了一定作用，但是也存在不少缺点和问题。1982年11月召开了林业院校《植物生理学》教材研讨会，有关各林学院及林学系从事生理学教学的教师参加。大家热情和中肯地提出了很多修改意见，同时讨论修订了编写大纲。并责成王沙生、高荣孚和吴贯明三人进行全面修改。1984年完成了第二版初稿，经有关专家审阅和提出意见，分别再修改后，由王沙生定稿。修改后的教材，把第一版中第二和第四两章合并为细胞生理作为一章。鉴于林业院校中没有将生物化学从植物生理中分出去，除在细胞生理中保留了部分生化内容外，将酶作为第二章，然后是呼吸作用、光合作用和有机物代谢。这样的编排把与生化密切有关的内容连起来以便讲解，接着再讲水分生理和矿质营养。原来的激素、种子生理、生长、开花和生殖生理，调整为植物激素和生长调节物、细胞和组织分化、植物生长、休眠和萌发、成花生理、植物的生殖和衰老等章，改变了原来的安排。植物对不良环境的抗性仍保留。植物对大气污染的反应、植物的抗病性和抗虫性两章，可根据不同专业的教学需要作取舍。这次修订我们适当选用较新的材料和概念，例如在生长发育有关章节作了这样的努力，也是一种尝试。

本书第一章和第八至十三章由王沙生修改，引言和第二至五章由高荣孚修改，第六、七章和十四至十六章由吴贯明修改。

在修改中参阅了国内外多种教材和有关的专著及文献，但由于我们的水平有限，必然存在不少缺点和错误，敬请读者批评指正。在此向在第一版时付出过很多劳动，而没有参加这次修订的同志们，已经曾给我们提出批评和建议的同志们致谢。

编　者

1990年10月

目 录

引 言

0.1 植物生理学的内容

植物生理学是植物学的一个重要分支，是研究植物生命活动基本规律的科学。具体是指研究植物生长发育等生命活动规律的机理、本质及其调控，揭示植物与环境条件统一过程中相互联系的科学。基本内容包括细胞生理、代谢生理、生长发育生理和环境生理等。细胞生理包括组成细胞的生物大分子及细胞结构与功能的关系等内容；代谢生理包括植物光合作用、呼吸作用、水分代谢、矿质营养、植物生长物质等内容；植物生长发育生理包括细胞生长分化的基础、种子和芽休眠与萌发生理、植物营养生长特性及规律、植物成花与生殖生长、衰老和脱落等内容；植物环境生理不仅包括影响植物生长发育的适宜环境因素，也包括不利环境因素(生物的和非生物的)对植物的胁迫作用及植物的抗逆性。

植物从一粒种子开始，在适宜的环境中萌发成幼苗，逐渐长大，达到一定阶段后开花结实，又形成新的种子。一次性开花的植物在结实后，迅速完成生活史而死亡。多年生多次开花植物在达到成熟年龄后通常每年开花结实，逐渐走向衰老和死亡。在整个生活史中，植物需要不断地从土壤中吸收水分、矿质元素，并从空气中摄取二氧化碳，利用太阳能合成有机化合物。同时，通过体内物质的分解、

植物生理学是研究植物生命活动基本规律的科学。主要内容包括细胞生理、代谢生理、生长发育生理和环境生理。人类对自然认识的深化和生产实践发展及需求推动了植物生理学的发展，植物生理学的发展促进了以农林业为基础的物质生产。在21世纪各学科相互渗透、相互交融的“大生物学”时代，植物生理学处在枢纽的地位，与其他学科交叉渗透，微观与宏观相结合向纵深领域拓展，对植物信号传递和转导的深入研究将为揭示植物生命活动本质和调控植物生长发育开辟新途径。植物生命活动过程中物质代谢和能量转换的分子机制及其基因表达调控仍是当前研究的重点，随着科学技术的发展，植物生理学与植物产业的关系将更加密切。因此，学习和了解植物生理学的理论知识，开展植物生理学的相关研究具有十分重要的意义。

合成和转化，形成种类繁多的有机物，作为建造植物细胞和器官的物质基础。也就是通过同化作用和异化作用构成植物体的复杂的新陈代谢过程。植物在进行各种协调的代谢基础上，体积和质量产生不可逆增长，出现开花结实、衰老等发育现象。这些过程的完成，一方面取决于植物的遗传特性，同时也需要适宜的环境条件。不利的环境因子，如干旱、水涝、高低温、盐渍化，以及病虫害和环境污染会影响植物的代谢和生长发育。在自然环境条件下，不可能都风调雨顺。因而，植物对不良环境的抵御能力及抗性的机理是环境生理研究的重要内容。以便在不利的条件下，研究提高植物的产量。

0.2 植物生理学的产生和发展

随着人类认识自然的逐步深化，以及植物栽培事业的发展，已经不能满足于从分类、形态、解剖学去认识植物，而要求说明植物的生命活动是怎样进行的，以及解决农业生产中所遇到的各种问题。这就促进了植物生理学的发展。生物学以及现代物理学、化学的发展，使人类有可能从描述性科学逐步转到实验性科学上来。植物生理学的产生一开始就是建立在物理学、化学及其他实验生物学的基础上的。例如，光合作用的发现，就是与氧的发现和有关实验技术的发明相关联的。在植物的矿质营养方面，正是因为有关化学元素的知识及其分析技术的进步，才能弄清楚哪些元素是植物生命活动所必需的。植物呼吸作用及植物生物化学的发展常受到动物生物化学的启迪和促进。近代植物生理学的发展，更是受到其他学科和技术的发展所推动。放射性同位素的发现，以及人工生产放射性同位素，微量乃至超微量分析技术的发展，使揭开光合作用同化二氧化碳的奥秘成为可能。热力学、量子化学使我们对植物的能量代谢可能有较深入的理解。水势概念的建立是借助了热力学的有关概念，酶反应动力学研究同样得益于化学动力学的研究。波谱学的发展有可能促进对植物生理生化过程的瞬态变化的研究，将研究推到更新的阶段。应用数学方法不仅能说明某一状态的数量关系，也可能将整个过程用数学形式来加以描述。通过计算机进行数学模拟不仅可以定量地表达某一生理过程，还能通过模拟来改进生理过程的研究，预先知道可能有哪些因子发生影响，从而减少研究的盲目性。

近 20 年来，随着遗传学、分子生物学、基因工程技术的迅速发展，植物生理学的研究逐渐进入一个崭新的发展阶段。在分子水平上研究植物的生长、发育、代谢等重要生命过程或现象的机制及其与环境的相互作用，以及有效地调控这些生命过程等方面取得了一系列的研究成果与进展。在深入了解各个代谢过程的同时，对代谢过程的调控关系也得到了应有的重视。植物激素历来是生长发育研究中极为活跃的，近年来不仅注意到各个激素的生理作用机制，也注意到激素间的相互作用及其对生长和发育调控的信号网络关系。

现代植物生理学虽然取得了巨大的进展，但由于植物生命的复杂性，要真正揭开植物生命活动的奥秘还有很长的道路。许多问题仍然还很不清楚，例如，生理过程的相互联系及其调控；植物整体生理与各个生理过程的协调关系；植物生长发育的分子机理等。群体中个体间的相互关系，以及群体水平的调控等有待进一步研究。在 21 世纪各学科相互渗透相互交融的“大生物学”时代，植物生理学处在枢纽的地位，与其他学科交叉渗透，微观与宏观相结合，向纵深领域拓展，对植物信号传递和转导的深入研究，将为揭示植物生命活动本质，调控植物生长发育开辟新途径，植物生命活动过程中物质代谢和能量转换的分子机制及其基因表达调控仍是研究的重点。植物生理学与植物产业的关系将更加密切。

0.3 植物生理学与农林业实践的关系

植物生产是人类生活与生存所需食品、用品和维持与改善环境的支柱产业。为了适应现代全球市场经济的扩大发展，更加需要我们持续开发多种高产优质的农林产品，包括工业上所利用的植物产品（工业原料、塑料、燃料、饮料等），园艺中的花卉、果蔬，林业的干鲜果实、木材纤维，饲养牛羊的牧草等。植物以其“自力更生”的特有方式，在适应多变、顺逆不同的环境中制造出多种多样的有机产品。这些产品制造的机理人类至今尚未能阐明。植物生理学是植物栽培、引种、（高产、高抗、高质）育种、繁殖、保护、资源开发利用、生长发育调控、生态及生态作用等的基础。几乎所有的栽培措施都需要通过影响植物的各种生理功能才能得到提高产量和质量的效果。如果对这些措施的生理基础没有深刻的理解，就很难做到根据具体情况灵活应用。灌溉和施肥是最常见的栽培措施，要做到合理施肥和灌溉，显然首先需要了解植物的营养状况和水分关系。种子和果实何时采收，采收后的处理贮藏和保管都要根据种子和果实的生理状况加以决定。近年来采后生理的发展就是根据生产需要进行研究的结果，为水果、蔬菜和花卉的保鲜贮藏作出了贡献。植物激素的研究推动了植物生长调节物质和除草剂的广泛应用，大大提高了植物生产效率。植物组织培养原是实验室的研究方法，通过组织和细胞培养发现了植物的全能性，任何一个体细胞都具有发育成完整植物的潜力，这为植物生物技术发展铺平了道路。当前，组织培养已成为一种常用的繁殖方法与育种技术而得到普遍应用。植物遗传工程的研究也同样是建立在植物生理生化基础上的。利用物理方法（γ射线、热中子）和其他化学方法诱导植物遗传性的改变，人工改变基因结构和引进有用的基因组等，使植物获得优良的性状，是人们一直的追求，已经取得了初步进展，可望不久将会取得更大的突破。我国人口众多，耕地不足，并有大面积的未被开垦的干旱或半干旱、盐渍化地域，因而对植物抗性生理的研究，培育出具有高抗逆性的品种是十分必要的，这些也都需要植物生理生化的理论和技术。当今环境污染已是世界性的公害，植物一方面受其危害，另一方面也具有抵御污染的作用，因此在改善受污染环境及生态修复中具有十分重要的作用。因而了解植物对污染物的反应及其抗性是植物生理研究的重要内容之一，将为解决环境污染问题作出应有的贡献。所以，植物生理学是发展我国农林业生产，提高生产效率所必需的基础学科，对发展国民经济有重要作用。

虽然本书主要为林业院校有关专业编写，但本书并未专讲木本植物的生理学，而只是注重联系木本植物的生理特性。不但是因为以木本植物为材料的研究工作较少，且不系统，很难全面地以木本植物为对象来阐述植物生理学的各个领域。同时，植物生理学作为林学各专业共同的基础课程，有必要让学生系统了解植物生理学的现状和理论知识，为今后的知识拓展和工作奠定重要基础。

植物细胞生理与信号转导

细胞是生命活动的基本单位。细胞可分为原核细胞、古核细胞(古细菌)和真核细胞。细胞壁、液泡、叶绿体以及其他质体是植物细胞所特有的结构和细胞器。植物体内空间分为共质体和质外体。生物膜是构成细胞所有膜的总称,包括质膜和内膜系统,流动镶嵌模型为细胞膜结构主要模型。植物细胞的信号转导大致分为:①信号分子和细胞表面受体结合;②跨膜信号转换;③胞内信号通过转导网络进行信号传递、放大和整合;④引发细胞的生理生化反应。细胞化学技术、电子显微技术、显微放射自显影技术以及细胞内含物的分级分离技术是研究细胞结构和功能的重要方法。

1665 年,英国人胡克(Robert Hooke)首次用“细胞”一词描述其在复式显微镜下观察到的构成软木结构的蜂窝状个体单元。胡克观察的这些个体单元其实就是只有细胞壁的死细胞。1838—1839 年,德国植物学家施莱登(M. J. Schleiden)和动物学家施旺(T. Schwann)提出“细胞学说”(cell theory),他们认为:一切动植物都是由细胞组成的,细胞是一切动植物的基本单元。“细胞学说”的提出极大地推动了生命科学的发展,同时这一学说本身也得到日臻完善,人们对细胞结构和功能也有了越来越深刻的了解和认识。除病毒、类病毒及朊病毒外,已知的生物体都是由细胞构成的。细胞(cell)是生命活动的基本单位,细胞不仅是生命的有机体结构的基本单位,而且也是生命有机体代谢功能以及遗传的基本单位。同时,细胞分裂、生长和分化又是生命有机体生长和发育的基础。因此,学习植物细胞结构与功能相关知识是了解植物生命活动规律的基础。

1.1 细胞概述

1.1.1 细胞概念

细胞(cell)是生命活动的基本单位。一切有机体都由细胞构成。细胞是构成有机体结构的基本单位;细胞具有独立的、有序的自控代谢体系,是代谢与功能的基本单位;

细胞是有机体生长与发育的基础；细胞是遗传的基本单位，具有遗传的全能性；没有细胞就没有完整的生命。

1.1.2 细胞类型

依据细胞的进化地位、结构的复杂程度、遗传装置的类型以及主要生命活动方式等特征可以将种类繁多的细胞分为原核细胞(prokaryotic cell)和真核细胞(eucaryotic cell)两大类。但随着近代分子进化和细胞进化的深入研究，人们发现，原核生物在极早就演化出古细菌(原细菌 archaeobacteria)和真细菌(eubacteria)两大类。真细菌就是大部分的原核生物。古细菌则是特殊的一类细菌，其细胞形态结构及遗传结构装置虽然和原核细胞相似，但一些分子进化特征更接近于真核细胞。鉴于此，有些生物学家建议将细胞类型分为原核细胞、古核细胞和真核细胞三大类，并由此延伸将生物划分为原核生物(prokaryote)、古核生物(archaeon)和真核生物(eukaryote)三大界。

原核细胞没有细胞核结构、遗传信息量少，同时细胞内也没有以膜为基础的具有专门结构和功能的细胞器的分化。原核细胞包括支原体、衣原体、立克次氏体、细菌、放线菌与蓝藻，其中细菌和蓝藻是原核细胞的主要代表。

古核细胞(古细菌)是一些生长在极端特殊环境中的细菌，它们的细胞壁、DNA、核糖体结构等方面与真核细胞类似。目前已经发现了 100 多种古细菌。由于古细菌是生存于高温、高盐等极度特殊环境下的特殊细菌类型，近年来对古细菌的研究已经成为热点，如对古核细胞的结构功能及其嗜热嗜盐特性、古细菌和真细菌与真核生物的关系等方面研究。

真核细胞结构复杂、遗传信息量大，细胞内具有三大结构体系：①以脂质和蛋白质成分为基础的生物膜结构体系；②以核酸与蛋白质为主要成分的遗传信息表达体系；③由特殊蛋白质装配形成的细胞骨架体系。这 3 种基本结构体系又构成了细胞内细胞核及其他各种细胞器，使真核细胞生命活动可以高度自控和程序化。

除了细胞形态生命体外，自然界中还存在非细胞形态的生命体，它们包括病毒、类病毒、朊病毒。病毒(virus)主要是由核酸分子与蛋白质构成的核酸蛋白质的复合体。类病毒(viroid)是一类具有感染性的 RNA 分子。朊病毒(prion)仅为有感染性的蛋白质。病毒类生命体虽然具有生命活动的最基本特征，但是不具备细胞形态结构，是不“完全”的生命体，它们必须在细胞内才能表现其基本生命特征(繁殖与遗传)，因此细胞是生命活动基本单位的概念也完全适合病毒类非细胞形态生命体。

1.1.3 高等植物细胞

高等植物是由无数个不同类型细胞组成的多细胞有机体。虽然构成成熟期植物的细胞在结构和功能等方面存在很大差异，但是所有植物细胞都具有相同的真核细胞特点。一个成熟的薄壁细胞结构一般包括：细胞壁、质膜、细胞核、细胞质。细胞质又包括细胞质基质及具各种形态结构和功能的细胞器。植物细胞(图 1-1)和动物细胞相比，细胞壁、液泡、叶绿体及其他质体是植物细胞所特有的结构和细胞器。植物细胞在有丝分裂后，普遍存在一个体积增大与成熟过程，而动物细胞表现不明显。

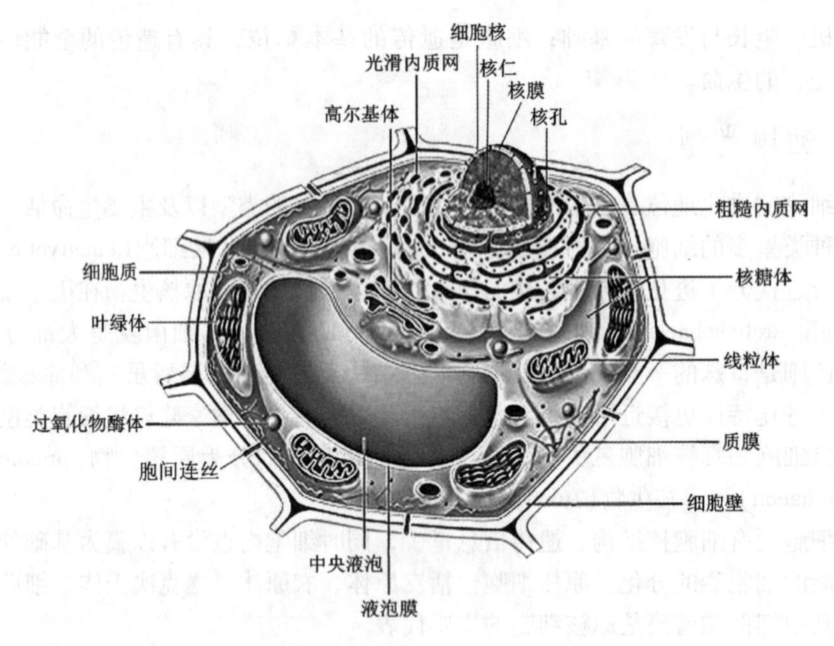

图 1-1　植物细胞结构模式图(引自 http://explow. com)

1.2　细胞壁的结构和功能

细胞壁(cell wall)是植物细胞质膜外的一层坚硬的壁，具有一定的弹性，界定细胞形状和大小。细胞壁是植物细胞区别于动物细胞的主要特征之一。高等植物、真菌、藻类以及多数原核生物细胞都具有细胞壁。细胞壁参与细胞各种生命活动，是植物细胞重要的组成部分。

1.2.1　细胞壁结构

植物体由不同细胞、组织和器官组成。构成植物体根、茎、叶、花、果实和种子各器官的分生组织、基本组织、保护组织、输导组织、机械组织及分泌组织细胞的细胞壁结构特点千差万别，但是典型高等植物细胞壁一般可以分为初生壁(primary wall)、次生壁(secondary wall)和胞间层(middle lamella)。

1.2.1.1　胞间层的形成

在细胞分裂的晚后期或早末期，细胞两极纺锤丝消失，近细胞赤道面的纺锤丝被保留下来，并在其周围增加微管的数量形成桶状结构，称为成膜体(phragmoplast)。富含成壁物质的高尔基体囊泡沿着成膜体的微管运输、集中并排列在赤道板上，高尔基体囊泡的膜彼此融合并连接形成新的细胞膜。高尔基体囊泡中的内含物(主要是果胶质)被释放出来形成细胞板(cell plate)。构成细胞壁的新的多糖沉积在质膜之间的细胞板上，并逐渐形成胞间层。构成胞间层的结构物质主要有果胶、蛋白质等。胞间层对细胞起粘连作用。

1.2.1.2 初生壁的形成

胞间层形成后，高尔基体囊泡继续运输，将合成细胞壁的前体物质释放到胞间层和质膜之间，形成初生壁。穿过初生壁的膜连续部分最终形成子细胞间的胞间连丝(plasmodesma)。构成初生壁的物质主要有纤维素、半纤维素、果胶和结构蛋白质等，其中半纤维可以结合在纤维素微纤丝的表面和内部，果胶则形成亲水胶体在纤维素微纤丝周围(图1-2)。初生壁中构成壁物质的这种分子排列保证了初生壁的强度和韧性。初生壁形成之后，细胞仍可继续生长成熟，包括细胞壁物质继续合成和分泌、细胞壁物质在细胞壁中组装、细胞进一步扩张，直至细胞停止生长。

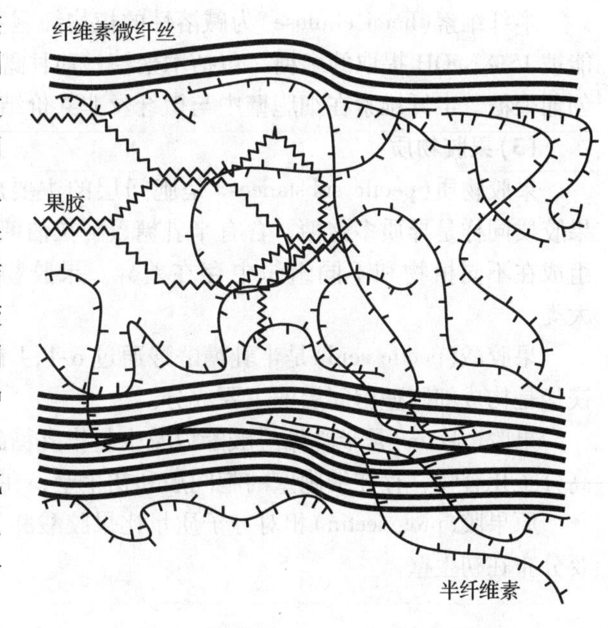

图1-2 初生壁的分子结构(引自Daniel Cosgrove, 1997)

1.2.1.3 次生壁的形成

有些细胞伸长生长停止后，细胞壁仍可继续生长加厚，形成次生壁。次生壁一般较厚并且多层沉积，其中纤维素含量比初生壁高，纤维素微纤丝排列也较有规律。次生壁中含有木聚糖(xylan)，而初生壁含有木葡聚糖(xyloglucan)。次生壁中含有木质素(lignin)，它们和纤维素紧密交联形成一个疏水的网并阻止细胞继续伸长，同时木质素还可以增加细胞壁的机械强度及对病原物的抵抗能力。导管、管胞、厚壁细胞以及纤维细胞等起输导和机械支持作用的植物细胞中常具有发达的次生壁。

1.2.2 细胞壁的化学组成

细胞壁的组成成分因植物的种类和细胞类型不同而有别，也随细胞的生长发育而发生变化，但细胞壁中最重要的化学成分是多糖和蛋白质，此外，还有木质素等酚类、脂类化合物及矿物质等。

1.2.2.1 多糖类物质

(1)纤维素

纤维素(cellulose)是构成细胞壁的基础物质。纤维素分子是β-D-葡萄糖残基以β-1,4糖苷键连接的高分子聚合物。纤维素链中每个残基对于前一个残基翻转180°，链呈完全伸展构象。相邻、平行的(极性一致)伸展链在残基环面的水平方向通过链内和链间氢键网形成片层结构，片层之间即环面的垂直方向靠其余氢键和环的疏水内核间的范德华力维系。这样若干条链聚集成紧密的有周期性晶格的分子束——微晶或胶束。多个这样的胶束平行地共处于微纤丝(microfibril)中。纤维素是在细胞膜上的纤维素合成酶催化合成的。

(2)半纤维素

半纤维素(hemicellulose)为碱溶性的植物细胞壁多糖，即除去果胶物质后的残留物质能被15% NaOH提取的多糖，包括木聚糖、葡甘露聚糖、半乳葡甘露聚糖、木葡聚糖和愈创葡聚糖。半纤维素在细胞壁中与微纤丝非共价结合成为细胞壁的另一类异质多糖。

(3)果胶物质

果胶物质(pectic substances)是胞间层的主要成分，是细胞壁中可溶性最强的多糖。果胶质同样是异质多聚糖，含有半乳糖、阿拉伯糖、鼠李糖和半乳糖醛酸，其化学结构和组成在不同植物和不同组织中存在差异。果胶物质可以分为果胶酸、果胶和原果胶三大类。

果胶酸(pectic acid)是半乳糖醛酸通过α-1,4糖苷键连接而成的直链分子，其钙盐或镁盐是构成细胞壁胞间层的主要成分。

果胶(pectin)是半乳糖醛酸酯以及少量半乳糖醛酸通过α-1,4糖苷键连接而成的长链高分子化合物，存在细胞壁的胞间层和初生壁，在细胞质和液泡中也有发现。

原果胶(protopectin)相对分子质量比果胶酸和果胶高，甲酯化程度介于二者之间，主要分布在初生壁。

1.2.2.2　细胞壁蛋白质

(1)细胞壁结构蛋白质

构成细胞壁的结构蛋白质有多种，如富羟脯氨酸糖蛋白(hydroxyproline-rich glyco protein, HRGP)、富甘氨酸蛋白(glycine-rich protein, GRP)、富脯氨酸蛋白(proline-rich protein, PRP)等。许多细胞壁结构蛋白质具有高度重复的氨基酸序列并高度糖基化。细胞壁结构蛋白质的分布具有细胞类型和组织的特异性，例如，HRGP主要分布于形成层、韧皮部薄壁细胞和厚壁组织细胞中；GRP和PRP则主要分布于木质部导管和纤维等非常特化的细胞壁中。外界环境刺激，如伤害、病理破坏或者引发细胞抗逆反应的处理都会诱导细胞壁结构蛋白质基因的表达，从而改变结构蛋白的含量。

伸展蛋白(extensin)是细胞壁中的富羟脯氨酸糖蛋白家族的一个亚族。伸展蛋白具有丝氨酸—羟脯氨酸(Ser-Hyp-Hyp-Hyp-Hyp)高度重复的基本单元。伸展蛋白被认为通过肽键构成独立的网状结构，增加细胞壁的强度和刚性。富羟脯氨酸糖蛋白的基因表达可以被伤害和病害诱导，这可能与植物细胞抗逆性有关。

细胞壁中还含有阿拉伯半乳聚糖蛋白(arabinogalactan protein, AGP)，这是一类高度糖基化的可溶性蛋白，相关基因表达具有组织和细胞特异性。它们可能和细胞间黏合和信号转导有关。

(2)细胞壁形成以及调节细胞壁特性相关酶类

植物细胞壁中含有多种酶参与植物细胞壁形成以及调节细胞壁的特性，分述如下。

过氧化物酶　在细胞壁中可以以可溶性、离子型结合和共价结合3种形式存在。该酶参与细胞壁中多种组分的聚合、交联反应，增加细胞壁的刚性，限制细胞的伸展从而调节细胞的生长。

纤维素酶　在正常的植物细胞壁中木葡聚糖覆盖在纤维素微纤丝表面，因此木葡聚糖可能是纤维素酶在正常植物细胞壁中的主要底物。纤维素酶水解木葡聚糖产物主要有：木葡聚七糖(XG7)、木葡聚八糖(XG8)、木葡聚九糖(XG9)和木葡聚十糖(XG10)。木葡聚糖水解产物有重要调节功能，人们将细胞初生壁中多糖降解产生的具有生物活性的分子称为寡糖素(oligosaccharin)。

木葡聚糖内糖基转移酶(xyloglucan endotransglycosylase, XET)　该酶具有切割和重新形成与邻近纤维素微纤丝交联的木葡聚糖，即以木葡聚糖作为供体和受体，将非还原端转移给另一个木葡聚糖。XET在初生壁代谢、木葡聚糖的生物合成和木葡聚糖与细胞壁其他组分结合中起重要作用。

(3)细胞壁调节蛋白

细胞壁调节蛋白是一类对细胞壁状态起调节作用的蛋白。例如，扩张蛋白(expansin)，其对pH值敏感，是在酸性条件下可以使热失活的细胞壁恢复伸展的蛋白质。扩张蛋白可逆地结合在细胞壁中的纤维素微纤丝和基质多糖结合的交叉处，使其非共价键断裂，从而促进聚合物间的滑动，使细胞壁松弛，推测扩张蛋白与伸长中的细胞壁的松弛有关。

(4)其他蛋白质

植物细胞壁中还发现有钙调素和钙调素结合蛋白，推测与钙相关的信号转导有关。

1.2.2.3　木质素

木质素(lignin)是由苯基丙烷衍生物为单体聚合而成的化合物，主要分布在木本植物成熟的木质部中纤维、导管和管胞细胞壁中。木质素能增加细胞壁的抗压强度。

1.2.2.4　其他

(1)矿质元素

矿质元素(mineral element)是细胞壁中的重要组成部分，其中钙浓度在$10^{-5}\sim10^{-4}$ $mol\cdot L^{-1}$。细胞壁中的钙是植物细胞最大的钙库。钙在细胞壁果胶的羧基间形成钙桥(calcium bridge)，去除细胞壁中的钙会使细胞壁的伸展性增加，所以钙可能有固化细胞壁的作用。细胞壁中钙也可能具有重要的信使作用。

(2)凝集素

凝集素(lectin)是一类能够凝集细胞或使含糖大分子沉淀的蛋白质。凝集素通常由几个亚基组成，多数有疏水结合部位并含有Mn^{2+}、Ca^{2+}等金属离子。在植物的防御反应中起重要作用。

1.2.3　细胞壁功能

维持细胞形状　植物细胞通过控制细胞壁中纤维素微纤丝的合成部位和排列方式等过程，控制和维持细胞形状。

调节细胞生长　细胞壁的弹性大小对细胞的生长速度起到重要的调节作用，同时细胞壁纤维素微纤丝的排列方向也控制细胞的伸长方向。

支持和保护作用　细胞壁的机械强度为整体植物提供了重要的机械支持作用。细胞壁可以提高细胞对外界机械伤害的抵抗力，是抵御病害和逆境的天然屏障。目前一般认为细胞壁中寡糖素可以诱导植物细胞产生抗霉素或植保素(phytoalexin)以及特异蛋白质。

参与形成细胞压力势　细胞壁是植物细胞形成细胞水势中压力势的关键结构，参与植物细胞的水分平衡等生理过程的调节。

构成质外体空间　细胞壁和胞间隙构成植物细胞的质外体，参与植物体内物质运输过程。特化的细胞壁形成的导管在水分和矿质运输中起到重要的作用。

参与特殊细胞运动过程　如保卫细胞的细胞壁特异增厚允许气孔运动，含羞草叶片运动和叶枕细胞特异增厚有关。

信息传递作用　细胞壁中的蛋白质通过和质膜上的蛋白质相互作用将外界的环境信号传递给细胞。细胞壁中含有许多具有生物学活性的物质，如多糖降解产生的具有生物活性的寡糖素分子可能就是重要的信息分子。

其他功能　细胞壁中的酶类广泛参与细胞壁高分子的合成、转移、水解、细胞外物质输送到细胞内以及防御作用等。细胞壁还参与植物与根瘤菌共生的相互识别作用。细胞壁中的多聚半乳糖醛酸和凝集素还可能参与砧木和接穗嫁接过程中的识别反应。

1.3　胞间连丝

胞间连丝(plasmodesma)是植物细胞间质膜的管状延伸，是相邻细胞间贯穿细胞壁的细胞质通路。植物体内大部分细胞间都有胞间连丝，并由此形成一个细胞原生质连续的整体，即共质体(symplast)。细胞壁、质膜与细胞壁间的间隙以及细胞间隙等空间则为质外体(apoplast)。共质体和质外体都是植物体内物质运输和信息传递的通路。

1.3.1　胞间连丝的结构

胞间连丝具有复杂的超微结构，其孔道外围是相邻细胞膜延续和连接所形成的管道，在管道中央是内质网压缩成的狭窄小管，称为连丝小管(desmotubule)。连丝小管的两端分别同两边细胞的内质网膜相连，形成原生质的连续整体。中央连丝小管和胞间连丝外膜间是一环形结构，称为环孔(annulus)。环孔中有一些直径约 3 nm 的球状蛋白，这些蛋白质通过另一些辐条状的蛋白质将连丝小管和胞间连丝外围膜联系起来，进一步将外围膜和连丝小管的空间分为 8 ~ 10 个微通道，微通道的直径约 2.5 nm，和可以扩散通过胞间连丝的分子大小基本符合(图 1-3)。

胞间连丝的数量和分布与细胞的类型、所处的相对位置和细胞的生理功能密切相关。一般 1 μm^2 有 1 ~ 15 条或更多。胞间连丝孔径大小以及形态也存在组织和发育时期的特异性，在一些植物细胞或发育时期，胞间连丝可以形成胞间通道允许细胞质、细胞器甚至细胞核的胞间转移。在筛管分子和伴胞间还可见“X”或“Y”形的胞间连丝形态。

1.3.2　胞间连丝功能

胞间连丝对细胞间物质、信息、能量的转移及对植物生长发育调控有重要作用。

物质运输　相邻细胞的原生质可通过胞间连丝进行运输。小分子物质顺浓度梯度以扩

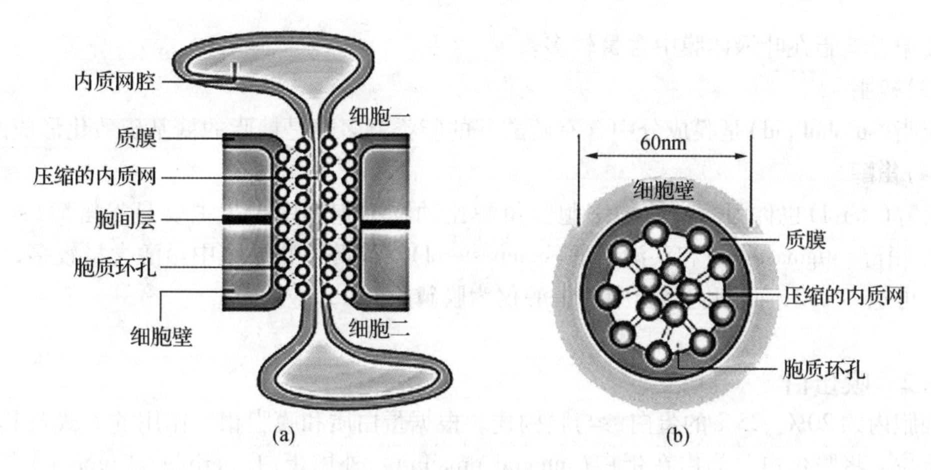

图 1-3 胞间连丝结构示意(引自 William, 2001)

(a)胞间连丝纵切面图 (b)胞间连丝横切面图

散方式通过胞间连丝。大分子物质，如蛋白质、RNA、细胞器甚至病毒，也可以通过特殊的胞间连丝的调节过程进行运输和转移。

信号传递 胞间连丝可完成细胞间的物理信号(电信号、水信号等)、化学信号(植物激素、渗透调节物质等)信息传递。

1.4 生物膜的结构和功能

生物膜(biomembrane)也称细胞膜，是指构成细胞的所有膜的总称，包括围在细胞质外面的质膜(plasma membrane)和质膜以内的内膜系统(endomembrane system)。

1.4.1 生物膜的化学组成

生物膜由蛋白质、脂类、糖、水和无机离子等组成，其中蛋白质约占60%~65%，脂类占25%~40%，糖占5%。不同细胞、细胞器或膜层中脂类与蛋白质的比例有很大差异。

1.4.1.1 膜脂

膜脂主要有磷脂、糖脂、硫脂及甾醇等，其中磷脂含量最高。

(1)磷脂

磷脂(phospholipid)主要指磷酸甘油二酯，是膜脂中最丰富的一类，占总膜脂的55%~75%。最简单的磷脂是甘油中第一、二位碳原子上的2个羟基分别和2个脂肪酸以及第三位碳原子羟基和磷酸形成的磷脂酸。磷脂酸的磷酸基团又可与某些含羟基的化合物形成各种酯。细胞中常见的磷脂有磷脂酰胆碱、磷脂酰乙醇胺、磷脂酰甘油、磷脂酰肌醇、磷脂酰丝氨酸。磷脂分子同时具有亲水和亲脂特性的双亲媒性分子(amphipathic molecules)。在水环境中亲水头部向着水溶液，亲脂尾部则相向接近，可自动组装成双分子脂膜。

(2)糖脂

糖脂(glycolipid)是膜组分中含有一个或多个糖残基的脂类。一般含有1个、2个或多个半乳糖。糖脂在叶绿体膜中含量较多。

(3) 硫脂

硫脂(sulpholipid)是膜成分中含有硫酸基的脂类，多数是糖脂的糖基硫酸化形成的。

(4) 甾醇

甾醇(sterol)也称固醇。植物细胞膜甾醇比动物细胞膜中少，主要是谷甾醇(sitosterol)、豆甾醇(stigmasterol)和菜油甾醇(campesterol)。高等植物质膜中甾醇含量较多，与膜磷脂比可达 1∶1.2，而细胞器膜中的甾醇仅为膜磷脂的 15% 左右。

1.4.1.2　膜蛋白

细胞内约 20%~25% 的蛋白参与膜构建。根据蛋白质和膜脂相互作用的方式及其在膜中的定位，将膜蛋白分为内在蛋白(integral protein)、外周蛋白(peripheral protein)和膜锚蛋白(anchor membrane protein)。

(1) 内在蛋白(整合蛋白)

内在蛋白是膜内的主要蛋白，通常占膜蛋白总量的 70%~80%。以非极性氨基酸残基与膜脂分子的疏水部分相互作用，紧密结合，可不同程度地插入或贯穿膜脂分子层，极性部分伸到双分子层外的水相中。内在蛋白由于和膜脂结合牢固，只有用较强烈的处理(如去污剂、有机溶剂、超声波等)方法才能将它们溶解下来，这种处理也会导致膜结构的破坏。

(2) 外周蛋白(外在蛋白)

外周蛋白多为水溶性，分布在膜的内外表面，通常占膜蛋白的 20%~30%。以极性的氨基酸残基通过静电引力、离子键、氢键等次级键与膜脂的极性头部结合，或与某些膜蛋白的亲水部分非共价地松散或可逆结合。温和的处理方法(如改变介质的离子强度或 pH 值、加入金属螯合剂等)可以分离外周蛋白。

(3) 膜锚蛋白

蛋白质通过与聚糖链共价结合，直接和膜磷脂酰肌醇分子相连，将蛋白锚定在细胞膜上，称作膜锚蛋白。膜锚蛋白活度大，流动性强，有益于发挥其生物功能。

1.4.1.3　膜糖

生物膜中糖主要分布在质膜的外单分子层，为一般不超过 15 个单糖残基所连成的具分支的低聚糖链。一些内在蛋白和糖共价结合形成糖蛋白(glycoprotein)，其糖基主要有 D-半乳糖、D-甘露糖、L-岩藻糖，它们和膜蛋白的结合点通常在 Ser、Thr、Cys、Asn 残基处。糖蛋白一般分布在质膜表面，糖链全部伸到膜的外侧。糖蛋白在细胞内膜系统含量少。糖蛋白是各种细胞具有各自抗原性的分子基础，也是各种细胞间相互识别的标记，并借此进行信息交流。有些膜糖还可以和膜脂结合形成糖脂。

1.4.2　生物膜的结构

目前对生物膜结构的解释比较公认的模型为流动镶嵌模型(fluid mosaic model)，由美国的 Singer 和 Nicolson 于 1972 年提出，后又不断被完善。流动镶嵌模型认为生物膜液态的脂质双分子层中镶嵌着可移动的蛋白质，内在蛋白或其聚合体可横穿膜层，两端极性部分伸向水相，中间疏水部分与脂肪酸部分呈疏水结合，外周蛋白与膜两侧的极性部分结合（图1-4）。该模型的特点是关于膜的不对称性和流动性的解释。

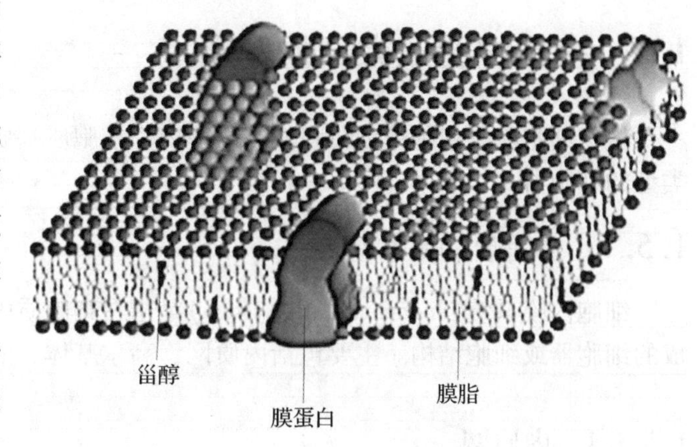

图1-4 生物膜模式图

（引自 Douglas and Marta，2010）

膜的不对称性是指：①磷脂在脂双层中的种类、数量存在差异；②膜蛋白在脂双层中的种类、位置和数量不对称；③寡糖链大多分布于外分子层，这些膜组分空间分布的非均质性导致膜结构的不对称。

膜的流动性是指膜脂和膜蛋白的侧向运动。膜脂除了侧向运动外，还存在膜脂分子自旋、尾部摆动以及双层膜脂分子间的膜脂分子翻转等运动。近年来通过对生物膜结构的研究发现了膜蛋白的区域性分布以及扩散运动的局限性，其原因被认为是由于膜下的细胞骨架和某些膜蛋白结合具有“锚定”效应，由此限制了这些膜蛋白的扩散运动，并将蛋白限定在一定区域。另外，生物膜中大约有20%~30%的磷脂和蛋白结合形成界面脂（boundary lipid），这类脂的流动性也一定受到蛋白性质和数量限制。

1.4.3 生物膜的功能

分室作用 生物膜不仅将细胞与外界环境隔开，又将细胞内的空间分隔使细胞内部区域化形成各种细胞器。各区域内具有特定的pH值、电位、离子强度和酶系等，从而使细胞内的不同代谢活动具有相对独立性。同时，由于内膜系统的存在，又将各个细胞器联系起来共同完成各种连续的生理生化反应。

代谢反应的场所 细胞内的许多生理生化过程都在膜上有序进行。例如，光合作用的光反应、呼吸作用的电子传递及氧化磷酸化过程分别是在叶绿体的光合膜和线粒体内膜上进行的。

物质交换功能 质膜具有对物质的选择透性，控制膜内外的物质交换。例如，质膜可通过扩散、离子通道、主动运输及内吞外排等方式来控制物质进出细胞。各种细胞器上的膜也通过类似方式控制其小区域与胞质进行物质交换。

信息识别和传递功能 质膜上的多糖链分布于其外表面，能够识别并接受外界信号（包括来自体内其他细胞的内源信号）刺激，产生细胞应答。例如，花粉粒外壁的糖蛋白与柱头细胞质膜的蛋白质之间就可进行识别反应。膜上还存在着各种受体（receptor），能感应刺激，转导信息，调控代谢。

1.5　植物细胞亚微结构和功能

植物细胞除了细胞壁和质膜外，质膜内为细胞质基质以及具有一定结构和功能的各种类型的细胞器。

1.5.1　细胞内膜系统

细胞内膜系统(endomembrane system)是指在细胞质内，结构连续、功能相关、由膜组成的细胞器或细胞结构。主要包括内质网、高尔基体、液泡以及它们形成的分泌泡等。

1.5.1.1　内质网

(1)内质网的结构和类型

内质网(endoplasmic reticulum，ER)是交织分布于细胞质中的膜层系统。内质网大部分是由两层平行排列的单位膜组成膜片状，有些呈管状。在两层膜空间较宽的地方内质网则呈囊泡状(图1-5)。内质网内与细胞核外被膜相连，外与质膜相连，相互连通成网状结构贯穿整个细胞质。内质网还可通过胞间连丝与邻近细胞的内质网相连。内质网的形态及数量随细胞类型、代谢或发育阶段而异。一般细胞静止期，内质网少；细胞分裂期，内质网增多。内质网本身也在不断更新，是个动态系统。

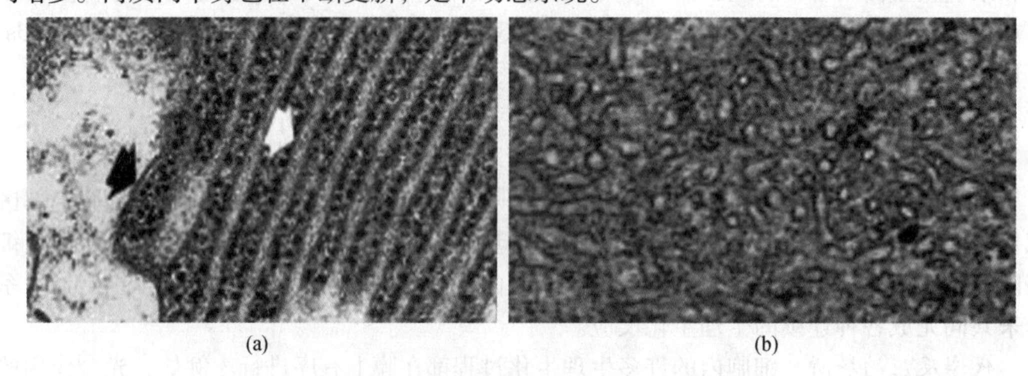

图1-5　报春花(*Primula kewensis*)花瓣细胞内质网结构(引自 Taiz and Zeiger，2002)

(a)粗糙型内质网横切面，可见附着的核糖体，黑色箭头所指为质膜；白色箭头所指为粗糙内质网　(b)光滑型内质网

按内质网膜上有无核糖体的存在把内质网分为2种类型，即粗糙型内质网(rough endoplasmic reticulum，RER)和光滑型内质网(smooth endoplasmic reticulum，SER)，前者有核糖体附着，后者没有。粗糙型内质网大多为扁平囊状，其分布位置靠近细胞核。光滑型内质网常为管状。这2种内质网是连续的，并且可以互相转变，如形成层细胞的内质网，冬季是光滑型的，夏季则是粗糙型的。

(2)内质网的功能

物质合成　粗糙内质网上的核糖体是蛋白质合成的场所，而光滑内质网参与糖蛋白的寡糖链和脂类的合成。

分隔作用　内质网将细胞质分隔成许多空间，使各种细胞器处于相对稳定和相对独立的环境中，有序地进行各自的代谢活动。

运输、贮藏和通信作用　内质网形成了一个细胞内的运输和贮藏系统，并可通过胞间连丝成为细胞之间物质与信息的传递系统。

1.5.1.2　高尔基器

(1)高尔基器的结构

高尔基器(Golgi apparatus)或称高尔基复合体(Golgi complex)由若干个垛堆组成，每个垛堆由排列整齐的膜囊堆叠而成，其中每个垛堆称为高尔基体(Golgi body)(图1-6)。组成高尔基体的膜囊呈扁平盘状，囊的两边稍变曲，中央为平板状。通常1个高尔基体由3~12个扁囊平叠而成，囊的边缘可分离出许多小泡——高尔基体小泡。高尔基体两极分别称为形成面和成熟面，形成面的囊泡靠近内质网，在结构上和内质网类似；而成熟面接近质膜，其性质和质膜类似。

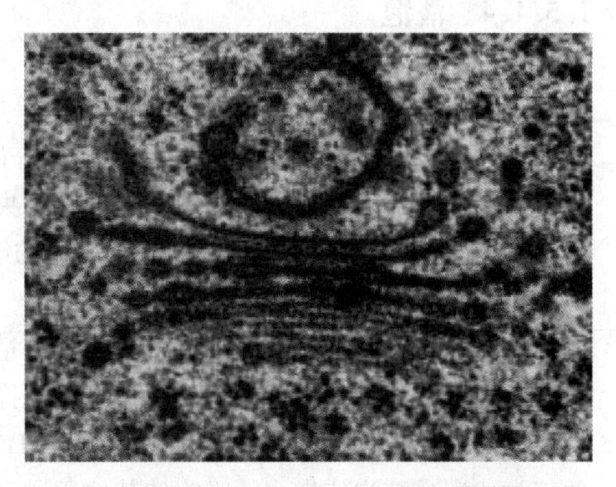

图1-6　烟草(*Nicotiana tabacum*)根冠细胞内高尔基体结构(引自Taiz and Zeiger, 2002)

(2)高尔基体的功能

高尔基体的主要功能是将内质网合成的多种蛋白质特别是糖蛋白进行加工、分类和包装，然后运送到细胞特定部位或分泌到胞外。

另外，参与细胞壁的形成：构成细胞壁的木质素、半纤维素、果胶等非纤维素物质都要在高尔基体内合成。组成细胞壁的糖蛋白经高尔基体加工，由高尔基体小泡运输到细胞质膜，小泡与质膜融合，把内含物释放出来，沉积于细胞壁中，参与植物细胞壁的构建过程。

细胞内高尔基体和内质网常依附在一起，具有密切的功能关系，许多生理功能需要二者协同完成。

1.5.1.3　溶酶体

(1)溶酶体的结构

溶酶体(lysosome)是内含多种酸性水解酶类的囊泡状单层膜细胞器。溶酶体内含有酸性磷酸酶、核糖核酸酶、糖苷酶、蛋白酶和酯酶等几十种酶。它主要由高尔基体和内质网出芽形成。

(2)溶酶体的功能

消化作用　溶酶体中的水解酶能分解蛋白质、核酸、多糖、脂类以及有机磷酸化合物等，进行细胞内的消化作用。

吞噬作用　溶酶体通过吞噬等方式消化、溶解部分由于损裂而丧失功能的细胞器和其他细胞质颗粒或侵入其体内的细菌、病毒等，所得产物可被再利用。

自溶作用　在细胞分化和衰老过程中，溶酶体可自发破裂，释放出水解酶，把不需要的结构和酶消化掉。例如，许多厚壁组织、导管、管胞成熟时原生质体的分解消化，乳汁管和筛管分子成熟时部分细胞壁的水解，以及衰老组织营养物质的再循环等都是细胞的自溶反应。

1.5.1.4　液泡

(1)液泡的结构

液泡(vacuole)是植物细胞特有的，由单层膜包裹的囊泡。它起源于内质网或高尔基体的小泡。在分生组织细胞中液泡较小且分散，随着细胞的生长，这些小液泡融合、增大，最后可形成大的液泡，成熟植物细胞中央液泡(central vacuole)的体积可以占细胞体积的80%~90%，或者更高。具有中央大液泡的细胞质和细胞核被挤到贴近细胞壁的位置。

(2)液泡的功能

物质转运吸收和贮藏　液泡膜上具有大量载体、离子通道、离子泵等物质转运装置完成细胞质与液泡间的物质运输。液泡可以选择性地吸收和积累各种物质，如无机盐、有机酸、氨基酸和糖等。液泡膜上存在质子泵(H^+-ATPase)可调节细胞内的pH值，维持细胞的正常代谢。液泡依靠水的吸收使其体积增大，从而植物细胞表面积增加，细胞从外界获得物质和能量也增加。液泡还贮藏一些“代谢废物”或者次生代谢物质，如单宁、色素、生物碱等。

吞噬和消化作用　中央大液泡含有各种酸性水解酶，可以分解蛋白质、核酸、脂类以及多糖等物质；也可以通过吞噬作用，消化分解细胞质中的外来物或衰老的细胞器，起到清洁、隔离有害物质和再利用作用。

调节细胞水势和膨压　植物细胞中央液泡和外界环境之间构成一个渗透系统，调节细胞的吸水机能和细胞的紧张状态。

赋予细胞颜色　液泡中的花青素在不同酸碱条件下呈现不同的颜色变化，赋予植物细胞不同颜色反应。

防御作用　不少植物液泡中积累有大量酚类化合物、生物碱及含氰苷，阻止昆虫及食草动物啃食。有些液泡中含有几丁质酶等，阻止真菌和细菌的入侵。

1.5.2　细胞核

除成熟的筛管细胞外，所有活的植物细胞都有细胞核(nucleus)。细胞核是细胞内最大的细胞器。分生组织细胞的核一般呈圆球状，占细胞体积的大部分。在已分化的细胞中，因有中央大液泡，核常呈扁平状，并贴近质膜。细胞核是生物遗传物质存在与复制的场所，它控制着生物遗传，调节细胞的代谢、生长与发育。

1.5.2.1　细胞核的结构和功能

典型的细胞核由核膜、染色质、核基质和核仁4个部分组成。

(1)核膜

核膜(nuclear membrane)由两层单位膜组成，外膜与内质网相连，在朝向胞质的外表面上有核糖体附着。核膜把核与胞质分隔开，其上分布有核孔(nuclear pore)，也称核孔复合体(nuclear pore complex，NPC)(图1-7)，约30种核孔蛋白(nucleoporin)参与核孔复合体的形成。核孔复合体具有复杂精细的超微结构。人们对脊椎动物和酵母核孔复合体结构及功能研究得比较深入。近几年对高等植物细胞核孔复合体的研究发现，其结构和酵母及脊椎动物细胞核孔复合体极其相似，大小介于酵母和脊椎动物之间，直径约为105 nm，酵母为95 nm，非洲爪蟾蜍为110～120 nm。核孔复合体是细胞质与细胞核进行物质、信息交换的主要通道。

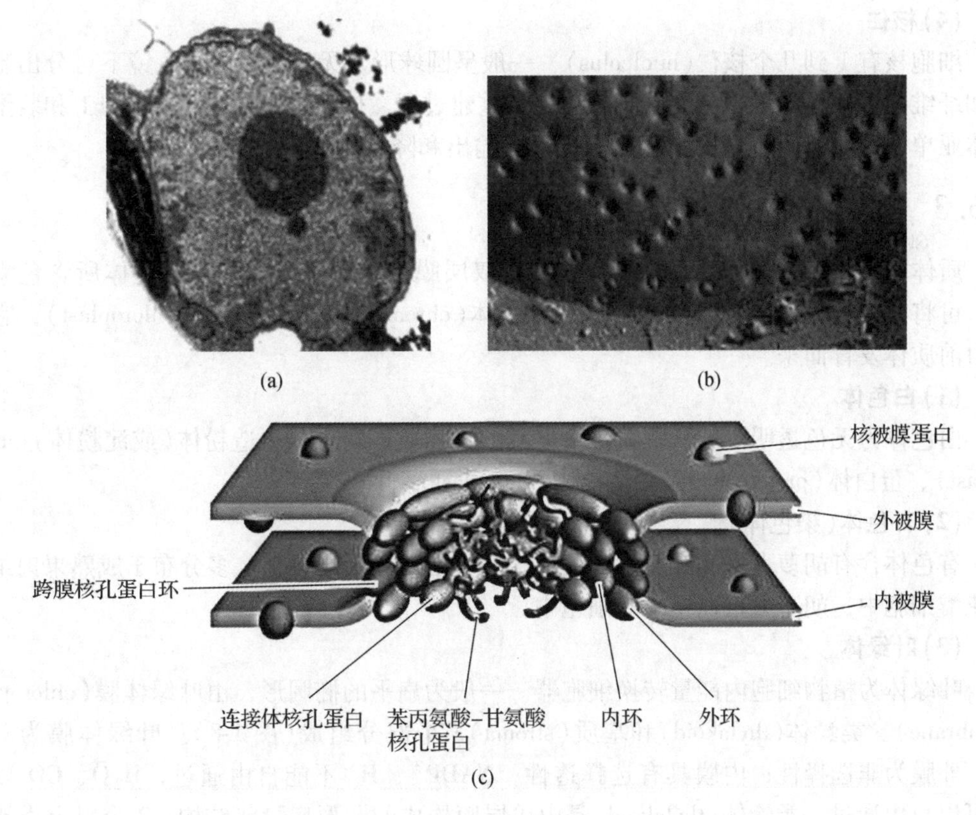

图1-7 核孔结构

(a)洋葱(*Allium cepa*)根细胞核的透射电子显微镜照片(引自Taiz and Zeiger，2002)
(b)洋葱(*Allium cepa*)根细胞核孔的冰冻蚀刻照片(引自Taiz and Zeiger，2002)
(c)核孔复合体模式图(引自Javier and Michael，2009)

(2)染色质

染色质(chromatin)是真核细胞在间期核中的DNA、组蛋白、非组蛋白及少量RNA共同组成的线状复合体。

染色体(chromosome)是细胞在有丝分裂或减数分裂过程中，染色质聚缩而形成的棒状结构。染色质和染色体是在细胞周期不同阶段可以互相转变的形态结构。染色体形成过程大致为：8 分子组蛋白形成紧凑的小圆球，包括 200 碱基对的 DNA 片断缠绕在这个小圆球体上形成核小体(nucleosome)。各个核小体由一段 DNA 片断和一个组蛋白分子(H1)相连，整个 DNA 分子就形成多个核小体相串联的念珠状链。核小体念珠链进一步盘旋、折叠形成染色单体(chromatid)和染色体。

(3)核基质

核基质(nuclear matrix)是细胞核内除去染色质和核仁之外的非染色或染色很浅的基质，含有多种酶。当基质呈凝胶态时称核质(nucleoplasm)，呈液态时称核液(karyolymph)。核基质可为核内的代谢提供一个稳定的、良好的环境，为核内物质的运输和可溶性代谢产物提供必要的介质。

(4)核仁

细胞核有 1 到几个核仁(nucleolus)，一般呈圆球形，无界膜包围，电镜下可分出颗粒区和纤维区。核仁随细胞分裂周期有消失和重建过程。核仁是 rRNA 合成、加工和装配核糖体亚单位的重要场所；核仁还参与 mRNA 输出和降解。

1.5.3　质体

质体(plastid)是植物细胞内特有的具有双层膜结构的细胞器。根据质体所含色素种类，可将质体分为白色体(leucoplast)、有色体(chromoplast)和叶绿体(chloroplast)，它们都由前质体发育而来。

(1)白色体

白色体为无色透明圆球状颗粒。根据其贮藏物质不同可分为造粉体(或淀粉体)(amyloplast)、蛋白体(protein body)和造油体(elaioplast)。

(2)有色体(染色体)

有色体含有胡萝卜素和叶黄素的质体，为棱形或圆形小颗粒。多分布于成熟果肉细胞或花瓣细胞中、胡萝卜根以及老叶细胞中。

(3)叶绿体

叶绿体为植物细胞内能量转换细胞器。一般为扁平的椭圆形，由叶绿体膜(chloroplast membrane)、类囊体(thylakoid)和基质(stroma)3 个部分组成(图 1-8)。叶绿体膜为双层膜，外膜为非选择性；内膜具有选择透性，$NADP^+$、H^+不能自由通过，H_2O、CO_2以及O_2可以自由通过。类囊体(thylakoid)是由单层膜构成的圆形扁囊状结构，2 个以上类囊体垛叠形成基粒(grana)，构成基粒的类囊体为基粒类囊体(grana thlakoid)或基粒片层(grana lamella)，基粒之间的类囊体为基质类囊体(stroma thylakoid)或基质片层(stroma lamella)，类囊体是光合作用光反应的场所，具有将光能转换成化学能所需的全部功能组分。基质是叶绿体膜内可流动的无形态的基础物质，其中含固定还原CO_2与合成淀粉的全部酶系，是光合作用碳反应场所。叶绿体中 DNA 和核糖体有编码和合成自身蛋白质的能力，为半自主性细胞器。

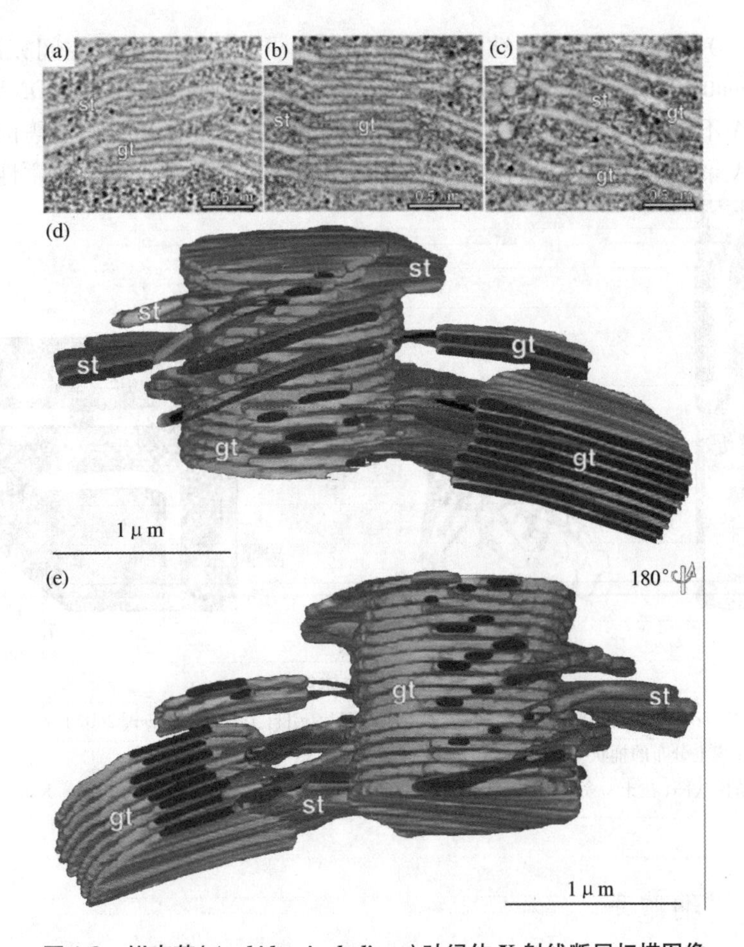

图 1-8　拟南芥(*Arabidopsis thaliana*)叶绿体 X 射线断层扫描图像

(引自 Jotham and Andrew, 2011)

(a)基粒正面影像　(b)基粒中间层影像　(c)基粒背面层析影像　(d)三维影像(正面)

(e)三维影像(180°旋转)　gt 为基粒类囊体　st 为基质类囊体

1.5.4　线粒体

线粒体(mitochondria)(图 1-9)是进行呼吸作用的细胞器。呈球状、棒状或细丝状等。线粒体由内、外两层膜组成。外膜(outer membrane)较光滑，磷脂与蛋白质的质量比约为 0.82，磷脂多，通透性相对大，有利于线粒体内外物质交流。内膜(inner membrane)磷脂与蛋白质质量比约为 0.27，为高蛋白质膜，功能较外膜复杂，含磷脂少，通透性小，可使酶系统存在于内膜中并保证其代谢正常进行。介导小分子跨外膜转运的蛋白复合体称为线粒体孔蛋白(porin)，在线粒体外膜排成整齐的桶状圆柱体(图 1-9)，允许离子和小分子自由通过。溶质跨内膜的转运由几种载体蛋白调控。内膜在许多部位中心内陷，形成片状或管状的皱褶。这些皱褶被称为嵴(cristae)，由于嵴的存在，使内膜的表面积大大增加，有利于呼吸过程中的酶促反应。在线粒体内膜的内侧表面有许多小而带柄的颗粒，即 ATP 合酶复合体，它是合成 ATP 的场所。线粒体内膜与外膜之间的空隙称为膜间空间(intermembrane space），内含许多可溶性酶底物和辅助因子。内膜的内侧空间充满着透明的胶体状的基质(matrix)。基质的化学成分主要是可溶性蛋白质，还有少量DNA(但和存在于胞核中的DNA不同，它是裸露的，没有结合组蛋白)，以及自我繁殖所需的基本组分(包括RNA、DNA聚合酶、RNA聚合酶、核糖体等)，线粒体也是一种半自主性细胞器。

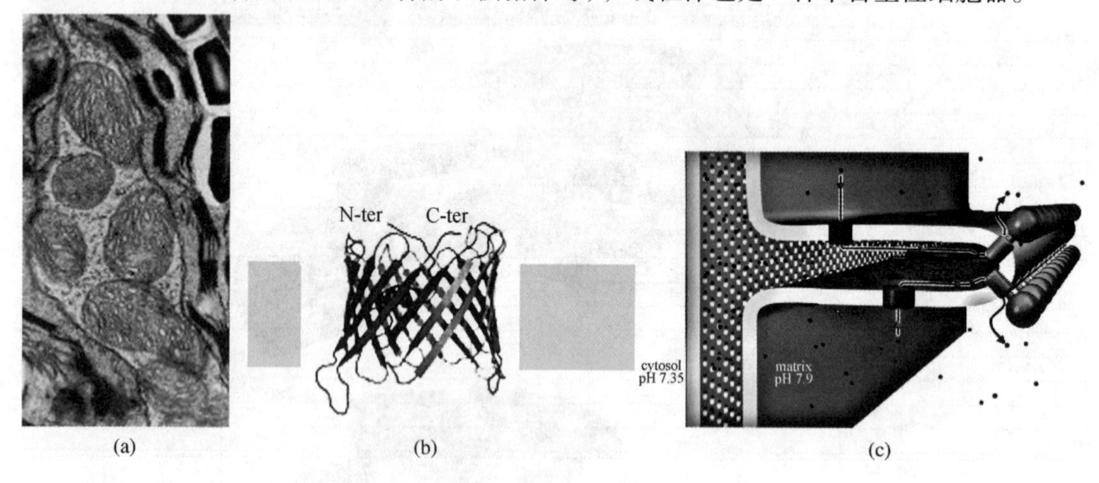

图1-9　线粒体结构

(a)狗牙根(*Cynodon dactylon*)叶肉细胞线粒体透射电镜照片(引自 Taiz and Zeiger，2002)
(b)线粒体外膜上分布的桶状结构(引自 Benjamin，2012)
(c)线粒体嵴模式图(在土豆等细胞中观察到的成双行排列的ATP合酶复合体)(引自 Karen and Mike *et al.*，2011)

1.5.5　其他细胞器

1.5.5.1　微体

(1)微体的结构

微体(microbody)为单层膜包裹的细胞器，膜内基质为均一的或呈颗粒状。微体可分为过氧化物酶体和乙醛酸体。

(2)微体功能

过氧化物酶体与光呼吸　过氧化物酶体(peroxisome)含有乙醇酸氧化酶、过氧化氢酶等，参与光呼吸过程。

乙醛酸体与脂类代谢　乙醛酸体(glyoxysome)中含有乙醛酸循环酶类、脂肪酰辅酶A合成酶、过氧化氢酶、乙醇酸氧化酶等。参与糖异生代谢过程，如油料植物萌发种子中脂类物质转化为糖类的过程。

1.5.5.2　圆球体

(1)圆球体的结构

圆球体(spherosome)也称油体(oil body)。标准圆球体含有40%以上的脂类，所以也称拟脂体(lipid body)。20世纪通过研究花生子叶的圆球体发现，圆球体的外膜是有一层磷脂和蛋白质镶嵌而成的半单位膜结构，磷脂层的疏水基团和内部脂类基质相互作用，而亲水头部基团则面向细胞基质。膜上的蛋白质主要是油体蛋白(oleosins)，为圆球体所特有，多为一些低相对分子质量的碱性疏水蛋白质。

(2)圆球体功能

种子成熟时圆球体以出芽的方式在粗糙型内质网上形成，形成的圆球体被释放到细胞基质中。当种子萌发时，游离的多聚核糖体合成脂肪酶，脂解圆球体膜与液泡膜融合在一起，其中的脂肪酸被释放出来参与代谢。圆球体具有溶酶体的某些性质，也含有多种水解酶。

1.5.5.3　核糖体

核糖体(ribosome)也称核糖核蛋白体，没有生物膜包裹，是由几十种蛋白质和几种RNA组成的亚细胞颗粒，其中蛋白质与RNA的质量比约为1∶2。核糖体一般分布在细胞质基质，游离或附于粗糙内质网上，少数核糖体也存在于叶绿体、线粒体及细胞核中。核糖体由大小两个亚基组成，高等植物细胞质核糖体沉降系数为80S，其中大亚基60S，小亚基40S。核糖体是蛋白质合成的场所。

1.5.6　细胞骨架

细胞骨架(cytoskeleton)是指真核细胞中的蛋白质纤维网架体系，包括微管、微丝和中间纤维等，由蛋白质组成，没有膜结构，也被称为微梁系统(microtrabecular system)。

1.5.6.1　微管

(1)微管的结构

微管(microtubule)是存在于细胞质中的由微管蛋白(tubulin)组装成的中空管状结构，由α微管蛋白与β微管蛋白构成异二聚体，再形成念珠状的原纤丝，13条原纤丝按行定向平行排列组成微管(图1-10)。微管粗细均匀，可弯曲，不分支，直径20～27 nm，长度变化很大，有的可达数微米。管壁上生有突起，通过这些突起(或桥)使微管相互联系，或与质膜、核膜、内质网等相连。

(2)微管列阵

微管在植物细胞中按一定规律排列组成微管列阵(array)。植物间期细胞的细胞膜下微管近平行的排列形成间期周质微管列阵(cortical array)，它们通过控制细胞壁中微纤丝的沉积方向控制植物细胞的生长，微管排列方向决定细胞极性重建的方向。植物细胞完成DNA复制进入早前期后，周质微管逐步紧密排列成围绕细胞周质的环带状，即早前期微管带(preprophase band，PPB)，早前期微管带列阵可能参与细胞分裂面的决定过程。核膜破裂后，微管逐步聚集成束并与染色体着丝点结合形成纺锤体微管列阵(spindle array)，其中着丝微管和非着丝微管几乎都具有相同的极性排列；染色体在分裂后期，分裂并向纺锤体两极运动。微管是染色体向极运动的基本结构。在子染色体基本完成分离后，形成成膜体微管列阵(phragmoplast array)。成膜体微管列阵与合成细胞壁的物质运输有关(图1-11)。

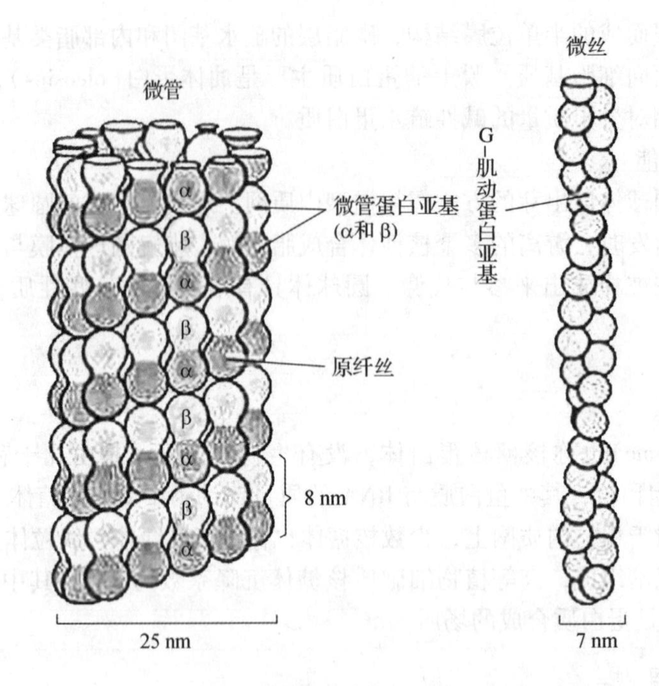

图 1-10　微管和微丝结构（引自 Taiz and Zeiger，2002）

(3) 微管的功能

植物细胞通过细胞内微管列阵的周期性变化控制细胞分裂和细胞壁的形成以及细胞的生长。微管通过控制细胞壁的形成而控制细胞形状。微管还参与纤毛运动、鞭毛运动以及细胞内染色体运动等细胞运动的调控。

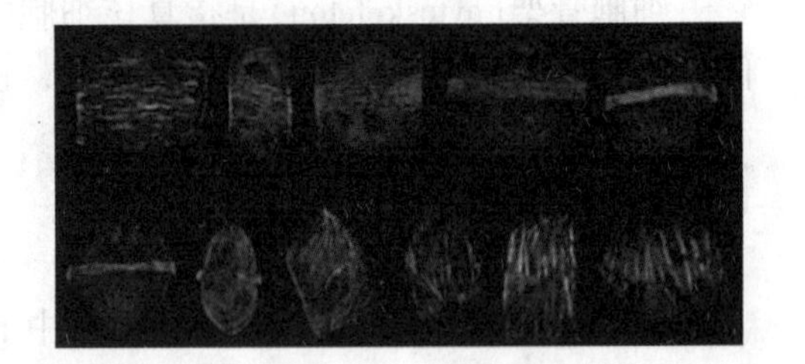

图 1-11　植物细胞微管列阵周期性变化
（引自 Taiz and Zeiger，2002）
白色条带部分为微管列阵

1.5.6.2　微丝

(1) 微丝的结构

微丝（microfilament）由单体肌动蛋白（actin）聚合而成，比微管细而长，直径为 4～7 nm（图 1-10）。关于微丝组装有两种观点：一种认为两股肌动蛋白相互螺旋盘绕而成；另一种认为单股肌动蛋白丝沿着轴向螺旋排列而成。植物细胞的周质中，微丝与微管平行排列，二者之间存在相互作用的关系，周质微管的破坏会引起周质微丝的重组；相反，微丝的破坏也会引起微管的重组。

(2) 微丝的功能

微丝系统是胞质环流的基础。一般认为依赖于微丝的马达蛋白——肌球蛋白，具有 ATP 酶活性，能水解 ATP 释放能量引起运动。肌球蛋白沿微丝滑动时拉动细胞质三维网络并带动细胞质产生流动。攀缘植物卷须的缠绕运动、气孔保卫细胞运动都与微丝有关。破坏微丝系统会抑制植物细胞的顶端生长，可见微丝系统与植物的顶端生长关系密切。

1.5.6.3 中间纤维

20 世纪 60 年代中期，在哺乳动物细胞中发现了 10 nm 粗的纤维，因其直径介于肌粗丝和细丝之间，故被命名为中间纤维(intermediate filament，IF)，又称中间丝。后来在藻类和高等植物中也发现了中间纤维。中间纤维和微管微丝不同，它是由不同的中间纤维蛋白聚合而成，不同种类的中间纤维有较强的组织特异性，其亚基大小和生化组成变化较大。中间纤维蛋白亚基合成后，首先形成平行的双股二聚体，之后 2 个二聚体组装成反向平行的四聚体，2 个四聚体再形成八聚体后进一步聚合组装成中间纤维的长度单元(unit length filament，ULF)，中间纤维单元首尾相连形成短的中间纤维(图 1-12)。中间纤维可以从核骨架向细胞膜延伸，提供了一个细胞质纤维网，起支架作用，可使细胞保持空间上的完整性，并参与细胞核定位。中间纤维还可能与细胞发育、分化、mRNA 等的运输有关。

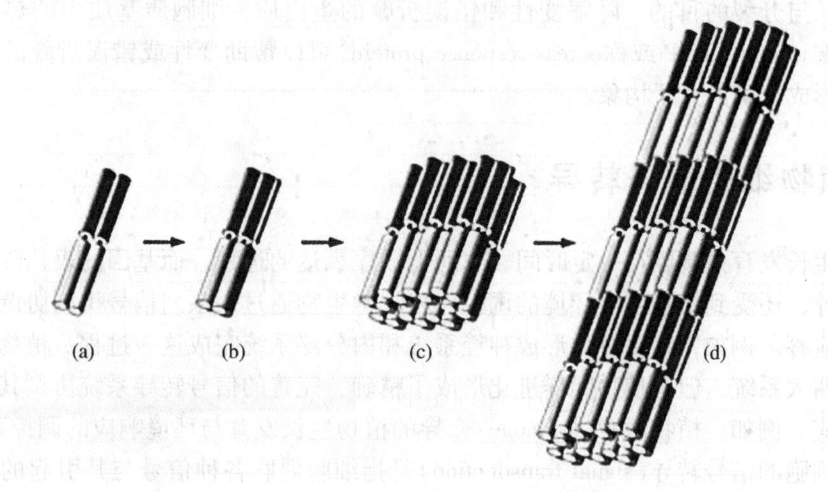

图 1-12 中间纤维形成过程(引自 Robert Boris *et al.*，2008)

(a)平行的双股二聚体 (b) 2 个二聚体组装成反向平行的四聚体 (c) 2 个四聚体形成八聚体之后再聚合形成中间纤维的长度单元 (d)中间纤维单元首尾相连形成短的中间纤维

1.5.7 细胞质基质

20 世纪人们利用细胞组织化学技术观察到细胞质内的膜相网络，之后被证明真核细胞质内具有发达的内膜系统。细胞质包括细胞质基质以及由膜围成的各种细胞器或细胞结构。

1.5.7.1 细胞质基质含义

真核细胞的质膜以内细胞质中除可分辨的细胞器以外的胶体物质称为细胞质基质(cytoplasmic matrix or cytomatrix)，其中包含与物质代谢有关的数千种酶、维持细胞形态和细胞内物质运输有关的细胞质骨架结构(见 1.5.6)。

1.5.7.2 细胞质基质功能

细胞质基质是多种中间代谢过程的场所 糖酵解、磷酸戊糖途径等过程、蛋白质合成、脂肪酸合成等代谢反应场所。细胞质基质也参与多种信号通路的形成以及通信过程。细胞质基质参与蛋白质分选及其转运。

细胞质基质另一功能与细胞骨架相关 细胞骨架的作用维持细胞的形态，参与细胞运动、细胞内的物质运输以及能量传递，是细胞质介质结构体系的组织者，为细胞质基质中其他成分和细胞器提供锚定位点。

参与蛋白质修饰、蛋白质选择性的降解 参与包括辅酶或辅基与酶的共价修饰、磷酸化和去磷酸修饰、糖基化修饰、某些蛋白 N 端的甲基化修饰以及酰基化修饰等蛋白修饰过程。细胞质基质通过改变这些蛋白质的合成速度，控制其浓度，从而达到调节代谢途径或细胞生长与分裂的目的。降解变性和错误折叠的蛋白质，细胞质基质中的热休克蛋白(heat shock protein, HSP 或称 stress-response protein)可以帮助变性或错误折叠的蛋白质重新折叠，形成正确的分子构象。

1.6 植物细胞信号转导

植物生长发育是基因在一定时间、空间上顺序表达的过程，而基因的表达除了受遗传因素影响外，还受到植物生活环境的调控。多细胞生物通过一系列信号机制协调其生长发育与环境应答。例如，动物进化形成神经系统和内分泌系统完成这一过程。植物虽然不具有动物的两大系统，但是植物同样进化形成了精确、完善的信号转导系统协调其生长发育与环境响应。例如，植物激素(hormone)介导的植物生长发育与环境响应的调控系统。

植物细胞的信号转导(signal transduction)是指细胞偶联各种信号与其引起的特定生理效应之间的一系列分子反应过程，这一过程包括植物感受、转导环境刺激的分子途径及其在植物发育过程中调控基因的表达和生理生化反应。从细胞外信号(含胞外信号和胞间信号)到引发细胞反应的信号转导过程大致可以分为：①信号分子和细胞表面受体结合；②跨膜信号转换；③胞内信号通过转导网络进行信号传递、放大和整合；④引发细胞的生理生化反应。另外，有些信号分子可以直接进入细胞，这些信号转导则不存在信号的跨膜转换过程。

1.6.1 环境刺激与胞外信号

植物在生长发育过程中，其细胞时刻受到外界环境信号(如温度、光照、机械刺激、气体、重力、病原因子等)刺激，同时也会受到体内其他细胞传来的信号(如激素、多肽、糖、代谢物、细胞壁压力等)刺激，这些刺激就是植物细胞感受的胞外刺激(或胞外信号)。

1.6.1.1 信号

信号(signal)是物质的体现形式和物理过程。对植物而言，环境变化就是刺激，刺激就是信号。我们可将信号大体分为胞外信号和胞内信号，其中胞外信号包括环境刺激(信号)和胞间信号。

1.6.1.2 胞间信号

当环境刺激的作用位点与效应位点处于植物的不同部位时，作用位点细胞产生信号并传递到效应位点，引发细胞生理效应，我们将作用位点产生的信号称作胞间信号。根据信号分子性质，胞间信号可以分为物理信号和化学信号。

(1)物理信号

物理信号(physical signal)指植物细胞感受到刺激后产生的能够起传递信息作用的物理因子，如电信号和水力学信号等。电信号(electrical signal)是指植物体内能够传递信息的电位波动，是植物体内长距离传递信息的一种重要方式。细胞间的电信号传递主要通过质外体和共质体途径，长距离传递则通过维管束。植物电信号研究较多的是动作电位(action potential，AP)，也叫动作电波，是指植物细胞和组织中发生的相对于空间和时间的快速变化的一类生物电位。机械振击、电脉冲或局部的温度升高等短暂的冲击(不会导致植物受到伤害并可在短时间内使植物恢复原状的刺激)就可以激发植物动作电波的传递。一些敏感植物或组织，如含羞草的茎叶、攀缘植物的卷须等，当它们受到外界刺激发生运动反应(如小叶闭合下垂、卷须弯曲等)就伴有电波的传递。有人研究扑虫草的动作电位幅度在 110～115 mV，传递速度为 6～30 $cm \cdot s^{-1}$。水力学信号(hydraulic signal)是指植物体内能够传递的水(流体)压力的变化。水力学信号通过植物的水连续体系尤其是木质部中快速传递，是影响气孔运动的重要物理信号。

(2)化学信号

化学信号(chemical signal)是指细胞受到刺激后合成并传递到作用部位引发生理反应的化学物质。根据化学信号的作用方式和性质，可以将化学信号分为正化学信号和负化学信号。我们将随刺激强度增加，细胞合成及其向作用位点的输出量也随之增加的化学信号物质称为正化学信号(positive chemical signal)。如当植物根系受到水分亏缺胁迫时，根系细胞迅速合成脱落酸(ABA)，脱落酸作为胞间化学信号则通过木质部蒸腾流输送到地上部分，抑制叶片生长并引发气孔开度下降等生理反应，其中胞间信号——脱落酸的合成和运输量会随着水分胁迫的加剧而显著增加，此时的脱落酸就是正化学信号。相反，随着刺激强度的增加，细胞合成及其向作用位点输出的量随之减少的化学信号物质就是负化学信号(negative chemical signal)。如根系水分亏缺胁迫时，根系合成和输出的细胞分裂素(CTK)的量会随着胁迫强度增加而显著降低，此时的细胞分裂素就是负化学信号。

化学信号在体内多数通过韧皮部进行长距离传递，如 ABA、水杨酸、寡聚半乳糖等，其传递速度可达 0.1～1 $mm \cdot s^{-1}$。除了韧皮部外，有些化学信号也可以通过集流的方式通过木质部传递，如土壤水分亏缺导致根系的 ABA 合成传递过程。植物体内容易挥发的化学信号，如乙烯和茉莉酸甲酯一般在植物体内的气腔网络(air-space network)通过扩散迅速传递，其传递速度可达 2 $mm \cdot s^{-1}$。

1.6.2 受体和跨膜信号转换

环境信号直接作用于靶细胞或通过刺激作用位点细胞产生胞间信号后再传递到靶细

胞，靶细胞感受胞外信号并将胞外信号转换成胞内信号，胞内信号经下游信号转导网络传递、放大和整合，引发各种特定细胞生理反应，这一过程涉及受体及跨膜的信号转换。

1.6.2.1　细胞受体

受体(receptor)就是指存在于细胞表面或亚细胞组分中的天然分子，能够特异地识别并结合信号物质、产生胞内次级信号的特殊成分。细胞受体的特征是具有特异性、高亲和力和可逆性。至今发现的受体一般都是蛋白质。和受体相对应的，能够被受体特异识别并结合的化学信号物质就是配体(ligand)。

位于细胞表面的受体为细胞表面受体(cell surface receptor)。多数信号分子不能穿过细胞膜，必须和细胞表面受体结合，之后再经过跨膜的信号转换，将胞外信号转换成胞内信号，并进一步通过信号转导网络传递、放大和整合后才能引发细胞反应。

位于亚细胞组分如细胞核、液泡膜上的受体为细胞内受体(intracellular receptor)。有些疏水性小分子信号分子，能够直接扩散进入细胞，与细胞内受体结合，调节基因表达过程，引发细胞反应。

目前植物细胞受体研究比较多的是光受体、植物激素受体以及G蛋白连接受体。光受体和植物激素受体将在以后相关章节中介绍，本节重点介绍G蛋白连接受体。

G蛋白连接受体(G protein-linked receptor)：该受体蛋白的氨基端位于细胞外侧，羧基端位于细胞内侧，一般形成7个跨膜的α螺旋结构(transmembrane α helix)。胞内羧基端具有与G蛋白相互作用的区域，受体活化(结合配体或被胞外信号刺激)后直接将G蛋白激活，进行跨膜信号转换(图1-13)。

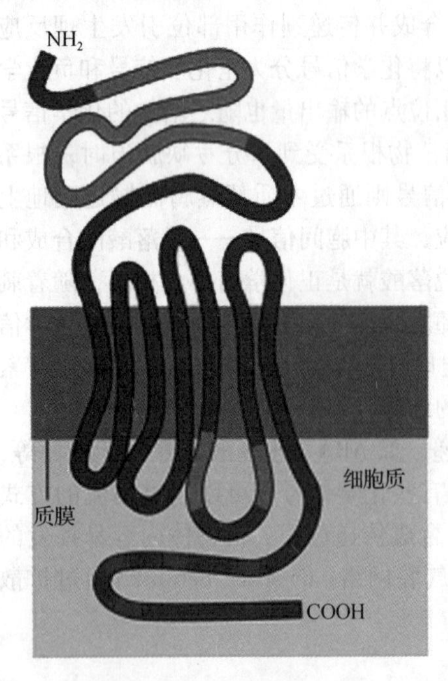

图1-13　G蛋白连接受体

(引自Alberts，Bray，Lewis *et al.*，1994)

G蛋白(G protein)全称为异三聚体GTP结合蛋白(heterotrimeric GTP binding protein)。顾名思义，G蛋白在跨膜信号转换过程中，需要与GTP结合，具有GTP酶活性。20世纪70年代初在动物细胞中发现了G蛋白的存在，进而证明了G蛋白是细胞膜受体与其所调节的相应生理过程之间的主要信号转导者。植物G蛋白研究始于20世纪80年代，并已经证明G蛋白在高等植物中普遍存在，其作用可以概括为：①参与光刺激的信号转导；②参与K^+通道的调控；③参与植物激素诱导的信号转导；④参与病原物诱导的信号转导；⑤参与调解根瘤菌中结瘤因子的信号转导；⑥参与花粉萌发和花粉管伸长及细胞外钙调素(钙调蛋白)的信号转导。

G蛋白有2种类型：一种是异源三聚体GTP结合蛋白(heterotrimeric GTP binding protein)，由α、β和γ 3种亚基组成。亚基中氨基酸的酯化修饰将G蛋白结合在细胞膜面向细胞质的一侧(图1-14)。另一种是小G蛋白(small G protein)或称小GTPase，只含有一个亚基的单体蛋白，研究发现小G蛋白和异源三聚体GTP结合蛋白中的α亚基类似，能够结合GTP或GDP，结合GTP后称活化状态，可以启动不同的信号转导，但是目前还没有发现小G蛋白参与跨膜的信号转换过程。

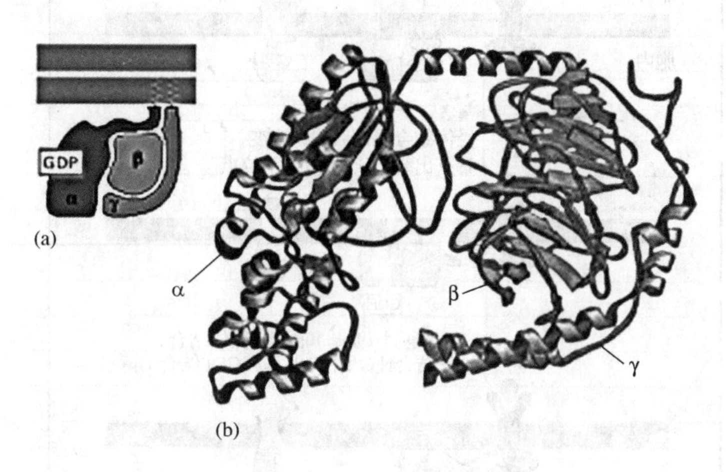

图1-14 非活化G蛋白结构（引自 Alberts，Johnson，Lewis *et al.*，2002）

（a）构成G蛋白3个亚基中α、γ亚基和质膜连接 （b）G蛋白三维结构图

1.6.2.2 跨膜信号转换

植物细胞中G蛋白介导的跨膜信号转换和动物细胞中信号转换过程类似，同样通过G蛋白自身的活化和非活化循环来实现。当胞外信号与膜上的特异受体结合后，受体蛋白羧基端构象改变，并与G蛋白结合形成配体—受体—G蛋白复合体，诱发G蛋白中的GDP-α亚基形成GTP-α亚基；GTP-α亚基脱离G蛋白复合体中的β和γ亚基，趋向下游酶蛋白，同时配体脱离受体蛋白，受体蛋白复原构象；GTP-α亚基结合下游酶蛋白后，活化的酶蛋白催化相关反应形成胞内信号；α亚基将结合的GTP水解又恢复到去活化状态、脱离下游酶蛋白并与β和γ亚基结合再形成G蛋白复合体，完成一个循环（图1-15）。植物细胞中有充分证据证明，可以被G蛋白活化的下游组分是磷脂酶C。另外，在菠菜中也有和腺苷酸环化酶组分被活化的相关报道。随着研究的深入，相信会有更多的关于G蛋白连接受体介导的植物细胞跨膜信号转换的报道。

G蛋白介导的跨膜信号转换过程同时还具有信号放大作用。这种信号放大是指每个胞外信号分子结合的受体可以激活多个G蛋白，G蛋白又可以激活下游的组分（效应器，如磷脂酶C），由此信号被放大了。

1.6.3 细胞内信号分子和第二信使系统

通常将胞外信号称为初级信号（primary signal）。胞外信号经过跨膜信号转换后形成细胞内信号分子或称第二信使（secondary signal）。胞外信号通过跨膜转换形成的第二信使的传递、放大，最终引发细胞反应。目前已经发现并有深入研究的第二信使包括：Ca^{2+}、cAMP、IP3、DAG等。

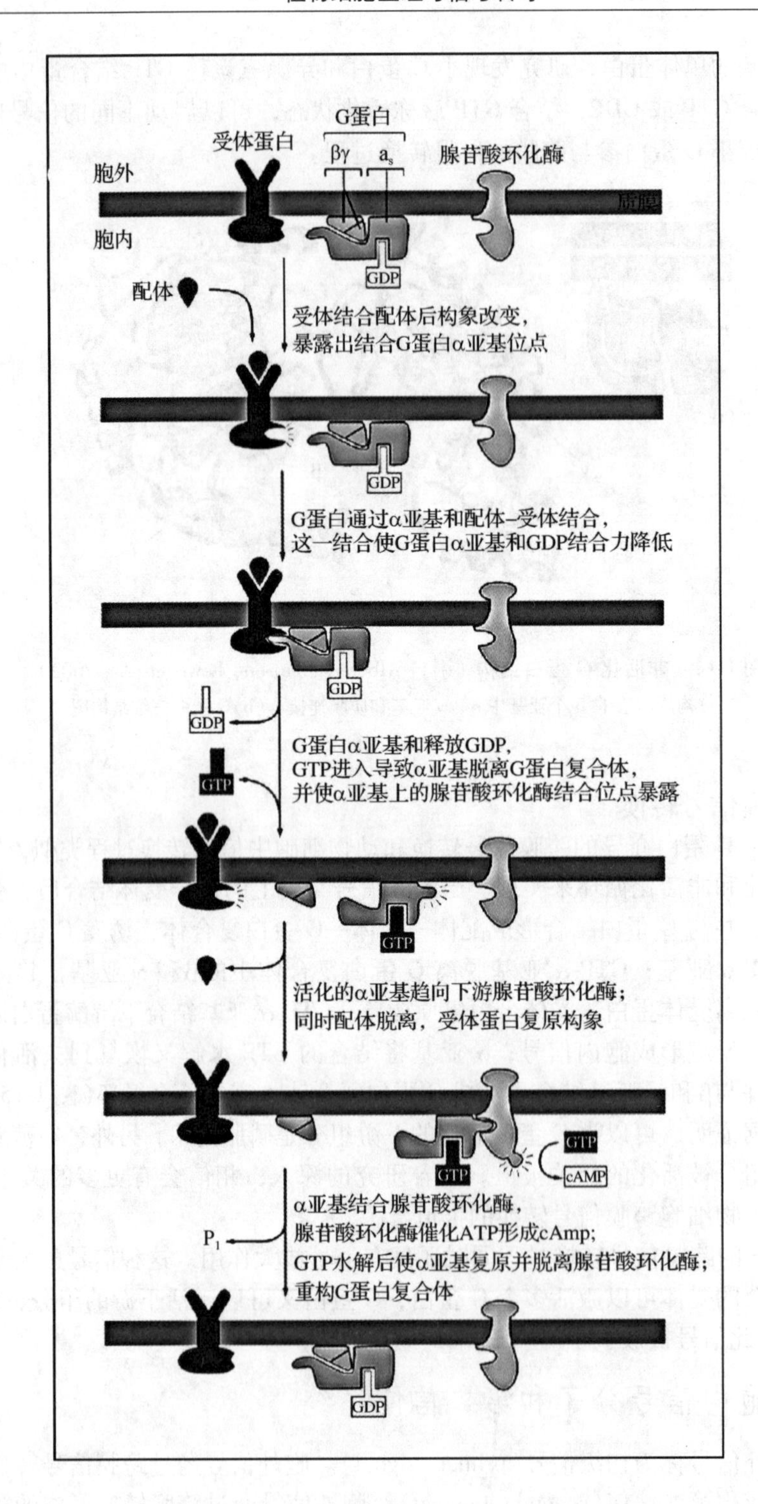

图 1-15　G 蛋白介导的跨膜信号转换

（引自 Alberts，Bray *et al.*，1994）

1.6.3.1 钙离子和钙结合蛋白

钙离子是植物细胞信号转导过程中重要的胞内信号分子。研究发现静息态植物细胞质中的Ca^{2+}浓度小于或等于0.1 μmol · L^{-1}，而细胞壁、内质网和液泡等部分的Ca^{2+}浓度要比细胞质中高出2个数量级。细胞受到刺激后，胞质中的Ca^{2+}会有一个短暂的、明显的升高，或者是在细胞内的梯度分布和区域分布发生变化。例如，伸长的花粉管中Ca^{2+}的分布从顶端向下呈明显的由高到低的浓度梯度。光、触摸、病原因子、植物激素、高盐、低温以及干旱等非生物胁迫都会导致细胞质中游离Ca^{2+}浓度的提高。细胞质中Ca^{2+}浓度的变化一般通过内向(进入细胞质方向)的Ca^{2+}通道以及外向(从细胞质输出至质外体或细胞器内的方向)的Ca^{2+}泵实现(图1-16)。将Ca^{2+}逆浓度梯度从细胞质运输到质外体以及内质网或液泡等细胞器的过程是需要消耗能量的主动运输过程，主要由Ca^{2+} - ATPase以及H^+/Ca^{2+}逆向转运蛋白完成。细胞质中游离Ca^{2+}浓度增加后，通过Ca^{2+}或Ca^{2+}结合蛋白激活钙依赖蛋白激酶，这些蛋白激酶就可以调节包括胁迫应答基因在内的相关功能基因的表达，并导致植物耐逆性反应。Ca^{2+}在植物对非生物胁迫应答的细胞周期进程调控中也有重要调节作用，同时在植物防御应答反应中的基因调控也非常重要。

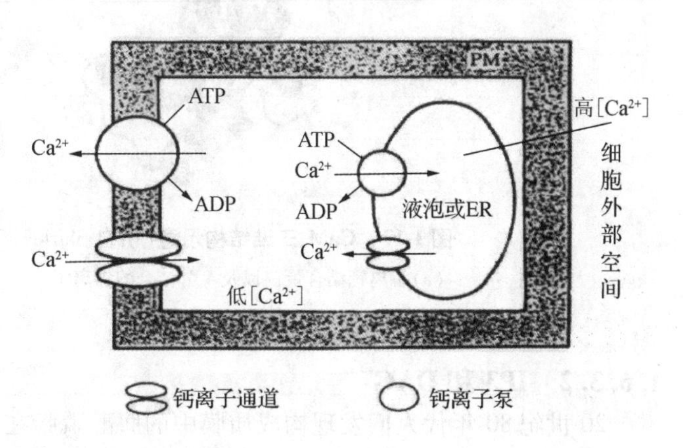

图1-16 植物细胞Ca^{2+}运输系统(引自潘瑞炽 等，2008)

钙结合蛋白(calmodulin，CaM)也称钙调节素或称钙调素，是一种耐热球蛋白，是由148个氨基酸组成的单链多肽，相对分子质量为17 000～19 000 Da，酸性，等电点为4.0。CaM三维立体结构呈哑铃型(图1-17)，长为6.5 nm。每个哑铃球上有2个Ca^{2+}结合位点，长的中心螺旋形成哑铃柄，没有Ca^{2+}结合位点。

细胞内CaM一般通过以下2种方式引发细胞反应：一是直接与靶酶结合并调节其活性；二是与Ca^{2+}结合，形成活化态的Ca^{2+} - CaM复合体，再与靶酶结合并使其活化。

当CaM结合Ca^{2+}形成Ca^{2+} - CaM复合体后，使CaM与许多靶酶的亲和力大大提高，导致靶酶的活性全酶浓度增加，这是调幅机制(amplitude modulation)。另一种情况，细胞中Ca^{2+}浓度保持不变情况下，通过调节CaM或靶酶对Ca^{2+}的敏感程度，增加活性全酶的调控为调敏机制(sensitive modulation)。目前已经发现，生长素、光、风、雨等环境刺激都可以引发CaM基因表达，使细胞中CaM水平提高。

目前已知的CaM的靶酶包括：质膜上的Ca^{2+}- ATP酶、Ca^{2+}通道、NAD激酶、多种蛋白激酶等。它们参与多种生理活动，如蕨类植物的孢子发芽、细胞有丝分裂、原生质流动、植物激素的活性和向性、调节蛋白质的磷酸化等，最终调节细胞生长发育。

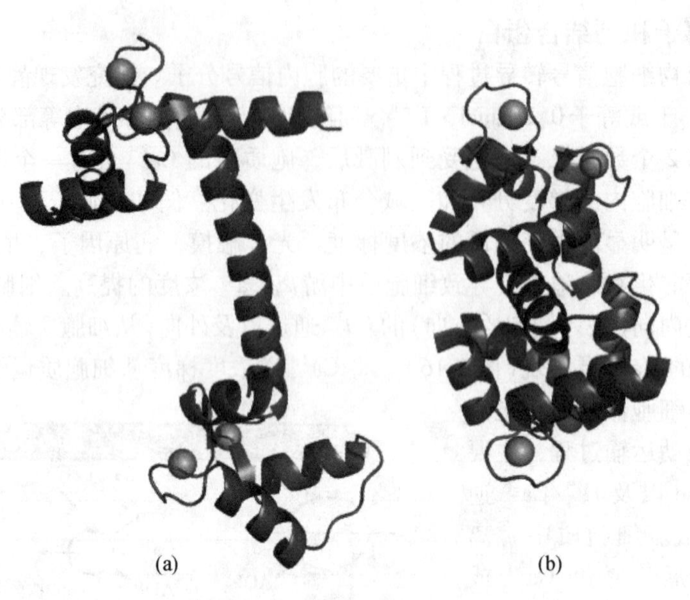

图 1-17　CaM 三维结构示意(引自 Shirley, Tamara *et al.*, 2010)

(a)游离钙结合蛋白以及 4 个结合的钙离子　(b) Ca^{2+} – CaM – 蛋白质

1.6.3.2　IP3 和 DAG

20 世纪 80 年代人们发现构成质膜中的肌醇磷脂在植物细胞内信号转导过程中具有重要作用。肌醇磷脂(lipositol)也称磷脂酰肌醇(phosphatidylinositol, PI)，是一类由磷脂酸与肌醇结合而形成的化合物，其分子中含有甘油、脂肪酸、磷酸和肌醇等基团。磷脂酰肌醇占膜脂总量的 1/10 左右。在植物细胞质膜中主要有 3 种形式：磷脂酰肌醇(PI)、磷脂酰肌醇-4-磷酸(PIP)以及磷脂酰肌醇-4,5-二磷酸(PIP2)。其中 PI 激酶和 PIP 激酶先后催化 PI 和 PIP 磷酸化形成 PIP 和 PIP2。PIP2 在磷脂酶 C 催化下水解形成肌醇三磷酸(IP3)和二脂酰甘油(DAG)。

以磷脂酰肌醇(PI)代谢为基础的植物细胞信号转导系统为：胞外信号(如光和激素，与膜受体结合)，G 蛋白介导，激活质膜中的磷脂酶 C(phospholipase C PLC)，PLC 水解 PIP2 形成 IP3 和 DAG(图 1-18)，IP3 和 DAG 再进行双信号传递。

IP3 为水溶性，可以从质膜扩散到细胞质内和内质网或液泡膜上的 IP3-Ca^{2+} 通道结合，打开通道，使液泡或内质网内 Ca^{2+} 顺浓度梯度释放到细胞质内，提高细胞质内 Ca^{2+} 浓度，引发由 Ca^{2+} 调节的细胞反应。这种 IP3 促使胞内钙库(液泡、内质网等)释放 Ca^{2+}，增加细胞质 Ca^{2+} 浓度的信号转导途径称为 IP3/Ca^{2+} 信号传递途径。

DAG 为脂溶性，由 PLC 催化水解 PIP2 形成后仍保留在质膜上，DAG 可以激活下游蛋白激酶 C(protein kinase C, PKC)，PKC 进一步使下游其他激酶磷酸化，调节细胞的繁殖和分化。这种 DAG 激活 PKC，再使其他蛋白激酶磷酸化的信号转导途径称为 DAG/PKC 信号传递途径。

这里，我们将胞外刺激使 PIP2 转化成 IP3 和 DAG，引发 IP3/Ca^{2+} 和 DAG/PKC 2 条信号转导途径，在细胞内沿着两个方向传递信号的系统称为“双信号系统”(图 1-19)。虽然双信号系统在少数植物细胞信号转导中得到确认，但是信号传递途径尚不如对动物细胞内该双信号系统研究得那样清楚。

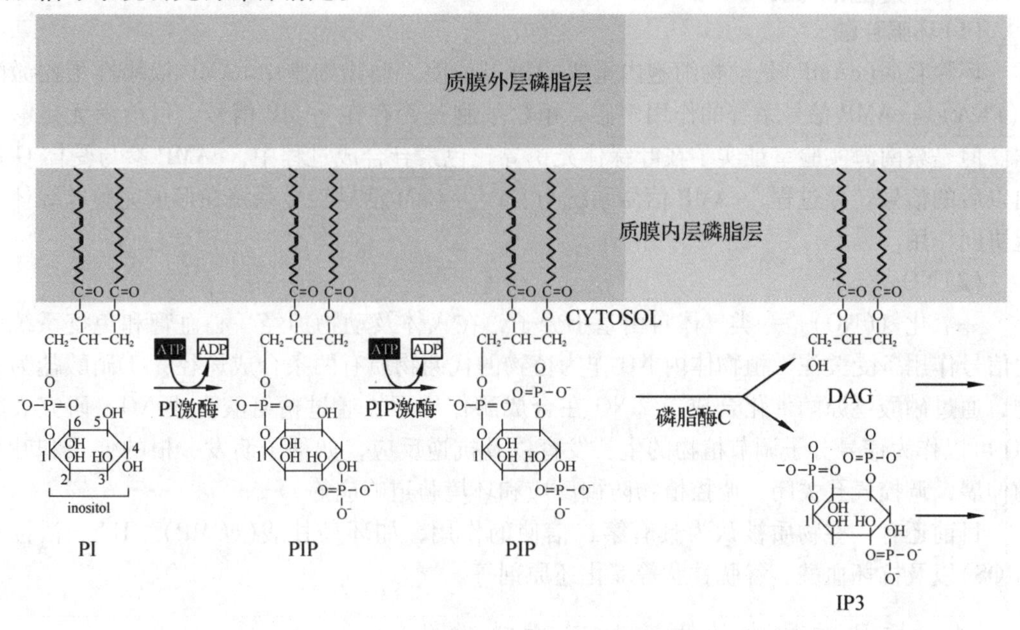

图 1-18　IP3 和 DAG 形成过程(引自 Alberts，Johnson *et al.*，2002)

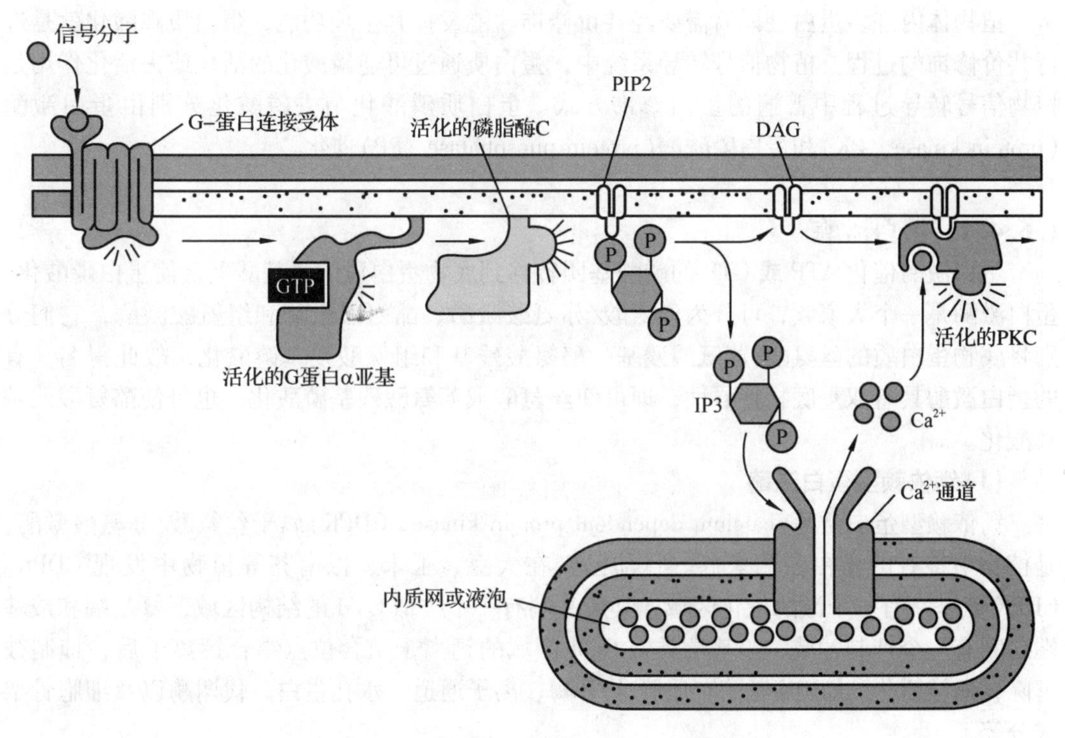

图 1-19　IP3/Ca^{2+} 和 DAG/PKC 双信号系统

(引自 Alberts，Johnson *et al.*，2002)

1.6.3.3 其他信号分子

(1)环腺苷酸

环腺苷酸(cAMP)是动物细胞内重要的第二信使。动物细胞中cAMP依赖性蛋白激酶A(PKA)是cAMP信号系统的作用中心。植物细胞是否存在cAMP信号，目前尚无足够证据。但是蔡南海实验室证实了在叶绿体光诱导花色素苷合成过程中，cAMP参与受体G蛋白以后的信号转导过程，cAMP信号系统与Ca^{2+}-CaM信号转导系统在形成完整叶绿体中起协同作用。

(2)NO

一氧化氮(NO)是一类气体自由基小分子，在人体及动物神经、心血管和免疫系统中的信号作用备受关注。植物体内NO作为植物的代谢物质有两条合成途径：①硝酸盐为底物，通过硝酸还原酶催化合成；②NO在合成酶作用下，通过精氨酸合成NO。研究表明NO可以作为信号分子调节植物的生长发育以及抗逆反应，如种子萌发、根的伸长和叶片的伸展，调控气孔关闭，调控植物防御反应和环境胁迫响应等。

目前还有一些物质被认为具有第二信使的作用，如环鸟甘酸(cGMP)、H^+、活性氧(ROS)以及抗坏血酸、谷胱甘肽等氧化还原剂等。

1.6.4 信号转导中的蛋白质可逆磷酸化

植物体内许多蛋白翻译后需要经共价修饰才能发挥其生理功能，蛋白质磷酸化就是进行共价修饰的过程。植物信号转导系统中，蛋白质通过可逆磷酸化的活化或去活化作用是植物信号转导过程中普遍的蛋白修饰方式。蛋白质磷酸化与去磷酸化分别由蛋白激酶(protein kinase，PK)和蛋白磷酸酶(protein phosphatase，PP)催化。

1.6.4.1 蛋白激酶

蛋白激酶催化ATP或GTP的磷酸基团转移到底物蛋白质的氨基酸上，使蛋白磷酸化。蛋白激酶是一个大家族，可分为丝氨酸/苏氨酸激酶、酪氨酸激酶和组氨酸激酶，它们分别将底物蛋白质的丝氨酸/苏氨酸残基、酪氨酸残基和组氨酸残基磷酸化，故此得名。有的蛋白激酶具有双重底物特异性，即可使丝氨酸或苏氨酸残基磷酸化，也可使酪氨酸残基磷酸化。

(1)钙依赖型蛋白激酶

钙依赖型蛋白激酶(calcium dependent protein kinase，CDPK)属于丝氨酸/苏氨酸激酶，是植物中特有的蛋白激酶家族。目前已经在大豆、玉米、拟南芥等植物中发现CDPK。CDPK氨基端有一个激酶催化区域，其羧基端有一个类似CaM的结构区域，氨基端和羧基端之间有一个抑制区域，羧基端类似CaM区域的钙离子结合位点结合钙离子后，抑制被解除，酶被活化。CDPK靶酶有质膜ATP酶、离子通道、水孔蛋白、代谢酶以及细胞骨架成分等。

(2)类受体蛋白激酶

植物细胞中也发现了类似动物细胞表面的受体蛋白激酶，虽然基因同源，但是因为基因产物功能还没有证实，所以称为类受体蛋白激酶(receptor-like protein kinase, RLK)。其大致属于丝氨酸/苏氨酸激酶类型，由胞外结构区、跨膜螺旋区及胞内蛋白激酶催化区组成。根据 RLK 胞外结构区不同，可以将 RLK 分为 3 类：①含 S 结构域的 RLK(具有一段和调节油菜自交不亲和的 S-糖蛋白同源的氨基酸序列)；②富含亮氨酸重复的 RLK(油菜素内酯的受体属于此种类型)；③类表皮因子的 RLK(具有类似动物细胞表皮因子的结构)。研究表明，RLK 可能参与花粉自交不亲和调控、病原信号转导以及调节植物生长发育等。

1.6.4.2 蛋白磷酸酶

蛋白磷酸酶具有去磷酸化作用，其分类和蛋白激酶相对应，也分为丝氨酸/苏氨酸型蛋白磷酸酶和酪氨酸型蛋白磷酸酶。有些酶同样具有双重底物特异性。蛋白激酶和蛋白磷酸酶的协同作用在植物信号转导中具有非常重要的作用。

1.7 研究细胞结构和功能的方法

细胞是构成植物体的基本单位。人类对细胞的发现以及认识要归功于显微镜的发明及其显微技术的发展，可以说没有显微镜的发明就没有细胞学说的建立，没有现代显微技术、生物化学以及分子生物学等现代实验技术及其相互结合就不能如此深刻地认识细胞的结构和功能。随着科学技术的发展，人们对细胞结构和功能的研究技术手段也在日新月异，显然很难对所有涉及细胞结构和功能的研究方法逐一加以介绍。本节将重点从细胞化学技术、显微技术、显微放射自显影技术以及细胞内含物的分级分离技术等几个方面进行介绍。

1.7.1 细胞化学技术

细胞化学技术(cytochemistry)是细胞学和化学相结合而产生的技术，是在保持细胞结构完整的条件下，以形态学为基础，通过细胞化学反应研究细胞内各种成分(主要是生物大分子)的分布情况，以及这些成分在细胞活动过程中的动态变化的技术。可以通俗地说，这类技术让人们在显微镜下看到细胞内大分子的位置。广义的细胞化学技术可以包括光学显微镜和电子显微镜水平的细胞化学技术、免疫细胞化学技术、放射自显影技术和原位杂交技术等。

(1)鉴定某些物质在组织和细胞中的存在位置

孚尔根反应(Feulgen reaction)：可特异显示细胞内的 DNA。该方法首先用弱酸水解细胞核 DNA，释放出脱氧核糖，然后浸入 Schiff 试剂(由碱性品红和偏重亚硫酸钠配制的无色品红)，脱氧核糖就会与无色品红结合形成紫红色化合物，同时，可用显微镜定位，也可以用显微分光光度计定量分析。

(2)鉴定酶反应的发生位置

植物细胞过氧化氢酶鉴定：是利用细胞内该酶可以催化过氧化氢使联苯胺氧化，被氧化的联苯胺聚合为蓝色或棕色的化合物，利用显微镜进行镜检分析。

1.7.2 显微技术

光学显微镜的发明，突破了人类的生理极限，使人们看清了细菌和细胞，并促进了细胞学的建立和发展，从而人类对微观世界的认识产生了一次飞跃。随着科学技术的进步，显微技术也得到发展，显微设备的分辨率也在不断提高(表1-1)，人类对细胞结构的认识也越来越深入。下面从光学显微镜和电子显微镜两个方面进行介绍。

表1-1 显微镜分辨率比较

	人眼	光学显微镜	激光共聚焦扫描显微镜	电子显微镜
分辨率	0.2 mm	0.25 μm	0.18 μm	0.1 nm

(1)光学显微镜技术

光学显微镜技术是进行细胞结构和功能研究的重要工具，随着现代多种生物学技术与光镜技术的结合，使光学显微镜显示出新的活力。目前常用的光学显微镜技术有普通复式光学显微镜技术、荧光显微镜技术、激光共聚焦扫描显微镜技术以及相差和微分干涉显微镜技术等。下面我们重点介绍激光共聚焦扫描显微镜技术。

激光共聚焦扫描显微镜(laser scanning confocal microscope)是将光源通过光栅针孔形成的点光源聚焦在样品的某个点(被探测点)，该点被照射后所发射的荧光聚焦在探测针孔上。这里，相对于样品的被照射点而言照明针孔与探测针孔是共轭的，即点光源的光点通过一系列的透镜，最终可同时聚焦于照明针孔和探测针孔，所以样品的被探测点为共焦点，被探测点所在的平面即共焦平面。计算机以像点的方式将被探测点信息显示在屏幕上，光路中的扫描系统在样品共焦平面上扫描后就可以在屏幕上产生一幅完整的共焦图像。通过载物台移动，将样品新的一个层面移动到共焦平面上扫描，样品的新层面就又成像在计算机屏幕上，随着不断移动，就可获得样品不同层面连续的光切图像。激光共聚焦扫描显微镜的分辨率可以达到0.18 μm。

激光共聚焦扫描显微镜具有高清晰度和高分辨率图像采集、无损伤连续光学切片、显微"CT"、真正的三维重组、旋转扫描、定量分析、光谱扫描以及图像分析等多种功能，所以其应用极其广泛。例如，可以进行三维重组、免疫荧光定位定量、细胞内离子动态变化以及自由基测定、活体细胞内pH值测定以及线粒体膜电位测定等方面研究。

(2)电子显微镜技术

光学显微镜由于光镜分辨率受照射光波长的限制只能达到一定的限度，所以要对细胞进行更精细研究必须借助电子显微镜(electron microscope)。电子显微镜技术包括透射电子显微镜技术、扫描电子显微镜技术、冰冻蚀刻电子显微镜技术以及扫描隧道显微镜技术等。下面重点介绍透射电子显微镜技术和扫描电子显微镜技术。

透射电子显微镜(transmission electron microscope, TEM)结构和工作原理比普通复式光学显微镜复杂(表1-2)，它使用波长比光波短得多的电子束作为光源(小于0.1 nm)，在高真空的环境下利用电磁透镜聚焦成像，其分辨率可以达到0.1 nm，有效放大倍数可达到10^6倍。因为透射电子显微镜采用电子束在高真空环境下利用电磁透镜聚焦成像，所以

表 1-2 透射电子显微镜与普通光学显微镜基本区别

类型	分辨率	光源	透镜	真空	成像原理
光学显微镜	200 nm	可见光（波长 400 ~ 700 nm）	玻璃透镜	不要求	利用样品对光的吸收形成反差以及颜色变化
	100 nm	紫外光（波长 200 nm）	石英玻璃透镜	不要求	
电子显微镜	0.2 nm	电子束（波长 0.01 ~ 0.9 nm）	电磁透镜	1.33×10^{-5} ~ 1.33×10^{-3} Pa	利用样品对电子散射和透射形成明暗反差

注：引自翟中和，王喜明，丁明孝，2000。

用于透射电子显微镜观察的样品制备也有别于普通光学显微镜。用于电子显微镜观察的样品通常采用锇酸—戊二醛固定、环氧树脂包埋、超薄切片机切片。超薄切片厚度一般为 40 ~ 50 nm。切片采用醋酸双氧铀、磷钨酸等重金属盐负染。电子显微镜检、底片成像记录。

扫描电子显微镜（scanning electron microscope，SEM）于 20 世纪 60 年代问世。其工作原理为电子枪发射出的 20 ~ 50 μm 的电子束被电磁透镜汇聚成 3 ~ 10 nm 的细小探针，在样品表面进行扫描，电子束扫描样品时可以发出二次电子，而二次电子产生多少随样品表面形貌、结构等差异而不同，从而在显像管的对应位置上以相应的明暗反差形成样品表面形貌特征的图像，即二次电子图像。SEM 主要用于观察样品的表面形貌特征，所以在制备用于 SEM 观察的样品时需要特别注意保持样品表面形貌。常用的方法是采用 CO_2 临界点干燥法，其原理为，CO_2 在其临界点温度时不存在气—液相面，这样就不存在引起样品变形的表面张力。通常先用液态 CO_2 等介质浸透样品，然后在临界点状态，使 CO_2 以气体逸散出去，得到干燥样品。干燥后的样品在扫描之前需要在样品表面喷镀一层金膜，以增加样品表面导电性、获得良好的二次电子信息。扫描电镜景深长，成像具有强烈的立体感。一般扫描电子显微镜的分辨率为 3 nm，低压高分辨率的扫描电镜分辨率可达 0.7 nm，可用于观察核孔复合体结构。

1.7.3 显微放射自显影技术

将光学显微镜技术和电子显微镜技术与放射自显影技术结合而形成的显微放射自显影技术在阐明细胞器结构和代谢功能的关系方面有重要的贡献。

显微放射自显影技术是利用放射性同位素所产生的射线作用于感光乳胶的卤化银晶体而产生潜影，再经过显影、定影处理，把感光的卤化银还原成黑色的银颗粒，即可根据这些银颗粒的部位和数量分析出标本中放射性示踪物的分布，以进行定位和定量分析。我们在选择放射性同位素时应考虑它们的射线种类、能量和半衰期。

显微放射自显影操作过程一般是：选择合适的放射性前体分子标记植物有机体或组织细胞。根据研究需要，按标记持续时间分为持续性标记和脉冲标记 2 种。标记后样品按常规方法制片，暗室内在放置底片，暗盒内曝光数天，然后显影、定影、镜检。

1.7.4　细胞内含物的分级分离方法

细胞内含物的分级分离方法是研究细胞器生理生化功能的重要方法。一般采用低渗匀浆、超声破碎或研磨将细胞破损，形成含有细胞核、叶绿体、线粒体、内质网等细胞器和细胞组分的混合物。再经过差速离心将组织匀浆分级分离。特别注意匀浆过程需要保持1~3 ℃的低温，研磨介质必须是缓冲介质和等渗溶液，以抑制操作过程中的化学反应，减少细胞器和酶的破坏。

密度梯度离心是将要分离的细胞组分小心铺放在含有密度逐渐增加的、形成密度梯度的，高溶解性、惰性物质(蔗糖)溶液的表面。这种条件下离心，细胞不同组分以不同的沉降速率沉降形成沉降带，将细胞组分分开。如果将差速离心和密度梯度离心结合使用会得到更好的分离效果。

小　结

除病毒、类病毒和朊病毒外，已知的生物体都是由细胞构成的。细胞(cell)是生命活动的基本单位。依据细胞的进化地位、结构的复杂程度、遗传装置的类型与主要生命活动的方式等特征可以将种类繁多的细胞分为原核细胞、古核细胞(古细菌)和真核细胞三大类，并由此延伸将生物划分为原核生物、古核生物和真核生物三大界。

植物细胞和动物细胞相比，细胞壁、液泡、叶绿体以及其他质体是植物细胞所特有的结构和细胞器。植物细胞在有丝分裂后，普遍存在一个体积增大与成熟过程，动物细胞表现不明显。细胞壁是植物细胞质膜外的一层坚硬的壁，具有一定的弹性，界定细胞形状和大小。细胞壁是植物细胞区别于动物细胞的主要特征之一。细胞壁具有维持细胞形状、调节细胞生长、保护、参与细胞膨压形成、构成细胞质外体空间、参与细胞运动、信息传递以及细胞壁物质合成、转移、水解等功能。胞间连丝是植物细胞间质膜的管状延伸，是相邻细胞间贯穿细胞壁的细胞质通路。植物体内大部分细胞间都有胞间连丝，并由此形成一个细胞原生质连续的整体，即共质体。细胞壁、细胞壁与质膜之间间隙以及细胞间隙等空间叫质外体。生物膜是指构成细胞的所有膜的总称。它包括围在细胞质外面的质膜和内膜系统。目前对细胞膜结构的解释比较公认的模型为流动镶嵌模型。生物膜具有空间隔离、参与代谢作用、物质交换、信号识别转导等功能。

植物细胞除了细胞壁和质膜外，质膜内为细胞质基质以及具有一定结构和功能的各种类型的细胞器。生活的植物细胞的细胞质内具有发达的内膜系统，主要包括内质网、高尔基体复合体、液泡以及它们形成的分泌泡等。真核细胞的质膜以内细胞质中除可分辨的细胞器以外的胶体物质，称为细胞质基质，其中包含与中间代谢有关的数千种酶、维持细胞形态和细胞内物质运输有关的细胞质骨架结构。除成熟的筛管细胞外，所有活的植物细胞都有细胞核。细胞核是细胞内最大的细胞器。典型的细胞核由核膜、染色质、核基质和核仁四部分组成。细胞核是生物遗传物质存在与复制的场所，它控制着生物遗传，调节细胞的代谢、生长与发育。质体是植物细胞内特有的具有双层膜结构的细胞器。根据质体所含色素种类，可将质体分为白色体、有色体和叶绿体，它们都由前质体发育而来。线粒体是进行呼吸作用的细胞器。叶绿体和线粒体都是半自主性细胞器。

植物生长发育是基因在一定时间、空间上顺序表达的过程，而基因的表达除了受遗传因素影响外，还受到植物生活环境的调控。植物细胞的信号转导是指细胞偶联各种信号与其引起的特定生理效应之间的一系列分子反应过程。从细胞外信号(含胞外信号和胞间信号)到引发细胞反应的信号转导过程大致可以分为：①信号分子和细胞表面受体结合；②跨膜信号转换；③胞内信号通过转导网络进行信号传递、放大和整合；④引发细胞的生理生化反应。信号是物质的体现形式和物理过程。当环境刺激的作用位点与效应位点处于植物的不同部位时，作用位点细胞产生信号并传递到效应位点细胞引发生理效应，我们将作用位点产生的信号叫胞间信号。根据信号分子性质，胞间信号可以分为物理信号和化学信号。通常将胞外信号称为初级信号。胞外信号经过跨膜信号转换后形成细胞内信号分子或叫第二信使。G蛋白连接受体是植物细胞信号转导过程中信号跨膜转换重要的受体。胞外信号通过跨膜转换后形成的第二信使的传递、放大最终引发细胞反应。目前已经发现并有深入研究的第二信使包括：Ca^{2+}、cAMP、IP3、DAG等。植物信号转导系统中，蛋白质通过可逆磷酸化的活化或去活化是植物信号转导过程中普遍的蛋白修饰方式。蛋白质磷酸化与去磷酸化分别由蛋白激酶和蛋白磷酸酶催化。

细胞化学技术、电子显微技术、显微放射自显影技术以及细胞内含物的分级分离技术是研究细胞结构和功能的重要方法。

思考题

1. 原核细胞、古核细胞和真核细胞各有哪些主要特征？
2. 植物细胞和动物细胞的主要区别有哪些？
3. 膜的流动镶嵌模型有哪些特点？
4. 简述细胞壁的生理功能。
5. 为什么叶绿体和线粒体是半自主性细胞器？
6. 什么是细胞信号转导？植物细胞信号转导包括哪些过程？
7. 植物细胞内钙离子浓度变化是如何完成的？
8. 简述双信号系统。
9. 如何理解初级信使和第二信使？
10. 简述G蛋白介导的跨膜信号转换。

植物生物化学基础

> 糖、蛋白质、核酸和脂肪是植物体内4大类生物分子。糖类物质主要包括单糖、寡糖和多糖。蛋白质由20种基本氨基酸组成，具有一级结构、二级结构、三级结构和四级结构。核酸是生物遗传的物质基础，包括脱氧核糖核酸(DNA)与核糖核酸(RNA)。真脂、磷脂和糖脂是植物细胞内重要脂类。酶是植物体内各种化学反应的催化剂，按照化学组成可分为单成分酶和多成分酶，按催化的反应类型可分为氧化还原酶类、转移酶类、水解酶类、裂合酶类、异构酶类、合成酶类。酶催化活性受到各种因素调控。最后简要介绍了酶活力测定及分离纯化。

细胞由种类繁多、功能各异的生物分子组成。各种生物分子在细胞内的分布是高度有序的，特异地组成不同层次的结构。这些生物分子既是生命的组成，又是生命的产物，只有在组成了细胞这种特定的物质结构形式时才能表现生命现象。因此，生命有其特殊的分子和组织基础，细胞是具有自我装配和自我复制的生物大分子系统。

2.1 生物大分子

所有生物大分子都是来自环境中较简单的无机分子，如CO_2、H_2O和N_2等。经过细胞的同化作用，由这些无机分子形成细胞结构的单体分子。其中在各种生物中共有的、最基本的生物分子至少有30多种，包括组成蛋白质的20种氨基酸、组成核酸的5种碱基、组成多糖或核酸的2种单糖(葡萄糖和核糖)、1种脂肪酸(棕榈酸)、1种多元醇(甘油)及1种胺类化合物(胆碱)。这些生物分子在细胞内可以相互转变，或者通过特有的代谢途径转变为其他的生物分子。例如，在生物界发现的氨基酸已达100多种，但都是由组成蛋白质的20种氨基酸衍生而来，70多种单糖都来源于葡萄糖。棕榈酸可转化为细胞内不同的脂肪酸。细胞内其他的生命单体成分都是由基本的生物分子转变而成。单体分子的相对分子质量相对较小，常称为生物小分子。生物小分子在细胞内聚合成低聚物或生物大分子，这些聚合物可以进一步装配成超分子复合物。这些化学组成是形成细胞器及细胞的分子基础。植物细胞的化学成分相当复杂，本章主要介绍糖、蛋白质、核酸和脂类等。

2.1.1　糖

糖是地球上最丰富的生物大分子，广布于所有的生物体中，是由绿色植物经光合作用合成的。动物体中的糖都是来自食物中植物性糖。植物体通常含糖比较丰富，平均含量约占植物体干重的60%~90%。例如，根和茎中的纤维素，种子和块茎中的淀粉，水果中的葡萄糖及果糖等。动物体一般含糖较少，血液中含葡萄糖，肝脏和肌肉中含有糖原，乳汁中含有乳糖，含糖量不超过组织干重的2%。微生物含糖量约占菌体干重的10%~30%，它们或以糖或与蛋白质、脂类结合成复合糖存在。糖是人和动物的主要能源物质，通过氧化放出大量的能量，以满足生命活动的需要。糖也是植物新陈代谢和能量贮藏的基本物质，如葡萄糖、蔗糖和淀粉；也是构成植物界的支持骨架，如纤维素和交联聚糖等。

糖类主要是环化的多羟基醛或酮类物质，或者是通过水解反应产生这些化合物的物质。大部分糖类物质的经验化学分子式为$(CH_2O)_n$；其中一些糖分子中还含有氮、磷或硫原子。糖类物质主要分为3种：单糖、寡糖和多糖。

2.1.1.1　单糖

最简单的单糖是含有3个碳原子的丙糖，即甘油醛和双羟丙酮。随着碳链的增长，可以出现4~7个碳原子的醛糖和酮糖。

甘油醛	双羟丙酮	醛糖	酮糖
			CH_2OH
CHO	CH_2OH	CHO	C=O
CHOH	C=O	$(CHOH)_n$	$(CHOH)_{n-1}$
CH_2OH	CH_2OH	CH_2OH	CH_2OH

除双羟丙酮外，单糖分子中都含有手性碳原子，所以都有旋光异构体。例如，甘油醛有2个旋光异构体，丁醛糖有4个旋光异构体，戊醛糖有8个旋光异构体，己醛糖有16个旋光异构体。酮糖比碳原子数相同的醛糖少一个手性碳原子，所以旋光异构体的数目也比相应的醛糖少。在生物学上重要的单糖大都是D型的。虽然单糖有许多旋光异构体，植物体中常见的主要有以下各种：

三碳糖		四碳糖	五碳糖	
CHO	CH_2OH	CHO	CHO	CHO
HCOH	C=O	HCOH	HCOH	HCH
CH_2OH	CH_2OH	HCOH	HCOH	HCOH
		CH_2OH	HCOH	HCOH
			CH_2OH	CH_2OH
D-甘油醛	双羟丙酮	D-赤藓糖	D-核糖	2-脱氧-D-核糖

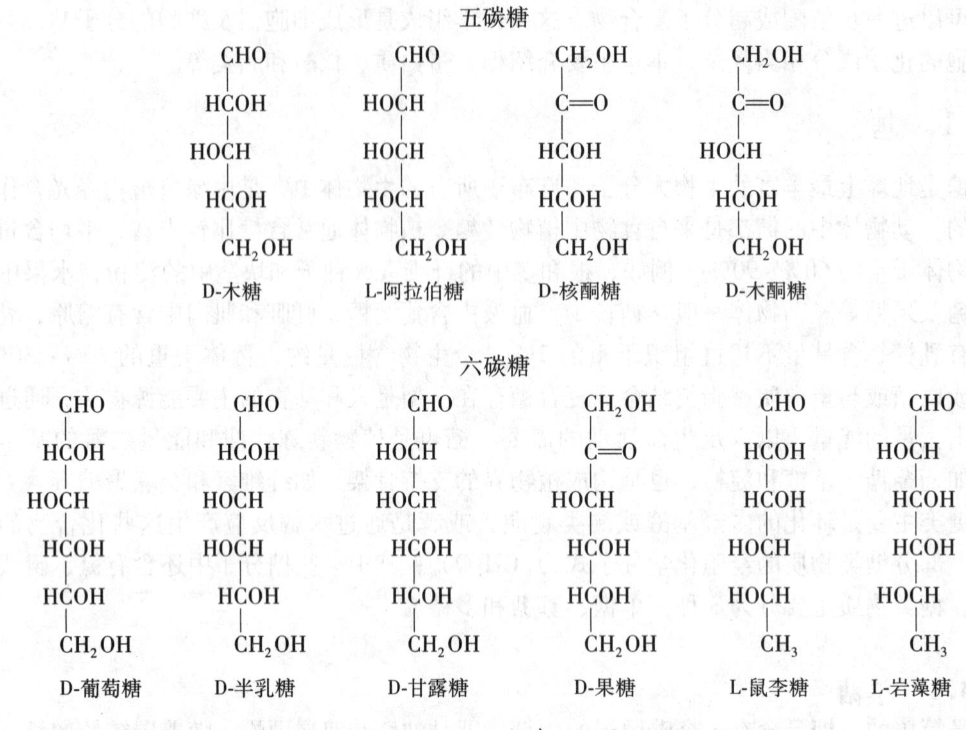

单糖在水中的溶解度很高。分子中的羰基(>C=O 氧元素)化学性质活泼，可以发生多种多样的生化反应。所以，单糖在植物的代谢过程中是非常活跃的。上述几种丙糖、丁糖和庚糖都是光合作用和呼吸作用的重要中间产物。戊糖中也有几种(如 D-核糖、D-木糖、D-核酮糖和 D-木酮糖)是光合作用和呼吸作用的重要中间产物。

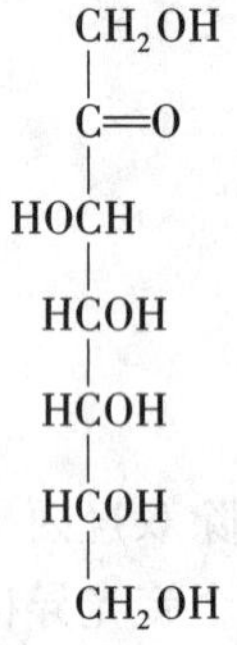

七碳糖

CH_2OH
C=O
HOCH
HCOH
HCOH
HCOH
CH_2OH

D-景天庚酮糖

在单糖碳链中碳原子上的 4 个价键并不是在一个平面上，而是互成 109°28′角。此外，碳链中的单键都可以自由旋转。所以，当单糖分子的碳原子数达到 5 个或 5 个以上时，直链型的单糖就有成环的倾向。例如，直链型葡萄糖 C_5上的羟基与 C_1上的醛基接近，连成 1－5 型氧桥而获得吡喃环结构(图 2-1)。C_1上的醛基转变为具有还原性的半缩醛羟基。

也可以连为 1－4 型氧桥而形成呋喃葡萄糖。呋喃葡萄糖不稳定。果糖 C_2上的羰基也能和 C_5或 C_6上的羟基结合为氧桥，相应地形成呋喃果糖和吡喃果糖，常见的是 D-呋喃果糖(图 2-2)。

糖常以磷酸化的形式参与代谢，如葡萄糖-6-磷酸(图 2-3)，上述丙、丁、戊、己、庚糖都可以和磷酸形成酯。

戊糖和己糖的半缩醛羟基可以和醇分子反应，脱水形成糖苷。醇组分和糖之间的键称为糖苷键。除真正的醇外，有机酸、酚类和糖也可以和糖形成糖苷。植物体内许多生物活性物质，如植物激素，都带羟基和羧基，在代谢过程中常形成糖苷以降低活性和增加水溶性。这样就可以调节活性水平，并且便于在植物体内运输。

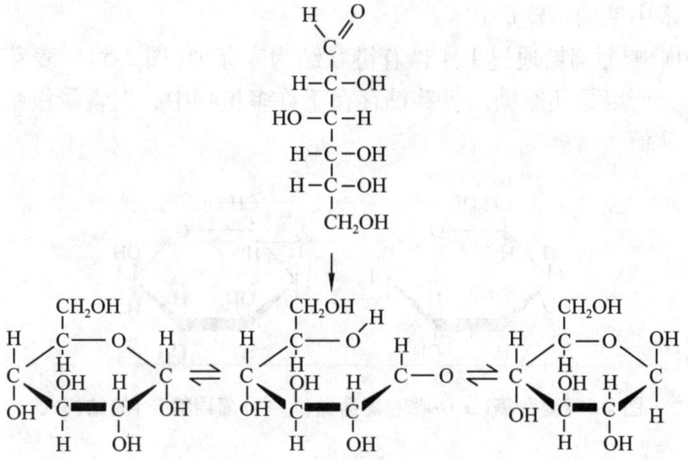

H O
C
H—C—OH
HO—C—H
H—C—OH
H—C—OH
CH₂OH

CH₂OH H C—O H C OH H H C C OH C OH H H OH ⇌ CH₂OH H C—O H C H H C C—O OH H OH H C C OH H H OH ⇌ CH₂OH H C—O OH C H H C C OH H OH OH C C H H OH

图 2-1 直链葡萄糖转变为吡喃葡萄糖

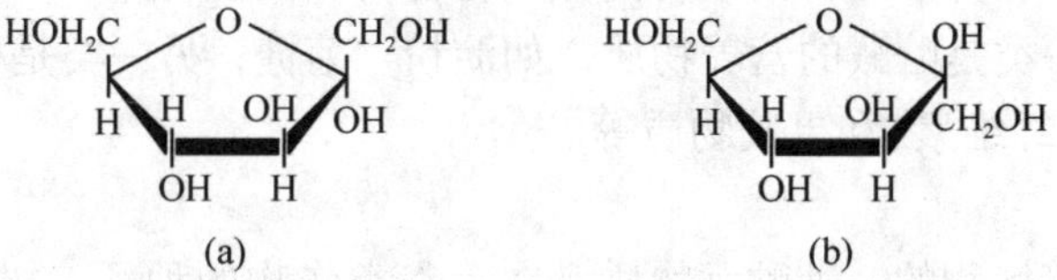

HOH₂C O CH₂OH H H OH OH OH H　　HOH₂C O OH H H OH CH₂OH OH H

(a) (b)

图 2-2 α-D-呋喃果糖(a)和 β-D-呋喃果糖(b)

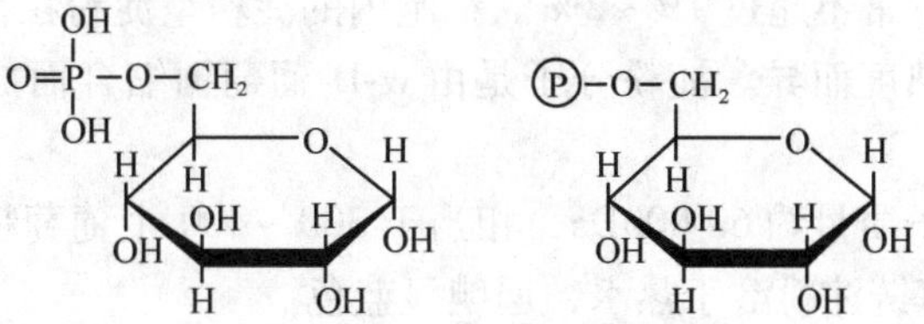

OH O=P—O—CH₂ OH H H O H OH H OH H OH H OH　　Ⓟ—O—CH₂ H H O H OH H OH H OH H OH

图 2-3 α-D-葡萄糖-6-磷酸

2.1.1.2 寡糖

由少数的单糖(2 ~ 10 个)缩合而成的产物称为寡糖。植物体内最重要的寡糖是蔗糖。蔗糖是由葡萄糖和果糖各一分子缩合、失水而形成的双糖。由图 2-4 可看出，两者都以半缩醛羟基参与糖苷键形成。所以，蔗糖不是还原糖，化学性质比单糖稳定，是植物体内的糖贮存和运输的一种主要形式。在植物界中最普遍的三糖、四糖和五糖分别是棉籽糖[α-半乳糖(1→6)α-葡萄糖(1→2)β-果糖苷，即半乳糖 + 蔗糖]、水苏糖[α-半乳糖(1→6)α-半乳糖(1→6)α-葡萄糖(1→2)β-果糖苷，即半乳糖 + 棉籽糖]、毛蕊花糖[α-半乳糖(1→6)α-半乳糖(1→6)α-半乳糖(1→6)α-葡萄糖(1→2)β-果糖苷，即半乳糖 + 水苏糖]。这几种寡糖都是以蔗糖为基础，逐步增加半乳糖残基而形成的。研究证明，这几

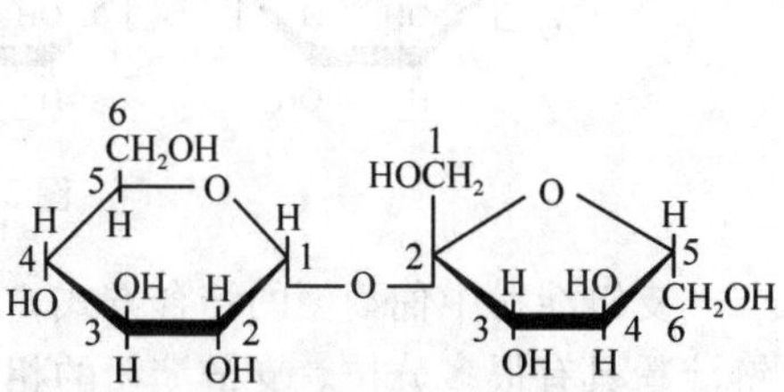

6 CH₂OH 5 O H H 4 H 1 HO OH H O 3 2 H OH　　1 HOCH₂ O H 2 5 H HO CH₂OH 3 4 6 OH H

图 2-4 蔗糖[α-D-吡喃葡萄糖(1→2)β-D-呋喃果糖苷]的结构式

种寡糖是某些树木中糖的运输形式。

两分子 α-D-吡喃葡萄糖通过 1,4 糖苷键联结为麦芽糖(图 2-5)。麦芽糖分子上还剩有一个半缩醛羟基，所以是还原糖。麦芽糖存在于许多植物中，但含量极微。淀粉经淀粉酶水解可以产生麦芽糖。

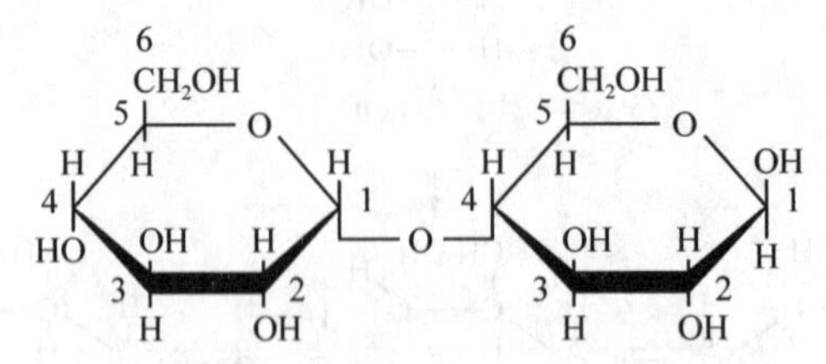

图 2-5　麦芽糖[α-D-吡喃葡萄糖(1→4)葡萄糖苷]的结构式

2.1.1.3　多糖

多糖是由许多单糖分子缩合而成的高分子化合物，在植物体中占有很大比例。按其功能可分为 2 大类：一类是贮藏的营养物质，如淀粉、菊糖；另一类是构成植物细胞壁的纤维素、交联聚糖(半纤维素)和果胶物质等。

(1)淀粉

淀粉是许多高等植物的一种贮藏物质。在禾谷类作物的种子，树木中的橡实和板栗，番薯的块根，马铃薯的块茎，以及一些植物的果实中，淀粉的含量都很高，约为 20%~70%；而在叶中的含量常不超过 1%~2%。细胞内的淀粉呈淀粉粒存在，其形状、结构和大小随植物种类和成熟度而异。淀粉分子是由 α-D-葡萄糖缩合而成的多糖，分为直链淀粉和支链淀粉 2 种。

直链淀粉相对分子质量约 60 000Da，相当于 300 ~ 400 个葡萄糖残基以 α-1,4 糖苷键连接而成(图 2-6)。直链淀粉溶于热水，遇碘显蓝色。

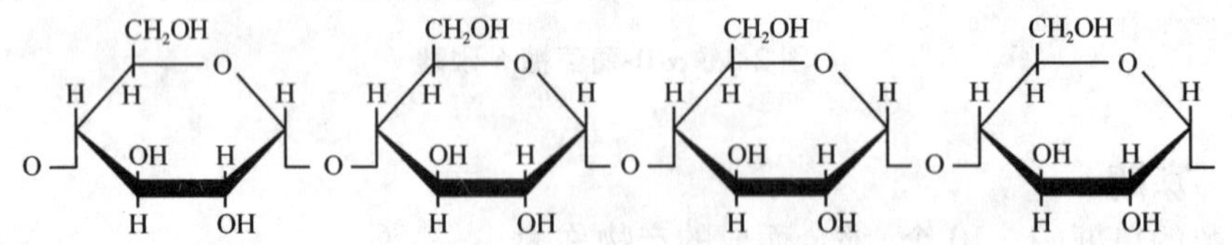

图 2-6　直链淀粉的结构式

支链淀粉中葡萄糖的结合方式，除 α-1,4 糖苷键外还有 1,6 糖苷键(图 2-7)。所以支链淀粉具有很多分枝。支链淀粉的相对分子质量在 200 000Da 以上，相当于 13 000 个以上的葡萄糖残基。支链淀粉的分枝短链约为 24 ~ 30 个葡萄糖残基。不溶于水，遇碘显紫色。一般而言，直链淀粉约占 15%~25%，在不同植物种类或植物品种中的比例有很大的变化。糯米的淀粉全部为支链淀粉。

植物体内的淀粉是一种贮藏形态的物质。理想的贮藏营养物质必须具备下述条件：在细胞中不占太大体积，不干扰渗透平衡，在代谢需要时能够迅速动用。淀粉分子结构上的特点可以同时满足上述要求。淀粉不溶于冷水，因此不会干扰细胞内的渗透平衡。以 α-1,4 糖苷键相连接的多聚葡萄糖链，自发地卷曲为中空的螺旋形，每一转是 6 个葡萄糖残

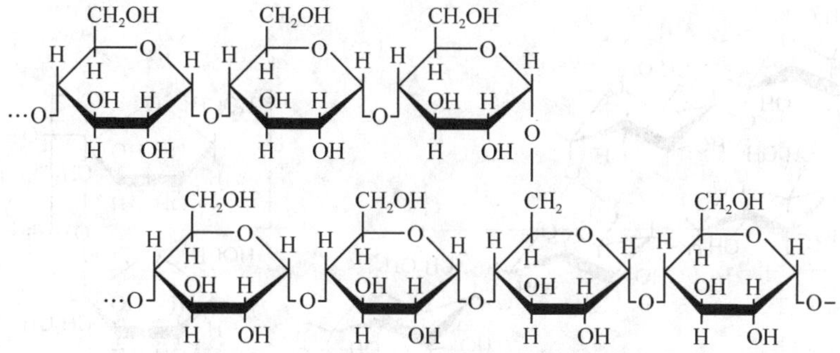

图 2-7　构成支链淀粉的 α-1,6 糖苷键

基(如图 2-8 所示)。螺旋中的空间正好容纳碘原子，因此，能够生成有颜色的碘—淀粉吸附复合物。加热至 70℃时颜色消失，冷却后又出现。复合物的颜色与链的长度有关，当链的长度逐渐缩短时，颜色由蓝经蓝紫、红、棕，最后至无色。可据此判断淀粉的水解程度。

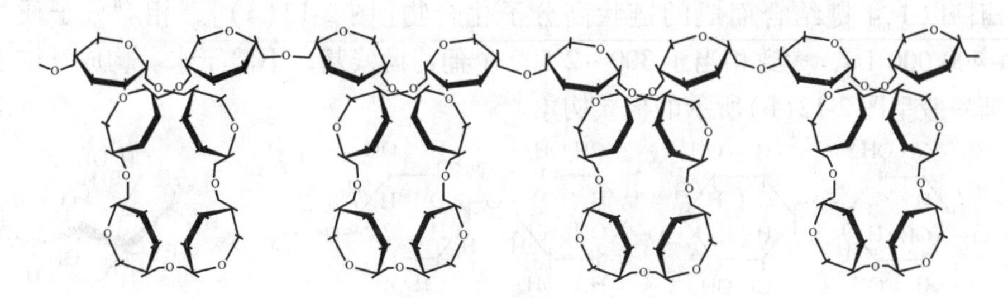

图 2-8　淀粉的螺旋形结构

构成淀粉的 α-D-葡萄糖一般呈椅式构象(图 2-9)。除 C_1 上的半缩醛羟基以直立键与糖环相连外，其他碳原子上的羟基都以平伏键与糖环相连。由于直链淀粉中的 α-1,4 糖苷键突出在糖环的平面之外，所以，构成糖苷键的 C_1—O 和 O—C_4 两键的旋转空间较大，能够自发卷曲为螺旋形，在分子内部形成氢键。

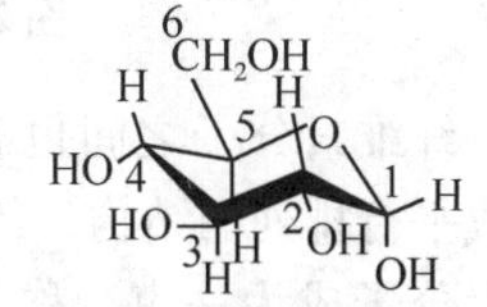

图 2-9　α-D-葡萄糖的椅式构象

在支链淀粉中除 α-1,4 糖苷键外，还有 α-1,6 糖苷键，α-1,6 糖苷键也突出于糖环平面之外，而且除 C_1—O 和 O—C_6 键外，还有 C_8—C_5 键，旋转更加灵活(图 2-10)。可能是直链淀粉和支链淀粉的比例，以及葡萄糖链的长度和分枝情况，使淀粉粒具有一定形状。淀粉粒是多孔体，水解酶可以迅速扩散进去，水解产物葡萄糖等可以迅速扩散出来。因此，淀粉作为贮藏物质具有体积小而动用快的特点。

(2) 菊糖

菊糖在菊科和禾本科植物中分布较广。菊科植物不含淀粉而以菊糖作为贮藏物质。菊糖是由 β-D-呋喃果糖以 2,1 键联结成的多糖，在链的末端连有一个非还原性的葡萄糖残基，即末端有一个蔗糖单位(图 2-11)。这是因为菊糖最初是在一个蔗糖分子上逐个地联结果糖而形成。与淀粉相比，菊糖的聚合度较低，果糖残基一般不超过 35 个，相对分子质量在 10 000 Da 以下。因此，菊糖溶于水，遇碘没有颜色反应。

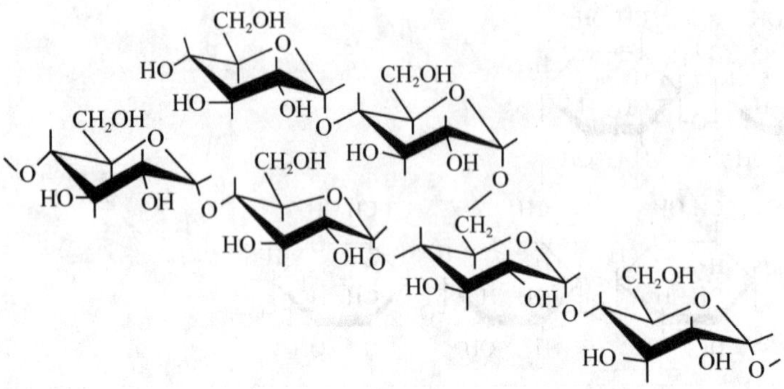

图 2-10 支链淀粉的立体结构

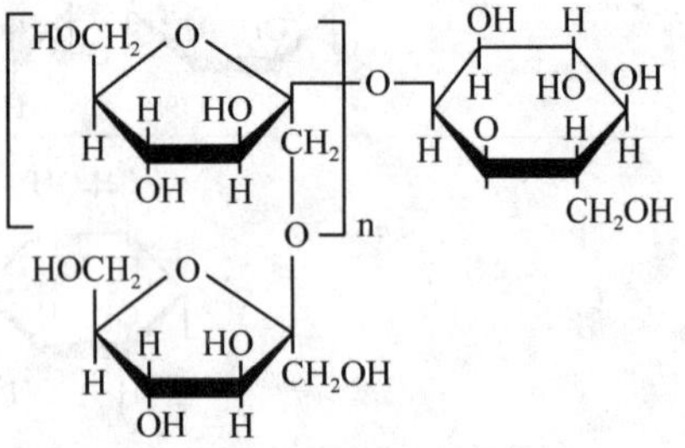

图 2-11 菊糖的结构式

(3)纤维素

纤维素是植物细胞壁的主要成分，是自然界中最丰富的多糖。纤维素分子是由许多β-D-葡萄糖以1,4 键结合而成的链状高分子化合物[图 2-12(a)]，相对分子质量介于50 000～400 000 Da，大致相当于300～2 500 个葡萄糖残基，不溶于水。构成纤维素的β-D-葡萄糖一般呈图 2-12(b)所示的椅式构象。

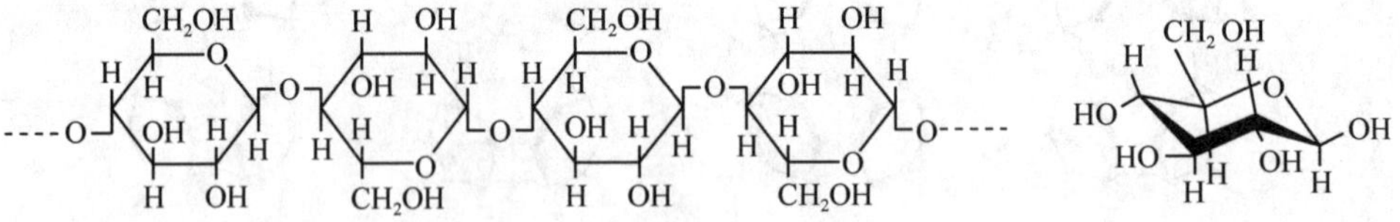

(a) (b)

图 2-12 纤维素分子(a)和椅式构象的β-D-葡萄糖(b)

纤维素分子之间也有氢键使彼此形成平行排列的结构，约60～70 个纤维素分子成为一束，称为纤维素微纤丝。纤维素微纤丝的长度是不确定的，不同来源的纤维素微纤丝具有不同的宽度和组织程度。例如，在电子显微镜下陆生植物的纤维素微纤丝的宽度大约在4～10 nm，而藻类植物的纤维素微纤丝的宽度可达30 nm。这种宽度的变化反应组成一根纤维素微纤丝的纤维素分子链数目的多少。

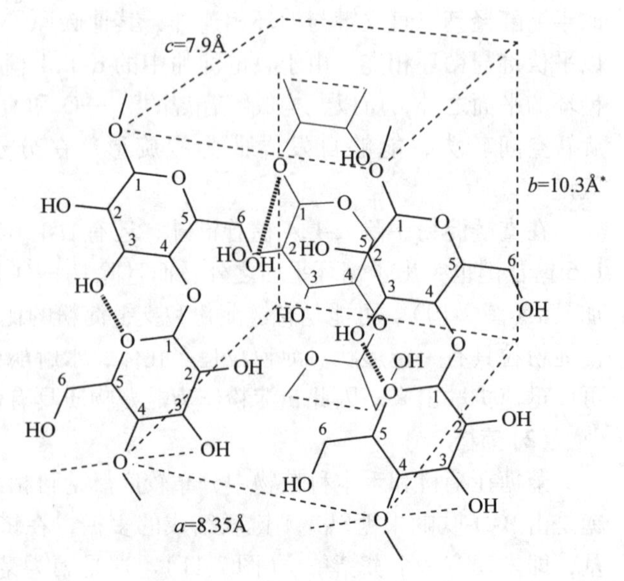

图 2-13 纤维素分子结晶区的排列

目前对纤维素微纤丝的结构还不完全清楚，比较流行的结构模型认为，沿纤维素微纤丝分布着结晶区(crystal-

* 1 Å＝10^{-10} m。

line domain)，结晶之间由非结晶区(amorplous domain)连接(图 2-13)。在结晶区纤维素分子具有高度的组织，相互间由非共价键连接，如氢键、疏水作用等。所有碳原子上的羟基，包括 C_1 上的半缩醛羟基在内都以平伏键与糖环相连。纤维素分子中的 β-1,4 糖苷键和糖环位于同一平面内，C_1—O 和 O—C_4 键的旋转自由度较小，所以形成每转只有 2 个葡萄糖残基的二折螺旋。除纤维素分子内部形成氢键外，纤维素的链状分子常互相成反方向平行排列，分子间也以氢键相连而形成微纤丝。高等植物细胞壁中的微纤丝的直径约为 10 nm。微纤丝的这种网状结构非常牢固，使细胞壁具有很大的机械强度。

(4)交联聚糖(半纤维素)

交联聚糖(cross-linking glycan)是由不同种类的糖聚合而成的，能与纤维素微纤丝形成氢键的异质多糖。可以覆盖微纤丝，将其连接形成网络。多数交联聚糖常被称为半纤维素(hemicellulose)。这是一个广泛使用但已废止的术语，它是指能用摩尔级浓度的浓碱从细胞壁中提取出来的物质，与其结构无关。多存在于幼嫩细胞的初生壁中，含量高达 50%~70%。一般认为，细胞壁的交联聚糖一旦合成，就不再进行代谢。然而也有人观察到，如果在胚芽鞘组织切片的生长过程中减少糖源，细胞壁就会随生长而变薄。所以，交联聚糖不仅是结构物质，同时也可能带有贮藏物质的性质。例如，有报道称白橡木细胞壁中的半纤维素可能起贮存食物的作用；桉树和苹果中的半纤维素也具有贮存和支持根生长的功能。

植物细胞壁中最常见的交联聚糖包括木聚糖、葡萄糖甘露聚糖、木葡聚糖、葡糖醛阿拉伯糖基木聚糖等，它们的相对分子质量约为 20 000 ~ 100 000Da。不同于纤维素，交联聚糖在各种植物中的组分都不一样。被子植物木质部中最主要的是木聚糖，而在裸子植物中则为葡萄糖甘露聚糖。不过这些多糖或多或少在两种木质部中都存在。

木聚糖　是高等植物中最常见的交联聚糖。它的主链由 β-D-吡喃木糖以 1,4 键联结而成，其他的糖，特别是 L-阿拉伯糖、D-葡萄糖醛酸、D-半乳糖等可以 1,2 或 1,3 键联结到木聚糖的主链上而形成分枝(图 2-14)。

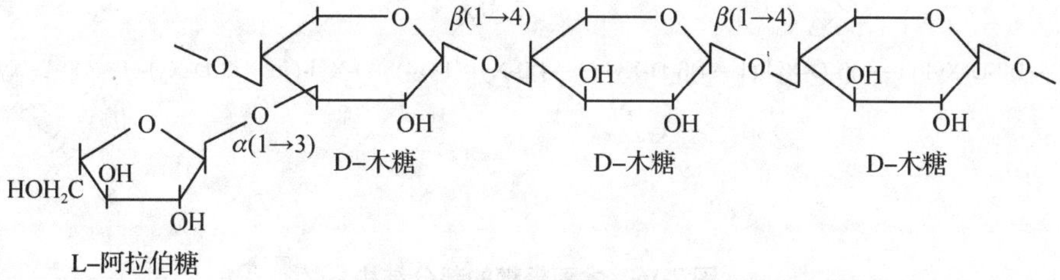

图 2-14　木聚糖主链及分枝

葡萄糖甘露聚糖　这类聚糖在针叶树中分布较广。分子中甘露糖和葡萄糖残基的数量约为(2 ~4):1，或任意比例，彼此以 β-1,4 键连接为链状，其中的甘露糖大都是乙酰化(—OAC)的。在主链上经常有半乳糖以 1,6 键构成侧链，形成半乳糖葡萄糖甘露聚糖(图 2-15)。

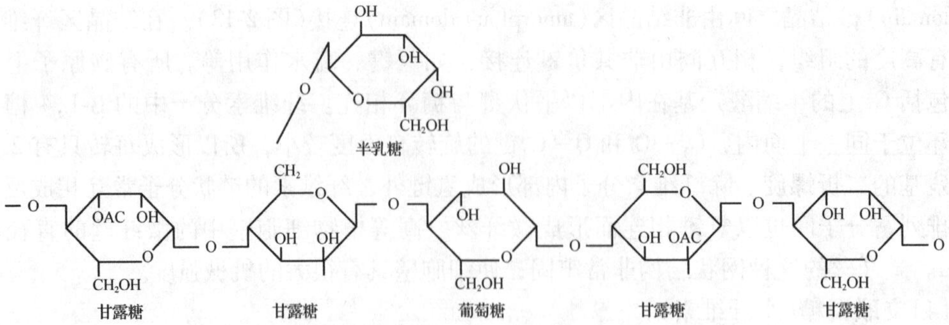

图 2-15　半乳糖葡萄糖甘露聚糖的部分结构

木葡聚糖　木葡聚糖（xyloglucan，XyG）是有花植物初生细胞壁中的主要交联聚糖之一，XyG 交联所有双子叶植物和约一半单子叶植物的细胞壁。XyG 由许多 α-D-木糖单位有规律地连接在直链的(1→4)β-D-葡聚糖中葡萄糖单位的 O—6 位置上而构成（图 2-16）。有时半乳糖和岩藻糖也结合在木葡聚糖的侧链上，阻止了其葡聚糖骨架相互间结合形成微纤丝，同时可以维持其骨架与纤维素微纤丝结合部分的平面构象，从而帮助纤维素微纤丝组成网状结构。

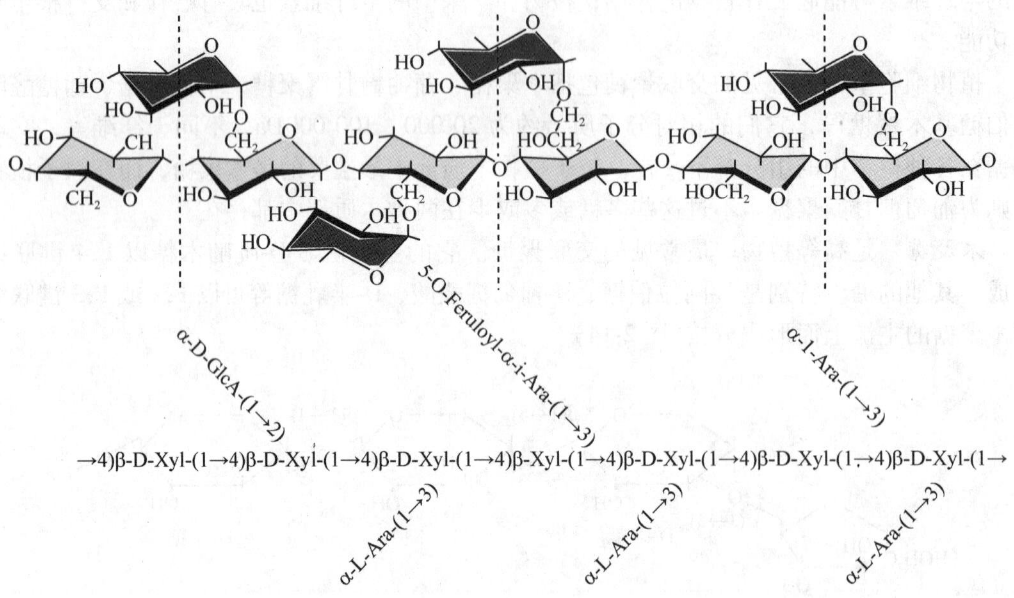

图 2-16　木葡聚糖的部分结构

Xyl. 木糖；Glc. 葡萄糖

葡糖醛阿拉伯糖基木聚糖　在菠萝、棕榈、姜、莎草以及禾草等鸭趾草亚纲中的单子叶植物的细胞壁中，主要的交联聚糖为葡糖醛阿拉伯木聚糖（glucoronoarabinoxylan，GAX）（图 2-17）。

(5) 果胶物质

果胶质是半乳糖醛酸组成的多聚体，是类似多糖的化合物，可以分为 3 类。

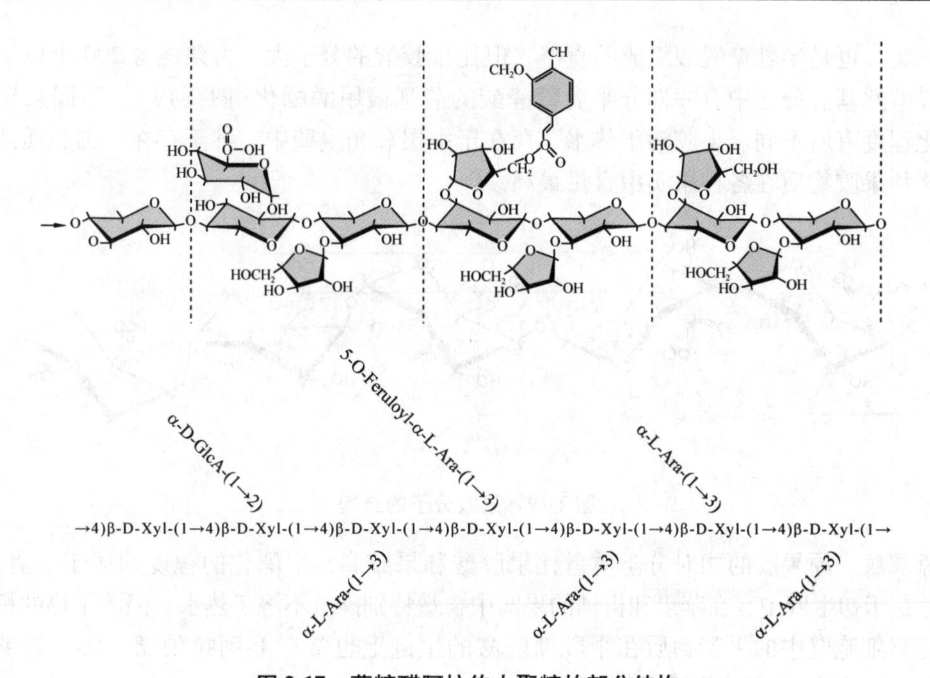

图 2-17 葡糖醛阿拉伯木聚糖的部分结构

GlcA. 葡萄糖醛；Xyl. 糖；Ara. 阿拉伯糖；Feruloyl. 阿魏酸

果胶酸 纯的果胶酸是约为 100 个 D-半乳糖醛酸通过 α-1,4 键连接而成的直链。果胶酸是水溶性的，很容易与钙盐作用生成果胶酸钙的凝胶(图 2-18)。主要集中于细胞壁的中层。

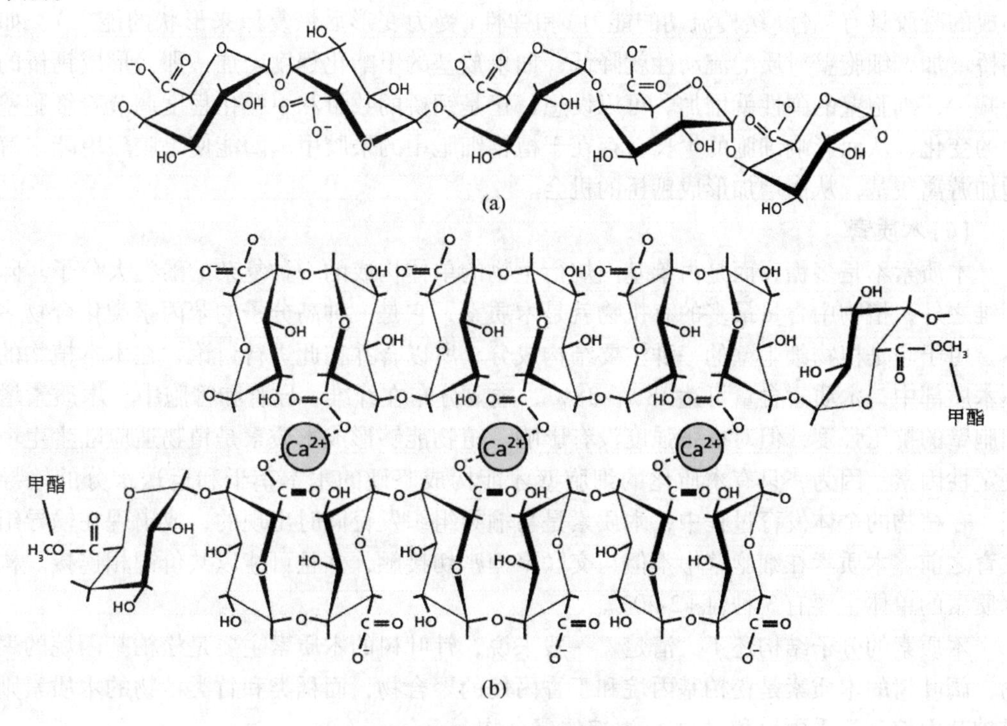

图 2-18 果胶酸(a)和果胶酸钙(b)

果胶　也是半乳糖醛酸组成的直链，但比果胶酸的分子大，每条链含200个以上的半乳糖醛酸残基。分子中有一部分半乳糖醛酸的羧基被甲醇酯化(图2-19)。不同来源的果胶酯化程度有所不同。果胶溶于热水，存在于中层和初生壁中，甚至存在于细胞质或液泡中。这种果胶物质在各种果实中含量最高。

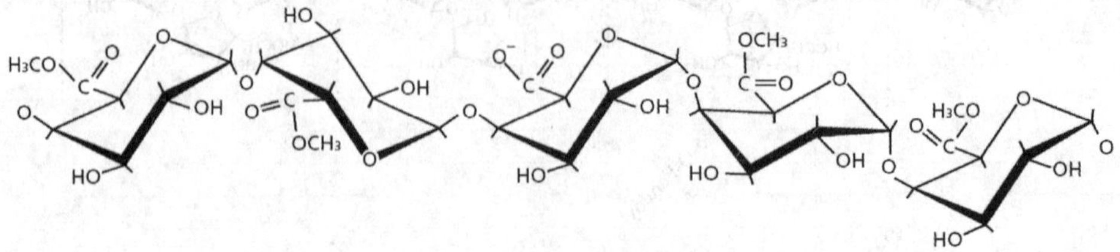

图2-19　果胶分子的结构

原果胶　原果胶的相对分子质量比果胶酸和果胶高，甲酯化的程度则居于二者之间。主要存在于初生壁中，在苹果和柑橘的果实中含量特别高。不溶于热水，但溶于热的稀酸。

完整细胞壁中的果胶物质在半乳糖醛酸的主链上也常有L-阿拉伯糖、D-半乳糖等构成侧链，或在主链中间插入L-鼠李糖等。

果胶物质分子之间可以通过形成钙桥而交联为立体网状结构。所以果胶物质呈凝胶状态，能容纳大量的水分子。果胶物质作为细胞之间的中层起着黏合作用，并允许水分子自由透过。当它处于叶肉细胞间隙的表面时又能起到一定程度的保水作用。在叶片表面不透水的角质层中常镶嵌着果胶物质的条带，在湿润时可允许水分和矿质盐通过。果胶物质所形成的凝胶具有黏性(缓慢流动的能力)和弹性(受力变形后恢复原来形状的能力)。如果钙桥增加，细胞壁衬质的流动性就降低；如果羧基的甲酯化程度增加，那么形成钙桥的机会减少，细胞壁的弹性就增加。可以设想，正是钙桥的数量和甲酯化程度调节着细胞壁弹性的变化，从而影响细胞的生长。存在于植物细胞中的果胶甲酯酶能使果胶酸甲酯水解而增加游离羧基，从而增加形成钙桥的机会。

(6)木质素

木质素不是多糖，而是由苯基丙烷衍生物的单体构成的一种复杂的酚类大分子。除了纤维之外，植物中含量最多的有机物就是木质素，它是一种高分子的苯丙素类化合物多聚体。由于它是植物细胞壁的一种主要结构成分，所以合并在此进行讨论。在木本植物的成熟木质部中，木质素含量可达18%~38%，主要分布在纤维、导管和管胞中。木质素增加细胞壁的抗压强度，但对抗张强度没有影响。植物能够形成木质素是植物适应陆生生境的决定性因素。因为，只有木质化的细胞壁才能构成坚硬的木本茎干和运送水分的输导组织。在植物的个体发育过程中，木质素是与输导组织发育同时出现的，或出现在输导组织发育之前。木质素在细胞壁中不但与交联聚糖密切接触，并且可能以共价键相连接。构成木质素的单体主要有3种(图2-20)。

木质素的分子结构还不太清楚。一般来说，针叶树的木质素主要是松柏基丙烷的聚合物；阔叶树的木质素是松柏基丙烷和丁香丙烷的聚合物，而稻类和竹类植物的木质素则是松柏基丙烷、丁香丙烷和对-香豆丙烷的聚合物。

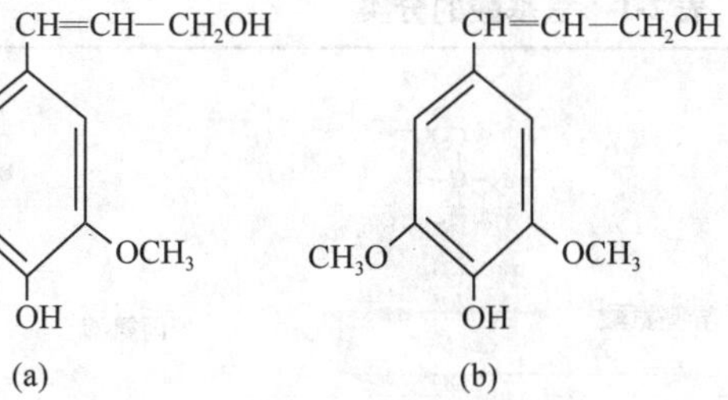

$$\text{(a)}\ \text{CH=CH—CH}_2\text{OH 苯环 OCH}_3\text{, OH}\qquad \text{(b)}\ \text{CH=CH—CH}_2\text{OH 苯环 CH}_3\text{O, OCH}_3\text{, OH}\qquad \text{(c)}\ \text{CH=CH—CH}_2\text{OH 苯环 OH}$$

图 2-20 构成木质素的 3 种主要单体

(a)松柏醇 (b)丁香醇 (c)对-香豆醇

2.1.2 蛋白质与氨基酸

蛋白质是一类含氮的高分子化合物，是生活细胞最重要的组成成分。它不仅是细胞的结构物质，而且还参与细胞内活跃的代谢作用，因而是生命的主要体现者。蛋白质的基本组成单位是氨基酸。蛋白质在酸、碱或酶的作用下可水解成多种氨基酸，目前已知由蛋白质分解得到的氨基酸共有 20 种。

2.1.2.1 氨基酸

(1)氨基酸的结构和分类

组成蛋白质的氨基酸都属于 α-氨基酸，即它们的氨基总是结合在和羧基邻近的 α 碳原子上，它们的通式如下：

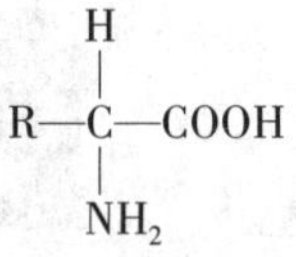

$$\begin{array}{c} \text{H} \\ | \\ \text{R—C—COOH} \\ | \\ \text{NH}_2 \end{array}$$

这里的 R 基团随不同的氨基酸而异，甘氨酸是最简单的氨基酸，R 就是 H。例外的是脯氨酸，它没有氨基只有亚氨基，因此是 α-亚氨基酸。除甘氨酸外，所有的氨基酸都含有不对称碳原子。按照氨基的位置不同，氨基酸有 D-及 L-两种构型。所有组成蛋白质的氨基酸都属 L-系。

在组成蛋白质的 20 种氨基酸中有 2 种是酰胺，即谷氨酰胺和天冬酰胺。1970 年莱宁格(Lehninger)提出根据 R 基团的极性把氨基酸分为 4 类：非极性 R 基氨基酸、不带电荷的极性 R 基氨基酸(pH 6.0 ~ 7.0)、带正电荷的 R 基氨基酸(pH 6.0 ~ 7.0)和带电荷的 R 基氨基酸（pH 6.0 ~ 7.0)，见表 2-1。

非极性 R 基氨基酸在水中的溶解度一般较小(脯氨酸例外，在 100 g 25 ℃的水中能溶解 162.3 g)。在这组氨基酸中以丙氨酸的 R 基疏水性最小，所以溶解度较大。不带电荷的极性 R 基氨基酸的侧链中含有不解离的极性基，例如，丝氨酸、苏氨酸和酪氨酸的羟基，天冬酰胺和谷氨酰胺的酰胺基，半胱氨酸的巯基等。甘氨酸的侧链介于极性与非极性之间，因为它的 R 基仅为 1 个 H，对极性强的 α-氨基和 α-羧基影响很小，所以划归极性 R 基氨基酸。在这一类中，以半胱氨酸和酪氨酸的 R 基极性最强。带正电荷的 R 基氨基酸在 pH 7.0 时带正电荷，是一类碱性氨基酸。赖氨酸除 α-氨基外，在脂肪链的 ε 位置上

表 2-1 氨基酸的分类

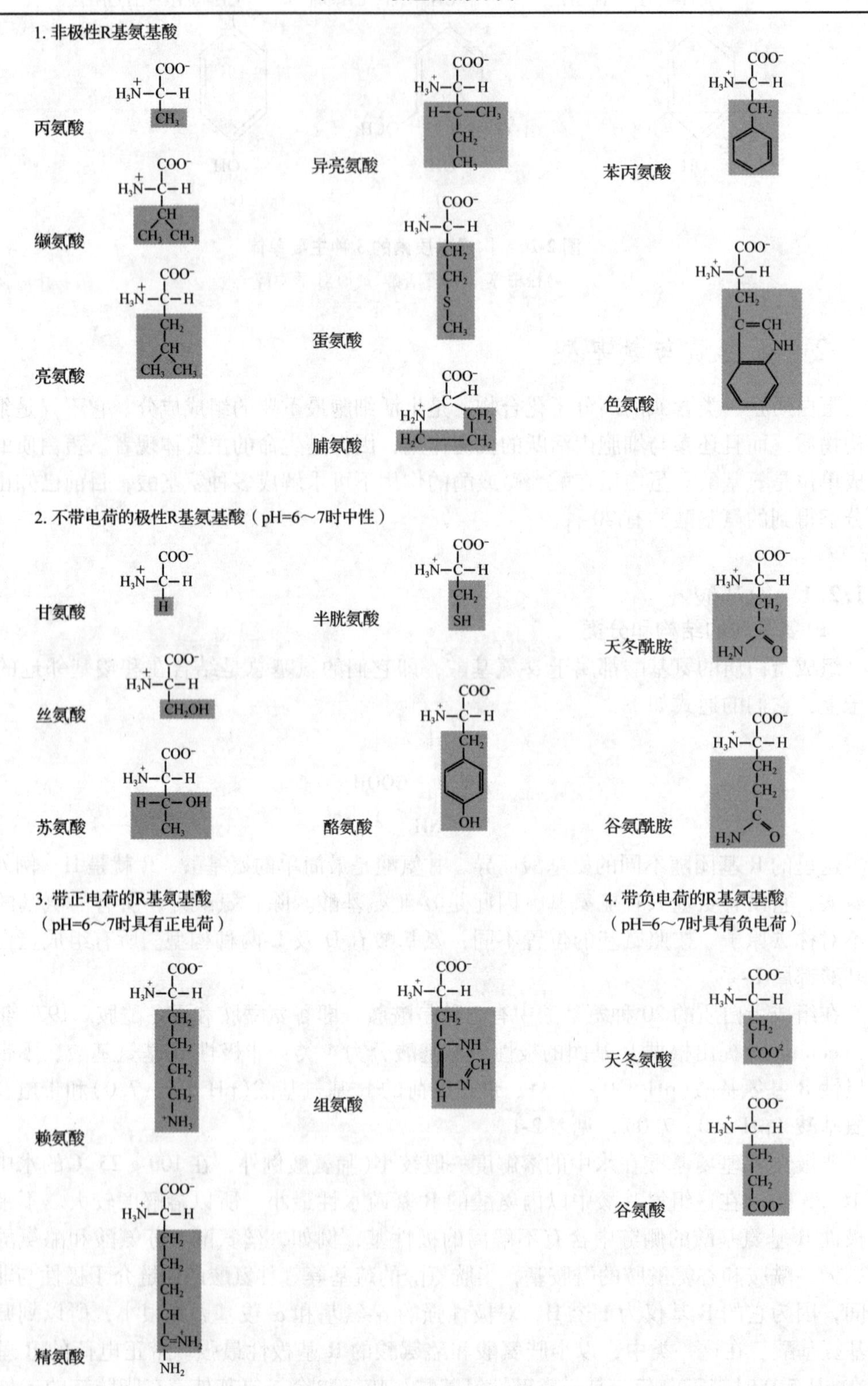
1. 非极性R基氨基酸
丙氨酸
异亮氨酸
苯丙氨酸
缬氨酸
蛋氨酸
亮氨酸
色氨酸
脯氨酸
2. 不带电荷的极性R基氨基酸（pH=6～7时中性）
甘氨酸
半胱氨酸
天冬酰胺
丝氨酸
苏氨酸
酪氨酸
谷氨酰胺
3. 带正电荷的R基氨基酸
（pH=6～7时具有正电荷）
4. 带负电荷的R基氨基酸
（pH=6～7时具有负电荷）
天冬氨酸
组氨酸
赖氨酸
谷氨酸
精氨酸

还有 1 个氨基；精氨酸含有 1 个带正电荷的胍基，组氨酸有 1 个弱碱性的咪唑基。带负电荷的 R 基氨基酸是天冬氨酸和谷氨酸，均含 2 个羧基，是一类酸性氨基酸。

除上述组成蛋白质的氨基酸外，在各种生物组织和细胞内还存在 150 余种呈游离状态的非蛋白质氨基酸，例如，γ-氨基丁酸、L-瓜氨酸和 L-鸟氨酸等(图 2-21)。瓜氨酸和鸟氨酸是合成精氨酸的中间产物。许多非蛋白质氨基酸的生物学意义还不太清楚，有待进一步研究。

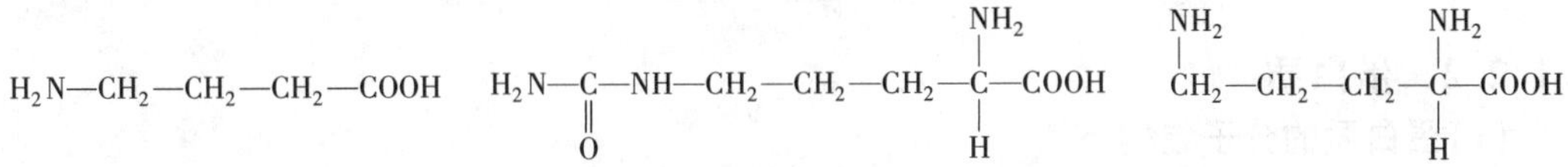

$H_2N-CH_2-CH_2-CH_2-COOH$

γ-氨基丁酸

$H_2N-C(=O)-NH-CH_2-CH_2-CH_2-CH(NH_2)-COOH$

L-瓜氨酸

$CH_2(NH_2)-CH_2-CH_2-CH(NH_2)-COOH$

L-鸟氨酸

图 2-21 几种非蛋白质氨基酸

(2)氨基酸的性质

α-氨基酸都是无色结晶，一般易溶于水，难溶于非极性的有机溶剂。不同的氨基酸在水中的溶解度不完全相同，例如，在 25 ℃的 100 g 水中，天冬氨酸的溶解度是 0. 50 g，丝氨酸是 5. 02 g，甘氨酸是 24. 99 g。参与蛋白质组成的 20 种氨基酸在可见光区都没有光吸收。在紫外区只有酪氨酸、色氨酸和苯丙氨酸具有光吸收能力，其最大光吸收分别位于 278 nm、279 nm 和 259 nm。

由氨基酸的结构可见，氨基酸既有碱性的氨基，又有酸性的羧基，具有酸和碱的双重性质(图 2-22)。羧基能解离出质子，使氨基酸具有弱酸的性质；氨基则能接受质子，使氨基酸具有碱性。

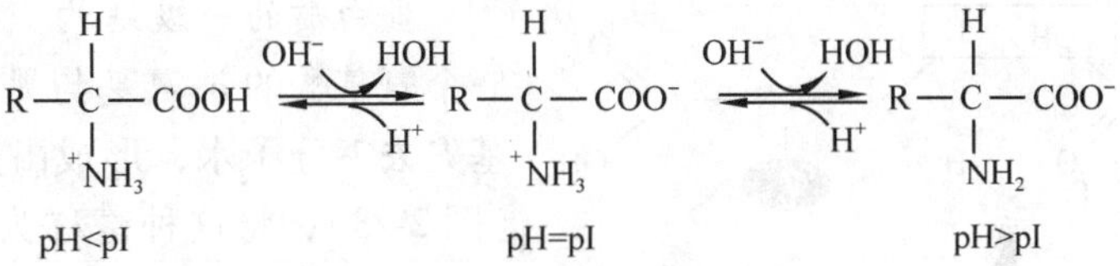

$$R-CH(\overset{+}{N}H_3)-COOH \underset{H^+}{\overset{OH^-\quad HOH}{\rightleftharpoons}} R-CH(\overset{+}{N}H_3)-COO^- \underset{H^+}{\overset{OH^-\quad HOH}{\rightleftharpoons}} R-CH(NH_2)-COO^-$$

pH<pI　　pH=pI　　pH>pI

图 2-22 氨基酸的解离

当氨基酸在水溶液中时，由于羧基解离而产生的 H^+ 立即与氨基结合，致使氨基酸同时带有正电荷和负电荷而呈两性离子状态，所以，氨基酸属于两性电解质。

两性离子实际上是一种内盐。在酸性溶液中羧基解离受到抑制，氨基酸呈阳离子态存在；在碱性溶液中氨基解离受抑制，氨基酸呈阴离子态存在。所以，氨基酸具有缓冲剂的作用，能使有机体保持一定的 pH 值。

在一般情况下，氨基酸的羧基和氨基的电离程度不相等。一方面，是因为不同氨基酸所含氨基及羧基的数目不等，如天冬氨酸含有 2 个羧基，赖氨酸含有 2 个氨基；另一方面，即使是 1 氨基 1 羧基氨基酸，虽然氨基和羧基的数目相等，但羧基的电离度一般比氨基大，所以纯净的氨基酸溶液不一定是电中性的。将氨基酸水溶液的酸碱度适当调节，使氨基酸的酸性电离和碱性电离相等，这时溶液的 pH 值称为该氨基酸的等电点(pI)。在等电点时，氨基酸分子内的正电荷和负电荷相等，在电场中不移动。氨基酸在等电点时溶解度最小。

各种氨基酸的组成不同，其等电点也不同，表 2-2 中列举了几种氨基酸的等电点。

表 2-2 几种氨基酸的等电点

氨基酸	等电点	氨基酸	等电点
甘氨酸	5.97	精氨酸	10.76
半胱氨酸	5.05	赖氨酸	9.74
天冬氨酸	2.77	组氨酸	7.59
谷氨酸	3.22	脯氨酸	6.30

2.1.2.2 蛋白质

(1)蛋白质的分子结构

蛋白质是由各种氨基酸组成的高分子化合物，相对分子质量的变化范围很大，从大约 6 000 ~ 1 000 000 Da 或更大一些。组成蛋白质的氨基酸虽仅有 20 种，但由于氨基酸的种类、排列和数量上的差别，蛋白质的种类实际上是无限的。蛋白质的元素分析表明，除碳、氢、氧外，还有氮和少量的硫。有些蛋白质还含有磷、铁、锌和铜。蛋白质的平均含氮量约为 16%，这是凯氏定氮法测定蛋白质含量的计算基础。

有些蛋白质完全由氨基酸构成，称为单纯蛋白质，一般按溶解度进行分类，例如，溶于稀氯化钠溶液的植物种子球蛋白，不溶于水而溶于稀酸或稀碱的米谷蛋白，不溶于水而溶于 70% 乙醇的小麦醇溶谷蛋白等。有些蛋白质除蛋白质部分外，还有非蛋白质的辅助因子或其他分子，成为结合蛋白质。结合蛋白质可按其非蛋白质成分进行分类，例如，核蛋白(核糖核酸或脱氧核糖核酸)、脂蛋白(磷脂等)、糖蛋白(半乳糖等)、血红素蛋白(铁卟啉等)、黄素蛋白(黄素腺嘌呤二核苷酸)和金属蛋白(铁和铜等)。

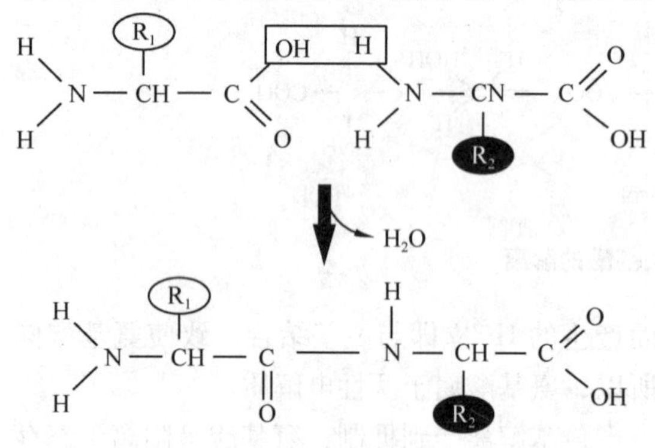

图 2-23 肽键的形成

蛋白质的一级结构 在蛋白质分子中一个氨基酸的 α-氨基与另一个氨基酸的羧基失去 1 分子水，形成酰胺键而连接起来(图 2-23)，将这种键称为肽键。2 个氨基酸以这种方式连接起来称为二肽，3 个氨基酸连接为三肽，依此类推。由多个氨基酸形成的化合物称为多肽。多肽相对分子质量在 5 000 Da 以上者一般就可称为蛋白质。

在多肽的两端，一端具有自由的氨基，称 N 端，另一端具有自由羧基，称 C 端。当描述多肽链的氨基酸顺序时，习惯上把 N 端氨基酸标为 1 号放在最前面，C 端标为末位。图 2-24 所示的是丝氨酰-甘氨酰-酪胺酰-丙氨酰-亮氨酸五肽的一个顺序结构。

蛋白质分子中由肽键结合起来的氨基酸线性顺序，称为蛋白质的一级结构。一级结构的特点是单体以共价键结合，因此是最稳定最基本的结构。只有先搞清蛋白质分子的一级结构，才能进一步研究生命过程中的许多复杂问题。1953 年，F. Sanger 等首先弄清了牛胰岛素的一级结构：51 个氨基酸的种类及其排列顺序。随着分析测定与分子生物学技术不断提高，越来越多的蛋白质一级结构得以阐明。

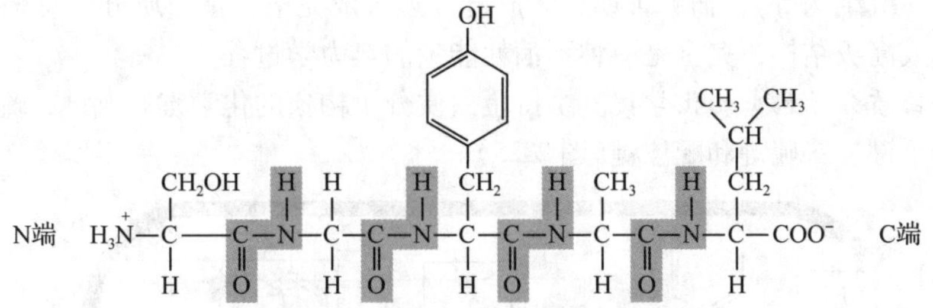

N端 C端

丝氨酰–甘氨酰–酪氨酰–丙氨酰–亮氨酰

图 2-24 一个多肽的氨基酸顺序

在氨基酸顺序分析之前蛋白质要纯化，纯度一般要求达到97%以上。同时，还要测定其相对分子质量。测定蛋白质分子的一级结构的步骤一般是：①由于蛋白质分子往往是由几条肽键构成的，所以首先要测定 NH_2 末端的数目，据此确定蛋白质分子中有几条肽链；②用酸、碱、高浓度的盐或其他变性剂处理，破坏非共价交联，用氧化还原的方法拆开二硫键，将多肽链分开；然后用离子交换柱层析和区带电泳等方法将肽链分离；③将一部分肽链样品进行完全水解，测定氨基酸组成，确定各种氨基酸所占比例；④测定肽链 N 端和 C 端的氨基酸种类；⑤用酶促或化学的部分水解法将肽链降解为一套大小不等的肽段，然后用层析或电泳分离，用茚三酮显色得肽谱；⑥测定每个肽段的氨基酸顺序；⑦由于不同的酶促或化学的部分水解法能够使肽链发生专一性的裂解，因而可以得到特定的肽谱，比较用不同方法获得的2套(或几套)肽段的氨基酸顺序，根据它们彼此有重叠的部分，确定每个肽段的适当位置，拼凑出整个多肽链的氨基酸顺序。下面是一个九肽分析的例子。

用胰蛋白酶法降解得到的肽段是：

酪-赖
谷-蛋-亮-甘-精
丙-甘

用溴化氰法降解得到的肽段是：

酪-赖-谷-蛋
亮-甘-精-丙-甘

推断该九肽的氨基酸顺序是：

酪-赖-谷-蛋-亮-甘-精-丙-甘

测定氨基酸顺序时采用的酸碱处理会使酰胺基水解掉，因而需要确定各肽段中酰胺基的所在位置。如果在蛋白质分子中存在链间或链内的二硫键，则还需要确定二硫键所在的位置。

蛋白质的三维构象　蛋白质分子是由一条或多条肽链构成的具有完整生物功能的最小单位。肽链既不是直线，也不是任意的线团，而是在三维空间上有特定的走向与排布，即具有一定的三维构象(空间结构、立体结构)。蛋白质的一级结构在各种化学键的作用下按一定方式折叠而形成三维结构，也就是说，一级结构决定了三维结构(包括二级结构、三级结构和四级结构等)。研究证明，多肽链一旦合成完毕，蛋白质分子总是按自由能最小状态折叠成高级结构，完全是一种不消耗能量的热力学过程。

维持蛋白质分子构象的化学键　维持蛋白质分子构象的化学键有氢键、疏水键、范德华引力、离子键、二硫键和配位键(图 2-25)。

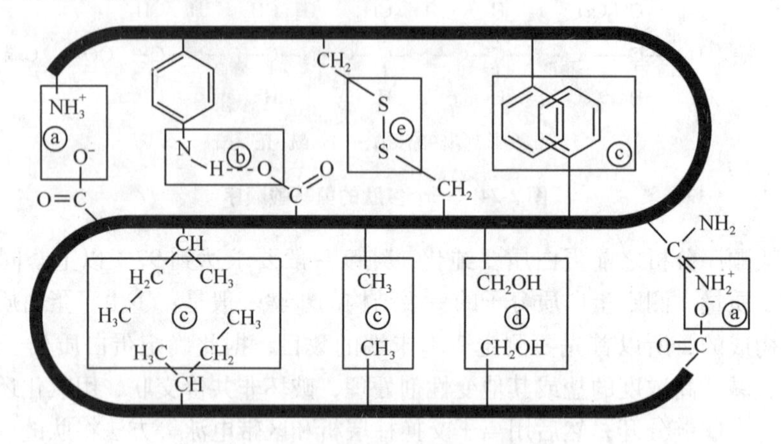

图 2-25　维持蛋白质分子构象的化学键

ⓐ离子键　ⓑ氢键　ⓒ疏水键　ⓓ范德华引力　ⓔ二硫键

①氢键，在多肽链不同区段里的氨基酸可在—C ═ O—和—NH—之间形成氢键。氢键还可以在氨基酸的侧链之间形成，如在酪氨酸或丝氨酸残基的—OH 基与谷氨酸或天冬氨酸残基的—COOH 基之间。

②疏水键，2 个非极性基团为避开水相而群集在一起的作用力。在 2 个非极性侧链之间，以及非极性侧链与主链骨架上的 α—CH 基之间都可以生成疏水键。

③范德华引力，也是一种静电引力。在极性基团之间或非极性基团之间都可能发生，其特点是互相吸引而不相碰，键能较弱，仅为 4 ~ 12 $kJ \cdot mol^{-1}$。氢键实际上是一种特殊形式的范德华引力，键能大约为 32 $kJ \cdot mol^{-1}$。

④离子键，又称盐键或盐桥，是正负离子之间的静电吸引所形成的化学键。高浓度的盐，过高或过低的 pH 值，能破坏离子键而使蛋白质变性。

⑤二硫键，2 个半胱氨酸残基的巯基(—SH)氧化成二硫键(—S—S—)。因为是共价键，键能很大，可达 120 ~ 400 $kJ \cdot mol^{-1}$。它可以把不同的肽链、或同一肽链的不同部分连接起来，对稳定蛋白质的三维构象起重要作用。

⑥配位键，是在 2 个原子之间由单方面提供共用电子对而形成的共价键。不少蛋白质分子含有金属离子，如铁氧还蛋白和细胞色素 C 都含铁离子。金属离子往往通过配位键与蛋白质相连接，对维持蛋白质的三维构象有贡献。

维持蛋白质三维构象的力，其中起主要作用的是氢键、疏水键和范德华力等次级键。这些次级键虽然键能小，但是数量很多，足以形成强大的作用力。同时，次级键比较容易受温度、pH 值及其他分子的影响，使蛋白质分子获得精密而灵活多变的三维构象。

蛋白质分子的二、三级结构：肽链和肽平面(肽单位)的结构特点如图 2-26 所示。X 射线结构分析的数据表明：①肽键具有部分双键的性质，不能自由旋转；②与肽键相邻的

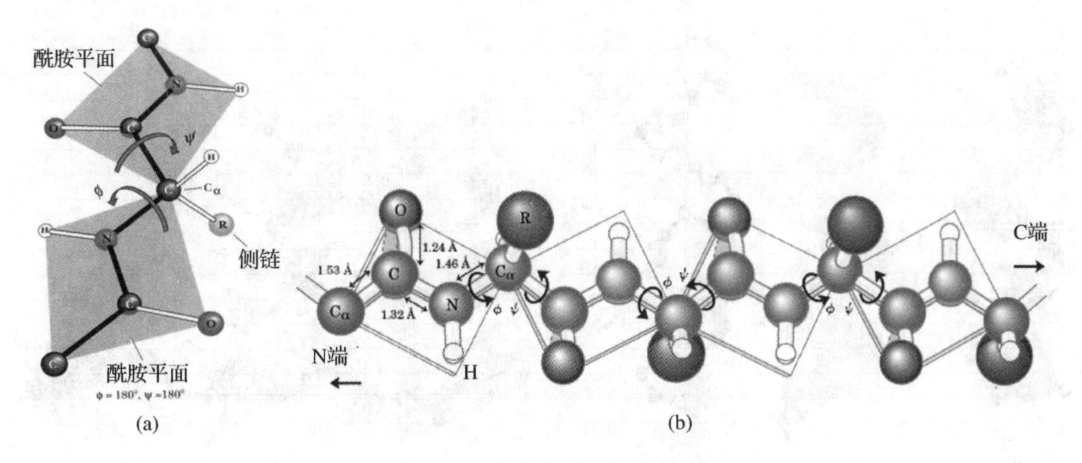

图 2-26 肽链和肽平面的结构

(a)肽平面结构与二面角 (b)多肽链的构象

6 个原子处在一个刚性的平面上，将此平面称为肽键平面(酰胺平面)；③在肽平面上，—CO—与—NH—呈反式排布[图 2-26(a)]。

处于 2 个肽平面交界处的 C_α，如图 2-26 中的 C_α上的 2 个单键 N—C_α与 C_α—C 可以绕键轴自由旋转。N—C_α单键的旋转角，用 φ 表示；C_α—C 单键的旋转角，用 ψ 表示。这 2 个角合称为二面角。虽然上述 2 个单键可以自由旋转，但由于侧链基团等因素的障碍，φ 和 ψ 并不能任意取值。二面角的变化决定着多肽主键在三维空间的排布方式，是形成不同蛋白质构象的基础[图 2-26(b)]，在一定条件下只有一种构象是稳定的。因此，肽键的平面结构、二面角的变化及肽键上非键合原子间的距离，是形成蛋白质构象的 3 个基础。

蛋白质分子的二级结构 是指肽链本身在三维空间分布的规律性。蛋白质二级结构包括以下构象。

α 螺旋：是多肽链的主要构象之一。这种构象的特点是肽链骨架绕中心轴盘绕，同时每个氨基酸残基的—NH—与它后面的第四个氨基酸残基的—CO—之间形成链内氢键[图 2-27(a)]。每 3.6 个氨基酸旋转一周，螺距为 0.54 nm，每个氨基酸的高度为 0.15 nm，肽链平面与螺旋长轴平行。一般右手螺旋比左手螺旋稳定。α 螺旋仅靠氢键维持，如氢键受到破坏，就变成伸展的多肽链。与 C_α原子相连的 R 侧链位于螺旋外侧，对 α 螺旋的形成和稳定有较大影响。如在多肽链上连续存在极性的 R 基，α 螺旋就不稳定。脯氨酸残基的 N 原子位于刚性的吡咯环中，C_α—N 单键不能旋转形成需要的 φ 角，加上脯氨酸残基本身没有 N—H 基，其侧链又阻止其 C═O 基接近主链骨架的 N—H 基，因而不可能生成维持 α 螺旋所需要的氢键。所以，脯氨酸残基是 α 螺旋构象的最大破坏者。甘氨酸残基没有侧链，φ 与 ψ 可以任意取值，形成 α 螺旋所需要的二面角几率很小。所以，甘氨酸残基也是 α 螺旋构象的最大破坏者。自然蛋白质的多肽链总有一部分成为螺旋。一些球蛋白可能全部是螺旋结构，而其他蛋白质的螺旋结构一般不超过链长的 20%。

β 折叠：也是多肽链的一种常见构象。这种构象的特点是，若干条多肽链或 1 条多肽链的若干肽段平行排列，相邻主链骨架之间靠氢键连系。为了在主链骨架之间形成最多的氢键，避免相邻侧链间的空间障碍，锯齿状的主链骨架必须做一定的折叠(φ = －139°,

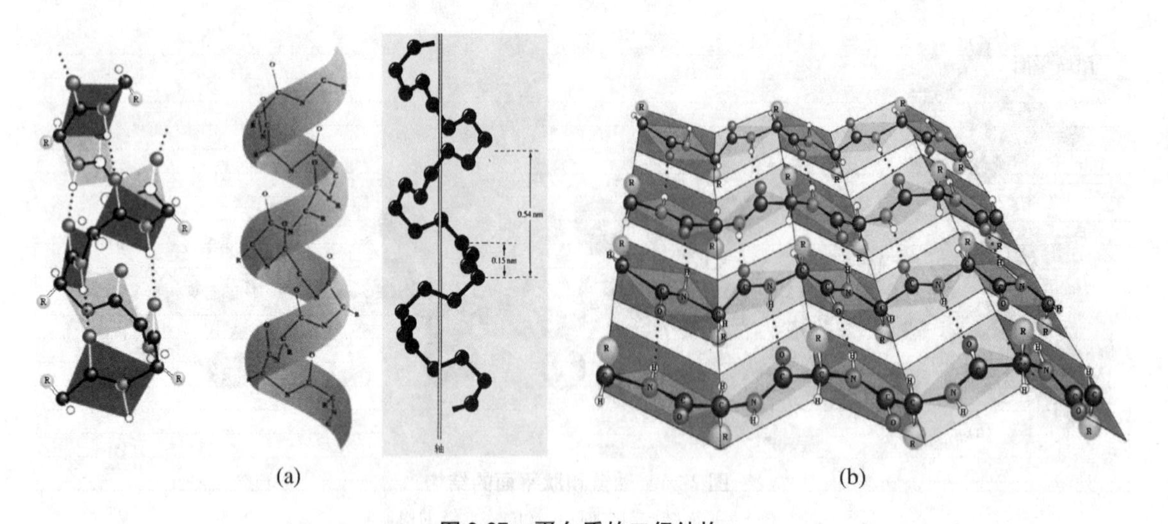

图 2-27　蛋白质的二级结构

(a)蛋白质分子的 α 螺旋及氢键　(b)蛋白质分子的 β 折叠

$\psi = +135°$)。与 C_α 原子相连的侧链(R)交替地位于片层的上方和下方，并与片层相垂直[图 2-27(b)]。β 折叠大量存在于丝心蛋白和 6-角蛋白之中。在一些球蛋白分子，如羧肽酶 A 和胰岛素中，也有少量的 β 折叠存在。

无规则卷曲：是指多肽链中无规则部分的构象。一般球蛋白分子，除含螺旋构象和 β 折叠外，往往还含有大量的无规则卷曲，倾向于产生球状构象。这种球状构象有高度的特异性，与生物活性密切相关，对外界的理化因子非常敏感。

β 转角：在蛋白质分子中肽链经常出现 180°的回折，即 β 转角。它是由 4 个连续的氨基酸残基构成的，大约以 180°返回折叠，第一个残基的 C ═ O 基与第四个残基的 N—H 基氢形成氢键，以维持转角的构象。β 转角有 2 种类型：Ⅰ型为反式构象，较稳定；Ⅱ型为顺式构象(图 2-28)。

蛋白质分子的三级结构　在上述二级结构的基础上，1 条多肽链上相隔较远的氨基酸

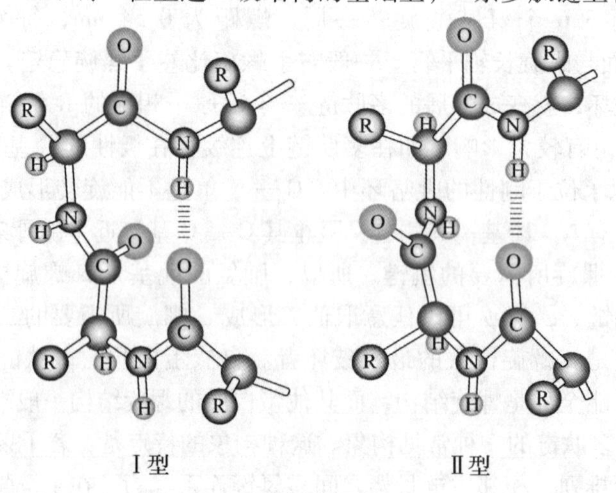

图 2-28　β 转角的构象

残基侧链相互作用，进一步盘绕、折叠，从而产生特定的不同的但有规则的球状构象。在球蛋白分子中，二级结构单位能彼此串联，组成不同的有规则的折叠单元(folding unit)，Rossman (1973)将其称为超二级结构[图2-29(a)]。这些折叠单元往往再聚集成紧密的球状区域，称为结构域(structure domain)[图2-29(b)]。

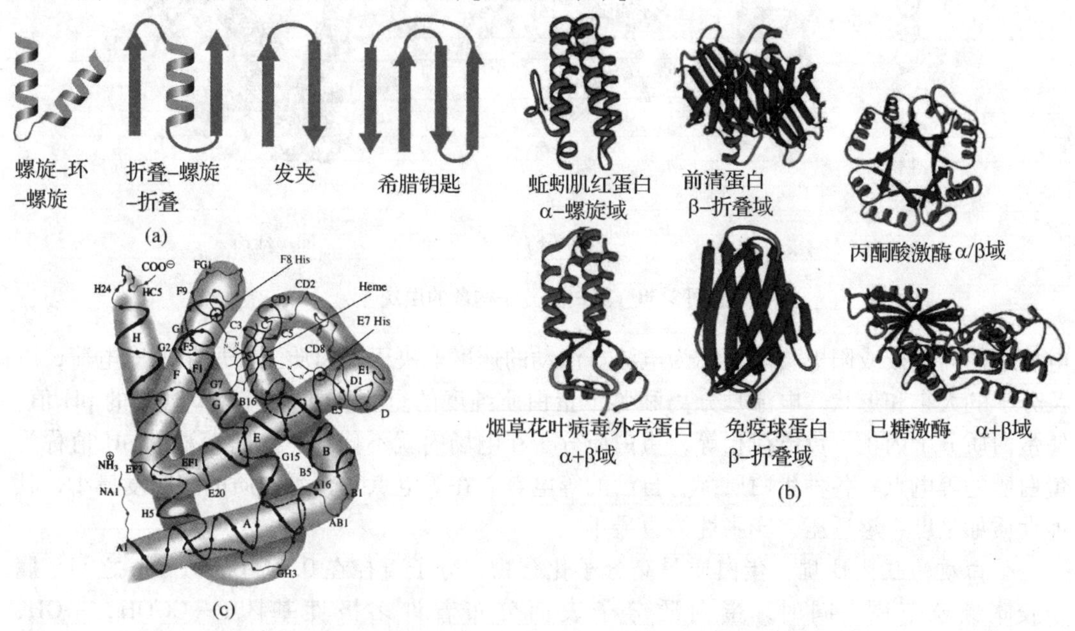

图2-29 折叠单元、结构域与蛋白质的三级结构

(a)几种折叠单元 (b)几种结构域 (c)肌红蛋白的三级结构

蛋白质分子可以含有2个或多个结构域，其构象可以相似，也可以不同。蛋白质的三级结构正是这些折叠单元或结构域的总汇总[图2-29(c)]。

蛋白质分子的四级结构：有些蛋白质分子只有1条多肽链，称单体蛋白，例如，肌红蛋白、核糖核酸酶。有些球蛋白分子则含有2条或2条以上肽链。每一条肽链都有自己的三级结构，称为亚基。也可以由几条多肽链通过二硫键连接为亚基。由亚基聚合而成的蛋白质分子，称为寡聚蛋白。所谓四级结构，就是各个亚基的空间排布及相互作用。形成寡聚体的倾向与蛋白质中带有非极性R基氨基酸的含量有关。带有非极性R基的氨基酸残基超过30%时，一部分疏水基就会暴露在亚基表面。因此形成疏水键而使亚基聚合。除疏水键外，氢键和范德华引力也参与维持四级结构，但可能仅起次要的作用。此外，在个别情况下离子键和二硫键也参与维持四级结构。

蛋白质是由氨基酸组成的多肽链，具有特定的走向、排布，形成不同层次的构象(图2-30)。

(2)蛋白质的主要性质

蛋白质的两性性质与等电点 组成蛋白质的氨基酸除以—COOH与—NH_2脱水结合为肽键外，还往往带有许多游离的—COOH和—NH_2，以及其他可解离的基团。蛋白质也像氨基酸一样，在不同pH值的溶液中能以不同的方式离解而带正电荷或负电荷。因此，在

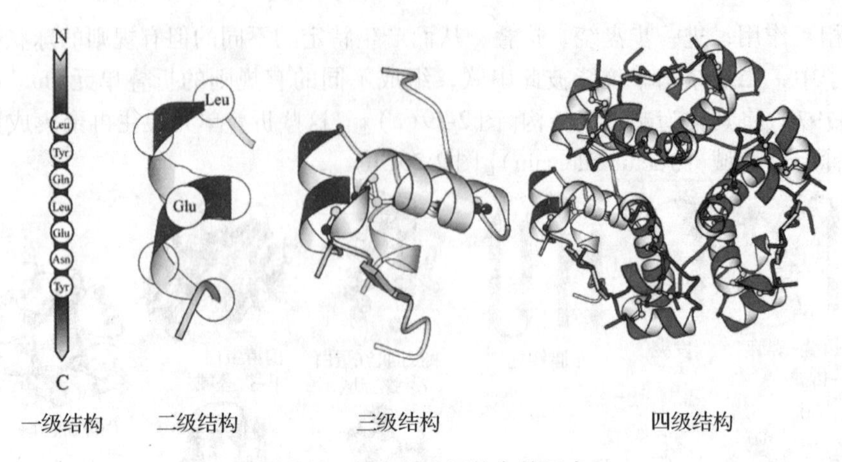

图 2-30　蛋白质分子构象的层次

电场中便向阴极或阳极移动，称为电泳。泳动的速度取决于蛋白质分子所带的净电荷，以及分子的大小和形状。电泳是分离和鉴定蛋白质纯度的重要方法。当调节溶液的 pH 值，使蛋白质分子内正、负电荷相等，蛋白质分子在电场内就不移动。这时溶液的 pH 值称为蛋白质的等电点。各种蛋白质都有自己的等电点。在等电点时，蛋白质的溶解度最小，其他性质如黏度、渗透压、膨胀性等也最小。

蛋白质的胶体性质　蛋白质是高分子化合物，分子直径在 0.1 ~ 0.001 μm 之间，属于胶体颗粒范围。同时，蛋白质分子表面分布着许多极性基团(—COOH，—OH，$—NH_2$，—CO—NH—)，有很强的亲水性。因此，蛋白质溶液是一种亲水胶体，具有亲水胶体的许多性质，例如，丁达尔效应、布朗运动、粒子不能透过半透膜、粒子带电能在电场中移动等。

蛋白质胶体颗粒能够稳定地分散在水相中，一方面是因为蛋白质表面的众多极性基团吸引周围的水分子作定向排列，形成水化膜；另一方面是因为在一定 pH 值的溶液中，蛋白质颗粒表面都带同性电荷，并与周围电荷相反的离子构成稳定的双电层。由于存在着水化膜和双电层，蛋白质颗粒相互排斥而难于接近，形成稳定的亲水胶体溶液。如果在蛋白质溶液中加入脱水剂(酒精、丙酮)、中性盐(硫酸铵)除去水化层，或者将溶液的 pH 值调至蛋白质的等电点或加入电解质破坏双电层，都能破坏蛋白质在溶液中的稳定性。蛋白质分子互相凝集，形成更大的颗粒而从溶液中沉淀出来。除去这些因素，蛋白质能够重新溶解形成稳定的胶体溶液。

蛋白质的变性　蛋白质分子在受到一些物理因素(如热、紫外线、高压等)或化学因素(如脲、胍、酸、碱等)的影响时，性质常发生改变，如溶解度降低、生物活性丧失等。这些变化都不涉及一级结构的改变，即肽键的共价键并未断开。其他类型的共价键如二硫键仍完整。变性的作用实质是蛋白质分子的三维结构的改变或破坏，变性的深度可以相差很大。有时空间结构仅有轻微的局部改变，例如，一个次级键，或者一个侧链基团的取向发生变化，几乎无法测出由此产生的物理、化学性质上的变化，对生物活性的影响也很轻微。有时除一级结构外，几乎所有原子的空间排布和原来不同，结构物理、化学性质发生显著变化，生物活性完全丧失。所以，检查蛋白质是否变性有时是不容易的，往往要采用

多种方法比较才能得出确切的结论。变性可分为可逆变性和不可逆变性。除掉变性因素，蛋白质构象可以恢复原状的，称为可逆变性；除掉变性因素，蛋白质构象不能恢复原状的，称为不可逆变性。研究蛋白质的变性，可以认识引起变性的条件，从而防止变性以便得到天然蛋白质制剂。另外也可以利用变性过程，研究维持蛋白质二、三级结构的作用力，研究各种作用力在决定活性部位上的作用。

2.1.3　核酸

核酸也是一类含氮的生物大分子，是生物遗传的物质基础。核酸常与蛋白质，如组蛋白结合成核蛋白，也有呈游离状态的。

2.1.3.1　核酸的组成成分

核酸即多聚核苷酸(图 2-31)，是由核苷酸单位聚合而成的长键。核苷酸的基本化学组成是：碱基、戊糖和磷酸。

核酸中的戊糖有 2 类：D-核糖和 D-2-脱氧核糖(图 2-32)据此可将核酸分为核糖核酸(RNA)和脱氧核糖核酸(DNA)2 大类。

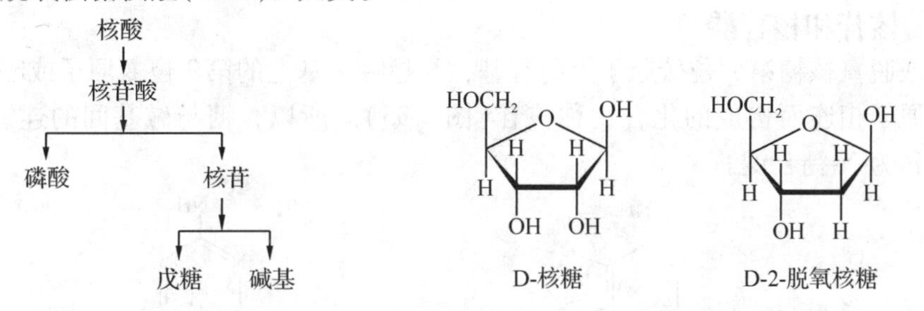

图 2-31　核酸组成　　图 2-32　核糖和脱氧核糖的结构式

RNA 主要是由腺嘌呤(A)、鸟嘌呤(G)、胞嘧啶(C)和尿嘧啶(U)4 种碱基组成的核苷酸单位构成的。DNA 主要是由腺嘌呤、鸟嘌呤、胞嘧啶和胸腺嘧啶(T)组成的脱氧核糖核酸单位构成的(图 2-33)。

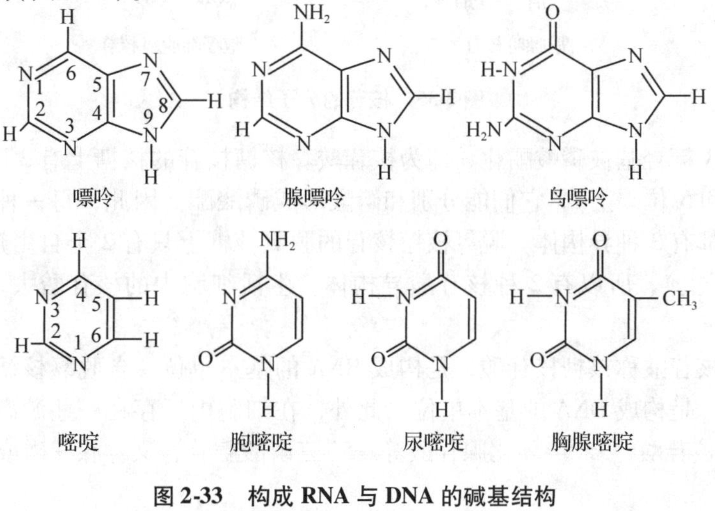

嘌呤　腺嘌呤　鸟嘌呤

嘧啶　胞嘧啶　尿嘧啶　胸腺嘧啶

图 2-33　构成 RNA 与 DNA 的碱基结构

表 2-3　2 类核酸的基本化学组成

核酸		RNA	DNA
酸		磷酸	磷酸
糖		D-核糖	D-2-脱氧核糖
碱基	嘌呤	腺嘌呤(A) 鸟嘌呤(G)	腺嘌呤(A) 鸟嘌呤(G)
	嘧啶	胞嘧啶(C) 尿嘧啶(U)	胞嘧啶(C) 胸腺嘧啶(T)

在 DNA 和 RNA 的碱基组成中有 3 种是共同的，只有一种不同：在 DNA 中为胸腺嘧啶，在 RNA 中则为尿嘧啶。2 类核酸的基本化学组成见表 2-3。

含有羟基的上述碱基都有互变异构现象(图 2-34)。内酰胺的酮式(—NH—CO—)与烯醇式(—N ═ COH)处在平衡中，在生理条件下酮式占优势。

除表 2-3 中的 5 种碱基外，核酸中还有一些含量很少的稀有碱基。稀有碱基的种类很多，大都是甲基化的碱基。大分子核酸中的碱基甲基化过程发生在核酸生物合成以后，虽然碱基甲基化一般不超过碱基总量的 5%，但对核酸的生物学功能具有重要意义。

烯醇式　　酮或内酰胺式

图 2-34　碱基的酮式和烯醇式互变异构

2.1.3.2　核苷和核苷酸

核糖或脱氧核糖第 1′位碳原子上的羟基，与嘌呤碱基上的第 9 位氮原子或嘧啶碱基的第 1 位氮原子相连而构成的化合物称核苷(图 2-35)。所以，糖与碱基间的连键是 N—C 键，一般称为 N-糖苷键。

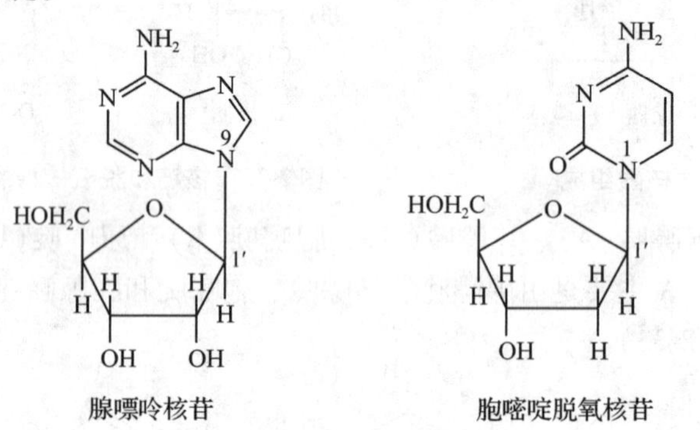

图 2-35　核苷的分子结构

核苷中的戊糖羟基被磷酸酯化，即为核苷酸。核糖核苷的核糖上有 3 个自由羟基(分别在第 2′、3′和 5′位碳上)，它们能分别和磷酸形成磷酸酯。因此，每一种嘌呤或嘧啶碱的核糖核苷酸都有 3 种异构体。脱氧核糖核苷的脱氧核糖上只有 2 个自由羟基(分别在第 3′、5′位碳原子上)，所以有 2 种核苷酸异构体。生活细胞中的核苷酸大多数是核苷-5′-磷酸。

含核糖的核苷酸称核糖核苷酸，是构成 RNA 的基本单位；含脱氧核糖的核苷酸称脱氧核糖核苷酸，是构成 DNA 的基本单位。此外，在细胞内还存在一些游离的核苷酸，例如，5′-三磷酸核苷酸，3′,5′-环化腺苷酸等。5′-三磷酸腺苷，又称腺三磷或三磷酸腺苷。

2.1.3.3 核酸的分子结构

核酸是由很多核苷酸连接起来的不分枝的链状化合物。核苷酸单位之间借磷酸二酯键相互连接，即磷酸一方面与一个核苷酸糖基的3′-位碳原子上的羟基相结合，另一方面与其他核苷酸糖基的5′-位碳原子上的羟基相结合。

(1)脱氧核糖核酸(DNA)的结构

DNA是由A、G、C、T 4种主要碱基组成的。对各种生物的DNA碱基组成的定量测定证明：①不同生物的DNA都有自己独特的碱基组成，并且不受年龄、营养状况和环境的影响。同时，同一生物体的不同器官、不同组织的DNA的碱基组成却是相同的。这些特点使DNA可以用作生物分类的指标，并说明DNA是一种决定遗传性的物质。②不论何种生物，同一DNA分子中腺嘌呤与胸腺嘧啶的数目相等，即A = T；鸟嘌呤与胞嘧啶的数目相等，即G = C。因此，嘌呤的总数等于嘧啶的总数，即A + G = C + T。这一点为建立DNA双螺旋结构模型提供了重要依据。

核酸结构可按一级和三维结构来讨论。一级结构是指核苷酸之间的连键性质和核苷酸的排列顺序。三维结构是指核苷酸链内或链间通过形成氢键而呈现的现象，分为二级结构和三级结构。

一级结构　脱氧核糖核苷酸单体通过3′,5′磷酸二酯键连接起来，形成直线形或环形分子(图2-36)，DNA链没有分枝。生物的遗传信息就贮存在DNA的核苷酸序列之中。

二级结构　关于DNA的二级结构，Watson和Crick在1953年提出了双螺旋模型，并

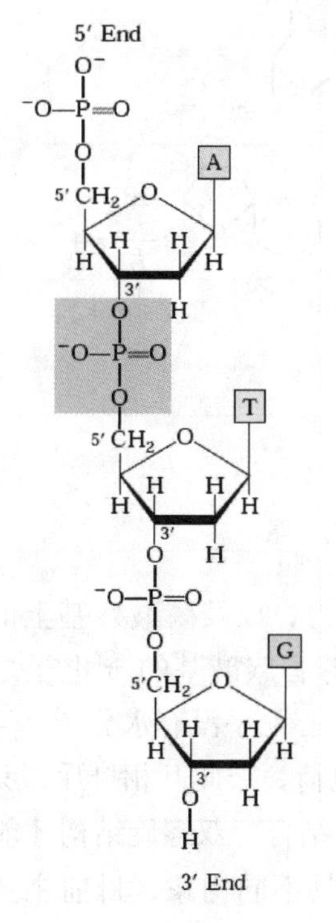

图2-36　多核苷酸链

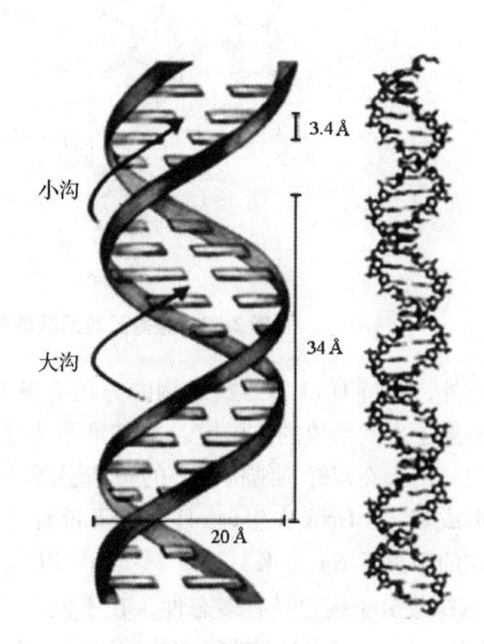

图2-37　DNA的双螺旋模型

且得到普遍承认。DNA 是由 2 条反向平行的多核酸链，围绕同一个中心轴构成的双螺旋结构。磷酸基与脱氧核糖基位于外侧，彼此通过磷酸二酯键相连，糖环平面与纵轴平行，形成 DNA 的骨架。多核苷酸链的方向取决于核苷酸之间的磷酸二酯键的走向。习惯上视 C3′→C5′为正向，C5′→C3′为反向。嘌呤与嘧啶碱基位于螺旋内侧，碱基平面与纵轴相垂直。双螺旋的直径为 2 nm。螺旋每转一周约相当于 10 个核苷酸，长 34 Å(图 2-37)。DNA 双螺旋结构的提出，被认为是 20 世纪生命科学史最重要的贡献之一，同时也是自然科学史上的重大贡献。它直接解释了生物遗传信息的传递与表达的规律，使生命科学从此进入一个崭新的时代，即分子生物学时代。

2 条核苷酸链依靠彼此的碱基之间形成的氢键而联系在一起。根据 A = T，G = C 的规律，以及分子模型计算确定：A 与 T 结合，形成 2 个氢键；G 与 C 结合，形成 3 个氢键(图 2-38)。碱基之间互相匹配就是所谓碱基互补。碱基互补原则具有非常重要的生物学意义。

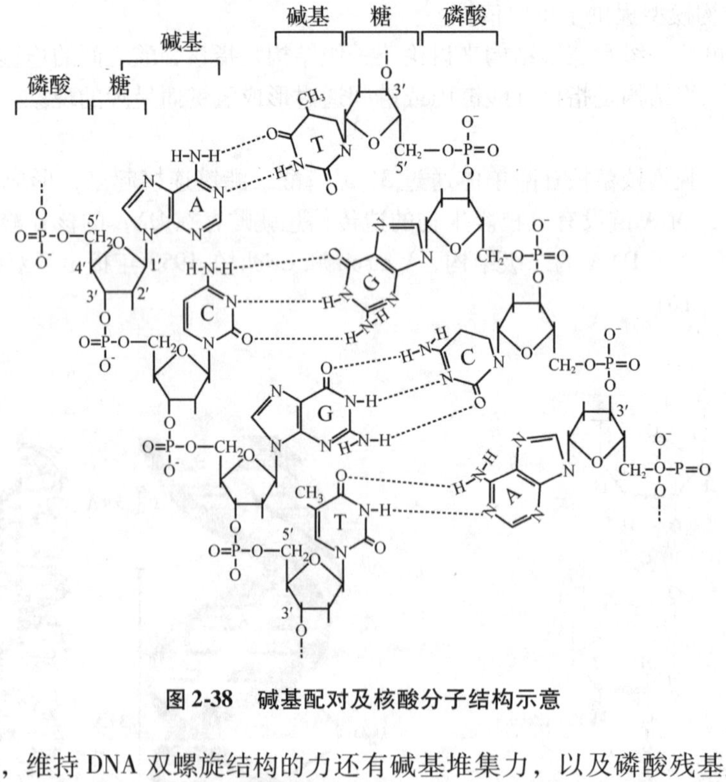

图 2-38　碱基配对及核酸分子结构示意

除氢键外，维持 DNA 双螺旋结构的力还有碱基堆集力，以及磷酸残基上的负电荷与介质中的阳离子之间形成的离子键。碱基堆集力是由于芳香族碱基的 π 电子之间的相互作用引起的。由于在双螺旋结构中心的碱基层层堆集，中心几乎没有水分子，互补的碱基之间才能形成氢键。DNA 在生理 pH 条件下带有大量负电荷，彼此互相排斥，只有与细胞内大量存在的阳离子 Na^{+}、K^{+}、Mg^{2+}、Mn^{2+} 以离子键相结合，双螺旋结构才能稳定。

DNA 双螺旋分子构象具有多态性，在不同条件下可具不同构象，目前主要有 A、B、C、D 及 Z 型。另外，DNA 双螺旋结构的稳定性也不是绝对的。实验证明，即使处于室温下，溶液中的 DNA 分子内也有一部分氢键被打开，而且打开的部位处于不断变化之中。

三级结构　DNA 在双螺旋结构的基础上还可形成三级结构。自从 1965 年 Vinograd 等人发现多瘤病毒的环形 DNA 的超螺旋以来，现已知道绝大多数原核生物都是共价封闭环(covalently closed circle，CCC)分子，当二级结构上每匝螺旋的碱基数目发生改变时，DNA 分子就捻成超螺旋型。超螺旋(superhelix)是 DNA 三级结构的一种形式。超螺旋按其方向分为正超螺旋(盘绕方向与双螺旋方向相同)和负超螺旋 2 种(盘绕方向与双螺旋方向相反)(图 2-39)。真核生物中，DNA 与组蛋白八聚体形成核小体结构时，存在着负超螺旋。研究发现，所有的 DNA 超螺旋都是由 DNA 拓扑异构酶产生的。当超螺旋型 DNA 的一条链上出现一个缺刻时，超螺旋结构就松开而呈开环形结构。

真核细胞染色体 DNA 的相对分子质量非常大，结构比较复杂，常出现重复序列和回文结构。

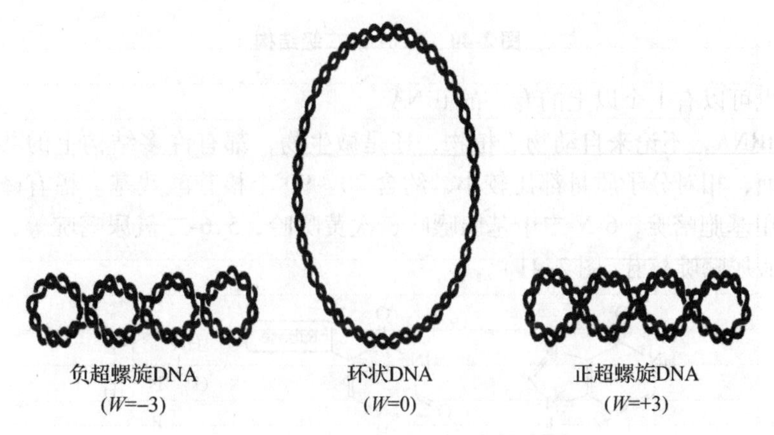

图 2-39　环状 DNA 分子的构象

W. 超螺旋数

(2)核糖核酸(RNA)的结构

所有生物细胞内都含有 3 种 RNA：核糖体 RNA(rRNA)，转运 RNA (tRNA)和信使 RNA(mRNA)。

信使核糖核酸　mRNA 的相对分子质量较大，约 200×10^4 Da，但在细胞中含量低，约占 RNA 总量的 5%。mRNA 在细胞中比较不稳定，生存周期因物种而异。某些细菌 mRNA的半寿期只有几分钟，降解后释放出的游离核苷酸又可用于合成新的 mRNA，这对细菌迅速适应环境变化是有利的。在较高等生物细胞里，mRNA 的寿命则长得多。mRNA 是合成蛋白质的模板，它的核苷酸顺序决定着蛋白质分子中氨基酸的顺序。

核糖体核糖核酸　rRNA 占细胞内 RNA 总量的 80%，与蛋白质紧密结合构成核糖体。核糖体是细胞内合成蛋白质的场所。

rRNA 是一条不分枝的多核苷酸长链。出于其中若干区段自身回折，使某些能配对的碱基相遇，A—U、G—C 通过氢键连接，因而出现某些局部配对区，一些未能配对的核苷酸区段凸成圈环。因而，rRNA 有一定的二级结构(图 2-40)。

转移核糖核酸　tRNA 也称可溶性核糖核酸(sRNA)。它的功能是携带特定的氨基酸，在蛋白质合成中起转运氨基酸的作用。组成蛋白质的 20 种氨基酸都有自己专一的 tRNA。

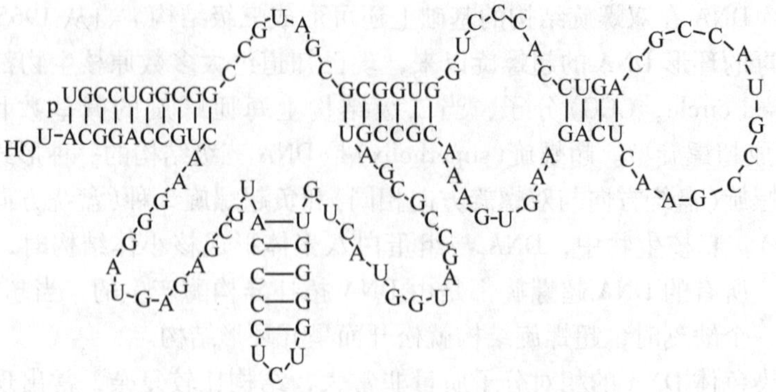

大肠杆菌5SrRNA的结构

图 2-40　RNA 的二级结构

个别氨基酸也可以有 1 个以上的专一的 tRNA。

所有的 tRNA，不论来自动物、植物，还是微生物，都有许多结构上的共同特点。在一级结构方面，相对分子质量都比较小，约含 70 ~ 90 个核苷酸残基。稀有碱基出现比较频繁，如 5-甲基胞嘧啶，6-N-二甲基腺嘌呤、次黄嘌呤，5,6-二氢尿嘧啶等，特别是含有较高比例的假尿嘧啶核苷(图 2-41)。

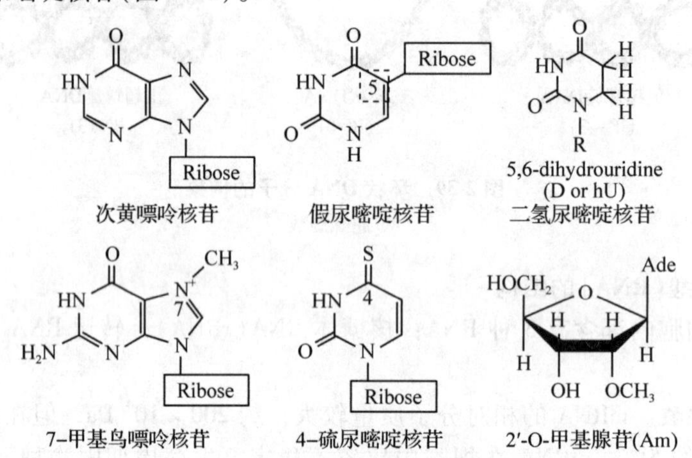

图 2-41　主要的稀有碱基

在二级结构方面，tRNA 都呈三叶草形：3 个显著的突环好像是 3 片小叶，终端的双螺旋结构区构成了叶柄(图 2-42)。三叶草形结构由 5 部分组成：①氨基酸臂，由 7 对碱基组成，末端为-CCA，是蛋白质生物合成时连接氨基酸的部位；②二氢尿嘧啶环(Ⅰ)，以具有 2 个二氢尿嘧啶核苷酸残基为特征，是 tRNA 识别专一性酶的部位；③反密码环(Ⅱ)，环的中间是由 3 个碱基组成的反密码子(关于“密码”的定义将在蛋白质合成中叙述)；④额外环(Ⅲ)，由 3 ~ 18 个核苷酸残基组成，不同 tRNA 的环大小很不一样，是 tRNA分类的重要指标；⑤假尿嘧啶核苷-胸腺嘧啶核糖核苷环(TψC 环)(Ⅳ)，除个别情况外，所有 tRNA 都含-T-ψ-C-碱基序列，是 tRNA 与核糖体结合的部位。

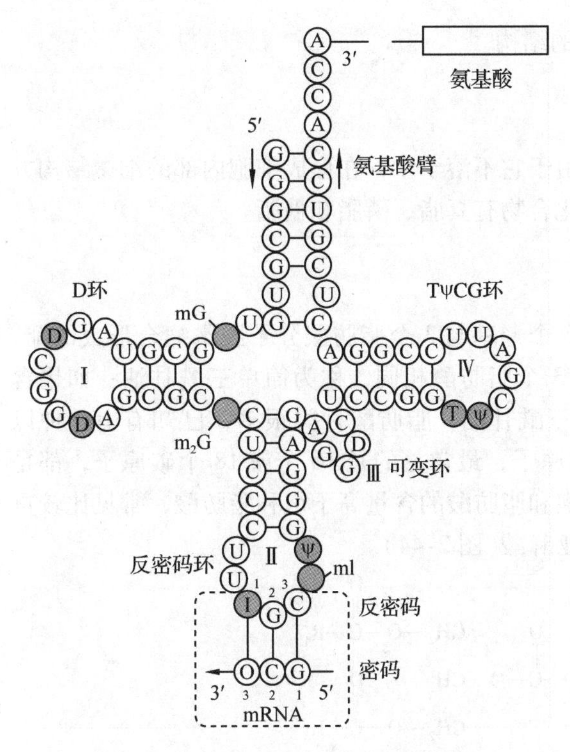

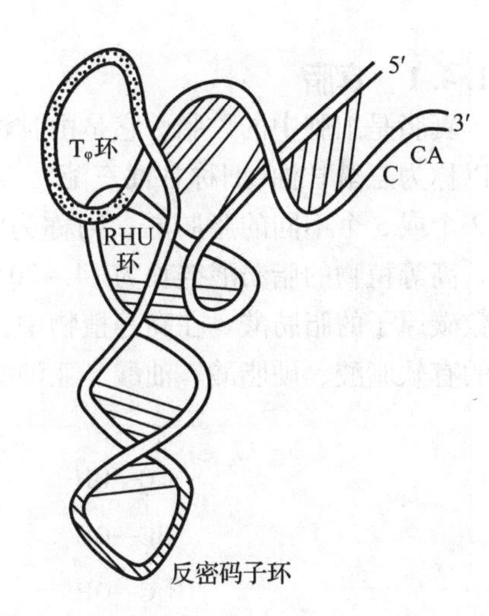

图 2-42 tRNA 分子的三叶草结构模型 **图 2-43 酵母苯丙氨酸 tRNA 的三级结构**

tRNA 在二级结构的基础上进一步折叠为 L 形的三级结构(图 2-43)。tRNA 的生物学功能与其三级结构有密切关系。

2.1.3.4 核酸在细胞中的分布和作用

DNA 主要存在于细胞核中，是染色体的组成成分，其他部位如叶绿体及线粒体中也含有 DNA。DNA 的相对分子质量很大，如大肠杆菌的大约由 3×10^8对核苷酸组成，一对核苷酸的相对分子质量约为 600 Da，所以 DNA 的相对分子质量可达 18×10^8 Da。动、植物细胞的 DNA 所含核苷酸的数目可能更多。因此 4 种碱基在链上的排列顺序变化无穷。不同物种的 DNA 都有其特有的碱基顺序，是遗传信息的携带者。

RNA 主要存在于细胞质中，细胞核中也有。它是核仁的组成部分，其他如叶绿体、线粒体及细胞壁中也有一定含量。在细胞中核酸是遗传信息的传递者，参与蛋白质合成。

细胞中遗传信息的传递一般遵守以下的“中心法则”：

$$\text{DNA}\xrightarrow{\text{转录}}\text{RNA}\xrightarrow{\text{转译}}\text{蛋白质(酶)}\xrightarrow{\text{装配}}\text{生物结构}$$

DNA 先将遗传信息传递给 mRNA，这个过程称为转录，也就是 DNA 解开双螺旋，在 DNA 链上通过碱基配对合成相应的 mRNA。mRNA 在合成后由细胞核进入细胞质，并和细胞质中的核糖体结合。在合成蛋白质时，mRNA 上的碱基顺序决定氨基酸的顺序。这个过程称为转译。蛋白质分子的氨基酸顺序决定了二、三级结构，同时也规定了亚基之间接触的几何位置。因此，亚基能够互相精密地自动装配起来，形成正确的四级结构。然后再与其他物质(如磷脂)相配合，即形成生物的结构。

2.1.4 脂类

脂类也是植物细胞的主要成分之一。由于它不溶于水，在形成细胞内部的细微结构方面有独特的贡献。植物细胞内重要的脂类化合物有真脂、磷脂和糖脂。

2.1.4.1 真脂

真脂是细胞中的贮脂。它是由甘油的3个羟基与3个脂肪酸分子脱水缩合形成的酯，所以称为三酰甘油(旧称甘油三酯)。如果3个脂肪酸相同，称为简单三酰甘油；如果含有2个或3个不同的脂肪酸，则称为混合三酰甘油。脂肪酸种类很多，已知有100种以上。高等植物的脂肪酸链长为14~20个碳原子，最常见的是16个或18个碳原子，都是偶数碳原子的脂肪酸。在高等植物中，不饱和脂肪酸的含量高于饱和脂肪酸，常见比较重要的有软脂酸、硬脂酸、油酸、亚油酸和亚麻酸(图2-44)。

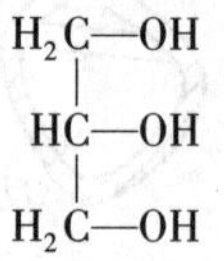

甘油

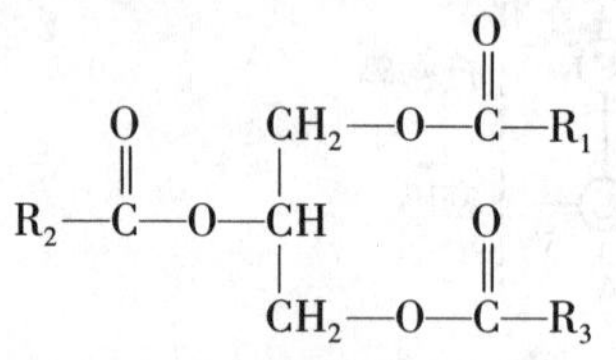

三酰甘油

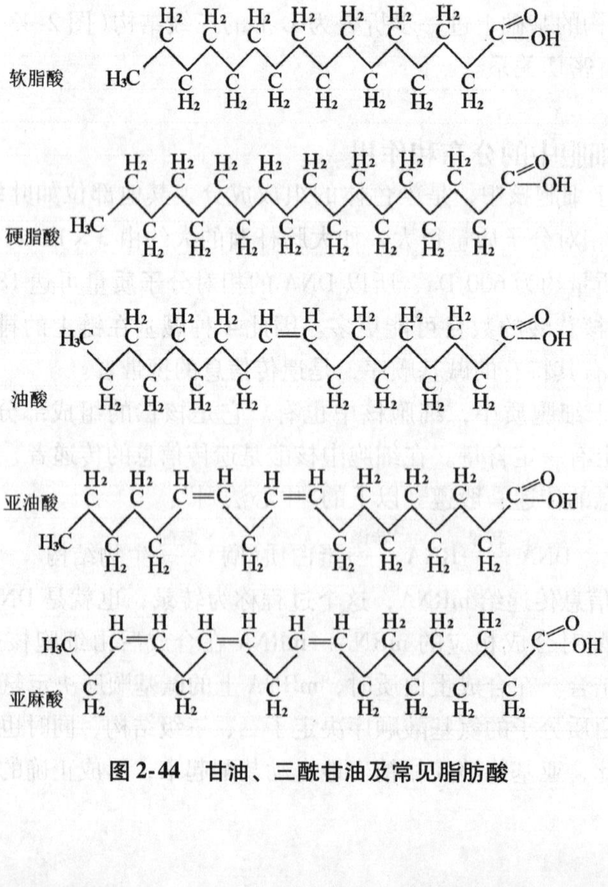

软脂酸

硬脂酸

油酸

亚油酸

亚麻酸

图2-44 甘油、三酰甘油及常见脂肪酸

由于真脂分子上存在着大量疏水的烃基，在代谢过程中形成后很容易在原生质中以疏水相互作用聚集为小油滴而悬浮在亲水的介质内。所以真脂在代谢上处于惰性状态，也不干扰原生质的渗透平衡。另外，真脂比淀粉等多糖的还原程度高得多，在分解时需氧较多，释放的能量也较多，因此是一种更优越的贮藏物质。植物界多数种子含脂肪或油，道理可能就在这里。

2.1.4.2 磷脂

磷脂是含有磷酸的复合脂类。磷脂又可因所含醇类化合物不同而分为甘油磷脂和鞘磷脂(图 2-45)。

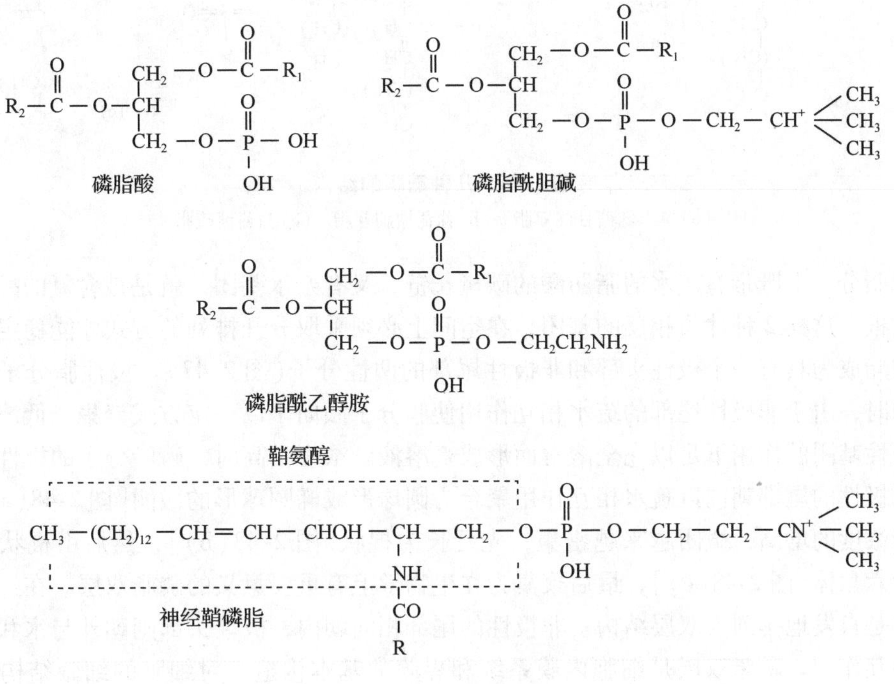

$CH_2-O-CO-R_1$；$R_2-CO-O-CH$；$CH_2-O-PO(OH)-OH$

磷脂酸

$CH_2-O-CO-R_1$；$R_2-CO-O-CH$；$CH_2-O-PO(OH)-O-CH_2-CH^+(CH_3)_3$

磷脂酰胆碱

$CH_2-O-CO-R_1$；$R_2-CO-O-CH$；$CH_2-O-PO(OH)-O-CH_2CH_2NH_2$

磷脂酰乙醇胺

鞘氨醇

$CH_3-(CH_2)_{12}-CH=CH-CHOH-CH(NH-CO-R)-CH_2-O-PO(OH)-O-CH_2-CH_2-CN^+(CH_3)_3$

神经鞘磷脂

图 2-45 磷脂的结构

(1)甘油磷脂

构成甘油磷脂的醇是甘油，它的 2 个羟基为脂肪酸所酯化：通常第一个碳原子上的羟基被 1 个不饱和脂肪酸酯化，第二个碳原子上的羟基则常与饱和脂肪酸结合。甘油的第三个羟基被磷酸酯化而形成磷脂酸。磷脂酸在植物体中含量不高，是合成其他甘油磷脂的中间体。在植物体中存在的主要是磷脂酰胆碱(卵磷脂)，磷脂酰乙醇胺(脑磷脂)，其他还有磷脂酰丝氨酸、磷脂酰甘油，磷脂酰肌醇等。

(2)鞘磷脂

这类磷脂不含甘油。鞘磷脂水解产生脂肪酸、磷酸、鞘氨醇(在植物中通常是植物鞘氨醇)和其他带醇基的化合物(胆碱、乙醇胺、糖、肌醇等)。神经鞘磷脂是一种比较普遍的鞘磷脂。

2.1.4.3　糖脂

糖脂不含磷酸，水解时产生糖、甘油(或鞘氨醇)和脂肪酸。常见的糖脂有葡萄糖脑苷脂、单半乳糖甘油双脂[图 2-46(a)、(b)]。糖脂被硫酸酯化形成硫酯，如葡萄糖硫脂[图 2-46(c)]。

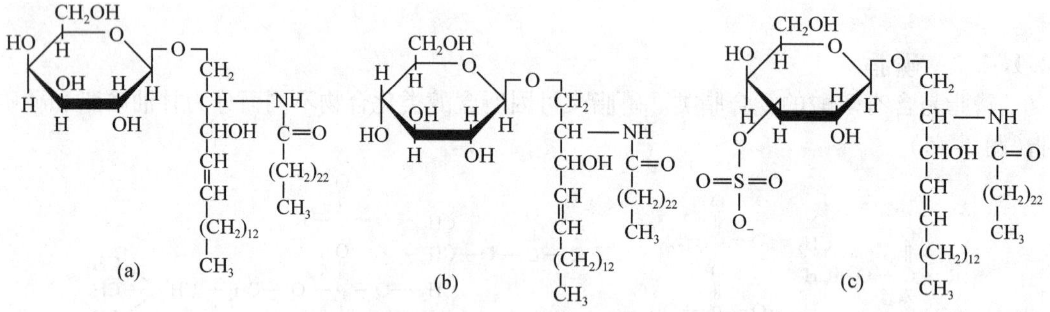

图 2-46　几种糖脂的结构

(a)单半乳糖甘油双脂　(b)葡萄糖脑苷脂　(c)葡萄糖硫脂

磷脂分子上既带有疏水的脂肪酸的碳氢长链，又有亲水基团，就是被含氮的醇所酯化的磷酸根。这样 2 种性质相反的基团，在空间上必须采取分开排列的方式才能稳定。这就使磷酸酯成为具有一个极性头部和非极性尾部的两性分子(图 2-47)。极性脂分子分散在水相中时，由于非极性尾部的疏水相互作用使脂分子倾向于以一定方式聚集。低浓度的磷脂在极性基团的作用下足以完全溶解而形成真溶液。浓度稍高时，磷脂分子的极性头部朝外，非极性的尾部朝内以疏水相互作用聚合为圆球形或椭圆球形的微团[图 2-48(a)]。随着磷脂浓度的增高，微团越来越密集，先延长为棍状[图 2-48(b)]，然后由棍状进一步聚集为六角体[图 2-48(c)]，最后聚集为在生物学上有重要意义的磷脂双层。在细胞内的磷脂都是自发地排列为双层结构：非极性的尾部相向朝内，极性头部则朝外与水和蛋白质分子相互作用。磷脂双层是细胞内膜系统和界膜的基本构造，对细胞的细微结构有重要贡献。

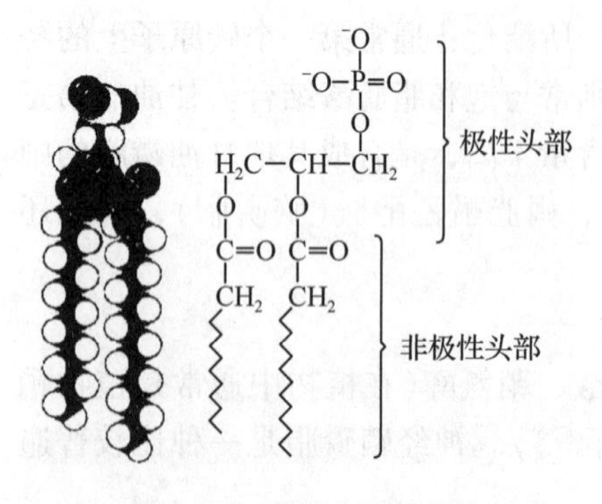

图 2-47　磷脂分子的结构

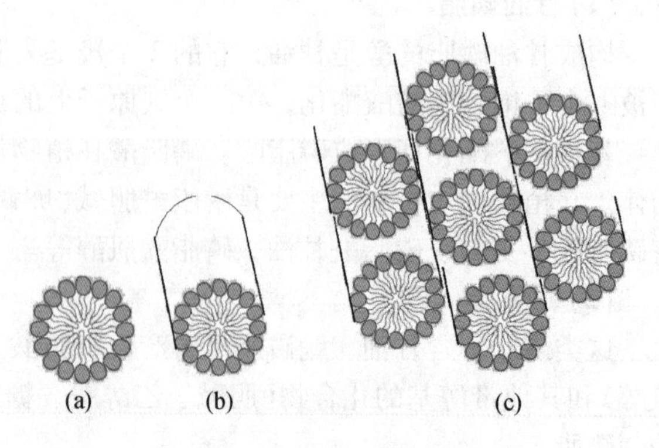

图 2-48　磷脂分子聚集的结构

磷脂双层的聚集方式不仅受磷脂浓度的影响，还受磷脂分子结构和温度的影响。磷脂双层有2种构象：β构象和α构象(图2-49)。β构象排列有序，也称凝胶构象或晶体。呈这种构象时，碳氢链互相平行地紧密排列而不活动。α构象是随机排列状态，或称液晶。呈这种构象时碳氢链自由摆动。只要提高温度，就能使碳氢链之间的范德瓦尔斯键断开，磷脂就由β构象转变为α构象。当磷脂双层处于α构象时，磷脂分子能在双层内部游动，但不能改变原来的取向或脱离双层。

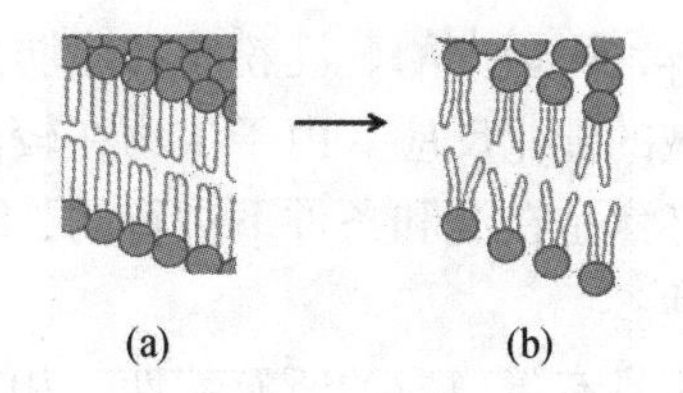

图2-49　磷脂双层构象的变化

(a)β构象　(b)α构象

磷脂分子中脂肪酸的饱和程度和顺反异构也影响由α-构象转变为β-构象的温度。不饱和脂肪酸，特别是顺式异构体能阻碍分子互相靠近，因而使磷脂双层在较低温度时仍能保持流动状态(图2-50)。耐寒性较强的植物常含较高比例的不饱和脂肪酸。

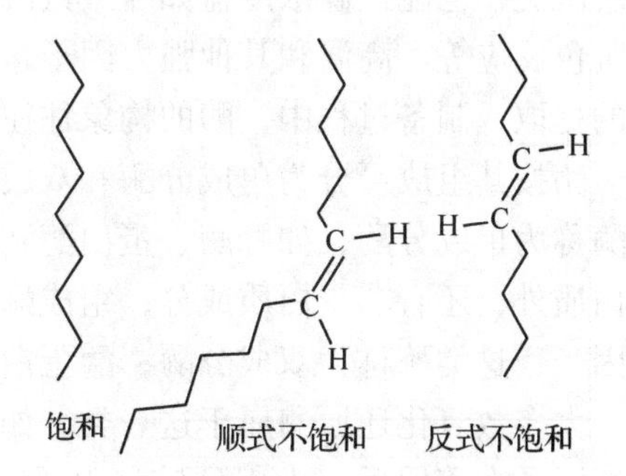

图2-50　饱和脂肪酸和不饱和脂肪酸的结构

糖脂和硫脂也具有极性的头部和非极性的尾部，而且两者在溶解性质上差别更大。这2种脂类在叶绿体中特别多，其含量甚至超过磷脂。

2.2　酶

酶是一种特殊的蛋白质，几乎参与生物体内所有复杂的生物化学反应。早在19世纪初就有关于酶的研究，但酶作为专门的术语，是在1878年由Kühne首先提出来的。1926年Sumner首次得到结晶的酶——脲酶。此后几十年中，随着分离测定技术的发展，酶的研究取得了很大的进展，现在已获得结晶的酶有数百种，不同程度提纯的酶有数千种。使用各种技术对酶进行多方面的研究，不仅受到生物学、医学、农学领域的重视，而且得到物理学、化学、食品和化学工业等很多理论和生产性学科的重视，酶学已经成为一个与多个学科相关的前沿学科。

2.2.1　酶的性质

2.2.1.1　酶的组成

酶是由生活细胞所产生的具有催化生物化学反应能力的生物催化剂。生物体内千变万化的生化反应是由不同的酶所催化，并对新陈代谢过程起调控作用。

酶的主要成分是蛋白质。它与一般催化剂不同，能在常温常压下进行高速度的催化反应。例如，在合成氨工业中使用的催化剂需要在高温高压条件下才能将N_2和H_2合成氨；而固氮酶能在常温常压下催化N_2还原为氨。蛋白质、淀粉和脂肪需要强酸或强碱作用才能水解，而蛋白酶、淀粉酶和脂肪酶却能在近中性条件下进行水解作用，而且速度大于强酸强碱的催化反应。由于生物在较温和的环境中生存，因此细胞中由酶催化的各种生化反应也必然是在温和条件下进行的，在高温、高压和极端 pH 值条件下酶会变性而丧失其催化活性。

酶具有蛋白质的所有特性，相对分子质量在 $1\times10^4\sim200\times10^4$ Da。酶溶液是一种亲水的蛋白质胶体，能被各种蛋白质沉淀剂，如丙酮、三氯乙酸、单宁、生物碱和重金属离子所沉淀；也能被高浓度盐如硫酸铵沉淀。酶也能进行蛋白质的显色反应，如双缩脲反应和黄色反应等。高温和其他强力因子，如 γ 射线、X 射线、紫外线等能使蛋白质变性。在酶的提取或制备过程中，酶的构象往往发生不可逆的变化而丧失活性。

酶按其组成可分为单成分酶和双成分酶。有些酶是单纯的蛋白质，不含其他物质，这类酶称为单成分酶，如脲酶、蛋白酶和淀粉酶等水解酶。有些酶是复合蛋白质，除了含有蛋白质外，还有非蛋白质成分；组成酶的蛋白质称为酶蛋白，组成酶的非蛋白质成分称为辅因子，这类酶称为双成分酶；酶蛋白和辅因子结合在一起，才能成为具有催化活性的全酶。大多数氧化还原酶属于这一类，如过氧化物酶、细胞色素氧化酶和一些脱氢酶等。酶的辅因子在酶促反应中起到转移电子、原子或化学基团的作用。辅因子可分为辅酶和辅基。辅酶与酶蛋白结合松弛，能够以游离状态存在，通常在起作用时才与酶蛋白结合，有的可作为几种酶的辅酶。而辅基与酶蛋白以共价键结合，不易分离。有的辅基中含有金属离子，如 Fe^{2+} 或 Fe^{3+}、Cu^{+} 或 Cu^{2+}、Mo^{2+} 等。另外，有的金属离子虽然不是辅基或辅酶的成分，但是为酶的催化反应所必需的，称为金属活化剂。

有的酶只含有一条多肽链，称为单体酶，属于这一类的酶很少，一般是催化水解反应的酶，相对分子质量在 12 000～35 000 Da，如溶菌酶和胰蛋白酶等。有的酶是由几个甚至几十个亚基组成，称为寡聚酶，这些亚基可以相同也可以不同。亚基之间不是以共价键结合，彼此很容易分开，相对分子质量在 $3.5\times10^4\sim100\times10^4$ Da，如磷酸化酶 a 和 3-磷酸甘油醛脱氢酶等。由几种酶彼此嵌合形成的复合体，称为多酶体系，它有利于一条反应链连续进行，这类酶相对分子质量很高，一般在 100×10^4 Da 以上，如脂肪酸合成酶复合体等。

知识窗

核　酶

20 世纪 80 年代初期，美国人 Cech 和 Altman 各自独立地发现 RNA 具有生物催化功能，从而改变了生物体内所有的酶都是蛋白质的传统观念。这个发现被认为是生化领域最令人鼓舞的发现之一，为此 Cech 和 Altman 共同获得了 1989 年诺贝尔化学奖。为了区别于传统意义上的酶，将具有催化活性的 RNA 称为核酶。

1982 年，Cech 等人发现四膜虫的 rRNA 在鸟苷和 Mg^{2+} 的存在下，能够切除自身 413 个核苷酸内含子，将 2 个外显子拼接起来，变为成熟的 rRNA 分子，而这个反应没有任何蛋白质参与，证明 RNA 具有催化功能。1983 年，Altman 等人发现核糖核酸酶 P 能够催化大肠杆菌 tRNA 前体在 5′端切去 1 个寡核苷酸片段转变为成熟的 tRNA，核糖核酸酶 P 由 23% 蛋白质和 77% RNA 组成，其中的蛋白质组分没有催化活性，而 RNA 组分具有酶的催化活性。后来，人们又发现了越来越多的 RNA 催化剂，它们的催化底物有蛋白质、DNA、葡聚糖等。

具有催化活性 RNA 的发现，说明 RNA 不仅能够携带遗传信息，而且具有生物催化功能，因此，RNA 可能早于 DNA 和蛋白质，是生命起源中首先出现的生物大分子。

脱 氧 核 酶

1994 年，Joyce 等人报道了一条人工合成的 35 bp 多聚脱氧核糖核苷酸能够催化特定的核糖核苷酸或脱氧核糖核苷酸形成磷酸二酯键。1995 年，Cuenoud 等人合成了一条具有连接酶活性的 DNA，能够催化与它互补的 2 个 DNA 片段形成磷酸二酯键。这种具有催化活性的 DNA 称为脱氧核酶。而到目前为止，还没有在自然界中发现天然的脱氧核酶，但是对脱氧核酶的研究使人类对于酶的认识又产生了一次重大飞跃，将有助于了解生命是如何由 RNA 演化为今天以 DNA 和蛋白质为基础的细胞形式。

抗 体 酶

抗体酶是一种具有催化活性的蛋白质，其本质是免疫球蛋白，但是在易变区赋予了酶的属性，所以又称为催化性抗体，其催化反应速率达到非催化反应速率的 10^7 倍。抗体酶催化的反应类型有数十种之多，包括水解反应、金属螯合反应、氧化还原反应、脱羧反应等。抗体酶可应用于医学和制药工业，也可以应用到生物传感器的制造上。

2.2.1.2 主要辅酶和辅基

在生物中虽然发现了数以千计的酶，但是辅酶和辅基的种类较少，主要有核苷酸类、维生素的衍生物和铁卟啉等。

(1) 烟酰胺腺嘌呤二核苷酸和烟酰胺腺嘌呤二核苷酸磷酸

烟酰胺腺嘌呤二核苷酸由 1 分子烟酰胺、1 分子腺嘌呤、2 分子核糖与磷酸残基组成，缩写为 NAD，也称为辅酶 Ⅰ(Co Ⅰ)。烟酰胺腺嘌呤二核苷酸磷酸是 NAD 的磷酸酯，缩写为 NADP，也称为辅酶 Ⅱ(Co Ⅱ)。它们的结构式见图 2-51。

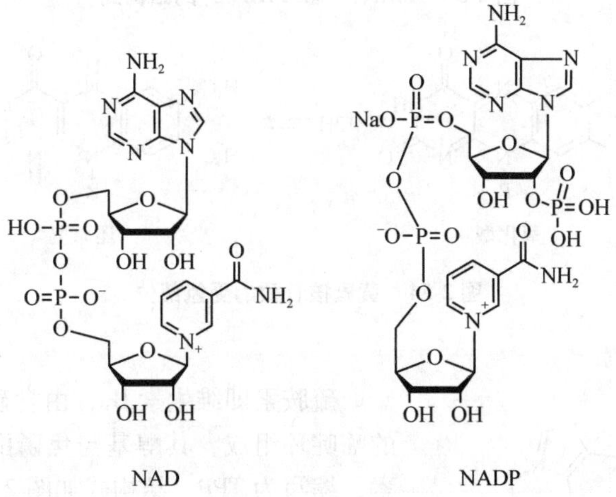

NAD NADP

图 2-51 NAD 和 NADP 的结构式

NAD 和 NADP 是多种脱氢酶的辅酶，在生物体内的氧化还原反应中起传递电子和氢的作用。氧化型的 NAD 能接受一个电子和一个氢而转化为还原型，又可把氢和电子转移给另一个化合物而自身又变为氧化型。其反应的部位都发生在烟酰胺的吡啶基上，其反应

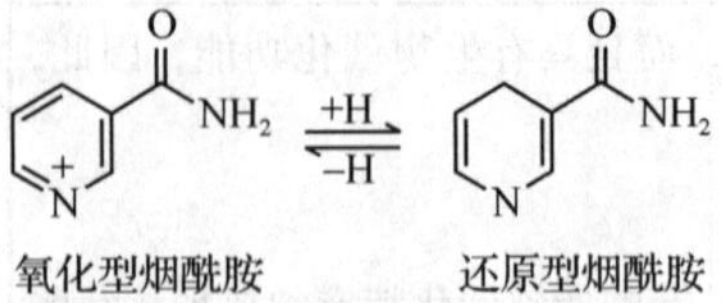

氧化型烟酰胺　$\underset{-H}{\overset{+H}{\rightleftharpoons}}$　还原型烟酰胺

图 2-52　烟酰胺的氧化还原部位

式见图 2-52。

为表达实际的电子和氢的传递，以 NAD^+ 表示氧化型，NADH 表示还原型。NAD 或 NADP 与酶蛋白结合非常松散。有些酶如谷氨酸脱氢酶、乳糖脱氢酶以 NAD 为辅酶；异柠檬酸脱氢酶、6-磷酸葡萄糖脱氢酶以 NADP 为辅酶。

(2) 黄素核苷

以核黄素为主要成分的辅酶，有黄素单核苷酸(FMN)及黄素腺嘌呤二核苷酸(FAD)，是黄素酶的辅酶，其结构式如图 2-53 所示。

黄素核苷酸分子中受氢部位为异咯嗪杂环基的 N-1 和 N-10 两个原子，其反应如图 2-54 所示。

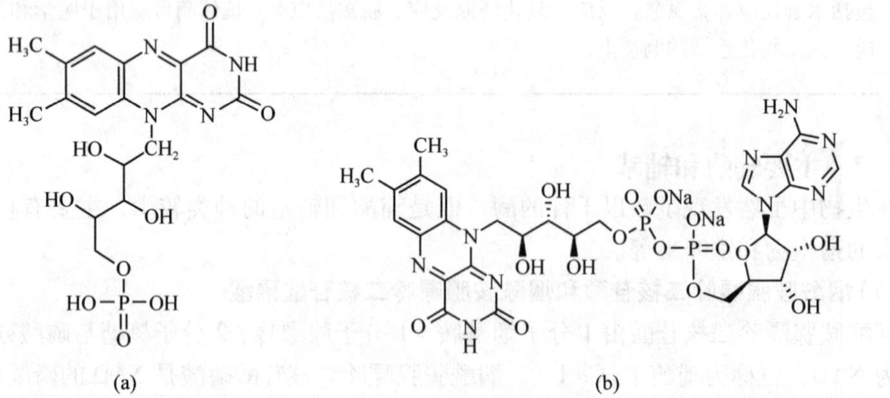

(a)　(b)

图 2-53　FMN(a) 和 FAD(b) 的结构式

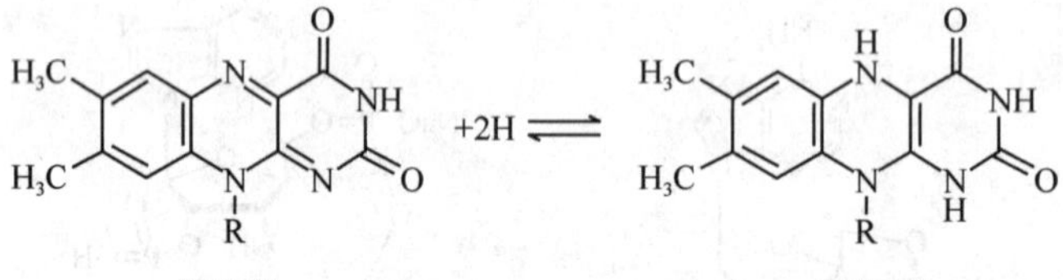

氧化型　+2H ⇌　还原型

图 2-54　黄素核苷酸的受氢部位

(3) 焦磷酸硫胺素

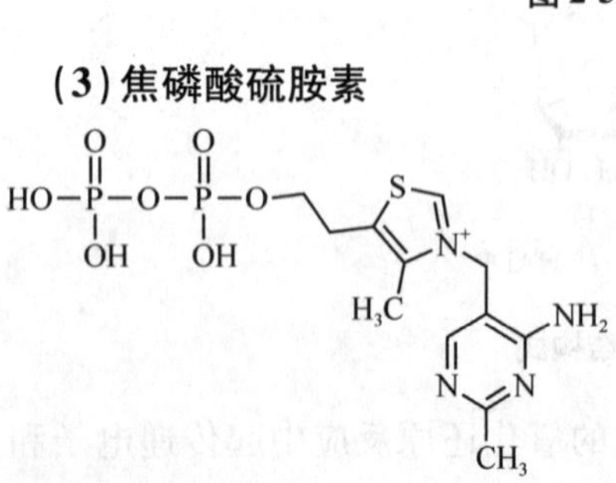

图 2-55　焦磷酸硫胺素(TPP)的结构式

硫胺素即维生素 B_1，由含硫的噻唑环和含氨基的嘧啶环组成，其醇基与焦磷酸组合成焦磷酸硫胺素，缩写为 TPP，结构式如图 2-55 所示。

TPP 是脱羧酶的辅酶。当丙酮酸氧化脱羧时，TPP 与丙酮酸脱羧后的乙醛结合，形成中间产物活化乙醛，然后再进一步被脱氢氧化，并将乙酰基转移给 CoA，生成乙酰-CoA。

(4) CoA

由腺嘌呤、核糖、泛酸、β-氨基乙硫醇各 1 分子和 3 分子磷酸组成，缩写为 CoA-SH，其结构式如图 2-56 所示。

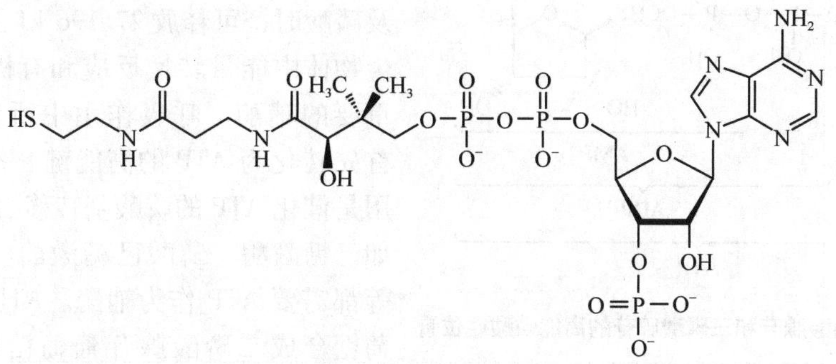

图 2-56 CoA 的结构式

CoA 是各种酰基转移酶的辅酶，在传递酰基时 CoA 的巯基与酰基结合，生成酰基 CoA。如丙酮酸氧化和脂肪酸氧化时都可以生成乙酰-CoA。乙酰-CoA 可以为合成其他化合物提供乙酰基，结合部位可以是乙酰的羰基，也可以是其甲基(图 2-57)。

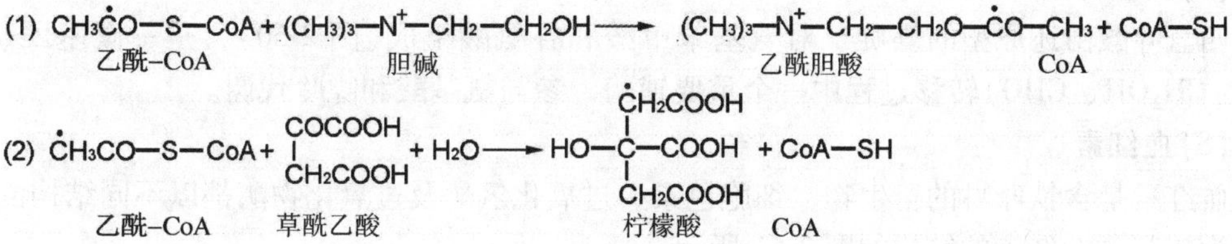

(1) $CH_3\dot{C}O-S-CoA + (CH_3)_3-N^+-CH_2-CH_2OH \longrightarrow (CH_3)_3-N^+-CH_2-CH_2O-\dot{C}O-CH_3 + CoA-SH$

乙酰-CoA 胆碱 乙酰胆酸 CoA

(2) $\dot{C}H_3CO-S-CoA + \begin{matrix} COCOOH \\ | \\ CH_2COOH \end{matrix} + H_2O \longrightarrow HO-\begin{matrix} CH_2COOH \\ | \\ \dot{C} \\ | \\ CH_2COOH \end{matrix}-COOH + CoA-SH$

乙酰-CoA 草酰乙酸 柠檬酸 CoA

图 2-57 乙酰-CoA 结合部位示意

(5) 磷酸吡哆醛

维生素 B_6(吡哆醛)与磷酸生成磷酸酯。磷酸吡哆醛氨基化可形成磷酸吡哆胺(图 2-58)，二者可以相互转化，是转氨酶和氨基酸脱羧酶的辅酶。

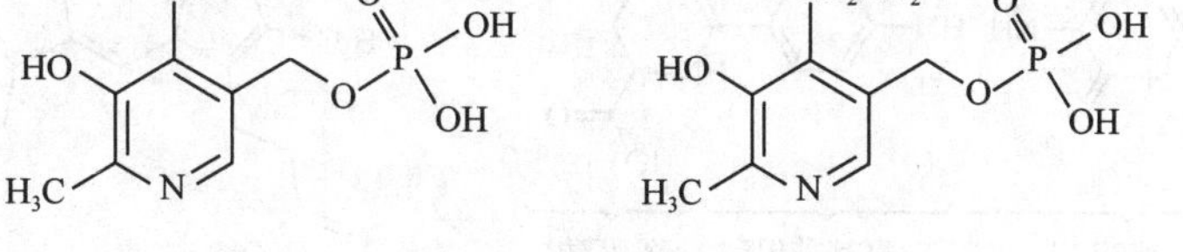

(a) (b)

图 2-58 磷酸吡哆醛(a)和磷酸吡哆胺(b)

(6) 磷酸腺苷和磷酸尿苷

一磷酸腺苷是由腺嘌呤、核糖和磷酸组成的，缩写为 AMP。一磷酸腺苷再加上磷酸可形成二磷酸腺苷(ADP)和三磷酸腺苷(ATP)。在 AMP 形成 ADP 和 ATP 时，第二个和第三个磷酸键是高能键，以“~”表示(图 2-59)。

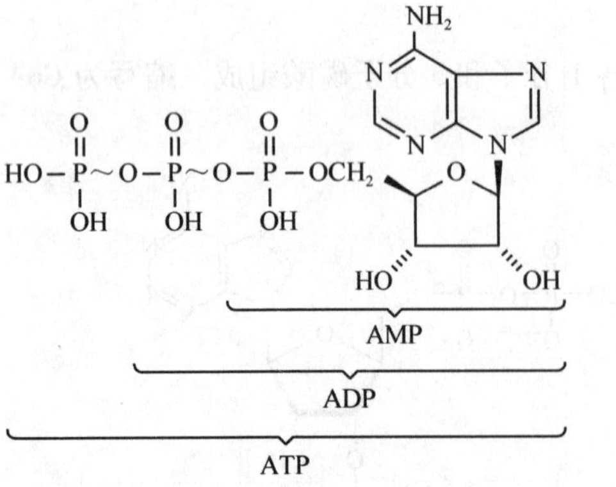

高能磷酸键水解可释放较多的自由能，1 mol ATP 水解生成 ADP 和磷酸时，可释放 33.472 kJ 能量；而 ADP 水解生成 AMP 及磷酸时，可释放 27.196 kJ 能量。ATP 是生物体中能量转换反应和有机物磷酸化中重要的辅酶。呼吸作用中所释放的能量，首先转化为 ATP 的高能键。各种激酶的作用是催化 ATP 的磷酸基转移给另一化合物，如己糖激酶、磷酸己糖激酶、丙酮酸激酶等都需要 ATP 作为辅酶。ATP 与 1-磷酸葡萄糖合成二磷酸腺苷葡萄糖（缩写为 ADPG），是碳水化合物合成过程中，葡萄糖基团的一种供体。三磷酸尿苷（UTP）也能起同样的作用，生成 UDPG。

图 2-59　二磷酸腺苷和三磷酸腺苷的高能磷酸键位置

$$\text{UDPG} + \text{果糖} \rightarrow \text{蔗糖} + \text{UDP}$$

$$\text{UDPG} + (\text{葡萄糖})_n \rightarrow (\text{葡萄糖})_{n+1} + \text{UDP}$$

（7）四氢叶酸

四氢叶酸由还原型的蝶啶、对氨基苯甲酸和谷氨酸组成（图 2-60），是一碳基团（如 CH_3、CH_2OH、CHO）转移过程中一个重要辅酶，参与氨基酸和嘌呤代谢。

（8）血红素

血红素是含铁卟啉的衍生物，细胞色素、过氧化氢酶及过氧化物酶都以不同结构的铁卟啉为辅基。血红素的结构如图 2-61 所示。

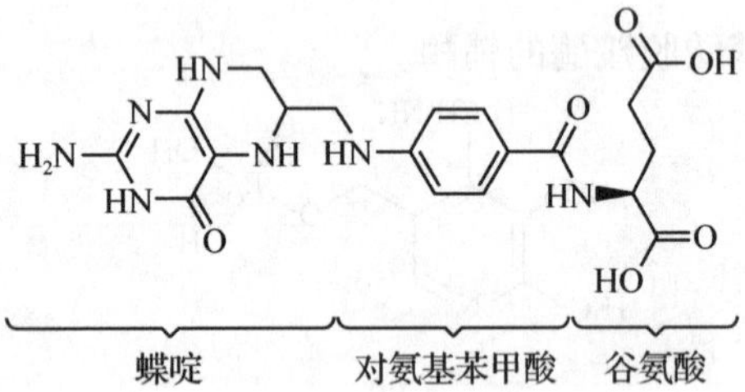

图 2-60　四氢叶酸的结构式

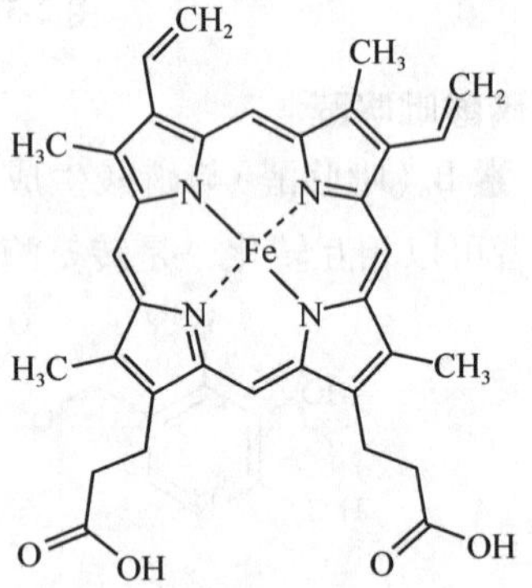

图 2-61　血红素的结构式

铁卟啉与酶蛋白结合时，卟啉环上的 2 个乙烯基与蛋白质结合。铁离子除与卟啉环的 4 个氮原子形成配位键外，剩余的又与酶蛋白的 2 个氨基酸形成配位键。铁卟啉中铁可以进行可逆的氧化还原反应，其氧化还原电位受酶蛋白影响，在生物体内起电子传递作用。

$$Fe^{3+} \underset{-e}{\overset{+e}{\rightleftharpoons}} Fe^{2+}$$

2.2.1.3 金属离子和酶活性

除了在一些辅基中存在金属离子外，有的酶需要金属离子的存在，才能有较高的活性，这些金属离子被称为金属离子活化剂。其中大多数是一价和二价金属离子，如 Na^{+}、K^{+}、Mg^{2+}、Zn^{2+}、Ca^{2+}、Fe^{2+}、Mo^{2+}、Mn^{2+}、Cu^{2+} 等。这些离子通常不能相互替换，类似的离子可起颉颃作用。Na^{+} 抑制 K^{+} 的活化作用，Ca^{2+} 可抑制 Mg^{2+} 的作用。金属离子在酶促反应中的作用尚不完全清楚，但可能有如下几方面的作用：

①作为辅酶或辅基的组成成分；

②与酶蛋白分子的变构部位结合，保持酶活化所需要的空间构型；

③协调酶分子和底物的反应，同时在底物与酶结合中起桥梁作用；

④改变酶蛋白的表面电荷。

表 2-4 列举了一些需要金属离子激活的酶。

表 2-4 需要金属元素的酶类

金属离子	酶类	金属离子	酶类
Zn^{2+}	乙醇脱氢酶*	Ca^{2+}	腺苷三磷酸双磷酸酶
	乳酸脱氢酶*		磷脂酶
	磷酸甘油醛脱氢酶		脂(肪)酶
Cu^{2+}	儿茶酚(邻苯二酚)氧化酶*	Fe^{2+} 或 Fe^{3+}	细胞色素*
	细胞色素氧化酶*		过氧化物酶*
	抗坏血酸氧化酶*		过氧化氢酶*
Mg^{2+}	磷酸转移酶(例如己糖激酶)		铁氧还蛋白*
	磷酸解酶(例如植酸酶)	K^{+}	丙酮酸激酶
	合成酶(例如琥珀酸-辅酶 A 合成酶)		乙酰辅酶 A 合成酶
Mn^{2+}	异柠檬酸脱氢酶		醛缩酶
	磷酸变位酶		γ-谷氨酰-半胱氨酸合成酶

注：有星号者为含有该金属元素的酶，其他的酶需要该金属作为活化剂。

2.2.2 酶的命名和分类

2.2.2.1 酶的命名

(1) 习惯命名法

1961 年以前，酶的命名都是采用传统习惯名称，一般依据其催化反应的底物命名，如淀粉酶、蛋白酶、脂肪酶等；也有的是根据催化反应的性质命名，如脱氢酶、氧化酶、转氨酶等，同时再冠以催化的底物名称以区别不同的酶，如琥珀酸脱氢酶、磷酸葡萄糖氧化酶等；有的则加上酶的来源或其他特点，如胃蛋白酶、木瓜酶、α-淀粉酶、β-淀粉酶。习惯命名法缺乏系统性，有时出现一酶多名和一名多酶的现象，特别是当今发现的酶的种类日益增加，这种命名法很难适应科学发展的需要，但是习惯命名法简单易行，仍被广泛使用。

(2) 国际系统命名法

为克服习惯命名法的缺点，国际生物化学学会采用了国际酶学会议1961年提出来的系统命名法及分类原则。这种命名法有严格的规则和系统，命名时将反应的2个底物，甚至辅酶的名称都列入，并说明反应的性质。每个酶都有固定编号，这样一个酶只有一个名称。如β-淀粉酶的系统名称为α-1,4-葡聚糖麦芽糖水解酶，以表明从α-多聚葡萄糖上水解1,4-糖苷键，并产生麦芽糖的反应，但是这种酶的名称很长，不便使用，因而，在系统命名的同时往往还注明习惯名。

2.2.2.2　酶的分类

按照系统分类，酶被分为6类，分别以1、2、3、4、5、6表示，每一类中又分为亚类和亚亚类，同样以数字表示，最后一个数字表示酶在亚亚类中的顺序编号，在前面冠以酶学委员会的缩写EC。例如，EC1.1.1.1是醇脱氢酶的一种，其中，1.表示氧化还原酶大类，1.1表示作用于CHOH为给体的亚类，1.1.1表示以NAD^+或$NADP^+$为受体的亚亚类，那么，这个醇脱氢酶的系统命名为醇：NAD^+氧化还原酶。EC1.1.1.2是醇脱氢酶($NADP^+$)，系统命名为醇：$NADP^+$氧化还原酶。每个酶只有一个编号，不会发生混乱。

(1) 氧化还原酶类

这类酶催化氧化还原反应，分为脱氢酶、氧化酶、过氧化物酶和加氧酶亚类。

脱氢酶：是将底物脱氢氧化，脱去的氢被辅酶所接受。

氧化酶：将底物上脱下的氢转移给氧分子，生成过氧化氢和水。

过氧化物酶：将底物中脱下的氢与过氧化氢等过氧化物反应，使过氧化物中的氧还原生成水。

加氧酶：这类酶是将氧加到底物中，使底物氧化。

(2) 转移酶类

这类酶是将底物上的某一基团转移给另一化合物。如转甲基酶、转磷酸基酶、转氨基酶、转酮基酶或转醛基酶。

(3) 水解酶类

这类酶催化复杂有机物水解为简单的化合物的反应，主要有以下亚类。

酯解：催化酯键水解，如脂肪酶、磷酸酯酶和核糖酶等。

糖苷酶：催化糖苷键水解，如蔗糖酶、淀粉酶和果胶酶等。

肽酶：催化肽键水解，如木瓜蛋白酶、羧肽酶和氨肽酶等。

水解酶类催化的反应一般是不可逆的。

(4) 裂合酶类

催化从底物上移去一个基团而留下含有双键化合物的反应或其逆反应，包括醛缩酶、水合酶和解氨酶等。

(5) 异构酶类

催化一种有机物的内部基团或化学键发生重排而转变为它的同分异构体。如磷酸己糖异构酶可以使6-磷酸葡萄糖异构成6-磷酸果糖。其他还有消旋酶、顺反异构酶等。

(6)合成酶类

这类酶是在 ATP 的参与下，利用 ATP 中的高能磷酸键水解时释放的能量，催化有机物的合成。如天冬酰胺合成酶将天冬氨酸和氨合成为天冬酰胺，而 ATP 被分解为 ADP 和磷酸。生物体内很多合成反应需要 ATP 水解提供自由能。

2.2.3 酶的作用特性和作用机理

2.2.3.1 酶的催化特性

前面已经提到酶是生物催化剂，因而具有一般催化剂所共有的特性。如两者都能降低反应所需要的活化能而加速反应速率，但并不改变反应的平衡点。酶作为生物催化剂，在许多方面又不同于一般催化剂。

(1)酶具有很高的催化效率

如在 0 ℃时 1 mol 铁离子在 1 s 内分解 10^{-5} mol 过氧化氢；而在同样条件下，1 mol 过氧化氢酶能分解 10^5 mol 过氧化氢。在没有催化剂时，反应所需要的活化能为 71 128 J · mol^{-1}，铁离子催化时为 41 840 J · mol^{-1}，而过氧化氢酶催化时需要 3 680 J · mol^{-1}。

图 2-62 说明在没有催化剂存在时，反应所需自由能最高，当有酶催化反应时，酶与底物生成中间产物时所需的活化能很低，但是，在这 2 种情况下反应物和产物的自由能变化是相同的，而且平衡常数也不会改变。

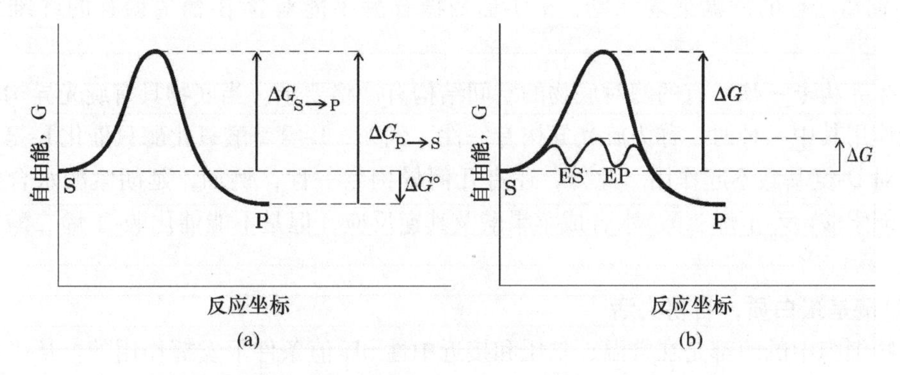

图 2-62 不同反应自由能变化(引自 Lehninger *et al.*, 2005)

(a)非催化反应的自由能变化 (b)酶促反应的自由能变化

在解释化学反应中需要活化能的原因时，碰撞理论认为只有少数能量较大的分子碰撞才能起作用。使具有平均能量的分子变为较高能量的活化分子，所需的最小能量称为活化能。碰撞理论解释了很多实验现象，但是它把分子看成是内部没有结构的钢球，过于简单化，有一定的局限性，而且活化能必须通过实验求得。后来从统计力学和量子力学的基础上提出了过渡状态理论，或称为活化络合物理论。认为反应物分子先形成活化络合物，这种络合物极不稳定，可以形成产物，也可以重新分解为反应物。反应速度决定络合物形成产物的速度。过渡态的形成需要能量，因而需要活化能。这个理论一方面与物质结构联系起来，另一方面与热力学建立联系，比碰撞理论要完善，对活化能的解释也建立在较新的理论基础上。

在酶催化反应中，底物(反应物)与酶结合为中间产物($E + S \rightleftharpoons ES$)，降低了反应所需的活化能，而加快了反应速度。在$ES \rightleftharpoons E + P$的过程中，也需要活化能，形成产物时发生较大的自由能降低。酶是具有较大空间结构的高分子化合物，催化时所需要的活化能比一般催化剂要低，所以反应速度更快。

(2)酶对底物具有高度专一性

一般催化剂也有一定的专一性，但与酶的专一性是无法比拟的。例如，β-淀粉酶水解1,4-糖苷键，但是，反应产物麦芽糖中的1,4-糖苷键则不能被水解，相反，麦芽糖酶只能水解麦芽糖中的1,4-糖苷键，而不能作用于淀粉的糖苷键。

酶催化的专一性可分为：绝对专一性、相对专一性和立体异构专一性。

绝对专一性　有的酶只对一种底物起作用，底物分子结构有任何变化都能妨碍催化作用的进行。如脲酶只分解尿素，而不能分解甲基脲或其他衍生物。上面提到的β-淀粉酶和麦芽糖酶也属于这一类。

相对专一性　有的酶作用于结构相似的一类物质，称为相对专一性。其中又可分为基团专一性和键专一性。脂肪酶属于键专一性，它催化酯键的水解，但是对键两端的基团没有严格要求，它既能催化脂肪水解，也能催化乙酰胆碱、丙酰胆碱和丁酰胆碱的水解。有时酶除了要求一定的化学键外，还要求基团具有一定结构，这就是基团专一性。例如，α-D-葡萄糖苷酶不但要求α-糖苷键，还要求键的一端必须是葡萄糖残基，即要求的底物是具有α-葡萄糖苷的蔗糖或麦芽糖，α-D-葡萄糖苷酶不能对含β-葡萄糖苷的纤维二糖起作用。

立体异构专一性　有的酶对底物的空间结构有严格要求。当底物具有旋光异构体，而酶只能作用其中一种时，称为旋光异构专一性。例如，L-氨基酸氧化酶只催化L-氨基酸氧化，而对D-氨基酸不起作用。此外，还有几何异构专一性，例如，延胡索酸水合酶只能催化延胡索酸(反-丁烯二酸)水合成苹果酸及其逆反应，但是不能催化顺-丁烯二酸的水合作用。

(3)酶是蛋白质，容易失活

生物细胞中的酶都是在常温、常压和接近中性pH值条件下发挥作用的。从生物组织中提取和纯化酶时，为了保证酶的活性，要控制介质的pH值和温度，并避免引起蛋白质变性的因素。

(4)酶的催化活性受到调控

植物体内的酶催化反应受到多种方式的调控，才使生命活动得以协调进行。可通过改变温度、pH值或加入化学药物等方法影响植物体内酶催化反应的方向和强度。

2.2.3.2　酶与底物的相互作用

酶的化学本质是蛋白质，在蛋白质的分子结构中，肽链在一级结构的基础上，产生二级和三级结构，多亚基的蛋白质更有四级结构。因此，不同蛋白质各具有其特殊的空间结构。酶与底物的专一性结合，就是酶蛋白特殊的空间结构与底物间发生特有的结合而形成中间产物。

(1)锁钥结合和诱导楔合

19世纪末Fisher提出了“锁钥结合”假说(又称模板假说)，后来经其他学者的发展，他们认为，底物分子(或底物分子的一部分)像钥匙一样，楔入到有一定结构的酶的活性中心，就像锁的特定部位，这样酶与底物就能紧密结合，并发生作用(图2-63)，因而只有一定结构的底物才能与酶结合。这样就解释了酶作用专一的某些现象。但是这个学说把酶和底物比作一种“刚性模板”，并不完全合适。因为酶作用的专一性十分复杂，“锁钥结合”不能解释酶专一性的很多现象。例如，无法说明在可逆反应中，酶既能适合正反应中的底物，又能与逆反应时的产物相结合。

Koshland(1958)保留了底物与酶之间互补的概念，同时又认为酶分子本身不是刚性结构，因为酶分子活性中心的氨基酸侧链分布有一定柔性。当底物分子接近时，可以诱导酶的构象发生变化，使底物与酶相互楔合(图2-64)。这就是“诱导楔合”假说。X光衍射分析结果证明，酶与底物结合时的确有构象上的变化，这一假说弥补了锁钥假说的不足。

图2-63 酶与底物“锁钥结合”假说示意

图2-64 酶与底物“诱导楔合”假说示意
(引自Berg *et al.*, 2002)

(2)酶的作用活动中心

酶蛋白是相对分子质量较大的分子，实验证明用蛋白酶切去相当数量的肽链时，只要不破坏活性中心部位，酶就能保持其“活力”。证明酶的活性中心只是酶分子中的一小部分，是酶分子与底物结合并催化反应的场所，往往只是酶的几个氨基酸残基在起作用，而这几个氨基酸残基在一级结构上可以相距很远，甚至是不同肽链上的氨基酸残基，经过肽链的折叠、盘绕，这些氨基酸残基在空间位置上相互靠近而形成活性中心。辅酶分子(或辅酶分子的一部分)往往就是活性中心的组成部分。研究证明很多酶的活性中心有丝氨酸、组氨酸、半胱氨酸、天冬氨酸、酪氨酸残基，它们以不同的组合形成不同酶的活性中心。

2.2.3.3 酶的作用机理

底物与酶结合为中间产物，降低活化能，从而加快反应速率，但是没有说明酶催化的作用机理。酶与底物结合后是如何发生催化作用的，这是个复杂的问题，而且各种酶的作用机理常不相同。根据有关研究结果，可以归纳为以下几个比较重要的方面。

(1)靠近和定向作用

底物在临近活性中心区域的有效浓度大大提高，有时可高出溶液中底物浓度的10 000

倍，因此，可以提高反应的速度。底物分子在与酶活性中心结合后，反应基团互相靠近，并按一定的方向排列起定向作用。在诱导楔合过程中，不仅酶的构象发生变化，底物的旋转自由度变小，构象也可发生轻微变化，因此，有利于反应的进行。据估计靠近和定向作用分别可提高反应速率10^4倍，如果这 2 种作用都存在，可提高10^8倍。

(2)酶使底物发生形变(或张力)

酶和底物结合后，酶的某些基团或离子可使底物敏感键中的某些基团的电子云密度发生变化，产生“电子张力”，使反应易于发生。有时使底物发生形变，使酶与底物发生楔合形成复合物，在这种情况下底物分子的特定构象使某些基团容易发生反应。

(3)酸碱催化反应

有机化学反应中，酸碱是较普通的催化剂，由于酶催化反应的最适 pH 值接近中性，所以，重要的不是H^+和OH^-的催化作用，而是质子供体和受体基团的催化作用。酶蛋白中能起这种催化作用的功能基团是氨基、羧基、巯基、酚羟基和咪唑基等。

(4)共价催化

共价催化是具有一个非公用电子对的基团或原子，攻击缺少电子而具有部分正电性的原子，并利用非共用电子对而形成共价键的催化反应。例如，在磷酸甘油醛脱氢酶的催化过程中，酶的巯基负离子S^-与底物醛基的碳原子形成硫酯共价键。酶与底物以这种方式结合为活性很高的共价中间物，反应活化能大大降低，就容易脱氢而生成磷酸甘油酸。

(5)酶活性中心形成微环境

有些酶的活性中心内部相对是非极性的，构成了不溶于水的微环境。有时可能形成带负电的微环境，有助于过渡态碳离子正电荷的稳定，因此，有利于某些生化反应的进行。

以上 5 个方面并不是在每个酶催化反应中都存在，因为不同酶催化反应各有特点，可以分别受一种或几种因素的影响。

2.2.4　同工酶、变构酶及多酶体系

2.2.4.1　同工酶

同工酶是指存在于同一物种、同一有机体或同一细胞中催化同一种化学反应的酶的多种分子形式。它们在溶解度、等电点、相对分子质量以及对激活剂和抑制剂的反应都有可能不同。

最早发现而且研究较多的是动物中的乳酸脱氢酶，它具有 2 种亚基，组成四聚体酶。乳酸脱氢酶有 5 种组合形式：A_4、A_3B_1、A_2B_2、A_1B_3、B_4，即有的是由 4 个 A 亚基或 4 个 B 亚基组成，有的则是由 A、B 2 种不同配合组成的四聚体。现已发现很多种酶都是同工酶。

由于蛋白质纯化分离技术的提高，为同工酶的研究提供了十分便利的条件，特别是等电聚焦和双向聚丙烯酰胺凝胶电泳的应用，能在一张电泳谱上分离出几十种乃至几百种蛋白质，并结合计算机制图，为同工酶的研究开创了新的前景。

同工酶是生化遗传研究上的一种重要手段。由于蛋白质是 DNA 编码的表现形式，所以通过同工酶种类的变化，可以了解基因表达的情况。在研究植物生长发育和代谢时也常

把同工酶作为一种代谢变化的重要指标。同工酶酶谱分析被成功应用于生物进化、种群地理分布、杂交育种、病理生理等多方面的研究工作中。

2.2.4.2 酶的变构效应和变构酶

每个酶或蛋白质都有特定的构象，在与底物结合或受其他因子影响时，可以发生构象的变化。有些酶除活性中心外，还有与底物以外的配体相结合的部位。酶一旦与配体结合，构象即发生变化，从而调节酶的反应速度，这种变化称为酶的“变构效应”，有关配体称为“效应物”，通常为小分子代谢物或辅因子。效应物与酶结合的部位称为“变构中心”；能加速酶反应的效应物称为正效应物或变构活化物(剂)；产生抑制作用的称为负效应物或变构抑制物。具有2个以上底物结合部位的酶，底物本身可以是酶的效应物，称为“同促效应”。效应物是底物以外的其他代谢产物，称为“异促效应”，有的酶两者兼有。

具有变构效应的酶称为变构酶，由于变构酶在代谢中可以起调节作用，又称调节酶。迄今为止，已发现的调节酶都是多亚基酶，结构较为复杂。调节酶可以调节与它有关的一系列代谢反应，对有机体的整个代谢过程有重要作用。例如，在糖酵解过程中，磷酸(Pi)是正效应物，促进磷酸果糖激酶的活性；ATP和柠檬酸是负效应物，抑制磷酸果糖激酶和丙酮酸激酶的活性。在三羧酸循环过程中，NADH是主要负效应物，抑制丙酮酸脱氢酶(多酶体系)、异柠檬酸脱氢酶、苹果酸脱氢酶和苹果酸酶的活性。

2.2.4.3 多酶体系

多酶体系是指能按顺序催化一系列有关反应的多个酶的复合物，在结构和功能上成为一个整体。多酶体系有的存在于细胞质中，也有结构化的。有的学者认为结合在细胞器膜上的多酶催化系统是最高级的结构形式。多酶体系由于酶间距离很近，不会因产物的扩散而影响反应速率，因而比单个酶催化速度要快得多。多酶体系还具有相互协调的能力，有很多代谢过程已证明是多酶体系作用的结果。例如，在呼吸作用中起重要作用的丙酮酸脱氢酶是多酶体系的一个例子，催化脱羧、脱氢、乙酰基转移等反应。

2.2.5 影响酶促反应的因子

在正常的代谢过程中细胞内各种酶的活性是相互协调的，当细胞内部条件或环境条件变化时，有的酶或一些酶活性会受到影响，从而可引起代谢方向和速度的改变，如果变化剧烈，酶的协调性被破坏而产生有害影响。

2.2.5.1 酶的活性单位

反应速率 一般用单位时间内、单位体积中产物的增加量或底物的消耗量来表示酶活性。由于酶催化反应速率不是固定不变的，所以常以反应的初速度来表示酶反应速率。

酶的活力单位 在指定条件下，1 min转化1 μmol底物(或1 μmol底物的有关基团)的酶量为1个活力单位。

酶的比活力 每毫克酶蛋白所具有的酶活力单位。表示酶的纯度，即比活力越高，则酶越纯。

转换率　1 mol 酶 1 min 所作用底物的摩尔数，表示酶相对作用速率。

2.2.5.2　底物浓度的影响

所有酶催化反应，在环境条件保持恒定，酶浓度也保持不变时，反应速度取决于底物浓度。如图 2-65 所示，初速度随底物浓度增加而直线增加，然后随着底物浓度继续增加反应速率的增加逐渐减慢，最后不再增加而达到最大速率 V_{max}，这时酶为底物所饱和。

在底物浓度大大超过酶浓度时，酶的浓度就与反应速率成正比。

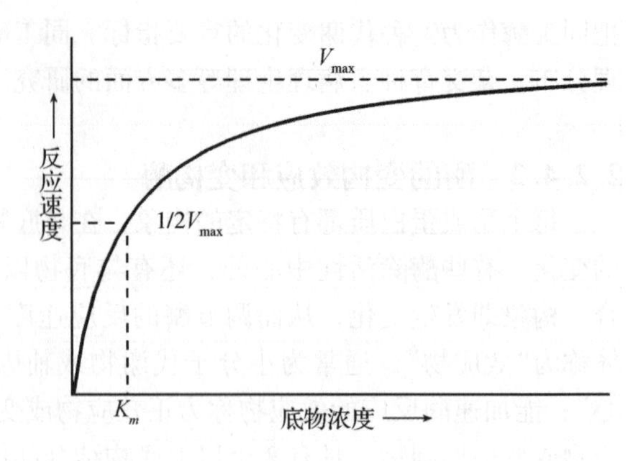

图 2-65　底物浓度对酶促反应速率的影响
（引自 Lehninger *et al.*，2005）

2.2.5.3　温度

和所有化学反应一样，酶催化的反应也受温度的影响。在一定温度范围内，温度升高，反应速度加快。这是因为温度升高时分子运动加速，处于过渡态分子数量增加，酶反应速率也就增加。但酶是蛋白质，温度升高又容易使酶受热变性。一般酶在 30 ℃时由于酶蛋白侧链相互作用而形成复杂结构而开始受到破坏，温度增加，破坏加剧，在 50 ~ 60℃时酶几乎失活。当破坏作用达到一定程度时，酶促反应速度便随温度增高而降低，如果破坏性的温度保持较长时间，酶就会完全失去催化活性。

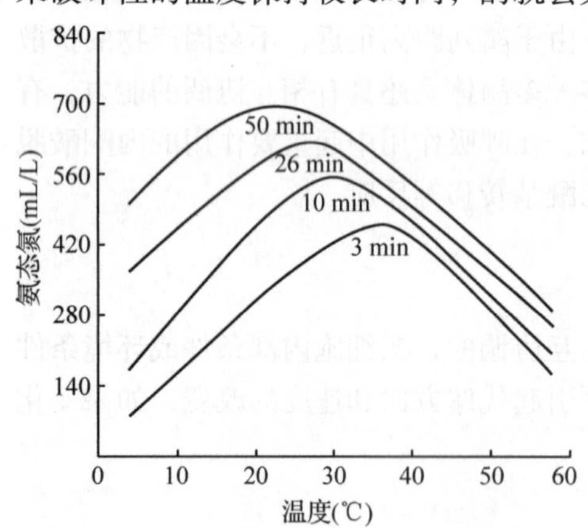

图 2-66　温度对蛋白酶作用的影响

一种酶只有在一定温度下，才表现最大的活力，这个温度称为最适温度。植物和微生物的酶的最适温度比动物稍高，一般在 45 ~ 55 ℃。植物中，酶的最适温度比生理过程的最适温度要高。在 70 ~ 80 ℃，酶的作用即行停止，称为最高温度。酶的最适温度和最高温度随植物种类、酶的种类有很大差异，如核糖核酸酶加热到 100℃仍不失活。酶促反应最适温度还因作用的时间长短而变化，作用时间短，最适温度较高；随着作用时间延长，最适温度逐渐降低（图 2-66），这种现象称为最适温度的“时间因子”影响，因为作用时间长，酶破坏的多，最适温度降低。

2.2.5.4　pH 值

酶的催化活性随介质 pH 值的变化而变化，不同酶有不同的最适 pH 值（图 2-67），在最适 pH 值以外，无论是酸度的增加或降低，都影响酶的活性，在过酸或过碱条件下，酶都会失去活性。

植物和微生物的酶最适 pH 值在 4 ~ 6.5 之间，因酶而异。例如，麦芽的淀粉酶最适 pH 值为 4 ~ 5.2，蔗糖酶为 4.6 ~ 5.0。酶的最适 pH 值也不是一成不变的，因底物种类、浓度及缓冲液成分不同而有变化。

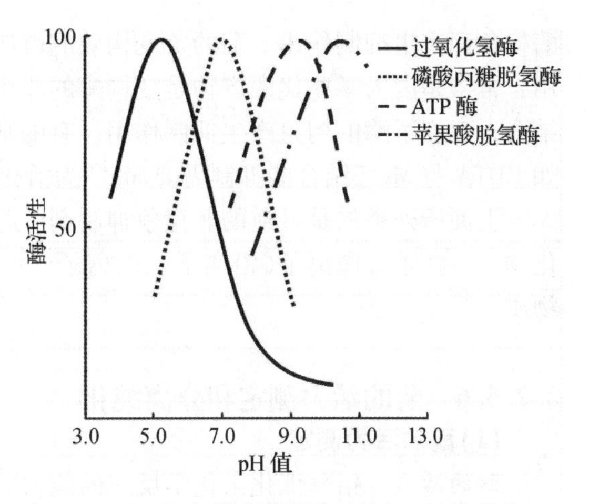

图 2-67　豌豆根匀浆中某些酶活性与 pH 值的关系

pH 值影响酶活性的原因可能有以下几个方面：

①pH 值影响酶蛋白分子的构象，过酸过碱都会使酶变性失活。

②pH 值影响酶分子的解离状态，如氨基、羧基、巯基等随 pH 值不同而表现不同的解离特性。这样会影响酶与底物结合，一种酶往往只有一种解离状态最有利于和底物结合。例如，精氨酸酶解离成阴离子时活性最大。pH 值还影响底物的解离，很多底物是能解离的分子，不同的解离状态也影响与酶的亲和力。

③pH 值影响某些基团的解离状态，这些基团的解离状态又与酶的专一性和活性中心的构象相关。

2.2.5.5　抑制剂

有许多化合物能与酶发生可逆或不可逆的结合，而使酶的催化作用受到抑制，这样一些化合物称为抑制剂。其种类很多，可分为竞争性抑制剂和非竞争性抑制剂 2 类(图 2-68)。

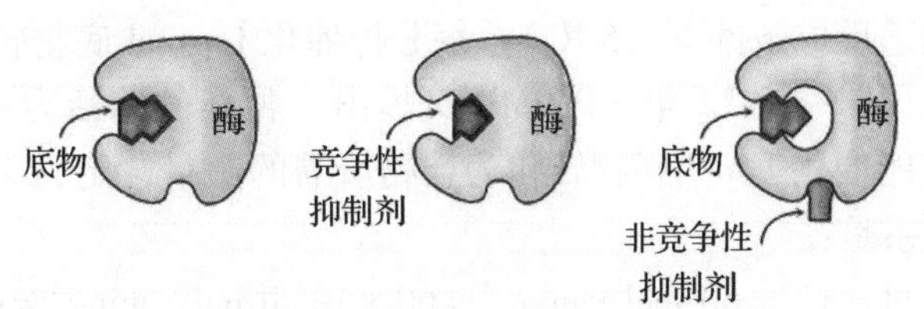

图 2-68　酶与底物或抑制剂结合的中间物

(引自 Berg *et al.*，2002)

(1) 竞争性抑制剂

有的化合物在其结构上与底物相似，可以与酶结合生成中间产物，与底物发生竞争作用。其典型例子是琥珀酸脱氢酶，它的底物是琥珀酸(丁二酸)，和它结构相似的乙二酸、丙二酸和戊二酸都能不同程度地产生抑制作用，其中丙二酸的抑制作用最强。增加底物浓度可以不同程度地解除抑制，视底物与抑制剂的比例而定。一些代谢化合物在医药和代谢研究中的应用，就是利用竞争抑制的原理。

(2) 非竞争性抑制剂

这类抑制剂并不影响酶与底物结合，可形成酶、底物和抑制物的三元复合体，影响了酶构象而产生抑制作用。酶的负变构效应就属于这一类。在代谢调节中，变构酶的调节作用，常常是因为某些代谢产物是变构酶的非竞争性抑制剂。有的抑制剂则是与酶活性中心结合，改变了酶的构象产生抑制作用。有的则是与酶的活化剂可逆结合而抑制酶的活性，如 EDTA 与 Mg^{2+} 结合能抑制需要 Mg^{2+} 为活化剂的酶。

上面所列举的是可逆的非竞争抑制剂。此外，还有不可逆的非竞争抑制剂。例如，氰化物，一些重金属离子(铅离子、汞离子、铜离子和银离子)，以及很多农药及其他有毒物质。

2.2.5.6 酶的活力测定和分离纯化

(1)酶的活力测定

酶的活力 指酶催化某化学反应的能力。酶活力的大小，可以用在一定条件下，酶催化的化学反应初速率来表示。反应初速率越大，说明酶活力越高，反应初速率与酶活力呈线性关系。酶催化的反应速率可以用单位时间内产物的增加量或底物的减少量来表示。

酶活力测定实验中，底物经常是过量的，所以底物的减少量只占总量很小的部分，测定时不够准确，而反应产物是从无到有，可以准确地测定，因此，在酶活力的测定实验中一般以反应产物的增加量为准。酶活力测定的原则是在最适条件下(最适温度、最适 pH 值、最适底物浓度等)，尽可能地测定酶促反应的初速度，底物的浓度要保证能把酶完全饱和。

酶的活力单位 酶活力的高低，以酶活力的单位数(酶单位，U)来表示。酶单位指在一定条件下，一定时间内将一定量的底物转化为产物所需要的酶量。酶的含量可以用每克酶制剂或每毫升酶制剂含有多少酶单位来表示($U \cdot g^{-1}$或 $U \cdot mL^{-1}$)。

1961 年，国际生物化学与分子生物学联盟(IUBMB)和国际纯化学和应用化学协会(IUPAC)规定：在最适反应条件下(25 ℃)，每分钟催化 1 μmol 底物转化为产物所需的酶量为一个酶活力单位(IU)。1972 年，IUBMB 又提出一种新的酶活力单位 Kat，规定为在最适温度下，每秒钟能催化 1 mol 底物转化为产物所需的酶量，定为 1 Kat 单位。IU 单位和 Kat 单位的换算关系是：

$$1\ \text{Kat} = 1\ \text{mol} \cdot \text{s}^{-1} = 60\ \text{mol} \cdot \text{min}^{-1} = 60 \times 10^{6}\ \mu\text{mol} \cdot \text{min}^{-1} = 6 \times 10^{7}\ \text{IU}$$

酶的比活力 代表了酶的纯度，是指在特定条件下，每毫克蛋白质所含酶活力单位数。酶的比活力越大，表明酶的纯度越高。

$$\text{比活力} = \text{酶活力 U/蛋白质 mg}$$

酶活力的测定方法

分光光度法：利用底物和产物光吸收性质的不同，可测定反应体系中底物的减少量或产物的增加量。这一方法迅速简便，自动扫描分光光度计可以连续读出反应过程中光吸收的变化，是酶活力测定中最重要的方法。

荧光法：根据底物或产物的荧光性质的差异进行测定，与分光光度法比，荧光方法能够将测定灵敏度提高 2 ~ 3 个数量级。但是，荧光法容易产生非特异荧光干扰，或引起荧光的淬灭从而造成测定结果不准。

放射性同位素测定法：为了大幅度提高灵敏度，还可使用放射性同位素标记的底物进行酶活力的测定。目前用于底物标记的同位素有^{3}H、^{14}C、^{32}P、^{35}S、^{131}I等。

电化学法：根据酶促反应过程中电压或电流的变化来测量氧化还原酶的活力。

(2)酶的分离纯化

在酶学的研究中，对酶的分离和纯化是必不可少的环节。根据不同的需求，要对酶进行提纯。由于大多数酶的化学本质是蛋白质，那么，分离和纯化蛋白质的方法也适用于酶类。根据不同酶的特点，分离纯化过程的注意事项如下。

选材　要选择含酶量丰富、易于分离的动物、植物或微生物材料作为原料。目前经常使用基因工程的技术方法将酶异源表达于微生物中进行酶的提纯。

组织和细胞破碎　对于动物细胞，使用研磨器、匀浆器或高速组织捣碎器就可达到破碎效果；对于植物和微生物，需要使用超声波、溶菌酶或冻融处理加以破碎。

抽提　低温下，使用超纯水或低盐缓冲液，从组织或细胞匀浆中将酶溶出，得到酶的粗提液。

分离与纯化　酶是生物活性物质，在分离纯化过程中必须尽量减少酶活性的丧失，因此全部操作过程要在0～5 ℃间进行。根据大多数酶为蛋白质这一性质，可以使用经典的蛋白质分离方法进行酶的初步分离，如盐析、等电点沉淀、有机溶剂分级和选择性热变性。要想得到纯度更高的酶制剂，可以采用吸附层析、离子交换层析、凝胶过滤、亲和层析等方法。

酶的保存　将纯化后的酶溶液经过透析后冰冻干燥得到酶粉，低温下可长期保存；也可以将酶溶液用饱和硫酸铵溶液反透析后在浓盐溶液中保存；也可以向酶溶液加入等体积甘油，分装后在－20 ℃或－80 ℃保存。注意，酶溶液浓度越低越容易变性，所以不能保存酶的稀溶液。

小　结

糖、蛋白质、核酸和脂肪是植物体内4大类生物分子。

糖类不仅是植物细胞的结构成分和主要能源，而且还参与细胞信号转导过程。植物体内的糖类物质主要包括单糖、寡糖和多糖。单糖化学性质活泼，可参与植物的多种代谢过程，很多单糖是光合作用和呼吸作用中的中间产物。蔗糖是植物体内最重要的寡糖，由葡萄糖和果糖各一分子缩合失水形成，其化学性质比较稳定，是糖贮存和运输的主要形式。多糖是由单糖分子缩合形成的高分子化合物，主要用于能量的贮存或参与细胞壁的形成。淀粉是植物的贮存养料，包括直链淀粉和支链淀粉。纤维素和半纤维素是植物细胞壁的主要组分。木质素是一种复杂的酚类大分子，不是多糖，但它是细胞壁的主要成分。

α-氨基酸是所有蛋白质的组成单位，参与蛋白质组成的基本氨基酸只有20种。氨基酸带有碱性的氨基和酸性的羧基，是两性电解质。氨基酸的碱性电离和酸性电离相等时，其溶液的pH值称为该氨基酸的等电点(pI)。蛋白质是由1条或多条多肽链构成生物大分子，具有一级结构、二级结构、三级结构和四级结构。蛋白质是亲水胶体，其水溶液具有胶体性质。蛋白质受到物理或化学因素影响，其性质会发生可逆或不可逆的改变。

核酸是生物遗传的物质基础，包括脱氧核糖核酸(DNA)与核糖核酸(RNA)。DNA具有一级结构、二级结构和三级结构。RNA 包括核糖体 RNA(rRNA)，转运 RNA(tRNA)和信使 RNA(mRNA)。DNA 将遗传信息传递给 mRNA，mRNA 在细胞质中与核糖体结合，将遗传信息翻译成蛋白质。

脂类分子不溶于水。真脂、磷脂和糖脂是植物细胞内重要的脂类。真脂作为贮能物质存在于细胞中；磷脂是双亲分子，具有一个极性头基和一个非极性尾基，在水中能形成脂双层，它们是膜的重要组分；糖脂与细胞识别、组织、器官特异性有关。

植物体内的各种化学变化都是在酶催化下进行的。酶的化学本质除了具有催化功能的 RNA 外都是蛋白质。酶按照化学组成可分为单成分酶和多成分酶，多成分酶由酶、辅酶和辅基构成，辅酶和辅基主要有核苷酸类、维生素的衍生物和铁卟啉等，有的酶需要金属离子的存在才会表现出生物活性。根据酶所催化的反应类型，可以把酶分为 6 大类：氧化还原酶类、转移酶类、水解酶类、裂合酶类、异构酶类、合成酶类。酶具有很高的催化效率、对底物高度专一、其催化活性受到各种调控。酶与底物相互作用形成中间产物，从而降低活化能，加快了反应速度。底物浓度、温度、pH 值和抑制剂都能够影响酶促反应的速度和方向。在酶的分离纯化过程中，操作条件一定要温和。酶的活力指酶催化某化学反应的能力。酶的活力单位指在一定条件下，一定时间内将一定量的底物转化为产物所需要的酶量。酶的比活力代表了酶的纯度，是每毫克蛋白质所含酶活力单位数。酶的比活力越大，表明酶的纯度越高。

思考题

1. 组成植物细胞的生物大分子种类及其特点。
2. 氨基酸与蛋白质的性质。
3. 植物体内氨基酸与蛋白质提取、分离的原理及注意事项。
4. 核酸在遗传信息传递中的作用。
5. 酶的性质及作用特点是什么？
6. 酶催化反应具有专一性，其机理是什么？
7. 酶促反应高效性的机理是什么？
8. 酶的辅因子有哪些？其作用特点是什么？
9. 提取酶蛋白及测定酶活性时应该注意什么？

植物的呼吸作用

呼吸作用是生物氧化的过程，是细胞内有机物通过有控制的酶促步骤逐步降解，并从中逐步释放出能量的生理过程，是一切生活细胞的共同特征。植物体的每个生活细胞中都时时刻刻进行着呼吸作用，即便那些含水量极低的种子，同样也存在极微弱的呼吸作用，呼吸作用一旦停止，机体的生命活动也即停止。因此，呼吸作用对植物的生命活动有着重要的意义。首先，呼吸作用为生物体各种生命活动提供所需的能量。在光合作用中，植物把光能转化为化学能并贮存在有机物中，为植物自身的生长发育以及几乎所有生物的生命活动提供物质和能量，但是光合作用所产生的有机物通常并不能直接提供植物生命活动所需的能量，而必须通过呼吸作用将其逐步氧化，同时释放出自由能并以 ATP 的形式供应植物体各种代谢的需要。其次，呼吸作用为植物体合成其他有机物提供所需的原料。植物体内有机物通过呼吸代谢途径逐步氧化降解，在此过程中会产生一系列的中间产物，这些中间产物又可以是其他代谢途径的重要原料和中间产物。最后，植物通过提高呼吸速率或改变代谢途径增强自身抵御和防御能力。因此，呼吸作用在植物生命活动中具有主要作用(图 3-1)。

呼吸作用是生物氧化的过程。植物呼吸代谢分为有氧呼吸和无氧(缺氧)呼吸 2 种类型。有氧呼吸是高等植物呼吸的主要形式。植物细胞呼吸作用的底物主要是光合作用产生的蔗糖、丙糖磷酸以及其他的糖类(如淀粉)和脂类(如三酰甘油)。高等植物存在多条呼吸代谢途径，糖在植物体内氧化分解的共同途径有糖酵解、三羧酸循环和戊糖磷酸途径等。高等植物呼吸链电子传递具有多种途径，如细胞色素途径、交替途径和鱼藤酮不敏感途径。植物的呼吸作用受到植物的内部因子以及环境因子的影响。

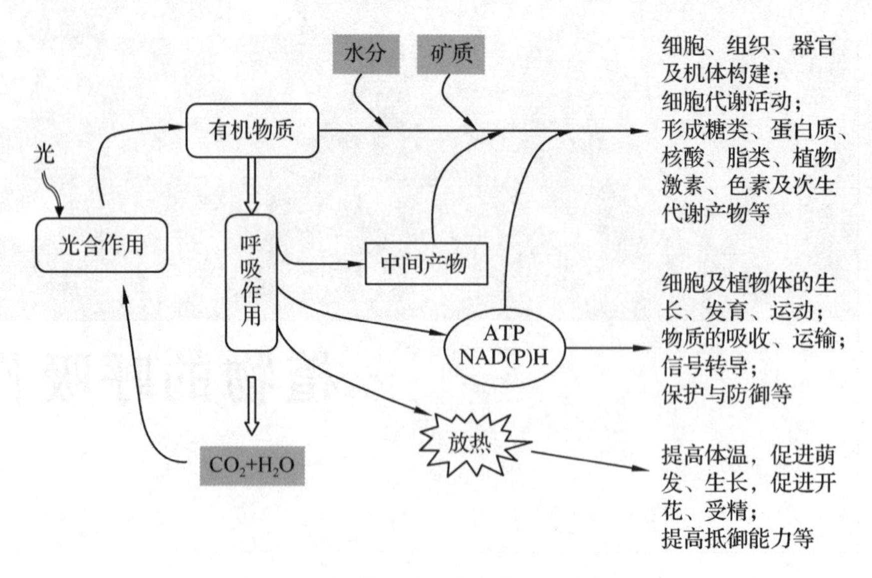

图 3-1 呼吸作用在植物生命活动中的作用

3.1 植物呼吸代谢的途径

3.1.1 植物呼吸作用的类型

植物的呼吸作用除了基本途径与动物及低等真核生物相似外，还具有自己的独特性。呼吸作用的进化与地球上氧气成分的变化有密切关系。在光合生物出现之前，在地球上没有游离氧气，生物只能进行无氧呼吸。之后随着大气中氧含量的提高，生物体才开始了有氧呼吸，并且发展成以有氧呼吸为主。除各种细菌和真菌进行无氧呼吸以外，高等植物仍保留着能进行无氧呼吸的能力，在缺氧条件下能以无氧呼吸来维持短期的生命活动。例如，部分种子吸水萌动过程中，胚根、胚芽未突破种皮之前，主要进行无氧呼吸；植物遭遇到水淹时，可进行短时期的无氧呼吸。人们依据是否有氧气的参与而将植物呼吸代谢分为有氧呼吸和无氧(缺氧)呼吸 2 种类型。

(1)有氧呼吸

有氧呼吸是指有机物在有氧条件下进行完全氧化，生成二氧化碳和水，是与光合作用相反的过程。它耦合了一对氧化还原反应，糖被完全氧化成 CO_2，O_2则被还原成水，有机物释放的能量则暂时贮存在 ATP 中。以葡萄糖为呼吸底物，其反应式如下：

$$C_6H_{12}O_6 + 6O_2 \rightarrow 6CO_2 + 6H_2O + 2\ 815\ kJ \cdot mol^{-1} \qquad (3-1)$$

这个总反应式的能量释放用燃烧热表示为 2 815kJ，而用反应过程的自由能降低表示应为 2 870 $kJ \cdot mol^{-1}$。在生物体内这个反应过程是在常温条件下由一系列反应组成，能量是逐步释放的，是生物体内发生的主要氧化过程。有氧呼吸是高等植物呼吸的主要形式。

(2)无氧呼吸

无氧呼吸是指生活细胞在无氧或缺氧条件下，把某些有机物(如葡萄糖)分解成为不彻底的氧化产物，同时释放能量的过程。该过程中，氧不是最终的电子和质子受体。无氧呼吸有时也称发酵(fermentation)，但是柠檬酸发酵却是需氧的过程，所以发酵不是无氧呼吸确切的同义语。高等植物体积较大的肉质果实(如苹果、香蕉等)贮藏过久可产生酒味，萌发过程中的禾谷类种子缺氧时也会进行乙醇发酵。其反应式如下：

$$C_6H_{12}O_6 \rightarrow 2C_2H_5OH + 2CO_2 \quad \Delta G^{\circ\prime} = -226\ kJ \cdot mol^{-1} \qquad (3-2)$$

部分高等植物的器官或组织，如马铃薯块茎、甜菜块根在缺氧时产生乳酸，青贮饲料在缺氧时也产生乳酸，将这种作用称为乳酸发酵，其反应式如下：

$$C_6H_{12}O_6 \rightarrow 2CH_3CHOHCOOH \quad \Delta G^{\circ\prime} = -197\ kJ \cdot mol^{-1} \qquad (3-3)$$

与有氧呼吸相比，无氧呼吸是产生 ATP 的低效途径，但是它具有不需要氧气即能进行的优点。在自然条件下，无氧呼吸仅在某些情况下进行。大多数高等植物的组织都不能长期生活在无氧条件下，这可能是由于缺乏 ATP 或积累较高浓度的乙醇所致。在很多植物的发芽种子中(如小麦、玉米和向日葵等)已被证实无氧呼吸是构成总呼吸的一个重要部分，尤其是在种皮微弱透气的早期。

3.1.2 植物呼吸底物及其代谢途径概述

在呼吸过程中被氧化分解的有机物被称为呼吸底物。不同植物或不同组织和器官中的呼吸底物有可能不同，如淀粉类种子以糖类为主要呼吸底物，油料种子则以脂肪为主要呼吸底物。虽然最容易被利用的呼吸底物是己糖(如葡萄糖)，但植物细胞呼吸作用的底物主要是光合作用产生的蔗糖、丙糖磷酸、含果糖的多聚体(果聚糖)，以及其他的糖类(如淀粉)和脂类(如三酰甘油)。必要时有机酸和蛋白质都可被植物细胞通过呼吸代谢而利用，为植物的生长发育提供碳源和能量。糖在植物体内氧化分解的共同呼吸途径有糖酵解、三羧酸循环和戊糖磷酸途径等，这些呼吸途径在细胞中既相互联系，又相对分隔，保障了生命活动的有序进行(图 3-2)。

细胞质基质和质体中的糖酵解途径和戊糖磷酸途径通过己糖磷酸和丙糖磷酸，将糖类转化为有机酸，产生 NADH/NADPH 和 ATP。有机酸在线粒体内的三羧酸循环中被氧化，产生的 NADH 和 $FADH_2$ 通过氧化磷酸化的电子传递链后被氧化，所释放的能量驱动 ATP 合酶合成 ATP。在糖异生作用中，脂类降解产生的碳源经乙醛酸循环和三羧酸循环的一系列转化，最后在细胞质基质中逆糖酵解途径合成糖。

3.1.3 糖酵解

糖酵解(glycolysis)是糖在呼吸作用中的逐步分解过程，从葡萄糖等己糖开始，在细胞质中经过一系列化学反应最后产生丙酮酸。这一过程不需要氧参加，是有氧呼吸和无氧呼吸都必须经过的阶段。丙酮酸在有氧条件下继续氧化，在缺氧的条件下进行发酵，形成不完全氧化的产物。这一过程首先在动物和微生物中发现，后来逐步证明高等植物也存在这一途径，有 3 位生物化学家——G. Embden，O. Meyerhof 和 J. K. Parnas，在这一研究中作出了突出贡献，所以糖酵解又简称 EMP 途径。

糖酵解存在于所有的生物体中，包括原核生物和真核生物，化学历程(图 3-3)大致相同，可分为己糖激活、己糖裂解、丙糖氧化及放能等几个阶段。但植物细胞中的糖酵解途径有其特殊性，植物细胞中某些反应的调节方式不同于动物细胞的，糖酵解途径的部分反

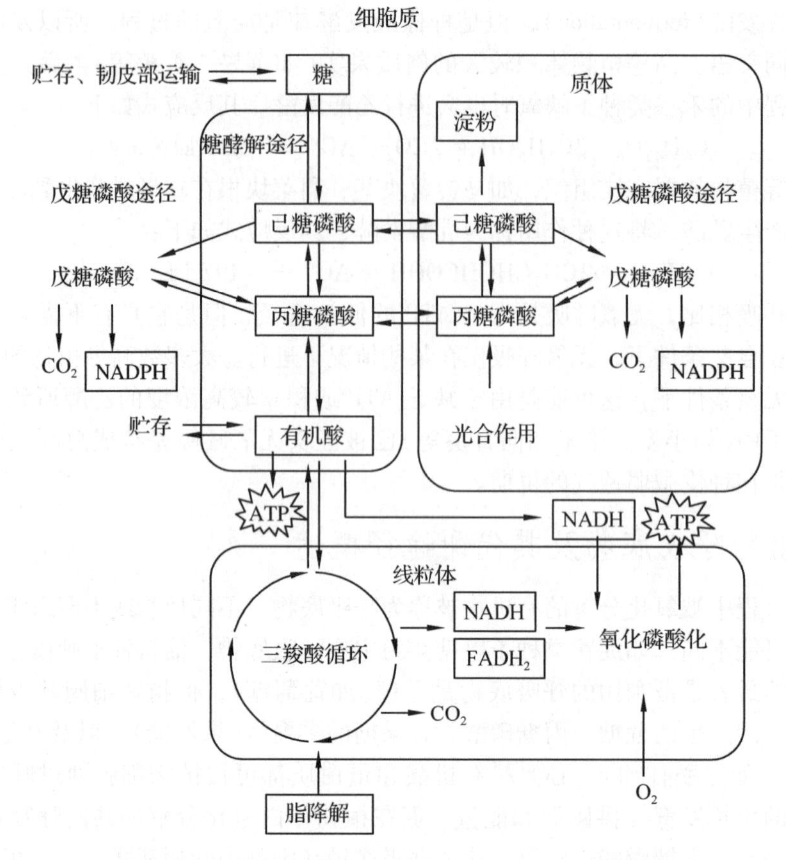

图 3-2 呼吸作用概述（引自 Taiz and Zeiger, 2010）

应也存在于质体中，由这些反应合成的产物既可以参与质体中的生物合成，也可以进入细胞质基质进行糖酵解(图 3-3)。而且胞质中的某些反应存在多条支路。另外，在动物细胞中，糖酵解途径的代谢底物是葡萄糖，终产物是丙酮酸。对大部分植物来说，蔗糖是主要的转运糖，因此是大部分非光合组织有机碳来源的主要形式，所以植物呼吸的真正糖类底物被认为是蔗糖，而不是葡萄糖。除丙酮酸之外，苹果酸是植物糖酵解的另一个终产物。

3. 1. 3. 1 糖酵解的起始阶段

在植物糖酵解的起始反应中，蔗糖分解为葡萄糖和果糖后进入糖酵解途径。在大多数植物组织中，蔗糖由蔗糖合成酶和转化酶催化降解。细胞质基质中的蔗糖合成酶催化蔗糖与 UDP 反应，产生果糖和 UDPG(UDP-葡萄糖)，在 UDPG 焦磷酸化酶的作用下，UDPG 和焦磷酸(PPi) 反应产生 UTP 和葡萄糖-6-磷酸；转化酶催化蔗糖直接水解成葡萄糖和果糖(见图 3-3)。蔗糖合成酶所催化的反应是可逆的，在生理条件下，该反应接近平衡。而转化酶催化的反应由于释放大量的自由能，是不可逆的。

淀粉是植物体中最重要的贮存性多糖，淀粉通过淀粉酶或淀粉磷酸化酶的作用降解为单糖再进入糖酵解。植物中，淀粉只在质体中合成和降解，其降解产物主要以葡萄糖的形式进入胞质的糖酵解途径。在光下，光合作用的产物也能以丙糖磷酸的形式直接进入糖酵

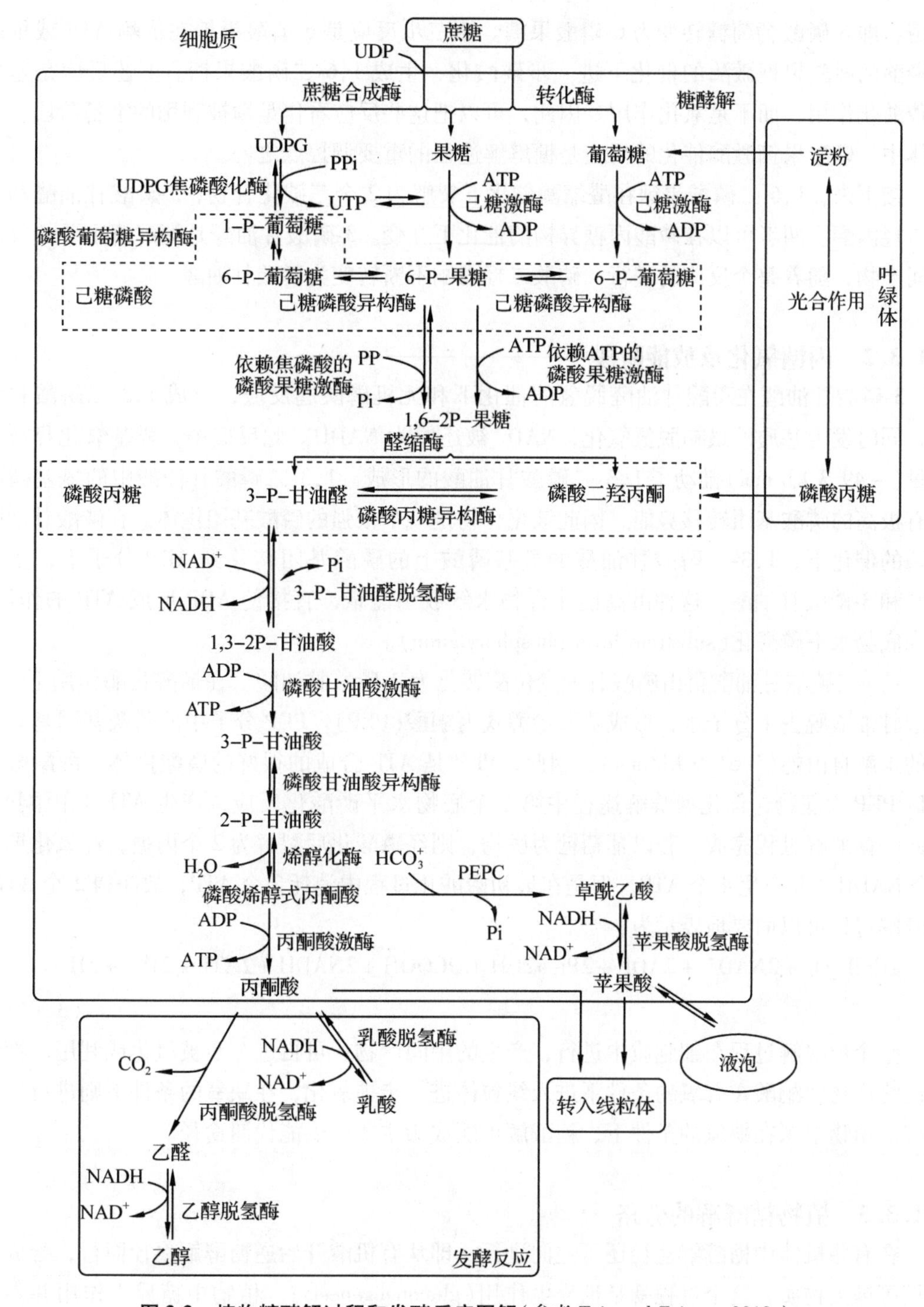

图 3-3　植物糖酵解过程和发酵反应图解（参考 Taiz and Zeiger，2010）

解途径。

在糖酵解的起始阶段，首先，己糖在 ATP 和己糖激酶的参与下，第六个碳原子磷酸化，该反应的产物是6-己糖磷酸和 ADP。其次，在己糖磷酸异构酶的催化下醛糖转变为酮糖，即6-磷酸葡萄糖转变为6-磷酸果糖。第三步反应是6-磷酸果糖在依赖 ATP 或依赖焦磷酸的磷酸果糖激酶的催化下进一步磷酸化，生成1,6-二磷酸果糖。上述反应是基质的磷酸化作用，而不是氧化作用。因此，可以把这些反应看作是糖被利用的准备阶段。在机体中，磷酸果糖激酶催化的反应是糖酵解途径的重要调控点之一。

接下来，1,6-二磷酸果糖在醛缩酶催化下裂解为2个三碳化合物，3-磷酸甘油醛和磷酸二羟丙酮。两者可以在磷酸丙糖异构酶催化下互变。3-磷酸甘油醛是糖酵解主要的分解中间产物，随着整个反应的进行，磷酸二羟丙酮不断转变为磷酸甘油醛。

3.1.3.2　丙糖氧化及放能阶段

3-磷酸甘油醛在磷酸甘油醛脱氢酶催化下和无机磷酸起反应，形成1,3-二磷酸甘油酸，同时发生基质的最初脱氢氧化，NAD^+被还原为 NADH。此反应中，醛基氧化释放的能量(-49.3 kJ/mol)推动了1,3-二磷酸甘油酸的形成。1,3-二磷酸甘油酸中的酰基磷酸具有极高的磷酸基团转移势能，因此该化合物是一个很强的磷酸基团供体。在磷酸甘油酸激酶的催化下，1,3-二磷酸甘油酸的酰基磷酸上的磷酸基团转移到 ADP 分子上，生成 ATP 和3-磷酸甘油酸。这种由高能化合物水解放出能量，直接使 ADP 形成 ATP 的作用，称为底物水平磷酸化(substrate-level phosphorylation)。

1,3-二磷酸甘油酸再由磷酸甘油变位酶转化为2-磷酸甘油酸。在烯醇化酶作用下，2-磷酸甘油酸脱去1分子水，形成磷酸烯醇式丙酮酸(PEP)。PEP 分子中的磷酸基团具有很高的水解自由能(-61.9 kJ/mol)，因此，PEP 是 ATP 合成的很好的磷酸供体。丙酮酸激酶以 PEP 为底物，催化糖酵解途径中第二个底物水平磷酸化反应，产生 ATP 和丙酮酸。至此，糖酵解过程完成。若以葡萄糖为底物，则经磷酸化后裂解为2个丙糖，经氧化形成2个 NADH，并产生4个 ATP，但是在最初磷酸化过程中消耗2个 ATP，故净得2个 ATP。糖酵解过程可以简要地表示为：

$$C_6H_{12}O_6 + 2NAD^+ + 2ADP + 2Pi \rightarrow 2CH_3COCOOH + 2NADH + 2ATP + 2H^+ + 2H_2O \qquad (3-4)$$

整个糖酵解过程在细胞质中进行，产生的中间产物，可再进一步被氧化或利用。糖酵解的终产物丙酮酸在有氧的条件下进入线粒体进一步被氧化，在缺氧的条件下则进行发酵反应。植物组织在缺氧的条件下，糖酵解可能成为主要的供能代谢途径。

3.1.3.3　植物糖酵解的旁路

在有些机体中糖酵解途径还可逆向进行，即从有机酸开始逆糖酵解途径而行，合成葡萄糖等糖类物质，这个过程就是糖异生作用(gluconeogenesis)。植物中糖异生作用并不普遍，只有在一些油料作物如蓖麻(*Ricinus communis*)、向日葵等种子发芽时才活跃进行。通过糖异生作用将油脂转变为蔗糖，以维持幼苗的生长。糖酵解途径中，依赖 ATP 的磷酸果糖激酶催化的反应是不可逆的，在糖异生作用中，1,6-二磷酸果糖是由1,6-二磷酸果糖酶催化转变为6-磷酸果糖的。在植物细胞中，1,6-二磷酸果糖和6-磷酸果糖之间的相互转化还可被依赖焦磷酸的磷酸果糖激酶催化(见图3-3)。研究表明，在植物细胞质中该酶的活性水平高于依赖ATP的磷酸果糖激酶。

在植物体中，糖酵解的中间产物PEP还可以转化为草酰乙酸(OAA)。催化这一反应的酶是PEP羧化酶，该酶普遍存在于细胞质基质中。OAA在苹果酸脱氢酶的作用下，由NADH提供电子，还原为苹果酸。苹果酸被输送到液泡或线粒体中贮存，在线粒体中，苹果酸亦可进入三羧酸环代谢。因此，PEP经丙酮酸激酶或PEP羧化酶催化产生的丙酮酸或苹果酸均可进入线粒体进行呼吸代谢(见图3-3)，当然，多数组织中优先选择的是丙酮酸。此处苹果酸脱氢酶具有类似于发酵代谢中乙醇脱氢酶和乳酸脱氢酶的作用，使胞质中NAD^+再生，维持糖酵解途径的持续进行。

3.1.4 发酵作用

糖酵解产生的丙酮酸在无氧条件下进行发酵。在缺氧条件下，氧化磷酸化不能正常进行，三羧酸循环也无法运行，导致丙酮酸积累。而细胞中NAD^+是有限的，一旦所有的NAD^+都处于还原状态(NADH)，3-磷酸甘油醛脱氢酶便会失去活性，因而糖酵解途径也就不能继续进行。为了生存，植物和其他有机体通过发酵代谢来进一步消耗丙酮酸，同时氧化NADH(图3-3)。在乙醇发酵中，首先在丙酮酸脱羧酶的作用下，丙酮酸脱羧产生乙醛和CO_2，乙醛再在乙醇脱氢酶的作用下，由NADH提供电子还原为乙醇，NADH则被氧化为NAD^+。在缺少丙酮酸脱羧酶而含乳酸脱氢酶的组织里，乳酸脱氢酶利用NADH将丙酮酸还原为乳酸，重新产生NAD^+。

植物组织在低氧或无氧的环境下，通常会被迫进行发酵代谢而生存。例如，当土壤通气不良，氧气向土壤中的扩散被完全限制时，根组织便处于缺氧状态。研究表明，当玉米的根系处于缺氧状态时，初期阶段，根组织进行乳酸发酵，之后进行乙醇发酵。这是由于乙醇为不带电荷的水溶性小分子，可以迅速扩散到细胞外；而乳酸在生理条件下带负电荷，不能扩散到细胞外，因而会在细胞内积累而加速胞质酸化。在此情况下，乙醇造成的伤害就远远小于乳酸。发酵作用中，每分子葡萄糖只净生成2分子ATP，葡萄糖中的大部分能量仍然保存在乙醇或乳酸分子中。可见发酵作用的能量利用效率低，有机物耗损大，其产物的积累会对组织、细胞产生一定伤害作用。因此，依赖发酵代谢不可能长期维持细胞的生命活动。

3.1.5 三羧酸循环

糖酵解产生的丙酮酸在有氧的条件下从细胞质被转运到线粒体中进一步被氧化，产生CO_2和水并释放能量。由于此代谢中的中间产物为含有3个羧基的有机酸，所以称该过程为三羧酸循环(tricarboxylic acid cycle，TCA)，又称Krebs循环，这是以提出这一循环的英国生物化学家Han. A. Krebs的姓氏命名的。因柠檬酸是这一循环的重要中间产物，Krebs于1937年报道时称其为柠檬酸循环(citric acid cycle)。柠檬酸循环的提出不仅阐释了丙酮酸降解为CO_2和H_2O的分子机制，还首次提出了循环式代谢的概念，使人们对生物代谢有了更加深刻的认识。因此，Han. A. Krebs荣获1953年的诺贝尔生理或医学奖。三羧酸循环以丙酮酸作为代谢底物，组成有氧呼吸代谢的第二阶段。丙酮酸首先氧化脱羧形成乙酰辅酶 A(或乙酰-CoA)，然后再进入三羧酸循环。

3.1.5.1 乙酰-CoA 的形成

丙酮酸氧化脱羧反应是在丙酮酸脱氢酶系催化下完成的。丙酮酸脱氢酶是一个多酶体系，由丙酮酸脱氢酶、双氢硫辛酸脱氢酶和双氢硫辛酸乙酰转移酶以及 TTP、CoA、NAD、FAD 和硫辛酸等辅酶组成。反应时首先由丙酮酸和 TPP 形成一种复合物，在丙酮酸脱氢酶的作用下脱羧，形成羟乙基 TPP(活性乙醛)，再在丙酮酸脱氢酶作用下形成乙酰硫辛酸，这时硫辛酸被还原，羟乙基氧化成乙酰基。然后乙酰硫辛酸在乙酰基转移酶作用下形成乙酰-CoA 和双氢硫辛酸；双氢硫辛酸继续在双氢硫辛酸脱氢酸作用下将 FAD 还原，最后使 NAD^+ 还原(图 3-4)。丙酮酸脱氢酶系将丙酮酸氧化的总结果是生成乙酰-CoA、NADH 和 CO_2。

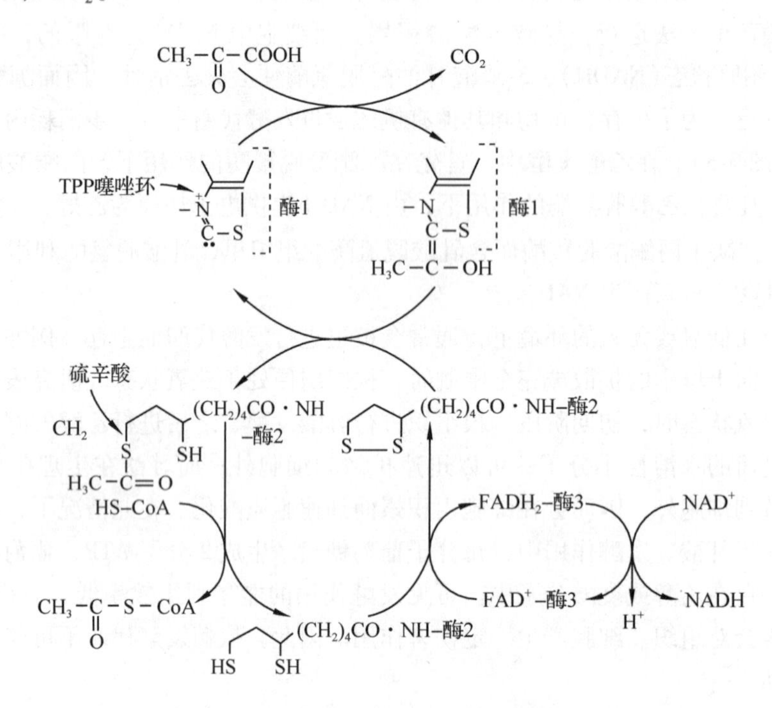

图 3-4 丙酮酸脱氢酶对丙酮酸的氧化过程

酶 1：丙酮酸脱氢酶 酶 2：双氢硫辛酸乙酰转移酶 酶 3：双氢硫辛酸脱氢酶

3.1.5.2 三羧酸循环的运转

乙酰-CoA 是丙酮酸氧化产物，也是三羧酸循环的“燃料”。三羧酸循环的第一个反应就是乙酰-CoA 和草酰乙酸在柠檬酸合成酶的作用下合成为柠檬酸。在此过程中乙酰-CoA 水解形成羧基并释放出 CoA，CoA 可以再利用。由草酰乙酸(四碳二羧酸)转为柠檬酸(六碳三羧酸)而使循环运转，图 3-5 是循环的全部过程。

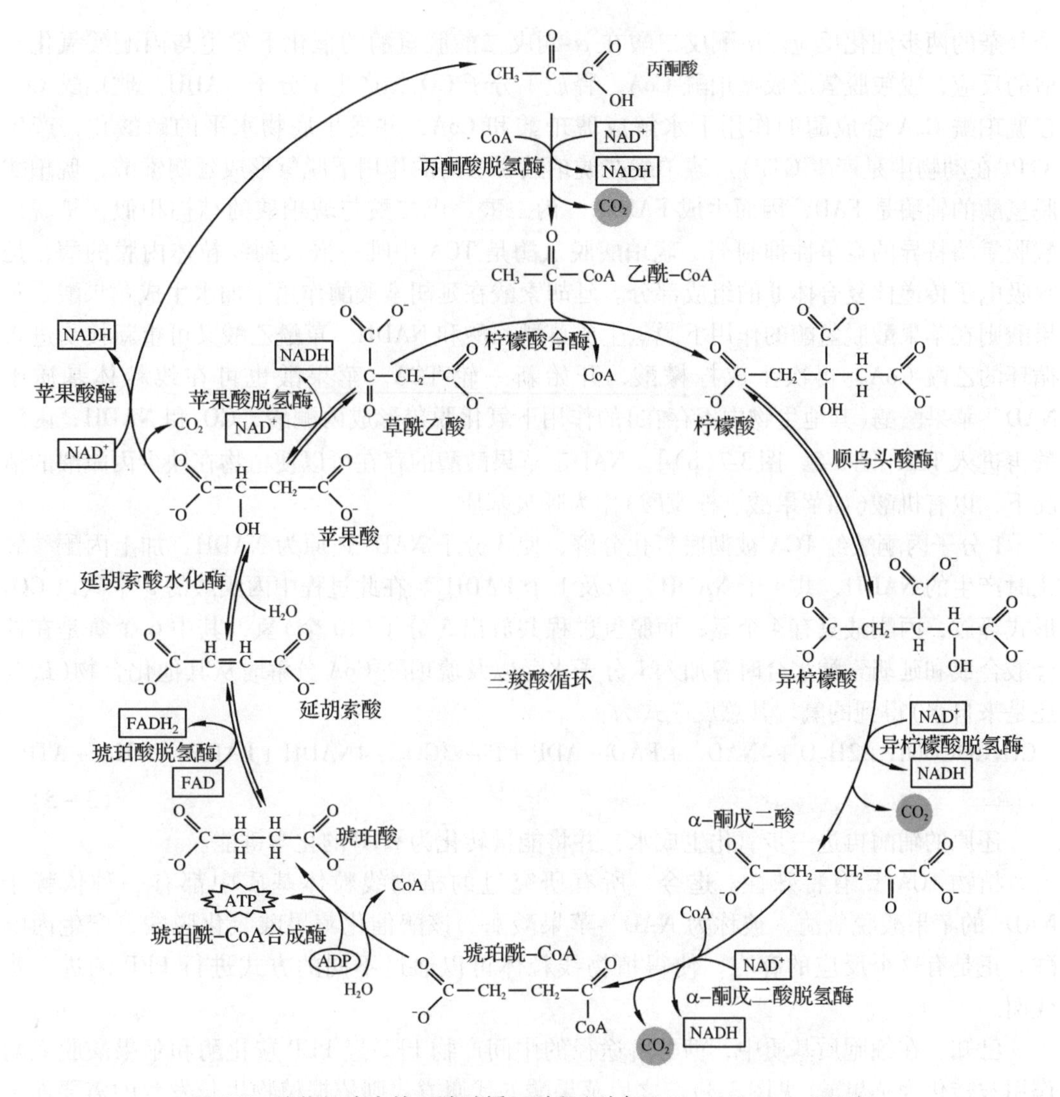

图 3-5　植物细胞中的三羧酸循环过程(引自 Taiz and Zeiger，2010)

柠檬酸在乌头酸酶作用下，经过乌头酸转化为异柠檬酸，是一个可逆反应(图 3-6)。

异柠檬酸在异柠檬酸脱氢酶作用下脱氢生成草酰琥珀酸，草酰琥珀酸不稳定，会自动脱羧形成 α-酮戊二酸，还原 1 分子 NAD^+，产生 1 分子 NADH，释放 1 分子 CO_2。这是一

$$
\begin{array}{ccccc}
\text{COOH} & & \text{COOH} & & \text{COOH} \\
| & & | & & | \\
\text{CH}_2 & & \text{CH}_2 & & \text{CHOH} \\
| & & | & & | \\
\text{HOOC—C—OH} & \rightleftharpoons & \text{C—COOH} + \text{H}_2\text{O} & \rightleftharpoons & \text{CH—COOH} \\
| & & \| & & | \\
\text{CH}_2 & & \text{CH}_2 & & \text{CH}_2 \\
| & & | & & | \\
\text{COOH} & & \text{COOH} & & \text{COOH} \\
\text{柠檬酸} & & \text{顺乌头酸} & & \text{异柠檬酸}
\end{array}
$$

图 3-6　柠檬酸和异柠檬酸的可逆变化

个复杂的两步催化反应。α-酮戊二酸在α-酮戊二酸脱氢酶的催化下发生与丙酮酸氧化相似的反应，脱羧脱氢形成琥珀酰-CoA，释放1分子CO_2，产生1分子NADH。琥珀酰-CoA在琥珀酰-CoA合成酶的作用下水解成琥珀酸和CoA，并发生底物水平的磷酸化，产生ATP(在动物中是产生GTP)。琥珀酸在琥珀酸脱氢酶的作用下脱氢形成延胡索酸，琥珀酸脱氢酶的辅酶是FAD，因而生成$FADH_2$。丙二酸、戊二酸与琥珀酸的结构相似，是琥珀酸脱氢酶特异的竞争性抑制剂。琥珀酸脱氢酶是TCA中唯一嵌入到线粒体内膜的酶，是呼吸电子传递体复合体Ⅱ的组成部分。延胡索酸在延胡索酸酶作用下加水生成苹果酸。苹果酸则在苹果酸脱氢酶的作用下脱氢生成草酰乙酸和NADH。草酰乙酸又可重新接受进入循环的乙酰-CoA，再次生成柠檬酸，开始新一轮TCA。苹果酸也可在线粒体基质中NAD^+-苹果酸酶(其他生物中不存在)的作用下氧化脱羧形成丙酮酸、CO_2和NADH，丙酮酸再进入TCA[图3-5，图3-7(b)]。NAD^+-苹果酸酶的存在可以使植物在缺少丙酮酸的情况下，以有机酸(如苹果酸、柠檬酸)作为呼吸基质。

1分子丙酮酸经TCA被彻底氧化分解，使3分子NAD^+还原为NADH，加上丙酮酸氧化时产生的NADH，共4个NADH，以及1个$FADH_2$。在此过程中丙酮酸的3个碳以CO_2形式释放；丙酮酸只有4个氢，而脱氢过程共放出5分子(10个)氢，其中6个氢是在柠檬酸合成和延胡索酸水合时各加入1分子水，以及琥珀酰-CoA分解时从其他化合物(最终还是来自水)得到的氢。其总反应式为：

$$CH_3COCOOH + 2H_2O + 4NAD^+ + FAD + ADP + Pi \rightarrow 3CO_2 + 4NADH + FADH_2 + 4H^+ + ATP \quad (3-5)$$

还原的辅酶再进一步氧化生成水，并将能量转化为ATP的化学键能。

植物TCA具有特殊性。迄今，所有研究过的植物线粒体基质中都有一种依赖于NAD^+的苹果酸脱氢酶，被称为NAD^+-苹果酸酶。该酶催化苹果酸氧化脱羧，产生丙酮酸。正是有这个反应的存在，使得植物线粒体可以通过不同的方式进行PEP的进一步代谢。

已知，在细胞质基质中，糖酵解途径的中间产物PEP经PEP羧化酶和苹果酸脱氢酶作用被转化为苹果酸(见图3-3)。之后苹果酸的代谢方式则依据植物生长发育的需要而不同。在需呼吸代谢提供能量时，苹果酸通过线粒体内膜上的二羧酸转运器(dicarboxylate transporter)被转运到线粒体基质，由NAD^+-苹果酸酶催化，氧化脱羧形成丙酮酸，从而进入TCA彻底分解氧化。NAD^+-苹果酸酶的存在使植物可以在缺少丙酮酸的情况下，完全氧化有机酸，如苹果酸和柠檬酸，它们都可经苹果酸转化为丙酮酸之后再被氧化降解[图3-7(a)]。

除了进行景天酸代谢的组织外(见第4章)，还有许多植物组织的液泡中贮存有大量的苹果酸等有机酸。在植物发育的某些阶段，就必须除去这些有机酸。例如，在果实成熟时，在NAD^+-苹果酸酶的作用下，苹果酸转化为丙酮酸进入三羧酸循环被氧化降解，这一代谢对于调节细胞中有机酸水平具有重要作用。

在植物快速生长期，TCA的中间产物往往被用于合成蛋白质和多糖等物质，使线粒体中这些中间产物浓度过低而影响正常的呼吸代谢。此时PEP羧化、还原合成苹果酸就成为补充TCA中间产物的有效途径[图3-7(c)]。例如，在叶绿体中进行氮同化时，要消

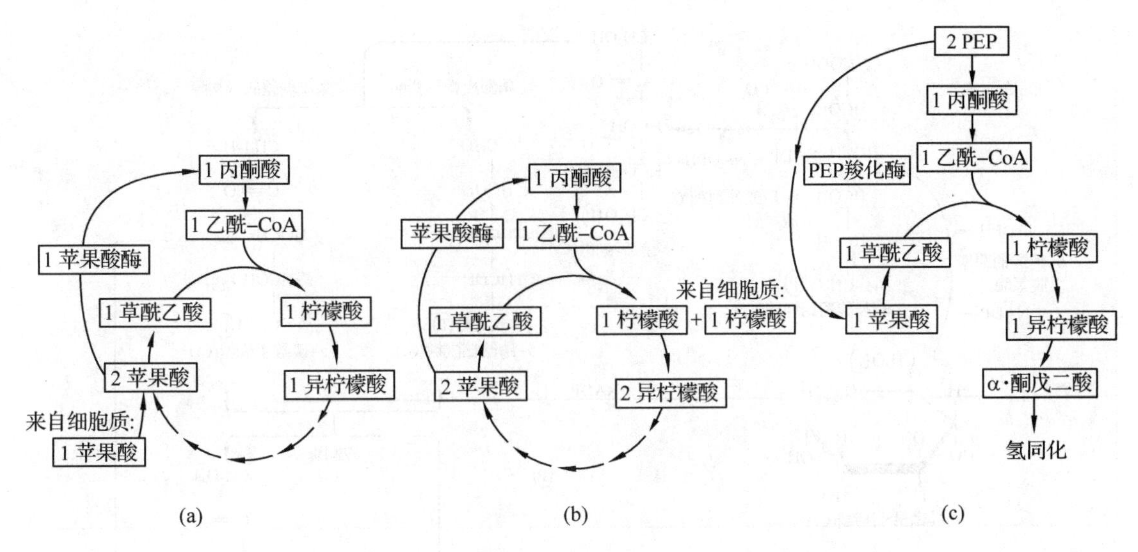

图 3-7 苹果酸酶和 PEP 羧化酶的作用(引自 Buchannan *et al.*, 2000)

耗大量的 α-酮戊二酸，因而导致柠檬酸合成所需苹果酸的缺乏。此时，通过 PEP 羧化酶和苹果酸脱氢酶即可将细胞中的 PEP 转化为苹果酸，从而补充 TCA 的中间产物。

知识窗

柠檬酸合酶的工业与农业用途

柠檬酸合酶(citrate synthase)也称缩合酶。在三羧酸循环中催化乙酰-CoA 与草酰乙酸缩合生成柠檬酸。柠檬酸具有重要的工业用途。为食品饮料提供酸味或果味，可用作抗氧化剂保持食品的风味；在树脂生产中可被用作可塑剂和抑泡剂；可做媒染剂使颜色发亮。工业上可用廉价的糖源(甜菜糖)培养黑曲霉而得到。通过抑制三羧酸循环反应来设计培养条件，使柠檬酸积累。

更为重要的是，柠檬酸在世界粮食生产中将扮演重要的角色。柠檬酸含有 3 个带负电的羧基，是一种良好的金属螯合剂，一些植物根系可向土壤中释放柠檬酸，释放的柠檬酸与土壤金属结合而防止了植物对有害金属的吸附。例如，土壤中普遍存在的 Al^{3+}，其对很多植物都有毒性，能够造成世界可耕地 30%~40% 的粮食作物减产。受 Al^{3+} 影响，在赤道地区酸性土壤上，玉米产量可以减少 80%；墨西哥的番木瓜种植面积从 $300 \times 10^4\ hm^2$ 减少到 $2 \times 10^4\ hm^2$。通过使用石灰可提高土壤 pH 值，但是该方法既不经济，对环境也不安全。一种绿色的环保方案就是种植对这种毒性金属具有抗性的植物。自然界存在这种抗性植物，也可通过基因工程方法将抗性基因转移到种植植物中。墨西哥的科学家应用转基因技术使烟草和番木瓜能高水平地表达细菌的柠檬酸合酶，转基因植物分泌螯合 Al^{3+} 的柠檬酸的量是正常植株的 5~6 倍，并可以在高于对照植物 10 倍的 Al^{3+} 条件下生长，有望提高土地利用率。世界粮食产量必须在未来 50 年内翻三番才能满足预期的世界人口增长的需要。这就需要增加受有毒金属影响的可耕地的作物产量，柠檬酸合酶也许可为这一目标的实现发挥重要作用。

3.1.6 戊糖磷酸途径

糖酵解—三羧酸循环是有氧呼吸的主要途径，但不是唯一的途径。在植物体内还存在另一重要途径，因为这个途径中主要中间产物是五碳糖，通常称为戊糖磷酸途径(pentose phosphate pathway, PPP)，也称磷酸己糖支路或直接氧化途径，图 3-8 是 PPP 的代谢历程。

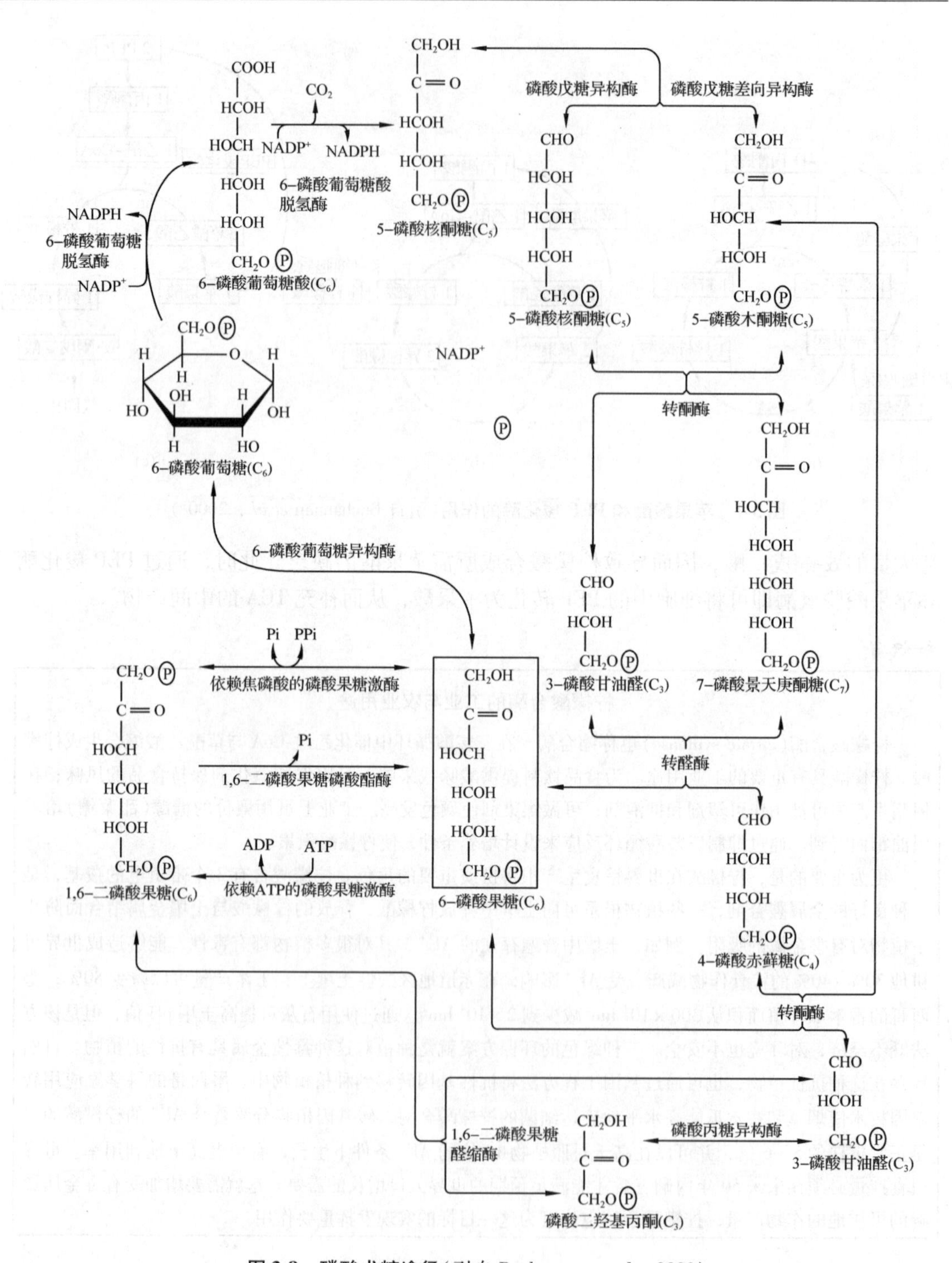

图 3-8　磷酸戊糖途径(引自 Buchannan *et al.*, 2000)

PPP 在细胞质基质和质体中进行，在质体中可能更为活跃。PPP 从 6-磷酸葡萄糖起始，被直接氧化为 6-磷酸葡萄糖酸。6-磷酸葡萄糖脱氢酶首先将 6-磷酸葡萄糖脱氢生成 6-磷酸葡萄糖酸内酯，再在相应的酶作用下水解成 6-磷酸葡萄糖酸。6-磷酸葡萄糖酸在 6-磷酸葡萄糖酸脱氢酶作用下脱羧形成5-磷酸核酮糖，并释放CO_2。PPP只发生两步氧化作用，从5-磷酸核酮糖开始进行复杂的磷酸糖的互变反应，通过异构转化为5-磷酸核糖或5-磷酸木酮糖。然后经转酮酶作用形成7-磷酸景天庚糖和3-磷酸甘油醛，再在转醛酶作用下形成6-磷酸果糖和4-磷酸赤藓糖。赤藓糖与5-磷酸木酮糖作用生成6-磷酸果糖和3-磷酸甘油醛。所形成的6-磷酸果糖又异构成6-磷酸葡萄糖；3-磷酸甘油醛也可以部分转化为二羟丙酮，经醛缩酶作用产生磷酸己糖，并再次进入戊糖途径。这样一个己糖要经过6次循环才完全被氧化，同时产生12分子NADPH。

PPP不仅可为植物提供能量，其糖互变时的中间产物，如5-磷酸核糖是许多辅酶、核酸等重要物质的成分，而且很多产物又与光合碳循环的中间产物类似。磷酸赤藓糖和磷酸丙糖可合成莽草酸，是酚类等化合物合成的前提。植物在受病菌侵染后，PPP常增强，可能与植物的抗病能力有关。PPP在植物中普遍存在，因植物种类、器官、年龄和发育状况而强度不同。植物受到胁迫时，尤其是植物受到生物胁迫时PPP一般会明显增强。

3.1.7 乙醛酸循环和乙醇酸氧化途径

高等植物中存在并运行着多条呼吸代谢途径(图3-9)，不同植物、同一植物的不同器官或组织在不同发育时期或不同环境条件下，呼吸底物的氧化降解途径不同。除糖酵解及丙酮酸在缺氧条件下进行的酒精发酵和乳酸发酵及丙酮酸在有氧条件下进行降解的三羧酸循环，磷酸戊糖途径之外，还有在特殊情况下脂肪酸氧化分解的乙醛酸循环和乙醇酸氧化途径等。

(1)乙醛酸循环

乙醛酸循环(glyoxylic acid cycle，GAC)是植物细胞内脂肪酸氧化分解为乙酰-CoA之后，在乙醛酸(glyoxysome)体内生成琥珀酸、乙醛酸、苹果酸和草酰乙酸的生化过程(见第5章)。该途径产生的琥珀酸可转化为糖。植物和微生物有乙醛酸体(而动物和人类细胞中没有)。油料种子(花生、油菜、棉籽等)在发芽过程中，细胞中出现许多乙醛酸体，贮藏脂肪首先水解为甘油和脂肪酸，然后脂肪酸在乙醛酸体内氧化分解为乙酰-CoA，并通过GAC转化为糖，直到种子中贮藏的脂肪耗尽为止，GAC活性便随之消失。淀粉种子萌发时不发生GAC。可见，GAC是富含脂肪的油料种子所特有的一种呼吸代谢途径。但从水稻盾片中也分离出了GAC中的2个关键酶——异柠檬酸裂解酶和苹果酸合成酶。另外，在研究蓖麻种子萌发时脂肪向糖类的转化过程中发现，乙醛酸与乙酰-CoA结合所形成的苹果酸不发生脱氢，而是直接进入细胞质逆着糖酵解途径转变为蔗糖；在乙醛酸体和线粒体之间有“苹果酸穿梭”发生(Buchanan *et al.*，2000)。通过“苹果酸穿梭”和转氨基反应解决了乙醛酸体内NAD^+的再生和OAA的不断补充，这对保证GAC的正常运转是至关重要的。

(2)乙醇酸氧化途径

乙醇酸氧化途径(glycolic acid oxidative pathway，GAOP)是水稻根系特有的糖降解途径(图3-9)。水稻根呼吸产生的部分乙酰-CoA不进入TCA循环，而是形成乙酸，然后乙酸在乙醇酸氧化酶及其他酶类催化下依次形成乙醇酸、乙醛酸、草酸和甲酸及CO_2，并且不断形成H_2O_2。H_2O_2在过氧化氢酶催化下产生具有强氧化能力的新生态氧，并释放于根的周围，形成一层氧化圈，使水稻根系周围保持较高的氧化状态，以氧化各种还原性物质（如H_2S、Fe^{2+}等），抑制土壤中还原性物质对水稻根的毒害，从而保证根系旺盛的生理机能，使稻株正常生长。

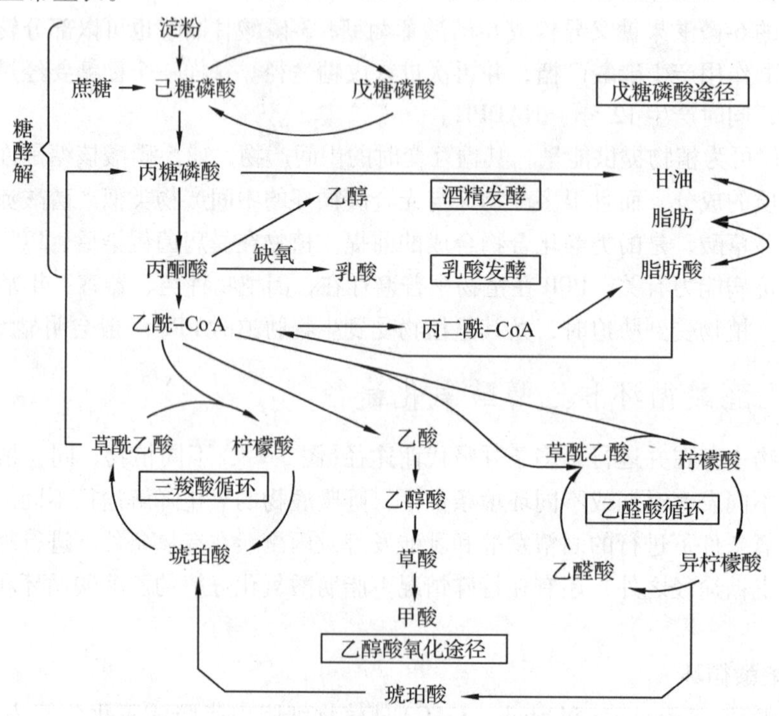

图 3-9 植物主要呼吸代谢途径概况（引自李合生，2006）

3.2 电子传递与氧化磷酸化

在上述植物呼吸作用的化学过程中所涉及的各种氧化还原反应仅仅是呼吸底物的脱氢作用，还没有和氧发生直接的联系。在有氧呼吸中，最终使底物上脱下的氢和氧结合生成水，可以是还原的辅酶 NADH 和 $FADH_2$发生氧化，也可以是底物直接脱氢与氧作用，其形式多种多样。在生物界中，已发现有 200 多种酶能将氧还原。根据和氧生成的产物不同，可以分成加氧酶和氧化酶。加氧酶是底物在氧化时，氧被加到底物中形成羟基化合物。加氧酶又可分为单加氧酶和双加氧酶。前者将分子氧的一个氧原子加到底物中去，另一个氧原子形成水；后者是将 2 个氧原子都加到底物中去，往往发生链或芳香环的断裂。氧化酶是将氧还原为H_2O_2和H_2O。加氧酶和氧化酶都含有辅基，其中有的含有 FAD 和 FMN 的黄素蛋白，还有含铁或含铜的金属蛋白。在氧化酶中最重要的是细胞色素氧化酶系统，它以铁卟啉衍生物血红素为辅基，形成多种不同的细胞色素和细胞色素氧化酶，它们和其他电子传递体组成一个电子传递链，将 NADH 或 $FADH_2$氧化，生成水。

3.2.1　呼吸电子传递

对线粒体中呼吸电子传递途径的深入研究表明，高等植物呼吸链电子传递具有多种途径(图3-10)，如细胞色素途径，交替途径和鱼藤酮不敏感途径。这种特性使呼吸能适应环境的变化，是进化的表现。有人证明在水稻幼苗线粒体中同时存在着4条不同的电子传递途径，并认为这是水稻这种半沼泽植物能适应不同水分生态条件的重要原因。

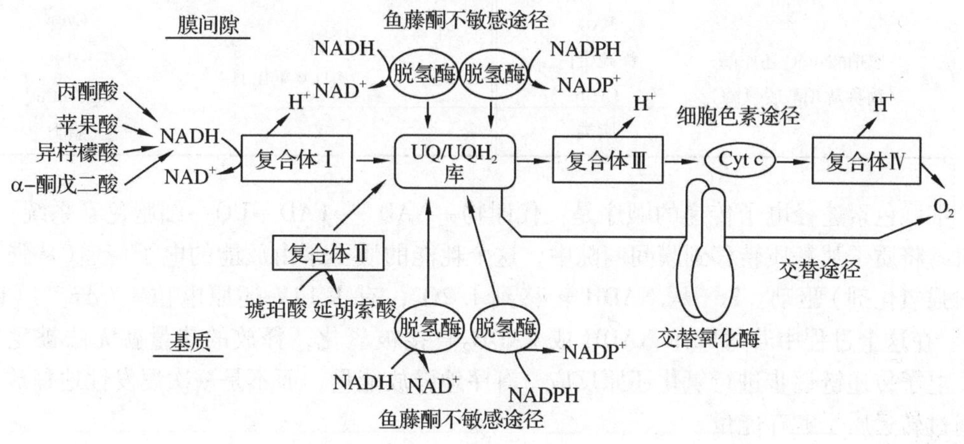

图3-10　高等植物线粒体电子传递的多种途径

3.2.1.1　细胞色素途径及电子传递体

细胞色素途径为呼吸电子传递链的主路，在生物界分布最广泛，为动物、植物及微生物所共有。这条途径的特点是NADH和$FADH_2$的电子通过泛醌，再经由一些细胞色素电子载体系统到达O_2，因此将其称为细胞色素途径(cytochrome pathway)。该途径对鱼藤酮、抗霉素A、氰化物都敏感，P/O≤3。

呼吸电子传递主链(electron transport chain)是线粒体内膜上由呼吸传递体组成的电子传递总轨道，是一个多阶段的复杂反应，把代谢物脱下的电子有序地传递给氧，是一个逐步氧化和释放能量的过程。呼吸电子传递体有两大类：氢传递体与电子传递体。氢传递体包括一些脱氢酶的辅助因子，主要有NAD^+、FMN、FAD、UQ等。它们既传递电子，也传递质子；电子传递体包括细胞色素系统和某些黄素蛋白、铁硫蛋白。

呼吸链的组分到目前已发现20余种，按其特性分为5类：

①以NAD^+为辅酶的脱氢酶类(丙酮酸、苹果酸、异柠檬酸、α-酮戊二酸脱氢酶等)；

②黄素蛋白酶类(琥珀酸脱氢酶、NADH脱氢酶、甘油磷酸脱氢酶等)；

③辅酶Q(CoQ)；

④铁硫蛋白(ironsulfur protein，Fe-S蛋白)；

⑤细胞色素(cytochrome，Cyt.)。

植物线粒体中所含有的电子载体与其他非植物线粒体中的大致相同，除CoQ和细胞色素c(Cyt c)外，分别构成4个蛋白复合体，它们分别为：复合体Ⅰ、复合体Ⅱ、复合体Ⅲ和复合体Ⅳ，都位于线粒体内膜上，组成见表3-1。

表 3-1 呼吸链复合体的名称与组成

复合物	名 称	组 成	复合物	名 称	组 成
Ⅰ	NADH-CoQ 还原酶（简称 NADH 脱氢酶）	FMN 铁硫蛋白 CoQ 脂类	Ⅲ	CoQH-Cyt c 氧化还原酶	Cyt b Cyt c_1 铁硫蛋白 CoQ
Ⅱ	琥珀酸-CoQ 还原酶（简称琥珀酸脱氢酶）	FAD 铁硫蛋白 Cyt b 脂类	Ⅳ	Cyt c 氧化酶	Cyt a Cyt a_3 Cu^{2+}/Cu^{+} 脂类

细胞色素途径电子传递的顺序是：代谢物→NAD^+→FAD→UQ→细胞色素系统→O_2。同时，将质子从基质转移到膜间间隙中，这个耗能的质子泵由放能的电子传递(从强还原剂向强氧化剂)驱动。$2e^-$ 从 NADH 转移到 $1/2O_2$，有 1.14V 还原电位差($\Delta E^{\circ\prime}$)(图 3-11)。在这个过程中若每摩尔 NADH 或 $FADH_2$ 直接被氧化，释放的热量就无法被生物利用。电子传递链逐步进行氧化还原反应，有序地释放能量，而不是一次爆发性地释放，从而通过转运质子贮存能量。

呼吸链在植物线粒体内膜上的组装如图 3-12 所示。

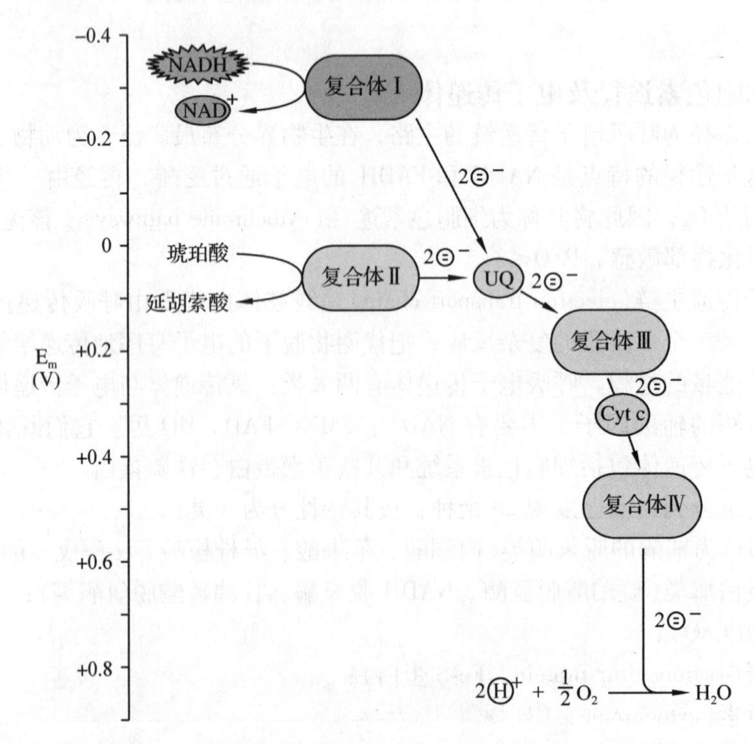

图 3-11 呼吸链各部分在氧化还原电位坐标上的大致位置(引自 Buchannan *et al.*，2000)

呼吸链中释放的能量促进质子转移的 3 个位点：复合物Ⅰ与 UQ 之间；UQ 与 Cyt c 之间；Cyt c 与氧气之间

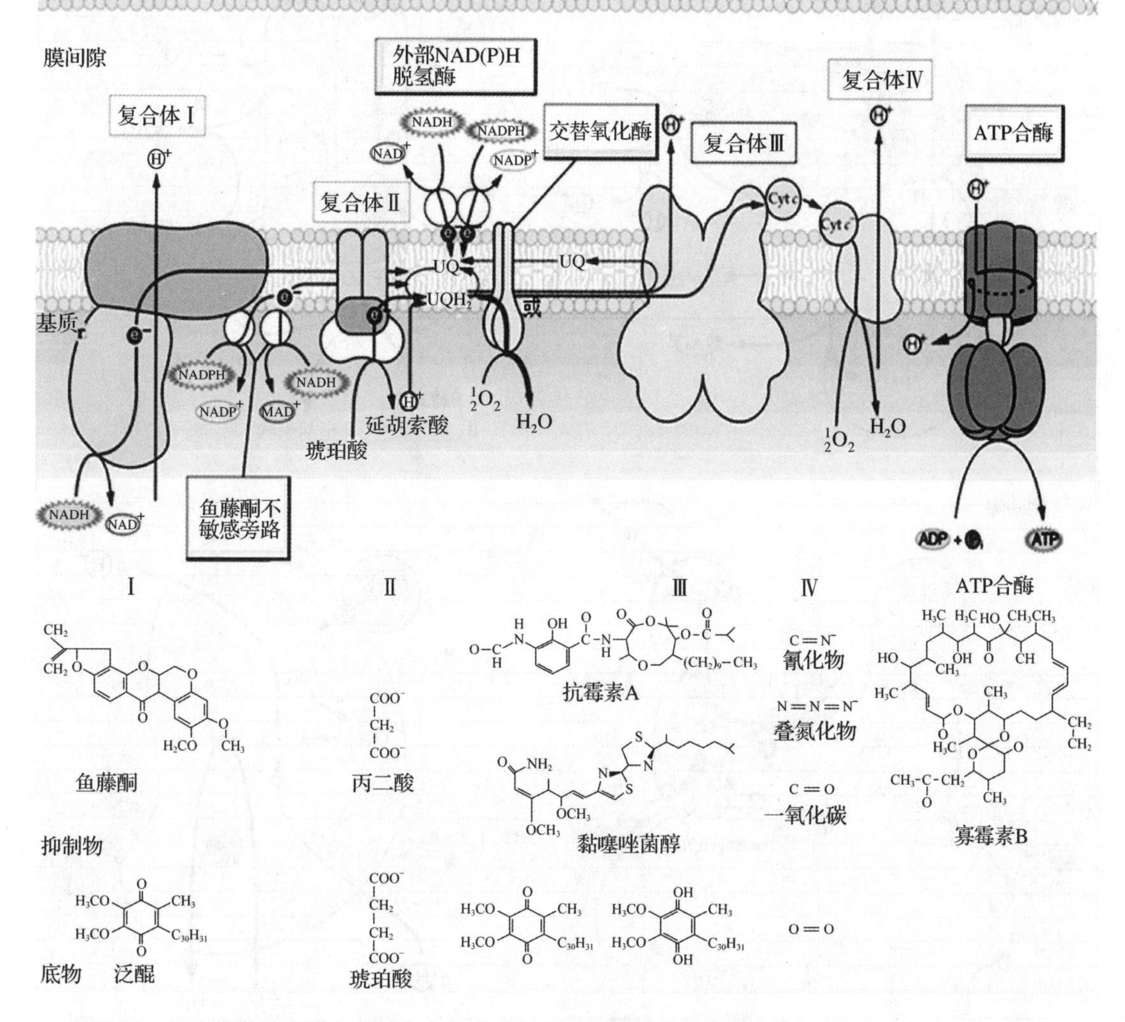

图 3-12　植物线粒体内膜上的呼吸电子传递链组成及相应的抑制物(引自 Buchannan *et al.*, 2000)

图中示出了电子传递复合体Ⅰ~Ⅳ、ATP 合酶、4 个额外的鱼藤酮不敏感的

NAD(P)H 脱氢酶和交替氧化酶在内膜上的位置和方向

复合体Ⅰ　又称 NADH，泛醌氧化还原酶(ubiquinone oxidoreductase, NADH)。相对分子质量 70×10^4 ~ 90×10^4 Da，含有 25 种不同的蛋白质，包括以 FMN 为辅基的黄素蛋白和多种铁硫蛋白。复合体Ⅰ的功能是催化位于线粒体基质中由 TCA 循环产生的 NADH + H^+ 中的 2 个 H^+ 经 FMN 转运到膜间空间，同时再经过 Fe-S 将 2 个电子传递到 UQ(辅酶 Q, CoQ)，UQ 再与基质中的 H^+ 结合，生成还原型泛醌 UQH_2(图 3-13)。该酶的作用可被鱼藤酮(rotenone)、巴比妥酸(barbital acid)等抑制(图 3-12)，抑制 Fe-S 簇的氧化和泛醌的还原。

复合体Ⅱ　又称琥珀酸，泛醌氧化还原酶(ubiquinone oxidoreductase, succinate)。相对分子质量约 14×10^4 Da，含有 4~5 种不同的蛋白质，主要成分是琥珀酸脱氢酶(succinate dehydrogenase, SDH)、FAD、细胞色素 b(cytochrome b)和 3 个 Fe-S 蛋白(图 3-13)。

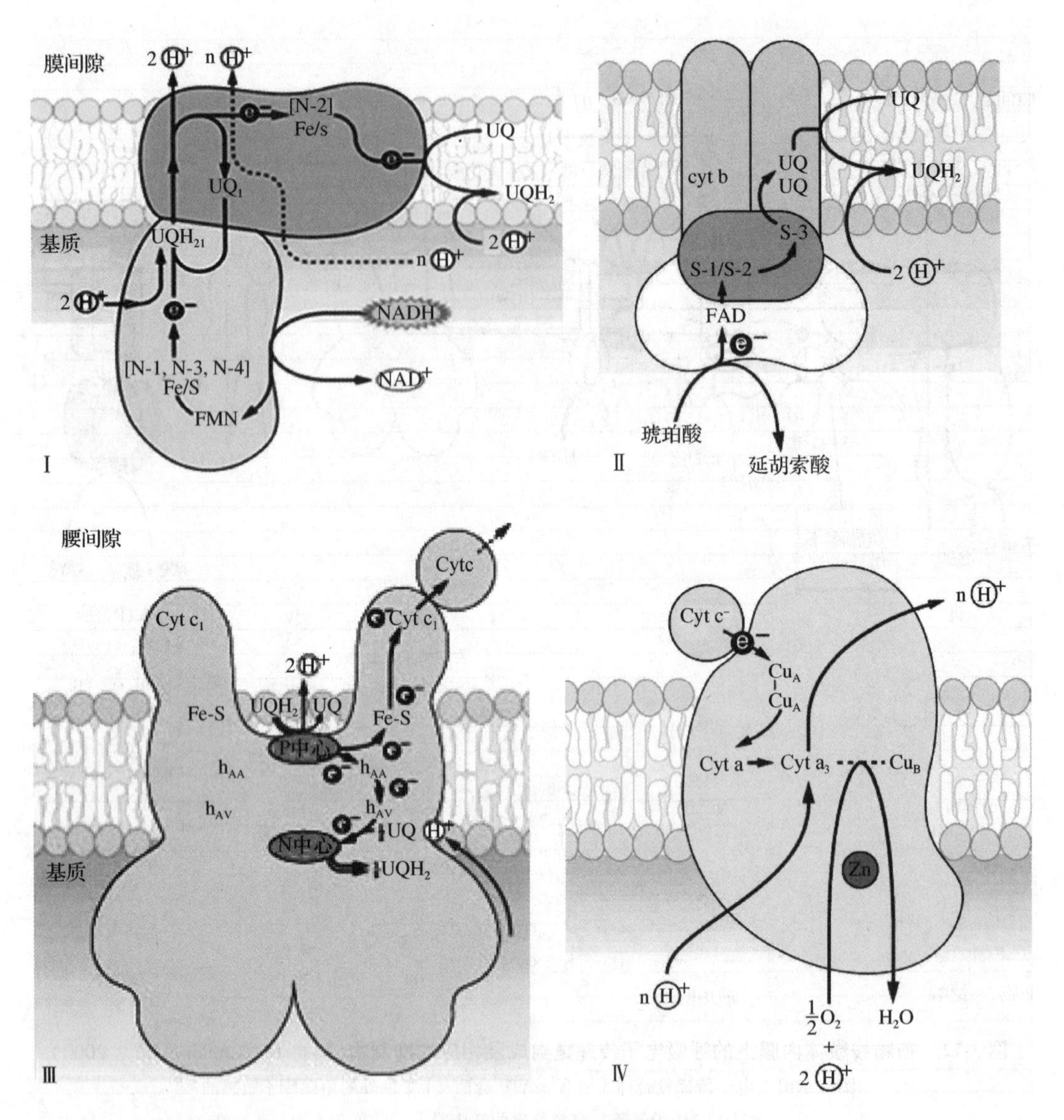

图 3-13　线粒体复合体Ⅰ、Ⅱ、Ⅲ、Ⅳ的推测结构及电子传递路径（引自 Buchannan *et al.*，2000）

它是三羧酸循环中唯一的一种结合在膜上的酶。在裸子植物和被子植物中，复合体Ⅱ是唯一完全由核基因编码的蛋白质。复合体Ⅱ的功能是催化琥珀酸氧化为延胡索酸，并将 H 转移到 FAD 生成 $FADH_2$，然后再把 H 转移到 UQ 生成 UQH_2。复合体Ⅱ不转移质子。其他线粒体脱氢酶底物也将电子在 UQ 水平传递到呼吸链，但不经过复合体Ⅱ。该酶活性可被 2-噻吩甲酰三氟丙酮（thenoyltrifluoro- acetone，TTFA）和丙二酸所抑制。

复合体Ⅲ　又称 UQH_2，细胞色素 c 氧化还原酶（cytochrome c oxidoreductase，ubiquinone），相对分子质量 25×10^4 Da，含有 9～10 种不同蛋白质，一般含有 2 个 Cyt b，1 个 Fe-S 蛋白和 1 个 Cyt c_1（图 3-13）。复合体Ⅲ的功能是催化电子从 UQH_2 经 Cyt b→FeS→Cyt c_1 传递到 Cyt c，这一反应与跨膜质子转移相偶联，即将 2 个 H^+ 释放到膜间空间。也

有人认为在电子从 Fe-S 传到 Cyt c_1之前，先传递给 UQ，同时 UQ 与基质中的 H^+结合生成 UQH_2。UQH_2再将电子传给 Cyt c_1，同时将 2 个 H^+释放到膜间空间。

复合体Ⅳ　又称 Cyt c，细胞色素氧化酶(cytochrome oxidase，Cyt c)，是呼吸链上的末端氧化酶。相对分子质量约 $16\times10^4\sim17\times10^4$ Da，含有多种不同的蛋白质，主要成分是 Cyt a 和 Cyt a_3及 2 个铜原子，组成 2 个氧化还原中心即 Cyt a CuA 和 Cyt a_3 CuB，第一个中心是接受来自 Cyt c 电子的受体，第二个中心是氧还原的位置。它们通过 Cu^+和 Cu^{2+}的变化，在 Cyt a 和 Cyt a_3间传递电子(图 3-13)。其功能是将 Cyt c 中的电子传递给分子氧，氧分子被 Cyt a_3、CuB 还原至过氧化物水平；然后接受第三个电子，O-O 键断裂，其中一个氧原子还原成 H_2O；在另一步中接受第四个电子，第二个氧原子进一步还原。也可能在这一电子传递过程中将线粒体基质中的 2 个 H^+转运到膜间空间。CO、氰化物(cyanide，CN^-)、叠氮化物(azide，N_3^-)同 O_2竞争与 Cyt a/a_3中 Fe 的结合，可抑制从 Cyt a/a_3到 O_2的电子传递。

这 4 个复合体在线粒体内膜上的空间分布是很特殊的(图 3-12)。NADH 和琥珀酸的氧化是在膜的基质一侧，氧的还原也是在同一侧。细胞色素 c 松弛地结合于线粒体内膜的外侧，即膜间隙的一侧。复合体Ⅲ中，铁硫中心、细胞色素和细胞色素 b_{565}靠近线粒体内膜的外侧，而细胞色素 b_{560}则靠近基质一侧。这样的安排使电子在电子载体间进行传递时同时进行跨膜运动。这对于质子跨膜梯度的形成是非常重要的。在这 4 个复合体中，除复合体Ⅱ外，其余 3 个复合体均有跨膜运送质子的功能。

UQ 和 Cyt c 在电子传递链的组分中 UQ 和 Cyt c 是可移动的。其中 UQ，又名泛醌，是一类脂溶性的苯醌衍生物，是电子传递链中唯一的非蛋白质成员，含量高，广泛存在生物界，故名泛醌。UQ 在第 6 位碳原子上带有一个不同聚合长度($C_{45}\sim C_{50}$)的异戊二烯基的长链，不同来源的泛醌其侧链的长度不同。植物线粒体内膜上的泛醌常带有 9~10 个异戊二烯单位的侧链。泛醌能在线粒体的内膜的脂质内自由移动，通过醌/酚结构互变，在传递质子、电子中起“摆渡”作用(图 3-11)。它是复合体Ⅰ、Ⅱ与Ⅲ之间的电子载体。与叶绿体中的质醌类似进行电子和质子的传递。UQ 代表存在于线粒体内膜中的泛醌库，其氧化还原形式如图 3-14 所示。

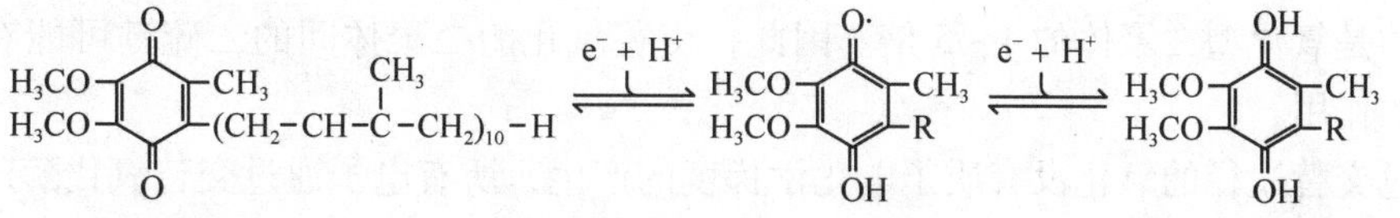

$e^- + H^+$　$e^- + H^+$

氧化态 Q　半醌　还原态Q

图 3-14　UQ 的氧化还原过程

Cyt c 是线粒体内膜外侧的外周蛋白，是电子传递链中唯一的可移动的色素蛋白，通过辅基中铁离子价的可逆变化，在复合体Ⅲ与复合体Ⅳ之间传递电子。

3.2.1.2　鱼藤酮不敏感支路

在植物线粒体中有一些特殊的对鱼藤酮不敏感的 NAD(P)H 脱氢酶复合体，这些脱氢酶复合体分别位于线粒体内膜的膜间隙一侧(外在的)和基质侧。催化来自细胞质中的

NADH 或 NADPH 氧化，是一类“外在”的 NADH 脱氢酶。在植物线粒体基质中的鱼藤酮不敏感的 NADH/NADPH 脱氢酶的主要功能可能是氧化线粒体基质中产生的 NADPH，而不是 NADH。这些脱氢酶将 NADH/NADPH 的电子传递到泛醌，由此进入电子传递链(见图 3-10)。鱼藤酮不敏感支路氧化 NADH/NADPH 时没有质子跨膜转移，对 NADH 的亲和力远小于复合体Ⅰ，所以只有在 NADH/NADPH 浓度很高时才能有效进行。

3.2.1.3　交替途径(抗氰呼吸)

交替途径(alternative pathway，AP)也称抗氰呼吸途径(cyanide-resistant respiration pathway)。在发现细胞色素氧化酶以前就观察到氰化物能抑制动物和植物的呼吸作用，随后 Genevois 发现老化的香豌豆幼苗对氰化物不敏感。Van Heck 报道开放的 *Sauromatum guttatum* 佛焰花序，有很高的呼吸速率，并且对氰化钠不敏感。后来观察了天南星科的其他植物，如斑叶海芋(*Arum macutatum*)和臭菘(*Symplocar pusfeoetidus*)也对氰化物不敏感。抗氰呼吸多见于天南星科的产热植物，这些植物开花时其佛焰花序会产生大量热量，使其温度比周围高 15～35 ℃，促使一些特殊物质散发以吸引昆虫进行传粉。目前发现，在不同科目的 200 多种植物中都不同程度地存在抗氰呼吸途径。因此，抗氰呼吸是植物中普遍存在的呼吸途径。其他如酵母、原生动物也有抗氰呼吸。

抗氰呼吸除对氰化物不敏感外，对抗霉素 A 也不敏感，但受鱼藤酮所抑制。因此，推测抗氰呼吸在主呼吸链上的分支点是泛醌，电子可能从泛醌传递给一种黄素蛋白，然后通过交替氧化酶再传递到氧(见图 3-10 和图 3-12)，P/O＝1。由于抗氰途径是存在于呼吸链以外可供选择的另一途径，所以称为交替途径，其有关的氧化酶则称为交替氧化酶。交替途径对羟基肟酸类化合物(如水杨酰羟肟酸(SHAM)、对氯苯羟肟酸(CBAM)等)敏感，其抑制浓度为毫摩尔(mmol)级；而对二硫化乙基硫代甲酰胺更为敏感，只要微摩尔(μmol)级就能抑制。

交替氧化酶(alternative oxidase，AO)定位于线粒体内膜，是一种 35 000～37 000 Da 含铁的酶，以二聚体的形式存在。二聚体有 2 种状态，即以二硫键共价联结(—S—S—)的氧化型二聚体和非共价结合(—SH　HS—)的还原态二聚体(图 3-15)。还原型二聚体的活性大约是氧化型二聚体的 4～5 倍。因此，交替氧化酶二聚体间的二硫键可能有调节其酶活性的作用。

通过交替途径的氧化没有质子电化学梯度的产生，所有电子通过交替氧化酶产生的自

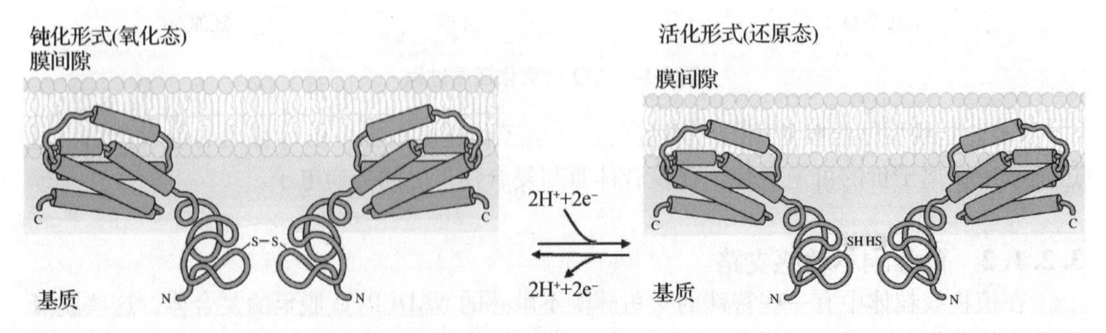

图 3-15　交替氧化酶 2 种状态的变化(引自 Buchannan *et al.*，2000)

由能作为热能散失，由于不与磷酸化偶联，因此不产生 ATP，而是产热。因此，当电子从 NADH 氧化酶流到交替氧化酶时，至少损失了 2 ~ 3 个质子泵位点，从而减少了质子梯度形成，ATP 的合成也减少了。除了前述的在某些特殊组织，如佛焰花序中利用交替途径产热外，交替途径在植物中的普遍存在说明其可能还具有其他的功能。特别是当细胞富含糖，而糖酵解和三羧酸循环又进行得很快，它们所提供的电子无法完全经细胞色素途径传递时，交替途径的活性也最高。因此，当细胞色素途径被饱和时，交替途径可能是作为一种“溢出”途径，将过剩的电子除去。

抗氰呼吸的生理意义尚不十分清楚，但目前存在大量的实验数据。抗氰呼吸植物的花序温度比外界温度高 1 倍左右；花序内产生的热量有助于花粉的成熟及授粉，有利于花序内一些物质(如吲哚和芳香类及胺类物质)的挥发，引诱昆虫传粉。马铃薯、胡萝卜等植物的根组织和果实中，都存在抗氰呼吸；某些发芽的种子在吸胀早期或是种子贮存在不利的条件下，都会发生抗氰呼吸。实验证明：当呼吸碳代谢和线粒体电子传递容量不平衡时，被上游呼吸代谢前馈活化的交替氧化酶能够防止发酵引起的伤害。一些植物(如哈密瓜、白兰瓜、鳄梨等)果实成熟时的呼吸跃变依赖于抗氰呼吸。植物愈伤组织的分化与抗氰呼吸有关、发生分化时抗氰呼吸比值增加。绿豆子叶衰老时，抗氰呼吸容量与活性都明显增加。不正常花粉发育与交替氧化酶的表达和抗氰呼吸容量有关。低温与盐胁迫均可引起抗氰呼吸活性的变化。可见，在特殊条件下，抗氰呼吸可能是一种与正常呼吸链交替进行的适应过程。据目前的研究结果，推测抗氰呼吸主要有以下几方面作用。

①放热增温，促进植物开花、种子萌发。抗氰呼吸释放大量热量，有助于某些植物花粉的成熟及授粉、受精过程；有利于诱剂(如 NH_3、胺类、吲哚)等挥发，以吸引昆虫帮助传粉。种子在萌发早期或吸胀过程中有抗氰呼吸的存在，可放热增温利于种子萌发。

②增加乙烯生成，促进果实成熟，促进衰老。一般抗氰呼吸的出现常与衰老相联系。随着植株年龄的增长、果实的成熟，抗氰呼吸随之升高。同时发现，乙烯释放与抗氰呼吸上升有平行的关系。乙烯刺激抗氰呼吸，诱发呼吸跃变产生，促进果实成熟和植物组织器官衰老。

③在防御病害中起作用。有些植物组织受到病菌侵染后抗氰呼吸会成倍增长，而且抗病品种感染组织总是明显高于感病品种感染组织，表明抗氰呼吸的强弱与组织对病菌的抗性有着密切关系。

④分流电子。当细胞含糖量高(如光合作用旺盛)，EMP-TCA 循环迅速进行时，交替氧化酶活性相对较高。当细胞色素主路电子饱和时，交替途径可起到分流电子的作用。

3.2.1.4 末端氧化作用

在高等植物中，还存在一些线粒体外的末端氧化体系，能将底物上脱下的电子最终传给 O_2，使其活化并形成 H_2O 或 H_2O_2 的酶类被称为末端氧化酶(terminal oxidase)。该体系的特点是催化某些特殊底物的氧化还原反应，一般不能产生可利用的能量。已经证明植物体内末端氧化酶系也具有多样性。除了线粒体膜上的细胞色素氧化酶和交替氧化酶之外，细胞质中还存在如多酚氧化酶、抗坏血酸氧化酶和乙醇酸氧化酶等可溶性氧化酶(soluble oxidase)。这几种酶的特点见表 3-2。

表 3-2　各种末端氧化酶主要特征的比较

酶	辅基	定位	与 O_2 的亲和力	与 ATP 偶联	CN 的抑制	CO 的抑制
细胞色素氧化酶	血红素 Fe、Cu	线粒体	较高	+ + +	+	+
交替氧化酶	半血红素 Fe	线粒体	高	+	−	−
酚氧化酶	Cu	细胞液	中	−	+	+
抗坏血酸氧化酶	Cu	细胞液	低	−	−	−
乙醇酸氧化酶	FMN	过氧化体	低	−	−	−

(1)多酚氧化酶

多酚氧化酶(polyphenol oxidase)是含铜氧化酶，在正常情况下这些酶在细胞质中是可溶性的酶，但和底物分别被间隔在细胞的不同部位，不能相互作用。近年来也在叶绿体、线粒体等细胞器中发现，细胞壁中也有存在。多酚氧化酶可催化分子氧对多种酚的氧化，酚氧化后变成醌，并进一步聚合成棕褐色物质。多酚氧化酶与植物的本质化和木栓化有关，还可与植物抗病性有一定关系。在植物组织被切破或损伤、或被病菌感染而破坏时，多酚氧化酶和底物接触，酚被氧化成醌，产生棕褐色。因为醌类物质对微生物有毒害，可以防止感染提高抗病力。植物组织受伤后呼吸作用增强，这部分呼吸作用称为“伤呼吸”(wound respiration)。伤呼吸把伤口处释放的酚类氧化为醌类，而醌类往往对微生物是有毒的，这样就可避免感染。当苹果或马铃薯被切伤后，伤口迅速变褐，就是多酚氧化酶的作用。在没有受到伤害的组织细胞中，酚类大部分都在液泡中，与氧化酶类不在一处，所以酚类不被氧化。酚的氧化还原可通过 NADP 与呼吸底物相偶联，反应如图 3-16 所示。

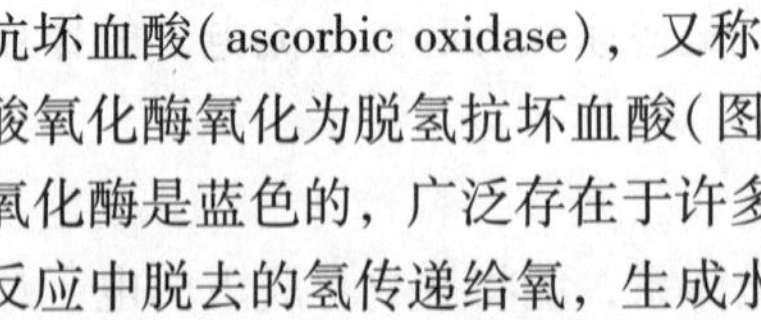

AH_2　$NADP^+$　酚　$1/2O_2$
A　NADPH　醌　H_2O

图 3-16　多酚氧化酶催化的酚氧化还原反应

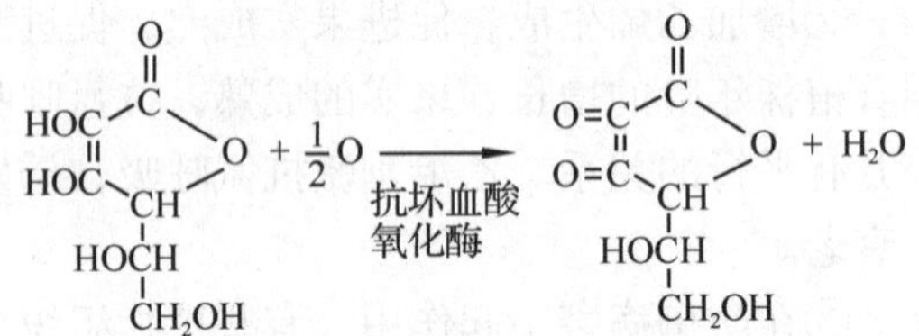

图 3-17　抗坏血酸氧化酶催化的反应

(2)抗坏血酸氧化酶

抗坏血酸(ascorbic oxidase)，又称维生素 C，是植物体内广泛存在的物质。它可被抗坏血酸氧化酶氧化为脱氢抗坏血酸(图 3-17)。抗坏血酸氧化酶是含铜氧化酶，纯的抗坏血酸氧化酶是蓝色的，广泛存在于许多植物中，催化抗坏血酸脱氢反应，生成脱氢抗坏血酸，反应中脱去的氢传递给氧，生成水。该酶在植物中普遍存在，以蔬菜和果实中较多，与植物的受精作用、能量代谢及物质合成有密切关系，该酶对氧的亲和力低，受氰化物抑制，对 CO 不敏感。

脱氢抗坏血酸可以被还原的谷胱甘肽(GSH)所还原，并进一步与以 NAD(P)为辅酶的脱氢酶相联系，成为一个氧化还原系统(图 3-18)。根据用抑制剂研究的结果，大麦根中有 20% 氧消耗与此系统有关，但是在植物呼吸中抗坏血酸氧化酶的作用仍然不很清楚。

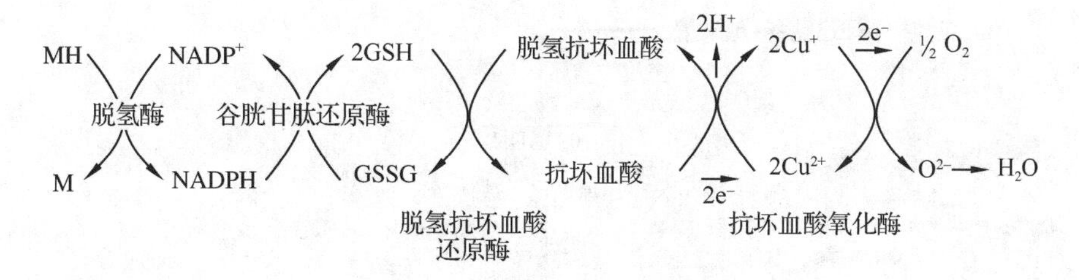

图 3-18　抗坏血酸氧化酶催化的氧化还原系统

(3) 乙醇酸氧化酶体系

乙醇酸氧化酶(glycolate oxidase)是一种黄素蛋白酶(含 FMN)，不含金属，催化乙醇酸氧化为乙醛酸并产生 H_2O_2，与甘氨酸和草酸生成有关。该酶与氧的亲和力极低，不受氰化物和 CO 抑制。这个氧化体系在根部可能也有活性。例如，水稻根部具有这个氧化体系以产生氧供根部呼吸，或排出体外氧化土壤中的还原物质。

(4) 过氧化物酶和过氧化氢酶

过氧化物酶(peroxidase)是含铁卟啉的蛋白，它可以催化 H_2O_2 对多种芳香族胺类或酚类化合物的氧化作用，其反应式如下：

$$H_2O_2 + AH_2 \xrightarrow{\text{过氧化物酶}} 2H_2O + A \qquad (3-6)$$

过氧化物酶广泛分布在各种植物组织中，以原血红素为辅基，其作用底物种类很多，如抗坏血酸、酚类、细胞色素 c 等，是植物中同功酶研究的主要酶类。

过氧化氢酶(catalase)，也称触酶。也是一种血红素为辅基的酶，含有 4 个血红素，主要分解过氧化氢。过氧化氢酶将一些氧化酶生成的 H_2O_2 分解，因此具有解毒作用，使生物免受 H_2O_2 的毒害。现在还发现它也具有过氧化物酶的作用。其催化反应的反应式如下：

$$2H_2O_2 \xrightarrow{\text{过氧化氢酶}} 2H_2O + O_2 \qquad (3-7)$$

植物中众多的氧化酶与糖酵解、三羧酸循环和戊糖途径相互联系，构成了植物呼吸作用的不同氧化途径。在不同的环境条件和发育状况下，植物的呼吸途径可以发生变化。我国著名植物生理学家汤佩松早在 20 世纪 50 年代，在研究水稻呼吸代谢的基础上提出了植物呼吸代谢的多途径学说，他认为植物的呼吸代谢不是以单一途径进行的，而是以多种途径同时进行。在不同的情况下可以一种途径为主，并随条件变化而发生变化。这种看法无论在理论上和生产实践中都有很重要的意义。

3.2.2　氧化磷酸化

在线粒体中，电子从 NADH 或 $FADH_2$ 经电子传递链传递到氧生成水，伴随自由能的释放并用于 ADP 的磷酸化而合成 ATP 的过程，称为氧化磷酸化(oxidative phosphorylation)，是需氧生物合成 ATP 的主要途径。

氧化磷酸化实际包括 2 个过程，即还原型辅酶的电子传递过程和 ATP 合酶催化的 ADP 和 Pi 结合生成 ATP 的过程，这 2 个过程通过线粒体内膜偶联起来(图 3-19)。产生 ATP 的数量与电子供体的特性及电子进入电子传递链的部位有关。如果用 P/O(即每传递

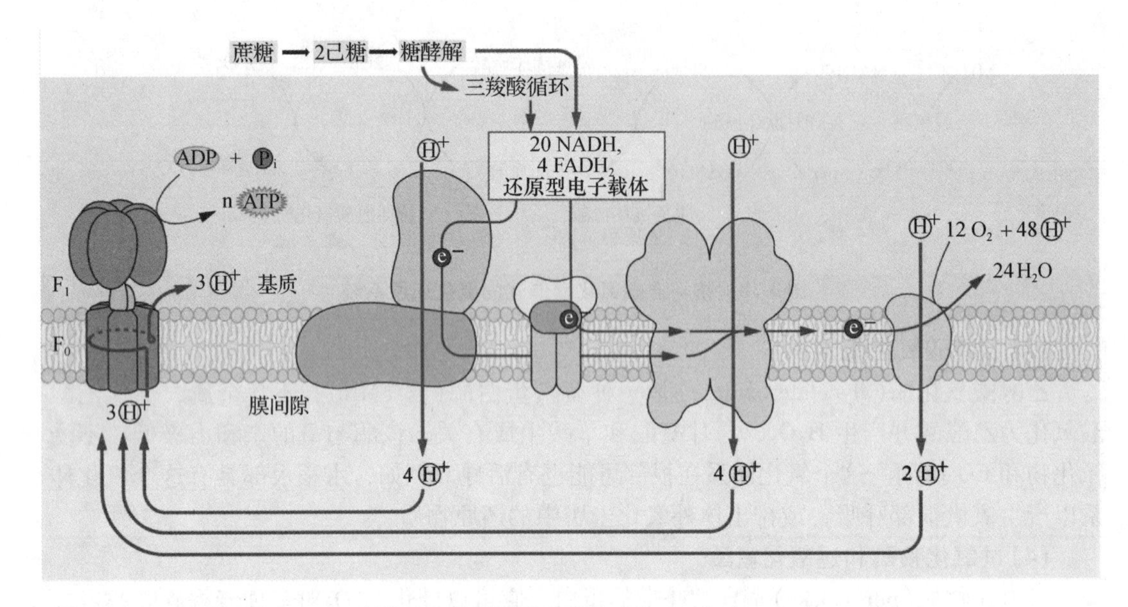

图 3-19　线粒体中氧化磷酸化机制(引自 Buchannan *et al.*，2000)

2 个电子到氧所产生的 ATP 的数量)表示电子传递产生 ATP 的效率，离体实验表明，线粒体基质的 NADH 从复合体Ⅰ进入细胞色素途径氧化时，其 P/O 约为 2.4～2.7；琥珀酸和外源(细胞质 NADH)NADH 氧化的 P/O 约为 1.6～1.8；如以抗坏血酸为电子供体时，则直接将电子交给细胞色素 c，其 P/O 约为 0.8～0.9。分别与人们推测的理论值 3、2 和 1 很接近。由此，人们认识到，电子传递链上有 3 个部位，即复合体Ⅰ、复合体Ⅲ和复合体Ⅳ可以实现将电子势能转化为 ATP 的化学能。

电子传递过程中所释放的自由能是如何用于合成 ATP 的，曾经有过多种假说进行阐释，如化学偶联假说(chemical coupling hypothesis)、构象偶联假说(conformational coupling hypothesis)和化学渗透偶联假说(chemiosmotic coupling hypothesis)及 ATP 合酶的结合转化机制(binding change mechanism)，目前为大家所公认的、实验证据较充足的是后两者。

化学渗透偶联假说是由英国生物化学家 Peter Mitchell 在 1961 年提出的，因此获得了 1978 年诺贝尔化学奖。这个假说认为电子传递过程中使线粒体内膜内外产生一个 H^+ 的电化学梯度，这种梯度与 ATP 的形成相偶联。电子传递链就像是产生 H^+ 梯度的 H^+ 泵，使线粒体基质中的 H^+ 穿过线粒体内膜进入膜间隙(图 3-20)。实验证明，线粒体内膜对 H^+ 是相对不透的，能够保持 H^+ 梯度；电子传递过程与 H^+ 的输送相偶联；呼吸过程中线粒体膜间隙的 pH 值降低。质子不能透过线粒体内膜，因而随着电子的传递，在线粒体内膜两侧建立起质子电化学势梯度，当 H^+ 通过线粒体膜上的偶联因子向膜内输送时可为产生 ATP 提供所需要的能量。如果加入解偶联剂 2,4-硝基酚(DNP)，能使 H^+ 进入线粒体内膜，破坏了质子梯度，ATP 的形成受阻。因此，呼吸链电子传递所产生的跨膜质子电化学势梯度是推动 ATP 合成的原动力。

此处的质子电化学势梯度(proton electrochemical gradient，$\Delta\mu_{H^+}$)包含 2 个势能，电势能($\Delta\Psi$)和化学势能(ΔpH)。也可用质子动力势(Δp)按伏特计算。

$$\Delta\mu_{H^+} = \Delta\Psi + \Delta pH \qquad (3-8)$$

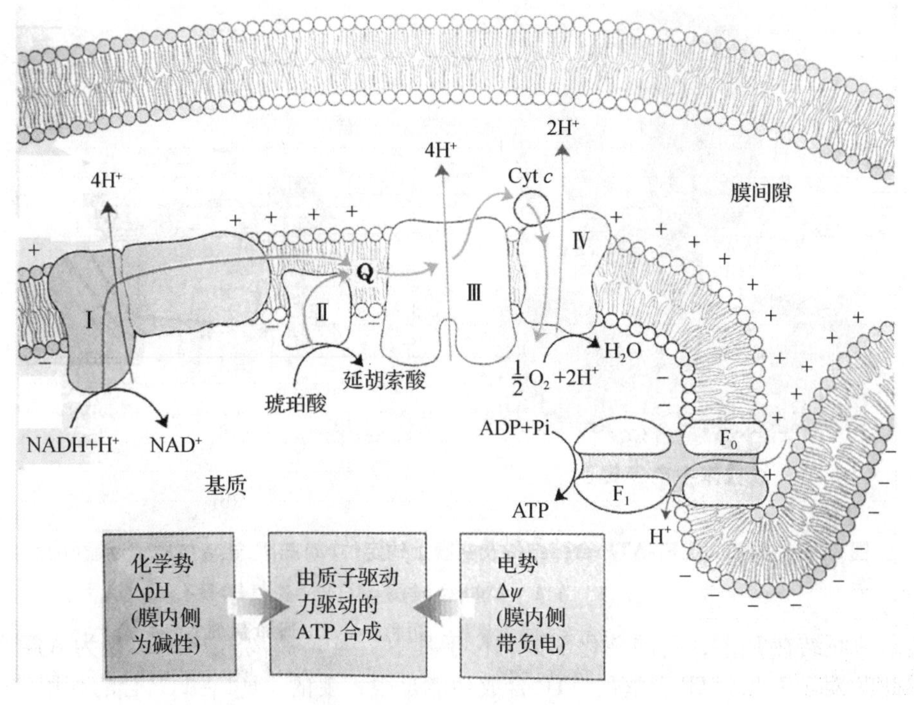

图 3-20　化学渗透模型(引自 Nelson *et al.*, 2005)

$$\Delta p = \Delta\mu_{H^+}/96.5\text{kJ} \cdot \text{V}^{-1} \cdot \text{mol}^{-1} \qquad (3-9)$$

$\Delta\Psi$ 代表膜两侧不对称分布的电荷(H^+)差所具有的能量，而 ΔpH 是由于膜两侧质子浓度差产生的能量。由于质子电化学梯度的形成是将质子从线粒体基质转运到膜间隙，因而跨膜的 $\Delta\Psi$ 是负值。

根据化学渗透偶联假说，跨膜质子电化学势梯度产生所需的能量来自电子传递释放的自由能，然而，迄今所有电子传递体上所发生的电子传递与质子跨膜转运的偶联机制还不清楚。Mitchell 认为，呼吸电子的传递体有氢载体(传递 H^+ 和 e)和电子载体(仅传递 e)，当电子在两者间传递时就会引起质子的吸收或释放，由于这些载体在膜两侧的分布不对称，因而在膜的一侧吸收质子，而在另一侧释放质子。所谓的 3 个储能部位，即复合体Ⅰ、复合体Ⅲ和复合体Ⅳ是跨膜质子动力势形成的部位。目前已经初步阐释了复合体Ⅲ中电子传递和质子跨膜转移的偶联关系，但对复合体Ⅰ和复合体Ⅳ的有关认识尚不清楚。由于内膜对质子的低通透性，质子电化学势梯度一旦形成就十分稳定，并且可以驱动某些化学反应(如 ATP 合成)。依据化学渗透偶联理论，线粒体电子传递所形成的 ATP 是在线粒体内膜上的 ATP 合酶上合成的。研究表明，跨膜的质子动力势可以驱动质子经过 F_oF_1-ATP 合酶从膜间隙回到线粒体基质，其释放的自由能被该酶用于合成 ATP。

F_oF_1-ATP 合酶是线粒体内膜上的蛋白质复合体，又称 ATP 合酶(adenosine triphosphate synthase)或 H^+-ATP 酶复合物，有时也称为复合体Ⅴ。F_oF_1-ATP 合酶分为 F_o 和 F_1 两部分(图 3-21)。F_o(下标“o”是寡霉素敏感的意思)疏水，是膜内在蛋白复合体，嵌入线粒体内膜，形成质子通道；F_1 是一个球形的膜蛋白复合体，具有亲水性，位于线粒体的基质一

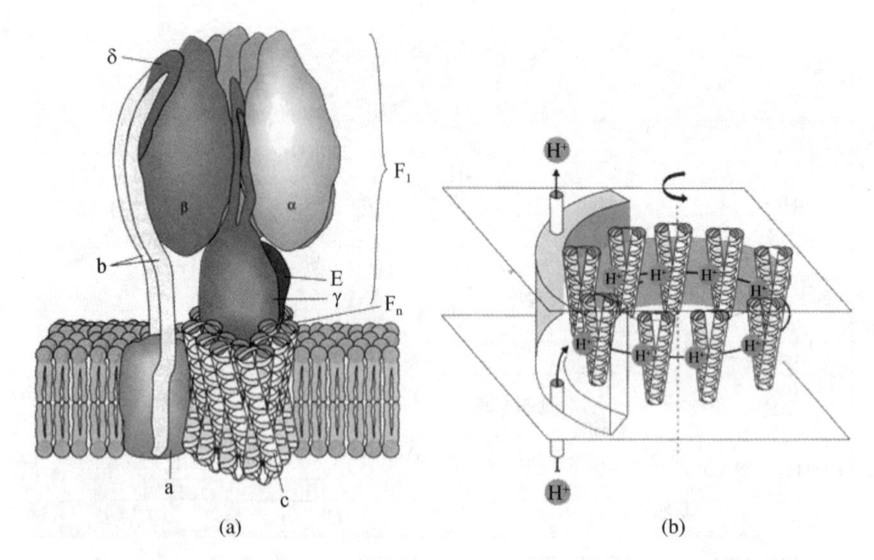

图 3-21　推测的 F_oF_1-ATP 合酶结构及在膜上的定位(a)与 F_o旋转与质子运输(b)

(引自 Garrett *et al.*，2002)

侧，松散地联结在 F_o上，酶的催化部位就位于其中。当 F_1脱离 F_o时，表现为 ATP 酶的活性。因此 F_o对于 F_oF_1-ATP 合酶的 ATP 合成功能是很重要的。F_oF_1-ATP 合酶利用呼吸链上复合体Ⅰ、Ⅲ、Ⅳ运行产生的质子能，将 ADP 和 Pi 合成 ATP，也能催化与质子从内膜基质侧向内膜外侧转移相联的 ATP 水解。F_o是由 4 种亚基组成的"中空"的通道，质子可以通过这个通道顺质子电化学梯度高速的进行跨膜运动。F_1由 5 种亚基构成。其中 3 个 α 亚基和 3 个 β 亚基交替排列组成 F_1"头部"中空的六角形。在 3 个 β 亚基上各有一个核苷酸的结合位点。γ 亚基位于 α 和 β 组成的"六角形"的空腔中，对催化起重要作用。

为了解释 F_0F_1-ATP 合酶利用质子梯度合成 ATP 的机制，1997 年诺贝尔奖获得者 Paul Boyer 提出"结合转化机制"(也称构型模型)。该模型被同时获奖的 John Walker 所得到的 F_1复合体的晶体结构所支持(图 3-22)。结合转化机制认为：在 ATP 的合成过程中主要耗能的步骤是 ATP 的释放，而非 ATP 高能键的形成；β 亚基上有核苷酸的结合位点并具有开放(open)、松弛(loose)和紧张(tight)3 种构象，F_1的 3 个 β 亚基分别处于不同的构象，并分别对应于底物(ADP 和 Pi)的结合、产物形成和释放等过程；当质子顺质子电化学势梯度通过时，会引起 γ 亚基的旋转，结果引起 3 个 β 亚基构象的依次转化，完成 ADP 和 Pi 的结合及 ADP 和 Pi 的高能磷酸键的合成，并使 ATP 得以从催化复合体上释放。

质子电化学势梯度除了用于 ATP 的合成过程，在 TCA 循环、氧化磷酸化的底物和产物的跨线粒体运输方面也有重要的作用。例如，ATP 是在线粒体基质中合成的，因此合成的 ATP 必须运出线粒体以满足细胞质中的能量需要，而 ADP 则必须运入线粒体以满足 ATP 合成需要。ATP 的运出和 ADP 的输入是通过内膜上的 ATP/ADP 转运器进行的。ATP/ADP 转运器促进了 ATP 和 ADP 的跨膜交换。当电子传递形成跨膜的电势时，可以有更多的 ATP 运出线粒体以交换 ADP。ATP 合成所需要的 Pi 则通过一种主动的磷酸转运器进行，利用跨膜 ΔpH 促进 Pi^{2-} 和 OH^- 的交换，使 Pi^{2-} 运入线粒体，OH^- 运出线粒体(图 3-23)。此外，对于丙酮酸的线粒体输入也需要跨线粒体内膜的 ΔpH。因此，电子传递所形成的质子跨膜电化学梯度不仅用于 ATP 的合成，同时也用于底物和产物的运输过程。

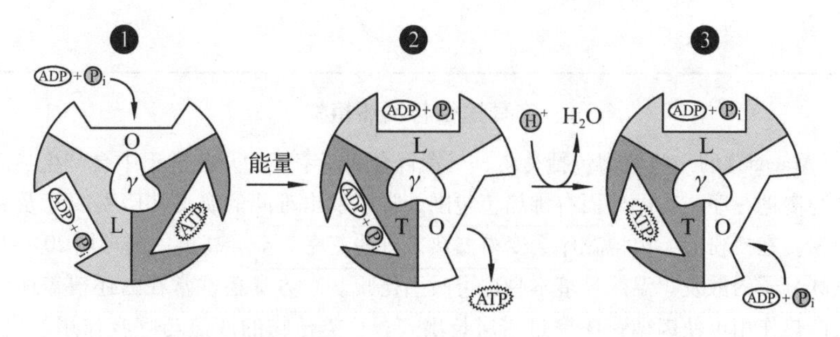

图 3-22 ATP 合成的构象(结合)变化模型(引自 Buchannan *et al.*, 2000)

F_1复合体有 3 个核苷酸的结合位点，每个位点都可以以 3 个不同的构象状态，如松弛核苷酸结合状态(L)、核苷酸游离或开放状态(O)和紧密核苷酸结合状态(T)之一存在。ADP 和 Pi 最初结合到一个处于开放状态 O 的空位点上❶，由质子通过 F_0 通道运动释放出能量导致 γ 亚基的转动。这种转动同时改变了这 3 个核苷酸结合位点的构象。T 位点结合着 ATP 被转变为 O 状态，并且 ATP 被释放。同时结合 ADP 和 Pi 的 L 位点被转成结合紧密的疏水的囊状结构，促进 ATP 的合成。在第一步中结合了 ADP 和 Pi 的 O 则被转变成了松弛构象 L❷。在一个不需要额外能量输入及构象变化的步骤中，紧密结合的 ADP 和 Pi 被转变成 ATP❸。

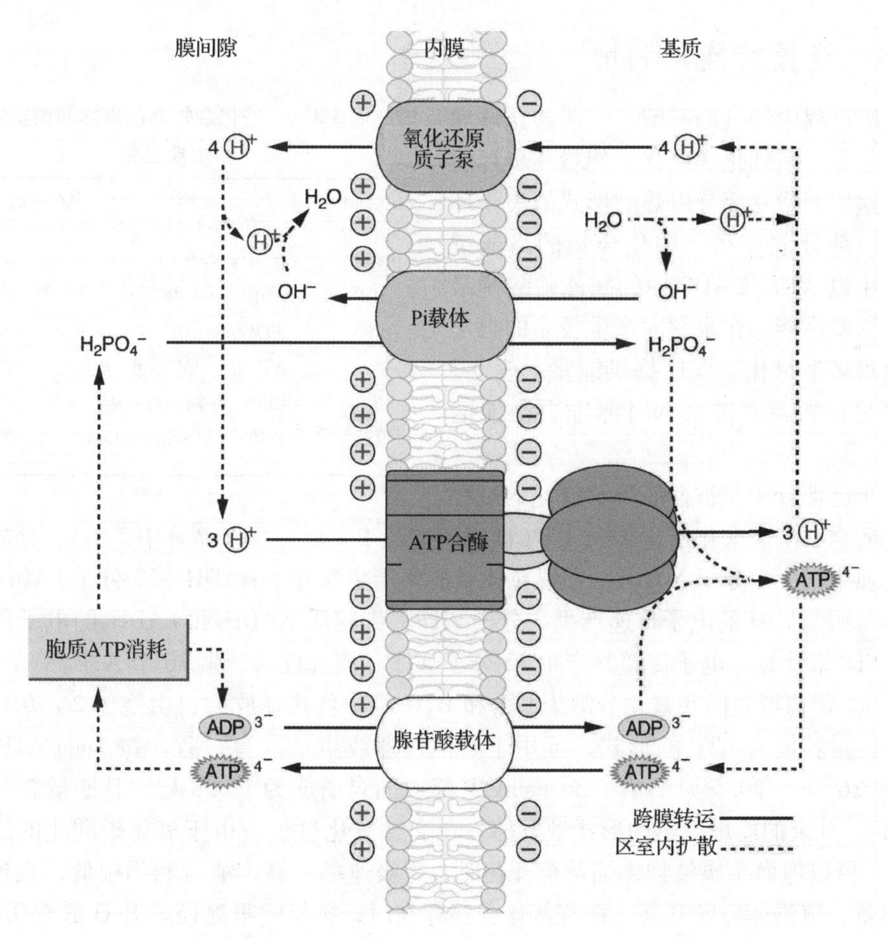

图 3-23 腺苷酸载体和磷酸载体利用质子推动力来给 ATP 合酶提供底物

(引自 Buchannan *et al.*, 2000)

知识窗

交替途径与发热植物

天南星科(Araceae)的一些植物包括臭菘、巫毒百合和海芋等，开花过程中会产生热。这类植物花小，密集排列为肉穗花序，花序外面有佛焰苞包围，常散发出难闻的腐臭味吸引腐尸及粪便上产卵的昆虫来为其授粉。在授粉前，肉穗花序会变得温热，有些花序甚至会高出周围环境 20 ~ 40 ℃。通过产生热量促进气味分子的散发。温热环境本身也可吸引昆虫。东方臭菘常常在雪还覆盖地面的晚冬或早春就开花，其产热作用可使肉穗花序穿过雪层长出来。这类植物的产热与呼吸作用的交替途径有关。在开花期肉穗花序的线粒体利用交替氧化酶进行高速率的呼吸，自由能以热的形式释放。除此之外，植物线粒体还存在对鱼藤酮不敏感的位于内膜上的 NADH 脱氢酶及位于内膜外表面的 NADH 脱氢酶，这 2 种酶均可绕开复合体Ⅰ及其上面的质子泵而将 NADH 或 NADPH 的电子直接传递到 UQ(图 3-10)。因此，当电子进入鱼藤酮不敏感支路或通过复合体Ⅱ时，再经交替氧化酶将电子传递给分子氧，能量没有贮存在 ATP 中而是以热的形式散发。

3.2.3　能量转换与利用

呼吸过程中经过糖酵解、三羧酸循环和末端氧化等一系列化学变化，能量逐步释放出来，这些能量一部分以热的形式散失于环境中，一部分贮存在一些化合物的高能键中，其中以 ATP 和 ADP 中的高能磷酸键最重要。这些高能键在水解时产生较多的自由能，为很多生物化学反应提供能量。表 3-3 是一些化合物高能键水解时标准自由能的变化。

表 3-3　一些化合物高能键水解时标准自由能变化

化合物	反应	$\Delta G^{\circ\prime}$ ($kJ \cdot mol^{-1}$)
焦磷酸	P ~ P ⇌ P + P	-25
ADP	ADP ⇌ AMP + P	-25
ATP	ATP ⇌ ADP + P	-30.5
	ATP ⇌ AMP + P ~ P	-33.4
PEP	PEP ⇌ 丙酮酸 + P	-50
硫酯	乙酰-CoA→乙酸 + CoA	-33.4

一个已糖分子在被彻底分解氧化的过程中，经底物水平磷酸化产生 4 个 ATP(糖酵解途径中 2 个，TCA 循环中 2 个)，糖酵解途径在细胞质中产生 2 分子 NADH，在线粒体基质中产生 8 分子 NADH 和 2 分子 $FADH_2$。若按线粒体基质 NADH 的电子传递产生 3 分子 ATP，细胞质 NADH 和 $FADH_2$ 的电子传递产生 2 分子ATP 来计算，电子传递共产生 32 分子 ATP。该过程共产生 36 个 ATP。

1 mol 葡萄糖被彻底氧化分解为 CO_2 和 H_2O 时，总共释放的自由能为 2 870 kJ，其中一部分能量转换为 ATP 的形式，可用于其他代谢或生长发育过程。按 1mol ATP 转化为 ADP 时 $\Delta G^{\circ\prime} = -30.5$ kJ 计算，36 molATP 释放的自由能为 1 098 kJ。其能量总利用率为 38.26%，其余的能量以热的形式散发掉。在交替氧化途径中由于氧化磷酸化的效率一般小于 2，所以像海芋属植物佛焰花苞开花时，呼吸速率极高，能量利用很低，表现为直接释放热量，植物体温度升高。在有氰化合物存在时，抗氰呼吸途径的 P/O 低于 0.7，有时甚至为零。这时能量利用效率极低。

3.3 呼吸作用的指标及其测定

3.3.1 呼吸作用的指标

呼吸作用是植物重要的生理活动，通常通过测定呼吸作用的指标来了解植物的生理状态，常用的指标有呼吸速率和呼吸商。

3.3.1.1 呼吸速率

呼吸速率(respiratory rate)或称呼吸强度，一般以单位时间(h，有时可用 s、min、day、month、year 等)，单位质量植物材料(mg、g、kg、t FW 或 DW)；或单位叶面积(如 cm^2、dm^2、m^2等)所消耗的有机物和 O_2或释放的 CO_2的数量(mg、g、kg、t 或 O_2和 CO_2体积)表示。常用的有 $\mu L\ O_2 \cdot g^{-1}$(FW 或 DW) $\cdot h^{-1}$，$mg\ CO_2 \cdot dm^{-2} \cdot h^{-1}$等。植物的呼吸速率常随植物种类、器官、组织不同而有很大差异。根据不同情况选用适宜的单位，以便比较，这是十分重要的。如为比较组织中生活细胞的呼吸速率，常用 mg 蛋白质、mg N (氮)为单位。白蜡树树干不同组织的呼吸作用(表 3-4)，用鲜重表示时，形成层和韧皮部最高，而以 mg N 表示则外层边材略高。玉米根尖不同距离根组织的呼吸速率，如以蛋白质为单位表示，根尖虽然蛋白质含量高，但是细胞及细胞器还未发育完善，所以呼吸速率相对较低。以鲜重表示时，呼吸速率就较大。一般由于鲜重、干重、叶面积较易测量而最常用，蛋白质(或氮)较少使用。

表 3-4 白蜡树树干组织的呼吸速率

组织	$\mu L\ O_2 \cdot g^{-1}(FW) \cdot h^{-1}$	$\mu L\ O_2 \cdot mg\ N \cdot h^{-1}$
韧皮部	167	112
形成层	220	120
边材(外层)	78	130
边材(内层)	31	76
心材	15	38

3.3.1.2 呼吸商

呼吸商(respiratory quotient，RQ)又称呼吸系数(respiratory coefficient)，即呼吸作用放出的二氧化碳和吸入氧气的摩尔数或体积之比。它是表示呼吸底物的性质和氧气供应状态的指标。

$$RQ = \frac{\text{产生的 } CO_2 \text{摩尔数}}{\text{吸收的 } O_2 \text{摩尔数}}$$

不同的呼吸基质及植物组织的呼吸类型(有氧或无氧)都能引起呼吸商的变化。

在有氧呼吸的反应中，当糖类化合物完全氧化产生 CO_2和 H_2O 时，$RQ=1$；进行无氧呼吸时，RQ 等于无限大，因为氧气消耗等于零。如果组织内同时发生有氧呼吸和无氧呼吸，则 $RQ>1$，这是由于 CO_2产生的总量较大所引起的。

当有氧呼吸的基质为有机酸时，其结果也是 $RQ>1$，因为有机酸比碳水化合物具有更高的氧化程度。例如，草酸的 RQ 是 4，苹果酸是 1.33。

在脂肪和蛋白质用于呼吸作用时，$RQ<1$，因为这些物质比碳水化合物具有更高的还原性。一般蛋白质 RQ 在0.8～0.9之间；而脂肪的 RQ 则随脂肪酸链长度的增加而减少，如甘油三棕榈酸酯的 RQ 约为0.7。

在应用 RQ 推断呼吸基质或呼吸类型时，情况是很复杂的。例如，$RQ>1$，究竟是由于无氧呼吸和有氧呼吸同时存在，还是由于利用有机酸较多的结果，不能轻易断定，而要根据情况做些其他的研究才能确定。因此，对于呼吸商的测定必须在严格而特定的条件下进行，才能得到可靠的结果。

3.3.2 呼吸速率的测定

测定呼吸作用的方法很多。可用直接称重的方法测定有机物的消耗，即干物质的损失。如测定叶片呼吸作用的半叶法(见第4章光合作用)。测定干种子的呼吸作用也可用此法，但需较大量种子和较长时间间隔。应用广泛的是气体交换法，测定呼吸所消耗的氧或释放的 CO_2。

3.3.2.1 测氧的吸收

(1)检压法

由于植物在呼吸时吸收 O_2 和放出 CO_2，在密闭系统中，用碱液将 CO_2 吸收，即测出氧的消耗。最常用的是瓦氏呼吸计，由于德国科学家 Warburg 为发展这种仪器做出过较大贡献而得名。这种仪器由反应瓶和与之相连的检压计组成。由于反应瓶的压力随温度变化，必须有一个高度稳定的恒温系统，在已知体积的反应瓶中，反应前后的压力差即为呼吸作用所消耗的氧(或气体交换量)，经换算可得耗氧的体积。瓦氏呼吸计法可用于机体呼吸作用和发酵作用的研究，以及测定机体 CO_2 或 O_2 气体交换速率(如光合作用和酶活性等)。

检压法的另一较为简单的装置，称为比重呼吸计，是将一个密闭容器漂浮在恒温水浴中，由于氧的消耗而使容器浮力降低，呼吸计下沉，由此可以计算出耗氧量。

(2)氧电极法

氧电极法是用极谱法原理测定氧浓度变化。在极谱分析中，由于氧在极谱电极反应中极为灵敏，常给分析带来困难，因而要将溶解的氧除去。在呼吸作用的测定中则可以利用极谱法的原理测氧浓度变化，具有很高的灵敏度。氧电极是改进的极谱法，将电极(铂电极)与参比电极(银/氯化银)用一层能透氧的薄膜与待测液隔开，溶液中的 O_2 可透过薄膜进入电极在铂阴极上还原，同时在两极间产生扩散电流，此电流强弱与溶解氧浓度成正比。氧电极不仅可以测溶液中的氧，也可以测气态氧。但是大气中氧浓度很高，而正常的呼吸作用消耗的氧较少，不易测出。所以通常是将组织放在溶液中，测定溶解氧的变化，更常用于组织提取液，或线粒体耗氧速率的测定。

3.3.2.2 测二氧化碳的释放

测定 CO_2 浓度的方法较多，过去常将植物置于密闭容器中，并放入已知浓度的碱液，反应一定时间后，测定碱浓度的变化，即可算出释放 CO_2 的数量。或者将一定体积的气流通过放有植物材料的小室，用碱液吸收 CO_2，比较气流中 CO_2 浓度的变化，求出植物 CO_2

的释放量。

近年来已由仪器检测的方法(如红外 CO_2分析法及 pH 测定法)替代检测手段。红外线 CO_2分析仪的原理是，CO_2在红外线辐射范围有特征吸收峰，吸收强度与 CO_2气体浓度有关，常用于测定光合作用。测定植物呼吸速率时，需在黑暗的条件下进行，以 CO_2增量计算呼吸速率。

3.4 影响呼吸作用的因素

植物的呼吸作用受到植物的内部因子(如植物种、器官、发育年龄)以及环境因子的影响，使内部生物化学过程发生变化，从而表现为表观的 O_2和 CO_2交换速率的变化。

3.4.1 影响植物呼吸作用的内部因素

植物的呼吸速率随植物种、年龄、器官和组织及生理状况不同而异。同一植物的不同器官或组织，其呼吸速率有明显的差异。例如，生殖器官的呼吸较营养器官强，花的呼吸比叶子高 3～4 倍；茎顶端的呼吸比基部强；形成层的呼吸比韧皮部强；在种子内胚的呼吸大于胚乳等。这些都说明了呼吸作用与生命活动有密切的关系。生命活动越旺盛的器官或组织，呼吸作用越强。由此可见，呼吸速率是重要的生理指标，它表示植物的代谢水平(表 3-5)。

表 3-5　几种植物不同器官和组织的呼吸速率

植物材料	呼吸速率
椴树叶	92.4
椴树芽(休眠)	7.3
丁香芽(休眠)	11.6
小麦芽	138.7
小麦幼根	53.4
柠檬的整个果实	12.4
柠檬的果皮	69.3
柠檬的果肉	10.6

注：24h 内每克干重释放的 CO_2毫克数，15～20 ℃。

同一组织或器官在不同生长发育阶段呼吸速率不同。发育中的种子呼吸很强，到成熟时减弱；休眠种子的呼吸极弱，萌发时又逐渐增强，其呼吸速率可比休眠时提高数百倍。幼叶的呼吸较老叶强。根系也表现出同样的情况。例如，从出土 10d 的松苗上取下根端部分(10 mm 长)，其呼吸速率比出土 40d 松苗上取下的相应部分大 40%。

果实在不同的发育时期呼吸速率变化很大，一般有 2 种类型：一种是在果实形成初期，呼吸速率很高，随着果实增大和成熟，呼吸逐渐下降(表 3-6)，并保持最低速率；另一种是随着果实发育呼吸速率下降至最低水平后，在接近成熟时呼吸速率又出现急剧上升，结果一定时间后又下降，直至很低的水平，这就是果实成熟时的呼吸跃变。

表 3-6　苹果的果皮和果肉在不同发育时期的呼吸速率

测定日期		果皮的呼吸速率		果肉的呼吸速率	
		$mL\ O_2 \cdot g^{-1} \cdot h^{-1}$	%	$mL\ O_2 \cdot g^{-1} \cdot h^{-1}$	%
7 月 9 日	树上果实	310	100	143	100
7 月 25 日	树上果实	234	75	47	33
8 月 23 日	树上果实	192	62	37	26
9 月 12 日	摘收果实	180	58	36	25
10 月 21 日	贮藏果实	136	44	26	18
1 月 2 日	贮藏果实	96	31	22	15

3.4.2　影响植物呼吸作用的环境因素

植物的呼吸作用受外界环境影响较大，其中最主要的环境因子是温度、氧气、二氧化碳和水分。

3.4.2.1　温度

呼吸作用是由一系列酶促生物化学反应所组成。因此，对温度变化很敏感。在接近 0 ℃时，呼吸速率很低；随着温度升高，呼吸速率逐渐增加，直到破坏酶活性为止。当温度为 35 ~45 ℃时，植物呼吸速率可达最大。但是，在研究温度对呼吸作用的影响时，必须考虑植物在某一温度下存在的时间长短。也就是说，应该考虑"时间因子"。例如，出土 4 d 的豌豆幼苗在温度从 25 ℃升到 45 ℃时，初期则出现呼吸速率的增加；随着时间延长，呼吸速率便迅速降低(图 3-24)。这是因为在温度超过 30 ℃时，酶开始变性而对呼吸作用产生不利的效应。但由于此时酶变性的破坏作用进行较慢，因而呼吸速率在初期仍有所增加。随着时间延长，变性的酶逐渐积累，呼吸速率便下降。所以，通常温度越高，呼吸速率下降得越快。

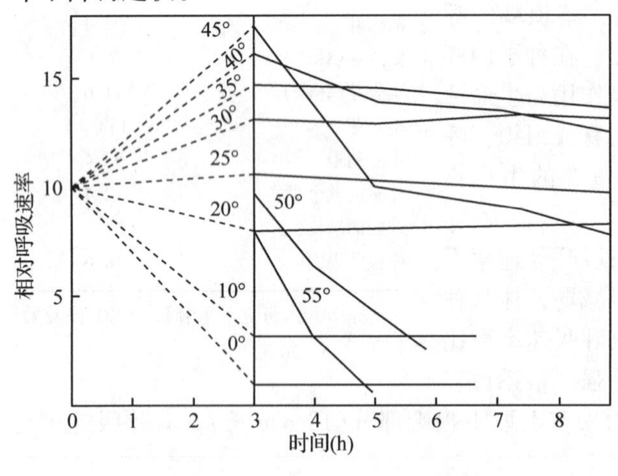

图 3-24　温度对豌豆幼苗呼吸速率的影响

所有幼苗最初都放在 25 ℃下。在幼苗分组转入所指出的每个温度下 3 h 以后，开始测定呼吸速率

从图 3-24 可以看出，豌豆幼苗的最适温度是 30 ℃，因为在这种温度下，呼吸速率长时期不降低。但是一般植物呼吸的最适温度是在25 ~35 ℃之间。通常，叶子呼吸的最适温度总是高于光合的最适温度(光合最适温度一般为 25 ℃左右)。当温度超过 30 ℃时，净光合产物因呼吸消耗而减少，一般在高温和光照不足时，呼吸作用往往大于光合作用，使植物生长不良。因此，在林业生产实践中，特别是在炎热的夏季，对苗木进行喷灌来降低叶面温度和减弱呼吸作用，将有利于苗木生长。

植物呼吸作用的最低温度界限因品种而异。大多数热带植物的呼吸最低温度为 0 ℃左右，此时呼吸很弱。但是，有些寒带树木在冬季 -25 ℃下还能继续进行呼吸。通常，呼吸作用的最低温度比生长最低温度要低得多，这时植物虽然不生长，但生命仍能保持。因此，在种子贮藏过程中，可采用低温降低呼吸强度来保持种子的良好质量。

常用温度系数(temperature coefficient，Q_{10})反映温度对呼吸作用的影响。Q_{10}指温度升高 10 ℃所引起的反应速率的变化。一般温度在 5 ~25 ℃，Q_{10}约为 2.0 ~2.5；当温度继续上升时，呼吸速率升高的程度变缓，Q_{10}即下降，这可能是受氧气浓度所限。高温时，虽然氧气的扩散速率增大，但其 Q_{10} 只有 1.1 左右。另外，温度升高氧气的溶解度也降低。当温度升高超过 35 ~40 ℃时，呼吸速率降低(Q_{10} <1)，这主要是高温使酶失活所致。

3.4.2.2 氧气

氧是三羧酸循环运转的必要因素，并且也是呼吸电子传递系统中的最终电子受体。因而呼吸速率对氧浓度的变化必然是敏感的。但是，只要植物周围的空气中一般含有20%的氧气和气孔开放时，氧就不可能是呼吸速率的限制因子。如果空气中氧浓度降低到20%以下，植物地上部分的呼吸速率便开始下降，当氧浓度降低到15%以下时，呼吸速率迅速下降(图3-25)。当然，在缺氧条件下，有氧呼吸便完全停止。在低氧浓度下，无氧呼吸大于有氧呼吸，这时 $RQ>1$，在氧浓度高于10%时，只进行有氧呼吸。

在缺氧条件下，若逐渐增加 O_2 浓度时，无氧呼吸会随之减弱，直至消失。将使无氧呼吸停止进行时的最低氧含量称为“消失点”。与此相反，O_2 浓度升高时，有氧呼吸增强，当氧气浓度增加到一定程度后，呼吸速率便不再随之增加，这时的氧浓度称为饱和点。氧饱和现象可能是由于此时参与呼吸作用的各组分的运转状况上升为限制因子。在常温下，许多植物在大气氧浓度(21%)下即表现饱和。水稻和小麦幼苗的消失点约为18%，苹果果实的消失点约为10%。上述的氧浓度均为组织周围空气中的氧浓度。在组织内部，实际氧浓度要低得多。由于细胞色素氧化酶对 O_2 有极高的亲和力，当内部氧浓度为大气氧浓度的0.05%时，有氧呼吸仍可进行。

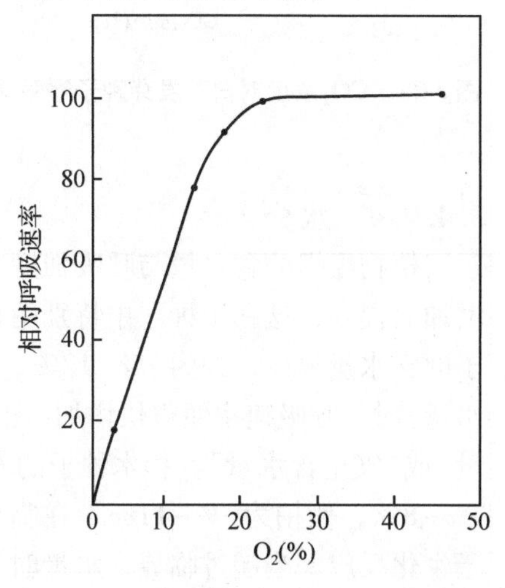

图3-25 氧浓度对呼吸速率的影响

在自然条件下，氧可能是植物地下器官呼吸作用的限制因子。植物根系虽然能适应较低的氧浓度，约为5%。在低于这个浓度时，植物根系的呼吸速率便降低；高于这个浓度时，根系呼吸速率却无明显增加。在通气不良的土壤中氧含量仅有2%，而且很难透入土壤深层，从而影响了根系的正常呼吸和生长。因此，在植物生长期间经常中耕松土以保证土壤有良好的结构和通气状况是非常必要的。

3.4.2.3 二氧化碳

CO_2 是呼吸作用的产物，它对呼吸作用必然有很大影响。超过大气正常含量的高浓度 CO_2 将引起呼吸速率显著降低(图3-26)，但在自然条件下这种情况一般不会发生，因为通常大气中的 CO_2 含量仅有0.03%左右。CO_2 对有氧呼吸过程中琥珀酸脱氢酶有显著的抑制作用。同时高浓度的 CO_2 能促使气孔关闭，抑制叶片的呼吸作用。土壤中由于根系的呼吸作用和土壤微生物的活动，会产生大量的 CO_2，造成土壤深层通气不良，CO_2 浓度可达4%~10%，因而影响根系的呼吸作用。在农林产品的贮藏过程中利用高浓度 CO_2 抑制呼吸作用以减少有机物质的消耗，具有重要的实践意义。例如，苹果在含有5% CO_2、2% O_2 和93% N_2 及4~5 ℃的环境中可贮藏8~10个月，而在0 ℃的普通空气中仅能贮藏5~6个月。

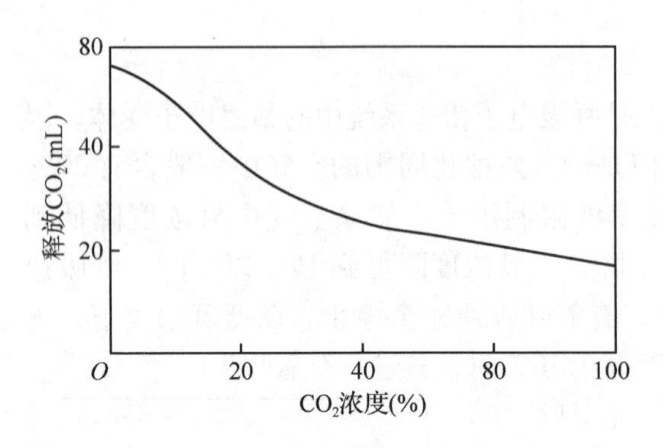

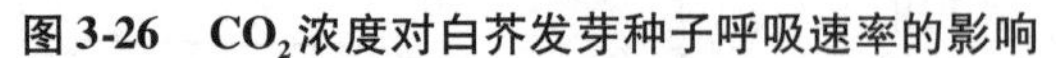
图 3-26　CO_2浓度对白芥发芽种子呼吸速率的影响

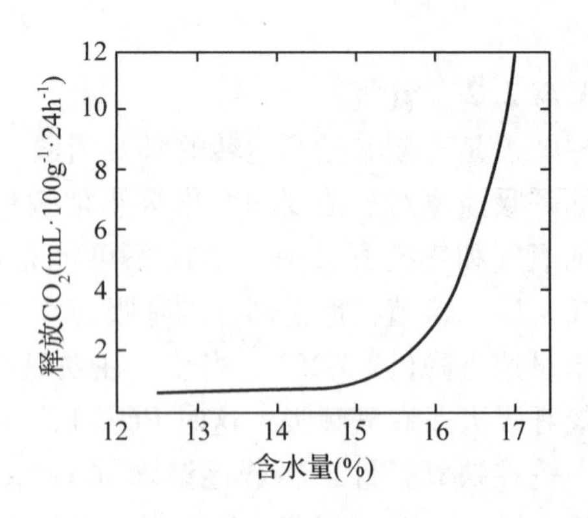

图 3-27　小麦种子含水量对其呼吸速率的影响

3.4.2.4　水分

植物组织的含水量与呼吸强度有密切关系。在一定限度内，呼吸速率随组织的含水量增加而提高，这在干种子中特别明显，因此，水是干种子呼吸速率的限制因子。一般干种子的含水量很少，约为7%~12%，呼吸速率很低。当种子的含水量超过一定界限(临界含水量)时，呼吸速率便很快增加(图3-27)。通常使种子安全贮藏的含水量称为“临界含水量”或“安全含水量”。杉木种子的安全含水量为10%~12%，马尾松为9%~10%，刺槐为7%~8%，侧柏为3%~11%。在临界含水量以下，细胞内的水与原生质牢固结合而不能用于生化反应。当超过临界含水量时，种子内便有许多自由水，使酶活性增强，从而加速呼吸作用。例如，松柏种子含水量从8%增加到13.8%时，其呼吸速率增大9倍。这不仅大量消耗了有机物质，而且释放的热量过高会促使蛋白质变性，从而降低发芽率。因此，在贮藏时应使种子的含水量降低到临界值以下。但是，有些树木如槭、栎、核桃、油茶和板栗的种子不宜干藏，而需要在具有较高含水量的条件下才能保持发芽的能力。这类种子只能用低温控制呼吸速率来进行贮藏。对于整体植物来说，只有在萎蔫时间较长时，水分才可能成为植物呼吸作用的限制因子。虽然萎蔫能引起气孔关闭造成氧气亏缺，但是呼吸速率降低的主要原因是细胞含水不充分。另外，在植物叶片接近萎蔫时，往往出现呼吸速率有所增加的现象。一般认为，这是由于叶片含水量降低时，光合产物从叶中运出受阻，叶内的呼吸基质增加，因此就提高了呼吸速率。但是情况可能更为复杂，尚有别的原因。

3.4.2.5　昼夜变化和季节变化

植物呼吸作用在受到昼夜和季节环境因子变化的综合影响时，常表现出较为复杂的变化过程。对于叶片来说，白天由于进行光合作用，尽管呼吸作用仍然进行着，其二氧化碳总的平衡是趋向吸收。只有在光很弱或夜间，呼吸作用才表现出来。其他器官(绿色嫩芽除外)的呼吸作用明显。在夜间，植物的呼吸作用主要受温度影响，一般植物夜间消耗的有机物约占光合作用合成有机物的50%左右，而热带雨林中由于夜间温度较高，可以达到70%以上。夜间温度过高常常会影响干物质的积累，适当地降低夜间温度对植物生长是有利的。

季节变化也影响呼吸作用，图 3-28 说明火炬松茎、枝、根和叶呼吸速率的季节变化，整个趋向是与大气和土壤温度的变化相一致的。在生长季中，温度较高的月份呼吸速率较快。

矿质元素如磷、铁、锰、镁、铜、钾等参与呼吸过程中氧化还原酶类的组成，或作为呼吸系统中酶的活化剂。因此，它们对呼吸作用也有重要影响。又如，机械损伤使植物组织与空气接触面增大，可促使呼吸加强。

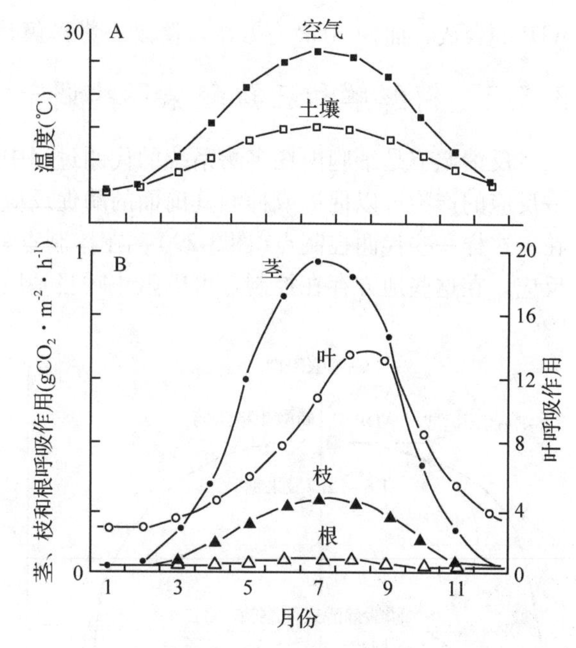

图 3-28 火炬松茎、枝、根和叶呼吸作用的季节变化

了解植物呼吸作用的机理及其影响因子，对于有效地调节和控制植物的呼吸作用具有十分重要的实践意义。通过控制植物的呼吸作用，可以调节植物的生产力。从控制呼吸作用的效果来看，有时促进呼吸有利于某些生理过程的进行，如根系的活力，种子的萌发等；而对另一些生理过程，如光合产物的积累，种子生活力的保存，果实、块根和块茎的保鲜等，则需要减弱或抑制呼吸作用。在作物及苗木栽培中，通过改善有氧呼吸的必需条件，如松土、降低地下水位等提高土壤含氧量，分解还原性有毒物质，促进物质代谢，加速生长发育。在果实和种子成熟过程中可以通过控制昼夜温差来降低呼吸消耗而提高营养物质的积累等。

3.5 呼吸作用的调控

植物呼吸代谢不仅受环境因素的调节和控制，也受细胞内呼吸酶系统的调节和控制。呼吸作用中各种生化反应既相互联系又相互制约，通过复杂的调控机制使细胞成为一个完整的代谢整体。

3.5.1 巴斯德效应

巴斯德(Pasteur)最早发现氧气可以影响酵母菌的代谢途径。低浓度氧气有利于发酵，而高浓度氧则抑制发酵，刺激有氧呼吸，并且促进来自糖中的碳素用于合成反应。这是最早认识的一种代谢调节系统，因为是巴斯德发现的，所以称为巴斯德效应。有氧条件下发酵作用受到抑制是因为缺乏 NADH。在糖酵解中 3-磷酸甘油醛氧化为 1,3-二磷酸甘油酸时，NAD^+被还原成 NADH。有氧条件下电子传递链能正常运行，NADH 即进入线粒体内被氧化，而阻止了丙酮酸的还原。在无氧时，NADH 可直接还原丙酮酸，产生乙醇或乳酸。此外，在缺氧时氧化磷酸化作用受阻，细胞中 ATP 的消耗大于产生，使 ATP/ADP 比例下降，由此而积累的大量 ADP 和 Pi 则会刺激发酵作用加速。在有氧条件下，有利于

ATP 的合成，而使 ADP 有效浓度降低，糖酵解途径缓慢，发酵过程受抑制。

3.5.2　糖酵解和三羧酸循环的调节

反馈调节是细胞内在多酶系统的代谢过程中比较常见的一种调节和控制方式。即，某一反应的产物可以促进或抑制其前面的酶促反应。呼吸作用的糖酵解和三羧酸循环中就存在着这样一些代谢控制点(图 3-29)，在控制点前或后的步骤一般是强烈的不可逆的发热反应。在这些地方存在控制点可以阻止呼吸基质或代谢中间产物的堆积。

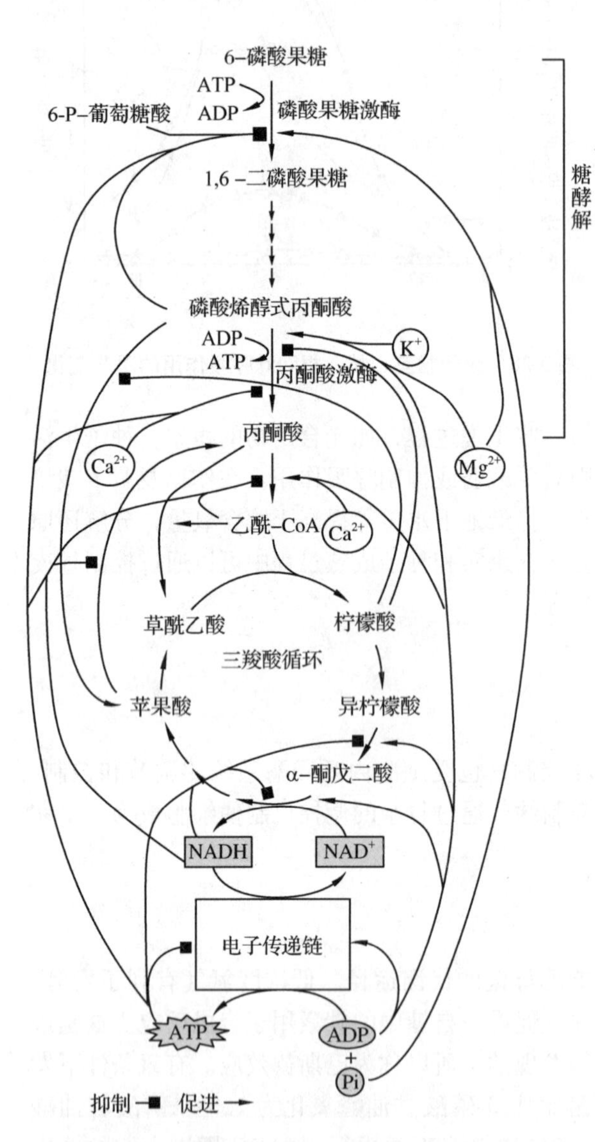

图 3-29　糖酵解和三羧酸循环的反馈调节机制

糖酵解的过程主要受 2 个关键调节酶——磷酸果糖激酶和丙酮酸激酶的调节。磷酸果糖激酶的活性受 Mg^{2+} 和 Pi 的促进，受 ATP 和柠檬酸的抑制。丙酮酸激酶受 ATP、Ca^{2+} 和柠檬酸的抑制，受 ADP、K^+ 和 Mg^{2+} 的促进。在有氧的条件下，植物细胞内 ADP 水平很低，而 ATP 和柠檬酸的水平都相对较高，因而 2 个调节酶的活性都受到抑制，糖酵解速度减慢。当转入无氧条件下时，氧化反应受到抑制，柠檬酸和 ATP 合成减少，ADP 和 Pi 积累，磷酸果糖激酶和丙酮酸激酶活性提高，糖酵解速度加快。

三羧酸循环的调控是多方面的。当线粒体中 ADP 浓度高时，氧化磷酸化较迅速，有利于电子传递的进行，从而也使三羧酸循环加快。其中关键的调节酶有异柠檬酸脱氢酶、丙酮酸脱氢酶和 α-酮戊二酸脱氢酶等。异柠檬酸脱氢酶活性可被 ATP 和 NADH 抑制，被 ADP 促进。当线粒体内 NADH 水平高时，就抑制丙酮酸脱氢酶、异柠檬酸脱氢酶和苹果酸脱氢酶的活性。柠檬酸合成酶、苹果酸脱氢酶和 α-酮戊二酸脱氢酶的活性受 ATP 的抑制，受 ADP 的促进。三羧酸循环还有其他的调控部位，其中 NADH 是一种主要的负效应物。

3.5.3　磷酸戊糖途径的调节

磷酸戊糖途径的起始物6-磷酸葡萄糖位于代谢的分支点上。它可以被用于合成多糖，也可以进入糖酵解途径，或在6-磷酸葡萄糖脱氢酶的作用下形成6-磷酸葡萄糖酸。因此，6-磷酸葡萄糖脱氢酶是磷酸戊糖途径的关键酶，它被 NADPH 抑制，阻止6-磷酸葡萄糖酸的形成。所以 NADPH 过多时，磷酸戊糖途径受抑。这也有利于将 NADPH 转变为 $NADP^+$ 的代谢过程，如 NADPH 被电子传递体系氧化或在脂肪酸等的合成中被氧化，将会促进磷酸戊糖途径的运转。

3.5.4　其他调节途径

植物交替途径(抗氰呼吸)的运行除受环境胁迫诱导和发育阶段调节外，也受糖酵解和三羧酸循环代谢产物的调节(图3-30)。交替氧化酶可被丙酮酸及二硫键还原剂激活，因此限制细胞色素途径电子传递的因素，如高 ATP/ADP，能提高线粒体基质中的 NADH 水平，从而使 TCA 循环活性降低。TCA 循环的中间产物如柠檬酸、异柠檬酸可诱导交替氧化酶的合成。柠檬酸也可以通过促使 NADPH 的产生而还原并激活交替氧化酶。

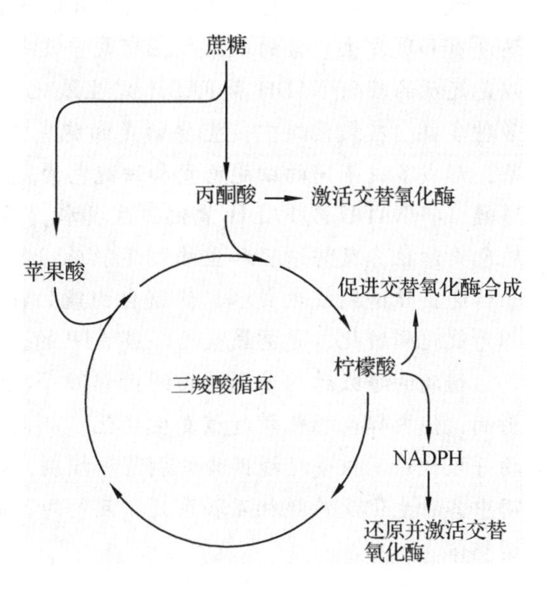

图3-30　糖代谢对交替氧化酶活性的调节
(依据 Buchannan *et al.*，2000)

多种调节反应已经证明，ATP 与 ADP 起重要作用(图3-28)。这种细胞内通过腺苷酸之间的转化对呼吸代谢的调节，被称为能荷调节(energy charge regulation)。能荷(EC)代表了细胞的能量水平，常用下列公式表示总 ATP 占全部腺苷酸量的比率：

$$能荷=\frac{[ATP]+1/2[ADP]}{[ATP]+[ADP]+[AMP]} \qquad (3-10)$$

ATP 具有2个高能磷酸键，ADP 有1个(相当于1/2个 ATP)，AMP 没有(相当于0个 ATP)。一般活细胞的 EC 值在0.80～0.95间，当能荷变小时，会相应地启动和活化与 ATP 合成反应相关的呼吸过程，如糖酵解-TCA 循环；当能荷变大时，与 ATP 合成反应相关的呼吸过程就减慢。因此，能荷是细胞中呼吸代谢调节的一个重要因素。

小　结

呼吸作用是生物氧化的过程，是细胞内有机物通过有控制的酶促步骤逐步降解，并从中逐步释放出能量的生理过程，是一切生活细胞的共同特征。呼吸作用对植物的生命活动有着重要意义。

植物的呼吸作用除了基本途径与动物及低等真核生物相似外，还具有自己的独特性。高等植物仍保留着能进行无氧呼吸的能力，在缺氧条件下能以无氧呼吸来维持短期的生命活动。依据是否有氧气的参与而将植物呼吸代谢分为有氧呼吸和无氧(缺氧)呼吸2种类型。有氧呼吸是高等植物呼吸的主要形式。

在呼吸过程中被氧化分解的有机物被称为呼吸底物。不同植物或不同组织和器官中的呼吸底物不同。植物细胞呼吸作用的底物主要是光合作用产生的蔗糖、丙糖磷酸以及其他的糖类(如淀粉)和脂类(如三酰甘油)。高等植物中存在并运行着多条呼吸代谢途径，糖在植物体内氧化分解的共同途径有糖酵解、三羧酸循环和戊糖磷酸途径等，这些呼吸途径在细胞中既相互联系，又相对分隔，保障了生命活动的有序进行。

植物呼吸作用的化学过程中所涉及的各种氧化还原反应仅仅是呼吸底物的脱氢作用，还没有和氧发生直接的联系。在有氧呼吸中，最终使底物上脱下的氢和氧结合生成水，可以是还原的辅酶NADH和$FADH_2$发生氧化，也可以是底物直接脱氢与加氧作用，其形式多种多样。在氧化酶中最重要的是细胞色素氧化酶系统，它以铁卟啉衍生物血红素为辅基，形成多种不同的细胞色素和细胞色素氧化酶，它们和其他电子传递体组成一个电子传递链，将NADH或$FADH_2$氧化，生成水。高等植物呼吸链电子传递具有多种途径，如细胞色素途径，交替途径和鱼藤酮不敏感途径。在线粒体中，电子从NADH或$FADH_2$经电子传递链传递到氧生成水，伴随自由能的释放并用于ADP的磷酸化而合成ATP的过程，称为氧化磷酸化，是需氧生物合成ATP的主要途径。

植物的呼吸作用受到植物的内部因子(如植物种、器官、发育年龄)以及环境因子的影响，使内部生物化学过程发生变化，从而表现为表观的O_2和CO_2交换速率的变化。植物呼吸代谢不仅受环境因素的调节和控制，也受细胞内呼吸酶系统的调节和控制。呼吸作用中各种生化反应既相互联系又相互制约，通过复杂的调控机制使细胞成为一个完整的代谢整体。

思考题

1. 呼吸作用在植物生命活动中的重要作用。
2. 环境中氧分压如何影响植物的呼吸代谢。
3. 植物体内糖酵解的特点及生物学意义。
4. 比较三羧酸循环与磷酸戊糖途径的异同。
5. 呼吸代谢的能量转化过程与特点。
6. 氧化磷酸化的机制。
7. 植物呼吸代谢与电子传递途径多样性的生物学意义。
8. 抗氰呼吸途径的特点及其生物学意义。
9. 呼吸代谢的调控途径。
10. 影响植物呼吸代谢的环境因子及其作用特点。

光合作用

4.1 引　言

光合作用(photosynthesis)是绿色植物和藻类利用光能把CO_2和水合成为还原态碳水化合物的过程，也是太阳光能转化为化学能的重要过程。在陆地和海洋生态系统中，光合作用极为重要，因为几乎所有进入生物圈的能量都来源于光合作用。首先，光合作用将无机物变为有机物，据统计地球上一年通过光合作用同化的碳素约为$2\,000 \times 10^8$ t，其中约60%来自陆生植物(约$1\,250 \times 10^8$ t)，余下的由水生植物提供；二是将太阳光能转化为可利用的化学能，人类所利用的能源，包括煤炭、石油、天然气等化石能源，都是通过光合作用由太阳光能转化而来的；三是植物通过光合作用维持大气中O_2和CO_2的相对平衡，植物光合作用过程中吸收CO_2释放O_2，起到"空气净化器"的作用，并提供生物尤其是动物和人类呼吸作用所必需的O_2。由此可见，对于生物界的几乎所有生物来说，光合作用是它们赖以生存的关键。探究光合作用的规律和机理，具有十分重要的理论和现实意义。

植物、藻类和光合细菌通过光合作用贮存太阳能。叶绿体的类囊体是高等植物光反应的主要场所，基质是碳反应的场所。光合作用由光反应和碳反应组成，大致分为原初反应、电子传递和光合磷酸化、碳同化。光合色素依功能分为作用中心色素和天线或聚光色素。植物的固碳代谢途径有卡尔文循环、C_4代谢途径和景天酸代谢(CAM)途径。卡尔文循环是碳同化的基本途径。喜光植物和耐荫植物叶片光补偿点是不一样的。

4.1.1　光合作用的发现及其早期研究中的重要实验

光合作用的反应过程十分复杂，其发现历经几百年，众多科学家为此付出了大量心血。17 世纪以前，人们一直以为植物生长发育所需的全部元素均来自土壤，植物是从土中“长”出来的。直到 17 世纪中叶，集化学家、生物学家和医师等多种角色于一身的比利时科学家海尔蒙特(J. B. van Helmont)以柳枝为实验材料，考察了生长在已知质量土壤中的柳树的质量增加量与土壤质量的变化之间的关系，发现柳树的质量增加了 76. 7 kg，但土壤的质量几乎未发生改变，证明植物生长所需物质并非主要来自土壤。

1771 年，英国牧师兼化学家普利斯特里(Joseph Priestley)发现，将生长健壮的薄荷和点燃的蜡烛放在一个密闭钟罩内，蜡烛不易熄灭；若将小鼠与绿色植物同放在钟罩内，小鼠也不易窒息死亡。这表明植物具有“净化”空气的作用。1779 年，荷兰医师和植物生理学家英根霍斯(J. Ingenhousz)证实，植物只有处于光照的条件下才具有“净化”空气的功能。随后科学家们又陆续通过化学分析和定量测定的方法证实，CO_2是光合作用所必需的，水参与了光合作用，而O_2是光合作用的产物。1864 年，萨彻斯(J. V. Sachs)从照光后的叶片中观测到了淀粉粒，为光合作用可合成有机物提供了直接证据。到了 19 世纪末，光合作用的化学方程式被最终归纳为下式所示：

$$6CO_2 + 6H_2O \xrightarrow{\text{光/植物}} C_6H_{12}O_6 + 6O_2 \qquad (4-1)$$

可见，光合作用就是绿色植物利用光能将空气中的CO_2还原为碳水化合物并偶联水的光解放氧过程。这一极为复杂的过程牵涉多达几十步的生物化学反应。以下简要介绍几个阐明叶片光合活性(photosynthetic activity)与其吸收光谱(absorption spectrum)之间关系的经典实验。

19 世纪后期，恩格尔曼(T. W. Engelmann)开展了吸收光谱测定实验。用棱镜将白光分解成七色光，以七色光照射水生线藻[即绿藻门接合藻纲的水绵藻属(*Spirogyra*)的水绵藻]培养液中的需氧型细菌(即好氧细菌)。结果发现，需氧型细菌都聚集生长于红光和蓝光照射着的水绵藻部位。这表明叶绿素对这 2 种光具有较强的吸收，并由此满足了需氧型细菌生长对O_2的需求。该吸收光谱实验对于发现藻类及高等植物的光合作用中存在 2 个光系统这一客观事实亦具有十分重要的意义。

1932 年，爱默生(R. Emerson)和阿诺德(W. Arnold)的“绿藻闪光产氧量”实验，探索了光合作用中叶绿素分子的能量转化机制。他们对蛋白核小球藻(*Chlorella pyrenoidosa*)悬浮液实施闪光(每次10^{-5}s)照射，两次闪光间的间隔时间为 0. 1 s。通过不断提高闪光的能量，发现当闪光超过一定强度后，再增加闪光强度，O_2产量也不再升高(即在此光强下光系统达到饱和状态)。在此光系统饱和状态下，他们考察了蛋白小球藻产氧量与闪光能量之间的关系，惊奇地发现每生成 1 分子O_2需约 2 500 个叶绿素分子协同作用。该研究成果为进一步揭示作用中心色素分子与天线色素分子的相互关系提供了重要依据。

光合过程本身是一个氧化还原反应，在反应中电子通过氧化加合从一种物质传递到另一种物质上。1937 年，希尔(R. Hill)发现，将离体叶绿体放在具有氢受体即氧化剂(如Fe^{3+})的水溶液中，照光后即发生水的分解和O_2的放出。由此说明光合作用中产生的O_2

来自水而非 CO_2。这个过程可用式(4－2)表示：

$$4Fe^{3+} + 2H_2O \xrightarrow{\text{叶绿体/光}} 4Fe^{2+} + O_2 + 4H^+ \quad (4-2)$$

此反应被称为希尔反应(Hill reaction)。氢受体被称为希尔氧化剂(Hill oxidant)，苯醌、$NADP^+$、NAD^+等都可作为希尔氧化剂。

阐明光系统的过程中，最令人瞩目的发现当属爱默生(R. Emerson)的红降(red drop)现象与双光增益效应(enhancement effect)，后者也称爱默生效应(Emerson effect)。20 世纪 40 年代，当以绿藻(小球藻，*Chlorella*)为材料研究不同波长光子的量子产额(quantum yield)，即吸收一个光量子所固定的 CO_2分子数或放出的氧分子数时，爱默生发现用波长大于 680 nm 的远红光(far-red light)照射材料时，量子产额急剧下降，此即所谓的红降现象(图 4-1)。

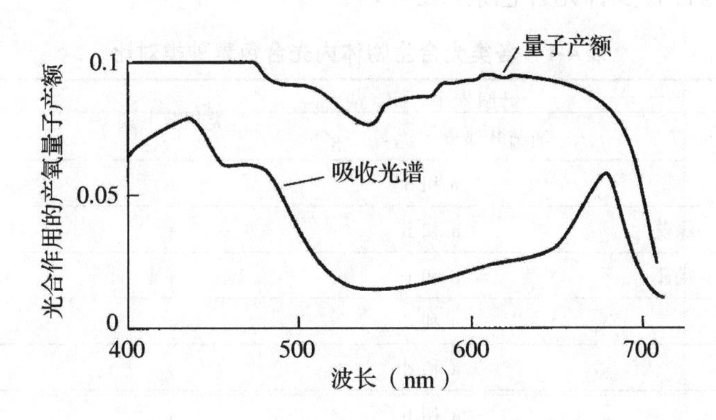

图 4-1 红降现象

产氧量子产额在波长大于 680 nm 的远红光区域显著下降，表明远红光独自不足以有效地驱动光合作用；而产氧量子产额在波长 500 nm 左右的轻微下降则反映出天线色素——类胡萝卜素吸收的光能光合效率较低。

(注：图 4-1 至图 4-19 中除图 4-16 外，均编译自 Taiz and Zeiger 编 Plant Physiology 第二至五版)

1957 年，爱默生又发现，当用红光(波长 650 nm)和远红光(波长大于 685 nm)同时照射植物材料时，其量子产额比用这 2 种波长的光单独照射时的和要大。这种红光和远红光一并照射促进光合效率的现象称为双光增益效应(图 4-2)。该发现促使科学家们提出了一个大胆的假设，即光合作用可能是由 2 个光化学反应，也就是现在我们知道的 2 个光系统(photosystem)联合完成的：一个是吸收红光(680nm)的光系统Ⅱ(photosystem Ⅱ，PS Ⅱ)；另一个是吸收远红光(700 nm)的光系统Ⅰ(photosystem Ⅰ，PS Ⅰ)。这 2 个光系统以串联的方式协同作

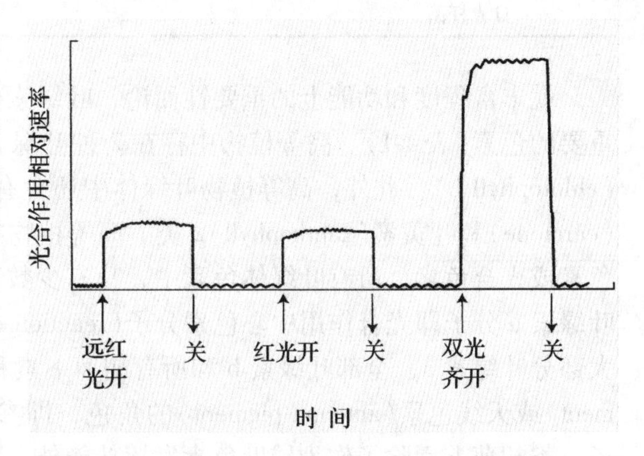

图 4-2 双光增益效应

红光和远红光一起照射时的光合速率大于这 2 种光单独照射时的之和。双光增益效应(1950s)为发现光合作用中存在着 2 个光化学系统提供了关键性证据，并表明这 2 个具有不同的最适吸收波长的光系统串联协同工作。

用完成光合作用的“光反应”过程。

上述研究表明，植物的光合系统由2个作用中心组成，这2个作用中心协同完成光合作用，而每个作用中心又对应着大量的天线色素分子，为作用中心的高速运转提供足够的光能，以确保光合作用运转的高效性。

4.1.2 光合器和光合色素

叶绿体为高度特化了的光合器(photosynthetic apparatus)，是植物进行光合作用的场所，由双层膜构成。叶绿体膜以内的物质称为基质(stroma)，主要由可溶性蛋白(酶)和其他活跃的代谢物质组成，在基质中存在着基粒类囊体(grana thylakoid)和基质类囊体(stroma lamella)，光合色素就分布在类囊体膜上。蓝藻及光合细菌等原核光合生物的光合器较为简单，但也含有多种光合色素(表4-1)。

表4-1 各类光合生物体内光合色素种类对比

<table>
<tr><th colspan="2">光合生物</th><th>叶绿素(a－d)或
细菌叶绿素(a′－e′，g′)</th><th>类胡萝卜素</th><th>藻胆蛋白</th></tr>
<tr><td rowspan="4">真核
生物</td><td>种子植物</td><td>a和b</td><td>+</td><td>－</td></tr>
<tr><td>蕨类、苔藓、绿藻</td><td>a和b</td><td>+</td><td>－</td></tr>
<tr><td>硅藻、甲藻、褐藻</td><td>a和c</td><td>+</td><td>－</td></tr>
<tr><td>红藻</td><td>a和d</td><td>+</td><td>+</td></tr>
<tr><td rowspan="6">原核
生物</td><td>蓝藻</td><td>a和d</td><td>+</td><td>+</td></tr>
<tr><td>原绿藻</td><td>a和b</td><td>+</td><td>－</td></tr>
<tr><td>硫紫色细菌</td><td rowspan="2">a′或b′</td><td rowspan="2">+</td><td rowspan="2">－</td></tr>
<tr><td>非硫紫色细菌</td></tr>
<tr><td>绿细菌</td><td>a′和c′(或d′或e′)</td><td rowspan="2">+</td><td rowspan="2">－</td></tr>
<tr><td>日光杆菌</td><td>g′</td></tr>
</table>

就丰富程度和功能上的重要性而论，叶绿素(chlorophyll)是叶绿体(chloroplast)中最为重要的色素(表4-1)。高等植物中存在2种叶绿素——叶绿素a(chlorophyll a)与叶绿素b(chlorophyll b)。此外，高等植物叶绿体中还含有类胡萝卜素(carotenoid)，包括胡萝卜素(carotene)和叶黄素(xanthophyll)2类。高等植物的上述叶绿素和类胡萝卜素统称为叶绿体色素或光合色素。所有叶绿体色素中，只有少数特殊的叶绿素a参与能量转换，这些特殊叶绿素a分子即光合作用中心色素分子(reaction centre pigment，P)。其他色素分子，包括大部分叶绿素a、全部叶绿素b和所有胡萝卜素和叶黄素，都扮演辅助色素(accessory pigment)或天线色素(antenna pigment)的角色，即参与吸收和传递光量子给作用中心色素分子。类胡萝卜素除了作为辅助色素发挥功能外，更为重要的可能是在保护和调节叶绿体正常发挥功能方面起作用(详见4.2.4.3)。

4.2 光反应

4.2.1 光具波粒二相性

现代物理学认为光具有“波粒二相性”，即光既具有波长和频率，也具有粒子特性。光粒子又称光子(photon)，每一光子具有特定的能量，称为光量子(quantum)。光的这种特性决定了其能量传递方式是量子化的，具不连续性。太阳光中包含了许许多多不同波长的光子，到达地球的光波长为300 nm的紫外光至2 600 nm的红外光，而光合作用的有效吸收光谱仅为其中的可见光(visible light；400～700 nm)部分(图4-3)。

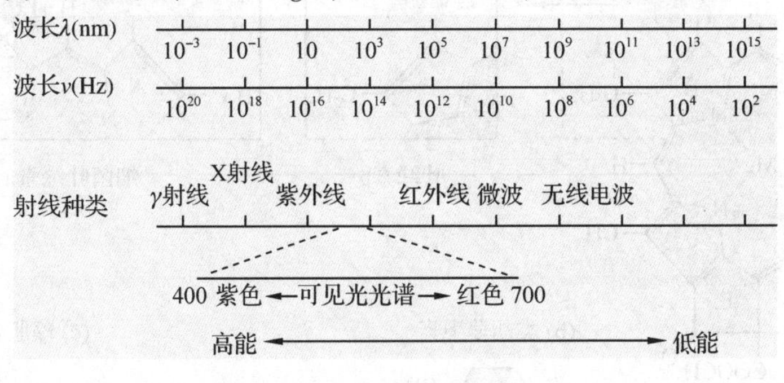

图4-3 电磁波频谱

波长(λ)与频率(ν)呈负相关。人眼仅能感受到太阳辐射中的一小段波长，即从400 nm(紫光)到700 nm(红光)的可见光区。短波长光(或称高频光)能量较高；长波长光(或称低频光)能量较低。

4.2.2 光合色素的吸收光谱

叶绿素的吸收光谱在可见光区域有2个吸收高峰，一个在蓝光波长区域，一个在红光波长区域，其最大吸收波长随叶绿素分子环境的不同而有所改变。叶绿素a溶于有机溶剂，最大吸收波长为450 nm和660 nm，而叶绿素b的2个吸收峰较叶绿素a微微向中间偏移20 nm左右。不同生物中各种光合色素的吸收光谱见图4-4。

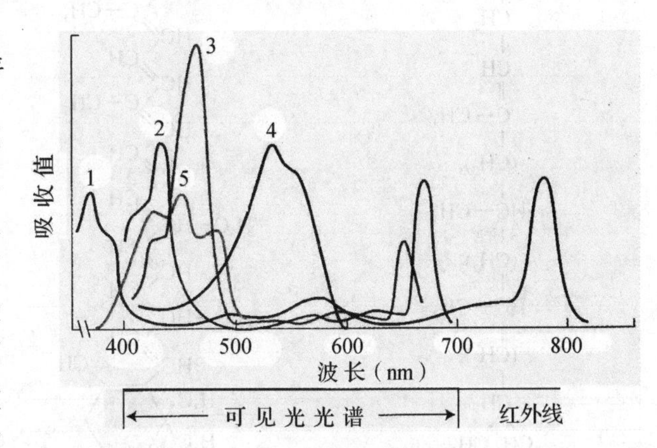

图4-4 几种光合色素的吸收光谱

曲线1为细菌叶绿素a；曲线2为叶绿素a；曲线3为叶绿素b；曲线4为藻红素；曲线5为β-胡萝卜素。除曲线4外，所有的吸收色谱均在纯色素溶解于非极性溶剂条件下测定，而曲线4则为藻红蛋白之水缓冲液的吸收光谱。藻红蛋白是从蓝藻中分离得到的一种含藻红素蛋白，其中藻红素以共价健方式结合到多肽链上。光合色素在植物体内的吸收光谱经常受到光合膜色素环境的影响。

叶绿素由一个含金属镁离子的卟啉环(porphyrin ring)“头部”连接一个植醇(phytol)“尾部”而成(图4-5)。叶绿素分子正是通过这个植醇尾部与膜的疏水部分相结合从而固定在膜上。卟啉环结构中含有一些自由电子，它们在叶绿素分子参与的电子传递和氧化还原反应中发挥作用，同时也可能是与叶绿体蛋白部分结合的位点。

光合色素根据功能可分为2种类型：一类是作用中心色素，少数特殊状态的叶绿素a分子属于此类；作用中心色素分子具有光化学活性，既能捕获光能，又能够将光能转换为电能。另一类是辅助色素或天线色素，又称聚光色素(light harvesting pigment)，没有光化学活性，只起收集光能并传递给作用中心色素分子的作用。

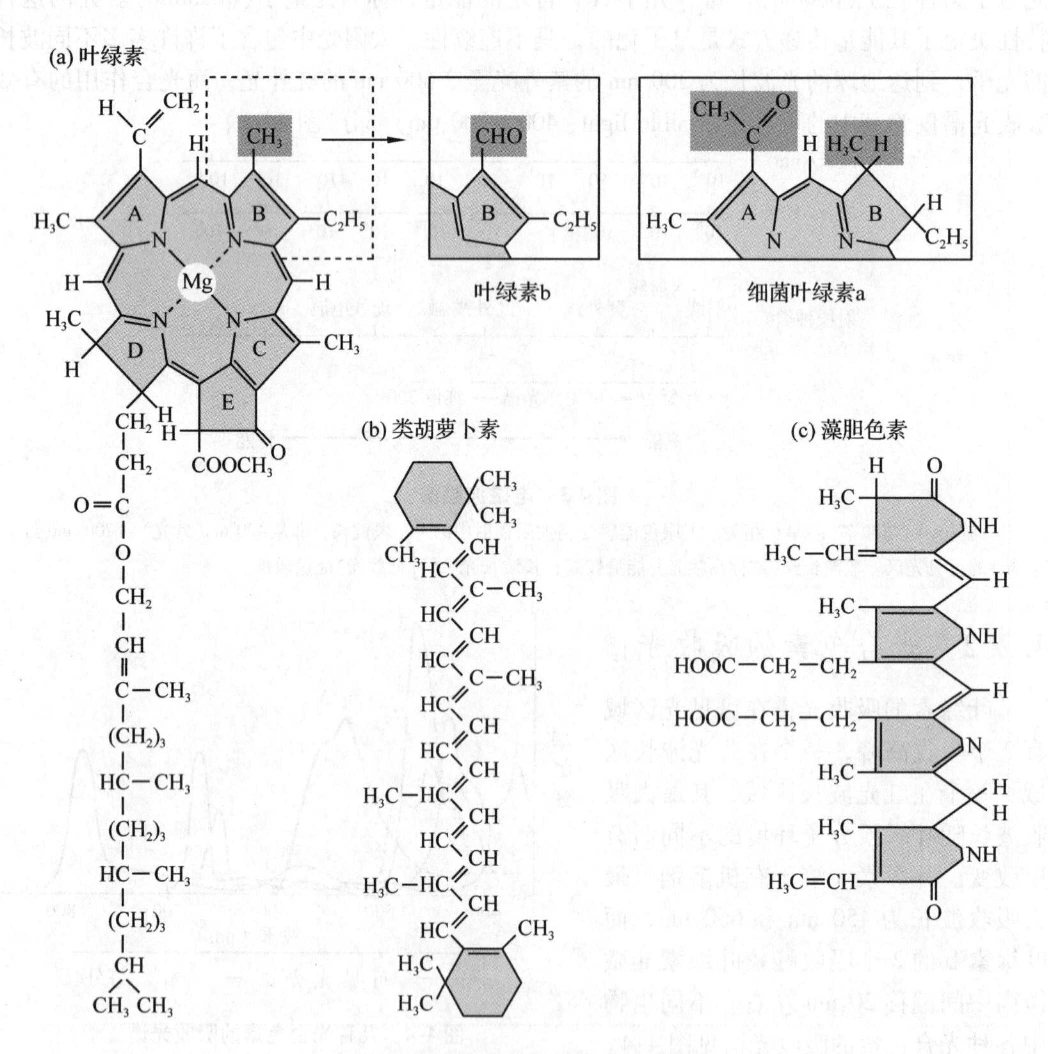

图4-5　几种光合色素的分子结构

(a)叶绿素。叶绿素分子由两部分组成，在中心位置以配位键结合金属镁离子的卟啉环“头部”和将叶绿素分子结合在细胞膜上起锚定作用的长疏水羟基植醇尾部。卟啉环结构是叶绿素激发过程中电子重排的发生场所，在叶绿素分子参与电子传递和氧化还原反应过程中发挥重要作用。各种叶绿素分子间的差异主要取决于双键类型和卟啉环上取代基的变化　(b)类胡萝卜素。类胡萝卜素分子为线性多烯结构，具有天线色素和光保护剂的双重功能　(c)藻胆红素。藻胆红素分子是开链四吡咯结构，存在于蓝藻、红藻的天线结构藻胆体中。

光合有机体的类胡萝卜素包括胡萝卜素和叶黄素，它们是富含双键的线性分子(图4-5)，吸收光谱在400～500 nm之间，均呈橙色。类胡萝卜素广泛存在于所有的光合有机体中，是构成类囊体膜的必要组成成分，并与构成光合器官的许多蛋白质密切相关。类胡萝卜素的功能详见4.2.4.3部分。

叶绿素对于绿光波段(约550 nm)的吸收较少(因反射光主要是绿色光，所以我们看到的植物呈现出绿色)，其吸收光谱主要集中于红光和蓝光波段(图4-6)。

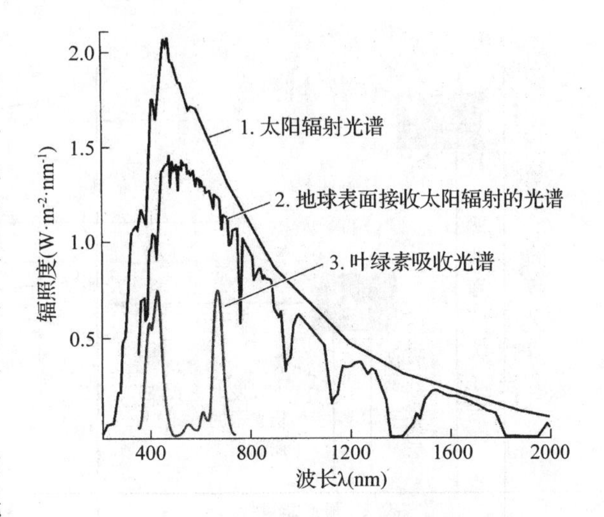

图4-6 太阳光谱与叶绿素吸收光谱的关系

曲线1为太阳辐射总光谱。曲线2为到达地球表面的太阳辐射的光谱。位于700 nm外红外光区的波谷代表了被大气层分子(主要为水蒸汽)所吸收的太阳能量。曲线3为叶绿素吸收光谱，存在2个吸收高峰，位于约430 nm处的蓝光部分和约660 nm处的红光部分。由于叶绿素分子对于可见光光谱中间的绿光部分缺乏有效吸收，大部分绿光反射进我们的眼睛，从而赋予植物以绿色。

叶绿素的光吸收可用式(4-3)表示：

$$\text{Chl} + h\nu \longrightarrow \text{Chl}^* \quad (4-3)$$

处于基态的叶绿素分子(Chl)吸收光子($h\nu$)后即发生跃迁，激发到高能状态即激发态(Chl^*)。叶绿素分子激发态(excited state)和基态(ground state)的电子分布不同。叶绿素分子的激发态极不稳定，保持的时间仅为数纳秒($1\ ns = 10^{-9}\ s$)。叶绿素分子所吸收的光量子会迅速向邻近的分子传递或转变为其他形式的能量，从而又由激发态返回基态，这个过程称作激发态衰变(decay)。叶绿素对光的吸收存在2个最强吸收峰，即蓝光区和红光区。当叶绿素吸收蓝光后电子将跃迁至高能激发态(highest excited state)又称为第二单线激发态或第二单线态；若叶绿素受到红光激发电子则跃迁至低能激发态(lowest excited state)又称为第一单线激发态或第一单线态。

激发态叶绿素分子的衰变主要分为如下4种情况(图4-7)。

热耗散　即处于高能激发态的叶绿素分子通过热耗散的方式由第二单线态衰变至第一单线态。

荧光　第一单线态叶绿素分子将吸收的能量以长波长荧光的形式释放出来，其寿命约为10^{-9} s。荧光波长长于吸收光波长是因为在荧光发生之前，有部分能量已经以热能的形式耗散掉。

叶绿素参与能量传递　即作为天线色素发挥作用，将能量传递给下一个色素分子使之由基态变为激发态，依此类推，实现能量的共振传递(resonance transfer)，直至作用中心的特殊叶绿素a分子。色素分子系统中，一个色素分子吸收光能被激发后，其中的高能电子的振动会引起临近另一个分子中某个电子的振动(共振)。当第二个分子电子振动被诱导起来，就发生了电子激发能量的传递，能量由第一个分子传递给了第二个分子。第一个

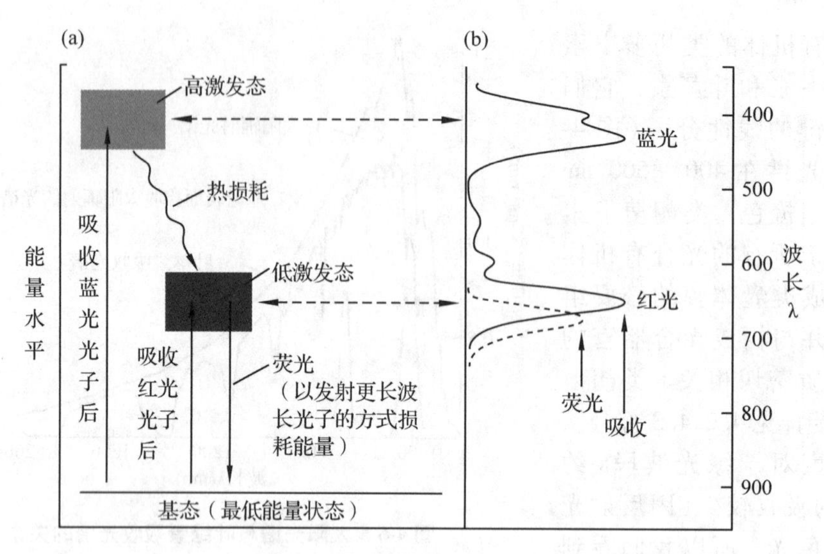

图 4-7　叶绿素的光吸收和光发散

(a)能量水平图。光吸收和光发散用能量基态和激发电子态间的垂线表示。蓝光和红光的叶绿素吸收带(分别吸收蓝光和红光)对应于各自的上垂线，表明叶绿素分子吸收光能后从基态向激发态的转变。下箭头则代表叶绿素荧光，即叶绿素分子在从低激发态回到基态的过程中以光子的形式释放出能量　(b)吸收光谱和荧光光谱。叶绿素的长波长(红光)吸收谱带表示了叶绿素从基态向第一激发态跃迁所需要的光能。短波长(蓝光)吸收带则表示叶绿素分子从基态跃迁至高能态所需的光能。

分子中原来被激发的电子便停止振动，而第二个分子中被诱导的电子则变为激发态。第二个分子又能以同样的方式激发第三个、第四个分子。这种依靠电子振动在分子间传递能量的方式就称为“共振传递”。共振传递仅适用于分子间距离大于 2 nm 的色素分子间的光能传递，传递速率与分子距离的 6 次方成反比。

光能向化学能的转化　这个过程只可能由光合作用中心色素分子(即特殊叶绿素 a 分子)完成。

以上 4 种过程是同时发生和相互竞争的。处于激发态的叶绿素分子，其能量在适当的条件下可用于光化学反应，若不能用于光化学反应，则以波长较长，能量较小的荧光发射出去。因此，在稳定的光照条件下，光合强度较大，激发能多用于光合作用，荧光减弱。反之，当光合强度下降时，则荧光的发射就增强。因此荧光产额变化的测定可成为了解光合作用机制，尤其是原初反应中色素间能量传递机理的一种有效手段。

其中光能向化学能的转化即所谓光合作用的原初反应(primary reaction)，在光合作用中心进行，包括作用中心色素分子、原初电子受体(primary electron acceptor)和原初电子供体(primary electron donor)，它们完成电荷分离将光能转化为电能。即天线色素将光能传递到作用中心后，使作用中心色素分子激发，放出电子给原初电子受体，随后作用中心色素分子从原初电子供体夺取电子，重新恢复原来基态的状态。这样不断地氧化还原，就源源不断地把电子从原初电子供体输送给原初电子受体，完成光能向化学能的转换。

4.2.3　光系统

光系统(photosystem)是光合生物中能够吸收光能，并将其转变为化学能的多蛋白质复合体，分为光系统Ⅰ(PS Ⅰ)和光系统Ⅱ(PS Ⅱ)。每一光系统均由含叶绿素的捕光复合体和含特殊叶绿素 a 的作用中心所组成。类囊体膜是光系统的结构基础，参与光合电子传递的蛋白复合体：捕光色素蛋白复合体、PS Ⅰ、PS Ⅱ、细胞色素 b_6/f 复合体、ATP 合酶都按照一定的方式有序排布在类囊体膜上。尤其是在基粒类囊体的垛叠区域和基质类囊体上，上述几种蛋白复合体的分布存在很大差异，主要反映在 PS Ⅱ、PS Ⅰ和 ATP 合酶在基粒类囊体和基质类囊体膜上呈现不均等分布的特性。PS Ⅱ主要集中在基粒类囊体的垛叠区域，而 PS Ⅰ和 ATP 合酶则广泛分布于基质类囊体和基粒类囊体垛叠区的边缘。正是这些蛋白复合体空间分布上的不均等特性，决定了电子传递链在 PS Ⅰ和 PS Ⅱ之间起连接作用的细胞色素 b_6/f 蛋白复合体必须均等地分布于基粒类囊体和基质类囊体上。

光系统空间分布的这一分离特性决定了 PS Ⅰ和 PS Ⅱ之间的电子传递和光化学反应过程在空间上也是彼此分离的。这种分离特性表明 2 个光系统并不存在严格的一一对应关系，而是通过质体醌(PQ)和质体蓝素(PC)在系统之间的移动使二者联系起来。有证据表明，光系统的这一特性有助于提高光合作用效率，并为光保护机制奠定了基础。2 个光系统的另一个不同之处在于 PS Ⅰ的作用中心色素分子(P_{700})主要吸收长波长光进行光化学反应，还原 $NADP^+$；而 PS Ⅱ的作用中心色素分子(P_{680})主要吸收短波长光进行光化学反应，并伴随有水的光解和放氧。

非放氧光合细菌只存在单一的一种光系统，在结构上与 PS Ⅰ或 PS Ⅱ十分相似。因此，研究这些非放氧光合细菌有助于在结构和功能上更进一步理解光合放氧过程。例如，1989 年德森霍费尔(J. Deisenhofor)和米切尔(H. Michel)首次证明，紫色光合细菌(purple photosynthetic bacteria)的作用中心是一种跨膜蛋白。现在人们普遍认为紫色光合细菌作用中心的结构在许多方面都与放氧有机体的 PS Ⅱ相似，尤其是在传递链的电子受体部分。这种细菌作用中心蛋白复合体与 PS Ⅱ作用中心蛋白复合体的相似性暗示细菌和高等植物在进化上存在相关性。上述这些相似之处同样存在于厌氧绿色硫化细菌(green sulfur bacteria)、日光杆菌(heliobacteria)与 PS Ⅰ之间。

4.2.4 光合电子传递链

光合电子传递链定位于类囊体膜上，由一系列氧化还原反应组分构成，PS Ⅰ和 PS Ⅱ的光化学反应通过光合电子传递链(又称“Z”字链)串联在一起运转。

4.2.4.1 “Z”字链

光合作用光反应中的电子沿着氧化还原电位排列成“Z”字形的电子传递体进行传递。图 4-8 为“Z”字链模式图，其中的电子传递体按照氧化还原电位高低排列。电子传递链的电子传递过程始于光子激发 PS Ⅱ作用中心的特殊叶绿素 a 分子并使其发生电荷分离，失去电子的 PS Ⅱ作用中心色素分子从放氧复合体(oxygen-evolving complex, OEC)中夺取电子并推动水光解放氧。然后电子通过一系列的电子传递体进行传递，经脂溶性的 PQ 传递到细胞色素 b_6/f 复合体。同时伴有 H^+ 跨类囊体膜在类囊体腔中积累，后由水溶性的 PC 传递用以还原 PS Ⅰ作用中心色素分子。PS Ⅰ作用中心色素分子再吸收光子进行光化学反应，补充能量传递电子，并最终将 $NADP^+$ 还原为 NADPH。

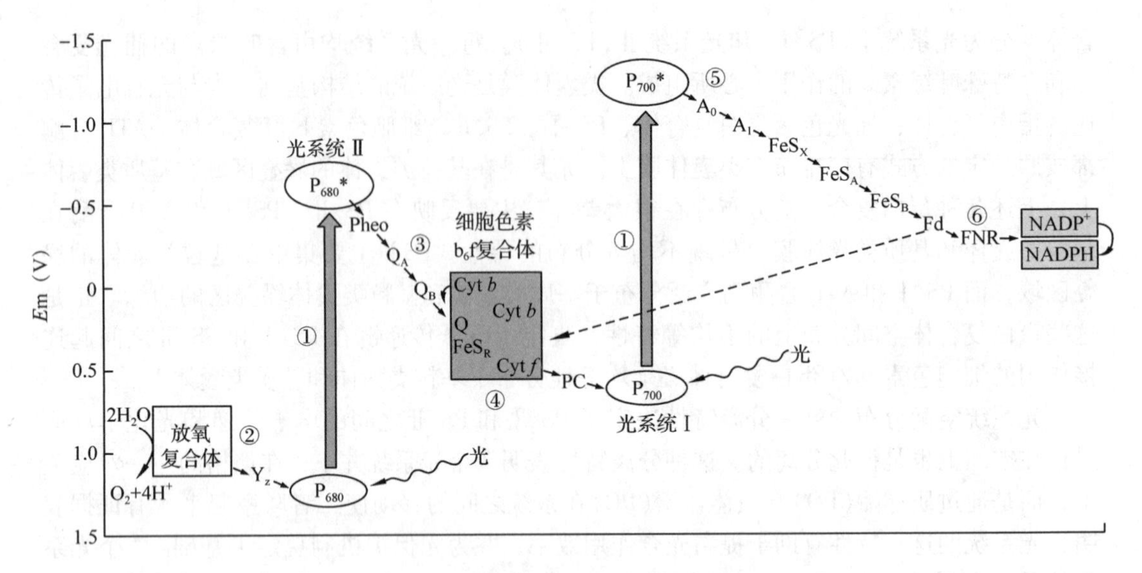

图 4-8　放氧光合生物的“Z”字链模式

①垂直箭头代表作用中心叶绿素 P_{680}(PS Ⅱ)和 P_{700}(PS Ⅰ)吸收光子。激发态 PS Ⅱ作用中心叶绿素 P_{680}^*将电子转移给去镁叶绿素 Pheo。②在 PS Ⅱ氧化态侧(连接 P_{680}与 P_{680}^*箭头左侧)，Y_z 进行水解放氧，同时利用产生的电子将氧化态 P_{680}重新还原。③在 PS Ⅱ的还原态侧(连接 P_{680}与 P_{680}^*箭头右侧)，去镁叶绿素将电子传递给受体 Q_A 和 Q_B，它们是质体醌的 2 种形态。④细胞色素 b_6/f 复合体将电子传递给可溶性蛋白质体蓝素(PC)，PC 随后还原 P_{700}^*(氧化态 P_{700})。⑤P_{700}^*的第一个电子受体为 A_0(被认为也是一种叶绿素分子)，第二个受体为醌。一系列结合于膜上的铁硫蛋白(FeS_X，FeS_A 和 FeS_B)将电子转移至可溶性铁氧还蛋白(Fd)。⑥可溶性黄素蛋白—铁氧还蛋白—NADP 还原酶(FNR)将 $NADP^+$还原为 NADPH。虚线表示 PS Ⅰ的环式电子流动。

光合电子传递链由 4 个蛋白复合体组成(按电子传递顺序排列)：PS Ⅱ、细胞色素 b_6/f 复合体、PS Ⅰ和 ATP 合酶。这 4 个跨膜蛋白复合体有序排列在类囊体膜上(图 4-9)，作用如下：

①PS Ⅱ在类囊体腔内进行水光解放氧，并在类囊体腔中释放质子，同时还原质体醌 PQ 为 PQH_2。

②细胞色素 b_6/f 复合体氧化夺取 PQH_2的电子，通过质体蓝素 PC 将电子传递给 PS Ⅰ。PQ 的每次氧化过程伴随有一个质子从基质跨膜转运到类囊体腔中，从而产生并累积跨膜质子动力势。

③PS Ⅰ在基质侧通过 Fd 和 FNR 将 $NADP^+$还原为 NADPH。

④ATP 合酶利用质子从类囊体腔返回基质过程中所释放出的质子动力势驱动 ATP 的合成。

农业上经常使用的除草剂如二氯苯基二甲基脲(DCMU，也称敌草隆)和百草枯(methyl viologen)就是通过阻断光合电子链而发挥作用的(图 4-10)。DCMU 在 PS Ⅱ的 PQ 受体处通过与 PQ 发生竞争性结合阻断光合电子流，而百草枯则从 PS Ⅰ的电子受体处夺取电子，与 O_2反应形成超氧化物(O_2^-)，对叶绿体的组分尤其是膜脂产生危害。

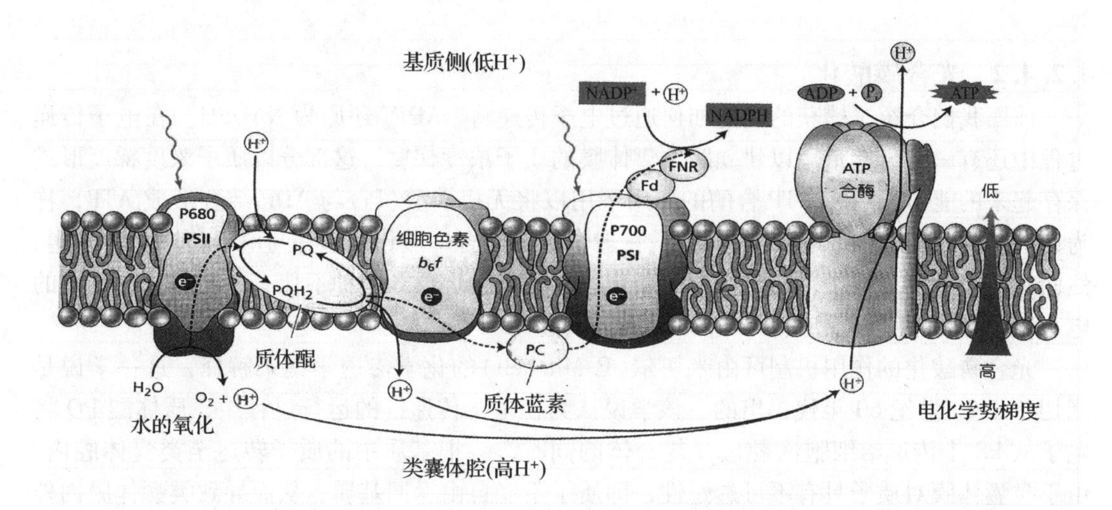

图 4-9 4 个跨膜蛋白复合体有序排列在类囊体上

电子和质子在类囊体膜中的转移是通过 4 个复合体以矢量的方式完成的。PS Ⅱ促使水氧化并使质子在类囊体腔中释放。PS Ⅰ通过 Fd 和 FNR 的作用将 $NADP^+$ 还原为 NADPH。质子通过细胞色素 b_6/f 复合体转运进入类囊体腔，进一步增大了电化学势梯度。类囊体腔内积累的质子扩散到 ATP 合酶处，顺电化学势梯度方向通过 ATP 合酶返回叶绿体基质，ATP 合酶利用过程中释放的能量合成 ATP。质体蓝素和还原态质体醌分别将电子转移给 PS Ⅰ和细胞色素 b_6/f 复合体。虚线代表电子转移；实线代表质子运动。

(a)

敌草隆

(DCMU; dichlorophenyl-dimenthylurea)

百草枯 (methyl viologen)

(b)

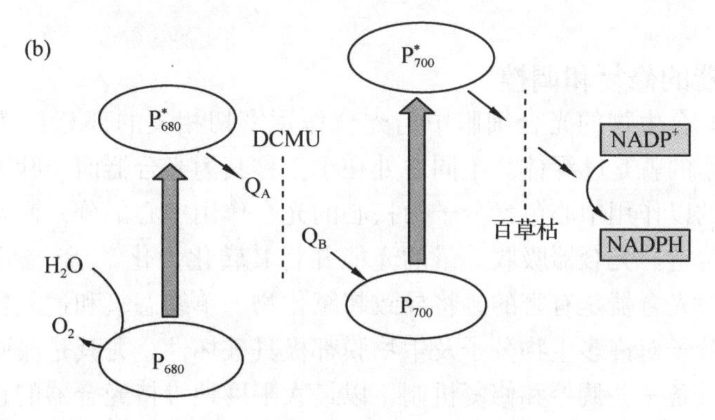

图 4-10 除草剂敌草隆和百草枯的化学结构与作用机理

(a)敌草隆和百草枯的化学结构 (b)敌草隆与百草枯在光合电子传递链中的作用位点。敌草隆通过与质体醌竞争结合位点在 PS Ⅱ的受体处阻断电子流；百草枯则通过在 PS Ⅰ的早期电子供体处接受电子导致电子传递中断。

4.2.4.2 光合磷酸化

前面我们介绍了捕获的光能如何通过电子传递将 $NADP^+$ 还原为 NADPH。在电子传递过程中还有一部分能量用以建立跨类囊体膜的质子浓度梯度，这部分以质子浓度梯度形式保存起来的能量可以在 ATP 合酶的作用下用以将无机磷酸(Pi)与 ADP 结合形成 ATP，称为光合磷酸化(photophosphorylation)。一般情况下光合磷酸化过程都与电子传递相伴发生，然而有时也会出现电子传递与光合磷酸化彼此独立的现象。这种不伴有光合磷酸化作用的电子传递称为解偶联反应(uncoupled reaction)。

光合磷酸化的作用机制可由米切尔(P. Mitchell)的化学渗透学说来解释，这一学说是米切尔于20世纪60年代提出的。该学说认为在电子传递链的运行过程中，质体醌 PQ 将电子从 PS Ⅰ传递给细胞色素 b_6/f 复合体的同时，会把基质中的质子转运至类囊体腔内，由于类囊体膜对质子具有不可透过性，即质子不能自由返回基质，从而导致类囊体膜内外产生 pH 值差异(ΔpH)。此外，PS Ⅰ的水光解放氧过程也会在类囊体腔中积累 H^+，导致膜腔内电位较“正”，从而在膜内外产生电势差(ΔE)。ΔpH 与ΔE 合称质子动力势或质子驱动力(proton motive force，PMF)，PMF 在 H^+顺浓度梯度返回基质时推动 ATP 合酶合成 ATP。由于电子传递中解偶联现象的存在，ATP 与 NADPH 的生成比例并非 1∶1，而是 1.5∶1，这与每还原1分子 CO_2所需 ATP 和 NADPH 的分子数之比刚好吻合。因此，人们提出除与电子传递相伴发生的光合磷酸化作用(非环式光合磷酸化，noncyclic photophosphorylation)外，还存在另一种解偶联形式的光合磷酸化过程，即后来证实的环式光合磷酸化(cyclic photophosphorylation，见图 4-8)。在环式光合磷酸化过程中，电子流由 PS Ⅰ经质体醌、细胞色素 b_6/f 复合体又重新返回到 PS Ⅰ，形成环状电子流动。这一环状电子流只能在类囊体腔内积累ΔpH 和ΔE 用于合成 ATP，而不能氧化水和还原 $NADP^+$。

综上所述，光合电子传递的产物为 O_2、ATP 和 NADPH。而 NADPH 和 ATP 是将 CO_2 还原为糖所必需的，称之为同化力(assimilatory power)。也正是它们把光合作用的光反应和“暗”反应(即碳同化或碳还原反应)联系在一起。

4.2.4.3 光合器的修复和调控

光合器是指光合生物的光合细胞中与光合作用密切相关的部分。具体到高等绿色植物，光合器通常指的就是叶绿体。不同之处在于，称其为光合器而非叶绿体的时候，更强调其类囊体膜上的以作用中心色素分子为核心的光合作用中心部分，而且着眼点多在其分子水平上的微观构造。光合器吸收大量的光能并将其转化为化学能。然而在分子水平上，过多的光能累积对光合器是有害的，将导致超氧化物、单线态氧和过氧化氢等有毒物质的生成。这些活性分子对许多生物分子及生物膜都极具破坏性，尤其是膜脂分子。因此，植物体内必然相应具备一些调控和修复机制，以最大限度地维持光合器的正常运转。

天线色素存在调控能量流动的防御机制，避免光合作用中心形成过激发态，并确保2个光系统光能输入的平衡。光合器的调控是线性的双重防御过程。如图 4-11 所示，第一重防御为保护机制，即通过猝灭将过量激发能转化成热能散失掉。若保护机制不足以完全猝灭过量激发能，则会导致毒性光产物的产生，随之启动第二重机制，即清除系统。该系统由各种清除系统酶和抗氧化物(如超氧化物歧化酶、维生素C等)来清除毒性光氧化产物。如果第二重保护机制仍然失效，则毒性光氧化产物将造成PSⅡ的D1蛋白组分损伤，发生光抑制现象。这种情况下，光合器启动修复机制使受损的D1蛋白组分从PSⅡ作用中心切割下来，进行降解，新合成的D1蛋白重新插入PSⅡ作用中心，重新形成具有功能的PSⅡ单元。

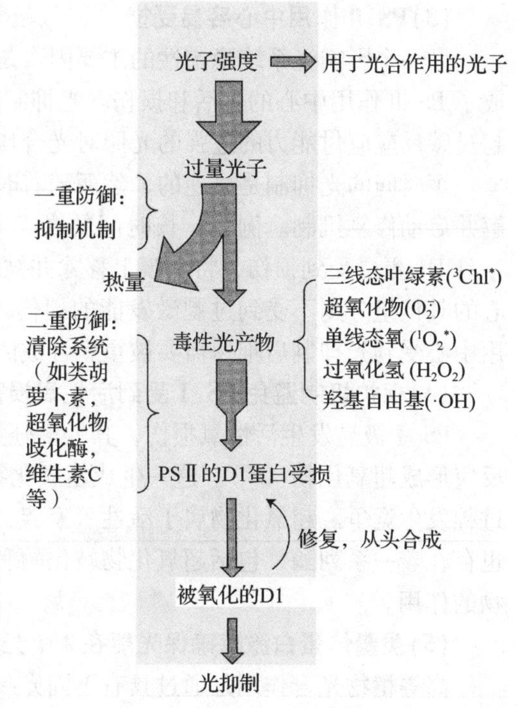

图4-11 光子捕获调控与光损伤的保护与修复

(1)光保护介质——类胡萝卜素

除了作为天线色素，类胡萝卜素在光保护方面也具有十分重要的作用。在高光强条件下，色素吸收了大量的光能，这些光能如果由于光化学反应达到饱和状态而不能及时通过被转化为化学能，将会对光合膜造成损伤。这也是保护机制之所以如此重要的原因所在。光保护机制就像一个安全阀门，在过剩能量造成危害之前就将其释放掉。激发态叶绿素分子中的能量可以以激子传递(exciton transfer)或以光化学能的形式被迅速耗散掉，这种能量耗散方式称为猝灭(quenching)。

如果激发态叶绿素分子不能及时猝灭，将会与氧分子发生反应使氧分子受激生成极具活性的单线态氧($^1O_2^*$)，单线态氧导致连锁反应，对许多生物分子尤其是膜脂造成损伤。而正是类胡萝卜素分子能够快速猝灭激发态叶绿素分子以保护光合膜。由于类胡萝卜素受激发后有一定能量散失，因此所含激发能不足以形成单线态氧，以热散失的方式返回基态，最终避免单线态氧的产生。

(2)叶黄素参与光能损耗

非光化学猝灭(nonphotochemical quenching)是调控激发能量向作用中心传递的主要过程，它像一个容量阀一样，根据光强及另外一些因素控制着激发能流向PSⅡ作用中心的水平。在绝大多数藻类和高等植物中，非光化学猝灭似乎是天线色素系统调控过程中的核心环节。非光化学猝灭亦即叶绿素荧光猝灭(quenching of chl fluorescence)。与光化学过程不同，其结果是使天线色素中的一大部分过激能量通过转化为热能的形式耗散掉。

紫黄质(violaxanthin)、花药黄质(也称环氧玉米黄质，antheraxanthin)和玉米黄质(zeaxanthin)这3种类胡萝卜素统称为叶黄素，它们以叶黄素循环(xanthophyll cycle)的方式参与了非光化学猝灭过程。在强光下，紫黄质环化酶催化紫黄质经中间体花药黄质转化为玉米黄质。当光强减弱时，玉米黄质又可以逆转变回紫黄质。人们认为正是由于质子和玉米黄质结合到聚光色素复合体上使其构象发生变化，从而引发了猝灭和散热过程的发生。PSⅡ外周天线色素复合体——PsbS蛋白似乎与非光化学猝灭过程存在着极其密切的联系。

(3)PS Ⅱ作用中心容易受损

另一个影响光系统稳定性的主要因素是光抑制。光抑制的发生是由于过剩的激发能造成了PS Ⅱ作用中心的失活和损伤。光抑制是一个复杂的分子连锁反应过程，通常定义为超过碳反应应付能力的过强的光照对光合作用的抑制。

短时间的光抑制是可逆的，然而随着时间的延长将导致PS Ⅱ的损伤，致使其部分降解并启动修复机制。例如，长时间的光抑制可能会造成PS Ⅱ复合体中的D1蛋白受损。一旦D1蛋白受到损伤，将从膜上移除并被新合成的D1蛋白分子所取代，而PS Ⅱ作用中心的其他组分则不受到过剩激发能的损伤，是可以循环利用的。可见D1蛋白是PS Ⅱ作用中心受到光抑制后唯一需要被重新合成的组分。

(4)保护机制避免PS Ⅰ受到活性氧损害

PS Ⅰ极易发生活性氧损伤，其铁氧还蛋白受体是一个强还原剂，容易与分子氧发生反应形成超氧化物(O_2^-)。这一生成超氧化物的过程可与用于还原$NADP^+$的正常电子传递过程发生竞争。超氧化物属于活性氧家族，它们对生物膜极具破坏性。然而，在叶绿体中也存在着一系列酶，包括超氧化物歧化酶和抗坏血酸过氧化物酶，这些酶具有消除超氧化物的作用。

(5)类囊体蛋白激酶确保光能在2个光系统间精确分配

高等植物光合作用是通过具有不同光吸收特性的2个光系统串联传递完成的。如果由于光强的限制造成这2个光系统之间能量传递速率不一致(或不匹配)，就会对光合电子传递的顺利进行造成影响。类囊体膜中含有一种蛋白激酶，可以特异性的催化PS Ⅱ的光能捕获复合体Ⅱ(LHC Ⅱ)发生磷酸化，从而实现光能在2个光系统之间的精确分配。即当PS Ⅱ较PS Ⅰ被更频繁地激发时，质体醌处于还原状态，导致蛋白激酶的活化。随后蛋白激酶催化LHC Ⅱ上的苏氨酸残基发生磷酸化，磷酸化的LHC Ⅱ由于负电荷排斥作用从类囊体的垛叠区域向非跺叠区域漂移，将PS Ⅱ的过剩光能转移给PS Ⅰ，这种情况称为状态Ⅱ；而当PS Ⅰ被过多激发时，即质体醌处于氧化态，蛋白激酶失活导致LHC Ⅱ的脱磷酸化，转移返回类囊体基粒垛叠区，称为状态Ⅰ。类囊体正是通过这种方式实现PS Ⅱ和PS Ⅰ之间光能平衡分配的精细调控的。

4.3　碳反应

上一节中介绍了植物利用光能在叶绿体的类囊体膜上通过电子传递链最终合成ATP和NADPH的过程。随后植物会在叶绿体基质中进行固碳反应，启用上述光反应中合成的ATP和NADPH作为同化力固定CO_2以合成碳水化合物(图4-12)。长期以来人们都认为这个叶绿体基质的固碳反应过程可以独立于光照，因此将其称为暗反应(dark reaction)。事实上，由于固碳反应过程需要光反应中合成的ATP和NADPH，并且参与固碳反应的某些酶的活性也会受到光信号的直接调节，所以将其称为光合作用的碳反应更为贴切。

4.3.1　卡尔文循环

植物固定CO_2最为重要的途径是卡尔文循环(Calvin cycle)，它广泛存在于许多原核生

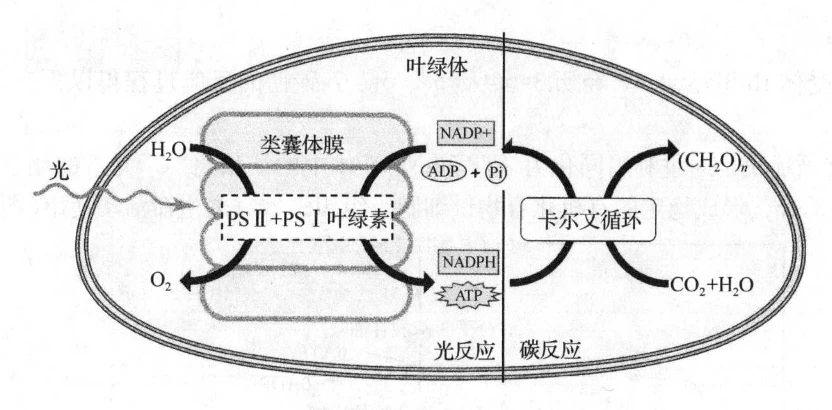

图 4-12 维管植物叶绿体光合作用的光反应和碳反应

在类囊体膜中，叶绿素分子吸收光能被激发，通过电子传递链(PS Ⅱ + PS Ⅰ)将吸收的光能转化为活跃化学能，形成还原力 ATP 和 NADPH。在叶绿体基质中，卡尔文循环消耗光反应所产生的还原力，通过一系列酶促反应还原 CO_2 形成碳水化合物(磷酸丙糖)。

物和所有光合真核生物体内。这个途径是 20 世纪 50 年代由卡尔文(M. Calvin)和本森(A. Benson)发现并阐明的，因此称为卡尔文循环。这个代谢途径通过碳还原循环将 CO_2 还原为碳水化合物，由于途径中 CO_2 固定形成的第一个碳水化合物是一种三碳化合物(甘油醛-3-磷酸，即磷酸丙糖)，故称为 C_3 途径。

卡尔文循环分为 3 个阶段：羧化阶段、还原阶段和再生阶段。该循环始于叶绿体基质中的 CO_2 和 H_2O 结合到五碳受体分子(核酮糖-1,5-二磷酸，RuBP)上，产物不稳定很快水解为 2 分子三碳化合物，即 2 个分子的 3-磷酸甘油酸(3- phosphoglycericacid，3-PGA)，3-PGA 随后在 ATP 和 NADPH 的作用下还原为甘油醛-3-磷酸(GAP)。最后 GAP 经一列反应再生 RuBP 完成循环过程。

3 个阶段之间的相互关系如图 4-13 和图 4-14 所示：

①RuBP 在 RuBP 羧化/加氧酶(ribulose bisphosphate carboxylase/oxygenase，rubisco)的作用下羧化结合 1 分子 CO_2，生成的不稳定产物快速水解成 2 分子 3-PGA。3-PGA 是卡尔文循环中第一个稳定的中间产物。

②3-PGA 在 3-磷酸甘油酸激酶催化下消耗 1 分子 ATP 变为 1,3-二磷酸甘油酸(DPGA)，随后又在磷酸甘油醛脱氢酶的作用下被 NADPH 还原为甘油醛-3-

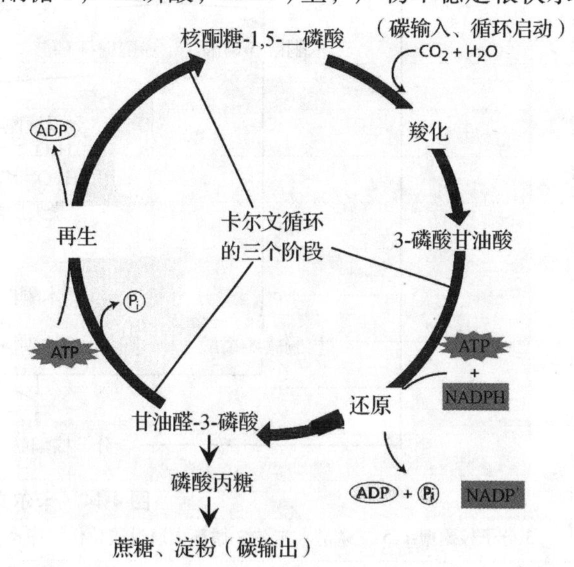

图 4-13 卡尔文循环的 3 个阶段：羧化、还原、再生

羧化阶段：CO_2 共价连接到碳骨架上；还原阶段：消耗光反应阶段形成的 ATP 与 NADPH，形成碳水化合物；再生阶段：再生 CO_2 受体核酮糖-1,5-二磷酸。稳态时 3 分子 CO_2 进入卡尔文循环输出 1 分子丙糖磷酸。

磷酸(GAP)。

③CO_2受体 RuBP 从 GAP 经历 3-、4-、5-、6-、7-碳糖的反应过程得以再生，继续固定 CO_2。

卡尔文循环正是通过利用同化力 ATP 和 NADPH 中的能量将“C”元素的化学价由 +4 价还原为 +1 价，形成稳定的有机化合物供细胞、组织、器官之生命活动使用(图 4-14)。

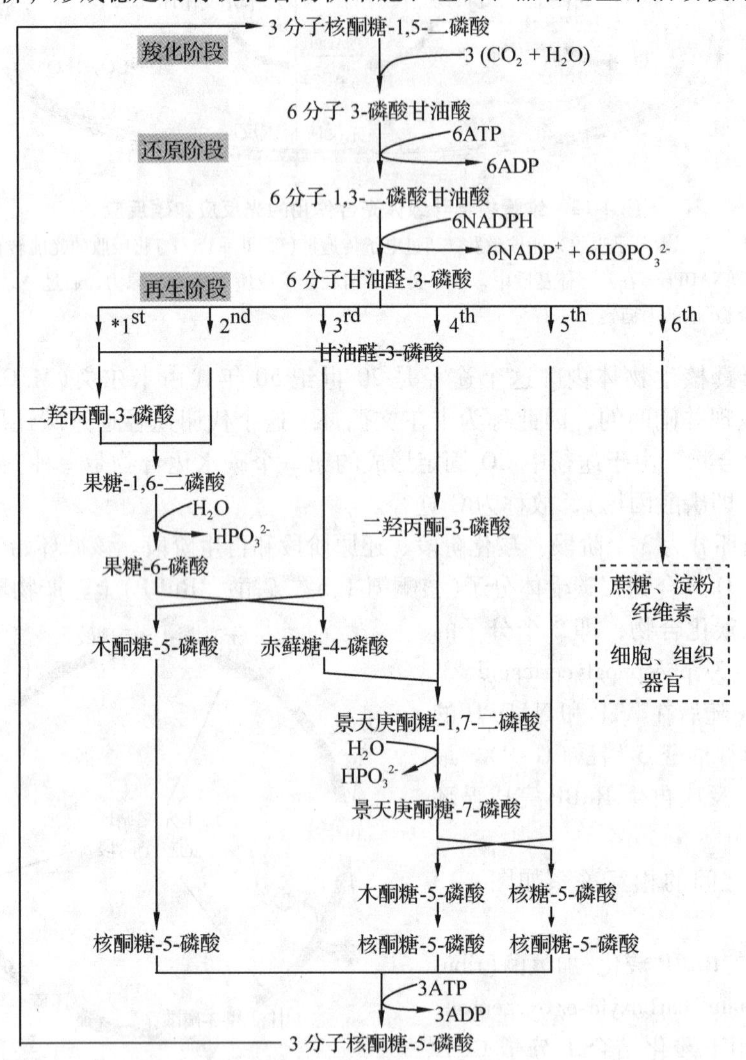

图 4-14　卡尔文循环

3 分子核酮糖-1,5-二磷酸在卡尔文循环中通过羧化作用净产生 1 分子甘油醛-3-磷酸并重新生成 3 分子核酮糖-1,5-二磷酸。卡尔文循环的起止物质都为核酮糖-1,5-二磷酸，充分反映出该途径的循环本质。* $1^{st}-6^{th}$表示的是由 3 分子核酮糖-1,5-二磷酸经羧化、还原后形成的 6 分子甘油醛-3-磷酸的序号。

4.3.2　卡尔文循环的能量利用效率

卡尔文循环固定 CO_2形成碳水化合物需要依赖同化力 ATP 和 NADPH 提供能量。循环每固定1分子CO_2需要消耗2分子NADPH和3分子ATP（图4-14）。通过比较生成碳水化合物中的能量与相应的ATP和NADPH中所含能量，可以计算出卡尔文循环的能量转化效率。

完全氧化1 mol己糖为CO_2释放出2 804 kJ能量，而由6分子CO_2合成1 mol己糖（果糖-6-磷酸）则需要氧化12 mol NADPH（12 mol×217 kJ/mol），水解18 mol ATP（18 mol×29 kJ/mol），总计3 126 kJ能量。

由此计算出卡尔文循环的能量转化效率接近90%（2 804 / 3 126）。进一步的计算表明卡尔文循环合成的碳水化合物中，绝大部分的能量来源于NADPH，由上述计算可知每合成1 mol己糖需氧化12 mol NADPH共释放2 604 kJ，水解18 mol ATP提供522 kJ能量，因此卡尔文循环合成己糖中83%［（2 604 / 3 126）×100%］的能量来自NADPH。

然而当以光能的转化效率作为指标考察光合作用的总体效率（即光反应+碳反应）时，发现光合作用的总体光能转化率仅为33%，这表明了光合作用中吸收的很大一部分光能在光反应阶段以各种方式损失掉了。

在一般生长条件下，由于发育阶段和水、矿物质及温度等环境因素的限制，植物对于光能的利用率还要远低于上述理论值。多数农作物如土豆、大豆、小麦、水稻和玉米的能量转化效率仅为0.1%~0.4%。

4.3.3 卡尔文循环的调控

卡尔文循环对能量利用的高效性（能量转化率高达83%）表明在植物中存在着极其精细的调控机制，确保循环中能量的优化利用，即可以使循环中所有的中间产物时刻处于最适宜浓度，并且能够根据环境条件（尤其是在暗中）随时停止循环的运行。一般而言，循环中代谢物的浓度是由酶的水平及其催化活性控制的，使其能够依代谢需求的变化随时进行调整。

基因表达和蛋白合成的改变决定酶在细胞区室（尤其是细胞器）中的含量，而在叶绿体基质中每一种酶的含量都受到核基因组和叶绿体基因组协同表达机制的调控。一般来说细胞核和质体间的大多数调控是从细胞核向质体进行的，可以说核基因产物对质体基因的转录和翻译起着调节作用。然而叶绿体蛋白质的合成却恰恰相反，是从叶绿体向细胞核进行逆向调控。

后翻译修饰与酶的从头合成（酶的从头合成需要历经一系列由细胞核到细胞质核糖体的重新合成过程，因此对于酶催化速率改变的影响较慢）相比具有作用快速的特点，可在几分钟之内使酶的活性发生改变。酶动力学的后翻译修饰机制主要分为2种：①共价键修饰，即通过改变酶共价键的结构进行的化学修饰，例如，二硫键的还原或氨基基团的甲酰化；②非共价修饰，例如，通过与代谢产物结合或pH值等细胞周围离子组成的变化对酶分子产生的动力学修饰。需要特别强调的是，正是第二种修饰机制，即非共价键修饰，使叶绿体基质中的与卡尔文循环有关的酶结合到类囊体膜上从而形成一种类似于复合体的更高水平的有序组织形式，便于更好地引导底物和产物在循环酶系统间的进出，从而大大增加了卡尔文循环的效率。

卡尔文循环中基质酶的调控依赖于光照，且光合电子传递相联系，在光照开始的几分钟内就可以改变目标酶的活性。这种光暗调控机制控制着卡尔文循环中5个关键酶的活性的改变：RuBP羧化/加氧酶(rubisco)；果糖-1,6-二磷酸磷酸酯酶(fructose-1,6-bisphosphate phosphatase)；景天庚酮糖-1,7-二磷酸磷酸酯酶(sedoheptulose-1,7-bisphosphate phosphatase)；核酮糖-5-磷酸激酶(ribulose-5-phosphate kinase)；NADP-甘油醛-3-磷酸脱氢酶(NADP- glyceraldehyde-3-phosphate dehydrogenase)。

4.3.3.1　光照增强rubisco酶的活性

洛里默(G. Lorimer)及其同事发现当CO_2与rubisco酶活性位点中特定赖氨酸的ε-氨基发生缓慢反应时，rubisco酶即被激活(见图4-15中的"rubisco调节")。反应生成的氨基甲酸酯衍生物迅速与镁离子结合(一个新的阴离子位点)，激活酶的活性。在rubisco－CO_2－Mg^{2+}复合体形成的同时还伴随有2个质子的释放，由此rubisco酶的活性可受到pH值和Mg^{2+}浓度增加的双重作用的影响。而光照又可对pH值和Mg^{2+}浓度的改变发挥作用，可见光照对于rubisco酶的活化具有重要的影响。

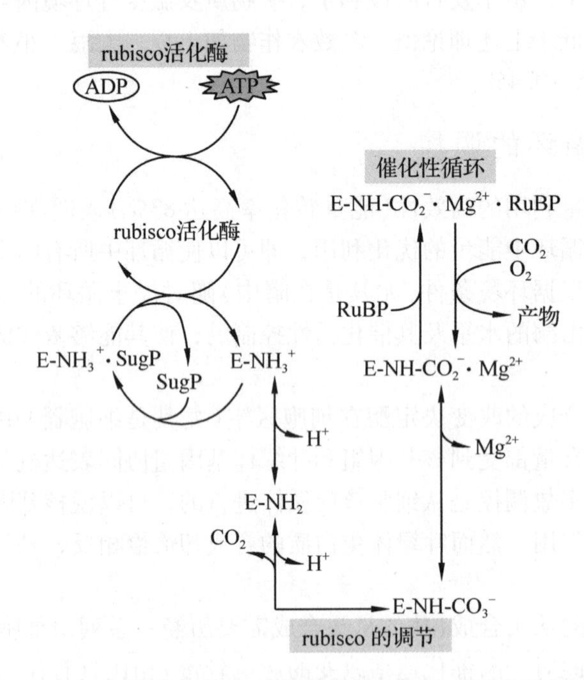

图4-15　CO_2可作为rubisco酶的激活剂(调节)或反应底物(催化)

调节作用：rubisco(E)的活化涉及在酶的活性部位形成氨基甲酸酯-Mg^{2+}复合体(E－NH－CO_2－·Mg^{2+})。在照光叶绿体基质中pH值(H^+浓度下降)和Mg^{2+}浓度上升有利于rubisco酶形成活化态。在催化循环中，活性态rubisco酶首先与核酮糖-1,5-二磷酸结合，随后再结合底物CO_2或O_2，表现出羧化/加氧双重活性。在rubisco活化酶介导循环中，与糖磷酸(如核酮糖-1,5-二磷酸)的紧密结合阻碍了氨甲酰化作用的发生或者阻止了氨甲酰化酶与底物的结合。rubisco活化酶水解ATP引起rubisco酶的构象发生改变，降低了rubisco酶与糖磷酸的亲和力。

4.3.3.2 铁氧还蛋白—硫氧还蛋白系统调控其余4个关键酶

除调控 rubisco 酶的活性，光还通过铁氧还蛋白—硫氧还蛋白系统调控卡尔文循环中另外4个关键酶的活性。铁氧还蛋白—硫氧还蛋白系统包括了铁氧还蛋白(ferredoxin)、铁氧还蛋白—硫氧还蛋白还原酶(ferredoxin-thioredoxin reductase)和硫氧还蛋白(thioredoxin)3个组分。该氧化还原机制是由布坎南(B. Buchanan)历经20多年的时间最终阐明的，他以光合电子传递系统中的产物“还原态铁氧还蛋白”为对象，研究其对酶活性的改变，发现受到影响的酶包括了卡尔文循环中5个关键酶中 rubisco 以外的其余4个。

还原态铁氧还蛋白通过铁氧还蛋白—硫氧还蛋白还原酶催化还原硫氧还蛋白。而还原态硫氧还蛋白通过一系列作用，如激活生物合成酶、失活降解酶等，最终起到调节卡尔文循环酶的作用。可见正是通过铁氧还蛋白—硫氧还蛋白系统的作用使得光信号能够对叶绿体基质中卡尔文循环的代谢活性的变化产生影响。

4.3.3.3 光依赖型离子运动对卡尔文循环的调控

除了引起叶绿体酶的后翻译修饰，光还同时引发基质离子组成的可逆改变。离子组成的变化又进而引起酶催化活性的改变。在光照条件下，质子通过与 Mg^{2+} 发生跨膜交换从基质进入类囊体腔。这一过程使基质中的 pH 值上升(从7升至8)，即质子浓度降低，同时又导致 Mg^{2+} 的浓度的增加。在黑暗条件下，叶绿体基质离子组成发生逆转。

卡尔文循环中的几种关键酶，如 rubisco，果糖-1,6-二磷酸磷酸酯酶，景天庚酮糖-1,7-二磷酸磷酸酯酶，核酮糖-5-磷酸激酶等，在 pH = 8 时更为活跃，并且需要 Mg^{2+} 作为其催化作用的辅助因子。可见，这些光依赖型离子运动对于卡尔文循环中关键酶的活性具有增强作用。

4.3.3.4 光合作用产物对卡尔文循环的调控

卡尔文循环合成的碳水化合物被转化为能量和碳—— 蔗糖和淀粉的贮存方式。在大多数植物中，叶绿体中的光合产物以磷酸丙糖的形式输出到细胞质；蔗糖在细胞质合成，受到蔗糖磷酸合酶磷酸化作用的调控，具有可运输性；而淀粉在叶绿体内合成，不可运输。蔗糖和淀粉的合成比例取决于正磷酸盐、6-磷酸果糖、3-磷酸甘油酸和磷酸二羟丙酮这些代谢物效应子的浓度。代谢物效应子在细胞质中通过控制果糖-2,6-二磷酸和调控代谢物的合成或降解发挥作用。3-磷酸甘油酸和正磷酸盐这2个效应子则作用于叶绿体中淀粉的合成，它们通过变构作用调控 ADP-葡萄糖焦磷酸化酶的活性。

4.4 光呼吸

4.4.1 光呼吸的定义

rubisco 酶具有同时催化 RuBP 发生羧化和加氧反应的能力。rubisco 酶通过催化 RuBP 加氧引发一系列的生理反应，使绿色光合叶片在光下消耗 O_2 释放 CO_2，这个过程就称为光呼吸。光呼吸过程与光合过程正好相反，导致卡尔文循环的固碳被部分地“浪费掉”。

光呼吸的全过程需要由叶绿体、过氧化物酶体和线粒体3种细胞器协同完成，是一个循环过程，也称为C_2光呼吸碳氧化循环(C_2-photorespiration carbon oxidation cycle，PCO循环)，简称C_2循环。

4.4.1.1　光合固碳与光呼吸具有相互竞争的特性

rubisco酶同时具有催化RuBP进行羧化和加氧反应的能力，CO_2和O_2作为rubisco酶的2种底物共同竞争酶的同一个活性位点，其催化方向取决于该酶所在微环境中二者的分压。

C_2循环始于rubisco酶催化RuBP进行加氧反应，产物不稳定迅速分解为1分子磷酸乙醇酸和1分子3-PGA。前者在磷酸乙醇酸磷酸酶的作用下水解为乙醇酸。

在叶绿体中形成的乙醇酸通过特殊的转运蛋白扩散进入过氧化物酶体，由乙醇酸氧化酶催化，被氧化为乙醛酸和H_2O_2。H_2O_2通过过氧化氢酶的催化分解为H_2O和O_2，而乙醛酸与谷氨酸发生转氨作用生成甘氨酸，进入线粒体。2分子甘氨酸在脱羧酶复合体和丝氨酸羟甲基转移酶的依次催化下转变为1分子丝氨酸并生成NADH、NH_4^+，释放CO_2。丝氨酸返回过氧化物酶体，通过转氨作用转化为羟基丙酮酸，随后羟基丙酮酸通过甘油酸脱氢酶的作用转变为甘油酸。最后，甘油酸重新返回叶绿体，在甘油酸激酶作用下生成3-PGA，进入卡尔文循环再生RuBP完成循环(图4-16)。

C_2循环中2分子磷酸乙醇酸(4个碳)转化成1分子3-PGA(3个碳)并释放出1分子CO_2(碳损失25%)。换句话说，由rubisco酶催化加氧反应所导致碳损耗的75%又通过C_2循环重回到卡尔文循环中。可见，植物通过C_2循环重新回收利用部分因rubisco加氧反应所造成的固碳浪费。

4.4.1.2　光呼吸依赖于光合电子传递链

C_2循环的运转需要光合电子传递系统的作用。光合磷酸化提供甘油酸转变为3-PGA所需的ATP和NH_4^+合成谷氨酸所需的还原态铁氧还蛋白。

$$
\begin{gathered}
2\mathrm{RuBP} + 3\ O_2 + H_2O + \mathrm{ATP} + [2\ \mathrm{Fd_{red}} + 2H^+ + \mathrm{ATP}] \\
\downarrow \\
3\ \text{3-PGA} + CO_2 + 2\ \mathrm{Pi} + \mathrm{ADP} + [2\ \mathrm{Fd_{oxid}} + \mathrm{ADP} + \mathrm{Pi}]
\end{gathered}
\tag{4-4}
$$

因此，完整叶片中的光合碳代谢表现为2个彼此相反的循环过程(卡尔文循环与C_2循环)的平衡状态，它们都与光合电子传递链发生联系。

4.4.2　光呼吸的生物学功能

植物体中的每一种机制都有其存在意义，但目前对于光呼吸即C_2循环的认识尚不充分。一种解释是植物为适应低CO_2高O_2的空气构成，减少因rubisco酶加氧反应所造成的碳浪费，通过C_2循环重新回收“浪费掉”的75%的碳源。另一种解释是光呼吸构成了叶绿体中的一种保护性机制，用以降低高光强和低细胞间CO_2浓度条件下(例如，由于缺水气

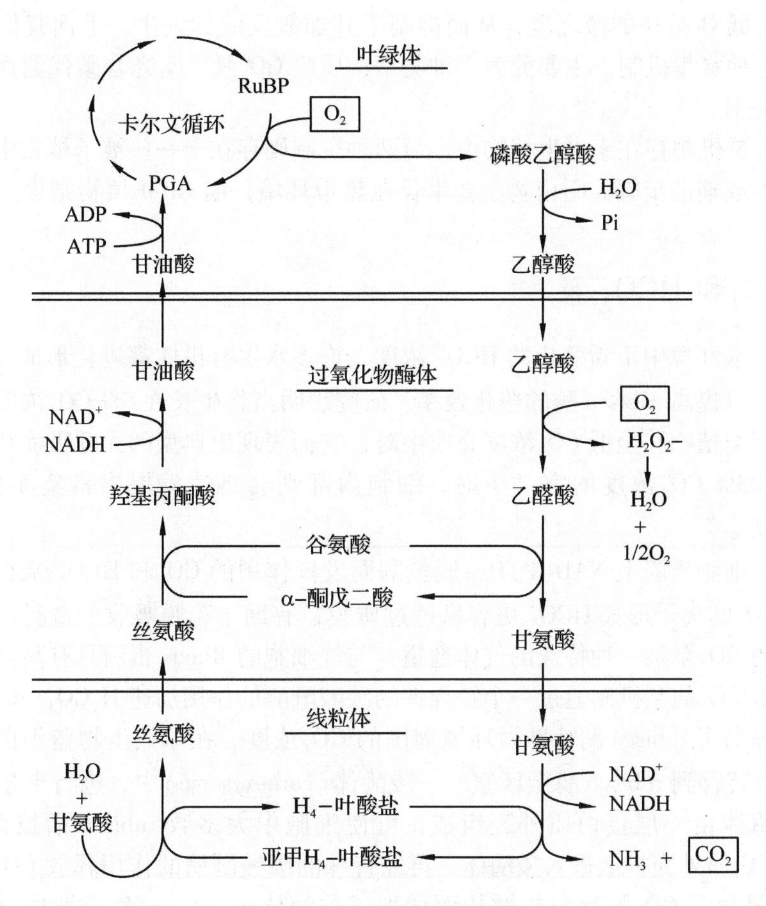

图 4-16 光呼吸的主要反应

C_2 氧化光合循环涉及 3 个细胞器：叶绿体、过氧化物酶体和线粒体。在叶绿体中 rubisco 酶发挥加氧活性产生磷酸乙醇酸；随后磷酸乙醇酸脱掉磷酸形成乙醇酸；乙醇酸进入过氧化物酶体顺序转化为乙醛酸和甘氨酸；甘氨酸转运进入线粒体，经甘氨酸脱羧复合体和丝氨酸羟甲基转移酶的连续作用形成丝氨酸，同时释放 CO_2 和 NH_3。丝氨酸转运进入过氧化物酶体转化为甘油酸；甘油酸进入叶绿体，磷酸化形成三磷酸甘油酸(PGA)重新进入卡尔文循环。

孔关闭)产生的活性氧伤害。在高光照和低 CO_2浓度条件下，C_2循环能够消耗光反应中产生的过多 ATP 和还原力 NADPH，避免光合器受到损害。实验证明，不能进行光呼吸的拟南芥突变体在高 CO_2浓度条件下(2%)可以正常生长，但一旦转移到正常的空气中就会迅速死亡。近来的研究还表明，光呼吸与氮代谢之间存在一定的联系。虽然对光呼吸的理解尚不完全，但越来越多的证据都表明了光呼吸对植物存在着正面的效果。光呼吸这一过程历经长期的进化过程而没有被淘汰掉这一事实本身也说明其存在一定具有特定的生物学意义。

4.5 植物的 CO_2 富集机制

许多光合有机体不进行光呼吸或光呼吸程度很低。这些有机体内都具有正常的 rubisco 酶，缺乏光呼吸是因为它们存在着某种 CO_2的浓缩富集机制，可在 rubisco 酶周围营造

出一个高 CO_2 低 O_2 分压的微环境，从而抑制了其加氧反应的发生。下面我们将讨论植物对于 CO_2 的各种富集机制，主要分为3种类型：质膜 CO_2 泵、C_4 光合碳代谢途径和景天酸代谢(CAM)途径。

质膜 CO_2 泵机制存在于水生植物中，后两种机制则存在于一些被子植物中，作为卡尔文循环的衍生或辅助步骤。C_4 植物主要生长在热带环境，而CAM植物则更适应干旱为主的恶劣气候。

4.5.1　CO_2 和 HCO_3^- 泵

为了适应水环境中不断变化的 HCO_3^- 浓度，许多水生有机体都进化形成了有效的 CO_2 富集机制，用以提高rubisco酶的羧化效率。研究表明当将生长在5% CO_2 浓度空气条件下的蓝细菌和藻类植物移至低 CO_2 浓度介质中时，它们表现出典型的光呼吸症状；而如果将其培养在0.03% CO_2 浓度的空气中时，细胞内部则会迅速发展出富集无机碳(CO_2 和 HCO_3^-)的能力。

利用基于细胞质膜上NAD(P)H－脱氢酶而发挥作用的 CO_2 和 HCO_3^- 泵在细胞质中积累 HCO_3^-。CO_2 的离子形式 HCO_3^- 更容易透过质膜，有助于跨膜吸收的进行。近年的证据表明，绿藻的 CO_2 泵是一种特殊的气体通道，与红细胞的Rheus蛋白具有高度一致性。

这一富集 CO_2 的泵机制通过一个特异性的碳酸酐酶的作用加速 $H_2CO_3 \leftrightarrow CO_2 + H_2O$ 的转换反应，提高了rubisco酶特殊微环境周围的 CO_2 浓度。在原核生物蓝细菌中，细胞质中的 HCO_3^- 被转移到rubisco酶微区室——羧酶体(carboxysome)中，进行卡尔文循环的固碳反应。羧酶体由一层蛋白质外壳组成，可使细胞中大多数rubisco酶彼此相互分隔。HCO_3^- 透过蛋白质外壳扩散进入羧酶体，再经特殊的碳酸酐酶的作用释放 CO_2。而羧酶体蛋白质外壳限制了 CO_2 的反向扩散从而增加了羧酶体中rubisco酶活性位点周围的 CO_2 浓度。

这种 CO_2 和 HCO_3^- 的泵机制能够增高rubisco酶周围的 CO_2 浓度从而抑制羧化反应的竞争反应——加氧反应的发生，因此也就降低了光呼吸 C_2 循环的进行。这种泵机制需要消耗能量用于主动做功泵入 CO_2。

4.5.2　C_4 光合碳代谢途径

rubisco酶的氧化活性在很大程度上制约了维管植物光合碳同化的效率，这在高温和水分胁迫环境下尤为明显。为了最大限度地降低rubisco酶的氧化活性及其导致的光呼吸碳浪费，维管植物进化出了一种重要的 CO_2 富集机制，用以补偿低 CO_2 空气环境对光合作用的限制。由于其固定 CO_2 的最初产物是含4个碳的二羧酸，故将这一途径称为 C_4 光合途径。这个途径是由海池(M. D. Hatch)和史莱克(C. R. Slack)在20世纪60年代发现并阐明的，故也称之为Hatch-Slack途径。目前在被子植物20多个科近2 000多种植物中都发现存在有 C_4 途径，称为 C_4 植物，拥有 C_4 途径的植物多分布在热带。

4.5.2.1　两种不同的细胞参与 C_4 代谢途径

C_4 植物的叶片解剖结构与 C_3 植物不同，C_4 植物的维管组织聚集存在，周围存在有发达的维管束鞘细胞(bundle sheath cell)，形成花环(kranz)状结构(详见《植物学》或《植物生物学》中的相关内容)。维管束鞘细胞与叶肉细胞间存在着大量的胞间连丝，以维系这2种细胞之间的物质交换。这2类光合细胞中含有不同的酶类：叶肉细胞中存在有磷酸烯醇式丙酮酸(PEP)羧化酶，负责固定 CO_2 并将 PEP 羧化形成草酰乙酸(OAA)；维管束鞘细胞中含有脱羧酶(主要有3类，即 NADP-苹果酸酶、NAD-苹果酸酶和 PEP 羧激酶)和 rubisco 酶，它们分别催化 C_4 途径的不同步骤共同完成 CO_2 的最终固定还原。所以说，C_4 植物的 CO_2 富集作用是在维管束鞘细胞与叶肉细胞的协同作用下完成的。

不仅如此，近年的研究还发现，在单个细胞内也存在有 C_4 途径，这主要是通过区室化作用使细胞中形成类似于维管束鞘细胞与叶肉细胞协同作用的微环境来完成的。

4.5.2.2　C_4 光合碳代谢过程

如上所述，C_4 光合碳代谢过程是在叶肉细胞和维管束鞘细胞协同作用下完成的。进入叶肉细胞的 CO_2 首先在碳酸酐酶作用下形成 HCO_3^-，随后由 PEP 羧化酶催化与 PEP 羧化结合形成草酰乙酸。接下来，草酰乙酸由 NADP-苹果酸脱氢酶还原为苹果酸，或通过

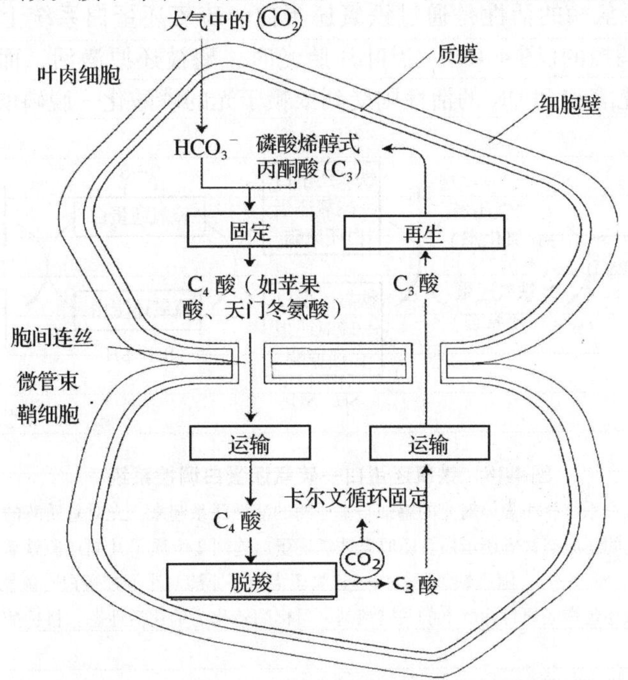

图 4-17　C_4 光合碳循环

由5个连续步骤组成，分别涉及叶片的2个区域，即外部区域和维管区域。①在叶肉细胞外周("外部区域"，靠近外环境)中，空气中的 CO_2 进入细胞后形成的 HCO_3^- 通过 PEP 羧化酶与三碳化合物 PEP 反应产生1分子四碳酸；②四碳酸经胞间连丝进入维管束鞘细胞(维管区域，与维管束紧密相连)；③四碳酸通过脱羧酶(如 NAD-苹果酸酶)催化脱羧在 rubisco 酶周围形成高 CO_2 环境，有利于卡尔文循环的碳同化；④脱羧后剩余三碳酸(如，丙酮酸)返回叶肉细胞；⑤CO_2 受体 PEP 在丙酮酸磷酸双激酶的作用下再生。大多数陆生植物中，外部区域和维管区域分别存在于叶肉细胞和维管束鞘细胞，然而也有少数植物种类，例如，异子蓬(*Borszczowia aralocaspica*)和秤草(*Bienertia cycloptera*)，2个区域共同存在于单个细胞不同的区室。

谷氨酸转氨转化为天冬氨酸。这些形成的 4 碳酸通过胞间连丝转运进入维管束鞘细胞，在维管束鞘细胞中进行脱羧反应，并利用脱羧反应释放的 CO_2进行卡尔文循环，最终完成光合碳同化。而脱羧形成的丙酮酸或 PEP 则转运回叶肉细胞再生 PEP，维持 C_4途径的循环运行(图 4-17)。

根据运入维管束鞘的 C_4羧酸种类及其脱羧酶的不同，可将 C_4途径分为 3 类：①依赖 NADP-苹果酸酶的苹果酸型 C_4植物，其脱羧反应需要 NADPH 和 ATP 的共同作用，发生在维管束鞘细胞叶绿体中；②依赖 NAD-苹果酸酶的天冬氨酸型 C_4 植物，其脱羧反应需消耗 NADH，发生在维管束鞘细胞线粒体中；③依赖 PEP 羧激酶(PEP carboxy kinase，PCK)的天冬氨酸型 C_4 植物，反应消耗 ATP，发生于细胞质中。

4.5.2.3　光调控 C_4途径关键酶的活性

光对于 C_4途径的运转至关重要，它可以通过巯基团的氧化—还原反应和磷酸—脱磷酸化这 2 种机制对 PEP 羧化酶、NADP-苹果酸脱氢酶和丙酮酸磷酸双激酶(pyruvate phosphate dikinase，PPDK)的活性实施调控。

NADP-苹果酸脱氢酶的活性是通过铁氧还蛋白—硫氧还蛋白系统上的巯基基团的氧化—还原反应进行调控的(图 4-18)。当叶片照光时，酶被还原激活，而在黑暗中则被氧化而失活。PEP 羧化酶和 PPDK 的活性则受到依赖于光的磷酸化—脱磷酸化机制的调控。

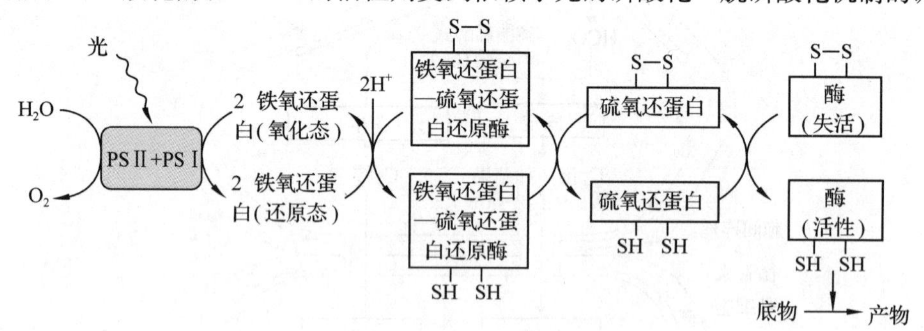

图 4-18　铁氧还蛋白—硫氧还蛋白调控系统

铁氧还蛋白—硫氧还蛋白系统将类囊体对光的感知与基质酶的活性联系起来。光对基质酶的活化过程始于光合电子传递系统(PS Ⅱ+PS Ⅰ)上的还原态铁氧还蛋白。还原态铁氧还蛋白连同 2 个质子共同还原铁氧还蛋白—硫氧还蛋白还原酶上具催化活性的巯基(—S—S—)。随后铁氧还蛋白—硫氧还蛋白还原酶对小调控蛋白—硫氧还蛋白上高度特异性的巯基进行还原。还原态硫氧还蛋白还原目标酶上的关键巯基，目标酶转化为催化活性态。目标酶发挥催化活性，催化底物转化形成产物。

4.5.2.4　C_4途径的生理意义

C_4循环具有降低光呼吸和减少水分散失的优点，对于热带植物有十分重要的意义。首先，PEP 羧化酶对 CO_2的 K_m 值为 7μmol·L^{-1}，而 rubisco 酶则为 450 μmol·L^{-1}，可见 PEP 羧化酶对 CO_2的亲和力远远高于 rubisco 酶。PEP 羧化酶对 CO_2的高亲和性使植物在低 CO_2条件下也能进行有效的吸收，并且通过将形成的 4 碳酸转移到维管束鞘细胞脱羧释放 CO_2，使维管束鞘细胞内 CO_2浓度大大增高，更有效地抑制 rubisco 酶的加氧反应，从而极大地避免了光呼吸浪费，提高卡尔文循环的固碳效率。其次，由于PEP羧化酶对CO_2的高亲和性使得C_4植物可以在高温下进行正常光合作用的同时减少气孔开放尺度，避免水分散失。第三，C_4光合碳代谢途径的运转需要消耗额外的能量，每固定1分子CO_2需要消耗5分子ATP和2分子NADPH，也正是由于C_4光合碳代谢途径的这种高能需求，使得C_4植物较拥有单纯卡尔文循环的C_3植物在高光照下能够更好地进行光合作用，提高了光合系统对高光强的耐受能力，不会轻易受到光抑制的影响，从而使C_4植物对高光强的热带环境具有更强的适应性。

4.5.3 景天酸代谢(CAM)途径

许多植物分布在季节性水分充足的干旱环境中，包括许多重要经济植物，如菠萝(*Ananas comosus*)、龙舌兰(*Agave* spp.)、仙人掌(Cactaceae)和一些兰花(Orchidaceae)植物。这些植物为了适应极端干旱的环境，叶片在结构和光合碳代谢机制上都表现出独有的特性。首先在结构上叶片通常肉质化，表皮厚，面积/体积比低，液泡大，气孔开放孔径小，频率低；在CO_2同化机制方面，则表现为叶片气孔夜开昼闭，叶肉细胞液泡在夜间酸度升高，大量积累苹果酸，白天苹果酸含量减少，酸度下降，淀粉、糖的含量增加。这种以有机酸合成昼夜变化为特征的光合碳代谢类型称为景天酸代谢(crassulacean acid metabolism，CAM)途径，拥有此类碳代谢的植物称之为CAM植物。正是这些结构和代谢机制上的特性，使得CAM植物在干旱条件下更具优势。例如，每固定1 g CO_2，CAM植物仅会失去50~100 g，C_4植物会失去250~300 g，而C_3植物则会失去高达400~500 g水分。

与C_4光合碳代谢途径不同，CAM途径中四碳酸的生成同时具有时间和空间上双重分离的特点。夜间，气孔开放，吸收CO_2，在胞质PEP羧化酶的作用下捕获CO_2与糖酵解过程中形成的PEP反应形成草酰乙酸(OAA)，OAA在NADP-苹果酸脱氢酶的作用下转化为苹果酸，贮存在液泡中。白天，气孔关闭，液泡中的苹果酸转运进入细胞质在NADP-苹果酸酶或NAD-苹果酸酶或PEP羧化酶的催化作用下脱羧释放CO_2，再进入卡尔文循环完成固碳同化(图4-19)。

CAM植物夜间气孔开放吸收CO_2并以苹果酸的形式贮存在液泡中，相当于“CO_2库”，而在白天高温条件下气孔关闭，减少蒸腾作用的同时避免脱羧作用释放出的CO_2经气孔向外扩散，起到保持水分和锁住CO_2的双重作用。CAM途径正是通过这种固碳的时空分离特性实现了在干旱条件下光合作用的最优化。

4.6 环境因子对光合作用的影响

多种环境因素都对光合作用产生影响，包括光强、温度、CO_2浓度、水分、叶片与空气间的水蒸汽压差、土壤肥力及盐碱度、环境污染、病虫危害，以及这些因素之间的交互作用。此外，光合作用也受到栽培措施的影响，如林分间伐、整枝、施肥和灌溉的程度，这些措施均能够改变植物的生存环境，进而影响光合作用。环境条件可通过调控气孔导度和叶肉细胞的光合能力对光合作用产生短期影响(几天到几周)，也可通过改变影响生长改变叶面积对光合作用产生长期影响。以下主要就光、温度和CO_2浓度3个主要环境因子

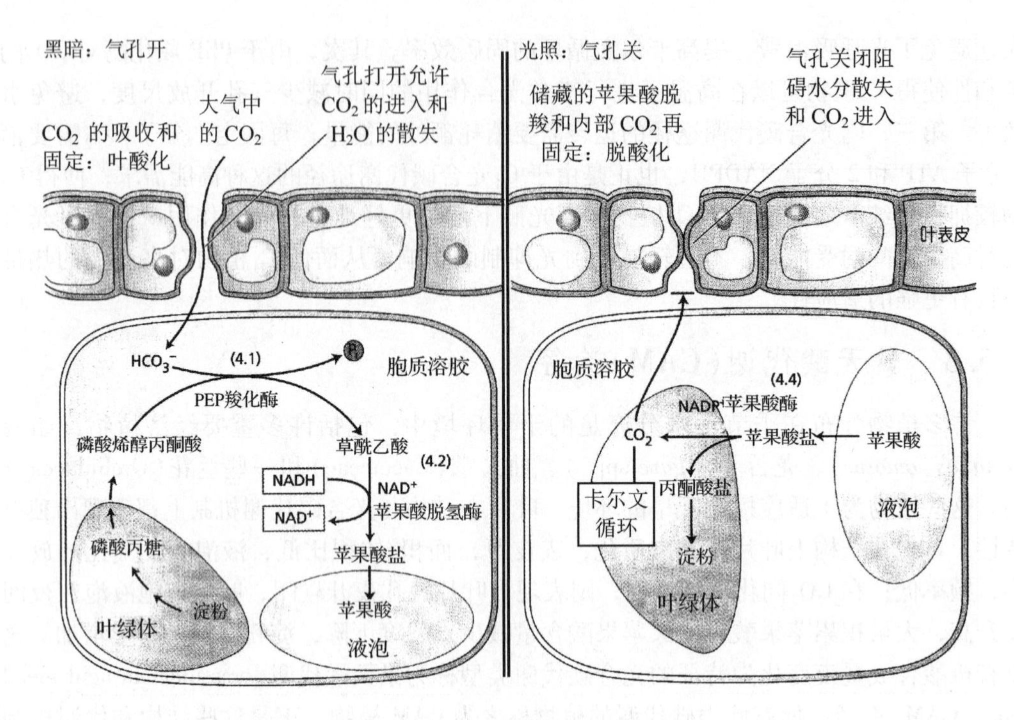

图 4-19 景天酸代谢(CAM)途径

CO_2 吸收与光合反应在时间上的分离：CO_2 的吸收和固定在夜间进行，脱羧和内部释放 CO_2 的再固定在白天进行。CAM 途径的适应优势在于通过白天气孔关闭减少蒸腾作用所带来的水分损失。

对树木光合作用的影响加以阐述，其他因子的影响可参考教材的相关章节。

4.6.1 光对光合作用的影响

4.6.1.1 光合作用的光强响应曲线

黑暗下植物不进行光合作用，因此会有呼吸作用所产生的 CO_2从叶片中释放出来。随着光强的升高光合速率也随之增强，当光照达到某一强度，光合作用对 CO_2的利用速率与呼吸(含绿色组织的光呼吸)作用的释放速率相等，叶片与环境之间的净 CO_2气体交换为零，此时的光照强度即为光补偿点。植物的光补偿点存在着种间和基因型差异，耐荫植物的光补偿点低于喜光植物。此外，还受到叶型(阴生叶的光补偿点低于阳生叶)、叶龄(幼叶比成熟叶具有更高的光补偿点)、空气中 CO_2浓度和环境温度高低的影响。呼吸作用对温度上升更为敏感，与光合作用相比随温度上升更为强烈，因此随着温度的升高光补偿点也在不断增大，温度大于 30 ℃时光补偿点会变得很高。

随着光强的进一步升高(高于光补偿点)，光合速率直线上升，当接近光饱和点时光合速率的增加逐渐减慢。光强继续增大，光能利用率的降低越来越明显，光合作用的增长逐渐慢于光强的升高，最终达到光饱和点，此时光合速率基本恒定(图 4-20)。光饱和点不同于光补偿点，大多都会出现一个明显的拐点，难于获得一个确定的值。在一些树种中，极高光强甚至可造成光合作用的降低(即光抑制)，尤其是当叶片属阴适应型叶片(阴生叶)时，理论上此时可以得到一个相对确定的光饱和点。

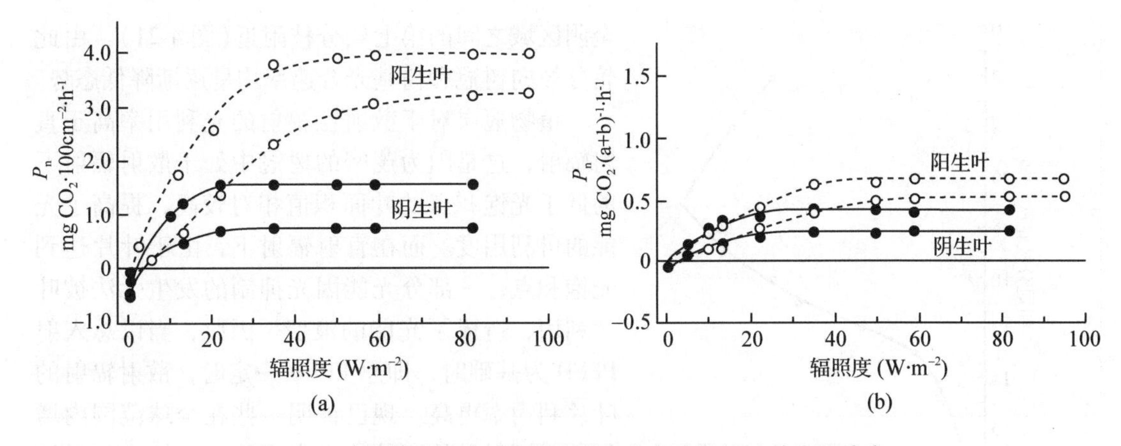

图 4-20 欧洲桦木阳生叶和阴生叶净光合速率(P_n)的光强响应

(a)、(b)分别是以叶面积和叶绿素含量为基准测定的净光合速率

4.6.1.2 叶片内部微环境的光强变化

20 世纪 80 年代，光纤微探针技术的发展使研究被子植物典型叶片内部的光微环境成为可能。当光线进入叶片的近轴面后，聚光、吸收、散射和反射的复杂模式随之启动。除了气孔复合体的几个细胞(保卫细胞 + 伴胞)外，透明的平凸状表皮细胞起到聚光作用，聚集进入叶片内部的光线，使叶绿体接受到的 PPFD(光合作用光量子通量)能提高到正常最大叶入射 PPFD 值的 3 倍之多。栅栏细胞就像导光管，能够增加直射光(尤其是准直光)的透射深度。而在漫射光下生存的耐荫植物由于不需要缓和光强，叶片的栅栏组织发生退化甚至完全消失。叶肉海绵组织内丰富的气体空间为散射光线提供了大量的气—水界面层。一部分散射光在叶片内部被重新吸收，一部分则通过近轴表皮细胞层反射回去。光子在叶片内部的平均路径可超过叶片厚度。研究发现，南梓(*Catalpa bifnonioides*)的 460 μm 厚的叶片的平均光路径为 1 ~ 2 mm，最大可达 7 mm。

4.6.1.3 树冠厚度和高度与光合作用

PPFD 随树冠厚度的增大而迅速下降。在开阔地带生长的树木其树冠外侧的叶片一般较树冠内部叶片具有更高的光合速率。苹果树的外侧树冠高光强区域的平均净同化速率为 16.7 μmol CO_2 · m^{-2} · s^{-1}，而树冠内侧的低光强区域仅为 4.7 μmol CO_2 · m^{-2} · s^{-1}。一般而言，冠层顶端叶片光合速率更高，因其与冠层底部相比具有更高的饱和光强。这些差异与冠层由顶部向底部的叶片气孔导度和叶肉光合能力的逐渐降低成正相关。研究发现，尽管 CO_2浓度、温度和湿度都随冠层高度变化很大，光强才是随冠层高度变化最大的因素。无论是裸子植物还是被子植物，其总光合输出均随树高的变化呈现出较大的差异。造成这种差异的因素主要有 2 个：一是叶片数量；二是遮光。越靠近树干顶部，叶片越少也幼嫩，光合能力差。越靠近树干底部，阴生叶越多，遮光越严重，叶片也越少，叶片光合总量相对较小，通常对主干生长所需的碳水化合物的贡献也较少。研究发现，带有 18 轮分枝，树龄为 38 年的美国花旗松其最大光合速率发生在当年生的自顶部向下介于全光和

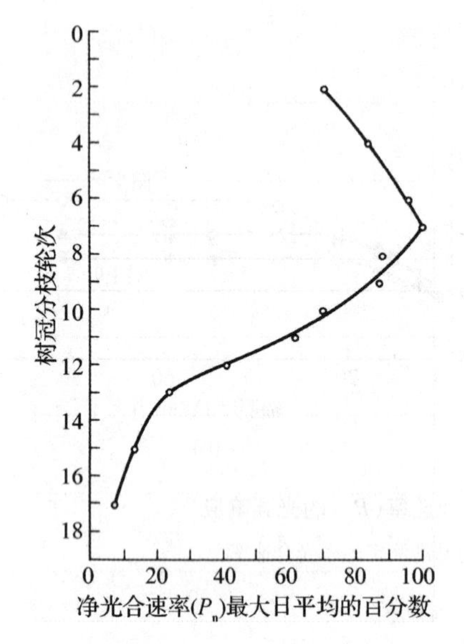

图 4-21　树龄 38 年的美国花旗松冠层不同高度净光合作用速率的变化

全阴区域之间的第七轮分枝附近(图 4-21)。由此轮分枝向树冠和树基光合速率均呈逐渐降低态势。

植物冠层对于散射性辐射的光利用率高于直射辐射，这是因为茂密的树冠中处于散射辐射下的低于光饱和点的叶面积值相对较高，提高了光能的可利用度。而在直射辐射下，由于叶片达到光饱和点，一部分光能因光抑制的发生无法被叶片利用，造成了光能的浪费。因此，当以总入射 PPFD 为基础时，即总 PPFD 一定时，散射辐射的叶片利用率更高。现已证明一些在全球范围内增加散射辐射量的事件均提高了地球陆地生态系统的光合总量。例如，有研究者观察到 1991 年菲律宾皮纳图博(Pinatubo)火山的爆发导致形成全球同温层 SO_2 烟雾层并持续存在若干年，这与马萨储塞温带落叶森林连续 2 年的光合作用(净生态系统交换)提高密切相关。此外，改变云形成的气候变化也能引起相似的光合作用变化。

4.6.1.4　光斑与光合作用

密林下植被层中除充斥着弱的持续散射性辐射外，还受到光斑(即短期直射辐射)的照射。间歇性光斑辐照的持续时间随森林类型的变化很大。例如，热带森林的密郁闭林下立地光斑的持续时间一般不超过 2 min。与之相比，开放性针叶林光斑的持续时间则可达到 1h 以上。光斑可占到森林枯枝落叶层所能接收总辐射量的 80%，对于许多林下植被的生存而言具有至关重要的作用。

林下植被的生长受到光斑的影响很大，高达 60% 的林下植被的碳增长都得益于植物对于光斑的利用。光斑对植物生长的刺激效果是借助于其对光合作用的影响实现的。短暂光斑辐照显著提高了夏威夷和澳大利亚雨林林下植被的光合作用。欧洲梣、欧洲榛和山毛榉在受到较长时间的光斑辐照(3 min 或者更长)后光合作用均有显著升高。欧洲桦木和枸骨冬青的阴生叶光饱和点较低，在光斑照射下几乎都达到光饱和点。光斑辐照对植物生长的潜在促进作用可被干旱、叶片高温或营养竞争所抵消。

4.6.1.5　弱光驯化与遮阴适应下的光合作用

光合作用在一定光强幅度内的响应曲线(图 4-20)已广泛应用于耐荫和喜光植物对光强差异的研究。有研究发现，4 种热带树种遮阴后的变化十分显著。与光合速率变化相比，其中生长速率的变化尤为突出，这表明碳水化合物分配对于生长具有重要意义。在高光强条件下生长的植物其最大光合速率高于低光强条件下生长的同种植物。研究者对野外生长或处于冠层下方(接受光量约为全光照的 18%)的 10 种树木进行了光饱和条件下光合作用的比较，发现喜光树木的光合能力均高于耐荫的同种植物。

光强的光合作用响应在户外植物与温室或在受控室内培养的同种植物之间存在差异。例如，野生白杨成熟叶片单位叶面积的光饱和净光合作用是温室培养或在受控环境培养室中生长的同种植物的1.6~2.1倍。这种光合速率上的差异与野生植物叶片厚度较大和培养条件下植物叶片较薄有关，这些叶片的特征差异恰好符合阳生叶片和阴生叶片的特点(参见《植物学》或《植物生物学》中的相关章节)。显然，野生植物叶片具有更高的光合速率是由于其单位叶面积中含有更多的光合组织。

在低光强条件下许多树种的阴生叶片比阳生叶片具有更高的光合效率。阴生叶的量子产率呈现典型性的升高趋势，而量子产率可用于估测CO_2的固定效率。由于树冠中大多数叶片在不同程度上都会受到遮阴作用的影响，更高的量子产率可以提高阴生叶的光能利用率，使其更好地适应这种遮阴微环境。阴生叶片的光饱和点为200 $\mu mol \cdot m^{-2} \cdot s^{-1}$。阴生叶的日光合速率保持时间较长，直到16:00时才随之减弱，而阳生叶的光合速率在午后即开始下降，到下午后期约降至日最大速率的1/3。

树木对于在其他树木遮蔽下生长的适应能力变化很大，这种能力差异常常是树种能否在竞争环境下成功生存的决定因素。耐荫树种间这种适应能力上的差异主要取决于光合器对低光强的适应能力。光合适应与耐荫对叶生成量和光合能力的影响有关。成功适应低光强环境并良好生长，需要植物具备以下特点：即能够尽可能地有效捕获可利用(弱光)光，随后将之转化为化学能，维持低水平的呼吸作用以及分配更多的碳水化合物用于叶片生长。

与非耐荫植物相比，耐荫树种暗呼吸速率通常较低，因此具有更低的光补偿点和光饱和点。耐荫树种叶片中单位叶表面rubisco酶、ATP合酶和电子载体含量一般较低。这些成分含量的减少与电子传递和固碳能力的减弱相吻合。研究者发现在耐荫树种和非耐荫树种的日间暗呼吸和最大羧化速率之间存在着紧密联系，这一结果强烈暗示羧化速率升高必定伴随着呼吸水平的上升。

4.6.2　温度

4.6.2.1　空气温度

木本植物进行光合作用的温度范围很广，在0~40 ℃之间，具体的温度范围具有种间和基因型差异，并受到年龄、起源和季节的影响。当CO_2供给和光强升高时，净光合速率通常随空气温度的上升而增大，直到达到临界点后开始迅速降低。在大多数温带树种中，净光合速率在一定温度范围内随温度的上升而增大，下限为接近冰点，上限则在15~25 ℃之间。气温对于光合作用的这种影响效应可被多种因素改变，包括光强、CO_2可利用度、土壤温度、水分供给以及环境因素的预适应效应。

在热带树种中光合速率在0~15 ℃范围内常常发生降低现象(图4-22)。例如，咖啡树经历夜晚4 ℃的低温后，光合速率降低至原来的1/2以下。若暴露于0.5 ℃叶片即发生坏死，植物不再吸收CO_2。若叶片未受到低温致死损伤，光合作用会在2~6 d内完全恢复。植物在连续经历几个夜晚4~6 ℃的低温后CO_2吸收呈现逐天降低的趋势。连续受到10 d的低温(4~6 ℃)伤害后，光合速率会降低到最初光合速率的10%以下。低温或高温减弱光合作用的机制十分复杂，同时涉及气孔抑制和非气孔抑制。

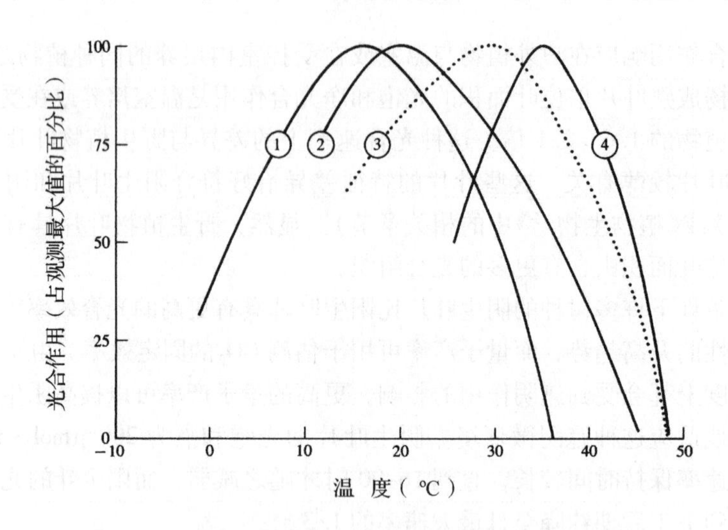

图 4-22　温度对温带树种及热带树种光合作用的影响

曲线①：瑞士石松；曲线②：欧洲桦木；曲线③：印度月桂；曲线④：相思树

(1)低温抑制

冬季休眠诱导或短时间霜冻以及零上低温常常引起光合速率的下降。低温诱导光合作用减慢涉及对光合机制的多重作用。针叶树在冬季光合系统的变化包括叶绿体结构发生改变、叶绿素含量减少、光合酶活性的改变、光合电子传递链的中断以及气孔关闭。研究者考察了关于冬季光合作用的大量文献，得出如下结论：低温下严重的光抑制和叶绿素的光氧化可伴随光合作用量子产额下降、PS Ⅱ荧光释放、叶绿素和 PS Ⅱ作用中心的 D1 蛋白的损耗。质体醌库在 PS Ⅱ的下游侧变为还原态，但重新氧化过程受到抑制。PS Ⅰ似乎对于冰点温度引起的抑制具有更强的耐受力。研究表明，樟子松 PS Ⅰ作用中心的光化学能力在冬季受抑制的程度仅为 20%，而 PS Ⅱ则高达 60%。常绿树种对低温的驯化机制包括捕光叶绿素天线体积的减少和 PS Ⅱ作用中心还原下游侧激发压力的局部丧失，维持叶黄素循环互变的非光化学猝灭，以及通过保持高还原状态保护系统间电子传递系统免受氧化损伤等。在冬季活性氧猝灭系统活性升高可对 PS Ⅰ的光合能力起到保护作用，尤其是抗坏血酸—过氧化物酶系统和可耗散 PS Ⅰ激发压力的环式电子传递流。

(2)高温抑制

高温对于净光合速率的抑制常常发生，这是因为当温度超过光合作用的临界高温时光合作用就开始下降，而呼吸作用此时仍在持续增大。尽管高温常常能使气孔逐渐关闭，其引起光合作用减弱的主要原因却不是气孔关闭作用。高温对光合系统的损伤在很大程度上反映了对叶绿体功能的直接抑制。例如，对于一定树种，叶绿体的失活温度与光饱和 CO_2 吸收的不可逆抑制温度接近。高温下光合作用的减弱与一些因素有关，包括类囊体膜性质的改变、光合碳代谢酶的失活以及由于变性和沉积所导致的可溶性叶蛋白含量的下降。研究发现高温胁迫植物中活性 rubisco 酶的数量由于与 RuBP 结合后形成了非正常催化产物(如木酮糖二磷酸和 3 – 酮基阿拉伯糖醇二磷酸)而发生减少。这些“死端”产物(“dead-end” product)将与催化位点牢固结合。rubisco 活化酶似乎就是通过从其活性位点上脱下抑制性结合磷酸糖而发挥作用的，而这种活化酶在高温下也会发生热变性。许多生物在受到高温胁迫时会合成某些蛋白质，即热休克(热激)蛋白。热休克蛋白可在受到胁迫时产生，也可能在未受胁迫的情况下就已存在，但当受到高温胁迫后其含量大幅上升。研究者们已开始对热休克蛋白的功能进行研究，发现热休克蛋白的一个功能是可以对其他蛋白分子起到稳定作用，从而防止蛋白的热变性。如果与膜有关的细胞区室(包括线粒体、叶绿体、细胞核以及液泡的膜)未受到严重伤害，则高温对光合器的损伤可在较低温度下进行修复。这种恢复的程度通常取决于热胁迫的严重程度和恢复的时间。例如，当常春藤叶片暴露于44 ℃高温30 min后，其光合能力会降低到原先的1/2左右，但若在随后的1周里暴露在20 ℃的温度下其光合能力即可恢复。当受到48 ℃高温胁迫后，光合能力将降低为原先的1/4，并在20 ℃温度下需要8周才可恢复。

4.6.2.2 土壤温度

同空气温度一样，土壤温度对光合作用也产生影响，土壤低温下地上部的CO_2吸收速率会降低。英国针枞在初夏生长阶段不同时期的低光合速率与夜间低温和土壤温度直接相关。夜晚低温过后，土壤低温继而会上升为光合作用的主要限制因素。相似的研究结果在挪威云杉的土壤温度研究中也有报道。

光合作用对土壤低温的降低反应常常涉及气孔和非气孔抑制。由于土壤低温水分吸收降低造成的气孔关闭是北美云杉幼苗光合作用下降的部分原因，这种光合作用减弱主要的表现形式为叶肉导度(c_i)大幅度减小。与之相反，研究发现灌木植物三齿蒿(*Artemisia tridentata*)的根系处于5 ℃时，其处于气温20 ℃的地上部分气孔导度减少50%，而c_i则下降10%，这一结果表明气孔限制是这种植物的主要限制因素。土壤温度介于10~20 ℃之间不会对恩格曼氏云杉(*Picea engelmannii*)针叶的光合作用造成影响。尽管如此，当土温低于8 ℃时光合作用和叶片导度均下降明显。在土温0.7 ℃7 d后光合作用和气孔导度分别降低50%和66%。这种降低在前几小时中与叶片内部CO_2浓度的减少有关，这表明了气孔对于光合抑制的主导效应。然而，长期效果中内部CO_2浓度升高和光合作用减弱在很大程度上则取决于羧化效率下降和量子产额的显著降低。

土壤高温也可以导致光合作用的减弱。生长在土温38~42 ℃ 3周的冬青植株其光合速率低于生长在土温30 ℃或34 ℃的同种植物。叶片叶绿素和类胡萝卜素含量随土壤温度的升高而下降，相反，叶片可溶性蛋白的水平则呈现增高趋势。每单位叶鲜重中rubisco酶的活性随根部温度升高呈现线性反应，而当以每单位蛋白或叶绿素作为基础衡量时发现rubisco活性在42 ℃和30 ℃时均发生下降情况。冬青植物在高根系温度下光合作用减慢适中，这可能是由于在高根系温度下冬青可通过调整代谢或重现进行光合产物的再分配而维持光合速率的基本稳定。

4.6.2.3 CO_2

CO_2扩散进入叶片的过程受到一系列阻力的影响，而最大的阻力来自气孔。孔径的调控为植物控制水分散失和CO_2吸收提供了一种最佳的方式。气孔和非气孔因素都能通过影响植物对CO_2的吸收对光合作用产生影响。CO_2浓度的增加对植物的光合作用是有利的，但可能导致全球气候的恶性变化。在高光强条件下，大多数植物的光合作用都受到CO_2浓度因素的限制，但由于C_4植物和CAM植物所具有的特殊CO_2富集机制，CO_2浓度对这2类植物的限制要低得多。

当木本植物水分状况和光照条件良好时光合作用主要受到空气中低CO_2浓度(每体积约0.037 5%，即375 $mg \cdot L^{-1}$或375 $\mu mol \cdot mol^{-1}$)的影响。就像前面指出的那样，光合细胞中CO_2的可利用性由于其向内扩散路径的阻力受到了强烈的限制，这种阻力包括空气、界面层、角质、气孔和叶肉内的自由空间以及进入细胞后的跨膜及液相扩散阻力。大多数松树针叶的界面层很薄，随叶片体积增加而增大，并随风速的提高而减小。由于大多数叶片的角质层表面对于CO_2存在相对的难以透过性，气孔导度在调节CO_2吸收方面就变得十分重要。叶肉总导度取决于生化和扩散特性，也与光合羧化酶浓度和叶片的光化学能力有关。然而，采用气孔导度和界面层导度分别对植物的光合速率进行测定可能得到不一致的结果，这是因为叶肉导度变化较大。

由于工业活动，局部CO_2的浓度可以远远高于CO_2的世界平均值，当然由于光合作用的消耗也可能低于世界平均值。在无风的条件下空气中CO_2浓度在日间发生波动，下午时分达到最小值。近地CO_2浓度常常很高是因为根系呼吸作用和有机物质分解释放出了CO_2，而在植物冠层周围有时由于光合作用消耗掉大量的CO_2导致浓度下降。中午时分林分中的CO_2浓度可以减少1/4甚至更多，可能是因为光合作用强烈，消耗掉大量的CO_2。雾天里若光照情况未受影响，光合作用则增大，这是因为空气中的CO_2含量在雾天里比晴天更高。

空气中CO_2浓度升高对光合作用的潜在效果越来越受到人们的关注。交通工具对化石燃料的大量使用、工业过程以及可能的对森林的广泛破坏导致了空气中CO_2浓度升高速度加快。分析包埋于远古冰块中的气泡成分表明空气中的CO_2在许多年里一直呈上升趋势，从19世纪中期的接近260 $mg \cdot L^{-1}$升高到本世纪初期的300 $mg \cdot L^{-1}$。2003年位于夏威夷的莫纳洛(Mauna Loa)观测台的CO_2浓度高达375 $mg \cdot L^{-1}$。科学家预测到2050年和2100年CO_2浓度将分别升高至500 $mg \cdot L^{-1}$和700 $mg \cdot L^{-1}$。

在过去的25年里科学家对空气CO_2浓度升高的植物效应开展了大量的研究。植物可被空气CO_2浓度所影响，同时也可影响空气CO_2的浓度。每年陆地生态系统与大气间的CO_2交换量高达120～125 Gt，而人为活动产生的CO_2量为6～7 Gt。大量对于CO_2的早期研究都是通过将盆栽苗在升高的CO_2环境下(高于环境浓度200～400 $mg \cdot L^{-1}$)进行短期或长期性暴露，研究其对植物的影响。当水分和矿质元素供给状况良好时在温室和室内受控环境下植物的光合作用伴随CO_2浓度的升高而增大(至少是暂时性上升)，并伴有植物干重的增加。

为了克服盆栽实验的诸多缺陷，开顶室实验(OTC)被发明出来。在开顶室实验中植物根植于田间或大体积土壤中。生长在OTC的美国鹅掌楸和白栎的幼苗及幼树对于空气的高浓度CO_2连续3年表现为光合速率升高。这种升高与对于这些树种在不受营养和物理限制的情况下进行的短期受控环境实验中所得到的结果很相似。在没有补充灌水、施肥的情况下高浓度CO_2也具有刺激光合作用的功能，尽管叶片氮素和叶绿素浓度在美国鹅掌楸中有所降低。当以植物周围的CO_2水平作为测量标准时发现被子植物和松类光合作用的平均增加值介于40%～61%之间。

尽管认为影响相对较小，开顶室实验自身也常常存在如下限制因素，包括空间局限、室微气候影响以及对实验植物的边缘效应。因此，OTC无法真正实现模拟自然或人为管理的生态环境。最近使用运用自由空气CO_2增强(FACE)装置的野外实验可允许对较大规模的植物林分(达到700 m^2)进行高CO_2浓度效应的直接观测。FACE研究运用释放管环贮存CO_2并使用计算机控制释放模式和释放速率(图4-23)。场地天气监测装置监测风向，并进行风速测定，以指导控制风向下CO_2的释放速率。FACE实验已用于农作物、灌木和树木，记录累积多年数据的数据库正在建立。

图4-23 美国田纳西州的栎陇附近幼年枫香人工林的鸟瞰图

自由空气CO_2加强环(FACE)安装在试验地周围。每块试验地周围架设24个通风管，管之间相隔3.3 m，悬挂在12个铝塔上。环的直径为25 m。

大量的FACE研究使综合分析成为可能，结果表明CO_2水平提高可产生长期性光饱和光合速率(A_{sat})和日碳同化量(A')的刺激作用(图4-24)，并且乔木和灌木与草本植物相比表现出中、高等的A_{sat}和A'反应。在低光水平下CO_2水平升高导致量子产额明显上升，这可能是因为高浓度CO_2可通过抑制rubisco酶的加氧活性控制ATP和NADPH向光呼吸代谢分流的缘故。叶片淀粉含量在CO_2浓度提高的条件下大幅度上升，而蔗糖浓度也有一定程度的提升。

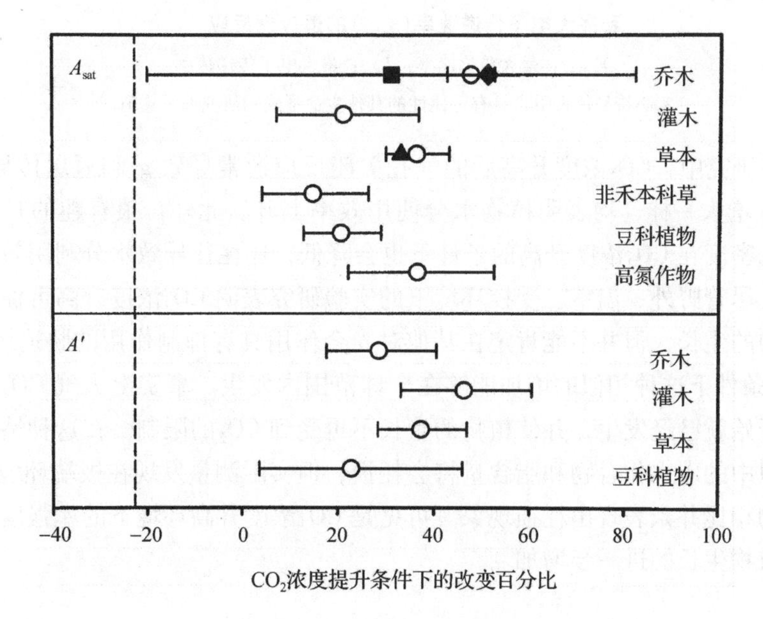

图4-24 不同C_3植物组CO_2升高时的光合反应

A_{sat}：净光合作用的光饱和速率；A'：日碳同化量

实心符号代表引自具有可比性的其他生命形式的研究的平均值。

在CO_2浓度升高的条件下一些光合参数常常表现出长期性下调，其中最显著的是rubisco酶的含量和活性下降，导致最大羧化速率(V_{cmax})减少(图4-25)。当以质量基准为衡量标准时rubisco酶的减少通常与叶片氮素降低有关。与$V_{c,max}$相比电子容量(J_{max})降低受到CO_2浓度的影响较少，并且树木在上述这些光合参数方面受到CO_2浓度的影响略低于草本植物。另一方面，叶面积指数在CO_2浓度升高的情况下也随之增大，并且木本植物略高于C_3草本植物。

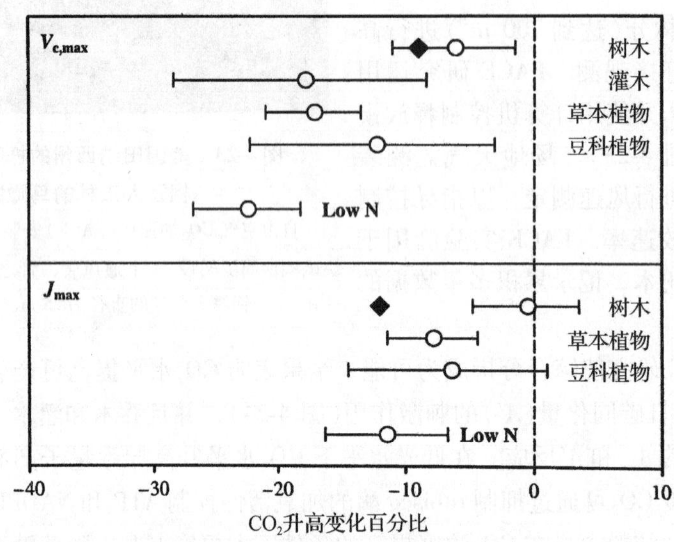

图4-25　不同C_3植物组对CO_2升高产生的最大羧化速率($V_{c,max}$)和最大电子传递速率(J_{max})的适应性反应

$V_{c,max}$：最大羧化速率；J_{max}：最大电子传递速率

实心符号代表引自具有可比性的其他生命形式的研究的平均值。

在FACE研究中，CO_2浓度升高后的气孔关闭反应通常导致g_s和冠层传导度的下降，这一结果与A'增大一样，均表明植物水分使用效率上升。此外，很有趣的是除了气孔关闭反应，气孔密度在CO_2浓度升高的条件下也会降低，还往往导致水分利用效率增大。必须指出的是，尽管野外、温室、受控环境下的实验研究表明CO_2浓度升高可促使光合速率的增大和植物的生长，但并不能肯定在其他对光合作用具有抑制作用的胁迫因素(如缺水缺氮)存在的条件下这种相似的增加能够在全球范围内发生。事实上大气CO_2浓度的升高从工业时代开始就已经发生，并使植物的生长不再受到CO_2的限制。在这种情况下科学家预测树木组织中的碳水化合物和脂含量将会耗损，但实际测量发现在极端环境下生长的植物与常态植物相比并未表现出耗损现象。可见是CO_2浓度升高环境下的库强度限制制约了光合作用和植物生长的进一步增加。

小　结

植物、藻类和光合细菌通过光合作用贮存太阳能。高等植物中，叶绿体的类囊体是光反应的主要场所，叶绿体的基质是碳反应的场所。光合作用由光反应和碳反应组成，大致分为3个阶段：原初反应、电子传递和光合磷酸化、碳同化。

光合色素依功能可分为作用中心色素(少量特殊叶绿素a分子)和天线或聚光色素(包括叶绿素和类胡萝卜素)。这些色素包埋在类囊体膜中，并以非共价键与蛋白质结合在一起，形成色素蛋白复合体。叶绿素分子吸收光子后被激发，激发态叶绿素分子能够通过热能、荧光、能量传递或者光化学转换的方式处理这些能量。天线色素复合体吸收光能，并将能量转移给特殊叶绿素a蛋白复合体——作用中心色素分子。高等植物光合作用中心由PS Ⅰ和PS Ⅱ 2个光系统组成，通过电子传递链形成NADPH和ATP，并伴随水的光解放氧发生，将光能转化为活跃的化学能(同化力)。过量的光能造成光合器的损伤，叶绿体具有相应的保护和修复机制，类胡萝卜素和叶黄素在其中发挥十分重要的作用。

光合作用通过碳反应消耗NADPH和ATP，以还原CO_2形成碳水化合物。植物的固碳代谢途径有3条：卡尔文循环、C_4代谢途径和景天酸代谢(CAM)途径。卡尔文循环是碳同化的基本途径，通过羧化阶段、还原阶段和再生阶段，合成淀粉、蔗糖等多种化合物。从叶绿体向外运输的糖主要是磷酸丙糖。C_4途径和CAM途径作为CO_2的富集机制是卡尔文循环的有效补充。rubisco酶同时具有羧化和加氧双重反应活性，C_2氧化光合碳循环减少了因rubisco酶加氧反应形成2-磷酸乙醇酸造成的毒害和碳损失。卡尔文循环合成的碳水化合物以蔗糖和淀粉2种形式贮存。蔗糖在大多数植物中是可移动形式，而淀粉在叶绿体中合成。

光合器官的许多特性可随获得光量的多少而变化，包括光补偿点。同一叶片在同一时间内，光合过程中吸收的CO_2和光呼吸及呼吸过程中放出的CO_2等量时的光照强度，称为光补偿点。光下生长的植物(或喜光植物)的叶片的光补偿点就比阴暗处生长的植物(或耐荫植物)的叶片要高一些。根据光合作用的光反应曲线可以计算整个叶片光合作用的量子产额。一般情况下，C_3植物的量子产额高于C_4植物。CO_2扩散进入叶片的过程受到一系列阻力的限制。最大的阻力来自于气孔，孔径的调控为植物控制水分散失和CO_2吸收提供了一种最佳的方式。气孔和非气孔因素都能通过影响植物对CO_2的吸收对光合作用产生影响。阳光在提供叶片光能的同时也产生了大量的热负荷，这些热量又以长波辐射、感热损耗或通过蒸腾作用等方式释放到空气中。温度对光合作用也十分重要，光合作用中参与生化反应的酶的活性和叶绿体光合膜系统的稳定性等均受温度的影响。

思考题

1. 什么叫吸收光谱和作用光谱？叶绿素的吸收光谱和其光合作用的作用光谱间存在何种关系？
2. 放氧型光合作用中电子传递的作用是什么？指出其最终电子供体和受体各是什么？
3. 简述类囊体膜上ATP合成的过程。指出还原剂、能量来源及光的作用各是什么并作出解释。
4. 简述为何不能将光合作用的“碳反应”简单称之为“暗反应”。
5. 一般认为C3植物的光呼吸是一个导致产量下降的浪费的过程，请设计一个能降低C3植物光呼吸的实验。为什么C4植物受光呼吸的影响较小？
6. 影响光合作用的环境因子有哪些？各是如何影响的？

植物体内有机物代谢、运输与分配

糖、蛋白质、核酸和脂类是生物体中最主要的有机物，它们在生物体内不断合成、分解及相互转化。高等植物光合作用产生的同化物是通过韧皮部筛分子—伴胞复合体运输的，并且蔗糖是有机物运输的主要形式。压力流动学说目前被广泛用来解释有机物是如何在韧皮部中进行运输的。韧皮部装载和卸出都有两条途径：共质体途径和质外体途径。光合同化物分配遵循就近供应、同侧运输、优先供应生长中心的基本规律。外界环境因素对同化物的运输与分配产生调控作用，而植物自身的代谢及内源激素水平也会对同化物的运输和分配产生影响。

新陈代谢是有机体具有生命活动的基本特征。一方面，生物必须不停地与外界环境之间进行物质和能量的交换；另一方面，生物体内部也时刻发生着复杂的物质变化。一旦代谢停止就意味着生命的消亡。

光合作用，作为植物体内重要的代谢过程不断合成同化产物，其中主要是糖类，除此之外还有脂肪、蛋白质等。合成的同化产物除了满足自身组织或器官需要外，还要向植物的其他器官进行运输。运输到接受器官后，在那里要重新合成为其他化合物。因此，植物体内不断地进行有机物代谢，同时也不断地进行有机物的定向运输、分配，以协调植物各部分对物质的需求。

5.1　植物体内主要有机物的代谢

有机物代谢(metabolism of organic compounds)是指生物体内有机物质的合成、分解及其相互转化的过程。光合作用和呼吸作用是植物代谢的重要组成部分，由于这 2 个过程的特殊重要性在前面已分别加以论述，因此，本章所涉及的代谢，主要是有关糖(蔗糖、淀粉和纤维素)、脂肪、核酸和蛋白质的代谢。

5.1.1　糖的代谢

因为几乎所有的糖类其基本组成元素 C、H、O 的比值符合 C、H_2O 之比，所以糖类通常也称为碳水化合物(carbohydrates)。糖类广泛分布于植物体内，不仅是植物体内的贮藏养料，同时也是合成其他有机化合物的前体。从化学机构上看，糖是一类多羟醛或多羟酮。按其结构特点，植物体中的糖有 3 大类，分别为单糖、聚糖和糖的衍生物。

单糖 为简单的多羟醛或多羟酮，水解后不能产生更小的糖单位。植物体中单糖的种类很多，从丙糖至庚糖都有发现。其中主要的单糖有 3 类，即戊糖、己糖和庚糖。

聚糖 分为低聚糖(寡糖)和高聚糖(多糖)。低聚糖指的是由 2～10 个单糖单位缩合去水形成的糖。植物体内的低聚糖主要是二糖、三糖和四糖。常见的二糖有蔗糖、乳糖以及麦芽糖等；三糖有棉籽糖；四糖有水苏糖。高聚糖指的是由 10 个以上单糖单位缩合去水形成的糖。植物体中的多糖有 2 大类，一类是由相同的单糖分子形成的糖，叫纯多糖(如淀粉、纤维素)；另一类是由 2 种或 2 种以上单糖分子形成的多糖，叫杂多糖(如半纤维素、菊糖以及果胶物质等)。

糖的衍生物 包括糖的氧化产物(糖醛酸)、还原产物(糖醇)、氨基化(氨基糖)和磷酸化产物(糖的磷酸酯)以及糖苷和脱氧(单)糖。

糖中单糖的合成与分解，大多已在光合作用和呼吸作用进行讲述，因此下面主要针对蔗糖、淀粉和纤维素的代谢加以介绍。

通常单糖在形成寡糖和多糖之前，必须经过活化，糖核苷酸就是活化的单糖形式。在植物体内主要有 2 类糖核苷酸，即二磷酸葡萄糖尿苷(UDPG)和二磷酸葡萄糖腺苷(ADPG)。UDPG 是在 UDPG 焦磷酸化酶催化下由 1-磷酸葡萄糖与 UTP 作用形成的。

$$\text{G1P} + \text{UTP} \xleftrightarrow{\text{UDPG 焦磷酸化酶}} \text{UDPG} + \text{PPi}$$

5.1.1.1 蔗糖的合成和降解

蔗糖由葡萄糖和果糖组成，是高等植物光合作用的主要产物，是碳水化合物在体内贮藏、积累和运输的主要形式，在代谢中占有重要地位。

(1)蔗糖的生物合成

磷酸蔗糖合成酶途径 磷酸蔗糖合成酶(sucrose phosphate synthetase，SPSase)可利用 UDPG 作为葡萄糖供体，与果糖-6-磷酸合成磷酸蔗糖。磷酸蔗糖在磷酸酯酶的作用下，水解生成蔗糖和磷酸。由于该反应中，磷酸蔗糖的进一步水解是不可逆反应，故认为这一途径是植物体中蔗糖合成的主要途径。

$$\text{UDPG} + \text{果糖 6-磷酸} \xleftrightarrow{\text{磷酸蔗糖合成酶}} \text{磷酸蔗糖} + \text{UDP} \quad (5-1)$$

$$\text{磷酸蔗糖} + H_2O \longrightarrow \text{蔗糖} + \text{磷酸} \quad (5-2)$$

蔗糖合成酶途径 蔗糖合成酶(sucrose synthetase)可利用 UDPG 或 ADPG 作为葡萄糖供体，与果糖合成蔗糖。该酶在小麦、竹子、杨树、松和铁杉中都有发现。蔗糖合成酶途径是非光合组织中蔗糖合成的主要途径。

$$\text{UDPG} + \text{果糖} \xleftrightarrow{\text{蔗糖合成酶}} \text{UDP} + \text{蔗糖} \quad (5-3)$$

蔗糖磷酸化酶途径 蔗糖磷酸化酶(sucrose phosphorylase)可利用葡萄糖-1-磷酸为糖供体，与果糖合成蔗糖。这个途径主要存在于微生物中。

(2)蔗糖的降解

蔗糖的降解通常是通过蔗糖酶(sucrase)，也称转化酶(invertase)来完成的。蔗糖酶催化蔗糖水解为葡萄糖和果糖，二者的混合物称为转化糖。植物种子中有2种蔗糖酶，一种是酸性蔗糖酶，最适pH值为4.5～5.0；另一种是碱性蔗糖酶，最适pH值为7.5～8.0。在提取时，碱性蔗糖酶的溶解度较高，而酸性蔗糖酶的溶解度较低。

$$\text{蔗糖}+H_2O \xleftrightarrow{\text{蔗糖酶}} \text{葡萄糖}+\text{果糖} \qquad (5-4)$$

此外，蔗糖的分解可以通过蔗糖合成酶的逆反应转化为UDPG或ADPG，然后用于合成淀粉。

5.1.1.2　淀粉的合成和分解

淀粉是大多数植物积累的主要糖，它频繁地进行着合成和分解。淀粉有2种类型：直链淀粉和支链淀粉。直链淀粉是由许多α-葡萄糖缩合去水，以1,4糖苷键连成的直链，通常由200个以上葡萄糖单位组成，溶于热水，以碘液处理产生蓝色。支链淀粉也是由许多α-葡萄糖缩合去水，但除了1,4糖苷键连成的直链外，还有以1,6糖苷键连成的分支。通常有1 000个以上葡萄糖单位组成，不溶于热水，以碘液处理产生紫色。

(1)淀粉的合成

淀粉合成酶途径　植物中淀粉的合成主要是由淀粉合成酶(starch synthetase)催化的。该酶以UDPG或ADPG中的葡萄糖为供体，转移到葡聚糖引物的非还原端，反应一次加长1个葡萄糖单位。

$$\text{UDPG(供体)}+n\text{G(引物受体)} \xleftrightarrow{\text{淀粉合成酶}} (n+1)\text{G}+\text{UDP} \qquad (5-5)$$

这个反应重复下去，可使淀粉链不断延长。最近报道，在植物及微生物中，ADPG途径比UDPG途径快10倍。

淀粉磷酸化酶途径　淀粉磷酸化酶(starch phosphorylase)催化合成淀粉时，要有一种引物作为受体分子，最小的受体分子是含有3个葡萄糖的麦芽三糖。合成时，1-磷酸葡萄糖单体加到受体分子的非还原性末端，通过α-1,4糖苷键相连，逐步延长直到合成一定链长的直链淀粉。这一反应是可逆的，即淀粉磷酸化酶既能催化淀粉合成，也可以使淀粉分解，形成1-磷酸葡萄糖。pH值是调节这种反应方向的主要因素。合成时的最适pH值为5，分解的最适pH值为7左右。

$$\text{G1P(供体)}+n\text{G(受体)} \xleftrightarrow{\text{淀粉磷酸化酶}} (n+1)\text{G}+H_3PO_4 \qquad (5-6)$$

D酶途径　D酶(D-enzyme)是一种糖苷转移酶，作用于α-1,4糖苷键上，最早是在马铃薯中发现的。该途径中的糖供体是具有2个或2个以上α-1,4糖苷键的糖，糖受体可以是与供体相同的糖，也可以是其他寡糖或多糖。产物除淀粉外，还有1个游离的葡萄糖。

$$\text{麦芽三糖(供体)}+\text{麦芽三糖(受体)} \xleftrightarrow{\text{D酶}} \text{麦芽五糖}+\text{葡萄糖} \qquad (5-7)$$

Q酶途径　以上3种淀粉合成途径都形成α-1,4糖苷键，产生直链淀粉，而具有α-1,6糖苷键的支链淀粉是由Q酶(Q-enzyme)催化形成的。Q酶是在马铃薯中发现的，它要求的糖供体和糖受体是含有3个以上的α-1,4糖苷键的糖，或直链、支链淀粉，而具有40

个葡萄糖单体的精糊最为普遍，其合成过程如图 5-1 所示。

(2)淀粉的分解

水解途径 大多数植物都有 2 种不同的水解酶：α-淀粉酶和 β-淀粉酶。

α-淀粉酶(α-amylase)属于内切淀粉酶，水解直链淀粉或支链淀粉内部的 α-1,4 糖苷键，形成短链有分支或无分支的精糊。该酶耐高温，在 70 ℃经 15 min 仍有活性；不耐酸，在 pH 3.3 环境中即失去活性。

β-淀粉酶(β-amylase)属于外切淀粉酶，水解直链或支链淀粉外围的 α-1,4 糖苷键，形成麦芽糖、分支精糊，麦芽糖可在麦芽糖酶的作用下分解为 2 分子葡萄糖。该酶耐酸不耐高温。

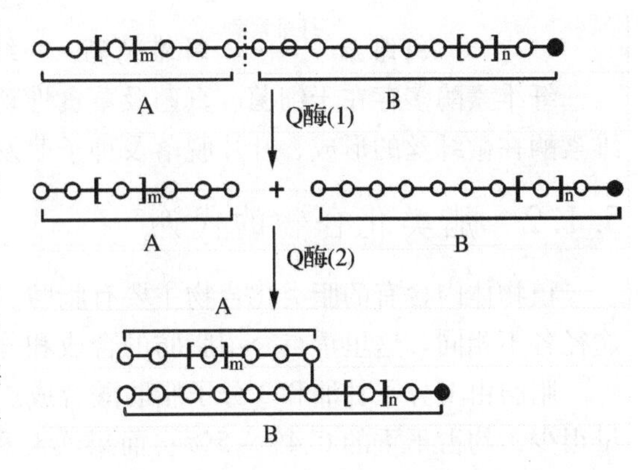

图 5-1 在 Q 酶作用下支链淀粉的形成

第一步，Q 酶将直链淀粉在虚线处切断，生成 A、B 两段直链；第二步，Q 酶将 A 直链以 1,6 糖苷键连接到 B 直链上，形成分支；○为葡萄糖残基；●为还原性段葡萄糖残基。

α-淀粉酶和 β-淀粉酶主要切割 α-1,4 糖苷键，而支链淀粉分支点的完全水解，必须有专一水解 α-1,6 糖苷键的酶，这种酶称作 R 酶(R-amylase)，已从马铃薯当中分离得到。这样，淀粉在 α-淀粉酶、β-淀粉酶、R 酶和麦芽糖酶的共同作用下水解为葡萄糖。

磷酸解途径 催化淀粉合成的淀粉磷酸化酶也可以催化淀粉的降解。在有无机磷酸存在的条件下，淀粉磷酸化酶能催化淀粉的 α-1,4 糖苷键断裂，形成 1-磷酸葡萄糖。

$$nG(\text{淀粉}) + H_3PO_4 \xleftrightarrow{\text{淀粉磷酸化酶}} (n+1)G + G1P \qquad (5-8)$$

淀粉酶和淀粉磷酸化酶都可以分解淀粉，淀粉酶要求较高的温度，而淀粉磷酸化酶要求较低的温度。如在夏季室温下的香蕉，淀粉很快水解为糖，因而迅速变甜，这主要是淀粉酶作用的结果；而常绿树的叶片在冬季比在夏季具有更高的含糖量，有些果实在冬季变得更甜，以及马铃薯块茎在 10 ℃以下开始将淀粉转化为糖等，这都是淀粉磷酸化酶作用的结果。

5.1.1.3 纤维素的合成和降解

纤维素是细胞壁的主要成分，是以 β-1,4 糖苷键连接而成的多糖，没有分支。纤维素的分子很大，含有 3 000 ~ 10 000 个 β-D-葡萄糖单位。

(1)纤维素的合成

目前认为纤维素的合成是由纤维素酶(cellulose synthetase)催化的。糖供体为活化的葡萄糖 GDPG，糖受体为具有 β-1,4 糖苷键的糖链。每次反应可以转移 1 个葡萄糖单位。

$$GDPG + nG \xleftrightarrow{\text{纤维素合成酶}} (n+1)G + GDP \qquad (5-9)$$

(2)纤维素分解

纤维素能被纤维素酶水解，生成的产物是纤维二糖。纤维二糖又能被纤维二糖酶水解为 β-D-葡萄糖。

$$纤维素 \xrightarrow{纤维素酶} 纤维精糊 \longrightarrow 纤维二糖 \xrightarrow{纤维二糖酶} \beta\text{-D-}葡萄糖 \quad (5-10)$$

纤维素酶多存在于细菌、真菌及草食性动物的胃中。近年来，在高等植物中也发现纤维素酶在微纤丝的形成、叶片脱落及种子萌发时，以及种皮的分解中都发挥作用。

5.1.2 脂类化合物的代谢

植物体内含有的脂类化合物主要有脂肪、磷脂、萜类和甾类等，它们种类繁多，合成途径各不相同。这里重点介绍脂肪的合成和分解。

脂肪由1分子甘油和3分子脂肪酸合成。在一般情况下，植物体营养器官中脂肪的含量很少，约占干重的0.4%~5%；而果实和种子中则含量较多，约为干重的5%~65%。但是，也有许多植物的种子脂肪含量很少，如禾谷类和豌豆等。脂肪不溶于水，以油滴状悬浮于细胞质中。

5.1.2.1 脂肪的合成

脂肪的合成共包括3个反应序列，即甘油的合成、脂肪酸的合成以及甘油和脂肪酸合成脂肪。

(1)甘油的合成

在生物体中，甘油是从呼吸作用糖酵解的中间产物羟基丙酮磷酸转化而来的。

$$羟基丙酮磷酸 + NADPH + H^{+} \xrightarrow{甘油磷酸脱氢酶} 甘油磷酸 + NAD^{+} \quad (5-11)$$

$$甘油磷酸 + H_2O \xrightarrow{磷酸酯酶} 甘油 + 磷酸 \quad (5-12)$$

一般情况下，植物体内甘油不以游离的状态存在，即形成甘油磷酸后，立即与酯酰-CoA反应，合成脂肪。

(2)脂肪酸的合成

脂肪酸的合成是一个相当复杂的过程，它包括一个完整的反应体系。

脂肪酸合成的碳受体　为乙酰-CoA或酯酰-CoA。乙酰-CoA是糖酵解过程中产生的丙酮酸在线粒体中经氧化脱羧后与CoA(HS-CoA)形成的产物，它不能自由跨过线粒体内膜，而脂肪酸的合成是在细胞质中进行的，所以需要有一个转运乙酰-CoA到细胞质中的过程。一般认为，转运过程如下：线粒体中产生的乙酰-CoA可先与草酰乙酸结合生成柠檬酸，柠檬酸可穿过线粒体的膜并进入细胞质，在柠檬酸裂解酶的作用下再生成乙酰-CoA，同时产生草酰乙酸。

脂肪酸合成的碳供体　为丙二酸单酰-CoA，它是由乙酰-CoA羧化酶(acetyl-CoA carboxylase)复合体催化形成的。该复合体含有3个组分：生物素羧化酶、生物素羧基载体蛋白(BCCP)和转羧基酶。

$HCO_3^- + ATP$
$ADP + P_i$
酶-生物素
酶-生物素—COO^-
$^-OOC—CH_2—C(=O)—S\text{-}CoA$
丙二酸单酰CoA
$H_3C—C(=O)—S\text{-}CoA$
乙酰CoA

脂肪酸合成酶系反应　脂肪酸合成酶系(fatty acid synthetase system)由6种酶和一个酰基载体蛋白(ACP)组成。这6种酶有序地排列在ACP周围(图5-2)。在植物细胞中，这种多酶复合体存在于细胞质、线粒体或叶绿体中，复合体的各组分可以分开而不失去催化功能。

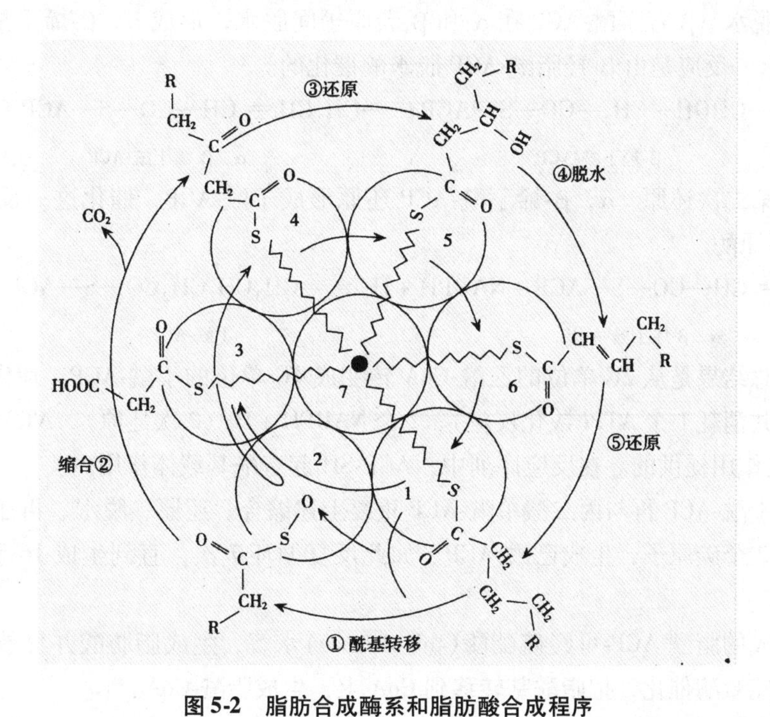

图 5-2　脂肪合成酶系和脂肪酸合成程序

1. 酰基转移酶　2. 合成酶　3. 丙二酰转移酶　4. 还原酶　5. 水化酶
6. 还原酶　7. ●酰基载体蛋白 ACP

脂肪酸合成酶系催化的反应分为以下几个阶段。

第一，引入碳受体。乙酰-CoA与ACP上的-SH基作用，形成乙酰-ACP，然后，乙酰基转移到β-酮脂酰-ACP合酶上，形成乙酰-合酶。

$$\underset{\text{乙酰-CoA}}{CH_3CO—S—CoA} + HS—ACP \rightleftharpoons \underset{\text{乙酰-ACP}}{CH_3CO—S—ACP} + CoASH \quad (5-13)$$

$$\underset{\text{乙酰-ACP}}{CH_3CO—S—ACP} + HS—\text{合酶} \rightleftharpoons CH_3CO—S—\text{合酶} + HS—ACP \quad (5-14)$$

第二，引入碳供体。丙二酸单酰-CoA与ACP作用，形成丙二酸单酰-ACP。

$$\underset{\text{丙二酸单酰-CoA}}{HOOC—CH_2—CO—SCoA} + ACP—SH \rightleftharpoons \underset{\text{丙二酸单酰-ACP}}{HOOC—CH_2—CO—S—ACP} + CoASH \quad (5-15)$$

第三，脱羧缩合。乙酰-合酶上的乙酰基与ACP上所连的丙二酸单酰基反应，生成乙酰乙酰-ACP，同时放出1分子CO_2。

$$CH_3CO—S\text{-合酶} + \underset{\text{丙二酸单酰-ACP}}{HOOC—CH_2—CO—S—ACP} \longrightarrow \underset{\text{乙酰乙酰-ACP}}{CH_3CO—CH_2—CO—S—ACP} + HS\text{-合酶} + CO_2 \quad (5-16)$$

第四，第一次还原。乙酰乙酰-ACP由$NADPH + H^+$还原，形成β-羟丁酰-ACP，这一反应是由β-酮脂酰-ACP还原酶催化的。

$$CH_3CO—CH_2—CO—S—ACP + NADPH + H^+ \longrightarrow CH_3—CHOH—CH_2—CO—S—ACP + NADP^+$$

乙酰乙酰-ACP　　β-羟丁酰-ACP　　(5-17)

第五，脱水。β-羟丁酰-ACP在α和β碳原子间脱水，形成α，β-烯丁酰-ACP(巴豆酰-ACP)。这一反应是由β-羟脂酰-ACP脱水酶催化的。

$$CH_3—CHOH—CH_2—CO—S—ACP \longrightarrow CH_3CH = CH—CO—S—ACP + H_2O$$

β-羟丁酰-ACP　　α，β-烯丁酰-ACP　　(5-18)

第六，第二次还原。α，β-烯丁酰-ACP还原形成丁酰-ACP，催化这一反应的酶是烯脂酰-ACP还原酶。

$$CH_3CH = CH—CO—S—ACP + NADPH + H^+ \rightleftharpoons CH_3CH_2CH_2CO—S—ACP + NADP^+$$

α，β烯丁酰-ACP　　丁酰-ACP　　(5-19)

反应的总结果是从2C单位的乙酰-CoA转变成4C单位的丁酰-ACP，使碳链增加了2个碳单位，共消耗1个ATP(羧化反应)，2个$NADPH + H^+$(2次还原)。ATP和$NADPH + H^+$是由呼吸作用提供的。在反应序列中，ACP-SH起着酰基载体作用。

生成的丁酰-ACP再与丙二酸单酰-ACP重复上述缩合、还原、脱水、再还原的循环反应，又延长2个碳原子，生成己酰-ACP。如此反复循环7次，直到生成16碳软脂酰(棕榈酰)-ACP。

以上合成的脂酰ACP-可经硫酯酶(thioesterase)水解，生成脂肪酸并释放出ACP。脂肪酸可以经硫激酶催化，把脂酰基转移到CoA上，生成脂酰-CoA。

$$脂酰\text{-}S—ACP + H_2O \xrightarrow{硫酯酶} 脂肪酸 + ACP—SH \qquad (5-20)$$

$$脂肪酸 + CoA—SH + ATP \xrightarrow{硫激酶} 脂酰\text{-}S—CoA + AMP + PPi \qquad (5-21)$$

乙酰-CoA合成软脂酸全过程的总反应方程式可以表示如下：

$$8乙酰\text{-}CoA + 7ATP + 14NADPH + 14H^+ \longrightarrow 软脂酸 + 14NADP^+ + 8SH—CoA + 7ADP + 7Pi + 6H_2O \qquad (5-22)$$

这条途径最多只能形成16碳的脂肪酸，因为β-酮脂酰-ACP合酶对棕榈酰-ACP没有活性，不能形成棕榈酰合酶来参加下一步的缩合反应。生物体内要合成碳链更长的脂肪酸，则是经由另外的延长系统在软脂酸羧基端连续增加2碳单位形成。

(3)脂肪的合成

合成脂肪(三酰甘油)需要2种前体：甘油磷酸和脂酰-CoA。在磷酸甘油转酰酶催化下，先形成磷脂酸；磷脂酸在磷酸酶催化下脱去磷酸，形成二酰甘油；二酰甘油在二酰甘油转酰酶催化下再和1分子脂酰-CoA反应，生成三酰甘油。

任何一种植物油一般都是几种不同脂肪酸混合的甘油酯，3个脂肪酸可以一样，也可以不同，而且每种植物的脂肪酸组成有一定的特征。

$$磷酸甘油 + 3脂酰\text{-}CoA \longrightarrow 三酰甘油 + 3CoA—SH \qquad (5-23)$$

5.1.2.2 脂肪的降解

(1)脂肪的酶促水解

脂肪降解的第一步是在脂酶(lipase)的作用下水解成甘油和脂肪酸。

$$\text{脂肪} \xrightarrow[\text{脂肪酶}]{H_2O \ \curvearrowright \ \text{脂肪酸}} \text{二酰甘油} \xrightarrow[\text{脂肪酶}]{H_2O \ \curvearrowright \ \text{脂肪酸}} \text{一酰甘油} \xrightarrow[\text{脂肪酶}]{H_2O \ \curvearrowright \ \text{脂肪酸}} \text{甘油}$$

总反应式为:

$$\text{脂肪} + 3H_2O \longrightarrow 3\ \text{脂肪酸} + \text{甘油} \qquad (5-24)$$

在植物种子或果实中的脂肪，主要贮存在油泡中，它们是由高尔基体的囊泡或圆球体发展而来的细胞器，具有溶酶体的性质。种子萌发时，脂酶将脂肪水解成甘油和脂肪酸。

(2)甘油的降解

甘油在进一步降解前，需要活化，形成甘油磷酸，然后经相应的酶催化，形成糖酵解中间产物——磷酸二羟丙酮。反应如下:

$$\underset{\text{甘油}}{\begin{array}{l} CH_3OH \\ | \\ CHOH \\ | \\ CH_3OH \end{array}} + ATP \xrightleftharpoons{\text{甘油激酶}} \underset{\text{3-磷酸甘油}}{\begin{array}{l} CH_3OH \\ | \\ CHOH \quad\quad\ \ O \\ | \quad\quad\quad\quad\quad \| \\ CH_2—O—P—O^- \\ \quad\quad\quad\quad\quad\ | \\ \quad\quad\quad\quad\quad O^- \end{array}} + ADP \qquad (5-25)$$

$$\begin{array}{l} CH_3OH \\ | \\ CHOH \quad\quad\ \ O \\ | \quad\quad\quad\quad\quad \| \\ CH_2—O—P—O^- \\ \quad\quad\quad\quad\quad\ | \\ \quad\quad\quad\quad\quad O^- \end{array} + NAD^+ \xrightleftharpoons{\text{磷酸甘油脱氢酶}} \underset{\text{磷酸二羟丙酮}}{\begin{array}{l} CH_3OH \\ | \\ C{=}O \quad\quad\ \ O \\ | \quad\quad\quad\quad\quad \| \\ CH_2—O—P—O^- \\ \quad\quad\quad\quad\quad\ | \\ \quad\quad\quad\quad\quad O^- \end{array}} + NADH + H^+ \qquad (5-26)$$

磷酸二羟丙酮可以通过呼吸作用进一步降解，也可以转化成糖。

(3)脂肪酸的降解

β-氧化途径　β-氧化是脂肪酸降解的主要途径，由于氧化过程是发生在α,β-C 原子之间，所以称为β-氧化。其结果是产生二碳单位的乙酰-CoA 和比原来少了 2 个碳单位的脂酰-CoA(图 5-3)。

脂肪酸氧化前在细胞质中首先被活化，然后再进入线粒体内氧化。活化过程实际上就是把脂肪酸转变为脂酰-CoA，催化这一反应的酶是脂酰-CoA 合成酶，也称脂肪酸硫激酶(thiokinase)。

$$\underset{\text{脂肪酸}}{RCH_2 \cdot CH_2COOH} + CoA—SH + ATP \xrightarrow{\text{脂酰-CoA 合成酶}} \underset{\text{脂酰-CoA}}{RCH_2 \cdot CH_2CO \cdot SCoA} + AMP + PPi \qquad (5-27)$$

β-氧化的氧化过程包括以下几个步骤:

第一，脱氢。脂酰-CoA 在脂酰-CoA 脱氢酶(acyl-CoA dehydrogenase)的催化下，在 α 与 β 碳位之间脱氢，形成 α,β-反式烯脂酰-CoA。

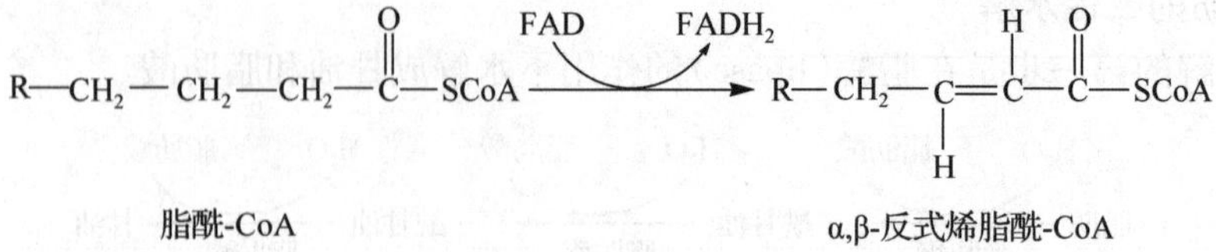

$$\underset{\text{脂酰-CoA}}{R-CH_2-CH_2-CH_2-\overset{O}{\overset{\|}{C}}-SCoA} \xrightarrow{FAD \quad FADH_2} \underset{\alpha,\beta\text{-反式烯脂酰-CoA}}{R-CH_2-\underset{H}{\underset{|}{C}}=\overset{H}{\overset{|}{C}}-\overset{O}{\overset{\|}{C}}-SCoA} \qquad (5-28)$$

第二，水合。在烯脂酰-CoA 水合酶(enoyl-CoA hydratase)的催化下，烯脂酰-CoA 加水形成 β-羟脂酰-CoA。

第三，再脱氢。经 β-羟脂酰-CoA 脱氢酶[β-hydroxyac-yl CoA dehydrogenase]催化，脱氢氧化成 β-酮脂酰-CoA。此酶以 NAD^+ 为辅酶。

第四，硫解。在 β-酮脂酰-CoA 硫解酶(β-ketoacyl-CoA thiolase)的催化下，β-酮脂酰-CoA 与 1 分子 CoA 作用，硫解产生 1 分子乙酰-CoA 和比原来少 2 个碳原子的脂酰-CoA，完成一轮循环，然后进入第二轮 β-氧化。

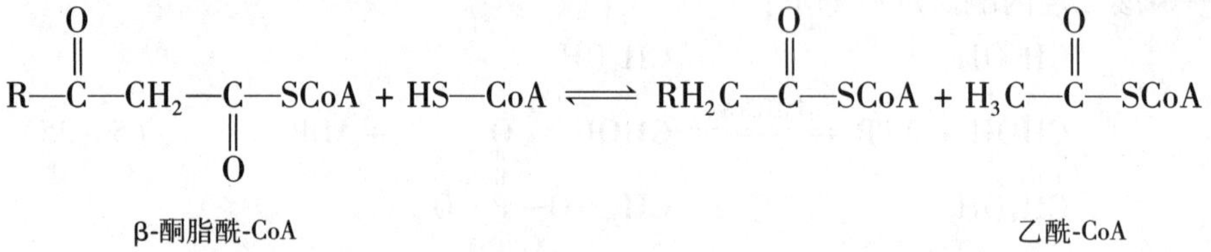

$$\underset{\beta\text{-酮脂酰-CoA}}{R-\overset{O}{\overset{\|}{C}}-CH_2-\underset{O}{\underset{\|}{C}}-SCoA} + HS-CoA \rightleftharpoons RH_2C-\overset{O}{\overset{\|}{C}}-SCoA + \underset{\text{乙酰-CoA}}{H_3C-\overset{O}{\overset{\|}{C}}-SCoA} \qquad (5-29)$$

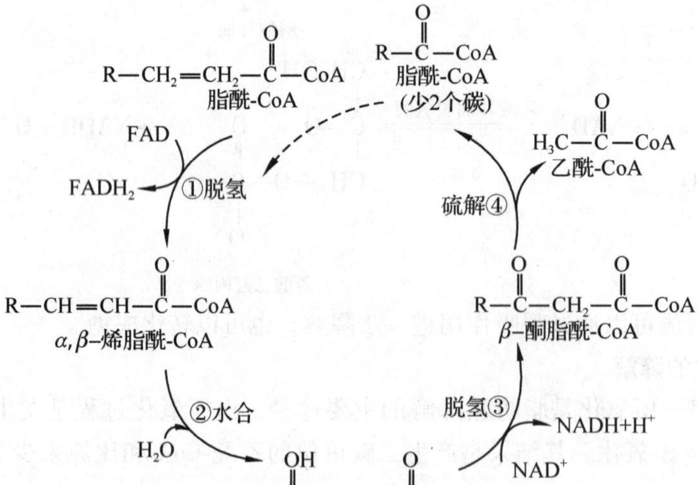

图 5-3　脂肪酸的 β-氧化作用

脂肪酸降解是一个释放能量的过程，以棕榈酸为例，经过 7 次上述的 β-氧化循环，即可将 1 分子十六碳的棕榈酸转变为 8 分子的乙酰-CoA，7 分子 $FADH_2$ 和 7 分子 NADH。

关于脂肪酸降解的 β-氧化途径发生的部位，在动物体中是在线粒体中进行的。植物

体中 β-氧化途径据报道可在乙醛酸体中，也可在线粒体中进行。

乙醛酸循环　是油料种子萌发时，在乙醛酸体中进行的一种脂肪酸氧化途径。乙醛酸的多个反应与三羧酸循环相似，并与其有紧密的联系(图 5-4)。这一过程有 2 种关键性的酶。

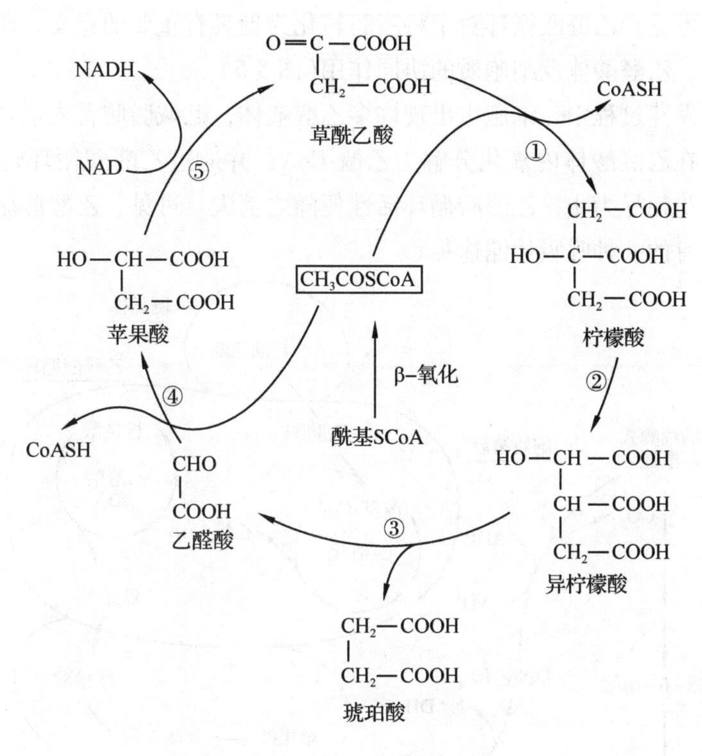

图 5-4　乙醛酸循环

①柠檬酸合成酶　②乌头酸酶　③异柠檬酸裂解酶　④苹果酸合成酶　⑤苹果酸脱氢酶

异柠檬酸裂解酶反应：异柠檬酸裂解酶(isocitrate lyase)将异柠檬酸分裂为琥珀酸和乙醛酸。

$$\begin{array}{l} H_2C\text{—}COOH \\ \;| \\ HC\text{—}COOH \\ \;| \\ HOCH\text{—}COOH \end{array} \longrightarrow \begin{array}{l} CH_2\text{—}COOH \\ | \\ CH_2\text{—}COOH \end{array} + \begin{array}{c} O \\ \| \\ HC\text{—}COOH \end{array} \qquad (5-30)$$

异柠檬酸　　　　琥珀酸　　　　乙醛酸

苹果酸合成酶反应：苹果酸合成酶(malate synthase)将乙醛酸与乙酰-CoA 结合成苹果酸。

$$CH_3\text{—}\overset{O}{\overset{\|}{C}}SCoA + H\overset{O}{\overset{\|}{C}}\text{—}COOH \xrightarrow{H_2O} \begin{array}{l} CH_2\text{—}COOH \\ | \\ HOCH\text{—}COOH \end{array} + CoA\text{—}SH \qquad (5-31)$$

乙酰-CoA　　　　乙醛酸　　　　L-苹果酸

苹果酸脱氢转变为草酰乙酸后，再与乙酰-CoA 结合为柠檬酸，后者再转变为异柠檬酸，于是构成一个循环反应(图 5-5)。

经乙醛酸循环产生的琥珀酸进入线粒体形成草酰乙酸，草酰乙酸转移到细胞质，生成磷酸烯醇式丙酮酸(PEP)，PEP 可以通过呼吸作用糖酵解的逆转形成 1-磷酸葡萄糖，进一步转化为蔗糖。可见，乙醛酸循环对于将脂肪转化为糖具有重要的意义，而这一过程的实现依赖于线粒体、乙醛酸体及细胞质的协同作用(图 5-5)。

油料种子在发芽过程中，细胞中出现许多乙醛酸体，贮藏脂肪首先水解为甘油和脂肪酸，然后脂肪酸在乙醛酸体内氧化分解为乙酰-CoA，并通过乙醛酸循环转化为糖，直到种子中贮藏的脂肪耗尽为止，乙醛酸循环活性便随之消失。可见，乙醛酸循环是富含脂肪的油料种子所特有的一种呼吸代谢途径。

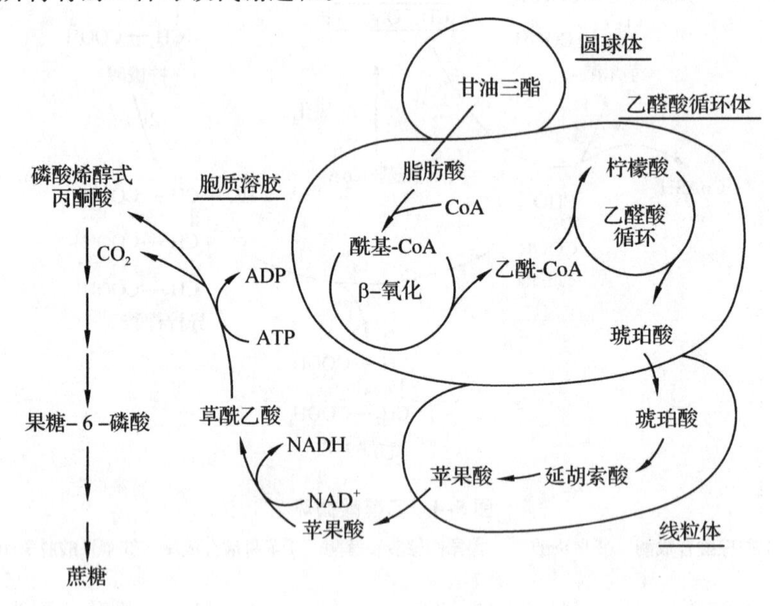

图 5-5　油料种子萌发时将脂肪转变为蔗糖的过程(引自潘瑞炽，2006)

5.1.3　蛋白质的代谢

物种的遗传性状是通过遗传密码的复制和转录来传递的，其表现主要是通过蛋白质的合成来完成。蛋白质合成所需要的能量约占一个细胞全部生物合成所需化学能的 90%。

5.1.3.1　蛋白质的合成

(1)蛋白质的合成体系

mRNA——蛋白质合成的模板　mRNA 分子中的核苷酸序列决定蛋白质中多肽链氨基酸的序列。mRNA 分子中每 3 个相邻的核苷酸编为一组，决定一个氨基酸，这一组核苷酸称为三联体密码或称密码子(codon)，即遗传密码。mRNA 由 4 种核苷酸构成，应用生物化学和遗传学的研究技术，已经充分证明了是 3 个碱基编码一个氨基酸。遗传密码与氨基酸间的关系见表5-1。除3个终止密码外，其他61个密码子为20个氨基酸编码，所以大多数氨基酸要有2个或2个以上的密码子和它对应。氨基酸所对应的这套三联体密码，从细菌到人类都可以应用，这一点也说明生物进化的共源性。

表5-1 遗传密码字典

5′-磷酸末端的碱基	中间的碱基				3′-OH基末端的碱基
	U	C	A	G	
U	苯丙氨酸	丝氨酸	酪氨酸	半胱氨酸	U
	苯丙氨酸	丝氨酸	酪氨酸	半胱氨酸	C
	亮氨酸	丝氨酸	终止信号	终止信号	A
	亮氨酸	丝氨酸	终止信号	色氨酸	G
C	亮氨酸	脯氨酸	组氨酸	精氨酸	U
	亮氨酸	脯氨酸	组氨酸	精氨酸	C
	亮氨酸	脯氨酸	谷酰胺	精氨酸	A
	亮氨酸	脯氨酸	谷酰胺	精氨酸	G
A	异亮氨酸	苏氨酸	天冬酰胺	丝氨酸	U
	异亮氨酸	苏氨酸	天冬酰胺	丝氨酸	C
	异亮氨酸	苏氨酸	赖氨酸	精氨酸	A
	甲硫氨酸	苏氨酸	赖氨酸	精氨酸	G
G	缬氨酸	丙氨酸	天冬氨酸	甘氨酸	U
	缬氨酸	丙氨酸	天冬氨酸	甘氨酸	C
	缬氨酸	丙氨酸	谷氨酸	甘氨酸	A
	缬氨酸	丙氨酸	谷氨酸	甘氨酸	G

tRNA——转运氨基酸的工具 tRNA含有2个关键的部位：一个是氨基酸结合部位；另一个是与mRNA的结合部位。对于20种氨基酸来说，每一种至少有一种tRNA来负责转运。

tRNA呈现三叶草型结构，即含有4个双链的茎和4个单链的环(图5-6)。5′端和3′端的碱基通过配对将两端拉到一起，形成受体端。tRNA的3′端通常是CCA的序列，氨基酸通过与3′端的核糖连接而形成氨酰-tRNA分子。

在tRNA的反密码子环上，含有3个碱基序列组成的反密码子(anticodon)，tRNA的这一部分在蛋白质的合成中非常重要，它可与mRNA模板上的密码子进行碱基配对的专一性的识别，并将所携带的氨基酸送入到合成的多肽链的指定位置上。

从结构上看，tRNA分子上与多肽合成有关的位点至少有4个，分别为3′端氨基酸接受位点、识别氨酰-tRNA合成酶的位点(D环)、核糖体识别位点(TψC)及反密码子位点。

rRNA及核糖体——合成蛋白质的场所 核糖体是由核酸与蛋白形成的核蛋白体，其中rRNA占60%，由大小2个亚基构成。小亚基有供mRNA结合的部位，可容纳2个密码子的位置。大亚基有供tRNA结合的2个位点：即肽酰基P位点和氨酰基A位点(图5-7)。

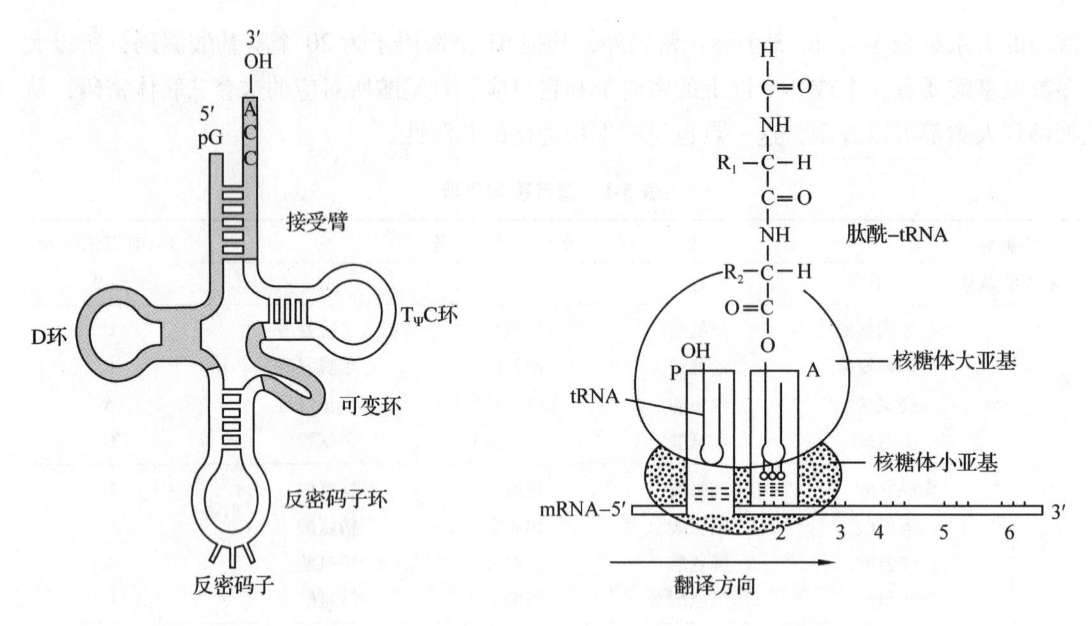

图 5-6　tRNA 的结构

图 5-7　蛋白质在核糖体上合成

(2)蛋白质的合成过程

蛋白质合成是最复杂的生物化学过程之一，其合成过程可以分为 4 个步骤：氨基酸的活化、肽链合成的起始、肽链的延长、终止。

氨基酸的活化　一个氨基酸要进入蛋白质的合成途径，必须首先形成氨酰-tRNA。氨酰-tRNA 合成酶参与了将氨基酸结合到其对应的 tRNA 上的过程。这一过程分 2 步进行。

第一步，氨酰-tRNA 合成酶识别它所催化的氨基酸以及另一底物 ATP，在该酶的催化下，氨基酸的羧基与 AMP 上的磷酸之间形成一个酯键，同时释放出 1 分子 PPi。

$$\text{氨基酸} + ATP \rightarrow \text{氨酰-AMP} + PPi \qquad (5-32)$$

第二步，氨酰-tRNA 合成酶催化活化后的氨基酸通过形成酯键连接到 tRNA 3′端的核糖上。

$$\text{氨酰-AMP} + tRNA \rightarrow \text{氨酰-tRNA} + AMP \qquad (5-33)$$

肽链合成的起始阶段　核糖体、mRNA 及起始氨基酰-tRNA 相互结合形成起始复合物。起始 tRNA 进入核糖体的 P 位点，起始 tRNA 的反密码子与 mRNA 上的 AUG 起始密码互补配对结合(图 5-8)。

肽链形成和肽链延长阶段　肽链的延长又可分为进位、转肽、脱落和移位 4 步。

第一步，进位。第二个氨基酰-tRNA 通过其反密码子与 mRNA 上的第二个密码子互补结合，进入 A 位。这一步要消耗 1 个分子的 GTP[图 5-9(a)、(b)]。

第二步，转肽。这一步由转肽酶催化。P 位点的起始氨酰-tRNA 上所携带的氨基酸转移到 A 位点，其羧基与 A 位点上的氨酰-$tRNA_2$ 中的氨酰基的氨基结合成肽键，形成二肽基-$tRNA_2$。肽链由此延伸了一个氨基酸[图 5-9(c)]。

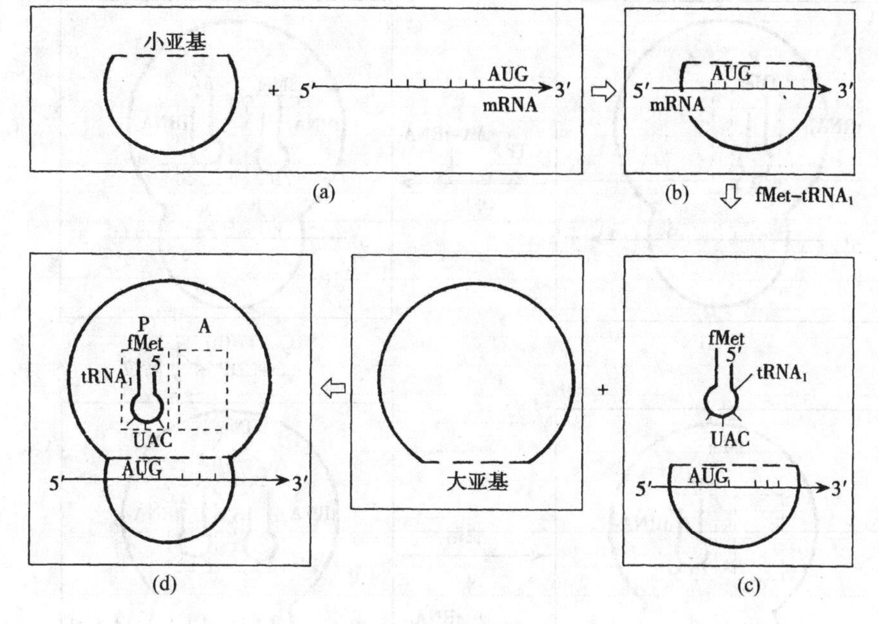

图 5-8 多肽链起始复合物的形成(引自王三根，2008)

第三步，脱落。P 位点上的起始氨酰-tRNA 通过转肽脱去起始氨基酸以后，成了空载 tRNA。空载 tRNA 从 mRNA 上脱落，并移出核糖体，P 位点便空了出来[图 5-9(d)]。

第四步，移位。这一步需要 1 分子 GTP 和延伸因子 EF-G(移位酶)。核糖体在 mRNA 上沿 5′→3′方向，向右移动一个密码位置(或 mRNA 链向左移动)，原在 A 位点的二肽酰-tRNA 便移至左边，占据了 P 位点；而右边新进入的第三个密码子位置成空着的 A 位点，以便进入新的氨酰-tRNA，进行下一次肽键延长的循环[图 5-9(e)]。

如此反复循环，直至肽链延长到一定的长度。在蛋白质合成中，每形成一个肽键，要消耗 2 个 ATP(用于氨基酸的活化)和 2 个 GTP(分别用于进位和移位)，这种高耗能过程进一步确保了翻译的准确性。

肽链合成的终止 终止密码子 UAG、UGA 或 UAA 中的任何一个进入核糖体 A 位时，任何一种携带氨基酸的 tRNA 都不能与此密码结合，只有几种蛋白因子——终止因子(termination factor，TF)或释放因子(release factor，RF)，可以识别这些终止密码子。当 TF 或 RF 进入核糖体后，便可催化肽链和 tRNA 之间的水解，使新合成的肽链脱离核糖体。此时，核糖体、mRNA 和 tRNA 结合形成的复合物解体，准备开始下一个合成过程。

在蛋白质合成中往往是多个核糖体同时附着在一条 mRNA 链上，共同参加多肽链的合成。这种多个核糖体附着于同一条 mRNA 链上的结构称为多聚核糖体。在多聚核糖体中，每个核糖体都可合成一条多肽链，因此，可以在有限的时间内，更有效地利用一条 mRNA 合成多条肽链，显著提高了 mRNA 的利用效率。

5.1.3.2 蛋白质的降解

蛋白质在生命活动过程中总是不断地进行着自我更新，即不断地进行着合成和降解。

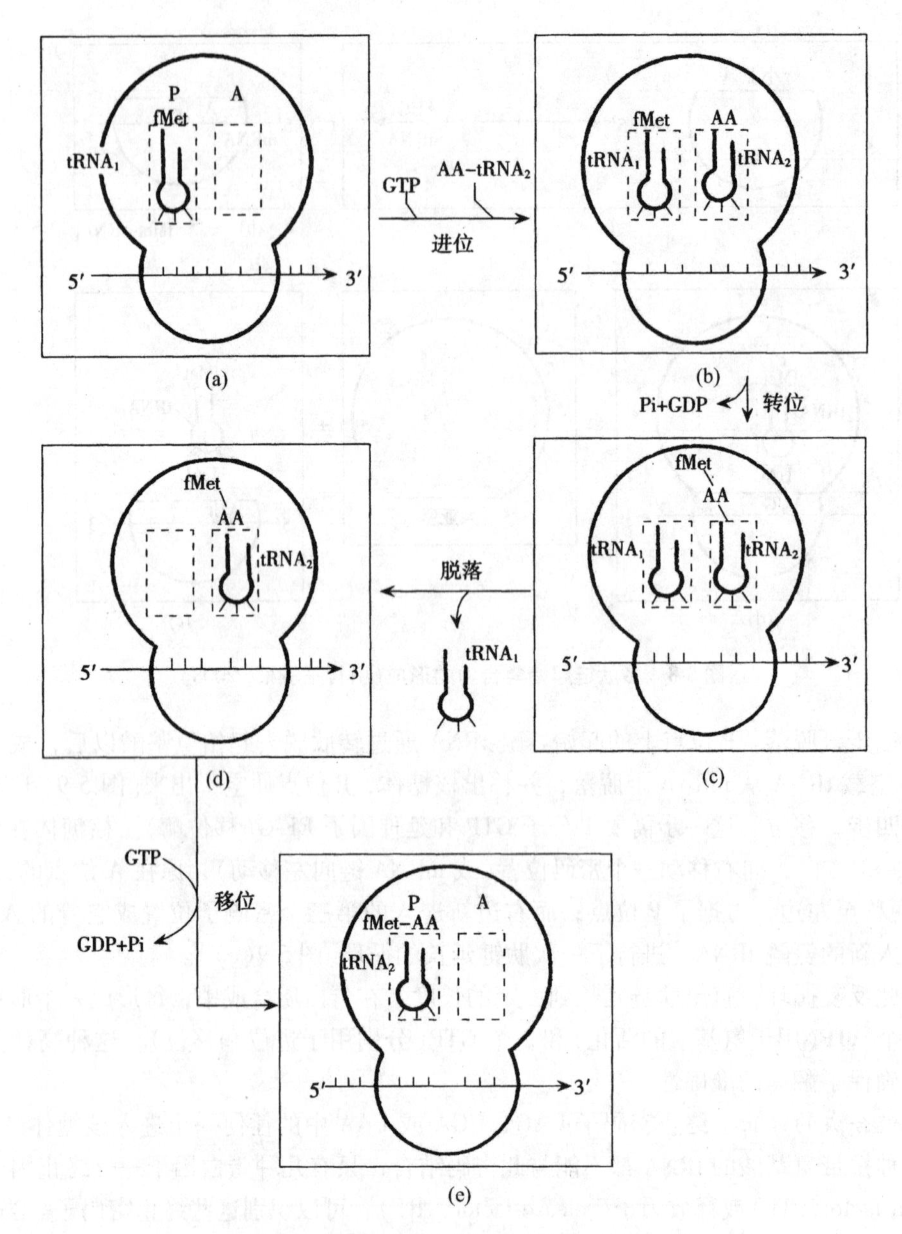

图 5-9　肽链的延伸(引自王三根，2008)

如种子(特别是富含蛋白质的豆科植物种子)萌发时，蛋白质发生强烈的降解，胚乳或子叶中的贮藏蛋白质被水解为各种氨基酸，而后，再利用以形成幼苗组织中的蛋白质。

(1)蛋白质的降解

催化蛋白质水解的酶有 2 类：一类为肽链内切酶；另一类为肽链端解酶。肽链内切酶作用于肽链的内部，生成较短的肽链片段。该酶具有底物专一性，不能水解所有肽键，只能对特定的肽键发生作用。肽链端解酶作用于肽链的末端，将氨基酸一个一个地或两个两个地从肽链上水解下，生成各种氨基酸或二肽。肽链有 2 个末端，一个是 N 端，一个是 C 端，羧肽酶从 C 端开始水解，氨肽酶从 N 端开始水解。

蛋白质在上述2类酶的共同催化下，形成氨基酸。氨基酸可以转移到蛋白质合成的地方用作合成新蛋白质的原料，也可以经脱氨作用形成氨和有机酸，或参加其他反应。

(2)氨基酸的分解

各种氨基酸分子都含有氨基和羧基，因而它们的分解具有共同的途径，主要是脱氨基作用、脱羧基作用以及脱氨脱羧后产物的转变。

脱氨基作用 高等植物的脱氨基作用在发芽的种子、幼龄植物及正发育的组织中最为强烈。氨基酸在酶的作用下脱去氨基的过程称脱氨基作用(deamination)，脱氨基作用是氨基酸分解的最重要的一步，主要有氧化脱氨基、转氨基、联合脱氨基等作用方式。

氧化脱氨基(oxidative deamination)：氧化脱氨基是高等植物最基本的脱氨基方式，氨基酸脱去α-氨基后转变成相应的酮酸。

$$\alpha\text{-氨基} + H_2O + NAD(P)^+ \longrightarrow \alpha\text{-氨基} + NH_3 + NAD(P)H + H^+ \quad (5-34)$$

联合脱氨基作用(transdeamination)：联合脱氨基作用是指转氨基作用和氧化脱氨基作用配合进行的脱氨基过程(图5-10)。

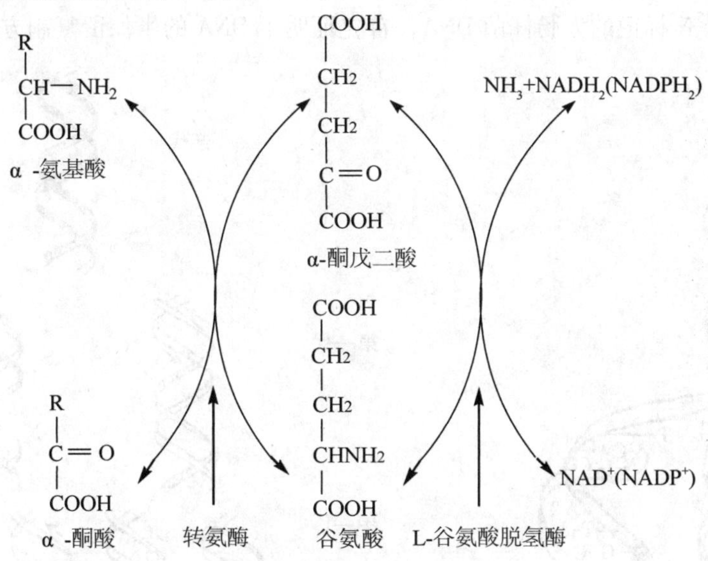

图5-10 联合脱氨基作用

脱羧基作用 氨基酸在脱羧酶(decarboxylase)催化下脱去羧基生成胺。

氨基酸脱羧普遍存在于动植物及微生物组织中，其辅酶为磷酸吡哆醛。

$$R\text{—}\underset{\substack{|\\NH_2}}{CH}\text{—}COOH \longrightarrow R\text{—}\underset{\substack{|\\NH_2}}{CH_2} + CO_2 \quad (5-35)$$

5.1.4 核酸的代谢

核酸是贮存和传递遗传信息的生物大分子。生物体的遗传信息是以密码的形式编码在DNA分子上，表现为特定的核苷酸排列顺序。在细胞分裂过程中通过DNA的复制把遗传信息由亲代传递给子代，在子代的个体发育过程中遗传信息由DNA传递到RNA，最后翻译成特异的蛋白质，表现出与亲代相似的遗传性状。有些病毒只有RNA，而没有DNA，病毒中的 RNA 可以自行复制，也可以通过反转录(RNA 指导 DNA 合成)，将遗传信息传给 DNA。

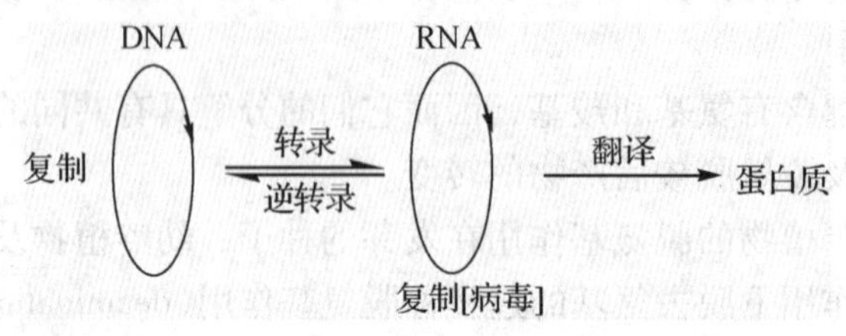

5.1.4.1　DNA 的合成

(1) DNA 的合成方式——半保留复制

DNA 为双螺旋结构(图 5-11)。复制前必须先解开螺旋，然后，以每条单链(亲链)为模板，按照碱基互补配对原则，形成 2 个新的 DNA 分子。每个子代分子的一条链来自于亲代 DNA，另一条链是新合成的，这种复制方式称作半保留复制。1958 年 Meselson 与 Stahl 用同位素 ^{15}N 标记的大肠杆菌 DNA，首先证明了 DNA 的半保留复制方式(图 5-12)。

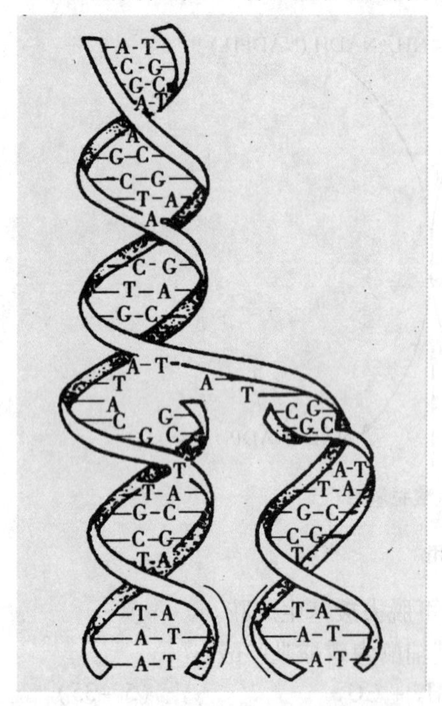

图 5-11　Watson 和 Crick 提出的双链 DNA 的复制模型

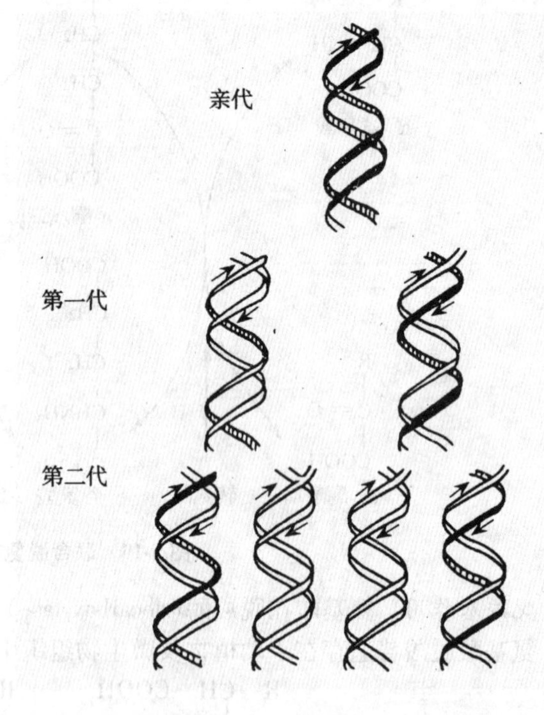

图 5-12　Meselson 和 Stahl 的 DNA 半保留复制试验

黑链表示含 ^{15}N 的 DNA 链；白链表示含 ^{14}N 的 DNA 链

(2) DNA 的复制体系

DNA 的合成是以 4 种三磷酸脱氧核糖核苷为底物的聚合反应，它的复制过程很复杂，需要许多酶和蛋白质因子的参与。下面将介绍其中重要的酶和蛋白。

引物酶(Primase)　此酶以 DNA 为模板，以 ATP、GTP、UTP、CTP 为原料合成一小段 RNA。这段 RNA 作为合成 DNA 的引物(Primer)，是 DNA 合成中不可缺少的。

DNA 聚合酶(DNA polymerase)　目前已经在原核生物大肠杆菌中发现有5种DNA聚合酶，分别称为DNA聚合酶Ⅰ、Ⅱ、Ⅲ、Ⅳ、Ⅴ。下面主要介绍前3种DNA聚合酶的主要功能。

DNA 聚合酶Ⅰ：是一种多功能酶，具有聚合酶及外切酶的活性。聚合酶作用表现为当有底物和模板存在时，DNA聚合酶Ⅰ可将脱氧核糖核苷酸逐个地加到具有3′-OH末端的多核苷酸(RNA引物或DNA)链上形成3′,5′-磷酸二酯键。外切酶作用表现为3′→5′核酸外切酶的活性及5′→3′核酸外切酶的活性。3′→5′核酸外切酶被认为具有校对的功能。5′→3′核酸外切酶可能起着切除DNA损伤部分或将5′端RNA引物切除的作用。

DNA 聚合酶Ⅱ：具有催化DNA沿5′→3′合成和3′→5′外切酶活力。它的活力很低，可能在修复紫外光引起的DNA损伤中起某种作用。

DNA 聚合酶Ⅲ：极为复杂，目前已知它的全酶含有10种共22个亚基组分和锌原子。它具有5′→3′DNA聚合酶活性。现在一般认为，DNA聚合酶Ⅲ是原核生物DNA复制的主要聚合酶。

在真核细胞内已发现4种DNA聚合酶，分别用α、β、γ和δ表示。现在一般认为DNA聚合酶α和δ的作用是复制染色体DNA；DNA聚合酶β的功能主要是修复作用；DNA聚合酶γ是从线粒体中分离得到的，推测它与线粒体DNA的复制有关。

DNA 连接酶(DNA ligase)　它的作用机理与DNA聚合酶不同，它只对具有双螺旋结构的DNA链进行连接、修复，而不作用于游离的DNA单链，即对解螺旋的DNA链没有作用。

旋转酶(gyrase)　也称拓扑异构酶。生物体内DNA分子通常处于超螺旋状态，而DNA的许多生物功能需要解开双链才能进行。旋转酶具有内切酶和连接酶的活力，可在DNA双链多处切断，放出超螺旋应力，变构后又在原位点将其连接起来。

解旋酶(helicase)　主要的作用是能使DNA双链中氢键松开，如Rep蛋白和DnaB蛋白。

单链结合蛋白(SSB)　它的功能是稳定已被解开的DNA单链，阻止复性和保护单链不被核酸酶降解。

(3) DNA 的复制过程

DNA的复制过程可分为3个连续的阶段：起始阶段、链延长阶段、终止阶段。

起始阶段　首先，解开双螺旋，成单链状态。2条单链分别作为模板，合成其互补链。在DNA复制的起点处形成一个“眼”状结构。在“眼”的两端，则出现2个叉子状的生长点，称为复制叉(replication fork)(图5-13)。接下来，合成引物。已知的DNA聚合酶都不能从头开始合成，只能催化

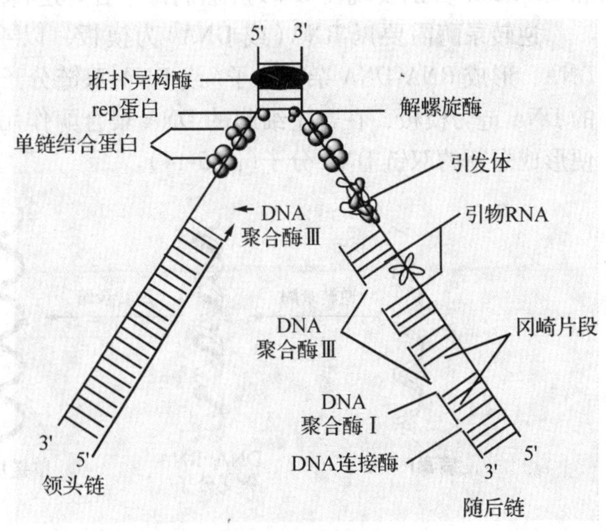

图5-13　大肠杆菌的复制叉结构示意

(引自吴显荣，1999)

已有链的延长反应，因此 DNA 的合成需要引物。通常引物是以 DNA 为模板，在引物酶催化下合成的一小段 RNA。

DNA 链的延长阶段　当 RNA 引物合成之后，在 DNA 聚合酶Ⅲ的催化下，以 4 种脱氧核糖核苷三磷酸为底物，在 RNA 引物的 3′端以磷酸二酯键连接上脱氧核糖核苷酸并释放出 PPi。DNA 链的合成是以 2 条亲代 DNA 链为模板，而亲代 DNA 的双股链呈反向平行，一条链是 5′→3′方向，另一条链是 3′→5′方向，所以新合成的 2 条子链极性也正好相反。

由于迄今为止还没有发现一种 DNA 聚合酶能按 3′→5′方向延伸，因此，子链中有一条链沿着亲代 DNA 单链的 3′→5′方向(亦即新合成的 DNA 沿 5′→3′方向)不断延长，这条新链称为先导链(领头链，leading strand)。而另一条链只能断续地合成 5′→3′的多个短片段。1968 年冈崎发现了这些片段，故又称为冈崎片段(Okazaki fragment)。它们随后连接成大片段，这条新链称为随后链(lagging strand)。

终止阶段　当新形成的冈崎片段延长至一定长度，即发生下列变化：在 DNA 聚合酶Ⅰ的作用下，在引物 RNA 与 DNA 片段的连接处切断；切去 RNA 引物后留下的空隙，由 DNA 聚合酶Ⅰ催化合成一段 DNA 填补上；在 DNA 连接酶的作用下，连接相邻的 DNA 链；修复掺入 DNA 链的错配碱基。

这样以 2 条亲代 DNA 链为模板，各自形成一条新的 DNA 互补链，结果是形成了 2 个 DNA 双股螺旋分子。每个分子中一条链来自亲代 DNA，另一条链则是新合成的，故称为半保留复制。

(4)逆转录

以 RNA 为模板，按 RNA 中的碱基顺序合成 DNA，这与中心法则所指示的遗传信息只能由 DNA 传向 RNA 的方向相反，所以称为逆转录(reverse transcription)。1970 年 Temin 和 Baltimore 分别发现在 RNA 肿瘤病毒中含有逆转录酶。

逆转录酶需要以 RNA(或 DNA)为模板，以 4 种 dNTP 为原料，沿 5′→3′方向合成 DNA，形成 RNA-DNA 杂交分子(或 DNA 双链分子)。以后，再以 RNA-DNA 杂交分子中的 DNA 链为模板，在寄主细胞的 DNA 聚合酶作用下，可合成另一条 DNA 互补链，这样便形成了新的双链 DNA 分子(图 5-14)。

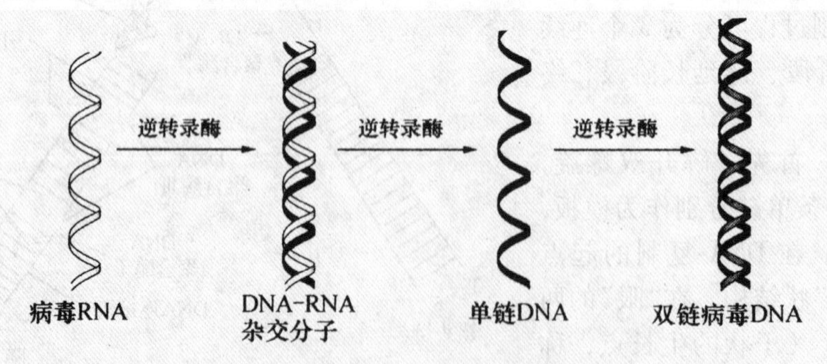

图 5-14　逆转录示意

由逆转录形成的病毒-DNA，可以整合到寄主细胞的正常DNA中，成为寄主DNA的组成部分。这样，在寄主细胞进行繁殖时，除形成自身的蛋白质外，还形成病毒的特异蛋白，在子代性状中表现出来。

5.1.4.2 RNA的合成

以DNA为模板合成RNA的过程称为转录(transcription)。DNA的启动子(promoter)控制转录的起始，而终止子(terminator)控制转录的终止。

(1)RNA的合成体系

DNA指导下的RNA合成反应是一种酶促反应，以4种核糖核苷三磷酸(ATP、GTP、CTP、UTP)作为底物，需要适当的DNA为模板，不需要引物，在DNA指导的RNA聚合酶的催化下进行。

RNA聚合酶：已从大肠杆菌和其他细菌中高度提纯了DNA指导的RNA聚合酶。大肠杆菌的RNA聚合酶全酶(holoenzyme)由5个亚基($\alpha_2\beta\beta'\sigma$)组成。没有σ亚基的酶叫核心酶(core enzyme)。在开始合成RNA链时必须有σ亚基参与作用，因此σ亚基为起始因子。

大多数真核生物的核RNA聚合酶有3种：分别催化rRNA前体的转录；mRNA前体的转录；tRNA及5sRNA等小相对分子质量RNA的转录。

在高等植物的叶绿体和线粒体内也分离出RNA聚合酶，它们的结构简单，能催化所有种类的RNA的生物合成。

ρ因子：识别终止信号，使转录停止。

底物：ATP、UTP、GTP、CTP；Mg^{2+}、Mn^{2+}；ATP(能量)；K因子。

(2)RNA的合成过程

RNA的合成过程可分为3个连续的阶段：即起始阶段、链的延长阶段和终止阶段。

起始阶段　首先，RNA聚合酶与DNA模板结合。当σ亚基与DNA模板上的启动子结合后，转录开始。然后，按碱基互补的规律逐个连接NTP，形成3′→5′磷酸二酯键，放出焦磷酸。

在转录起始时，由全酶中β亚基催化RNA的第一个核苷酸(一般是ATP或GTP)的磷酸二酯键的形成。一旦ATP或GTP接上去后，σ因子便脱离下来，剩下的核心酶与DNA结合松弛，有利于核心酶在模板链上沿3′→5′方向移动，催化RNA链的延长。释放出来的σ因子可以与另外的核心酶结合而循环使用。

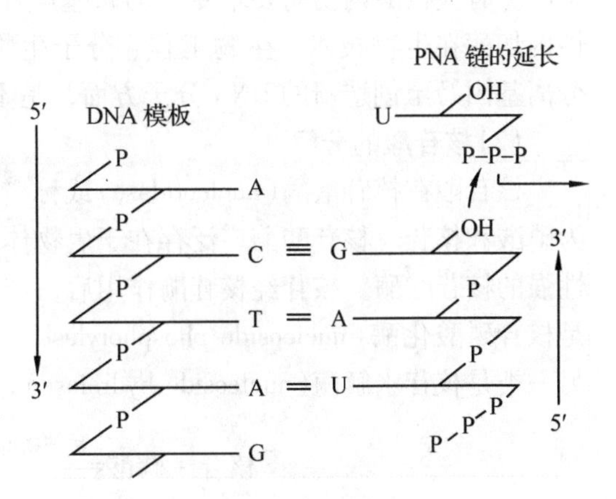

图5-15　DNA指导的RNA合成

链的延长阶段　核心酶沿DNA链的3′→5′方向滑动，RNA链便以5′→3′方向形成，这样，RNA链不断延长。在核心酶向前滑动时，DNA的双螺旋随即解开，转录完成后，解开的DNA链重新螺旋化，恢复其原来的状态(图5-15)。

终止阶段　当RNA聚合酶沿DNA链移动到终止密码时，转录即告终止。这一过程需要ρ参加。ρ的作用有2个方面：①识别DNA上的终止密码，并与之结合，从而阻止了RNA聚合酶继续转录；②能与RNA聚合酶的核心酶结合，使已经转录出来的RNA从酶上分离下来。

(3)转录后的修饰与加工

上述是RNA转录的一般过程。但这样形成的各种RNA并没有生物学活性，称为RNA前体。RNA前体必须经过修饰加工，主要包括键的裂解、5′端与3′端的切除和特殊结构的形成、碱基的修饰和糖苷键的改变以及拼接等过程。

5.1.4.3　核酸的降解

在生物体内，核酸经过一系列酶的作用，最终降解成CO_2、水、氨和磷酸等小分子的过程称为核酸的降解代谢。高等植物发芽的种子和衰老的叶片中均存在着降解核酸的酶类。核酸分解代谢的中间产物在某些情况下可被再度利用。

(1)核酸的降解

核酸是由许多核苷酸以3′,5′-磷酸二酯键连接而成的大分子。核酸降解的第一步是由多种降解核酸的酶协同作用，水解连接核苷酸之间的磷酸二酯键，形成相对分子质量较小的寡核苷酸和单核苷酸。生物体内降解核酸的酶各不相同，作用于核酸磷酸二酯键的酶称为核酸酶(nuclease)；水解核糖核酸的酶称为核糖核酸酶(RNase)；水解脱氧核糖核酸的酶称为脱氧核糖核酸酶(DNase)。

核酸外切酶(exonucleas)：作用于核酸链的末端，将核苷酸逐个地水解下来。只作用于DNA的核酸外切酶称为脱氧核糖核酸外切酶；只作用于RNA的称为核糖核酸外切酶；有些核酸外切酶既可作用于RNA，又可作用于DNA。

核酸内切酶(endonuclease)：能催化核酸分子内部磷酸二酯键水解的酶。核酸内切酶的专一性也不同，有的只作用于DNA，有的只作用于RNA，有的可同时作用于DNA和RNA。有些核酸内切酶要求专一的碱基顺序，如限制性内切酶(restriction enzyme)。限制性内切酶在生物技术、生物工程、分子生物学领域，分析染色体结构、DNA分子测序、分离基因乃至创造新的DNA分子方面，是不可缺少的工具。

(2)核苷酸的分解

核苷酸在核苷酸酶(nucleotidase)或称磷酸单酯酶(phosphomonoesterase)的作用下水解为磷酸和核苷。核苷酸酶广泛存在于生物体中，一类是非特异性核苷酸酶，另一类是特异性强的核苷酸酶。核苷经核苷酶作用后，产生嘌呤或嘧啶和戊糖。核苷酶也有2类：一类是核苷磷酸化酶(nucleoside phosphorylase)，它催化核苷磷酸水解产生碱基和磷酸戊糖；另一类是核苷水解酶(nucleoside hydrolase)，它分解核苷产生碱基(嘌呤或嘧啶)和戊糖。

$$\text{核苷}+\text{磷酸}\xrightleftharpoons{\text{核苷磷酸化酶}}\text{碱基}+\text{磷酸戊糖} \tag{5-36}$$

$$\text{核苷}+H_2O\xrightarrow{\text{核苷水解酶}}\text{碱基}+\text{戊糖} \tag{5-37}$$

核苷磷酸化酶广泛存在于生物体内，催化反应是可逆的。核苷水解酶主要存在于植物和微生物中，只作用于核糖核苷，对脱氧核糖核苷无作用，催化反应不可逆。核苷的降解产物嘌呤和嘧啶还可以分解成 CO_2 和 NH_3。

5.1.5 植物代谢的相互关系

生物界，包括人类、动物、植物和微生物，尽管其结构特征和生活方式多种多样，千变万化，却有着共同的最基本的新陈代谢过程。细胞从环境中摄取物质和能量，用以构建自身，同时分解已有的成分，以便再利用，并将不被利用的代谢产物排出胞外。

所有细胞都是由多糖、脂类复合物、蛋白质、核酸 4 类生物大分子和一些生物小分子、无机盐及水所组成。生物大分子具有高度的特异性，正是它们决定了生物物种和个体之间的差异。这些构成细胞的重要物质的代谢是相互联系的，它们之间可以发生相互的转化。

(1) 糖代谢与蛋白质代谢的相互关系

通过光合碳同化产生的糖是生物机体重要的碳源和能源。糖通过呼吸作用中糖酵解、三羧酸循环和戊糖磷酸途径进行分解。糖在分解代谢过程中可产生丙酮酸，丙酮酸经三羧酸循环转变成 α-酮戊二酸和草酰乙酸。这 3 种酮酸均可加氨基或经氨基移换作用，分别形成丙氨酸、谷氨酸和天冬氨酸。此外，在糖分解过程中产生的能量，还可供氨基酸和蛋白质合成需要。

蛋白质也可以转变为糖。首先蛋白质水解为氨基酸，然后氨基酸经过脱氨作用产生多种酮酸。这些酮酸很多是糖代谢的中间产物，如其中的磷酸烯醇式丙酮酸可经糖酵解作用逆行转变为糖。

(2) 糖代谢与脂肪代谢的相互关系

生物体内脂肪转化为糖是很普遍的。由于脂肪是甘油和脂肪酸合成的酯，而糖既可以生成磷酸甘油又可以生成脂肪酸，所以糖能转化为脂肪。糖类代谢的中间产物磷酸二羟丙酮经脱氢酶的催化可转变为磷酸甘油，另一中间产物乙酰-CoA 经过脂肪酸生物合成途径可变为双数碳原子的脂肪酸。然后，甘油和脂肪酸就可以合成脂肪。

脂肪酸转化为糖因生物种类不同而有所区别。油料种子萌发时，脂肪酸经氧化产生的乙酰-CoA 可以经过乙醛酸循环生成琥珀酸，琥珀酸进入线粒体形成草酰乙酸，草酰乙酸再转移到细胞质，生成磷酸烯醇式丙酮酸，磷酸烯醇式丙酮酸可以通过呼吸作用糖酵解的逆转形成 1-磷酸葡萄糖，进一步转化为蔗糖。

(3) 脂肪代谢与蛋白质代谢的相互关系

脂肪水解产生的甘油和脂肪酸可以生成蛋白质。但由于甘油在脂肪中所占的比例很小，因此转化为氨基酸是有限的。脂肪酸经氧化作用生成的乙酰-CoA 可以进入三羧酸循环，进而可以进一步形成氨基酸、蛋白质，但这种转化的实现需要草酰乙酸的存在。所以总体来说，脂肪转化为蛋白质是有限的。

蛋白质也可以转变生成脂类。如生糖氨基酸可以通过直接或间接的方式生成丙酮酸，丙酮酸不仅可以转化生成甘油，还可以在氧化脱羧变成乙酰-CoA 后生成脂肪酸。

(4) 核酸与其他物质代谢的相互关系

核酸与其他物质代谢之间有着密切的关系。这种关系首先表现为核酸作为细胞内的重要遗传物质，可以通过控制蛋白质的合成影响细胞的组成成分和代谢类型。同时许多核苷酸在代谢中起着重要的作用。例如，ATP 是能量和磷酸基转移的重要物质；UTP 参加糖的合成；GTP 为蛋白质合成所必需。此外，许多辅酶都是核苷酸的衍生物。

另一方面，其他各类代谢物为核酸及其衍生物的合成提供原料。例如，蛋白质代谢能为嘌呤和嘧啶的合成提供原料；糖类是戊糖的来源。

由此可见，生物机体将各类物质分别纳入各自的以及共同的代谢途径，以少数种类的反应，如氧化还原、基团转移、水解脱水、裂解合成、异构反应等，转化成种类繁多的分子。不同的代谢途径可通过交叉点上关键的中间代谢物(磷酸甘油酸、磷酸烯醇式丙酮酸、丙酮酸，以及乙酰-CoA 和一些酮酸等)相互影响和相互转化。这些共同的中间代谢物使各代谢途径得以沟通，形成经济有效、运转良好的代谢网络(图 5-16)。

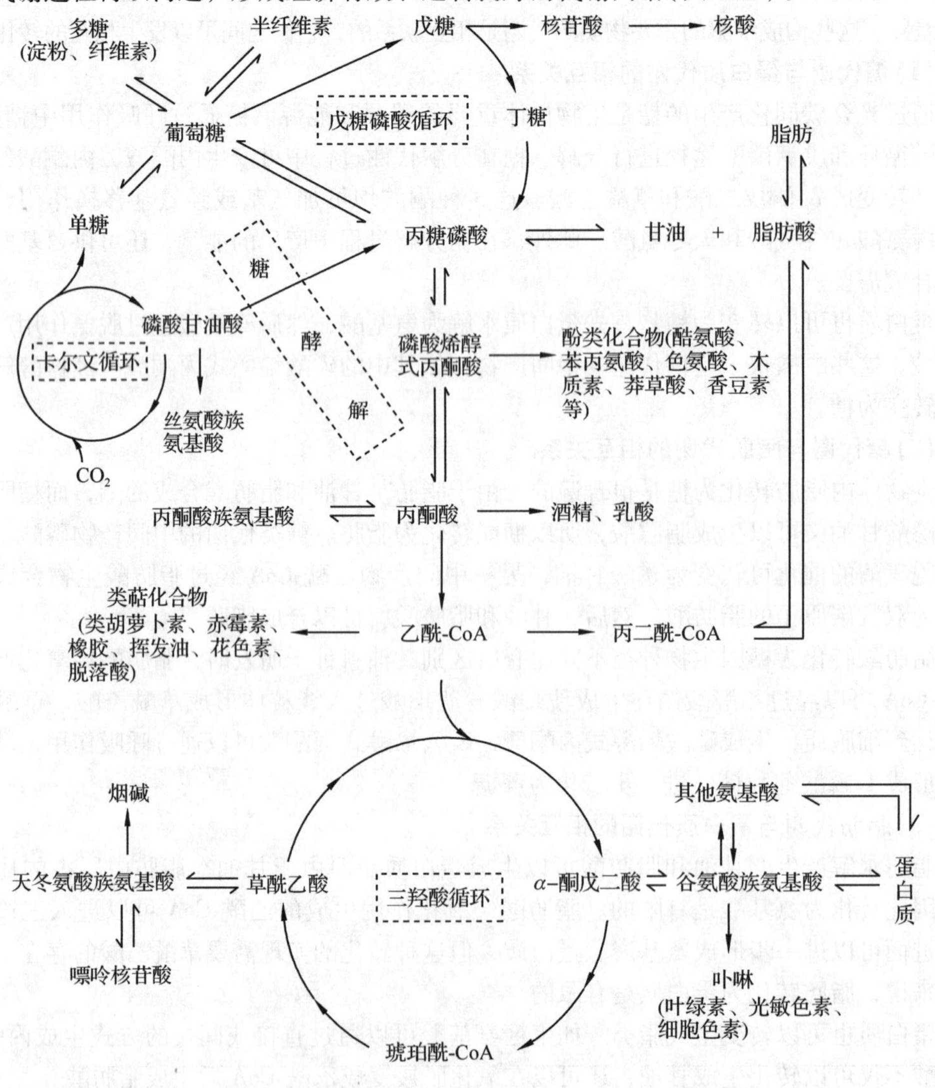

图 5-16　植物体内各种主要有机物之间的联系

5.2 韧皮部中同化物的运输

构成高等植物的各器官之间既有明确分工，又相互依存，植物的正常生长需要各种器官之间的协调统一。前面通过光合作用一章的学习我们了解到，叶片是进行光合作用的主要场所，叶片进行光合作用合成的有机物质一部分会用于自身的代谢，满足自身的生长所需；一部分会合成暂时贮藏化合物贮藏起来；还有大部分会输出到植株的其他部分，如根系、果实等，并在这些器官里或者参与代谢或者加以贮藏。因此，植物体内有机物质从制造场所到消耗场所或贮藏场所之间必然有一个运输过程，光合同化物从源叶到库的运输是由若干个相互有关的生化过程和结构所控制，这是一个高度完整的系统。所以从理论角度来看，有机物运输分配是十分重要的问题。从生产实践来说，有机物的运输分配是决定产量高低和品质好坏的一个重要的生理因素。因此，无论从理论研究方面还是生产实践方面来看，有机物运输的研究都具有重要意义。

5.2.1 韧皮部是同化物运输的主要途径

植物体中维管束是进行长距离物质运输和信息传递的重要通道。植物的维管束主要由木质部和韧皮部构成，同化物是经哪条途径运输的，这可以通过实验来确定。

(1)环割试验

同化物在韧皮部进行运输的推测可以追溯到早期植物学家所做的树皮环割试验。环割是将树干(枝)上的一圈树皮(韧皮部)剥去而保留树干(木质部)的一种处理方法。被环割的树或枝条通常可以在相当长时间内正常生活(木质部是畅通的)，而且在环割部位上方的树皮会逐渐膨大起来(图5-17)。据此推测光合作用生产的同化物主要是在韧皮部中进行运输，由于在环割处同化物运输受阻无法下运，导致积累产生膨大。通常如果环割不宽(如0.3~0.5 cm)，切口能重新愈合。如果环割较宽，环割下方又没有枝条，时间一久，根系就会死亡，这就是所谓的“树怕剥皮”。

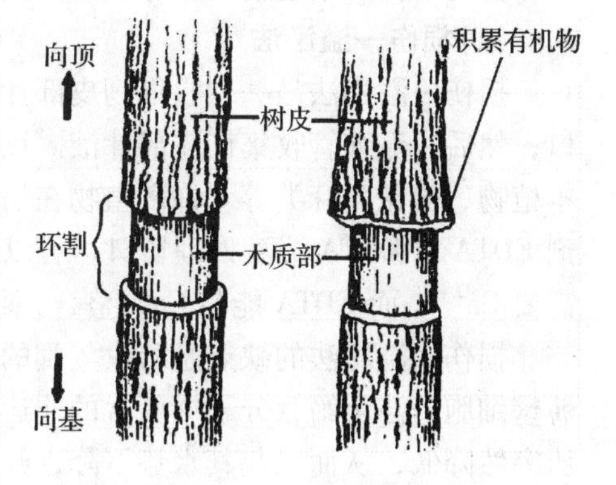

图5-17 环割试验

(2)放射性同位素示踪方法

放射性同位素示踪的方法可以更加精确地证明同化物是在韧皮部进行运输的。在叶面或切除叶片的叶柄直接饲喂带有放射性同位素的蔗糖，也可以用含有放射性碳同位素的CO_2饲喂特定叶片，利用植物光合作用固定CO_2，将放射性同位素引入植物体内。比较常用的方法是饲喂$^{14}CO_2$的方法，经植物叶光合作用^{14}C被转化到光合同化物中，然后通过放射性测定仪和放射性自显影等方法对同化物的运输进行监测(图5-18)。

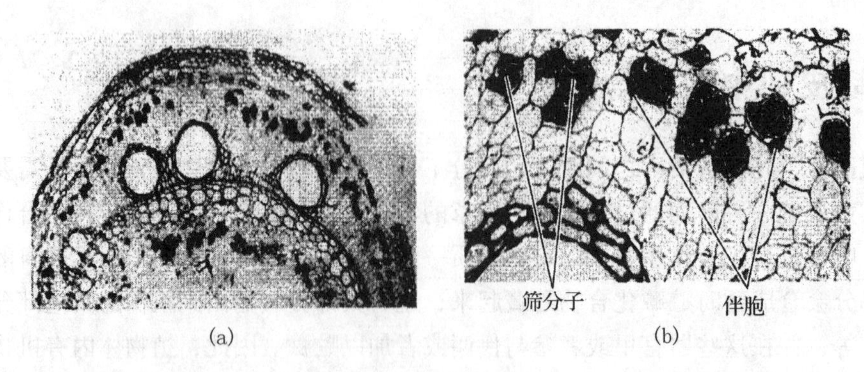

图 5-18　茎组织的放射性自显影图(引自 Taiz and Zeiger，1998)

(a)50 ×　(b)325 ×

用$^{14}CO_2$饲喂叶，^{14}C 经光合作用被结合到糖分子中，被标记的糖分子运输到植物的其他部分。黑色颗粒显示标记糖的位置。标记糖几乎完全限于韧皮部的筛分子当中。

5.2.2　运输物质的种类

韧皮部汁液化学组成和含量因植物的种类、发育阶段和生理生态环境等因素的变化而表现出很大的变异，因此，采取适当的方法对于弄清运输物质的种类是非常重要的。

5.2.2.1　研究运输物质种类的方法

研究韧皮部中运输物质种类的方法有多种，下面介绍其中的 2 种。

(1)损伤—溢泌法

损伤—溢泌法是一种收集韧皮部汁液的方法。此法是在韧皮部上切一个 1 mm 深的刀口，然后用毛细管收集韧皮部汁液。该法仅适用于韧皮部和木质部相对独立的植物，如木本植物、棉花、麻类等。许多植物在切口处常出现胼胝质的堵塞现象。若用金属离子螯合剂 EDTA 或 EGTA 溶液处理切口，可以避免这种堵塞现象，这是因为胼胝质合成酶的活化需要 Ca^{2+}，而 EDTA 能与 Ca^{2+} 螯合，阻止胼胝质的形成。

损伤—溢泌法的缺点是所收集到的汁液并不是真正纯的被运输的物质成分。被损伤的薄壁细胞、甚至筛管分子中所含的非运输物质都会造成污染。另外，损伤使筛管分子的膨压突然降低，从而引起其水势下降，筛分子周围的水会顺着水势梯度进入其中，造成韧皮部汁液的稀释。

(2)蚜虫吻针(刺)法

理想的收集韧皮部汁液的方法是将一个纤细的注射针头刺入单个的筛管分子中来收集韧皮部汁液，而蚜虫的吻针满足了这一条件。蚜虫的口器可以分泌果胶酶帮助其吻针刺入韧皮部筛管分子，当蚜虫的吻针刺入筛管分子后，用 CO_2将其麻醉，再用激光切除母体而留下吻针。由于筛管正压力的存在，韧皮部汁液可以持续不断地从吻针流出(图 5-19)。有报道，在柳树上用此法可以连续收集韧皮部汁液($4\ \mu L \cdot h^{-1}$)达 4 d 之久。蚜虫吻针技术不会造成污染和筛管的封闭，因此在韧皮部运输的研究中有重要的意义。

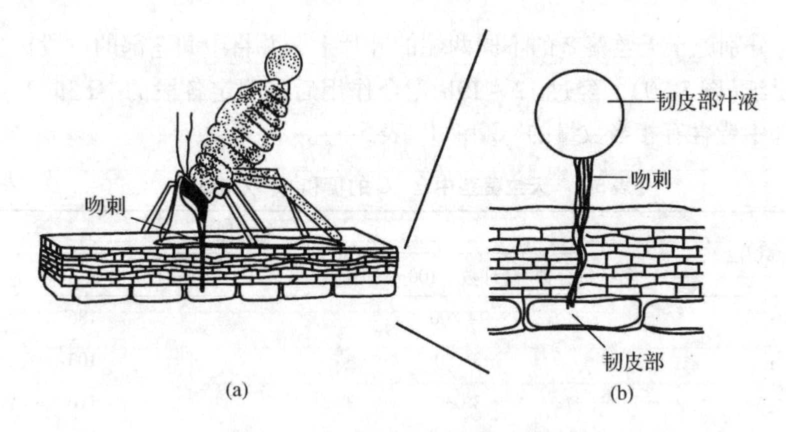

图 5-19 用蚜虫吻针法吸取筛管汁液

(a)蚜虫吻针插至韧皮部吸取汁液(引自 Zimmermann, 1961)

(b)去掉蚜虫后留下吻针，溢出韧皮部汁液，供收集和分析用(引自 Botha *et al.*, 1975)

5.2.2.2 运输物质的种类

通过分析蚜虫吻针法收集的汁液并结合同位素示踪技术发现：典型的韧皮部汁液样品中干物质含量占10%~25%，其中多数是糖，并且蔗糖是韧皮部运输物的主要形式。筛管中蔗糖的浓度可以达到0.3~0.9 $mol \cdot L^{-1}$。少数科的植物韧皮部汁液中除蔗糖外，还含有棉籽糖、水苏糖、毛蕊花糖等，有的还含有糖醇，如甘露醇、山梨醇等。在筛管中运输的糖多以非还原形式存在，这可能是因为非还原糖与还原糖相比在化学性质上较不活泼，因此在运输过程中不易发生反应。

除了糖外，筛管中还有含氮化合物，主要形式为氨基酸(谷氨酸和天冬氨酸)和酰胺(谷氨酰胺和天冬酰胺)。当叶片衰老时，韧皮部中含氮化合物的水平非常高。另外，有些植物韧皮部汁液样品中还含有植物内源激素，如生长素、赤霉素、细胞分裂素和脱落酸。磷酸核苷酸和蛋白质也存在于韧皮部汁液中，如进行蛋白质磷酸化的蛋白激酶、参与二硫化物还原的硫氧还蛋白、参与蛋白质周转的遍在蛋白(ubiquitin)等。除此之外，韧皮部汁液中还有钾、磷、氯等无机离子(表5-2)。

表 5-2 韧皮部汁液成分

组　分	质量浓度($mg \cdot mL^{-1}$)	组　分	质量浓度($mg \cdot mL^{-1}$)
糖类	80.00~106.00	氯化物	0.36~0.55
氨基酸	5.20	磷酸	0.35~0.55
有机酸	2.00~3.20	钾	2.30~4.40
蛋白质	1.45~2.20	镁	0.11~0.12

注：引自 Taiz and Zeiger, 1998。

5.2.3 运输的方向

叶片通过光合作用合成的同化物在韧皮中既可以向上运输到幼嫩部位，如幼叶或果实，也可以向下运输到根部或地下贮藏器官，同位素示踪技术可以证实这一点。用$^{14}CO_2$

及 $KH_2{}^{32}PO$，分别施于天竺葵茎的不同两端的叶片上，并将中间茎部的一段树皮与木质部分开，隔以蜡纸(图 5-20)。经过 12～19h 光合作用后，测定各段的 ^{14}C 和 ^{32}P 放射性，结果发现韧皮部中皆含有相当数量的 ^{14}C 和 ^{32}P(表 5-3)。

表 5-3　天竺葵茎中含 ^{14}C 的糖和 ^{32}P 双向运输

韧皮部切段	放射性	
	每分钟 ^{14}C 计数·$100mg^{-1}$ 树皮	每分钟 ^{32}P 计数·$100mg^{-1}$ 树皮
S_A	44 800	186
S_1	3 480	103
S_2	3 030	116
S_B	2 380	105

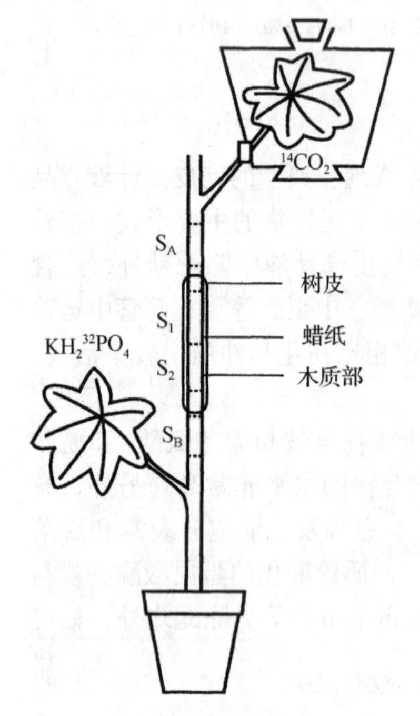

图 5-20　分别施用 ^{14}C 和 ^{32}P，观察有机物双向运输的装置
(引自陈绍龄 等，1951)

由此可见，韧皮部内的物质可同时作双向运输。另外，由于木质部中也有少量放射性同位素存在，说明同化物也可以横向运输，但正常状态下其量甚微，只有当纵向运输受阻时，横向运输才加强。

5.2.4　运输的速率

通常可以用 2 种方法表示同化物的运输快慢：即运输速度(velocity)和质量运输速率(mass transfer rate)。

(1) 运输速率

运输速率是指单位时间内被运输物质移动的距离，常用 $m \cdot h^{-1}$ 或 $mm \cdot s^{-1}$ 来表示。利用同位素示踪技术，测得不同植物同化物运输速度差异较大，几种植物体内同化物运输的速度见表 5-4。

同一植物在不同的发育阶段，运输速度也不同，如南瓜在幼苗阶段为 72 $cm \cdot h^{-1}$，衰老时为 30～50 $cm \cdot h^{-1}$。被运输的物质不同，运输速度也有差异，如丙氨酸、丝氨酸、天冬氨酸的运输较快，而甘氨酸、谷酰胺、天冬酰胺则较慢。运输速度还受环境条件的影响，白天温度高，运输速度快；夜间温度低，运输速度慢等。

表 5-4　一些植物体内通过韧皮部的同化物的运输速度

植物	速度($m \cdot h^{-1}$)	植物	速度($m \cdot h^{-1}$)
大豆	0.17	菜豆	0.60～0.80
柳	0.25～1.00	蓖麻	0.84～1.50
南瓜	0.38～0.88	小麦	0.87～1.09
棉花	0.35～0.40	甘蔗	3.00～3.60
甜菜	0.50～1.35		

(2)质量运输速率

除了植物体内同化物运输的速度之外，人们往往还对韧皮部中运输的物质的量感兴趣，由此提出了质量运输速率，也称为集运速率。质量运输速率是指单位时间单位筛管截面积(韧皮部截面积)上通过的物质的量，常用 $g \cdot cm^{-2} \cdot h^{-1}$或 $g \cdot mm^{-2} \cdot s^{-1}$表示。由于参与运输的韧皮部或筛管的横截面积在不同种植物和各个植株间变化较大，因此，集运速率能较好体现出被运输物质的量。大多数植物的集运速率在 $1 \sim 13\ g \cdot cm^{-2} \cdot h^{-1}$之间。

5.3 韧皮部运输的机理

同化物韧皮部运输的研究已经历了 70 多年，提出的学说很多，但总体来看有 2 类观点：即主动运输机制和被动运输运输机制。有关主动运输的学说认为：同化物在韧皮部中的运输是需要能量的，而能量来自细胞的代谢活动。有关被动运输的学说认为：同化物在韧皮部运输时，不需要直接向它们提供能量，而是靠扩散、系统两端压力势差或溶质界面的流动等来实现。目前在众多的学说中人们普遍认为"压力流学说"是最能解释同化物韧皮部运输现象的一种理论。

5.3.1 压力流动学说

压力流动学说的雏形是德国科学家明希(Ernst Münch)于 1926—1930 年提出的。现在有关韧皮部运输的很多知识都是在检验这一学说的过程中获得的。该学说的主要观点是：有机物在筛管中随着液体的流动而移动，这种液流的移动是由于输导系统两端渗透产生的压力梯度推动的(图 5-21)。

5.3.1.1 压力梯度、集流及能量消耗

压力流动学说认为，系统两端压力差的建立过程是这样的：在源(能制造并输出同化物的组织、器官或部位。如绿色植物的功能叶、种子萌发期间的胚乳或子叶等)端韧皮部进行溶质的装载，溶质进入筛管分子后细胞渗透势下降，同时水势也下降，于是木质部的水沿着水势梯度进入筛管分子，筛管分子的膨压上升；而运输系统的库(消耗或贮藏同化物的组织、器官或部位，如植物的幼叶、根、茎、花和果实等)端，由于韧皮部的卸出，库内筛管分子的溶质减少，细胞渗透势提高，同时细胞水势也提高，这时韧皮部的水势高于木质部，因此水沿水势梯度从筛管分子回到木质部，引起筛管分子膨压的降低。这样就在源端和库端形成膨压差。由于源端和库端之间的膨压差，筛管中的汁液以集流的形式沿压力梯度从源向库运动。在这一过程中，并没有直接消耗能量。

5.3.1.2 筛管的构造及双向运输

(1)筛管的构造

筛管的结构是韧皮部运输机制的基础。成熟的筛分子缺少一般活细胞所具有的一些结构和成分。如在发育过程中失去了细胞核、液泡膜、微丝、微管、高尔基体和核糖体，但保留有质膜、线粒体、质体和光滑内质网，细胞壁非木质化。因此，筛管分子不同于木质

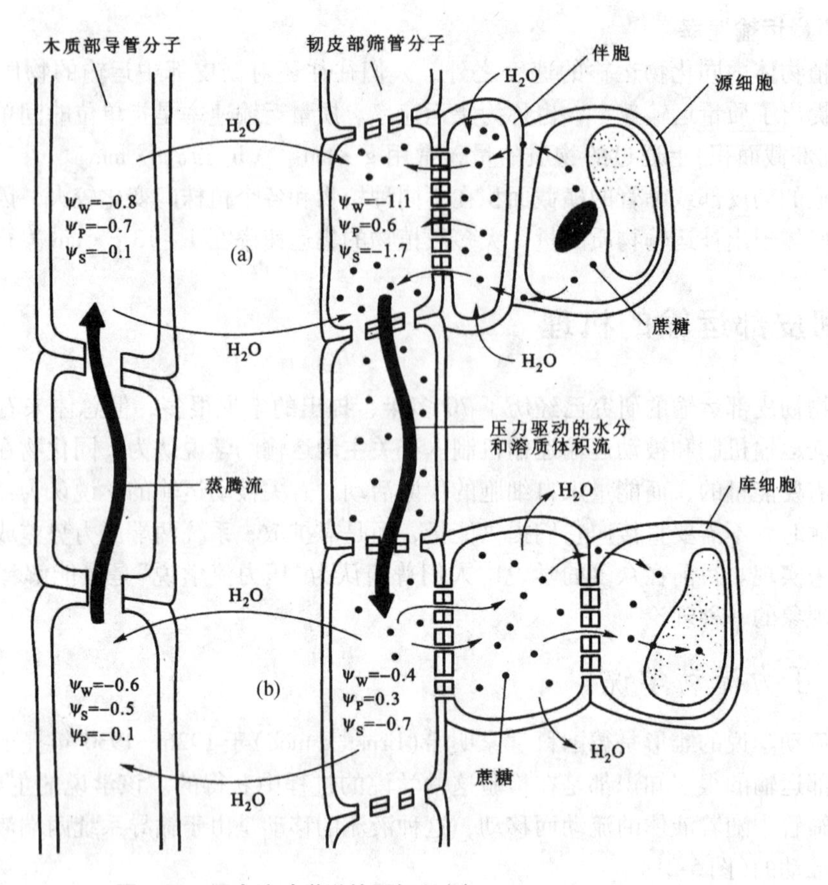

图 5-21　压力流动学说的图解(引自 Taiz and Zeiger, 2002)

在源端，同化物被主动地装载进入筛管分子—伴胞复合体，水分渗透进入韧皮细胞，建立高的膨压(a)。在库端，当同化物被卸出时，水分离开韧皮细胞，以及产生较低的压力(b)。水和溶解于水的溶质通过集流从高压力区域(源)传递到低压力区域(库)。

部的管状分子，木质部的管状分子在成熟时已经死亡，没有质膜，有木质化的次生壁。这些区别对于韧皮部的运输机制是很关键的(图 5-22)。

筛管分子的细胞壁的一些部位具有小孔，这些区域称为筛域，具有筛孔的横壁称为筛板。大多数被子植物筛管的内壁还有韧皮蛋白(phloem protein，p-protein)，呈管状，纤维状等，它的功能是把受伤筛分子的筛孔堵塞住使韧皮部汁液不外流。

筛管的质膜和胞壁之间有胼胝质(callose)，是一种 β-1,3-葡聚糖，当筛分子受伤或遇外界胁迫时，它把筛孔堵住，一旦外界胁迫等解除，筛孔的胼胝质就消失，筛管恢复运输功能。胼胝质可被苯胺蓝染色而被观察到。

每个筛管节与 1 ~ 2 个伴胞相连，由于伴胞在起源和功能上与筛管关系密切，因此，常把它们称为筛分子—伴胞复合体(sieve element-companion cell complex)。伴胞有细胞核、细胞质、核糖体和线粒体等。伴胞与筛管之间有许多胞间连丝，把光合产物和 ATP 供给筛分子，它也可以进行重要代谢功能(如蛋白质合成)，但在筛分子分化时就会减弱或消失。

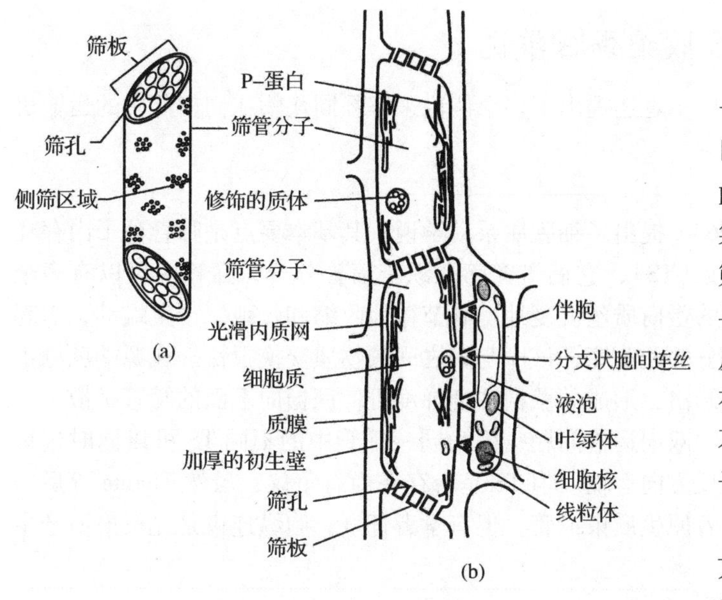

图 5-22 成熟筛分子和伴胞的结构

(a)外观 (b)纵切

(2)筛管中双向运输

根据压力流动学说，在同一个筛管分子中不可能发生双向运输（bidirectional transport)。因为溶质在筛管中是随集流而运动的，而集流在一个筛管中只能有一个方向。虽然早期有实验说明物质可以在韧皮部进行双向运输，但是溶质在韧皮部的双向运输可能是在不同的维管束或不同的筛管分子中进行的。

对于筛管分子中物质运输方向的观察一般是通过在筛管中装入示踪物(如荧光染料)，然后根据示踪物的运动方向来确定筛管集流的方向。常常可以观察到示踪物在茎的不同维管束中沿不同方向的运动；在叶柄的同一维管束中也可以观察到邻近的不同筛管分子中示踪物沿不同方向的运动，特别是叶片处于库—源转变过程的时候。但是目前还没有确切的观察证据表明在同一个筛管分子中存在双向的物质运输。

5.3.1.3 压力流动模型中尚待解决的问题

根据压力流模型可预测韧皮部的运输应具有如下特点：①筛管间的筛孔必须是开放的。最近利用共聚焦显微镜技术对蚕豆(*Vicia faba*)中筛管分子在活体状下荧光分子的运输过程进行了观察，结果表明筛管孔道在活体中是开放的。②筛管运输本身并不需要消耗大量能量。试验表明，可以忍受短期低温的植物，比如甜菜，使其叶柄的一段处于1 ℃的低温，这时组织的呼吸被抑制了90%，而韧皮部的运输在受到暂短的抑制后可以逐步恢复到正常水平。这表明韧皮部运输本身并不是一个消耗大量能量的过程。③在源端和库端存在足够的压力差。根据目前所得到的源库端膨压的测定值，可以发现源端总是具有比库端更高的膨压值。

尽管大多数人接受压力流动学说，但仍有人提出异议。有人认为，即使在同一筛管中不存在双向运输，但在相邻的的筛管中也是难以用压力流动学说来解释的。因为很难想象，在同一端，一条筛管与源组织相连，而与其相邻的筛管与库组织相连，亦即一条筛管处于正压状态，一条筛管处于负压状态。另外，压力流动学说较好地解释了被子植物有机物的运输机制，但有可能不适于裸子植物。因为裸子植物筛域的孔被大量的膜所填充，这将阻止集流的通过。

5.3.2　胞质泵动学说和收缩蛋白学说

除了压力流动学说外，一些学者还提出了多个假说来解释同化物在韧皮部中的运输机制，下面介绍其中的2种。

(1)细胞质泵动学说

Canny(1962)和Thaine(1964)提出了细胞质泵动学说。其基本要点是筛管分子内存在着纵向的原生质束，即胞间连束(TS)，它们贯穿筛孔纵跨筛管分子，筛管中可以有多个这样的胞间连束。束内呈环状的蛋白质丝反复地、有节律地收缩和张弛，产生蠕动，引起糖分随之流动。束间溶液为糖分的贮藏库，该库与束之间的物质交换很快。在源端蔗糖不断被装入而在库端蔗糖不断被卸出，形成的蔗糖浓度梯度可使蔗糖向下面的筛管扩散。

这一学说可以解释同化物的双向运输问题，因为同一筛管中的不同TS可以同时进行相反方向的运动，使糖分向相反方向运输。但TS是否存在尚有争议，虽然Thaine等后来在电镜下发现南瓜筛孔中存在着原生质束或管，但有学者怀疑，胞纵连束是光反射所产生一种假象。

(2)收缩蛋白学说

Fensom和William于20世纪70年代提出了收缩蛋白学说，该学说与细胞质泵动学说有相似之处。其基本要点是：在筛管腔内有一种由直径很小的管状微纤丝(microfibril)构成的网状结构。微纤丝由P-蛋白构成，成束贯穿于筛孔，一端固定，另一端游离于筛管细胞质内，能像运动的鞭毛一样震动，从而推动筛管内溶液集体流动。

我国著名学者阎隆飞20世纪60年代就已发现，在烟草和南瓜的维管束中有靠ATP提供能量收缩的韧皮蛋白(P-蛋白)。但一些实验对P-蛋白有收缩性表示怀疑，该理论本身在很多方面尚有待完善和充实。

5.4　韧皮部的装载及卸出

在源端，光合作用产生的同化产物不断地通过装载进入到韧皮部；在库端，同化物不断地从韧皮部中卸出到接受细胞。这一装载和卸出过程是韧皮部运输的动力来源，同时对光合作用、果实及籽粒的产量有着重要的影响。

5.4.1　装载

韧皮部装载(phloem loading)包括光合产物从叶肉细胞的叶绿体运送到筛分子—伴胞复合体的整个过程。其主要包括3个步骤：第一步，光合作用产物从叶绿体外运到细胞质。通常在白天，光合作用生产的磷酸丙糖从叶绿体外运到细胞质，然后转化为蔗糖；在夜里，叶绿体中的淀粉水解为葡萄糖，之后被运送到细胞质并转化为蔗糖；第二步，蔗糖从叶肉细胞运输到叶片小叶脉的筛管分子—伴胞复合体附近，这个过程往往只涉及几个细胞的距离；第三步，筛管分子装载(sieve element loading)，即蔗糖进入筛管分子—伴胞复合体的过程。糖分和其他溶质从源运走的过程称为输出(export)。同化物在细胞间的运输称为短距离运输(short-distance transport)，同化物经过维管系统从源到库的运输称为长距离运输(long-distance transport)。

5.4.1.1 装载区域的结构

韧皮部装载的模式与装载区域的结构密切相关。由于筛分子在分化的过程中，丢失了许多重要的细胞功能，这些功能可能由伴胞来承担，因此伴胞的类型，与周围细胞的胞间连丝的密度等都对有机物的装载产生重要的影响。在源端成熟叶片的小叶脉中，至少具有3种类型的伴胞：普通伴胞、转移细胞和中间细胞。

普通伴胞(ordinary companion cell) 有叶绿体，叶绿体中的类囊体发育良好，细胞壁内表面光滑。除了与筛管分子之间有大量的胞间连丝外，普通伴胞与周围其他细胞之间很少有胞间连丝。因此，其他细胞中的物质必须经过质外体途径进入伴胞，再进入筛管。

转移细胞(transfer cell) 与筛管分子之间也有大量的胞间连丝，这一点与普通伴胞相似。但它具有一个显著的特征，即细胞壁形成许多指状内突，这种内突使转移细胞与质外体空间的接触面积扩大，增加了细胞跨膜运输的能力。

中间细胞(intermediate cell) 有大量胞间连丝与周围细胞(特别是与维管束鞘细胞)相连，有许多小液泡，类囊体发育不良。

总体来看，普通伴胞和转移细胞适于将糖从质外体转运进筛管分子—伴胞复合体，而中间细胞适于通过胞间连丝将糖从叶肉细胞运至筛管。

5.4.1.2 韧皮部装载的途径

光合产物的韧皮部装载可以通过质外体途径(apoplastic pathway)，也可以通过共质体途径(symplastic pathway)(图5-23)。不同植物可能采用不同的途径。

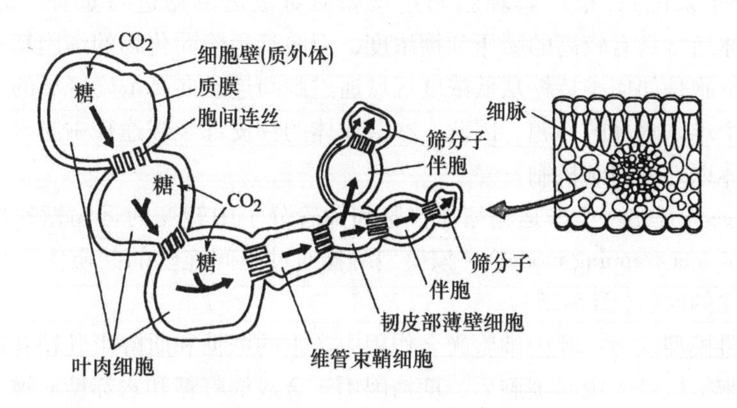

图5-23 韧皮部装载途径示意(引自Taiz and Zeiger，2002)

韧皮的装载可以通过质外体途径，也可以通过共质体途径

(1)质外体途径

质外体装载是指糖从叶肉细胞运出后，进入质外体空间，最后跨越质膜进入筛管分子—伴胞复合体的过程。蔗糖是质外体装载的主要物质。

在输出蔗糖的叶片中筛管分子—伴胞复合体中的蔗糖浓度要高于叶肉细胞中的蔗糖浓度，但是蔗糖运输方向是从叶肉到筛管分子—伴胞复合体，同时蔗糖又是不带电荷的分

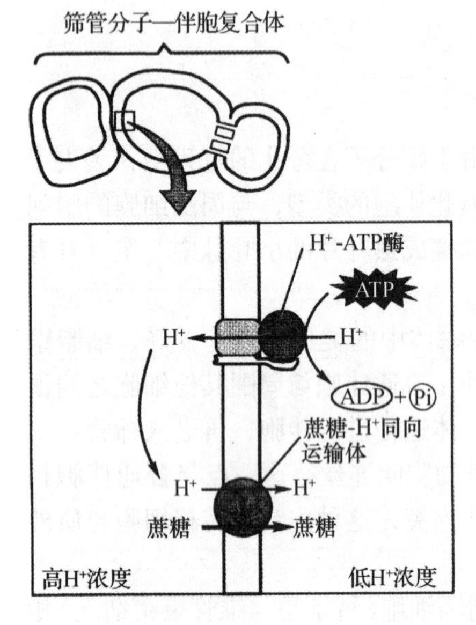

图 5-24　蔗糖—质子同向运输示意

（引自 Taiz and Zeiger，2002）

子，因此蔗糖的短距离运输是一个逆化学势梯度过程，从理论上讲这个过程是一个消耗能量的过程。

一般认为，蔗糖主动进入筛管分子—伴胞复合体的机制是蔗糖—质子共运输（图 5-24）。在 H^+-ATP 酶的作用下，质子被泵出细胞，建立起细胞内外的质子梯度。质外体中的质子有向细胞内扩散的趋势，在细胞膜上的特殊载体可以利用质子的顺电化学梯度的扩散将细胞外的溶质蔗糖与质子共同转运至细胞内。这种运输方式称为蔗糖—质子同向共运输（sucros-proton symport）或共运输（cotranspot）。负责这样运输的载体称为蔗糖—质子共运输载体（sucros-proton symporter）。

（2）共质体途径

对于共质体途径来说，首要条件是参与此途径的细胞间都具有大量的胞间连丝；胞间连丝把细胞质联系起来成为一个连续的整体，同化物可能通过胞间连丝进入筛管。在进行共质体装载的植物中，筛管中糖的主要形式是寡聚糖（棉籽糖、水苏糖、毛蕊花糖等）和蔗糖。

在质外体装载途径中，如果被运输的糖从叶肉细胞运出并通过质外体进入筛管分子—伴胞复合体都是通过膜上的特异性载体，那么糖的运输应该是具有选择性的，这一点可以理解。但是对于共质体途径的装载就比较难以理解，由于胞间连丝只是细胞间非特异的运输通道（对小分子来说），很难解释胞间连丝如何对被运输糖进行选择。另外，筛管分子—伴胞复合体通常具有较高的膨压和糖浓度，而向其运输同化物的细胞却具有较低的膨压和糖浓度，细胞是如何维持糖从低浓度区域通过胞间连丝向高浓度区域的逆浓度梯度运输，这也是一个难以解释的问题。因此，在共质体的韧皮部装载途径中应该还存在一个利用特异性膜载体以外的控制机制。

Robert Turgeon 提出一个非运输糖在伴胞和筛管分子中转变为运输糖的模型——聚合物陷阱模型（polymer-trapping model）。该模型解释通过胞间连丝的共质体装载的选择性和逆浓度梯度运输的问题（图 5-25）。

聚合物陷阱模型认为：叶肉细胞光合作用中产生的蔗糖和肌醇半乳糖苷通过胞间连丝从维管束鞘细胞扩散进入中间细胞后，蔗糖因用于合成棉籽糖和水苏糖而被消耗掉，浓度降低，因而可以从维管束鞘细胞顺浓度梯度运输到中间细胞。而合成的棉籽糖和水苏糖由于具有较大的相对分子质量而无法通过胞间连丝回到维管束鞘细胞。相反，中间细胞和筛管分子间的胞间连丝的通透性较大，可以允许中间细胞中合成的棉籽糖和水苏糖扩散进入筛管分子，并且在进一步的运输途径中，这些糖还可以转变为蔗糖。

根据聚合物陷阱模型可得如下推论：①蔗糖在叶肉细胞中的浓度应该高于中间细胞；②棉籽糖和水苏糖合成所需的酶应该位于中间细胞；③相对分子质量大于蔗糖的分子不能通过维管束鞘细胞和中间细胞间的胞间连丝。

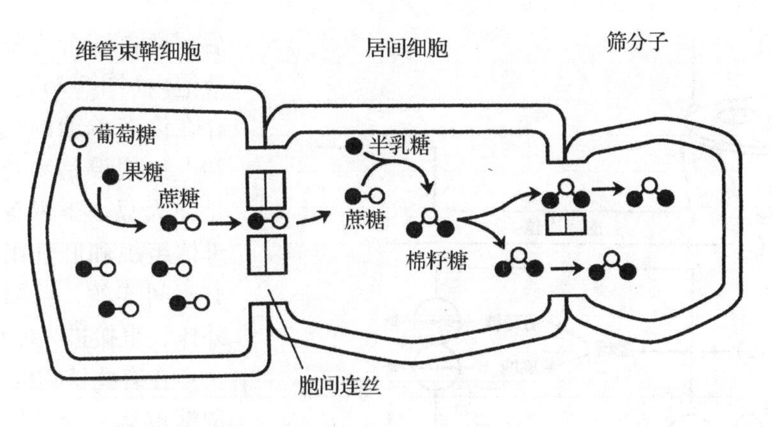

图 5-25 聚合物陷阱模型(引自 Taiz and Zeiger, 1998)

大量生物化学的和免疫学的实验证明，所有的棉籽糖和水苏糖合成所需的酶是定位在中间细胞的，且棉籽糖和水苏糖浓度在中间细胞中较高，而在周围的叶肉细胞中几乎检测不到。

5.4.2 卸出

光合同化物一旦装载进入筛管，就会沿整个韧皮部运输途径不断地和周围细胞进行物质交换，即卸出和再装载，其中韧皮部的卸出主要发生在库端。韧皮部卸出(phloem unloading)是指光合同化物从筛管分子—伴胞复合体进入库细胞的过程。韧皮部卸出对同化物的运输、分配以及作物最终经济产量等都起着极其重要的调节作用。

(1)韧皮部卸出的过程

韧皮部卸出将经历以下步骤进行：①蔗糖等运输糖被输送出筛管分子，称为筛管分子卸出(sieve-element unloading)；②糖被运出筛管分子后，经过一个短距离运输(short-distance transport)被运输到库细胞，这一过程称为筛管分子后运输(post-sieve element-transport)，库组织中接收被运输糖的细胞叫接收细胞(receiver cell)；③糖被库细胞存储或代谢。这个全过程即韧皮部卸出。

(2)韧皮部卸出的途径

由于卸出可以发生在成熟韧皮部的任何地方，并且不同库的结构和功能变化非常大，因此同化物的卸出比其装载要复杂。韧皮部卸出有2条途径：共质体途径和质外体途径。

共质体卸出 一些植物如甜菜、烟草的幼叶细胞间有大量胞间连丝，使用抑制糖质外体吸收的抑制剂和缺氧条件都不能抑制这些组织糖的卸出，因此它们的韧皮部卸出可能采用共质体途径。经共质体卸出时，糖类通过胞间连丝进入接受细胞，不需要跨越质膜。糖从筛管分子到接收细胞是顺着浓度梯度的扩散移动，因此共质体途径的韧皮部卸出本身不需要能量，不直接依赖于细胞的代谢，是一个被动运输的过程。糖进入接收细胞后，被呼吸利用或转化为其他生长所需的物质和贮藏物，使得接收细胞中的糖浓度降低。因而通常认为，筛管分子与库细胞之间糖的浓度梯度的维持是直接依赖于细胞代谢的。

质外体卸出 有2条途径。一条是在甘蔗、甜菜等的贮藏薄壁细胞，它们与库细胞之间没有胞间连丝。当蔗糖送到质外体后，就被水解为葡萄糖和果糖，它们被库细胞吸收

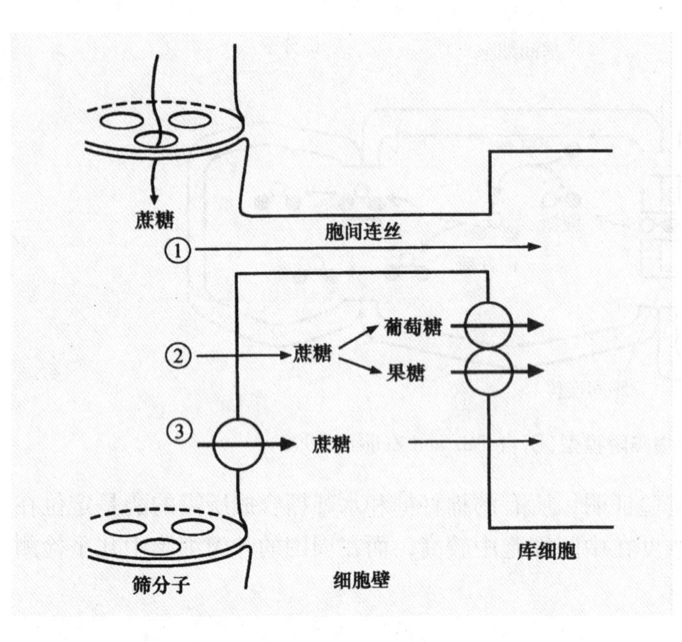

图 5-26　蔗糖卸出到库组织的可能途径(引自 Hopkins, 1999)

后，又再结合为蔗糖，贮存在液泡内(图 5-26)。在库组织中存在许多单糖的载体，这似乎和上述假设是吻合的。另一条是在大豆、玉米等种子中，其母体组织和胚性组织之间也没有胞间连丝，蔗糖必须通过质外体，直接进入库细胞。

在有些植物的储藏细胞中，蔗糖被运入液泡贮存起来。蔗糖跨液泡的运输是通过蔗糖—质子反向运输机制进行的：液泡膜上的 H^+-ATP 酶将质子运入液泡形成跨液泡膜的质子梯度，然后液泡膜上的反向运输载体利用跨液泡膜的质子梯度把蔗糖输送到液泡内。

从上述的转运过程可以看出，经质外体途径卸出时，糖至少需要进行 2 次跨膜的运输。在输出过程中，糖要通过筛管分子—伴胞(SE-CC)复合体的质膜进入质外体；在接受细胞中，糖需要从质外体跨膜吸收；若进入液泡，则还要通过液泡膜。研究发现，膜上的载体参加糖的运输，而且应该至少有一步跨膜的运输是耗能的主动过程。

知识窗

研究库端卸出机制的技术——空胚珠技术

空胚珠技术是目前研究同化物在库端卸出机制的较好手段，已成功应用于豆科植物和玉米种子发育过程中同化物卸出的研究。在这类植物中，胚囊组织和周围细胞之间没有胞间连丝的连接。在胚囊发育过程中，哺育组织向胚囊运输的营养物质只能通过质外体途径。因此可以通过适当的方法将胚珠的胚囊部分除去而留下一个“空胚珠”。由于胚囊从种子中除去，这样就可以对糖从种皮进入质外体的过程进行研究而不会受到胚囊的干扰；同样也可以分别对胚囊吸收糖的过程进行研究。

在“空胚珠”中可以加入琼脂(4%)或缓冲液，在短时间的恢复之后向库器官的同化物卸出仍然继续进行，在正常情况下被发育着的胚吸收的同化物将扩散到琼脂或缓冲液里，这个过程可以持续数小时(图 1)。这样，就可以通过对琼脂或缓冲液的置换和分析、改变 pH 值以及加入其他溶液或抑制剂等对卸出过程进行研究。

应用空胚珠技术进行的研究表明，在豆科植物中，蔗糖向胚囊的卸出对缺氧、低温、代谢抑制剂敏感，因此蔗糖可能是通过需要能量的膜载体卸出到质外体的。

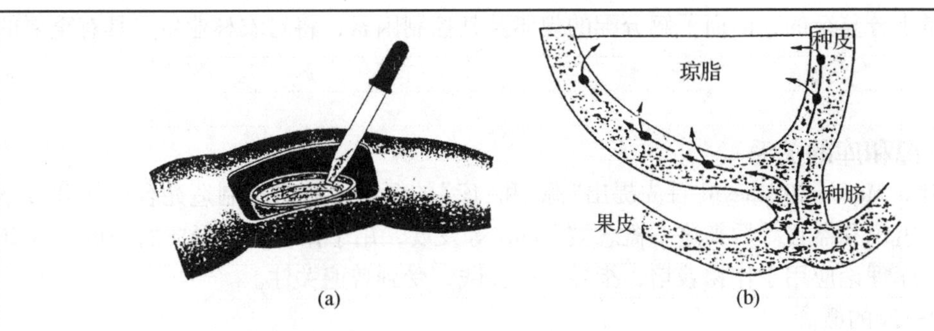

图1 空胚珠技术(引自 Hopkins，1995)

(a)用解剖刀将部分豆荚壳切除，开一"窗口"，切除正在生长种子的一半(远种脐端)，将另一半种子内的胚性组织去除，仅留下种皮组织和母体相连部分，制成空种皮杯。在空种皮杯中放入4%的琼脂，收集空种皮中的分泌物 (b)同化物在空种皮杯中卸出的途径

5.5 同化产物的配置与分配及调控

光合同化产物的命运是人们非常关心的问题。这一问题实际上包含了两方面的内容：第一，源叶中新形成同化产物的代谢转化，我们称之为配置(allocation)；第二，新形成的同化物在各器官之间的分布，我们称之为分配(partitioning)。

5.5.1 同化产物的配置

根据同化产物的使用情况，源叶同化产物的配置主要有以下3条途径。

(1)代谢利用

叶片产生的同化产物有一部分会用于自身的需要，通过呼吸作用，为细胞生长、代谢提供能量或为细胞合成其他化合物提供碳架。

(2)合成贮藏化合物

对于大多数植物，白天通过光合作用产生的同化产物主要是以淀粉的形式贮藏在叶绿体中，也有植物固定的碳是以蔗糖或果聚糖的形式贮藏起来。夜晚的时候，这些贮存的同化物会输出并被加以利用。

(3)形成运输化合物

同化产物掺入到运输糖(通常为蔗糖)，以便输送到各种库组织。有一部分运输糖也能暂时贮藏在液泡中，当蔗糖合成发生短时变化而出现蔗糖短缺时，它们可以起到缓冲作用。

通过C_3途径产生的磷酸丙糖可以进一步在细胞质中合成蔗糖或在叶绿体中形成淀粉。因此，促进淀粉合成的ADPG焦磷酸化酶和促进蔗糖合成的果糖1,6-二磷酸酯酶、蔗糖磷酸合酶(SPS)在同化物的配置中起到重要的调节作用。

5.5.2 同化产物的分配及调控

同化物的分配与植物体的生长和经济产量的高低有着非常密切的关系。影响同化物分配的因素是十分复杂的，因而了解分配的规律及其控制因素，将对农林业生产具有重要的指导意义。

5.5.2.1 源和库的关系

1928年，Mason 和 Maskill 首先提出“源”和“库”的概念，原意指制造光合产物和接纳光合产物的组织和器官。后来这一概念被 Evans 等发展，用于作物产量形成的分析。近20年，将源—库理论应用于作物栽培，指导生产实践，受到普遍关注。

(1) 源—库的概念

源(source)是指生产同化物以及向其他器官提供营养的器官，例如，绿色植物的成熟叶片、种子萌发时的子叶或胚乳组织；而库(sink)是指消耗或积累同化物的接纳器官，例如，幼叶、根、花、果实和种子等。

根据同化产物输入后的去向，库可分为2种：使用库和贮藏库。在分生组织中，大部分输入的同化产物用于生长，如大麦须根中大约有40%输入蔗糖用于呼吸，55%用于结构生长，这种库可称为使用库。贮藏库是指绝大部分输入的同化产物以不同形式贮藏起来，如水稻种子中的淀粉、甘蔗茎中的蔗糖。

“源”和“库”是相对的概念。在植物的任何生长发育阶段都有一定的器官作为供应同化物的源，而又有另一些器官作为接纳同化物的库。但是在不同的发育阶段，作为源和库的器官则可能是不同的。例如，在种子萌发的阶段，种子的胚乳或子叶是供应同化物的源，而胚芽和胚根则是消耗同化物的库；在植物的营养生长阶段，植物的成熟叶是生产供应同化物的源，而植物的根、分生组织等则是接纳同化物的库。

对于植物的特定器官在发育的过程中其源或库的地位也会发生改变，例如，正在伸展过程中的幼叶，其光合作用所生产的同化物尚不能满足其生长的需求而需要输入同化物，因此是代谢的库；当叶片伸展到其最终大小的一半之后，其输入的同化物逐渐减少，直至最后成为完全伸展的成熟叶，其同化物的输入完全停止成为输出同化物的源。因此，植物的源和库可以在发育过程中发生相互转化。

(2) 源库单位

虽然同化物运输的基本方向是由源到库，但是在植物体内通常有多个源器官和库器官，同化物在源库器官间的运输存在时间和空间上的调节和分工。因此通常把在同化物供求上有对应关系的源和库及其连接二者的输导系统合成为源—库单位(source-sink unit)。源和库在营养供求关系上是相互依赖的。

(3) 源和库的关系

源对库的影响 源是制造同化物的器官，是库的供应者，因而源对库的影响显而易见。当源的同化产物较少时基本不输出，只有当同化物的形成超过自身的需要时，才能输出。源器官同化物形成和输出的能力，称为源强(source strength)。影响源强的主要因素有：①光合速率；②磷酸丙糖从叶绿体向细胞质的输出速率；③叶肉细胞蔗糖的合成速率。其中，光合速率是衡量源强最直接的指标。许多试验证明，减少叶片或降低光合速率，均会引起库器官的减少或退化。而若在作物生育后期加强田间管理，防止叶片早衰，使源叶充分发挥作用，将对作物产量的提高有利。

库对源的影响　库是接纳同化物的部位，但库并非只是被动的接纳物质，而是对源也有影响。一般把库器官接纳和转化同化物的能力，称为库强度(sink strength)。

库强度＝库容量×库活力

库活力(sink activity)是指单位质量的库组织吸收同化物的速率；而库容量(sink size)是指组织的总质量。改变库活力或库容量，都会对源产生影响。例如，小麦籽粒的干物质约有40%来源于旗叶，如果把正在灌浆的麦穗剪掉，则旗叶的光合速率急剧下降。其原因是同化物输出受阻，结果同化物多以淀粉形式积累于叶片中，因而抑制光合作用的继续进行，这是光合作用产物输出速率的调节。

5.5.2.2　同化产物的分配和影响因素

叶片光合作用形成的同化物在向外运输时并不是平均分配到各个器官，而是有所侧重。植物的一些内在因素和外界环境条件会影响到同化物的运输和分配方向。

(1)同化产物的分配方向和特点

有机物的分配方向取决于源—库的相对位置，并且总是由源向库，无论库位于源的上方还是下方，都是如此。

尽管在植物的不同的生长发育阶段中，同化物的分配差异较大，但归纳起来，同化物的分配主要有以下3个特点。

就近供应，同侧运输　就近性(proximity)原则是源—库运输的重要影响因素。植物的上部叶片通常主要向茎端生长点以及幼叶运送同化物，下部叶片主要提供根系所需的同化物，中部叶片则既向上也向下进行运输，且向同侧分配较多。例如，大豆和蚕豆开花结荚时，叶片的同化产物主要供给本节的花荚，很少运到相邻的节去；果树的果实所获得的同化产物，大多数来自果实附近的叶片；作物叶片同化产物一般只供应同一侧的相邻叶片，很少横向供应到对侧的叶片，这与维管束的分布有关。

向生长中心运输　植物在不同的生长阶段有不同的生长中心。例如，稻、麦分蘖期生长中心是新生叶子、分蘖及根；孕穗期至抽穗期，生长中心转向穗及茎；而在乳熟期，穗子几乎是唯一的生长中心。这些生长中心，既是矿质元素的输入中心，也是光合产物的分配中心。植物的同化物通常主要向生长中心运输，或者说生长中心是主要的库。在营养生长期，根端和茎端的生长点是主要的库，成熟叶片是主要的源，因此同化物的运输方向是从成熟叶片到根端和茎端的生长点。当植物体由营养生长转变为生殖生长后，果实逐步成为主要的库，而同化物运输的方向也从向根和茎运输转变为主要向果实运输。

功能叶之间无同化物供应关系　就不同叶龄来说，幼叶产生的光合产物较少，不仅不向外运输，而且需要输入同化物供自身生长用，表现为库。一旦叶片长成，合成大量的光合产物，就向外运输，即转变为源，而且此后不再接受外来的同化物。例如，给功能叶遮黑处理，也不会输入同化物。也就是说，已成为源的叶片之间没有同化物的分配关系，直到最后衰老死亡。

(2)同化产物运输分配的影响因素

影响与调节同化物运输分配的因素十分复杂，总体来说可以分为内在因素和外在因素两大方面。内在因素中糖代谢状况、植物激素起着重要作用；外在环境因素中营养、光照、水分等也对同化物运输与分配有着重要影响。

代谢调节　蔗糖是有机物运输的主要形式。叶片内的蔗糖浓度通常存在一阈值，蔗糖浓度高于此阈值，其输出速率明显加快；低于此阈值，输出速率明显降低。例如，通过提高光强或增施CO_2的方法来提高叶片内蔗糖的浓度，短期内可以加速同化物从功能叶的输出速率。

能量代谢的调节　同化物的主动运输需要消耗能量。用敌草隆(DCMU)和二硝基苯酚(DNP)抑制ATP的形成，会对同化物运输产生抑制作用。ATP对光合产物运输的作用可能有2个方面：①作为运输的直接动力；②通过提高膜透性起作用。

激素调节　植物激素对光合产物的运输与分配有着重要影响。一般情况下，除乙烯外，其他激素均能促进同化物的运输与分配。例如，用生长素处理未受精的胚珠或棉花未受精的柱头，发现有吸引光合产物向这些器官分配的效应；用赤霉素(GA)预先处理天竺葵叶圆片，可提高叶组织对^{32}P的吸收速度；在大豆、水稻中的研究结果表明，ABA与种子发育过程中同化物积累有关。

植物激素对有机物运输的促进作用可能是通过以下3个途径实现的：①生长素与质膜上的受体结合，产生膜的去极化作用，降低膜电势，并可能使离子通道打开，有利于离子及光合产物的运输；②植物激素能改变膜的理化性质，提高膜透性，例如，生长素、赤霉素、细胞分裂素，均有提高膜透性的功能；③植物激素能促进RNA和蛋白质的合成，合成某些与同化物运输有关的酶，如赤霉素诱导α-淀粉酶的合成。但关于植物激素促进同化物运输的机制还有待于进一步研究。

矿质元素　对有机物质运输影响较大的矿质元素是N、P、K和B等。N的供应水平必须适量，N素过低，容易引起功能叶片早衰；而N素过多，会导致植物营养生长过于旺盛，光合产物用于生长多，使得籽粒成熟时，同化物向籽粒的再分配减少。P可以促进光合作用和蔗糖的合成，同时又是ATP的重要组分，因此能促进同化物的运输。K对有机物质运输与分配的影响表现在可以促进运入库中的蔗糖转化为淀粉，有利维持韧皮部两端的压力势差，进而促进碳水化合物的运输。B对同化物的运输具有明显的促进作用。首先，B能促进蔗糖的合成，提高主要运输物蔗糖所占比例；其次，B能以硼酸的形式与游离态的糖结合，形成带负电的复合体，容易透过质膜。

光照　通常，在光下同化物的运输速率高于夜间。产生此种现象的原因可能是光下代谢源中可用来输出的蔗糖含量较高，而且ATP供应充分，运输速率加快；反之，暗中蔗糖浓度降低，运输速率变慢。

温度　温度影响同化物的运输速率。通常20～30 ℃时同化物的运输量最大，温度过高或过低都会影响同化物的运输。温度低时，呼吸作用减弱，导致能量降低；筛管内液流黏度增加；胼胝质增加，堵塞筛孔；由此阻碍运输的进行。温度太高时，呼吸作用增强，糖分被大量消耗，叶部可供运出的同化物量减少；同时温度过高，原生质中的酶也可能被钝化，筛孔可能被胼胝质堵塞。温度也影响同化物的分配方向。例如，当土温高于气温时，光合产物向根部运输的比例增大；当气温高于土温时，光合产物向地上部分运输比例大。昼夜温差对同化物分配有很大影响，在一定范围内，昼夜温差大有利于同化物向籽粒分配。

水分　水是光合作用的原料，又是有机物质的运输介质，所以水分不足对有机物质的运输与分配会产生重要的影响。首先，水分不足将会引起气孔关闭，造成光合速率降低，可向外运输的蔗糖浓度降低，结果从源叶输出的同化物质减少；其次，在缺水条件下，筛管内集流运动的速度降低。试验表明，干旱时，小麦旗叶输出同化物减少了40%，其中分配到穗的同化物不减少，分配到植株基部与根系的同化物数量则明显下降。因而在干旱条件下，基部叶片和根系更易于衰老甚至死亡。

除了上述所提到的因素外，CO_2、病原体和寄生植物等，也可影响同化物的运输和分配，改变植物的源—库关系。

5.5.2.3　同化物的再分配和再利用

植物体除了已经构成植物骨架(如细胞壁)的成分外，其他的各种细胞内含物都有可能转移到其他器官或组织中去被再度利用。物质的再利用和再分配发生得非常普遍。例如，水稻等在抽穗前贮藏在茎和叶鞘中的同化物在抽穗时会转移到穗中；大多数植物当叶片衰老时，大量的糖以及N、P、K等都要运出，重新分配到就近新生器官。在生殖生长期，营养体细胞内的内含物向生殖体转移的现象尤为明显。许多植物的花在受精后，花瓣细胞中的内含物就大量转移，而后花瓣迅速凋谢，这种再度利用是植物体的营养物质在器官间进行调运的一种表现。

除了在生长过程中同化物可以再分配和再利用，人们发现，收割后作物贮藏期间茎叶中的有机物仍然可以继续转移。这一特点在生产上被充分加以利用。例如，北方农民为了减少秋霜危害，在霜冻到达前，把玉米连秆带穗堆成一堆，让茎叶不致冻死，使茎叶中的有机物继续向籽粒中转移，即所谓“蹲棵”。这种方法可增产5%~10%。

由此可以看出，同化物在植物体内的再分配和再利用是植物生长发育的重要过程，是植物在长期进化过程中形成的充分利用现有资源协调各器官生长的优良习性。因此，探讨细胞内含物再分配的模式，找出控制的有效途径，不但在理论上，而且在实践上都具有非常重要的意义。

知识窗

蔗糖分子的信号调节

蔗糖是绿色植物光合作用碳同化的主要末端产物，也是大多数高等植物体内光合产物运输与分配的主要形式。蔗糖在植株体中从“源”到“库”的定向运输和分配方式对植物体的整个生长和发育进程起非常关键的调节作用。

过去通常认为，蔗糖的上述调节功能是通过其作为植物生长和发育所必需的碳源、能源或渗透调剂的生理功能来实现的。因为与植物的激素信号相比，蔗糖需要更高的浓度即在毫摩尔浓度范围内才能表现出效应。但是，最近的研究结果却表明，蔗糖本身可能还具有直接的信号分子的功能，即蔗糖在植物相邻细胞间和不同组织器官间的转运和分配、或其在胞内外的浓度变化可能引发相应的蔗糖特异性信号，而且蔗糖有可能主要通过此类尚不清楚的蔗糖特异性信号传导途径来实现其众多的生理调节功能。

在以马铃薯试管苗单节茎段为材料，探讨蔗糖的信号分子作用的研究中发现，在诱导结薯的过程中，蔗糖可在转录水平上诱导 *StSUT*1 基因(蔗糖转运载体)和 *SuSy*4 基因(蔗糖合成酶)的表达；利用质膜钙离子吸收抑制剂、钙调素活性抑制剂、钙离子载体、胞外钙离子螯合剂协同处理干扰钙信使系统，发现抑制胞外钙离子吸收、抑制胞内钙调素活性、调节胞内外钙离子浓度均可阻断高浓度蔗糖的诱导结薯作用，并抑制蔗糖对 *StSUT*1 和 *SuSy*4 基因的诱导表达作用，说明钙信使系统直接参与了蔗糖诱导马铃薯块茎形成及相关基因表达的信号转导。因此，蔗糖对基因表达的调控也可能是影响同化物运输分配的一个重要方面。

小　结

生物体中最主要的有机物是糖、蛋白质、核酸和脂类，它们在生物体内合成、分解及相互转化的过程称为有机物的代谢。

单糖在参加化学反应前须经活化成为糖核苷酸(UDPG、ADPG)。蔗糖的合成主要有磷酸蔗糖合成酶途径、蔗糖合成酶途径及蔗糖磷酸化酶途径。蔗糖的分解主要由转化酶催化水解。α-1,4 糖苷键的直链淀粉的合成由淀粉磷酸化酶、D 酶和淀粉合成酶所催化；α-1,6 糖苷键支链淀粉的合成还需要 Q 酶的参与。淀粉在 α-淀粉酶、β-淀粉酶、R 酶和麦芽糖酶的共同作用下水解为葡萄糖，也可经磷酸解途径形成磷酸葡萄糖。

脂肪是由甘油和脂肪酸合成的。甘油是呼吸的中间产物羟基丙酮酸还原而成的。脂肪酸的合成需经过引物引入、底物引入、脱羧缩合、还原、脱水和再还原 6 步反应，使脂肪酸链增加 2 个碳单位。然后甘油和脂肪酸进一步合成脂肪。β-氧化是脂肪酸降解的主要途径，反复经脱氢、加水、再脱氢、硫解而完成，生成的乙酰-CoA 可经三羧酸循环彻底氧化分解或经乙醛酸循环转化为碳水化合物。异柠檬酸裂解酶和苹果酸合成酶是乙醛酸循环的关键酶。

蛋白质的合成包含着复杂的合成体系，mRNA 是多肽链合成的模板；tRNA 是转运氨基酸的工具；rRNA 及核糖体是蛋白质合成的场所。蛋白质的生物合成包括氨基酸的活化；肽链合成的起始、延长、终止和释放；肽链合成后的折叠与加工等过程。蛋白质的分解由肽链外切酶和肽链内切酶共同作用完成，形成氨基酸。氨基酸的分解包括脱氨基作用和脱羧基作用，形成酮酸和胺类。

遗传信息的传递是由 DNA 到 RNA 再到蛋白质；但在病毒中，遗传信息也可从 RNA 传给 DNA 分子。DNA(或 mRNA)中的核苷酸序列与蛋白质中氨基酸序列之间的对应关系称为遗传密码。相邻的 3 个核苷酸(三联体)编码一种氨基酸，称为密码子。

DNA 的复制是半保留复制，需 DNA 聚合酶等一系列酶和蛋白质因子参与，包括复制的起始、DNA 链的合成和延长、DNA 链合成的终止几个阶段。每个子代 DNA 分子含有一条新链和一条亲代 DNA 链。

RNA 的转录通常以 DNA 双链中一条链的某片段为模板，包括 RNA 聚合酶与 DNA 模板的结合、转录的起始、链的延长与转录的终止 4 个步骤。转录后的 RNA 需经过加工才能变为成熟的 RNA 分子。核酸的分解由核糖核酸酶、脱氧核糖核酸酶和非特异性核酸酶催化完成。

通过光合碳同化产生的糖是生物机体重要的碳源和能源，糖通过呼吸作用中糖酵解、三羧酸循环和戊糖磷酸途径进行分解，产生各种中间产物，它们进一步为脂类、核酸和蛋白质的合成提供底物。

光合同化物从源到库的运输是由若干个相互有关的生化过程和结构所控制，是一个高度完整的系统。高等植物中同化物是通过韧皮部筛管分子—伴胞复合体运输的，可以双向进行，且蔗糖是有机物运输的主要形式。关于有机物韧皮部运输的机制有多种学说，其中压力流动学说目前被广泛认可。

光合产物从叶肉细胞的叶绿体运送到筛管分子—伴胞复合体的整个过程称为韧皮部的装载。韧皮部装载有2种：质外体途径和共质体途径。质外体途径中蔗糖逆着浓度梯度进入筛管分子是通过蔗糖—质子共运输实现的；而聚合物陷阱模型解释通过胞间连丝的共质体装载的选择性和逆浓度梯度运输的问题。

光合同化物从筛管分子—伴胞复合体进入库细胞的过程称为韧皮部输出。韧皮部输出也有共质体和质外体2种途径，在不同的植物和不同的组织中，可能采取不同的方式。同化物进入库组织是依赖代谢提供能量的。

光合同化物有规律地向各器官输送的模式称为分配。同化物的分配主要有以下3个特点：①就近供应，同侧运输；②向生长中心运输；③功能叶之间无同化物供应关系。归纳起来，光合同化物的分配方向取决于库的强度。

外界环境因素如营养、光照、温度和水分对同化物的运输与分配产生调控作用。同时，植物自身的代谢及内源激素水平也会对同化物的运输和分配产生影响。另有观点认为：蔗糖对基因表达的调控也可能是影响同化物运输分配的一个重要方面。

思考题

1. 如何证明同化物的运输部位及运输形式？
2. 试述同化物韧皮部装载和卸出的途径。
3. 简述聚合物陷阱模型的主要内容。
4. 有关韧皮部运输机理有哪几种学说？简述压力流动学说的主要内容及实验证据。
5. 试述同化物分配的方向及特点。

植物的水分代谢

水是生命之源，植物的一切正常生命活动必须在一定的水分状态下进行。水分在植物体内的存在形式有2种：自由水与束缚水，两者的比值反映着代谢活性与抗性强弱。植物根部从土壤中不断地吸收水分，并运输到植物体各个部分，以满足正常生命活动的需要。但是，植物又不可避免地丢失大量的水分到环境中去，这样就形成了水分代谢，包括水分的吸收、水分在植物体内的运输和水分的排出3个过程。

地球上所有生态系统中，植被的形成和分布均受到水分条件的制约。例如，树木的生存以及生长量受水分的制约高于其他因素。在农林生产中，有农谚"有收无收在于水""水利是农业的命脉"，都说明了水分在植物生产力方面的重要作用。

植物一生中不断地从环境中吸收水分，以满足正常生命活动的需要；同时植物体又不可避免地要散失大量水分到环境中去，以维持植物体内外的水分循环、气体交换和体温恒定。因此，植物体实际上是处于不断吸收水分和散失水分的动态平衡之中，形成土壤—植物—大气连续体(soil-plant-atmosphere continuum，SPAC)间的水分流动状态，这就是植物的水分代谢(water metabolism)的主要内容，包括植物从环境中吸收水分；水分在植物体内的运输；水分在植物体内向环境的散失。在植物水分代谢过程中，包含着植物与水分2个相互联系的方面，一方面是整体植物的水分代谢，另一方面是植物内部细胞的水分代谢，而整体植物、组织内部和细胞之间的水分代谢也有着相互联系，这就是植物与水分的关系。对于陆生植物而言，按照体内水分随环境干湿而变化的程度，可分为变水型和恒水型2大类植物。变水型植物如地衣、旱生苔藓和几十种维管植物(其中包括少数被子植物)，它们的细胞小而无液泡。环境干燥时，它们的含水量也随之迅速减少。大部分变水型植物在干燥时细胞均匀地皱缩，原生质凝胶化，进入耐荫状态，但原生质结构不受破坏，一旦获得水分，还能迅速恢复代谢和生长。恒水型植物成熟细胞中有贮存水分的大液泡，在环境水分短暂变化时，可对细胞含水量变化起缓冲作用。有角质层阻止水分的蒸发，气孔也可随时关闭，有庞大的根系和特化的输导组织以便从土壤中吸收水分输送给地上部。这些特点使恒水型植物能在一定限度之内控制含水量从而维持体内的水分平衡。几乎所有的高等植物都是恒水型的。植物水分代谢的主要内容是恒水型植物的水分关系。

6.1　植物生命活动与水分

植物的许多生理活动是由水及溶解在水中物质的性质决定的，因此对水的性质的了解有助于我们对植物水分关系的理解。

6.1.1　水分的理化性质

6.1.1.1　水的组成及特点

1个水分子是由2个氢原子和1个氧原子组成的，以共价键(covalent bond)形式结合，氢原子和氧原子共同使用它们的外层电子，处于电子饱和的状态，由此形成比较稳定的化学结构(图6-1)。2个氢原子之间的夹角为104.5°。水分子是极性分子(polar molecule)，并具有很强的缔合作用。正是由于水分子的组成特点，水具有独特的物理化学特性。

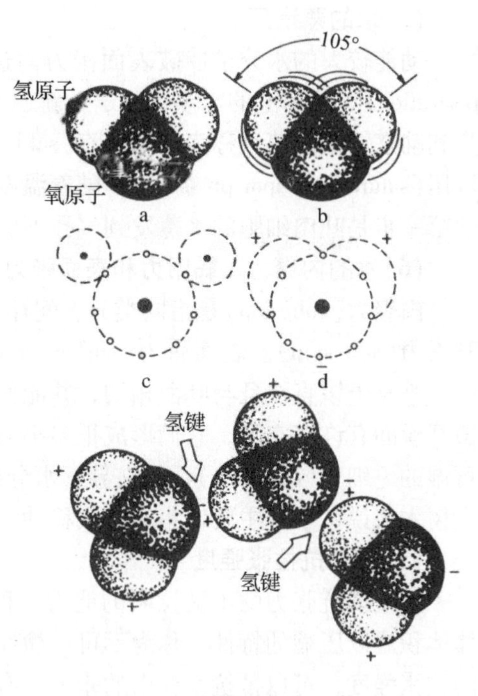

图6-1　水分子结构示意

6.1.1.2　水分的物理化学性质

(1)水的比热容

比热容(specific heat)是指单位质量的物质温度升高1℃所需的热量。当水受热时，要消耗相当多的热量来破坏氢键；当水的温度降低时，会释放出比其他液体更多的热量。除液态氨外，在其他的液态和固态物质中，水的比热容最大，为4.187 $J \cdot g^{-1} \cdot ℃$，因此，水可作为热的缓冲剂，对气温、低温及植物体温有较大的调节作用，有利于植物适应冷热多变的环境。

(2)水的冰点及熔解热

标准大气压下，水的冰点为0℃，而此时冰的熔解热为0.333 $kJ \cdot g^{-1}$，与水凝结成冰释放出的热量相同。冰的熔解热较高，在临近结冰温度时，温度下降的趋势大大降低，防止了0℃以下的快速降温，这对于地球气温的调节以及水生生物的生存都有十分重要的意义。水可直接从固态转变为气态，所吸收的热量称为升华热，升华热等于汽化热与熔解热之和。

(3)水分沸点和汽化热

沸点(boiling point)是指当液体蒸汽压等于外界压力时的温度。在一定温度下，将单位质量的物质由液态转变为气态所需的热量称为汽化热(vaporization heat)。在标准气压下，水分沸点为100 ℃，水的汽化热为2.257 kJ·g^{-1}，在25 ℃时为2.45 J·g^{-1}。在所有液体中水的汽化热是最大的，这将有利于植物通过蒸腾作用有效地降低体温，避免温度升高对细胞造成伤害。

(4)水的密度

在4 ℃(严格讲是3.98 ℃)时水的体积最小，而密度(density)最大，为1×10^{3} kg·m^{-3}。在4 ℃以上，随着温度升高，水的缔合度下降，密度减小；在4 ℃以下，随着温度下降，水的缔合度增大，密度减小；到冰点时，全部水分子缔合成一个巨大的、有较大空隙的缔合分子。由于冰的密度小，可以浮在水面上，使下面的水层不易结冰，从而有利于水生植物的生存。

(5)水的蒸汽压

动能较大的水分子冲破表面张力而进入空间成为水蒸气分子的过程，称为蒸发(vaporization)。液面上的水蒸气分子重新返回液体的过程，称为凝聚(condensation)。与液体达到动态平衡的蒸汽称为饱和蒸汽(saturation vapor)。饱和蒸汽所产生的压力称为饱和蒸汽压(saturation vapor pressure)，随着温度的升高，溶液的饱和蒸汽压升高。植物气孔蒸腾的第一步是叶肉细胞的水蒸发到气孔下腔的过程，就是饱和蒸汽压的作用。

(6)水的内聚力、黏附力和表面张力

内聚力(cohesion)是指同类分子间存在的相互吸引力。液相与固相间的相互引力称为黏附力(adhesion)。表面张力(surface tension)实质作用与液体表面上任一假想直线的两侧，垂直于该直线且与叶面相切，并能使液面具有收缩趋势的拉力。植物细胞壁的纤维素微纤丝间有许多空隙，它们形成很多小而弯曲的毛细管网络，木质部中的导管是一种管壁可湿的毛细管(capillary)，但在导管水分运输中，毛细作用只在较低高度中起作用，对高大树木来说，水分主要以集流方式移动。

(7)水的抗拉张强度

物质抵抗张力的不被拉断的能力，称为抗拉(张)强度(tensile strength)；自然界中液体体积难以压缩的特性，称为不可压缩性(incompressibility)。水分子的内聚力赋予水很高的抗张强度，可以抵抗水柱中的张力，有利于植物体内水分和无机盐的长距离运输。水的不可压缩性与植物气孔开闭、叶片运动、保持植株固有的姿态等方面密切相关。

(8)水的介电常数及溶解特性

介电常数(dielectric constant)代表了电介质的极化程度，也就是对电荷的束缚能力。介电常数越大，对电荷束缚能力越强。水具有高的介电常数，可以溶解许多种类和数量的溶质，因此是最理想的生物溶剂。水分子能够与植物体内的蛋白质、氨基酸以及碳水化合物等大分子的亲水基团等形成氢键，形成水合分子，增加其溶解性，从而维持大分子细胞质中的稳定性。水分子也能与K^{+}、Na^{+}、Ca^{2+}、Cl^{-}以及NO_3^{-}等结合形成水合离子，增加其溶解性，从而降低离子间的静电作用。水的独特的性质是由它的分子结构造成的。水分子有很强的极性，带正电荷的一端可以和带负电荷一端相互吸引形成氢键，所以水分子之间有很强的内聚力，能与在植物体中起重要作用的蛋白质、纤维素以及多糖等物质结合。由于水的这一性质使它具有以下特点：①在常温下是液体；②是很好的溶剂；③具有高比热和高气化热；④具有高内聚力和亲和力。这些特点使水分子在维持植物体温、在植物导管中的运输过程中以及在生理生化代谢过程中起非常重要的作用。

6.1.2 植物体内的含水量和水分存在的状态

(1)植物体内的含水量

植物体内的含水量不是一成不变的，它与植物的种类、器官、年龄和生态环境等有关。草本植物的含水量通常为70%~85%；木本植物的含水量低于草本植物。凡是生命活动旺盛的器官如根尖、茎尖、嫩梢、幼苗、发育的种子和果实等含水量都比较高，一般为70%~85%；凡是趋向衰老的组织和器官其含水量都比较低，在60%以下；休眠和风干种子的含水量则更低，分别为40%和8%~10%。

树木的含水量约占总鲜重的50%以上，不同器官或组织的含水量变化很大，并且随着树种、树龄、森林生境、季节和每日的时间发生变化。树木心材的含水量低于其他器官或组织，但含水量仍然超过干重的100%，有些树种边材的含水量可达到250%。正在生长的树木，如形成层、根、茎尖和幼果，含水量通常最高，如火炬松(*Pinus taeda*)根的嫩尖含水量占鲜重的90%以上。梨树叶片上午6:00的含水量，从5月占鲜重的73%下降到8月的59%。美洲山杨(*Populus tremuloides*)嫩枝在6月的含水量为二年生枝条的2倍，但9月成熟枝条含水量低于老枝。

树干贮存着树木大部分的水分。但是，从基部到顶部和从外部到内部树干含水量有很大的不同，不同树木和同一树木不同结构之间也不相同。如红杉的心材含水量基部最高而顶部最低，但边材含水量恰好相反，基部最低而顶部最高。但是，日本赤松树干基部含水量最低，并且沿着向上方向增高。

大多数树木的木材含水量随季节变化很大，这不仅仅是植物生理学所关注的问题，而且影响到木材的干燥速率、木材浮性和经济上的运输费用等。阔叶树木材的含水量随季节的变化幅度大于针叶树木材。一般情况下，树干在春夏之间叶片展开时含水量最高，夏秋之间强烈的蒸腾耗水，在落叶前含水量降到最低，落叶后蒸腾量锐减，含水量又重新增加，这样的变化在桦树表现的较为典型。但是，美国白蜡树在秋季时含水量并不增加，冬季含水量最低，而春季最高。糖槭和山毛榉在晚秋时的含水量最高。

(2)水分存在的状态

水在植物体内的作用不仅与其数量有关，而且也与其存在状态有关。水在植物体内通常以束缚水和自由水2种状态存在。

束缚水(bound water)是指被原生质胶粒紧密吸附或存在于大分子结构空间的水，其特点是在植物体内不能移动，不起溶剂作用，其含量变化较小。由于植物细胞的原生质、膜系统以及细胞壁是由蛋白质、核酸和纤维素等大分子组成的，这些大分子表面含有大量的亲水基团(—NH_2、—COOH、—OH)易与水分子中的氢原子形成氢键(hydrogen bond)。亲水物质的亲水基团通过氢键吸引大量水分子的现象称作水合作用(hydration)，通过水合作用吸附在亲水物质周围的水层，属于束缚水。自由水(free water)是指存在原生质胶粒之间、液泡内、细胞间隙、导管和管胞内以及植物体的其他组织间隙中的、不被吸附、能在体内自由移动、起溶剂作用的水。其含量随植物的生理状态和外界条件的变化而有较大的变化。它主要供给蒸腾、补充束缚水，并且负责营养物质的转导和维持植物体一定的紧张状态，直接参与植物的生理生化反应。实际上，这 2 种状态水分的划分是相对的，它们之间并没有明显的界限，所以当自由水/束缚水比值高时，细胞原生质呈溶胶(sol)状态，植物代谢旺盛，生长较快；反之，细胞原生质呈凝胶(gel)状态，代谢减弱，生长减慢，但抗逆性相应增强。

自由水和束缚水对于植物的代谢活动和抗性所起的作用不同。自由水参与植物体内的各种代谢反应，而且其数量的多少直接影响着植物的代谢强度(如光合、呼吸、蒸腾和生长等)。而束缚水不参与代谢活动，但它与植物的抗性有关。细胞中自由水和束缚水比例的大小往往影响植物的代谢强度。自由水占总含水量的比率越高，代谢强度越旺盛。当植物处于不良环境时，如干旱、寒冷等，一般束缚水的比率较高，代谢强度变弱，植物抵抗其不良环境的能力增强。越冬植物的休眠芽和干燥的种子内所含的水基本上是束缚水，植物以其低微的代谢强度维持生命活动，并且度过不良的环境条件。

6.1.3　水对植物的生理生态作用

(1)水分的生理作用

第一，水是原生质的重要组分。原生质的含水量约为 70%~90%。水使原生质呈溶胶状态，从而保证了代谢活动的正常进行。例如，活跃生长的根尖、茎尖，含水量在 90% 以上。水分减少，原生质趋向凝胶状态，生命活动减弱，如休眠种子。如果植物严重失水，可导致原生质破坏而死亡。另外，细胞膜和蛋白质等生物大分子表面存在大量的亲水基团，吸附着大量的水分子，形成水分子层，有利于膜分子和蛋白质等生物大分子保持正常结构。

第二，水是植物对物质吸收和运输的介质。一般来说，植物不能直接吸收固态的无机物质和有机物质，因为水分子具有极性，参与生化过程的反应物都溶于水，控制这些反映的酶类也是亲水性。例如，光合作用中的碳同化、呼吸作用的糖降解、蛋白质和核酸代谢都发生在水相中。同时，光合作用产物的合成、转化和运输分配、无机离子的吸收、运输等亦是在水介质中完成的。从而把植物体的各部分联系成一个整体。

第三，水直接参与植物体内重要的代谢过程。水是植物体内许多代谢过程的反应物质，如有机物质的合成与分解、光合作用、呼吸作用等生理生化过程中均有水分参与。没有水，这些重要的生化过程都不能进行。

第四，水能使植物保持固有的姿态。水能使细胞保持一定的紧张度，从而使枝叶挺立，有利于受光和气体交换；花朵张开，有利于授粉；根系伸展，有利于对水肥的吸收。

第五，细胞的分裂和延伸生长都需要足够的水分。植物细胞的分裂和延伸生长对水分很敏感；生长需要一定的膨压，缺水可使膨压降低甚至消失，严重影响细胞分裂及延伸生长使植物生长受到抑制，植株矮小。如植物受旱，生长速度下降，严重的会导致死亡。

(2)水分的生态作用

水对植物的生态作用是通过水分子的特殊理化性质，对植物生命活动产生重要影响。

第一，水可调节植物的体温(热学特性)。由于水有较高的汽化热和比热，在环境温度波动幅度较大的情况下，植物体内大量的水分可维持体温相对稳定。避免植物在强光高温下或寒冷低温中，体温变化过大灼伤或冻伤植物体，因此，水对调节植物体温起重要作用。

第二，水对可见光的通透性(光学特性)。水对红光有微弱的吸收，对陆生植物而言，照射到叶表面的阳光，可通过无色的表皮细胞到达叶肉细胞叶绿体中，有利于其进行光合作用。对于水生植物，短波蓝光、绿光可透过水层，使分布于海水深处的含有藻红素的红藻进行光合作用。

第三，水可以调节植物生存环境中的湿度和温度(热学特性)。水分可以增加大气湿度、改善土壤及土壤表面大气的温度等。在作物栽培中，利用水来调节田间小气候是农业生产中行之有效的措施。例如，早春寒潮降临，给秧田灌水可保湿抗寒；水稻栽培中可利用灌水或晒田调节土壤通气或促进肥料释放等。

第四，水可促进植物体内物质的运输(力学特性)。由于水分子具有明显的极性，使水分子之间具有很强的内聚力和对其他物质的附着力，有利于水分在植物体内的长距离运输。

6.2 植物细胞对水分的吸收和运转

在大多数生理状态下，植物细胞总是不断地进行水分的吸收和散失，水分在细胞内外和细胞之间总是不断地运动。不同组织和器官之间水分的分配和调节需通过水分进出细胞才能实现。因此，关于植物细胞水分关系的知识，是了解植物整体水分代谢的基础。一般液体的流动总要有压力差存在，这种压力差可以是重力，也可以是机械力。那么水分进出细胞时，是否在细胞两侧也存在一个压力差？毫无疑问，水分进出细胞和在细胞间的运输，必然伴随能量的转化，那么这种能量来自何处，能量的转化与植物细胞的水分吸收是什么关系？搞清这些问题后，就不难理解水分是怎样在土壤—植物—大气这个连续系统中吸收和运输的。

植物细胞吸水主要有2种形式：一种是渗透性吸水；一种是吸胀性吸水。未形成液泡的细胞靠吸胀性吸水，形成液泡的细胞主要靠渗透性吸水。

6.2.1 植物细胞的渗透性吸水

6.2.1.1 水势的概念

当物体从低处被举到高处时，就获得了一部分能量，即势能，该物体便可以靠本身的势能从高处向低处自由落下，同时势能转化为动能对外做功或转化为其他形式的能量。在电路中如果两端存在电势差，电流便会从高电势的一端向低电势一端移动，同样热量也就自发地从高温处向低温处移动。所以，在一个系统中，物体能否自由移动以及向何处移动，取决于物体本身的能量状态。在没有外力的作用下，物体只能沿着体系中能量减少的方向移动，水分的移动也是如此。如在河流中，水分总是从高处向低处流，这是水分从高势能向低势能移动。

细胞间的水分移动也是从高能量处向低能量处移动。决定细胞间水分移动的能量就是水势，通俗地说，水势就是水能够用于做功能量的度量。

水势不仅取决于系统的动能和势能，更取决于水的内能。根据热力学第二定律，物质的内能只有一部分可转化为有用功。系统中物质的总能量可分为束缚能(bound energy)和自由能(free energy)，束缚能是不能用于做有用功的能量，而在恒温恒压条件下能够做有用功(非膨胀功)的那一部分能量称为自由能。所以水分在植物体内的移动，在很大程度上是由于各部位水分的自由能存在差异而引起的。

但是，在相同条件下自由能的大小与物质的分子数目有关，分子数目越多，自由能就越高。所以，当物质分子数目不同时，便不易直接根据自由能的大小来比较它们能量的大小。就如同要比较铅和铝 2 种金属质量时，就不得不考虑体积，为了避免体积造成的差异，可以比较它们单位体积的质量，即比重，它与体积的大小无关。同样，还也可以根据单位体积或单位分子数目物质的自由能来比较物质能量的高低。而每摩尔物质的自由能就是该物质的化学势，即

$$\mu_j = \left(\frac{\partial G}{\partial n_j}\right) PTn_i \qquad (i \neq j) \tag{6-1}$$

式中：μ_j为组分 j 的化学势；G 是体系的自由能；P，T 及 n_i 分别是体系的压力、温度及各组分的摩尔数。

化学势与比重、温度及溶液的浓度一样具有强度性质，与体积的大小无关，而自由能与重量、体积一样具有容量性质，体系的总量越大，自由能也越大。所以，体系中某组分化学势的高低直接反映了每摩尔该组分物质自由能的高低，便能用化学势来比较不同体积物质能量的高低。化学反应的方向和物质转移的方向取决于反应(转移)前后 2 种状态化学势的大小，它们总是自发地从高化学势向低化学势移动。例如，溶质总是从浓度高(化学势高)的地方向浓度低(化学势低)的地方扩散。水分的移动和其他物质一样也是从化学势高的地方向低的地方移动。

水的化学势是植物生理学中一个非常重要的概念。1960 年，澳大利亚学者 Slatyer 和美国学者 Taylor 首次提出以水的化学势来描述土壤—植物—大气体系(SPAC)中水的重要性质。他们定义水势(water potential)是系统中水的化学势与纯水的化学势之差。与计算高度以海平面为起始点，计算温度以结冰时为 0 ℃的道理一样，为了能够确定某种物质化学势的绝对大小，需要选用一个基准值。对水溶液和其他含水的体系来说，将纯水的化学势作为基准，并将纯水的化学势定为零，其他溶液的化学势均与纯水的化学势进行比较，以确定该溶液化学势的大小。这就是 Slatyer 和 Taylor 早期定义水势(ψ_w)的基本思想，即

$$\psi_w = \mu_w - \mu_w^{\circ} \tag{6-2}$$

式中：μ_w为某含水体系中水的化学势；μ_w°为纯水的化学势。

由于物质的化学势包括水的化学势都是反映体系能量高低的概念，因此它们具有能量量纲。水的化学势的能量量纲，其单位为 $J \cdot mol^{-1}$（焦尔·摩尔$^{-1}$），而 $J = N \cdot m$（牛顿·米），故 $J \cdot mol^{-1} = N \cdot m \cdot mol^{-1}$。

但在历史上，植物生理学家很久以来都是用压力（如 atm，bar）来描述水分的移动和扩散的。为了将现代植物生理学中的水势概念与传统的压力概念统一起来，1962 年 Tayler 和 Slatyer 建议把水势的能量单位除以水的偏摩尔体积以变成压力单位。即

$$N \cdot m^{-2} = \text{pascal（帕斯卡）} = 10^{-5}\ \text{bar}$$

而 $1\text{atm} = 101\ 325\ N \cdot m^{-2} = 1.013$ bar，或 1 bar = 0.987 atm，1 bar = 10^5 Pa = 0.1 MPa（兆帕）。

故现代的水势概念为每偏摩尔体积水的化学势与纯水化学势之差，即

$$\psi_w = \frac{\mu_w - \mu_w^{\circ}}{V_w} \tag{6-3}$$

式中：V_w为水的偏摩尔体积，它是在压力、温度及其他组分不变的条件下，在无限大体积中加入 1 mol 水，对体系体积的增量。

从上述公式可以得出纯水的水势为零，因为纯水的化学势与自身的化学势之差为零。任何溶液的化学势如果小于纯水的化学势，它们的水势为负值。实际上在常温常压下，任何溶液中水的化学势都小于纯水的化学势。溶液中溶质的颗粒降低了水的自由能，因此，溶液的水势都为负值，溶液越浓，水势越低。

将开放体系中溶液的水势称为溶质势（solute potential）或渗透势（osmotic potential），用 ψ_s表示。ψ_s是水中由于溶质的存在而降低的水势，它的大小可按下式计算：

$$\psi_s = -iCRT \tag{6-4}$$

式中：i 为等渗系数，它与解离度 α 和每一个分子解离产生的离子数目 N 有关，$i = 1 + \alpha(N-1)$，对非电解质来说，$i = 1$；C 为摩尔浓度；R 为普适气体常数；T 为绝对温度。

由上式可看出，溶液的质粒数目越多，它的水势就越低。如 1 mol KCl 的水势就要比 1mol 蔗糖的水势低。因为 1 mol KCl 在水中解离后，会形成多于 1 mol 的质粒（K^+、Cl^- 和 KCl）。

此外，如果水被亲水物质（如蛋白质、纤维素和其他多糖）的表面所吸附时，它的自由能也要降低，因此水势也是负值。将由于亲水物质存在而降低的水势称为衬质势（matric potential），用 ψ_m表示。干种子里含有大量未被水饱和的亲水物质，因此它的衬质势很低（负值很高）。土壤胶粒对水分也有吸附能力，因此土壤溶液也有一定的衬质势。

通过上述分析可知，体系中水分的移动取决于水势的高低。如果体系中没有水分扩散的障碍，水分便会自发地从高水势处向低水势处移动。因此，供应水分的部位与接受水分部位的水势差便是水分运转的动力。

6.2.1.2　渗透作用

前面已指出，如果在一个系统中的不同部位，同一物质的化学势存在差异，则该物质会从化学势高的部位向化学势低的部位自发地移动，直至最后各部位的化学势达到平衡为止。

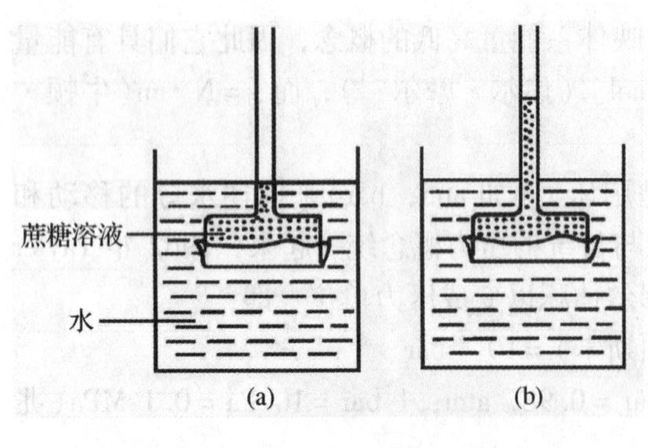

图 6-2 渗透现象

(a)实验开始时 (b)由于渗透作用纯水通过选择透性膜向糖溶液移动，使糖溶液液面上升

我们知道，把一块糖放在一杯水中不经搅拌，由于扩散作用，最后糖会均匀地溶解在整杯水中。各种扩散的动力均来自物质的化学势差(浓度差)。同理，把 2 种水势不同的水溶液放在一起时，水分也应该从高水势处向低水势处移动。实际上，当把糖块放在水杯中时，在糖分子由高化学势向低化学势扩散的同时，水分子也从相反的方向由高水势向低水势扩散，只是水分子这种扩散无法观察到而已。

如果使用一种选择透性膜把 2 种不同水势的溶液隔开，就可以观察到水分自发地从高水势向低水势移动，并能观察到水分从高水势向低水势移动过程中，释放出来的自由能用来做功，推动水面上升(图 6-2)。自然界中，膜可分成 3 类：自由透过性膜(freely permeable membranes)、选择透性膜(selectively permeable membranes)和完全不透性膜(completely impermeable membranes)。选择透性膜也称为半透性膜(semi-permeable membranes)，生命系统中具有半透膜性质的物质很多，例如，动物的膀胱(只允许水分子通过)、种皮(只允许水分子通过)、过滤飞机用油的麂皮(只允许汽油分子通过而不允许水分子通过)等。选择透性膜对水分是可以自由透过的，但对溶质透过是有很大限制的。当溶液被选择透性膜隔开时，膜两侧溶液的浓度差(化学势差)只能靠水分的移动来消除。这种水分通过选择透性膜从高水势向低水势移动的现象称为渗透(osmosis)作用。而把选择透性膜以及由它隔开的两侧溶液称为渗透系统。

图 6-2 中的糖溶液与纯水被选择透性膜隔开。因为纯水的水势比糖溶液的水势高，所以水分从纯水一侧移向糖溶液一侧。实际上水分也可以从糖溶液一侧向纯水一侧移动，但由于纯水的水势高于糖溶液的水势，所以从纯水一侧移向糖溶液一侧的水分子数目要比糖溶液移向纯水的水分子多，所以在外观上看到的是纯水向糖溶液的净移动。随着水分的不断移动，纯水不断地将自由能释放，释放出来的自由能用来做功，推动糖溶液逐渐上升，使糖溶液静水压不断升高。由于静水压的增加，以及糖溶液不断被移动过来的纯水所稀释，使得糖溶液的水势逐渐增加，水分由溶液一侧向纯水一侧的移动速度也加快。当糖溶液的水势增加到与纯水水势相等时，选择透性膜两侧水分进出的速度达到动态平衡，溶液的液面便不再升高。

6.2.1.3 植物细胞是一个渗透系统

由前面的分析可知，要产生渗透作用，必须具备渗透系统，即必须有一个选择透性膜把水势不同的溶液隔开。植物细胞具备了构成渗透系统的条件。一个成熟的植物细胞壁主要由纤维素分子组成，它对水分和溶质都是可以自由通透的。但细胞壁以内的质膜和液泡膜却是一种选择透性膜，这样我们可以把细胞的质膜、液泡膜以及介于它们二者之间的原生质一起视为一个选择透性膜，它把液泡中的溶液与环境中的溶液隔开，如果液泡的水势与环境水势存在水势差，水分便会在环境和液泡之间发生渗透作用。如果液泡的水势低于环境的水势，水分便会由环境进入细胞，这就是成长细胞吸水的主要原因。如果液泡的水势高于环境的水势，细胞便会向环境排水。

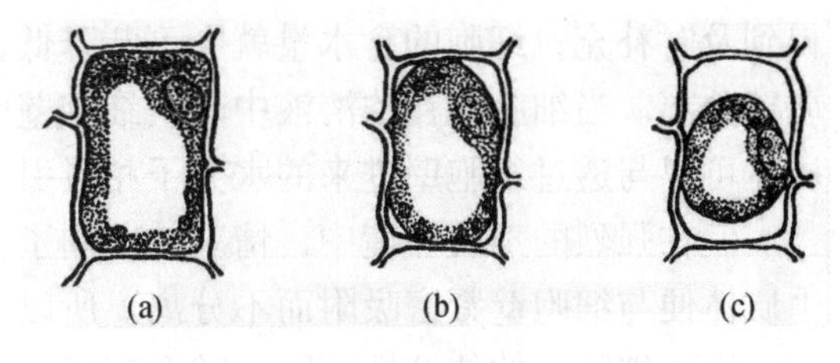

图6-3 植物细胞质壁分离现象

(a)正常细胞 (b)初始质壁分离 (c)质壁分离的细胞

可以通过植物细胞的质壁分离现象来证明水分进出成熟的植物细胞主要是靠渗透作用。把具有液泡的植物细胞置于比细胞水势低的浓溶液中，由于细胞的水势高于外液的水势，液泡中的水分便会向外流出，使整个细胞开始收缩。由于细胞壁的收缩性大大低于原生质，所以当细胞收缩到一定体积时，细胞壁便停止收缩，而原生质则继续收缩。随着细胞的水分继续外流，使原生质与细胞壁逐渐分开，开始发生于边角，而后分离的地方渐渐扩大，如图6-3所示。植物细胞由于液泡失水，使原生质体向内收缩与细胞壁分离的现象称为质壁分离(plasmolysis)。

如将已发生质壁分离的细胞置于水势较高的溶液或纯水中，则细胞外的水分向内渗透，使液泡体积逐渐增大，使原生质层也向外扩张，又使原生质层与细胞壁相接合，恢复原来的状态，这一现象称为质壁分离复原(deplasmolysis)。

质壁分离现象说明了生活细胞的原生质具有选择透性。细胞死后，原生质层的结构被破坏，丧失了选择透性，渗透系统不复存在，细胞不能再发生渗透作用，细胞也不能再发生质壁分离。所以可以用质壁分离现象来鉴定细胞的死活，还可用来测定细胞的渗透势等。

6.2.1.4 植物细胞的水势

虽然植物细胞液泡的渗透势在很大程度上决定了成熟细胞的水势，但是植物细胞的水势并不完全取决于液泡的渗透势。因为原生质体外还有细胞壁存在，限制原生质体的膨胀。此外，细胞内的亲水胶体又具有吸附水的能力，能降低细胞的水势。所以细胞的水势比开放体系溶液的水势复杂一些。典型的植物细胞水势由3个部分组成，由渗透势ψ_s、压力势(pressure potential)ψ_p和衬质势ψ_m构成，即

$$\psi_w = \psi_s + \psi_p + \psi_m \quad (6-5)$$

ψ_s是由于液泡中溶有各种矿质离子和其他可溶性物质而造成的。

ψ_p是由于外界压力存在而使水势增加的值，它是正值。细胞的ψ_p是由于细胞壁对原生质体的压力造成的。当细胞充分吸水后，原生质体膨胀，就会对细胞壁产生一个压力，这个压力称为膨压(turgor pressure)。膨压是细胞紧张度产生的原因，是维持植物叶片和幼茎挺立的力量。在原生质体对细胞壁产生膨压的同时，细胞壁对原生质体产生一个大小相等方向相反的作用力，这个作用力就是细胞的压力势。细胞的压力势是一种限制水分进入细胞的力量，它能增加细胞的水势，一般为正值。当细胞发生质壁分离时，ψ_p为零。

处在强烈蒸发环境中的细胞ψ_p会成负值。因为在强烈的蒸发环境中，植物细胞壁的表面蒸发失水，原生质和液泡中的一部分水分就外移到细胞壁中去。如果丢失的水分不能

得到及时补充，细胞的含水量就会不断降低，失去膨压而达到萎蔫程度，但这时并不发生质壁分离。当细胞放在浓溶液中时，细胞壁中充满了水分，当原生质体失水收缩时，原生质体可以与透过细胞壁进来的水分子相吸引，而与细胞壁分离。

但在强烈的蒸发环境中，情况就不同了。因为此时细胞壁内基本上已经没有水分，原生质体便与细胞壁紧密吸附而不分离。所以在原生质收缩时，就会拉着细胞壁一起向内收缩。由于细胞壁的伸缩性有限，就会产生一个向外的反作用力，使原生质和液泡处于受张力的状态。这种张力相当于负的压力势，它增加细胞的吸水力量，相当于降低了细胞的水势。在某种情况下植物细胞内这种张力对于帮助植物吸收水分，或保持植物体内水分，防止体内水分过度散失起很大作用。

细胞的ψ_p是由细胞内的亲水胶体对水分的吸附造成的。由于亲水胶体对水分的吸附，使这部分水分子的自由能减少，其水势比纯水低，在计算时总是取负值。未形成液泡的细胞具有一定的衬质势。但当液泡形成后，细胞内的亲水胶体已被水分饱和，其衬质势已与液泡的渗透势达到平衡。如果细胞中原生质的ψ_m与液泡的ψ_s之间不相等，两者之间就要发生水分移动，直至达到两者水势相等为止。过去许多人认为成熟细胞的原生质由于被水分饱和，所以其衬质势几乎等于零，在计算细胞水势时常忽略不计，这种看法是不正确的。实际上这时整个质膜以内的各部分水势都相等，都等于渗透势。所以计算成熟细胞的水势可以表示为：

$$\psi_w = \psi_s + \psi_p \tag{6-6}$$

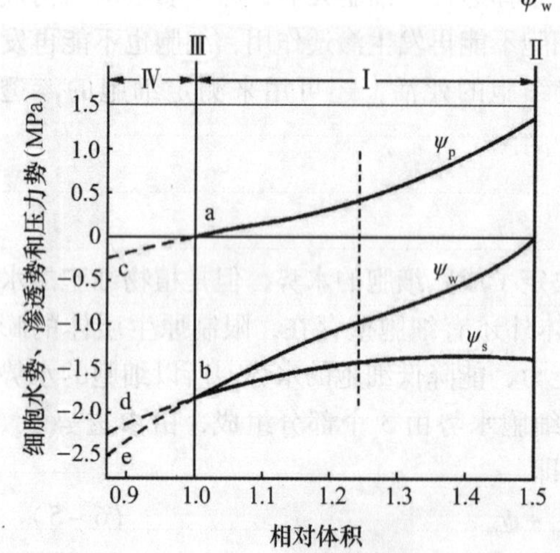

图 6-4　植物细胞的相对体积变化与水势 ψ_w、渗透势 ψ_s和压力势 ψ_p之间的关系图解

当细胞吸水或失水时，细胞的体积就会发生变化，渗透势和压力势也会随之发生变化。这个过程可用图 6-4 表示。

在细胞初始质壁分离时（相对体积 = 1.0），压力势为零，细胞的水势等于渗透势。当细胞吸水，体积增大时，细胞液稀释，渗透势增大，压力势也增大。当细胞吸水达到饱和时，渗透势与压力势的绝对值相等，但符号相反，水势便为零，不再吸水。

当细胞强烈蒸腾时，压力势是负值（图中虚线部分），失水越多，压力势越负。在这种情况下，水势低于渗透势。

由于细胞壁相当坚硬，弹性很小，因此细胞体积很小的变化，都会引起细胞膨压很大的变化。当细胞体积增加和减少 10% 时，细胞渗透势的变化较小，但压力势却发生了很大的变化。所以对大多数细胞来说，当细胞体积发生较小变化时，细胞水势的变化主要是由压力势变化造成的。当然，对于细胞壁弹性较大的细胞，细胞体积的变化对膨压的影响相对较小。有些植物可以通过改善细胞壁的弹性，来维持细胞失水时的正常膨压。

6.2.1.5　细胞壁弹性和水势

植物细胞的细胞壁是由纤维素、半纤维素和果胶质等组成的，具有一定的弹性和硬度。植物在蒸腾过程中，细胞会失去水分，细胞体积减少，直到膨压完全消失。细胞体积减小的程度及细胞内水势降至膨压消失点的程度取决于细胞壁弹性。细胞壁弹性好的细胞，如CAM植物的伽蓝菜(*Kalanchoe daigremontiana*)，膨压最大时保持的水分较多，因而失去膨压过程中体积的减小程度较大。细胞壁弹性取决于细胞壁各组分间的化学作用。细胞壁弹性好的细胞夜间会积累贮存一定的水分，白天由于叶片蒸腾逐渐失去水分。通过这种方式，植物能承受短暂失水量大于根系吸水量的状况。

细胞壁弹性的大小可用弹性模量ε(elastic modulus)来表述，单位为MPa，其含义为在某一个初始细胞体积下细胞体积的改变量Δv引起膨压的变量Δp。

$$\Delta p = \varepsilon \Delta v / v \quad 或 \quad \varepsilon = \Delta p / \mathrm{d}v \cdot v \qquad (6-7)$$

通常，厚壁细胞的ε值要比壁薄的细胞大。地中海地区的常绿硬叶树洋橄榄，从Hofler图6-5上可得弹性模数。充分膨压下，相对于体积的改变值，月桂(*Laurus nobilis*)叶片的膨压比洋橄榄(*Olea oleaster*)的大(即月桂的ε值较大)。

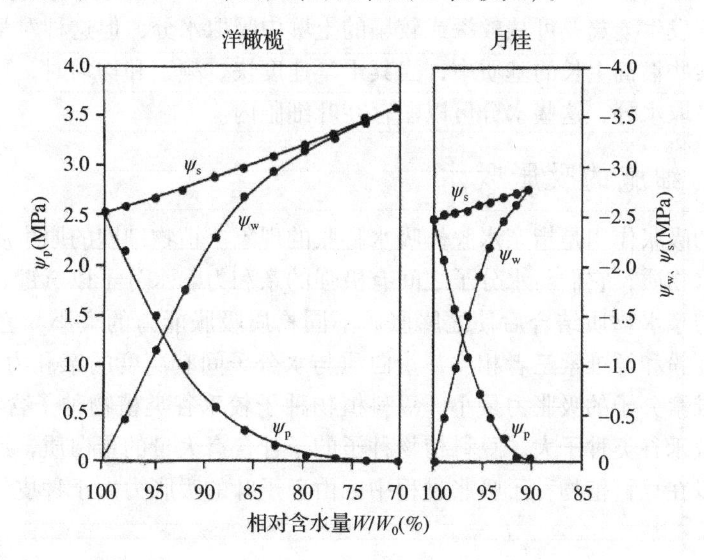

图6-5　洋橄榄和月桂叶片的膨压(ψ_p)、渗透压(ψ_s)和水势(ψ_w)与相对含水量的Hofler图
(引自张国平 等，2003)
体积的弹性系数(ε)是ψ_p随相对含水量的起初坡度

对单个细胞而言，弹性模量可用压力室(pressure chamber)测定*PV*曲线求得。起源于干旱地区的植物种与起源于湿润地区的相比，前者叶细胞的弹性较大，表明其细胞在到达膨压消失点前失水较多。但这并不表示起源于干旱条件的植物细胞较大，而是表明这些植物细胞能在水分短缺期间，在不受伤害的条件下缩小更大的体积。换言之，这些植物细胞贮存水的能力较强。随着渗透势的下降，相同条件下，弹性模数小(刚性低)的细胞有利于维持膨压。在判断植物对环境尤其是水分的适应性时，常用细胞壁的弹性大小来衡量，

测定 *PV* 曲线后计算弹性模量，并加以比较，这就是植物的弹性调节。容积弹性模量越小，细胞壁的弹性越好；反之越差。但弹性模量并不是一个常数，它随叶片相对体积的增大而升高，也随着膨压的变化而变化。因此，不能撇开膨压单独比较弹性模量，甚至也不能只比较 2 个叶片的最大细胞容积的弹性模量。更为准确的方法是依据细胞体积(用相对含水量 *RWC* 表示)和膨压的变化，以获得两者的相互关系来确定。

在一定的水势下，细胞弹性越好，渗透势越小，膨压越大；细胞弹性越差，渗透势越大，膨压越小。当细胞内渗透溶质浓度上升时，细胞壁弹性相对较好的植物与细胞壁弹性较差的相比，细胞水势下降较大。因此，对干旱适应性较差的植物或抗旱性低的植物，在叶片相对含水量和叶片水势较高时，叶片细胞也会失去膨压。而对于旱适应性较强的植物或抗旱性强的植物，由于细胞壁弹性较好，即使叶片相对含水量和叶片水势较低时也能保持一定的膨压，细胞的原生质具有耐低水势的能力。

半匍匐的植物无花果，最初匍匐生长，随后发根与土壤接触。与陆生树木相比，其叶细胞在膨压最大时渗透势较小，且在匍匐生长期总弹性模数(更多的弹性细胞)也较小。匍匐和陆生的无花果之间渗透势及弹性模数差异的共同作用，使其在匍匐生长期膨压更小，但膨压失去点时的相对含水量相似。低渗透势(在树木生长阶段)使叶片能抵抗较大的蒸腾作用而不发生萎蔫，可从较深或较旱的土壤中吸取水分，但这种对策需要有一定的基础水分。在某些匍匐生长的基质中，当其干旱速度快、频繁和均匀时，更适宜的对策是从扎根基质中吸取水分，这些水分可以贮存在叶细胞内。

6.2.2　植物细胞的吸胀吸水

植物细胞的吸胀作用是指亲水胶体吸水膨胀的现象。植物细胞的原生质、细胞壁及淀粉粒等都是亲水物质，它们与水分子之间有极强的亲和力。水分子以氢键、毛细管力、电化学作用力等与亲水物质结合后使之膨胀。不同物质吸胀能力的大小与它们的亲水性有关。蛋白质、淀粉和纤维素三者相比，蛋白质与水分子间有高度的亲和力，吸胀力最强；淀粉次之；纤维素分子的吸胀力最小。豆科植物种子较禾谷类植物种子含较多的蛋白质，故其吸胀能力较禾谷类种子大。豆科植物种子的子叶含有大量的蛋白质，而种皮含有较多的纤维素，所以在豆科植物种子吸胀过程中，由于子叶的吸胀力大于种皮的吸胀力，而使种皮胀破。

吸胀力实质就是一种水势，即前面讨论过的衬质势(ψ_m)。它是衬质中水的水势。由于衬质中的水分子被亲水胶体强烈地吸附着，因而衬质中水的水势是很低的。如豆类种子中胶体的衬质势常低于 -100 MPa。所以当把含有很低衬质势的植物细胞(如干种子)放在清水中时，细胞与外液之间会形成一个很大的水势差，这就是水分进入细胞的动力。干种子由于没有液泡，$\psi_s = 0$，$\psi_p = 0$，所以 $\psi_w = \psi_m$。

干种子萌发前的吸水就是靠吸胀作用。分生组织中刚形成的幼嫩细胞，主要也是靠吸胀作用吸水。植物细胞蒸腾时，失水的细胞壁从原生质体中吸水也是靠吸胀作用。

6.2.3 水分的移动

6.2.3.1 水分移动的方式

水分在自然界中的移动，包括水分进入植物细胞、水分在木质部导管的运输及水分由细胞再进入大气的整个移动过程只有下面2种方式。

(1)扩散

扩散(diffusion)是指物质通过分子热运动从高浓度(高化学势)区域向低浓度(低化学势)区域自发迁移的现象。扩散是顺着物质浓度梯度的移动过程。水分的扩散速度较慢，适合短距离迁移，而不适合长距离(如树干导管)迁移。

(2)集流

集流(mass flow或bulk flow)是指液体中成群的分子或原子在压力梯度下集体移动的现象。例如，水在管道中由于压力的作用而流动，河水在河床中由于净水压的存在而流动，压力迫使注射器中的溶液由针尖流出等。水分在植物体中，也可以以集流形式移动，如水分在木质部的导管中的长距离运输，以及水分从土壤溶液流入植物体。水分的集流只与压力梯度有关，与溶液的浓度梯度无关。

渗透(osmosis)是水分通过选择透性膜的一种特殊形式的扩散作用。水分通过选择透性膜从高水势向低水势移动的现象。

6.2.3.2 细胞间水分的运转

水分进出细胞取决于细胞与其外界的水势差。相邻细胞间的水分移动同样取决于相邻细胞间的水势差。如果有一排相互联结的薄壁细胞，只要存在水势梯度，那么水分总是从水势高的一端流向水势低的一端。植物组织和器官间的水分移动也符合这个规律。

液体在植物体的导管和筛管中长距离迁移时，主要是以集流方式移动。压力差的存在是集流的动力。水势不仅影响水分移动的方向，还影响水分移动的速度。细胞间水势差越大，水分移动越快；反之则慢。在植物体内，不同细胞和组织的水势变化很大。同一植株中，地上器官的水势比根系的水势低。而大气的水势又比植物地上部位的水势低。一般说来，土壤水势 > 植物根水势 > 茎木质部水势 > 叶片水势 > 大气水势，使根系吸收的水分能够不断地运往地上部分，使得水分从土壤到植物再到大气，形成了一个土壤—植物—大气连续体系(soil-plant-atmosphere continuum，SPAC)，在这个体系中，水势从土壤到大气按顺序降低(图6-6)。因此，在正常条件下，植物能从土壤中吸收水分，并由根部运到地上部分，再由叶片扩散到大气中。对植物的同一叶片而言，距主脉越远的部位其水势也越低。这些生理差异对植物体内的水分供应有重要意义。

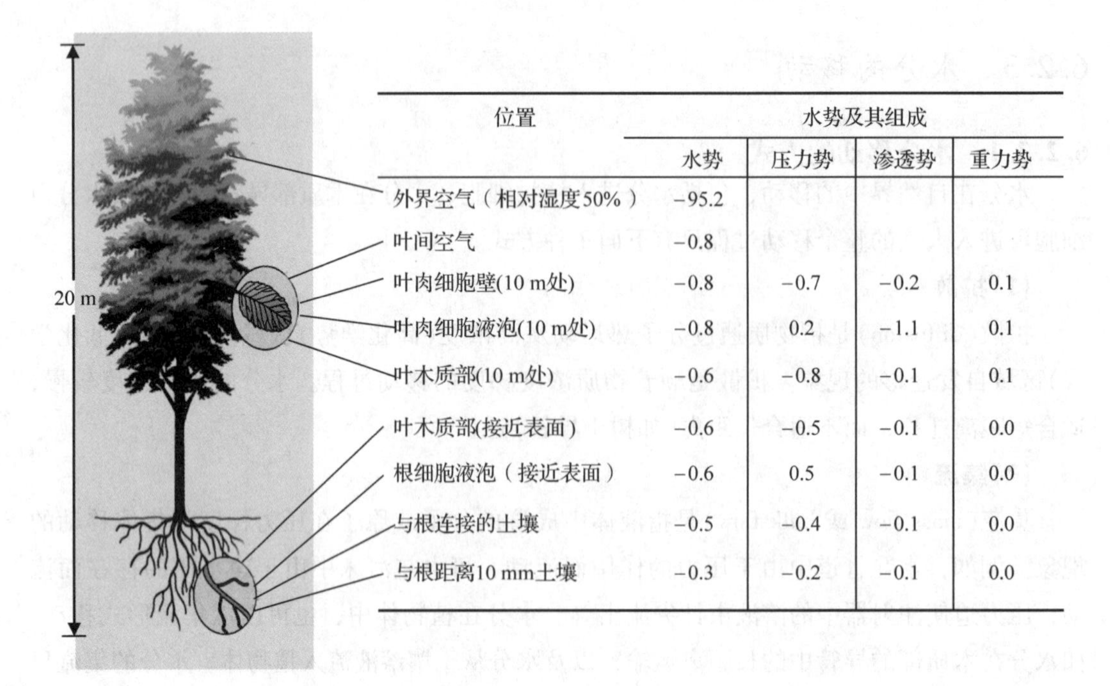

位置	水势及其组成			
	水势	压力势	渗透势	重力势
外界空气（相对湿度50%）	−95.2			
叶间空气	−0.8			
叶肉细胞壁(10 m处)	−0.8	−0.7	−0.2	0.1
叶肉细胞液泡(10 m处)	−0.8	0.2	−1.1	0.1
叶木质部(10 m处)	−0.6	−0.8	−0.1	0.1
叶木质部(接近表面)	−0.6	−0.5	−0.1	0.0
根细胞液泡（接近表面）	−0.6	0.5	−0.1	0.0
与根连接的土壤	−0.5	−0.4	−0.1	0.0
与根距离10 mm土壤	−0.3	−0.2	−0.1	0.0

图 6-6　土壤—植物—大气连续体系示意(引自 Taiz and Zeiger，1998)

6.2.3.3　水分跨膜运转与水通道蛋白

细胞膜是一种选择透性膜，能够允许水分自由通过。过去认为水分跨膜的渗透过程，主要是单个水分子透过细胞膜的扩散作用。但是细胞膜是由 2 层膜脂分子和蛋白质紧密排列而成，而水分子是极性很强的不溶于脂类的分子。很难理解不溶于脂的水分子能够透过膜脂双分子层快速地进出细胞膜。实际上水分子通过膜脂双分子层的间隙扩散进入细胞的速度很慢，水分子扩散进入细胞膜的速度大多 $<0.01\ cm \cdot s^{-1}$，因此单靠扩散是无法实现水分快速跨膜运转的。

早在 40 年前人们就提出了水分通过细胞膜上的水通道进行快速移动的假说，但是长期未能得到证实。近些年来发现细胞膜上的确存在蛋白质组成的对水分特异的通透孔道，为膜内蛋白，定义为水通道蛋白，也称为水孔蛋白(aquaporin)(图 6-7)。水孔蛋白的单体是中间狭窄的四聚体，呈“滴漏”模型，每个亚单位的内部形成狭窄的水通道。水孔蛋白的蛋白相对微小，只有 25 000 ~ 30 000 Da。水孔蛋白是一类具有选择性、高效转运水分的跨膜通道蛋白，水分子可以通过，因为水通道的半径大于 0.15 nm(水分子半径)，但小于 0.2 nm(最小的溶质分子半径)。1988 年，Shaboori 发现了相对分子质量为 28 000 Da 的水分通道蛋白，现已鉴定出 2 类水孔蛋白，它们分别位于细胞质膜和液泡膜上。水通道蛋白对水分子有很高的透性，有利于水分的跨膜移动，但是它们只允许水分子通过，不允许离子和代谢物通过，因为水通道的半径大于水分子的半径，但小于最小溶质分子的半径。

水通道跨膜运输水分的能力可以被磷酸化和水通道蛋白的合成速度调节，在水通道蛋白的氨基酸残基上加上或除去磷酸就可以改变其对水的通透性，从而调节细胞膜对水分的通透性。虽然水通道蛋白可以加速水分的跨膜运输，但是它并不改变水分运输的方向。

水孔蛋白广泛分布在植物各个组织中，其功能因存在部位而定。例如，拟南芥和烟草的水孔蛋白优先在维管束薄壁细胞中表达，可能参与水分长距离的运输；拟南芥的水孔蛋白在根尖的伸长区和分生区表达，有利于细胞生长和分化；分布在雄蕊和花药的水孔蛋白与生殖有关。水孔蛋白由于水分通过这些通道的扩散速度比通过质双层要快得多，因此水孔蛋白更有利于促进水分进入植物细胞。另外，水孔蛋白组成的水通道是可逆性的“门”(存在开闭2种状态)，受胞内pH值和Ca^{2+}等生理指标调控。由此人们认识到植物具有主动调节细胞膜对水通透性的功能。

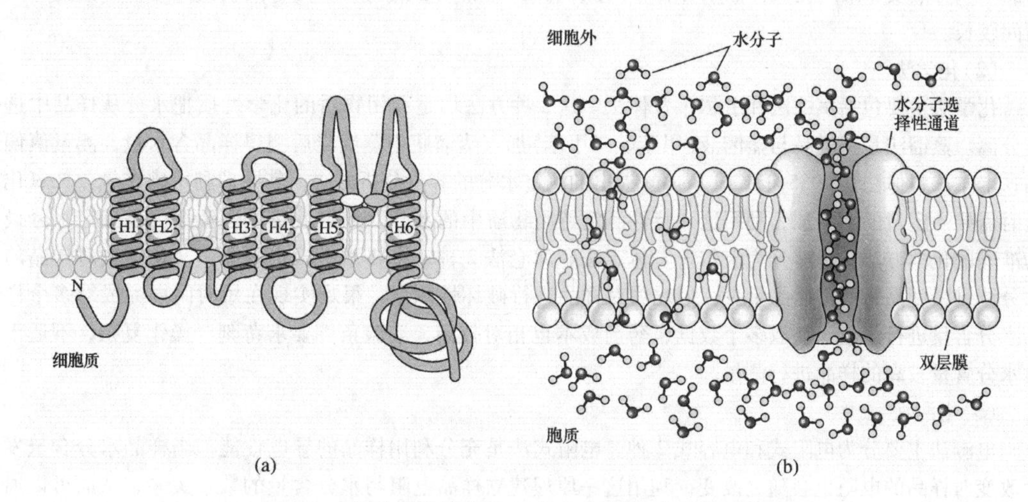

图6-7 水孔蛋白的结构和水分跨膜移动途径的示意

(a)表示一个具有6个跨膜螺旋的水孔蛋白结构(引自 Buchanan *et al.*, 2002)

(b)左边示单个水分子通过膜脂双层间隙进入细胞，右边示水分子以集流通过水通道蛋白进入细胞(引自 Taiz and Zeiger, 2002)

知识窗

植物体内含水量的标记方法和测定技术(包括PV曲线)

水分测量对于农业、林业科研和生产实践有着非常重要的意义，水分的测量历史已久，水分是指固体和非水液体中的含水量。因为固体和液体的种类、结构和形态各不相同，所以测量水分的方法众多。概括来说主要分为2大类：即直接法和间接法；直接法包括干燥法和化学法；间接法包括电测法、红外法、中子法以及一些新提出的其他方法。直接法总体来说方法成熟，测量准确，不受外界环境和样品特性的影响，但需在实验室内完成，耗时比较长；而间接法则操作简单，获得数据快，重复性强，具备很好的连续检测性能，并且可实现无损测量，但测量结果受样品特性和外部环境影响较大，需要不断改进和完善测量系统。对比直接法，利用间接法开发的水分含量测量仪器较多，使用方便，便于携带，优势明显，其中电测法中的电容式方法是间接测量方法中最具代表和应用广泛的方法之一，是主要的研究分支，国内外已经在这方面的研究中取得很多成果，它在生物质含水量特别是粮食、物料和植物活体水分测量中有着很好的应用前景。

(1)干燥法

干燥法主要包括电烘箱法、快速失重法、减压法及红外加热法，主要原理是利用外部条件对被测样品进行加热使水分蒸发，利用加热前后的样品重量的变化检测水分。电烘箱法是利用烘箱进行加热，根据样品含水量的高低可以进行设置不同的烘干温度，其中105 ℃ ±2 ℃电烘箱恒重法为标准方法，一次测量时需要2～3 h。电烘箱法在水分含量检测上已经得到了非常广泛的应用，测量精度高，它可以用来校准其他水分的测量方法。快速失重法是采用样品极限失重温度对样品进行烘干测量，由于烘干温度较高，大大缩短了样品水分含量的测量周期，提高了测量效率(于洋 等，1999)。快速失重法是电烘箱法的进一步发展，减小了测量的时间消耗。减压法是为样品提供真空烘干环境进行干燥测量，此种测量方法不受样品形状影响，而且操作简单可靠性高。红外加热法是利用红外辐射器发射红外线对样品进行加热处理，靠红外线辐射主波长与水吸收峰值波长相匹配，使水分子剧烈运动而升温加速样品中水分蒸发，最终完成样品水分含量的测试。红外加热法测量精度高，测量范围宽，但测量所需时间较长。

(2)化学法

化学法主要包括蒸馏法和卡尔·费休法。这2种方法均是利用物质的化学性质把水分从样品中进行分离。蒸馏法是将样品与蒸馏液(甲苯、二甲苯)加入蒸馏瓶中蒸馏之后测得样品含水量，测量值偏高；卡尔·费休法是1935年Karl Fische提出的测定水分的容量分析方法，其原理利用碘在氧化二氧化硫时需要一定量的水参加，利用这一特性测定待测物质中的水分。卡尔·费休法至今仍是测定水分最为准确的化学方法，目前分为卡尔·费休定法和库仑法2种，主要用于微水分测量。化学法对样品的水分测量精度高，所需样品量少，但均属对样品进行破坏性测量，很难实现在短时间内完成对多个样品水分含量进行测量，获取多个数据，药剂成本也相对较高，实验条件要求苛刻，操作复杂，不适于对水分含量较高的样品进行测量。

(3)电测法

电测法主要分为电阻式和电容式2种。电阻式法是充分利用样品的导电性能，当样品水分含量发生改变时样品的电阻也会随之改变，利用这一原理建立样品电阻与水分含量的数学关系，从而可以通过样品电阻测量来间接测试水分含量，它是一种间接测量水分的方法。电容式法则是把样品作为电介质，在常温下样品的介电常数会随着样品含水量的高低而变化，据此通过测定生物样品的介电常数间接测量水分的方法。由此可见2种方法均是利用电学原理来设计测量的，均能快速实时地获得测量数据，达到间接测量水分的目的，其响应速度快，结构简单，价格便宜，携带方便。电阻式法不适合测量低含水量和高含水量的样品；电容式法则不适合测量低含水量的样品，在高含水量测量时性能较好。电测法作为一种间接测量水分的方法，可以实现短时间内对被测样品进行重复多次测量，获取多个水分测量数据，且不会损坏样品结构，达到了在线、快速、无损测量的目的，因此，电测法可以在野外科研和工作中得到广泛应用，是一项值得推广和完善的样品水分测量的方法。

(4)射线法

射线法主要包括红外法和微波法2种。红外法主要原理是水分对红外辐射波长有着强烈的吸收带，根据样品含水量的不同对特定波长辐射的吸收能量也不同，只要测得吸收光度，基于比尔定律便能完成样品含水量的测定。它分为反射式、透射式和反射透射复合式，具有无接触、快速、能连续测量、测量范围大、准确度高、稳定好等优点，适用于在线水分检测，但价格贵，难以推广应用。微波法工作原理是利用水分对微波能量的吸收或微波空腔谐振频率随水分的变化间接测量含水量，微波法容易受样品的特性影响。射线法可以对样品进行连续无损测量，可以完成对样品含水量的在线连续检测。

(5)中子法

中子法是根据水分子中氢原子对快中子的减速原理制成的，是一种较先进的在线水分测量技术。中子测水技术已广泛应用于监测田间土壤含水量，此法具有迅速、准确和能定时定点连续监测的优点。研究表明用中子法测量的土壤水分含量相比于标准测量水分的重量法测定结果近似，并且误差相对较小，证明中子法是测量水分的可靠方法。由于中子水分仪对样品进行测量前必须由人工对其进行标定，同时样品特性对测量结果也会产生很大影响。

(6)其他方法

在植物叶片含水量的测量方面，近两年有利用反射光谱信息提取叶片含水量的方法，此法可以进行大面积无损测量，快速获取数据，可以宏观掌握植被水分状况，但准确度比传统方法测量要低。利用图像处理技术获取叶片的含水量是近年国内提出一种新的测量水分含量的方法，此法建立含水量图像采集及检测系统，并通过试验确定光源条件及最适宜背景光下叶片含水量与图像特征参数关系曲线，实现了对叶片含水量的无损检测。

(7)植物PV曲线技术

PV曲线(pressure volume curve)技术也称PV技术，是压力(pressure)与体积(volume)曲线的简称。PV曲线制作简便，仪器设备简单，在较短时间内，可测定出植物从饱水状态下直至脱水萎蔫各失水阶段体内的水势、渗透压、共质体水含量以及质壁分离时的水分状况。并通过数学的方法，科学地计算出PV曲线法的发现为压力室的延伸应用开辟了一条新途径。借助压力室在室温条件下测定并绘制的被测小枝PV曲线，不仅可以计算出被测小枝"初始质壁分离"时的整体渗透压(π_p)和小枝水分饱和时的最大渗透压(π_0)，而且还可以推导出π_p点的小枝相对含水量(RWC)点的小枝共质水损失相对百分率(RSWC)以及小枝整体弹性模数(ε)等诸多水分生理参数。并且精度也高于常规的方法。

通过这些水生理参数，可解释许多植物体内水分状况的理论问题和生产中的实践问题。特别对干旱半干旱地区研究水分循环规律，水分利用效率及不同立地上的树种选择等方面。提供了一项重要手段。PV实验的数据：6:00～7:00，取室温条件下培养的苗木带叶枝条，于茎干中部剪下，测水势。然后将茎干浸泡于蒸馏水中12～24 h。取出，将枝叶密封与塑料袋，倒装于压力室。经切口处装一内有干燥滤纸的小管以汲取水液。以2.02～0.04 MPa·min^{-1}速度缓慢加压到所需压力，保持10 min。降压0.50～1.00 MPa，称排出水液的质量。再装滤纸、加压，重复前述过程。测得平衡压力为10～12 MPa，从而得到PV实验数据。图1为水培杨树小枝时测得的PV曲线。

将直线EF向两边延伸，分别与两坐标轴相交于A、B 2点。A点即为小枝饱和含水时的整体渗透压π_0的倒数；B点即为小枝饱和含水时的共质水体积占小枝饱和水量的相对百分比(RWC_0)直线和曲线的交点E在横轴上的读数E'为$P_{vat}=0$，即发生"初始质壁分离时"的压出水体积V_0占饱和水量的相对百分比(RWC_0)；E点在中坐标上的读数E''，即为小枝发生"质壁分离"时的整体渗透压π_p的倒数。

设KE曲线段上有一个C点，C点到横轴的垂足为G，它为压出水体积占饱和水量的相对百分比(RWC_0)，CG与AE交于D点，则C，D点在纵轴上的读数$1/D$～$1/C$即为小枝相对含水量为RWC_g时的体积平均膨压P_{vat}。($B-E$)小枝干重即为发生"初始质壁分离"时该小枝所具有的共质水体积V_p($V_p=V_0-V_e$)。

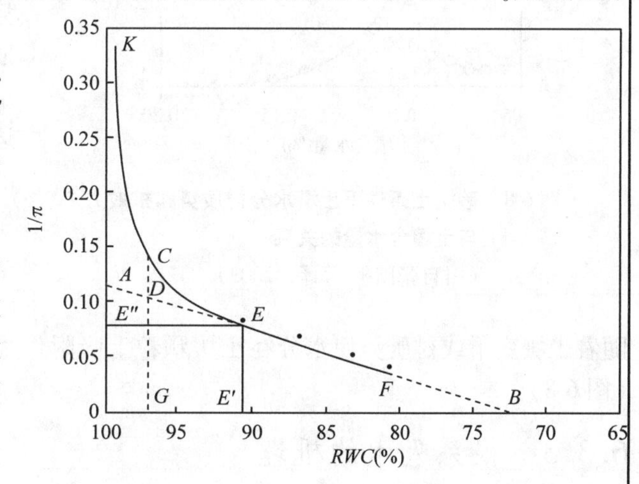

图1 水培苗小枝的PV曲线(引自郑勇平，1992)

6.3　植物根系对水分的吸收

虽然植物能够通过它的整个表面吸收水分，如通过叶片、枝条及皮孔等吸收水分，但其量很有限，陆生植物吸收水分主要通过根系。根系是陆生植物吸收水分的主要器官。陆生植物有庞大的根系。根系在土壤中的总面积远较地上部分枝叶的总面积大。据报道生长4个月的黑冬麦的根和根毛的总长度能超过88 km，它的总面积能超出枝叶总表面的30倍。这为植物能更好地从土壤中吸收水分提供了很好的条件。

6.3.1　根系吸水的部位

虽然植物有庞大的根系，但并不是所有的根的各个部分都有吸水能力。根吸水的主要部位是根的尖端，约在根尖端向上10 mm的范围内，包括根毛区、伸长区和分生区。主要在木质部已经成熟的伸长区以及与伸长区相邻近的部分成熟区。根冠及稍后尚未分化的分生区因为没有形成导管，所以水分的吸收极少。而成熟区以后，虽然导管已经形成，但由于皮层已经高度木栓化，所以水分的吸收量也减少。

6.3.2　水分向根系的运动

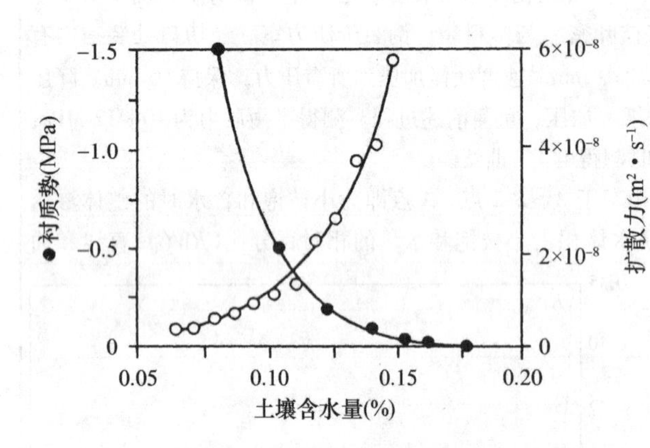

图6-8　砂壤土条件下土壤水分衬质势和扩散力与土壤含水量的关系
（引自张国平 等译，2003）

水分很容易通过植物蒸腾作用形成的静水压梯度从土壤向根运动。如果土壤特别干旱，水势低于 -1.5 MPa，则也会以水蒸气的形式运动。此时，植物蒸腾速率很低。借助渗透势梯度的水分运动很小，因为水分扩散的运输系数要比静水压的小几个数量级，因此根与土壤表面之间的水分运动比较复杂。它们之间有孔隙很小的胶质层，阻碍水分流动。如果根系生长在较宽的孔隙中或根系萎缩，根与土壤间的水压连续性会中断。直径6 mm以内的根可吸收所有的有效水。随着土壤变干或衬质势使水分在土壤颗粒上吸附作用的增强，土壤中液态水的运动降低（图6-8）。

6.3.3　根系吸水的机理

根系吸水既可以是主动的，也可以是被动的，在植物一生中，被动吸水更为重要。

6.3.3.1　根压与主动吸水

由于根系生理活动引起的水分吸收称为主动吸水（active absorption of water）。植物根系生理活动促使水分从根部上升的压力称为根压(root pressure)。根压把根部吸进的水分压到地上部，同时土壤中的水分不断补充到根部，这就形成了根系吸水过程。各种植物的根压大小不同，大多数植物的根压为0.1～0.2 MPa。有些木本植物的根压可达0.6～0.8 MPa。根压的存在可以通过下面2种现象证明。

如果从植物的茎基部靠近地面的部位切断，不久可看到有液滴从伤口流出。从受伤或折断的植物组织中溢出液体的现象，称作伤流(blooding)。流出的汁液是伤流液(blooding sap)。如果在切断的部位套上一根橡皮管，并接上压力计(如图6-9)，便可测出液体从茎内流出的压力大小。这个压力便是由植物根系生理活动引起的根压。

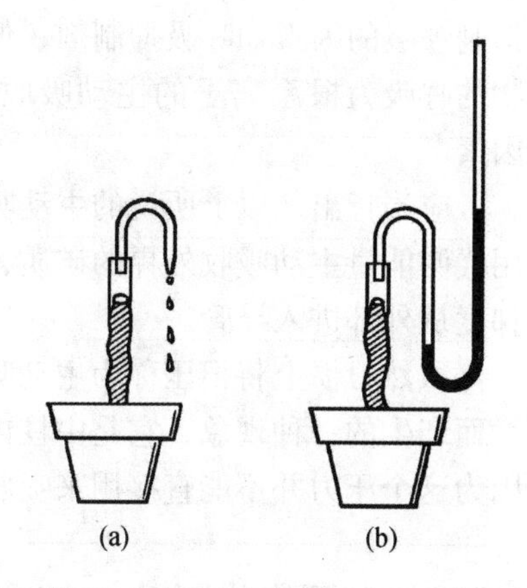

图6-9　伤流(a)和根压(b)示意

各种植物的伤流程度不同，葫芦科植物的伤流液较多，稻麦等植物较少。同一植物在不同条件下，根系的生理活性不同，伤流量也不同。伤流量的多少可作为根系生理活动强弱的一个指标。伤流液中除了含有大量的水分外，还含有各种无机盐、有机物和植物激素，溶质的种类和数量与根系的代谢活动有关。现在常用伤流液来研究根系代谢。

没有受伤的植物如处在土壤水分充足，气温适宜，天气潮湿的环境中，叶片的尖端或边缘也有液体外泌的现象，这种现象称为吐水(guttation)。吐水也是由根压引起的。水分是通过叶尖或叶缘的水孔排出的。植物生长健壮，根系活性强的，吐水量也较多，所以可用吐水现象作为壮苗的一种生理指标。

要解释植物的主动吸水，就必须了解根压是怎样产生的。现在已经知道根压的产生是一个渗透过程。这可以用下面的几个现象来证明。

当把植物根部放在纯水中，植物的根压增加，伤流加快；如果把植物根部放在浓溶液中，植物的根压下降，伤流减少，已流出的伤流液甚至会被重新吸回去；如果用物理因素或化学因素将植物根部的细胞膜的选择透性破坏，那么植物便没有根压也不出现伤流。

由此可见，根压的产生必须有一个渗透系统存在，即要有一个选择透性膜把植物根部导管溶液和外液隔开，并且外液的水势要高于导管溶液的水势，这样根外部的水分才能通过渗透作用进入导管，推动导管中的液体上升。显然，导管内外的水势差越大，使导管中液体上升的高度越高，产生的根压也越大。要进一步了解的是，根部导管与外液之间是如何建立起渗透系统的？为什么导管内的水势低于外液的水势？

问题在于植物怎样使中柱中的水势低于皮层的水势。当植物的根系处在土壤溶液中时，土壤中的溶质可以与水分一起通过质外体向根内扩散，当达到内皮层以后，扩散被凯氏带阻挡。事实上，根系皮层的薄壁细胞利用呼吸产生的能量，主动地吸收土壤和质外体中的离子，并将吸收的离子通过胞间连丝主动转运至内皮层内的中柱中去。使导管中的离子浓度升高，水势降低。这样就建立了一个跨越内皮层的水势梯度，水分就会通过渗透作用进入中柱，产生根压。

主动吸水与呼吸速率密切相关。良好的通气条件及呼吸促进剂能促进植物的伤流，而抑制呼吸的因素如呼吸抑制剂、低温、缺氧等，均会降低植物的伤流。以上事实证明，植物的呼吸为根系离子的主动吸收与转运提供能量，是维持中柱内外水势差不可缺少的因素。

应当指出，以上所说的主动吸水，实际上并不是根系直接主动吸收水分，而是根系利用代谢能量主动吸收外界的矿质，造成导管内水势低于外界水势，而水则是自发地顺水势梯度从外部进入导管。

虽然习惯上将根压称为主动吸水的动力，但实际上根压只是根的中柱内外存在水势梯度而产生的一种现象，它是中柱内外水势差大小的一个度量，但却不是水分吸收的动力，因为这个压力并不能直接用来吸收水分。水分吸收的真正动力是水势差。

6.3.3.2　蒸腾拉力与被动吸水

被动吸水(passive absorption of water)是由于枝叶蒸腾引起的根部吸水，吸水的动力来自于蒸腾拉力(transpiration pull)，与植物根的代谢活动无关。用高温或化学药剂将植物的根杀死，植物照样从环境中吸水。甚至将植物根除去后，植物被动吸水的速度更快。在这种情况下根只作为水分进入植物体的被动吸收表面。因此，这种吸水方式称为被动吸水。

当叶子进行蒸腾时，靠近气孔下腔的叶肉细胞水分减少，水势降低，就会向相邻的细胞吸水，导致相邻细胞水势下降，依次传递下去直到导管，把导管中的水柱拖着上升，结果引起根部的水分不足，水势降低，根部的细胞就从环境中吸收水分。这种由于蒸腾作用产生一系列水势梯度使导管中水分上升的力量称为蒸腾拉力。

主动吸水和被动吸水在根系吸水过程所占的比重，因植物的蒸腾速率而不同。正在蒸腾的植物其被动吸水所占的比重较大，这时植物的吸水主要是被动吸水。强烈蒸腾的植株其吸水的速率几乎与蒸腾速率一致，此时主动吸水所占的比重非常小。只有蒸腾速率很低的植株，如春季叶片尚未展开时，主动吸水才占较重要的地位；一旦叶片展开，蒸腾作用加强，便以被动吸水为主。

6.3.4　影响根系吸水的土壤条件

植物根系分布在土壤中，任何影响土壤水势和根系水势的因素，都会影响根系吸水。

6.3.4.1　土壤水分状况

土壤中的水分对植物来说，并不是都能被利用的。土壤中的水分可以分为 3 大部分：第一部分水是吸湿水或称束缚水(bound water)，是与土壤颗粒或土壤胶体紧密结合的水。这部分的水势很低，低于 -3.1 MPa，植物不能利用这部分水，因此，这部分水称为“无效水”或“不可利用水”。第二部分水是重力水(gravitational water)，主要存在较大的土壤空隙中，可以因重力作用而下降的水分。这部分水是超过了田间持水量的那一部分水，水势高于 -0.01 MPa，对植物有害而无益，因为它占据了土壤中较大的空隙，使土壤中没有空气，严重影响植物生长。要求土壤排水良好，就是为了尽快使重力水流失。第三部分水是毛细管水(cappilary water)，它是存在于土壤毛细管内的水分，并能沿毛细管不断上升，直至土壤表面，这部分水是被植物利用得最多且利用时间最久的水分，其水势范围为

-3.1 ~ -0.01 MPa。

测定土壤中不可利用水分的指标是萎蔫系数或称永久萎蔫系数(permanent wilting coefficient)。当植物发生永久萎蔫时，土壤中的水分占土壤干重的百分数即为萎蔫系数。植物发生永久萎蔫时，土壤中尚存的水分便是植物不可利用的水分。

6.3.4.2　土壤通气状况

土壤中的O_2含量对植物根系吸水过程影响很大。充足的O_2一方面能够促进根系发达，扩大吸水表面；另一方面能够促进根的正常呼吸，提高主动吸水能力。如果土壤通气差，O_2含量降低，CO_2浓度增高，短期内可以使根系呼吸减弱，影响根压，从而阻碍吸水；时间较长，则会引起根细胞进行无氧呼吸，产生和积累酒精，导致根系中毒受伤，吸水更少。作物受淹反而表现出缺水现象，原因就在于此。此外，缺O_2还会产生其他还原物质(如Fe^{2+}、NO_2^-、H_2S等)，不利于根系生长。如果作物栽培期间在根际施用大量未腐熟的有机肥料，在有机质腐熟过程中，微生物活动会消耗大量的O_2，容易造成植物根部缺O_2，这对植物根系的生长和水分的吸收都是不利的。

6.3.4.3　土壤温度状况

由于土壤温度影响到根系的生长、呼吸及其一系列的生理活动，因而对水分吸收会产生明显的影响。在一定范围内，温度增高，植物根系吸水增多；反之亦然。不适宜的低温、高温都会对植物根系吸水产生极为不利的影响。

低温抑制根系吸水的主要原因是：①低温使根系的代谢活动减弱，尤其是呼吸减弱，影响根系的主动吸水。②低温使原生质的黏滞性增加，水分不易透过；还会使水分子本身的黏滞性增加，提高了水分扩散的阻力。③根系生长受到抑制，使水分的吸收表面减少。

在炎热的夏日中午，突然向植物浇以冷水，会严重地抑制根系的水分吸收，同时，又因为地上部分蒸腾强烈，使植物吸水速度低于水分散失速度，造成植物地上部分水分亏缺，所以我国农民有“午不浇园”的经验。

温度过高可以导致根细胞中多种酶活性下降，甚至失活，引起代谢失调，且还会加速根系的衰老，使根的木质化程度加重，这些对水分的吸收都是不利的。

6.3.4.4　土壤溶液状况

土壤溶液浓度直接影响到土壤的水势，如果土壤溶液浓度过高，使其水势低于根细胞的水势，则植物便不能从土壤中吸水。盐碱地上植物不能正常生长的原因之一就是盐分过多使土壤的水势很低，植物吸水困难，形成一种生理干旱。施肥时，不能一次施用过多，施用过多会造成土壤水势过低，严重时，还可以使植物水分外渗而枯死，出现“烧苗”现象。

6.4　植物的蒸腾作用

植物一生中吸收的水分，只有极少部分用于植物自身的组成和参与代谢活动，而大部分吸收的水分都以气态的形式通过植物体表面散失到大气中去。研究发现，玉米植株每制造 1 kg 籽粒干物质的同时，要向大气中散失 600 kg 左右的水分；每制造 1 kg 有机物质(包括籽粒、叶、茎、根)要向大气散失水分 225 kg 左右。由此可见，植物用来制造有机物质的水分不到散失水分的 1%。我们需要了解，植物在制造有机物的同时消耗水分的原因，即植物如何以最少的水分散失来获取最大 CO_2同化量。水分从植物体中向外散失的方式主要有 2 种：一种是吐水和伤流，即以液体状态散失到体外；另一种是以气体形式散失，即蒸腾作用，这是植物散失水分的主要方式。

6.4.1 蒸腾作用的概念及生理意义

6.4.1.1 蒸腾作用的概念

水分以气态形式通过植物体表面散失到体外的过程称作蒸腾作用(transpiration)。蒸腾与蒸发是 2 个不同的过程，虽然在 2 个过程中水分都是以气态散失。蒸腾是一个生理过程，受植物本身的气孔结构和气孔开度调控。而蒸发则是一个纯物理过程，它主要取决于蒸发的面积、温度和大气湿度。

6.4.1.2 蒸腾作用的生理意义

蒸腾作用是否为植物一个必不可缺的生理过程？它对植物的生存是否有重要意义？关于这个问题近些年引起一些争论。传统的观念认为蒸腾作用是植物不可缺少的生理过程。它的主要生理作用在于：降低植物体温，增加水分的吸收和增加无机离子的吸收和上运。另一种观点认为蒸腾作用并不是植物不可缺少的生理过程。因为很多陆生植物可以在 100% 的大气相对湿度中完成其生活周期。而在 100% 的相对湿度下，植物的蒸腾接近于零。实际上人们经常可以看到，生活在湿度较高环境中的植物，比生长在较干燥空气中的植物长得更好，而前者的蒸腾速度要远远小于后者。

如果说蒸腾作用并不是植物的必需生理过程，那么植物一生当中为什么要通过蒸腾作用消耗掉如此多的水分？因为植物体内所有的有机物质骨架都是由碳原子组成的。而这些碳原子必须由大气通过植物体表面的气孔进入植物体内。但是在气孔张开的同时，植物体内的水分就不可避免地通过气孔向大气中扩散。所以蒸腾作用实际上是植物为了从空气中固定 CO_2所不得不付出的代价。它是植物光合作用这个最重要生理过程的“副产品”。

虽然在多数情况下，没有蒸腾植物也能正常生长，但是当蒸腾作用进行时，它的确也能给植物带来以下一些好处。

第一，蒸腾作用是植物对水分的吸收和运输的主要动力。蒸腾作用所产生的蒸腾拉力，是植物被动吸水和水分在植物体内传导的重要动力。它有助于植物把水分从根部运到植物的顶部。但是，如果从另外一个角度来考虑这个问题，蒸腾作用所促进的水分吸收和运输，实际上只是抵偿了蒸腾本身所造成的水分损失而已。换句话说，蒸腾散失的水分越多，植物吸收的水分越多；反之亦然。此外，经常可以看到，白天由于强烈蒸腾造成植物地上部的暂时萎蔫，在夜间植物蒸腾降低时，却反而使地上部分的水分亏缺得到了恢复。由此看来，蒸腾促进的水分吸收对植物并不一定是一种有益的作用。

第二，蒸腾作用是植物吸收矿质盐类和在体内运转的动力。吸收到植物体内的矿物质，在木质部中会随着蒸腾流而上升。但是蒸腾流对矿质的吸收和转运也并不是不可缺少的。没有蒸腾时，植物也能吸收矿质，而且矿质的吸收与植物的蒸腾速率并不成比例。所以蒸腾虽然能促进矿质的吸收和转运，但并不是矿质吸收的必要过程。

第三，蒸腾作用可以降低叶片的温度。蒸腾时液态水变成气态水要吸收很多的热能，从而降低了叶片温度。但是，在温度偏低的条件下植物也照样进行蒸腾。此外，在干热的夏日中午，植物为了防止过度水分散失，往往将气孔关闭，导致蒸腾下降，使叶温升高。所以，看来植物蒸腾作用的本身并没有主动降温这一目的。

但是，蒸腾作用也有对植物不利的方面。当植物快速蒸腾时，尤其是中午会消耗大量水分，叶片细胞或树木的嫩枝失去膨压，引起萎蔫，植物组织停止生长，如果植物组织在晚上能够恢复膨压，结果并不严重；如果水分消耗远远超过水分吸收而不能恢复膨压，其结果就会脱水死亡。在植物蒸腾失水过多的情况下，即使植物膨压降低不明显，也会引起气孔过早关闭，光合作用下降，破坏淀粉和糖类的平衡，影响植物呼吸作用以及其他生化进程。植物蒸腾对造林的关系尤为重要，栽植前的苗木在没有产生新根系以满足水分消耗的情况下，苗木会由于蒸腾作用而逐渐枯死。

6.4.2 蒸腾作用的方式

理论上说，植物体暴露在大气中的任何部分，只要它的表面不存在绝对不透水的任何覆被物，都可以蒸腾。成熟的树木枝条，由于表皮木栓化，水分很难通过，所以蒸腾主要通过叶面进行。通常根据植物进行蒸腾作用的部位将蒸腾作用的方式分为以下 3 类。

第一，皮孔蒸腾。针对木本植物经由枝条的皮孔和木栓化组织的裂缝而散失的蒸腾称为皮孔蒸腾(lenticular transpiration)，据估计它只占树冠蒸腾总量的 0.1%。但是，对于落叶树而言，无叶片的枝条可通过皮孔及包覆枝条木栓层的其他裂缝耗散大量水分。对于针叶树而言，冬季的单位针叶表面消耗水分要比落叶树单位面积枝条的耗水量要高。

第二，角质层蒸腾。通过叶片和草本植物茎的角质层进行的蒸腾为角质层蒸腾(cuticular transpiration)。由于角质层较难透水，所以角质层蒸腾在全部蒸腾中所占比例不大。其比重因角质层的厚薄而不同。幼嫩的或生长在阴湿环境中的植株，其角质层较薄，角质层蒸腾所占的比重较大，可占总蒸腾的 1/3 ~ 1/2；而生长在阳光充足环境中的植物以及成熟的叶片角质层较厚，其角质层蒸腾较低，一般只占总蒸腾的 5%~10%。而长期生长在干旱缺水条件下的植物，其角质层蒸腾则更低，一般小于总蒸腾的 5%。如桦树气孔开放时，角质层蒸腾仅占气孔蒸腾的 3%。

第三，气孔蒸腾。植物体内的水分通过叶片上张开的气孔扩散到体外的过程称为气孔蒸腾(stomatal transpiration)。由于气孔张开时，水气外散的阻力最小，所以气孔蒸腾是植物蒸腾作用的主要形式，可占蒸腾总量的 80%~90%。

6.4.3 气孔蒸腾

气孔(stomata)是由植物叶表皮组织上的 2 个特殊的小细胞即保卫细胞(guard cell)所

围成的一个小孔，是蒸腾过程中水蒸气从体内排到体外的主要出口，也是光合作用和呼吸作用与外界气体交换的“大门”，气孔的蒸腾实际上分2个步骤进行。首先在细胞间隙和叶肉细胞的表面蒸发。蒸发快慢与蒸发的面积成正比，实际上叶子的内表面(即叶肉细胞的表面)要比叶子的外表面大得多。一般植物叶片内外表面之比为6.8~31.3，而旱生植物还要更大一些。在这样大的表面上，水分很容易变成气体，使细胞间隙的水蒸气达到饱和。

气孔蒸腾的第二步是充满气室的水气通过气孔扩散到大气中去。由于细胞间隙很容易被水气所饱和，所以第二步是关键，即通过气孔扩散得快慢决定了整个蒸腾的快慢。而第二步取决于水分通过气孔时所受到的阻力。

这种阻力来自2个方面：一个是气孔外面一层相对静止的空气，即边界层阻力，水分必须经过这个边界层才能扩散出去；另一个是气孔的大小，实验证明气孔的大小是主要阻力。在绝大多数情况下，气孔阻力的大小直接影响着蒸腾速率的大小(图6-10)。

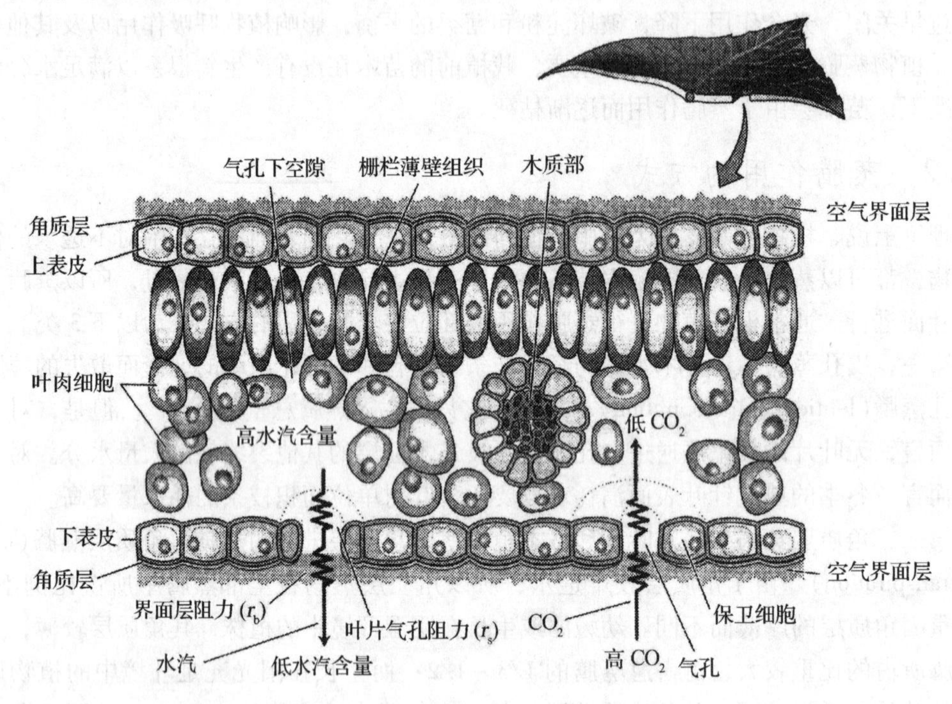

图6-10 叶片中水分蒸腾的途径(引自 Taiz and Zeiger, 2002)

6.4.3.1 气孔的大小、数目及分布

气孔是植物叶表皮组织上的小孔。它分布于叶片的上表皮及下表皮。但不同类型植物叶片上下表皮气孔数量不同。一般禾谷类植物(如玉米、水稻和小麦等)的气孔在上下表皮的数目较为接近；而双子叶植物的气孔则较多地分布在下表皮；有些木本植物(如苹果、桃等)的气孔只分布在下表皮；也有些植物的气孔只分布在上表皮，如许多水生植物。

气孔的数目很多，每平方厘米叶片上少则有几千个，多则达十万个以上。例如，黑杨和紫杉叶片的气孔约为每平方厘米 11 500 个，而猩红栎叶片上分布的气孔达 100 000 个左右。一般来说，茎上端叶子的气孔要比下端多；叶子尖端的气孔比基部多；近中脉气孔多，近边缘气孔少。

气孔充分张开时宽度只有几微米，长度也只有 10 ~ 40 μm。气孔的长度虽小，但比水分子的直径大得多，水分子的直径只有 4.54×10^{-4} μm，因此，气孔开放时，水分子是很容易通过气孔扩散的。气孔的数目虽然很多，但面积不到叶片总叶面积的 1%。按一般的蒸发规律，蒸发量与蒸发面积成正比，那么气孔的蒸腾量也应当等于同面积的自由水面蒸发量的 1% 左右。但实际上远远超出这个数值。例如，通过面积不到总叶面 1% 的气孔蒸腾量，却相当于自由水面的 10%~50%，甚至达到 100% 蒸发量，也就是说比同面积的自由水面快几十倍，甚至 100 倍。

6.4.3.2 气孔蒸腾速率

蒸腾作用相当于水分通过一个多孔表面的蒸发过程。而气体通过多个小孔表面的扩散速度不是与小孔的面积成正比，而是与小孔的周长成正比，这就是小孔扩散定律（small pore diffusion law）。植物叶片上的气孔蒸腾正符合小孔扩散规律，总面积相同，孔越小散失水量越大。

蒸发速度之所以与小孔周长成正比，是因为气体分子向外扩散时，处在气孔中央的气体分子彼此碰撞，故扩散速度较慢，而处在气孔边缘的分子向外扩散时，彼此碰撞的机会少，扩散速率就较快。当扩散表面的面积较大时，其边缘所占的比值较少，扩散的速度与其面积成正比。当扩散通过小孔进行时，小孔的边缘所占的比值加大，孔越小，边缘所占的比值越大，气体扩散时受到的阻力越小。所以通过小孔的扩散并不与孔的面积成正比，而与孔的边缘（周长）成正比。如果把一个大孔分散成许多小孔，且小孔之间相隔一定距离，其总面积虽然一样，但小孔的总边缘却增加了许多，扩散的速度也随之增加。

6.4.3.3 气孔运动

蒸腾和 CO_2 同化都是通过气孔进行的，这就形成了一对矛盾。因为植物既要多吸收 CO_2，又要减少水分损失，气孔如何调节这一矛盾呢？人们希望在大气中 CO_2 浓度较低时，气孔导度增大，以便增加 CO_2 的吸收，保证光合作用正常进行；当大气中 CO_2 浓度高时气孔导度下降，把水分散失减少到最低程度，同时又不会影响光合作用。但是，因为水分散失过多会比光合作用的暂时停止给植物造成的伤害大得多。所以人们又希望在水分供应很少时气孔开始关闭。此外，因为光合作用只能在光下进行，所以人们又希望气孔在光下开放，而在黑暗中关闭。与其说人们的思维逻辑考虑得周到，不如说植物进化得周全。植物在长期进化中形成了一种机制，即在最有利 CO_2 快速同化时，气孔张开；在最有利于水分快速散失时，气孔关闭。如在 8:00 ~ 11:00 时温度、湿度和光强都最适宜进行光合作用，大多数植物的气孔导度在此时达到一天中的最大值；在中午时，如果温度过高，叶片—大气水汽压亏缺过大，便有利于水分快速散失，许多植物的气孔导度在此时下降。在晚上不能进行光合时，气孔也关闭。气孔是如何对环境变化做出灵敏的反应呢？

现已知道气孔运动是一种膨压运动，由保卫细胞调节。保卫细胞的结构、形态以及生理生化特性与气孔的运动有密切关系。

气孔由2个保卫细胞组成。保卫细胞的体积比叶肉细胞小得多，这非常有利于保卫细胞的膨压变化。只要有少量的可溶性物质进出保卫细胞就会导致其水势发生很大的变化，引起它向周围叶肉细胞吸水或失水，进而引起体积的变化。当保卫细胞吸水膨胀后，气孔便张开；反之则关闭。

人们也许会感到奇怪，保卫细胞膨胀只会把细胞壁向内挤压，使之关闭，什么会使之张开呢？气孔的这种特殊功能是由于它的特殊结构造成的。

双子叶植物的保卫细胞呈新月状，在靠近气孔的一侧细胞壁较厚，其余部分的细胞壁较薄，而且组成细胞壁的纤维素微纤丝在保卫细胞经向环绕着细胞，好像是从气孔中央向外辐射状的排列(图6-11)。由于纤维素微纤丝伸缩有限，所以当保卫细胞吸水膨胀时，它们沿短轴方向膨胀很有限，但是它们却能沿纵轴方向进行很大程度的膨胀，且细胞的外壁膨胀要比内壁大得多，这样就使它们的外壁向外产生弯曲性膨胀，纤维素微纤丝便把内壁向外拉，使气孔张开。当保卫细胞失水时，膨压降低，体积收缩，气孔关闭。

禾本科植物的保卫细胞呈哑铃状，中间壁较厚，两边壁较薄，而在细胞两端的细胞壁中也辐射状环绕排列着纤维素微纤丝(图6-11)，当保卫细胞吸水时，细胞的两端膨胀，而使气孔张开。当失水时，两端壁部分收缩，气孔即关闭。

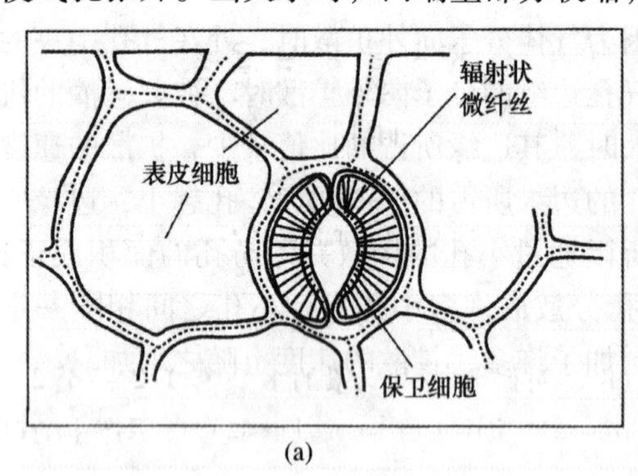

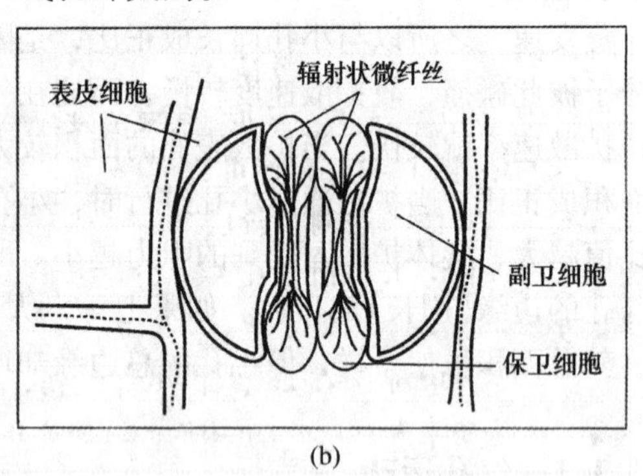

图6-11　双子叶(a)和单子叶(b)植物气孔结构(引自孟庆伟，2011)

6.4.3.4　气孔运动的机理

保卫细胞具有整套细胞器。与其他表皮细胞的明显不同之处是保卫细胞含有叶绿体，在光下能进行光合作用。尤其值得指出的是，保卫细胞中含有相当多的淀粉体，在光下淀粉减少，在黑暗中淀粉积累，这与正常的叶肉细胞恰好相反。

现在已有很多的事实证明，气孔在张开时，保卫细胞的渗透势降低很多，而气孔关闭时，保卫细胞的水势便增加。如蚕豆气孔关闭时，渗透势为 -1.9 MPa，气孔开放时为 -3.5 MPa。这说明气孔在张开时有大量的可溶性物质进入保卫细胞，导致渗透势降低。这些可溶性物质主要是什么，它们来自何处，是如何进入到保卫细胞中去的？

迄今为止，关于气孔运动的机制已提出几种假说，如保卫细胞光合作用学说、淀粉—糖转化学说、K^+泵学说及苹果酸代谢学说等。现将近些年来气孔运动机制的学说概括如下。

(1)淀粉与糖转化学说

20世纪70年代以前，人们认为在光下，保卫细胞进行光合作用消耗了CO_2，细胞质pH值增高(pH 6.1~7.3)，淀粉磷酸化酶(starch phosphrylase)催化正向反应，使淀粉水解成可溶性糖，引起保卫细胞渗透势下降，水势降低，保卫细胞从周围细胞吸取水分，保卫细胞膨大，因而气孔张开。在黑暗中，保卫细胞光合作用停止，而呼吸作用仍进行，CO_2积累颗粒数目减少，细胞渗透势升高，水势也升高，细胞失水，膨压丧失，气孔关闭。该学说可以解释光和CO_2对气孔的影响，也符合观察到的淀粉白天消失、晚上出现的现象。

(2)蓝光信号对气孔运动的调控

光是影响气孔运动的最主要的环境因子之一，在正常的条件下，大多数植物的气孔总是在光下张开、在黑暗中关闭。现已经知道光可以通过驱动保卫细胞的光合作用，合成可溶性糖，降低保卫细胞水势，进而吸收水分，促进气孔开放，即光合作用促进气孔开放假说。但是，这个学说遇到一些难以解释的问题：其一，保卫细胞光合作用合成的可溶性糖是否足以引起气孔开放的程度；其二，有些植物的保卫细胞中并没有叶绿体，如洋葱等，光下保卫细胞不能进行光合作用，而气孔仍然开放；其三，具有景天酸代谢(CAM)途径的植物，如仙人掌等，在暗中气孔也能开放。因此，人们注意到了蓝光的作用。当用光合作用电子传递专一性抑制剂DCMU(二氯苯二甲脲)处理叶片后，光对气孔的开启作用被部分抑制，证明光的确可以通过光合作用促进气孔的开放。但这种作用并不是光促进气孔开启的主要效应，因为DCMU只能部分抑制光引起的气孔开放，此外引起气孔开放所需要的光强非常低，只相当于全日照的1/1 000~1/30，而且有些植物的保卫细胞中无叶绿体，如洋葱等，在光下保卫细胞不能进行光合作用，但气孔照样张开。说明除了光合作用外，光还能通过影响其他过程来调控气孔的开放。

现已证明，在保卫细胞质膜上存在光受体，能感受蓝光信号。光除了通过光合作用合成ATP激活H^+-ATP酶外，蓝光通过光受体可以直接激活H^+-ATP酶，而且蓝光激活H^+-ATP酶的效率比通过保卫细胞光合作用合成ATP激活H^+-ATP酶的效率高15倍。

蓝光对气孔的直接效应可以通过一个双光束实验得到证明。先用高强度的红光使光合作用达到饱和，再在饱和红光的基础上加上低通量的蓝光，该增加的蓝光可使气孔进一步地开放(图6-12)。因为光合作用已经被红光饱和，所以增加的低通量的蓝光不可能是通过促进光合作用而进一步促进气孔开放的。说明保卫细胞除了光合作用外，还对蓝光有特异的反应。进一步的研究表明，当用蓝光照射保卫细胞的原生质体时，保卫细胞的原生质体就会膨胀。说明蓝光引起了保卫细胞原生质体离子的吸收或有机溶质的积累，导致渗透势降低吸水膨胀。

当用饱和红光照射蚕豆叶片保卫细胞原生质体时，再增加蓝光照射会引起蚕豆叶片保卫细胞原生质体的质子外流，使原生质体的悬浮介质pH值下降(图6-13)。这种蓝光引起的酸化过程可以被H^+-ATP酶的抑制剂和破坏跨膜质子梯度的抑制剂所抑制。说明蓝光的酸化作用是通过激活质膜上的H^+-ATP酶将胞内的质子泵出胞外所致。由图6-14可以看出，在一定的光强范围内，蓝光诱导的酸化效应与蓝光的强度成正比，并随着蓝光强度的增加而逐渐趋于饱和。综上所述，蓝光对质膜上H^+-ATP酶的活性诱导和它对气孔开放的诱导直接相关。

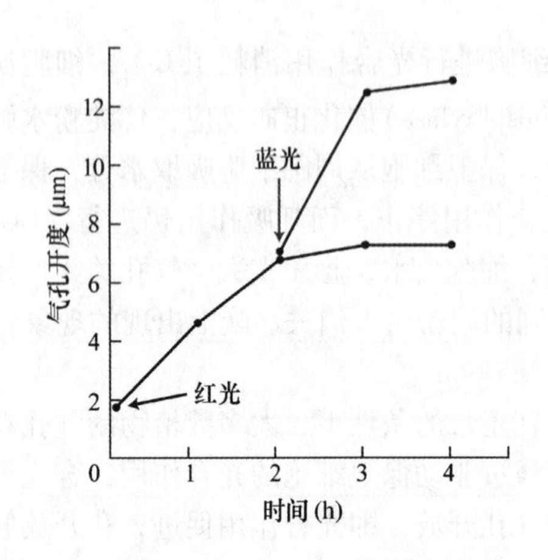

图 6-12　在饱和红光的基础上增加低通量的蓝光对气孔开放的影响
（引自孟庆伟，2011）

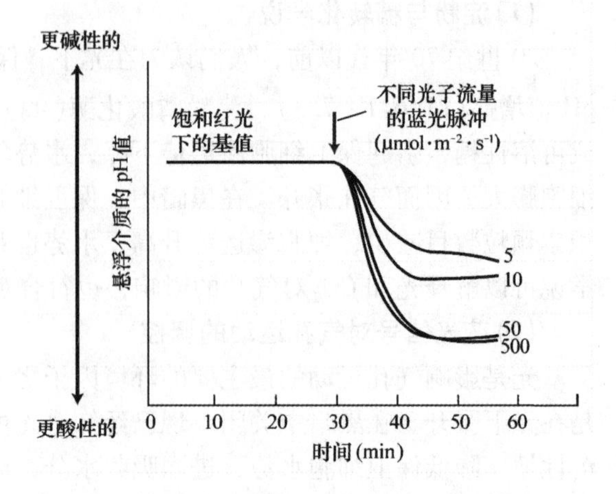

图 6-13　蓝光刺激蚕豆保卫细胞原生质体引起介质酸化
（引自孟庆伟，2011）

(3) K^+与气孔运动

在光照下，保卫细胞利用光合磷酸化形成的 ATP 不断推动 H^+-ATP 酶做功，将 H^+从保卫细胞内排到细胞外，使保卫细胞内 pH 值升高、电势降低，使膜外的 pH 值下降、电势升高，建立跨膜的质子电动势，这种跨膜的质子电动势驱动保卫细胞外面 K^+通过质膜上的内向 K^+通道进入保卫细胞，这是一种 K^+的主动运输机制(见第 2 章)。在 K^+进入保卫细胞的同时，还伴随着等量负电荷的 Cl^-进入，进一步降低了保卫细胞的水势，促进吸水使气孔张开。Cl^-是通过 Cl^-- K^+共转运载体进入保卫细胞的(见第 2 章)。这是光诱导气孔开放的主要效应。

与 K^+交换的 H^+来自何处？此外，为什么低 CO_2浓度、高 pH 值都能促进气孔张开呢？现已知道，这些 H^+是来自苹果酸，保卫细胞中苹果酸的合成与气孔的开关有密切的关系。

保卫细胞中存在着 PEP 羧化酶和淀粉磷酸化酶，前者的最适 pH 值为 8.0 ~ 8.5，而后者在 pH 6.1 ~ 7.3 时促进淀粉水解成磷酸葡萄糖。在照光下，H^+-ATP 酶将 H^+从保卫细胞内泵到胞外，以及保卫细胞光合作用对 CO_2的利用都导致胞内 pH 值升高，活化了细胞中的淀粉磷酸化酶，导致淀粉水解成磷酸葡萄糖，葡萄糖经糖酵解途径转变磷酸烯醇式丙酮酸(PEP)。在光下，保卫细胞中的 pH 值进一步升高，当 pH 值上升至 8.0 ~ 8.5 时，PEP 羧化酶的活性增高，催化 PEP 与 CO_2反应，形成草酰乙酸，后者在苹果酸脱氢酶作用下变成苹果酸(详细过程见第 3 章)，苹果酸解离成酸根和 2 个 H^+，在 H^+/K^+离子泵的驱动下，H^+与 K^+进行交换，促使气孔开放。而苹果酸根离子则进入保卫细胞的液泡内，和 Cl^-共同与进来的 K^+保持电化学的平衡，同时也可降低保卫细胞的水势。所以 K^+的进入和苹果酸的形成共同造成保卫细胞水势的下降，导致气孔张开。当外界 CO_2浓度升高或将叶片转入暗处时，保卫细胞的 pH 值都会下降，导致 PEP 羧化酶和淀粉磷酸化酶催化与上述相反的过程，导致气孔关闭。

对 CAM 植物来说，因为在晚上 PEP 大量与 CO_2结合形成苹果酸，所以能使气孔在夜间张开。而降低 CO_2浓度则减少了 CO_2在保卫细胞中的溶解度，提高了保卫细胞的 pH 值，所以促进了“淀粉→葡萄糖→PEP→苹果酸”这一过程的进行，因而促进了气孔张开。

(4)蔗糖与气孔运动

最近的研究表明，蔗糖在调节保卫细胞运动的某些阶段可能起重要的作用。连续观测气孔在一天中的变化发现，当气孔在上午逐渐开放时，保卫细胞内 K^+ 含量也逐渐升高，但是下午较早时，当气孔导度仍然在增加时，K^+ 含量却已经开始下降了。而在 K^+ 含量逐渐下降的过程中，蔗糖的含量却在逐渐增加，成为保卫细胞内的主要渗透调节物质，当气孔在下午较晚关闭时，蔗糖的含量也随着下降(图 6-14)。这个结果似乎表明，气孔的张开与 K^+ 的吸收有关，而气孔开放的维持和气孔关闭则与蔗糖浓度的变化有关。推测在气孔运动过程中，可能有不同的渗透调节阶段，在不同的阶段，主要的渗透调节物质可能也不同。调节气孔运动的蔗糖可以通过淀粉的转化，也可以通过保卫细胞在光下进行光合作用形成，从而调节保卫细胞的渗透势。

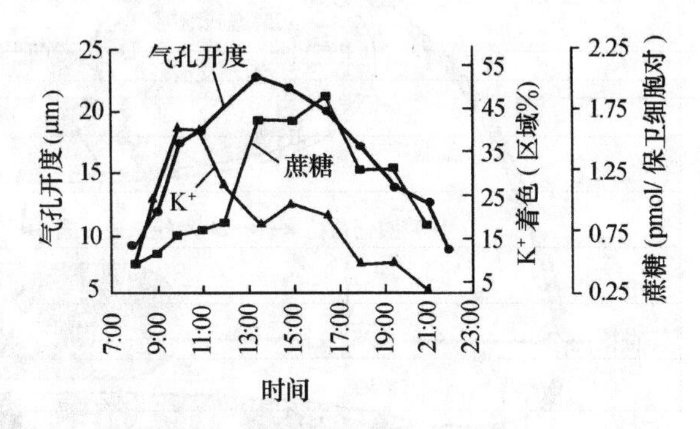

图 6-14 蚕豆叶片气孔开度、保卫细胞中钾离子和蔗糖浓度在一天中的变化

(引自 Taiz and Zeiger，2006)

整合上述学说和近年的研究成果表明：①蓝光信号对气孔的开放起重要的调控作用；②K^+ 对气孔的开放起着关键性作用；③气孔开放以后，蔗糖在气孔开放的维持和气孔的关闭机制中可能起重要作用。气孔的运动机制可用图 6-15 来说明。应该说明的是，某种植物具有其中一种气孔运动的机理，而有些植物多种机理共存。

6.4.3.5 影响气孔运动的因素

凡是能影响到叶片水分状况以及光合作用的因素都能影响到气孔运动。此外，气孔运动还受内生节奏、植物激素等多种因素的影响。

(1)内生节奏

气孔的运动有一种内生的昼夜节律。即使把植物放在连续照光或连续黑暗的条件下，植物的气孔也不会保持一直开放或一直关闭的状态，而是随着一天的昼夜更替而进行开闭运动。研究表明，在 CO_2、光照、温度及湿度都恒定的条件下，大豆叶片的气孔导度呈现出白天开，晚上关的昼夜节律。白天在 12:00 左右，气孔导度达一天中最高值；而在夜间 21:00 左右气孔导度达一天中最低值。这种内生节奏的机理尚不清楚。

(2)光照

光照是影响气孔运动的主要因素。除了 CAM 植物以外，大多数植物都是在照光下气孔张开，在黑暗中气孔关闭。光促进气孔张开的效应有 2 种：一种是通过光合作用产生的间接效应；另一种是蓝光对气孔开放的直接诱导作用。蓝光对气孔开放的诱导作用比红光更为有效。

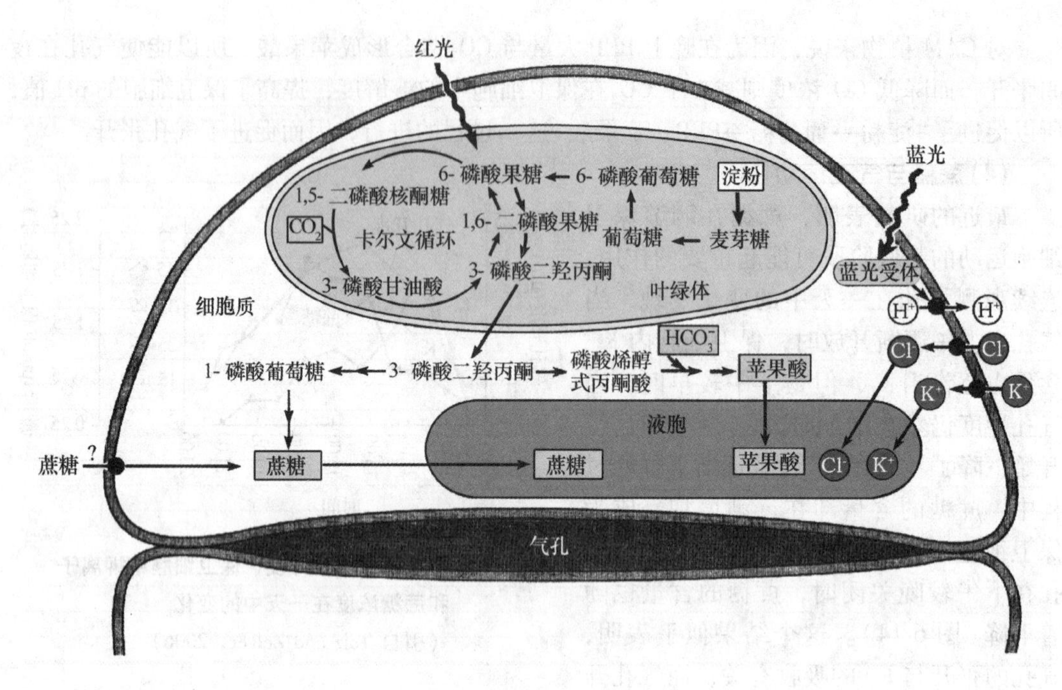

图 6-15　光下气孔开启的机理(引自孟庆伟，2011)

(3) CO_2

一般来讲，CO_2含量减少时，气孔张开；而当 CO_2浓度增加时气孔便关闭。气孔不仅对大气中的CO_2浓度做出响应，甚至对细胞间隙 CO_2浓度也能做出响应。当叶肉光合能力下降，呼吸速率增加时，会导致细胞间隙 CO_2浓度升高，气孔便会对此做出响应而关闭，以减少不必要的水分散失。当细胞间隙 CO_2下降时，便促进气孔张开，加速 CO_2向叶肉中的扩散速度以维持较高的光合速率。CO_2浓度的高低会改变保卫细胞中的 pH 值，影响 PEP 羧化酶和淀粉磷酸化酶的活性，同时也影响跨膜质子梯度的建立。

(4) 水分

水分状况是直接影响气孔运动的关键条件。气孔不仅能对土壤中的水分状况做出响应，还能对大气中的水分状况即叶片—大气水汽压亏缺(VPD)做出灵敏响应。气孔的关闭是在环境水分不足时，为植物节约水分，防止叶片过度失水造成伤害的第一道防线。气孔对水分亏缺的响应快、灵活，既能防止不必要的水分损失，同时还保持着较高的光合速率。

当大气干燥引起蒸腾增加，再加上土壤水分供应不足，就可能导致叶肉细胞过度失水，造成水分亏缺，使叶肉细胞和保卫细胞水势都下降，失去膨压导致气孔关闭。这种由于叶片蒸腾导致叶肉细胞和保卫细胞水势下降，进而引起气孔关闭的过程称为气孔的反馈调节(feed back manner)。

近来研究表明，在叶片水势尚未降低之前，气孔便能感知到空气湿度下降和土壤水分亏缺的信号，而提前关闭，减少蒸腾，防止植物进一步失水。气孔的这种功能称为前馈调节(feed forward manner)，也有人称之为植物的预警系统。气孔的这种调节方式可以使植物在预测到水分亏缺即将开始时，就及时关闭，使植物对有限的土壤水分利用达到最优化。气孔对水分状况的前馈调节存在2种方式：一种是直接感知大气湿度的变化，更确切地说是感知VPD的变化；另一种是通过根系感知土壤水势的变化以某种化学或物理信号传递到地上部分，而使气孔关闭。这时植物尚未出现明显的水分亏缺。

植物是否真能感受根系的水分亏缺信号？一个有趣的分根实验对此很有说服力。该实验是将植物的根分成2部分，大部分充分供水，另一小部分处在干旱状态下。这时虽然地上部分的水分状况良好，但气孔仍然处在关闭状态。若将受旱的这部分根系切去，虽然地上部分的水分状况没有变化，但气孔却张开。显然，受旱的那部分根系产生了某种信号运到地上部分导致气孔关闭，现在已经知道，这种信号是一种植物激素——脱落酸(ABA)。

当叶片被水饱和后(如久雨后)，表皮细胞含水量高，体积增大，挤压保卫细胞，故在白天气孔也关闭。只有当叶片水分饱和程度稍为下降时，表皮细胞体积减小，气孔才能张开。

(5)植物激素

细胞分裂素能促进气孔开放，而ABA却引起气孔关闭，水分亏缺时，可刺激细胞中ABA含量显著升高，当根部缺水时根尖可以合成大量的ABA，并通过蒸腾流运到地上部影响气孔的行为。ABA可能抑制保卫细胞质膜上的H^+/K^+泵使K^+不能进入细胞，也可能直接激活质膜上的K^+外向通道，控制K^+的吸收和释放。也有证据表明ABA通过增加细胞质Ca^{2+}浓度，间接促进K^+和Cl^-流出、抑制K^+的流入，降低保卫细胞膨压，使气孔关闭。

(6)叶温

在正常温度下，叶温对气孔运动的影响没有光和CO_2那么明显。气孔导度一般随温度的上升而增大，在30 ℃左右达最大值，35 ℃以上的高温会使气孔导度变小。近于0 ℃的低温，即使其他条件都适宜，气孔也不张开。

很多植物的气孔在高温低湿的中午开始关闭，使植物在最有利于蒸腾的时刻，蒸腾速率不但没有增加反而降低。中午气孔关闭的原因可能有如下3点：①气孔对中午时VPD的增高做出的前馈或反馈调节；②中午高温导致光合能力下降，呼吸速率升高，细胞间隙CO_2浓度升高，pH值下降，对气孔产生反馈作用使之关闭；③叶片周围湿度小，影响到保卫细胞壁的弹性，细胞壁的弹性下降时，导致气孔关闭。

总之，植物的气孔导度对环境因素变化响应的结果，是植物在一天中可蒸腾水量一定时，使全天的水分利用效率达到最高。即通过调节气孔在适当时刻的开关，尽可能减少水分损失，以保证最大的CO_2同化量。人们把气孔的这种行为称为气孔的最优化调节。

6.4.4 蒸腾作用的表示方法和调节

6.4.4.1 蒸腾作用的表示方法

(1)蒸腾速率

植物在单位时间内，单位叶面积通过蒸腾作用所散失水分的量称为蒸腾速率(transpiration rate)，也称为蒸腾强度，一般用$g \cdot m^{-2} \cdot h^{-1}$或$mg \cdot dm^{-2} \cdot h^{-1}$表示。现在国际上通用$mmol \cdot m^{-2} \cdot s^{-1}$来表示蒸腾速率。植物在白天的蒸腾速率较高，一般约为15~250

$g \cdot m^{-2} \cdot h^{-1}$，而夜间较低，约为1～20 $g \cdot m^{-2} \cdot h^{-1}$。

(2)蒸腾效率

蒸腾效率(transpiration ratio)指植物在一定生长期内所积累的干物质与蒸腾失水量之比，常用 $g \cdot kg^{-1}$ 表示。不同种类的植物蒸腾效率不同，一般植物的蒸腾效率为1～8 $g \cdot kg^{-1}$。

(3)蒸腾系数

植物在一定生长时期内的蒸腾失水量与积累的干物质量之比称为蒸腾系数(transpiration coefficient)。一般用每生产1 g干物质所散失水量的克数($g \cdot g^{-1}$)来表示，又称为需水量。绝大多数植物的蒸腾系数在125～1 000之间。木本植物的蒸腾系数较草本植物小，C_4植物又较 C_3植物小。蒸腾系数越小，植物对水分利用越经济，水分利用效率越高。

6.4.4.2　蒸腾作用的调节

(1)影响蒸腾的内外条件

如前面所述，蒸腾实际上是分两步进行的：第一步是水分先在细胞表面上进行蒸发；第二步是水蒸气经过气孔扩散到叶面的边界层，再通过边界层扩散到大气中去。因此，蒸腾速率取决于水蒸气向外扩散的动力和扩散途径中所遇到的各种阻力。即

蒸腾速率＝扩散力/扩散阻力

物质转移的方向和速率取决于转移前后2种状态化学势(浓度)差的大小。因此，细胞间隙内的水蒸气浓度(压)Ci 和叶片外大气的水蒸气浓度(压)Ca 的差值 $Ci—Ca$(相当于叶片—大气水汽压亏缺)便是水分从叶内向叶外扩散的动力；而气孔开度的大小决定了水蒸气通过气孔时受到阻力的大小。所以一切影响到气孔阻力、边界层阻力和叶片—大气水汽压差的因素都会影响到蒸腾速率。

第一，影响气孔阻力的因素。前面提到的一切影响气孔开关的因素均影响到气孔阻力。

第二，影响边界层阻力的因素。所谓边界层阻力是指叶片表面一层相对静止的空气对气体进出叶片所产生的阻力。它的大小与叶片的光滑程度如叶片绒毛的多少有关。越光滑的叶片边界层阻力越小。此外，还与空气的流动程度有关。有风时可使边界层阻力减少或消失，使蒸腾加快。但是强风不仅能减少边界层阻力，而且还可能引起气孔关闭，使气孔阻力增加，反而使蒸腾减弱。与气孔阻力相比，边界层阻力要小得多。

第三，影响叶片—大气水汽压差的因素。一般来说，大气湿度越低，植物的蒸腾速率越高。但植物对大气湿度的反应，不是大气相对湿度(RH)，而是叶片—大气水汽压亏缺(vapor pressure difficiency，VPD)。因为即便RH相同，但温度不同时，大气的实际含水量也不同。如RH相同时，30 ℃时大气的实际含水量是0 ℃时的7倍，而40 ℃时的大气实际含水量则是0 ℃时的12.1倍。VPD不仅与大气相对湿度有关，而且与大气温度和叶片温度有关。温度增加时，水汽压增加。在正常条件下，叶肉的细胞壁是被水分饱和的，所以气孔下腔的相对湿度接近于饱和，而陆生植物所处环境中的大气相对湿度总是低于100%。所以即便在气温与叶温相同的条件下，叶肉的细胞间隙的水汽压也要大于大气的水汽压，即VPD大于零，如果叶温高于气温，VPD便会加大。所以在正常条件下水分总

是能从叶片内向大气中扩散。

大气越干燥，叶温越高，VPD 就越大。因此，在晴天，一天当中 VPD 从早晨到中午逐渐增加，中午以后又随之下降，形成一个单峰曲线。如果仅从水分扩散动力这个角度来考虑，VPD 越大，蒸腾速率就越快。

所以在多数情况下，蒸腾速率一天中的变化规律与 VPD 的变化规律一致。但是，不要忘记，气孔也会对 VPD 做出响应，VPD 过高时，气孔会通过前馈调节和反馈调节而关闭，使气孔阻力增加。所以有些植物在炎热的中午，蒸腾速率不但没有增加，反而下降，使蒸腾日变化曲线呈双峰形，就是因为气孔关闭所致。

当植物发生初干和萎蔫时，细胞间隙不再被水气饱和，使水汽压降低，致使 VPD 接近或等于零，导致蒸腾减弱甚至停止。

(2)蒸腾作用的非气孔调节

一般条件下，植物对蒸腾的调节主要是通过气孔的开关。虽然气孔的开关和蒸腾之间存在着密切关系，但是也只有在叶肉细胞壁被水充分饱和的条件下，水分才能不断地蒸发。当蒸腾失水过多或水分供应不足时，叶肉细胞被水饱和的程度下降，水势也降低，细胞的保水能力加强，细胞壁的外层不可避免地趋向干燥，气室不再为水气所饱和，水气由气孔腔向大气的扩散速率降低，在这种情况下，这一步是整个蒸腾过程的限速步骤。这时，即便气孔张开，蒸腾速率还是降低了，这种现象称为“初干”或“初萎”。

初干是指由于叶肉细胞水分亏缺，引起细胞壁的水分饱和程度下降，细胞保水力加强，而使蒸腾作用减弱的现象。初干是植物蒸腾的非气孔调节方式，除此之外，植物的萎蔫也是一种有效的非气孔调节方式。

植物在严重水分亏缺时，失去膨胀状态，叶子和茎的幼嫩部分下垂的现象称为萎蔫。萎蔫分为 2 种：暂时萎蔫和永久萎蔫。若降低蒸腾速率即能使萎蔫的植物消除水分亏缺，恢复原状，那么这种萎蔫称暂时萎蔫。如在炎热的夏日白天，由于蒸腾强烈，水分供应不足，植物发生萎蔫，晚间蒸腾降低，水分亏缺便逐渐消除。因此，不用浇水，暂时萎蔫便可恢复原状。但若由于土壤中已没有可利用的水分，则虽然降低蒸腾，仍不能消除水分亏缺使植物恢复原状，这种萎蔫称为永久萎蔫。发生永久萎蔫的植物，除非浇水，否则不能使之恢复，持续时间过长，植物即会死亡。

植物在萎蔫状态下，失水仅为正常状态下的 1/10 ~ 1/5，因此，萎蔫也是蒸腾的一种调节方式。但是萎蔫状态的细胞不能进行正常的细胞分裂和细胞伸长，植物的许多代谢过程也受到影响，发生永久萎蔫对植物的危害很大，必须及时浇水。

(3)蒸腾作用的人工调节

生产上人们想尽可能地减少植物水分散失，维持植物体内水分平衡。在水分缺乏的干旱和半干旱地区，人们更希望能经济有效地利用有限的水资源。可以通过改变某些环境条件来调节或控制植物的蒸腾作用。在移栽植物时，可以去掉一些枝叶从而减少蒸腾面积，同时尽量降低(克服)增加蒸腾的外界条件，如避免太阳曝晒等。

另一种人工调节蒸腾的方法是使用抗蒸腾剂，人们试图找一些能降低蒸腾作用但对光合速率和生长影响不大的物质。但到目前为止，成效不大。因为多数的化学物质如 ABA，α-羟基磺酸盐等，虽然能通过使气孔关闭来降低蒸腾，但与此同时，CO_2 向叶肉的扩散也受到限制，光合也因此降低。与其他各种化学试剂相比，CO_2可以说是一种最好的抗蒸腾剂。提高CO_2浓度既可使气孔关闭，减少蒸腾，又不会限制光合作用。因为气孔导度减少对CO_2造成的扩散阻力，会被CO_2浓度增加所促进的扩散速率所抵消。此外，CO_2还能抑制光呼吸，增加光合产物的净积累(见第4章光合作用相关内容)。

此外，根据分根实验的启示，人们在作物栽培实践中摸索出一种行之有效的节水灌溉措施。如采用"控制性根系分区交替灌溉"方式。即在灌溉时，仅对一部分区域灌水，另一部分区域保持干燥，交替使不同区域根系经受水分胁迫的锻炼。这种灌溉方式可使处在干旱土壤中的根系产生水分亏缺的信息，并传到地上部位，调节气孔开度，减少蒸腾，提高水分利用效率。这种方式适用于果树和沟灌的宽行作物和蔬菜，在生产中简便易行。据报道，在维持产量不变的基础上，玉米采用此方法灌溉可节水1/3以上。

6.5 植物体内水分的向上运输

据记载，美国的一种红杉树高达113.1 m，而澳大利亚的一种桉树则高达132.6 m。除此之外，世界上还有许多其他高大的植物。这些高大的植物必须从土壤中吸收水分，把水分运到顶部。

要把水分运到130 m的高处需要多大的力量？我们知道，在常压下，真空抽水泵最多能把水抽到10.3 m的高处。也就是说，1个大气压的力量只能把水提高到10.3 m的高度。而把水提高到130 m的树顶至少需要12.6个大气压(1.28 MPa)。如果考虑到水分运输途径中的阻力，那么还需要更大的压力。假如说克服水分运输途径的阻力所需的压力与把水抬到高处的压力相等的话，那么把水运到130 m高树顶就需要25.2个大气压(2.56 MPa)。植物体内能否产生这么大的压力把水分运到树顶呢？是什么机制把水分以相当快的速度运到植物顶部的？这种驱使水分上升的力量来自何处？

前面讲过，根系的生理活动能够产生根压使水分上升。在某些情况下根压的确也是水分上升的主要动力。但是大多数植物的根压不超过0.2 MPa，而且只有在土壤水分充足，大气温度较高的情况下才能表现出来，更何况在许多植物上还没有发现根压，显然，对大多数植物尤其是那些高大的树木来讲，根压不是使水分上升的主要动力。

19世纪时人们曾认为，在植物茎中有一系列的泵细胞，它们连续作用把水泵到植物顶部，但后来的详细研究并没有发现这些泵细胞，而且发现在植物茎干(秆)中大多数水分的运输是通过死细胞进行的。1893年Eduard A. Strasburger做了一个实验，他把一个锯断的高20 m的树干放在盛有硫酸铜、苦味酸和其他有毒物质的溶液中。这些有毒的液体杀死了树皮及分散在木质部中所有的活细胞，但液流仍然继续沿着树干向树的顶部运输，直到树顶部的叶片死亡，蒸腾作用停止为止。显然，泵细胞学说也解释不了水分在植物体向上运动的原因。

6.5.1 水分运输的途径

已知水分从土壤经过植物到大气的这段过程，即在土壤—植物—大气连续体(SPAC)上升过程中，一部分要经过活细胞即共质体进行，一部分要经过死细胞即质外体进行。其具体途径为：土壤水分→根毛→根的皮层→根的中柱鞘→根的导管→茎的导管→叶柄的导管→叶脉的导管→叶肉细胞→叶肉细胞间隙→气孔下腔→气孔→大气(图 6-16)。由图 6-16 可知，成熟的植物根的结构主要由表皮、皮层薄壁细胞、内皮层和中柱组成。水分在植物根内的径向运输可以沿着质外体途径也可以沿着共质体途径进行。

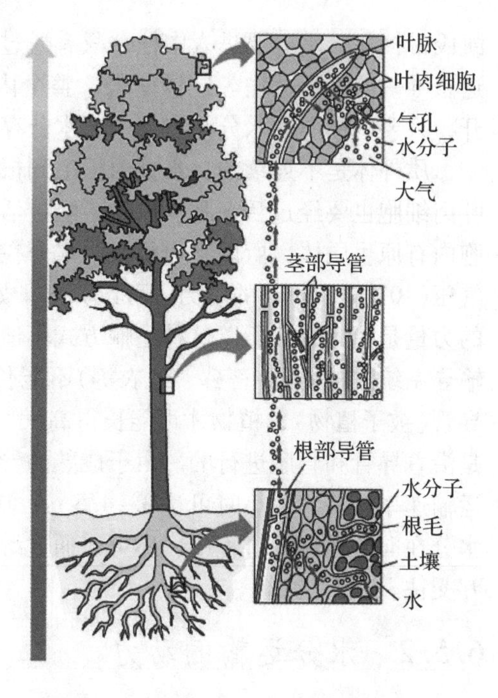

图 6-16　水分从根向地上部运输的途径

质外体(apoplast)是指包括细胞壁、细胞间隙和木质部内的导管，与细胞质无关，水分能够自由通过的部分。共质体(symplast)是指生活细胞的细胞质通过胞间连丝所联结成的一个整体。所以整个根系的共质体是一个连续体系。而质外体是不连续的，它被内皮层分成 2 个区域：一个是内皮层以外的部分，包括表皮及皮层的细胞壁、细胞间隙；另一个是区域在中柱内，包括成熟的导管。内皮层之所以把质外体分隔成 2 部分，是因为内皮层细胞具有四面木栓化加厚的凯氏带(图 6-17)，而凯氏带不能允许水分和物质自由通过。

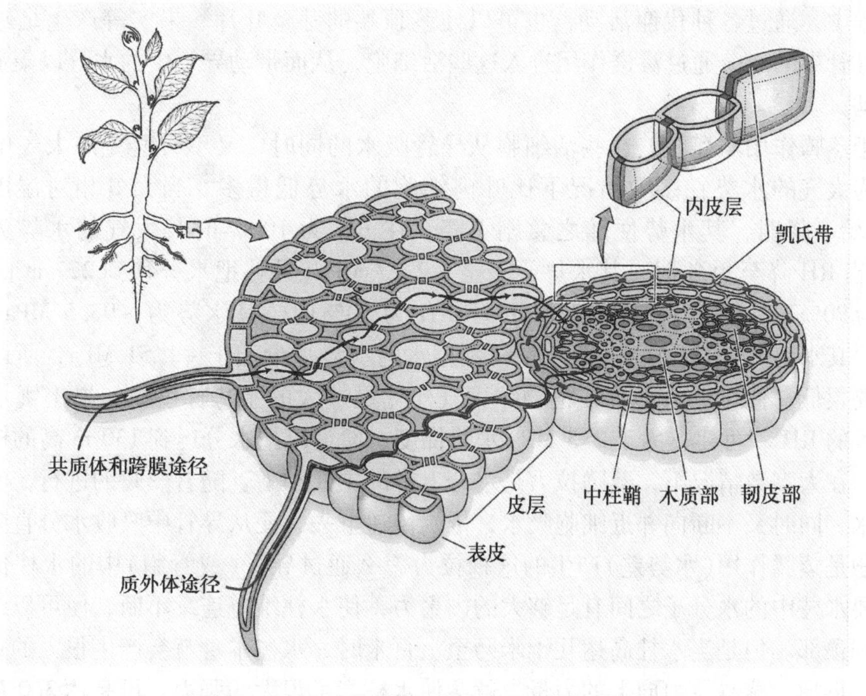

图 6-17　双子叶植物幼根横切面及根部吸水途径

土壤溶液中的水分可以在内皮层以外的质外体中自由扩散，但当扩散到内皮层时便被凯氏带挡住，水分要进入中柱，只有通过内皮层的原生质。所以这时水分只有通过共质体这条唯一的途径运输。这样一来，整个内皮层细胞就像一层选择透性膜把中柱与皮层隔开，只要中柱中的水分与皮层中的水分存在水势差，水分便会通过渗透作用进出中柱。

质外体是不连续的，水分由根毛到根部导管必须要经过内皮层细胞。此外，由叶脉到叶肉细胞也要经过活细胞。虽然，经过活细胞的运输距离很短，长度不超过几毫米，但细胞内有原生质体，所以阻力很大。水分在活细胞内运输每移动 1 mm 就可能受到约 1 个大气压(101.325 kPa)的阻力。可以算出，如果水分通过活细胞运到 130 m 高的树顶，需要的力量是惊人的，所以这种运输方式不适合长距离运输，这也可以解释，为什么没有真正输导系统的植物(如苔藓、地衣等)不能长得很高。由于进化中出现了管胞(裸子植物)和导管(被子植物)，植物才可能长得高大。因此，水分在植物茎干(秆)中向上运输的过程是沿着导管和管胞进行的。由于成熟的导管和管胞是中空的，没有原生质，所以阻力小，运输速率较快，每小时可达 3 ~ 4.5 m，具体速度因植物输导组织和环境条件不同而不同。水分在向上运输的过程中，还可以通过维管射线做径向运输，与周围薄壁组织内的水分相互交往。

6.5.2　水分运输的动力

已经知道，水分从土壤进入根的中柱是靠渗透作用；导管中的水分进入叶肉细胞，以及叶肉细胞水分散失到大气中也是靠渗透作用。所以水分从土壤→植物→大气过程中必须有一个不断降低的水势梯度。实际上，这种水势梯度的确存在。即便植物不蒸腾，植物在生长过程中，通过各种代谢活动，也可以使茎顶端的芽、叶片、果实等产生足够低的水势，使导管中的水分通过渗透作用进入这些活细胞，从而带动导管中的水分以集流的方式向上移动。

由于蒸腾作用的存在，这些活细胞从导管吸水的同时，又不可避免向大气中散失水分。因为大气的水势在多数情况下比叶肉细胞的水势低得多。当大气相对湿度 RH 从 100% 开始下降时，其水势便随之急剧下降。在 RH 为 100% 时其大气的水势为零；在 20 ℃时当 RH 降至 98% 时，其水势便降至 -2.72 MPa(足够把水分移到 277 m 的高处)；当 RH 为 90% 时，其水势为 -14.2 MPa；RH 为 50% 时，其水势为 -93.5 MPa；RH 为 10% 时，其水势为 -311 MPa。而土壤可利用水的水势很少低于 -1.51 MPa，所以大气湿度不需要很低，便可以从土壤→植物→大气建立足够大的水势梯度。如果土壤水分充足时，98% 的 RH 就可建立大于 2.5 MPa 水势梯度，便可以把水分运到 130 m 高的树顶。

所以在大多数情况下，蒸腾拉力是水分上升的主要动力。随着蒸腾的进行，叶肉细胞不断失水，同时又不断向邻近细胞吸水，依次传递下去，便从导管中吸收水分直到根部。

问题是蒸腾作用(水势差)产生的这种拉力怎么通过导管(或管胞)中的水柱传递到根部？只要水柱中的水分子之间有足够大的内聚力，使水柱维持连续不断，便可以把下部的水分提到顶部。但是当水柱高达几十米乃至上百米时，水柱本身就会产生很大的重量使水柱下沉，再加上蒸腾拉力向上的力量，就会使水柱产生很大的张力，可高达 3.0 MPa。

这么大的力量能否把水柱拉断？由于水分子的特殊结构，使它们之间能够形成氢键，产生很大的内聚力，这种内聚力可高达 30 MPa 以上，同时水分子与导管和管胞细胞壁的纤维素分子之间还有很强附着力，这种力量可高达100 MPa以上。与导管中水柱产生的张力相比，后面这2种力量要大得多，足可以维持连续水柱高达1 000 m以上而不至于中断，也不与导管壁脱离。此外，由于导管和管胞的孔径很小，而且细胞壁很厚，有很强的坚韧程度，所以导管在很高的张力下，也不会向内凹陷，而阻止水分的运输。但导管此时可能与水柱一起稍为收缩一些。有实验指出，在蒸腾强烈时，树木的直径比夜间要小一些，就是因为导管被拉拽的缘故。导管中产生的这种张力一直传递到与根尖靠近的下端，甚至有时还能穿越过根组织传递出去。

上述水分运输的理论称为蒸腾拉力—内聚力—张力学说，也称为内聚力学说(cohesion theory)，是19世纪末期爱尔兰人Dixon提出的。这一学说得到广泛的支持，但也有人提出异议，如有人指出，在昼夜温度变化时水柱中可能产生水泡，使水柱暂时中断。对这个问题的解释是，茎中存在许多导管，此外体内产生的连续水柱除了存在导管腔(或管胞腔)之外，也存在细胞壁的微孔及细胞间隙中，当个别导管的水柱暂时中断后，水分可通过其他导管和微孔之间的小水柱上升。到夜间蒸腾减弱时，气体便会溶解在木质部溶液中，又可以恢复连续水柱。

需要指出的是，固然蒸腾作用是降低叶肉细胞水势而牵动水分在体内进行长距离运输的主要原因，但植物生长过程中的其他一些代谢过程，只要能在植物主轴的一端或附近的细胞中产生足够多的可溶性物质，造成足够低的水势，也一样可以成为水分运输的动力。夜间蒸腾作用基本停止，但只要植株顶部的叶片还维持较低的水势，水分仍可以继续上运。

6.5.3 木质部中水分的传输

正在蒸腾的树木和作物，其茎木质部中水分的阻力为总阻力的20%~60%，因土壤和大气而有所差异。木本植物中各器官和相同器官不同部位的木质部阻力不尽相同。如枝杈与枝条中的木质部水压多数是不同的，枝杈与枝条中的木质部截面积较小。木质部导管中的水流(J_v，$mm^3 \cdot mm^{-2} \cdot s^{-1} = mm \cdot s^{-1}$)可用Hagen-Poiseuille方程表述，该方程描述了理想毛细管中的液体流动：

$$J_v = (\psi \cdot R^4 \cdot \Delta\psi_p)/8\eta \cdot L \qquad (6-8)$$

式中：$\Delta\psi_p$(MPa)为流体静力压差；R(mm)是单个导管的半径；L(mm)为导管中水流流动的长度；η($m \cdot m^{-2} \cdot MPa$)为黏滞性常数。该方程表明，液流传导率与导管半径的四次方成正比。在总木质部截面积相同的情况下，木质部导管量少但半径较大的茎与量多但半径较小的茎相比，前者传导率较高。另外，与管胞壁相邻的纹孔对水分流动有一定阻力。

由于木质部导管管径和长度的不同，植物木质部导管中的水流速度和液流传导率存在较大差异。树木导管的长度从小于0.1 m到大于10 m，甚至达到整个树干的长度。导管长或短并不影响木质部水流的速度，可能是树木生长的其他变量偶然作用的结果，如纤维长度的力学需求，或小导管受冻不易形成气穴而造成导管阻塞使水流中断。导管的长度与管径相关。一年中，落叶树早季形成的木质部导管比晚季形成的要长，且孔径较粗。环孔树早季和晚季木材之间的差异表现出像年轮一样的分布，而散孔树一年中宽导管和窄导管的生长分布是随机的，没有明显的年轮分布。

与一些植物种或攀缘植物种相比，藤本植物的茎虽然相对较细，但具有较大直径的长导管。因为液流传导率与导管半径的四次方成正比，较大的管径弥补了总截面积较小的劣势。例如，藤本植物羊蹄甲(*Bauhinia fassoglensis*)的传导率等于边材面积是其10倍的崖柏(*Thuja occidentalis*)。细木质部导管的缺点是液流传导率低，因为木质部总截面积主要由木质部壁决定，后者使植物具有较强的机械强度。但细木质部导管的优势是不易形成冷冻气穴。

6.5.4　气穴和阻塞——木质部水流的阻断和恢复

6.5.4.1　气穴和阻塞现象

近些年的研究，特别是超声探测技术的应用，证明了气穴和栓塞是在植物中发生的“平常事件”。Milbum 认为，植物在水分胁迫下，当木质部张力很高时，空气通过导管细胞壁间最大的孔进入导管，形成气穴；随着气穴的增大，则会形成阻塞(embolism)，降低木质部导管传导水的能力，甚至限制植物生长。树木木质部导管气穴和栓塞化研究现在已成为当前林木水分传输机理的研究重点之一。研究证明，导致木质部张力增加的因素都可能引起木质部气穴或阻塞。已知的诱因有水分胁迫、低温、一些维管病害和一定相对分子质量的化合物，其中水分胁迫最为常见。Zimmermann(1983)提出的“空气充散假说”用于解释植物木质部空穴和阻塞化的产生。该假说认为，木质部管道内的栓塞是由于空气泡自外界大气空间或者已栓塞的管道内，经由管道间纹孔膜上的微孔传送到充水管道内所形成(图6-18)。

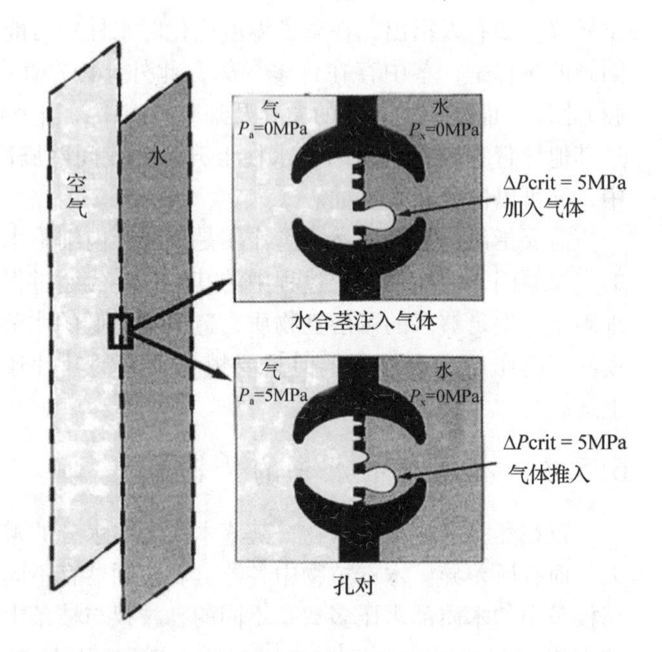

图6-18　脱水茎上气体影响的气穴(引自张国平 译，2003)

2个相邻的木质部导管，右边导管充满了木质部流体。左边导管已穴化因而充满了较低、近0 MPa 的水压。导管间的气穴能允许水通过但是气体—水分的弯叶面不能通过。表明了当2个导管间的压力超过临界值时一个小气泡如何通过气穴膜被拖入，此时木质部压力为-5 MPa。图的下部是一个设计的试验，通过迫使空气进入已栓塞的导管，而另一导管处于大气压，形成临界压力差过大，使一个气泡被推入。

6.5.4.2　阻塞的恢复

气穴化发生之后，无论是木本植物或草本植物，栓塞化的导管或管胞能够修复，即便邻近的导管处于张力之下，水分也可能回填。Sperry 等提出了栓塞修复的3种机制：水蒸气的凝结、气体的溶解和气体的排出。其中水蒸气的凝结较少，但它在空穴化事件之后肯定会立即发生；气体的排出仅在端口暴露在空气中的导管(管胞)中发生。张力下气泡的溶解可能需要细导管，这也许能解释为什么沙漠植物和起源于寒冷环境的植物有较细的导管。当不能达到那样的负水势时，木质部被水蒸气充满，导致导管不能在水分传输中起作用。不能被重新填充的阻塞导管有时也有其优点。例如，当土壤变得极端干旱时，仙人掌木质部导管形成气穴，从而防止水分从植物体内流失到土壤中。

6.5.5 茎中水分的贮存

植物能够把部分水分贮存在茎中，以备蒸腾过程中临时用水之需。例如，在许多树木水分吸收与树冠的蒸腾失水存在大约2 h的时滞(图6-19)，蒸腾开始时提供给叶子的水来自茎中的薄壁细胞。白天茎中水的抽出使树干的直径不时地发生变化，茎的直径一般是清晨最大而日落前最小。茎干的收缩大多发生在木质部外围的活组织中，其细胞具弹性较强的细胞壁，随着水分失去细胞体积缩小。在乔木中大多数植株茎干中的水可以满足一天中蒸腾量的10%~20%，因此，它可以被看作一个很小的水分缓冲器(Lambers *et al.*, 1998)。

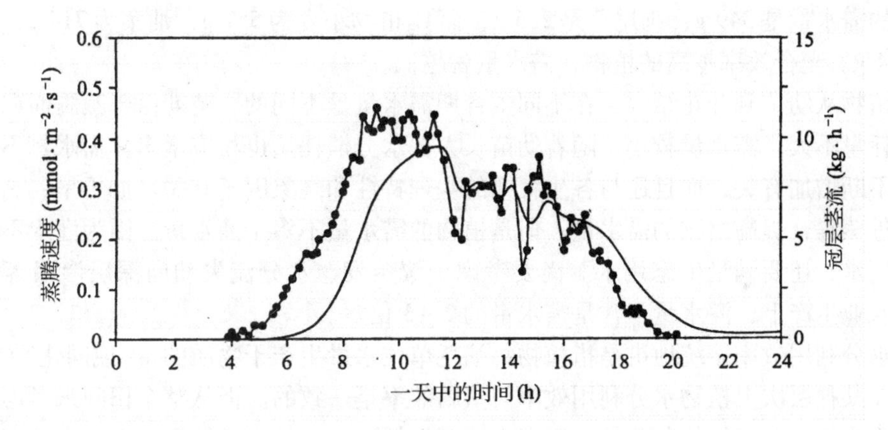

图6-19 落叶松(*Larix* spp.)茎中水流和叶片蒸腾失水的日变化模式(引自Lambers, 1998)

2条线的差异表明茎中的贮存水

对不同生活型的植物，茎中贮藏水的生理生态意义不同。在热带干旱森林(tropical dry forest)中，旱季里落叶乔木的叶脱落能防止由蒸腾引起的水分损失。研究发现茎干中的贮藏水可以满足这些树木在旱季开花和萌发新枝时的水分需求。对于寒冷地区的森林，茎干中贮藏水的意义在于减少冬季脱水，如生长在树线之上的一种云杉(*Picea engelmannii*)的针叶面与脱水可能采用了这样的机制：当土壤结冰但气温高于4 ℃时，植物就需要利用茎干中贮藏的水。茎中贮存水反过来又与木材密度相关。生长早期不耐荫的植物种类生长迅速，树材密度低，大量茎贮存水使它们能在旱季开花并萌发新枝。相反，树材密度高的落叶树生长较慢。茎贮存水对减少冬季落叶也很重要。

在草本植物和肉质植物中，茎中贮藏水显得更为重要。草本植物白天可以将这部分水用于蒸腾，而在夜间由于根压作用再将一部分水补充到木质部中来；肉质植物的贮藏水可以在土壤水分供应终止数周后，继续维持其蒸腾作用。最明显的例子是，巨型仙人掌在缺水与吸水后差异很大，因而类似于“可伸缩的茎”能贮存 5 000 kg 的水。

6.6　合理灌溉的生理基础

在农林业生产中，人们力求使植物体内水分达到动态平衡，来满足不同作物在不同发育期对水分的需要。农业上灌溉的基本任务是：合理利用水分，以最少的水分消耗，来换取最大的作物产量。为了达到此目的，就应该了解植物的需水规律。

6.6.1　植物的需水规律

(1)植物需水量及水分利用效率

需水量是指植物的蒸腾系数。不同类型的植物以及同种植物的不同生育期，需水量是不同的。C_4植物由于它特殊的固定 CO_2的途径，使它在较低的气孔导度下能比 C_3植物固定更多的 CO_2，再加之 C_4植物光呼吸较低，所以在利用相同的水分条件下，C_4植物比 C_3植物合成的干物质高出 1～2 倍，因而 C_4植物的需水量低于 C_3植物的需水量。如 C_4植物玉米的需水量是349 g，狗尾草是285 g；而 C_3植物小麦为557 g，油菜为714 g，紫花苜蓿为844 g。光合效率越高的植物，需水量就越低。

植物从幼苗到开花结实，在不同生育期需水量是不同的。苗期由于蒸腾面积较小，水分消耗量不大，需水量较小。随着幼苗长大，水分消耗量也相应增多。需水量不仅与光合面积不断增加有关，而且还与各生育期的生理特性和气象因子有关。如干旱、高温天气就会促进蒸腾，提高植物的需水量。但是植物的需水量不等于灌水量。因为灌水不仅要满足生理用水，还要满足生态用水。尚要考虑土壤蒸发、水分流失和向深层渗漏等因素。因此，农业生产上，灌水量常常是需水量的 2～3 倍。

水分利用效率笼统地讲是指植物每消耗单位水量生产干物质的量(或同化 CO_2的量)。

在某种层次上植物水分利用效率与蒸腾效率是一致的。但从整个田间来考虑两者便不同。因为田间除了植物蒸腾外，还有土壤蒸发耗水。此外，长期和短期的水分利用效率也不同。因为夜间植物不进行光合作用，只进行呼吸作用，所以夜间的水分利用效率应比白天的低。

详细地划分可把植物水分利用效率分为以下 3 个层次。

第一，植物瞬时水分利用效率，是指某一时刻光合速率与蒸腾速率之比，即某一时刻的蒸腾效率。

第二，植物长期水分利用效率，是指一定时间内植物积累干物质量与蒸腾失水量之比，是指较长一段时间的蒸腾效率。

第三，农田水分利用效率，是指一定时间内植物积累的干物质与植物蒸腾失水和田间蒸发失水量之和(蒸发蒸腾量)之比。由于农田水分利用效率考虑了田间蒸发失水量在内，因此，它比植物的蒸腾效率要低，更符合植物实际耗水的情况。

(2)植物水分临界期

植物一生中对水分亏缺最敏感，最容易受水分亏缺伤害的时期称为水分临界期。在农业生产上，对以收获种子为对象的农作物来说，其水分临界期就是其生殖器官形成和发育时期，严格说就是花粉母细胞四分体形成时期，这时期缺水，就会造成性器官发育不正常，造成空粒、秕粒，使籽粒产量下降。对收获营养器官为对象的农作物(如叶菜类)来说，其水分临界期应是它们营养生长最旺盛时期。植物种类及收获目的不同，它们的水分临界期也不同。

6.6.2 合理灌溉的指标

许多生产实践都证明，不同时期的灌溉效果不同，所以在适宜的时候灌溉就能最大限度地发挥灌溉效益。

确定灌溉时期有时是根据土壤含水量进行的。这种方法有一定的参考价值，但灌溉的对象是植物而不是土壤。所以，要使灌溉能符合作物生长及农业生产的需要，应以作物本身情况为依据。有的根据作物水分临界期事先定好的灌溉方案，因为年际间的气象条件变化不同，也变得不适用。所以合理灌溉要看天、看地、看庄稼。实际上作物本身的生长情况已经客观地反映了天气和土壤的水分变化。

有经验的农民往往根据作物的长势、长相进行灌溉。植物茎叶伸长对水分亏缺甚为敏感，在水分缺乏时，叶片的伸长会受到明显的抑制。在形态上也能反映出植物的水分状况，如缺水时，幼嫩茎叶发生凋萎；茎、叶颜色较为暗绿(可能是细胞生长缓慢、叶绿素积累所致)或变为红色(干旱时，碳水化合物分解大于合成，细胞液中积累较多的可溶性糖，这些糖转变成花青素所致)。

植物一些生理指标也可以作为灌溉指标。如叶片的相对含水量、叶片水势、叶片渗透势及气孔导度均可灵敏地反映植物的水分状况。水分亏缺时，叶片含水量、渗透势、水势及气孔导度均下降。但需要指出的是，不同的植物，同一植物不同生育期以及同一植物不同部位，这些生理指标会有很大差异。因此，实际应用时，必须结合当地实际情况，确定适宜灌溉的生理指标。

6.6.3 节水灌溉

由于淡水资源的亏缺，在很多国家和地区，水分亏缺成为农业生产的限制因素。为了提高水分利用效率，目前人们大力发展节水农业，改变多年来的传统“浇地”习惯，如改变传统的排灌和漫灌方式，把“浇地”改变为“浇作物”，按照作物的需水规律进行灌溉，极大地提高了水分利用效率。目前广泛使用的节水灌溉方法如下。

喷灌：利用专门的喷灌设备将水分喷到空中形成细小的水滴，均匀地落到田间的一种方法。

微灌：利用埋入地下或置于地面上管道网络系统，将作物生长所需要的水分及养分运输到植物根系附近土层的灌溉方法，可以分为滴灌、微喷灌和涌泉灌3种方式。

渗灌：利用地下管道系统将灌溉水输送到田间，通过管壁孔湿润根层土壤的灌水方法。

膜上灌：在地膜覆盖的基础上，将膜侧水流改为膜上水流，利用地膜进行输水，通过膜上特定位置的预留孔给作物进行灌溉。

随着植物水分代谢研究的不断深入，新的研究成果不断地应用于节水农业中。近些年来，人们又提出了多种新型的节水灌溉方式，如利用信息化技术控制的精确灌溉、调亏灌溉、肥水耦合，以肥调水、控水灌溉以及控制性根系分区交替灌溉等。相信这些措施的不断完善和在农业生产中的广泛使用，将进一步提高农业生产的水分利用效率。

小　结

水分对植物生命活动具有重要的生理生态作用，植物的正常生命活动必须在一定的水分状况下才能进行。水分在体内的存在形式有2种：自由水与束缚水。两者的比值反映着代谢活性与抗性强弱。

植物水分代谢包括对水的吸收、运输和散失过程。植物对水分的吸收是以细胞吸收为基础的，细胞吸水有2种方式：渗透吸水和吸胀吸水。其中以渗透吸水为主。扩散、集流是水分在植物细胞间运输的2种方式，渗透作用是水分扩散的一种特殊形式。任何情况下植物体内细胞与细胞之间水分移动是顺着水势梯度进行，即水势高的一方流向水势低的一方。因此，植物细胞吸水取决于细胞与环境的水势差。水势是指溶液水化学势与纯水化学势差值与偏摩尔体积的比值。典型的植物细胞为 $\psi_w=\psi_s+\psi_p+\psi_m$，具有液泡细胞的水势为 $\psi_w=\psi_s+\psi_p$，分生组织细胞、风干种子 $\psi_w=\psi_m$。细胞的水势只有低于环境的水势时才能吸水，否则会失水。植物细胞质膜及液泡膜上存在水孔蛋白，水孔蛋白的存在减小了水跨膜运动的阻力，具有高效、有选择性转运水分的功能，使细胞间水分水势梯度迁移的速率加快。

根系是吸水的主要器官，吸水主要区域为根毛区。根系吸水有2种方式：主动吸水(动力是根压)和被动吸水(动力是蒸腾拉力)。根压与根系生理活动有关，蒸腾拉力与蒸腾有关，所以，影响根系生理活动和蒸腾作用的内外因素都影响根系吸水。水分从根向地上部运输的途径有2种：质外体途径和细胞途径。细胞途径包括跨膜途径和共质体途径。质外体途径经过维管束中的死细胞(导管或管胞)和细胞壁与细胞间隙进行的长距离运输；细胞途径是在活细胞(根毛根、皮层、根中柱，以及叶脉导管、叶肉细胞、叶细胞间隙)中运输，属短距离径向运输。导管运输水分的能力因气穴和阻塞的出现而降低，导致使木质部张力增加的因素，如水分胁迫、低温、一些维管病害和一定相对分子质量的化合物等都可能引起木质部气穴或阻塞；因气穴化而致使植物栓塞化的导管或管胞在一定的状况下能够得以修复。

植物向体内吸收水分的同时又不断以蒸腾作用向环境中散失水分。植物的蒸腾作用有3种方式：皮孔蒸腾、角质层蒸腾和气孔蒸腾。其中气孔蒸腾是陆生植物的主要失水方式。气孔是植物蒸腾作用的“门户”，气孔蒸腾符合小孔扩散规律，气孔运动主要取决于保卫细胞膨压大小的变化，保卫细胞吸水膨压增大，气孔开放，保卫细胞失水膨压变小，气孔关闭。解释气孔动力机理有4种学说，其中主要的是“K^+累积学说”和“苹果酸代谢学说”。一切影响气孔开闭的因素如光照、温度、水分、CO_2浓度以及风等都会影响蒸腾作用。

植物在一定含水量的基础上的水分平衡是植物正常生命活动的关键。维持水分平衡一般从减少蒸腾和增加供水2个方面入手。后者是主要的、积极的途径。目前关于土壤—植物—大气连续体系中水分运动关系的研究已经比较清楚，灌溉的原则就是用最少量的水获得最大的效益。合理灌溉是维持植物水分平衡最可靠的方法。

思考题

1. 水分在植物生命活动中的生理作用是什么？
2. 为什么说植物细胞可以构成渗透系统？
3. 植物不同组织的水势组成是什么？
4. 绘图说明一个成熟细胞的相对体积、压力势、渗透势、水势之间的关系。
5. 植物细胞的吸水方式、根系吸水及水分上升的动力各有哪几种？
6. 叙述气孔开闭的机理。
7. 外界因素如何影响蒸腾作用？
8. 简单描述水分进入植物细胞的途径。
9. 气孔蛋白的特点是什么？
10. 高大树木导管中的水柱为何可以连续不中断？

植物的矿质营养

> 植物的矿质营养主要包括植物对矿质的吸收、转运和同化3个方面。通过溶液培养、砂基培养等无土栽培方法，已确定17种元素为植物的必需元素。植物细胞对矿质元素吸收的过程就是这些元素跨膜运输的过程，可分为被动吸收、主动吸收和胞饮作用3种方式。根系是植物吸收矿质元素的主要器官，根毛区是吸收矿质元素最为活跃的部位。土壤温度和通气状况会影响根部吸收矿质元素。不同植物、不同品种、不同生长时期对肥料要求不同。

植物从土壤中吸收水分的同时，还从土壤中吸收各种矿质元素以维持正常的生命活动。这些矿质元素，有的作为植物体的组成成分，有的参与调节生命活动，有的兼有这2种功能。

矿质元素和水分一样，主要存在于土壤中，由根系吸收进入植物体内，运输到需要的部位后加以同化，以满足植物的需要。植物对矿质的吸收、转运和同化，称为矿质营养(mineral nutrition)。

由于矿质元素对植物的生长发育非常重要，因此，有必要了解矿质元素的生理作用、植物对矿质元素的吸收转运及同化规律，这将利于指导农林生产合理施肥，增加作物产量和改善产品品质。

7.1 植物必需的矿质元素

植物体内含有多种化合物及各种离子，这些物质都是由不同的元素组成的。植物体内有什么元素？哪些元素为生命活动所必需？它们各有哪些生理功能？

7.1.1 植物体内的元素

通过灰分分析法可以了解植物体内含有哪些矿质元素及其含量。灰分分析(ash analysis)即采用物理和化学手段对植物材料中干物质燃烧后的灰分进行分析。干物质在燃烧时，有机物中所含的碳、氢、氧、氮会形成CO_2、水及氮的氧化物挥发到空气中，所剩的不能挥发的灰白色残烬即为灰分(ash)。灰分中的物质为各种物质的氧化物、磷酸盐、硫酸盐、硅酸盐等，构成灰分的元素称为灰分元素(ash element)。它们直接或间接地来自土壤矿质，故又称为矿质元素(mineral element)。由于氮在燃烧过程中散失到空气中，而不存在于灰分中，所以氮不是矿质元素。但氮和灰分元素一样，都是植物从土壤中吸收的(生物固氮除外)，所以也将氮归并于矿质元素一起讨论。一般来说，植物体内含有5%~90%的干物质，10%~95%的水分，而干物质中有机物超过90%，无机物不足10%。

7.1.2 植物必需的矿质元素和确定方法

7.1.2.1 植物必需的矿质元素

现已发现70多种元素存在于不同的植物体中，但并不是每种元素都是植物所必需的。有些元素在植物生活中并不太需要，但在体内大量积累；有些元素在植物体内含量虽少却是植物所必需的。

所谓必需元素(essential element)是指植物生长发育必不可少的元素。按照国际植物营养学会的规定，植物的必需元素应同时符合3条标准：①若缺乏该元素，植物生长发育受阻，不能完成其生活史；②除去该元素，表现为专一的病症，且这种病症可用加入该元素的方法预防或恢复正常；③该元素在植物营养生理上能表现直接的效果，而不是由于土壤的物理、化学或微生物条件的改善而产生的间接效果。

根据上述标准，现已确定植物必需的矿质元素有17种，它们是碳、氧、氢、氮、钾、钙、镁、磷、硫、氯、铁、锰、硼、锌、铜、镍、钼。除碳、氧、氢3种元素来自CO_2或水中外，其余14种均来自土壤。

根据植物对这些必需元素的需要量大小，把它们分为2大类，即大量元素(major element，macroelement)和微量元素(minor element，microelement，trace element)。大量元素亦称大量营养(macronutrient)，是指植物需要量相对较大(大于10 mmol·kg^{-1}干重)的元素，它们是碳、氧、氢、氮、钾、钙、镁、磷、硫9种。微量元素亦称微量营养(micronutrient)，是指植物需要量极微(小于10 mmol·kg^{-1}干重)，稍多即发生毒害的元素，包括氯、铁、锰、硼、锌、铜、镍、钼8种元素(表7-1)。

表7-1 陆生高等植物的必需元素

	元素	化学符号	植物利用的形式	干重(%)	含量(μmol·kg^{-1}干重)
大量元素	碳	C	CO_2	45	40 000
	氧	O	O_2、H_2O、CO_2	45	30 000
	氢	H	H_2O	6	60 000
	氮	N	NO_3^-、NH_4^+	1.5	1 000
	钾	K	K^+	1.0	250
	钙	Ca	Ca^{2+}	0.5	125
	镁	Mg	Mg^{2+}	0.2	80
	磷	P	$H_2PO_4^-$、HPO_4^{2-}	0.2	60
	硫	S	SO_4^{2-}	0.1	30

（续）

	元素	化学符号	植物利用的形式	干重（%）	含量（μmol·kg^{-1}干重）
微量元素	氯	Cl	Cl^-	0.01	3.0
	铁	Fe	Fe^{3+}、Fe^{2+}	0.01	2.0
	锰	Mn	Mn^{2+}	0.005	1.0
	硼	B	H_3BO_3	0.002	2.0
	锌	Zn	Zn^{2+}	0.002	0.3
	铜	Cu	Cu^{2+}	0.000 1	0.1
	镍	Ni	Ni^{2+}	0.000 1	0.002
	钼	Mo	MoO_4^{2-}	0.000 1	0.001

7.1.2.2　确定植物必需矿质元素的方法

要确定某种元素是否为植物所必需，只根据灰分分析得到的数据是不够的。因为灰分中大量存在的元素不一定是植物生活中必需的，而含量很少的却可能是植物所必需的。由于天然土壤成分复杂，其中的元素成分无法控制，所以土培法无法确定植物必需的矿质元素，通常用溶液培养法、砂基培养法、气培法和营养膜法等来确定植物的必需元素及其生理作用。

溶液培养法（solution culture）又称水培法（water culture 或 hydroponics）（简称溶液培养），是将植物根系浸入含有全部或部分营养元素的溶液中培养植物的方法。砂基培养法（砂培法）（sand culture）是将洗净的石英砂、珍珠岩或蛭石等作为支持物或介质放入营养液中进行栽培植物的方法。气培法（aeroponics）是将植物根系置于营养液气雾中栽培植物的方法，植物根系并不直接浸入营养液。营养膜法（nutrient film）是利用水泵将营养液循环利用，使植物根部处于持续流动的营养液膜层中，被循环利用的营养液的 pH 值和营养成分可通过自动控制装置，不断予以调节或补充（图 7-1）。

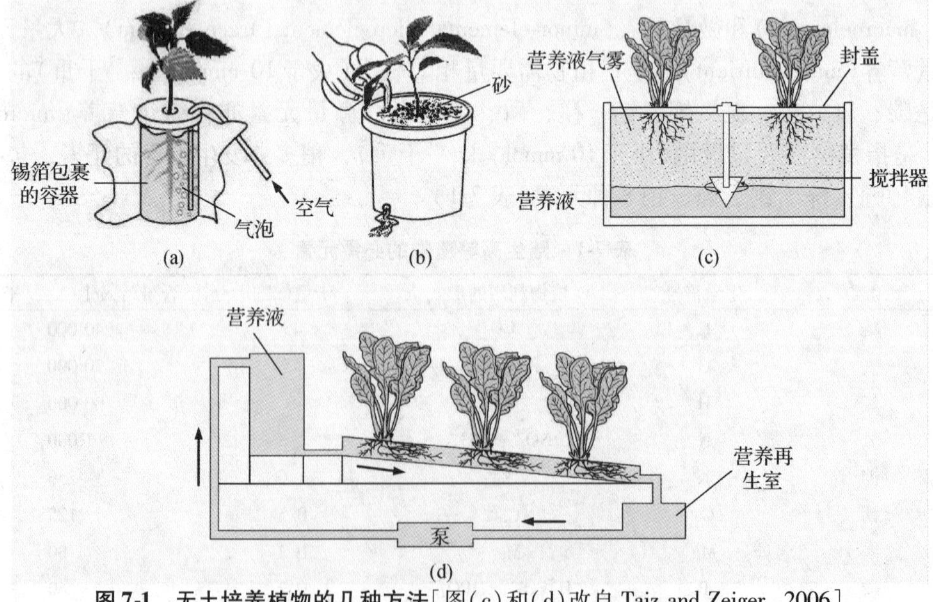

图 7-1　无土培养植物的几种方法［图（c）和（d）改自 Taiz and Zeiger，2006］

（a）水培法　（b）砂培法　（c）气培法　（d）营养膜法

在研究植物必需的矿质元素时，可在人工配成的营养液中加入或除去某种元素，观察植物的生长发育和生理性状的变化。如果植物发育正常，就表示这种元素是植物不需要的；如果植物发育不正常，但当补充该元素后又恢复正常状态，即可判定该元素是植物必需的。

7.1.3　植物必需的矿质元素的生理作用

必需元素在植物体内的生理功能可概括为4个方面：①细胞结构物质的组成成分，如N、S、P等；②生命活动的调节者，如作为酶、辅酶的成分或酶的活化剂，参与调节酶的活动，如K^+、Mg^{2+}；③起电化学作用，如参与渗透调节、胶体稳定、电子传递和电荷中和等，如Cl^-、Fe^{2+}；④作为细胞信号转导的第二信使，如Ca^{2+}。有些大量元素同时具备上述两三个作用，大多数微量元素只具有酶促功能。

各种必需矿质元素的生理作用及缺乏症简述如下。

(1)氮

植物吸收的氮素主要是无机态氮，即铵态氮(NH_4^+)和硝态氮(NO_3^-)，也可以吸收利用有机态氮，如尿素等。

氮是蛋白质、核酸、磷脂的主要成分，而这三者又是原生质、细胞核和生物膜的重要组成部分。酶以及许多辅酶和辅基如NAD^+、$NADP^+$、FAD等的构成也都有氮参与。氮还是叶绿素、某些植物激素(如生长素和细胞分裂素)、维生素(如B_1、B_2、B_6、PP)和生物碱等的成分。由此可见，氮在植物生命活动中占有首要的地位，故被称为生命元素。

当氮肥供应充分时，植物叶片大而鲜绿，叶片功能期延长，分枝(分蘖)多，营养体健壮，花多，产量高。生产上常施用氮肥加速植物生长。但氮肥过多时，叶色深绿，营养体徒长，细胞质丰富而细胞壁薄，易受病虫侵害，易倒伏，抗逆能力差，成熟期延迟。

植株缺氮时，植株矮小，叶小色淡(叶绿素含量少)或发红(氮少，用于形成氨基酸的糖类也少，余下较多的糖类形成花色素苷，故呈红色)，分枝(分蘖)少，花、果少且易脱落，产量低。

(2)磷

磷主要以正磷酸盐($H_2PO_4^-$或HPO_4^{2-})的形式被植物吸收。当土壤偏酸性(pH值<7)时，植物吸收$H_2PO_4^-$较多；而当土壤偏碱性(pH值>7)时，植物吸收HPO_4^{2-}较多。当磷进入植物体后，大部分转变为有机物，如以磷酸根的形式存在于糖磷酸、核苷酸、核酸、磷脂等中，有一部分仍以无机磷形式存在。

磷不仅是核酸、核蛋白和磷脂等多种功能物质的重要成分，它还与细胞内的物质代谢、能量代谢、细胞信号转导等过程密切相关。磷是许多辅酶如NAD^+、$NADP^+$等的成分，从而参与光合、呼吸过程，磷还参与糖类的代谢和运输，如糖的合成、转化、降解大多是在磷酸化后才起反应的；磷对氮代谢也有重要作用，如NAD^+和FAD参与硝酸的还原，而磷酸吡哆醛和磷酸吡哆胺则参与氨基酸的转化；磷与脂肪转化也有关系，脂肪代谢需要NADPH、ATP、CoA和NAD^+的参与。磷是AMP、ADP和ATP的成分，因而参与细胞的能量代谢。在信号转导过程中，许多功能蛋白的活性调控是通过磷酸化和去磷酸化实现的。

施磷对分枝(分蘖)及根系生长都有良好作用，利于种子、块根、块茎的生长，同时提高植物的抗寒和抗旱性。总之，磷对植物生长发育的作用仅次于氮元素。

缺磷会影响细胞分裂，使分枝(分蘖)减少，幼芽、幼叶生长停滞，茎、根纤细，植株矮小，花果脱落，成熟延迟；缺磷还会使糖的运输受阻，叶片中积累大量糖分，有利于花青素的形成，故叶片呈现不正常的暗绿色或紫红色。

磷肥过多时，引起磷酸钙沉淀，叶片出现小焦斑；磷过多还会阻碍植物对硅的吸收。水溶性磷酸盐还可与土壤中的锌、钙等二价阳离子结合，减少这些元素的有效性，易导致缺锌、缺钙的症状。

(3)钾

钾在土壤中以KCl、K_2SO_4等盐类存在，在水中解离成K^+而被根系吸收。在植物体内钾呈离子状态。钾主要集中在生命活动最旺盛的部位，如生长点、形成层、幼叶等。

钾可作为60多种酶的活化剂，如丙酮酸激酶、果糖激酶、琥珀酸脱氢酶、淀粉合成酶、琥珀酰-CoA合成酶、谷胱甘肽合成酶等。因此，钾在糖类代谢和蛋白质代谢中起重要作用。

钾能促进蛋白质的合成，钾充足时，形成的蛋白质较多，从而使可溶性氮减少。钾与蛋白质在植物体中的分布是一致的，例如，在生长点、形成层等蛋白质丰富的部位，钾离子含量也较高。

钾与糖类的合成与运输密切相关。钾供应充足时，糖类合成加强，植株中的纤维素和木质素含量提高，抗倒伏能力增强。钾也能促进糖分的转化和运输，使光合产物迅速运输到贮藏器官中。

K^+能通过调节细胞的渗透势参与细胞吸水、气孔运动等生理过程，从而影响植物的蒸腾作用。K^+有使原生质胶体膨胀的作用，故能提高植物的抗旱性。

缺钾时，植株茎干(秆)柔弱，易倒伏，抗旱、抗寒性降低，叶色变黄，逐渐坏死。有时叶缘焦枯，叶片杯状弯曲或皱缩。

N、P、K是植物需要量很大，且土壤易缺乏的元素，故称为“肥料三要素”。

(4)硫

硫主要以SO_4^{2-}形式被植物吸收。SO_4^{2-}进入植物体后，大部分则被还原而同化为含硫氨基酸，如胱氨酸、半胱氨酸和蛋氨酸。硫是辅酶A和硫胺素、硫辛酸、生物素等的组分，在硫氧还蛋白、铁硫蛋白与固氮酶中也含有硫，因而硫在光合、固氮等反应中起重要作用。

缺硫的症状与缺氮相似，如缺绿、矮化、花色素苷累积等。但缺硫时，缺绿是从嫩叶发起，而缺氮时则先出现于老叶，因为硫不易再度移动到嫩叶，氮则可以。

(5)钙

植物从土壤中的$CaCl_2$、$CaSO_4$等盐类中吸收钙离子。钙离子进入植物体后，一部分仍以离子状态存在，一部分形成难溶的盐(如草酸钙)，还有一部分与有机物(如植酸、果胶酸、蛋白质)结合。钙离子是一种不易移动的元素，主要分布在老的器官和组织中。

钙离子能作为磷脂中的磷酸与蛋白质的羧基间联结的桥梁，具有稳定膜结构的作用。

钙也是一些酶的活化剂，如 ATP 水解酶、磷脂水解酶等。细胞质中的 Ca^{2+} 与钙调蛋白(CaM)结合，形成有活性的 Ca^{2+} – CaM 复合体，在代谢调节中起“第二信使”的作用(详见1.6.3细胞内信号分子和第二信使系统)。

钙是细胞壁胞间层中果胶酸钙的成分。缺钙时，细胞壁形成受阻，细胞分裂不能正常进行，而形成多核细胞，生长受到抑制。缺钙初期顶芽、幼叶呈淡绿色，继而叶尖出现典型的钩状，随后坏死。苹果疮痂病、番茄蒂腐病、大白菜干心病和菠菜黑心病等都是由缺钙引起的。

(6)镁

镁以离子状态进入植物体，它在体内一部分形成有机化合物，另一部分仍以离子状态存在。主要存在于幼嫩的组织和器官中，植物成熟时则集中于种子。镁是叶绿素的成分，又是 RuBP 羧化酶、5-磷酸核酮糖激酶等酶的活化剂，对光合作用有重要作用。镁也是多种与碳水化合物的转化、降解以及氮代谢相关酶的活化剂。镁还参与核糖核酸聚合酶的活性调节和核糖体大小亚基的聚合等过程，因此，镁对于核酸和蛋白质的合成有重要调控作用。

镁供应不足时，叶绿素合成受阻，从下部的老叶开始，叶脉保持绿色而叶脉之间变黄，这是与缺氮病症的主要区别。缺镁严重时，叶片形成褐斑坏死。

(7)铁

铁主要以 Fe^{2+} 的螯合物被吸收。铁进入植物体后，就处于被固定状态而不易移动。铁是很多与氧化还原相关的酶或电子传递体的组分。例如，光合作用和呼吸作用中的细胞色素氧化酶、铁氧还蛋白、铁硫蛋白，以及固氮酶中都含有铁元素。通过二价铁(Fe^{2+})和三价铁(Fe^{3+})的相互转换传递电子，在植物的光合作用、呼吸作用和生物固氮过程中起着重要作用。

另外，铁是合成叶绿素所必需的，因此，缺铁时会出现叶脉间缺绿，但与缺镁症状不同的是，缺铁发生于嫩叶，因铁不易从老叶中转移出来。缺铁严重时，叶脉也缺绿，全叶白化，华北果树的“黄叶病”就是植株缺铁所致。

土壤中含铁较多，一般情况下植物不缺铁。但在碱性土或石灰质土壤中，铁易形成不溶性的化合物而使植物缺铁。

(8)锰

锰主要以 Mn^{2+} 形式被植物吸收。锰是光合放氧复合体的重要组分，参与水的裂解放氧。锰还是许多酶的活化剂，尤其是糖酵解和三羧酸循环中的一些酶(柠檬酸脱氢酶、草酰琥珀酸脱氢酶、α-酮戊二酸脱氢酶、苹果酸脱氢酶、柠檬酸合成酶等)，故锰与光合作用和呼吸作用均有关系。缺锰时植物不能形成叶绿素，叶脉间缺绿，叶片自叶缘开始枯黄，此为与缺铁的主要区别。

(9)硼

硼以硼酸(H_3BO_3)的形式被植物吸收。硼参与糖的运转与代谢，硼能提高尿苷二磷酸葡萄糖焦磷酸化酶的活性，故硼在蔗糖、果胶等多种糖类的合成中起重要作用；硼能与游离状态的糖结合，使其带有极性，从而使糖容易透过质膜，促进其运输。硼对植物的生殖过程也有重要影响，在植株各器官间，硼的含量以花中为最高，缺硼时花药花丝萎缩，花粉发育不良。湖北、江苏等地的甘蓝型油菜“花而不实”、棉花“有蕾无铃”，就是由于缺硼所致。黑龙江省小麦不结实也是缺硼之故。此外，硼具有抑制有毒酚类化合物(如咖啡酸、绿原酸)形成的作用。所以缺硼时，植株中酚类化合物含量过高，嫩芽和顶芽坏死，丧失顶端优势，分枝多，成簇生状。甜菜的干腐病、花椰菜的褐腐病、马铃薯的卷叶病和苹果的缩果病等也都是缺硼引起的。

(10)铜

与铁离子的情况类似，铜离子通过一价(Cu^{+})和二价(Cu^{2+})间的相互转换，构成了细胞内又一重要的氧化还原系统。因此，铜是多种氧化酶(如多酚氧化酶、抗坏血酸氧化酶)的辅基，在呼吸作用的氧化还原中起重要作用。铜也是质体蓝素的成分，它参与光合电子传递，故对光合有重要作用。铜还能提高植物的抗病能力，喷硫酸铜对防治果树、林木的霜霉病、溃疡病有良好效果。

植物缺铜时，叶黑绿，其中有坏死点，先从幼叶叶尖起，后延叶缘扩展到叶基部，叶也会卷皱或畸形，严重时，叶片脱落。

(11)锌

锌以Zn^{2+}形式被植物吸收。锌参与吲哚乙酸(IAA)的合成，色氨酸是IAA的生物合成前体，而锌是色氨酸合成酶的必要组分，因此缺锌时会导致IAA含量的降低。锌也是叶绿素合成的必需元素。锌不足时，植株幼叶和茎的生长受阻，茎间节间缩短，叶片缺绿、小而丛生。华北地区的果树"小叶病"，吉林和云南等地的玉米"花白叶病"等就是缺锌的缘故。

(12)钼

钼以钼酸盐(MoO_4^{2-})的形式被植物吸收，当吸收的钼酸盐较多时，可与一种特殊的蛋白质结合而被贮存。钼是硝酸还原酶的金属成分，缺钼则硝酸不能还原，呈现出缺氮病症。钼也是固氮酶中钼铁蛋白的成分，在生物固氮过程中起作用，对豆科植物的增产作用显著。

缺钼时，老叶脉间失绿，有坏死斑点，叶边缘焦枯、内卷。十字花科植物缺钼时叶片卷曲畸形，老叶变厚且焦枯；禾谷类作物则表现为籽粒皱缩或不能形成籽粒。

(13)氯

氯以Cl^{-}的形式被植物吸收。体内绝大部分的氯也以Cl^{-}的形式存在，只有极少量被结合进有机物，其中4-氯吲哚乙酸是一种天然的生长素类激素。在光合作用中氯参加水的光解，叶和根细胞的分裂也需要氯。氯还与钾离子一起参与渗透势的调节，从而调节气孔开闭。缺氯时，叶片萎蔫，失绿坏死，最后变为褐色；根系生长受阻、变粗，根尖变为棒状。

(14)镍

镍主要以Ni^{2+}的形式存在于植物体内。镍是尿酶的组分，尿酶能将尿素分解为CO_2和NH_4^{+}。镍也是氢化酶的成分，氢化酶在生物固氮过程中催化H_2形成H_2O，或为固氮提供H^{+}和电子。缺镍时，叶尖的尿素积累过多，产生毒害，出现叶尖坏死现象。

7.1.4 植物缺乏矿质元素的诊断

7.1.4.1 病症诊断

当植物缺乏某种必需元素时，植物体内的代谢都会受到影响，进而在植物外观上产生可见的症状，这就是营养缺乏症或缺素症。缺少任何一种必需的矿质元素都会引起植物特有的生理病症(表 7-2)。但须注意的是，植物缺素时的症状会随植物种类、发育阶段及缺乏程度的不同而有不同的表现。不同元素之间相互作用，使得病症诊断更复杂。例如，虽然土壤中有适量的锌，但大量施用磷肥，会阻止植株对锌的吸收，呈现缺锌病症；多施钾肥，植株吸收的锰和钙减少，呈现出缺锰和钙的病症。此外，植物产生异常现象，还可能是受病虫害和不良环境(如水涝或干旱，高温或低温，光线不足，大气或土壤中的有毒物质，土壤 pH 值，等等)的影响。因此，必须先做调查研究，综合考虑。

病症诊断法只能帮助做一些可能性推断，要确知缺乏什么元素，必须做植物、土壤成分分析和加入元素的试验。

表 7-2 植物缺乏必需元素的病症检索表

病　症	缺乏元素
A 较老的器官或组织先出现病症	
B 病症常遍布全株，长期缺乏则茎短而细	
C 基部叶片先缺绿，发黄，变干时呈浅褐色	氮
C 叶常呈红或紫色，基部发黄，变干时呈暗绿色	磷
B 病症常限于局部，基部叶不干焦但出现杂色或缺绿	
C 叶脉间或叶缘有坏死斑点，或叶呈卷皱状	钾
C 叶脉间坏死斑点大并蔓延至叶脉，叶厚，茎短	锌
C 叶脉间缺绿(叶脉仍绿)	
D 有坏死斑点	镁
D 有坏死斑点并向幼叶发展，或叶扭曲	钼
D 有坏死斑点，最终呈青铜色	氯
A 较幼嫩的器官或组织先出现病症	
B 顶芽死亡，幼叶变形和死亡，不呈叶脉间缺绿	
C 嫩叶初期呈典型钩状，后从叶尖和叶缘向内死亡	钙
C 嫩叶基部浅绿，从叶基起枯死，叶捻曲，根尖生长受抑	硼
B 顶芽仍活	
C 嫩叶易萎蔫，叶暗绿色或有坏死斑点	铜
C 嫩叶不萎蔫，叶缺绿	
D 叶脉也缺绿	硫
D 叶脉间缺绿但叶脉仍绿	
E 叶淡黄色或白色，无坏死斑点	铁
E 叶片有小的坏死斑点	锰

7.1.4.2 植物组织和土壤成分分析

在病症诊断的基础上，对植物组织和土壤中的一些重点元素进行测定分析，有助于判断是否缺素。如出现缺 N 病症，可测定植物组织中的含 N 量，并与其他正常植株比较。

也可对土壤中的某种或某些元素含量进行分析。但须考虑到，土壤中存在某一元素，并不等于植物一定能吸收利用该元素。例如，土壤中的 NO_3^- 被植物吸收后，在硝酸还原过程受阻的情况下，植物便不能利用它合成氨基酸，而仍表现出缺 N 病症。

7.1.4.3　加入诊断

初步确定植物缺乏某种元素后，可补充加入该元素，如缺素症状消失，即可肯定是缺乏该元素。大量元素可采用施肥方法加入，而微量元素则可做根外追肥试验。加入诊断需要经过一段时间后才能看出效果。

7.2　植物细胞对矿质元素的吸收

细胞是构成植物体的基本单位，细胞对溶质的吸收是植物吸收矿质元素的基础。细胞膜将细胞与其周围的环境隔离开来，物质进出细胞都必须经过细胞膜，所以细胞对溶质吸收的过程就是这些元素跨膜运输的过程。细胞吸收溶质的方式可分为被动吸收(passive absorption)、主动吸收(active absorption)和胞饮作用(pinocytosis)。其中，前 2 种吸收方式较为普遍，胞饮作用不太普遍。

7.2.1　被动吸收

被动吸收是指细胞不消耗代谢能，而通过扩散作用(diffusion)或其他物理过程进行的吸收过程，因此又称为非代谢性吸收。扩散作用是指分子或离子顺着电化学势梯度进行移动的现象。被动吸收可分为简单扩散(simple diffusion)和协助扩散(facilitated diffusion)2 种形式(图 7-2)。

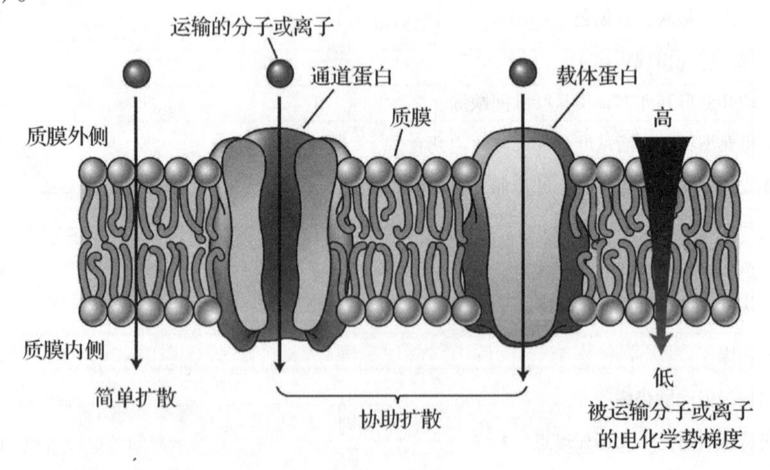

图 7-2　植物细胞对溶质的被动吸收(改自 Taiz and Zeiger，2006)

7.2.1.1　简单扩散

溶质自浓度高的区域跨膜移向浓度较低的邻近区域的物理过程，称为简单扩散。决定简单扩散的主要因素是细胞内外的浓度梯度，因为跨膜浓度梯度不仅决定着溶质的扩散方向，而且还决定着溶质的扩散速度。一般情况下，非极性溶质如O_2、CO_2和NH_3等，能通过简单扩散跨过质膜进入细胞内部。

7.2.1.2 协助扩散

协助扩散又称为易化扩散，是指溶质必须在膜转运蛋白的协助下，顺着浓度梯度或电化学势梯度进行的跨膜扩散。参与协助扩散的膜转运蛋白有2种：通道蛋白(channel protein)和载体蛋白(carrier protein)。

(1)通道蛋白

通道蛋白是横跨膜两侧的内在蛋白，其分子中的多肽链折叠成通道，控制离子通过细胞膜，故又称为离子通道(ion channel)。根据运输离子的方向不同，通道蛋白可以分为外向离子通道和内向离子通道。通道蛋白的运输具有以下特点。

通道蛋白只介导被动运输，即离子在通道内跨膜流动时，顺着电化学势梯度进行，无须消耗能量。

通道蛋白对转运的离子具有选择性，即一种通道往往只限一种或有限的离子种类通过，这是由通道的大小及其内表面所带电荷的性质和数量所决定的，故细胞内有多种离子通道，如K^+通道、Ca^{2+}通道、Cl^-通道和NO_3^-通道等。

通道蛋白还具有门控性(gating)，即离子通道的开放和关闭受通道中存在的“闸门”(gate)结构所调控。一般情况下，离子通道处于关闭状态，当通道“感受器”(sensor)感受到刺激后，可诱导“闸门”开启，使通道开放。根据门控机制的不同，离子通道可分为电压门控通道(voltage-gated channel)、配体门控通道(ligand-gated channel)和机械门控通道(mechano-gated channel)，它们分别对跨膜电位的变化、化学物质(或配体)和机械刺激产生反应，引起通道开放或关闭(图7-3)。

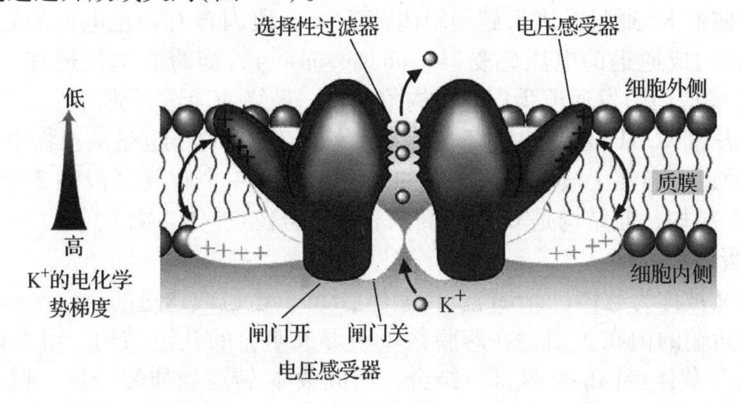

图7-3 电压门控钾离子通道“开闭”转换的结构示意(引自Lee, 2006)

离子通道的运输效率很高，每秒钟可运输10^7~10^8个离子，比载体蛋白的运输速度快1 000倍。

膜片钳(patch clamp, PC)技术的应用，极大地推动了离子通道研究的发展。现已发现了多种离子通道，其中研究最多、最为深入的是各种K^+通道。K^+通道由4条相同的肽链对称排列组成，K^+通道的类型不同，肽链的跨膜区段(S)数和孔道区域(P)数也会有差

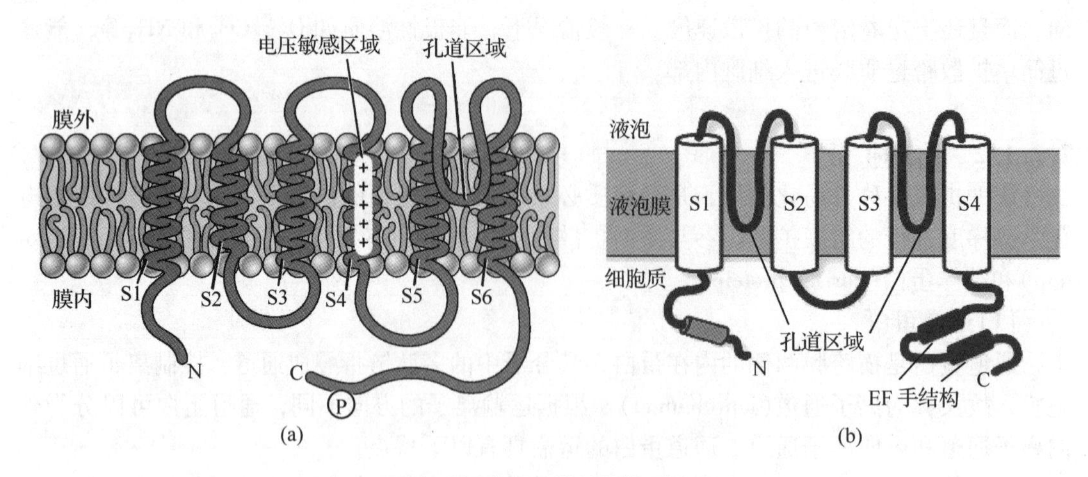

图7-4　钾离子通道结构模型示意

(a)内向 K^+ 通道 AKT1 侧面观(引自 Taiz and Zeiger, 2006)

(b)外向 K^+ 通道 TPK1 侧面观(引自 Latz, *et al.*, 2007)

异(图7-4)。孔道区域是形成孔道的主要结构，其上含有一个高度保守的氨基酸特征序列(signature sequence)，形成通道的选择性过滤器(selectivity filter)，它决定了通道对 K^+ 转运的选择性(图7-3)。如果每条肽链上有1个孔道区域，就形成单孔 K^+ 通道；若有2个孔道区域，则形成双孔 K^+ 通道。据估计，大约每15 μm^2 的细胞质膜表面有一个 K^+ 通道。一个表面积为40 000 μm^2 的保卫细胞质膜约有250个 K^+ 通道。

内向 K^+ 通道 AKT1(Arabidopsis K Transporter 1)是第一个被鉴定的植物 K^+ 通道[图7-5(a)]，主要存在于根中，负责从土壤中吸收 K^+。AKT1 的每条肽链有6个跨膜区段(S1～S6)，S5 和 S6 区段间有1个孔道区域，所以 AKT1 为单孔 K^+ 通道。当通道开放时，它只允许膜外侧的 K^+ 通过并进入到细胞内部。S4 区段因含有带正电荷的氨基酸(赖氨酸和精氨酸)，它构成通道的电压感受器(voltage sensor)，当跨膜电位适宜于通道开放时，S4 对跨膜电位响应而引发通道蛋白发生构象变化，最终使通道开放。

TPK1(过去称 KCO1)是受胞质 Ca^{2+} 激活的外向 K^+ 通道，也是从植物中鉴定出的第一个双孔的 K^+ 通道，存在于液泡膜上，它的每个亚基有4个跨膜区段和2个孔道区域，C端有2个 EF 手结构，此结构是 Ca^{2+} 的高亲和性结合位点[图7-4(b)]。

(2)载体蛋白

载体蛋白又被称为载体(carrier)、传递体(transporter)或透过酶(permease)。载体蛋白也是一类跨膜运输的内在蛋白，在跨膜区域不形成明显的孔道结构。由载体转运的离子(或溶质)首先与载体蛋白的活性部位结合，形成载体-转运物质复合物，通过载体蛋白的构象变化将离子自膜的一侧释放至另一侧。

载体转运的离子与载体蛋白有专一的结合部位，某种载体只与特定的离子进行结合，因此，载体蛋白对所转运的离子种类具有选择性。由于载体运输依赖于离子与载体的结合，而载体的数量有限，易出现饱和现象，所以载体转运要慢于通道运输。

载体蛋白可分为3种类型：单向传递体(uniporter)、同向传递体(symporter)和反向传递体(antiporter)。单向传递体催化分子或离子单方向地顺着电化学势梯度跨膜运输，参与协助扩散(图7-2)。质膜上存在运输 Fe^{2+}、Zn^{2+}、Mn^{2+} 或 Cu^{2+} 等单向传递体。同向传递体和反向传递体使被运输的物质逆着电化学势梯度跨膜运输，参与离子的共运输（详见7.2.2的主动吸收）。由此可见，由载体进行的转运可以是被动的，也可以是主动的。

7.2.2 主动吸收

主动吸收是指细胞消耗代谢能逆着电化学势梯度吸收矿质元素的过程，故又称代谢性吸收。主动吸收是植物吸收矿质元素的主要形式，需要离子泵和载体的参与。

7.2.2.1 离子泵

离子泵（ion pump）实际上是一些具有ATP（或PPi）水解酶功能，并能利用水解ATP（或PPi）释放的能量将离子逆着电化学势梯度进行跨膜转运的膜载体蛋白（图7-5）。离子泵转运离子所消耗的ATP由呼吸代谢来提供。根据离子泵活动对膜电位的影响又可将其分为致电离子泵（electrogenic pump）和中性离子泵（electroneutral pump），前者导致净电荷的跨膜运动，而后者则不改变膜两侧的电荷分布状况。离子泵主要有4种类型：H^+-ATP酶、Ca^{2+}-ATP酶、H^+-焦磷酸酶和ABC运输器。

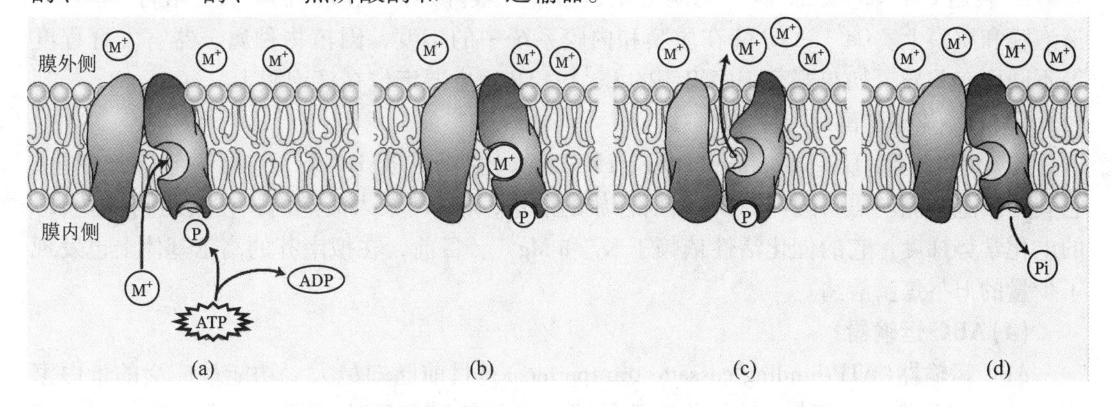

图7-5 离子泵跨膜转运离子的过程示意（引自Taiz and Zeiger，2006）

（a）（b）ATP酶与细胞内的阳离子M^+结合并被磷酸化 （c）磷酸化导致酶的构象改变，将离子暴露于外侧并释放出去 （d）释放Pi恢复原构象

（1）H^+-ATP酶

H^+-ATP酶通常简称ATP酶（ATPase）或H^+泵（proton pump）。质膜上的ATP酶可使ATP水解释放能量，并把H^+运送到膜外，建立跨膜质子电化学势梯度，从而改变膜两侧的电荷分布状况，因此，ATP酶是一种致电离子泵。H^+是最主要的通过这种方式转运的离子。H^+泵通过消耗ATP进行H^+跨膜转运，所建立的跨膜质子电化学势梯度是推动各种离子和小分子物质进行跨膜运输的动力。如果H^+-ATP酶停止工作，大部分离子的跨膜运输将会受阻。

根据结构和功能的差异，植物细胞中的H^+-ATP酶可分为3种类型：①质膜上的P型H^+-ATP酶；②主要存在于液泡膜上的V型H^+-ATP酶；③存在于线粒体内膜和叶绿体类囊体膜上的F型H^+-ATP酶。P型H^+-ATP酶是最普遍、最重要的离子泵，能把质子从膜内泵到膜外。由于细胞质有较强的缓冲作用，细胞质的pH值升高并不显著，通常在7.0~7.5；细胞壁的缓冲能力较差，其pH值降低较为明显，通常为5.0~5.5。V型H^+-

ATP 酶将质子自细胞质泵到液泡中，使液泡的 pH 值降低到 5.5 左右或更低。F 型 H^+-ATP 酶的功能与前 2 种 ATP 酶不同，主要参与 ATP 的合成。此外，这 3 种 H^+-ATP 酶的特性也存在差异。P 型 H^+-ATP 酶被钒酸盐(VO_3^-)抑制，而对其他离子不敏感。V 型和 F 型的 H^+-ATP 酶对钒酸盐不敏感，但被 NO_3^- 强烈抑制。

(2) Ca^{2+}-ATP 酶

Ca^{2+}-ATP 酶亦称为钙泵(calcium pump)，它催化质膜内侧的 ATP 水解释放能量，驱动细胞内的钙离子泵出细胞或者泵入细胞器(如液泡、内质网)中贮存起来，以维持细胞质内低浓度的游离 Ca^{2+}。由于其活性依赖于 ATP 与 Mg^{2+} 的结合，所以又称为(Ca^{2+}, Mg^{2+})- ATP 酶。根据生化特征，Ca^{2+}-ATP 酶可分为 PM 型和 ER 型。PM 型 Ca^{2+}-ATP 酶对底物 ATP 没有专一性，除了 ATP 外，GTP 和 ITP(三磷酸次黄嘌呤核苷)也可以作为其水解底物，每水解 1 个 ATP 转运 1 个 Ca^{2+}，需要钙调节蛋白(CaM)激活，不受环匹阿尼酸(CPA)抑制，几乎存在于所有的膜系统上，包括质膜、液泡膜、内质网膜、线粒体膜、叶绿体膜、质体、高尔基体和核膜等。ER 型 Ca^{2+}-ATP 酶对底物 ATP 有专一性，每水解 1 个 ATP 转运 2 个 Ca^{2+}，不需要钙调节蛋白激活，被环匹阿尼酸抑制，仅存在于内质网、液泡膜和质膜上。Ca^{2+}-ATP 酶在质膜和内膜系统中的丰度，因植物种属、器官发育程度等不同而有差异，如花椰菜花序组织的 Ca^{2+}-ATP 酶主要定位在液泡膜上。

(3) H^+-焦磷酸酶

H^+-焦磷酸酶(H^+-pyrophosphatase, H^+-PPase)是另一类 H^+ 泵，主要位于液泡膜上，它利用细胞质侧的焦磷酸(PPi)水解所释放的能量，将 H^+ 泵入液泡内，在膜两侧建立 H^+ 的电化学势梯度。它的催化活性依赖于 K^+ 和 Mg^{2+}。目前，在拟南芥的高尔基体上也发现了少量的 H^+-焦磷酸酶。

(4) ABC 运输器

ABC 运输器(ATP-binding cassette transporters)是目前已知最大、功能最广泛的蛋白家族，存在于质膜、液泡膜、过氧化物酶体膜、线粒体膜和质体膜等处。它利用水解 ATP 释放的能量跨膜转运物质，其中包括无机离子、肽、糖、脂、重金属螯合物、多糖、生物碱、类固醇和谷胱苷肽结合物等多种化合物。每种 ABC 运输器只转运一种或一类物质，故植物体内有多种 ABC 运输器。

全分子的 ABC 运输器有 2 个核苷酸结合域(nucleotide binding fold, NBF)和 2 个跨膜域(transmembrane domain, TMD)，4 个结构域结合在一起才具有活性。核苷酸结合域具有结合并水解 ATP 的功能。每个跨膜域通常含有 4 ~ 6 个跨膜 α-螺旋，是被转运物质的结合区域。因 ABC 运输器含有 2 个高度保守的 ATP 结合区(ATP binding cassette)，故此得名(图 7-6)。

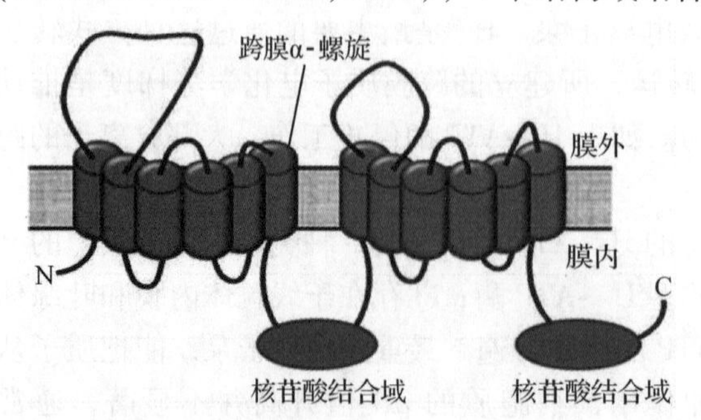

图 7-6　ABC 运输器结构示意(引自 Piehler *et al.*, 2012)

ABC 运输器的作用机理为：首先，高亲和力的底物与跨膜域结合，导致 ABC 运输器的构象改变，进而引起1分子ATP水解，导致底物分子转移到一个低亲和力的结合位点，之后底物被释放到膜的另一侧。随之，第二个ATP结合位点上的ATP水解，使ABC运输器恢复至原来的构象，为转运另一个底物分子做准备。

7.2.2.2 共运输

离子泵直接利用ATP水解释放的能量，将离子逆着其电化学势梯度转运到膜的另一侧，这个过程称为初级主动运输(primary active transport)。可见，离子的初级主动运输是通过离子泵来完成的。在植物细胞中，除了这种直接以ATP为能源进行的主动运输外，还存在着另外一种通常由H^+跨膜电化学势梯度(或称质子动力，proton motive force，PMF)所驱动的主动运输，称为次级主动运输(secondary active transport)。在次级主动运输过程中，H^+通过膜上的传递体(载体)顺着其电化学势梯度跨膜转运的同时，传递体还必须结合其他溶质并将其逆电化学势梯度运输过膜。而H^+跨膜电化学势梯度的建立与维持依赖于H^+-ATP酶的活动。显然，次级主动运输所需的能量间接来自ATP。

次级主动运输实际上是一种共运输或协同运输(cotransport)，即H^+与其他溶质通过传递体同时进行的跨膜运输，如H^+/氨基酸、H^+/NO_3^-和H^+/Ca^{2+}等的共运输。根据H^+与其他溶质被运输过膜的方向，共运输被分为同向共运输(symport)和反向共运输(antiport)。执行同向共运输的传递体(或载体)称为同向传递体(symporter)。执行反向共运输的传递体(或载体)称为反向传递体(antiporter)。在同向共运输中，H^+与其他溶质跨膜运输的方向相同。而在反向共运输中，H^+与其他溶质跨膜运输的方向相反。无论同向共运输还是反向共运输，都是逆着被转运溶质的电化学势梯度将其运输到膜的另一侧(图7-7)。

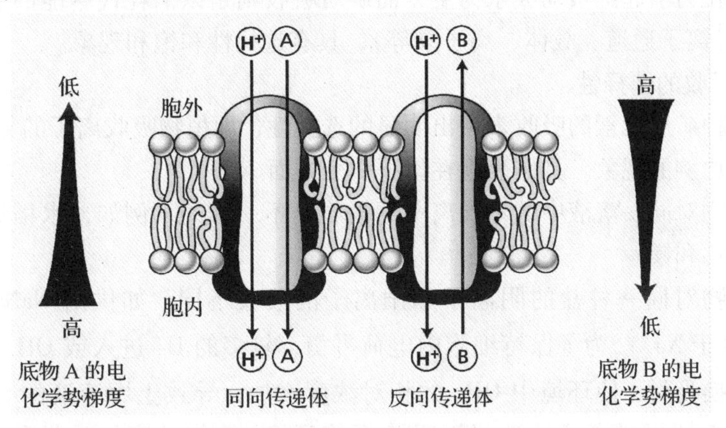

图7-7 同向传递体和反向传递体的跨膜运输示意(引自Taiz and Zeiger，2006)

7.2.3 胞饮作用

通过主动吸收和被动吸收，小分子物质进入到细胞内部。较大的分子物质则须通过胞饮作用才能被细胞吸收。胞饮作用(pinocytosis)是细胞通过膜的内陷从外界直接摄取物质进入细胞的过程。其过程为：物质附着在质膜上，通过质膜内陷，将这些物质包围形成小囊泡，最后小囊泡从细胞膜上脱离进入细胞内部，囊泡膜慢慢溶解消失，其内部的物质便留在细胞质内，或者小囊泡继续移动至液泡膜，最后将物质送至液泡内。

胞饮作用为非选择性吸收方式，它把水分及水分中的物质如各种盐分、大分子物质甚至病毒一起吸收进来，但胞饮作用不是植物吸收矿质元素的主要方式。

7.3　植物对矿质元素的吸收

如前所述，细胞是植物吸收和利用矿质元素的基础。就植物整体而言，虽然地上部分(茎和叶片等器官)也能吸收少量的矿质元素，但根系才是吸收矿质元素的主要器官。根部对矿质元素的吸收与水分吸收相似，主要在根尖部位，而根毛区是最为活跃的部位。高大乔木根的大部分已木栓化，吸收能力远不及根尖，但木栓化部分的表面积远大于根尖。所以，有相当数量的矿质元素是通过根的木栓化部分进入树体内的。

7.3.1　根系吸收矿质元素的特点

植物对水分和矿质元素的吸收主要由根来完成，但对矿质元素的吸收又有其自身的特点。

(1)矿质吸收和水分吸收的相对独立性

盐分一定要溶于水中，才能被根系吸收。而矿质的吸收，降低了细胞的渗透势，促进植物吸水。可见，植物对矿质和水分的吸收是相关联的。但植物对两者的吸收又具有相对独立性，主要表现在两者的吸收比例不同。究其原因，是由于两者的吸收机理不同。水分吸收是以蒸腾拉力引起的被动吸水为主，而矿质吸收则是以消耗代谢能的主动吸收为主，需要转运蛋白(离子通道、载体、离子泵等)，具有选择性和饱和现象。

(2)离子吸收的选择性

植物对各种矿质元素的吸收表现出明显的选择性，即植物吸收离子的数量与溶液中离子的数量不成比例的现象。具体表现在以下2个方面。

第一，植物对同一溶液中的不同离子的吸收是不一样的。例如，水稻吸收较多的硅，却吸收较少的钙和镁。

第二，植物对同一种盐的阴离子和阳离子的吸收不同。如供给 $NaNO_3$ 时，植物对 NO_3^- 的吸收大于 Na^+。为了保持细胞内电荷平衡，较多的 H^+ 进入或 OH^-、HCO_3^- 排出细胞。通过交换吸附，使环境中 OH^- 的相对浓度增加，导致土壤溶液的pH值升高。因此，将这类由于植物对离子的选择性吸收而使环境pH值升高的盐类称为生理碱性盐(physiologically alkaline salt)。硝酸盐类(硝酸铵例外)一般均为生理碱性盐。相反，当供给 $(NH_4)_2SO_4$ 时，根系对 NH_4^+ 的吸收大于 SO_4^{2-}，有较多的 H^+ 从根表面进入土壤溶液，使土壤溶液的pH值下降，故称此类盐为生理酸性盐(physiologically acid salt)，绝大多数铵盐属于此类盐。如供给的是 NH_4NO_3，根系对 NH_4^+ 和 NO_3^- 的吸收量相近，土壤溶液的pH值不会发生改变，这类盐则被称为生理中性盐(physiologically neutral salt)。若长期施用某一种化学肥料，可能会导致土壤酸碱度的改变和土壤结构的破坏。所以，施化肥时应注意肥料类型的合理搭配。

(3)单盐毒害和离子对抗

某溶液若只含一种盐分，则该溶液被称为单盐溶液(single salt solution)。若将植物培养在单盐溶液中，不久即呈现不正常状态甚至死亡，这种现象称单盐毒害(toxicity of single salt)。无论该种盐分是否为植物所必需，都会导致单盐毒害。即使在溶液浓度很低时，也不例外。例如，将海生植物放在与海水浓度相同的 NaCl 溶液中，植物会很快死亡。阳离子造成的单盐毒害明显，而阴离子不明显。

若在单盐溶液中加入少量其他盐类，这种毒害现象就会减弱或消除，不同离子间的这种相互作用称为离子对抗（ion antagonism)，亦称离子颉颃。一般来讲，元素周期表中不同族金属元素的离子之间有对抗作用，同价的离子之间不对抗。例如，Na^+或K^+可以对抗Ba^{2+}或Ca^{2+}。植物只有在含有适当比例的多盐溶液中才能良好生长，这种溶液称平衡溶液(balanced solution)。对于海生植物来说，海水就是平衡溶液。对于陆生植物而言，土壤溶液一般也是平衡溶液。

7.3.2 根系吸收矿质元素的过程

根系吸收矿质元素需要经过以下几个步骤。

(1)离子吸附在根部细胞表面

根细胞在吸收离子的过程中，同时进行着离子的吸附和解吸附。这时，总有一部分离子被其他离子所置换。由于细胞吸附离子具有交换性质，故称为交换吸附(exchange absorption)。离子交换按“同荷等价”的原则进行，即阳离子只同阳离子交换，阴离子只能同阴离子交换，而且价数必须相等。根部之所以能进行交换吸附，是由于根细胞的质膜表层有阴阳离子，其中主要是H^+和HCO_3^-，这些离子主要是呼吸放出的CO_2和H_2O生成的H_2CO_3所解离出来的。

根系所吸收的矿物质主要来自土壤，只有小部分的矿物质溶解在土壤溶液中，大部分则被土壤颗粒吸附着，而有些矿物质为难溶性盐类。因此，根部表面对矿质离子的吸附情况也有所不同。

对于土壤溶液中的矿物质，根细胞表面的H^+和HCO_3^-可迅速地分别与其中的阳离子和阴离子进行交换吸附，即土壤溶液中的阴阳离子被根细胞表面吸附，而H^+和HCO_3^-则进入到土壤溶液中。这种交换吸附不需要消耗能量，吸附速度很快(几分之一秒)。

对于被土粒吸附着的矿物质而言，根细胞可通过以下 2 种方式进行交换吸附。

通过土壤溶液间接交换 土粒表面带负电荷，吸附着阳离子(如K^+)，K^+与土壤中的另一等价阳离子进行交换而进入土壤溶液。当K^+接近根表面时，再与根表面的H^+进行交换吸附，K^+即被根细胞吸附。

直接交换 根部与土粒表面的离子在吸附位置上不停地震动着，当根部和土壤颗粒之间的距离小于离子震动的空间时，土壤颗粒上的阳离子和根表面的H^+便可直接交换，根部从而得到阳离子，这种方式也称为接触交换(contact exchange)。

至于难溶性的盐类，根系可通过呼吸释放出的CO_2遇水形成的H_2CO_3，或根系分泌的柠檬酸、苹果酸等有机酸将其溶解，并加以吸收。岩缝中生长的树木就是通过这种方法来获取矿质营养的。

(2)离子进入根的内部

吸附于根表面的离子可通过质外体途径和共质体途径进入根的内部。离子到达内皮层后，由于凯氏带的阻隔，只能通过共质体途径才能进入中柱。凯氏带同时也阻止了其内侧的离子经质外体扩散回皮层，使木质部保持比外界溶液较高的离子浓度。

(3)离子进入导管或管胞

导管或管胞是死细胞，与周围的木质部薄壁细胞没有细胞质间的联系，所以形成了中空的质外体空间。离子一旦通过共质体途径经内皮层到达中柱后，必须转入质外体才能到达导管或管胞内部。研究发现，在导管周围的木质部薄壁细胞的质膜上，存在着质子泵、各种离子通道和载体。离子从木质部薄壁细胞进入周围的质外体空间，要受到木质部薄壁细胞质膜上的质子泵、离子通道和载体的调控，而木质部薄壁细胞的代谢活动对这些质子泵、离子通道和载体的转运活性有重要影响。

7.3.3 影响根部吸收矿质元素的外界条件

根系吸收矿质元素的过程受多种环境条件的影响，其中以土壤温度、土壤通气状况、土壤溶液浓度和土壤酸碱度的影响最为显著。

(1)温度

在一定范围内，根系吸收矿质元素的速度随土壤温度的升高而加快，这是由于土温影响了根系的呼吸作用，从而影响了对矿质元素的主动吸收。但温度过高或过低，都会使根系的吸收速率下降。温度过高(超过40 ℃)会使酶钝化，影响根部代谢；高温也会使细胞透性增大，引起矿质元素外流，使根部的净吸收量减少。温度过低时，代谢减弱，主动吸收慢；细胞质黏性增大，离子进入困难。

(2)通气状况

由于根系吸收矿物质与呼吸作用间关系密切，因此，土壤通气状况必然会影响矿质营养的吸收。试验证明，在一定范围内，氧气供应越充足，根系吸收的矿质元素就越多。土壤通气状况良好，不仅能增加O_2的供应，还能减少CO_2的积累。CO_2含量过高，会导致呼吸作用受抑，影响矿质吸收。

(3)土壤溶液浓度

在土壤溶液浓度较低时，根系吸收矿质元素的速率随着土壤溶液浓度的增大而增加。但当土壤溶液达到一定浓度时，再增加矿质元素的浓度也不会提高根系的吸收速率。究其原因，主要是受载体和通道的数量所限，使根系的吸收速率达到了饱和。浓度过高，会引起根组织乃至整株植物失水，而出现“烧苗”现象。在生产中，过量的施用化学肥料可能会对植物造成伤害。

(4)土壤酸碱度

土壤酸碱度对矿质元素的吸收有直接影响，这与组成细胞质的蛋白质为两性电解质有密切关系。在弱酸性环境中，氨基酸带正电荷，易于吸附外界溶液中的阴离子；而在弱碱性环境中，氨基酸带负电荷，易于吸附外界溶液中的阳离子。

土壤酸碱度对矿质营养的间接影响比上述直接影响大得多。首先，酸碱度可显著影响土壤中各种矿质元素的溶解性。当土壤溶液偏碱性时，Fe、Ca、Mg、Cu、Zn等元素易形成难溶化合物，能被植物吸收的量便减少。在偏酸环境中，PO_4^{3-}、K^+、Ca^{2+}、Mg^{2+}、NO_3^-、SO_4^{2-}等易溶解，不利于这些元素在土壤中的持久存在(易流失)。因此，酸性的土壤(红壤)往往缺乏这些元素。土壤过于偏酸性时，Al^{3+}、Fe^{2+}、Mn^{2+}等的溶解度增大，使植物中毒。其次，土壤酸碱度也影响土壤微生物的活动。在酸性土壤中，根瘤菌会死亡，固氮菌失去固氮能力；在碱性土壤中，反硝化细菌发育良好，这些变化均不利于氮素营养。

总之，植物对矿质元素的吸收，需要在适合的土壤酸碱度条件下进行，而不同植物对土壤酸碱度的要求也不尽相同。如茶树、马尾松、杜鹃等喜偏酸性的土壤环境；而白榆、柽柳等则喜偏碱性土壤。对多数植物而言，最适生长的土壤 pH 值为 6 ~ 7。

7.3.4 地上部分对矿质元素的吸收

除根部外，植物的地上部分也可以吸收矿质元素，这个过程称为根外营养。地上部分吸收养分的器官，主要是叶片，所以也称为叶片营养(foliar nutrition)。养分进入叶肉细胞的途径有 2 条：气孔和表皮细胞。

气孔是气体交换的场所，是气态养分(如 CO_2、SO_2、NH_3)进入植物体内的必经之路，也是一些离子态养分进入叶肉细胞的途径之一。

溶液中的部分养分可通过气孔到达叶肉细胞，但大部分则由表皮细胞进入叶内。陆生植物因叶表皮细胞的外壁上有蜡质和角质层(图 7-8)，不易透水。但角质层有裂缝，呈细微的孔道，可让溶液通过。蜡质类化合物的分子间隙允许水分子通过。因此，溶液中的溶质可通过这种空隙进入角质层，到达表皮细胞的细胞壁后，通过细胞壁中的外连丝(ectodesma)到达表皮细胞的质膜。外连丝是表皮细胞的通道，它从角质层的内侧延伸到表皮细胞的质膜。当溶液由外连丝抵达质膜后，转运到细胞内部，最后到达叶脉韧皮部。

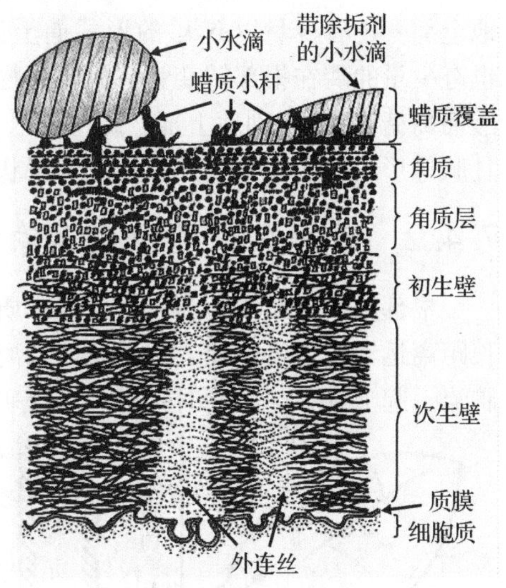

图 7-8 叶表皮细胞外壁示意

溶液只有很好地附着在叶面上，矿质元素才易于被吸收。有些植物的叶片难于附着溶液，或虽然附着但分布不均匀，为了解决这个问题，可在溶液中加入表面活性剂(如吐温 -80)或较稀的洗涤剂。

营养物质进入叶片的数量与叶片的内外因素有关。如嫩叶吸收营养物质较老叶迅速而且量大，这是由于两者的角质层厚度和生理活性的差异所致。由于叶片只能吸收溶液中的营养，所以溶液在叶面上留存的时间越长，吸收的营养物质就越多。因此，凡是影响液体蒸发的外界因素(如温度、光照、风速、大气湿度等)都会影响叶片对营养物质的吸收。所以在生产上，根外追肥多选在凉爽、无风、相对湿度较高的时间(如阴天、傍晚)内进行。

根外施肥具有用量省、肥效快等特点。在植物生长的特殊阶段或在某些特殊环境条件下，根外施肥具有不可替代的作用。例如，在植物迅速生长时期，或生育后期根部吸肥能力衰退时，根外施肥可有效补充营养；又如在土壤缺少有效水分、土壤施肥难以发挥效益时，或因某些矿质元素在土壤施肥效果差时(如 Fe、Mn 在碱性土壤中有效性降低、Mo 在酸性土壤中被固定等)，根外施肥效果明显。根外施肥也是补充微量元素的一种好方法。

叶面营养虽然有上述优点，但也有局限性。例如，叶面施肥的效果虽然快，但持续的时间很短暂；每次喷施的养分总量比较有限；易于从疏水的叶面流失或被雨水淋洗。此外，有些养分(如 Ca)从叶片向植物的其他部位转移非常困难。这些都说明叶面营养不能完全替代根部营养，仅仅是根部营养的一种辅助手段。

7.4　矿质元素在植物体内的运输与利用

根部吸收的矿质元素只有少部分被根利用，大部分则被运送到植物的其他部分。叶片吸收的矿物质也是如此。

7.4.1　矿质元素的运输形式

氮素多以 NO_3^- 的形式被根吸收，其中大部分在根内转变为氨基酸(主要为天冬氨酸，少量为丙氨酸、蛋氨酸、缬氨酸)和酰胺(主要是天冬酰胺和谷氨酰胺)等有机氮后再运往地上部。还有少量以 NO_3^- 的形式向上运输。根吸收的磷主要以 $H_2PO_4^-$ 的形式向上运输，也有少量的磷在根部转变为有机磷化物(磷酰胆碱、ATP、ADP、AMP、6-磷酸果糖和6-磷酸葡萄糖)后才运到地上部。硫主要以 SO_4^{2-} 的形式向地上部分运输，少数以蛋氨酸及谷胱甘肽等形式运送。金属元素则以离子状态运输。

7.4.2　矿质元素长距离运输的途径与速度

根部吸收的矿质营养主要通过木质部运输到地上部，这也是矿质元素在植物体内纵向长距离运输的主要途径。矿质元素以离子或小分子有机物的形式进入木质部导管后，随蒸腾流一起上升。与此同时，也有部分矿质元素横向运输至韧皮部。

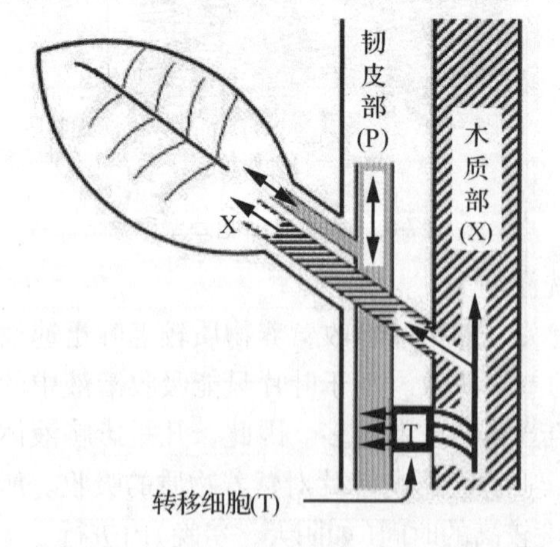

图 7-9　木质部与韧皮部之间养分转移示意
(引自 Marschner，1986)

叶片吸收的矿物质主要通过韧皮部运输。与木质部不同，韧皮部运输是一种双向运输，即向上或向下运输，运输方向主要取决于不同器官或组织对矿质营养的需求，即从源运输到库。叶片吸收的矿质养分也可从韧皮部横向运输到木质部。一般来说，韧皮部运输养分以下行为主。

由此可知，矿质元素在木质部和韧皮部内进行长距离纵向运输过程中，两者间也进行着养分的横向转移。在养分浓度方面，韧皮部高于木质部，因而养分从韧皮部向木质部的转移为顺浓度梯度。相反，养分从木质部向韧皮部的转移是逆浓度梯度、需能的主动运输过程。这种转移主要由转移细胞完成。木质部首先将养分运至转移细胞中，然后由转移细胞转移到韧皮部(图7-9)。

矿质元素在植物体内的运输速率为30～100 $cm \cdot h^{-1}$。

7.4.3 矿质元素的利用

矿质元素被根系吸收后，经木质部导管运至各器官和组织中，其中一部分参与有机物的合成，如氮参与合成氨基酸、蛋白质、核酸、叶绿素等，磷参与合成核酸、磷脂等，硫参与含硫氨基酸、蛋白质、辅酶A等的合成；另一部分不参与有机物的合成，可作为酶的活化剂(如Mg^{2+}、Mn^{2+}等)调节酶的活性，或作为渗透物质(如K^{+}、Cl^{-})调节植物的水分吸收。

有些矿质元素(如钾)被植物吸收利用后仍呈离子状态，而有些(如N、P、Mg)则形成不稳定的化合物，经分解后释放出离子，这些离子又可转移到其他部位而被重复利用。另一些元素(如Ca、Fe、Mn、B)在细胞中形成稳定的难溶化合物而不能被重复利用。

可重复利用的元素在植物的发育过程中，优先转运到代谢较为旺盛的部位(如生长点、嫩叶、果实、种子、地下贮藏器官等)。植物缺乏此类元素时，较老的组织或器官因将其转运至幼嫩的部位而最先表现出生理病症。此外，落叶植物在叶片脱落前，其叶片中可重复利用的元素(如N、P)可运到茎干、根部或休眠芽中，供来年再利用。牧草和绿肥作物开花结实后，营养体中的氮化物因运至果实或籽粒中而含量大减，不宜作为饲料或绿肥。

不能被重复利用的元素转运到植物的地上部后，因形成难溶化合物而不能移动。所以，器官越老含量越高，植物缺乏这类元素时的生理病症，最先出现在幼嫩部分(如嫩叶)。

可重复利用的元素还可排出体外。植物通过根系分泌或叶片吐水的方式将养分排到体外；此外，下雨和结露也能从叶片中淋洗掉许多矿物质，这种现象在植物衰老时期或衰老器官中较为明显。被排出到土壤中的矿质元素又可被植物重新吸收利用。

7.5 植物对氮、硫、磷和铁的同化

7.5.1 氮素的同化

空气中虽含有大量的氮气(78%)，但高等植物无法直接利用这些分子态氮，仅能吸收化合态的氮。由于有机氮化物大多是不溶性的，植物仅能吸收其中的氨基酸、酰胺和尿素等化合物，因此有机氮化物不是植物氮素的主要来源。植物的主要氮源是无机氮化物，而无机氮化物中又以铵盐(NH_4^+)和硝酸盐(NO_3^-)为主。森林土含有较多的铵盐，而农田中硝酸盐的含量较高，所以木本植物的主要氮源是铵盐，农作物的主要氮源则为硝酸盐。铵盐被植物吸收后，即可直接用于氨基酸的合成，而硝酸盐则要还原成铵后才能被利用。

7.5.1.1 硝酸盐的还原

硝酸盐进入植物细胞后立即被还原成铵态氮，包括硝酸盐还原为亚硝酸盐以及亚硝酸盐还原成铵的过程，可简单表示为：

$$\overset{(+5)价}{NO_3^-}\xrightarrow[\text{硝酸还原酶}]{+2e^-}\overset{(+3价)}{NO_2^-}\xrightarrow[\text{亚硝酸还原酶}]{+6e^-}\overset{(-3价)}{NH_4^+}$$

硝酸盐还原为亚硝酸盐是由细胞质中的硝酸还原酶(nitrate reductase, NR)催化的。高等植物体内的硝酸还原酶主要存在于根和叶片中，其结构为同源二聚体(homodimer)，相对分子质量为 20×10^4 Da。每个单体含有 3 种辅基，即黄素腺嘌呤二核苷酸(FAD)、血红素(细胞色素 b_{557})和钼辅因子(MoCo)各 1 个，它们在酶促反应中起电子传递体的作用。

硝酸还原酶还原硝酸盐时所需的供氢体是 NAD(P)H。在高等植物中，大多数硝酸还原酶优先利用 NADH。在叶片中，硝酸还原酶所需的 NADH 由 NADPH 经草酰乙酸-苹果酸穿梭转变而来；在根中，NADH 则来源于糖酵解。某些藻类和真菌的硝酸还原酶以 NADPH 为供氢体。在硝酸还原酶的催化反应中，NAD(P)H 的一对电子经 FAD、细胞色素 b_{557} 传给 MoCo，最终还原 NO_3^- 为 NO_2^-，并生成水(图 7-10)。

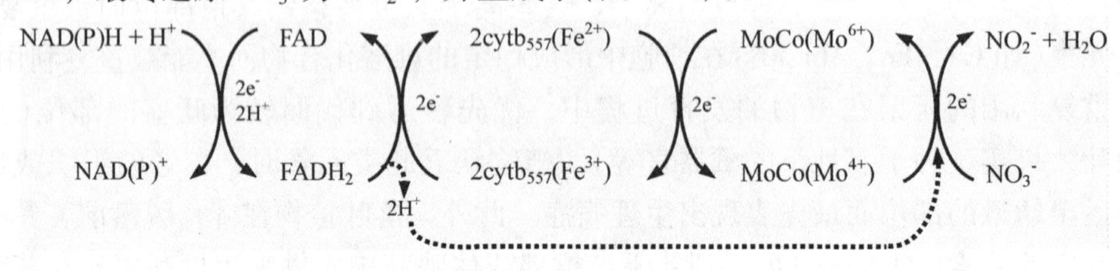

图 7-10　硝酸还原酶还原硝酸盐的过程示意

硝酸还原酶是一种诱导酶(或适应酶)。所谓诱导酶(或适应酶)是指植物本来不含某种酶，但在特定外来物质的诱导下，可以生成这种酶，这种现象称为酶的诱导形成(或适应形成)，所形成的酶就称为诱导酶(induced enzyme)或适应酶(adaptive enzyme)。吴相钰和汤佩松(1957)发现，水稻幼苗若在含硝酸盐的溶液中培养时，就会诱导幼苗合成硝酸还原酶；如果培养液中不含硝酸盐，则无硝酸还原酶合成，这也是国内外有关高等植物体内存在诱导酶的首例报道。

亚硝酸还原为铵的过程由亚硝酸还原酶(nitrite reductase, NiR)催化，它主要存在于叶绿体和根部的质体中。亚硝酸还原酶为单条肽链，相对分子质量为 $6\times10^4\sim7\times10^4$ Da，包含 2 个辅基：铁硫簇(Fe_4-S_4)和西罗血红素(siroheme)。在催化反应中，亚硝酸还原酶的直接电子供体为还原态的铁氧还蛋白(Fd_{red})，而铁氧还蛋白还原所需的电子来自非环式光合链(叶绿体中)或质体中磷酸戊糖途径产生的 NADPH(非绿色组织中，如根部)。Fd_{red}的电子提供给亚硝酸还原酶中的铁硫簇(Fe_4-S_4)，然后转给西罗血红素，最后将电子传给 NO_2^- 而还原为 NH_4^+(图 7-11)。其酶促反应为：

$$NO_2^- + 6Fd_{red} + 8H^+ \xrightarrow{NiR} NH_4^+ + 6Fd_{ox} + 2H_2O$$

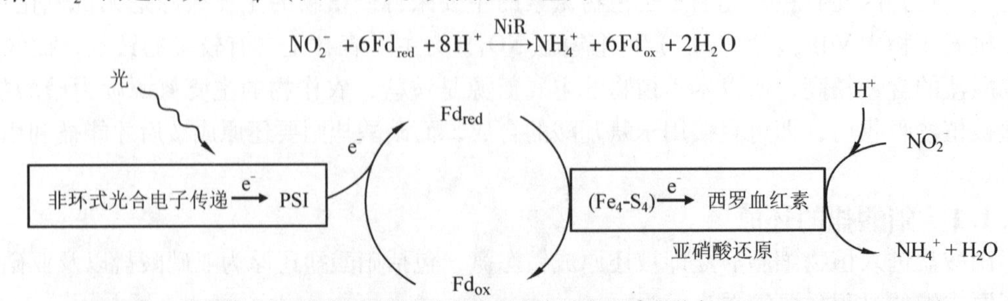

图 7-11　叶绿体中亚硝酸还原酶还原亚硝酸的过程示意(引自 Taiz and Zeiger, 2006)

与硝酸还原酶类似，亚硝酸还原酶也是一种诱导酶，受光照和硝酸根的诱导合成。

7.5.1.2　氨的同化

NH_3在植物体内积累过多会对细胞造成毒害。因此，植物从土壤中吸收铵后，或者吸收的硝酸盐还原成铵后，很快被同化为谷氨酸和谷氨酰胺。氨的同化主要由谷氨酸合成酶循环来完成，谷氨酸脱氢酶途径也参与同化过程，但并不重要。

(1)谷氨酸合成酶循环

在这个循环中，有2种重要的酶参与催化反应，分别是谷氨酰胺合成酶和谷氨酸合成酶。谷氨酰胺合成酶(glutamine synthase，GS)普遍存在于植物的所有组织中，它催化铵与谷氨酸结合，生成谷氨酰胺(图7-12)。谷氨酰胺合成酶对氨有很高的亲和力，因此能防止氨累积而造成的毒害。在植物体内有2类谷氨酰胺合成酶，即胞质型(GS_1)和质体型(GS_2)。GS_1存在于根部和非光合组织的胞质溶胶内，参与植物从土壤中吸收的铵的同化，以及代谢过程(光呼吸除外)中产生的氨的再循环。GS_2定位于根细胞的质体或叶肉细胞的叶绿体内，参与硝酸盐还原和光呼吸等过程中产生的铵的同化。

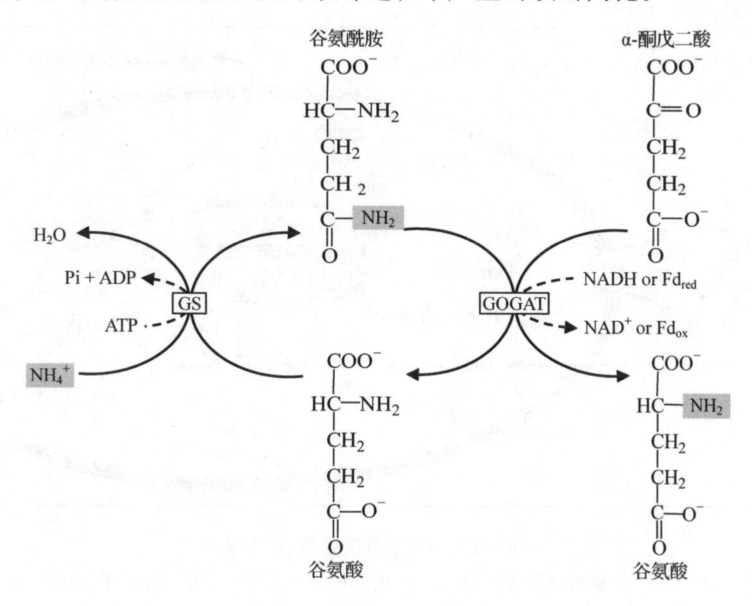

图7-12　谷氨酸合成酶循环(引自Lee *et al.*，1992)

谷氨酸合成酶(glutamate synthetase)又称谷氨酰胺-α-酮戊二酸转氨酶(glutamine α - oxoglutarate aminotransferase，GOGAT)，它催化谷氨酰胺与α-酮戊二酸形成2分子谷氨酸(图7-13)。谷氨酸合成酶有NADH-GOGAT和Fd-GOGAT 2种类型，前一种类型的活性明显低于后者，它们分别以NADH和还原态的Fd为电子供体。NADH-GOGAT位于非光合组织(如根和种子)细胞的质体中。Fd-GOGAT则主要存在于叶片的叶绿体中，仅少量存在于根细胞的质体。

(2)谷氨酸脱氢酶途径

铵也可与α-酮戊二酸结合，在谷氨酸脱氢酶(glutamate dehydrogenase，GDH)的作用下，以 NAD(P)H 为供氢体，还原为谷氨酸。谷氨酸脱氢酶也存在 2 种类型，即 NADH-GDH 和 NADPH-GDH，分别存在于线粒体和叶绿体中，它们对 NH_3 的亲和力很低，反应的发生需要较高浓度的 NH_3。一般情况下，植物体内的 NH_3 维持在较低水平，因此该途径对氨的同化并不重要。但当植物生长介质中的含氮量较高，导致细胞内的 NH_3 积累过多时，GS 的活性受抑，GDH 途径可能会对解除 NH_3 的毒害起更重要的作用。

$$NH_4^+ + \underset{\alpha\text{-酮戊二酸}}{^{-}OOC-C(=O)-CH_2-CH_2-COO^-} \xrightarrow[NAD(P)H \rightarrow NAD(P)^+]{GDH} \underset{\text{谷氨酸}}{^{-}OOC-CH(NH_2)-CH_2-CH_2-COO^-} + H_2O$$

氨同化后所形成的谷氨酸和谷氨酰胺是合成其他氨基酸的起点，可通过转氨作用(transamination)合成其他的氨基酸或酰胺，进而形成蛋白质和核酸等含氮有机物。氮素的同化过程可图解为图 7-13 和图 7-14。

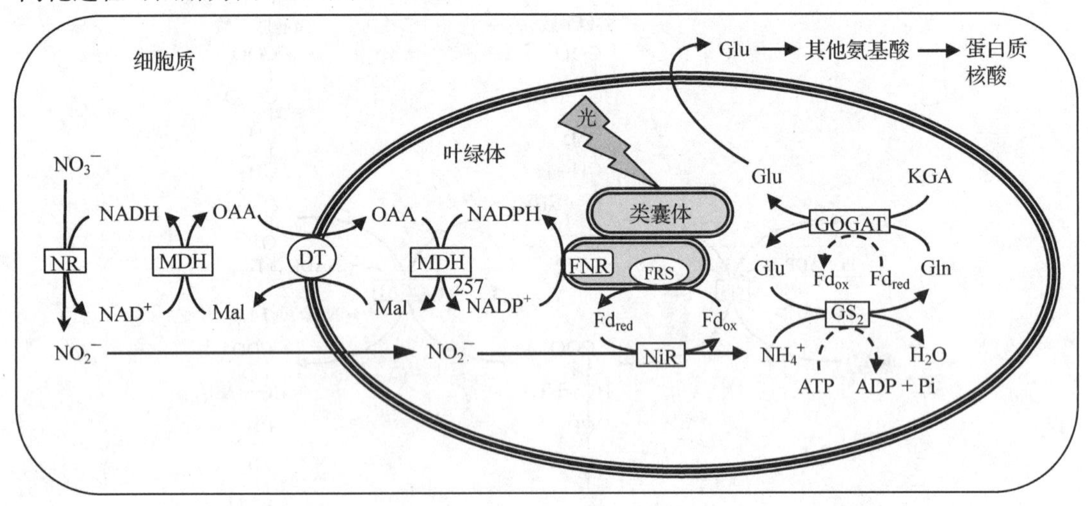

图 7-13　叶片中氮的同化过程

NR：硝酸还原酶；NiR：亚硝酸还原酶；OAA：草酰乙酸；Mal：苹果酸；DT：苹果酸/草酰乙酸转运蛋白；MDH：苹果酸脱氢酶；FNR：Fd-NADP 还原酶；FRS：Fd 还原系统；GS_2：质体型谷氨酰胺合成酶；GOGAT：谷氨酸合成酶；KGA：α-酮戊二酸；Gln：谷氨酰胺；Glu：谷氨酸。

7.5.1.3　生物固氮

大气中的分子态氮(或游离态氮)转变为含氮化合物的过程，称为固氮作用(nitrogen fixation)。固氮可分为自然固氮和工业固氮。在自然固氮中，有 90% 是通过微生物完成的。某些微生物把空气中的游离态氮转化为含氮化合物的过程，称为生物固氮(biological nitrogen fixation)。全球每年约有 2.4×10^{11} kg 的氨态氮是通过生物固氮完成的，约占全球氮资源的 2/3。可见，生物固氮对农林业生产和自然界中的氮素平衡，具有十分重要的意义。

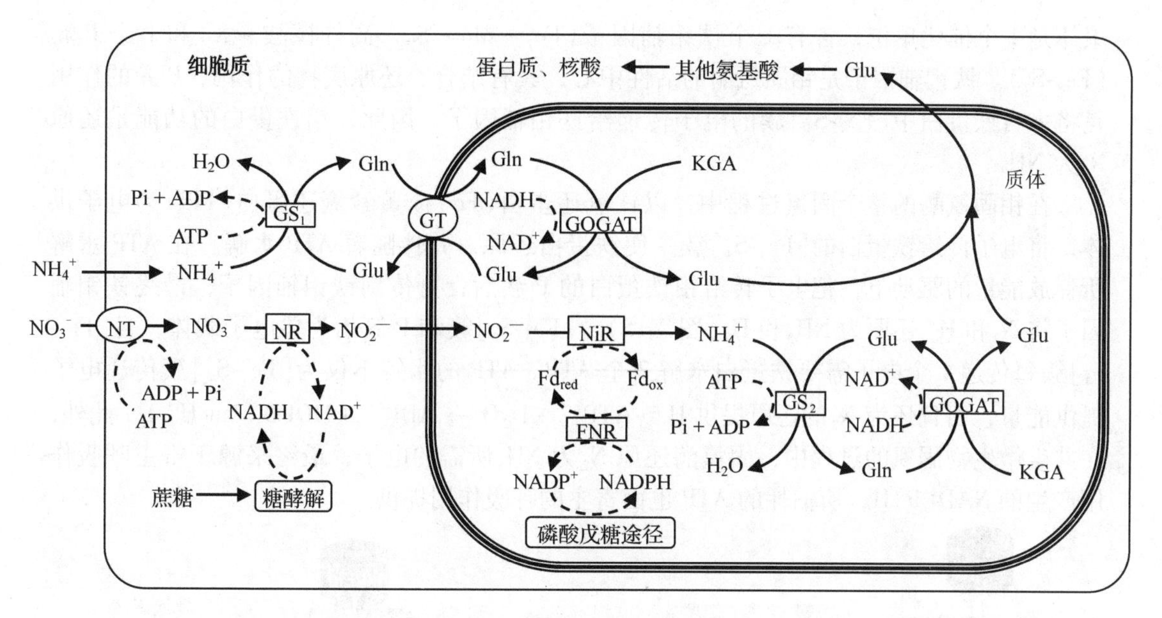

图 7-14 根中氮的同化过程

NT：硝酸转运蛋白；GS_1：胞质型谷氨酰胺合成酶；GT：谷氨酰胺/谷氨酸转运蛋白

生物固氮是由 2 类微生物来实现的。一类是能独立生存的非共生微生物(asymbiotic microorganism)，主要有 3 种：好气性细菌(以固氮菌属 *Azotobacter* 为主)、嫌气性细菌(以梭菌属 *Clostridium* 为主)和蓝藻(如念珠藻、颤藻和鱼腥藻等的异形胞)。另一类是与其他植物共生的共生微生物(symbiotic microorganism)，主要包括：与豆科植物共生的根瘤菌、与非豆科植物(如桤木属、杨梅属和沙棘属等)共生的放线菌，以及与红萍(亦称满江红)等水生蕨类或罗汉松等裸子植物共生的蓝藻等，其中以根瘤菌最重要。

固氮微生物体内含有固氮酶(nitrogenase)，它具有还原分子氮为氨的功能。现已发现了 4 种类型的固氮酶：钼固氮酶(Mo nitrogenase)、钒固氮酶(V nitrogenase)、铁固氮酶(Fe nitrogenase)和依赖于超氧化物的固氮酶(superoxide-dependent nitrogenase)。前 3 个固氮酶对 O_2 非常敏感，很快就被钝化，但依赖于超氧化物的固氮酶对 O_2 不敏感，反而需要依赖 O_2 才能发挥固氮作用。

目前，在自然界中分布最广、固氮活性最高、研究最为深入的是钼固氮酶(以前教材中称固氮酶)，因其组分中含有钼元素而得名，其催化的总反应式如下：

$$N_2 + 8e^- + 8H^+ + 16ATP \xrightarrow{\text{钼固氮酶}} 2NH_3 + H_2 + 16ADP + 16Pi$$

钼固氮酶由铁蛋白(Fe Protein)和钼铁蛋白(MoFe Protein)2 个部分构成，两者都是可溶性蛋白质，只有两者同时存在时才具有固氮能力。铁蛋白又称为二氮酶还原酶(dinitrogenase reductase)，其相对分子质量约为 $5.9\times10^4 \sim 7.3\times10^4$ Da(因菌种不同而异)，是由 2 个相同的亚基组成的 γ_2 型同源二聚体。每个亚基含有一个核苷酸(ATP 或 ADP)结合位点，可将 ATP 水解为 ADP 和 Pi。亚基间通过 1 个[Fe_4-S_4]簇桥链，[Fe_4-S_4]簇可作为电子供体，还原钼铁蛋白。钼铁蛋白也称为二氮酶(dinitrogenase)，相对分子质量约为 $22\times10^4 \sim 24\times10^4$ Da(因来源不同而异)，是由 2 种亚基组成的 $\alpha_2\beta_2$ 型四聚体。每个 αβ 二聚体是 1 个催化单位，含有 1 个铁钼辅因子(Fe_7 - Mo - S_9 - 高柠檬酸 - X)和 1 个 P 簇(Fe_8-S_7)。铁钼辅因子是钼固氮酶的活性中心，具有结合、还原底物的作用，P 簇的作用是将来自铁蛋白中[Fe_4-S_4]簇的电子传递给铁钼辅因子。因此，钼铁蛋白的功能是还原 N_2 为 NH_3。

在钼固氮酶的整个固氮过程中，以铁氧还蛋白(Fd)或黄素氧还蛋白(Fld)为电子供体，将电子传给铁蛋白的[Fe_4-S_4]簇，使铁蛋白还原，并伴随着 ATP 水解。在 ATP 水解所释放能量的驱动下，把电子转给钼铁蛋白的 P 簇后，再传到铁钼辅因子，最终铁钼辅因子将 N_2 和 H^+ 还原为 NH_3 和 H_2(图 7-15)。[Fe_4-S_4]簇和 P 簇均为单电子载体，且[Fe_4-S_4]簇每传递 1 个电子需要铁蛋白水解 2 个 ATP。ATP 的水解不仅为[Fe_4-S_4]簇传递电子提供能量，而且还为 N_2 的还原提供 H^+ ($ATP^{4-} + H_2O \rightarrow ADP^{3-} + HOPO_3^{2-} + H^+$)。此外，在共生微生物固氮的过程中，固氮酶还原 N_2 为 NH_3 所需的电子，最终来源于寄主呼吸作用产生的 NAD(P)H，所消耗的 ATP 也由寄主的呼吸作用提供。

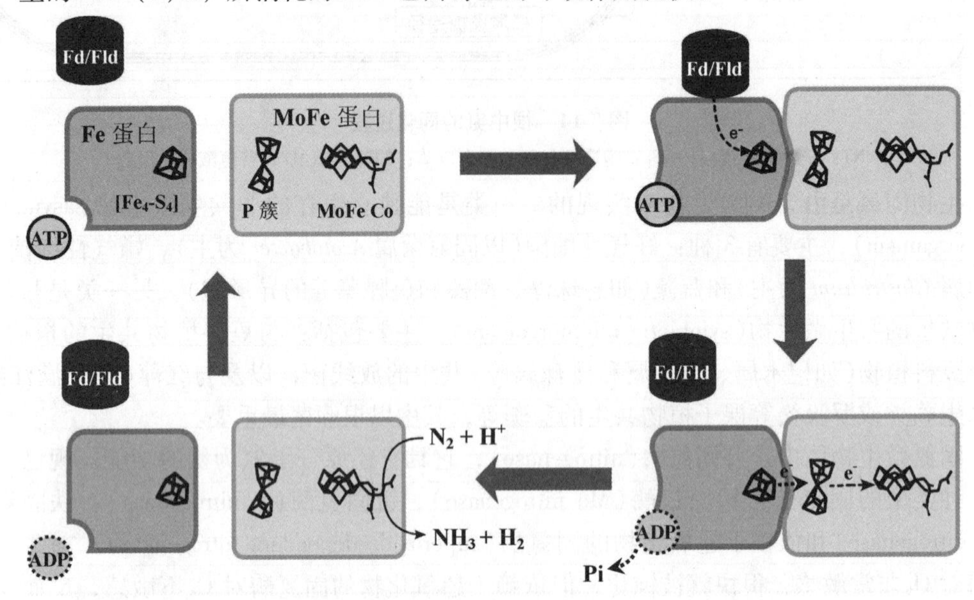

图 7-15 钼固氮酶催化机理示意(引自 Seefeldt *et al.*, 2009)

Fd：铁氧还蛋白；Fld：黄素氧还蛋白；MoFe Co：钼铁辅因子

钼固氮酶可还原多种底物，除了还原 N_2 外，它还能还原 H^+ 为 H_2。H_2 在氢化酶(hydrogenase)的作用下裂解，电子可传给 O_2 而生成 H_2O，或传给铁氧还蛋白再用于 N_2 的还原，这样形成一个电子传递的循环。此外，乙炔也可被钼固氮酶还原为乙烯，而乙烯的含量可通过气相色谱法测定，因此常作为测定钼固氮酶活性的一种方法。

生物固氮是一个高耗能的过程，钼固氮酶、钒固氮酶和铁固氮酶每固定 1 分子 N_2 要消耗 8 个电子和 16 分子的 ATP。依赖于超氧化物的固氮酶(目前仅发现于嗜热自养链霉菌 *Streptomyces thermoautotrophicus* 内)需要 4 ~12 个 ATP。据估算，豆科植物依赖与其共生的根瘤菌每固定 1 g 氮素要消耗 12 g 的有机碳化合物。

7.5.2 硫酸盐的同化

植物获得硫元素主要是通过根系从土壤中吸收硫酸根离子(SO_4^{2-})。SO_4^{2-}进入根细胞后，可以运输到地上部或在根中同化，同化产物为半胱氨酸。植物叶片通过气孔也可以吸收少量的SO_2。但是，SO_2要转变为硫酸根离子后，才能被植物同化。

在植物中，SO_4^{2-}被同化为半胱氨酸要经过以下3个过程。

(1)SO_4^{2-}的活化

SO_4^{2-}非常稳定，在与其他物质作用之前，首先要被活化。在ATP硫酸化酶的作用下，SO_4^{2-}与ATP反应，合成腺苷酰硫酸(APS)和PPi。

$$SO_4^{2-} + ATP_{260} \xrightarrow{\text{ATP硫酸化酶}} APS + PPi$$

(2)APS还原为S^{2-}

APS的还原分2个步骤进行。首先，APS还原酶将还原态谷胱甘肽(GSH)的2个电子转移给APS，产生亚硫酸盐(SO_3^{2-})和氧化态的谷胱甘肽(GSSG)。其次，亚硫酸盐还原酶从Fd_{red}转移6个电子给SO_3^{2-}，产生硫化物(S^{2-})。

$$APS + 2GSH \xrightarrow{\text{APS还原酶}} SO_3^{2-} + 2H^+ + GSSG + AMP$$

$$SO_3^{2-} + 6Fd_{red} \xrightarrow{\text{亚硫酸盐还原酶}} S^{2-} + 6Fd_{ox}$$

(3)S^{2-}合成半胱氨酸

此过程也分2步进行。首先，在丝氨酸乙酰转移酶的作用下，丝氨酸(Ser)与乙酰-CoA反应形成乙酰丝氨酸(OAS)和CoA。然后，在乙酰丝氨酸硫酸化酶的催化下，OAS与S^{2-}反应形成半胱氨酸(Cys)和乙酸(Ac)。半胱氨酸可进一步合成其他的含硫有机物。

$$Ser + \text{乙酰-CoA} \xrightarrow{\text{丝氨酸乙酰转移酶}} OAS + CoA$$

$$OAS + S^{2-} \xrightarrow{\text{乙酰丝氨酸硫酸化酶}} Cys + Ac$$

7.5.3 磷酸盐的同化

土壤中的磷元素主要以磷酸盐($H_2PO_4^-$)的形式被植物吸收。磷酸盐进入植物体以后，大部分被同化为有机磷化物，只有小部分仍以离子状态存在。磷酸盐最主要的同化过程是，Pi与ADP反应合成生命活动的主要能量形式ATP。ATP中的磷可被直接用于各种含磷化合物的合成，如磷酸糖类、磷脂和核苷酸等。

ATP合成的主要途径是发生于叶绿体的光合磷酸化和线粒体的氧化磷酸化过程。此外，细胞质内糖酵解过程中的底物水平磷酸化也是合成ATP的重要途径。

7.5.4 铁的同化

植物吸收铁元素的主要形式是二价铁(Fe^{2+})，禾本科植物也可以吸收螯合态的三价铁(Fe^{3+})。土壤中的铁元素主要是以Fe^{3+}的形式存在，如$Fe(OH)_2^+$、$Fe(OH)_3$和$Fe(OH)_4^-$等。Fe^{3+}只有在根系表面还原成Fe^{2+}后才能被植物吸收(禾本科植物除外)。

Fe^{3+}在中性或偏碱性条件下溶解度很低，但植物可以通过不同机制促进对铁的吸收：①根系分泌H^+、苹果酸和柠檬酸，使根周围的土壤酸化，提高Fe^{3+}的可溶性。②分泌螯合剂，与Fe^{3+}形成可溶性的螯合铁。大多数植物分泌的螯合剂有苹果酸、柠檬酸、酚类物质和对羟苄基酒石酸等。禾本科植物(如大麦、玉米、燕麦)可以分泌一类特殊的螯合剂称为植物铁载体(phytosiderophores，PS)，它与Fe^{3+}形成的复合物可通过特殊的运输系统运入细胞内部。③通过根系分泌螯合铁还原酶，将螯合态的Fe^{3+}还原为Fe^{2+}。

Fe^{2+}被吸收后，在根细胞中被氧化为Fe^{3+}，其中大部分与柠檬酸形成螯合物后，通过木质部运输到叶片。叶片中的Fe^{3+}在叶肉细胞质膜外侧被还原为Fe^{2+}后，进入叶肉细胞。在亚铁螯合酶的催化下，Fe^{2+}插入到卟啉环内，形成亚铁血红素(heme)。亚铁血红素可与蛋白质结合形成血红素蛋白质(hemoprotein)，如过氧化物酶、过氧化氢酶、细胞色素、细胞色素氧化酶、木质素酶和豆血红蛋白等。在植物内，大部分铁存在于细胞色素的亚铁血红素中，小部分存在于铁硫蛋白的Fe_2-S_2中心。游离铁(未与有机物结合形成复合物的铁)能与O_2作用形成超氧阴离子，破坏生物膜。但植物能将过量的游离铁存储在植物铁蛋白(phytoferritin)内，避免生物膜被破坏。

7.6　合理施肥的生理基础

在农林业生产中，由于连年栽种使土壤中的养分逐渐匮乏，必须通过合理施肥补充养分，以提高土壤肥力，达到优质、高产、高效的目的。所谓合理施肥，就是根据矿质元素对植物所具有的生理功能，并结合植物的需肥规律，适时、适量地施肥，做到少肥高效。

7.6.1　植物的需肥规律

(1)不同植物或同种植物的不同品种需肥情况不同

由于人们对各种植物的需用部位不同，而不同元素的生理功能又不一样，所以，不同植物对不同元素的需要量就不同。一般来讲，以果实籽粒为主要收获对象的禾谷类植物应多施一些磷肥，以利籽粒饱满；叶菜类可偏施氮肥，使叶片肥大；根茎类(如甘薯、马铃薯)多施钾肥，以促进地下部分糖类的积累。同种植物因栽培目的不同，施肥情况也有所不同。如食用大麦，应在灌浆前后多施氮肥，使种子中的蛋白质含量增高；酿造啤酒的大麦则应减少后期施氮，否则，蛋白质含量高会影响啤酒品质。

(2)同一植物在不同生长时期的需肥量不同

在萌发期间，因种子本身贮藏养分，故不需要吸收外界养分；随着幼苗长大，吸肥渐强；开花、结实期，矿质养料吸收最多；随着生长减弱，吸收量下降；成熟期则停止吸收，衰老时甚至部分矿质元素排出体外。夏季，植物生长旺盛，代谢强，需要的养分就多；秋季，植物生长减慢，代谢减弱，所需的矿质养分就少。对多年生木本植物而言，秋季应停止氮肥的供应，适当施用磷、钾肥，促进嫩枝木质化，有利于越冬。

(3)同植物的需肥类型不同

植物种类及生产目的不同，对肥料类型的要求也不同。例如，水稻宜施铵态氮而不宜施硝态氮，因水稻体内缺乏硝酸还原酶，所以难以利用硝态氮；而烟草施用硝酸铵效果最好，因硝酸能使细胞内的氧化能力占优势，故利于有机酸的形成，增强叶片的可燃性，铵态氮则有助于芳香油的形成，增加叶片在燃烧时的香味；黄花苜蓿及紫云英吸收磷的能力弱，以施用水溶性的过磷酸钙为宜；毛苕、荞麦吸收磷的能力强，施用难溶解的磷矿粉和钙镁磷肥也能被利用。

可见，不同植物、不同品种、不同生长时期对肥料要求不同。因此，要针对植物的具体特点，进行合理施肥。

7.6.2　合理施肥的指标

要做到合理施肥，除了了解植物的需肥规律外，还要全面掌握土壤肥力和植物营养状况。这样，才能根据土壤肥力，配施适量基肥；依据植物各生长阶段的营养状况，及时追肥。

7.6.2.1　土壤肥力指标

植物需要的养分主要来自土壤，土壤中某一营养元素的丰缺程度必然会影响植物的吸收量。因此，了解土壤肥力状况即土壤中全部养分和有效养分的贮存量，对于确定施肥方案具有重要的参考价值。但是，土壤肥力是一个综合指标，由土壤的理化性质所决定。由于不同植物对土壤中各种营养元素的含量及其比例要求不同，而且各地的土壤、气候、耕作管理水平不同，所以施肥的土壤肥力指标也因地、因植物而异。只有通过大量的试验和调查，才能确定当地的土壤肥力指标。

7.6.2.2　植物营养指标

土壤肥力指标并不能完全反映植物对肥料的要求，而植株自身的生长状况，才是最可靠最直接的指示。

(1)形态指标

能够反映植物需肥情况的植株外部形态称为施肥的形态指标，主要包括相貌和叶色。

相貌　一般来说，氮肥多，生长快，叶长而软，株型松散；氮肥不足，生长慢，叶短而直，株型紧凑。有经验的农民根据植株的相貌就知道肥料过多还是不足，什么时期要有什么貌相才是正常的、高产的。

叶色　是反映植物体内营养状况(尤其是氮素水平)最灵敏的指标。功能叶的叶绿素含量，与其含氮量的变化基本上是一致的。叶色深，表示氮和叶绿素含量都高；叶色浅，则表示两者的含量低。生产上常以叶色作为施用氮肥的指标。

(2)生理指标

植株缺肥与否，也可以根据植株内部的生理状况去判断。这种根据植物的生理状况来判断其营养水平的指标，称为生理指标。生理指标一般都以功能叶为测定对象。

营养元素含量　叶片营养元素诊断是研究植物营养状况非常有效的方法。当养分严重缺乏时，产量很低；养分适当时，产量最高；养分如继续增多，产量亦不再增加，浪费肥料；如养分再多，则产生毒害，产量反而下降。在营养元素严重缺乏与适量两个浓度之间有一个临界浓度(critical concentration)，即获得最高产量时叶片中的最低养分浓度。养分浓度低于临界浓度时，就预示着应及时补充肥料。不同植物、不同生育期、不同元素的临界浓度也各不相同。

酰胺含量　当植物吸收氮素过多时，就会以酰胺的形式贮存在叶片中，以免游离氨的毒害。所以，酰胺含量与植株的氮素水平关系密切。如叶内含有天冬酰胺，说明氮素营养充足；否则，表示缺氮，应立即追施氮肥。

淀粉含量　氮肥不足，往往会引起水稻、小麦叶鞘中的淀粉累积。所以，叶鞘内淀粉越多，表示氮素越缺乏，需要追施氮肥。叶鞘中的淀粉含量可采用碘试法进行测定。

酶活性　一些矿质元素是某些酶的激活剂或组成成分，当这些元素缺乏时，酶活性会下降。如缺铜时，抗坏血酸氧化酶和多酚氧化酶的活性下降；缺钼时，硝酸还原酶活性下降；缺锌时，碳酸酐酶和核糖核酸酶活性降低；缺铁可引起过氧化物酶和过氧化氢酶活性下降。因而，可根据某种酶活性的变化，来判断某一元素的丰缺情况，指导合理施肥。

7.6.3　发挥肥效的措施

在农林业生产中，除了合理施肥外，还要辅以其他措施，才能使肥效得以充分发挥。

合理灌溉　水分是植物吸收和转运矿质营养的主要媒介，且能影响植物的代谢和生长。因此，水分会直接或间接地影响植物对矿质元素的吸收和利用。土壤干旱时，施肥效果就差。若在施肥的同时适量灌水，就能达到“以水促肥”的效果；当施肥过多引起植物徒长时，可通过减少灌水限制植物对矿质的吸收，实现“以水控肥”。

适当深耕　适当深耕，增施有机肥，这不仅有助于改善土壤结构、增强土壤的保水保肥能力，而且还能促进根系迅速生长，以增大吸肥面积。

改善光照条件　施肥增产主要是光合性能改善的结果。所以，通过改善光照条件，提高植物的光合效率，也是充分发挥肥效的重要方面。为此，在合理施肥的前提下，应合理密植，保证通风透光。

改进施肥方式　改表层施肥为深层施肥。传统的表层施肥存在很多不足，主要表现为：肥料氧化剧烈，容易造成铵态氮转化；氮、钾肥流失；某些肥料(如碳酸氢氨)分解挥发；磷元素易被土壤固定等。所以，表层施肥的肥效很低。深层施肥是施于植物根系附近的土层内(深度依植物种类而异)，从而避免了上述情况的发生。另外，根系有趋肥性，肥料深施可使根系深扎，吸收活力增强。

知识窗

膜片钳技术

膜片钳(patch clamp)技术是在电压钳(voltage clamp)技术的基础上发展起来的。电压钳技术是通过向细胞内注射一定的电流，抵消离子通道开放时所产生的离子流，从而使膜电位保持恒定(电压钳位)。由于注射电流的大小与离子流的大小相等、方向相反，因此它可以反映离子流的大小和方向。膜片钳技术是用经抛光处理的玻璃微电极尖端与洁净的细胞膜表面接触，通过负压吸引造成电极尖端与细胞膜形成高阻封接(10～100 GΩ)，使电极尖端内的膜片与膜的其他部分绝缘，并采用电压钳技术对该膜片实行电压钳位。玻璃微电极内装有电极液，此膜片上的离子通道开放时所产生的电流(pA级)流进玻璃电极，用极为敏感的电流监视器(膜片钳放大器)测量此电流强度[图 1(a)]。由于微电极尖端直径为 1 μm，尖端内笼罩着膜上的一个离子通道，所以该电流强度就代表一个离子通道的电流。

根据细胞膜片与电极间的相对位置关系，膜片钳技术共有4种基本记录模式，其他记录模式均在此基础上逐渐发展衍变而来。这4种基本记录模式为：细胞贴附记录模式(cell-attached recording)、膜内面向外记录模式(inside-out recording)、膜外面向外记录模式(outside-out recording)和全细胞记录模式(whole-cell recording)[图1(b)]。根据研究目的和观察内容的不同，可采取相应的记录模式。

通过此技术可以直接测定单离子通道电流及其开闭时程、发现新的离子通道、估算膜上的通道数量和开放概率、研究胞内或胞外物质对离子通道开闭及通道电流的影响等，广泛应用于细胞器间的离子运输、气孔运动、光受体、激素受体及信号转导等研究领域。

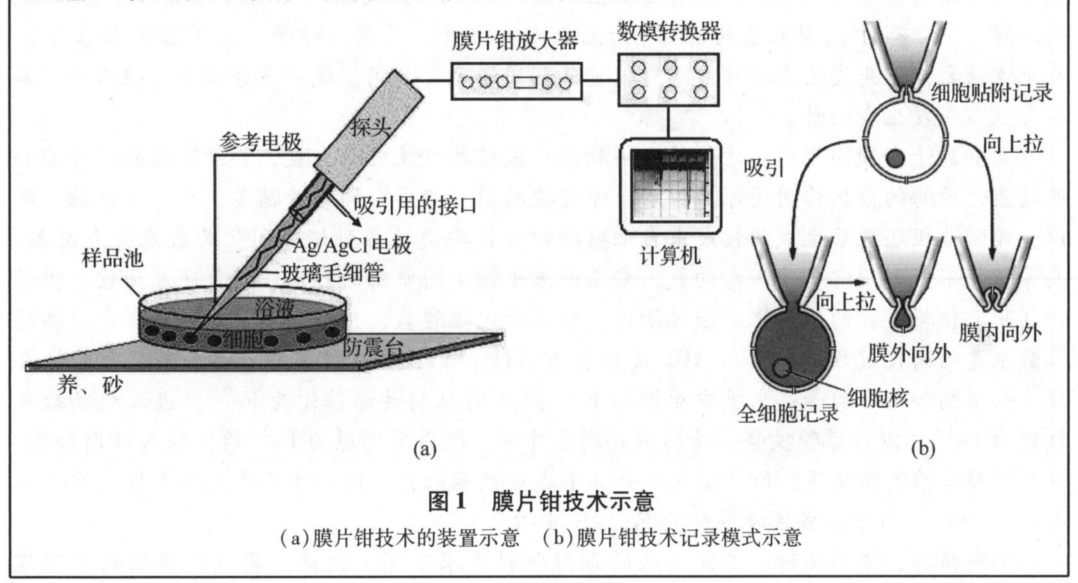

图1　膜片钳技术示意

(a)膜片钳技术的装置示意　(b)膜片钳技术记录模式示意

小　结

植物的必需元素除了可作为细胞结构物质的组成成分外，还参与调节酶的活动、细胞的渗透调节、细胞质的电化学平衡和胞内信号转导等多种生理过程。不同元素有各自的功能，一般不能相互替代。当植物缺乏某种必需元素时，会表现出特征性病症。

植物细胞对矿质元素吸收的过程就是这些元素跨膜运输的过程，可分为被动吸收、主动吸收和胞饮作用3种方式。被动吸收不消耗代谢能，包括简单扩散和协助扩散。简单扩散是溶质自浓度较高的区域跨膜移向浓度较低的邻近区域的物理过程；协助扩散是溶质必须在通道蛋白或载体的协助下，顺着浓度梯度或电化学势梯度进行的跨膜扩散。主动吸收是通过消耗代谢能驱动离子逆着电化学势梯度进入细胞的过程，是细胞吸收矿质元素的主要形式，包括离子泵运输和共运输。离子泵有H^+-ATP酶、Ca^{2+}-ATP酶、H^+-焦磷酸酶和ABC运输器4种类型。它们的跨膜转运都依赖于ATP或焦磷酸水解释放的能量；共运输是H^+与其他溶质通过载体同时进行的跨膜运输，有同向共运输和反向共运输2种类型。离子转运的动力是通过消耗ATP所建立起来的H^+跨膜电化学势梯度。

虽然植物地上部分也能吸收少量的矿质元素，但根系才是植物吸收矿质元素的主要器官，根毛区是吸收矿质元素最为活跃的部位。根系吸收矿质元素的特点是：对矿质和水分的相对吸收；离子的选择性吸收；单盐毒害和离子对抗。根系吸收矿质元素的过程是：首先经过交换吸附使离子吸附在根表皮细胞的表面；然后通过共质体和质外体途径到达皮层，并经共质体途径通过内皮层抵达中柱；共质体内的离子进入质外体并到达导管或管胞的内部。土壤温度和通气状况是影响根部吸收矿质元素的主要因素。

根部吸收的矿质元素，只有少部分被根利用，大部分则通过木质部向上运输，也有部分矿质元素横向运输到韧皮部，继而向上或向下运输。叶片吸收的矿质元素通过韧皮部向上或向下运输，也可从韧皮部横向运输至木质部后再向上运输。可重复利用的元素如氮、磷、钾等多分布于代谢旺盛的部位(如生长点、嫩叶、果实、种子、地下贮藏器官等)，其元素缺乏症首先发生在老叶；不能被重复利用的元素如钙、铁等多分布于老组织中，其缺乏症首先发生在幼叶。

某些离子必须同化后，才能被植物利用。被植物吸收的硝酸盐，要经过硝酸还原酶和亚硝酸还原酶的催化作用还原为铵后，才能被利用。游离氨的含量稍多，会毒害植物。所以，硝酸盐经还原后生成的铵或来自土壤的铵盐，要通过各种途径同化为氨基酸或酰胺。高等植物不能利用空气中游离的氮，需借助微生物中固氮酶的作用，将氮还原为铵，供植物利用。植物吸收的硫酸根需经过活化，形成活化硫酸盐，用于含硫氨基酸的合成。磷酸盐最主要的同化过程是，Pi 与 ADP 反应合成 ATP。ATP 可直接参与各种含磷化合物的合成，如磷脂和核苷酸等。土壤中难溶的 Fe^{3+} 经不同机制最终转化为 Fe^{2+}，进入植物后被氧化为 Fe^{3+}，以柠檬酸铁螯合物的形式到达叶片，经再次还原为 Fe^{2+} 后，转入叶肉细胞。在亚铁螯合酶的催化下，Fe^{2+} 插入卟啉环形成亚铁血红素，进一步形成血红素蛋白质，还有一部分 Fe^{2+} 用于合成铁硫蛋白的 Fe_2-S_2 中心。

不同植物、不同品种、不同生长时期对肥料要求不同。因此，要遵循植物的需肥规律，并根据生产目的、植物营养状况和土壤肥力，进行合理施肥。为了充分发挥肥效，还要采用合理灌溉、适当深耕、改善光照条件和改进施肥方式等辅助措施。

思考题

1. 植物必需的矿质元素应具备哪些条件？
2. 植物必需矿质元素在植物体内的生理作用是什么？
3. 植物失绿(发黄)的可能原因有哪些？
4. 植物细胞对矿质元素被动吸收和主动吸收的机理是什么？
5. 根部吸收矿质元素的过程如何？
6. 为什么土壤通气不良会影响作物对肥料的吸收？
7. 昼夜变化对植物中氮的同化有何影响？为什么？
8. 固氮酶有哪几种类型？各有哪些特性？其中钼固氮酶的固氮机理是什么？

8 植物生长物质

植物生长发育是一个具有严格程序控制的过程，受内在和外在因素的影响，细胞内遗传信息有规律地活化表达，使植物的各种性状逐步表现出来。这些影响因素包括外界环境的变化和遗传因子及内源的植物生长物质(plant growth substance)，而遗传因子的调控大多经由植物生长物质的作用得以实现。大量研究表明，植物生长物质在植物生长发育的几乎所有过程都起重要调控作用，包括细胞的分裂、增大和分化，开花，果实成熟，植物向性运动，种子成熟和休眠，植株和器官的衰老，叶片和果实的脱落，植物抵御胁迫以及气孔开闭等。植物如何感受和传递环境因素的刺激，又如何协调各部分之间的生长发育过程？这是一个复杂的问题，可能具有多种调节控制，其中以植物激素的作用最显著，研究也最多。

植物激素主要包括生长素类、细胞分裂素类、赤霉素类、脱落酸类、乙烯。生长素有 2 种生物合成途径：色氨酸依赖途径和非色氨酸依赖途径。生长素是唯一具有极性运输特性的植物激素。赤霉素基本结构是赤霉烷。细胞分裂素是一类腺嘌呤的衍生物。脱落酸具有倍半萜结构，植物体内天然的形式是 2-*cis*-(+)-ABA。乙烯是植物中的气态激素，是最简单的烯烃。植物体内还存在油菜素内酯、多胺、茉莉酸、水杨酸、玉米赤霉烯酮和系统素等生长物质。植物激素通过其信号转导过程来发挥自身的生理作用。

8.1 植物生长物质的概念和作用

植物生长物质是一些具有调节植物生长发育生理活性的小分子化合物，它们在极低浓度下就会显著地影响植物的生长发育，包括天然存在的植物内源激素和人工合成的植物生长调节物质。

据国际植物学会会议规定：“(植物)激素是由植物产生的调节剂，它们在低浓度时调节植物的生理过程。激素在植物体内通常自产生部位移动到作用部位。”首先，植物激素是不同于提供碳源、能量或矿质元素等营养物质的内源产生的代谢产物。它的含量极低，活性很强，对植物的生理过程起调节作用。植物激素在某些部位产生后往往运输到较远的其他部位去诱发特殊的生化、生理和形态学反应，或就地发挥作用。

“激素”一词最初是由动物生理学家提出并使用的，设想激素作为信号物质在局部合成，并随“血流”运输至目标组织对生理反应进行调控。植物激素的研究始于20世纪30年代对生长素的分离；50年代确定了赤霉素和细胞分裂素；60年代发现了脱落酸，并将乙烯列为植物激素。早期人们普遍公认的植物激素有5类：即生长素类、赤霉素类、细胞分裂素类、乙烯和脱落酸。前3类具有促进生长的性质，脱落酸是抑制生长的物质，乙烯起促进成熟和衰老的作用。随后，人们在植物体内又发现了一些能调节植物生理过程的其他内源活性物质。例如，油菜素内酯、多胺、茉莉酸类、水杨酸类、寡糖素和系统素等。此外，还有许多人工合成的有机化合物（如IBA、NAA、6-BA、乙烯利、TIBA、PP_{333}、CCC、B_9等），能以微量（小于1 mmol）促进、抑制或在质上改变植物发育的进程，称为植物生长调节物。因此，可把植物激素列为植物生长物质，但不能把人工合成而非植物固有的生长调节物称为植物激素。

植物激素的化学结构虽然比较简单，但却具有十分复杂的生理效应。大多数植物激素在调控植物生长发育过程中作用比较复杂，同一种激素可以调控多个发育过程，而同一个特定的发育过程需要多种不同激素的协同作用。现代观点认为，植物激素作为信号分子，以极低的含量与环境影响共同作用于植物的生长，而植物则由于生长阶段及对激素敏感程

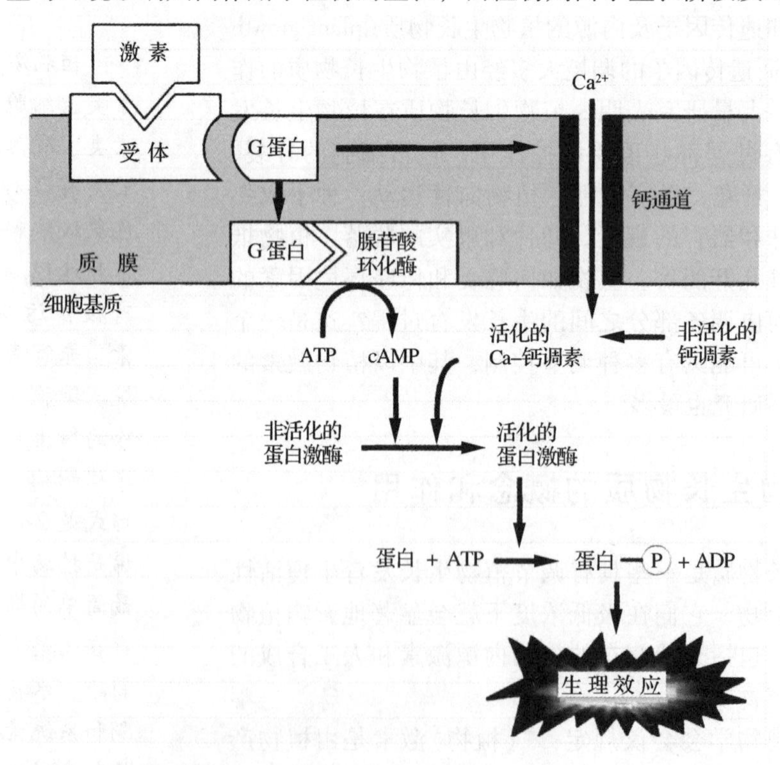

图8-1 植物激素作用的一种信号转导模式（引自Hopkins and Hüner，2004）

度的不同对激素的刺激呈现出高度特异性的反应(图 8-1)。尤其是生长素的合成、运输和信号转导途径在植物生长发育控制过程中以不同层次的利用反馈调节方式实现其复杂的调节作用。不仅如此，激素之间通过多种机理实现相互作用，并且这些相互作用与外界环境信号及自身发育程序一起构成了一个非常精细和复杂的调控网络。对这些调控途径及其分子机制的全面了解将帮助人们更好地了解激素在植物生长发育中的作用。

8.2 生长素类

8.2.1 生长素类的发现和化学结构

生长素是首先被发现的植物激素，它的发现可以追溯到 1880 年达尔文所观察的植物向光性现象。当时发现虉草属(*Phalaris*)幼苗胚芽鞘在单向光下生长时产生显著的向光性弯曲；将胚芽鞘的顶端切去或将顶端遮光都可阻止向光弯曲；如用细沙埋住幼苗而露出顶端，向光弯曲仍能发生。他由此做出结论：在单向光照下植物中产生了某种从上向下传递的影响因素，引起下部弯曲。

后人重复并发展了达尔文的实验(图 8-2)。20 世纪 20 年代，Boysen-Jensen 和 Paal 证明这种影响因素纯粹是化学性质的。1926 年，荷兰 F. W. Went 第一次成功地从燕麦胚芽鞘中分离出这种物质。他将黄化的胚芽鞘尖端切下，均匀地放在一薄层 3% 洋菜胶上。1 ~4 h 后取去胚芽鞘尖，将洋菜胶切成小块。这种洋菜胶小块放在去尖胚芽鞘的切口上，能使之恢复生长。如将洋菜胶小块偏置一侧，能诱导出弯曲生长，弯曲的程度在 0° ~20° 范围内与这种化学物质的浓度成正比。这种方法称为燕麦胚芽鞘弯曲法，或简称燕麦测定法。该实验证明，胚芽鞘尖端确实存在一种能扩散，并促进胚芽鞘生长的化学物质。胚芽鞘的向光弯曲，是由于单向光照改变了这种化学物质的均匀分布。因为这种物质在物质组织内的含量很低，Went 未能分离出纯品并鉴定其结构。

1934 年，Kögl 等从人尿中分离出一种在燕麦测定法中表现活性的物质，经鉴定为吲哚-3-乙酸(indole-3-acetic acid，IAA)(图 8-3)。除 IAA 外，植物体内还存在吲哚-3-乙酰衍生物、氯吲哚类、吲哚-3-乙腈类等多种吲哚衍生物，也表现出生长素的活性，可能和 IAA 代谢有关(图 8-4)。其中 IAA 是迄今为止在高等植物中普遍存在的，含量最丰富、生理作用最重要的生长素。IAA 存在于植物根、茎、叶、花、果实及种子、胚芽鞘中。不同植物组织中游离 IAA 含量差异很大，一般为 1 ~100 $\mu g \cdot kg^{-1}$ 鲜重。如大豆种子为 4 $\mu g \cdot kg^{-1}$，水稻种子为 1 700 $\mu g \cdot kg^{-1}$。同种植物不同器官中的 IAA 水平也有差异，如玉米的营养器官中，IAA 含量仅为 24 $\mu g \cdot kg^{-1}$，在种子中高达 1 000 $\mu g \cdot kg^{-1}$。通常 IAA 含量在幼嫩种子中较高，随着种子成熟而逐渐降低。

有许多人工合成的有机化合物表现出 IAA 类似的生理作用，统称为合成生长素。合成生长素在化学性质上是较为复杂。通常可分为吲哚酸、萘酸、氯苯氧酸和苯甲酸 4 类(图 8-4)。第一类有吲哚丙酸和吲哚丁酸，后者在植物中也天然存在。第二类有萘乙酸和萘氧乙酸，其中以萘乙酸的应用最广。在第三类中最著名的是 2,4-二氯苯氧乙酸(2,4-D)，2,4,5-三氯苯氧乙酸(2,4,5-T)。这些化合物在一定生理浓度时，与 IAA 一样能促进生长，当达到足够高的浓度时为选择性除草剂。第四类中最常见的是2,3,6-和2,4,6-三氯苯甲酸。

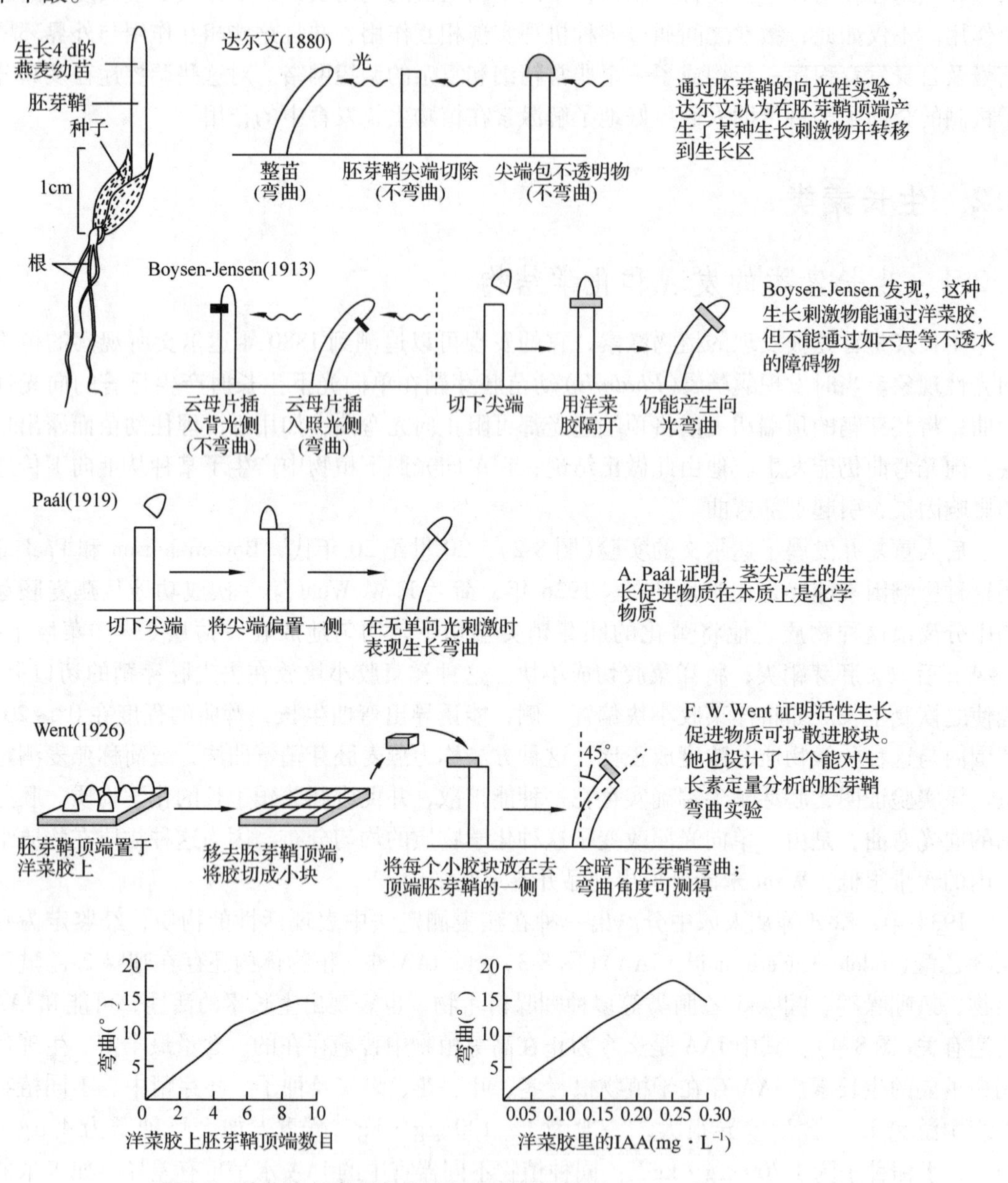

图 8-2　植物生长素研究的早期实验概述(引自 Taiz and Zeiger，2010)

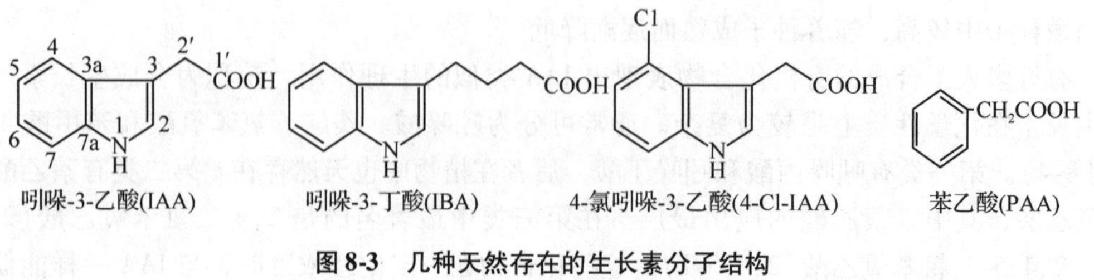

吲哚-3-乙酸(IAA)　　吲哚-3-丁酸(IBA)　　4-氯吲哚-3-乙酸(4-Cl-IAA)　　苯乙酸(PAA)

图 8-3　几种天然存在的生长素分子结构

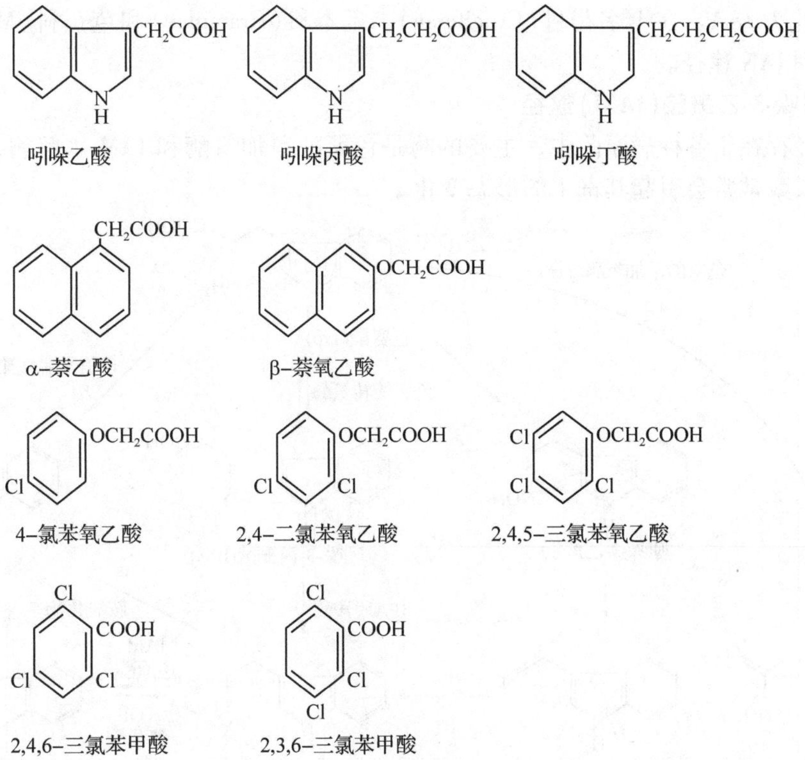

CH_2COOH 吲哚乙酸　CH_2CH_2COOH 吲哚丙酸　$CH_2CH_2CH_2COOH$ 吲哚丁酸

CH_2COOH α-萘乙酸　OCH_2COOH β-萘氧乙酸

4-氯苯氧乙酸　2,4-二氯苯氧乙酸　2,4,5-三氯苯氧乙酸

2,4,6-三氯苯甲酸　2,3,6-三氯苯甲酸

图 8-4　几种化学合成生长素类的结构

8.2.2　生长素的代谢和存在形式

8.2.2.1　生长素的生物合成

吲哚乙酸的结构与色氨酸相似，所以早期认为色氨酸是生长素的可能前体。将双重标记(^{14}C,^{3}H)的色氨酸供给豌豆苗茎尖，在无菌条件下培养。分析表明产物 IAA 中^{14}C ∶^{3}H 的比值与前体中^{14}C ∶^{3}H 的比值相同，说明 IAA 确实是由色氨酸转变的。利用标记的色氨酸进行体内外失踪实验和分子生物学研究证明，植物体内色氨酸转变为 IAA 有多条途径(图 8-5)。

(1)吲哚-3-丙酮酸(IPA)途径

IPA 可能是 IAA 生物合成中色氨酸依赖途径中的主要类型。色氨酸经过转氨酶的作用产生吲哚丙酮酸，再脱去羧基形成吲哚乙醛，最后氧化为 IAA。这是高等植物中 IAA 生物合成的主要途径。

(2)色胺(TAM)途径

色氨酸首先脱去羧基形成色胺，然后再经过吲哚乙醛转变为 IAA。这个途径可能不是主要的，因为催化色氨酸脱羧的酶只存在于某些植物之中。另外，在同一类植物中很少同时存在这 2 条途径，但是有证据表明在番茄中同时存在 IPA 途径和 TAM 途径。

(3)吲哚乙腈(IAN)途径

色氨酸首先被转化为吲哚-3-乙醛肟，然后再转化为吲哚-3-乙腈，最后通过腈水解酶将 IAN 转化为 IAA。在十字花科(Cruciferae)、禾本科(Graminae)和芭蕉科(Musaceae)植物中检测到 IAN 途径。

(4)吲哚-3-乙酰胺(IAM)途径

该途径存在于各种病原菌中，主要的酶是色氨酸单加氧酶和 IAM 水解酶，这些病菌产生的生长素常常会引起其寄主的形态变化。

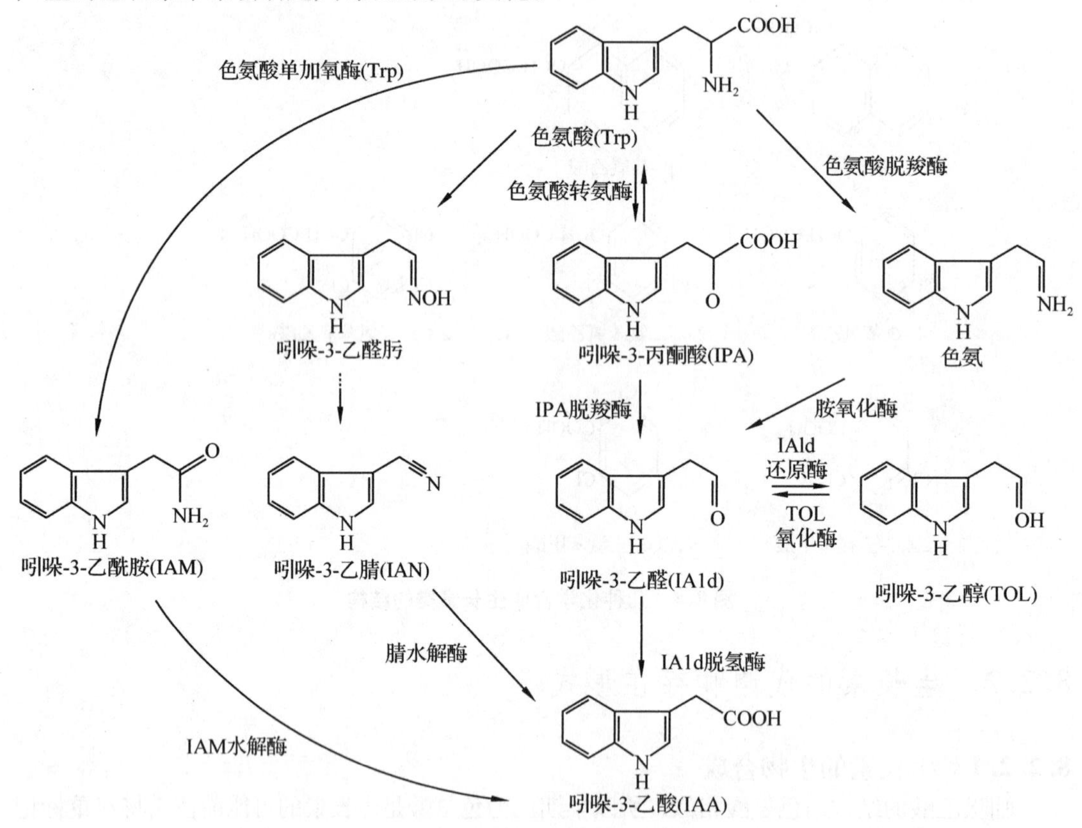

图 8-5　IAA 的色氨酸依赖合成途径

在植物体中色氨酸是吲哚和丝氨酸合成的，锌可能是色氨酸合成酶的辅因子。崔澂 1948 年证实，缺锌植物的色氨酸含量显著减少。加微量锌后几十小时内，生长素和色氨酸就很快增加。

植物也可以通过非色氨酸的途径合成 IAA，底物是吲哚或者是吲哚的前体物吲哚-3-甘油磷酸酯。研究证明，吲哚-3-乙腈(IAN)和吲哚-3-丙酮酸(IPA)可以不经过色氨酸而独立合成，并且这 2 种化合物是以吲哚或吲哚-3-甘油磷酸酯为前体的 IAA 生物合成途径的中间产物。IAA 合成的非色氨酸途径的发现，丰富了人们对 IAA 生物合成的认识。但是目前还不清楚这 2 条 IAA 生物合成途径的相互关系和相对重要性。IAA 合成途径的多样化可以保证植物体内 IAA 的稳定供应。

吲哚-3-丁酸(IBA)的生物合成　吲哚-3-丁酸是人工合成生长素的主要类型，也是存在于多种植物中的一种天然的生长素。植物体内 IBA 存在游离态和结合态 2 种形式。外源添加的 IBA 会在植物体内迅速转变为结合态。在玉米和拟南芥中，IBA 是通过 IAA 侧链延长合成的，该反应与脂肪链的延长反应完全一致。由于发现植物体中 IBA 也可以逆转为 IAA，所以目前还不清楚 IBA 在植物体内是直接发挥作用，还是通过转化为 IAA 而起作用的。

8.2.2.2 生长素的分解

植物的许多生理过程与组织内生长素含量有密切关系。植物体内生长素水平的升降除受合成途径控制外，还可通过生长素的分解代谢进行调节。生长素的降解主要有酶解和光解 2 种。IAA 酶解可以通过侧链(脱羧)或吲哚环(非脱羧)的氧化而分解。脱羧氧化途径是通过过氧化物酶催化，而非脱羧氧化途径较为复杂，结合态生长素参与非脱羧的氧化途径(图 8-6)，非脱羧途径可能是植物体内 IAA 降解的主要控制途径，其产物为氧化吲哚-3-乙酸。

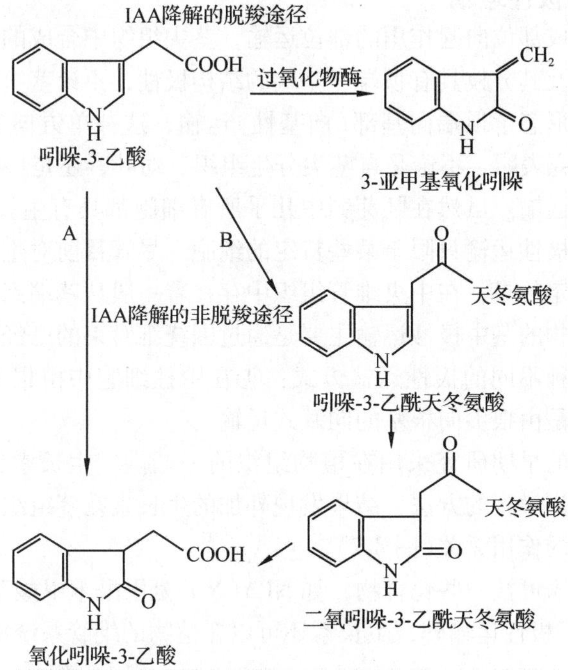

图 8-6 IAA 的酶解途径

IAA 在水溶液中容易被酸、电离辐射和紫外光分解；存在敏化色素(如核黄素、曙红和其他荧光染料)时也能被可见光分解。

8.2.2.3 生长素在植物体内的存在形式

植物激素在体内除以游离态存在外，还能与其他低相对分子质量化合物进行代谢结合，称为结合(conjugated)激素。结合植物激素不包括与细胞颗粒、受体蛋白的结合，也不包括与其他高分子化合物的复合。后面这种情况称为束缚(bound)激素。IAA 主要与蔗糖或肌醇等形成结合物，也与氨基酸、多肽或蛋白质形成结合物。结合态 IAA 的功能主要起 IAA 贮藏和避免其被氧化分解的作用，因而结合态 IAA 的形成是维持 IAA 活性水平的重要调节手段之一。植物体内结合态 IAA 的含量可能比游离态 IAA 高得多。所有现在已知的结合态 IAA 均属 IAA 的羧基衍生物，如吲哚乙酰天冬氨酸，吲哚乙酰葡萄糖和吲哚乙酰肌醇等。前二种可能是贮藏形态，后一种可能是运输形态。

8.2.3　生长素在植物体内的合成部位和运输

8.2.3.1　生长素的合成部位

植物的根、茎、叶、花、种子等器官都有生长素的存在，含量因植物种类、器官及生长发育阶段而异，但以生长旺盛的器官和部位，如根尖、茎尖等分生组织含量最高。生长素合成的部位是分生组织和正在生长的幼嫩部分，以嫩叶、茎尖、芽和正在发育的种子为主。

8.2.3.2　生长素的极性运输

生长素可以从合成部位向起作用的部位运输，茎尖组织中合成的生长素主要是向下运输。枝干和根的主轴及其分枝具有顶端—基端的结构极性，不论茎组织相对于地面的位置如何，生长素主要从形态学顶端向基部(向基性)运输，这种单方向的运输称为极性运输(polar transport)。研究表明，不论是自茎尖分生组织、幼叶，还是根中的生长素都以相似的机制运输，即极性运输。虽然在胚芽鞘中几乎所有细胞都具有生长素的极性运输能力，但在大多数组织中，极性运输只限于某些特定的细胞。尽管目前对生长素极性运输的部位了解不足，但可以肯定的是，在中央维管组织中存在着一股从茎端到根的生长素极性运输的主流，在双子叶植物的茎中极性运输主要是通过围绕维管束的已经延伸的薄壁细胞进行的。在根部则存在2种不同的极性运输方式：①在中柱细胞中由根基向根尖的向顶式运输；②在表皮细胞中是由根尖向根基的向基式运输。

生长素极性运输的早期研究采用在植物组织的一端供应生长素(主要是IAA)，然后在另一端用琼脂块收集激素的方法。结果发现外加的生长素在茎组织中只从形态学的顶端运向基部，而与重力的作用无关(图8-7)。

生长素的极性运输可被一些化合物，如NPA(N-1-氨甲酰苯甲酸萘酯)、TIBA(三碘苯甲酸)等所抑制。除了极性运输外，生长素还可以在植物的维管系统中运输。如给叶片施

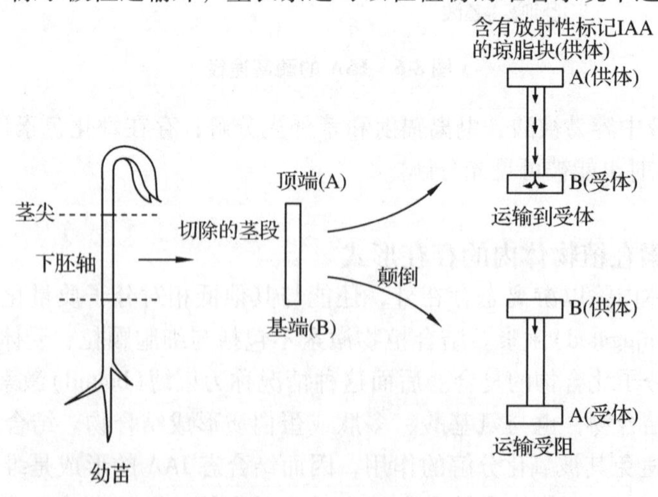

图8-7　供体—受体琼脂块测定生长素极性运输(引自Taiz and Zeiger，2010)

加的外源生长素可通过韧皮部运输，再转移到极性运输系统。此外，生长素还可以通过木质部的蒸腾流向上运输。在这些运输系统中，生长素的运输与其他营养物质的运输并没有区别。而极性运输则是生长素所特有的一类从细胞到细胞的耗能的主动运输，并且可维持生长素的逆浓度梯度运输，运输速度依赖于温度，缺氧时受到阻碍。

8.2.3.3 生长素极性运输的机理

生长素极性运输机理的阐释经历了较长的时间，存在几种假说。

(1)电极性假说

该假说是 F. W. Went 在 1932 年提出的。他认为植物体内的电场使生长素重新分布而引起生长的向性。后来又有人证明燕麦胚芽鞘从顶端到基部存在着电位差。用单向光照射时，背光侧相对于照光侧是正电性的。在水平放置时，下侧相对于上侧是正电性的。他认为，在生理 pH 时 IAA 以阴离子存在，按电场梯度运动。但也有研究指出，在受向性刺激后胚芽鞘中所形成的电位差不是生长素极性运输的原因，而是其结果。

(2)流动运输假说

根据美国物理学家 I. A. Newman 的试验，对去顶胚芽鞘顶部施用生理浓度的 IAA 能产生电波。这种电的扰动波是伴随生长素运动前锋发生的。电波在胚芽鞘中向下传播的速度为 14 $mm \cdot h^{-1}$左右，与 IAA 的运输速度大体相等。按照他的观点，生长素在胚芽鞘中向下运输时并不是恒定浓度的物质流，而是一份一份地波状运动。生长素向下运动时改变膜的透性而形成电场，而电场又进一步推动生长素向下运动，带有某种反馈系统的性质。

(3)化学渗透模型

化学渗透假说(chemiosmotic hypothesis)的建立启发了人们用该模型来解释生长素的极性运输，在此基础上建立了生长素极性运输的化学渗透模型，如图 8-8 所示。生长素的吸收受跨膜的质子势驱动，而生长素的输出受膜电势驱动。该模型的关键点是生长素输出载体聚集在传导细胞的基端，由此决定了生长素的流向。ATPase 在中性的细胞质和酸性的质外体之间产生 H^+梯度(质子势)，并由此驱动生长素的极性运输。在质外体，IAA 向质子化的、亲脂形式的平衡移动导致 IAA 向质膜和细胞内部的扩散增加。以质子化的形式(IAAH)扩散或通过可饱和的输入载体的作用进入细胞后，在细胞质碱性 pH 值下生长素迅速去质子化(IAA^-)。在细胞质中，IAA 几乎都是以脂不溶性的阴离子形式存在的，其只能通过输出载体流出细胞。亲脂性 IAAH 可不经生长素吸收蛋白(或输入载体)而扩

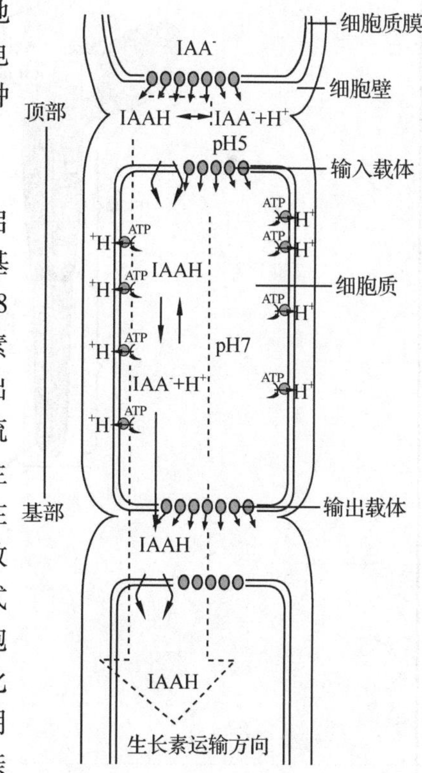

图 8-8 生长素极性运输化学渗透模型

散进入细胞，但 IAA^- 的流出则不能绕过输出载体，所以生长素输出载体的调控对生长素极性运输的影响很大。总之，生长素极性运输的方向是由运输蛋白的分布所决定的。

知识窗

生长素极性运输的研究进展

近年来，随着生化与分子生物学技术的快速发展和对生长素极性运输有关的拟南芥突变体的筛选，克隆到一些生长素输入和输出载体相关的基因，对极性运输现象从分子水平有了一些新的解释。

氨基酸渗透酶类似蛋白(AUX1/LAX)是拟南芥中推定的第一个 H^+/生长素的同向运输体或生长素输入载体，在 H^+ 梯度驱动的 IAA^-、H^+ 同向运输活性可促进生长素的亲脂性扩散。对生长素吸收的动力学研究表明 AUX1 蛋白是 1 个特定的、具有高亲和力的生长素输入载体。拟南芥 *aux*1 突变体无向重力性生长，生长素在根和幼叶原基中的运输降低，对高浓度的 IAA 有抗性。由于对亲脂性的 1-NAA(1-napthalene acetic acid)无抗性，其比 IAA 能更快地向细胞内扩散，所以用 1-NAA 处理可使 *aux*1 突变体的表型得到恢复。在根的生长素运输中，AUX1 不仅在向基式运输中起作用，也在向顶式运输中起作用。

输出载体复合体 - PIN 蛋白(以拟南芥 *pin*1 突变体所形成的针形花序命名)家族。在拟南芥中，PIN 家族的每一成员都表现独特的组织特异性表达模式。在拟南芥根中的 PIN 功能分析表明，多种 PIN 蛋白在调控生长素运输、向性生长及根端分生组织的维持中协同发挥功能(图 1)。在子叶和叶原基等地上组织中，器官的形成似乎取决于通过器官外层细胞的“反向喷泉”式的 PIN1 依赖性生长素流动。积累在原基尖部的 IAA 会通过新分化成的器官维管组织，以一种定向的 PIN1 依赖性运输流，重新取

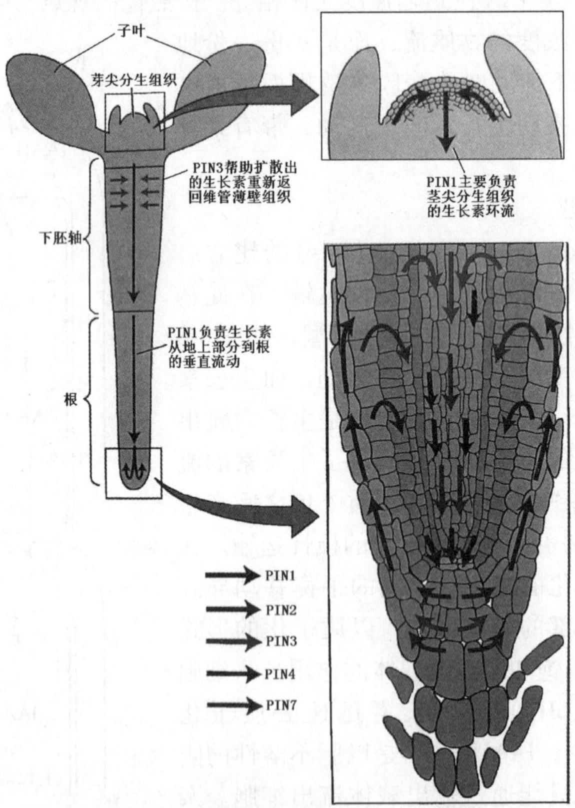

图 1　拟南芥中 PIN 蛋白介导生长素在植物中的流动(引自 Taiz and Zeiger, 2010)

生长素的定向运输与 PIN 输出蛋白的组织特异性分布有关

向或“排出”。在侧根的形成和保持中则以一种相似但方向相反的机制起作用，IAA 通过中央维管组织，以一种 PIN1 依赖性运输方式，在侧根分生组织中累积。

PGP(P-glycoprotein)作为生长素运出载体复合体的组分，起到在质膜上稳定生长素运出载体复合体的作用。有可能 PGP 通过与 PIN 蛋白结合，介导 IAA 的 ATP 依赖性运输，如图 2 所示。

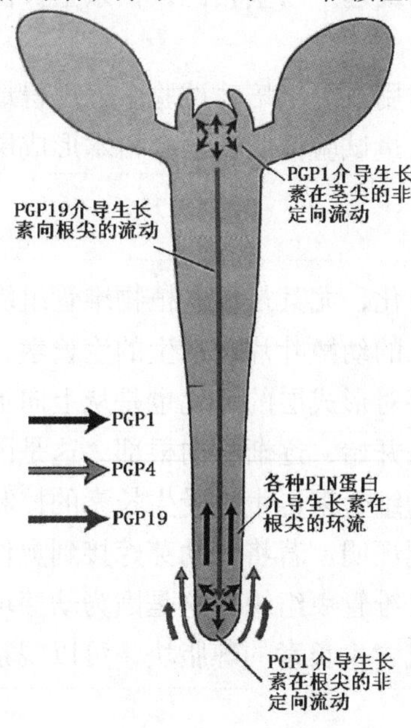

图 2 拟南芥中 PIN 和 PGP 介导生长素在植物中的流动

(引自 Taiz and Zeiger, 2010)

对生长素极性运输及其调控的研究虽然取得了长足的进展，但对其调控机制的认识仍然不全面，对输出蛋白和输入蛋白的胞内定位、活性和编码基因表达的精细调控细节有待进一步明确，特别是对输入载体控制的生长素极性运输途径的研究还很不充分。

8.2.4 生长素的生理作用

(1)促进细胞和器官的伸长生长

这是生长素的基本生理作用。在早期研究中，只有当某种化合物能促进燕麦胚芽鞘伸长时，才能归入生长素类。生长素的生物测定实验就是建立在生长素浓度和燕麦胚芽鞘弯曲或伸长生长等生理反应之间相关关系上的一种定量测定方法。将生长素浓度对某种器官的促进作用做图时可以看到，随着浓度升高，器官的伸长程度逐渐增加而达最大值，生长素浓度再进一步增高会产生抑制作用(图 8-9)，这是因为过高的生长素浓度会

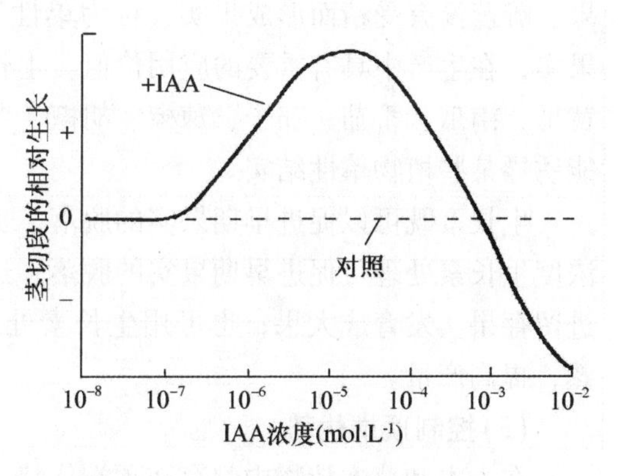

图 8-9 胚芽鞘和幼茎切段伸长生长与外源 IAA 浓度的关系

诱导乙烯的生成，乙烯会抑制细胞的伸长生长。根、茎细胞伸长生长对生长素的敏感性不同，生长的IAA最适浓度有显著差别；茎最高，芽次之，而以根最低。能促进主茎生长的浓度，往往对侧芽和根的生长有抑制作用。根系对生长素最敏感，因为根尖生长区距离茎尖等生长素的合成部位距离最远。与茎相比，根系生长仅仅需要极低浓度的生长素。

(2)促进细胞分裂

生长素促进细胞分裂的作用在组织培养试验中表现得最明显。细胞分裂素必须与生长素配合才能引起细胞分裂。大量试验证明，早春树木形成层细胞恢复分裂活动，与芽萌动产生生长素向下运输密切相关。

(3)诱导维管束分化

诱导和促进植物细胞的分化，尤其是促进植物维管组织的分化是生长素的一个重要生理作用。例如，正在快速生长的幼嫩叶片内产生的生长素，可以诱导茎内的维管束分化与之贯通。春天树木萌动的幼芽对形成层的活化也是从上向下进行的，所以新一轮的木质部和韧皮部生长是从幼嫩的枝条开始，逐渐移向根部。这是因为幼叶或幼芽内产生的生长素控制着维管束的分化。茎内的维管束再生也受生长素的控制。生长素影响维管束的分化还可以利用组织培养的方法得到证明。若将一幼芽嫁接到愈伤组织上，培养一段时间，可观察到嫁接幼芽的下方会分化出维管束组织，这是因为幼芽可以产生并分泌生长素到愈伤组织内。如果把嫁接的幼芽换成含生长素的琼脂块，可以观察到同样的现象。

(4)影响花及果实发育

生长素与花芽诱导和发育之间的关系目前尚不十分明确。因为在许多植物上，外源施用生长素常常抑制花的形成，这种抑制作用可能是一种衍生的次级反应，即可能是生长素诱导的乙烯产生的抑制作用。但也有例外，用生长素或乙烯可以强烈促进凤梨科(Bromeliaceae)植物开花，在生产中常喷施生长素或乙烯利刺激菠萝开花。

在正常情况下，坐果(即子房开始发育)必须在成功的授粉和受精之后才能进行，这是因为花粉和胚乳细胞中大量产生生长素，刺激子房发育形成果实。果实发育初期的生长素来源主要依赖胚乳细胞，在果实发育后期，生长素的主要来源是胚。

花粉中生长素含量较高，花粉的提取物可以刺激未授粉的茄科(Solanceous)植物的坐果。雌蕊没有受精而形成果实，称为单性果实(pathenocarpy)，因为单性结实可产生无籽果实，在生产中具有重要的应用价值。生长素诱导单性结实有效的植物有西葫芦、西瓜、黄瓜、南瓜、番茄、茄子、辣椒、胡椒、樱桃、无花果以及柑橘等。赤霉素和细胞分裂也能诱导某些植物单性结实。

生长素既可以促进早期果实的脱落，也可以防止未成熟果实的脱落。在生产上用一定浓度生长素处理可促进早期果实的脱落，这是一种化学疏果技术，用来防止坐果过密而促进留存果实发育成大果；也可用生长素处理来防止未成熟果实的脱落，以使果实正常成熟，提高产量。

(5)控制顶端优势

在木本和草本植物中都存在顶端优势现象，即正在生长的顶端对侧芽有抑制作用。切去正在生长的顶端，侧芽就开始萌发。如果在新鲜的切口上涂一定浓度的IAA羊毛脂膏，可以代替顶芽对侧芽生长产生抑制作用。所以，IAA 是造成顶端优势的一个因素。

(6)抑制离区的形成

落叶是双子叶木本植物普遍都有的现象，但有些草本植物，如锦紫苏、秋海棠和倒挂金钟等也落叶。落叶之前往往在叶柄基部的横切面上有 1 层或几层细胞进行分裂，形成“离区”。离区的形成是由于叶片衰老，IAA 形成减少而引起的。有人切去锦紫苏的叶片而留下叶柄，叶柄因失去 IAA 的来源而脱落。如果在叶柄切口上涂抹 IAA 可抑制脱落。离区的形成还涉及生长素与其他激素的相互作用。

(7)促进侧根和不定根发生

尽管较高浓度的生长素抑制根的生长，但是高浓度的生长素(10 ~8 mol · L^{-1}以上)可以促进侧根和不定根的发生。植物根系侧根的发生一般在伸长区和根毛区的上端，由中柱鞘上的某些细胞分化而成。生长素可以诱导这些细胞分裂，并逐渐形成一个根原基，最后穿透皮层和表皮，形成一个侧根。如果将植株去掉幼芽或幼叶，会大幅度地减少侧根的发生。不定根的发生和侧根的发生较类似，但不定根可以从多种组织上发生，如根、茎，甚至叶片和愈伤组织等。用生长素处理插条或其他植物组织可促进不定根的形成，提高生根率。

8.2.5 生长素的作用机理

8.2.5.1 活性生长素的结构特点

根据 Poter 和 Thimann 在 20 世纪 60 年代提出的电荷分隔理论，有活性的生长素分子的特点是部分正电荷与羧基负电荷之间的距离大约为 0.55 nm。1978 年 Farrimond 等又重新计算了 IAA 以及其他生长素分子的电荷距离，认为电荷分隔理论是有根据的，但重要的分隔距离一般是 0.5 nm(图 8-10)。这一理论并非没有例外，但确实可以涵盖大多数不同种类的生长素。可以认为，这一理论只说明了活性生长素分子必须具备的最低结构需要。因为，有些生长素的对映体具有相等的电荷分隔距离。例如，D(+)苯氧丙酸和 L(-)苯氧丙酸，前者有活性，而后者没有活性。

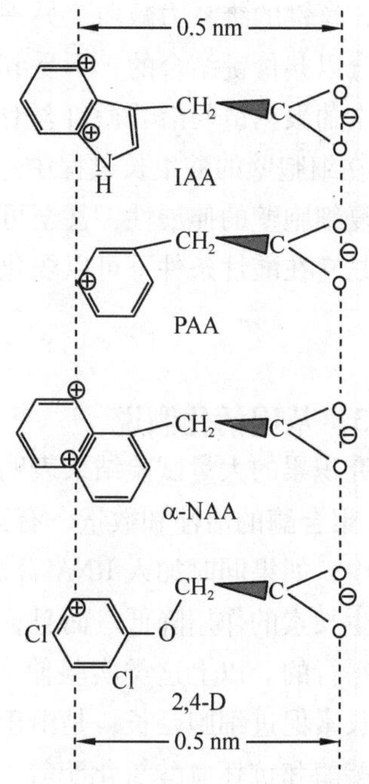

图 8-10 生长素分子上正负电荷的分隔距离

有时生长素分子结构只有微小差别，而活性却相差很大。例如，2,4-D 的活性极强，而 2,6-D 却几乎没有活性。这说明，植物细胞内存在能专一识别生长素的受体。这种受体可能是某种蛋白质，或有蛋白质参与的细胞结构，因为只有蛋白质才具有这样高的构象识别精密度。研究者认为有活性的生长素能与具有一定形状和电荷分布的受体位点同时经受再定向，然后结合在一起。

能和受体结合的活性生长素必需的结构特点是：①具有1个能与受体结合的芳香环基团（带正电荷）；②具有1个羧基侧链（带负电荷）；③2个结合基团之间具有一定距离（0.5 nm）。

8.2.5.2　酸生长假说

试验证明，生长素促进细胞伸长生长的效应非常迅速，从处理到产生效应的时间仅约10 min。燕麦胚芽鞘切段在pH 4.1温培溶液中的生长量比pH 7.2时大8倍。还发现，胚芽鞘在生长素作用下伸长时，溶液酸化。在中性的缓冲液中，即使含有生长素，细胞的伸长生长也会受到抑制；相反，无生长素的酸性缓冲液可以促进细胞的伸长生长。根据上述实验结果，20世纪70年代初人们提出了生长素促进细胞伸长生长的酸生长假说（acid growth hypothesis），其基本内容是：生长素激活束缚在膜上的H^+泵或促进合成新的H^+泵，使细胞壁衬质内溶液的pH值下降，某些能使细胞壁松弛的酶在低pH值条件下活化。细胞壁松弛，细胞因压力势下降，体积增大。

1977年，Ray发现在玉米胚芽鞘的粗糙内质网上存在着对生长素有高度亲和力的结合位点。因此，提出生长素的原发作用是发生在内质网上。生长素与内质网上受体位点结合后，可能诱导H^+从细胞质进入内质网的腔内，然后与分泌蛋白（可能是高尔基体）一起运向细胞壁，使细胞壁衬质内的溶液酸化。

至于酸化为什么会引起细胞壁松弛，有人根据假挪威槭组织培养细胞初生壁的大分子成分的分析材料，提出了细胞壁分子结构模型。这个模型认为，初生壁具有一个由纤维素微纤丝和其他多糖（如木葡聚糖）以大量氢键交联形成的骨架。当介质的pH值降低和温度上升时，氢键的维系力减弱。另一方面，木葡聚糖聚合物是以其还原性端与细胞壁的非纤维素成分以共价键结合的，不受pH值和温度的影响。这样，随着氢键不停地断裂和重新形成，木葡聚糖链便沿着微纤丝作尺蠖式的爬行。现在认为是细胞壁中的扩张蛋白（expansin）在细胞壁的酸生长过程中起着疏松细胞壁的作用。扩张蛋白不仅可以在酸性缓冲液中恢复细胞壁的伸展性，甚至可以疏松完全由纤维素组成的滤纸。扩张蛋白疏松细胞壁的原理是它在酸性条件下可以弱化细胞壁多糖组分间的氢键。因此，细胞的压力势下降而吸水。

8.2.5.3　基因活化假说

研究积累的大量试验结果表明，生长素能改变RNA和蛋白质合成的数量和种类，增加RNA聚合酶的活性和数量，有选择性地提高某些酶的活性。另外，在生长素诱导生长的试验中，如果同时加入RNA合成抑制剂放线菌素D或蛋白质合成抑制剂亚胺环己酮，可以使生长素的作用降低。而且，RNA合成和蛋白质合成下降的百分率与生长增加率的下降是平行的。以上这类实验使人们广泛接受了生长素有调节转录作用的观点。也就是说，生长素促进细胞延长，是由于诱导了细胞壁酶的合成。例如，半纤维素酶、转化酶、果胶甲酯酶和抗坏血酸氧化酶等。当然，这一假说也有不足之处，即IAA对生长的促进作用往往在几分钟内即可观察到，而IAA处理后蛋白质水平的变化却要慢得多。因此，有人认为生长素是变构效应剂，它的作用是活化合成细胞壁物质的酶。

基因活化假说和酸性生长假说虽然是非常不同的观点，但不是相互排斥的。因为，虽然生长素诱导的生长反应出现很快，不会直接依赖 RNA 和蛋白质的合成，但细胞壁的持续生长确实需要合成新蛋白质。1975 年 Vanderhocf 等详细研究了生长素处理后胚芽鞘切段生长速度的变化过程，发现有 2 个阶段。在生长素处理后约 12 min 开始出现第一阶段生长反应，不加生长素只降低温培溶液的 pH 值也能引起类似的单峰生长曲线。生长素处理后约 40 min 开始出现第二阶段的生长反应，可被加入的亚胺环己酮取消。这样，2 种假说就可得到统一。

8.2.5.4 生长素受体

至于生长素如何启动 H^+ 泵和活化基因，现在还不十分清楚。早些年观察到，生长素能迅速诱导原生质膜的结构发生变化。因此设想，生长素首先与束缚在膜上的受体相互作用，然后受体被释放，通过核膜与 RNA 聚合酶结合。这种经过修饰的 RNA 聚合酶能够调节基因转录。至于细胞壁的酸化，则是生长素与原生质膜上的受体发生相互作用时 H^+ 外排所引起的。

近年来的研究表明，生长素作为信号分子，以 2 条主要转导途径起作用：①质膜上的生长素结合蛋白(ABP)，可能起接收细胞外生长素信号的作用，并将细胞外信号向细胞内转导，从而诱导细胞伸长(图 8-11)。②细胞中存在的细胞液/细胞核可溶性结合蛋白(SABP)与生长素结合，在转录和翻译水平上影响基因表达。

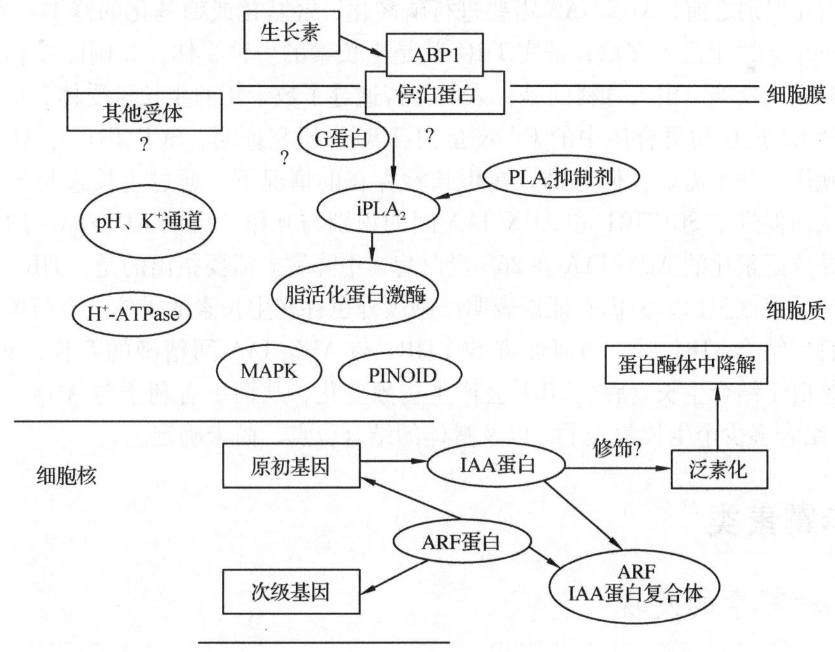

图 8-11 生长素信号转导模型

PLA_2——磷脂酶 A_2；$iPLA_2$——不依赖于钙的磷脂酶 A_2；MAPK——有丝分裂原蛋白激酶；PINOID(PID)编码丝氨酸/苏氨酸蛋白激酶，催化 PIN 蛋白的磷酸化。

ABP有4种，ABP1(内质网膜上)，ABP2(可能在液泡膜上)，ABP3和NPA结合蛋白(位于质膜上)。有实验证明ABP1是在原生质膜外起作用，而抗体研究发现ABP1主要分布在细胞的内质网上，这些结果与ABP1在原生质体膜上起作用的证据是互相矛盾的，因而ABP1是否为生长素受体受到质疑。但是，这类实验结果也可解释为：ABP1是内质网上的蛋白质，但最终被释放到原生质体膜外。一旦释放到细胞外，ABP1与原生质体上的特定蛋白质作用而成为生长素的受体，接收生长素信号。

TIR1/AFB是运输抑制剂响应蛋白1(transport inhibitor response protein 1)，也是一类生长素受体蛋白，是泛素连接酶复合体成员。TIR1是一种称为F-box的蛋白，当与IAA结合后，会促进泛素连接酶SCF复合体特异识别目标蛋白质Aux/IAA蛋白，并启动Aux/IAA蛋白的降解。

AUX/IAAs(auxin/indoleaceticacid proteins)和ARFs(auxin response factors)是受生长素调控的转录因子。AUX/ IAAs属于转录抑制因子。在静息状态下，AUX/IAAs与ARFs结合形成AUX/IAA-ARF二聚体，从而抑制ARFs对基因表达的调控，这并不引起与生长素有关的反应。当有生长素存在时，它会促进AUX/IAAs通过泛素化途径(ubiquitination pathway)的降解而释放出ARFs，于是ARFs遂形成具有活性的ARF-ARF二聚体，进一步调控与生长素相关基因的转录，最终引起与生长素有关的反应；同时，新合成的AUX/IAAs又可以反馈抑制生长素相关基因的转录，引起生长素-受体复合物解离，生长素信号解除，进而精确地调节生长素的信号转导过程。

AUX/IAA与SCFTIR1间的相互关系是生长素作用机制的核心。曾有报告认为，在与SCFTIR1相互识别之前，AUX/IAA需要进行磷酸化、羟基化或糖基化的修饰。Yoshida等同时在*Nature*杂志上发表文章，证实TIR1就是生长素的一种受体，在国际植物分子生物学界，引起巨大反响。出人意料的是，人们苦苦追寻了数十年的生长素受体，居然是泛素化降解途径E3连接酶复合体中的F-box蛋白-TIR1。研究证明，SCFTIR1与AUX/IAA间的识别和互作，并不需要任何修饰；在生长素存在的情况下，通过生长素与SCFTIR1直接结合，从而促进了SCFTIR1和AUX/IAA间的识别与互作，启动AUX/IAA的泛素化过程，最终导致泛素化的AUX/IAA在26S蛋白酶体中降解。需要指出的是，TIR1是存在于细胞质中的可溶性蛋白，但仍有证据表明细胞膜外也存在生长素的受体，有可能是ABP1。而生长素直接结合TIR1后，如何促进SCFTIR1与AUX/IAA间精确的互作，仍不清楚。推测可能是由于结合生长素后，TIR1会产生构象变化，从而更有利于与AUX/IAA结合。每个TIR1结合多少个生长素分子，以及具体的结合位点，尚未确定。

8.3　赤霉素类

8.3.1　赤霉素的发现

赤霉素(gibberellin，GA)是日本植物病理学家黑泽英一(Eiichi Kurosawa)于1926年在研究水稻“恶苗病”时发现的。患恶苗病的水稻表现为植株异常细高，移栽后不易成活或难以结实。经研究发现，这种病症是由一种称为赤霉菌(*Gibberella fujikuroi*)的病原菌分泌的某种化学物质诱导所致。1935 年，日本科学家藤田(Yabuta)成功地将这种物质分离出来，将其命名为赤霉素。1958 年，Jake MacMillan 从菜豆(*Phaseolus coccineus*)的未成熟种子中成功地纯化了赤霉素 A_1(GA_1)。这是第一例在高等植物中提取的赤霉素。植物体内的赤霉素含量非常低，营养组织通常为 1×10^{-9} mol · L^{-1}，即使含量较高的菜豆未成熟种子中才有大约十亿分之几的含量。

随着微生物和高等植物中越来越多的赤霉素类被鉴定，它们以发现的先后编码为 GA_x。其中，x 是数字序号(如 GA_1，GA_2，GA_3等)，邻近编码的赤霉素在结构和代谢顺序上没有联系。目前，已有 126 种赤霉素已经得到了机构鉴定，可以说，赤霉素是植物激素中种类最多的一种激素。赤霉素在被子植物、裸子植物、蕨类、藻类、真菌和细菌中都普遍存在，尽管发现的赤霉素数量巨大，但研究表明，植物中仅有少数几种赤霉素具有生物活性，其他只是合成过程中的前体或代谢产物，不具备直接生物活性。

8.3.2　赤霉素的结构及其种类

目前，所谓的赤霉素类是指一大类化学结构十分相似的化合物，它们的基本结构是含有赤霉烷骨架，能刺激细胞分裂和伸长的一类化合物的总称。赤霉素是一类双萜化合物，由 4 个异戊二烯单位组成。基本骨架结构是赤霉素烷(gibberellane)，其碳原子的编号如图 8-12 所示。在赤霉素烷上，由于双键、羟基数目、位置和手性的不同，形成了赤霉素分子结构的多样性。根据赤霉素分子中碳原子总数的不同，可分为 C_{19} 和 C_{20}(图 8-13)2 类。前者含有赤霉烷中 19 个碳原子，第 20 位的碳原子缺失(如 $GA_{1,2,3,4,7,9,20,22}$等)，而后者含有所有的 20 个碳原子(如 $GA_{12,13,15,17,19,24,25,27}$等)。$C_{19}$包含的赤霉素种类多于 C_{20}，且活性高。各类赤霉素都含有羧酸，所以赤霉素呈酸性。几种常用的赤霉素结构如图 8-14 所示。

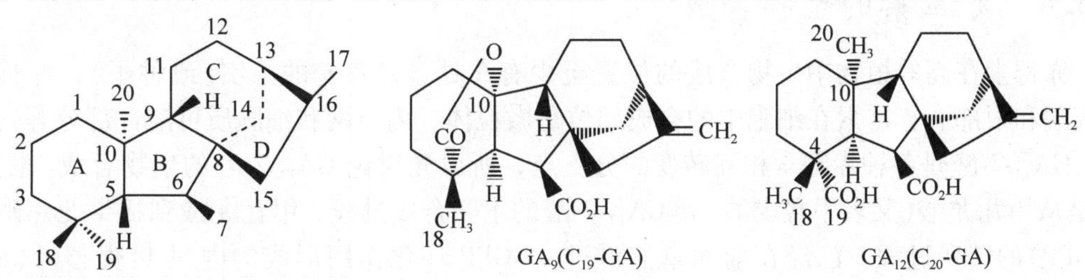

图 8-12　赤霉烷骨架结构

图 8-13　C_{19}-GA，C_{20}-GA 的结构

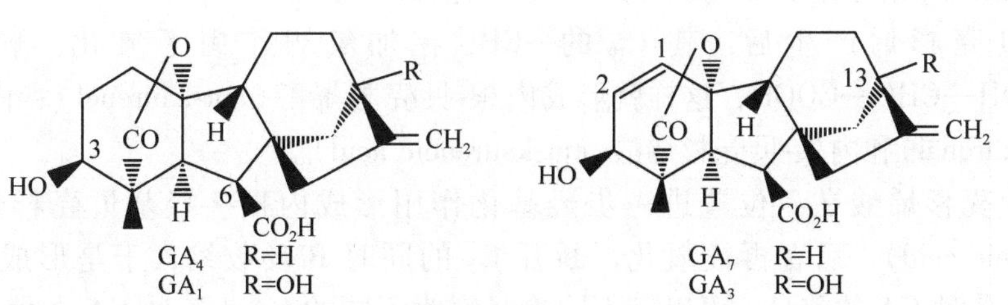

GA_4　R=H
GA_1　R=OH

GA_7　R=H
GA_3　R=OH

图 8-14　GA_1，GA_3，GA_4，GA_7 的结构

赤霉素有自由型赤霉素(free gibberellin)和结合型赤霉素(conjugated gibberellin)之分。自由型赤霉素不以键的形式与其他物质结合，易被有机溶剂提取出来。结合型赤霉素是赤霉素和其他物质(如葡萄糖、乙酸)结合的形态，要通过酸水解或蛋白酶分解才能释放出自由赤霉素。一般来说，结合型赤霉素无生理活性，只有转变为自由型时才发挥作用。结合型赤霉素是赤霉素贮藏和运输的一种形式，在植物发育的不同时期，自由型赤霉素和结合型赤霉素可相互转化。这种自由型赤霉素和结合型赤霉素的平衡在种子成熟、休眠和发芽中具有重要的生理意义。

商品赤霉素主要是通过大规模培养遗传上不同的赤霉菌的无性世代而获得的，其产品有赤霉酸(GA_3)及GA_4和GA_7的混合物。

8.3.3　赤霉素的分布和运输

赤霉素广泛分布在高等植物的组织和器官中，但不同部位含量不同，生长旺盛的部分如茎、嫩叶、根尖、发育中的种子和果实、萌发时的种子等含量较多，活性亦强，而休眠器官赤霉素含量极低，活性也弱。高等植物赤霉素的含量一般为1～1 000 $ng \cdot g^{-1}$ FW，通常生殖器官中所含的赤霉素含量比其营养器官要高2个数量级。赤霉素的种类、数量和状态(自由态或结合态)都因植物发育时期而异。

赤霉素在植物体内的运输没有极性，可以双向运输。顶端合成的赤霉素可以沿韧皮部向下运输，根部合成的赤霉素可以通过木质部向上运输，植株上部合成的赤霉素可以上、下双向运输，其运输速度和光合作用相同。不同植物间的运输速度差异较大，如矮生豌豆是5 $cm \cdot h^{-1}$，豌豆是2.1 $mm \cdot h^{-1}$，马铃薯是0.42 $mm \cdot h^{-1}$。

8.3.4　赤霉素的生物合成

赤霉素在高等植物中生物合成的位置至少有3处：发育着的果实(或种子)，伸长着的茎端和根部。赤霉素在细胞中的合成部位是微粒体、内质网和细胞质可溶性部分等处。

GA_{12}-7-醛是各种赤霉素相互转变的分支点，所以先讨论GA_{12}-7-醛的生物合成。图8-15是从甲瓦龙酸(又名甲羟戊酸)到GA_{12}-7-醛的生物合成过程。甲瓦龙酸到牻牛儿焦磷酸(GGPP)的转变过程，已经在前面章节讲过。GGPP环化作用形成的内根-贝壳杉烯(ent-kaurene)要经过2个步骤：由可溶性的内根-贝壳杉烯合成酶A(ent-kaurene synthetase A)把GGPP催化成玷玔焦磷酸(copaly pyrophosphate，CPP)；内根-贝壳杉烯合成酶B(ent-kaurene synthetase B)则催化CPP闭环形成内根-贝壳杉烯。

内根-贝壳杉烯产生后，其C_{19}的—CH_3在加氧酶作用下氧化，顺序转变为CH_3—CH_2OH—CHO—COOH，这样就形成内根-贝壳杉烯醇(ent-kaurenol)、内根-贝壳杉烯醛(ent-kaurenal)和内根-贝壳杉烯酸(ent-kaurenoic acid)。

内根-贝壳杉烯酸在7-位置进一步羟基化作用形成内根-7-羟基贝壳杉烯酸(ent-7-hydrokaurenoic acid)，后者再被氧化，断开C_7的同时B环收缩，于是形成GA_{12}-7-醛。GA_{12}-7-醛是各种GA的前身，可以经不同途径变为不同的GA。各种GA在植物体内是可以相互转变的。从1968年就能人工合成赤霉素，现已合成出GA_3、GA_1、GA_{19}等，但是成本较高。目前生产上使用的GA_3等仍然是从赤霉菌的培养液中提取出来的，价格较低。

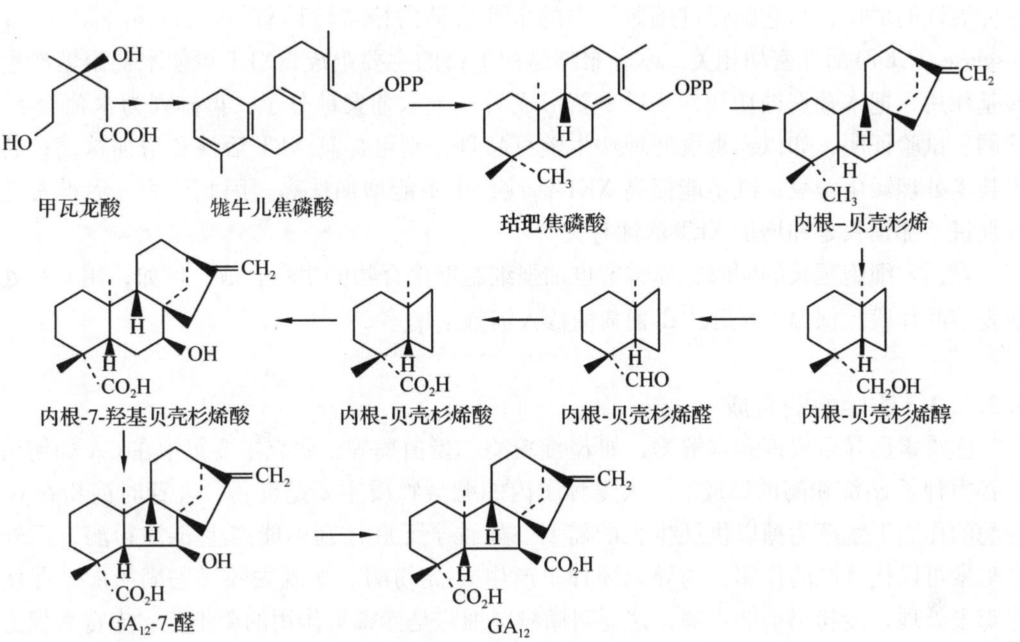

甲瓦龙酸 → 牻牛儿焦磷酸 → 珐琲焦磷酸 → 内根-贝壳杉烯 → 内根-贝壳杉烯醇 → 内根-贝壳杉烯醛 → 内根-贝壳杉烯酸 → 内根-7-羟基贝壳杉烯酸 → GA_{12}-7-醛 → GA_{12}

图 8-15 由甲瓦龙酸合成 GA_{12} 的过程

8.3.5 赤霉素的作用机理

赤霉素的受体位于质膜的外表面，信号通过某种信息传递途径到达细胞核，调节细胞延长和形成蛋白质。异三聚体 G 蛋白，cGMP、Ca^{2+}、钙调素(CaM)和蛋白激酶等都可能是 GA 信号转导途径中的第二信使。

8.3.5.1 促进茎的延长

赤霉素显著促进茎、叶的延长。赤霉素促进茎延长与细胞壁伸展性有关，但解释不同。有人用赤霉素消除细胞壁中 Ca^{2+} 的作用来解释赤霉素促进细胞延长的原因。细胞壁里有 Ca^{2+}。长期以来，就知道 Ca^{2+} 有降低细胞壁伸展性的作用，因为 Ca^{2+} 和细胞壁聚合物交叉点的非共价离子结合在一起，不易伸展，所以抑制细胞伸长。赤霉素能使细胞壁里的 Ca^{2+} 移开并进入胞质溶胶中，细胞壁里的 Ca^{2+} 水平就下降，细胞壁的伸展性加大，生长加快。用 $CaCl_2$ 处理莴苣下胚轴，生长变慢；当加入 GA_3(50 mL)后，生长迅速增快(图 8-16)。

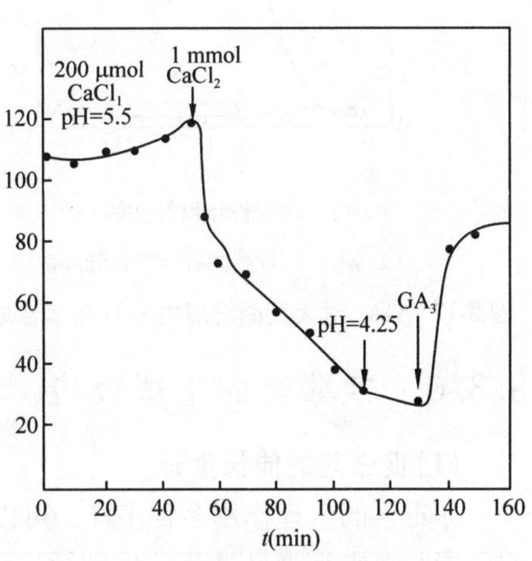

图 8-16 $CaCl_2$ 和 GA_3 对莴苣下胚轴生长速率的影响

有许多关于赤霉素增加细胞壁伸展性机制的假说，但都不确切。最近的研究认为，赤霉素对细胞壁伸展性的增加，与它能促进细胞壁中的木葡聚糖内糖基转移酶(xyloglucan endotransglycosylase，XET)活性密切相关。木葡聚糖是初生壁的主要组成，XET可使木葡聚糖产生内转基作用，把木葡聚糖切开，然后重新形成另一个木葡聚糖分子，再排列为木葡聚-纤维素网。试验证明，如以赤霉素处理矮生豌豆品种，则可提高XET活性和增加株高；若用生长素处理矮生豌豆，既不能提高XET活性，也不能增加株高。因此认为，赤霉素之所以促进茎部延长是和增加XET活性有关。

在诱发细胞延长的同时，赤霉素也加强细胞壁聚合物的生物合成。例如，用GA_3处理燕麦节间片段，保温1 h后，^{14}C-葡萄糖掺入细胞壁增多。

8.3.5.2　诱导酶的合成

赤霉素诱导合成许多水解酶，如α-淀粉酶、蛋白酶等，研究主要集中在GA如何诱导禾谷类种子α-淀粉酶的形成上。大麦种子内的贮藏物质主要是淀粉，发芽时淀粉在α-淀粉酶的作用下水解为糖以供胚生长的需要。如种子无胚，则不能产生α-淀粉酶，但外加赤霉素可以代替胚的作用，诱导无胚种子产生α-淀粉酶。如既去胚又去糊粉层，即使用赤霉素处理，淀粉仍不能水解，这证明糊粉层细胞是赤霉素作用的靶细胞。赤霉素促进无胚大麦种子合成α-淀粉酶，具有高度的专一性和灵敏性，现已用来作为赤霉素的生物鉴定法，在一定浓度范围内，α-淀粉酶的产生与外源赤霉素的浓度成正比。

8.3.5.3　促进RNA和蛋白质合成

赤霉素对RNA和蛋白质合成的影响的研究，一般都以禾谷类种子为材料，因为取材方便，效果显著。实验证明，以GA_3处理大麦糊粉层1 h内，α-淀粉酶的mRNA就出现，随着时间推后，数量增多。这就证明GA_3对α-淀粉酶合成的影响是控制DNA转录为mRNA。

从图8-17可知，在用GA_3处理大麦糊粉层后保温24 h内，α-淀粉酶积累速率随时间推后而显著增加；糊粉层产生的标记蛋白质大部分是α-淀粉酶。由此可知，GA_3能一定程度地增强翻译水平，产生α-淀粉酶。

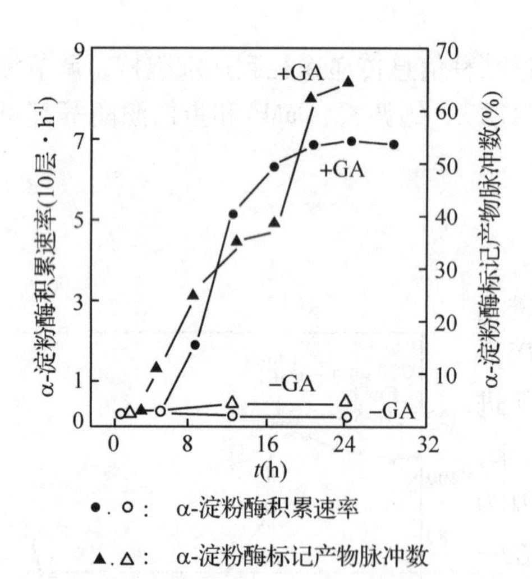

图8-17　GA_3对大豆糊粉层内α-淀粉酶合成的影响

8.3.6　赤霉素的生理效应

(1)促进茎的伸长生长

赤霉素的生理作用多种多样，可以说从种子萌发、幼苗生长到开花结果的全过程都有它的参与。赤霉素最显著的生理效应就是促进植物的生长，这主要是它能促进细胞的伸长。GA促进生长具有以下特点。

第一，促进整株植物生长，尤其是对矮生突变品种的效果特别明显(图 8-18)。施用外源赤霉素可以促进许多植物的茎节伸长生长的同时可能会导致茎干直径减小、叶片变小、叶色变浅。GA 对离体茎切段的伸长没有明显的促进作用，而IAA 对整株植物的生长影响较小，却对离体茎切段的伸长有明显的促进作用。GA 促进矮生植株伸长的原因是由于矮生种内源 GA 的生物合成受阻，使得体内 GA 含量比正常品种低的缘故。虽然赤霉素可以显著促进植物茎的生长，但是赤霉素对植物根系的生长促进效果很小甚至没有。

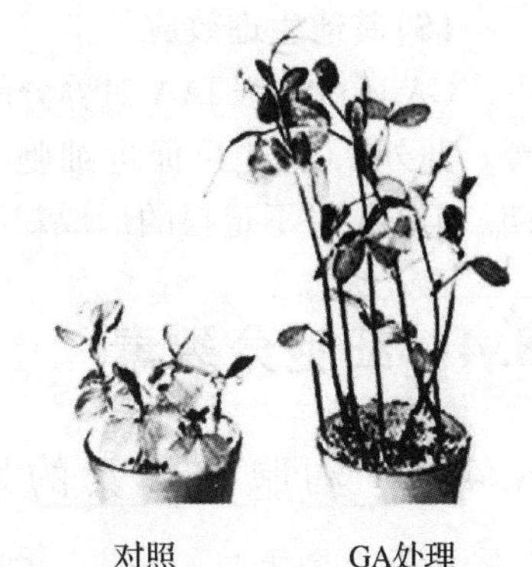

图 8-18 赤霉素对矮生豌豆的影响

第二，GA 一般促进节间的伸长而不是促进节数的增加。

第三，GA 对生长的促进作用不存在超最适浓度的抑制作用，即使浓度很高，仍可表现出最大的促进效应，这与生长素促进植物生长具有最适浓度的情况显著不同。

不同植物种和品种对 GA 的反应有很大的差异。

(2)诱导开花

某些高等植物花芽的分化受日照长度(即光周期)和温度影响。例如，对于二年生作物，需要一定日数的低温处理(即春化)才能开花，否则表现出莲座状生长而不能抽薹开花。若对这些未经春化的作物施用 GA，则不经低温过程也能诱导开花，且效果很明显。此外，也能代替长日照诱导某些长日植物开花，但 GA 对短日植物的花芽分化无促进作用。对于花芽已经分化的植物，GA 对其花的开放具有显著的促进效应。例如，GA 能促进甜叶菊、铁树及柏科、杉科植物开花。

(3)打破休眠

赤霉素在种子萌发过程中有多方面的作用，例如，赤霉素可以刺激胚芽的营养生长，赤霉素还可以松弛围绕在胚周围的胚乳层细胞，降低对胚的生长压迫；最重要的是，赤霉素可以诱导水解酶的合成，分解种子贮存的营养物质。用 $2\sim3\ \mu g\cdot g^{-1}$ 的 GA 处理休眠状态的马铃薯能使其很快发芽，从而可满足一年多次种植马铃薯的需要。对于需光和需低温才能萌发的种子，如莴苣、烟草、紫苏、李子和苹果等的种子，GA 可代替光照和低温打破休眠，这是因为 GA 可诱导 α-淀粉酶、蛋白酶和其他水解酶的合成，催化种子内贮藏物质的降解，以供胚的生长发育所需。在酿酒制造业中，用 GA 处理萌动而未发芽的大麦种子，可诱导 α-淀粉酶的产生，加速酿造时的糖化过程，并降低萌芽的呼吸消耗，从而降低成本。

(4)促进雄花分化

赤霉素在决定雌雄异花植物的性别上具有重要的意义。对于雌雄异花同株的植物，用 GA 处理后，雄花的比例增加；对于雌雄异株植物的雌株，如用 GA 处理，也会开出雄花。GA 在这方面的效应与生长素和乙烯相反。

坐果是受精后果实开始发育的过程，我们已知生长素可以促进这个过程，但是一些坐果不受生长素影响的植物，如苹果施用外源赤霉素具有促进坐果的作用。

(5)其他生理效应

GA还可加强IAA对养分的动员效应，促进某些植物坐果和单性结实、延缓叶片衰老等。此外，GA也可促进细胞的分裂和分化，GA促进细胞分裂是由于缩短了G_1期和S期。但GA对不定根的形成却起抑制作用，这与生长素又有所不同。

8.4　细胞分裂素

8.4.1　细胞分裂素的发现

细胞分裂素(cytokinin，CTK)是一类调节细胞分裂的激素，其发现与植物组织培养密切相关。1948年，斯库格(F. Skoog)和崔徵等在进行烟草茎切段组织培养过程中发现，生长素存在时腺嘌呤具有促进细胞分裂的活性。1955年米勒(C. O. Miller)和斯库格等偶然将存放了4年的鲱鱼精细胞DNA加入到烟草髓组织的培养基中，发现也能诱导细胞的分裂，且其效果优于腺嘌呤，但用新提取的DNA却无促进细胞分裂的活性，如将其在pH值<4的条件下进行高压灭菌处理，则又可表现出促进细胞分裂的活性。后来他们分离出了这种活性物质，并命名为激动素(kinetin，KT)。1956年，他们从高压灭菌处理的鲱鱼精细胞DNA分解产物中纯化出了激动素结晶，并鉴定出其化学结构为6-呋喃氨基嘌呤(N^6-furfurylaminopurine)，分子式为$C_{10}H_9N_{50}$，相对分子质量为215.2 Da，接着又人工合成了这种物质。激动素并非DNA的组成部分，它是DNA在高压灭菌处理过程中发生降解后的重排分子。尽管植物体内不存在激动素，但实验发现植物体内广泛分布着能促进细胞分裂的物质。1963年，莱撒姆(D. S. Letham)从未成熟的玉米籽粒中分离出了一种类似于激动素的细胞分裂促进物质，命名为玉米素(zeatin，ZT)。玉米素是最早发现的植物天然细胞分裂素，其生理活性远强于激动素。1965年，Skoog等提议将来源于植物的、其生理活性类似于激动素的化合物统称为细胞分裂素。

8.4.2　细胞分裂素的结构和种类

细胞分裂素均为腺嘌呤的衍生物，是腺嘌呤6位和9位上N原子以及2位C原子上的H被取代的产物。天然细胞分裂素可分为2类：一类为游离态细胞分裂素，除最早发现的玉米素外，还有玉米素核苷(zeatin riboside)、二氢玉米素(dihydrozeatin)、异戊烯基腺嘌呤(isopentenyladenine，iP)等；另一类为结合态细胞分裂素，有异戊烯基腺苷(isopentenyl adenosine，iPA)、甲硫基异戊烯基腺苷、甲硫基玉米素等，它们结合在tRNA上，构成tRNA的组成成分。

常见的人工合成的细胞分裂素有：激动素(KT)、6-苄基腺嘌呤(6-benzyl adenine，BA，6-BA)(图8-19)和四氢吡喃苄基腺嘌呤(tetrahydropyranyl benzyladenine，又称多氯苯甲酸，PBA)等。其中应用最广泛的是激动素和6-苄基腺嘌呤。有的化学物质虽然不具腺嘌呤结构，但仍然具有细胞分裂素的生理作用，如二苯脲(diphenylurea)。

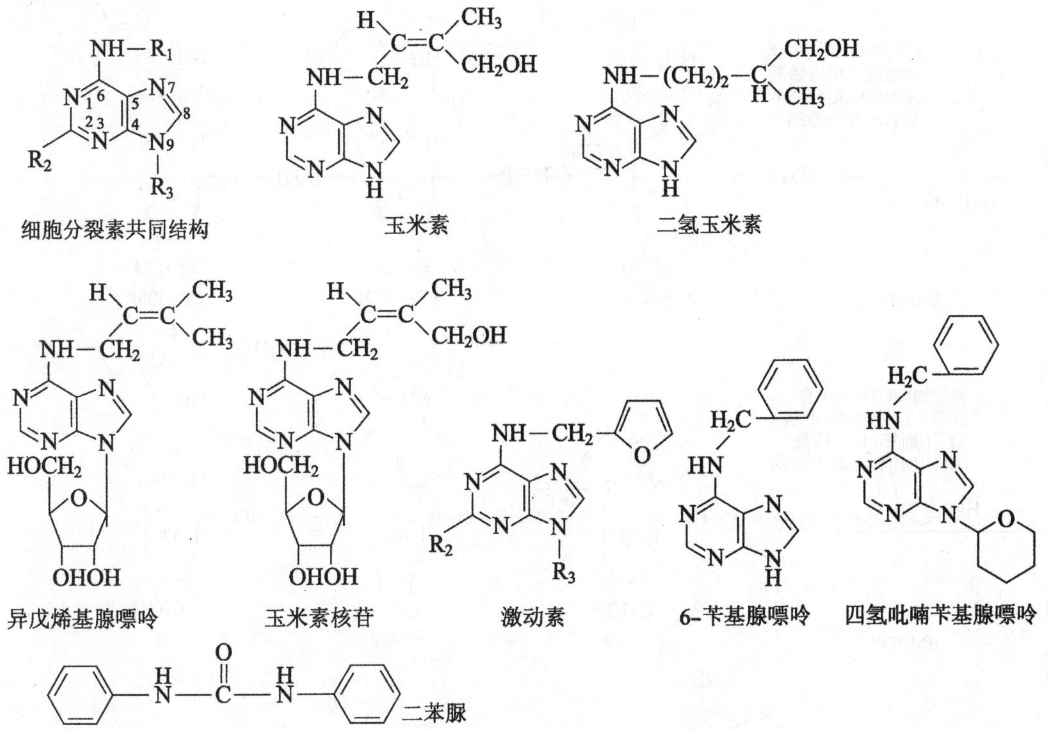

细胞分裂素共同结构 玉米素 二氢玉米素

异戊烯基腺嘌呤 玉米素核苷 激动素 6-苄基腺嘌呤 四氢吡喃苄基腺嘌呤

二苯脲

图 8-19 天然细胞分裂素和几种细胞分裂素类植物生长调节剂的化学结构

8.4.3 细胞分裂素的代谢

8.4.3.1 细胞分裂素的生物合成

细胞分裂素的生物合成是在细胞的微体中进行的，其生物合成途径有 2 条，由 tRNA 水解产生和从头合成。第一条途径是次要的，第二条途径是主要的。高等植物的细胞分裂素主要是从头直接合成的。植物和微生物存在不同的合成底物(图 8-20)，早期对农杆菌的研究表明，1-羟基-2-甲基-2-丁烯基-4-二磷酸(HMBDP)在异戊烯基转移酶(IPT)催化下与 AMP 缩合形成玉米素核苷磷酸；在拟南芥中，二甲丙酰基焦磷酸(DMAPP)，在异戊烯基转移酶(AtIPT)的催化下与 AMP、ATP 或 ADP 缩合形成异戊烯基三磷酸或二磷酸(IPTP/IPDP)，再氧化为玉米素核苷三磷酸或二磷酸(ZTP/ZDP)，然后水解为玉米素核苷(ZR)。玉米素核苷水解形成反式玉米素(CTK)可互变为顺式玉米素。反式玉米素与顺式玉米素均可与葡萄糖结合形成相应的葡萄糖苷，成为结合态而钝化。结合态可由葡萄糖苷水解形成游离态而活化。

8.4.3.2 细胞分裂素的分解

细胞分裂素的降解主要是由细胞分裂素氧化酶(cytokinin oxidase，CKO)催化的。它以分子氧为氧化剂，催化玉米素、玉米素核苷、异戊烯基腺苷(iP)，它们的 N-葡萄糖苷的

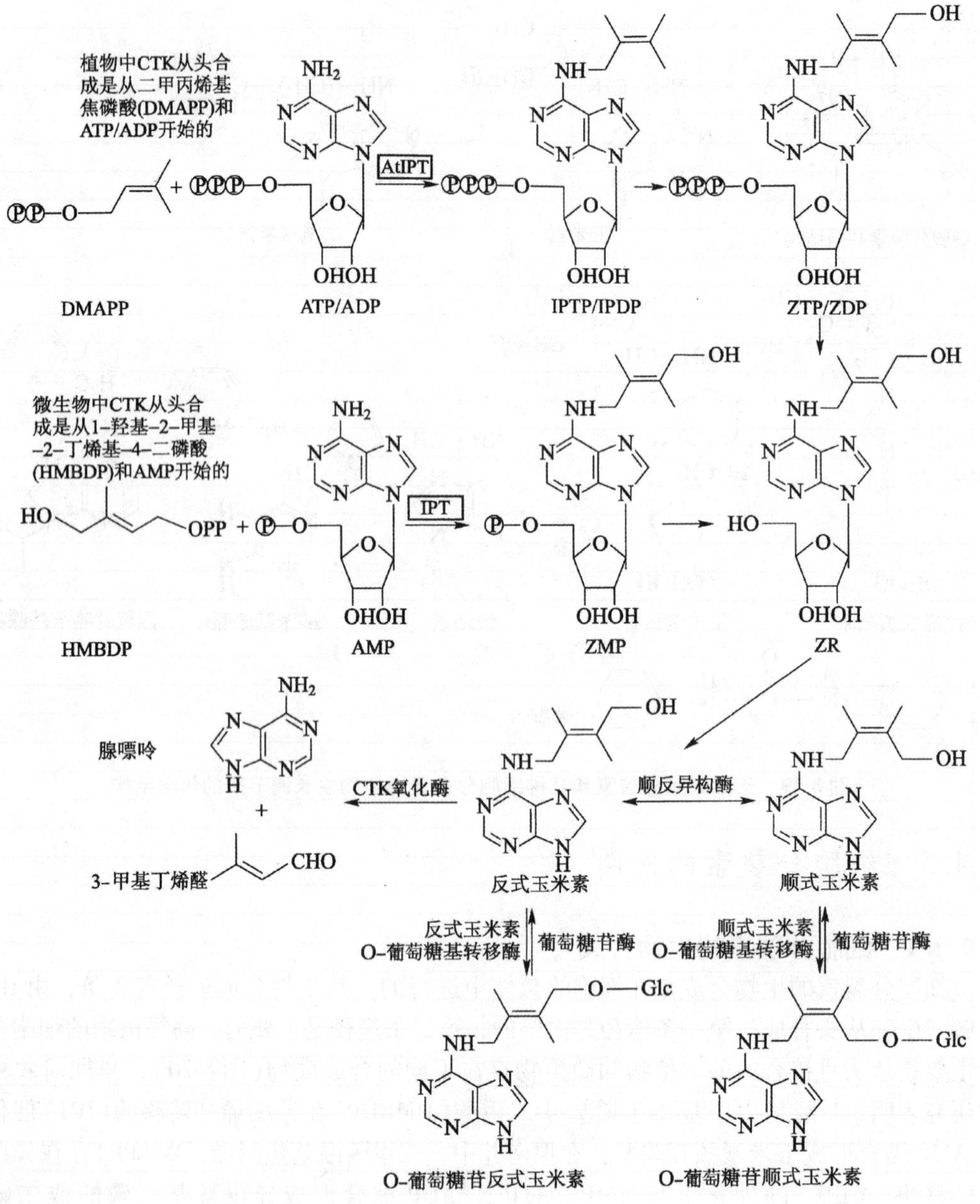

图 8-20　细胞分裂素的代谢途径(引自 Taiz and Zeiger，2006)

N6 上部饱和侧链裂解，释放出腺嘌呤，彻底失去生物活性，此反应不可逆。细胞分裂素氧化酶可能对细胞分裂素起钝化作用，防止细胞分裂素积累过多，产生毒害。已在多种植物中发现了细胞分裂素氧化酶的存在。

植物体就是通过细胞分裂素的生物合成、降解、结合态、游离态等的转变，维持体内细胞分裂素水平，适应生长发育的需要。

8.4.4　细胞分裂素的合成部位和运输

在高等植物中细胞分裂素主要存在于可进行细胞分裂的部位，如茎尖、根尖、未成熟的种子、萌发的种子和生长着的果实等。一般而言，细胞分裂素的含量为 1～1 000 $ng \cdot g^{-1}DW$。

一般认为，细胞分裂素的合成部位是根尖分生区细胞，然后经过木质部运往地上部产生生理效应。在植物的伤流液中含有细胞分裂素。少数在叶片合成的 CTK 也可能从韧皮部运出。此外，茎顶端、萌发的种子和发育的果实也可能是 CTK 合成的部位，但是，外施的 CTK 往往停留在原使用部位，几乎不向外运输。CTK 在植物体内的运输是非极性的。

8.4.5　细胞分裂素的生理作用

(1)促进细胞分裂和细胞体积扩大

细胞分裂素最显著的生理功能就是促进细胞分裂。自然界中有些植物叶片上出现的冠瘿瘤、丛枝病是寄生菌进入寄主后分泌出 CTK 类物质而促进寄主局部细胞分裂加快的结果。

生长素、赤霉素和细胞分裂素都有促进细胞分裂的效应，但它们各自所起的作用不同。细胞分裂包括核分裂和胞质分裂 2 个过程，生长素只促进核的分裂(因促进细胞周期 S 期 DNA 的合成)，而与细胞质的分裂无关。而细胞分裂素主要是调控有丝分裂有关的特异蛋白，使细胞质分裂显著加快，所以，细胞分裂素促进细胞分裂的效应只有在生长素存在的前提下才能表现出来。而赤霉素促进细胞分裂主要是缩短了细胞周期中的 G_1 期和 S 期时间，从而加速了细胞的分裂。

细胞分裂素不仅促进细胞分裂，也诱导细胞横向扩大。例如，CTK 可促进一些双子叶植物(如菜豆、萝卜)的子叶在光照及黑暗条件下的生长与扩大。CTK 促进的细胞生长也是因为增加了细胞壁的伸展性，但其过程并不伴随质子分泌导致的细胞壁酸化，而且生长素和赤霉素均不会促进双子叶植物子叶扩大生长，所以细胞分裂素对子叶扩大生长的作用机制可能是独特的。其对子叶扩大的效应可作为 CTK 的一种生物测定方法。

(2)促进芽的分化

促进芽的分化是细胞分裂素最重要的生理效应之一。1957 年，斯库格和米勒在进行烟草的组织培养时发现，细胞分裂素(激动素)和生长素的相互作用控制着愈伤组织根、芽的形成。当培养基中 CTK/IAA 的比值高时，愈伤组织形成芽；当 CTK/IAA 的比值低时，愈伤组织形成根；如二者的浓度相等，则愈伤组织保持生长而不分化；用 CTK 处理离体的根、叶柄和叶插穗等器官，也能诱导芽的形成。所以，通过调整二者的比值，可诱导愈伤组织形成完整的植株。

细胞分裂素能解除由生长素引起的顶端优势，促进侧芽生长发育。例如，豌豆苗第一真叶叶腋内的侧芽，一般处于潜伏状态，但若以激动素溶液滴加于叶腋部分，腋芽即转入生长状态。其原因是细胞分裂素能够解除生长素对侧芽的抑制作用，还促进侧芽维管束分化输导组织，使更多的营养物质运向侧芽，促进侧芽生长，打破顶端优势。

(3)延缓叶片衰老

人们早就发现，在离体叶片上局部涂以激动素，则在叶片其余部位变黄衰老时，涂抹激动素的部位仍保持绿色。已衰老发黄的基部叶片，如果涂抹 CTK，该叶可以复绿(图 8-21)，这充分说明激动素有延缓叶片衰老的作用。细胞分裂素延缓衰老是由于细胞分裂素能够延缓叶绿素和蛋白质的降解速度，稳定多聚核糖体(蛋白质高速合成的场所)，抑制 DNA 酶、RNA 酶及蛋白酶的活性，保持膜的完整性等。此外，CTK 还可调动多种养分向处理部位移动，如图 8-21(c)，^{14}C-标记的氨基丁酸可以向喷施激动素的部位移动。因此，有人认为 CTK 延缓衰老的另一原因是由于促进了物质的积累，现在有许多资料证明激动素有促进核酸和蛋白质合成的作用。例如，细胞分裂素可抑制与衰老有关的一些水解酶(如纤维素酶、果胶酶、核糖核酸酶等)的 mRNA 的合成，所以，CTK 可能在转录水平上起防止衰老的作用。CTK 延缓叶片衰老还与其维护生物膜功能，防止叶绿素破坏，促进气孔开放，清除自由基等过程有关。

由于 CTK 有保绿及延缓衰老等作用，故可用来处理水果和鲜花等以保鲜、保绿，防止落果。如用400 mg · L^{-1}的 6-BA 水溶液处理柑橘幼果，可显著防止第一次生理脱落，对照的坐果率为 21%，而处理的可达 91%，且果梗加粗，果实浓绿，果实也比对照显著增大。

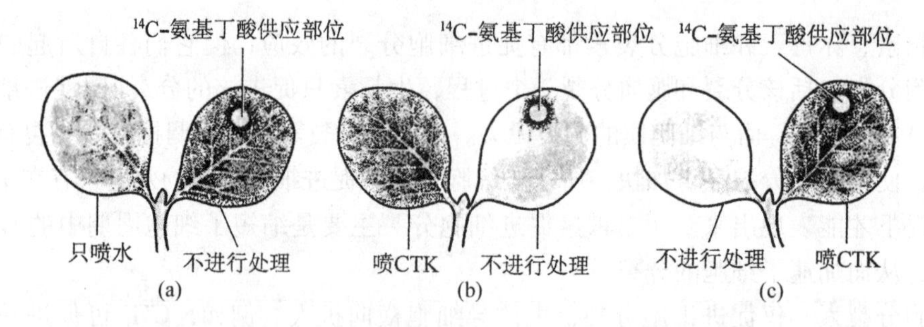

图 8-21 激动素处理的保绿作用以及对物质运输的影响(引自 Taiz and Zeiger, 2006)

(a)绝大部分^{14}C-放射性元素分布在供应叶 (b)绝大部分^{14}C-放射性元素转移到 CTK 供应叶

(c)绝大部分^{14}C-放射性元素分布在供应叶

(4)其他生理效应

细胞分裂素还有其他一些生理效应，如调节根和茎尖的生长、直接参与细胞周期的控制和调节、诱导气孔开放、促进结实，刺激块茎的形成，代替光照促进需光种子的萌发，促进叶绿体发育等。

8.4.6 细胞分裂素的作用机理及信号转导

8.4.6.1 细胞分裂素受体

对细胞分裂素受体的了解来自 *CKI* 1 的发现。在培养植物时，需要加入细胞分裂素才能使细胞分裂，分化成苗。科学家经过大量的愈伤组织筛选，发现一个在没有细胞分裂素条件下可正常生长分裂的超表达突变体，该突变体被命名为 *CKI* 1(cytokinin independent 1)。*CKI* 1 基因编码的蛋白与细菌二元组分的组氨酸蛋白激酶(histidine protein kinase, HPK)相似。尽管没能证实 *CKI* 1 是细胞分裂素的受体，但后来在拟南芥中发现的细胞分裂素受体均具有典型的组氨酸蛋白激酶结构。

研究表明，细胞分裂素受体是一个主要定位于细胞膜上的多基因家族编码的双组分蛋白，目前在拟南芥中发现3个组氨酸蛋白激酶类受体，分别为CRE1/WOL/AHK4、AHK2和AHK3。这3个家族受体含有组氨酸蛋白激酶功能和受体功能所需的保守氨基酸残基，在N端含有高度同源的胞外域，称为CHASE(cyclase/histidine kinase-associated sensing extracellular)域，该区域是细胞分裂素的结合域，对CTK敏感。膜内侧是具有组氨酸蛋白激酶活性的区域。CRE1/AHK4受体主要参与拟南芥根的发育过程，而AHK2特别是AHK3基因更多地表达在拟南芥地上部，参与芽、叶的发育调节。

8.4.6.2 细胞分裂素信号转导

伴随着细胞分裂素受体的发现，近年来通过诱导拟南芥细胞分裂的研究获得了细胞分裂素信号转导的大致途径(图8-22)。当细胞分裂素与受体CRE1结合后，激活受体的激酶活性，HPK将磷酸基团传递给接受区域的天冬氨酸残基(D)。接着，磷酸基团通过拟南芥组氨酸磷酸转移蛋白(Arabidopsis histidine phosphotransfer，AHP)传递到细胞核里。在细

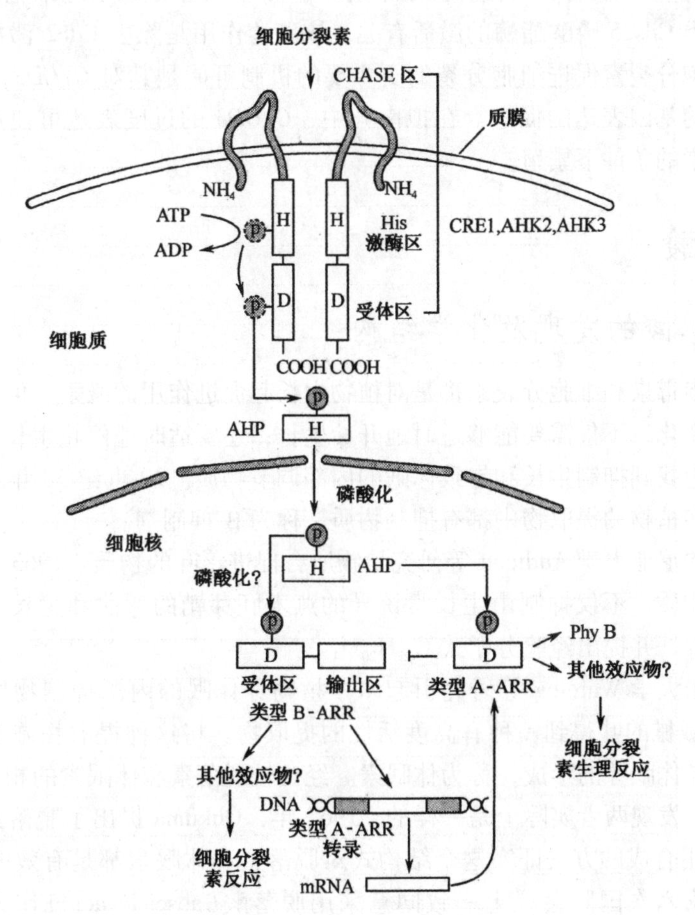

图8-22 拟南芥中细胞分裂素细胞转导途径模式(引自Taiz and Zeiger，2006)

胞核中存在类似二元组分系统的反应调节蛋白，它们的作用是接收磷酸基团输出的信号。拟南芥反应调节蛋白(Arabidopsis response regulator，ARR)是多基因家族编码的，它可以分为2种类型：类型A-ARR蛋白和类型B-ARR蛋白。活化的AHP进入细胞核后，一方面将磷酸基团传给类型B-ARR蛋白，后者进一步诱导类型A-ARR蛋白的表达；另一方面，AHP直接使类型A-ARR磷酸化，可能通过其他效应进一步导致CTK响应。2种ARR与各种效应子相互作用，导致细胞功能的改变，如细胞周期的改变和细胞增殖等反应。

8.4.6.3　细胞分裂素的作用机理

研究表明，细胞分裂素通过促进转录(如A-ARRs)或稳定mRNA(如生长素基因)而促进编码ARR、硝酸还原酶、病程相关蛋白PR1、伸展素、rRNA、细胞色素P450s、过氧化物酶等多种基因的表达。

细胞分裂素通过控制依赖细胞周期蛋白的蛋白激酶(cyclin-dependent protien kinases，CDKs)的活性而促进细胞分裂。生长素虽可促进CDK，如*Cdc2*(cell division cycle 2)的表达，但其诱导的CDK没有酶活性，高水平的CDK本身并不足以引起细胞的分裂。而细胞分裂素与一种类Cds25磷酸酯酶的激活有关，该酶的作用是除去Cdc2激酶上的一个抑制磷酸基团。细胞分裂素促进细胞分裂的更主要的机制可能是其对*CYCD3*，编码一种D型细胞周期蛋白的基因表达的促进。在拟南芥中，*CYCD3*的过度表达可使愈伤组织细胞在缺乏细胞分裂素的条件下繁殖。

8.5　脱落酸

8.5.1　脱落酸的发现及化学结构

生长素、赤霉素和细胞分裂素都是对植物生长起促进作用的激素。但是，植物为了适应环境条件的变化，不仅需要能够适时地开始生长，还要适时地停止生长进入休眠。长期以来，人们总想找到抑制生长和导致休眠的内部调节物质。20世纪50年代初期有人用纸层析法证明许多植物的提取物中都有抑制物质，称为β-抑制剂。

美国加利福尼亚大学Addicott等研究植物所含促进落叶的物质。1963年从幼棉铃中分离结晶出一种物质，不仅抑制由生长素诱导的燕麦胚芽鞘的弯曲和生长，也促进器官脱落，称为脱落素，并提出经验分子式$C_{15}H_{20}O_4$。

英国威尔士大学Wareing等研究引起木本植物芽休眠的内源抑制物质达20年之久，1964年从假挪威槭的叶得到一种有高度活性的提取物。将这种提取物施于假挪威槭幼苗的叶上，能诱导休眠芽的形成，称为休眠素。经比较脱落素和休眠素的相对分子质量、红外光谱和熔点，发现两者实际上是一样的。1965年，Ohkuma提出了脱落素的结构式，后来Cornforth等用合成的方法证实这个结构式对脱落素和休眠素都是有效的。1967年，在植物生长物质第六次国际会议上一致同意采用脱落酸(abscisic acid)作为标准名称，简称ABA。

ABA是一种酸性倍半萜，在其侧链第二和第三位碳原子之间存在双键，所以第二位碳原子上羧基的取向不同就决定了 ABA 具有顺式(*cis*)和反式(*trans*)2 种构型。自然界中几乎所有天然合成的 ABA 都是顺式构型，通常所说的 ABA 就是 *cis*-ABA。ABA 分子脂肪环 1′上具有一个不对称的手性碳原子，所以 ABA 具有 S 和 R(或 + 和 -)2 种对应异构体，天然合成的 ABA 是 S 型对映体，人工合成的 ABA 是 S 和 R 对映体的消旋混合物(图 8-23)。

只有 ABA 的 S 对映体在 ABA 的快速生理效应中起作用，如对气孔开闭的调控。在 ABA 的长期效应中，S 和 R 2 种对映体都有作用，如种子中贮藏蛋白的合成。在植物体内，ABA 的顺反构型可以相互转换，而 S 和 R 对应体构型不能相互转换。

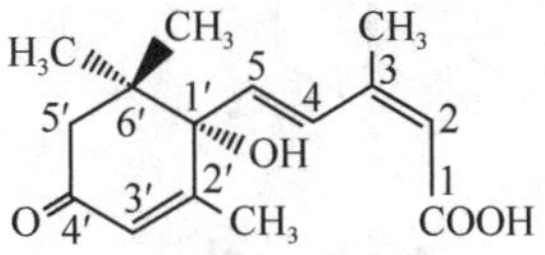

(S)-*cis*-ABA (a)　(R)-*cis*-ABA (b)　(S)-2-*trans*-ABA (c)

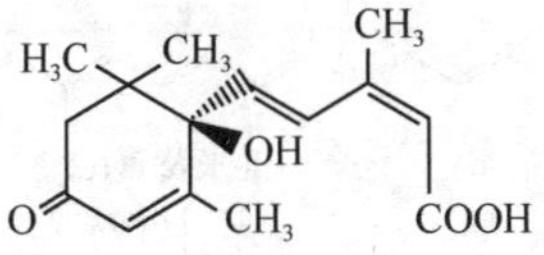

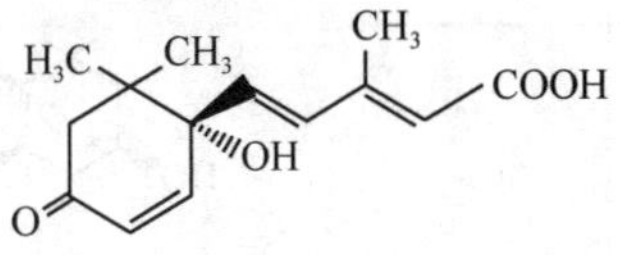

图 8-23　脱落酸的化学结构(引自 Taiz and Zeiger, 2006)

(a)天然活性形式　(b)在气孔关闭实验中无活性　(c)无活性

植物组织中的 ABA 浓度一般为 0.01 ~ 1 $\mu g \cdot L^{-1}$。植物各部分都含有 ABA，而以种子和幼果浓度最高，蔷薇果中曾检出 4 $\mu g \cdot L^{-1}$，鳄梨果实中含 10 $\mu g \cdot L^{-1}$。

8.5.2　脱落酸的代谢和运输

8.5.2.1　脱落酸的生物合成

脱落酸是具有 15 个 C 原子的倍半萜，所以也是类萜途径的产物。1969 年首次证明 ^{14}C-甲瓦龙酸掺入番茄和鳄梨成熟果实的 ABA。后来又多次用 ^{14}C 或 ^{3}H 标记的甲瓦龙酸进行试验，均证实 ABA 的碳链是由 3 个异戊二烯单位构成，而异戊二烯单位则来自甲瓦龙酸。

因为 ABA 的结构很像某种类胡萝卜素的终端结构，所以假设它是由一种类胡萝卜素——黄紫质，经光氧化而成黄质醛。它是脱落酸的环氧衍生物，也具有抑制作用。它可能进一步转化成脱落酸。

现在认为，ABA 主要通过甲瓦龙酸的直接途径合成。类胡萝卜素降解途径可能在某种植物、发育阶段和环境条件下发生(图 8-24)。

ABA 可以在根尖的根冠中合成后通过木质部向上运输，也可以在成熟叶片中合成后通过韧皮部运往枝尖。有试验证明，质体特别是叶绿体能够成为合成 ABA 的中心。

8.5.2.2　脱落酸的运输

ABA 既可以在木质部运输，也可以在韧皮部运输，但主要是在韧皮部运输。使用放射性同位素标记的 ABA 饲喂植物叶片发现，ABA 可以沿着茎向上或向下运输。如果用环割的方法破坏韧皮部，就会抑制 ABA 向根系的运输和积累，所以叶片内合成的 ABA 主要依赖韧皮部运输。

根系内合成的 ABA 主要依赖木质部运输到茎叶部。在土壤水分状况良好时，向日葵

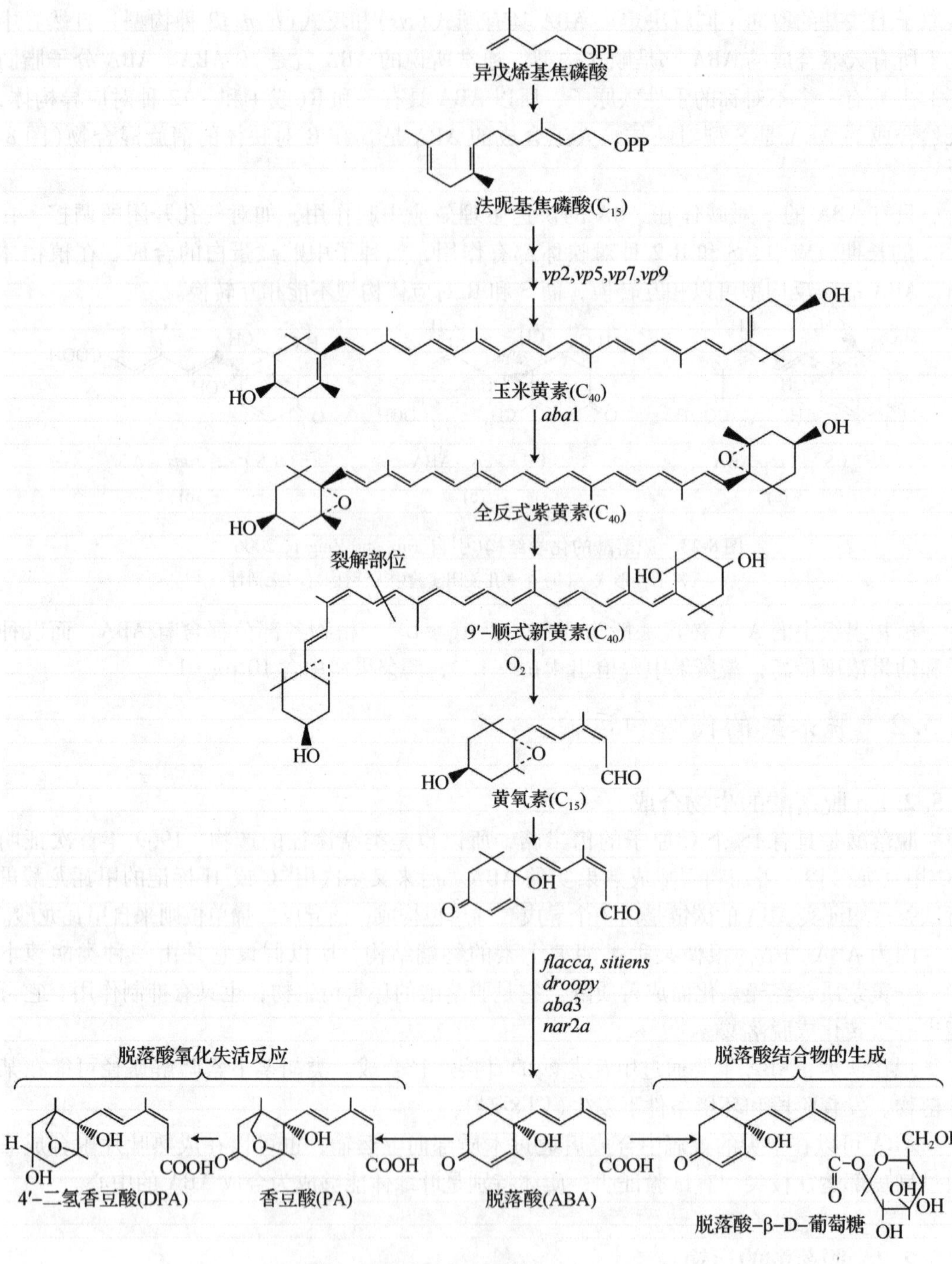

图 8-24　脱落酸的生物合成和代谢途径（引自 Taiz and Zeiger, 2006）

vp 是玉米突变体；*aba* 是拟南芥突变体；*flacca* 和 *sitiens* 是番茄突变体；*droopy* 是马铃薯突变体；*nar2a* 是大麦突变体

木质部内的 ABA 浓度是 1.0 ~ 15.0 $nmol \cdot L^{-1}$，当发生水分亏缺时，ABA 的浓度可以上升到 3.0 $\mu mol \cdot L^{-1}$，此时 ABA 作为一种干旱胁迫信号传输到地上部叶片内，并通过诱导气孔关闭来降低叶片水分蒸腾。

虽然在干旱条件下木质部内的 ABA 浓度高达 3.0 $\mu mol \cdot L^{-1}$，但并不是所有的 ABA 都被运输到叶片的保卫细胞内，因为在运输过程中，大量的 ABA 在蒸腾流经过叶片时被叶肉细胞吸收并代谢掉了。为了防止这种额外的损失，植物产生了一种防御策略。在发生水分胁迫的早期，木质部液的 pH 值会从 6.3 上升到 7.2，木质部液的碱化有利于 ABA 羧基的解离，带负电的 ABA 不容易透过细胞质膜进入细胞内，这样就可以避免大量的 ABA 被叶肉细胞吸收，使更多的 ABA 到达保卫细胞(图 8-25)。

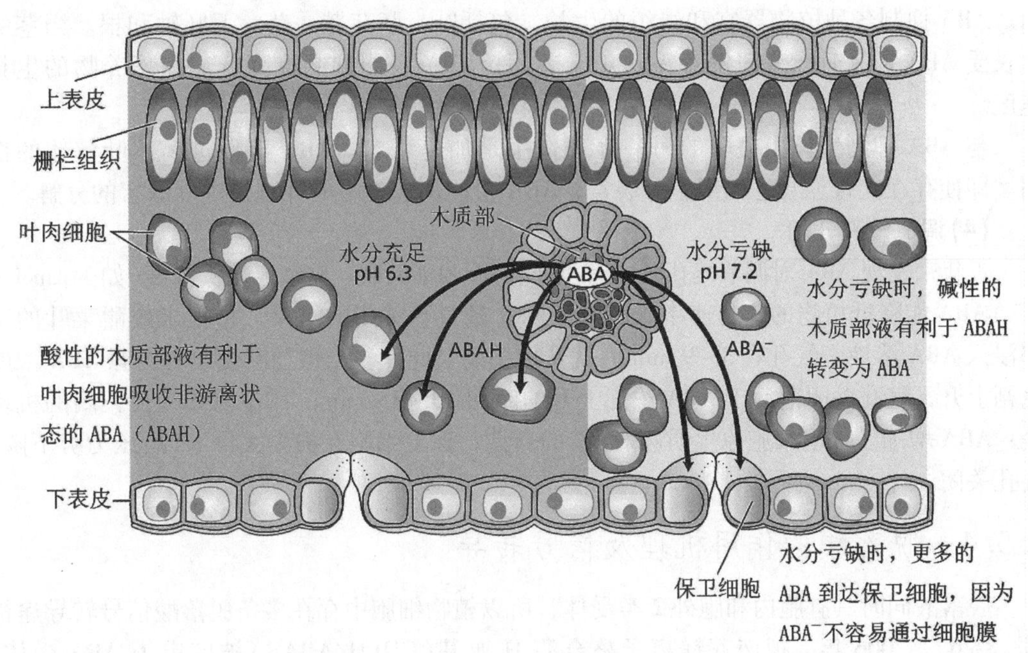

图 8-25 脱落酸的运输机制(引自 Taiz and Zeiger, 2006)

8.5.2.3 脱落酸的代谢

ABA 在植物体内的代谢有 2 个明确的方向：一是氧化分解为香豆酸和二氢香豆酸；二是与葡萄糖结合。

香豆酸在抑制生长、诱导器官脱落和气孔关闭等方面的活性极低。许多树木的芽、种子、树皮和木质部中含有(S)-ABA 的 β-D-吡喃葡萄糖酯。桃树种子在层积过程中胚内游离 ABA 减少，结合态 ABA 渐增。所以，结合态 ABA 可能是贮藏和运输形态。

8.5.3 脱落酸的生理作用

(1)促进器官脱落

研究棉铃脱落的原因导致了 ABA 的发现和分离。已经证明 ABA 能诱导许多植物落叶，以及一些植物落果。但是，除 ABA 以外，植物器官的脱落还涉及生长素和乙烯，以及三者之间的相互作用。

(2)诱导休眠

至少对某些温带木本植物来说，ABA是诱导休眠的内因。另外一个例子是，每天用0.006 μg ABA处理从马铃薯块茎上切下的芽，就能使它保持休眠。

外源施用ABA能阻止或推迟许多植物种子的萌发，它的作用相当于延长种子的休眠期。许多植物的果实和种子含ABA，抑制萌发。ABA有时也能抵消GA或细胞分裂素对种子萌发的促进作用。

(3)抑制生长和加速衰老

ABA抑制各种植物器官和组织的生长，包括叶、胚芽鞘、茎、下胚轴和根。当茎的生长受ABA抑制时，节间发育得比正常茎短。ABA也能抑制或降低组织培养物的生长速度。

与ABA抑制生长相关联的另一生理作用是加速衰老。ABA有促进离体叶解体的作用。即使存在能推迟衰老的细胞分裂素，ABA也能加速切下的叶圆片中叶绿素的分解。

(4)调节气孔开闭

近年来发现ABA对调节气孔开闭有重要作用。1968年，观察到喷低浓度(如1 $\mu mol \cdot L^{-1}$)ABA能降低植物的蒸腾速率。后来证明这是气孔关闭的结果。将玉米或甜菜叶的基部浸入ABA溶液，气孔在3～9 min内就开始关闭。此外，当植物叶受旱时内源ABA浓度急剧上升，气孔关闭落后于ABA浓度上升的时间10～15 min。ABA诱导气孔关闭的机理是：ABA增加了保卫细胞原生质膜对K^+的透性，保卫细胞在损失大量K^+后压力势下降，气孔关闭。

8.5.4　脱落酸的作用机理及信号转导

脱落酸同时具有胞内和胞外2类受体，所以植物细胞中存在多条脱落酸信号转导途径(图8-26)。2006年，拟南芥镁离子螯合酶H亚基(CHLH/ABAR)被鉴定为ABA受体，WRKY转录因子WRKY40、WRKY18和WRKY60是ABA信号通路中的负调控因子，它们通过与CHLH/ABAR互作来传递ABA信号。其中，WRKY40是最主要的负调控因子，它能够抑制受ABA响应基因的表达，比如*ABI5*。高浓度ABA促使WRKY40从细胞核转移至细胞质，并且提高CHLH/ABAR和WRKY40的互作强度，从而解除WRKY40对*ABI5*表达的抑制作用。

2009年，GTG1和GTG2被鉴定为定位于细胞膜上的ABA受体，它们能够和拟南芥G蛋白的α亚基GPA1互作，而且GTG1和GTG2具有GTP结合活性和GTPase活性。GTG1和GTG2双突变体与野生型相比，在种子萌发和幼苗生长上表现出对ABA脱敏的表型，而在气孔运动方面和野生型没有差别。

2009年，2个研究小组报道发现了一类新型的可溶性ABA受体PYR/PYL/RCAR家族。这类受体能够和PP2C磷酸酶(ABI1、ABI2、HAB1)互作使其失活，从而解除PP2Cs对蛋白激酶SnRK2的抑制效应，具有活性的SnRK2磷酸化转录因子ABF1和ABF4，受到激活的ABFs进而调控ABA响应的基因表达。通过拟南芥原生质体瞬时转化表达方法进一步验证了PYR/PYL/RCAR传递ABA信号的机制，随后，PYR/PYL/RCAR蛋白质晶体结构解析的结果更加支持了这种模型。

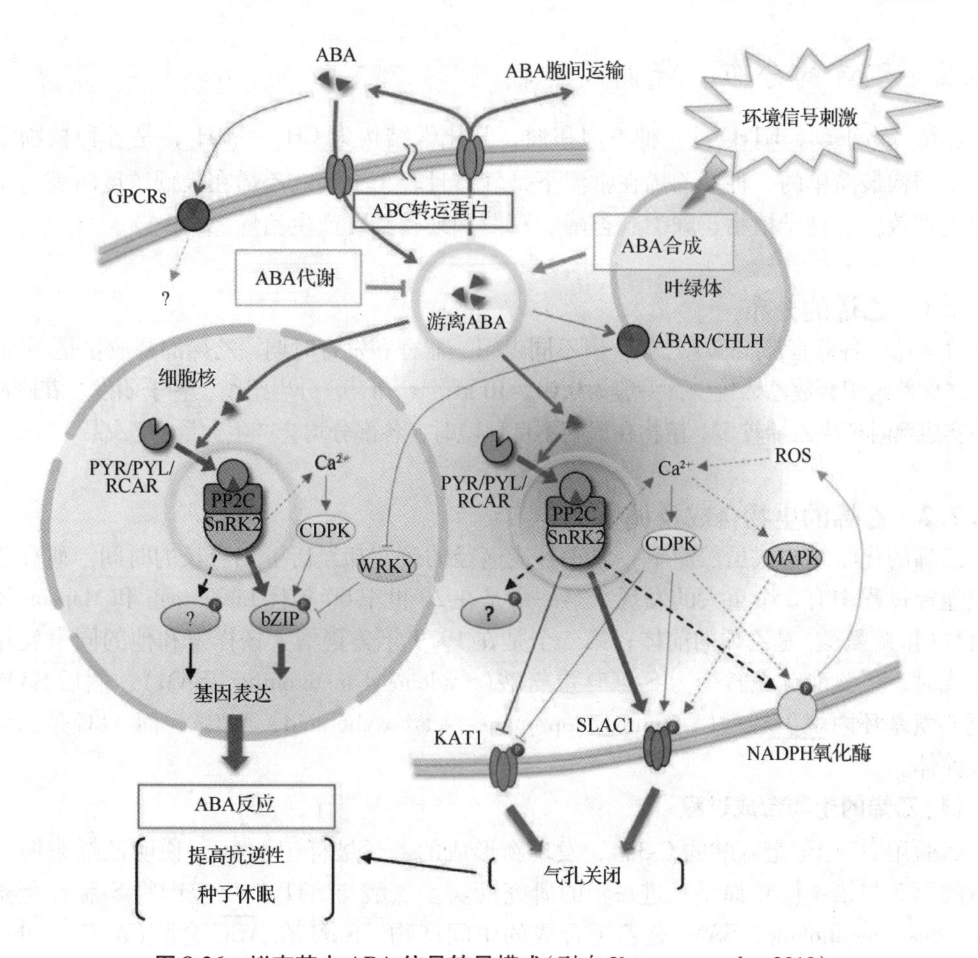

图 8-26 拟南芥中 ABA 信号转导模式(引自 Umezawa *et al.*, 2010)

8.6 乙烯

8.6.1 乙烯的发现

早在 1864 年就有关于燃气街灯漏气会促进附近的树落叶的报道，但直到 1901 年俄国的植物学家 Neljubow 才首先证实是照明气中的乙烯在起作用，他还发现乙烯能引起黄化豌豆苗的三重反应。1934 年，Gane 获得植物组织确实能产生乙烯的化学证据。但当时对于乙烯的研究并没有得到足够的重视。因为人们发现生长素可以促进乙烯的产生，因此认为生长素是植物的主要激素，乙烯只是一种具有间接作用的化学物质。

1959 年，气相色谱的应用推动了乙烯研究的发展。Burg 等测出了未成熟果实中有极少量的乙烯产生，并且随着果实的成熟，产生的乙烯量不断增加。此后几年，在乙烯的生物化学和生理学研究方面取得了许多成果，并证明高等植物的各个部位都能产生乙烯，还发现乙烯对许多生理过程，包括从种子萌发到衰老的整个过程都起重要的调节作用。1965 年，在 Burg 的提议下，乙烯才被公认为是植物的天然激素。

8.6.2　乙烯的分布、代谢及运输

乙烯(ethylene, ETH)是一种不饱和烃，其化学结构为 $CH_2=CH_2$，是各种植物激素中分子结构最简单的一种。乙烯在常温下是气体且轻于空气。乙烯在极低浓度时就对植物产生生理效应。种子植物、蕨类、苔藓、真菌和细菌都可产生乙烯。

8.6.2.1　乙烯的分布

高等植物各器官都能产生乙烯，但不同组织、器官和发育时期，乙烯的释放量是不同的。例如，成熟组织释放乙烯较少，一般为0.01~10 $nL \cdot g \cdot h^{-1}$，分生组织、种子萌发、花刚凋谢和果实成熟时产生乙烯较多。植物在遇到不良环境时，各部分均会产生大量的乙烯。

8.6.2.2　乙烯的生物合成及调节

乙烯的化学结构式虽然简单，但它合成途径的研究却经历了相当长的时间。研究乙烯合成途径过程中有2个重大的发现。第一个是在20世纪60年代Lieberman和Mapson发现蛋氨酸(甲硫氨酸)是乙烯的前体；第二个是在1979年美籍华人杨祥发和他的同事发现乙烯合成时，蛋氨酸首先转变为S-腺苷蛋氨酸(S-adenosyl methionine, SAM)，然后SAM再形成1-氨基环丙烷-1-羧酸(1-aminocyclopropane-1-carboxylic acid, ACC)，而ACC是乙烯的直接前体。

(1)乙烯的生物合成过程

试验用^{14}C标记蛋氨酸的C-3,4，发现新形成的乙烯被标记上^{14}C，说明乙烯来源于蛋氨酸的第3与第4位C原子。进一步的研究证实蛋氨酸与ATP的反应产物S-腺苷蛋氨酸(S-adenosyl methionine, SAM)是乙烯合成的中间产物。SAM在ACC合酶(ACC synthase)的催化下转化为乙烯的直接前体ACC。这一步是乙烯合成的限速步骤之一。ACC在有氧和ACC氧化酶(ACC oxidase)的催化下，形成乙烯。

植物组织的蛋氨酸水平较低，要维持正常的乙烯产率就需要持续不断地供应蛋氨酸。植物体通过蛋氨酸循环(也称杨氏环)产生乙烯合成所必需的蛋氨酸。试验证明，产生ACC的同时，SAM也形成5′-甲硫基腺苷(5′-methylth-ioadenosine MTA)；MTA接着水解为5′-甲硫基核糖(5′-methylthioribose, MTR)；MTR进一步转化为蛋氨酸。

ACC除了形成乙烯以外，也会转变为结合物N-丙二酰-ACC(N-malonyl-ACC, MACC)，该化合物不容易降解，可以在植物组织中积累。由于MACC不能转化为乙烯，因此，它的形成具有调节乙烯生物合成的作用。

有关蛋氨酸循环和乙烯生物合成途径及其调节总结如图8-27所示。

(2)乙烯生物合成的调节

ACC合酶　SAM转变为ACC是由ACC合酶催化的。ACC合酶存在于细胞质中，含量很低并且不稳定，提纯困难。这种酶的活性受生育期、环境和激素的影响。种子萌发、果实成熟和器官衰老时，ACC合酶活性加强。伤害、干旱、水涝、寒害、病害和虫害等会诱导合成或活化ACC合酶，使乙烯释放量多。通常这种不良环境下形成的乙烯被称为胁迫乙烯。

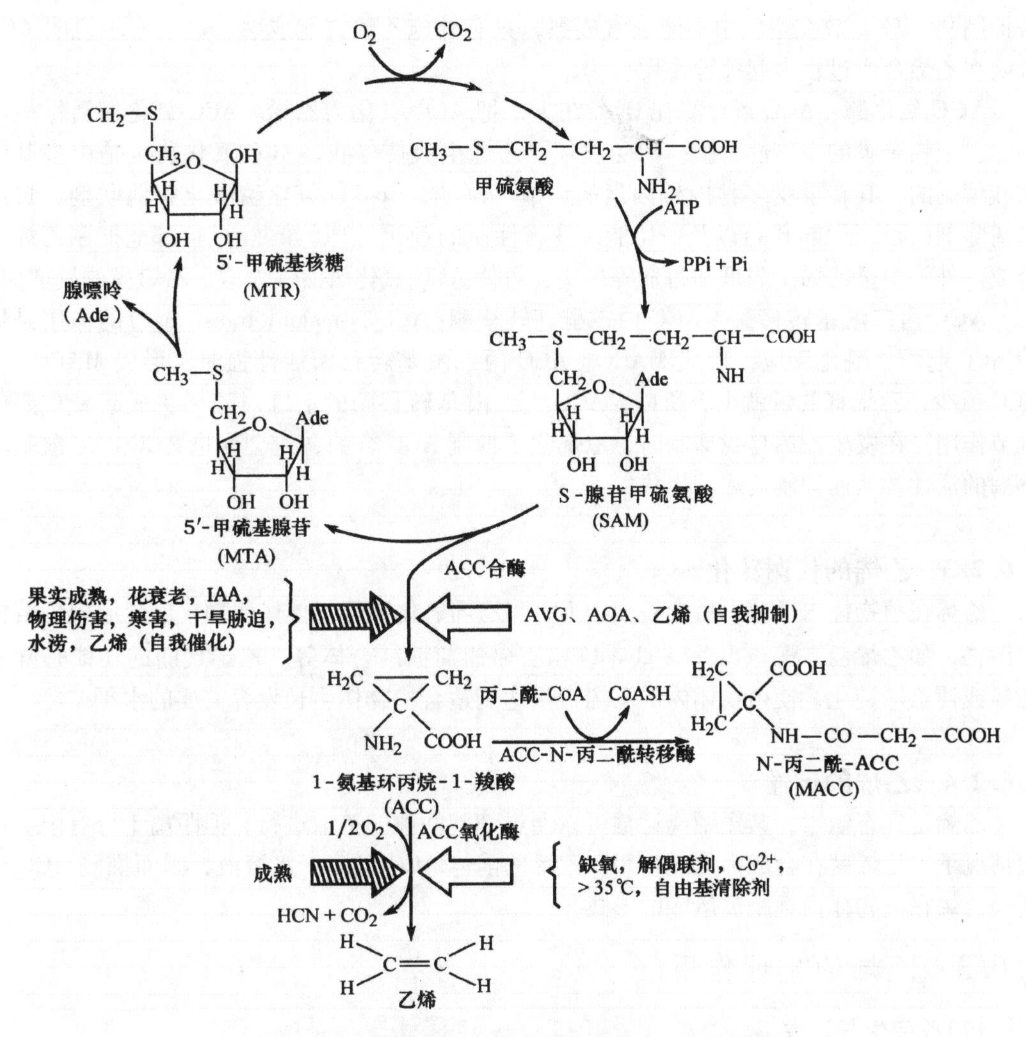

图 8-27 蛋氨酸循环与乙烯生物合成途径及其调节

▨ 促进 ⇨ 抑制

由于 ACC 合酶需要磷酸吡哆醛作为辅基，所以对磷酸吡哆醛的抑制剂很敏感，特别是氨基氧乙酸(aminooxyacetic acid，AOA)和氨基乙氧基乙烯基甘氨酸(aminoethoxy vinyl glycine acid，AVG)能显著抑制 ACC 合酶的活性。生长素能在转录水平上诱导 ACC 合酶的合成，产生较多乙烯。乙烯能使 ACC 合酶活性增加，从而产生更多的乙烯，这种现象称为乙烯的自我催化。乙烯自我催化是骤变型果实和花卉的一个重要特征。但是与自我催化相比，乙烯的自我抑制似乎更具普遍性。乙烯自我抑制的原因是抑制 ACC 合酶的合成或促进这种酶的降解。

利用分子生物学的方法发现 ACC 合酶是由多基因编码的，每个基因受不同的环境和发育因素调控。番茄有 9 个基因，拟南芥有 5 个基因，分别受生长素、果实成熟、伤害等诱导因素的调节。

采用生物技术，将 ACC 合酶的反义基因导入番茄植株。转基因植株的果实乙烯产量被抑制 99.5%，放在空气中不能正常成熟，只有外施乙烯方能成熟。这进一步说明 ACC 合酶在乙烯合成过程中起关键作用。

ACC 氧化酶　ACC 氧化酶在 O_2 存在下，把 ACC 氧化为乙烯。ACC 氧化酶活性极不稳定，依赖于膜的完整性，膜结构受破坏，乙烯生成便停止。ACC 氧化酶也是由多基因家族编码的，其转录受多种内外因素的调节。例如，Co^{2+}、氧化磷酸化解偶联剂、自由基清除剂(没食子酸丙酯)以及一切能改变膜性质的理化处理(如去污剂)都能抑制乙烯的合成。外施少量乙烯于甜瓜和番茄等果实，可使 ACC 氧化酶活性大增，乙烯释放量增加。

ACC 丙二酰基转移酶　ACC 丙二酰基转移酶(ACC N-malony transferase)的作用是促使 ACC 起丙二酰化反应，形成 MACC。ACC 丙二酰基转移酶活性强时，形成 MACC 多，ACC 就少，乙烯释放量就少。所以，ACC 丙二酰基转移酶的活性对乙烯生成起着重要的调节作用。在发生乙烯自我抑制时，乙烯除了抑制 ACC 合酶，也会促进 ACC 丙二酰基转移酶的活性，从而抑制乙烯的生成。

8.6.2.3　乙烯的代谢转化

乙烯在植物体内形成以后会转变为 CO_2 和乙烯氧化物等气体代谢物，也会形成可溶性代谢物，如乙烯乙二醇(ethylene glycol)和乙烯葡萄糖结合体等。乙烯代谢的功能是除去乙烯或使乙烯钝化，使植物体内的乙烯含量达到适合植物体生长发育需要的水平。

8.6.2.4　乙烯的运输

乙烯是气态激素，其短距离运输可以通过细胞间隙的扩散进行，但距离十分有限。一般情况下，乙烯就在合成部位起作用。乙烯的前体 ACC 可溶于水溶液，因而推测 ACC 可能是乙烯在植物体内远距离运输的形式。

8.6.3　乙烯的生理作用

(1) 改变生长习性

乙烯对植物生长的典型效应是：抑制茎的伸长生长、促进茎或根的横向增粗及茎的横向生长(使茎失去负向重力性)，这就是乙烯所特有的“三重反应”(triple response)。另外，乙烯还抑制双子叶植物上胚轴顶端弯曲的伸展，引起叶柄的偏上生长(图 8-28)。

乙烯促使茎横向生长是由于它引起偏上生长所造成的。所谓偏上生长，是指器官的上部生长速度快于下部的现象。乙烯对茎与叶柄都有偏上生长的作用，从而造成了茎横生和叶下垂。

(2) 促进成熟

催熟是乙烯最主要和最显著的效应，乙烯对果实成熟、棉铃开裂、水稻的灌浆与成熟都有显著的效果。

幼嫩的果实中乙烯含量很低，果实成熟的过程中，乙烯含量迅速上升，诱导果实产生呼吸跃变。此时，果实内有机物的转化强烈，最终达到可食状态。乙烯合成的抑制剂(如 AVG、AOA)以及乙烯生理作用的抑制剂(CO_2、Ag^+)可以延迟果实的成熟。

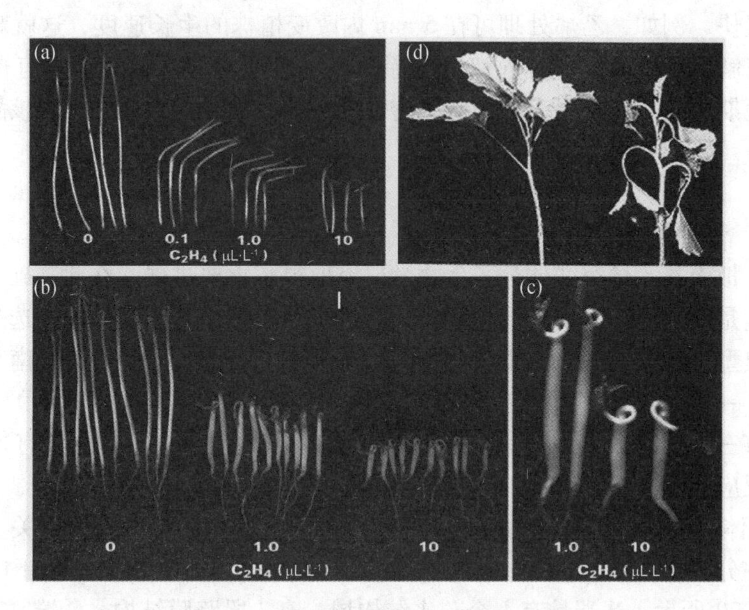

图 8-28 乙烯的"三重反应"和偏上生长

(a)~(c)不同乙烯浓度下黄化豌豆幼苗生长的状态 (d)用 10 μL·L^{-1}乙烯处理 4 h 后番茄苗的形态，由于叶柄上侧的细胞伸长大于下侧，使叶片下垂

(3)促进脱落

乙烯是控制叶片脱落的主要激素。由于乙烯能促进纤维素酶、果胶酶和其他一些水解酶的合成，并且促进这些酶由原生质体释放到细胞壁中，因此可以促进细胞衰老和细胞壁的分解，引起离区近茎侧的细胞膨胀，使叶片、花或果实机械地脱离。

(4)促进开花和雌花分化

乙烯可促进菠萝和其他一些植物开花，还可改变花的性别，促进黄瓜雌花分化，并使雌、雄异花同株的雌花着生节位下降。乙烯在这方面的效应与 IAA 相似，而与 GA 相反，现在知道 IAA 增加雌花分化就是由于 IAA 诱导产生乙烯的结果。

(5)乙烯的其他效应

乙烯还可诱导插枝不定根的形成，促进根的生长和分化，打破种子和芽的休眠，诱导次生物质(如橡胶树的乳胶)的分泌等。

由于乙烯可调节如此多的生理过程，因此，它是农业上使用最为广泛的植物激素之一。但由于乙烯是气体，使用时不是很方便，人工合成了一种能够逐渐释放出乙烯的化合物，它的商品名为乙烯利，化学名称为 2-氯乙基磷酸。乙烯利多以水溶液喷洒使用，它被植物吸收后可以缓慢释放出乙烯，起到相应的调节作用。

8.6.4 乙烯的作用机理及信号转导

8.6.4.1 乙烯的作用机理

乙烯能提高很多酶，包括过氧化物酶、纤维素酶、果胶酶和磷酸酯酶等的含量及活性，因此认为乙烯可能在翻译水平上起作用。但也有试验表明乙烯对某些生理过程的调节作用发生得很快，例如，乙烯处理可在 5 min 内改变植株的生长速度，这就难以用促进蛋白质的合成来解释了。因此，有人认为乙烯的作用机理与 IAA 的相似，有短期效应和长期效应。其短期快速效应主要表现为对膜透性的影响，而长期效应则是对核酸和蛋白质代谢的调节。

8.6.4.2　乙烯的信号转导

近年来，拟南芥乙烯突变体分子生物学研究取得了重要进展。在此基础上，乙烯信号传递途径尤其是乙烯受体的研究取得了极大的进步。在拟南芥突变体的筛选过程中，主要是以乙烯的典型生物效应——三重反应作为筛选标准。目前，已经发现拟南芥有 2 类乙烯反应突变体：一类是乙烯不敏感型突变体(*etr*1、*ein*2、*ein*3、*ein*4、*ein*5 等)，它在外源乙烯存在时没有三重反应；另一类是组成型三重反应突变体(*ctr*)，它在没有外源乙烯存在时也有三重反应。

*etr*1 突变体对乙烯的结合能力极低，表明 *etr*1 的突变与乙烯的受体有关。从乙烯不敏感型突变体中分离出 ETR1 蛋白，它是乙烯的受体之一。ETR1 蛋白定位于内质网，其基本结构如图 8-29 所示。N 端具有一个疏水结构域，有 3 段跨膜结构，C 端氨基酸序列与已知的细菌受体的二元组分结构组氨酸激酶信号系统具有极高的相似性。疏水的 N 端 1 个或多个氨基酸的突变会导致乙烯结合能力的降低或丧失。

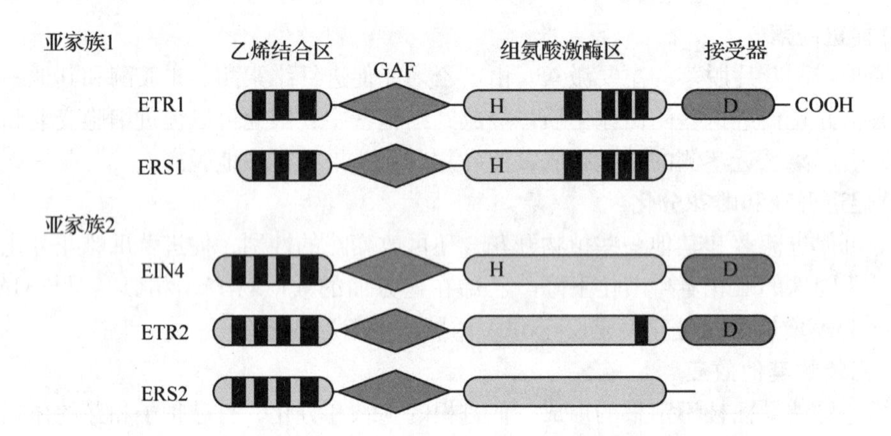

图 8-29　5 种拟南芥乙烯受体结构示意(引自 Taiz and Zeiger，2006)

至今已在拟南芥中发现了包括 ETR1 在内的 5 个乙烯受体（ETR1、ETR2、ERS1、ERS2、EIN4）。它们共同的特征是：①氨基端结构域至少有 3 个跨膜结构，并具有乙烯结合位点；②羧基端具有组氨酸激酶催化区域。

乙烯与受体的结合，需要通过一个过渡金属辅因子，大多数是铜。它们对链烯(如乙烯)有高亲和力。银离子也能替代铜促进乙烯与受体的结合，这就说明银离子之所以阻抑乙烯的生理效应不是由于干扰乙烯与受体的结合，而可能是影响了乙烯与受体结合时受体蛋白的变化，从而抑制了乙烯受体的信号转导。

目前，在拟南芥中从乙烯受体到细胞核的信号转导途径已经初步确定。乙烯与受体 ETR1 结合之后，钝化了其信号转导下游的 CTR1(蛋白激酶家族的成员)，并通过级联反应使类似于离子通道的跨膜蛋白 EIN2 活化，发生离子的跨膜运转，它的信号转导下游组分之一是细胞核中的转录因子 EIN3，EIN3 二聚体与 ERF1(乙烯应答因子)的启动子结合诱导 ERF1 基因表达，引起细胞反应(图 8-30)。

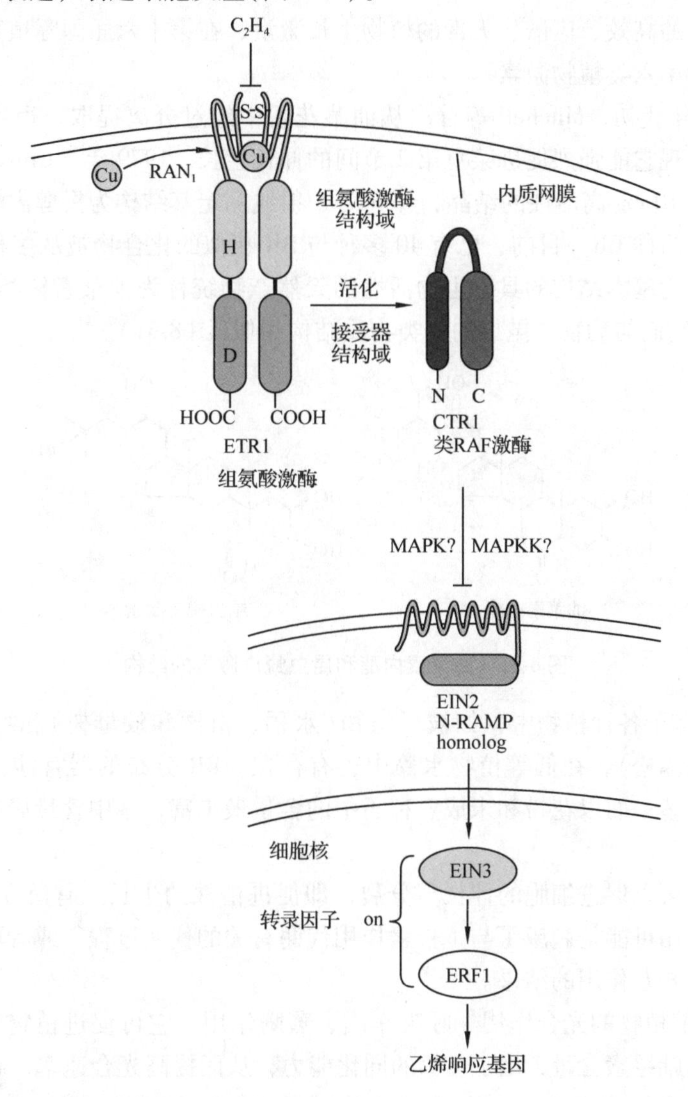

图 8-30　拟南芥乙烯信号转导示意模型(引自 Taiz and Zeiger，2006)

8.7　其他天然植物生长物质

除了 5 大类植物激素以外，随着研究的深入，近年还发现植物体内存在其他天然生长物质，如油菜素内酯、多胺、茉莉酸、水杨酸、玉米赤霉烯酮和系统素等，对植物的生长发育有促进或抑制作用。

8.7.1　油菜素内酯

油菜素内酯(brassinolide，BR)是一种新型植物内源激素，广泛存在于植物界，是国际上公认活性最高的高效、广谱、无毒的植物生长激素，在第十六届国际植物生长物质年会上被正式确认为第六类植物激素。

20世纪70年代初，Mitchell等首次从油菜花粉中经过分离提取，得到了生理活性极高的物质，并发现它能强烈促进菜豆第2节间的伸长生长。1979年，Grove等从227 kg油菜花粉中提取出10 mg高活性的结晶，并利用X射线测定其结构为甾醇内酯化合物，命名为油菜素内酯，简称BR。目前，已有40多种与BR相似的化合物被从多种植物中分离鉴定。这些以甾醇为基本结构的具有生物活性的天然产物统称为油菜素甾类物质(brassinosteroids，BRs)，它们与动物、昆虫的甾类物质结构相似(图8-31)。

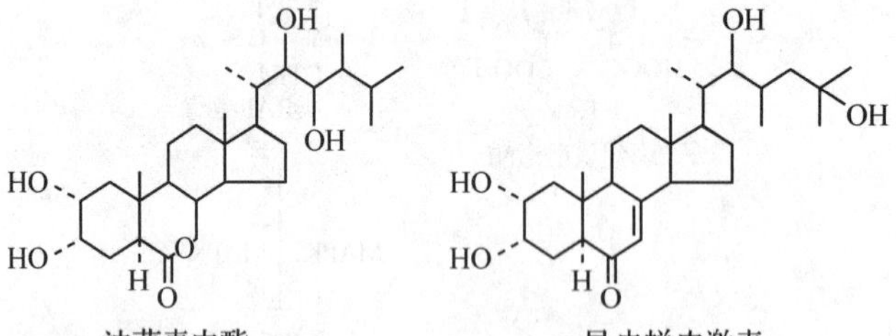

油菜素内酯　　昆虫蜕皮激素

图8-31　油菜素内酯和昆虫蜕皮激素的结构

BR广泛存在于各种植物中，如被子植物(水稻、柑橘和蚊母树)和裸子植物(黑松、北美云杉和欧洲赤松)，在低等植物水藻中也有存在。BR分布的器官涉及花粉、未成熟种子、花、叶、茎，而以花粉和未成熟种子中的含量最丰富，茎中含量居中，叶和果实中含量最低。

油菜素内酯可以促进细胞的伸长与分裂，即促进植株的生长。有研究认为，BR对植物生长的促进作用可能是刺激了与生长素作用代谢有关的代谢过程，或者可能是由于它与生长素受体之间相互作用的结果。

BR可以调节植物的光合作用、呼吸作用、蒸腾作用。它可促进植物叶片RuBP羧化酶的活性，提高叶绿素含量，增加CO_2的同化能力，从而提高光合速率，解除光对生长的抑制作用。与光合作用相比，BR促进呼吸作用的有效浓度更低，发生作用的速度更快，维持效应的时间更长。用天然BR喷施苹果、核桃叶面，可明显降低叶片蒸腾强度。

适宜浓度的BR可促进愈伤组织的生长，浓度过高时，愈伤组织愈发变褐，反而抑制了愈伤组织的生长。BR对马蹄莲切花有保鲜抗衰的作用。另外，BR在提高植物抗性方面也表现出良好的效果。例如，BR能增加苹果和核桃等叶片相对含水量和临界饱和亏，降低自然饱和亏、需水程度、蒸腾速率、细胞膜透性和伤害率，减轻叶片的水分损失，提高它们的抗旱性。

8.7.2　多胺

多胺(polyamines)是植物体内一类具有生物活性的低相对分子质量脂肪族含氮碱，含有1个或多个胺基，包括赖氨酸和精氨酸。严格意义上讲，多胺并不符合植物激素的条件，因为多胺不具有运输性，生理浓度过高($mmol \cdot L^{-1}$)(传统植物激素的作用浓度在$\mu mol \cdot L^{-1}$)，因此只能将多胺认为是一种生长调节物质。多胺主要分布在植物的分生组织中，一般来说，细胞分裂旺盛的地方，多胺含量较多。高等植物含有的多胺主要有5种，其名称、结构和来源见表8-1。

表8-1　高等植物中主要的多胺类

胺类	结构	来源
腐胺(putrescine)	$NH_2(CH_2)_4NH_2$	普遍存在
尸胺(cadaverine)	$NH_2(CH_2)_5NH_2$	豆科
亚精胺(spermidine)	$NH_2(CH_2)_3NH(CH_2)_4NH_2$	普遍存在
精胺(spermine)	$NH_2(CH_2)_3NH(CH_2)_4NH(CH_2)_3NH_2$	普遍存在
鲱精胺(agmatine)	$NH_2(CH_2)_4NHC(=NH)NH_2$	普遍存在

多胺与植物的生长发育密切相关。腐胺可以促进桃愈伤组织的生长。1 $\mu mol \cdot L^{-1}$的腐胺、精胺或亚精胺可以增大松树再生植株根尖细胞的有丝分裂指数，从而增强其根的再生率，促进根的伸长生长。多胺在植物成花诱导、花的发育以及延缓衰老过程中也发挥着重要作用。

多胺不仅与植物的生长发育有关，还参与各种环境胁迫响应。有研究表明，游离的精胺和亚精胺与小麦对渗透胁迫的耐受力有关。此外，外源多胺能减轻NaCl对松树愈伤组织的伤害，其中腐胺在增强抗坏血酸过氧化酶、谷胱甘肽还原酶和超氧化物歧化酶的活性，降低磷酸化酶和V型H^+-ATP酶活性方面比精胺和亚精胺更有效。

8.7.3　茉莉酸类

茉莉酸(jasmonic acid，JA)及其挥发性甲酯衍生物茉莉酸甲酯(methyl-jasmonate，MJ)和氨基酸衍生物统称为茉莉酸类物质(jasmonates，JAs)，是植物体内起整体性调控作用的植物生长调节物质。因其是茉莉属(*Jasminum*)等植物中香精油的重要成分而得名。JAs在植物界中普遍存在，广泛分布于植物的幼嫩组织、花和发育的生殖器官中。

JA的生物合成起源于膜脂代谢形成的亚麻酸，经脂氧合酶催化加氧化作用，再经氧化物合酶和环化酶作用，再经还原以及3次β-氧化，最后形成JA，再通过甲基化酶作用形成MJ(图8-32)。

JAs的生理作用主要表现为：①促进作用。JAs可以促进乙烯的生成、叶片衰老、叶片脱落、气孔关闭、呼吸作用、蛋白质合成和块茎形成。②抑制作用。JAs可以抑制植物种子萌发、营养生长、花芽形成、叶绿素形成和光合作用。如经JA处理的叶片缺少叶绿素而导致叶片变黄。③提高植物抗逆性。JAs可以作为植物内源信号分子，参与植物在病虫害、干旱、盐胁迫、低温等条件下的抗逆反应。例如，与对照相比，虫害马尾松邻枝叶的MJ含量会有所升高，并随时间的推移显著高于对照。这表明马尾松受到虫害后，启动了体内的防御系统，并诱导邻枝产生抗性。

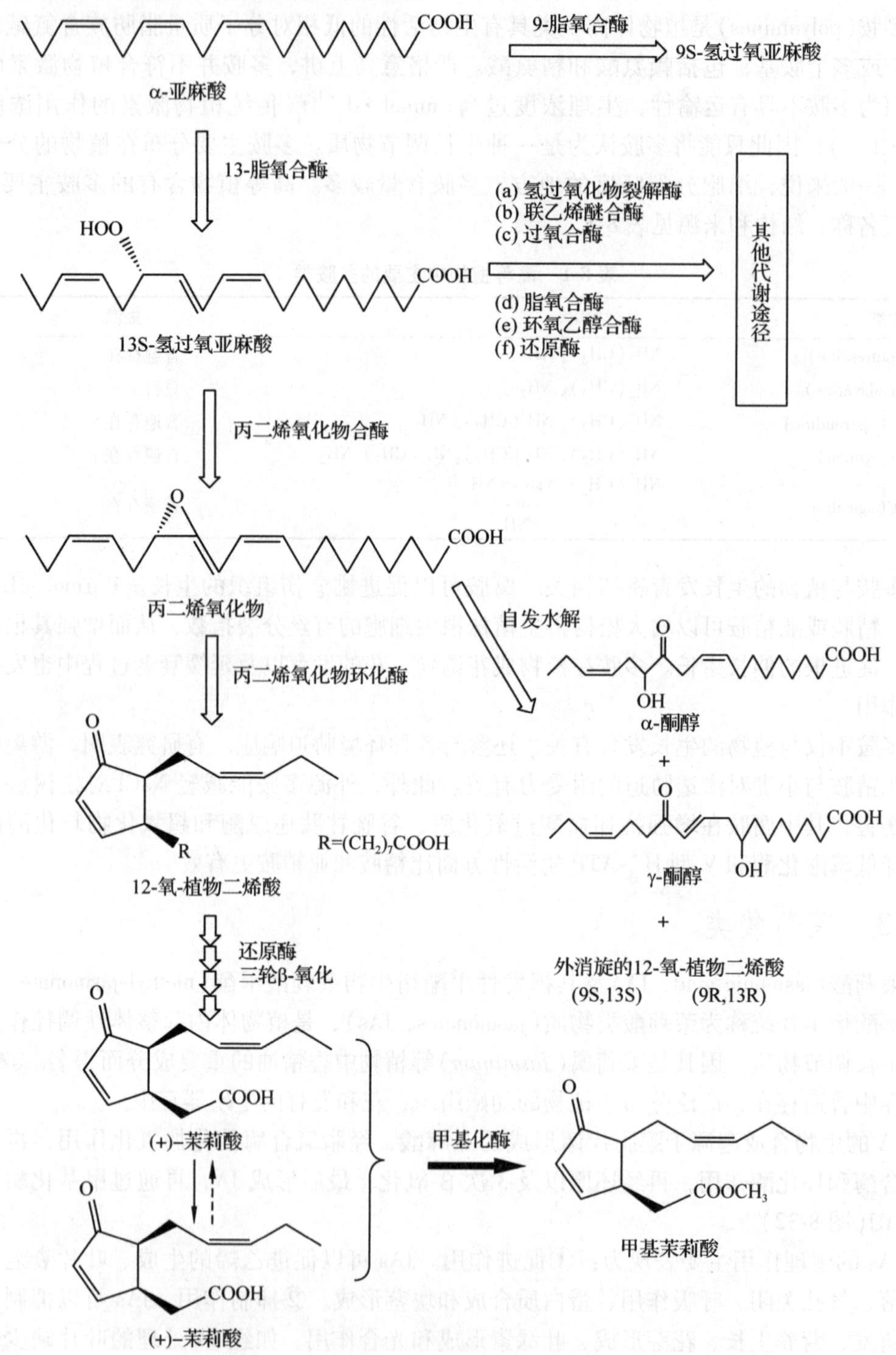

图 8-32　茉莉酸类物质合成途径(引自蒋科技 等，2010)

8.7.4 水杨酸类

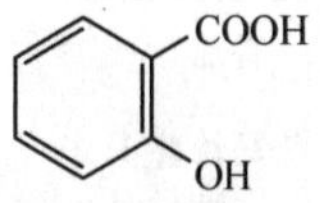

水杨酸(salicylic, SA)即邻羟基苯甲酸(图8-33)，是一种植物体内产生的简单分类化合物，最早是从柳树皮中分离出的有效成分。SA广泛存在于植物体内，但含量很低，一般在0.95～8.35 μg·g^{-1}，以产热植物的花序中为多，以结合态和游离态2种形式存在，游离态的SA可以在韧皮部运输。SA生物合成的主要途径是莽草酸途径。莽草酸的转化产物苯丙氨酸经过苯丙氨酸解氨酶合成反式肉桂酸，再转变为香豆酸或苯甲酸，最后形成SA。

COOH

OH

图8-33 水杨酸的化学式

SA可促进植物离体培养的胚状体的发生和发育。不同浓度的外源SA促进或抑制植物种子的萌发，如外施低浓度SA可促进豌豆和小麦种子萌发，但会抑制拟南芥种子的萌发。SA对植物的营养生长无促进作用，但可促进生殖生长，如可诱导拟南芥提早开花。另外，SA也是促进叶片衰老的因素之一。

SA最显著的生理作用体现在植物的抗病过程中。SA可诱导植物抗病基因的表达，有代表性的是病程相关基因*PR*对SA的依赖，其基因的表达调控已成为SA生物学效应和植物抗病性的标志。

SA还可以提高植物对各种逆境环境的耐受性。例如，SA可以提高植物对盐胁迫、重金属胁迫、低温胁迫以及大气污染胁迫的耐受性。

8.7.5 玉米赤霉烯酮

玉米赤霉烯酮(zearalenone, ZEN)，即6-(10-羟基-6氧基-1-碳烯基)β-雷琐酸-μ-内酯，化学式如图8-34所示。1962年，Stob等首先从玉米赤霉菌中分离得到该次生代谢产物，1980年李季伦等发现植物体内也存在玉米赤霉烯酮。

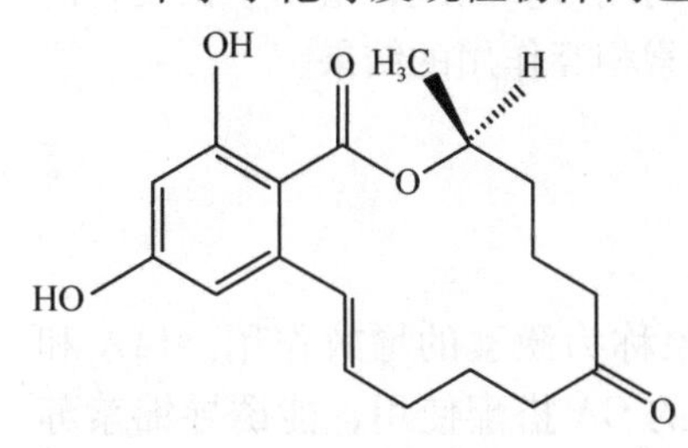

图8-34 玉米赤霉烯酮的结构式

玉米赤霉烯酮与植物开花的光周期诱导有关，例如，小麦、大豆和棉花等植物，在开花的时候ZEN可达到峰值。外源ZEN可部分替代冬小麦成花的短日照条件，同时还可加速烟草花芽和冬小麦穗的发育。

此外，利用ZEN可以提高植物(如玉米幼苗)的抗旱和抗寒能力。经过ZEN浸种的玉米幼苗在干旱条件下水分下降缓慢，相对导电率低，超氧化物歧化酶活性较高，游离脯氨酸的含量升高。利用同样方法也可得到抗寒能力较强的玉米幼苗。

8.7.6 系统素

系统素(systemin, STM)是一种由18个氨基酸残基组成的富含脯氨酸的多肽，1991年，由Pearce等首次从受伤的番茄叶片中分离出。STM不仅存在于番茄中，还存在于其他的茄科植物中，且肽链的氨基酸序列十分相似，有较高的保守性(表8-2)。

表 8-2　几种植物中系统素的氨基酸序列

植　物	氨基酸序列
番茄	A V Q S K P P S K R D P P K M Q T D
马铃薯 1	A V H S T P P S K R D P P K M Q T D
马铃薯 2	A V H S T P P S K R D P P K M Q T D
龙葵	A V R S T P P T K R D P P K M Q T D
辣椒	A V H S T P P S K R P P P K M Q T D

注：引自欧阳石文 等，2002。

STM 生物合成的前体是由 200 个氨基酸残基组成的 1 条多肽，称为系统素原(prosystemin，PTM)。PTM 只有经过蛋白酶的加工才能转化为具有生物活性的 STM 或其他信号肽。

研究表明，STM 具有很高的生物活性，在极低浓度(10^{-15} mol·L^{-1})下就可起作用；具有良好的运输性和创伤诱导性。STM 作为一种创伤信号分子，可诱导蛋白酶抑制物的表达，是植物伤卫反应系统中的一种重要物质。当植物受到伤害刺激后，可产生 STM，其作为一种信号分子诱导基因表达，合成一种小分子的蛋白质，能有效地抑制害虫或病原菌体内蛋白酶的活性，限制被侵害植株蛋白质的降解。

8.8　植物激素作用的相互关系

植物激素之间的代谢通过前体物质、代谢酶的种类和含量，以及诱导条件等因素相互影响。植物激素的作用具有多效性，任何一类植物激素都可以影响到植物生长发育的多个过程。另外，植物生长发育的某个过程可能受到多种激素的调节。因此，植物生长发育的任何阶段都不会是某一类激素在单独起作用，而是多种激素相互作用的结果。

8.8.1　激素间的增效作用与颉颃作用

(1)植物激素间的增效作用

一种激素可以加强另一种激素的生理效应，这种现象称为激素的增效作用。IAA 和 GA 可以促进节间的伸长生长，将高浓度的 IAA 和低浓度的 GA 搭配使用，能诱导锦紫苏茎部产生韧皮部短纤维，在木质素中丁香醇含量较高，而将低浓度 IAA 和高浓度 GA 混合使用时则促进韧皮部长纤维的合成，而木质素中丁香醇含量降低。IAA 和 CTK 协同作用能促进细胞的分裂，控制烟草愈伤组织的分化方向，当 CTK 与 IAA 比值高时，诱导芽的分化；当 CTK 与 IAA 比值低时，诱导根的分化；当 CTK 与 IAA 比例适中时，愈伤组织不发生分化。CTK 可以加强 IAA 的极性运输。ABA 和 IAA 可以诱导乙烯的合成，促进植物器官的脱落。

(2)植物激素间的颉颃作用

一种激素的生理效应被另一种激素所阻抑的现象称为激素间的颉颃作用。IAA 使植物保持顶端优势，抑制侧芽的生长，而 CTK 会打破顶端优势，促进侧芽的发生。IAA 诱导雌花的发育，而GA诱导雄花的发育。IAA、CTK、GA促进植物生长，而ABA抑制植物的生长并促进植物休眠。在种子萌发过程中，GA能够促进种子萌发，而ABA抑制种子的萌发过程。在气孔运动方面，ABA促进气孔关闭从而降低蒸腾速率，而CTK能够促进气孔的开放。乙烯能够通过抑制IAA的生物合成、提高IAA氧化酶的活性2种方式降低IAA的水平。此外，乙烯能够阻止IAA的极性运输。

8.8.2 植物激素代谢过程及信号转导相互关系

近几年来，对某一类植物激素的代谢过程和信号转导机制的研究逐渐清晰明确，这使得植物激素之间的互作(crosstalk)机制成为了研究热点。如果植物的突变体对一种激素有表型，那么往往也会在其他激素上产生表型。比如，生长素相关的突变体*tir*1、*aux*1和*pin*2同样在乙烯和脱落酸信号转导途径中有表型。研究表明，乙烯能够促进生长素的生物合成。一些与生长素合成相关基因的表达受到乙烯的调控，这些基因分别编码邻氨基苯甲酸合酶(ASA1和ASB1)的α亚基和β亚基，还有编码色氨酸转氨酶(TAA1)，这些酶均参与了色氨酸和3-吲哚丙酮酸的合成。

同样，生长素也能够影响乙烯的生物合成。1-氨基环丙烷-1-羧酸合成酶(ACS)是乙烯生物合成过程中的限速酶，在拟南芥中，一些*ACS*基因在转录水平上受到生长素的调控。茉莉酸的生物合成也受到生长素的影响，在生长素响应因子(auxin response factor)*arf*6、*arf*8的双突变体中，花发育的各个时期茉莉酸的含量都很低，并且突变体中与茉莉酸合成相关的基因表达量下降，说明生长素参与茉莉酸的生物合成。

激素之间的互作同样发生在激素的运输和分配上。最典型的例子是生长素和细胞分裂素在侧根发生时的相互颉颃作用。生长素的极性运输性质在植物的生长发育和形态建成方面具有重要作用，在根的发育过程中，生长素促进侧根的形成而细胞分裂素起到抑制的作用。在植物中，至少有5种生长素转运蛋白(PIN)协同作用，参与建立生长素浓度梯度。而细胞分裂素抑制这些基因的表达从而干扰了生长素的极性运输。

植物激素的信号转导途径存在大量的交叉和互作。生长素和油菜素内酯具有很多相同的信号转导过程，生长素和油菜素内酯具有共同的靶基因。例如，油菜素内酯调控BIN2蛋白的活性，而BIN2通过调控ARF2的活性使油菜素内酯参与到生长素的信号转导途径中。

在赤霉素的信号转导途径中，DELLA蛋白首先被鉴定出是赤霉素信号中的重要调控因子，赤霉素和生长素共同作用促进根的伸长，这是因为生长素能够促进DELLA蛋白家族中的RGA降解。在根的生长过程中，乙烯促进DELLA蛋白的活性进而抑制根的伸长。脱落酸和赤霉素是相互颉颃的关系，脱落酸通过抑制RGA的降解从而起到阻止植物生长的目的。越来越多的研究表明，DELLA蛋白是各类植物激素信号转导过程中的调节因子。

植物激素的互作关系对植物的生长发育和植物适应环境的变化是非常重要的，通过漫长的进化过程，植物激素在代谢、运输和信号转导等途径中形成了复杂的网络。一旦某一个激素路径受阻，植物会通过激素的互作网络继续响应环境的变化，保持生长发育的活力并繁衍后代(图8-35)。

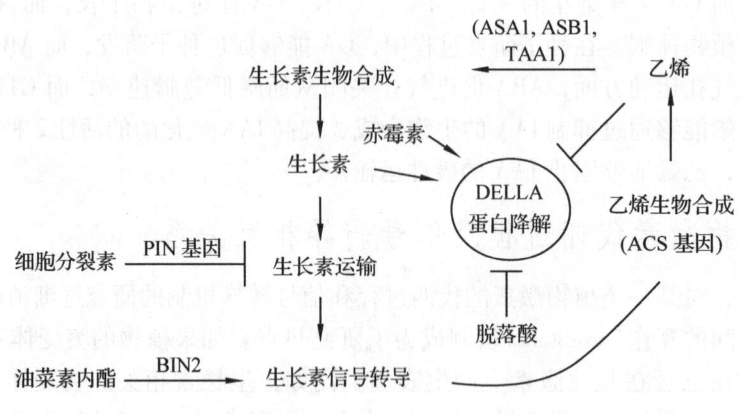

图 8-35 植物激素相互关系(引自 Santner and Estelle, 2009)

8.9 顶芽抑制剂和生长延缓剂

为了便于苗圃和果园的机械化作业，往往需要控制树木的高生长。在城市和居民区绿化中有时也希望将树木控制在一定高度以内。抑制高生长的化学药剂很多，化学结构也很复杂，一般可根据控制高生长的途径分为 3 类：①破坏顶芽；②抑制节间伸长；③削弱顶端优势。抑制节间伸长而不破坏顶芽的化学药剂，称为生长延缓剂，其他的则称顶芽抑制剂。但是，某些化学药剂的效果往往因植物种类、施用时期和方法而稍有不同，有时难以截然区分。

8.9.1 破坏顶芽类

效力最强的是马来酰肼、整形素和三碘苯甲酸等，能杀死顶芽或严重破坏顶端分生组织的机能。

(1)三碘苯甲酸

三碘苯甲酸(2,3,5-triiodobenzoid acid，TIBA)的化学结构式如图 8-36 所示。三碘苯甲酸的生理效应同生长素相反，可以认为它是一种抗生长素，通过抑制生长素的极性移动，使生长素作用效力降低。能抑制顶端分生组织细胞分裂，消除顶端优势，使分枝增加，植株矮化。常用于生长素极性移动的抑制研究。

(2)整形素

整形素(morphactin 或 chlorflurenol-methy)的化学结构式如图 8-36 所示，为 2-氯-9-羟基芴-9-甲酸甲酯。整形素通过抑制顶端分生组织细胞分裂及伸长降低茎的生长，促进腋芽滋生，使植株发育为矮小灌木状。其次，整形素破坏生长素的极性转导，削弱顶端优势，使根、茎生长不受重力和单向光照的影响，向地性和向光性受到干扰。

(3)马来酰肼(顺丁烯二酰肼)

马来酰肼(maleic hydrazide，MH)的化学结构式如图 8-36 所示，为 1,2-二氢-3,6-哒嗪二酮，俗称青鲜素。它的结构与核酸的组成部分二氧嘧啶非常相似，进入植物体后可以代替二氧嘧啶的位置，但不能起代谢的作用，因而阻止正常代谢的进行。为选择性除草剂和暂时性植物生长抑制剂。药剂可通过叶面角质层进入植株，降低光合作用、渗透压和蒸发作用，能强烈地抑制芽的生长。

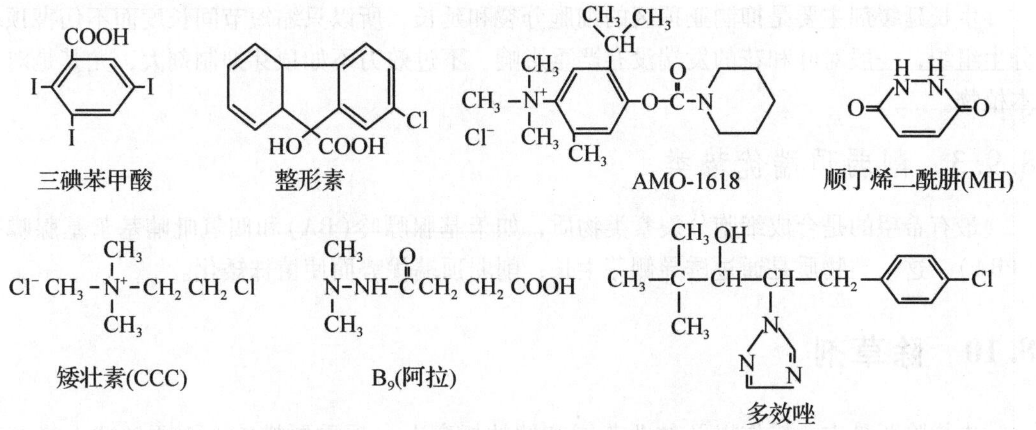

三碘苯甲酸　整形素　AMO-1618　顺丁烯二酰肼(MH)

矮壮素(CCC)　B_9(阿拉)　多效唑

图 8-36　几种顶芽抑制剂和生长延缓剂

8.9.2　抑制节间伸长类

属于这一类的有矮壮素(chlorocholine chloride，CCC)，为2-氯-N，N，N-三甲基乙铵氯化物，AMO-1618，为[2-异丙基-4(三甲基氯化铵)-5-甲基]苯基哌啶羧酸酯；B_9(或称ALAR，阿拉)；为二甲胺基琥珀酰胺酸；多效唑(paclobutrazol)，为(2RS，3RS)-1-对氯苯基-2-(1,2,4-三唑-1 基)-4,4-二甲基戊醇-3，PP_{333}，它们的结构式均如图 8-36 所示。

AMO-1618、CCC 和多效唑是 GA 生物合成抑制剂，B_9 可能是通过影响 GA 的相互转化而起作用。在温室中培养南美扁柏苗，每株灌浓度为 250 mg · L^{-1}，500 mg · L^{-1} 或 1 000 mg · L^{-1}的 AMO-1618 或 B_9 溶液 40 mL，降低了 8 月龄苗的高度和干物质重。AMO-1618 使组织内的 GA 含量降低到检测不出的程度，而高浓度的 B_9 则使组织内 GA 含量增加 11 倍(表 8-3)。根据纸层析的资料判断，用 B_9 处理后 GA_3减少，但是极性较大的 GA

表 8-3　生长延缓剂对南美扁柏苗茎伸长和 GA 类物质含量的影响

延缓剂处理 (mg · L^{-1})	茎生长 (mm)	干物质总重 (g)	每克干组织含相当于 GA_3的质量(ng)	每株植物含相当于 GA_3的质量(ng)
对照	65 ± 6	82.9	27	225
AMO-1618-250	22 ± 7	46.8	1	7
AMO-1618-500	17 ± 2	39.1	1	12
AMO-1618-1000	10 ± 3	50.1	0	0
B_9-250	39 ± 9	65.3	2	18
B_9-500	17 ± 4	52.0	17	131
B_9-1000	15 ± 1	26.1	593	2 580

组分异常增多。因此，B_9 的作用可能是使 GA_3 转变为生物活性低的 GA，从而阻滞了茎的生长。多效唑具有延缓植物生长，抑制茎干(秆)伸长，缩短节间、促进植物分蘖、促进花芽分化，增加植物抗逆性能，提高产量等效果。

生长延缓剂主要是抑制亚顶区的细胞分裂和延长，所以只缩短节间长度而不伤害顶端分生组织，一般对叶和花的发端没有严重影响。不过效力不如顶芽抑制剂大，尤其是对木本植物。

8.9.3　削弱顶端优势类

最有希望的是合成细胞分裂素类物质，如苄基腺嘌呤(BA)和四氢吡喃基苄基腺嘌呤(PBA)。这一类物质是通过诱导侧芽生长，削弱顶端优势而使植株矮化。

8.10　除草剂

中耕除草是农业耕作以及林业苗圃和幼林抚育上一项重要措施，需要耗费大量劳动力。植物生长调节物的研究，为化学除草开辟了广阔前景。除草剂的筛选和作用机理的研究是以植物生理和生物化学为基础的。同时，由于某些除草剂的特殊生理作用，也可以用作研究植物一些生理过程的有效手段。

根据除草剂的作用方式，可以分为选择性除草剂和非选择性除草剂 2 种。非选择性除草剂，如亚砷酸钠、氯酸钠和五氯酚钠等能把地面上的一切植物完全杀死，可用以消灭路旁、河边、森林防火带等地区的杂草，以及造林前的除草。选择性除草剂的特点是不伤害作物和树苗，例如，2,4-D 能杀死双子叶杂草而不伤害小麦；IPC 异丙基-N-甲氨酸苯酯能杀死单子叶杂草而不伤害棉花、豆类；敌稗能杀稗草而不伤害稻秧。

此外，无论是选择性除草剂还是非选择性除草剂，根据它们接触植物后在植物体内移动情况的不同，又可分为内吸型除草剂和触杀型除草剂。内吸型除草剂的特点是可以被植物吸入体内，传遍全身，能起到“斩草除根”的作用。其中有的只能被茎、叶吸收，有的只能被根吸收，也有的根、叶都能吸收。因此，第一种情况只能做茎、叶处理，第二种情况只能做土壤处理。内吸型除草剂一般见效较慢。触杀型除草剂如敌稗、五氯酚钠等，只能起局部杀伤作用，不能在植物体内移动传导。这类除草剂一般见效较快，如敌稗处理后几小时即可表现药效，但有时不能起到除根的作用。

能够用来除草的化学药剂，目前已有几百种。由于除草剂的化学结构和它的作用机理有一定的相关性，一般常按照化学结构进行分类。现将其中重要的几类介绍如下。

8.10.1　苯氧羧酸类

这是最早发现的一类除草剂，主要包括 2,4-D、2-甲-氯(2-甲基-4-氯苯氧乙酸，MCPA)(图 8-37)的各种盐类、酯类及其衍生物。因为它们和生长素有类似的作用，所以又称为激素型除草剂。这类化合物的生物活性很强，而植物对其分解能力较差。所以能干扰植物体内的正常激素代谢，表现出各种畸形症状，高浓度时导致植物死亡。

引起这类除草剂药效选择性的原因是植物形态结构上的差别。双子叶植物叶片宽大平展，叶片表面角质和蜡质较薄，嫩尖裸露，所以吸收药剂较多，幼芽易于受害；而单子叶植物通常叶面较小而且直立，表面角质和蜡质也较多，嫩尖为老叶包裹，所以吸收药剂相对较少，幼芽不易受害。

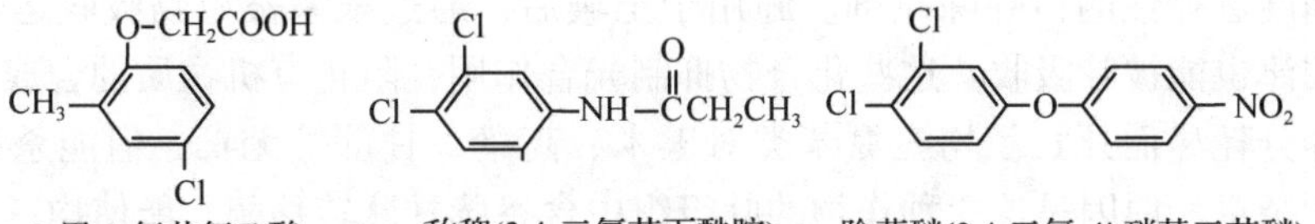

2-甲-4-氯苯氧乙酸　敌稗(3,4-二氯苯丙酰胺)　除草醚(3,4-二氯-4′-硝基二苯醚)

图 8-37　几种常见除草剂

8.10.2　酰胺类和醚类

敌稗属酰胺类，是一种触杀型除草剂，它的有效成分是3,4-二氯苯丙酰胺(图8-37)。敌稗的选择性很强，能除去稗草而不伤害水稻，对其他杂草(如狗尾草、马齿苋等)也有防治效果。敌稗抑制细胞色素b和细胞色素c之间的电子传递，使植物的呼吸作用受到阻碍。此外，并能干扰光合作用，蛋白质和核酸代谢。水稻幼苗中一种酰胺水解酶，可以使敌稗变为对植物无害的丙酸和3,4-二氯苯胺(图8-38)。稗草无此能力，因而受毒害而死。

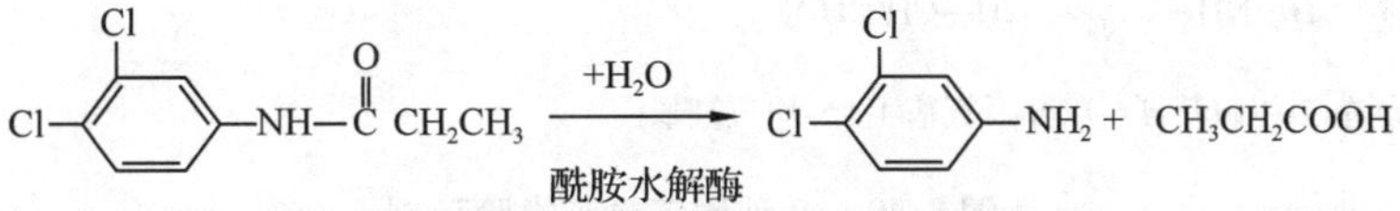

$+H_2O$　酰胺水解酶　CH_3CH_2COOH

图 8-38　敌稗在水稻体内被分解

除草醚是一种触杀型醚类除草剂，化学结构式如图8-37所示。除草醚在水中溶解度很低，易被土壤吸附，所以施药后在土壤表面形成一个浓度较高的药层。杂草幼芽出土时接触到药剂，见光后即枯死。对植物的毒害机理还不清楚。有一定选择性，能杀除单子叶杂草。

8.10.3　取代脲类

取代脲类除草剂主要包括敌草隆、灭草隆和非草隆(图8-39)，都属于内吸型除草剂，通过根部吸收后运输到地上部分发挥作用。其中非草隆溶解度大，易被淋洗至土壤下层，所以对深根的多年生杂草和灌木有较好防效。这类除草剂能抑制植物的光合作用。例如，敌草隆(DCMU)抑制PS Ⅱ的电子传递，使氧的释放受到抑制。如在使用DCMU时，以抗坏血酸作为PS Ⅰ的电子给体，则$NADP^+$的还原仍可进行。

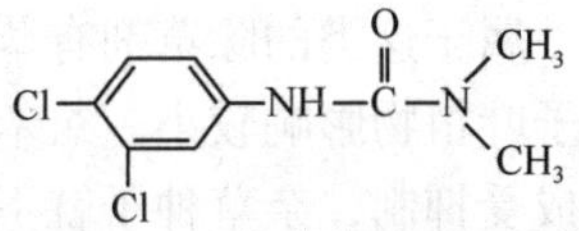

敌草隆[N-(3,4-二氯苯基)N′N′-二甲基脲]

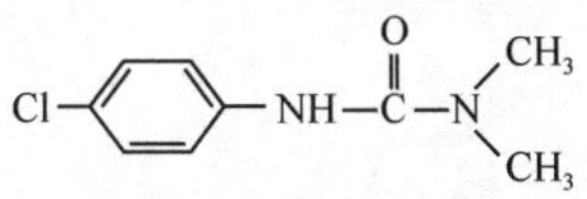

灭草隆[N-(4-氯苯基)N′N′-二甲基脲]

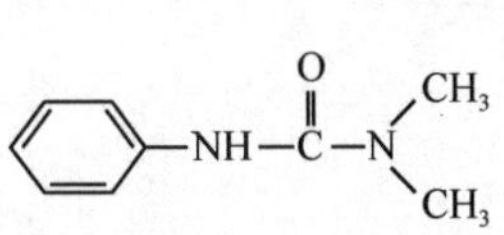

非草隆(N-苯基-N′N′-二甲基脲)

图 8-39　几种取代脲类除草剂

胡萝卜和棉花具有分解脲类的一些高活性酶(如N-去甲基酶)，所以对这类除草剂有耐药性。各种单、双子叶一年生杂草，以及高粱、马铃薯、洋葱等作物对此敏感。

8.10.4 均三氮苯类

我国已经生产使用的均三氮苯除草剂有西马津、阿特拉津和扑草净3种(图8-40)。这些都是高度选择性的传导除草剂。施用于土壤后，通过根系被植物吸收运输至地上部分；阿特拉津也能被叶吸收。这些化合物抑制光合作用，阻止有机物质的合成，使杂草种子贮藏的养分耗尽而死亡。均三氮苯类对玉米、高粱、甘蔗等无毒，但能杀死其他双子叶、单子叶杂草。原因是这3种作物的叶组织中含谷胱甘肽转移酶，能使均三氮苯与谷胱甘肽形成复合物而解除毒性。另外，玉米还可以把这类除草剂迅速水解为无毒的羧基三氮苯。

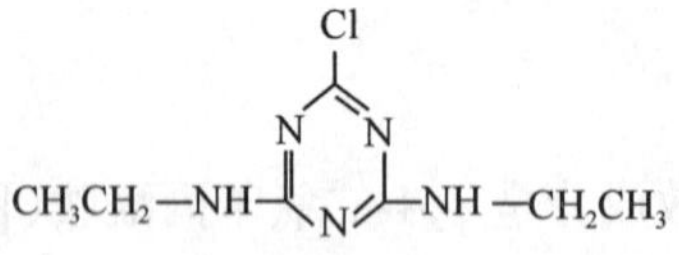

西马津(2-氯-4,6-双乙氨基-均三氮苯)

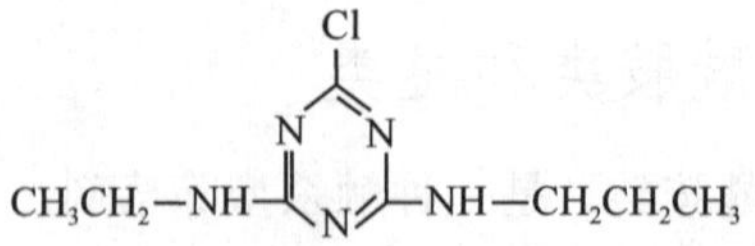

阿特拉津(2-氯-4-乙氨基-6-异丙氨基-均三氮苯)

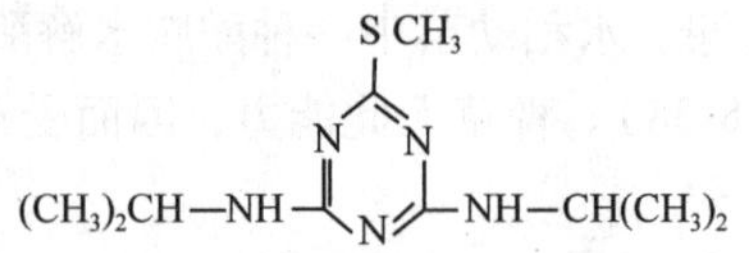

扑草净(2-甲硫基-4,6-双异丙氨基-1,3,5-均三氮苯)

图8-40 几种均三氮苯类除草剂

8.10.5 甲酸酯类

属于这类的除草剂有苯胺灵(LPC)和氯苯胺灵(图8-41)。能杀除单子叶杂草，而对双子叶植物影响较小。氯苯胺灵能抑制GA所诱导的α-淀粉酶的合成。由于α-淀粉酶的形成受抑制，杂草种子就不能发芽。此外，氯苯胺灵也影响希尔反应。

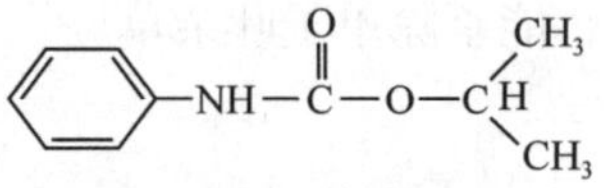

苯胺灵(异丙基·N·甲胺酸苯酯)

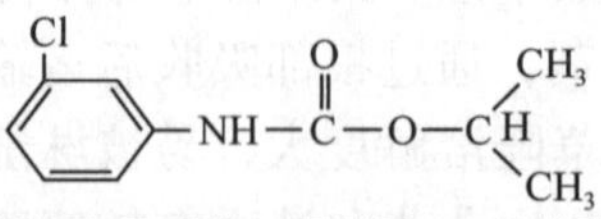

氯苯胺灵(异丙基·N·甲胺酸-3-3氯苯酯)

图8-41 甲胺酸酯类除草剂

小 结

植物生长物质是一类小分子化合物，它们在极低浓度下不仅能够显著地调控植物生长发育过程，还能调控植物对逆境胁迫的适应性。植物生长物质包括内源激素和人工合成的植物生长调节剂。植物激素包括以下几大类：生长素类、细胞分裂素类、赤霉素类、脱落酸类、乙烯等。

人们发现的第一种植物激素是生长素。植物的茎尖是合成生长素的主要场所，生长素有2种生物合成途径：色氨酸依赖途径和非色氨酸依赖途径。生长素是唯一具有极性运输特性的植物激素。生长素可以通过氧化降解，也可以与糖或多肽结合。生长素能够促进离体茎段的伸长生长、促进维管组织的分化、促进插条生根、保持顶端优势、诱导雌花的分化等生理过程。

赤霉素的基本结构是赤霉烷，主要在生长中的种子、果实、顶端幼嫩组织和根部合成。首先通过环化反应生成贝壳杉烯，然后发生氧化反应生成 GA_{12} 醛，再由 GA_{12} 醛形成其他赤霉素。赤霉素能够显著促进节间的伸长生长、诱导α-淀粉酶的合成、促进种子萌发、防止器官脱落、打破休眠。

细胞分裂素是一类腺嘌呤的衍生物，其主要合成部位是细胞分裂旺盛的根尖及生长中的种子和果实中。细胞分裂素的合成途径是从头合成，首先在细胞分裂素合成酶的催化作用下，异戊二烯焦磷酸和5′-AMP缩合形成iPMP；然后脱磷酸化形成iPA；最后脱去核糖形成iP。iPMP、iPA和iP可以转化为玉米素核苷单磷酸、玉米素核苷或玉米素，再转化为双氢玉米素核苷单磷酸、双氢玉米素核苷和双氢玉米素。细胞分裂素能够促进细胞的分裂、调节植物形态建成、诱导芽的分化、延缓植物的衰老。

脱落酸具有倍半萜结构，具有右旋型和左旋型2种旋光异构体。植物体内天然的形式是2－*cis*－(＋)－ABA。植物的叶片是ABA的主要合成场所，根尖在发生干旱胁迫时能大量合成脱落酸并通过木质部向地上器官运输。高等植物中脱落酸的生物合成为 C_{40} 途径，从异戊二烯基焦磷酸开始，形成紫黄质，最后形成脱落酸。脱落酸的代谢包括氧化降解、与糖酯结合形成ABA-葡糖酯或ABA-葡糖苷。脱落酸能够促进种子成熟、促进芽的休眠，抑制种子的萌发、抑制气孔开放和促进气孔关闭，脱落酸是一种逆境激素，能够提高植物的抗逆性。

乙烯是植物中的气态激素，是最简单的烯烃。其生物合成是通过杨氏循环，从蛋氨酸开始，形成S-腺苷蛋氨酸，再到ACC，最后转变为乙烯。乙烯能够使幼苗的生长产生“三重反应”，乙烯能够诱导凤梨科植物开花，促进器官的衰老和脱落。

植物体内还存在生长物质，包括油菜素内酯、多胺、茉莉酸、水杨酸、玉米赤霉烯酮和系统素等，这些物质在调节植物的生长发育和对逆境胁迫的防御方面具有重要作用。

植物激素通过其信号转导过程来发挥自身的生理作用。植物激素与其受体结合后进行信号的传递，受体再通过细胞内第二信使将信号传递到细胞核中，从而激活或抑制特定转录因子的活性，最终调节响应激素信号基因的表达。

思考题

1. 简述植物生长调节剂与植物激素的区别。
2. 五大类植物激素的化学本质及合成前体分别是什么？
3. 简述生长素的生理作用及运输特点。

4. 简述生长素促进细胞伸长的机理。
5. 细胞分裂素是如何促进细胞分裂的？
6. 什么是乙烯的三重反应？举例说明乙烯的生理作用。
7. 乙烯是如何诱导果实成熟的？
8. 油菜素内酯和茉莉酸类物质在植物的生长发育过程中主要有哪些生理作用？
9. 要使水稻秧苗矮壮分蘖多，你在水肥管理或植物生长调节剂应用方面有什么建议？
10. 为什么说脱落酸与乙烯是植物胁迫激素？

植物的生长生理

植物生长受遗传和环境因素的调控。植物整体的生长是以细胞生长为基础。植物激素在生长发育过程中发挥着重要作用。植物生长表现出生长大周期性、昼夜周期性以及季节性周期性规律。植物的生长表现出一定的相关性，体现在地下部分与地上部分、主茎和侧枝、营养生长和生殖生长等的相关性。环境因子影响植物生长，其中光在植物的生长发育中起着重要作用。森林生产力形成的生理机制和影响因素。高等植物的运动可分为向性运动和感性运动。

植物生长(growth)是指植物在体积和质量上的不可逆的增加，主要是通过细胞分裂和细胞伸长完成的，是一种量的变化。植物分化(differentiation)是指植物细胞在结构、功能和生理生化性质方面发生的变化，反映了不同细胞之间质的变化。而发育(development)则是植物生长和分化的总和，是指在生命周期中，组织、器官或整株植物体在形态和功能上的有序变化过程，受遗传信息的控制和环境因素的影响，具有特定的时空性。生长、分化和发育三者之间既有区别又有联系。生长是量变，是基础；分化是质变，是变异生长；发育则是有序的量变与质变。发育包含了生长和分化，生长和分化又受发育的制约。

通常所说的植物生长是指营养生长的过程，即种子萌发后经过生长、发育，分化为形态、功能各异的根、茎、叶等营养器官的过程。但即使在生殖生长阶段，营养生长也从未停止过，生殖生长所需的养料，绝大部分是由营养器官供给的，植物的生长直接关系到作物和林木的产量与品质。因此，了解植物的生长规律及其与外界条件的关系，从而调控植物的生长过程，在农林业生产中具有十分重要的意义。

9.1 细胞的生长与分化

植物的生长是建立在各种器官生长的基础上，而器官生长的基础则是细胞的生长和分化。细胞的生长过程始于细胞分裂(数目增加)，经过伸长和扩大(体积增加)，而后分化定型(形态建成)。因此，细胞的生长发育过程通常分为3个时期：即分裂期、伸长期和分化期。

9.1.1　细胞分裂

9.1.1.1　细胞周期

处于分裂阶段的分生细胞，原生质稠密，细胞体积小，细胞核大，无液泡或液泡小而少，细胞壁薄，合成代谢旺盛，束缚水/自由水比值较大，细胞亲水力高。这些分生细胞长到一定阶段要发生分裂形成2个新细胞。新生的持续分裂的细胞从第一次分裂形成的细胞到下一次再分裂成为2个子细胞为止所经历的过程，称为细胞周期(cell cycle)。细胞周期包括分裂间期(interphase)和分裂期(mitotic stage，M期)2个阶段[图9-1(a)]。间期是从一次分裂结束到下一次分裂开始之间的间隔期。间期是细胞的生长阶段，其体积逐渐增大，细胞内进行着旺盛的生理生化活动，并做好下一次分裂的物质和能量准备，主要是DNA复制、RNA的合成、有关酶的合成以及ATP的生成。细胞周期可分为4个时期[图9-1(a)]。

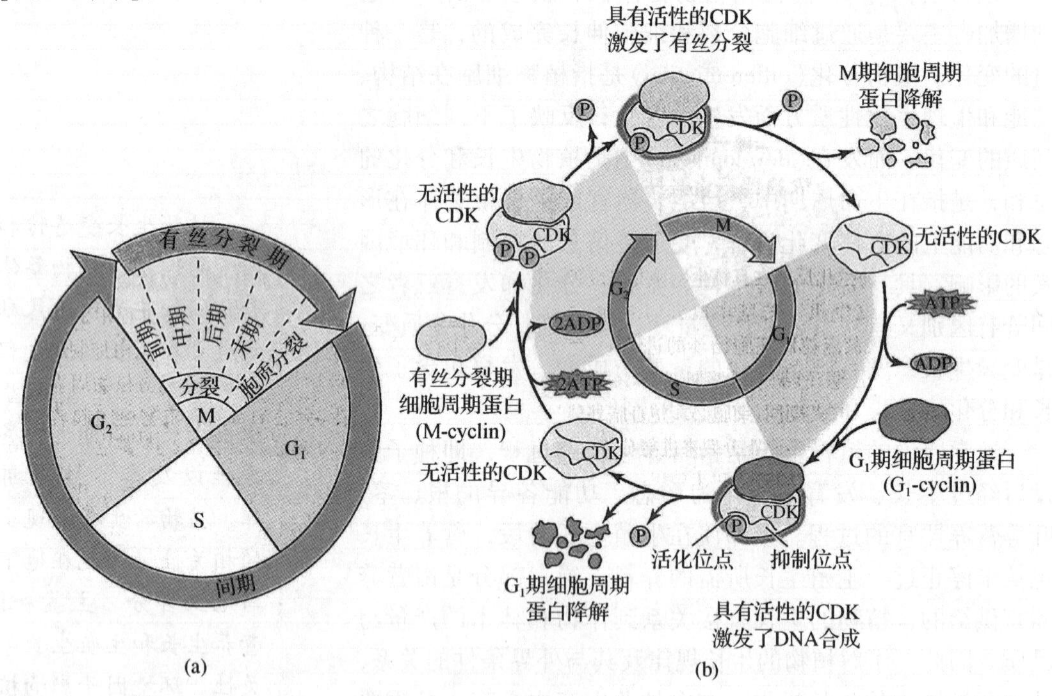

图9-1　细胞周期(a)和CDK调节细胞周期图解(b)(引自Taiz and Zeiger，2002)

在G_1期，CDK处于非激活状态，当CDK与G_1-cyclin结合部位磷酸化后被活化，活化的CDK-cyclin复合物使细胞周期进入S期。在S期末，G_1-cyclin降解，CDK去磷酸化而失活，细胞进入G_2期。在G_2期，无活性的CDK与M-cyclin结合，同时CDK-cyclin复合物的活化位点和抑制位点被磷酸化，CDK-cyclin仍未活化，因为抑制位点仍被磷酸化，只有蛋磷酸酶把磷酸从抑制位点除去，复合物才被激活。活化的CDK刺激G_2期转变为M期，在M期的末期，M-cyclin降解，磷酸酶使激活位点去磷酸化，细胞又进入G_1期。

G_1期 从有丝分裂完成到DNA复制之前的这段间隙时间称为G_1期(gap$_1$, pre-synthetic phase)。在这段时期中有各种复杂大分子包括mRNA、tRNA、rRNA和蛋白质的合成。

S期 这是DNA复制时期，故称S期(synthetic phase)。这期间DNA的含量增加1倍。

G_2期 从DNA复制完成到有丝分裂开始的一段间隙称G_2期(gap$_2$, post-synthetic phase)，此期的持续时间短，DNA的含量不再增加，仅合成少量蛋白质。

M期 从细胞分裂开始到结束，也就是从染色体的凝缩、分离并平均分配到2个子细胞为止。分裂后细胞内DNA减半，这个时期称为M期(即有丝分裂期，mitosis)或D期(division)。

细胞分裂的意义在于S期中倍增的DNA以染色体形式平均分配到2个子细胞中，使每个子细胞都得到一整套和母细胞完全相同的遗传信息。

9.1.1.2 细胞周期控制

近年来研究表明，控制细胞周期的关键酶是依赖于细胞周期蛋白(cyclin)的蛋白激酶(cyclin-dependent protein kinases, CDK)，它们的活性都受cyclin调节性亚基的调节，控制细胞周期不同阶段间的转化。在细胞周期的循环中有2个主要限制点，分别是G_1/S限制点(控制细胞从G_1期进入S期)和G_2/M限制点(细胞一分为二的控制点)。CDK活性的调节机制主要有2种：第一种是cyclin蛋白的合成与降解，大多数cyclin的周转很快，可以快速降解。CDK只有与cyclin结合后才能活化。由G_1期转变为S期需要G_1-cyclin的激活，由G_2期转变为M期需要M-cyclin。第二种机制是CDK内关键氨基酸残基的磷酸化与去磷酸化。CDK-M-cyclin复合物有被磷酸化活化部位和抑制部位，当2个部位被磷酸化后，复合物仍不活化，只有把抑制部位的磷酸去除，复合物才被激活[图9-1(b)]。

9.1.1.3 细胞分裂的生化变化

细胞分裂过程中最显著的生化变化是核酸和蛋白质含量，尤其是DNA含量的变化。在分裂间期的初期，每个细胞核的DNA含量较少，当达到分裂的中期，即细胞体积增加到最大体积的一半时，DNA含量急剧增加，并维持在最高水平，然后开始进行有丝分裂。到分裂期的中期之后，由于细胞核分裂为2个子细胞，所以每个细胞核的DNA含量显著下降，一直到末期。

呼吸速率在细胞周期中也有较大变化，如分裂期细胞的呼吸速率较低，而分裂间期的G_1期和G_2期后期呼吸速率都很高。G_2期较高的呼吸速率为分裂期提供了充足的能量。

9.1.1.4 细胞分裂与植物激素等

细胞周期受到细胞本身的遗传特性所控制，但外界环境，如温度、水分、化学试剂等均有控制细胞的效应。植物激素在细胞分裂过程中起着重要的作用。研究表明，植物激素主要通过控制CDK的活性而调控细胞周期不同阶段间的转化。在烟草细胞培养中，生长素和细胞分裂素刺激G_1-cyclin的积累，促进G_1/S期转化，缩短细胞周期。外源细胞分裂素可以活化潜在的DNA复制，缩短S期复制DNA的时间。细胞分裂素还通过活化磷酸酶，削弱 CDK 酪氨酸磷酸化的抑制作用，促进 CDK 的激活和 G_2/M 期的转化。干旱胁迫时，根部脱落酸浓度增加，诱导 CDK 抑制蛋白的表达，抑制 CDK 活性，阻止细胞进入 S 期，从而抑制根尖分生组织分裂。赤霉素通过刺激使水稻节间 cyclin 的表达，促进 G_2/M 期的转化，加速细胞分裂和伸长。

此外，蔗糖、维生素、矿质元素、温度等诸多因素也会影响细胞周期的进程。蔗糖作为能源和信号分子，对细胞周期起重要调节作用。培养基中去除蔗糖可以阻断培养细胞 G_1/S 期和 G_2/M 期的转化，抑制蛋白质的合成，使细胞停止分裂。钙离子作为胞内第二信使在细胞周期的 G_0/G_1、G_1/S、G_2/M 等的转换期及有丝分裂的中期/后期转换等调控点处都发挥作用，缺钙将终止细胞周期的正常运转。VB_1（硫胺素）、VB_6（吡哆醇）等 B 族维生素，也能促进细胞分裂。在一定温度范围内，增温可加速细胞分裂。

9.1.2　细胞伸长

在根和茎顶端的分生区中，只有顶部的一些分生组织细胞保持持久的分裂能力，而它的形态学下端的一些细胞，逐渐过渡到细胞伸长（cell elongation）阶段。

9.1.2.1　细胞伸长的生理变化

在细胞伸长阶段，细胞体积迅速增加。细胞开始伸长生长时，细胞中出现小液泡，然后逐渐增大合并成大液泡，并通过渗透性吸水，显著扩大细胞体积。因此，水分对细胞伸长的影响较大，水分不足，细胞伸长生长就会减慢。与此同时，细胞代谢旺盛，呼吸速率可加快 2～6 倍，保证生长所需能量的供应；蛋白质、核酸及纤维素等的合成也显著增强，保证了细胞质的增加和新细胞壁的构建。

9.1.2.2　细胞壁

细胞伸长不只增加细胞质，也增加细胞壁，这样才能保持细胞壁的厚度。典型的细胞壁是由胞间层（intercellular layer）、初生壁（primary wall）以及次生壁（secondary wall）组成。构成细胞壁的物质，主要有多糖（90% 左右）、蛋白质（10% 左右）以及木质素、矿质等。细胞壁中的多糖主要是纤维素（cellulose）、半纤维素（hemicellulose）和果胶类（pectic substances），它们是由葡萄糖、阿拉伯糖、半乳糖醛酸等聚合而成。次生细胞壁中还有大量木质素（lignin）。初生壁的主要成分是多糖，其中基本结构物质是纤维素，许多纤维素分子构成微纤丝（microfibril），细胞壁是以微纤丝为基本骨架构成的。细胞壁中的纤维素分子是多个 D-葡萄糖残基通过 α-1,4 糖苷连接成的长链，平行整齐排列，约2 000个纤维素分子聚合成束状，称为微团（micell）。微团间聚合成束又构成微纤丝，微纤丝借助大量的链间和链内氢键而结合成聚合物（图 9-2）。

细胞的生长受细胞壁的限制，因此在细胞伸长或体积扩大过程中，细胞壁也需相应增长和延伸。首先，需要松弛细胞壁，打破壁原有多糖分子之间的联结，壁软化，膨压就推动细胞伸长；同时，不断将新合成的细胞壁成分如纤维素、半纤维素、果胶等补充或沉淀到正在扩展的细胞壁中，保持细胞壁的厚度。在细胞壁松弛过程中，有 2 种酶参与重要调节作用：一种叫扩张蛋白（或膨胀素 expansin），作用于细胞壁中的纤维或半纤维之间的界

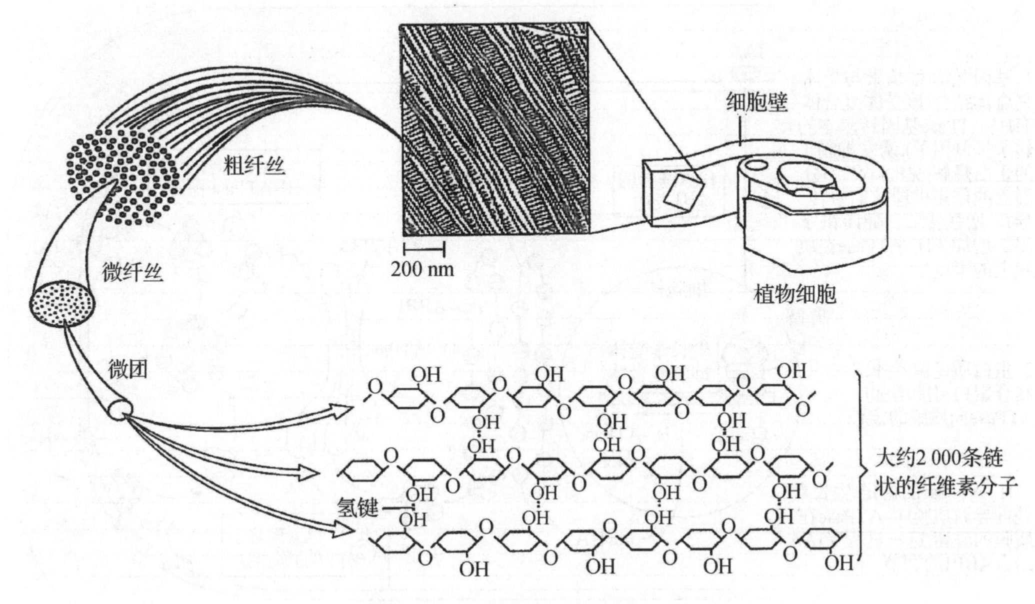

图 9-2 细胞壁和纤维素的结构

面，打断细胞壁多糖之间的 H 键，酸性条件可以活化该蛋白；另一种为木葡聚糖内转糖基酶(xyloglucan endotransglycosylase，XET)，可把木聚糖(初生壁的主要组分)切开，然后重新连接和形成新的多糖链，调节细胞生长过程中多糖链的重新排列和在细胞壁中的沉积。XET 有利于扩张蛋白穿入细胞壁。

9.1.2.3 细胞伸长与植物激素

激素对细胞伸长生长的影响主要表现在：细胞分裂素促进细胞横向生长；赤霉素和生长素影响细胞壁的可塑性，使细胞壁变松弛，从而促进细胞的伸长；乙烯和脱落酸对细胞伸长有抑制作用。

赤霉素和生长素虽都能促进细胞伸长生长，但其作用机制不同。生长素使细胞壁酸化而松弛(图 9-3)，但 GA 没有这种作用，GA 也没有促进质子排出的现象。完全没有 IAA 的组织中也没有 GA，因此 GA 之所以促进细胞伸长可能依赖于 IAA 诱发细胞壁酸化。此外，GA 刺激细胞伸长的滞后期比 IAA 长。这也说明 IAA 和 GA 两者刺激细胞伸长的机制是不同的，但在促进细胞伸长方面有相加作用。近来研究表明，GA 增强细胞壁的伸展性与提高 XET 酶的活性有关，XET 有利于扩张蛋白穿入细胞壁，因此扩张蛋白和 XET 是 GA 促进细胞伸长所必需的。

赤霉素对根的伸长无促进作用，但能显著促进茎、叶的生长。栽种以切花为生产目的的花卉时，如花轴过短，可喷施赤霉素，以达到规格要求的长度。

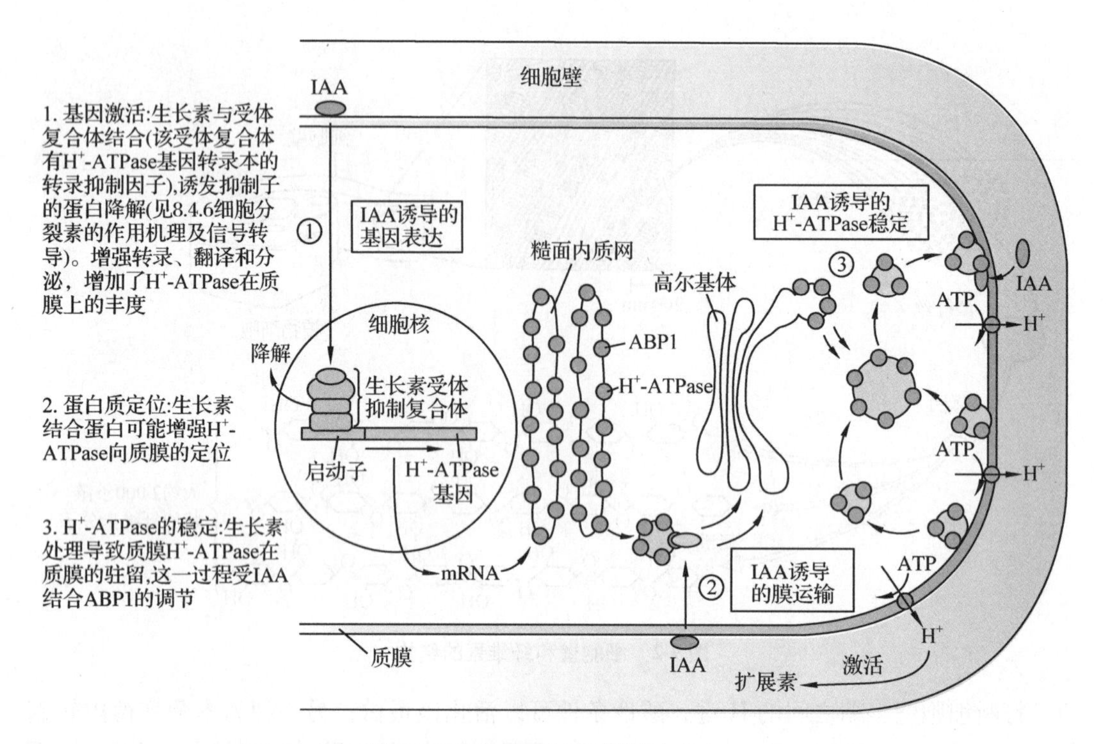

图9-3　IAA诱导H^+排出的流行模型(引自 Taize *et al.*，2006)

9.1.3　细胞分化

当植物细胞伸长停止后，其形态结构发生变化，细胞开始分化。细胞分化(cell differentiation)是指分生组织的幼嫩细胞发育成为具有一定形态结构、生理代谢功能的成形细胞的过程。高等植物大都是从受精卵开始，不断分化成如薄壁组织、输导组织、机械组织、保护组织和分泌组织等，最后形成完整的植物体。与动物不同的是，植物细胞的分化往往是可逆的，特别是当已分化的细胞从植物体中被分离并进行组织培养时表现得尤其明显。

植物体中的所有细胞是由受精卵发育而来，具有相同的基因组成。然而，在某一发育阶段，某一植物体部位的细胞，其基因只有一部分表达，而另一部分则处于关闭状态，造成了细胞的异质性，导致了细胞的分化。因此，细胞的分化本质上是植物基因在时间和空间上顺序表达的结果。例如，开花基因在营养生长阶段并不表达，而到生殖生长期才表达，即花芽开始分化，直至最终停止。

在正常条件下，已完成分化的植物细胞由于受到所在环境的束缚，会保持相对的稳定性，不能继续分化。但这些细胞都带有与受精卵相同的基因组成，当它们脱离原有环境时，就会失去其特有的分化特征，即脱分化(dedifferentiate)，并重新启动细胞分裂的过程，当在适宜的营养物质和生长调节物质诱导下，甚至能重新形成完整植株。以上植物细胞的这种脱分化的能力说明，几乎所有植物细胞都携带着一套完整的遗传信息，并具有发育成完整植株的潜在能力，即植物细胞具有全能性(totipotency)。但也有例外，如木质部中的导管或管胞以及韧皮部中的筛管均不具备全能性。

1902年，德国植物学家Haberlandt最早提出了植物细胞全能性的概念。20世纪五六十年代越来越多的研究证实了这一观点。目前，植物细胞全能性已被公认为是细胞分化的理论基础和植物组织培养的理论依据，在理论和实践上都具有重大意义。另外，细胞全能性也是区分植物和动物众多特征之一。动物只能在胚发育阶段形成多功能的细胞，而植物整个生命过程中在芽、根的分生组织中仍保有未分化的细胞，且能持续地进行胚器官的发生；即便是成熟的已分化的细胞也能脱分化成多功能细胞，并能发育形成新的器官或整个植株。

9.1.4　细胞分化的调节

9.1.4.1　极性

极性(polarity)是植物分化和形态建成中的一个基本现象，是指在器官、组织及细胞中在不同的轴向上存在某种形态结构和生理生化上的梯度差异。例如，植株表现为地上地下两部分不同的形态特征，这是个体水平的极性；植物插条上端分化不定芽，下端分化不定根，是器官水平的极性。无论是个体水平还是器官水平的极性，都源于细胞的极性。极性一旦建立，就难于逆转。

植物细胞的极性是受基因表达控制，同时也与该细胞在组织内的位置有关。光照、温度以及电势等环境条件的影响，也会改变细胞极性，影响其分裂和分化方向。极性造成了细胞内物质(如代谢物、蛋白质、激素等)分布不均匀，建立起轴向，两极分化，细胞发生不均等分裂。不均等分裂是植物极性结构形成的基础，是细胞分化的前提。例如，根尖成熟区表皮细胞上根毛的分化就是不均等分裂的产物，该区的表皮细胞经过不均等分裂产生一大一小2个子细胞，体积较小的细胞分化为根毛，而较大者仍然保留表皮细胞的性质；叶片表皮上的保卫细胞以及韧皮部筛管和伴胞的分化都是细胞不均等分裂的结果。

9.1.4.2　胞间通讯和位置效应

植物是一个多细胞有机体，细胞之间有紧密的连接，细胞的生理活动必须与周围细胞保持相互协调。正是由于这种相互影响作用的存在，每个细胞在器官和组织中的位置，反过来也影响其分化方向和生理功能，即细胞分化的位置效应(positional effect)。一般地，由茎尖顶端分生组织和根尖分生组织可以分化产生各种器官和组织。有研究表明，细胞所处的位置可以决定细胞分化的方向。例如，植物的组织培养就利用了离体环境的植物外植体能够发生脱分化和再分化的特性。不仅体外如此，植物体内的细胞分化方向也决定于其所处的位置。

细胞之间的协调作用是通过胞间通讯(intercellular communication)进行的。胞间通讯可以通过胞间连丝的共质体形式进行，也可以通过细胞壁空间的质外体形式进行。胞间连丝是相邻细胞保持物质和信息联系的桥梁。植物细胞分化过程中的一些重要的发育调节蛋白和分化调节物质就是主要通过胞间连丝进行胞间移动和运输的。例如，韧皮部筛管中含有大量蛋白质，但是子筛管是无核细胞，不能产生mRNA进行蛋白合成，这些蛋白质只能由相邻的伴胞合成，通过胞间连丝运入筛管。另外，这种胞间通讯可以随着细胞分化的进程发生变化。例如，根的分生区和伸长区表皮细胞之间的胞间连丝比较多，但是在成熟区进行根毛分化时，表皮细胞之间的胞间连丝逐渐关闭。待根毛长出之后，表皮细胞之间就完全丧失了通信联系。

9.1.4.3　植物激素

植物激素可能作为细胞分化的信号在细胞分化中起着重要作用，激素的作用是通过激素之间及其与激素或非激素的第二信使之间的相互作用实现的。

在植物组织培养过程中，愈伤组织分化为根和芽，是由细胞分裂素与生长素含量的比值决定的。CTK/IAA 比值低时，促进根的形成；CTK/IAA 比值高时，促进芽的形成；2种激素含量相当时，则愈伤组织不分化，继续形成新的愈伤组织。生长素可诱导愈伤组织分化形成木质部。它的极性运输在被子植物和裸子植物树木中均与形成层的细胞分化有关。位于细胞基端的载体蛋白会引导生长素的流出，编码该蛋白的基因突变会引起生长素源附近木质部的局部增长。生长素的顶端源、叶片和分化中的木质部组织本身对形成层的生长素水平都有贡献。另外，一些研究表明，外源细胞分裂素单独或与生长素共同作用可加速木质部、韧皮部的增长。

较高浓度的赤霉素会抑制根的形成。适当浓度的赤霉素能刺激一些针叶树形成层的生长。例如，$GA_{4/7}$促进了苏格兰松幼树管胞的增长，是在形成层区域增加了 IAA 的间接效果。有些研究表明，ABA 可能与抑制细胞分化有关。乙烯对根的形成有促进效应。另外，高浓度的乙烯利会抑制一些树种的木质部细胞的分化而刺激细胞壁中纤维素的渗入；增加少量的乙烯利，会轻微刺激乙烯释放，导致木质部细胞体积、韧皮部组织的量和皮层细胞间隙的增加。

9.1.5　植物器官发生与组织培养

9.1.5.1　植物组织培养

植物组织培养(plant tissue culture)是指在无菌条件下，将离体的植物细胞、组织或器官(也称外植体，explant)以及原生质体，培养在人工培养基上和人工控制的环境中，使其生长、分化、增殖，甚至长出新的植株的过程和技术。这种技术的理论依据是植物细胞具有全能性。许多研究证明，几乎任何植物组织都可在人工培养基中培养获取脱分化的愈伤组织(callus)。新形成的愈伤组织细胞在适宜的培养条件下又可分化为胚状体，或直接分化出根和芽等器官形成完整的植株，即再分化(redifferentiation)。胚状体具有根、茎2个极性结构，因此可以一次性形成完整的植株(图9-4)。根据培养材料不同，植物组织培养可分为植株培养、胚胎培养、器官培养、组织或愈伤培养、细胞或原生质体培养5类。

植物组织培养在植物科学基础理论研究方面具有重要价值，如植物细胞在离体状态下，通过组织培养提供的离体环境可以克服细胞之间的相互影响，在较为理想的状态下研究细胞之间的关系、细胞生长发育、形态建成等方面的问题；在实际应用中也日益显示出优越性，它已成为从实验室研究走向大规模工厂化育苗的新技术，在农学、园艺、森林等学科上得到广泛应用，如可以缩短苗木繁殖周期，一些难用常规方法繁殖的种类利用植物

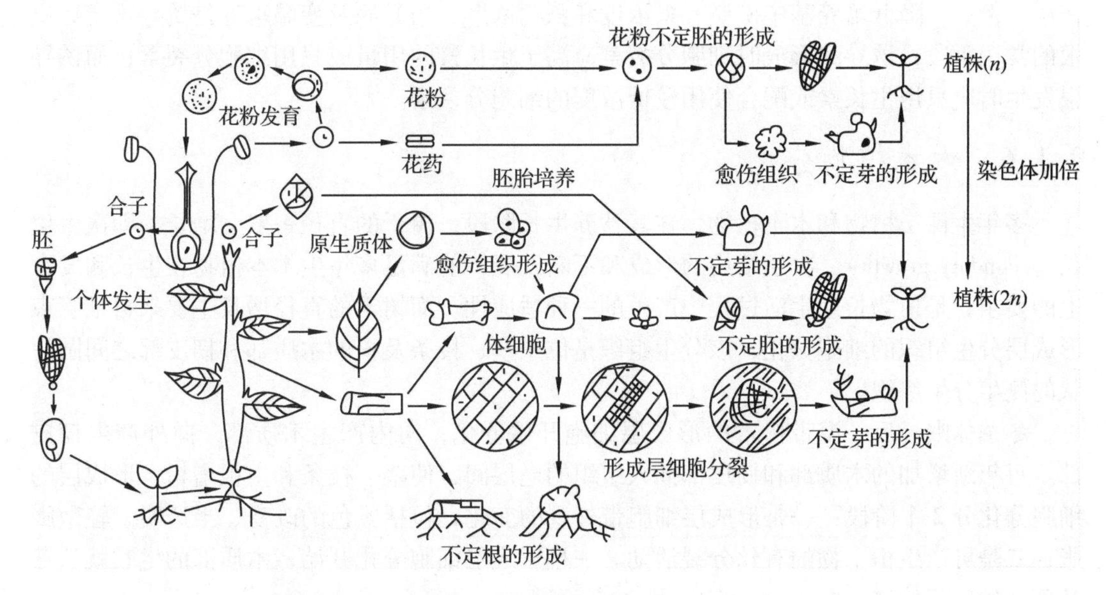

图 9-4 高等植物组织培养的过程(引自王忠，2000)

组织培养技术而得到迅速扩繁，如对引进或新发现的稀缺良种、濒危植物进行快繁。当然，植物组织培养也有些缺点，如需要设备复杂，投入资金多，电能消耗大；对试验场所要求较高，不能代替田间试验等。

9.1.5.2 植物器官发生

植物的器官发生(plant organogenesis)是指离体植物组织或细胞在组织培养的条件下形成无根苗、根和花芽等器官的过程。一般，植物器官发生的途径可分为2类：一是先从外植体上诱导出愈伤组织，再从愈伤组织上诱导出不定芽或不定根原基的间接器官发生过程，包括从愈伤组织或悬浮培养的细胞和原生质体再生植株；二是不经过愈伤组织阶段，直接从原始外植体上诱导产生不定芽或不定根的直接器官发生。

与草本植物相比，建立高效的木本植物器官发生体系难度较大。一般说来，阔叶树的器官发生要比针叶树容易，阔叶树的器官发生中既有间接器官发生又有直接器官发生，而针叶树间接器官发生难度大，直接器官发生是针叶树器官发生的主要途径。我国木本植物器官发生研究，基本集中在主要用材绿化树种(如杨树、松树)，重要果树与经济林树种(如苹果、梨、桃)，药用植物树种(如银杏、枸杞)以及珍稀濒危树种(如绒毛皂荚、沙冬青)等。

树木基因型是木本植物器官发生的主要影响因素。白桦不同无性系叶片的诱导率、再生植株的生根率及增殖倍数不同，且不同无性系的组培苗在形态特征上的表现各不相同。外植体的来源及其所处的发育阶段或生理状态及其不同部位(极性)也是影响木本植物器官发生的重要因素。木本植物器官发生所用外植体选择性较广，其茎尖、幼叶、根、花器官等各个器官或组织均可用于诱导器官发生。

另外，所用培养基的组成以及培养条件的不同也会对木本植物器官发生起着重要调节作用。例如，降低培养基中矿质元素浓度和蔗糖浓度、弱光照及变温培养是诱导不定芽生根的常用手段；诱导芽形成时细胞分裂素应高于生长素的用量或只用细胞分裂素；而诱导根发生时应只用生长素或配合使用较低浓度的细胞分裂素。

9.1.6　木本植物分化

多年生裸子植物和木本植物，在其营养生长阶段，树干的直径一般会增长，即次生生长(secondary growth)。次生结构的形成和不断发展，能满足多年生木本植物在生长和发育上的要求，是植物长期生活过程中产生的一种适应性。而树干的直径增长主要来自维管束形成层分生组织的细胞分化，该分生组织是位于茎、枝条及根的木质部和韧皮部之间圆柱状的侧生分生组织。

冬季休眠过后，温带树木的形成层细胞开始分化，向内产生木质部，向外产生韧皮部。每年新增加的木质部和韧皮部插入组织的老层间，使茎、枝条和主根增粗。形成层的细胞分化分 2 个阶段：一是形成层细胞带外观的变化，包括颜色的改变、半透明、轻微膨胀；二是可产生衍生物的有丝分裂活动。一旦形成层细胞分化开始，木质部的生长就从芽基部开始向下传递。

一般，形成层开始细胞分化后，先产生韧皮部，之后再有木质部生成。例如，梨树在第一个月形成层活性恢复 1/2 时，大部分衍生物在韧皮部侧生成；到 3 月，4 ~6 行成熟的或部分分化了的筛管分子已经形成，大约占全年增长总量的 2/3(图 9-5)。到生长季末期，由于形成层中韧皮部细胞的大量产生使得木质部细胞数量减少。在有些树种中，木质部的增长对环境胁迫比韧皮部敏感，如果生长条件变得不适宜，木质部与韧皮部数量的比值通常会降低。

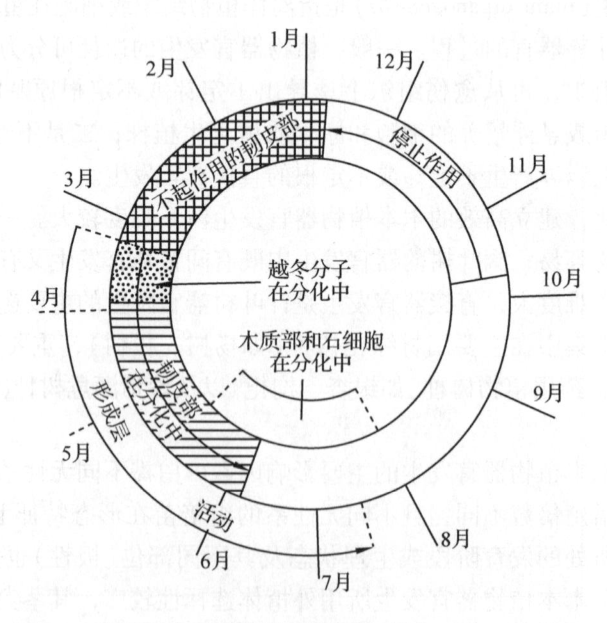

图 9-5　梨树形成层活动的季节变化(引自 Pallardy, 2008)

木质部和韧皮部的细胞由形成层母细胞分离之后开始顺序分化，包括细胞扩大，次生细胞壁形成、木质化和质体消失。这些过程不是阶梯式出现，而是有一些重叠。例如，次生细胞壁的形成通常在初生细胞壁生长结束前已经开始。细胞分化中大部分形成层衍生物在形态学和化学上会发生改变，形成各种组织系统的特化分子。例如，从形成层内侧分裂出的形成层衍生物产生木质部，可以分化成导管分子、纤维、管胞或薄壁组织细胞当中的一种细胞。在木质部分化过程中，某些蛋白质可能在生长部位表达，例如，在火炬松幼树未成熟的木质部中，就有包括细胞壁蛋白、木质素合成和糖代谢的酶及其他几种能调节细胞壁合成的蛋白质表达。另外，细胞骨架在木质部细胞生长和分化中也可能起着重要作用。

9.2 植株再生

植株再生(plant regeneration)一般是指外植体形成愈伤组织后重新形成完整植株的过程。但有些植物可以从叶片等外植体上不经愈伤组织，直接产生根芽分化，形成完整植株。植株再生主要分为不定芽发生(adventitious bud formation)再生途径和体细胞胚胎发生(somatic embryogenesis)再生途径。

9.2.1 不定芽发生再生途径

不定芽、不定根(adventitious root)是指在一些非正常发生部位形成的根或芽。植物体不定芽发生再生是指培养条件下的组织或细胞团(愈伤组织)分化形成根、芽、茎等器官的过程。植物不定芽的发生再生途径通常有2种：直接发生途径，即从外植体的细胞形成器官原基，然后发育成器官；通过愈伤组织诱导途径，即先从外植体上形成愈伤组织，再在愈伤组织上长出不同的器官原基。目前，虽然已在桉树、柑橘、梨、苹果等多个树种的离体愈伤组织培养中取得成功，但能够完成植株再生的较少。因此，建立高效的木本植物不定芽发生再生植株体系难度较大，需要对其培养条件进行不断摸索。

9.2.1.1 不定芽发生过程中的生理生化变化

胡杨愈伤组织不定芽发生能力与特异蛋白的表达有关，随着愈伤组织形成分生细胞团块和不定芽原基，明显地表达了2×10^4 Da和5.5×10^4 Da蛋白带。另外，在741杨和小叶杨诱导分化的愈伤组织中，有不定芽和不定根分化的愈伤组织均表现出同工酶(如异柠檬酸脱氢酶、苹果酸脱氢酶)、可溶性蛋白谱带条数增多的现象。

在多种草本植物和一些木本植物愈伤组织不定芽分化之前有一个淀粉积累的高峰出现。一般，形成不定芽的愈伤组织比不形成芽的组织有较高的全氮、蛋白氮、亚硝态氮，而且具有较高的硝酸还原酶活性。

在不定芽发生再生过程中，内源激素也发生着变化，且外源激素是通过调节内源激素的平衡而起作用的。通过外源激素的调节，能够诱导小叶杨愈伤组织内源激素种类增多，细胞分裂素含量高、细胞分裂素/生长素比值增高。杨树外植体的内源IAA/ABA比值高于苹果，比苹果易于诱导不定芽的发生。

9.2.1.2　影响不定芽发生的因子

(1)外植体

可供选择的外植体很多，木本植物的器官如根、茎、叶等都可以选作外植体。叶片较适合作为外植体来诱导木本植物的不定芽，因为其来源广泛，可再生能力强，取材时不会对母株造成伤害，对于一些濒危树种尤为适用。一般来源于幼年植物的外植体要比来源成年树的外植体容易培养。另外，取材位置对不定芽再生的影响也是非常明显的。

(2)培养基

MS、N_6 和 M_8 是植物组织培养常用的基本培养基，但木本植物不定芽发生再生培养基用的较多是 MS 培养基和中盐低氮的 WPM 培养基。基本培养基对植株再生体系的建立影响较大，如在悬铃木叶片不定芽再生研究中发现，WPM 基础培养基上培养的无菌苗叶色浓绿、健壮，而在 MS 基础培养基上培养的无菌苗叶色淡黄、瘦弱。

(3)植物生长调节物质

植物生长调节剂的种类、质量浓度和配比是影响木本植物不定芽发生的最主要的因素。植物体细胞转化为胚性细胞的一个重要前提是这些细胞必须脱离整体的束缚而进行离体培养，并有相应的激素来诱导其分化。但在离体条件下，细胞开始时往往缺乏合成生长素和细胞分裂素的能力，因此，需要在培养基中添加不同种类和不同质量浓度的外源激素以实现胚胎的诱导。

用于诱导不定芽的植物生长调节剂可分为 2 大类：即生长素类和细胞分裂素类。其中生长素类有 2,4-D、NAA、IAA 等，细胞分裂素类有 6-BA、KT、TDZ。在直接发生途径中，以细胞分裂素为主，也可适当配合低质量浓度的生长素使用会显著诱导不定芽的发生，但高浓度的生长素会抑制不定芽的发生。在愈伤组织诱导途径中，会优先考虑采用 NAA 或 IAA，如两者都不能完成愈伤组织诱导时，再考虑采用 2,4-D 诱导。当然，一般还需要添加一定量的细胞分裂素，这样可以使得到的愈伤组织更具有胚性。

(4)环境因子

光照是植物组织培养中较为重要的环境因子。不同波长的光对再生体系的建立有影响。暗培养一方面有利于不定芽的发生，可能是暗培养会保持生长素与细胞分裂素在器官建成中的最佳比例，降低光强，使激素更容易透过细胞壁，刺激植物细胞脱分化而加速器官建成。另一方面，暗处理时间过长，叶片伤口部位的愈伤旺盛，叶片愈伤组织化严重，就会抑制芽的再生，形成不定芽的数量就会减少。

9.2.2　体细胞胚胎发生植株再生途径

植物体的体细胞胚胎发生是指双倍体或单倍体的体细胞(非合子细胞)在特定条件下，未经性细胞融合而通过与合子胚胎发生类似的途径发育成新个体的形态发生过程，即利用各种体细胞组织，通过离体培养方式，诱导产生体细胞胚(还包括促进其发育、进行保存、促进发芽和成长为幼苗等)的过程和技术(图 9-6)。经体细胞胚发生形成类似合子胚的结构称为胚状体(embryoid)或体细胞胚(somatic embryo)。

体细胞胚胎发生实际上是按照预定的胚性发育路径进行的体细胞重构过程，是高等植

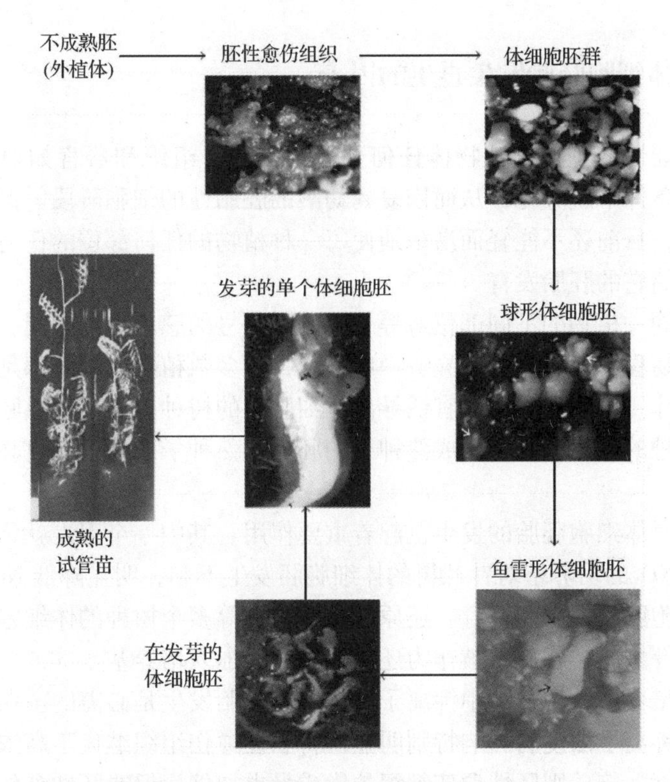

图9-6　植物体细胞胚胎发生再生途径流程(引自 Das，2011)

物细胞全能性的体现。体细胞发育过程涉及许多信号级联机制的激活及多种基因差异表达的调控。胚性能力的获得在很大程度上依赖体细胞脱分化作用，即从当前的发育路径转向对生长素等植物激素刺激信号的响应，进入以胚性细胞为目标的细胞分裂。在胚胎发生早期，体细胞发生一系列变化，包括脱分化、诱导胚性愈伤组织及胚性愈伤组织再生能力获得。

9.2.2.1　体细胞胚胎发生过程中的生理生化变化

体细胞由于外源理化因子的诱导，内源理化因子发生相应的变化，结果导致一系列酶的活化和钝化，RNA 合成增加，在染色质控制下进入活跃的周转，在这之前和同时，新的蛋白质(酶)合成与周转也活化，DNA 合成加速，导致细胞的活跃分裂和球形胚的形成。例如，在球形胚形成前特异性表达的酸性 POD 同工酶与柑橘珠心愈伤组织体细胞胚胎发生早期密切相关，可以作为珠心胚发生早期的生化标记。然后，在内外源信息作用下，通过转录与翻译水平复杂而精巧的控制，基因在时间上和空间上得以选择性激活和表达，导致细胞生理代谢的阶段性和区域性差异，结果用于形态建成的物质基础不同，于是实现胚胎发生。例如，华北落叶松胚性、非胚性愈伤组织在氨基酸、乙烯释放量、金属离子、氨态氮与硝态氮的比值上存在明显差异，反映了二者在代谢上的不同。

9.2.2.2　影响体细胞胚胎发生再生的因子

(1)外植体

根据细胞全能性的理论，植物体任何部分的细胞、组织和器官如根、茎、叶、种子等，都能在人工条件下脱分化，从而恢复到幼龄的胚胎性的细胞阶段。但是，由于技术和试验规模的限制，目前还不能轻而易举地使每一种植物的任何部位的任何一个细胞都恢复胚性，并重新开始它的胚胎发育。

不同植物、同一植物的不同部位对等外界刺激信号的感应程度不同、反应不同，其体细胞胚诱导的难易程度也就有所差异。一般来说，大多数植物的幼胚都是组织培养和再生植株的最佳外植体。虽然从营养器官诱导出体细胞胚的树种也有，但以胚或幼苗为外植体的居多。许多树种的研究表明，未成熟种子的胚比成熟种子或幼苗有更高的诱导潜能。

(2)培养基

培养基成分对体细胞胚胎的发生也起着重要作用。其中一个因素就是氮素的形态。通常含高浓度 NH_4NO_3 的培养基对针叶树的体细胞胚发生不利，明显降低 NO_3^- 及 NH_4^+ 的含量，可促进体细胞胚的发生和发育。还原性氮对核桃等多个树种的体细胞胚发生具有促进作用。谷氨酰胺等酰胺类物质常被作为还原性氮源而加入培养基。

在植物组织培养中，培养基中钾离子对体细胞胚胎发生是必需的。在低氮素水平的情况下，不适当的钾离子浓度的影响特别明显。将胚性愈伤组织继代于高浓度钾离子的培养基中，钾离子浓度加倍，则胚性愈伤组织的形成量也加倍，但非胚性愈伤组织的生长则被抑制了40%。另外，铁也是影响体细胞胚胎发生的一个重要元素，一般是以螯合态铁(即EDTA 螯合铁盐)存在于培养基中。

碳水化合物的种类和浓度可以影响体细胞胚的生长发育，蔗糖是体细胞胚胎发生最有效的还原性碳源。提高蔗糖的浓度，有利于体细胞胚的成熟。苹果叶片离体培养时，在保证碳源供应的前提下，降低蔗糖浓度有利于直接体细胞胚胎发生。

(3)植物生长调节物质

外源生长素在体细胞胚胎发生过程中起关键作用，可促进培养材料形成愈伤组织，但其对不定芽的再生并不必要。体细胞胚胎发生过程虽然受外源生长素的引发，但其进一步发生并不需要生长素，可能的原因是外源生长素促进了内源生长素的合成，提高了内源生长素浓度，表现为促进再生。2,4-D 是诱导多种植物离体培养的体细胞转变为胚性细胞的重要激素，但在植物组织诱导培养阶段适时移除 2,4-D 将有助于胚性愈伤组织的形成。

细胞分裂素对促进体细胞胚的成熟有显著作用，特别有利于子叶的发育，并在低浓度培养中显得特别有效。赤霉素对体细胞胚发生的影响不一，在有些植物种类中，赤霉素对于胚成熟、发根和次生生长都是有益的，而赤霉素也能抑制体细胞胚胎发生。脱落酸对多数树种体细胞胚的发育特别重要，其作用主要是促进体细胞胚成熟，防止畸形胚的产生，抑制体细胞胚过早萌发，防止针叶树中裂生多胚现象。生长素是脱落酸功能发挥不可缺少的因子。另外，乙烯在植物离体培养过程中组织形态建成中也有一定的生理作用。不合适的乙烯生物合成将不利于体细胞胚发生，通过调节乙烯生物合成可以改善愈伤组织的胚性及其体细胞胚发生能力。

(4)环境因子

光照和温度是影响体细胞胚发生的2个主要环境因子。体细胞胚发生对光/暗周期的要求因植物种类而异。例如，烟草和可可体细胞胚发生要求高强度的光照，而胡萝卜属的胚培养中，能在完全黑暗的条件下，完成较正常的胚成熟。在柑橘属愈伤组织诱导培养中，培养温度下降，胚胎发生能力随之下降；而在花粉胚诱导培养中低温处理是有作用的。

9.3 植物生长基本规律

9.3.1 植物生长的基本规律

植物的整体、器官或组织在生长过程中常常遵循一定的规律，表现出特有的周期性。

9.3.1.1 生长曲线与生长大周期

在植物的生长过程中，细胞、器官及整个植株的生长速率都表现出“慢—快—慢”的基本规律，即开始时生长缓慢，以后逐渐加快，至最高点再逐渐减慢，最后停止生长。将生长的这3个阶段总和起来，称为生长大周期(grand period of growth)。

如果以植物(或器官)体积对时间做图，可得到植物的生长曲线。生长曲线表示植物在生长周期中的生长变化趋势，典型的有限生长曲线呈“S”形(图9-7上图)。如果用干重、高度、表面积、细胞数或蛋白质含量等参数对时间做图，亦可得到类似的生长曲线。以植株的净增长量变化(生长速率)为纵坐标做图，可得到一条抛物线(图9-7下图)。生长曲线反映了植物生长大周期的特征，由3部分组成：对数期(logarithmic phase)、线性期(linear phase)和衰老期(senescence phase)。

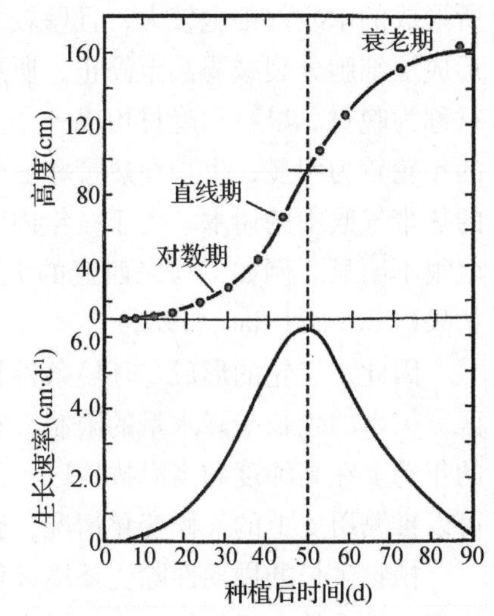

图9-7 典型的植物生长曲线

上图：S型生长曲线；下图：由上图的生长曲线斜率推导出的绝对生长速率曲线。

植物生长大周期的产生与细胞生长过程有关，因为器官或整个植株的生长都是细胞生长的结果，而细胞生长的3个时期，即分生期、伸长期、分化期呈“慢—快—慢”的生长规律。器官生长初期，细胞主要处于分生期，这时细胞数量虽能迅速增多，但物质积累和体积增大较少，因此表现出生长较慢；到了中期，则转向以细胞伸长和扩大为主，细胞内的RNA、蛋白质等原生质和细胞壁成分合成旺盛，再加上液泡渗透吸水，使细胞体积迅速增大，因而这时是器官体积和质量增加最显著的阶段，也是绝对生长速率最快的时期；到了后期，细胞内RNA、蛋白质合成停止，细胞趋向成熟与衰老，器官的体积和质量增加逐渐减慢，以至最后停止。

另一方面，从整个植株来看，初期植株幼小，光合面积小，合成干物质少，生长缓慢；中期产生大量绿叶，使光合能力加强，制造大量有机物，干重急剧增加，生长加快；后期因植物的衰老，光合速率减慢，有机物积累减少，同时还有呼吸消耗，使得干重非但不增加，甚至还会减少，表现为生长转慢或停止。

生长大周期是植物生长的固有规律，研究和了解生长大周期对生产实际有重要指导意义。由于植物生长是不可逆的，为促进或抑制植物生长，必须在生长速率最快期到来之前采取措施才有效。

9.3.1.2　生长的季节周期性

植物的生长在一年四季中也会发生规律性的变化，称为植物生长的季节周期性(seasonnal periodicity of gorwth)。这是因为一年四季中，光照、温度、水分等影响植物生长的环境因素是不同的。春季日照不断延长，温度不断回升，植株上的休眠芽开始萌发生长；夏季日照进一步延长，温度不断提高，雨水增多，植物生长旺盛；秋季日照逐步缩短，气温下降，生长逐渐停止，植物逐渐进入休眠。

树木的高生长和直径生长均具有季节周期性的变化规律，并基本呈"S"形的季节性生长曲线。树木的直径生长是构成木材的主要生长过程，而年轮的形成体现了树木形成层周期性生长的结果。在每年生长季节的早期，由于气温温和，雨量充沛，形成层活动旺盛，所形成的木质部细胞较大，且壁较薄，材质疏松，颜色较浅的木材称为早材。到了秋季，形成层细胞分裂减弱甚至停止，所形成的木质部细胞小而壁厚，材质紧密，颜色较深的木材称为晚材。早材和晚材构成一个年轮。在具有显著季节性变化的温带和寒带地区，树木的年轮较为明显；生长在热带和亚热带地区的木本植物，尤其是那些终年生活在温暖潮湿的热带气候中的树木，由于一年内无明显的四季之分，形成层活动整年不停，年轮的界限就很不明显。例如，马来西亚的大叶贝壳杉(*Agathis macrophylla*)、热带的红树和印度的杧果(Dave and Rao，1982)。

因此，年轮的形成与环境条件具有明显的相关性，特别是降水量。例如，在半干旱地区，树木的生长受降水量的限制，在降雨充沛的年份，树木年轮就较宽，反之就形成较窄的年轮。在高纬度和高海拔地区，温度一般是树木生长的主要限制因子。通过年轮分析，可以推测历史上的气候变化情况，获得诸多历史气象信息。

植物生长的周期性除受环境条件的影响外，还受植物内部生长节律的影响，如生长在稳定条件下的人工气候室中的树木也表现出间歇性生长的规律。

9.3.1.3　生长的昼夜周期性

植物的生长随着昼夜交替所发生的规律性变化，称为生长的昼夜周期性(daily periodicity)。主要由于环境因素如光照、温度、水分等周期性变化所致。一般来说，在夏季，植物的生长速率白天较慢，夜晚较快(图9-8)。因为夏季白天温度高，光照及蒸腾强，易产生水分亏缺，强光及紫外光还抑制植物的伸长生长；晚上温度降低，水分增加，有利于细胞的分裂和伸长生长。此外，呼吸作用减弱，消耗少，积累增加，所以夜间生长较快。对于树木的高生长，大多情况下，夜间大于白天。据观测，阔叶树的高生长白天占33%，

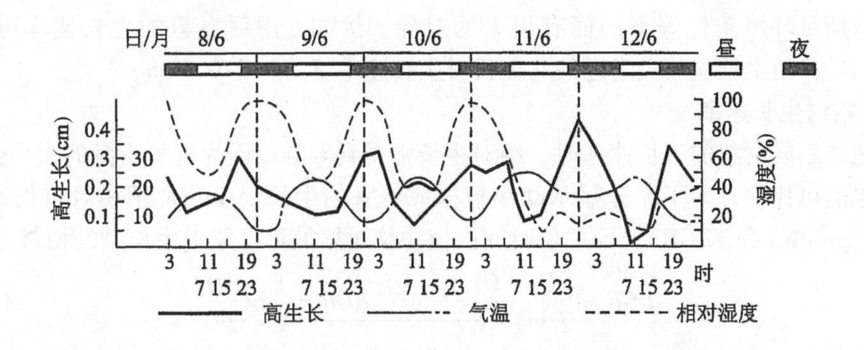

图 9-8 红松高生长的昼夜周期性和温度、湿度的关系

夜间占 67%；紫竹夜间高生长比白天快 6 倍。但在冬季，夜温太低，当低温的抑制作用超过夜晚的有利条件时，植物白天的生长速率高于夜晚。

植物生长的昼夜周期性变化是植物在长期系统发育中形成的对环境的适应性。在自然条件下，白天温度较高，而夜间温度较低，适合植物的生长，生长量最高。即在有昼夜温差的条件下生长较好，不仅植株健壮，产量也高。这是因为白天气温高，光照强，有利于光合作用以及光合产物的转化与运输；夜间气温低，呼吸消耗下降，则有利于糖分的积累。而在恒温的人工气候箱中或改变昼夜的时间节奏(如连续光照或光暗各 6h 交替)，植株生长反而不好。

9.3.2 植物生长分析指标及应用

如前所述，植物的生长是一个有规律的动态变化过程。为了准确地描述和分析植物的生长状态，比较不同植物、发育时期和环境条件下的生长差异，常通过量化的指标进行植物生长分析。常用的生长分析指标包括以下几项。

9.3.2.1 生长积量

生长积量是指生长积累的数量，即试验材料在测定时的实际数量，可用长度、面积、质量(干重、鲜重)等表示。

9.3.2.2 生长速率

生长速率是表示植物生长快慢的量，一般有 2 种表示方法。

(1)绝对生长速率

单位时间内植株的绝对增加量，称为绝对生长速率(absolute growth rate，AGR)。如以 t_1、t_2 分别表示最初与最终 2 次测定的时间(可用 s、min、h、d 等表示)，以 Q_1、Q_2 分别表示最初与最终 2 次测得的数量，则

$$AGR = \frac{Q_2 - Q_1}{t_2 - t_1} \tag{9-1}$$

某一短时间内(瞬间)的生长速率可用 $AGR = dQ/dt$ 表示。植物的绝对生长速率，因物种、生育期及环境条件等不同而有很大的差异。例如，雨后春笋的生长速率可达 50 ~ 90 cm · d^{-1}；而生长在北极附近的北美云杉生长速率仅为每年 0.3 cm。

(2)相对生长速率

在比较不同材料的生长速率时，绝对生长常受到限制，因为材料本身的大小会显著地影响结果的可比性，为了充分显示幼小植株或器官的生长程度，常用相对生长速率表示(relative growth rate，RGR)。即单位时间内植物绝对增加量占原来生长量的相对比例。

$$RGR = \frac{Q_2 - Q_1}{Q_1(t_2 - t_1)} \quad 或 \quad RGR = \frac{1}{Q} \times \frac{dQ}{dt} \qquad (9-2)$$

Q 为原有物质的数量，dQ/dt 为瞬间增量。例如，竹笋的高生长相对生长速率约为 0.005 mm · cm^{-1} · min^{-1}。

在试验期间的平均相对生长速率(RGR)可用下式表示：

$$RGR = \frac{Q_2 - Q_1}{t_2 - t_1} \qquad (9-3)$$

式中：Q_1为第一次取样时(t_1)的植物数量；Q_2为第二次取样时(t_2)的植物数量。ln 为自然对数。RGR 或 R 的单位依 Q 的单位而定，Q 如以干重表示，RGR 或 R 的单位为 mg · g^{-1} · d^{-1}。

9.3.2.3　净同化率

单位叶面积、单位时间内的干物质增量，称为净同化率(net assimilation rate，NAR)。以 L 表示叶面积，则

$$NAR = \frac{W_2 - W_1}{L \cdot t} \qquad (9-4)$$

NAR 的常用单位是 g · m^{-2} · d^{-1}。

9.3.2.4　叶面积比

总叶面积除以植株干重，称为叶面积比(leaf area ratio，LAR)，即

$$LAR = \frac{L}{W} \qquad (9-5)$$

从相对生长速率、叶面积比和净同化率三者之间的关系可以看出：

$$RGR = LAR \times NAR \qquad (9-6)$$

RGR 可以作为植株生长能力的指标；LAR 代表了植物光合组织与呼吸组织之比，在植物生长早期比值最大，可以作为光合效率的指标，但不能代表实际的光合效率，因其数值随呼吸消耗量和植株年龄而变化。光照、温度、水分、CO_2、O_2和无机养分等影响光合作用、呼吸作用和器官生长的环境因素都能影响 RGR、LAR 和 NAR，因此这些参数可以用来分析植物生长对环境条件的反应。决定 RGR 的主要因素是 LAR 而不是 NAR。生长分析参数值在不同植物间存在差异，以 RGR 为例，低等植物通常高于高等植物；在高等植物中，C_4植物高于 C_3植物；草本植物高于木本植物；在木本植物中，落叶树高于常绿树，阔叶树高于针叶树。NAR 也有类似倾向，但差异较小(表 9-1)。

表 9-1 几种植物的 *RGR* 和 *NAR*

植物类型	物　种	*RGR*($mg \cdot g^{-1} \cdot d^{-1}$)	*NAR*($g \cdot m^{-2} \cdot d^{-1}$)
草本	玉米(C_4)	330	22
	绿苋(C_4)	370	21
	大麦(C_3)	116	10
落叶木本	欧洲白蜡(C_3)	43	4
常绿木本	酸橙(C_3)	20	3
	云杉(C_3)	8	3

9.4 植物生长的相关性

高等植物是由各种器官组成的统一的有机体，因此，植物各部分间的生长互相有着极密切的关系。植物各部分间相互协调与制约的现象称为相关性(correlation)。这种相关性是通过植物体内的营养物质和信息物质在各部分之间的相互传递或竞争来实现的。植物生长的相关性包括：地下部分与地上部分的相关、主茎与侧枝的相关、营养生长与生殖生长的相关等。

9.4.1 地上部分与地下部分的相关性

9.4.1.1 地上部分与地下部分的关系

植物的地上部分和地下部分功能及所处的环境不同，在营养物质与信息物质的交流和供求关系上就存在着相互依赖和相互制约。根部的活动和生长有赖于地上部分所提供的光合产物、生长素、维生素等，其中叶片合成的化学信号以及细胞膨压等水分状况信号传送至根系，调节地下部分的生长和生理活动；同时，地上部分的生长和活动则需要根系提供水分、矿质、氮素以及根中合成的植物激素(CTK、GA 与 ABA)、氨基酸等，其中的 ABA 被认为是一种逆境信号，在水分亏缺时，根系快速合成并通过木质部蒸腾流将 ABA 运输到地上部分，调节地上部分的生理活动。图 9-9 概括了土壤干旱时根冠间的物质与信息交流情况。所以，地上部分和地下部分存在相互依赖的关系。所谓“根深叶茂”“本固枝荣”就是这个道理。一般地说，根系生长良好，其地上部分的枝叶也较茂盛；同样，地上部分生长良好，也会促进根系的生长。

然而，当环境条件不利时(主要表现在对水分、营养的争夺上)，则地下部分和地上部分的生长就会表现出相互制约的一面，并可从根/冠比(root/top ratio, R/T)的变化上反映出来。

9.4.1.2 根冠比及影响因素

(1)根冠比的概念

所谓根冠比是指植物地下部分与地上部分质量(干重或鲜重)的比值，可以反映地下部分与地上部分相对生长情况及环境条件对它们生长的影响。不同物种有不同的根冠比，同一物种在不同的生育期根冠比也有变化。环境条件、栽培措施、生长调节剂等都会影响

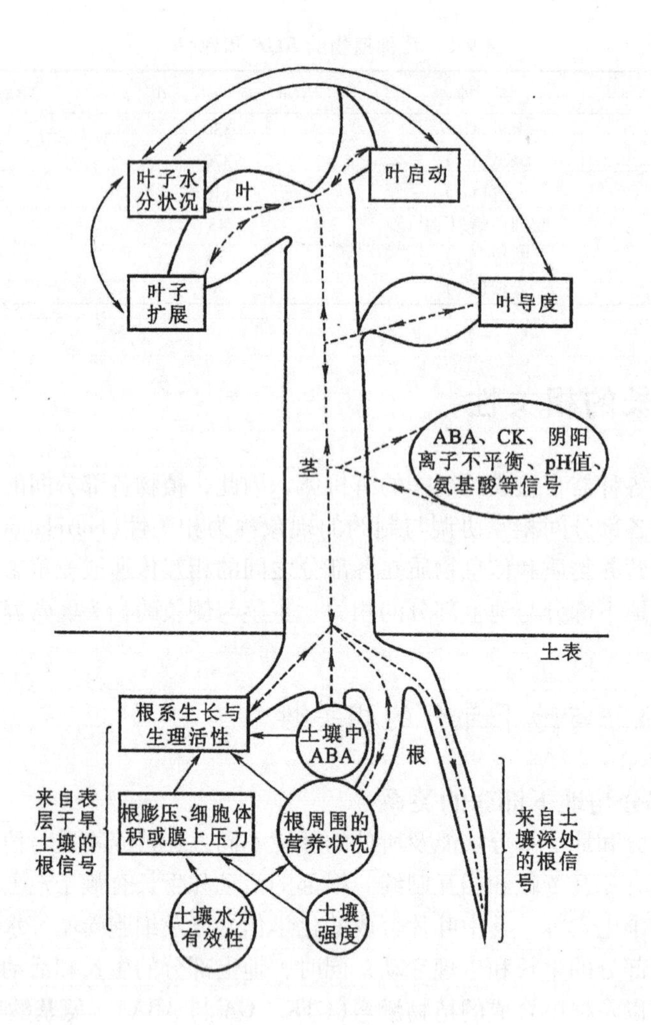

图 9-9　土壤干旱时根中化学信号的产生以及根冠间的相关性(引自 Davies *et al.*, 1991)

虚线箭头表示化学信号转导；圆圈表示土壤作用；矩形表示植物生理过程

植物的根冠比。

(2)影响根冠比的因素

土壤水分　根系是植物吸收水分的主要器官，而地上部分是消耗水分的主要部位，当土壤水分供应不足时，根系吸收有限的水分，首先满足自身的需要，因而对地上部位生长的影响比地下部分更大。另外，适度的干旱还会刺激根系纵深的生长，使根冠比增大。反之，若土壤水分过多，土壤通气条件差，对地下部分生长的影响更大，根冠比降低。所谓"旱长根、水长苗"的现象，就是这个道理。林业生产中，苗木在越冬前，通过控制水分，促进根系生长，提高根冠比，有利于提高抗寒能力。

矿质营养　以氮素的影响最大。氮素充足，蛋白质合成旺盛，有利于枝叶生长，减少光合产物向根系的运输，使根冠比减小。反之，氮素不足，有利于地下部分生长，根冠比增大。磷和钾在糖类的转化和运输中起重要作用，可促进光合产物向根部的运输，使根冠比增大。在农业生产中，对甘薯、甜菜等以根部为收获对象的作物，调整根冠比对产量提高至关重要。一般在生长前期保证水和氮肥供应，使地上部分生长良好，形成较大的光合面积；到生长后期，减少氮肥供应，增施磷、钾肥，使根冠比增大，获得高产。

光照 在一定范围内，光照强度的提高可使光合产物增多，对地上部分和地下部分生长都有利，但在强光下，植物蒸腾作用增强，往往产生水分亏缺和光抑制，加之强光对生长素的破坏，使地上部分受影响更大，根冠比增大。光照不足时，地上部分合成的光合产物首先满足自身需要，输送至根部减少，使根冠比降低。

温度 通常根系生长的最适温度比地上部分低，所以秋末早春气温较低时不利于冠部生长，而根系仍有不同程度的生长，使根冠比增大。当气温升高时，有利于地上部分生长加快，根冠比下降。

修剪整枝 合理的修剪整枝有减缓根系生长而促进地上部分生长的作用，使根冠比降低。这是由于修剪或整枝去除了部分枝叶，减少了光合面积，使地上部分供给根系的光合产物减少。而地下部分从根系得到的水分和矿质相对增加，此外，修剪和整枝还促进了侧枝和侧芽的生长。

生长调节剂 矮壮素、多效唑等生长延缓剂和生长抑制剂均能抑制植物顶端或亚顶端分生组织细胞的分裂和生长，增加植物的根冠比，而赤霉素等生长促进剂则降低植物的根冠比。

维持合理的根冠比是植物健壮生长的重要因素。据研究，1 年生松树苗根冠比为 1 左右，一般苗木为 1 ~4，随着树龄的增加，根冠比逐渐上升，成林的柳、杉等根冠比可达 16。在农林业生产上，常通过肥水来调控根冠比。

9.4.2 主茎与侧枝的相关性

9.4.2.1 顶端优势

植物的顶芽(或主茎)生长占优势，并抑制侧芽(或侧枝)生长的现象，称为顶端优势(apical dominance terminal 或 dorminance)。顶端优势现象普遍存在于植物界，但是不同植物顶端优势的强弱有所不同。在树木中，特别是针叶树，如松、杉、柏类，顶芽生长很快，分枝生长受顶端优势的抑制，使侧枝从上到下的生长速度不同，距茎尖越近，被抑制越强，整个树形呈宝塔形。但也有少数裸子植物没有明显的顶端优势，有些树种如意大利石松，常在生活的早期就失去顶端优势。草本植物中如向日葵、麻类，以及禾谷类作物玉米、高粱等的顶端优势也较明显。而灌木、果树以及草本植物如水稻、小麦等的顶端优势则较弱。顶端优势现象也在根中存在，主根生长旺盛，侧根生长受抑，通常双子叶植物的直根系具有明显的顶端优势。

同一植物在不同生育期，其顶端优势也有变化。如稻、麦在分蘖期顶端优势弱，分蘖节上可多次长出分蘖。进入拔节期后，顶端优势增强，主茎上不再长分蘖；许多树木在幼龄阶段顶端优势明显，树冠呈圆锥形，成年后顶端优势变弱，树冠变为圆形或平顶。由此也可以看出，植物的分枝及其株型在很大程度上受到顶端优势强弱的影响。

9.4.2.2　产生顶端优势的原因

有关顶端优势的机制，还不十分清楚，但已明确受遗传和发育的影响。在生理上一般认为与营养物质的供应和内源激素的调控有关。K. Goebel 于 1900 年提出了营养假说，该学说认为顶芽构成了“营养库”，垄断了大部分营养物质。顶端分生组织先于侧芽分生组织形成，具有竞争优势，顶芽优先利用营养物质，造成侧芽营养的缺乏。从解剖结构来看，侧芽与主茎之间无维管束连接，不易得到充足的营养供应，而顶芽是生长中心，且输导组织发达，因而竞争营养的能力强。

1934 年，K. V. Thimann 和 F. Skoog 提出的“生长素”假说认为，顶端优势是由于生长素对侧芽的抑制作用产生的。植物顶芽产生的生长素向下极性运输到侧芽，而侧芽对生长素的敏感性强于顶芽，从而使侧芽生长受到抑制。距顶芽越近的侧芽，生长素浓度越高，其受到的抑制作用也就越强。除去顶芽可使侧芽从顶端优势中解脱出来；但去除顶芽的切口处如果涂上含有生长素的羊毛脂，则侧芽的生长又会被抑制，与顶芽存在时的情况相同(图 9-10)。

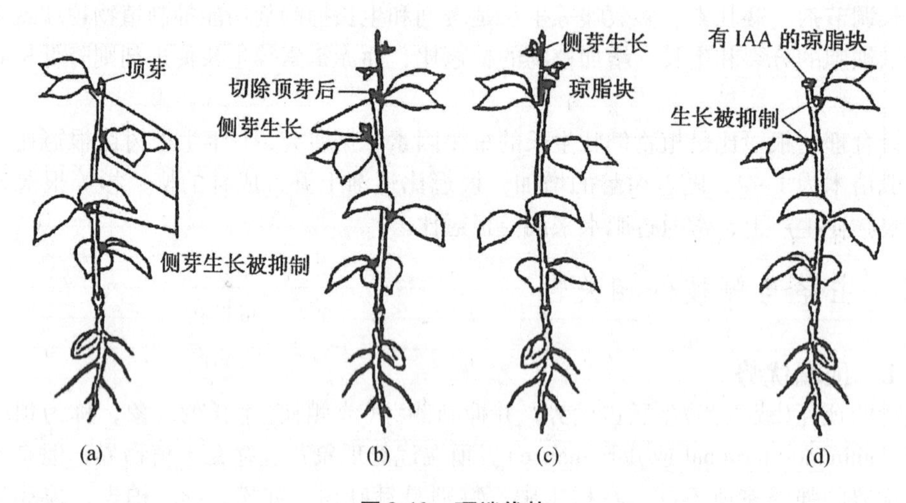

图 9-10　顶端优势

(a)具有顶芽的植株，侧芽生长被抑制　(b)去掉顶芽后侧芽开始生长　(c)在茎尖切口处涂以不含 IAA 的羊毛脂，侧芽能生长　(d)在茎尖切口处涂以含 IAA 的羊毛脂，侧芽仍不能生长

F. Went 结合以上 2 种假说，提出了“营养转移假说”，认为生长素既能调节生长，又能控制代谢物的定向运转，顶芽产生高浓度的生长素不仅形成很强的代谢库，促进营养物质调运到顶芽；另一方面，通过极性运输又抑制了侧芽的生长。

优势现象不仅存在于植物的营养器官，也存在于花、果实和种子等繁殖器官。为了解释众多的优势现象，班更斯(F. Bangenth，1989)提出了原发优势(primigenic dominance)假说，认为器官发育的先后顺序可以决定各器官间的优势顺序，即先发育的器官的生长可以抑制后发育器官的生长。顶端合成并且向外运出的生长素可以抑制侧芽中生长素的运出，从而抑制其生长。由于这一假说中所提到的优势是通过不同器官所产生的生长素之间的相互作用来实现的，所以也称为生长素的自动控制(autoinhibition)假说。这一假说也可以解释植物生殖生长中众多的相对优势现象。例如，苹果树的落果大多是侧位果；将菜豆植株的老豆荚中的种子去除，会刺激幼嫩豆荚及其中种子的生长。此外，用豌豆、番茄等植物作为实验材料，也证明了先期发育的器官可以通过其向外运输的生长素抑制后发育的器官中生长素的向外运输，从而抑制它的生长。

通常认为，顶端是产生顶端优势的“信号源”，即顶端产生的生长素极性向下运输，直接或间接地调节其他激素、营养物质的合成运输与分配，从而调节植物的顶端优势。其他植物激素也与顶端优势有关，细胞分裂素可促进侧芽的生长，抑制或解除顶端优势，生长素与细胞分裂素浓度的比值往往决定了顶端优势的强弱。赤霉素有增强植物顶端优势的作用，但在顶芽被去除的情况下，赤霉素不能代替生长素来抑制侧芽的生长，相反会引起侧芽的强烈生长。

9.4.2.3 顶端优势的应用

生产上可以根据不同的需要，利用顶端优势控制植物的生长，以达到增产目的。在林业生产中顶端优势是非常重要的。例如，松、杉等用材树需要高大竖直的茎干，因而要保持顶端优势；对用材林，采取密植、去除侧芽来加强顶端优势，提高用材比例和材质。有时需要打破顶端优势，促进侧芽生长，如对一些经济林树种(如茶树、桑树、香椿等)需要抑制顶端优势，以便得到较多的枝叶而增加产量。果树及园林植物栽培中进行去顶、修剪整形，抑制顶端优势，促进侧枝生长，形成合理的冠形结构，调节生长和开花结果。苗木培育时，常采取断根和苗木移栽的方法，切断主根，促进侧根及根蘖苗的萌发生长。采用抗生长素类生长抑制剂(如三碘苯甲酸)处理，可消除顶端优势，促进侧枝生长，提高分枝数。

9.4.3 营养生长与生殖生长的相关性

营养生长(vegetative growth)和生殖生长(reproduvtive growth)是植物生长发育过程中2个不同的阶段，两者之间既相互依赖，又相互制约。

9.4.3.1 营养生长与生殖生长的关系

(1)相互依赖关系

良好的营养生长是植物生殖生长的基础，生殖生长所需要的养分，大部分由营养器官所提供。没有健壮的营养器官，生殖器官就不可能获得足够的养分。同样，生殖器官的存在，成为生命活动旺盛的代谢库，对营养器官代谢有积极作用，有利于光合产物输出，缓解光合产物积累对光合作用的反馈抑制。此外，生殖器官产生的赤霉素等激素对营养器官有促进和调节作用。

(2)相互制约关系

营养器官的生长过于旺盛，消耗营养物质过多，会抑制生殖器官的生长。在自然界，常常可以看到许多枝叶长得极其茂盛的果树，往往不能正常开花结实，即使开花结实也会因营养的不足而导致严重的落花落果。

生殖器官生长对营养器官生长的影响也十分明显，通常从花芽分化开始，生殖器官就开始消耗营养器官的营养物质。生殖生长时，根部及枝叶得到的糖分减少，如生殖器官过于旺盛，会制约营养器官的生长。植株大量开花结果，较多的养分为花果消耗，枝叶等营养器官的生长会趋于停滞、衰退甚至死亡，根的生长通常较茎的生长受结实的影响更大。如黄桦和白桦树在大量形成种子的年份，其叶子细小或易脱落，枝条生长速度下降。如果摘去正在发育中的果实，则枝叶等营养器官就能继续健壮生长。植物果实或作物种子的大小与其营养生长的生物量往往成明显的负相关关系。例如，苹果产量与形成层的生长呈负相关的线性关系，柑橘产量与茎的生长之间也是如此。

一年生、二年生作物及多年生一次结实的植物(如竹子)，进入生殖生长便意味着植株即将死亡。多年生多次结实植物，一旦开花虽不能引起植物体衰老死亡，但如果一年结果过多，将会消耗大量的营养储备，造成植株体内养分积累不足，不但影响当年生长，还会影响第二年花芽的分化，使花果减少；反之，情况正好相反，即形成所谓"大小年"现象。

9.4.3.2　营养生长与生殖生长相关性在生产上的应用

在生产实践中，适当控制水、肥管理，合理进行果树修枝及必要的疏花疏果，对于调整营养器官和生殖器官生长的关系，保证果实品质和丰产是十分必要的。对于以营养器官作为收获物的植物，如茶树、桑树、麻类及蔬菜中的叶菜类，就需要促进营养器官的生长，抑制生殖器官的生长，所以，常采取供应充足的水分、增施氮肥、摘除花或花芽等措施。如果以收获生殖器官为主，则在生育前期应促进营养器官的生长，为生殖器官的生长打下良好的基础，后期则应注意增施磷、钾肥，以促进生殖器官生长。

9.5　环境因子对植物生长的影响

植物的生长除受到内部因素的影响外，还受到外界环境条件的影响和调节，影响植物生长发育的环境因素可概括为2类：理化因子和生物因子。其中以光照、温度、水肥等理化因子为主要影响因子。

9.5.1　光

光是植物生长的必需条件之一。一方面，光通过光合作用制造有机物为植物生长发育提供物质和能量基础，间接影响植物的生长；另一方面，光还可以作为一种重要的环境信号调节植物基因的表达、直接影响植物的形态建成(见本章9.6"光形态建成")。光强、光质和光周期(详见11.1光周期现象)皆能影响植物的生长发育。

光照强度直接影响植物的形态和组织的分化。在足够的光照下，植物生长得粗壮结实，结构紧密，形成的叶片较厚。光线不足时，叶片较薄，机械组织分化较差，茎秆细弱，易倒伏，易受病虫害侵袭。强光中生长的树木较矮，但干重大，根冠比高，叶片厚，栅栏组织层数多。

在林业生产中，应根据不同树种、生长期对光强的需要，确定合理的造林密度和抚育强度，注意不同树种及植物间的搭配。例如，红松幼苗在弱庇荫(全光照的35%~50%)时生长较好，但几年以后，林分郁闭度增加，冠下光照减弱，便产生不良影响，导致生长衰弱，一旦森林采伐就能很快生长起来。香榧、玉桂早期要庇荫，光照充足生长反而不好，但进入结果期后要求光照充足。在混交林栽培中，喜光树种和耐荫树种合理搭配，喜光树种作为上木，耐荫树种作为下木。

不同波长的光对植物生长的影响作用也不相同，红光促进叶片伸展，抑制茎的过度伸长，促使黄化苗恢复正常最有效；蓝紫光明显抑制生长，尤其是对伸长的抑制作用最明显。海拔较高地区，空气稀薄，紫外光强，因此，高山上生长的树木相对矮小。光对茎伸长的抑制作用与光对生长素的破坏有关。光可使自由型的生长素转变为无活性的生长素，并促进IAA氧化酶的活性，降低植物体内IAA水平。在生产中，采用浅蓝色塑料薄膜育出的苗木矮壮，是因为浅蓝色薄膜可大量透过蓝紫光，抑制茎的伸长生长，提高根冠比；而温室植物生长得细长，原因之一是由于玻璃吸收了部分光波，尤其是短波光。

植物在受到紫外光照射后，会增加抗紫外光色素如黄酮、黄酮醇、肉桂酰酯及肉桂酰花青苷等的合成，这些抗紫外光色素分布于叶的上表皮，能吸收紫外光而使植株免受伤害，这也是植物的一种保护反应。

9.5.2　温度

温度能影响光合、呼吸、矿质与水分的吸收、物质合成与运输等代谢功能，从而影响细胞的分裂、伸长、分化以及植物的生长。研究表明，影响树木生长及木材形成的诸多气候因子中，温度最重要，尤其是在干旱、半干旱地区或高纬度地区。温度不仅影响树木的生长和木材产量，还明显影响木材材质。

植物的生长要在一定的温度范围内才能进行。每种植物的生长都有温度三基点，即生长的最低温度、最适温度和最高温度。最适温度一般是指生长最快时的温度，而不是生长最健壮的温度，因为生长最快时，物质较多用于生长，消耗太快，其他代谢如细胞壁的纤维素沉积、细胞内含物的积累等就不能与细胞伸长相协调地进行，没有在较低温度下生长壮实。在生产实践中，培育健壮的植株，常常要求比生长的最适温度略低的温度，即所谓的“协调最适温度”下进行。

温度三基点因植物原产地不同而有很大差异。北极或高山上的植物，可在0 ℃或0 ℃以下生长，最适温度很少超过10 ℃。大部分原产温带的植物，在5 ℃或10 ℃以下不会有明显的生长，其最适温度通常在25～35 ℃，最高生长温度在35～40 ℃；大多数热带和亚热带植物生长温度范围更高些，最适温度30～40 ℃，最高温度45 ℃；有些沙漠地区灌木，60 ℃仍能生存。同一植物的不同器官对温度的要求也不同，一般来说，根生长的温度都比地上部分低，其土壤最适温度通常在20～30 ℃，温度过高或过低吸水减少，生长缓慢甚至停滞。即使地上部分保持适宜的温度，但根系温度不适宜，也影响地上部分生长。可见，土壤温度对根系和地上部分生长都是十分重要的。

由于人工气候室的建立，人们能够在控制条件下，研究昼夜温差对植物生长的影响。研究表明，在存在适度昼夜温差的条件下，植物生长更快。例如，紫果云杉白天温度为23 ℃时，以夜间温度10 ℃时生长最快。在自然条件下，白天温度较高而夜间温度较低有利于植物的生长，因为白天温度高，光照强，光合作用合成的有机物多；晚间温度降低，呼吸作用减弱，物质消耗减少，积累增加。较低的夜间温度还有利于根系的生长以及细胞分裂素的合成，从而有利于植物的生长。

影响植物昼夜生长的温度、水分和光照等诸因素中，以温度的影响最明显，所以，通常把植物的生长速率按温度的昼夜周期发生有规律变化的现象，称作植物生长的温周期性(thermoperiodicity of growth)。了解植物生长的温周期现象，在温室及大棚栽培中调节昼夜温度变化，对提高作物产量具有重要意义。例如，通过夜间适度降温，不仅可提高果实产量，还能改善果实品质。

9.5.3　水分

植物的生长对水分供应非常敏感。原生质的代谢活动、细胞的分裂、生长与分化等都必须在细胞水分接近饱和的情况下才能顺利进行。细胞分裂和伸长均需要充足的水分，但细胞伸长对缺水更为敏感。细胞的扩展主要受膨压的控制，植物缺水后膨压下降，细胞生长受阻，因此，供水不足，植株的体积增长会提早停止。研究表明，在控水条件下，许多树木在叶水势 -0.4 ~ -0.2 MPa 时生长就迅速下降，而光合速率在 -1.2 ~ -0.8 MPa 时才开始下降，水分胁迫对树木的影响是多方面的，可导致树木高、茎、根系生长，叶片数、叶面积、生物量和树冠结构等受到抑制。充足的水分加快叶片的生长速率，叶大而薄；相反，水分不足，叶小而厚。在植物生长水分敏感期，如禾谷类植物拔节和抽穗期供水不足，会严重影响产量。

土壤水分过多时，如淹水条件下，通气不良，根尖细胞分裂明显被抑制。此外，无氧条件还使土壤积累还原物质如 NO_2^-、Mn^{2+}、Fe^{2+}、H_2S 等，对根生长有害。根在通气不良条件下会形成通气组织或不定根以适应环境。通气组织的诱导与乙烯诱导产生有关。水分供应充足条件下，植物生长快，茎叶柔软，机械组织和保护组织不发达，抗逆能力降低。因此，在生产上，苗期适度控制水分，是培育壮苗的主要手段之一。

9.5.4　矿质营养

植物缺乏生长所必需的矿质元素时，会引起生理失调，影响生长发育，并出现特定的缺素症。此外，有益元素促进植物生长，有毒元素则抑制植物生长(详见第 7 章)。

氮肥能使出叶提早，叶片增大和叶片寿命相对延长。但施用量过多，叶大而薄，易干枯，寿命反而缩短。氮肥同样能促进茎的生长，但氮肥过多，植株易徒长倒伏。

9.5.5　生物因子

植物个体的生长不可避免地要受到与它群生在一起的植物和其他生物的影响。生物之间既存在相互促进又存在相互竞争和抑制的作用。在寄生情况下，寄生物(可以是动物、植物和微生物)能杀伤杀死或抑制寄主植物的生长，如菟丝子寄生在大豆上会严重危害大豆植株的生长。在共生情况下，共生双方的生长均受到促进，如根瘤菌与豆类的共生。

生物体也可通过改变生态环境来影响另一生物体。这表现在 2 个方面：一是相互竞争(allelospoly)，对环境生长因素，如对光、肥、水的竞争；高秆植物对矮秆植物生长的影响；杂草的滋生蔓延等。另一是相生相克(allelopathy)，又称化感作用(Allelopathy)或他感作用，是指生物之间通过合成释放某些化学物质而引起的相互作用(包括抑制和促进)。引起化感作用的化学物质称为化感化合物(allelochemical)，它们几乎都是一些相对分子质量较小，结构较简单的植物次生物质。如直链醇、脂肪酸、醛、酮、肉桂酸、萘醌、生物碱等，最常见的是酚类和醌类化合物。这些物质对植物生理代谢及生长发育均能产生一定的影响。

化感作用是植物生态系统中广泛存在的一种生态化学现象，是影响森林植物种群生长发育、结构功能乃至整个生态系统群落演替的重要因素，以相克现象较为普遍。例如，核桃的叶子和根分泌的胡桃醌，对苹果、茶叶等木本植物和番茄、马铃薯、紫花苜蓿等草本植物产生毒害作用，甚至使之无法生长。桉树人工林的林内生物(包括植物、动物和微生物等)多样性比其他树种的纯林与天然林都弱，与桉树体内释放的阿魏酸、香豆酸、咖啡酸、巨桉酚等酚酸类化感物质能抑制林内其他植物的生长，从而导致林内群落结构简单，林下灌木和草本植物稀少有关，并导致人工林水土流失、地力衰退、生产力下降等连作障碍。在农林混作系统中，苹果、杨树、桃树的根系分泌物能抑制小麦生长，故不宜在上述树木下间作小麦。

植物之间也存在相互促进生长发育的情况。例如，豆科与禾本科植物混种，豆科植株上的根瘤固定的氮素能供禾本科植物利用；而禾本科植物由根分泌的载铁体(如麦根酸)，能络合土壤中的铁供豆科植物利用，使豆类能在缺铁的碱性土壤里生长。毛竹和苦槠在与杉木混交时都能在不同程度上促进杉木的生长，这2种伴生树种各器官的水浸液中含有的化感物质对杉木种子的发芽和芽的生长有促进作用。因此，在农林业生产实践中，研究和了解植物间生长的相互关系，选择合适的植物搭配和布局具有重要的意义。

9.6 光形态建成

光是影响植物生长发育最重要的环境因子之一。光对植物的影响主要有2个方面：一方面，光是光合作用的能量来源；另一方面，它作为环境信号调节植物整个生命周期的许多生理过程，如种子萌发、植株生长、生殖、衰老和休眠的各个阶段。这种调节通常是通过对生物膜功能的影响、诱导基因的表达等一系列细胞的反应，促进细胞的分裂、分化与生长来实现的。通常将光调节植物生长、分化与发育的过程称为植物的光形态建成(photomorphogenesis)，或称光控发育作用。相反，在黑暗中生长的植物表现出各种黄化特征，如下胚轴伸长、茎细长柔弱、顶端呈钩状弯曲和叶片小而呈黄白色，称为暗形态建成(skotomorphogenesis)，也称为黄化(etiolation)(图9-11)。

光下生长的菜豆

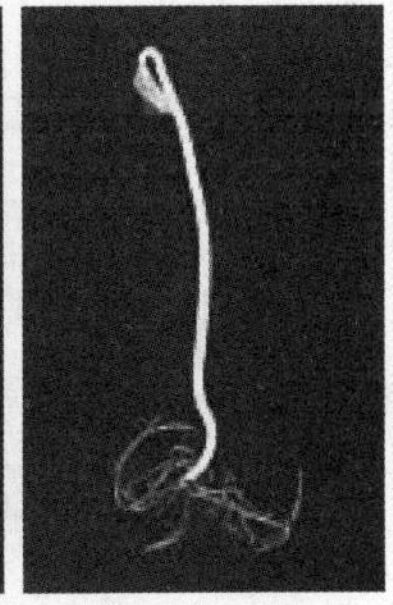

暗中生长的菜豆

图9-11 菜豆幼苗在光下和暗中的生长情况

光合作用是一种高能反应，其有效光需高于光补偿点以上。而光形态建成，是一种低能反应，所需的光能只有光合作用中光补偿点能量的1/30~1/10。在光形态建成中，光只作为一个信号去激发光受体，推动细胞内一系列反应，最终表现为形态结构的变化。目前的研究发现，植物体中至少有3种光受体：①光敏色素(phytochrome)，感受红光及远红光区域的光；②隐花色素(cyptochrome)和向光素(phototropin)，感受蓝光和近紫外光 A 区域的光；③UV-B 受体，感受紫外光 B 区域的光。与植物中含有的大量光合色素相比，光受体色素含量是微量的，但它们对外界环境变化非常敏感，能够感受不同波长、不同方向、不同强度光的变化，以便引起形态建成，适应环境。光敏色素是发现最早、研究最为深入的一种光受体。

9.6.1 光敏色素的发现和分布

早在 20 世纪初，德国的植物生理学家 Sachs 就观察到黑暗中幼苗生长的黄化现象，并用实验证明这区别于光合作用的形态建成。Flint(1936)在研究光质对莴苣种子萌发的影响中发现，促进莴苣种子萌发的最有效光在红光区域(650～680 nm)，而抑制种子萌发的光在远红光区域(710～740 nm)。Borthwick(1952)用大型光谱仪将白光分成单色光后处理莴苣种子，发现红光促进萌发最有效的光为 660 nm，抑制种子萌发的最有效光为 730 nm，进一步发现红光促进种子萌发的作用可被远红光所逆转(表 9-2)，推断可能是单一的色素分子存在 2 种可逆转换的光吸收形式。后来同一研究小组的 Butler(1959)研制出双波长的分光光度计，在黄化芜菁子叶和黄化玉米幼苗体内检测到了这种吸收红光或远红光而相互转化的色素蛋白分子，并将其命名为光敏色素。光敏色素的发现是 20 世纪植物光形态建成研究中的里程碑。

表 9-2　红光(R)和远红光(FR)处理对莴苣种子萌发的影响

光照处理	发芽率(%)	光照处理	发芽率(%)
黑暗(对照)	8	R + FR + R + FR	43
R	98	R + FR + R + FR + R	99
R + FR	54	R + FR + R + FR + R + FR	54
R + FR + R	100	R + FR + R + FR + R + FR + R	98

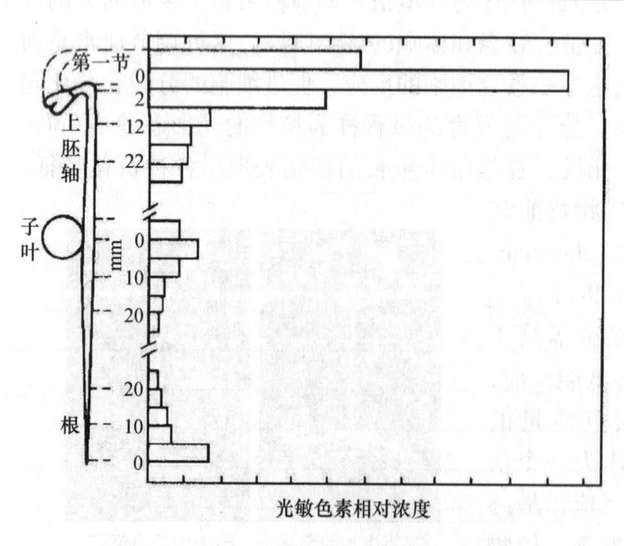

图 9-12　黄化豌豆幼苗中光敏色素的分布

光敏色素广泛存在于藻类、地衣、苔藓、蕨类、裸子植物和被子植物中，在高等植物的各个器官中均有分布，但分布并不均匀。黄化幼苗的光敏色素含量比绿色幼苗高 20～100 倍。禾本科植物的胚芽鞘尖端、黄化豌豆幼苗的弯钩、分生组织和根尖等部分的光敏色素含量较多(图 9-12)。蛋白质丰富的分生组织含光敏色素较多。在亚细胞水平上，光敏色素主要分布在细胞质膜、线粒体、质体、核膜、内质网和细胞质中。

9.6.2 光敏色素的化学性质和光化学转换

9.6.2.1 化学性质

光敏色素是一种易溶于水的浅蓝色色素蛋白，相对分子质量约为 25×10^4 Da，是由 2 个亚基组成的二聚体，每个亚基又由生色团(chromophore 或 phytochromobilin)和脱辅基蛋白(apoprotein)组成，两者合称为全蛋白(holoprotein)。光敏色素的生色团由一长链状的 4 个吡咯环组成，相对分子质量在 612 Da，具有独特的吸光特性；脱辅基蛋白单体相对分子质量在 $12 \times 10^4 \sim 12.7 \times 10^4$ Da。生色团在黑暗条件下质体中合成，其过程与原叶绿酸酯的生物合成相似，后被运出到胞质中，以硫醚键结合到胞质中的脱辅基蛋白的半胱氨酸上(图 9-13)。

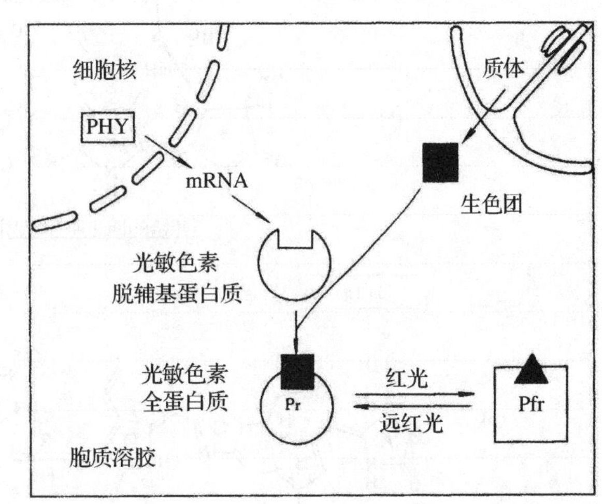

图 9-13 光敏色素生色团与脱辅基蛋白的合成与装配
(引自 Taiz and Zeiger, 1998)

光敏色素在植物体内至少存在 2 种类型(Furuya, 1993)：一种在黄化幼苗中含量较高，在黑暗中才能合成，而在光下不稳定，称为黄化组织光敏色素(etiolate tissue phytochome, Phy Ⅰ)，它的吸收峰在 660 nm；另一种以绿色组织为主，在光下相对稳定，且在光下和暗中均可合成，称为绿色组织光敏色素(green tissue phytochome, Phy Ⅱ)，吸收峰在 652 nm。在拟南芥幼苗中发现了 5 种不同的光敏色素基因，分别被命名为 *PHY A*、*PHY B*、*PHY C*、*PHY D*、*PHY E*。其中编码的蛋白 Phy A 属 Phy Ⅰ 型的光敏色素，接收波长 700 ~ 750 nm 的连续远红光，对光不稳定，在光下，其 mRNA 的活性受到抑制。Phy B、Phy C、Phy D、Phy E 属光敏 Phy Ⅱ 型的光敏色素，具有高度的光稳定性，不受光的影响，接收 600 ~ 700 nm 红光，属组成型表达。至今已证明，*PHY A*、*PHY B* 编码的蛋白可组装成全光敏色素 Phy A、Phy B。Phy A 主要控制远红光对幼苗下胚轴的伸长作用，而 Phy B 主要控制红光对幼苗下胚轴的抑制作用。

9.6.2.2 光化学转换

光敏色素在植物体内有 2 种存在形式：一种是红光吸收型(red light-absorbing form, Pr)，呈蓝绿色；另一种类型是远红光吸收型(far-red light-absorbing form, Pfr)，呈黄绿色。两者各自具有独特的吸光特性，Pr 的吸收高峰在 660 nm，Pfr 的吸收高峰在 730 nm，Pr 是生理钝化型，Pfr 是生理活化型。当 Pr 吸收 660 nm 红光后，就转化为具有生理活化型的 Pfr；相反，当吸收 730 nm 远红光后，Pfr 转化为 Pr(图 9-14)。Pr 型比较稳定，Pfr 型不稳定，在黑暗条件下 Pfr 型会逆转为 Pr 型，降低 Pfr 浓度。Pfr 也会被蛋白酶降解。Pr 和 Pfr 相互转换时，生色团和脱辅基蛋白也发生构象变化，这是由于生色团吸收相应波长的光后吡咯环 D 的 C15 和 C16 之间的双键旋转，进行顺反异构化，导致 4 个吡咯环构象发生变化，同时带动蛋白质构象发生变化[图 9-14(b)]。

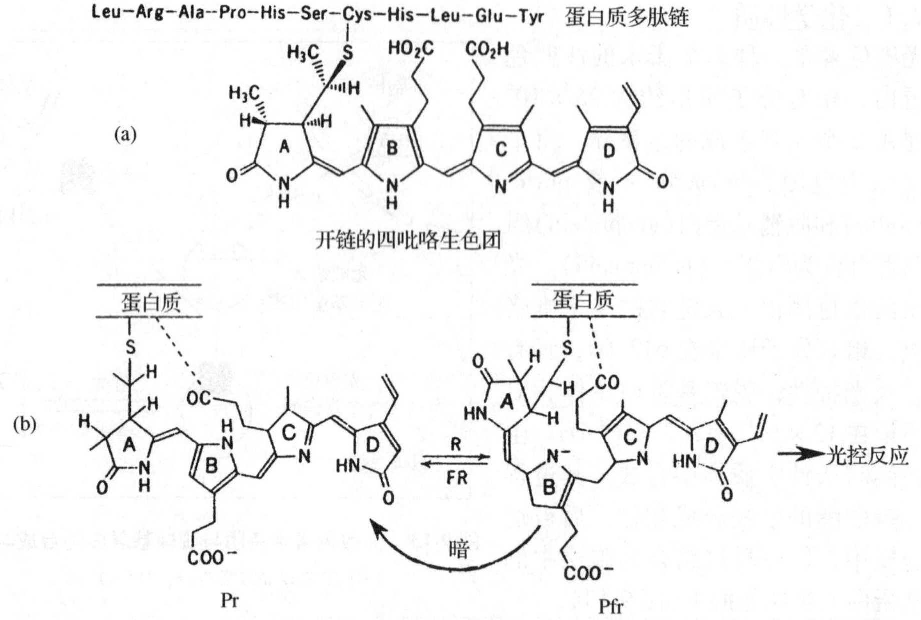

Leu–Arg–Ala–Pro–His–Ser–Cys–His–Leu–Glu–Tyr　蛋白质多肽链
(a)
A
B
C
D
开链的四吡咯生色团
(b)
蛋白质
蛋白质
R
FR
暗
光控反应
Pr
Pfr

图 9-14　光敏色素的结构及 Pr 与 Pfr 的转变

(a) Pr 结构，示硫醚键连接的生色团和部分蛋白质的多肽链(引自 Lagairias and Repoport，1980)

(b) Pr 与 Pfr 的转变(引自 Mohr and Shropshire，1983)

吸光度
波长(nm)
Pr
Pfr
0
0.2
0.4
0.6
0.8
300
400
500
600
700
800

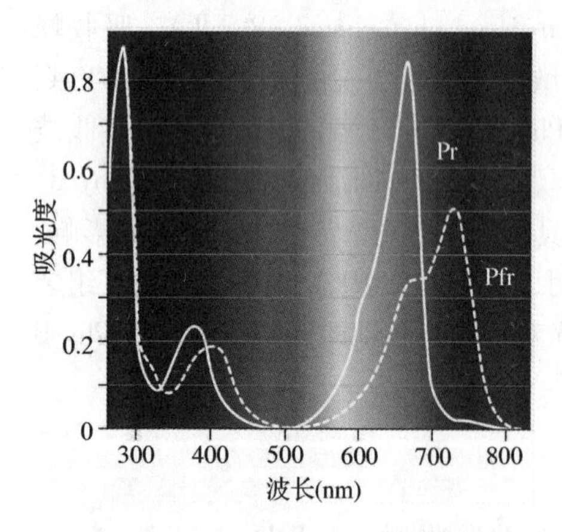

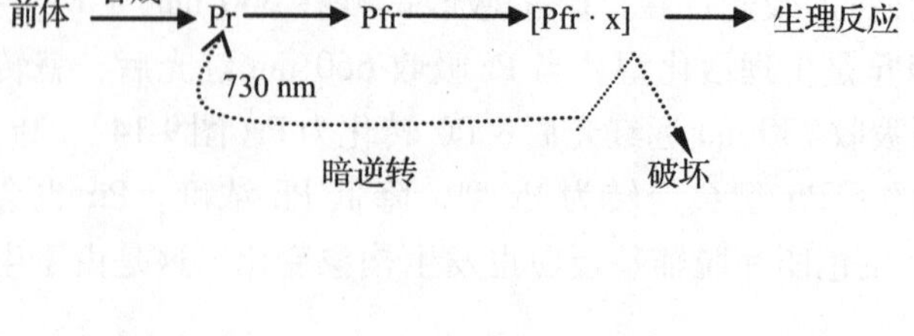

图 9-15　光敏色素 Pr 与 Pfr 的吸收光谱

Pr 与 Pfr 在小于 700nm 的各种波长下都有不同程度的吸收，有相当多的重叠(图 9-15)。在一定的波长下，活体中具生活性的 Pfr 浓度占光敏色素总浓度($c_{ptot} = c_{pr} + c_{pfr}$)的比例称为光稳定平衡(Photostationary equilibrium，Φ)即 $\Phi = c_{pfr}/c_{ptot}$。如白芥幼苗在饱和红光下 Φ 值为 0.8，即总光敏色素的 80% 是 Pfr，20% 为 Pr；而在饱和远红光下的 Φ 值为 0.025，即总光敏色素的 2.5% 为 Pfr，97.5% 为 Pr。自然条件下植物光反应的 Φ 值为0.01～0.05 就可以引起显著的生理变化。

前体
合成
Pr
660 nm
Pfr
[x]
[Pfr · x]
生理反应
730 nm
暗逆转
破坏

Pr与Pfr之间的转变只有几个毫秒的中间反应，光化学反应仅限于生色团，而黑暗反应只有在水条件下才能发生。因此，干种子没有光敏色素反应，只有被水浸泡后才具有光敏色素的反应。

9.6.3 光敏色素的生理作用和反应类型

光敏色素的生理作用相当广泛，已知有200多个反应受光敏色素调节。它影响植物一生的形态建成，从种子萌发到开花、结果、衰老。表9-3列举了高等植物中光敏色素控制的反应。

表9-3 高等植物中一些由光敏色素控制的反应

种子萌发	叶分化和扩大	光周期	偏上性
小叶运动	叶脱落	花诱导	质体形成
弯钩张开	单子叶植物叶片展开	花色素形成	向光敏感性
节间延长	块茎形成	性别表现	节律现象
子叶张开	根原基起始	膜透性	肉质化

光敏色素从接受光刺激到发生形态反应的时间有快有慢，快反应以分秒计。如细胞器的可逆运动或细胞体积的改变(膨胀、收缩)，光对转板藻叶绿体运动的影响是一个快速的反应，照光60 s后可观察到转板藻叶绿体的转动。慢反应以小时或天数计，反应终止后不能逆转，如种子萌发、开花等。根据诱导反应对光通量(fluence)的需求，又将光敏色素反应分为3种类型。

(1)极低辐照度反应

极低辐照度反应(very low fluence response, VLFR)，反应可被0.1~0.001 $\mu mol \cdot m^{-2}$的光诱导，在Φ值仅为0.02时就满足反应条件，即使在实验室的安全光下反应都可能发生。这样极低辐照度的红光可刺激暗中生长的燕麦芽鞘伸长、抑制其中胚轴的生长，刺激拟南芥种子的萌发。该反应遵守反比定律，即反应程度与光辐照度和光照时间的乘积成正比。

(2)低辐照度反应

低辐照度反应(low fluence response, LFR)也称为诱导反应，所需的光能量为1~1 000 $\mu mol \cdot m^{-2}$，是典型的红光—远红光可逆反应。反应可被一个短暂的红闪光诱导，并可被随后的远红光照射所逆转。例如，莴苣种子需光萌发、转板藻叶绿体运动等属于这一类型。LFR也遵守反比定律。

(3) 高辐照度反应

高辐照度反应(high irradiance response, HIR)也称高光照反应，反应需要持续强的光照，其饱和光照比低辐照度反应强100倍以上。光照时间越长，反应程度越大，不遵守反比定律，红光反应不能被远红光逆转。黄化苗的反应光谱高峰在远红光、蓝光和紫外光A区域，而绿苗的反应高峰主要在红光区域。目前已知，在远红光下反应受Phy A调节，而红光下的却受Phy B调节。例如，光敏色素参与的黄化幼苗变绿、花色素的形成、下胚轴的伸长等都属于此类型。

对光下生长的植物来说，光敏色素还可作为环境中红光∶远红光比率的感受器，传递不同光质、不同光照时间的信息，调节植物的发育。例如，作为叶片含有叶绿素而吸收红光，透过或反射远红光。当植物受到周围其他植物的遮阴时，R∶FR 的值变小，喜光植物在此条件下，茎向上伸长速度加快，可以获得更多的阳光，称作遮阴反应（shade avoidence response）。

9.6.4　光敏色素的作用机理

关于光敏色素的作用机理，目前有以下 2 种假说。

9.6.4.1　膜假说

该假说认为，光敏色素位于膜系统上，当发生光转换时，光敏色素可能会通过调节膜上离子通道和离子泵等来影响跨膜的离子流动。这一假说得到许多光敏色素调控的快速反应现象所支持，如含羞草、合欢叶片运动，叶绿体运动等。合欢的小叶运动是光敏色素参与膜离子流动的一个快速反应的实例。研究表明，光敏色素通过调节基础质子泵以及叶柄背侧和腹侧运动细胞 K^+ 通道活性，从而引起细胞膨压的改变，导致小叶合拢和张开，该过程通过 1 个或多个信号转导途径起作用。转板藻（*Mougeotio*）在照射 30 s 红光后，在 3 min内转板藻体内 Ca^{2+} 积累速度增加 2～10 倍。接着立即照射 30 s 的远红光，这个效应就全部逆转。研究者提出转板藻在受光照射后到引起生理反应所经历的信号转导途径为：红光→Pfr 增多→越膜 Ca^{2+} 流动→细胞质中 Ca^{2+} 浓度增加→钙调素活化→肌球蛋白轻链激酶活化→肌动球蛋白收缩运动→叶绿体转动。

9.6.4.2　基因调节假说

光敏色素诱导的膜电势变化、离子流动、叶绿体转动等反应可以在数分钟内迅速完成。但对种子的萌发、花的分化与发育、酶蛋白合成的影响等需要较长的时间，这些过程都要涉及基因的转录与蛋白质的翻译。光敏色素调节基因的表达发生在转录水平上，至今已发现有 60 多种酶和蛋白质受光敏色素调控。主要集中于参与编码叶绿体蛋白的核基因表达调控方面。如对编码 *Rubisco* 小亚基叶绿素 a/b 脱辅基蛋白以及与 PSⅡ结合的聚光复合体（LHCⅡ）的基因表达等的研究较为深入。

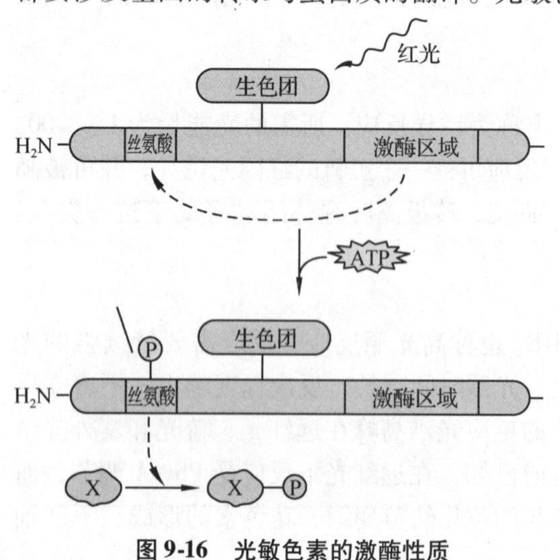

图 9-16　光敏色素的激酶性质

对光敏色素调控基因表达的机制，早先认为，生理激活型的 Pfr 一旦形成，即和某些物质（X）反应，生成 Pfr·X 复合物，最终引起生理反应，而对 X 的性质却不清楚。近年来的研究证明，光敏色素是一种受光调节的苏氨酸/丝氨酸蛋白激酶，具有光受体和激酶的双重性质，有不同的功能区域。N 末端与生色团连接的区域，决定光敏色素的光化学特性，Phy A、Phy B 的特异性也在此区域表现出来。C 末端与信号转导有关，2 个蛋白质单体的相互连接也发生在 C 端。光敏色素接受光刺激后，N 末端的苏氨酸残基发生磷酸化而被激活，接着将信号传递给下游的 X 组分(图 9-16)。使其他蛋白质发生磷酸化而活化，进而启动或抑制细胞质或核内的正、负调控因子(如 PKS1、NDPK2、HY5 等)的基因表达。X 组分有多种类型，所引起的信号转导途径也各不相同。

目前已发现了一系列在光敏色素下游的信号组分，图 9-17 表示了参与光敏色素调节基因表达的信号转导途径和组分。红光首先使 Pr A 和 Pr B 转变为生理激活型 Pfr A 和 Pfr B，两者发生自身磷酸化后，Pfr A 即可将胞质溶胶中的靶蛋白 PSK1 磷酸化，也可进入细胞核。在核内通过 2 条途径调控基因表达：一是直接参与光调控的基因表达；二是通过下游的信号组分 SPA1 起作用。在暗中，光形态建成的负调控因子 COP1 进入细胞核，与光

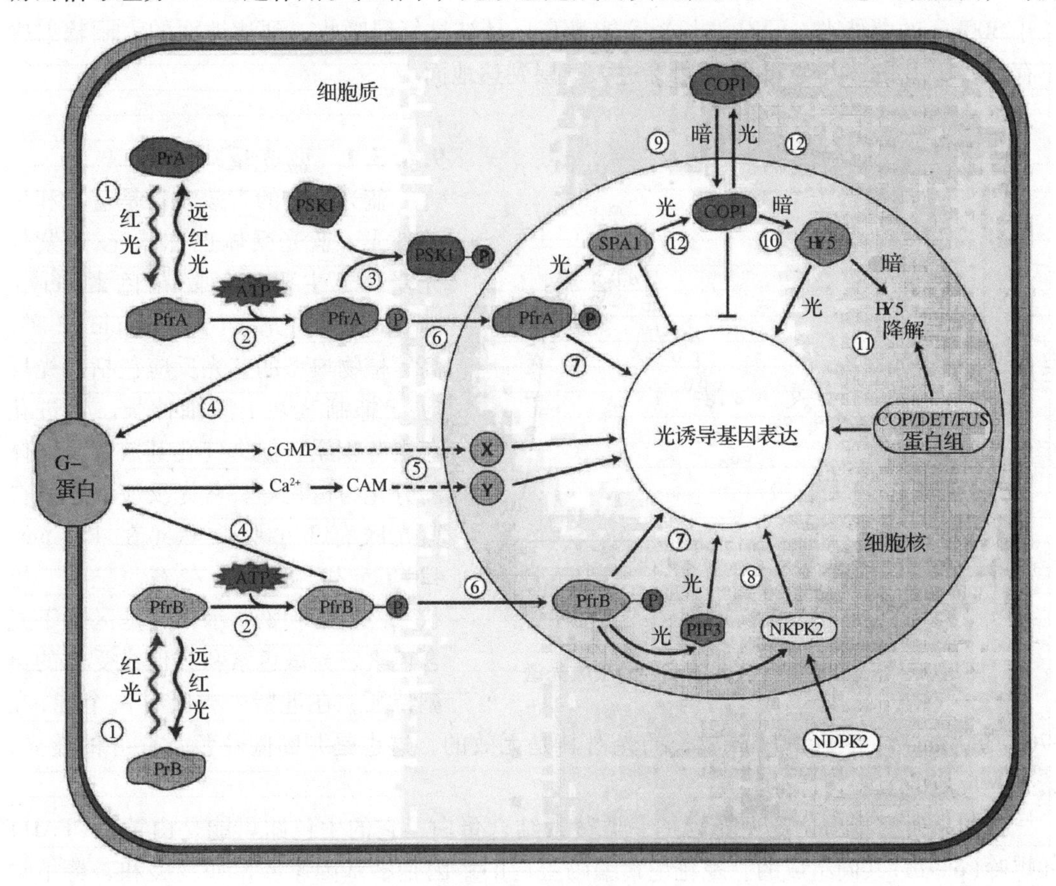

图 9-17 光敏色素调节基因表达的信号转导途径

①红光转变 Pr A 和 Pr B 为它们的 Pfr 型；②光敏色素的 Pfr 型自身磷酸化；③活化 PSK1；④活化的 Pr A 和 Pr B 与 G 蛋白相互作用；⑤cGMP、Ca^{2+} 和 CaM 能活化转录因子(X 和 Y)；⑥活化的 Pfr A 和 Pfr B 进入细胞核；⑦Pfr A 和 Pfr B 直接转录调节或与 PIF 相互作用；⑧PfrB 活化 NDPK2；⑨在暗中，COP1 进入细胞核，抑制光调节基因；⑩在暗中，COP1 泛素化 HY5；⑪在暗中，HY5 在 COP/DET/FUS 蛋白体复合物帮助下被降解；⑫光照下，COP1 直接与 SPA1 相互作用，输出到细胞质。

形态建成的正调控因子 HY5 结合，使 HY5 被降解而无法启动光形态建成反应；在光下，SPA1 可与 COP1 发生相互作用，将 COP1 运送到胞质溶胶中，使之失活，HY5 启动光形态建成反应。

PfrB 可直接进入细胞核，在核内通过激活 PIF3 结合，启动光反应基因的表达。PfrB 也可通过激活 NDPK2 来调节基因表达，还可能进入核后直接调控基因表达。

PfrA 和 PfrB 都可能与 G 蛋白发生相互作用，通过 cGMP、Ca^{2+} 和 CaM 等第二信使，激活核内的转录因子，从而调节基因表达。

9.6.5　蓝光和紫外光反应

植物真菌的许多反应都受蓝光(B)(400～500 nm)和紫外光(UV)的调控。UV 又可分为 UVA(320～400 nm)、UVB(280～320 nm)、UVC(200～280 nm)，近紫外光通常指波长长于 300nm 的紫外光。UVC 波长短，能量高，易被臭氧层吸收，到达地面的太阳辐射中不存在；UVB 的一部分和 UVA 可穿过大气层到达地面。

9.6.5.1　蓝光反应

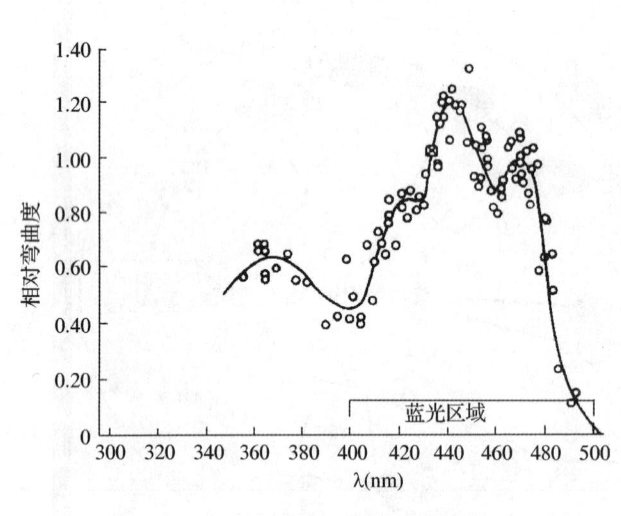

图 9-18　蓝光引起燕麦胚芽鞘反应的吸收光谱

蓝光反应的有效波长是蓝光和近紫外光，蓝光受体也称蓝光/近紫外光受体，主要包括隐花色素(cryptocrome)和向光素(phototropin)2 种。高等植物典型的蓝光反应包括向光反应、抑制茎和下胚轴伸长、促进花色素苷积累、促进气孔开放、叶绿体的分化与运动等。蓝光反应的光谱在蓝光区有 3 个吸收峰（在 450 nm、420 nm 和 480 nm 左右，呈“三指状”，如图 9-18 所示，这是区别于光合色素、光敏色素和其他光受体的典型特征。在近紫外光区有一个峰(在 370～380 nm)，大于 500 nm 波长的光对其是无效的，这也是判断隐花色素介导的蓝光、紫外光反应的实验性标准。

近年来研究指出，蓝光受体是一类黄素结合蛋白，它的生色团可能是由黄素(FAD)和蝶呤(pterin)共同组成的。隐花色素编码蛋白的基因是多基因家族，如蕨类和苔藓植物有至少 5 个隐花色素基因，而拟南芥有 2 个隐花色素基因。在拟南芥中已鉴定出隐花色素家族的 2 个成员：CRY1、CRY2。CRY1 是在暗中和光下生长的拟南芥不同器官都表达的可溶性蛋白。在光下抑制植物的生长，在转基因拟南芥植株中 CRY1 的过量表达可抑制下胚轴伸长，表现为对光、UVA 和绿光高度敏感；CRY2 依赖蓝光的磷酸化，其磷酸化与它的功能和调控相关。暗中，CRY2 未磷酸化，不具活性，稳定；而蓝光诱导 CRY2 磷酸化，可引发光形态建成反应，最终光受体降解。

向光素(phototropin)包括的生色团色素有叶黄素、类胡萝卜素、蝶呤等。现在人们已经在拟南芥、水稻、玉米等植物中发现了编码向光素的基因，主要有 PHOT1、PHOT2。向光素本身具有激酶的性质。在蓝光、近紫外光引起的信号传递过程中涉及 G 蛋白、蛋白磷酸化和膜透性的变化。

对蓝光促进气孔开放机理研究表明，向光素是主要的光受体，隐花色素和光敏色素也参与调节。向光素介导的信号转导途径如下：①蓝光激活向光素 C 端的激酶活性，使之发生自身磷酸化；②引起受体下游的质膜 H^+-ATP 酶的磷酸化，从而激活质膜 H^+-ATP 酶；③质子被转运胞外，膜电位和质子梯度加大；④K^+ 和 Cl^- 进入细胞；同时蓝光还可刺激苹果酸的合成和淀粉降解成蔗糖；⑤细胞渗透势下降，水流入细胞，膨压增大，气孔张开。

近年来研究表明，玉米黄素(zeaxanthin)在蓝光促进气孔反应中起重要作用，有人也将玉米黄素视为一种蓝光受体。

在调节植物光形态建成反应中，光受体之间有相互作用，如光敏色素与隐花色素共同调节幼苗去黄化反应和光周期反应等，虽然以前认为与光敏色素调控的反应不同，蓝光效应一般不能被随后处理的较长波长的光照所逆转，但最近的研究发现，蓝光刺激的气孔开放可被绿光逆转(图 9-19)。

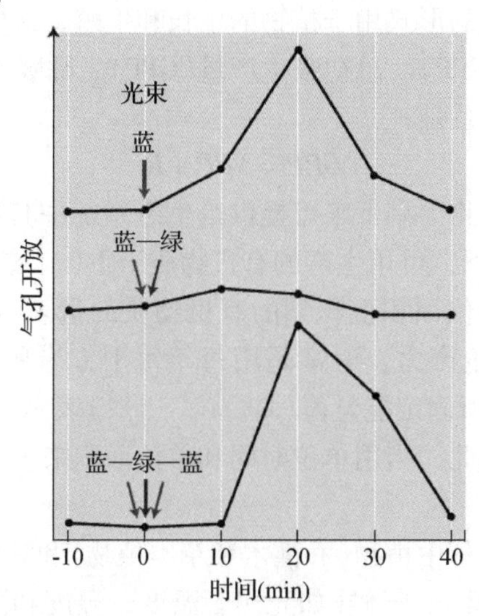

图 9-19 气孔运动的蓝光—绿光可逆性(引自 Frechilla *et al.*, 2002)

当在连续红光(120 μmol · m^{-2} · s^{-1})背景下给以 30s 蓝光脉冲(1800 μmol · m^{-2} · s^{-1})，气孔开放。在蓝光脉冲后，用绿光脉冲(3600 μmol · m^{-2} · s^{-1})处理，可抑制上述蓝光反应，然而，如果在绿光脉冲后在给予第二次蓝光脉冲处理，气孔开放则恢复。

9.6.5.2 紫外光反应

UVB 反应是植物吸收 280 ~ 320 nm 的紫外光引起的光形态建成反应，其受体还不清楚。一些作物如小麦、大豆、玉米等在 UVB 照射下，植株矮化，叶面积减小，导致干物质积累下降。UVB 使大豆的某些品种光合作用下降，气孔关闭，叶绿体结构破坏，叶绿素及类胡萝卜素含量下降，Hill 反应下降，PSⅡ电子传递受到影响等。

紫外光辐射能诱导叶表皮产生抗紫外物质，如类黄酮、花青素和生物碱等，这是因为UVB能引起查尔酮合酶(CHS)和苯丙氨酸解氨酶(PAL)的mRNA及酶活力增加。近年来对拟南芥中CHS(查尔酮合酶)基因的研究表明：UVB和蓝光单独诱导成熟拟南芥叶片组织表达，使表达量提高10倍。

近年来由于氯氟代烃(chlorofluorocarbous)的增多引起了大气中臭氧层的破坏，导致到达地面的UVB增加，UVB辐射增加对植物的影响以及对此的生理响应已引起人们的关注。

9.7　森林生产力的生理基础

9.7.1　森林生产力

森林生态系统中所有绿色植物，通过光合作用所固定的太阳能或所制造的有机物质总量，称为总初级生产量(gross primary production，GPP)或第一性生产量(primary production)，也可简称为总生产量。初级生产量中有一部分是被植物自己的呼吸消耗掉了，剩下的部分才以可见有机物质的形式用于植物的生长和生殖，这部分生产量称为净初级生产量(net primary production，NPP)。总初级生产量(GPP)、呼吸所消耗的能量(R)和净初级生产量(NPP)三者之间的关系是：

$$GPP = NPP + R$$

净初级生产量代表着植物净剩下来可提供给生态系统中其他生物(主要是各种动物和人)利用的能量。通常情况下，可用生产的有机物质干重(g)或所固定能量值(J)表示。当初级生产量用单位时间和单位面积上积累的有机物质的量表示时，称为初级生产力(primary productivity)或第一性生产力。通常是用每年每平方米所生产的有机物质干重($g \cdot m^{-2} \cdot a^{-1}$)或每年每平方米所固定能量值($J \cdot m^{-2} \cdot a^{-1}$)表示，其强调的是绿色植物积累或固定有机物质的速率。因此，当用单位时间和单位面积来表示生产量时，生产量与生产力是一致的。

森林生产力的大小是森林中植物(乔灌木和草本植物)和其他生物(动物、微生物等)、土壤(土壤质地、营养元素等)、气候(如光照、温度、湿度和降水等)以及人为干扰等状况的一个综合反映。不同森林生态系统的生产力不同。热带雨林的生产量一般是最高的，其次为热带季雨林、温带常绿林、落叶林、北方针叶林等(表9-4)。

森林的生产功能和生态功能长期以来一直是林学研究的重要对象。阐明森林生产力形成的机制和影响因素，探索提高森林生产力的途径和措施具有重要的理论和现实意义，也是林学研究的主要任务之一。

9.7.2　森林生物产量及生产力形成的生理学基础

由于森林的生产量是绿色植物通过光合作用所固定的太阳能或所制造的有机物质总量，因此，森林生产量或生产力的形成是以光合作用形成的产量为基础的。即

$$光合产量 = 光合速率 \times 光合面积 \times 光照时间$$

表 9-4 陆地各种生态系统净初级生产力和植物生产量

生态系统类型	面积 $(\times 10^8\ km^2)$	净初级生产力 $(g \cdot m^{-2} \cdot a^{-1})$		全球的净初级生产总量 $(\times 10^8\ t \cdot a^{-1})$	生物量 $(kg \cdot m^{-2})$		全球生物量 $(\times 10^8\ t)$
		范围	平均		范围	平均	
热带雨林	170	1 000~3 500	2 200	374.0	6~80	45.00	7 650.0
热带季雨林	75	1 000~2 500	1 600	120.0	6~60	35.00	2 625.0
温带常绿林	50		1 300	65.0	6~200	35.00	1 750.0
温带落叶林	70	600~2 500	1 200	84.0	6~60	30.00	2 100.0
北方落叶林	120	400~2 000	800	96.0	6~40	20.00	2 400.0
灌丛和林业地	85	250~1 200	700	60.0	2~20	6.00	510.0
热带稀树草原	150	200~2 000	900	135.0	6.2~15.0	4.00	600.0
温带草原	90	200~1 500	600	54.0	0.2~5.0	1~60	144.0
寒漠和高山	80	10~400	140	11.0	0.1~3.0	0.60	50.0
荒漠和半荒漠灌丛	180	10~250	90	16.0	0.1~4.0	0.70	126.0
岩石、沙漠、荒漠和冰地	240	0~10	650	0.7	0~0.2	0.02	5.0
栽培地	140	100~3 500	2 000	91.0	0.4~12.0	1.00	140.0
沼泽和沼泽湿地	20	800~3 500	250	40.0	3~50.0	15.00	300.0
湖泊和河流	20	100~1 500		5.0	0~0.1	0.02	0.4
大陆统计	1 490		773	1 150.0		12.30	1 840

注：引自 Klebs，1978。

因此，从生理学的角度来看，森林生产量的大小取决于光合速率、光合面积、光照时间等因素。森林植物、立地条件、气候等因子都可以通过影响光合作用上述因素的综合作用而对森林生产力产生影响。

9.7.2.1 光合速率

提高光合速率是提高人工林产量的基本途径。植物的光合速率取决于内在因素和外界环境。

(1)内在因素

从内在因素看，光合速率取决于树种的遗传特性及所处的发育和生理状态。不同树种以及同一树种的不同类型和品种的光合速率都可能存在较大的差异。一般情况下阔叶树的光合速率大于针叶树，落叶阔叶树大于常绿阔叶树。虽然一般树木的光合速率较低，约为 $5 \sim 10\ mgCO_2 \cdot dm^{-2} \cdot h^{-1}$，但某些速生树种，如杨树、桉树较高，可达到 $15 \sim 25\ mgCO_2 \cdot dm^{-2} \cdot h^{-1}$，接近农作物水平。因此，通过树种选择及良种选育是可以大大提高光合速率，从而提高森林生产力的。

光合速率与树木和叶片的生长发育及生理状态有很大的关系。不同叶龄的叶片由于叶绿素含量、光合酶活性和产物运输速度不同，光合速率有较大的差异。新生的幼叶叶绿素含量低，光合速率也较低，随着叶龄的增加，光合速率也增加，成熟后又随着衰老而降低。树木一生的个体发育过程中也存在类似现象，在“S”形生长曲线的线性期，叶片生理功能强，光合速率高，生长就快。因此，树木的年龄与森林生产力有显著的关系。研究表明，影响中国森林生产力的林分因子(如年龄、林分高度、郁闭度、密度等)中，以林分年龄的影响最为明显。不同树种达到及维持最佳光合生理状态的时间不同，有些树种来得早，下降得也快，如刺槐；有些树种来得晚，但维持时间长，速生期也长，如云杉。

(2)环境因素

从外界环境方面看，光合速率受光强、温度、CO_2 浓度、水分供应状况、矿质营养等因素的制约。有关上述因子对光合速率的影响作用在第 4 章光合作用已有了详细的论述，值得一提的是，大多数木本植物为 C_3 植物，在自然条件下，光强往往不是光合速率的限制因素；而 CO_2 浓度作为 C_3 植物的主要限制因子，其饱和点(约 0.1%)与大气 CO_2 浓度(约 0.03%)相差较大，对树木光合速率的限制作用较强。在林业生产实际中，常常通过施肥、灌溉等直接措施，也可以通过群体结构对环境因子所起的再分配和调节作用，来为光合作用创造有利的环境条件。

近年来，环境气候的变化尤其是大气中 CO_2浓度上升及由此而引起的气候变化对森林生产力的影响已引起广泛的关注。一般认为，CO_2浓度上升能有效提高树木的光合速率，加快树木的生长，对森林生产力和生物量的增加在短期内能起到促进作用，但是不能保证其长期持续地增加。因为 CO_2所引起的温度升高似乎对植物的生长又将进一步产生负面作用，将使植物叶片和冠层的温度增加以及气孔导性下降，使植物易受到热胁迫；呼吸作用尤其是晚上暗呼吸的增强使净同化率下降；土壤水分蒸发加快可能引起植物的“生理干旱”；增加土壤微生物的活性，加速有机质的分解速率和其他物质循环，改变土壤中的碳氮比，受到氮素缺乏的制约等。这些因素都会限制植物的光合作用。因此，要准确评估 CO_2浓度上升对森林生产力和生物量的影响还存在很大的困难，不仅需要综合考虑各个影响因素，还需要进行长期的野外观测和试验。

9.7.2.2　光合面积

光合面积一般用叶面积指数(leaf area index，LAI)来表示，指单位土地面积上的总叶面积。对于一种植物群落，叶面积指数有一个最适值，即能使干物质积累量或产量达到最大的 LAI 称为最适 LAI。在一定的范围内，光能利用率和光合产量随着叶面积指数(LAI)的增加而增加，但超过一定的范围则产量不再增加，甚至还会减少。这是由于随着林分郁闭度和叶面积指数的增加，一方面下层叶子受到光照少，处在光补偿点以下，成为消费器官；另一方面，通风不良，造成冠层内 CO_2浓度过低而影响光合速率。

最适的叶面积指数对于不同树种，由于其耐荫性(主要是光补偿点)的差异而不同。一般森林的叶面积指数达到 4 左右时，净初级生产量最高。但当森林生态系统发育成熟或演替达到顶级时，虽然叶面积指数和生物量达到最大，但呼吸消耗量也达到最大，净生产量和生产力反而最小。因此，仅从经济效率考虑，利用森林再生资源的生产量，让森林保持在“青壮年期”是最有利可图的。

在生产实际中通过采用一定的造林密度及后期的调节(打枝、间伐等)，选用耐荫程度不同的树种及其相互间的搭配来达到及维持最佳的叶面积状态，为高产创造条件。在农林复合经营中，通过林木和作物之间的合理搭配，充分利用光能，增加光合面积，提高产量。除叶面积外，枝叶的伸展角度对于光能在林内各层的分布和利用也很重要，在选择和配置树种时应予以注意。

9.7.2.3 光合时间

光合时间主要与树木的生长期有关。热带森林生产期长，生产力较高，而温带北方森林由于季节限制，生长期短，生产力相对较低。一般来说，常绿树种的生长期比落叶树种长，落叶树种中的早发叶树种比晚发叶树种的生长期长，不同树种在发叶后叶子生长达到最大值所需的时间长短也有差异。另外，不同树种的形成层活动期的长短也不同，一般环孔材树种的形成层活动期要比散孔材树种长。所有这些都要在选择造林树种时加以考虑。桉树在我国南方，在一年中几乎不停地生长，落叶松在我国北方长叶较早而且生长期长，这是它们能够速生丰产的基础之一。环境条件、林分结构对于树木生长期的长短也有影响，如过密林分中的树木衰老快，生长期就显著缩短。立地条件好、栽培技术集约的人工林速生期长，老化慢。

需要说明的是，内外环境条件的变化对影响森林光合产量的上述因子的作用并非是单方面的，往往存在复杂的相互关联。例如，通过施肥和灌溉的措施，不仅能改善树木的光合性能，还能促进叶片生长，提高叶面积指数，缓解树木老化，延长生长期。

9.8 植物的运动

植物虽然不能像动物那样自由整体地移动，但是它的某些器官在内外因素的作用下能发生空间位置的有限移动，此即为植物运动(plant movement)。高等植物的运动可分为向性运动(tropic movement)和感性运动(nastic movement)2类。向性运动由光、重力等外界刺激产生，运动方向取决于外界的刺激方向。感性运动由外界刺激(如光暗转变、触摸等)或内部时间机制而引起，外界刺激方向不能决定运动方向。

9.8.1 向性运动

向性运动包括3个步骤：①感受刺激(perception)，感受器官感受外界刺激；②信号转导(transduction)，感受部位的细胞将刺激转换为细胞内的物理化学信号；③运动反应(motor response)，生长部位发生不均匀生长，植物对刺激的感受器官和生长部位往往是分开的。所有的向性运动都是生长性运动，都是由于生长器官不均等生长所引起的。因此，当器官停止生长或者除去生长部位时，向性运动随即消失。

依据外界因素的不同，向性运动可分为向光性、向重力性、向化性、向触性等。

9.8.1.1 向光性

植物生长器官受单方向光照射而引起生长弯曲的现象称为向光性，蓝光是诱导向光弯曲最有效的光谱。植物各器官的向光性有正向光性(positive phototropism，器官生长方向朝向射来的光)、负向光性(negative phototropism，器官生长方向与射来的光相反)及横向光性(diaphototropism，器官生长方向与射来的光垂直)3种。

植物感受光的部位是茎尖、芽鞘尖端、根尖、某些叶片或生长中的茎。一般来说，地上部器官具有正向光性，根部为负向光性。

关于植物向光性运动的机理，20 世纪 20 年代提出的 Cholodny-Went 模型认为，生长素在向光和背光两侧分布不均匀，导致向光性生长。以玉米胚芽鞘为实验材料得知，其胚芽鞘尖端 1 ~2 mm 处是产生 IAA 的地方，而尖端 5 mm 处是对光敏感和侧向运输的地方。在单侧光下，IAA 较多分布于背光一面，胚芽鞘就向光弯曲(图 9-20)。

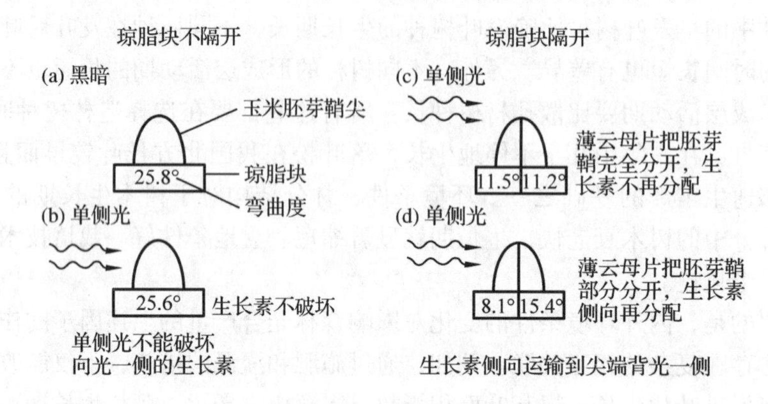

图 9-20　玉米胚芽鞘中，生长素侧向再分布受单侧光促进的证据

在胚芽鞘弯曲生物测定中，测得的琼脂块弯曲角度表示琼脂块中生长素的含量。(a)在黑暗中扩散到琼脂块的 IAA 含量。(b)在单侧光下，扩散到琼脂块的生长素含量。(c)在用云母片障碍物分割开的胚芽鞘顶端中，光没能诱导 IAA 向背光侧转移。(d)在未破坏的顶端中，光诱导 IAA 向背光侧转移。

为什么 IAA 横向背光一侧运输？近年来研究得知，高等植物对蓝光信号转导的光受体是向光素 1(phot1)和向光素 2(phot2)，它们是黄素蛋白，表现出丝氨酸/苏氨酸激酶活性。phot1 既能调节低照度光下植物的向光性反应，又能调节高照度光下的向光性反应，phto1 除了在胚轴向光性反应中起作用外，还能调节根系的负向光性反应；而 phto2 仅调节高照度光下植物的向光性反应。照射蓝光时，激酶部分发生自身磷酸化而激活受体，其作用光谱与向光性反应的作用光谱一致。在单侧蓝光照射下，向光素磷酸化呈侧向梯度，于是诱发胚芽鞘尖端的 IAA 向背光一侧运输，当 IAA 一旦运输到顶端背光一侧时，就运到伸长区，刺激细胞伸长，导致背光一侧生长快于向光一侧。

质外体的酸化似乎在向光性生长中起作用。胚芽鞘背光侧的质外体的 pH 值比向光侧低，一方面通过增加 IAA 进入细胞的速度及受外流机制驱动的渗透势而促进生长素的运输，另一方面通过酸生长促进了向光弯曲。

向光性反应中生长素分布的变化可以通过生长素响应的报告基因 DR5∶GUS 观察到。另外，利用生长素信号转导突变体，如拟南芥 *np4* 突变体，进一步证明，向光反应需要生长素信号，生长素是参与向光性反应的主要调控因子。

20 世纪 80 年代以来，许多学者提出向光性的产生是由于抑制物质分布不均匀的看法。他们用物理、化学的方法，测得单侧光照后，黄化燕麦芽鞘、向日葵下胚轴和萝卜下胚轴都会向光弯曲，但两侧的 IAA 含量没有什么差异(表 9-5)。相反，却发现向光一侧的抑制物质含量多于背光一侧。萝卜下胚轴的生长抑制物质是萝卜宁(raphanusanin)和萝卜酰胺(raphanusamide)，向日葵下胚轴的抑制物质是黄质醛等。还发现这些抑制剂的浓度

表 9-5 向日葵、萝卜和燕麦向光性器官中的 IAA 分布

器 官	IAA 分布(%)			测定方法
	向光一侧	背光一侧	黑暗(对照)	
绿色向日葵下胚轴	51	49	48	分光荧光法
绿色萝卜下胚轴	51	49	45	电子俘获检测法
黄化燕麦胚芽鞘	49.5	50.5	50	电子俘获检测法

不仅在向光侧增加，而且与光强呈正相关。由此表明，向光性产生的原因是由于向光侧的生长抑制物质多于背光侧，向光侧生长受到抑制的缘故。

向光性在植物生长中具有重要的意义。由于叶子具有向光性的特点，叶子能尽量处于最适宜利用光能的位置。例如，用锡箔把在光下生长的苍耳叶片一半遮住后，叶柄相应的一侧延长，向光源方向弯曲，这样叶片就会从阴处移到光亮处，叶片不易重叠。这种同一植株的许多叶片做镶嵌排列的现象，称为叶镶嵌(leaf mosaic)。推测可能由于叶片遮蔽部分运输较多的生长素到该侧的叶柄，因此该侧叶柄生长较快，使叶柄向有光一侧弯曲。另外，棉花、花生、向日葵等植物顶端在一天中随阳光而转动，呈所谓“太阳追踪”(solar tracking)，叶片与光垂直，即横向光性(diaphototropism)，这种现象是由于溶质(包括 K^+)控制叶枕的运动细胞引起的。

9.8.1.2 向重力性

植物感受重力的刺激，在重力方向上发生生长反应的现象，称为向重力性(gravitropism)，种子或幼苗在地球上受到地心引力影响，不管所处的位置如何，总是根朝下生长，茎朝上生长。这种顺着重力作用方向的生长称正向重力性(positive gravitropism)；逆着重力作用方向的生长称负向重力性(negative gravitropism)；侧枝、叶柄、地下茎、次生根等以垂直于重力的方向水平生长称为横向重力性(diagravitropism)。

重力的感受部位在离根尖约 1.5 ~ 2.0 mm 的根冠、离茎端约 10 mm 的嫩组织以及其他尚未失去生长机能的节间、胚轴、花轴等，感受重力的受体是含淀粉体或叶绿体的细胞。植物对重力的反应，受重力加速度、重力方向和持续时间的影响。在地球上，重力加速度和重力方向是恒定的，因而向重性反应主要受持续时间影响。

(1)根的正向重力性

Cholodny-Went 生长素学说认为，植物的向重力性生长是由于重力诱导对重力敏感的器官内生长素不对称分布而引起的器官两侧的差异生长。按照这个假说，生长素是植物的重力效应物，在平放的根内，由于向地一侧浓度过高而抑制根的下侧生长，以致根向地弯曲。虽然早期的研究认为，根冠产生的根生长抑制剂 ABA 参与根的向重力性反应，当根水平放置时，根冠合成的 ABA 向下侧积累，从而抑制根下侧的生长。但后来的研究证明，ABA 在根的向重力性反应中不是主要的调控物质，用 ABA 合成的抑制剂抑制根中 ABA 的合成后，根仍然有向重力性反应；不能合成 ABA 的玉米突变体幼苗仍具有向重力性反应。实验表明，拟南芥生长素信号转导和生长素运输突变体对生长素敏感性和向重力性反应降低；用生长素极性运输抑制剂处理野生型植物，也使根失去向重力性，说明 IAA 是根向

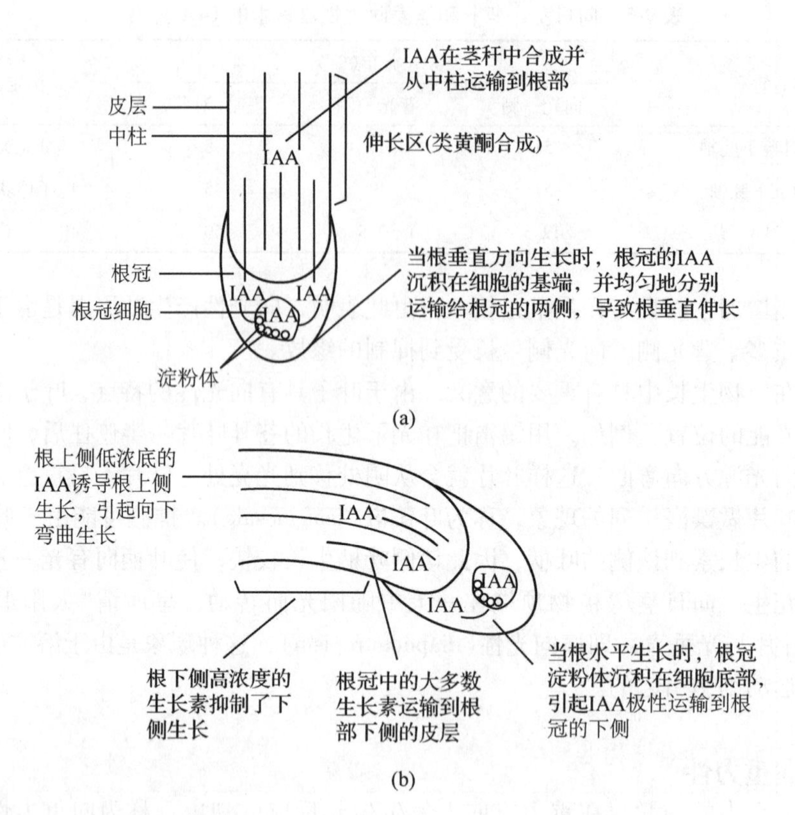

图 9-21　根在向重性反应中生长素的重新分布(引自 Hasenstein and Evans，1988)

(a)根尖方向与重力方向平行　(b)根尖方向与重力方向垂直

重力性反应的主要调控物质(图 9-21)。

根中感受重力最敏感的部位是根冠，去除根冠，横放的根就失去向重力性反应。根冠的柱细胞中感受重力的细胞器是淀粉体(amyloplast)，被称为“平衡石”(statolith)。

实验表明，Ca^{2+} 对 IAA 运输及分布起重要作用。玉米根冠部预先用 Ca^{2+} 螯合剂 EGTA 处理后，重力影响 IAA 极性运输的现象也会随之消失，但若在根横放前先用 Ca^{2+} 处理根冠，IAA 极性运输则恢复。当把含有 Ca^{2+} 的琼脂块置于垂直方向放置的玉米根冠一侧时，根会被诱导转向放琼脂块的一侧而弯曲生长。进一步研究表明，玉米根内有钙调素，根冠中的钙调素浓度是伸长区的 4 倍。外施钙调素的抑制剂于根冠，则根丧失向重力性反应，通道阻断剂和 ATP 酶抑制剂也使根的向重力性反应消失。说明 Ca^{2+} 和钙调素在向重力反应中起第二信使的作用。

综合相关研究，根对重力感受及信号转导机制如下：①重力刺激使柱细胞的淀粉体和细胞器随重力发生沉降；②淀粉体的沉降触及内质网，打开细胞膜上的 Ca^{2+} 通道和钙泵，Ca^{2+} 扩散到细胞质中；③胞质中的 Ca^{2+} 浓度局部增加，活化胞质中的钙调素(CaM)，活化的 CaM 与 Ca^{2+} 结合；④Ca^{2+}·CaM 复合体激活质膜 ATPase；⑤活化的 ATPase 激活细胞下侧的钙泵和生长素泵，把 Ca^{2+} 和 IAA 从不同通道运出柱细胞，并向根尖运输，细胞下侧积累过多钙和生长素，影响该侧细胞的生长(图 9-22)。

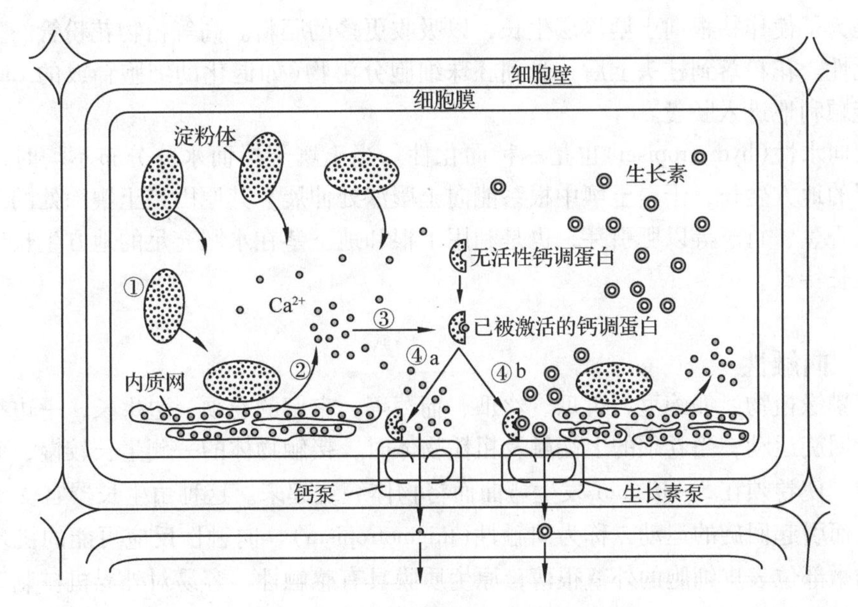

图 9-22　根向重力性反应在柱细胞中的信息感受与转导(引自 Evans，1986)

在拟南芥无淀粉体的突变体中，尽管植株对重力的敏感性降低，但若延长重力刺激时间，根依然能发生一定程度的弯曲。因此，有人认为除淀粉体外，植物的原生质体本身也可以感受重力刺激。当植物的原生质体在重力场中的取向发生改变时，原生质体上部的细胞膜与细胞壁之间的张力增强，这种张力的改变通过特异的区域，即细胞膜与细胞壁通过细胞骨架相连接的区域，传递到细胞膜上改变细胞膜的张力，从而活化质膜上的离子通道，特别是钙离子通道，胞质中钙离子浓度的改变引发下游的信号转导，最终引起植物器官的向重力性弯曲。

(2)茎的负向重力性

茎的负向重性反应机理可能与根的向重性机理大体相似。感受重力的受体是淀粉体或叶绿体。淀粉体或叶绿体在细胞内的位置，会因茎的倒伏而很快发生变化。淀粉体或叶绿体的重新分布刺激液泡或内质网，促进 Ca^{2+} 的释放。胞液内 Ca^{2+} 浓度的增加促进一系列的反应，并引起生长类激素的不均等分布。与茎的负向重力性有关的激素可能是 IAA 及 GA，这 2 种激素均能促进细胞伸长生长。茎横放时，下侧有效浓度高，促进茎细胞伸长，从而使茎向上弯曲。

植物的向重力性具有重要的生物学意义。根的正向重力性有利于根向土壤中生长，以固定植株并汲取水分和矿物质。茎的负向重力性则有利于叶片伸展，并从空间获得充足的空气与阳光。种子播种到土壤中，不管胚的方向如何，根总是向下生长，茎向上生长，方位合理，有利于植物的生长发育。

9.8.1.3　向化性

向化性(chemotropism)是由某些化学物质在植物周围分布不平均引起的定向生长。植物根部生长的方向就有向化现象，它们是朝向肥料较多的土壤生长的。深层施肥的目的之一，就是为了使作物根向土壤深层生长，以吸收更多的肥料。高等植物花粉管的生长也表现出向化性。花粉落到柱头上后，受到胚珠细胞分泌物(如退化助细胞释放的 Ca^{2+})的诱导，就能顺利地进入胚囊。

根的向水性(hydrotropism)也是一种向化性。当土壤干燥而水分分布不均时，根总是趋向潮湿的地方生长，干旱土壤中根系能向土壤深处伸展，其原因是土壤深处的含水量较表土高。香蕉、竹子等以肥引芽，也是利用了根和地下茎在水肥充足的地方生长较为旺盛的这个生长特点。

9.8.1.4　向触性

许多攀缘植物，如豌豆、黄瓜、丝瓜、葡萄等，它们的卷须一边生长，一边在空中自发地进行回旋运动，当卷须的上端触及粗糙物体时，接触物体的一侧生长较慢，而另一侧生长较快，使卷须在 5 ~ 10 min 发生弯曲而将物体缠绕起来。这种由生长器官受到单方向机械刺激而引起回旋的运动，称为向触性(thigmotropism)。向触性反应可能的机理是，卷须某些幼嫩部位表皮细胞的外壁很薄，原生质膜具有感触性，容易对外界机械刺激产生反应。当这些细胞受到机械刺激后，质膜内外会产生动作电位，并迅速传递。动作电位传递的过程中质膜的透性被改变，从而影响离子、水分及营养物质的分布，而使接触物体一侧的细胞膨压减少，伸长受抑，而其背侧细胞膨压增加，伸长促进，产生卷须的卷曲生长。也有人认为，向触性反应是卷须受机械刺激，引起生长素不均匀分布，背侧 IAA 含量高，促进生长所致。

9.8.2　感性运动

感性运动的方向与外界刺激方向无关。感性运动有 2 类：①生长性运动(growth movement)，不可逆的细胞伸长，如偏上性运动等；②膨压运动(也叫紧张性运动)(turgor movement)，由叶枕膨压变化产生，是可逆性变化，如叶片感夜性运动等。感性运动多数属膨压运动，是由细胞膨压变化所导致的。

9.8.2.1　偏上性和偏下性

叶片、花瓣或其他器官向下弯曲生长的特性，称为偏上性(epinasty)；叶片和花瓣向上弯曲生长的现象，称为偏下性(hyponasty)。叶片运动是因为从叶片运到叶柄上下两侧的生长素数量不同，因此引起生长不均匀。生长素和乙烯可引起番茄叶片偏上性生长(叶柄下垂)。赤霉素处理可引起偏下性生长。

9.8.2.2　感夜性

植物的感夜性运动(nyctinasty movement)主要是由昼夜光暗变化信号引起的叶片的开合运动。一些豆科植物，如大豆、花生、合欢和酢浆草的叶子，白天叶片张开，夜间合拢或下垂；特别奇特的是舞草(*Codariocalyx motorius*)，在常温强光的环境下，舞草的 2 片侧小叶会不停地摆动，上下飞舞，或做 360°的大旋转。光照越强或声波振动越大，运动的速度就会越快，直至晚上所有叶片下垂闭合睡眠为止。三叶草和酢浆草、睡莲的花以及许多菊科植物的花序昼开夜闭；月亮花、甘薯、烟草等花的昼闭夜开，都是由光引起的感夜性运动。

感夜性运动的器官是叶基部的叶枕或小叶基部。叶片的开闭是由位于叶枕相反侧称为腹侧运动细胞(ventral motor cell)和背侧运动细胞(dorsal motor cell)膨压的变化所致(图9-23)。而膨压的变化依赖于细胞渗透势变化导致的细胞水分的变化。目前提出的可能机制为：在光调控小叶张开过程中，腹侧运动细胞受光的刺激而使质膜质子泵活化，泵出质子，建立跨膜质子梯度，促进 K^+ 与 Cl^- 的吸收，细胞渗透势下降，细胞吸水，运动细胞膨胀而张开，同时，背侧运动细胞质子泵处于去活化状态。在小叶关闭过程中，变化过程处于相反的变化模式。研究表明，光敏色素和蓝光受体参与小叶开闭的调控，在白天，红光和蓝光能使闭合的叶片张开，远红光可消除红光的作用。

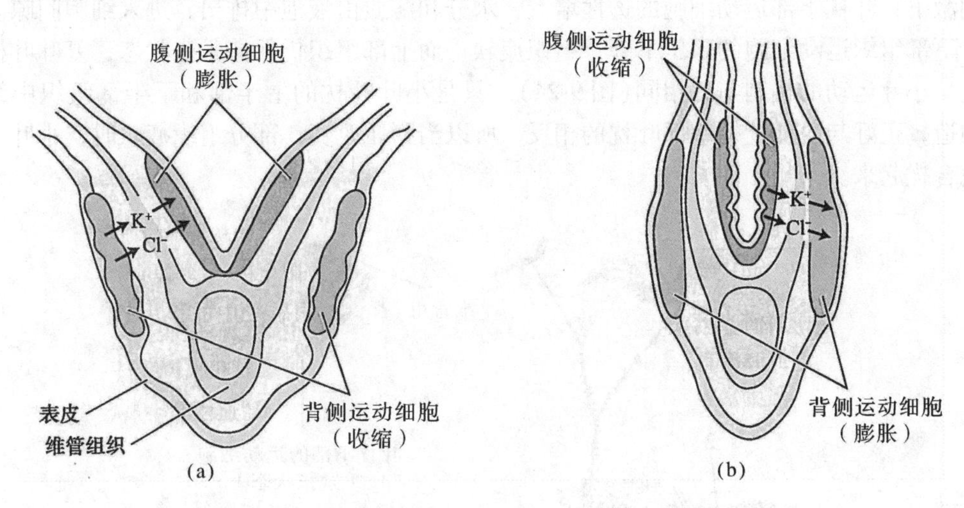

图 9-23 合欢叶枕运动细胞间的离子流调控小叶的张开(a)和闭合(b)(改编自 Galston，1994)

此外，感夜性运动可以作为判断一些植物生长健壮与否的指标。如花生叶片的感夜性运动很灵敏，健壮的植株一到傍晚小叶就合拢，而当植株有病或条件不适宜时，叶片的感夜性就表现得很迟钝。

9.8.2.3 感温性

由温度变化引起的生长运动，称为感温性(thermonasty movement)。如郁金香和番红花的花，通常在白天温度升高时，适于花瓣的内侧生长，而外侧生长减少，花朵开放。夜晚温度降低时，花瓣外侧生长而使花瓣闭合，这样，随着每天内外侧的昼夜生长，花朵增大。如将番红花和郁金香从较冷处移至温暖处，很快又会开花。花的这种感温性是不可逆的生长运动，是由花瓣上下组织生长速率不同所致。这类运动产生的原因可能是由于温度的变化引起生长素在器官不同面分布不均匀而引起生长不平衡所致。花的感热性对植物具有重要的意义，可使植物在适宜的温度下进行授粉，还可保护花的内部免受不良条件的影响。

9.8.2.4　感震性

感震性(sesmonasty movement)是由于机械刺激而引起的植物运动。含羞草(*Mimosa pudica*)在感受刺激的几秒钟内，就能引起叶枕和小叶基部的膨压变化，使叶柄下垂，小叶闭合，其膨压变化情况及机制类似合欢的感夜性运动。有趣的是含羞草的刺激部位往往是小叶，而发生动作的部位是叶枕，两者之间虽隔一段叶柄，但刺激信号可沿着维管束传递。它还对热、冷、电、化学等刺激做出反应，并以 1～3 $cm \cdot s^{-1}$(强烈刺激时可达 20 $cm \cdot s^{-1}$)的速度向其他部位传递。另外，食虫植物的触毛对机械触动产生的捕食运动也是一种反应速度更快的感震性运动。

含羞草叶子下垂的机制，在于复叶叶柄基部的叶枕中细胞膨压的变化。从解剖上来看，叶枕上部的细胞壁较厚而下部的较薄，下部组织的细胞间隙也比上部的大。在外界震动刺激下，叶枕下部运动细胞的透性增大，水分和溶质由液泡中排出，进入细胞间隙。因此，下部组织运动细胞的膨压下降，组织疲软；而上部组织仍保持紧张状态，复叶叶柄即下垂。小叶运动的机制与此相同(图 9-24)。只是小叶叶枕的上半部和下半部组织中细胞的构造，正好与复叶叶柄基部叶枕的相反，所以当膨压改变，部分组织疲软时，小叶即成对地合拢起来。

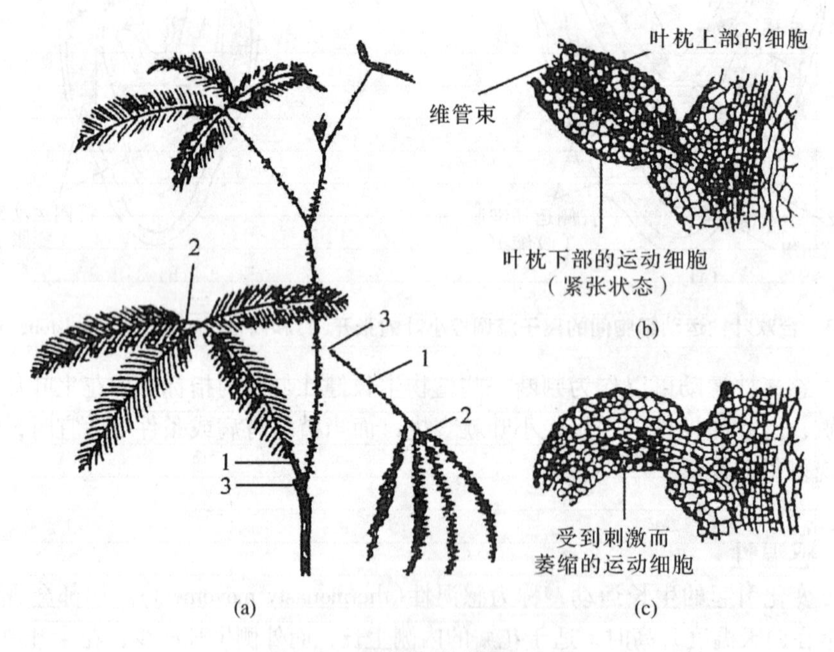

图 9-24　含羞草的感震性运动

(a)一片叶子受到刺激后下垂　(b)总叶柄的叶枕结构(未受刺激)　(c)受刺激后叶子下垂的叶枕细胞

1. 总叶柄　2. 小叶柄　3. 叶枕

那么，刺激感受后转换成什么样的信号会引起动作部位的膨压变化呢？有 2 种看法：一种认为是由电信号的传递，诱发了感震性运动；而另一种认为，信号为化学物质。现已清楚，含羞草的小叶和捕虫植物的触毛接受刺激后，其中感受刺激的细胞的膜透性和膜内外的离子浓度会发生瞬间改变，即引起膜电位的变化。感受细胞膜电位的变化还会引起邻近细胞膜电位的变化，从而引起动作电位的传递。当其传至动作部位后，使动作部位细胞膜质子泵活性、膜透性和离子浓度改变，从而造成膨压变化，引起感震性运动。有人测到含羞草的动作电位为103 mV，传递速度在1～20 $cm \cdot s^{-1}$之间。对于引起膨压变化的化学信号，已有人从含羞草、合欢等植物中提取出一种叫膨压素(turgorins)的物质，它是含有β-糖苷的没食子酸，可随着蒸腾流传到叶枕，迅速改变叶枕细胞的膨压，导致小叶合拢。然而从感震性反应的速度来看，似乎动作电位更能作为刺激感受的传递信号。

小　结

植物生长表现为体积和质量的不可逆增加，是受遗传和环境因素的调控，并通过作用于体内各种生理代谢过程的综合表现。植物整体的生长是以细胞生长为基础，即通过细胞分裂增加细胞数目，通过细胞伸长增大细胞体积，通过细胞分化形成各类细胞、组织和器官。细胞分裂期代谢旺盛，原生质特别是DNA大量合成；细胞伸长时除了吸收大量水分外，呼吸加快，蛋白质等细胞质增多，细胞壁的微纤丝交织点破裂，细胞壁松弛，填充新物质。植物激素在调节细胞分裂、伸长、分化等过程中发挥重要作用。

植物的生长是一个有规律的动态变化过程。植物生长周期是一个普遍性的规律。植物体整株及器官的生长速率均表现出生长大周期和昼夜周期性以及季节性周期性。可通过生长曲线和量化指标进行植物生长分析。生长积量、生长速率、净同化率等是分析植物生长过程及其规律的常用指标。

植物的生长是相互依赖和相互制约的，表现出一定的相关性。体现在地下部分与地上部分的相关性，主茎和侧枝的相关性，以及营养生长和生殖生长的相关性等。光照、温度、水分、矿质、生物等因子均影响植物体及其器官的生长。光不仅通过光合作用间接影响生长，而且还作为环境信号直接影响植物的形态建成。感受光的受体有光敏色素、蓝紫光受体和UVB受体。对光敏色素的研究较为深入。光敏色素蛋白具有多型性，基因为多基因家族。光敏色素在需光种子萌发、营养生长、成花诱导等各种生长发育过程中起重要作用。

森林生产量是森林生态系统中所有绿色植物通过光合作用所制造有机物质的总量。阐明森林生产力形成的生理机制和影响因素，探索提高森林生产力的途径和措施具有重要的理论和现实意义，也是林学研究的主要任务之一。

高等植物的运动可分为向性运动和感性运动。向性(向光性、向重力性和向化性等)运动是受外界刺激产生的，是植物的某些部位接受环境刺激后，经过一系列信号传递，产生不均匀生长的结果，其运动方向取决于外界刺激方向。向性运动是生长性运动。感性(偏上性、感震性等)运动与外界刺激或内部节奏有关，刺激方向与运动方向无关，感性运动有些是生长性运动，有些是紧张性运动。

思考题

1. 细胞在生长期、伸长期和分化期的生理特征是什么？细胞分化受哪些因素的调控？
2. 简述组织培养的理论基础及一般程序。
3. 植物为何表现生长大周期的特征？植物生长分析指标有哪些？简述其生理意义及应用。
4. 试述光对植物生长发育的影响。
5. 光敏色素具有哪些结构特点和化学性质，其作用机理是什么？
6. 试述植物生长的相关性及其在林业生产中的应用。
7. 试述森林生产力形成的生理基础。
8. 植物向重力性、感震性的生理机制各是什么？

休眠与萌发

休眠是指植物生长极其缓慢或暂时停止生长的现象，是植物抵御和适应环境的一种保护性生物学特性。例如，种子在干燥和低温等环境中形成休眠可以避免这些不良环境对萌发后幼苗的摧残；温带树木在越冬前形成休眠芽可以避免低温对顶端分生组织的冻害。种子和芽的休眠被打破后，如果外界条件适合即开始萌发。种子萌发是植物生活史中的一个关键阶段，任何不利于种子萌发的因素都会直接影响到植物种群新个体的产生与补充，进而影响种群的稳定性。不同植物在种子萌发的外界条件及时空选择上表现出不同的反应，以获得最大的适合度。休眠芽的萌发受环境因子的影响，激素和其他化学物质也可以打破芽的休眠。休眠和萌发是植物对环境适应的综合体现，了解休眠和萌发过程中的生理变化有助于我们更好地了解植物对环境的适应机制。

休眠是植物抵御不良自然环境的一种自我保护反应。种子休眠主要是自身的生理生化因素制约，同时受各种生态因子的影响。种子休眠是一个可遗传性的、受多基因控制的数量性状。芽休眠分为3类：抑制性休眠、内休眠和生态休眠。芽休眠受环境因子和激素调控，并导致代谢和细胞周期的变化。种子萌发须具备一定的外界条件，有的对光照条件还有一定的要求。休眠芽的萌发受低温等环境因子影响，激素和其他一些化学物质处理可以打破一些植物芽的休眠。

10.1 休　眠

10.1.1 休眠的概念

休眠是指植物体或其器官在发育的某个时期生长和代谢暂时停顿的现象，是植物抵御不良自然环境的一种自身保护性的生物学特性。休眠有多种形式，一二年生植物大多以种子为休眠器官；多年生落叶树以休眠芽过冬；而多种2年生或多年生草本植物则以休眠的根系、鳞茎、球茎、块根、块茎等度过不良环境。

10.1.2 种子的休眠

10.1.2.1 种子休眠的概念

种子休眠是指成熟的正常种子即使在适宜萌发的条件下也不能迅速(短时间)萌发的现象。休眠只能通过萌发的缺失而判断，单粒种子萌发的完成是全或无的事件，而单粒种子的休眠则可处于不同的水平，因此对休眠的清晰界定很难。

10.1.2.2 种子休眠的类型

种子休眠的原因多种多样，可能由一种或多种因子造成，而且各种因子间也可能存在复杂的相互作用，因此，不同学者对种子休眠类型，也相应地有不同的划分方法。

在大量研究的基础上，Baskin and Baskin (2004)将种子的休眠分为了以下5种类型。

(1)生理休眠

生理休眠(physiological dormancy，PD)主要是由胚的生理抑制机制引起的，而胚乳、种皮以及果皮等在阻止种子萌发过程中也可能起一定作用。生理休眠是最常见的休眠类型，广泛存在于裸子植物和大多数被子植物的种子中。生理休眠又可分为浅度(non-deep)、中度(intermediate)和深度(deep)3个水平。

浅度生理休眠存在于大部分杂草、蔬菜、花卉和一些木本植物的种子。通常离体胚能生长，并且能长成正常的植株。后熟是将新鲜收获的成熟种子在室温条件下干燥贮藏一段时间，以便打破种子的休眠。层积是在一定温度下将种子置于湿润的基质(沙子、苔藓、锯末等)中，促进种子萌发的一种方法，包括冷层积和暖层积。后熟、高温或冷层积能打破种子的休眠，处理时间因物种而异，其中后熟需要的时间要远长于冷层积的时间。此外，一些化学物质如赤霉素(GA)、乙烯(ethylene)、硝酸钾、激动素等也能打破种子的休眠。

中度生理休眠的离体胚能产生正常幼苗，2~3个月冷层积能够打破种子的休眠，而且室温干燥贮藏可以减少一些种的冷层积时间。此外，GA也可以替代冷层积打破一些种子的休眠。

深度生理休眠的离体胚不能生长或产生畸形苗。GA不能打破休眠，种子需要冷层积3~4个月才能打破休眠。

(2)形态休眠

一些植物种类，种子在散布时胚已经分化，但是未发育完全，因此萌发前需要胚的生长，这种类型种子的萌发被胚的形态所抑制，称为形态休眠(morphological dormancy，MD)。通常胚的生长需要潮湿的基质和适宜的温度，一些种还有特定的光/暗要求。

(3)形态生理休眠

形态生理休眠(morphophysiological dormancy，MPD)是形态休眠和生理休眠的结合，即发育未完全的胚具有生理休眠。具有形态生理休眠的种子必须在胚得到完全生长，而且生理休眠被打破后才能够萌发。在一些种中，胚的生长和休眠的打破是在同一条件下进行的，而另一些种中则需要不同的条件。因植物种类而异，胚的生长和休眠的打破可能需要的条件有：只有暖(≥15 ℃)层积；只有冷(0~10 ℃)层积；暖层积后冷层积；冷层积后暖层积再冷层积。胚的生长和休眠的打破可能是同时发生的，也可能先打破休眠再进行胚的生长。

(4)物理休眠

物理休眠(physical dormancy，PY)主要是由种皮或果皮的不透水性引起的，而不透水性又是一层或多层不透水栅栏细胞存在的缘故。要打破种子的物理休眠，必须在种皮或果皮上形成一个缺口，通过缺口水分就可以到达胚，并使种子启动萌发。通过机械或化学损伤等途径可以有效打破物理休眠。

(5)复合休眠

有些种的种皮不透水而且胚具有生理休眠，通常这种类型的休眠称为复合休眠(combinational dormancy，PY+PD)。一些种的物理休眠会在生理休眠之前打破，而另一些种的物理休眠会在生理休眠之后打破。热水、机械或者化学损伤后再进行冷层积可有效地打破此类休眠。

此外，有些研究将种子休眠类型分为：胚引起的休眠和种皮(胚乳、种皮、果皮等包被胚的结构)引起的休眠；初生休眠和次生休眠。其中，胚引起的休眠主要是胚本身的原因造成的，即使去除种皮也不能萌发；而种皮引起的休眠主要是胚以外的结构(如胚乳、种皮或果皮等)抑制了种子的萌发，因此去除这些结构后胚就能正常萌发。种子的休眠还可分为初生休眠和次生休眠。刚刚收获的成熟种子的休眠属于初生休眠，种子在母株上发育过程中诱导产生，其中有脱落酸(ABA)的参与。次生休眠可以在具有非深度生理休眠的种子中诱导产生，初生休眠打破后，如果萌发需要的条件未得到满足，次生休眠就会被诱导。随着季节的变化，次生休眠可以被重复地打破和诱导，直到获得萌发所需要的条件。

知识窗

种子休眠循环

大多数具有浅度生理休眠的种子，在休眠与非休眠之间对各种因子的生理响应能力会经历一系列温度驱动的变化(Bouwmeester and Karssen，1992)。有些植物的种子在发育成熟时并无休眠(Sn)，而有些植物的种子在发育过程中初生休眠(Sp)被诱导。成熟的具有初生休眠的种子散布后，如果条件合适，休眠逐渐被打破而处于非休眠状态(Sn)。如果环境条件有利，无休眠的种子就会萌发，而当条件不利于萌发时，种子会逐渐进入次生休眠状态(Ss)。在一定条件下，次生休眠又会逐渐被打破，这样具有浅度生理休眠的种子会在休眠与非休眠之间循环即经历休眠循环。休眠循环可以用图1来表示。

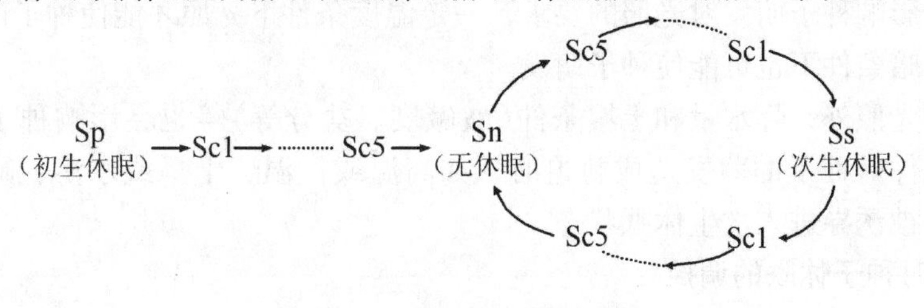

图1 休眠循环过程示意

图1中Sc1～Sc5代表5种过渡的生理状态，从Sc1～Sc5休眠程度依次递减。大量的研究结果尤其是分子水平的研究结果表明，休眠是一种数量性状，受多个位点的基因控制，这些基因影响种子的不同组织的生理生化水平，因此种子休眠会有不同的深度。在Sp→Sn之间，初生休眠逐渐被打破，萌发需要的条件逐渐变得越来越宽，而在Sn→Ss之间，次生休眠逐渐被诱导，萌发需要的条件则变得越来越窄。

温带地区，很多植物的种子萌发有明显的季节性，这主要是由物种萌发特性和环境因子决定的，其中环境因子中温度是最重要的。对大部分物种而言，春季和初夏是萌发的最适宜的季节，而夏季萌发则有生长期缩短等诸多不利因素。避免夏季萌发可以通过高温或逐渐升高的温度诱导休眠而实现。如果种子在土壤中保持一年或更长时间，那么种子就会经历休眠循环。

10.1.2.3　种子休眠的调控

种子休眠的形成、维持和破除除了自身的因素外，还受各种生态因子如温度、光照、土壤含水量及其通气性、盐分等的影响。种子休眠状态不仅与种子散布后所处的生态条件有关，而且与种子成熟时母株所处的环境有关。

(1)环境因子对休眠的调控

温度　是影响种子休眠的重要因素之一。种子成熟时母株所经历的温度会影响种子的结构等特性，而且会影响种子萌发所需要的条件。如相对于高温时，莴苣(*Lactuca sativa*)在低温时产生的种子更大而且果皮更厚，因此低温条件下产生种子的果皮对胚的生长有更大的机械障碍。但多数研究表明，较高温度下发育的种子有更高的发芽率和发芽速度。西印度黄瓜(*Cucumis anguria*)在相对低的温度(18.4 ℃)下发育的种子，25 ℃萌发时需要暗环境，而在相对高的温度(24.2 ℃)下发育的种子，25 ℃萌发时则采用光暗条件。不同休眠的种子，其休眠的解除对温度的要求会不同。暖层积或冷层积能打破一些种子的休眠，而有些种子休眠的打破则需要冷层积和暖层积的交替。此外，有些休眠需要高温处理才能打破。因此，温度日变化和季节变化，在很大程度上调节着种子的萌发行为。

光照　需光种子和需暗种子分别需要光和暗才能萌发，否则就会停留在休眠状态即光休眠。光对种子休眠和萌发的影响是通过光敏色素控制的。红光(波长660 nm)促进种子的萌发，而远红光(波长730 nm)则抑制种子的萌发。种子的感光性与种子含水量有关，干燥的光敏感种子几乎没有或完全没有感光性，当种子吸水达到一定的含水量时，感光性最强，而这一含水量因植物种类而异。物种不同、光照强度不同，光促进或抑制萌发需要的光照时间会有所不同。种子的光敏感性，与种子的结构、成熟度和成熟条件等有关。种皮的完整性也会影响种子的光敏感性，剥去或弄破一些植物的种皮，光敏感性会降低。此外，温度还会影响种子萌发对光照的要求，一定温度条件下光照才能使种子萌发，然而温度改变后，黑暗条件下也可能使种子萌发。

除温度和光照外，降水量和土壤条件(酸碱度、盐分等)等也会影响种子的休眠和萌发。当环境条件对种子的萌发造成胁迫时，如高温或低温、干旱或水涝、缺氧、盐胁迫等，种子就会被诱导进入次生休眠状态。

(2)激素对种子休眠的调控

激素包括ABA、GA和乙烯等在种子休眠和萌发过程中起重要的调控作用。

ABA 在种子发育过程中，ABA 含量在早期含量较低，中期含量达到最大值，后随着种子的成熟脱水而下降。很多物种中，ABA 在种子休眠的诱导和维持中起了很重要的作用。种子发育过程中如果缺失 ABA，成熟种子就会丧失初生休眠。ABA 缺失突变体如拟南芥中的 *aba*1 和 *aba*2 会形成非休眠性的种子并且在母株上早萌。同 ABA 缺失突变体类似，ABA 不敏感突变体也降低了种子的休眠，如拟南芥中 ABA 不敏感型突变体 *abi*1 ~ *abi*5 的种子可以在一定浓度的 ABA 存在时正常萌发，而野生型种子却被抑制。降低种子 ABA 的合成，可以减轻种子的休眠，而超表达 ABA 合成基因或者阻断 ABA 的分解代谢都可以提高 ABA 的含量，加深种子的休眠或推迟萌发。一定量低浓度的 ABA 不会影响野生型种子的萌发，但会抑制超敏感突变体如拟南芥超敏感突变体 *era*1 等种子的萌发。许多物种中，种子在经历后熟(从休眠到非休眠)的状态转变中，会伴随着 ABA 含量下降、种子对 ABA 敏感性下降和对 GA 敏感性提高等性状。另外，有研究表明种子的休眠水平与 ABA 的含量无关，而与种子对 ABA 的敏感性有关。

GA GA 和 ABA 在控制种子休眠和萌发上有颉颃作用，GA 可以打破多种种子的休眠。GA 在种子的萌发中起 2 个作用：提高胚的生长势；通过弱化珠孔端胚乳等打破种子包围结构对萌发的限制。对 GA 缺失突变体而言，种子必须在吸水时加入外源 GA 才能萌发，如拟南芥突变体 *ga*1 和番茄突变体 *gib*-1。除了与 ABA 的相互作用，GA 还与环境因子相互作用调节休眠的释放和种子的萌发。对很多需光种子而言，光休眠的打破和种子的萌发是通过光敏色素调控的，而 GA 可以代替光照促进一些种子的萌发。在莴苣种子中，红光可以诱导 GA 合成基因的表达，从而提高了 GA_1 和 GA_4 的生物合成，同时，红光还抑制了 GA 分解酶的合成。此外，冷层积可以有效地打破很多种子的休眠，这一处理过程也提高了 GA 的含量。

乙烯 乙烯可以促进很多非休眠种子的萌发，而且可以打破很多种子的休眠。乙烯主要的作用可能是促进下胚轴细胞的径向伸长、提高种子内细胞的水势和提高种子的呼吸。对烟草的研究中发现，珠孔端胚乳中类型 Ⅰ β-1,3 葡聚糖酶(βGlu Ⅰ)可以促进胚乳的破裂，但其基因的诱导需要内源乙烯的参与。在种子休眠与萌发的调控上，乙烯与 ABA 有相互作用。ABA 可以抑制拟南芥种子的萌发，而乙烯生成前体 ACC 处理可以部分地逆转这一效应。当拟南芥乙烯受体(ETR1)基因突变后，突变体 *etr*1 的种子萌发很差，而且对 ABA 超敏感。乙烯和 GA 也有一定的相互作用，拟南芥中，过量乙烯处理可以使 GA 缺失突变体种子在光下萌发，但在暗中效果较差；高浓度 GA 也可以使突变体 *etr*1 种子萌发达到野生型水平。

此外，细胞分裂素(CTK)、油菜素甾类化合物(brassinosteroids)和生长素在打破种子的休眠中也起了一定的促进作用。总之，各种激素之间或者相互颉颃或者相互增效，与环境因子共同调控着种子的休眠与萌发。除激素外，一些化学物质如 H_2O_2 和一些含氮化合物(NO、KNO_3)等也能打破种子的休眠，促进种子的萌发。

10.1.2.4 种子休眠的遗传性和种内变异

(1) 遗传性

种子休眠是一个可遗传性状，而且是受多基因控制的数量性状。种子休眠的深度和种子对环境因子的响应等都有一定的遗传基础。莴苣的种子在25 ℃黑暗条件下不能萌发，这主要是受花粉亲本的一个基因控制的；对休眠和非休眠型矮牵牛(*Petunia hybrida*)杂交种而言，在25 ℃黑暗条件下不能萌发是由父本基因控制的，而种子对光照和GA的敏感性则是由母本基因控制的。

种子的生长、发育和成熟都在母株上进行，因此，母本对种子的特性有很重要的影响，主要有以下几种机制：通过卵细胞核基因；通过染色体外遗传或细胞质遗传；通过产生某些化学物质，如有些种皮或果皮中会有种子萌发的抑制物质存在，而种皮或果皮属于母本组织。

(2)种内变异

种子萌发受多种因素的影响，因植物种类而异，种子的萌发特性会随纬度、海拔、土壤湿度、土壤养分、温度、种子成熟时生境的变化而变化。有些植物同一种内，采于不同居群的种子可能会有不同的休眠深度，因此，不同居群种子的萌发所需要的条件也会有差异，如种子萌发可能需要的温度不同、打破休眠需要的冷层积时间不同、种子后熟的速率不同等。这可能与种子对基质湿度、pH值、钙离子和盐等的敏感性不同有关。

种内同一居群，种子也可能会有不同的休眠状态。单株之间、单株内果实之间以及同一果实内种子之间都可能有差异。种子的萌发特性会受母株生理年龄的影响，同时种子在母株上的发育位置也会影响种子的休眠状态和萌发特性。

10.1.2.5　种子休眠的生态适应性

种子萌发时间是植物生活史的第一个性状，对物种的适合度和种群的延续都是非常关键的。萌发后幼苗的存活及以后的生活史性状(如开花结实情况)都依赖于萌发的起始时间。萌发时间受种子休眠的控制，而种子休眠受遗传和环境因子的共同调控。当条件合适时，种子就会感知各种信号启动萌发过程。

种子休眠是植物在长期系统发育过程中形成的对环境条件的适应性。种子休眠具有以下优势：保证物种在风险环境中的持续存在；避免子代与亲本或子代间的相互竞争；避免种子萌发以后不良环境对幼苗的伤害；调节萌发时间，从而使子代的适合度最大化；使物种在其生境的适合度最大化。

在很多被子植物中，单株植物产生的种子存在异质性，如种子大小、形状、颜色等形态特征会有明显不同。种子的异质性可能会影响其生理特性如休眠和萌发等，这具有很重要的进化生态学意义。如二蕊拟漆姑(*Spergularia diandra*)会产生黑色、棕色和黄色3种不同颜色的种子，同时3种种子具有不同的休眠水平。种子的异质性被认为是双保险策略(bet - hedrging)，因为通过控制种子在不同时间萌发，可以分散种子萌发后可能遇到的风险，从而可以提高物种的长期繁殖成效。目前广泛认为：如果一个植物种类可以产生在时空上具有不同散布能力的2种类型的种子，那么当一种类型的种子具有高的散布能力和低的休眠，而另一种类型的种子恰好相反时，繁殖成效就会最大。

与种子萌发和休眠紧密相关的是种子雨和种子库。种子发育成熟后就要进行散布，在特定时间和特定空间从母体植株上散布的种子称为种子雨。种子雨是群落更新发展的关键环节。种子经过种子雨落到地面后，一部分被动物捕食，而其余的种子则保留在生境中，成为土壤种子库(soil seed bank)的一部分。土壤种子库是指土壤表面和土壤中保存的未发芽但有活力种子的总和。根据种子在土壤中存留时间的长短，不同学者对土壤种子库采用了不同的分类方法。如可分为短暂库(transient seed bank)和长期库(persistent seed bank)。关于短暂库和长期库的定义很多，普遍用1年为单位来界定，将种子活力只能维持1年以下的称为短暂库，而能维持种子活力超过1年的称为长期库。

土壤种子库时期是植物种群生活史的一个阶段，是一个潜种群阶段。种子库中除了被捕食和丧失活力的种子外，一部分种子无休眠会在适宜条件下萌发，另一部分种子则处于休眠状态，或者在短时间内(不超过1年)萌发、或者在土壤中存活数年甚至上百年后才萌发。土壤种子库是植物种群基因多样性的潜在提供者，对维持种群的遗传多样性具有重要意义。有些种群在当地消失后，持久性土壤种子库却可以长期存在，因此，其对物种的保护具有重要作用。很多研究证实了土壤种子库对植被恢复的积极作用，只是植被恢复通常被种子数较少而限制。土壤种子库被认为是植物采取的双保险策略，是植物对环境不确定性的一种进化适应。对有些植物而言，一部分种子可以通过休眠度过不良的环境条件，不同的休眠深度又会使种子分散在不同的时间萌发，这样就降低了种子萌发和幼苗存活的风险，增加了物种存活的几率。例如，盐土植物 *Suaeda calceoliformis* 等的种子，在超盐胁迫下会进入休眠状态，而当盐胁迫降低时种子就开始萌发。

10.1.3 芽的休眠

芽是植物主要的分生器官，包括叶腋形成的腋芽，茎、叶、根上形成的不定芽。芽可以分化成营养芽或花芽，而且营养芽也可以转化为花芽。因此，芽对植物的生长、繁殖和构型起着关键作用。

10.1.3.1 芽休眠的类型

芽休眠(bud dormancy)是指植物生活史中芽生长的暂时停顿现象。Lang *et al.* (1987)将芽的休眠分为3类：抑制性休眠(paradormancy)、内休眠(endodormancy)和生态休眠(ecodormancy)。抑制性休眠是指植物体其他部位发出的信号抑制了芽的生长，如常见的顶端优势现象。在生长季节，芽的抑制性休眠水平通常是相对的，抑制性休眠的控制性释放决定了植株的构型。内休眠(也称为深休眠)是内源信号引起的生长暂停，即使没有不良条件或其他抑制生长的因素时芽也不会生长。在温带地区，多种常年生植物在秋季会出现内休眠，内休眠可以避免在晚秋或早冬短暂的反常温暖期内使芽萌发又在随后的寒冷中受害。生态休眠是逆境条件(如低温和干旱等)抑制了芽的生长。植物组织可以由一种休眠类型转入另一种休眠类型，却没有任何表型变化，因此，对休眠状态的界定很难。

10.1.3.2 芽休眠引起的代谢和细胞周期变化

芽进入休眠状态后，水分含量降低，各种代谢活动发生变化。如胞间连丝内会积累1,3-β-D-葡聚糖，从而阻碍了细胞间的通讯，这种阻碍至少部分抑制了休眠芽的生长；在内休眠被诱导时，糖酵解会上调(Druart *et al.*, 2007)。

细胞周期是由一系列蛋白相互作用的结果，如细胞分裂激酶 CDKs、细胞周期蛋白

CYCs 以及 CDK/CYC 复合体的抑制剂或调控剂。不分裂的细胞会停止在 2 个控制点：G_1－S(DNA 合成前期－DNA 合成期)的过渡(DNA 复制前)；G_2－M(DNA 合成后期－细胞分裂期)的过渡(有丝分裂前)。但是在多数情况下，芽休眠时阻断的是细胞周期中从 G_1期向 S 期的过渡，这主要通过调控细胞周期蛋白水平、激酶活性、磷酸酶活性和抑制剂实现的(Campbell，2006)。当芽休眠被打破后，编码 CDK 和 CYC 的基因会上调，这些蛋白也会得到积累。

10.1.3.3　芽休眠的调控

(1)环境因子对芽休眠的调控

环境因子主要是温度和光照等会引起许多与休眠有关的生理反应，包括生长的停止、坐芽(bud set，坐芽是叶原基形成芽鳞保护分生组织免受冬季严酷环境的伤害的过程)和冷驯。研究表明，在温带地区，芽休眠的诱导和释放主要受低温和日照长度的调控。因种而异，芽休眠的诱导需要的环境因子也会有差异。在正常生长温度下，短日照可以诱导许多多年生落叶植物(如杨树和桦树)的芽进入内休眠；在诱导乳浆大戟和驯化的葡萄(*Vitus* ssp.)休眠时同时需要低温和短日照；而在一些植物如柳树(*Salix paraplesia*)中，单独低温处理也会诱导芽的休眠(Chao *et al.*，2007)。

低温可以加速内休眠的诱导，然而延长冷处理时间可以打破芽的内休眠，恢复芽的生长能力，然而在温带地区，足够的冷处理后多数芽仍不会恢复生长而转入生态休眠，直到温度和湿度能够达到持续生长的需要。在生态休眠中，冷和干旱阻碍了芽的生长。研究表明，延长冷处理时间还可以使很多多年生植物的芽具有开花能力。因此，调控开花和春化的机制可能对内休眠的诱导和释放也起一定的作用。另外，HCN、热激、冷处理等可以打破芽的内休眠，而这些处理都可以在芽中引起氧化胁迫，因而有研究者认为感知氧化胁迫是内休眠释放的主要机制。

在杨树和桦树等温带树种中，降低日照长度可以引起生长的停止和坐芽。对日照长度的感知在拟南芥中已经有很好的研究，通常与开花响应有关。早晚红光和远红光比率与中午的不同，光受体 PHYA(光敏色素 A)和 PHYB(光敏色素 B)感知这一比率的变化，通过几个中间信号分子的作用调控 *CONSTANS* (*CO*)的表达，而 *CO* 调控一个开花调节因子 *FLOWERING LOCUS* (*FT*)的表达。研究表明，降低 *PHYTOCHROME A*(*PHY A*)的表达可以使 *CO* 的表达下调从而引起生长停止和坐芽，而超表达 *PHY A* 则可以抑制内休眠的诱导，同时也会使 *FT* 1(*FT* 类似基因)的表达上调。*FT* 1 表达量的变化会改变芽生长停止对日照长度的要求，因此，光调控的 *FT* 的表达可能也是调控内休眠机制的一部分。

除了温度和光照外，水分、营养状况和病虫害等也会影响芽的休眠。

(2)激素对芽休眠的调控

除了对种子，激素对芽的休眠与萌发也起了重要的调控作用。关于抑制性休眠，如顶端优势一直被认为是通过生长素起作用的。Shimizu-Sato 和 Mori(2001)研究指出顶芽输出的生长素会提高一些基因的表达，而这些基因会参与 ABA 在侧芽邻近茎中的积累。ABA 可能通过诱导抑制细胞周期 G_1 到 S 期过渡的蛋白 ICK1 而抑制了细胞的分裂过程。CTKs 可以促进生长和细胞分裂，而且参与芽休眠的调控过程。外源 CTK 可以诱导 D 类细胞周期蛋白表达和细胞分裂，而且CTK诱导细胞分裂的效应可以被超表达D类细胞周期蛋白而取代。此外，缺失生长素的运输会提高腋芽邻近的茎中CTK的产生，而且CTK会被运输到腋芽(Shimizu - Sato and Mori，2001)。

在内休眠类型中，乙烯可能会开启一系列生理过程而引起生长停止和休眠。柑橘中乙烯会诱导9-顺式-环氧类胡萝卜素双加氧酶9-*CIS-EPOXYCAROTENOID DIOXYGENASE*(*NCED*)的表达，而NCED是ABA合成需要的蛋白。GA可以促进细胞的分裂与伸长，超表达*PHY A*会抑制细胞生长和内休眠，而*PHY A*的表达对GA合成基因具有正调控作用。

在生态休眠类型中，低温和干旱阻碍了芽的生长。在多种多年生物种中，ABA浓度与芽休眠的维持有关。有学者认为生态休眠与芽中ABA诱导和维持水平有一定关系。

知识窗

芽 库

种子会形成种子库，而且对种子库已经有广泛深入的研究。同样，芽也可以形成芽库，然而对芽库的研究却少得多。Harper(1977)最早提出芽库的概念。芽库是由土壤中根茎、球茎、鳞茎、珠芽和块茎上形成的所有休眠的分生组织的总和。Klimesova and Klimes(2007)对Harper芽库的概念进行了一定的延伸，认为芽库应该包括所有具有营养繁殖潜能的芽，如再生芽、植物地上部分的芽、可运输的植物片段上生长的芽，以及根叶上生长的不定芽。

芽库可分为季节性芽库和持久性芽库。季节性芽库中，芽生长在短命器官上，数量相对较少，在一年中的某些时间会缺少这样的芽；持久性芽库中，芽生长在多年生器官上，数量较大。芽库中芽的垂直分布不同，有的在地上部分，有的在地下部分，因此，芽库分为地上芽库和地下芽库。根据芽的季节性变化和垂直分布情况，芽库共有4种类型。芽数的季节性波动决定了对不同干扰时间的响应；芽的垂直分布和萌发能力决定了不同强度的干扰后植物的再生情况，通常随着干扰的加强，干扰对植物和芽库的影响是从地上部分向地下部分延伸。另外，在叶或根上还会产生不定芽，有些干扰因素还会诱导不定芽的产生，因此，不定芽被认为是一种潜在的芽库。通常着生不定芽的根在土壤中比根茎更深，因此受到干扰的影响也小，在一些受到严重干扰的群落，有更多的根分蘖草本植物(Klimesova and Klimes，2007)。

植物在生境中会受到各种因素的干扰，而芽库对干扰后植物的再生起着关键作用。在一些容易起火的地区，很多木本植物会从木质茎上萌发新枝以应对经常发生的大火干扰；在耕种地中，为了不受耕作的破坏，多年生草本会依赖于土壤深层的休眠芽进行繁殖，条件合适时休眠芽就会从茎段或根上萌发；在牧场，有些植物通过芽库中芽的快速再生来应对动物的干扰。总之，芽库也是一种植物应对不良环境的适应策略。

10.2 萌 发

10.2.1 种子的萌发

10.2.1.1 种子萌发的概念

种子植物中约有25×10^4种被子植物和800种裸子植物，这些植物在自然界中多数通过种子进行世代繁殖。因此，种子萌发是植物生活史的一个关键阶段。

种子萌发是指种子从吸水到胚根(很少情况下是胚芽)突破种皮期间所发生的一系列生理生化变化过程。因此，胚根突破种皮之后的过程(包括主要贮藏物质的动员)不属于萌发而属于幼苗生长的范畴。对于无胚乳种子而言，萌发时只需突破种皮障碍，而有胚乳种子萌发时，胚根要突破种皮和胚乳 2 层障碍。

10.2.1.2　影响种子萌发的外界条件

有活力并且打破休眠的种子要萌发，必须具备一定的外界条件。这些外界条件主要包括：充足的水分，适宜的温度和足够的氧气。此外，有些种子的萌发对光照条件还有一定的要求。

(1)水分

水分是种子萌发的第一要素，种子萌发首先从吸水开始。干燥种子含水量极低，一般只有其总量的 5%~14% 。干种子的原生质成凝胶状态，代谢水平极低。种子吸水后，原生质从凝胶状态转变为溶胶状态，代谢水平提高；而且，水分使种皮膨胀软化，利于气体交换，增强胚的呼吸作用。干种子最初的吸水是依靠吸胀作用进行的，即依靠干种子中的原生质凝胶和细胞壁的亲水性吸水。由于吸胀作用是一个物理过程，因此不论是死种子还是活种子都可进行最初的吸胀作用。

种子吸胀能力的强弱，取决于种子的物质组成、种皮或果皮对水分的通透性、外界水分状况和温度等。种子中蛋白质、淀粉和纤维素对水的亲和性依次递减，因此，含蛋白质较多的豆类种子的吸胀能力大于含淀粉较多的禾谷类种子。种皮的通透性在不同种子中有很大差异，一些硬实种子由于种皮不透水而无法萌发。温度是影响种子吸水的主要外界因素，多种情况下，种子在低温条件下吸水有限，不能萌发，而温度升高时，吸水加快，吸水量也加大。此外，外界水分状态与种子吸水也有很大关系，一般种子萌发吸收的是液态水，而有些种子在相对湿度饱和或接近饱和的空气中就能吸足水分而萌发。

为适应不同的水分环境，各类种子获得了不同的应对策略。红树林是热带和亚热带地区的一种沿海沼泽的植物群，为适应特殊的生境，种子还没有离开母体的时候就已经在果实中开始萌发，长成棒状的胚轴，胚轴发育到一定程度后脱离母树，掉落到海滩的淤泥中，几小时后就能在淤泥中扎根生长而成为新的植株，这就是有趣的胎生现象；沙漠中一些植物的种子，在干旱季节一直处于休眠状态，而一旦遇到阴雨天气，种子就会迅速萌发完成其生活史。

(2)温度

种子萌发时，种子内的一系列生理生化变化是在一系列酶的催化下完成的，而酶促反应与温度密切相关，因此温度是影响种子萌发的重要因素之一。

基于温度对酶活性的影响，种子萌发对温度的要求表现出三基点，即最低温度、最高温度和最适温度。最低和最高温度分别指种子至少有 50% 能正常发芽的最低和最高温度；最适温度是指能使种子在最短时间内获得最高发芽率的温度。

不同植物种子萌发时，对温度的要求不同，这是植物对原产地长期适应的结果。若原产于高纬度地区的种子，萌发需要的温度较低；而原产低纬度地区的种子，萌发需要的温度较高。温度过高或过低都会对种子的萌发造成胁迫，而且不适宜的温度还会诱导种子进入休眠状态。一般种子在恒温下就能得到很好的萌发，而对一些喜温、休眠和野生性状较强的一些植物种类而言，种子在昼夜温度交替变化的生态条件下发芽最好。另外，种子的生理状态对萌发的温度也有一定的影响，处于休眠状态的种子发芽温度比较特殊而且偏狭，种子生活力和活力较低的种子适宜萌发的温度范围也较小。

(3)氧气

种子萌发时，种子各部分细胞的代谢作用加快，贮藏在胚乳或子叶中的高分子化合物被分解运输到胚以及胚细胞中，这一过程中所发生的一系列代谢活动都是需要能量的，而这些能量主要由有氧呼吸提供。因此，氧气也是种子萌发的必要条件之一。

种子萌发时氧气对种胚的供应受水中氧的溶解度和种皮对氧的通透性等因素的影响。种皮透气性差，环境中水分过多时，氧气供应受阻，发芽就会受到严重影响。一般种子正常萌发需要空气含氧量在10%以上。也有例外，少数水生植物的种子能在缺氧状况下萌发，如宽叶香蒲(*Typha latifolia*)的种子萌发基本上被氧气所抑制。种子萌发时的需氧量因植物种类而异，含脂肪较多的种子，如棉花、花生种子萌发时，比淀粉类种子要求更多的氧气。

(4)光

大多数植物的种子萌发时对光照不敏感，有光、无光都可进行，这类种子称为中性种子。但有少数植物的种子，需要光照才能萌发，这类种子称为需光种子，如莴苣、烟草、杜鹃、泡桐、香果树等植物。还有一些种子只能在暗处才能萌发，这类种子称为需暗种子，如苋菜、西瓜等植物。光照条件不适宜会引起需光种子和需暗种子的休眠，即光休眠。研究表明，种子萌发时的光敏感性受多种因素的影响，如种皮的完整性、种子的贮藏条件以及种子萌发时的温度等。

对需光种子而言，白光和波长为660 nm的红光有同样促进萌发的作用，而红光效应可被随后的远红光(730 nm)所抵消，但是具有时间性(红光处理后的一定时间内，远红光处理才有效)。红光和远红光对种子萌发的逆转作用，是通过光敏色素实现的。

研究表明光对种子萌发的影响与种子中激素含量或状态的变化有关，发芽是通过各种内源激素及光敏色素系统相互作用而调节的。赤霉素和激素在黑暗条件下可以促进需光种子的萌发，但是赤霉素和激素的促进作用，不能被远红光照射所抵消。

种子萌发时对光和暗的需要具有一定的生态适应意义。对需光种子而言，如果种子在埋土太深的黑暗条件下萌发，幼苗出土前贮藏物质就有可能被耗尽。萌发对光的需要可以防止这种情况的发生，使种子只能在地面或靠近地面萌发。对需暗种子而言，萌发需要一定的覆土深度，从而可以避免种子在地表萌发，这样可以减轻环境对萌发的影响，而且可以减轻动物对种子的取食。

10.2.1.3 种子萌发过程中的生理生化变化

有生活力并且破除休眠的种子在满足水分、温度、氧气和光照等条件后，就进入种子萌发过程。种子萌发过程中会伴随有一系列生理生化变化。

(1)种子的吸水与呼吸作用

种子萌发时吸水分为3个阶段(图10-1)，与此同时，呼吸作用的变化与吸水过程相似，也可分为3个阶段。第一阶段是吸胀阶段，是一个物理过程，吸胀完成后，一些代谢过程已开始进行，包括酶的活化和重新合成。此时，呼吸作用也迅速增加，这主要是由已经存在于干种子中并在吸水后活化的呼吸酶和线粒体系统完成的。第二阶段是吸水停滞期，由于干种子中的基质已经被水合，液泡和大量新的原生质又没有形成，因而吸水缓慢，但是代谢过程却加速进行。这一阶段呼吸也停滞在一定水平，因为干种子中呼吸酶和线粒体系统已经被活化，而新的呼吸酶和线粒体还没有大量形成，而且由于胚根没有突破种皮，氧气的供应也受到一定的限制。第三阶段是另一个迅速吸水过程，此时胚根已突破种皮。由于胚根突破种皮后氧气供应充足，而且新的呼吸酶和线粒体已大量形成，因此呼吸作用又迅速增加。由于休眠或死亡的种子不会完成萌发，因此不会进入第三阶段。

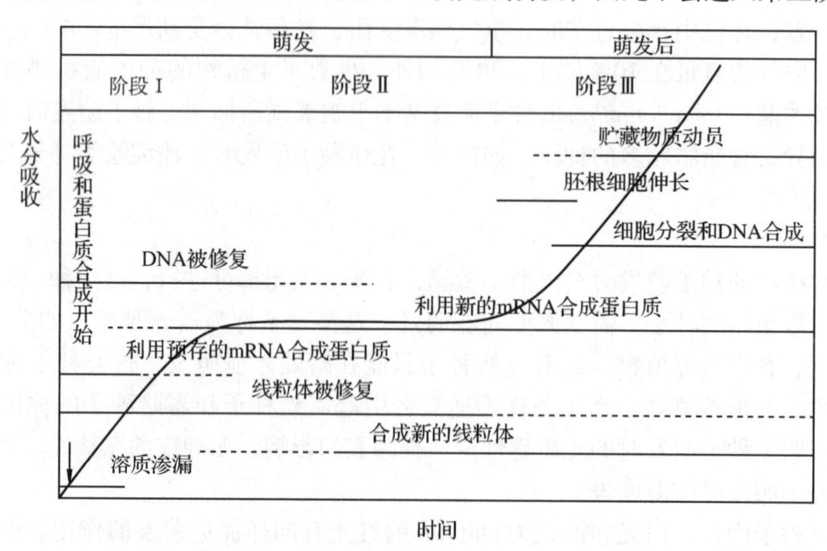

图10-1 与萌发和萌发后幼苗生长有关的主要事件的时间进程(引自Bewley，1997)

事件完成的时间因植物种类和萌发条件而异，从数小时到数周不等

(2)细胞的活化和修复

在成熟的干种子细胞内预存着一系列生命代谢和与合成有关的生化系统，在种子萌发的最初阶段，细胞吸水后立即开始修复和活化过程。种子内部酶和细胞器等的活化和修复在吸水的第一和第二2个阶段进行。种子吸水后，各种酶系统就开始激活，参与种子的萌发过程。这些酶有2个来源：一是由存在于干种子中的酶活化而来；二是种子吸水后重新合成。干燥种子中的很多酶如呼吸系统的酶、水解酶和蛋白质合成酶等，水合后活性会立即恢复，而种子萌发所需要的多数酶则需要在吸水后重新合成。干种子中也存在mRNA：一部分是在种子发育期间形成，编码的蛋白质对萌发并不是必需的，可能在种子吸胀早期被降解；另一部分也在种子发育期间形成，吸胀时迅速翻译成蛋白质，这些蛋白质是种子萌发所必需的。随着萌发的进行，新的mRNA会由DNA转录而来，蛋白质的合成也越来越依赖于新的mRNA，其中大部分新的mRNA编码的蛋白质是用来维持细胞的正常代谢，而这些代谢活动并不仅限于种子的萌发。

种子成熟和干燥过程中，由于种子脱水，磷脂排列发生转向，膜成为不连续状态，因此，种子吸水后溶质会从细胞内大量渗漏出去。吸胀一定时间后，膜系统就会被修复，溶质的渗漏就得到了阻止。此外，干种子中 DNA 和 RNA 也存在损伤，种子吸水后，损伤的 DNA 在 DNA 内切酶、DNA 多聚酶和 DNA 连接酶的作用下得到修复，而损伤的 RNA 一般被分解，由新合成的 RNA 分子所取代。

(3)种子中贮藏物质的动员

种子在发育过程中，胚乳或子叶中会积累大量营养物质，从而为种子萌发时提供能量和合成原料。种子中贮藏物质主要是碳水化合物、蛋白质和脂肪。种子萌发时，这些贮藏物质会被分解成小分子化合物并运输到胚根和胚芽中被利用。

糖 碳水化合物贮藏在种子中的主要是淀粉，包括直链淀粉和支链淀粉。淀粉在 α-淀粉酶、β-淀粉酶、去分支酶以及麦芽糖酶的作用下，逐渐被降解为相对分子质量递减的各种糊精，最后被水解为葡萄糖。淀粉的降解除了依靠淀粉酶的水解作用外，还可在淀粉磷酸化酶的作用下进行。种子萌发早期，子叶或胚乳中的贮藏物质还不能用作萌发时的呼吸底物，而萌发早期的呼吸底物主要来源于干种子胚中的蔗糖和棉籽糖等。

蛋白质 干种子中贮藏蛋白质积累在蛋白体中。各种植物贮藏蛋白的类别不同，各类蛋白质的氨基酸成分也有很大差异。蛋白质在各种蛋白酶和肽酶的作用下分解为游离氨基酸，并主要以酰胺(谷氨酰胺和天冬酰胺)的形式运输到胚轴中供生长之用。蛋白质水解产生的氨基酸再参与其他代谢活动：合成新的蛋白质；通过转氨作用形成其他种类的氨基酸；通过脱氨作用形成有机酸和氨，有机酸可以进入呼吸代谢途径也可作为合成氨基酸的碳骨架，氨可以转变成酰胺贮存起来，既可消除氨态氮积累对细胞造成的毒害作用又可被重复利用形成新的氨基酸。

脂肪 植物种子中大部分都含有较多的脂肪，如花生、油菜和芝麻等种子。种子萌发时，存在于细胞质脂质体中的脂肪在脂肪酶的作用下水解为甘油和脂肪酸。甘油最终进入糖酵解途径，再经有氧呼吸途径氧化为 CO_2和水，或者经逆糖酵解途径转变为葡萄糖和蔗糖等；脂肪酸经 β-氧化生成乙酰-CoA，再经乙醛酸循环等转变为蔗糖，输送到生长部位。

含磷化合物 磷是植物细胞特别是核酸物质的重要成分，与酶的形成、物质代谢和能量代谢密切相关。成熟种子中，肌醇六磷酸(植酸)是磷的一种主要贮藏形式，植酸常与钙、镁、钾结合形成植酸盐，因而也是这些矿质元素的主要贮藏形式。种子萌发时，植酸在植酸酶的作用下分解为肌醇和磷酸。肌醇可参与到细胞壁的形成过程，磷酸参与能量代谢，因而对种子萌发和幼苗生长是非常重要的。

10.2.1.4 种子萌发策略

植物的固着生长方式使其在长期的历史进化过程中获得了应对环境的各种生存策略。种子萌发是植物生活史中一个非常关键也是非常脆弱的阶段，因此，不同植物在种子萌发的时空选择上演化出不同的策略，以获得最大的适合度。

根据萌发策略的不同，种子可分为 2 种类型：对可变环境具有选择性的种子和不具有选择性的种子。非选择性种子不具有休眠性，能在较宽的水分和温度范围内萌发；而选择性的种子具有一定程度的休眠，只有在有利的环境中才能萌发。非选择性种子主要是一些小种子种类，如需光的先锋种和一些耐荫的大种子种类。其中，小种子种类采用种子雨的策略——种子散布会提高种子到达安全地点的机会。大种子种类采用种苗库策略——种苗可以在郁闭的冠层下存活，并且等待能提供有利生长条件的林窗出现。具有休眠性的选择性种子采用种子库策略——维持种子在不利于种苗存活的环境中，一旦有干扰因素出现，种子就会感知光照和温度等条件的变化，进而萌发。

种子的萌发策略因植物种类而异，甚至同一种、同一居群或是同一单株上的种子也会产生差异。例如，有些植物的单株会产生具有异质性的种子，而这些异质性的种子可能有不同的散布能力和不同的休眠水平等，因而有不同的萌发策略。

10.2.2　芽的萌发

芽休眠的解除既受外部因子的影响，又受内部分子机制的调控。达到一定条件后，处于休眠状态的芽就会萌发。

(1)低温的作用

温带大部分木本植物被短日照诱导的休眠芽通常需要低温来解除休眠。低温对休眠的解除作用是逐渐积累的，而且对不同的植物而言，不同的温度，其低温效果不同。

(2)激素类物质

用于打破芽休眠的激素有GA、6-BA和CTK等。如GA溶液处理可以有效打破桃、葡萄和马铃薯芽的休眠。

(3)其他化学物质

H_2CN_2可以有效地解除苹果、梨、桃等果树的芽的休眠，但其打破休眠的效果跟其浓度和果树种类有关。此外，硝酸盐类、具—SH的物质(如胱氨酸、谷胱甘肽)和尿素等对打破休眠也有一定的效果。

小　结

休眠是指植物体或其器官在发育的某个时期生长和代谢暂时停顿的现象，是植物抵御不良自然环境的一种自身保护性的生物学特性。

种子休眠主要是由于种皮限制、种子未完成后熟、胚未完全发育以及存在抑制萌发的物质等。种子休眠的形成、维持和破除受各种生态因子如温度、光照、土壤含水量及其通气性、盐分等的影响。此外，种子休眠是一个可遗传性状，而且是受多基因控制的数量性状。物种内单株之间、单株内果实之间以及同一果实内种子之间都可能有差异。

芽休眠是芽生长暂时停顿的一种现象，分为3类：抑制性休眠、内休眠和生态休眠。芽休眠受环境因子和激素调控，且芽休眠会引起代谢和细胞周期的变化。

种子萌发必须具备一定的外界条件。这些外界条件主要包括：充足的水分、适宜的温度和足够的氧气。此外，有些种子的萌发对光照条件还有一定的要求。种子萌发过程中会伴随有一系列生理生化变化，例如，种子的吸水与呼吸作用；细胞的活化和修复；种子中贮藏物质的动员等。

休眠芽的萌发受低温等环境因子的影响，激素和其他一些化学物质处理也可以打破一些植物芽的休眠。

种子休眠和芽休眠都是植物应对不良环境的适应策略。

思考题

1. 种子休眠有哪些类型，每种类型的特点是什么？
2. 种子休眠受哪些因子的调控？
3. 如何理解种子休眠是植物对环境条件的一种适应性？
4. 芽休眠包括哪些类型？受哪些因子的调控？
5. 种子萌发的策略包括哪几种？

植物的成花与生殖生理

植物从幼年期达到花熟态时，通过光周期诱导和春化作用才能开花。低温与光周期是花诱导的主要外界条件。光周期反应类型主要有3种：短日植物、长日植物及日中性植物。春化作用一般发生在种子萌发或植株生长期。花器官形成受光周期、自主/春化、糖类及GA 4条途径控制，花器官"ABC"模型可解释花器官形成受同源异型基因作用。花器官的性别分化是植物本性，同时受光周期、营养条件及激素影响。花粉与柱头有亲和与不亲和之分。

高等植物从种子萌发开始，经历幼年期、成熟期和衰老期，最后死亡，整个过程称为植物个体的生活周期，或称发育周期。在整个发育周期中可分为营养生长和生殖生长2个发育阶段。营养生长是指营养体(根、茎、叶)的形成和增长。生殖生长是指生殖体(花、果实、种子)的形成和生长。开花是标志植物幼年期结束、成熟期的开始，也是植物营养生长转向生殖生长的标志。在营养生长过渡到生殖生长的过程中，会存在二者同时并举的情况。一年生植物在一年内完成整个生活周期，它们与跨2个年度完成生活周期的植物(如萝卜、白菜等)一样，开花结实后迅速死亡。有的植物前期仅有营养生长，过渡到生殖生长阶段后期仅有生殖生长，如禾谷类。有些植物在生殖生长后期仍然有营养生长，如番茄、棉花、大豆等。对包括木本植物在内的多年生植物来说，幼年期(几年、甚至几十年)仅有营养生长，进入生殖成熟期以后并不立即死去，而是重复着芽开放、营养生长、开花结实、芽形成和休眠的年周期，即每年均是生殖生长和营养生长交替进行。某些多年生植物(如竹子)一生只进行一次生殖生长，经多年生长后，一旦开花即衰老死亡。

植物生长到一定阶段就会开花，而且每种植物开花都有其固定的季节。在植物进行营养生长的时候，顶端分生组织分化的是营养枝，即带有叶片的枝条，当植物生长到一定阶段，受外界环境某些因素如日照和温度的季节变化诱导，触发植物体内的"计时器"，顶端分生组织就会分化花序分生组织，即产生花芽，进一步开花。花芽分化及开花是生殖发育的标志，植物从花原基分化后就开始生殖生长。花原基生长锥在特定外界环境条件诱导下，发生一系列内部代谢变化，形态及结构亦发生相应变化，从而分化出花原基，这个过程称为花的发端。开花之前必须达到的，能够对外界环境条件起反应的生理状态，称为花熟状态(ripeness to flower state)。没有达到花熟状态之前的时期即是幼年期(juvenility)。

现代分子生物学研究表明，细胞均含有该物种全部的遗传信息。植物每个细胞中均含有全部遗传信息，生长发育过程是其基因在时间上、空间上顺序表达的结果。在整个生命周期中都表达的基因是看家基因，仅在某个时期在某个器官或组织表达的基因是该器官或组织中的特异基因。分化出来的各个器官、组织或不同类型细胞就是因为其特异基因中的遗传信息被活化启用的结果，花的发端本质上就是与开花或与生殖生长相关基因选择性表达的结果。

在农林生产中，开花结实是植物个体繁殖以及收获产品的重要途径。因此，研究植物成花的生理生化机制及花发育的调控机理，对于植物培育及人为有效控制植物的生殖发育具有重要的理论意义和实践价值。

11.1　光周期现象

11.1.1　光周期反应类型

光周期(photoperiod)是指大自然中，一昼夜内光暗交替的现象。即白天和黑夜的相对长度叫光周期。植物对日照长度发生反应的现象，称为光周期现象(photoperiodism)。例如，植物开花前对昼夜相对长短有要求，不能满足其要求则不能开花或延迟开花。另外，对植物的休眠、落叶、块茎的形成等也需要一定的日照长度才能进入这类生长发育过程。

在20世纪初，人们就已注意到植物开花与日照长度的关系。1920年，美国的Garner和Allord根据一种烟草新品种(Maryland Mammoth)开花影响因素的研究结果，第一次提出光周期现象的概念，他们发现影响这种烟草品种开花的关键因素是日照长度。在美国贝茨维勒当地，烟草品种Maryland Mammoth不像别的品种那样于夏季开花，一直到入秋还进行旺盛的营养生长，当将它们移到温室后在秋末开花了。后来研究大豆品种Biloxi开花也发现，从5~7月每隔2周播种1次，尽管植株年龄不同，但都几乎同时在9月开花。因此，两人系统地进行了环境因素对植物开花时间影响的研究，发现日照长度是影响植物成花的关键因素。缩短日照长度以后，所研究的烟草'Maryland Mammoth'和大豆'Biloxi'都开花了。

经过人工延长或缩短日照的方法，人们广泛地检查了日照长度对植物开花的影响，根据植物开花对光周期反应而将植物分为短日植物、长日植物和日中性植物等类型(图11-1)。

短日植物(short day plant，SDP)　指日照长度短于一定临界值时才能开花的植物，如大豆、水稻、菊花、苍耳、黄麻、大麻等。这类植物在缩短光照的光周期诱导下可提早开花；延长光照，则会延迟开花或不开花。

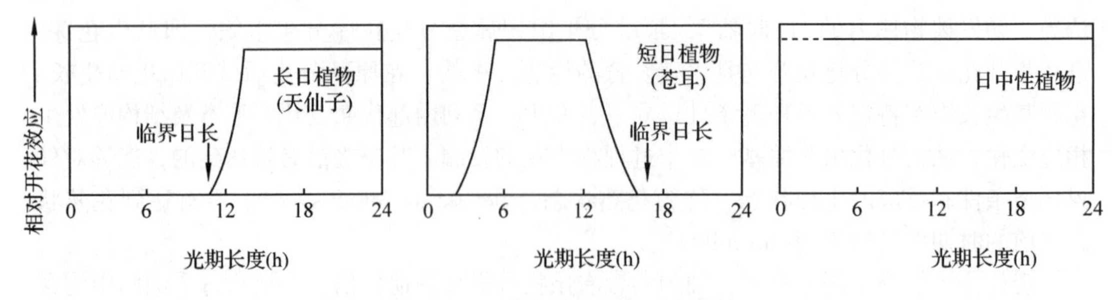

图 11-1　3 种主要光周期反应类型

长日植物(long day plant, LDP)　指在日照长度长于一定的临界值才能开花的植物，如小麦、黑麦、燕麦、菠菜、油菜、天仙子等。这类植物在延长光照的光周期条件下提早开花；延长黑暗，则延迟开花或不能分化出花芽。

日中性植物(day neutral plant, DNP)　指在任何长度的日照条件下都能开花的植物，自然条件下这类植物四季均能开花，如番茄、四季豆、黄瓜等。

11.1.2　光周期诱导

11.1.2.1　临界日长

一些植物需要光周期超过一定的日照长度时才能开花，这个一定的日照长度被称为临界日长(critical daylength)。临界日长是指长日植物开花所需要的最短日长或短日植物开花所需要的最长日长。前述长日植物、短日植物及日中性植物类型的界定，是根据植物超过或短于某一临界日长时的反应来划分的，并非长日植物开花所需要的临界日长一定会长于短日植物所需要的临界日长。不同植物、同一植物的不同品种各有不同的临界日长(表 11-1)。某个植物品种的临界日长也会因年龄不同以及环境条件改变而发生变化。例如，某大豆品种(短日植物)临界日长是 14 h，日长超过 14 h 就不能开花，短于 14 h 才能开花；某冬小麦(长日植物)临界日长 12 h，日照超过 12 h 就可以开花，短于 12 h 则不能开花，但在 13 h 的日照条件下，这 2 种植物均能开花。

表 11-1　几种植物的光周期性及临界日长

类　型	临界日长(h)	类　型	临界日长(h)
短日植物		黄麻 *Corchorus capsularis*	12～12.15
落地生根 *Bryophgllum pinatum*	12 以下	大麻 *Cannabis sativa*	14～14.5
菊 *Dendranthema morifolium*(大多数品种)	15	咖啡 *Coffea arabica*	13
黄色波斯菊 *Cosmos sulphureus*	14	**长日植物**	
一品红 *Euphorbia pulcherrima*	12	莳萝 *Anethum graveolens*	11 以上
智利草莓 *Fragaria chiloensis*(多数品种)	10	燕麦 *Avena sativa*	9
烟草（*Tabacum* cv. '*Maryland Mammoth*'）	14	木槿 *Hibiscus syriacus*	12
大豆（Biloxi 品种）	14	大麦 *Hordeum vulgare*	12
晚稻 *Oryza sativa*	12	意大利黑麦草 *Lolium italicum*	11
堇菜 *Viola verecumda*	11	二色金光菊 *Rudbeckia biocolor*	10
苍耳 *Xanthium strumarium*	15	菠菜 *Sinacia oleracea*	13

（续）

类　型	临界日长(h)	类　型	临界日长(h)
红三叶草 *Trifolium repens*	12	月季 *Rosa chinensis*	
小麦 *Triticum aestivum*	12	窄叶冬青 *Ilex aquifolium*	
天仙子 *Hyoscyamus niger*	11	凤仙花 *Impatiens balsamina*	
日中性植物		番茄 *Lycopersicum esculentum*	
黄瓜 *Cucumis sativa*		菜豆 *Phaseolus vulgaris*	
苦荞麦 *Fagoyrum tataricum*		早熟禾 *Poa annua*	
草莓(Everbearing Strawberry 品种)		玉米 *Zea mays*	
栀子 *Gardenia jasminoides*			

根据植物开花对日照条件的要求，对光周期诱导反应类型的植物还可分成多种。如果长日植物或短日植物有明确的临界日长，当其在长于(短日植物)和短于(长日植物)临界日长条件下，植物不开花，这类植物被称为绝对长日植物或绝对短日植物。某些植物没有明确的临界日长，在不适宜的日照长度下，经相当长的时间以后或多或少可形成一些花，这类植物称为相对长日植物或相对短日植物(图 11-2)。还有一些植物成花要求双重的日照条件。如夜香树，在长日照条件之后还需要一段时间短日照条件才能成花，称为长-短日植物(long-short-day plant)。而风铃草恰好相反，花的诱导是在短日照条件下完成，花器官的形成则要求长日照，这类植物称为短-长日植物(short-long-day plant)。

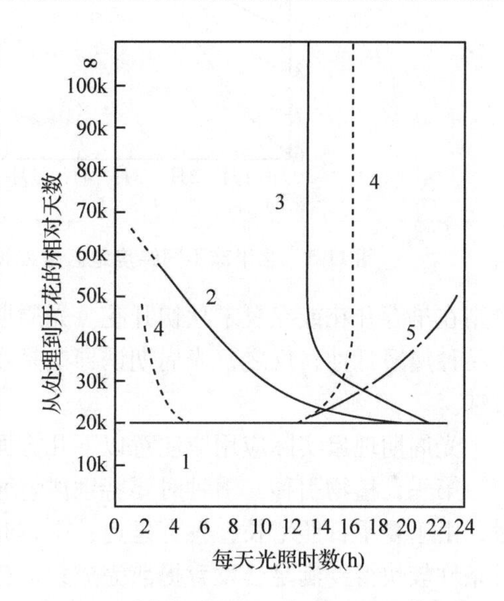

图 11-2　植物对不同日长的几种开花反应

1. 日中性植物　2. 相对长日植物　3. 绝对长日植物　4. 绝对短日植物　5. 相对短日植物

热带和亚热带起源的植物大多是短日性的。温带和寒带起源的植物大多是长日性的。Junges 提出，栽培植物原产于冬季为旱季地区，如中国南部、印度、中美洲栽培的植物都具有短日性；而夏季为旱季的地区，如中东、近东、地中海地区则为长日照植物。

在植物引种过程中，必须考虑植物对光周期的需要。植物在地理上分布受光周期控制，在我国，由于地处北半球，在纬度高的地区日照长度较长，低纬度地区日照较短，而且一年中不同季节的日照长度也不同(图 11-3)。无论长日植物或短日植物，分布地区纬度越高，临界日长越长。因此，高纬度地区主要生长的是长日植物，在热带不能完成有性生殖，而低纬度地区主要生长的是短日植物，短日植物在较高纬度地区也不能完成生活史。在中纬度温热地区，则是长日植物和短日植物都有，各种类型植物均可生长。

长日植物是在日照较长且由短变长的条件下开花结实，多在晚春和初夏开花。短日植

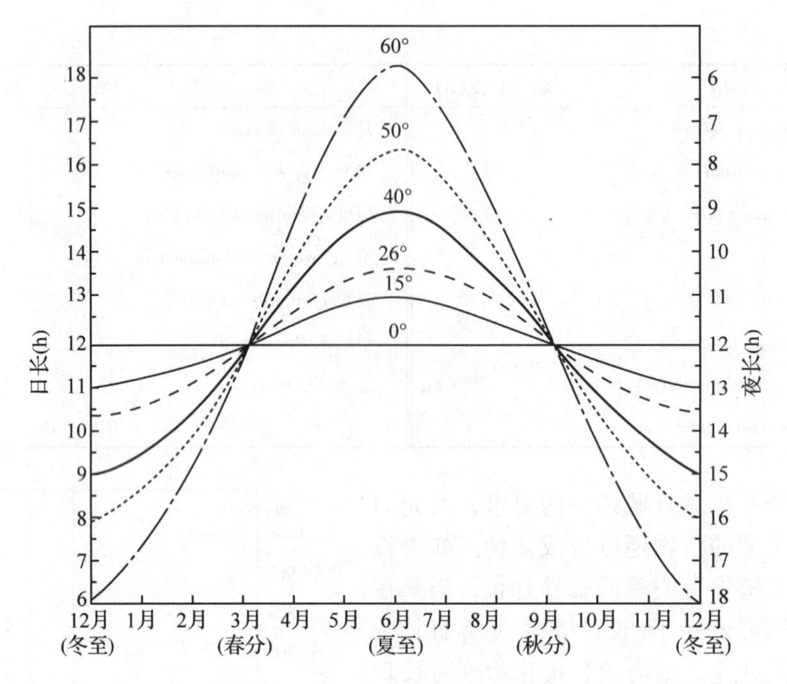

图 11-3　北半球不同纬度地区昼夜长度的季节变化(转引自王沙生 等，1991)

物则在早春开花或在夏末秋初开花。光周期诱导期是在日照开始由长变短的时候进行，这些品种属短日性；反之，光周期诱导期是在日长由短变长的时候进行，则属日中性，或长日性。

光周期现象实际应用应注意以下几方面的问题：

第一，植物引种。引种时要特别注意光周期的变化与日照长度的关系，短日植物北移时，由于夏季日照增长，发育延迟；南移时则提早开花结实。长日植物从南向北引种，长日条件较快得到满足，发育提前完成；而长日植物南移时，发育会延迟，甚至不能开花结实。我国曾发生过从北方向南方引种水稻减产的事件，原因是植株提前在秧苗期开花导致大面积减产。但对于以收获营养体为主的短日植物麻类(黄麻、天麻、红麻)等，向北引种延迟开花，反而能增加纤维长度、增加目标产物(纤维)产量。

光周期虽然不影响树木成花，但能影响树木的休眠，所以树木引种也要考虑光周期的需要。南树北移，不能及时进入休眠会导致不能越冬；北树南移，则会提早进入休眠而生长缓慢。

第二，在花卉栽培时，通过黄光处理偏短日照长度，或者增加光照度控制开花期，可使菊花一年内任何时期开花。

第三，育种要育日中性品种，杂交水稻制种需同时开花以提高结实率。

11.1.2.2　诱导周期数

研究发现，植物只要在花芽分化以前营养生长的某一段时间里(花熟状态)，得到足够日数的适合光周期，以后在放置不适合的光周期条件下仍可开花。这种能产生对花芽分化有诱导作用的光周期处理称为光周期诱导(photoperiodic induction)。

光周期诱导时间因植物不同而不同，有 1 d 到几十天的变化。例如，短日植物白芥、小麦等只要一个长日照处理，就可诱导开花。多数植物光周期诱导需要几天、十几天到二十几天。

光周期日长是植物开花的主导因素，也受其他因素影响。温度既影响植物通过光周期的迟早，又可改变植物对日照的要求。夜温降低，可使短日植物在较长的日照下开花(表现长日性)。如烟草的短日品种，在 18 ℃夜温下需要短日诱导，而在 13 ℃夜温时，长日照下 16～18 h 也可开花。一品红、苍耳、牵牛花等在低温下也表现出长日性。温度降低也降低了长日植物对日照的要求，可在较短日照下开花。如在较低的夜温条件下可使豌豆、甘蓝、黑麦等失去对长日照的敏感性而表现出日中性植物特征。

植物光周期诱导天数还与植物年龄有关。在很多植物中常常看到，随着年龄增加，诱导天数减少的现象。

11.1.2.3 光期和暗期的作用

Hamner(1942)以短日植物大豆为研究对象。大豆需要长达 10 h 的暗期才能成花，与光期长度无关(图 11-4)。这个发现说明植物开花对暗期的反应更重要，从而提出临界暗期的概念。所谓临界暗期(critical dark period)是相对于临界光期(临界日长)而言，指在光暗交替中长日植物能开花的最大暗期长度或短日植物能开花的最小暗期长度。

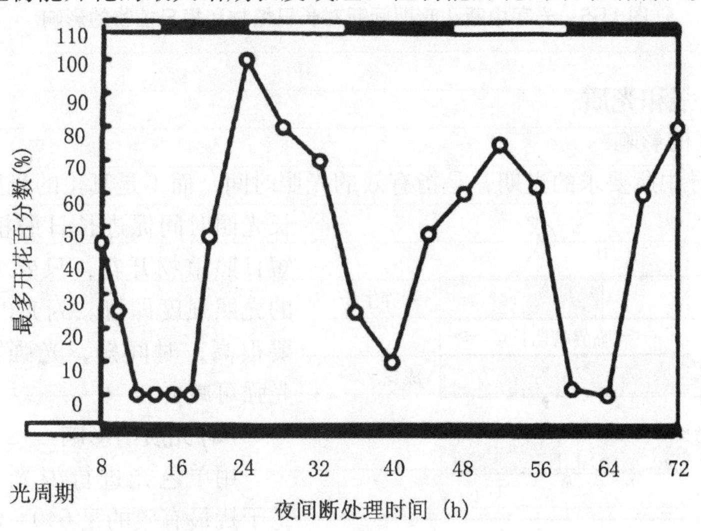

图 11-4 在长暗期不同时间光照间断时对大豆成花反应的影响

在 64 h 的暗期中不同时间给予 4 h 的光中断。上沿时间表示：自然环境下的昼夜交替；下沿时间表示：8 h光照后 64 h 暗处理。

对长日植物研究还发现，长日植物要有较短的黑夜才能开花。因此，严格地说，影响植物开花的因素主要是黑夜长短。

通过中断光期、暗期试验(图 11-5)，也证明暗期对诱导植物开花的重要性。以光照将短日植物的暗期中断，表现出的结果相当于将短日植物暴露在长日照条件下，短日植物开花受到阻断，而恰好促进长日植物开花，说明短日植物需要的是连续的暗期，所以称短日植物为“长夜植物”(long night plant)更为确切；相反，长日植物不需连续黑暗，可在连续光照下开花或断续的光照下开花(暗中闪光打断暗期也可开花)。

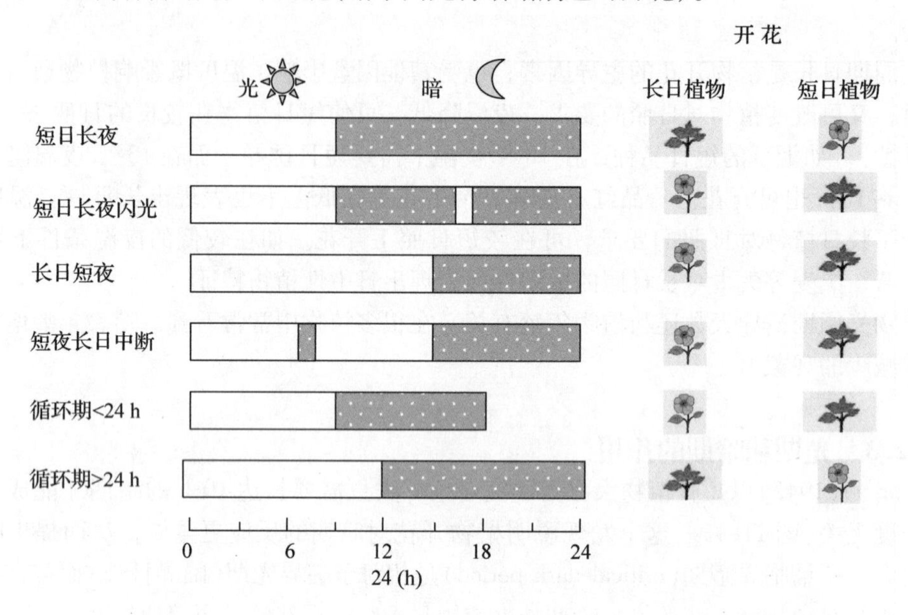

图 11-5　光期中断和暗期间断对长日植物和短日植物的影响

11.1.2.4　光强和光质

(1)光强度的影响

光周期诱导中所要求的光期，是指有效的光照时间，而不是真正的光照强度。人工延长光照时间促进长日照植物开花或抑制短日照植物开花，只要大约 50 ~ 100 lx 的光照强度即可。闪光的光强度也不需要很高，时间短，光强稍强；时间长，光强可减弱。

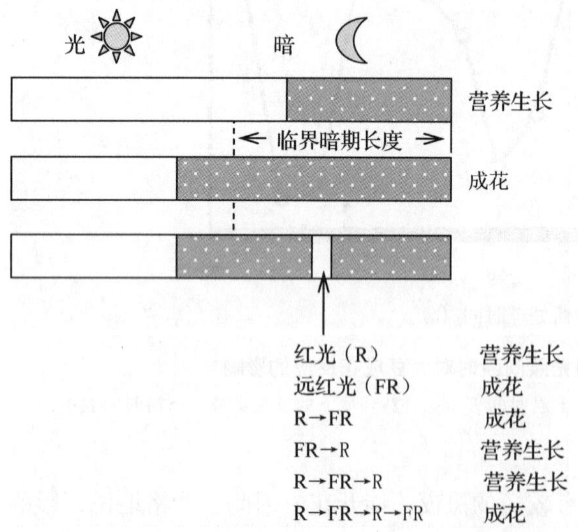

图 11-6　红光(R)和远红光(FR)对短日植物成花的可逆控制

(2)光质的影响

用单色光进行闪光干扰实验发现：①干扰最有效的是 640 ~ 660 nm 的红光；②先用 640 nm 的红光照射 1 min，再用远红光(725 nm)照射 1 min，红光的作用被远红光逆转；③在第②种情况下再照 1 min红光，反复多次，发现开不开花只取决于最后一次是红光还是远红光。若是红光，短日植物就不开花；若是远红光，短日植物就开花(图 11-6)。

11.1.3 光敏色素及其在光周期反应中的作用

1945 年，Borthwick、Hendnicks 和 Parker 等利用差示光谱仪测定用单色光打断短日植物大豆与苍耳暗期的作用光谱，证明红光区(600 ~ 680 nm)最有效。Borthwick、Hendnicks 和 Parke(1952)又对喜光莴苣种子进行发芽实验，发现莴苣种子发芽被红光促进，但远红光能抵消红光的作用。红光和远红光交替多次照射，是否发芽取决于最后是红光还是远红光(图 11-7)。

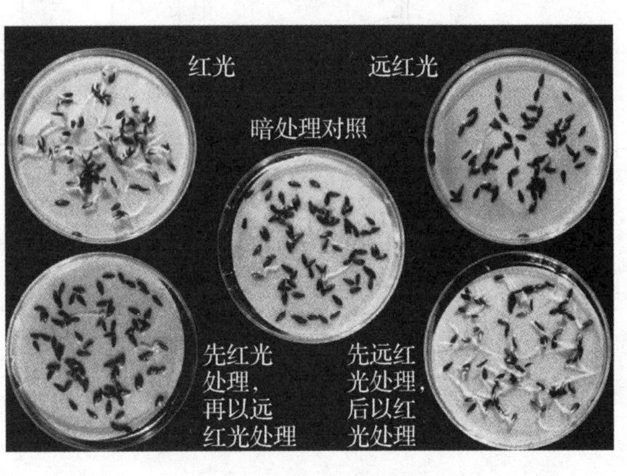

图 11-7 红光与远红光对莴苣种子萌发的影响
(引自 Kronenberg, 1994)

用红光和远红光中断暗期控制植物开花实验中，有类似红光逆转远红光，远红光又逆转红光的现象，最后照射的光质是决定因素。因而，在 1952 年，有科学家提出植物体内存在吸收红光和远红光并且能逆转的色素。1959—1964 年，化学家才从燕麦黄化幼苗中提纯了这种色素，定名为 phytochrome(称光敏素或光敏色素、植色素、植物色素等)，并说明有 2 种形式存在。

光敏色素生物学效应：

①与短日植物和长日植物开花有关；

②对某些植物种子发芽起作用；

③控制许多植物形态特征，如下胚轴弯钩的伸展，叶子展开；

④对植物许多生化过程起作用。由光敏色素引起的反应为快反应(叶运动、质体运动等)，开花反应则是慢反应。

光敏色素性质、生理作用及作用机理可参见 9.6.1 至 9.6.4 相关内容。

11.1.4 内生昼夜节律

11.1.4.1 近似昼夜节奏

研究发现，梨树等植物的生长对昼夜与季节变化的反应，很大程度是由于环境条件的周期性变化而引起的，而有些植物的生命活动则不取决于环境条件的变化。在 20 世纪 30 年代初期，E. Bunning 和 K. Stern 用记纹鼓记录菜豆叶片的运动现象，菜豆叶片在白天呈水平状，晚上呈下垂状的“就眠运动”，即使在外界连续光照或连续黑暗以及恒温条件下仍然在较长的时间中保持那样的周期性变化(图 11-8)，首先确认了它是一种内源性节奏现象。由于这种生命活动的内源性节奏的周期是在 20 ~ 28 h 之间，接近 24 h，因此，称为近似昼夜节奏(circadian rhythm)，也称生物钟(biological clock)或生理钟(physiological clock)。

一般来说，植株生长速率与昼夜的温度变化有关。例如，越冬植物，白天的生长量通常大于夜间，因为此时限制生长的主要因素是温度。但是在温度高、光照强、湿度低的日

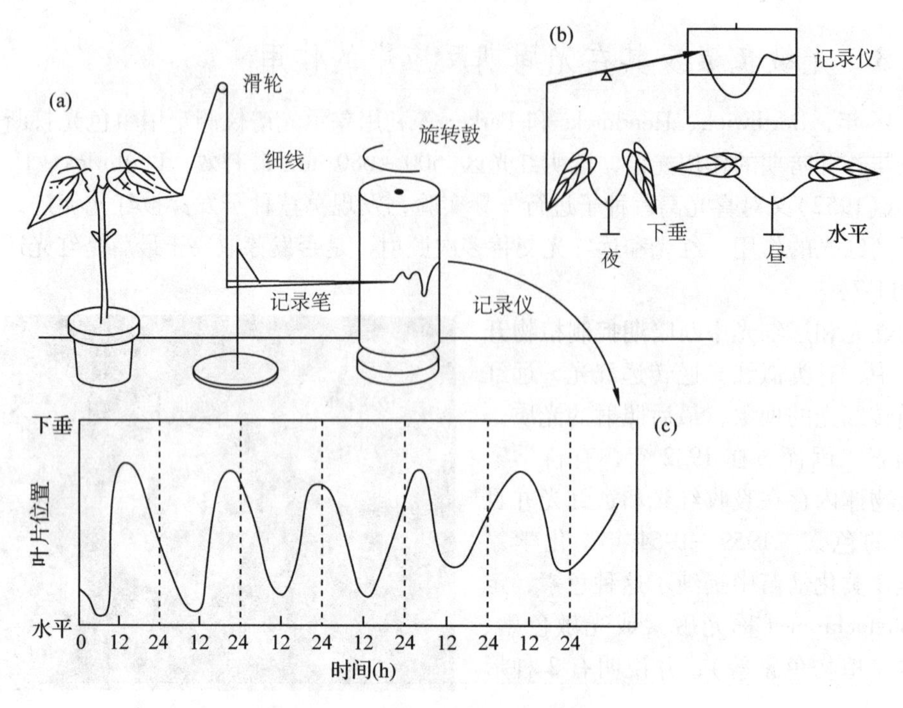

图 11-8　菜豆叶运动的内生节奏记录

(a)用记纹鼓记录菜豆叶片运动的示意　(b)菜豆叶昼夜运动与记录曲线的关系示意

(c)菜豆在恒定条件(弱光，20 ℃)下的运动记录

子里，影响生长的主要因素则为植株的含水量，此时在日生长曲线中可能会出现 2 个生长峰，一个在午前，另一个在傍晚。如果白天蒸腾失水强烈造成植株体内的水分亏缺，而夜间温度又比较高，日生长峰会出现在夜间。

11.1.4.2　近似昼夜节奏在成花诱导中的作用

近似昼夜节奏的现象在生物界中广泛存在，从单细胞到多细胞生物，包括植物、动物，还有人类。植物方面的例子很多，如小球藻的细胞分裂，膝间藻的发光现象，许多种藻类和真菌的孢子成熟和散放，高等植物的花朵开放、叶片运动、气孔开闭、蒸腾作用、伤流液的流量和其中氨基酸的浓度和成分、胚芽鞘的生长速度等。

有些生物钟表现出明显的生态意义，如有些花在清晨开放，为白天活动的昆虫提供了花粉和花蜜；菜豆、酢浆草、三叶草等叶片的“就眠运动”在白天呈水平位置，这对吸收光能有利；有些藻类释放雌雄配子只在一天的同一时间发生，这样就增加了交配的机会。

11.1.5　光周期反应的生理学

11.1.5.1　光周期感受部位

菊花试验表明，短日植物菊花在长日照下不开花；将其叶片处于短日照，菊花其余部分处在长日照下，可以开花。若给芽短日照，叶子处于长日照下，即使保持营养状态也不开花。说明感受光周期的部位是叶片。叶片接受光周期信号后，可能传至茎顶端诱导开花

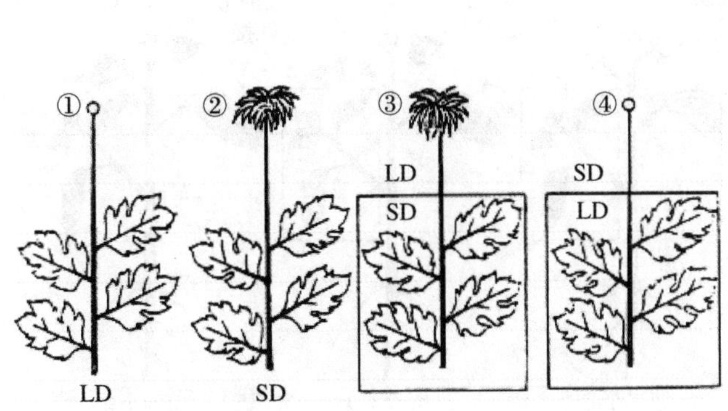

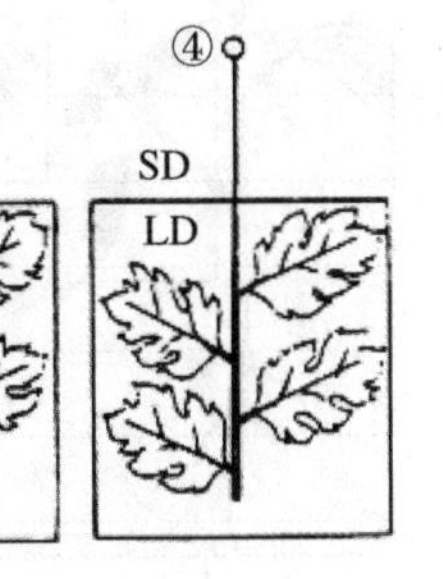

图 11-9　菊花感受光周期部位

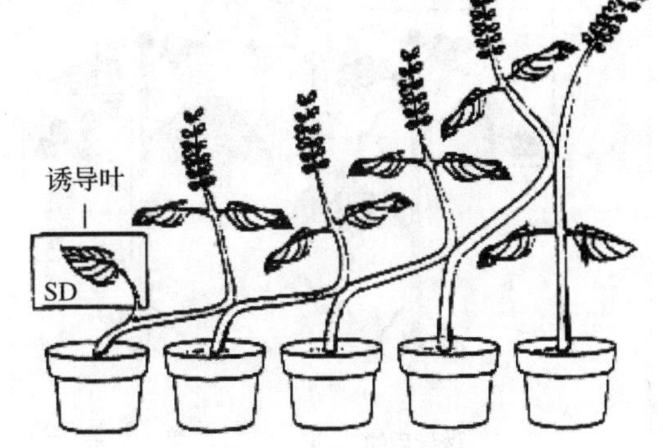

图 11-10　苍耳嫁接实验证明植物感受光周期的部位

(图 11-9)。

以短日植物苍耳做试验，仅一片叶、甚至一片叶的一小部分在短日照下，其余在长日照下也能有效地诱导开花。叶子接受光周期信号后，产生开花刺激物使生长锥分化花芽(图 11-10)。

前苏联科学家柴拉轩最早提出开花激素假说。其假设在适当的诱导光周期下，植物叶片中合成某种促进开花的物质并命名为 Florigen(成花激素)，运到顶端分生组织起作用。有人认为不称激素，统称开花刺激物(flowering stimulus)，只要叶片很小部分面积中合成开花刺激物就可传递并引起开花。有研究认为，成花激素可能是诱导植物从叶片通过韧皮部向顶端分生组织运输的 RNA 和蛋白分子(Corbesier and Coupland, 2005)。

11.1.5.2　成花刺激传导

短日植物苍耳和长日植物紫苏嫁接，无论在长日、短日条件都能开花，说明了不同植物之间也能通过嫁接传递开花刺激物(图 11-11)。也证明不同光周期类型植物，其开花刺激物有同一性质。

开花刺激物传递可引起“次级诱导”效应。几株苍耳依次嫁接，虽仅将第一株的一个叶片接受短日诱导，但各株均开花。可能第一株处于诱导状态，而由芽中合成开花刺激物引起开花。

实践证明，合成开花刺激物需一定时间，运出叶片很慢，通过韧皮部或组织运输，速度较慢，每小时几厘米，有些植物可达几十厘米，相当或略低于糖类在韧皮部的运输速度。

11.1.5.3　成花刺激物

1961 年，Lincoln 等人第一次从开花苍耳植株冰冻干燥组织中以纯甲醇提取，浓缩混入羊毛脂中，加到长日照条件下的苍耳叶片上，诱发 50% 植株开花。进一步提纯时活性丧失，只知水溶性显酸性，故尚未鉴定出化学结构。

随后，许多学者对成花刺激物进行了多方面的研究。1967 年 Carr 重复 Lincoln 的试验，提取物中加入 GA，开花植物超过 50%，甚至达 100%。1970 年，Hadson 和 Gamner

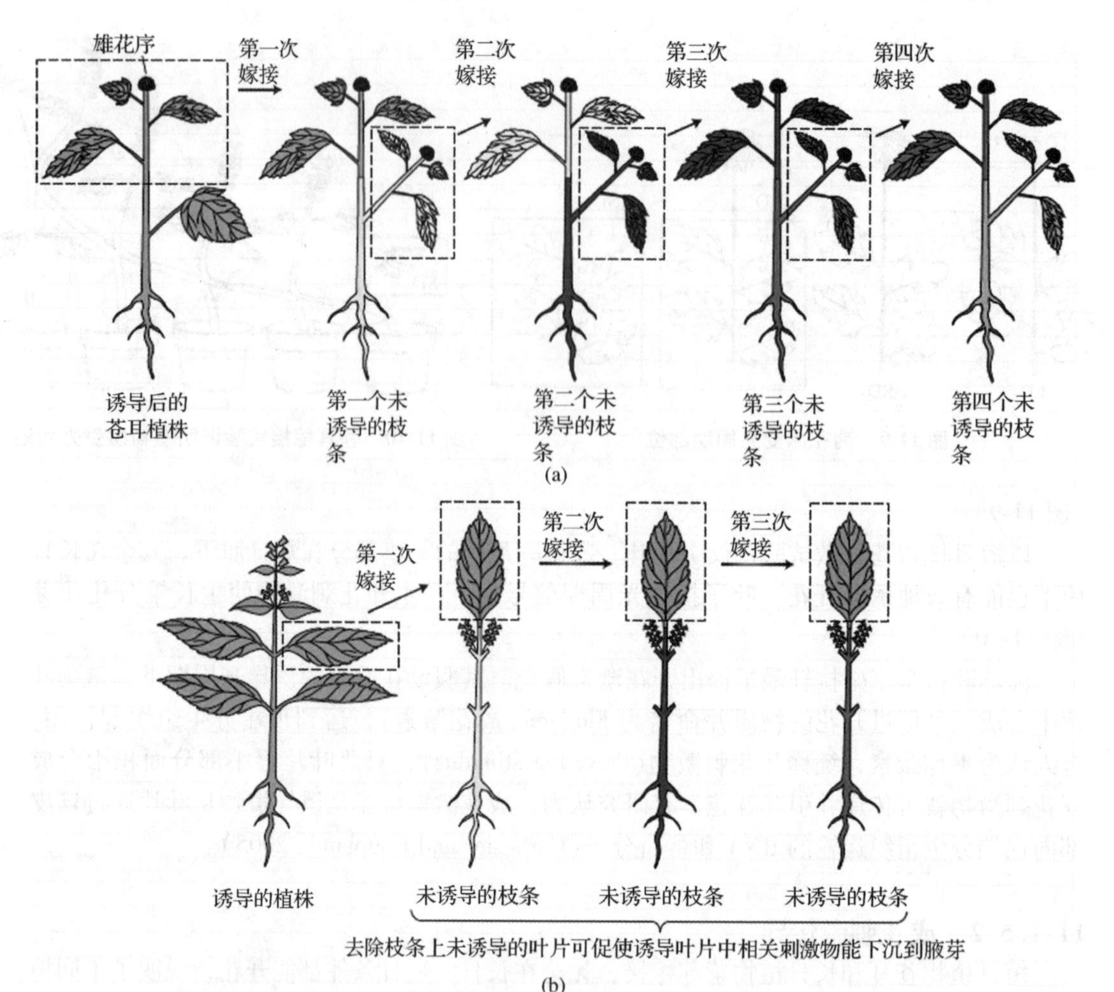

图 11-11　苍耳和紫苏嫁接实验(引自 Lang, 1965)

(a)间接诱导可通过苍耳嫁接实验所证实　(b)紫苏多次嫁接，将通过诱导的叶片嫁接到未诱导的枝条上，可使后者开花

用丙酮提取的粗提物可诱导营养状态的浮萍开花；诱导短日植物苍耳，经补充 GA 后开花，而对长日植物无效。1974 年，Cleland 等证明韧皮部汁液中有开花活性物质，验证其为水杨酸。1977 年，Wardsll 从开花的中性烟草植株上部茎叶和茎端分离 DNA，用以处理营养生长的烟草植株，能引起开花。目前尚未从长日植物中提取类似物质。

长日植物天仙子，打掉全部叶片，短日照下能开花。短日植物大豆，在长日照下打叶试验，亦能开花。长日照烟草和中性烟草嫁接，长日照下，中性烟草开了花；短日照下，二者都不开花。说明短日照下，长日照烟草中产生某种开花抑制物，传递到中性烟草使中性烟草开花受阻。上述 3 个试验说明植物体内存在有开花抑制物质，抑制物性质尚未弄清。

11.1.5.4　成花诱导期顶端分生组织的变化

顶端分生组织接受成花刺激后发生的一系列变化，不但适用于光周期植物，对于其他植物也是适用的。但是光周期植物的成花诱导比较容易控制，所以成为研究这种转化过程的特别有价值的材料。

在营养生长期间，顶端分生组织一直按特定的叶序产生叶原基。成花刺激物到达以后，顶端进行改组，在顶端球面的不同部位发生花器官。大多数双子叶和单子叶植物的接受成花刺激的靶组织可分为中央区和边缘区(图 11-12)。

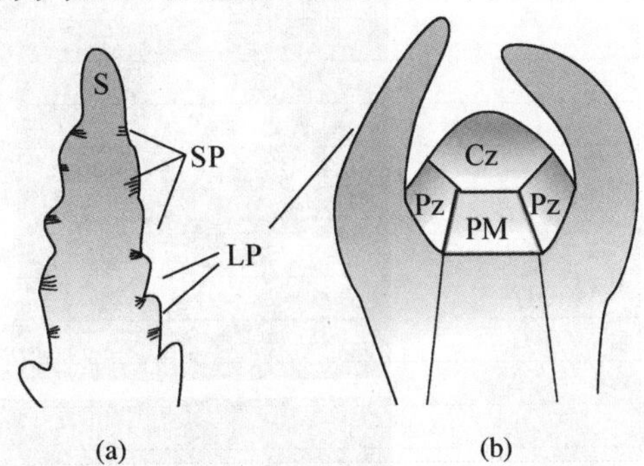

图 11-12　禾本科植物茎端靶组织(a)和双子叶顶端分生组织成花刺激靶组织 Cz、Pz(b)

Cz：中央区；Pz：边缘区；Sp 发生小穗的部位；LP：叶原基；PM：肋状分生组织；S：顶点

在发生花原基形态变化以前，顶端分生组织的活性首先要发生变化。许多人认为，在正确的光周期诱导下，叶中产生一种刺激使顶端分生组织转向成花。原因是这种刺激活化了靶组织内潜在的成花基因，以基因为模板合成新的 mRNA，然后制造出成花过程所需要的酶蛋白。目前，已有大量研究结果证明，在感受到外界环境信号(如光周期、春化等)及自身产生的开花信号以后，顶端分生组织的 RNA 和蛋白质的合成增强。

11.2　春化作用

植物需要低温阶段才能成花的现象称为春化现象；这种低温对植物成花的促进作用，称为春化作用(vernalization)。如图 11-13 所示，未经春化作用的冬甘蓝、天仙子和拟南芥均不开花。

11.2.1　成花过程的低温诱导

1918 年 Gassner 研究小麦和黑麦时，将小麦分为秋播的冬性品种和春播的春性品种。冬性品种须越冬，次年夏季才抽穗开花。如果冬小麦春播，没经过冬季低温，就不能开花结实，仅营养生长，用低温处理后，冬小麦可春播结实。

1928 年，苏联学者李森科(Лысенко)将 Gassner 的研究结果用于生产。在春播前将萌动的种子用低温处理，冬小麦和春小麦一样可在当年夏季抽穗开花，这个措施叫“春化”。这种低温促进植物发育的现象称为春化作用。

需春化的植物包括冬性一年生植物(如冬性禾谷类作物)，大多数二年生植物(甜菜、芹菜、白菜)和有些多年生植物(牧草)。如图 11-14 所示，低温处理时间越长，到开花的日数越少，开花百分率越高。

图 11-13　植物春化的例子(引自 Amasino, 2004)

(a)图左为生长 5 年未经过春化处理的二年生甘蓝植株，右为非冬性甘蓝未经过春化也可开花　(b)天仙子　(c)拟南芥

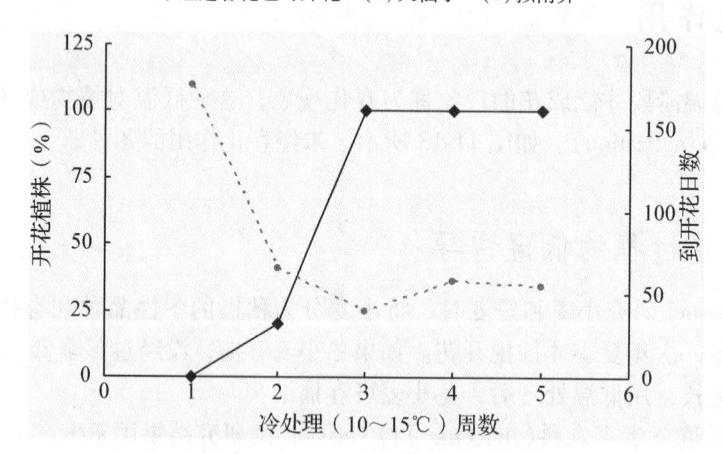

图 11-14　低温持续期对紫罗兰属成花的影响(低温处理后将植株转到较高温度)

11.2.1.1　植物成花对低温的要求

种子以萌发早期胚正迅速进行细胞分裂时春化最有效，如菊花、甜菜、芹菜等，感受部位是营养体的茎尖分生组织。总体上，感受部位因植物不同而不同，植物春化作用只发

生在能够分裂的细胞内。叶子进行春化作用部位限于细胞分裂的叶基部。

大多数是1～20 ℃为最有效春化温度，各类植物通过春化的要求不同。时间长时，温度范围可宽。一定期限内春化的效应随低温处理时间的延长而增加(图11-15)。

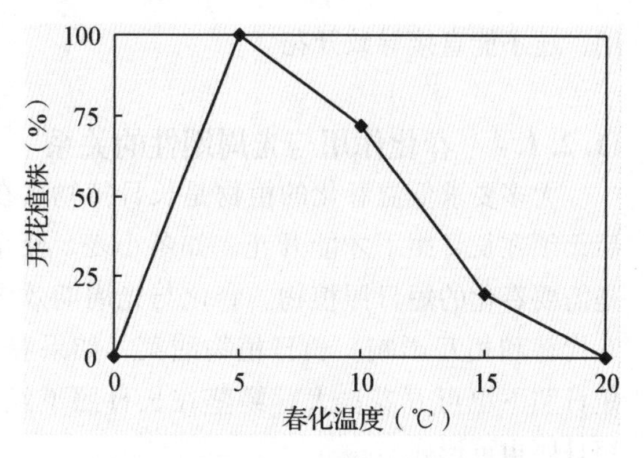

图11-15 日本萝卜的春化温度(春化处理120 d)

11.2.1.2 解除春化作用

在春化过程结束之前，把植物放在较高温度下，低温的效果被解除，这叫解除春化(devernalization)。解除温度一般为25～40 ℃。如冬小麦在30 ℃以上3～5d即可解除春化。洋葱越冬贮藏过的鳞茎，春种前高温解除春化，可防止开花，增加产量。当归冬季挖出块根，高温贮藏，也减少抽薹率，可获较好的块根。通常植物经过低温春化的时间越长，则解除春化越困难。当春化过程结束后，春化效应则很稳定，不会被高温所解除。大多数去春化的植物返回到低温下，又可重新进行春化，而且低温的效应是可以累加的，这种解除春化之后，再进行的春化作用称为再春化作用(revernalization)(图11-16)。

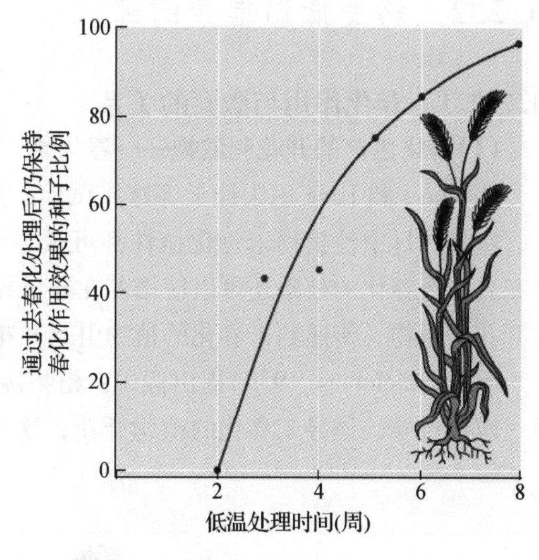

图11-16 冬性黑麦低温处理时间与春化效应关系
(引自Taiz and Zeiger，2006)
低温处理时间越长，春化作用越稳定。冬性黑麦低温处理时间越长，在低温处理后给予去春化作用的条件，仍能保持春化作用效果的植株越多。

11.2.1.3 春化作用必需的其他条件

春化作用除了需要一定时间的低温外，还需要适量的水分、充足的氧气和作为呼吸底物的营养物质。研究表明，将已萌动的小麦种子失水干燥，当其含水量低于40%时，用低温处理种子也不能使其通过春化。同样，在缺氧条件下，即使满足了低温和水分的要求，仍不能完成春化。据测定，在春化期间，细胞内某些酶活性提高，氧化还原作用加强，呼吸作用增强，这也表明氧气是植物完成春化的必要条件。不仅高温可以解除春化，缺氧也有解除春化的效果。此外，通过春化时还需要足够的营养物质，将小麦种子的胚培养在富含蔗糖的培养基中，在低温下可以通过春化，但若培养基中缺乏蔗糖，则不能通过春化。

此外，许多植物在感受低温后，还须经长日照诱导才能开花。如天仙子植株，在较高温度下不能开花，经低温春化后放在短日照下，也不能开花，只有经低温春化后且处于长日照的条件下植株才能抽薹开花(图11-17)。由此看来，春化过程只是对开花起诱导作用，还不能直接导致开花。

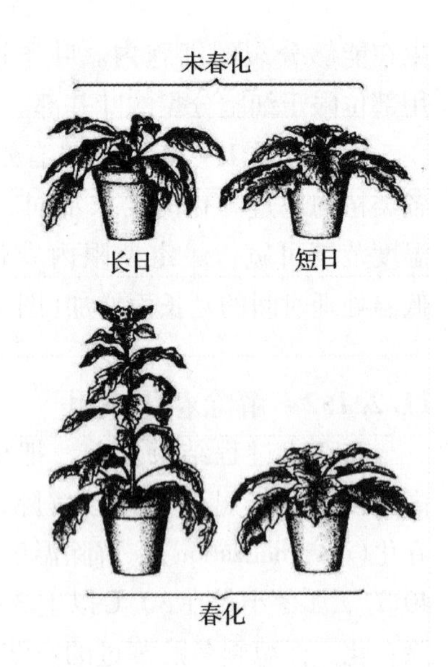

图 11-17　天仙子成花诱导对低温和长日照的要求

11.2.1.4　春化作用与光周期性的关系

大多要求低温春化的植物是长日植物，在感受低温后，须在长日照下才能开花。如冬小麦、菠菜等。菊花是需要春化的短日照植物。春化与光周期效应有时可相互代替和相互影响。长日植物甜菜，如果春化期延长，短日照下也可开花；大蒜鳞茎在长日照下经低温处理，短日照也可形成。

11.2.2　感受低温信号的部位

11.2.2.1　春化作用与激素的关系

(1)春化生产的开花刺激物——春化素

Melchers 和 Lang 用天仙子等嫁接试验，发现无论长日、短日、日中性植物未春化植株都可被春化枝条诱导开花。已经春化的枝条还可以使培养在非诱导光周期条件下的植物开花。说明春化植物产生开花刺激物，传递到未春化的植物引起开花。

因此，Melchers(1939)提出假说：植物接受低温处理后，可能产生某种特殊物质，可通过嫁接传导，诱导未春化的植物开花，这种物质命名为春化素。但一些植物(如菊花)未得到相同结果，也未分离出春化素。

图 11-18　低温和外施赤霉素对胡萝卜开花的效应

左：对照；中：未冷处理，每天施用 10 μgGA；右：冷处理 8 周

(2)春化作用与赤霉素

许多需低温和长日照的植物，如长日植物莴苣、萝卜、菠菜，需低温的植物芹菜、燕麦、甘蓝等，施用赤霉素可以不经春化及长日照而抽薹开花(图 11-18)。故有人认为 GA 就是低温春化过程中形成的一种开花刺激物。但 GA 对短日植物不起作用，而且春化与 GA 形成之间不存在因果关系。GA 也不能诱导需春化的一些植物开花，对 GA 有反应的植物，对 GA 的反应不同于春化反应，经 GA 处理的丛生状态植物，茎先生长为营养枝，花芽再出现。而春化引起正常抽条时，花芽形成和茎的生长差不多同时出现。

(3)春化作用与玉米赤霉烯酮

近些年的研究发现，在高等植物体内普遍存在一种微量生理活性物质——玉米赤霉烯酮(zearaienone)。在春化过程中植物体内会出现玉米赤霉烯酮含量的高峰，此外，外施玉米赤霉烯酮有部分代替低温的效果，但其在植物春化中的调控作用还有待进一步研究。

11.2.2.2 春化作用基因的表达调控

春化作用的机理目前研究仍然不够系统和深入。Melchers 和 Lang 根据嫁接试验和高温解除春化试验提出假说，认为春化作用由 2 个阶段组成：第Ⅰ阶段是前体物在低温下转变成不稳定的中间产物；第Ⅱ阶段是不稳定的中间产物再在低温下转变成能诱导开花的最终产物。这种不稳定中间产物如遇高温会被破坏或分解，所以若在春化过程中遇上高温，则春化作用会被解除(图 11-19)。

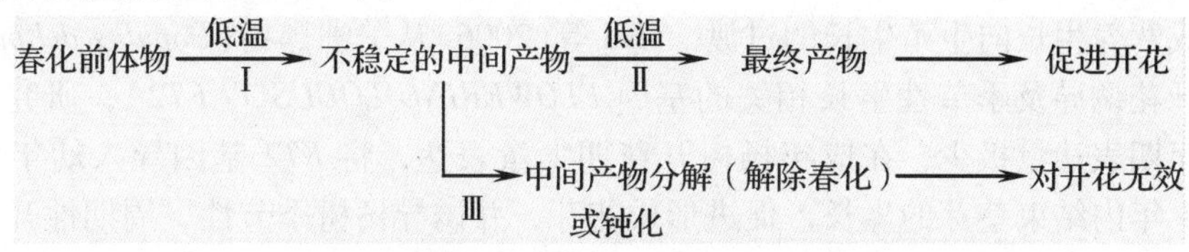

图 11-19 Melchers 和 Lang 提出的春化作用假说示意

第Ⅰ阶段前体物在低温下形成不稳定的中间产物，第Ⅱ阶段前体物在低温下中间产物形成终产物，促进开花，高温下中间产物分解或钝化，春化不能完成。Ⅰ，Ⅱ，Ⅲ，3 个反应的温度系数不同，低温下Ⅰ的反应低，Ⅲ更低，使Ⅱ得以在低温下进行；Ⅲ的速率超过反应Ⅰ，中间产物分解钝化，春化解除。

春化过程中的生理生化变化研究发现，低温处理时糖是呼吸底物，春化过程中，呼吸作用包括糖降解-三羧酸循环过程和磷酸戊糖途径增强。细胞色素氧化酶从前期的高温活性到低温处理后降低至无活性，而抗坏血酸氧化酶和多酚氧化酶活性显著提高。

冬小麦试验表明低温下 RNA 量增多，DNA 无显著变化。有人认为春化过程中某些特定基因被活化，促进特定 mRNA 和新的蛋白质合成，从而完成春化过程，导致花芽分化。目前已在拟南芥和小麦中克隆到春化基因 *VRN*1、*VRN*2、*VER*203、*VER*17、*VRC*49 及 *VRC*54。

以 DNA 去甲基化剂 5-氮胞苷(5-azacytidine)处理拟南芥晚花型突变体与冬小麦，可提前开花；拟南芥早花型突变体与春小麦则对 5-氮胞苷不敏感。因此，春化基因去甲基化假说认为低温可改变基因表达，使 DNA 去甲基化而开花。

以长日植物拟南芥不同生态型及突变体的研究表明，开花抑制物基因 *FLOWERINF LOCUS C*(*FLC*)可能是春化反应的关键基因。

11.3 花发育的分子生物学机理

11.3.1 花发育相关基因

根据拟南芥的早花或晚花突变体，人们发现一个与锌指蛋白很相似的 *CONSTANS* (*CO*)基因。*CO* 是一种转录因子，其异位表达可迅速诱导开花基因的表达，并促进植物开花。晚花基因 *FRIGIDA*(*FRI*)在延长冷处理时间(春化作用)能调节植物苗端的开花，研究表明，在自然条件下，*FRI* 基因的作用是通过感受低温来调节植物开花。与 *FLOWERING LOCUS*(*FLC*)基因共同调节植物对春化作用的需求。

在开花诱导信号作用下，决定花分生组织特征的大多数基因表达增强。*LEAFY*(*LFY*)、*APETALA*1(*AP*1)、*APETALA*2(*AP*2)、*CAULIFLOWER*(*CAL*)、*TERMINAL FLOWER*1(*TFL*1)等基因导致植物茎端分生组织向花序(花)分生组织转化，即花的发端。其中，*AP*1 还在花器官发育中控制花萼和花瓣的发育。Rottmann 等(2000)从毛果杨(*Populus trichocarpa*)中克隆到与花分生组织形成相关的基因 *PTLF*，与 *LFY* 和 *FLORICAULA* 同源，*PTLF* 基因在发育中的花序中表达量最高，幼苗和幼嫩新叶中也有表达，但表达量不多，研究发现有一株转 *PTLF* 基因毛果杨表现出提前开花的性状。

很多树木是多年生木本植物，如杨树刚开始几年一般不会形成花芽，它们必须经历一段时间完成营养生长向生殖生长的过渡。Hsu 等(2006)从美洲黑杨(*Populus deltoides*)中克隆了与其开花诱导及季节性生长相关的基因 *FLOWERING LOCUS T*(*FT*2)，研究发现 *FT*2 在杨树幼年期表达量极少，在成年杨树开花期大量表达，将 *FT*2 基因导入幼年杨树能促进杨树在 1 年内结束茎芽的生长，促进形成花芽，并诱导杨树季节性、周期性开花。从小叶杨(*Populus simonii*)中分离到 *FT* 基因家族中 *PsFT*1 和 *PsFT*2 基因，调控小叶杨的开花时间。Shen 等(2012)将 *PsFT*2 基因转入杨树，获得提早开花的转基因植株。

11.3.2 成花诱导的调控途径

成花转变是一个多因子相互作用的复杂系统。目前，对植物成花机制研究认为，在长日植物拟南芥中存在 4 种调控开花的发育途径。

(1)光周期诱导途径(photoperiodic induction pathway)

光敏色素和隐花色素参与调控开花。在长日条件下，光受体与生物钟互作，使 *CO* 在韧皮部表达，*CO* 基因激活下游的 *FT* 基因表达，*FT* 再与转录因子 *FD* 形成复合物，激活下游基因 *SOC*1、*AP*1、*LEAFY*，这些基因再启动侧生花序分生组织中同源异型基因表达。

(2)自主/春化途径(autonomous/vernalization pathway)

植物通过对如固定叶数的内源信号或低温做出反应而开花。自主/春化途径抑制开花抑制子 *FLOWERING LOCUS C* (*FLC*)表达，促进 *SOC*1 基因表达，从而促进拟南芥开花。

(3)碳水化合物或糖类途径(carbohydrate or sucrose pathway)

此途径代表植物的代谢状态。在拟南芥中糖类通过增强 *LFY* 基因表达来刺激开花。

(4)赤霉素途径(gibberellin pathway)

赤霉素可能与受体结合后提高 *LFY* 的表达，也可能通过独立的途径与 *SOC*1 相互作用。

4 种途径都通过花分生组织特异性关键基因 *SOC*1 的表达增强来诱导开花(图 11-20)。

11.3.3 花器官形成的 ABC 模型

植物地上部分组织和器官都是由茎端分生组织发育而来的，在营养阶段，茎端分化叶原基，植物体发育通过了幼年期以后，就会感受环境信号的刺激(如光周期诱导)，进入

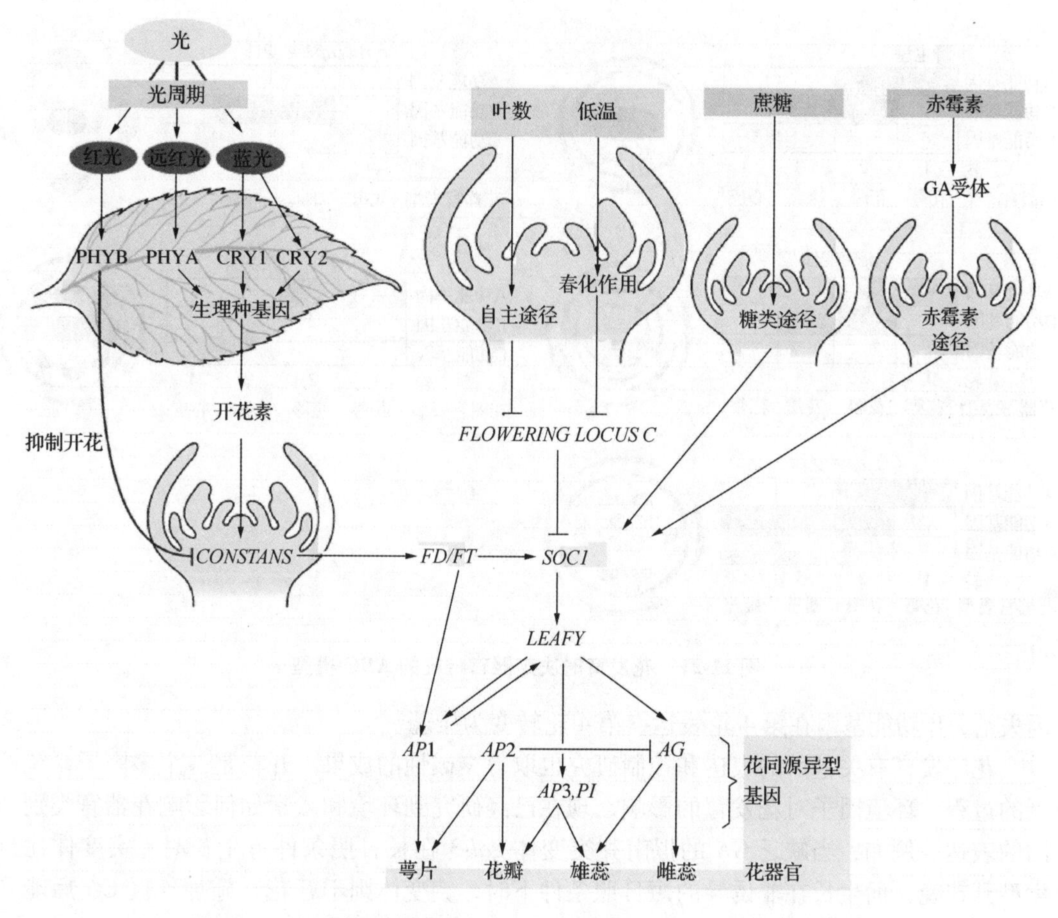

图 11-20 拟南芥开花的发育途径(引自 Blázquez, 2000. 略作修改)

生殖生长。营养茎端分生组织→花序分生组织→花分生组织。这个转化过程中，受到内部遗传基因的控制，环境因子也会施加影响。植物花器官的不同部分，萼片、花瓣、雄蕊、雌蕊就是由花分生组织分生而来的。

20 世纪 90 年代以来，由于 Meyerowitz，Bowman，Coen 等人的杰出工作，使花发育的研究取得突破性进展，使人们得以初步揭开花发育中神秘的面纱。尤其是 Meyerowitz 和 Bowman 提出的花器官发育的 ABC 模型(图 11-21)：

根据这个模型，正常花的四轮结构形式是由 3 组基因共同作用而完成的，每一轮花器官特征的决定分别依赖于 A、B、C 3 组基因中的 1 组或 2 组基因的正常表达。若其中任何一组或多组发生突变，则花的形态将会出现异常。A 功能基因在 1 ~2 轮花器官中表达，B 功能基因在 2 ~3 轮花器官中表达，C 功能基因在 3 ~4 轮花器官中表达。A 功能基因与 C 功能基因相互颉颃。*ap*1、*ap*2 突变体是因 A 功能基因失活，C 功能基因在第一轮得以表达，萼片转变为心皮。*ag* 突变体是因 C 功能基因失活，A 功能基因得以在第 4 轮表达，萼片转变为心皮。*ap*3、*pi* 突变体是因 B 功能基因失活，第 2 轮只有 A 功能基因表达，花瓣转变为萼片，第 3 轮只有 C 功能基因表达，雄蕊转变为心皮。*Sup* 突变体是因 C 功能基

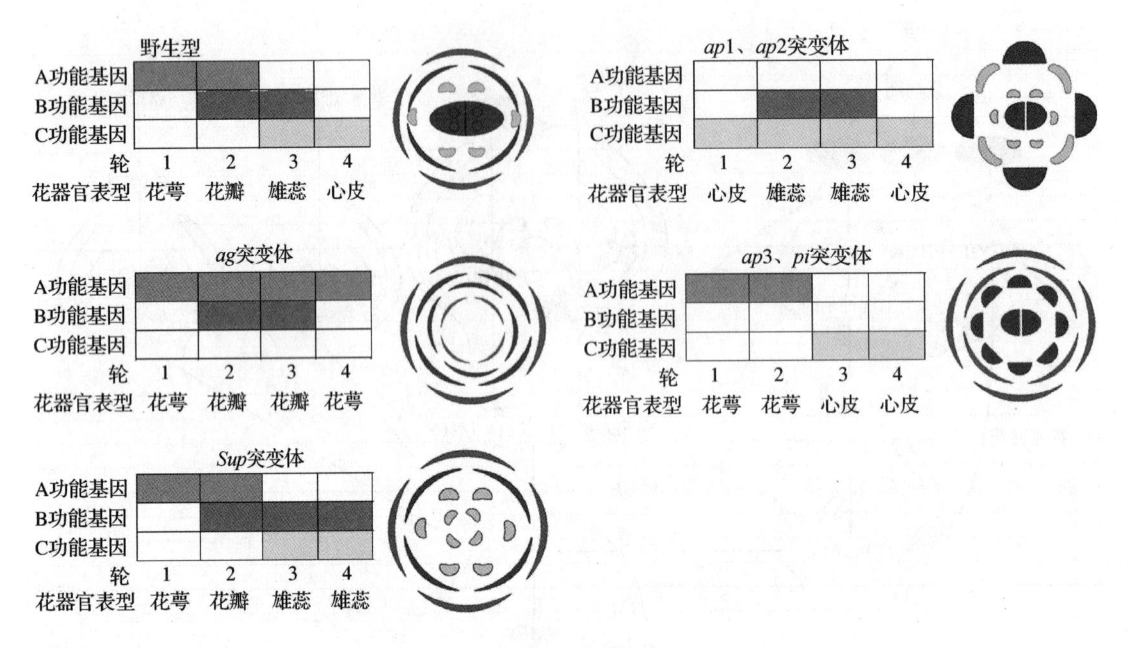

图 11-21　花发育时决定器官特征的 ABC 模型

因失活，B 功能基因在第 4 轮表达，第 4 轮转变为雄蕊。

花序发育有关基因的表达和控制研究也取得突破性的成果。开花是一个多因子系统控制的过程，环境因子对花发育的影响，现在已经研究到环境和激素如何影响花器官类别基因的表达。例如，当缺乏 GA 的拟南芥突变体 *gal*-3 在长日照条件下生长时，突变体比野生型开花晚，而生长在非诱导的短日照条件下时，突变体则不开花，施加外援 GA 后能开花。说明 GA 是拟南芥开花多因子系统中的重要部分，是短日照条件下开花的限制因子。另外，细胞分裂素、蔗糖和多胺等也对开花有影响，如 CTK 作为花器官类别基因 *ap*1、*ap*3、*ag* 的反调控因子。

11.4　树木的成花问题

11.4.1　树木的幼年期

幼年期(juvenility)是植物早期生长阶段。即植物必须达到一定年龄或叶数才能开花。各种草本植物的花前成熟期长短相差很大，有些植物可能完全不需要花前成熟期。例如，短日植物矮牵牛在子叶期就可以接受成花诱导；花生种子休眠芽中，已出现花序原基。但是，多数植物需要一段花前成熟期。例如，苍耳 1 周，抱子甘蓝 7 周等。树木的幼年期很长，树种之间差异较大(表 11-2)。有人观察到一年生的油松可产生雌球花。而有些长寿耐荫树种的幼年期可达四五十年。幼年期的持续时间常因环境条件而有很大变化，同时，幼年期的植株偶尔也有开少数花的情况。

表 11-2 部分木本植物幼年期时长

树 种	幼年期(a)	树 种	幼年期(a)
玫瑰 *Rosa* spp.	20~30	水青冈 *Fagus sylvatica*	30~40
葡萄 *Vitis* spp.	1	欧洲松 *Pinus sylvestris*	5~10
苹果 *Malus* spp.	4~8	欧洲落叶松 *Larix decidua*	10~15
柑橘 *Citrus* spp.	5~8	北美黄杉 *Pseudoisuga taxifolia*	15~20
长春藤 *Hedera helix*	5~10	挪威云杉 *Picea abies*	20~25
红杉 *Sequoia sempervirens*	5~15	欧洲冷杉 *Abies alba*	25~30
假挪威槭 *Acer pseudoplatanus*	15~20	毛桦 *Betula pubescens*	5~10
英国栎树 *Quercus robur*	25~30	茶 *Camellia thea*	5

有些植物，如松、金钟柏、圆柏、花柏、水青冈、栎、山核桃、榆、合欢、桉、楞、三叶胶、柑橘、苹果等的苗木具有明显的幼年期形态，在开花能力、叶片的形状和结构、叶序、插条生根难易程度、茎解剖构造、枯叶是否脱落、产生花表苷的能力等方面，均和成熟期植株有区别。当树木上部已到成熟期时，下部仍处于幼年期，所以一棵树上 2 种形态可能同时存在(图 11-22)。例如，刺槐基部枝条为幼态，具刺而无成花能力，而上部枝条呈成熟态，无刺而有成花能力。

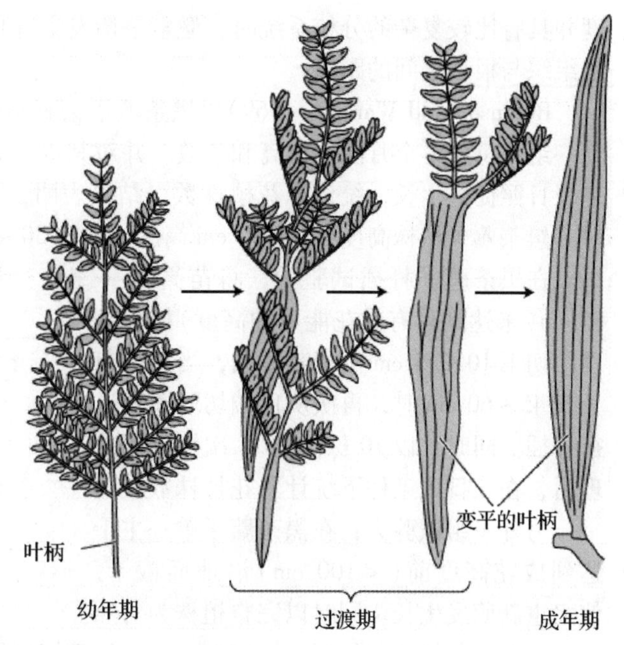

图 11-22 阿拉伯胶树叶片(引自 Taiz and Zeiger, 2006)

大多数木本植物在通过幼年期后，可以年复一年地开花。但是，也有少数，如毛竹，是属于一次开花植株。在整个生活周期中只开花结实 1 次，开花结实后迅速衰老死亡。不同种类的竹，幼年期约 5~50 年。

11.4.2 阶段转化的本质

木本植物由幼年期转变到成熟期的主要标志是获得成花能力。木本植物由幼年期向成熟期过渡时所发生的阶段转变，主要发生在顶端分生组织本身。大多数木本植物在上部达到成熟期后，基部仍能保持幼年期的状态。因而证明这种成熟状态在于顶端分生组织的性质，而且是不能经过组织传递的。对于木本植物发育阶段变化莫测的原因，曾经设想是由于 ①生长和休眠的年周期数增加；②植株增大。

为阐明木本植物阶段变化的原因，Longman and Wareing(1959)曾用疣皮桦(*Betula*

verrucosa)做过以下试验。

①连续生长。播种苗在温室中(15～25 ℃)进行长日照或连续照明处理。

②周期生长。播种苗在上述条件下生长到25～30 cm高度时，用短日照(6 h)诱导使之停止生长进入休眠。然后，进行6周低温(0～5 ℃)处理打破休眠。以上为一个周期，可在1年内多次重复。

③对照。在自然条件下，桦树生长5～10年才开始成花。但是，第一处理的植株在10～12个月时就长到1.9～2.7 m的高度，并有一半植株出现花序。而第二处理的植株，在经过6个周期之后仍未出现花序。由此可知，对于桦树阶段转变起决定作用的为植株大小，而不是生长和休眠的周期数。换句话说，树木只要长到一定大小就能成花，而无需经过生长和休眠的周期性处理。至于树木为什么长到一定大小就能够实现阶段转变，原因可能有2个：一是顶端分生组织经过一定次数的分裂后趋向于衰老；二是当树木长至一定高度并具有比较复杂的分枝系统时，激素平衡发生有利于成花的转变。后者的关键是顶端分生组织与根系之间的距离。

Robinson and Wareing(1969)以黑茶藨子为材料，除去其所有侧枝，培养单干。10株为一组，每隔1个月测量株高和节数。并对其进行28次短日照的诱导成花处理后，再恢复长日照促进生长，统计开花植株数。结果表明，开花植株数随株高增加(表11-3)。同时，黑茶藨子植株高度需达100 cm高度，具有30～40节间才能感受短日照处理而成花。

在黑茶藨子扦插试验中，将苗高45～60 cm(未达到具有成花能力的高度)植株从顶端切下10～15 cm做带叶扦插，当插条苗长至45～60 cm时，再次从顶端切取插穗进行扦插。同时，以10株苗做28次短日照处理后，在长日照条件下统计开花植株数。

表11-3　黑茶藨子连续扦插累计高度与成花能力的关系

连续扦插次数	累计高度(cm)	成花能力
1	157	无
2	193	无
3	257	有
4	310	有

注：引自Robinson and Wareing，1996。

另外一组试验为：在黑茶藨子单一主干达到成花高度前(＜100 cm)沿地面截干，使之重新萌发生长。同时以完整植株为对照。第二、第三年做相同处理，第三年对照与处理植株均开花。

试验植株虽未达到成花所需最小高度，但仍能成花，扦插苗实际达到的高度说明顶端分生组织与根系间的距离关系到植株内部的激素平衡。扦插苗的累计高度说明顶端分生组织有丝分裂的次数，关系到顶端分生组织衰老程度。说明黑茶藨子的阶段转变是上述2种因素影响，同时也有助说明扦插和平茬可使树木部分复壮，但多次扦插和平茬树木仍趋向衰老退化。

11.4.3　激素与树木成花

对大多数树种，花的发端与春化作用无关，少数树种花的发端受光周期控制，因此，一般认为木本植物花的发端主要受内源激素平衡的影响。虽然已知的各类植物激素与树木的成花都有关系，对树木成花影响最大的激素是赤霉素。

对苹果、梨、桃、樱桃、杏、柑橘、杨、柳及部分杜鹃品种，GA可抑制其成花。均在初夏延长生长停滞阶段，内源 GA 水平较低情况下成花。外施 GA 可抑制成花，而施用 Alar、CCC 及 Phosphon 等生长延缓剂可促进成花。

在研究具大小年习性明显的苹果 Emneth Early 品种时发现，盛花后 3 周开始，种子中可检测出 GA，从盛花后 5 ~9 周，种子中 GA 含量开始增加，到 9 周时达到最高。苹果花的发端与种子形成的时间大部分重合，因此短枝果台上发育的幼果所分泌的大量 GA 阻碍果台芽转变为花芽，从而影响下一年的开花结实。发育中的幼果对花发端抑制作用在盛花后 5 ~9 周最强，如果在这一阶段进行疏果，花发端可正常进行(图 11-23、图 11-24)。

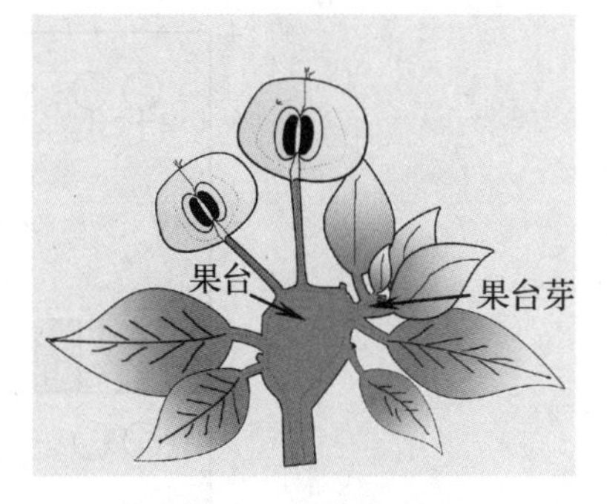

图 11-23 苹果短枝示意

下一年的花原基在果台芽中形成

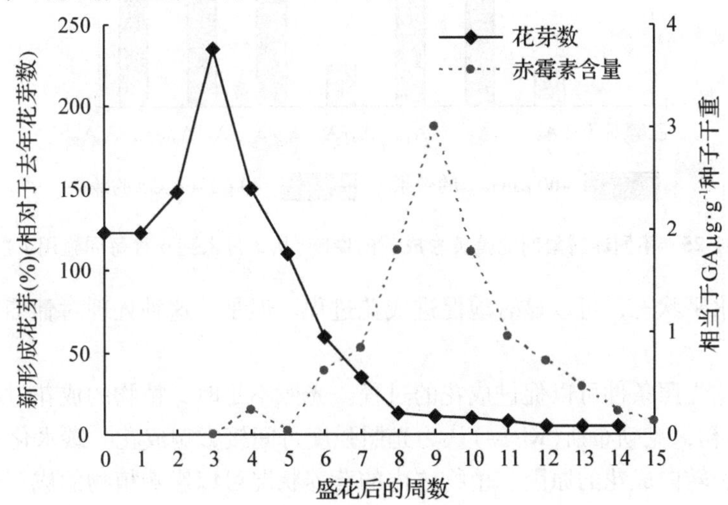

图 11-24 苹果(Emneth Early 品种)短枝上花的发端与幼果中赤霉素含量的关系

对一些针叶树种，外施 GA 可诱导处于幼年期植株成花。对于柏科和杉科树种，诱导成花最有效的是 GA_1、GA_3、GA_4、GA_7 及 GA_9，效果较差的是 GA_{13} 和 GA_{24}，GA_5 则基本不起作用。利用 GA_3 可非常容易地终止柏科和杉科树种幼年期，从而达到诱导成花的目的。GA_3 也可诱导多种松科树种成花，包括北美黄杉、日本落叶松、杆松、欧洲松、辐射松、挪威云杉、蓝云杉等。在不同 GA 对北美黄杉成花的影响中发现，相同用量的 GA 处理北美黄杉时，以 $GA_{4/7}$ 的诱导雌球花成花效果最好，GA_5 促进雄球花效果最好；各种激素配合使用时，则未表现出增效作用(图 11-25)。

11.4.4 营养条件与树木成花

根据长期的农、林业生产实践和植物生理学研究发现，营养生长可影响成花的过程。当营养生长极端旺盛时，花芽形成受阻；同时，当开花结实过多时，营养生长很差，甚至整个植株体枯死。因此，可通过多种方法控制营养生长促进成花过程。

对于某些果树和森林树种，水平枝条的营养生长与直立枝蔓，可产生较多的花芽。使

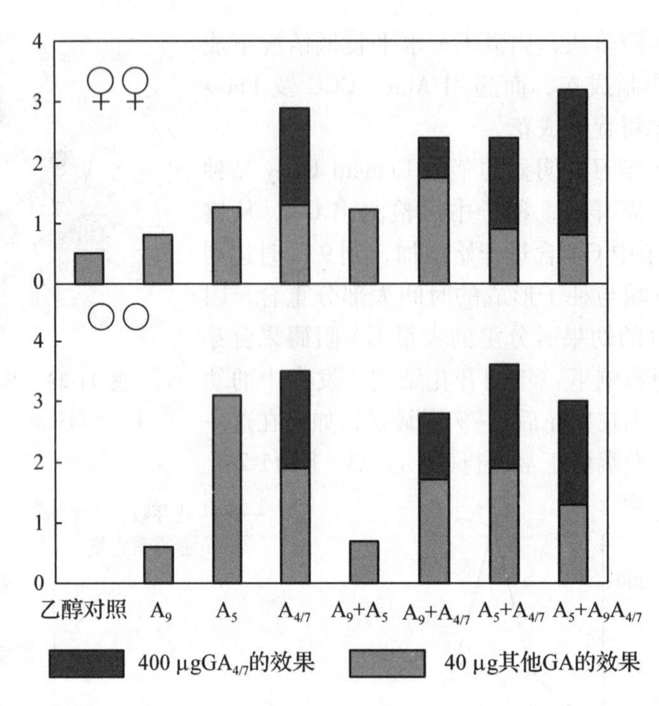

图 11-25　不同赤霉素对北美黄杉成花的影响(从 3 月末到 6 月每周施用 1 次)

苹果树干处于水平状态，可以显著地促进成花过程。但是，这种处理对葡萄、杏、樱桃和李无效。

改进植株的光照条件可以促进成花的过程。光照不足时，植物的成花过程受到严重抑制。在 20 世纪初，克勒布斯(Klebs)认为光照强度可间接影响成花。碳水化合物的积累是植物由营养生长转向成花的原因。植物体内的营养状况可以影响植物的成花过程。当植物体内碳水化合物与含氮化合物的比值高时，植物开花；而比值低时不开花。据此提出开花的碳氮比(C/N)理论。此后有人用番茄做试验，也证实决定番茄开花的是 C/N，这个比值高则开花；反之，则延迟或不开花。但是后来发现，C/N 高促进开花的植物仅是某些长日植物或日中性植物，而对短日植物不适用。植物的成花涉及基因表达，用碳氮比学说显然不能很好地解释成花诱导的本质。但是，植物开花过程的实现也确实需要营养物质的保证。在果树栽培中，应用移植或修剪树根的办法可减少吸收氮素营养，用环状剥皮等方法，使上部枝条积累较多的糖分，提高 C/N 比值，促进花芽分化，提高产量。林业上采取疏伐的方法改善林木生长的光照条件，通过积累碳水化合物促进林木开花结实。

11.5　花器官形成与性别分化

花器官发生与发育过程的特征对于探讨被子植物的花及其各个器官的起源和进化有着重要的意义，对揭示植物类群间的关系提供重要信息。在植物花芽分化的同时包含着性别分化。许多植物栽培的目的是采收生殖器官，因而产量往往决定于雌性器官的数量和质量。

11.5.1 花器官的形成

花器官向基部发育，即器官中最老的部分位于顶端，器官中最新产生的部分位于基部。花器官的发育都是以原基的形式在分生组织的侧面隆起，人们根据其形态建成将花发育的早期分成12个阶段。当花苞开放时，花的发育就算完成了。

第一阶段：平坦的分生组织上叶原基凸起。

第二阶段：花原基出现并从分生组织上分离出来。

第三阶段：萼片原基出现。

第四阶段：萼片原基长大，并覆盖花分生组织。

第五阶段：花瓣和雄蕊原基凸起。

第六阶段：雌蕊群开始发育，花粉管开始形成。

第七阶段：雄蕊花丝出现为主要标志。

第八阶段：雄蕊原基明显增大，药室明显可见。

第九阶段：所有的器官均伸长，花瓣原基变宽，并开始迅速生长。

第十阶段：花瓣与短雄蕊齐平。

第十一阶段：柱头在雌蕊群的顶端出现。

第十二阶段：花瓣已达到中部雄蕊的高度。

树木本身在能够进入生殖阶段之前必须通过一个营养生长的幼年阶段，在发育着的芽顶端分生组织成为花以前，必须产生一定数目的叶原基。曹丽敏等(2006)研究发现掌叶木的花器官发生过程为：①花序原基最先发生，然后形成2个大小不一的花原基；②花原基进一步膨大后，萼片原基开始呈螺旋状依次出现；③花萼发生后，在萼片互生的内侧出现花瓣原基，以轮状的方式产生，花瓣原基的生长比雄蕊慢；④然后雄蕊原基快速生长，花药成形；⑤随着花瓣原基和雄蕊原基的发生，心皮原基开始产生，随后进一步发育，雌蕊成熟。花为单性花。在雌花中，子房膨大而雄蕊退化；在雄花中，雌蕊正常发育，子房退化。

11.5.2 植物的性别分化

在花芽分化过程中，进行着性别分化(sex differentiation)。植物的性别表现随年龄的增大而发生变化，一般是雄花发育早于雌花，雌雄同株异花植物，如玉米，雄花先发育后才出现雌花。在植株上的分布，不同植物有不同的分布，玉米雌花在茎中分布，黄瓜雌花在高节位，多年生树木雌花分布在树冠生理年龄在较老的枝条上，雄花发育在较幼嫩的枝条上。

植株上部的顶芽和茎叶日龄虽小，但生理年龄较老。下部茎叶和侧芽日龄虽大，但生理年龄较幼嫩。组织培养过程中，油菜下部器官培养开花时间要比上部器官长，而花丝、花芽的切段培养，植株不会开花。结球甘蓝下部叶片组培植株结球不抽薹，上部叶片组培抽薹不结球。

11.5.2.1 性别表现与外界条件

营养条件、光周期、温度和植物激素及生长调节剂等环境条件能调控雌性性别的分化。

①土地干旱与N肥有利于雌花发育。

②对于黄瓜来说，夜温低雌花减少，夜间温暖，促雌花形成。

③不饱和气体(如CO、乙炔、乙烯)可刺激黄瓜雌花形成。

④激素类能影响雌雄同株植物雌/雄比例。生长素使黄瓜和西葫芦雄/雌比例减少。可能是高浓度生长素引起乙烯释放之故。乙烯利也可使雄/雌比例减少。GA则增加黄瓜雄花/雌花比例，丝瓜等也如此。另外，CCC、MH、TIBA和B，对性别分化也有作用。改变内源激素水平而引起。动物激素也有影响，睾丸甾酮引起褛斗菜雌花退化，雄花发育；而雌酮、雌二醇使雄株的花产生子房。

11.5.2.2　性别控制

常采用早期适当控制水分和N肥促进发育和性别转变，增施氮肥可以使玉米雌穗增多。早期蹲苗时禁用，如果使用会造成黄瓜茎节上提早出现雌花。烟熏黄瓜促进黄瓜雌花形成，是烟中含有CO和乙烯之故。乙烯利促进黄瓜雌花增多，但果实小，用于杂交制种增加种子产量。

11.6　植物的授粉与受精

植物的有性生殖过程包括花芽分化、性别分化、花的形成、雌雄花的发育、花的开放，授粉受精、胚胎发育、果实和种子形成与成熟阶段。

11.6.1　花粉活力与萌发

11.6.1.1　花粉构造与成分

成熟花粉叫雄配子体，其外壁成分包括纤维素和孢粉素(sporopollenin)(孢粉素是类胡萝卜素的氧化聚合物)，内壁成分是果胶与纤维素，内外壁均含活性蛋白。外壁蛋白是由毡绒层制造的，与识别有关。内壁蛋白是花粉制造的，与萌发和穿入柱头有关(酸类)。已知的酸类有80多种。

花粉含碳水化合物，各种大量元素和微量元素，氨基酸含量较其他组织高，特别是脯氨酸(与育性有关)含量特别高。还含类胡萝卜素和黄酮素，以及维生素、生长素、GA、乙烯等。在油菜花粉中还含油菜素内酯。

花粉粒是花粉由细胞减数分裂而来的，为单倍体细胞；由一个单核细胞(小孢子)分裂成2个细胞：一个是营养细胞；一个是生殖细胞。最初形成的营养细胞与生殖细胞只被两层质膜

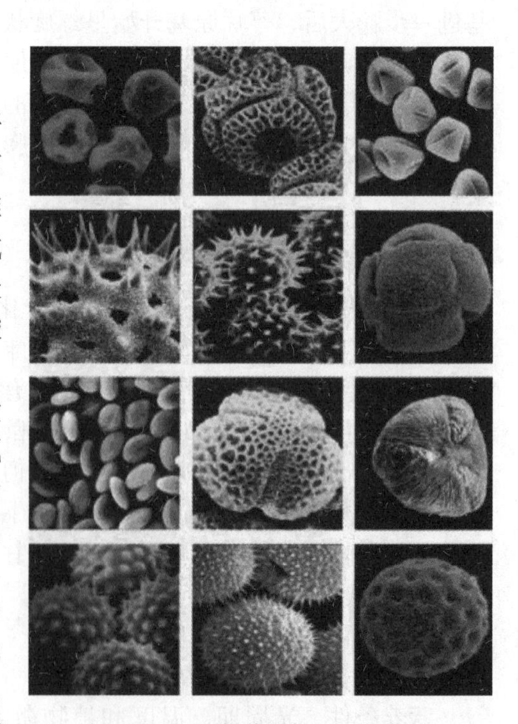

图11-26　植物花粉粒不同形态

分隔，两层质膜间有狭窄的空间，在其中逐渐沉积胼胝质的壁物质，这样营养细胞与生殖细胞各自都有细胞壁，之后，生殖细胞的壁消失而进入营养细胞质中。生殖细胞结构紧密，核膜上多孔，含酸性蛋白，贮藏物质多，有多种形态(图 11-26)。

有些植物为二核花粉，如木兰科、百合科等植物。有些植物为三核花粉(精核分裂为二)，如禾本科植物。

11.6.1.2 花粉生活力

不同植物的花粉的生活力不同，如小麦仅维持几小时，梨等可维持 70～210 d，向日葵可维持保持 1 年。

花粉的生活力与外界条件有关：高温，干旱或特别潮湿的情况下，花粉丧失生活力；低温可延长花粉寿命。保存适温为 1～5 ℃，相对湿度 6%～40%(禾本科植物则是 40% 以上)较好。

11.6.1.3 花粉萌发和花粉管生长

花粉粒落到雌蕊柱头上后萌发穿入柱头沿花柱进入胚进行受精。

硼能刺激花粉的萌发。钙刺激花粉管的生长，子房中钙离子是引导花粉管向胚珠生长的化学刺激物(向化性)。

温度和湿度影响花粉的萌发和花粉管的生长，最适温度为 20～30 ℃。花粉中的生长素，GA 是花粉萌发和花粉管生长的促进剂，可引导花粉管向胚珠反向生长，也说明花粉在雌蕊中生长是定向的。

花粉的萌发和花粉管的生长，表现集体效应(group effect)，即在一定面积内，花粉的数量越多，萌发和生长越好。

11.6.2 花粉与柱头的相互识别

11.6.2.1 识别反应和亲和性

从花粉在柱头上开始，分为融合前期(progamic phase)和融合期(fusion phase)两个阶段。柱头是执行授粉功能的特化器官，能分泌油状分泌物，粘着花粉，并促进花粉萌发，花粉萌发后产生花粉管，其内容物丰富，且含 2 个精细胞(图 11-27)。

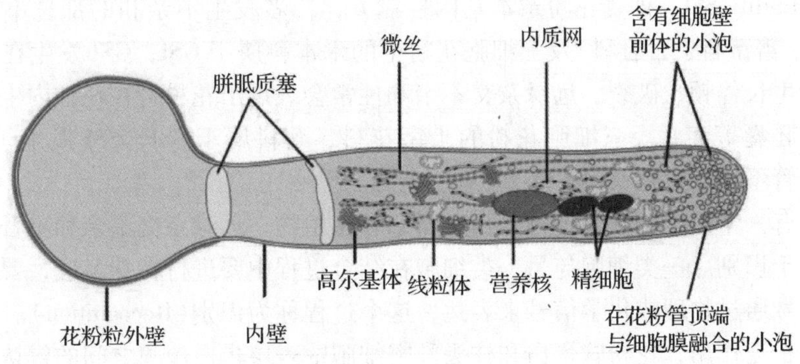

图 11-27 花粉管顶端区结构示意(引自 Mascarenhas, 1993)

花柱是特化的引导组织(conducting tissue)并是花粉生长经过的通道。花粉落在柱头上后长出一个花粉管，识别后花粉管尖端产生溶解柱头薄膜下角质层的酸(角质酸)使角质溶解。花粉穿过柱头表面，沿着柱头直到达子房，2 个雄核被放出，一个移向卵细胞进行受精，另一个与极核融合形成三倍体胚乳核，完成双受精过程。有花植物的整个受精过程见图 11-28。

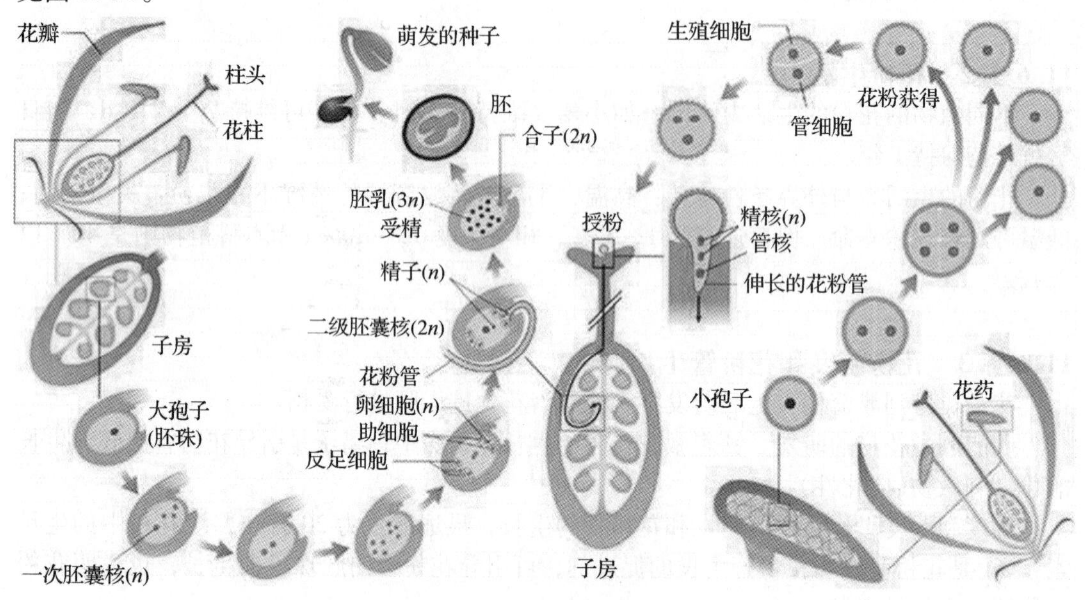

图 11-28　开花植物授粉受精过程

花粉落在柱头上能否萌发及能否完成受精，取决于花粉和雌蕊的亲和性(compatibility)和识别反应。在花粉方面，识别物质是壁蛋白，雌蕊的识别物质是柱头表面的亲水蛋白质膜和花柱介质中的蛋白质。

所谓自交不亲和性(self－incompatibility)是指植物花粉落在同花雌蕊的柱头上不能受精的现象。为遗传不亲和性，受一系列复等位 S 基因所控制，当雌雄双方具有相同的 S 等位基因时就表现不亲和。被子植物存在两种自交不亲和系统，即配子体型不亲和(gamatophytic self-incompatibility，GSI，即受花粉本身的基因控制)和孢子体型不亲和(sporphyric self-incompatibility SSI，即受花粉亲本基因控制)，二者发生不亲和的部位不同。二细胞花粉(茄科、蔷薇科、百合科)及三细胞花粉中的禾本科属于 GSI，GSI 发生在花柱中，表现为花粉管生长停顿、破裂。远缘杂交不亲和性常会表现出花粉管在花柱内生长缓慢、不能及时进入胚囊等症状。三细胞花粉的十字花科、菊科属于 SSI，SSI 发生于柱头表面，表现为花粉管不能穿过柱头(图 11-29)。

自然界有一半以上的被子植物是自交不亲和性植物，远缘杂交不亲和更普遍。不亲和性生理上在于识别。一类细胞与另一类细胞在结合过程中要进行特殊反应，要从对方得到信息，此信号通过物理或化学信号来表达，这个过程称为识别(Recognition)。即是指花粉粒与柱头的相互作用，花粉管蛋白和柱头乳突细胞壁表层蛋白薄膜之间的辨认反应，结果表现为“亲和”或“不亲和”。

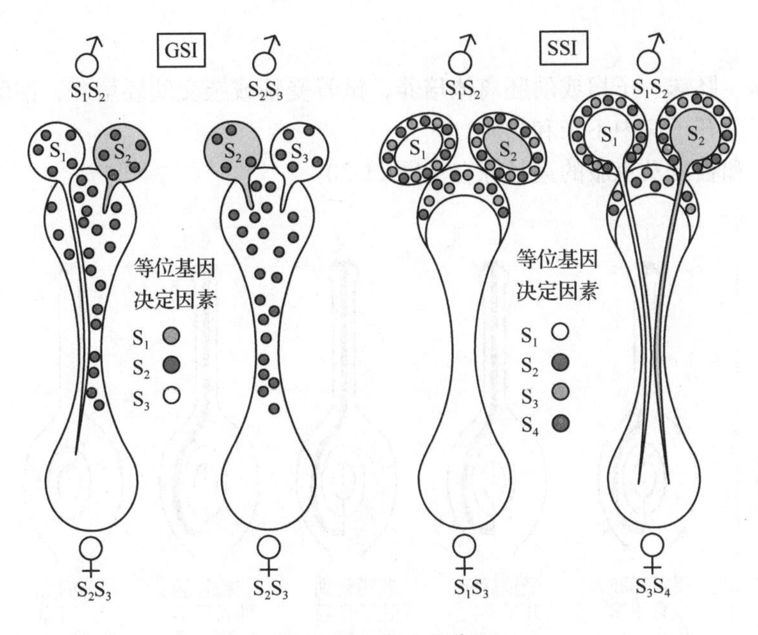

图 11-29　自交不亲和

配子体自交不亲和(GSI)和孢子体自交不亲和(SSI)

Heslop-Harrision(1975)提出花粉与柱头识别的假说：凡杂交亲和的植物，花粉与柱头能相互识别；杂交不亲和的植物之间，花粉与柱头相互排斥。花粉落到柱头上时，花粉外壁的蛋白质释放出来，与柱头表层的薄膜相结合。如二者是亲和的，花粉管尖端产生角质酸溶解柱头的角质层，花粉管穿过花柱面生长；如不亲和，柱头和乳突产生胼胝质阻碍花粉管穿过。

花粉和柱头识别的分子基础是花粉内外壁中的蛋白质和柱头上的S-糖蛋白。S-糖蛋白具核酸酶活性，又称S-核酸酶，能被不亲和的花粉管吸收，将花粉管内的RNA降解，从而抵制花粉管生长并导致花粉死亡。

11.6.2.2　克服不亲和性的可能途径

自交不亲和性是保障开花植物远系繁殖的机制之一，有利于物种的稳定、繁衍与进化。

增加染色体倍性　自交不亲和性二倍体诱导成四倍体，出现自交亲和的表现，如樱桃、梨等。

利用年龄因素　雌蕊未成熟或衰老时，不育基因未定型或不亲和基因尚未表达或表达减弱，柱头表面与花柱介质中识别蛋白未形成或形成数量减少，活性减弱，对花粉萌发和花粉管生长抑制作用降低。如油菜剥蕾授粉可得自交系。

高温处理　配子体型的自交不亲和植物如梨、番茄等，用32～60 ℃高温处理柱头可打破不亲和性。

激素及抑制剂处理　抑制落花激素如NAA及IAA处理花，可以使花朵免于早落，花粉管可在落花前达到子房。放线菌素D可抑制花柱中DNA的转录，可部分抑制花柱中自交不亲和性。

离体培养　胚珠、子房或幼胚离体培养，试管受精或杂交幼胚培养，细胞杂交或原生质体融合，可避开子房中不亲和物质。

自交不亲和程度及克服的途径综合见图 11-30。

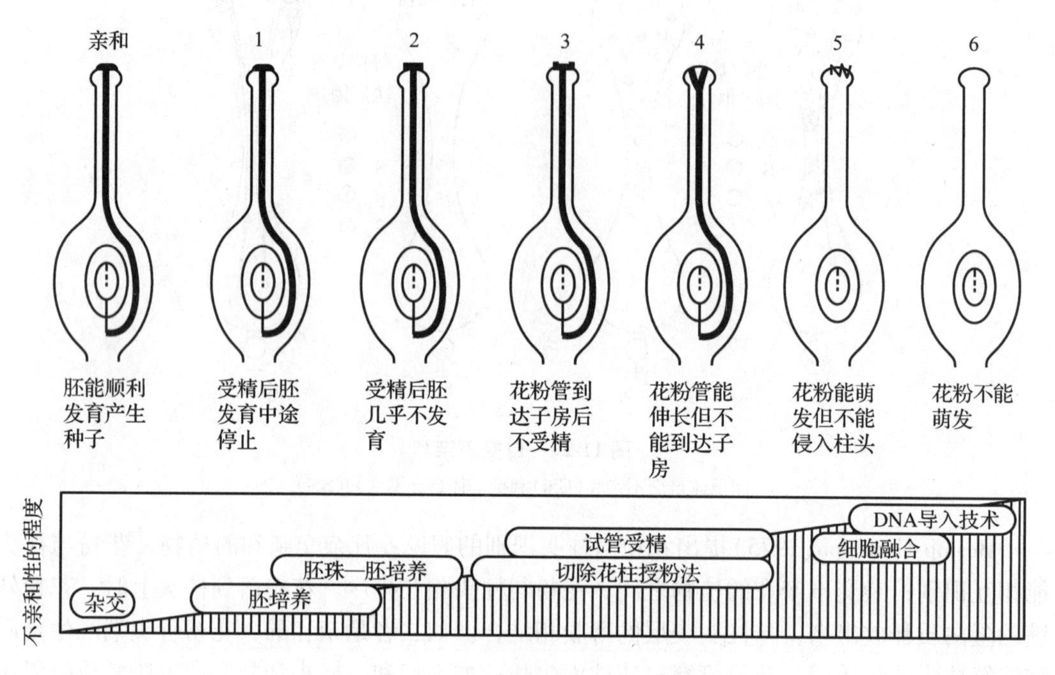

图 11-30　自交不亲和程度和克服途径

11.6.2.3　受精的生理生化变化

受精过程中，植物呼吸强度及吸水、吸盐能力增加。受精后，雌蕊 IAA 含量增加，质体、线粒体、内质网膜、核糖体分散并绕核重新排列，同时游离态核糖体形成聚合态的复合物(RNA + 核糖体)。合子释放出长寿命的 mRNA(未成熟，已形成并保持功能态)受精时引起蛋白质合成，合子核能将卵细胞中的核糖体聚合起来，产生新的聚核糖体，激发蛋白质合成，直到心形胚期才消失。

11.6.3　授粉与坐果的关系

受精后，胚和胚乳开始发育。珠被增大形成种皮；子房壁增大形成果皮，花托的一部分也参与形成果皮。同时，花的其他部分，如雄蕊、花冠、花萼脱落或枯萎。这种变化标志着由花转变为幼果，称为坐果(fruit setting)。

授粉成功后子房开始迅速生长。子房的生长程度与柱头上的花粉密度呈正相关。子房花粉密度较大时，番茄果实生长可明显加快，西番莲坐果率明显增加，果实也较大。在植物育种工作中所得花粉数量少时，可以用其他花粉作载体，也能部分地起到加密花粉的作用。由于许多植物的花粉富含生长素，推测可能是由于生长素的作用。研究发现，肉质果实发育期喷施或涂抹生长素可代替授粉，诱导果实增大。

坐果所需生长素刺激不仅来自花粉，也来自子房。授粉促使子房合成生长素。Muir发现，授粉后2 d内烟草花的子房内生长素含量迅速增加。子房中生长素含量与花粉管在花柱中伸长的过程非常相似。Lund的研究证明，授粉后20 h生长素合成主要发生在花柱顶部，50 h延伸至基部，在90 h花粉管到达胚珠，此时子房基部成为合成生长素最多的部位。

但是，对一些不能以生长素诱导坐果的植物，其坐果可能受其他激素调控，例如，某几种蔷薇、樱桃、扁桃、杏、桃、葡萄、苹果和梨，以GA诱导坐果有效。由于苹果幼果中细胞分裂素含量较高，推测细胞分裂素也参与苹果坐果。

知识窗

无融合生殖

植物的生殖方式可分为有性生殖(sexual reproduction)和无性生殖(asexual reproduction)2种。有性生殖是经过雌、雄性细胞融合而发育成合子胚或种子，并用种子繁殖后代，如松树、杨树、椴树等。无性生殖是不经过雌、雄性细胞融合而直接用营养体细胞繁殖后代，如人们常用分根、扦插、嫁接、压条、高压等人工的方法来繁殖花卉和果树。而无融合生殖(apomixis)是无配子种子生殖(agamospermy)的同义词，是一种通过种子进行无性繁殖的过程。1814年，Smith最先发现一种山麻杆属植物(*Alchornea ilicifolia*)单个雌株就能结出种子；1931年，Sax发现湖北海棠(*Malus hupehensis*)有孤雌生殖现象。从此，无融合生殖在木本植物中的研究拉开了帷幕。

无融合生殖可分为单倍体无融合生殖和二倍体无融合生殖2种类型，前者经过了减数分裂，后者未经减数分裂。目前，国际上通用的无融合生殖概念是指二倍体无融合生殖，即发生在被子植物胚珠中的不经减数分裂和受精作用而产生种子的生殖方式。二倍体无融合生殖的发生也有2种类型：即孢子体无融合生殖和配子体无融合生殖。

1. 孢子体无融合生殖(sporophyte apomixis)

当有性生殖进行到合子阶段，由胚珠孢子体中的细胞(通常为珠心细胞)直接产生1个或多个胚的现象。由孢子体无融合生殖形成的胚被称为不定胚(adventitious embryo)，因此也被称为不定胚生殖。如柑橘、杧果等。有研究发现，不定胚能否存活取决于它们能否生长在有性胚乳附近并得到胚乳的滋养。不定胚主要见于芸香科、仙人掌科、黄杨科、大戟科、桃金娘科、兰科和菊科植物。

2. 配子体无融合生殖(gametophyte apomixis)

(1)单倍配子体无融合生殖

单倍配子体无融合生殖(haploid gametophyte apomixis)指雌雄配子体不经过正常受精而产生单倍体胚的生殖方式，简称单性生殖。分为孤雌生殖(雌核发育)和孤雄生殖(雄核发育)。

孤雌生殖：卵细胞不经受精直接发育成个体的现象，但其极核细胞仍需经过受精才能发育成胚乳，故授粉仍是必需的。

孤雄生殖：卵核在精子入卵后即发生退化和解体，在卵细胞质内仅发育形成具有父本染色体的胚。目前利用花粉诱导产生单倍体植株，是一种人为创造孤雄生殖的方式。

(2)二倍体无融合生殖(diploid gametophyte apomixis)

二倍体的配子体发育而成的无融合生殖类型。由于胚囊中所有细胞核均为二倍体，未经减数分裂，其发育形成孢子体的过程又称为不减数的单性生殖。可分为二倍体孢子生殖和无孢子生殖2种。

由大孢子母细胞不经减数分裂形成未减数胚囊起始细胞，没有发生减数分裂的卵细胞孤雌生殖产生无融合生殖胚(apotitic embryo)，未减数分裂的极核经假受精或不受精直接发育成胚乳(endosperm)，如龙须草等。通常将同一胚珠或同一植株的不同胚珠中同时发生有性生殖和无融合生殖的现象称为兼性无融合生殖，若未观察到有性生殖的则被称为专性无融合生殖(图1)。研究发现，很多专性无融合生殖其实是兼性无融合生殖。

目前已报道的具有无融合生殖的果树包括蔷薇科苹果属、芸香科柑橘属、漆树科杧果属、胡桃科核桃属的很多物种。其中具有无融合生殖的苹果属植物就有10种，包括湖北海棠、三叶海棠、锡金海棠、丽江山定子、变叶海棠、小金海棠、沙金海棠、扁果海棠、披针叶海棠、花冠海棠。无融合生殖在生产应用上具有很大意义和开发潜力，其鉴定方法主要有：①形态学观察法，即遗传学鉴定；②显微结构和超微结构观察法，即细胞胚胎学鉴定(组织切片、整体透明、组化荧光技术等)；③生化和分子生物学鉴定法(RAPD、RFLP分子标记、cDNA表达、mRNA差异显示等)。

无融合生殖技术的意义：①固定杂种优势，克服难以实施杂交技术的障碍；②解决远缘杂交后代不育困难，扩展遗传资源；③脱毒技术，是除了离体培养、体细胞胚的诱导、茎尖培养以外的一种新的繁殖手段，具有无病毒、易贮藏、耐运输的特性，为种质资源的丰富提供技术保障。

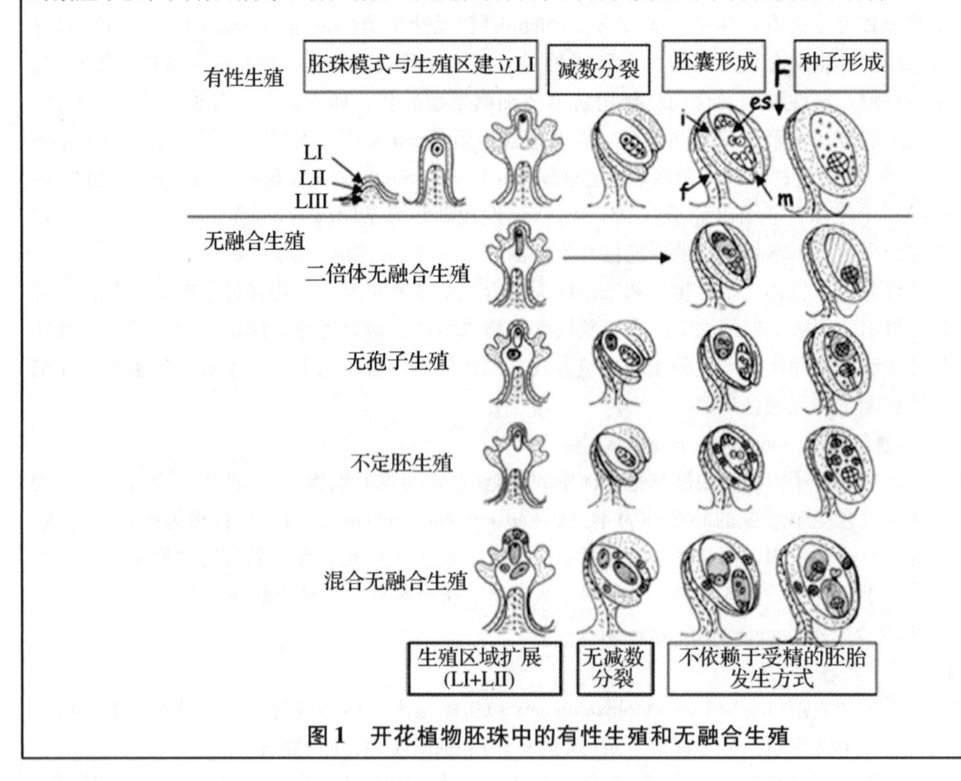

图1　开花植物胚珠中的有性生殖和无融合生殖

小　结

本章主要介绍植物成花的生理机制、性别分化与授粉受精生理。

植物通过幼年期达到花熟态时，通过光周期诱导和春化作用才能开花。低温与光周期是花诱导的主要外界条件。光周期对花诱导有极显著影响。光周期反应类型主要有3种：短日植物、长日植物及日中性植物。感受光周期部位是叶片，开花刺激素能传导。短日植物花诱导需长夜；长日植物要求短夜；暗期闪光间断条件下短日植物不开花，长日植物开花。在植物引种过程中，必须考虑植物对光周期的需要。

春化作用时期一般在种子萌发或植株生长期。接受低温的部位是茎尖生长点或其他具有细胞分裂的组织。春化作物由特异mRNA翻译出特异蛋白，改变基因表达，导致DNA去甲基化，降低FLC表达水平，转向生殖生长。木本植物由幼年期转变到成熟期的主要标志是获得成花能力。木本植物由幼年期向成熟期过渡时所发生的阶段转变，主要发生在顶端分生组织本身。

花器官形成受光周期、自主春化、糖类及GA 4条途径控制，作用于开花整合子控制下游基因表达，形成花器官。在成花诱导基础上，茎生物锥形成花原基，然后发育为花器官。花器官“ABC”模型可解释花器官形成受同源异型基因作用。花器官的性别分化是植物本性，同时受光周期、营养条件及激素影响。花粉与柱头有亲和与不亲和2种表现。自交不亲和有孢子体型与配子体型2种。

思考题

1. 影响植物花发端的因素有哪些？
2. 温度和光如何影响植物的成花与花发育？
3. 成花的光周期反应类型及其特点。
4. 光敏色素在光周期反应中的作用。
5. 近似昼夜节奏在成花诱导中的作用。
6. 春化作用及其在成花诱导中的作用机理。
7. 成花诱导的调控途径有哪些？
8. 树木成花的特点有哪些？
9. 克服植物自交不亲和性的主要途径。

植物的成熟和衰老

植物受精后，种子便开始发育，并趋向成熟。种子发育经历 3 个阶段。激素在种子的生长发育中起重要作用，同时种子的成熟还受多种外界因素的影响。成熟和衰老没有严格的界限。通常情况下，叶片的衰老伴随着果实的成熟。果实的软化是果实成熟的一个重要特征，并不涉及衰老的过程。通过基因工程和生长调节物质的应用，可有效地控制果实的成熟，延缓果实的衰老。植物器官脱落与其衰老也有一定关系。人为控制脱落具有重要意义。

植物受精后，受精卵发育成胚，胚珠发育成种子，子房壁发育成果皮，子房及花的其他部分(如花托、花萼等)发育成果实。种子和果实形成时，形态上及生理生化上都发生很大的变化，并受外界环境条件的影响。种子和果实的长势决定着作物产量的高低与品质的好坏。对多年生木本植物来说，随着植株年龄的增长，植物发生衰老和器官脱落，并与下一代的生长发育紧密相连。因此，有关植物成熟和衰老生理的研究有着重要的理论及实践意义。

12.1 种子成熟生理

种子的成熟包含 2 个过程：一是受精卵经过细胞分裂，形成了能够发育成新个体的胚；二是种子外部形态完全呈现出成熟特征，完成营养物质的积累，即从营养器官输入的可溶性小分子化合物(如葡萄糖、蔗糖、氨基酸等)，逐渐转化为在胚乳或子叶中贮藏起来的不溶性大分子化合物(如淀粉、脂肪、蛋白质等)。

12.1.1 胚分化和种子形成

种子的发育是从受精开始的。卵细胞受精形成的合子表现出明显的极性，然后进行不均等分裂，这些过程对胚细胞的分化和发育起着重要作用。从受精卵不均等分裂而产生的 2 个子细胞进一步分别分化形成胚和胚柄。胚柄能对胚提供各种营养和激素物质，因而胚和胚柄间的相互作用与胚的发育有着密切的关系。在豆科植物中，胚柄细胞的发育与胚的分化密切相关，随着胚的发育，胚柄逐步退化，并把营养物质输送给胚。在胚分化的旺盛时期，胚柄通过多倍体细胞的形成而迅速合成大量 RNA，可能有利于胚的分化发育。

不同植物胚和种子的发育需要时间不同。与草本植物相比，一般木本植物所需时间较长。拟南芥胚的发育需要 10 d，分为球形期、三角期、心形期、鱼雷期、U 形期和成熟期 6 个阶段。在开花后 3 d，拟南芥胚的结构不是很明显，此时尚在形成中的胚乳的自由核聚集在胚囊边缘。开花 4 d 后，即球形期早期，幼胚清晰可辨，胚柄将其牵引至珠孔端(图 12-1)。至 5 d 后(三角期)，胚的形状介于心形和长方形之间，随即便进入心形期(开花后 5 ~ 6 d)，此时子叶开始形成。胚在 7 d 后进入鱼雷期；在第八天时，胚柄逐步退化，子叶开始弯曲，进入 U 形期。从开花后第七天至第十天，胚逐渐进入成熟期，此前占种子体积大半部分的胚乳，完全被吸收并被正在生长与延长的胚所取代。至开花 10 d 后，胚完全成熟，占据了种皮下所有空间。橡树胚与种子的形成过程与拟南芥相似，但时间较长，分成 4 个阶段。第一阶段是传粉后 8 ~ 9 周，此时胚乳和球形胚开始发育(图 12-2)；第二阶段，在 9 ~ 13 周，子叶开始分化，心形胚开始形成；到第三阶段(13 ~ 18 周)，子叶完全展开；至第四阶段，胚完全成熟，此时离传粉已有 18 ~ 19 周。

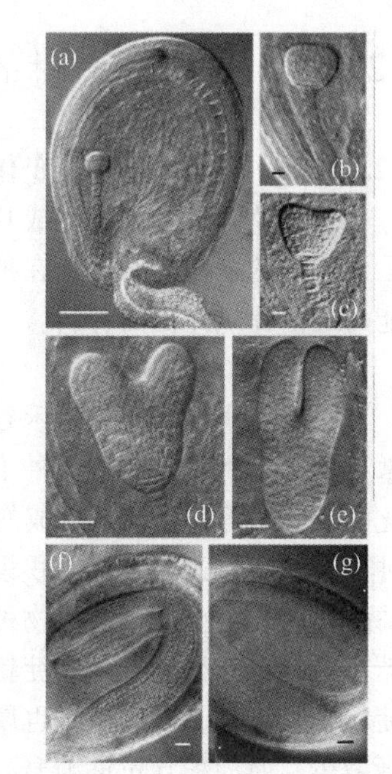

图 12-1　光学显微镜观察下的拟南芥种子胚发育过程
(引自 Baud *et al.*, 2002)
(a)开花后 4 d 的种子　(b)开花后 5 d，三角期时的胚　(c)开花后 5 d，心形期早期的胚　(d)开花后 6 d，心形期后期的胚　(e)开花后 7 d，鱼雷期时的胚　(f)开花后 8 d，U 形期时的胚　(g)开花后 10 d，此时胚已成熟

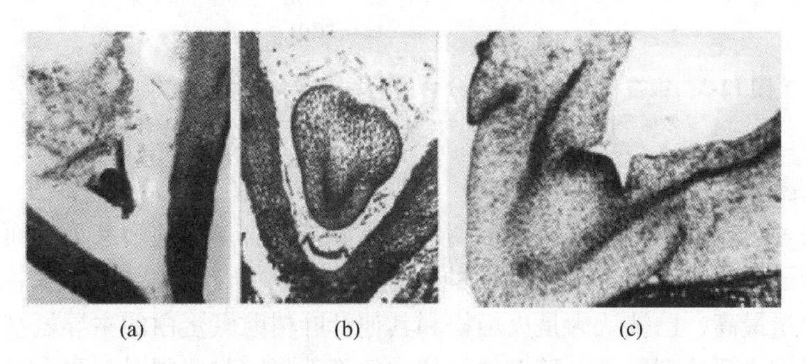

图 12-2　橡树胚发育过程(引自 Prewein *et al.*, 2006)
(a)球形期　(b)心形期　(c)子叶形成

12.1.2　种子成熟时的生理生化变化

12.1.2.1　贮藏物质的变化

一旦植物胚和胚乳完成其发育过程，种子便进入成熟期。种子的成熟过程，往往伴随贮藏物质的合成与积累。在种子萌发过程中，这些物质的降解，能够为幼苗获取足够光合能力之前提供充足的养料。

(1)碳水化合物

小麦、水稻、玉米等禾谷类种子和豌豆、蚕豆、菜豆等豆类种子以贮藏淀粉为主，通常称为淀粉种子。在这类种子发育过程中，首先是大量的糖从叶片运入种子，随淀粉磷酸化酶、Q 酶等催化淀粉合成的酶活性提高，可溶性糖向淀粉转化，积累在胚乳中。禾谷类种子在其成熟过程中淀粉积累加快，干重迅速增加，与淀粉合成相关的一个重要酶是淀粉磷酸化酶。与上述草本植物种子类似，木本植物银杏种子中的糖类物质主要为葡萄糖、果糖、二糖、三糖、多糖和淀粉。在整个生长过程中葡萄糖、果糖和淀粉的含量较高，尤以淀粉含量最高，因此银杏也属于淀粉型种子。在种子生长后期，二糖、三糖和多糖含量逐渐减少，而淀粉含量逐渐升高，这反映出它们之间的消长变化(图 12-3)。

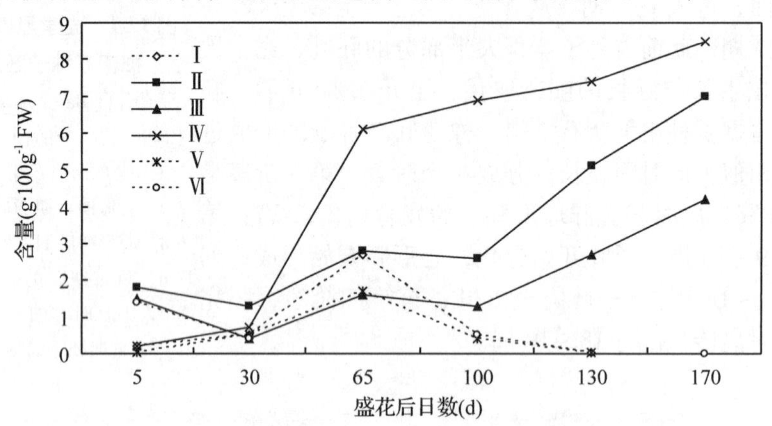

图 12-3　银杏种子中各种糖分含量的季节变化(引自王建 等，2000)

Ⅰ. 多糖　Ⅱ. 葡萄糖　Ⅲ. 果糖　Ⅳ. 淀粉　Ⅴ. 三糖　Ⅵ. 二糖

(2)氨基酸和蛋白质

在火炬松种子发育的早期直至心形期，其总氨基酸含量呈递增趋势，而随后到成熟期迅速下降。种子发育过程中各个氨基酸的变化也各有差异(表 12-1)。其中，精氨酸在所有氨基酸中含量最高，已被认为是火炬松和其他针叶树贮藏蛋白的主导氨基酸。其含量在球形期与心形期之间达到最高，随着种子的成熟而下降。与此同时，蛋白质的含量在成熟的种子中达到峰值，表明成熟期氨基酸含量的下降与蛋白质(贮藏蛋白和后胚特异富集蛋白(LEA))合成的启动有关，在大多数针叶树成熟种子中也发现同样的现象。

表 12-1 火炬松种子发育过程中氨基酸含量的变化 μg·g⁻¹ FW

氨基酸	发育时期				
	球形期	鱼雷期	前子叶期	子叶期	成熟期
天冬氨酸	10.2 ± 0.4	21.8 ± 1.8	82.7 ± 7.6	80.2 ± 3.2	45.1 ± 2.4
谷氨酸	24.4 ± 1.1	65.0 ± 5.8	252.1 ± 20.8	663.8 ± 46.0	56.7 ± 2.3
天冬酰胺	57.9 ± 2.3	184.7 ± 17.7	343.0 ± 28.5	843.5 ± 21.4	56.4 ± 3.7
丝氨酸	24.7 ± 1.4	55.8 ± 3.2	55.8 ± 1.9	205.5 ± 10.8	8.7 ± 0.5
谷氨酰胺	176.0 ± 4.4	802.1 ± 71.6	2 006.6 ± 196.3	708.7 ± 17.1	14.8 ± 1.3
组氨酸	117.1 ± 1.9	205.5 ± 16.3	417.5 ± 25.7	602.2 ± 22.9	24.0 ± 3.4
甘氨酸	6.6 ± 0.5	10.4 ± 1.0	12.5 ± 1.2	46.9 ± 3.7	3.3 ± 0.3
精氨酸	463.0 ± 26.0	1 022.3 ± 92.2	2 823.1 ± 135.8	5 786.7 ± 202.9	338.4 ± 33.1
苏氨酸	13.3 ± 0.7	17.1 ± 0.9	23.1 ± 1.8	48.3 ± 2.9	4.1 ± 0.1
丙氨酸	61.0 ± 1.9	148.2 ± 13.7	39.7 ± 3.9	61.1 ± 3.6	22.8 ± 1.6
γ-氨基丁酸	95.8 ± 1.3	220.8 ± 19.9	71.6 ± 6.6	121.5 ± 8.2	1.1 ± 0.1
酪氨酸	33.2 ± 1.0	25.1 ± 1.2	22.6 ± 1.2	63.6 ± 2.6	15.8 ± 0.5
色氨酸	5.6 ± 0.4	36.8 ± 3.7	36.7 ± 2.3	7.1 ± 0.1	2.5 ± 0.1
甲硫氨酸	4.4 ± 0.3	7.1 ± 0.6	16.6 ± 1.6	26.2 ± 0.9	5.6 ± 0.2
缬氨酸	21.9 ± 0.7	34.2 ± 1.9	33.5 ± 2.3	110.0 ± 5.3	7.1 ± 0.1
苯丙氨酸	42.4 ± 3.7	40.4 ± 3.9	20.4 ± 1.1	48.8 ± 2.3	5.0 ± 0.3
异亮氨酸	17.0 ± 1.2	27.5 ± 1.7	21.7 ± 2.4	98.6 ± 6.8	4.6 ± 0.1
亮氨酸	12.2 ± 0.5	22.3 ± 2.1	19.2 ± 1.5	101.5 ± 7.3	5.5 ± 0.3
鸟氨酸	11.8 ± 1.8	27.0 ± 1.4	77.5 ± 4.0	55.4 ± 6.1	7.3 ± 1.4
赖氨酸	68.4 ± 4.1	87.4 ± 6.7	131.8 ± 8.8	263.9 ± 7.9	10.6 ± 0.7
总氨基酸	1 266.9 ± 39.0	3 061.5 ± 247.1	6 517.7 ± 443.2	9 943.5 ± 218.6	639.3 ± 41.5

注：引自 Silveira *et al.*，2004。数据表示的是3个重复的平均值±标准误差。

(3)脂肪

植物种子油脂是由脂肪酸和甘油合成的高级脂肪酸甘油酯，以三酰甘油的形式贮存于种子中。油料种子在其发育初期，碳水化合物大量积累，但伴随种子重量增加，碳水化合物向脂肪转化(图 12-4)。另外，在种子成熟过程中，先合成饱和脂肪酸，而后在去饱和酶作用下，转化为不饱和脂肪酸。例如，大豆种子发育早期有6种脂肪酸，成熟期减少为5种。其中成熟期种子的不饱和脂肪酸亚油酸和油酸占全部脂肪酸的80%以上，棕榈油酸在发育中途消失。在大豆种子发育过程中油酸与亚油酸呈同步积累，高度正相关，在脂肪酸组成中具有支配地位，去饱和酶 SAD 和 FAD2 两种酶在决定大豆含油量方面可能具有决定性作用。

(4)含水量

种子生长达最大后，含水量逐渐降低而趋于成熟，幼胚中具浓厚的细胞质而无液泡，自由水较少。银杏在种子成熟过程中，随着其中各种贮存物质不断积累并逐渐由液态变成固态，种子比重增大，再加上种子外种皮萎缩失水，相对含水量逐渐降低，到种子成熟时达到最低值(图12-5)，而绝对含水量从一开始就不断上升，直到成熟前才有所降低，表明需水量较大。同时，银杏种子的干物质含量不断增加。含水量的这种变化对于种子完成生活史是必需的，低含水量有利于种子贮藏，抵御恶劣环境，使种子得以较长时间的存活，确保种系繁衍。

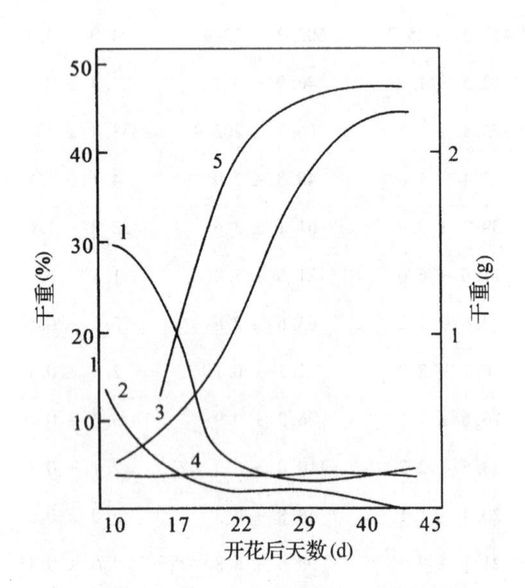

图12-4　油菜种子成熟过程中物质的变化

(引自曹宗巽和吴相钰，1980)

1. 可溶性糖　2. 淀粉　3. 千粒重　4. 含氮物质　5. 粗脂肪

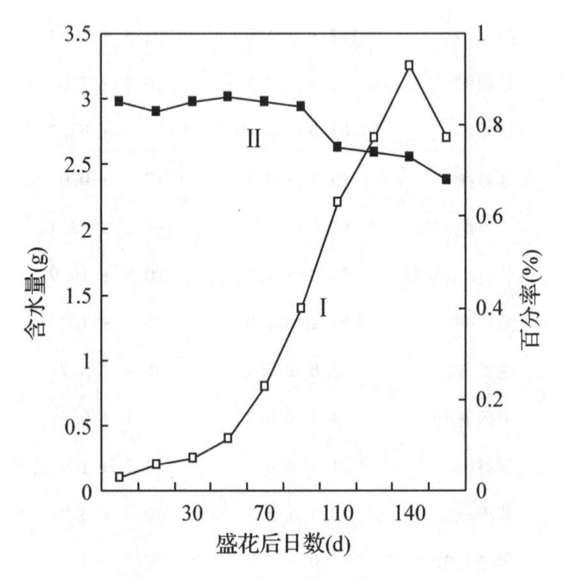

图12-5　银杏种子含水量的变化

(引自王建 等，2000)

Ⅰ. 平均单种含水量　Ⅱ. 含水百分率

12.1.2.2　植物激素的变化

在种子成熟过程中，种子中的内源激素也在不断变化。例如，银杏种子在盛花期授粉前生长素、脱落酸、玉米素核苷和赤霉素都处在一个较高的水平，授粉后玉米素核苷、生长素和脱落酸水平迅速降低，但赤霉素的含量却显著升高，这表明授粉作用刺激了种子中赤霉素含量的增加，抑制了脱落酸的水平，同时赤霉素在银杏种子中也有促进细胞分裂的作用。之后至7月，赤霉素、生长素和玉米素核苷逐渐升高，而脱落酸的水平却不断降低。在3种激素的共同作用下，细胞分裂和伸长、膨大同时进行。到了8月，伴随种子的成熟，其赤霉素、生长素和玉米素的含量不断降低(表12-2)。但在近3个月的时间里，赤霉素和生长素始终维持一定的水平，它们的存在既抑制了种子的衰老，又确保了种子作为营养“库”的地位，有利于有机营养物质的积累。与此同时，脱落酸含量却呈上升趋势，说明脱落酸起着抑制种子生长和促进成熟进入休眠的作用。

表 12-2 银杏种子生长过程与内源激素的关系

采样时间（月－日）	纵径(cm)	激素含量($\mu g \cdot g^{-1}$)		
		GA_3	IAA	ABA
04－25	0.16	0.15	0.23	0.35
05－05	0.50	0.40	—	0.13
05－30	1.01	0.13	0.03	0.03
07－01	2.80	0.38	0.32	—
08－01	2.91	0.07	0.13	0.14
09－10	2.96	0.06	0.10	0.25
10－04	2.92	—	0.05	0.42

注：引自王建 等，2001。

12.1.3 外界条件对种子成熟和化学成分的影响

种子的成熟过程受各种外界条件的影响。同一地区不同的树种，由于生物学特性不同，其种子成熟时期也不同。大多数树种的种子成熟在秋季，也有在春、夏季成熟，如柚子、铁刀木、松柏等在早春成熟，杨树、柳树、榆树等在春末夏初成熟，桑树、柏树等在夏季成熟；而苦楝、马尾松等入冬成熟。同一树种在不同生长地区、不同地理位置，种子的成熟期也不同。一般生长在南方的树种比生长在北方的树种成熟早。同一树种虽生长在同一地区，但由于立地条件、天气变化等差异，种子成熟期也不同。生于沙质土壤比黏质土壤树种种子的成熟要早，阳坡比阴坡的成熟要早，林缘的比林内的成熟要早，高温干旱地区比冷凉多雨地区成熟要早。

同时，外界条件也可对种子的化学成分产生影响。例如，干旱可使子粒的化学成分发生变化。种子在较早时期干缩，可溶性糖来不及转变为淀粉，而这时蛋白质的积累过程受阻较淀粉的为小，因此，此时子粒中蛋白质的相对含量较高。在干旱地区，由于土壤溶液渗透势高，水分供应不良，即使在好的年份，灌浆也很困难，所以，子粒中含淀粉较少，而含蛋白质多。温度对于种子的脂肪含量影响很大。种子成熟期间，适当的低温有利于脂肪的积累。我国银杏种子的淀粉、蛋白质和脂肪的含量，南北存在显著差异。因为北方降水量及土壤水分比南方少，而北方气温相对南方要低，所以，北方(如山东)银杏种子淀粉含量比南方(如广东)显著降低，这可能是南方白果甘甜可口的原因，而其蛋白质和脂肪含量比南方(如广西)要高。

12.2 果实成熟生理

果实是由包裹胚珠的组织发育而成的整个构造。根据其包含组织的不同可分为真果和假果。纯由子房发育形成的果实称为真果，如番茄、桃等；由子房、花托、花萼或花序轴等部分共同发育而形成的果实称为假果，如苹果、梨等，它们的食用部分主要是由花托发育成的。

果实发育包括果实生长和成熟2个阶段。成熟是指果实生长停止后，发生一系列生理生化变化，包括色、香、味的形成和硬度变化，达到可食状态的过程。果实的成熟决定了作为食品的水果和蔬菜的质量和商品价值。因此，研究果实成熟时的生理生化变化具有重要意义。

12.2.1　果实的生长

与营养器官生长一样，果实也有生长大周期，呈S形生长曲线。但植物种类不同，果实的生长特点不同。肉质果实(如苹果、梨、香蕉、番茄等)只有一个迅速生长期，即慢—快—慢，其生长曲线呈单S形；而一些核果(如桃、杏、李、樱桃等)的生长曲线则呈双S形，可能是在生长中期养分主要向核内的种子集中，使果实生长减慢而造成的。

果实的生长与种子有关，大多数情况下，如果不受精，子房不会膨大而形成果实。但有些植物的卵不经受精作用也可直接发育成胚，或由胚珠内的反足细胞、助细胞等发育成胚，形成种子，产生有籽果实，这种现象称为无融合生殖(apomixis)。

此外，植物不经受精作用，但雌蕊的子房形成无籽果实的现象，称为单性结实(parthenocarpy)。单性结实可分为以下几类：①天然单性结实，是指不需要经过受精作用或其他任何外界刺激就产生无籽果实的现象，如无籽的桃、香蕉、苹果、柑橘等。天然单性结实是由于发生了突变而形成的，以后经人工无性繁殖形成无籽的品种。这些品种的子房中生长素含量较有籽的品种高，在开花之前积累大量生长素，使子房不经受精作用而膨大。②刺激性单性结实，是指必须给予某种刺激才能产生无籽果实。利用温度或光照等环境因子的刺激可形成无籽果实，如短日照或较低的叶温可引起瓜类作物单性结实。同时，在生产上通常用植物生长调节物质处理。例如，生长素类(如IAA、2，4-D)可诱导番茄、无花果等的单性结实，赤霉素可促进葡萄的无核化及无籽品种的果实增大，从而提高产量。③假单性结实，是指有些植物受精后由于某种原因而使胚败育，但子房和花托继续发育形成无籽果实的现象，如草莓就是由花托发育而成的假果。

12.2.2　果实成熟时的生理生化变化

12.2.2.1　呼吸跃变

当果实生长到成熟阶段时，呼吸速率首先降低，然后突然升高，之后又下降的现象，称为呼吸跃变(respiratory climacteric)。呼吸跃变的出现标志着果实达到成熟可食的程度。苹果、梨、桃、香蕉、番茄等果实在成熟过程中出现明显的呼吸高峰，呼吸速率可增加数倍，这类果实称为跃变型果实。橙、菠萝、柠檬、柑橘等果实在成熟期间没有明显的呼吸跃变，为非跃变型果实。跃变型果实在成熟时发生一些迅速的组分上的变化，包括贮藏物质(淀粉或脂肪)的水解、细胞壁组分的水解和软化、有机酸的变化、香气的增加、乙烯大量释放、涩味消失和颜色的变化等。而非跃变型果实成熟过程缓慢，上述变化都是渐进的。

呼吸作用的增加，可能是由于随着果实的成熟，其内源乙烯含量上升，ATP增加或细胞能荷提高，抗氰呼吸增加。在呼吸跃变中，ATP水平增加、呼吸的增加提供了超过组织需要的化学能供应。进一步研究表明，呼吸跃变的产生，最主要的原因是内源乙烯含量的增加，而与其相伴出现的，如RNA和蛋白质合成增多等的变化则是次要的。

果实呼吸跃变正在进行或即将开始前，果实内乙烯的含量有明显的升高(图12-6)。跃变型果实有明显的乙烯大量产生，而非跃变型果实的乙烯则一直维持在较低的水平。有些非跃变型果实(如菠萝、葡萄等)在“树上”时也会出现呼吸增加的现象。研究表明，除了呼吸变化趋势外，这2类果实更重要的区别在于其乙烯生成的特性和对乙烯反应的不同。跃变型果实中乙烯生成有2个调节系统，系统Ⅰ负责跃变前果实中低速率基础乙烯的生成，系统Ⅱ负责跃变时乙烯自我催化的大量生成。非跃变型果实整个成熟过程中只有系统Ⅰ活动，缺乏系统Ⅱ，因此乙烯生成速率较低。另外，它们对乙烯反应也有不同之处。外源乙烯对跃变型果实只在跃变前起作用，诱导呼吸上升，与所用乙烯浓度关系不大；而非跃变型果实则相反，外源乙烯在整个成熟过程中都能起作用，促进呼吸增加，其反应大小与所用乙烯浓度有关(图12-7)。

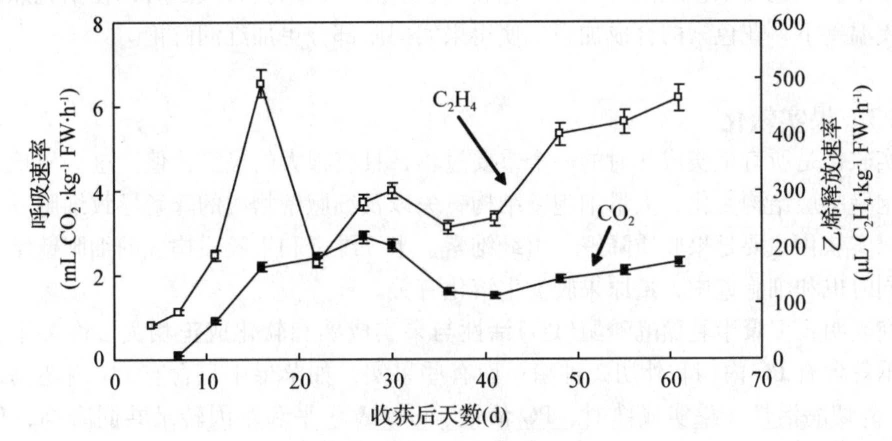

图12-6 香梨果实成熟时乙烯及呼吸强度的变化(引自阮晓 等，2000)

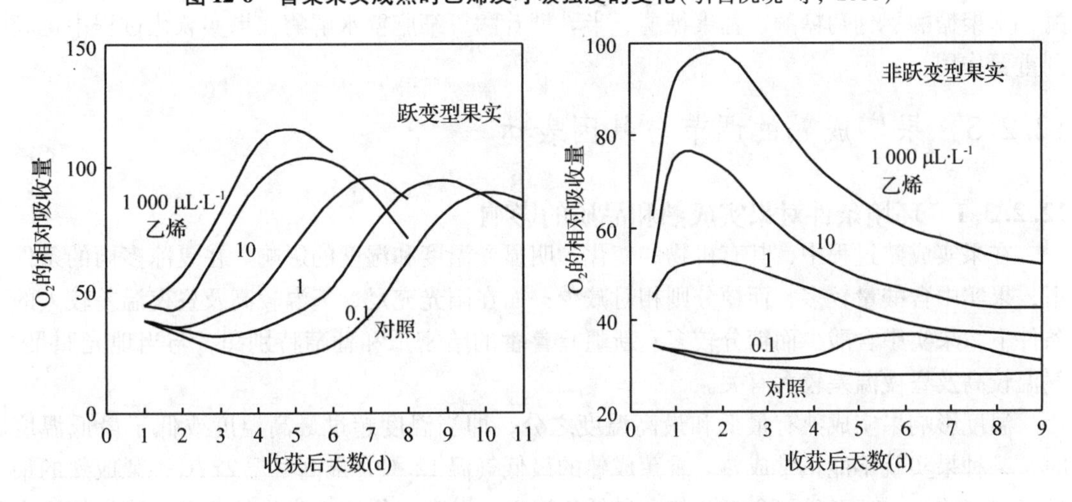

图12-7 跃变型和非跃变型果实的呼吸作用对不同乙烯浓度的响应(引自Biale，1964)

12.2.2.2　有机物质的变化

果实在生长过程中，不断积累有机物。这些有机物在果实成熟过程中，经过复杂的转变，使果实的色、香、味发生变化。随着果实成熟，贮存在果肉细胞中的淀粉水解成可溶性的葡萄糖、果糖、蔗糖等积累在液泡中，使果实变甜。同时，多数果实中有机酸(如苹果酸、柠檬酸等)转变为糖，或是由呼吸作用氧化成 CO_2和 H_2O，使得其含量下降，酸味降低，甜味增加。没有成熟的梨、李子等果实由于单宁等鞣质的存在而有涩味，果实成熟期间，被过氧化物酶氧化或凝结成不溶性物质，因而涩味消失。果实成熟时会产生一些具有香味的物质，如杏的香味组分共68 种，主要有醇类、醛类、酮类、内酯类、酯类和酸类，但在果实成熟过程中，其香味组分及含量存在较大的差异。在果实成熟过程中，香蕉、苹果、柑橘等果实果皮中的叶绿素被逐渐破坏，而叶绿体中的类胡萝卜素合成积累增加，使得果皮颜色由绿色逐渐转变为黄色和橙色。另外，果实长大之后，在阳光照射和较大的昼夜温差下，花色素的合成加强，使得果实向阳部分更加红润鲜艳。

12.2.2.3　果实软化

果实软化是所有果实成熟时的一个重要过程，具有很大的经济价值。这些质地上的变化是细胞壁中层结构变化，大量细胞壁结构丧失以及细胞壁物质的降解导致细胞发生分离所致。果实软化主要是果胶质降解，由纤维素、半纤维素和果胶质构成的细胞壁结构遭到破坏，同时也和细胞壁中大量原果胶发生溶化有关。

研究表明，多聚半乳糖醛酸酶(PG)活性与果实成熟和软化成正相关。许多果实，如梨、黄瓜等含有 PG 内切和外切 2 种酶；而有些果实，如苹果中只含有 PG 内切酶，桃中只有 PG 外切酶活性。果实成熟时，PG 活性、mRNA 水平和基因转录共同升高，催化果胶降解，果肉细胞壁中层分开，使果实变软。另外，除 PG 外，其他如糖苷酶、甘露糖酶、木聚糖酶、葡萄糖酶、葡聚糖酶、半乳糖苷酶等细胞壁水解酶在果实软化过程中也起到重要作用。

12.2.3　果实成熟的调节与基因表达

12.2.3.1　环境条件对果实成熟和品质的影响

在果实成熟过程中，其有机物的变化，明显受温度和湿度的影响。在夏凉多雨的条件下，果实中含酸量较多，而糖分则相对减少；而在阳光充足、气温较高及昼夜温差较大的条件下，果实中含酸少而糖分较多。新疆吐鲁番的哈密瓜和葡萄特别甜，与当地光照足、气温较高及昼夜温差较大有关。

温度影响果实成熟有最低和最高温度之分，即当温度超过最高温度或低于最低温度时，某种果实就不能正常成熟。香蕉成熟的最低气温 12 ℃，最高气温 22 ℃；梨成熟的最低气温 10 ℃，最高气温 30 ℃。如在最低气温以下贮存，果实内产生的乙醇、醛类等物质在果肉组织内积聚，致使果肉褐变，食用品质下降；如在适宜温度下贮存，则这些有害物质就挥发了，不致影响品质。

光照对果实成熟也有影响。果树生产上为了防止病虫害，常进行套袋以保护果实和增加果实美观。这就影响了果实的受光强度，会导致果面色彩和含糖量下降。为了减少对品质的影响，水蜜桃可在采前1~3 d破袋促其着色，苹果在采前20~30 d除袋，以保证果实的着色和糖分的积累。

另外，果实所处环境的通气状况，能影响其成熟早晚和贮藏期的长短。一般说来，提高O_2浓度，能促进果实的呼吸作用，使其提早成熟。反之，降低O_2浓度或提高CO_2浓度，都可以延迟呼吸跃变的出现，使果实成熟延缓。

12.2.3.2 植物激素的调节

现已证明，5大类植物激素在发育的果实中都存在，这些激素间的相互作用，调节着果实的生长发育过程。

乙烯已经是公认的促进果实成熟的激素。乙烯能够促进过氧化物酶、水解酶、果胶酶、纤维素酶等活性，增强细胞膜及亚细胞膜透性，使相应的酶易进入基质，多核糖体增殖，mRNA含量增加，直接或间接地在翻译水平上调控成熟基因的表达，从而促使果实成熟。植物果实中的内源乙烯只有达到某阈值才能发生呼吸跃变，如香蕉为0.1~0.2 $mg \cdot L^{-1}$，苹果为0.2 $mg \cdot L^{-1}$，荔枝为1~4 $mg \cdot L^{-1}$。另外，有些果实采摘后比不离树时对乙烯处理敏感，如鳄梨，只有在离树后才能成熟。在生产上可用乙烯生物合成的抑制剂或乙烯作用的抑制剂来延迟果实的成熟，如用AVG(氨基乙氧基乙烯甘氨酸)处理可延迟苹果、洋梨的成熟，是因其可抑制ACC合成酶。

乙烯并非唯一单独调控果实成熟的激素，果实成熟的调节也和其他激素有关。一般情况下，低浓度的IAA(1~10 $\mu mol \cdot L^{-1}$)抑制呼吸跃变，对果实成熟有抑制作用，高浓度的IAA(100~1 000 $\mu mol \cdot L^{-1}$)可促进乙烯产生，使用外源IAA浓度越高，乙烯形成越快，高浓度的IAA主要是诱导ACC合成酶的形成。近年来，人们发现果实在成熟过程中，ABA含量不断增多，ABA对果实的成熟有着十分重要的调控作用。对香梨果实成熟过程的研究表明，果实发育初期GA_3、ABA含量最高，有利于幼果坐果；GA_3与ABA的比值变化对果实迅速膨大起关键作用；高浓度GA_3对阻抑叶绿素分解起明显作用，有利于果实保绿，并且在果实成熟期间GA_3含量的变化与乙烯释放变化相反，这可能与乙烯的产生受到抑制有关(图12-8)。另外，细胞分裂素及合成类似物对果实，特别是果皮，有延迟其成熟衰老的作用。

12.2.3.3 果实成熟的基因表达

番茄是研究果实成熟的典型材料。在番茄果实中，PG是主要的细胞壁水解酶之一，*PTOM6*是编码PG的基因。研究表明，果实成熟过程中，PG的mRNA大幅度增加，其活性和果实成熟及软化呈正相关。目前筛选到一些番茄成熟的突变体，如成熟抑制突变体*rin*(ripening inhibitor)和不成熟的突变体*nor*(nonripening)等。其PG酶活性降低，果实不软化，没有呼吸高峰，果实不能正常成熟。一种永不成熟突变体*nr*(neverripe)的PG酶和番茄红素的合成减少，果实软化缓慢，保持绿色。

乙烯是启动和促进果实成熟的激素，乙烯合成的关键酶，ACC合成酶(ACS)和ACC

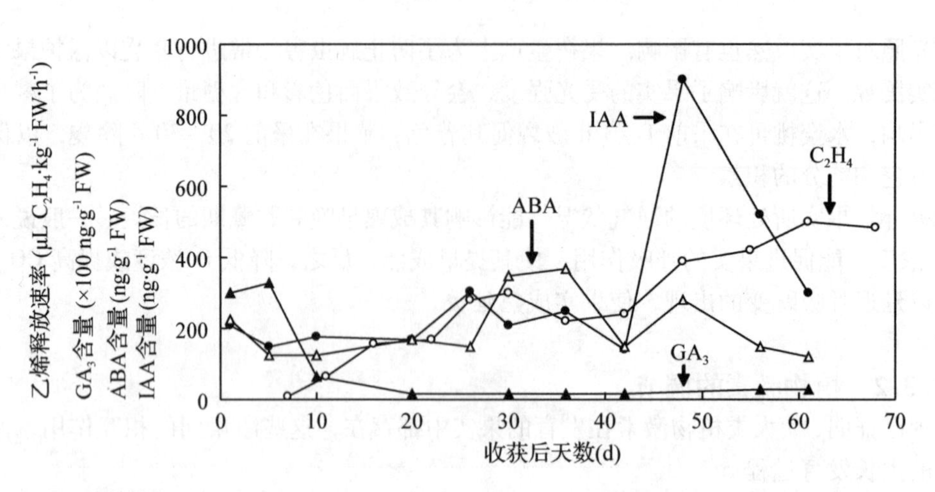

图 12-8　香梨果实成熟时 IAA、GA_3、ABA 含量及乙烯释放速率的变化(引自阮晓 等，2000)

氧化酶(ACO)都由多基因家族编码。番茄果实中至少有 4 种 *ACS* 基因表达。其中，在果实刚开始成熟时，*LeACS*1A 和 *LeACS*4 诱导被表达，负责启动成熟果实乙烯的合成，而这 2 个基因在 *rin* 突变体中是不表达的。随着果实的成熟，*LeACS*1A 和 *LeACS*2 这 2 种酶活性增强，产生更多乙烯，导致 *LeACS*4 表达量增加，使得番茄更易于自我催化产生乙烯，促进成熟。第四种 *ACS* 基因是 *LeACS*6，负责未成熟果实乙烯的合成，而在成熟果实中它的表达受到抑制。在番茄果实成熟过程中，至少有 2 种 *ACO* 基因被乙烯诱导表达，因此可以自我催化乙烯生成。现已证明 *PTOM*13 为 *ACO* 基因，低水平乙烯即可诱导其大量表达。研究表明，*ACO* 基因诱导先于 *ACS* 基因。番茄果实成熟的基因表达如知识窗中图 1 所示。

另外，除番茄外，在有些植物中也发现了与果实成熟相关的其他基因。例如，*thi* 基因在乙烯诱导的柑橘果实成熟过程中，参与硫胺素的合成；而在芒果中获得了仅在成熟中表达的 *PTHMF*1，它可能是果实成熟过程中参与脂肪酸代谢调节的基因。

知识窗

与果实成熟有关的基因工程

目前，国际上应用基因工程方法控制果实成熟采用的技术路线主要有 2 条：一是利用反义 RNA 技术抑制乙烯合成途径中关键酶的表达；二是降低乙烯的直接前体 ACC 或 ACC 的前体 SAM，从而降低乙烯合成，延缓果实的成熟。植物反义 RNA 技术是 20 世纪 80 年代后发展起来的一项新技术。反义基因技术是将目的基因反向构建在一启动子上，再转化给植物，形成转基因植物。这种植物产生与该基因的 mRNA 互补结合的 RNA 链，成为反义 RNA，其结果使植物中相应的 mRNA 水平大大降低，这种反义 RNA 可专一抑制特定基因的表达，而不影响其他基因表达。因此，利用反义 RNA 技术人为地控制生物体内某基因表达是植物基因工程中有巨大应用前景的研究。迄今为止，应用基因工程调节果实成熟最成功的是 ACC 合酶和 ACC 氧化酶 cDNA 的反义转基因番茄。

将 ACC 合酶 cDNA 反义系统导入番茄，其乙烯合成被抑制了 99.5%，不出现呼吸高峰，果实放置 3 ~4 个月不变红、不变软也不形成香气，只有用外源乙烯处理，果实才能成熟变软，成熟果实的质地、色泽、芳香和可压缩性与正常果实相同。如将 ACC 氧化酶的反义基因转入番茄，其乙烯合成同样受到抑制，抑制率为 97%。这种番茄的果实在成熟时开始变红的时间与正常无异，但是变红的程度降低且在室温贮藏时更能抵抗过熟和皱缩。另外，利用反义 RNA 技术构建 PG 的反义 cDNA 转化番茄获得转基因植株，其果实的 PG 活性和果胶的降解显著下降，PG 活性仅为正常的 1%。这种果实在成熟后期采收，可以获得更好的果实品质，其果汁可溶性固形物含量较高、黏度较大，对番茄加工十分有利。因此，美国在 1994 年就推出了 PG 转基因番茄，英国在 1996 年也允许将 PG 转基因番茄用于加工，反义 RNA 技术展现出很好的应用前景。

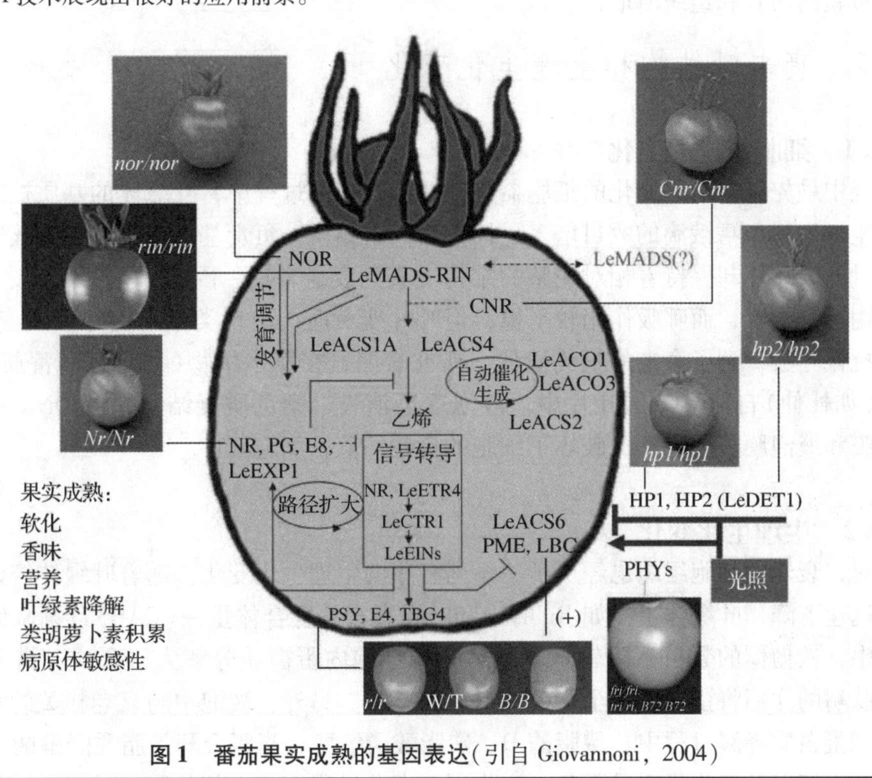

图 1　番茄果实成熟的基因表达（引自 Giovannoni，2004）

12.3　植物衰老的生理

随着种子和果实的成熟，植物逐渐进入衰老阶段。在植物个体发育的一定阶段，细胞、器官或整个植株生理功能衰退，趋向自然死亡的过程称为衰老（senescence）。衰老可能是遗传控制的，主动、有序的，也可能是环境诱导的。例如，落叶树的叶片在秋天呈现出黄色，而后落叶飘零。衰老具有 3 个主要特点：①衰老是植物生长发育的最后阶段；②衰老作为自然的衰退过程，是不可逆的；③衰老过程中包含了一系列复杂的代谢变化。此外，衰老不同于老化（aging），老化指植物发育过程中，发生的不包括死亡的衰退事件，如种子贮藏过程中生活力衰退劣变、发芽率降低等。

12.3.1　衰老的类型

植物的衰老既能逐渐地发生，也能进行得较为迅速。对植物的衰老来说，时间不是唯一因素，它更多是受到不同种类或环境条件的影响。一般将植物的衰老分为 4 种类型：①整体衰老，一年生和二年生植物（如小麦、玉米、水稻）和一些多年生植物（如竹）在开花结实后整株衰老和死亡；②地上部分衰老，许多多年生草本植物(如苜蓿、菊花)和灌木，每年的一定时期，地上部衰老死亡，地下部则继续生存，待第二年重新长出茎叶，开始新一年的生长；③脱落衰老，多年生落叶木本植物的茎和根能一直保持活力，而叶片则发生季节性衰老脱落；④渐进衰老，一些多年生常绿树木，其较老的器官和组织逐渐衰老脱落，被新的器官和组织所取代。

12.3.2　衰老时结构和生理生化变化

12.3.2.1　细胞结构的变化

衰老中最先发生结构变化的细胞器是叶绿体，在此过程中，叶绿体的基质被破坏，类囊体膨胀、裂解，嗜锇滴的数目增多、体积增大。相反，负责基因表达的细胞核以及负责产生能量的线粒体却保持着相对完整的结构一直到衰老末期。因此，在叶片衰老过程中，光合作用迅速下降，而呼吸作用较平稳，但叶片变黄时，出现类似果实呼吸跃变的上升，常出现抗氰呼吸。到了衰老的最终阶段，研究表明，在草本植物(如水稻、番茄)以及木本植物(如杜仲)自然衰老的叶片中，液泡逐渐消失，染色质凝结，梯度 DNA 产生。最终，质膜和液泡膜显著降解，破坏了细胞的自我调节，细胞死亡。

12.3.2.2　生理生化变化

同时，衰老的细胞组织也经历了一系列有序的生理生化变化。随着叶绿体解体，叶绿素含量迅速下降，叶绿体蛋白如 Rubisco 和叶绿素 a/b 复合体蛋白(CAB)逐渐降解。在衰老过程中，核糖体的数目下降较早，这意味着细胞内蛋白质分解大于合成。借助于内肽酶、外肽酶的作用将蛋白质完全水解为自由氨基酸。另外，液泡中与衰老相关的水解酶类也参与到蛋白质降解过程中。磷脂酶 D、磷脂酸磷酸酶、脂氧合酶等脂质降解酶在衰老叶片膜脂的水解以及新陈代谢过程起一定作用。在此过程中，大部分脂肪酸或是被氧化为衰老过程提供能量，或是转化为α-酮戊二酸，进而生成可在韧皮部运输的糖类。另外，在叶片衰老过程中，核酸含量呈明显下降趋势。总 RNA 水平随着衰老的进行迅速降低。其中，先是叶绿体 rRNA 和细胞质 rRNA 出现下降，随后是细胞质中的 mRNA 和 tRNA 开始降低，而这些降低通常伴随着一些核糖核酸酶活性的升高。上述这些变化都与营养物质的循环利用有关，如衰老中蛋白质、脂类等大分子物质的水解及随后的运输和再分配的过程，在这些过程中就包含着一系列复杂的新陈代谢途径。

12.3.3　外界环境对衰老的影响

(1)光照

光是调控植物衰老的重要因子，一般情况下，植株或离体器官在光下不易衰老，在暗中则加速衰老。研究表明，随着光强的降低，缺苞箭竹和青杨的光合速率、可溶性蛋白和光合色素含量增加，MDA 含量下降，保护酶 SOD、CAT 活性升高，说明在光照强烈的亚高山地区，适当减少光照能减缓植物叶片的衰老，使叶片维持较高的光合速率，有利于生态修复。光质对衰老有不同的影响，紫光和蓝光可以使黄瓜叶片维持较高的抗氧化酶水平，减缓了叶绿素和可溶性蛋白含量的下降，延缓植株的衰老；而绿光和黄光则加速植株的衰老进程。红光可阻止叶绿素和蛋白质的降解，而远红光可消除红光的作用，因此，光敏色素在衰老过程中也起作用。日照长度对衰老也有一定的影响，长日照促进 GA 合成，利于生长，延缓衰老；短日照促进 ABA 合成，利于脱落，加速衰老。

(2)温度

低温和高温都会加速叶片的衰老，诱发自由基产生、膜破坏等。在花、果实等器官的衰老过程中，温度的影响与叶片相比有所不同。例如，低温可降低呼吸作用和蒸腾作用，抑制乙烯的产生与病原微生物的生长，因而有利于切花保鲜和果实贮藏；适当的高温也能延缓果实的后熟衰老，还能控制贮存期病害的发生。

(3)水分

水分胁迫能刺激乙烯和 ABA 的形成，加速叶绿体结构解体，光合作用下降，呼吸速率上升，加速物质分解，促进衰老。干旱容易造成树木细根的衰老，导致细根死亡，促进细根周转。北美杨树、红栎和槭树等树木经过 20～40 d 灌溉，根系寿命长达 82～90 d，而不补充水的对照细根寿命则只有42 d，这主要是因为水分亏缺限制了根系吸收功能，碳向地下分配减少，促进了根系的衰老。当树木生长在水位较高的立地上时，洪涝对根的衰老有显著影响。一定时间的积水，无氧呼吸上升，会在土壤中产生一些有毒化合物，从而促进根系衰老，导致根系死亡。

(4)矿质营养

矿质营养缺乏使植物更快衰老。研究表明，古油松的矿质营养平衡失调，主要是 N 和 K 2 种元素严重缺失，导致古油松长势较弱，加快衰老；而古白皮松矿质元素平衡失调与缺 Mg、Fe、Zn 直接有关，长势弱的古白皮松枝叶中这 3 种元素含量显著降低。另外，经过对比发现，上述 2 种树的矿质营养失衡都与 Na 元素过量有关，2 种濒危古树中 Na 元素的平均含量上升了 29 倍，这说明矿质营养过量也会影响树体的正常代谢，加快衰老。在衰老过程中，矿质营养会从较老组织向新生器官或生殖器官分配，引起营养缺乏，加速衰老。例如，在古香樟叶片的矿质营养元素中，不可再利用元素的变异系数大于可再利用营养元素。其叶片中 N、P、K 三大营养元素均低于幼年香樟树，表明 N、P、K 元素在古香樟树中被再次利用。研究表明，与常绿树种相比，落叶树种 N、P、K 3 种元素的再次利用率较高，可能是落叶树种易衰老的缘故。

(5)气体

高浓度的 O_2 可加速自由基的形成，当其产生超过自身的防御能力时则引起衰老。CO_2 浓度过高可抑制乙烯生成和呼吸速率，对衰老有一定的抑制作用。银杏如处在一定的 O_3 环境时，其叶片叶绿素和蛋白质含量下降，光合作用降低，膜脂过氧化程度加深，从而加速叶片衰老。

12.3.4 衰老的机制与调节

12.3.4.1 衰老的原因

植物发生衰老的原因是错综复杂的，同时它也易受各种内外因素的影响(图 12-9)。

曾经提出过多种理论，其中营养竞争理论、自由基学说、植物激素调节理论等理论应用较为广泛。尽管这些理论基本都是基于整体衰老的一年生草本植物的衰老提出的，但同样能够解释大部分以脱落衰老和渐进衰老为主的多年生木本植物的衰老现象。

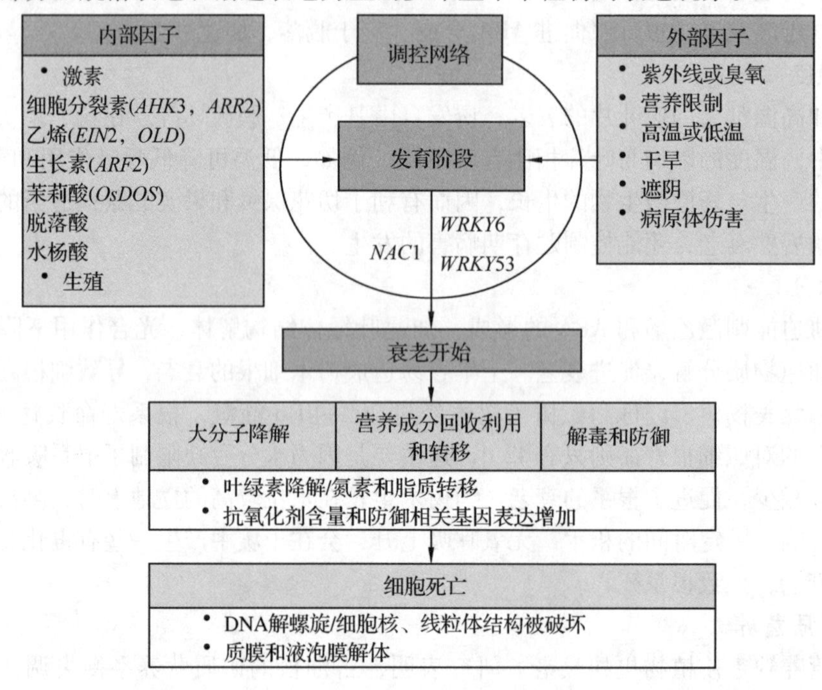

图 12-9　叶片衰老的调节途径(引自 Lim *et al.*，2007)

(1)营养竞争理论

一年生植物在开花结实后，通常导致营养器官衰老、死亡。一些多年生植物如竹子，它们在开花以后同样也会死亡。营养学说认为，这种现象是因为作为"库"的生殖器官吸收营养的竞争力强，促使养分从作为"源"的营养器官运送到生殖器官，并且被再次利用，从而导致营养器官的衰老。对落叶树种来说，在衰老过程中，叶片中的养分不仅被运送到果实，而且还会输送到根、茎以及新叶等器官中，在树木新枝叶的生长中起重要作用。另外，在落叶前后树体内营养元素的频繁迁移和分配是防御冬季严寒的需要，因为皮层中有机质和矿质养分含量的提高有助于树体免遭冻害。

(2)自由基学说

植物体内与衰老有关的自由基主要是指活性氧，包含单线态氧($^1O_2$)、超氧阴离子自由基(O_2^-)、羟自由基(·OH)和过氧化氢(H_2O_2)等。近年来，对活性氧与衰老的研究已成为植物衰老机理研究的一个重要方面。自由基学说认为，植物体内活性氧的产生是不可避免的，它是生命活动所必需的，但当活性氧积累过多时，对一些生物大分子如蛋白质、核酸、脂类和叶绿素等有破坏作用，使器官及植物体衰老、死亡。植物在长期进化过程中，在体内形成了一整套完善的抗氧化保护系统来消除活性氧的危害，通过减少活性氧的积累与清除过多的活性氧两方面来保护植物细胞本身不受伤害，包括酶促系统，如超氧化物歧化酶(SOD)、过氧化氢酶(CAT)和过氧化物酶(POD)等，以及非酶促系统如维生素

E、维生素 C、类胡萝卜素和谷胱甘肽等。在自然条件下，植物体内活性氧的产生与清除之间达到动态平衡，生命活动正常进行。一旦由于植物受到内在因素或外界环境的影响，这种平衡被打破，活性氧迅速积累，同时伴随着丙二醛(MDA)含量的上升，膜脂过氧化加剧，从而加速衰老。

(3)植物激素调节理论

细胞分裂素是人们研究衰老调节时最常用的一类激素，也是研究较为深入的一类激素。根是植物体中合成细胞分裂素的主要部位，因此可调节地上部分的衰老。研究表明，移去地上部分的生长点可推迟大麦、烟草和番茄剩余叶片的衰老；移去葡萄和芸豆的果实可使得叶片中内源细胞分裂素含量增加，从而延缓叶片的衰老。施用外源的细胞分裂素类物质 6-BA 能有效减慢古银杏叶绿素的降解，并降低 RNase 的活力，延缓衰老。

长期以来，乙烯被认为是促进衰老的主要激素。它不仅诱导叶片的衰老，还可以促进果实的成熟和花器官的衰老。在衰老过程中，随着 ACC 合成酶和 ACC 氧化酶活性的提高，许多植物叶片中的内源乙烯水平不断上升，叶片衰老加速。外源乙烯或 ACC 能加速叶片衰老，而使用乙烯生物合成抑制剂(如 AVG)或作用颉颃剂(如 Ag、CO_2)则可延缓果实和叶片的衰老。

研究表明，施用外源 ABA 可促进植物器官的衰老和脱落。虽然有上述结论，但 ABA 在衰老中的作用还不是很清楚。有研究表明，内源 ABA 含量的增加可诱导衰老叶片 H_2O_2 的积累，从而加速叶片衰老，用外源 ABA 也可得到同样的结果。但是，同时 ABA 也诱导一些抗氧化酶(如 SOD 和 CAT)活性升高，这种提高从一定程度上保护了细胞的功能，因此从这个角度上，ABA 又可以延缓衰老。由以上这些结果，我们可以推测 ABA 对衰老的调控作用与其保护细胞和促进衰老这 2 种功能的平衡状态有关。

生长素和赤霉素在衰老过程中的确切作用并不十分清楚。施用外源生长素类物质 NAA 对延缓小麦叶片衰老有一定效果，但内源的 IAA 却在小麦叶片生长发育后期有促进衰老的作用。赤霉素可以延缓一些落叶树叶片的衰老，因为赤霉素对这些衰老叶片中叶绿素、蛋白质和 RNA 的降解有不同程度的抑制作用。但赤霉素对红花槭、欧洲栗等不能延缓衰老，对落羽松甚至有加速衰老的作用。

植物激素调节理论认为，植物的衰老是受多种植物激素综合控制的。更可能的是，植物衰老的进程取决于植物体内内源激素的平衡状况。例如，细胞分裂素和 ABA 之间的平衡，随着营养生长逐渐转向生殖生长，地上部分对于根系营养的供应减少，根系自身的活力也开始衰退，从而使细胞分裂素的合成与向上运输下降，到生育后期，叶片中从根系获得的细胞分裂素减少，ABA 浓度升高，使得两者比例失调，诱导并加速叶片的衰老。

12.3.4.2 衰老相关基因

植物衰老受一系列基因表达调节。目前已经在衰老的叶片中鉴定了大量的 mRNA 差异表达的 cDNA 克隆，根据在衰老过程中的基因表达特征，将与衰老相关基因分为 2 类(图 12-10)：一类是衰老下调基因(senescence down-regulated gene，SDG)，这类基因受到抑制而低水平表达，有的甚至完全不表达，相应的 mRNA 水平下降，如编码光合作用有关蛋白质的基因，即叶绿素 a/b 捕光复合体(CAB)以及 Rubisco 大、小亚基(rbcL、rbcS)

等。另一类是衰老相关基因(senescence-associated gene, SAG)，即衰老上调基因，其中一类仅在衰老特定发育阶段表达，称为衰老特定基因(senescence-specific gene, SSG)，它的mRNA只有在叶片衰老时才能检测到，如*SAG*12、*SAG*13和*LSC*54，其中*LSC*54虽然是衰老特异的，但并不是叶片特异的，它不仅在衰老叶片中表达，也在衰老的茎、花瓣、萼片和心皮等器官中表达。另一些SAG在叶片生长初期就可检测到有低水平表达，衰老开始后表达量迅速上升。

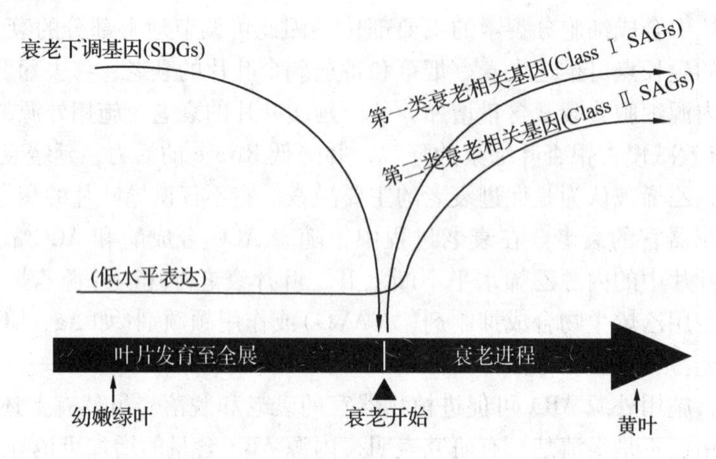

图12-10 叶片衰老过程中的基因表达(引自Gan and Amasino, 1997)

近年来，激素对植物衰老的分子调控逐渐受到人们重视。研究表明，作为拟南芥3个细胞分裂素受体之一的*AHK*3，在叶片衰老的调控中起着重要的作用。*AHK*3基因突变后，植物叶片衰老的速度明显加快。随着叶片的衰老，编码细胞分裂素合成酶以及异戊烯基转移酶(*IPT*)的基因表达下调，而编码细胞分裂素氧化酶的基因表达量则逐渐上升。在拟南芥中，一旦缺失*etr*1或是*ein*2基因，则表现出对乙烯不敏感，因此衰老速度明显下降。EDR1可能是由乙烯介导的叶片衰老的负调节因子。另外，编码转录因子NAC和WRKY的基因(如*NAC*1、*WRKY*53)的上调表达可能在调节叶片衰老的过程中起重要作用。

知识窗

植物衰老基因工程简介

近年来，人们用越来越多的基因工程手段来延迟植物的衰老，以提高作物产量和培育能延长种子贮藏寿命的农产品新品种。由于叶片衰老的分子机制目前尚不清楚，人们控制叶片主要是采用调节植物激素的方法，或是增加细胞分裂素的含量，或是阻止乙烯的行程和削弱植物对乙烯的敏感性。有人把*SAG*12的启动子分离出来，连接上*ipt*，组成了一个特异的抑制衰老基因，能在烟草表达。如将*SAG*12连接上*kn*1(玉米同源框基因)转化到烟草中获得的烟草植株的表现型与转化*ipt*的烟草相似。不同的是，在转*SAG*12-*kn*1基因的植物中，发现细胞分裂素从衰老叶片向幼叶转移，但采用*SAG*12-*ipt*的植株却未见此现象。另外，采用基因工程延缓叶片衰老时，不仅要使作物延缓衰老，还要保持其相对高的光合作用。研究发现，有些转基因植物的叶片虽然维持绿色，看似延缓了衰老，但其光合作用并无提高，甚至会显著下降，实际上促进了衰老。

12.4 植物器官的脱落

脱落(abscission)是指植物器官与植物体分离的过程，如叶片、花、果实、种子和枝条等器官的脱落。在自然条件下，由于衰老或成熟引起了植物器官的正常脱落，如叶片和花的衰老脱落、果实和种子成熟后的脱落都是发育阶段的必然结果和植物对环境适应的表现。在干旱、水涝和病虫害等逆境条件下时，叶片、花和果实会提早脱落。另外，植物自身的生理活动也可引起脱落，如果树、大豆等的营养生长与生殖生长的竞争、源和库的不协调等都会导致器官的脱落。植物器官的脱落具有一定的生物学意义，某一器官的脱落并不意味着整株植物的衰老。适当地脱落，可以减少水分消耗和营养竞争，去除病虫害侵染源，延缓营养器官的衰老进程，以保持一定株型，使剩余果实和种子得以良好地生长发育。相反，过量和非适时的脱落，往往会给农业生产带来严重的损失。因此，生产上采取必要措施减少器官脱落具有重要意义。

12.4.1 脱落时细胞结构的变化

木本落叶植物在落叶之前，靠近叶柄基部一些细胞发生细胞和生化上的变化，形成离区(abscission zone)，它是由几层排列紧密的离层(separation layer)细胞组成的。除叶柄外，花柄和果柄的基部也具有这一特化的区域。与邻近细胞比较起来，离区细胞体积小，缺乏扩大能力，并且保持分生组织状态，细胞内高尔基体和内质网丰富，器官脱落时的分离就发生在这一区域。在适当的环境条件下，离区细胞开始增大，细胞壁和中胶层分解并膨大，形成破裂面。处在断裂面上的细胞进一步扩大，变圆，排列疏松，在外力作用下，器官就会脱落。脱落后暴露面细胞壁木栓化，形成保护层，可免受干旱和微生物的伤害(图12-11)。

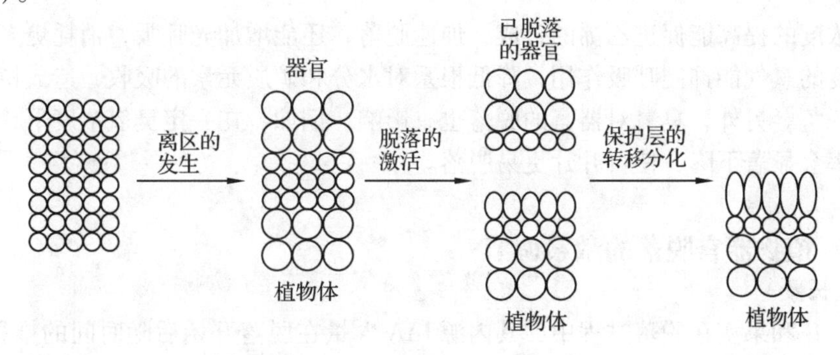

图12-11 植物器官的脱落过程示意(引自 Bleecker and Patterson，1997)

12.4.2 器官脱落的调节

12.4.2.1 外界条件对脱落的影响

(1)温度

温度过高或过低都会加速器官脱落。高温能引起呼吸速率升高，生化反应加快，物质消耗加速；同时，高温也会导致水分和养分的亏缺，无法满足器官的需要，因而引起器官脱落。而秋季低温在一定程度上抑制植株的代谢作用，是影响树木落叶的重要原因之一。

(2)水分

干旱可引起植物叶、花、果的脱落。树木在干旱时落叶，以减少水分的蒸腾损失，这是植物的重要保护反应。缺水干旱会影响植株代谢，导致光合作用降低，限制营养生长；同时，干旱也会导致植物体内各种内源激素平衡状态的破坏，IAA 氧化酶活性提高，IAA 和细胞分裂素含量下降，而乙烯和 ABA 含量大大增加，所有这些变化都能促进器官的脱落。此外，淹水条件使得土壤水分饱和，通气状况不良，氧气浓度下降，根系的呼吸作用受抑制，乙烯大量合成，也会促进器官的脱落。

(3)光照

光照强度和日照长度都能影响器官的脱落。光照充足时，器官不易脱落；光照不足，器官容易脱落。在落叶树当中，一般位于阴面的叶片接受到的光照较弱，比阳面的叶片提早脱落，是因为弱光下光合速率降低，光合作用产生的糖类物质减少，导致脱落。另外，日照缩短是落叶树秋季落叶的信号之一，北方城市的行道树，在秋季短日来临时纷纷落叶，但在路灯下的植株或枝条，因路灯延长光照时间，不落叶或落叶较晚，有被冻死的危险。

(4)矿质元素

矿质元素缺乏时，代谢失调，植株生长瘦弱而出现早衰，器官易于脱落。例如，缺 N、Zn 能影响 IAA 的合成，导致器官脱落。此外，如果施肥不当，土壤肥力过大、过猛，植株生长过旺，使得作物密度过大，田间阴蔽，通气状况不良，叶片光合作用降低，致使下部叶片过早脱落；同时，施肥过多，则会影响植株对于水分的吸收，也会导致器官的脱落。

(5)氧气

氧气浓度的提高能促进乙烯的合成，加速脱落，还能增加光呼吸，消耗更多的光合产物；低浓度的氧气能抑制呼吸作用，降低根系对水分和矿质元素的吸收，造成植物发育不良，导致脱落。另外，臭氧对器官的脱落也有影响。例如，在一定臭氧浓度下，银杏叶片的光合效率会显著下降，使得叶片更易脱落。

12.4.2.2　植物器官脱落的激素调节

(1)生长素

叶片、花和果实在脱落过程中，其内源 IAA 含量在脱落开始后随时间的推移而下降。这种下降启动离区发生变化，导致脱落。外施生长素可以防止器官的脱落。一般情况下，低浓度的生长素促进器官脱落，而较高浓度的生长素则抑制器官脱落。除浓度之外，生长素对脱落的效应还与其施用部位有关。把生长素施用于离区近茎的一端(近轴端)，则促进脱落；施于远茎一端(远轴端)，则抑制脱落。Addicott 提出生长素梯度学说对此进行解释，认为决定脱落的不是生长素绝对含量，而是相对浓度，即离区两侧生长素浓度梯度对脱落起调节作用。当远轴端浓度高于近轴端时，器官不脱落；当两端浓度差异小或不存在时，器官脱落；当远轴端浓度低于近轴端时，促进脱落。另外，生长素的作用还与组织的年龄状态也有关，如在离区组织已开始衰老后施用，能刺激乙烯的产生，从而促进脱落。

(2)乙烯

乙烯是调节脱落过程的主要激素，而生长素则作为乙烯效应的抑制剂起作用。内源乙烯水平与脱落成正相关，但外源乙烯对很多种植物组织或器官的脱落无效，乙烯的生物合成抑制剂 AVG 和作用颉颃剂 Ag^+、CO_2、STS 等在抑制乙烯合成或干扰其作用的同时也延缓脱落。

乙烯效应依赖于组织对它的敏感性，随植物种类以及器官和离区发育程度而敏感性差异很大，如衰老器官基部离区比幼嫩生长旺盛的部位要敏感。基于此，以叶片为例，可以把激素调节叶片脱落的过程分为 3 个不同阶段(图 12-12)。一是叶保持期，来自叶片的生长素，通过使脱落区细胞不敏感阻止叶片脱落。二是脱落诱导期，此时叶片中生长素含量减少，乙烯水平升高。乙烯似乎通过减少生长素合成和运输以及增加生长素降解来降低其活性。生长素浓度的降低提高了特定靶细胞对乙烯的敏感性。三是脱落期，在此期间，某些编码特异水解细胞壁多糖和蛋白质的基因表达受到诱导，定位于脱落区的靶细胞合成了纤维素酶和其他降解多糖的酶，并将它们分泌到细胞壁，这些酶的活性导致胞壁松弛、细胞分离和脱落。

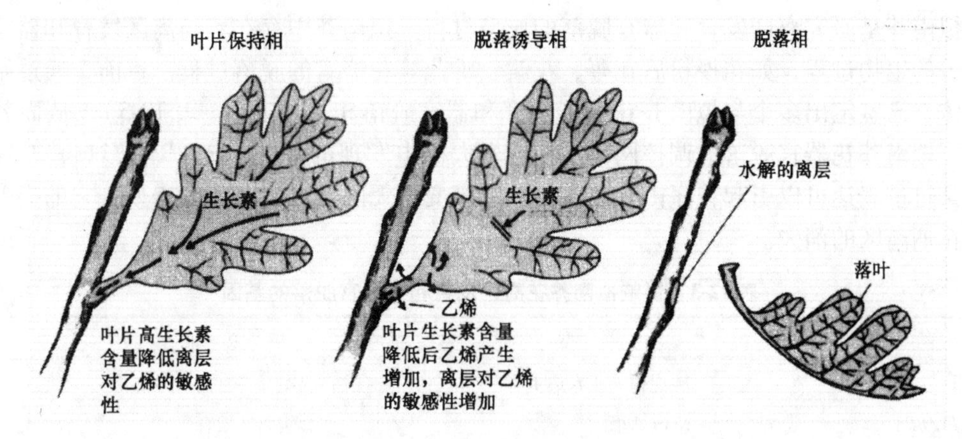

图 12-12　生长素和乙烯调控叶片脱落的作用模型(引自 Taiz and Zeiger, 1998)

(3)脱落酸

幼果和幼叶的脱落酸含量低，当其衰老接近脱落时，它的含量最高。虽然如此，但研究表明 ABA 并不是控制器官脱落的主要因子，它仅能对一些植物的器官有诱导脱落的效果，许多种植物对外源 ABA 没有脱落反应。ABA 的作用可能在于其抑制 IAA 的传导和促进降解细胞壁酶类的分泌，并促进乙烯合成，增加器官对乙烯的敏感性。另外，秋天短日照有利于 ABA 的合成，可导致植物季节性落叶。

此外，赤霉素和细胞分裂素也影响脱落的进程，但不是直接作用。研究表明，GA_3可能通过对光合产物分配的调节来延缓脱落；而细胞分裂素则是通过调节产物合成来抑制脱落。

12.4.2.3　植物器官脱落的酶调节

在多数植物器官脱落过程中都可以测定出一些细胞壁降解酶的大量合成及活性提高，导致中胶层降解加速，并使离层的初生壁松动。纤维素酶和多聚半乳糖醛酸酶(PG)就是其中2种重要的水解酶。菜豆、棉花和柑橘叶片脱落时，纤维素酶活性增加。在叶片离区的各个区段，纤维素酶的活力不同，如在近轴端0.22 mm处，酶活性最高。秋海棠花梗完全脱落后，离区纤维素酶活性最大，说明纤维素酶不一定是直接引起器官脱落的酶。在乙烯诱导柑橘叶片、梨果实脱落过程中，离区PG活性有不同程度的上升。在番茄花离区中，只有当花柄分离后PG活性才上升。PG与纤维素酶一样，其活性都能被乙烯诱导增强，促进器官的脱落。

此外，过氧化物酶、脂酶、糖醛酸氧化酶、几丁质酶、多酚氧化酶等也与脱落有关。研究表明，过氧化物酶活性与脱落性外植体的脱落有关，过氧化物酶可使IAA钝化，这可能是发生脱落的原因。

12.4.3　器官脱落和基因表达

拟南芥是研究离区发育和器官脱落的典型材料。拟南芥中存在着与离区发育和器官脱落相关的生物过程，如花授粉后花萼、花瓣、雄蕊等花器官的脱落过程。目前，通过筛选突变体，已鉴定出多个与拟南芥花离区发育和器官脱落相关的基因(表12-3)，从而初步建立了拟南芥花器官脱落的调控网络。在树木大桉中发现的基因*EgrSVP*可影响其花序发育，其过量表达可以引起花序由有限性、单花序变为无限性、多花序等表型，它的突变会引起花柄离区的消失。

表12-3　影响拟南芥花离区发育和花器官脱落的基因

基因名称	类　型	功　能
BOP1/2	病程相关非表达子1	决定花器官离区分化
KNAT1/BP	*Knox* 基因	影响离区发育
IDA	分泌型蛋白	正调控花器官脱落
HAESA/HSL2	类受体蛋白激酶	控制花器官脱落
MKK4/5	丝裂原蛋白激酶	控制花器官脱落
MPK3/6	丝裂原蛋白激酶	控制花器官脱落
AtZFP2	锌指蛋白	过表达延迟花器官脱落
ARP4/ARP7	肌动蛋白相关蛋白	突变体延迟花器官脱落
AGL15	MADS盒基因	过表达延迟花器官脱落
AGL18	MADS盒基因	过表达延迟花器官脱落

注：引自王翔 等，2009。

乙烯是调节器官脱落的主要激素，ACO和ACS是乙烯合成的2种关键酶，编码它们的基因是一个多基因家族，其在离区的转录水平不相同。在乙烯诱导的脱落过程中，*MdACS5A*、*MdACS5B*、*MdACO1*在苹果果实脱落开始后在离区的表达增加，成熟柑橘果实和叶片离区*ACS*1和*ACO*的表达增加，而*ACS*2没有增加，当用胍法新改变G蛋白相关信号转导途径后，则出现离区*ACS*1和*ACO*的表达量减少，ACC的积累降低并抑制脱落。另外，对苹果和梨果实脱落过程中多种编码乙烯受体的基因进行研究，发现转录水平存在差异，在苹果果实脱落过程中，*MdETR*1、*MdETR*2、*MdERS*1和*MdERS*2在离区的转录水平均下降，而梨果实脱落过程中*PpERS*1转录水平却增加。

在影响植物器官脱落的酶中，PG和纤维素酶是最重要的2种酶，它们分别降解细胞壁中的果胶和纤维素。将PG基因*TAPGs*进行特异沉默，能够延迟乙烯处理后番茄叶片的脱落和增加叶片所需的断裂力，表明此类基因在番茄叶片脱落过程中起重要作用。在纤维素酶中，与脱落有关的是β-1,4-葡聚糖酶。番茄中编码β-1,4-葡聚糖酶的*TomCel*2基因在果实脱落过程中大量表达，且表达产物具有酶活性，在发生细胞分离时对细胞壁的降解有重要作用。另外，从乙烯处理的番茄中分离到6个纤维素酶，它们在番茄花器官的脱落过程中有不同的表达模式，表明器官脱落是一个涉及不同纤维素酶激活和抑制的复杂的多步骤过程，这些纤维素酶在脱落过程中的相对重要性受脱落的生理条件所决定。

小 结

植物受精后，种子便开始发育，并趋向成熟。种子发育的过程大致分为3个阶段。第一阶段，在胚胎发育早期，种子重量与脂肪含量较低，同时淀粉大量积累。第二阶段，即种子成熟期，种子干重迅速增长，用于贮藏的油脂和蛋白质大量积累。第三阶段，即最后阶段，种子干重保持稳定，同时其体内水分严重丧失，贮藏物合成结束。ABA在种子发育的前2个阶段起重要作用。除ABA之外，生长素、细胞分裂素和GA等其他激素也与种子发育有关。特别是GA，它有促进细胞分裂的作用，目前普遍认为ABA与GA之间的平衡是决定种子是否成熟的因素。种子的成熟过程和化学成分受水分、温度等外界条件的影响。

成熟和衰老间没有严格的界限。通常情况下，叶片的衰老伴随着果实的成熟，但在果实不成熟的植株上叶片仍会衰老。成熟是衰老的早期阶段，在此期间，呼吸跃变现象的出现标志着果实的成熟，有机物质的变化意味着果实品质的增加，且成熟受到环境因子和激素的调节，其中乙烯和ABA在此过程中起主要作用。作为一种程序性死亡，衰老是植物生长发育的最后阶段，伴随着一系列复杂的生理生化变化，营养竞争、活性氧伤害以及激素平衡的改变都会导致衰老，乙烯和细胞分裂素间的平衡可能是控制衰老的主要因素。果实成熟过程中的变化会影响叶片的生长发育，加速叶片衰老的起始，增加叶片伤害和死亡的可能性。另外，果实的软化是果实成熟的一个重要特征，并不涉及衰老的过程。通过基因工程和生长调节物质的应用，可有效地控制果实的成熟，更有利于延缓果实的衰老，进行果实的贮藏，增加作物的产量。

植物器官脱落与其衰老也有一定关系。器官脱落是植物适应环境、保护自己和繁衍后代的方式。离区细胞进一步扩大，其中的水解酶活性增强，使细胞壁降解而脱落。脱落受外界条件和激素的调节，其中生长素和乙烯的相互关系是控制器官脱落的关键。人为控制脱落具有重要意义。许多人认为衰老是脱落的必要先决条件。但是，一些果实到脱落时也未成熟；而有些植物在秋天叶片衰老，但直到翌年春天仍未脱落。因此，一般情况下，衰老和脱落同时发生，但两者也可独立进行。

思考题

1. 植物器官脱落与植物激素的关系如何？
2. 植物衰老时在生理生化上有哪些变化？有关衰老的理论有哪些？
3. 种子成熟时的生理生化变化是怎样的？
4. 香蕉果实在成熟期间发生了哪些生理生化变化？
5. 植物衰老受哪些环境因素调节？这些环境因素是怎么调节植物衰老进程的？
6. 呼吸跃变与果实贮藏的关系如何？在生产上有何指导意义？

植物的逆境生理

植物的生活史是植物内部生理、生化代谢与外部生长、发育环境相互作用、不断协调的过程。与动物相比，植物的生活场所相对单一、固定，在与外界环境的物质、能量、信息的交流中似乎只能处于被动接受的地位，尤其是当外界环境不利于植物生长发育，即植物身处逆境时，植物似乎只能被动受害，甚至死亡。事实则不然，在长久的进化中，植物通过自身的发展、演化，逐步形成了应对逆境的各种机制，获得了抵抗逆境的能力，它们或者具备特殊的形态结构和生活周期，或者具有特定的代谢调节机制，或者形成了独特的分子调控机理，所有这些通过复杂、有效的信号转导系统整合、协调形成特定的植物抗性，抵抗各种不同逆境条件，使植物在自然界中长久生存，并不断发展、进化。

简言之，植物在不同逆境条件下，形成对逆境不同类型和不同程度的适应，这就是植物的抗性，而在这一过程中产生的植物生理变化就是本章所要介绍的植物逆境生理。

植物逆境生理是一个复杂的信息传递网络，涉及众多的生理生化过程。逆境胁迫使植物体内的生理代谢发生变化，在短期内尽可能使植物存活下来，在长期演化中形成了对逆境的适应性。ABA 在植物逆境生理中起着至关重要的作用，对其功能及作用机理的研究越来越深入。植物的逆境生理与植物自身的生理状态息息相关。在生产实践中，应加强对植物的人为管理。

13.1 植物逆境生理概论

13.1.1 逆境概念和种类

自然界是开放的生长环境，植物经常会遇到不适于其正常生长的环境条件，如干旱、水涝、严寒、酷热、病虫灾害和环境污染等(表 13-1)。这些不良环境条件称为逆境(stress)。研究植物在逆境下的生理反应，称为逆境生理(stress physiology)。处于逆境下的植物，常常因为反常生理过程的出现而受害。但是，不同种类的植物处于同样程度的逆境下受害程度并不相同，同一植物在不同的生长发育时期对逆境的敏感性也有差异。因此，当逆境来临时，有些植物无法继续生存，而有些却还能接近正常地生活下去。植物在逆境下的生存能力，称为抗逆性(stress resistance)。植物的抗逆性可分为 3 类：第一类是避逆性(escape)；第二类是御逆性(avoidance)；第三类是耐逆性(tolerance)。其中，避逆性和御逆性统称为逆境逃避(stress avoidance)。所谓避逆性，是植物通过调节生活周期而避开逆境条件，在相对适宜的环境中完成其生活史的方式。例如，干旱条件下，巴西松(*Araucaria angustifolia*)林的生长季会提前，以躲避干旱；旱莲(*Loutus scoparius*)会进行干旱休眠；沙漠植物只在雨季生长，阴生植物长在树阴下。植物的御逆性是指植物自身通过一系列改变营造出一种内部环境，即使在极为不良的环境条件下，植物内部也不会受到这种逆境的影响。例如，植物叶片依靠蒸腾来保持较低的内部温度，以避免高温的伤害；仙人掌类植物的叶片演化成刺以减少蒸腾，同时通过肉质化组织的发育在体内贮藏大量水分，使内部组织不受干旱的影响。植物的耐逆性，是指当植物的内部和外部环境都处于不利状态时，植物体通过代谢反应来调节自身的生命活动，使其保持正常的生理状态，在逆境条件下仍能生存、生长。例如，有些北方针叶树种在冬季能忍受 -70 ~ -40 ℃的低温。温泉中的某些藻类和细菌能在 70 ~ 80 ℃的高温下正常生活。逆境逃避多半源于植物的形态学、解剖学特点或者生长发育周期特异性，耐逆性则往往与原生质的性质和特殊的生理机制有关。

表 13-1　植物中常见的胁迫类型

生理胁迫	化学胁迫	生物胁迫
干旱	空气污染	竞争
温度	重金属	化感作用
辐射	杀虫剂	食草作用
洪水	毒素	病害
风	土壤 pH 值	病菌
磁场	盐害	病毒

注：引自 Nilsen and Orcutt，1996。

逆境下植物的生理反应是多种多样的。在同一植物中，可以同时表现几类抗逆性。例如，哥斯达黎加热带雨林在干旱条件下，一方面会通过改变萌芽和落叶时间逃避逆境伤害，另一方面也会通过促进根部生长来适应干旱胁迫。

植物的抗逆反应不仅取决于逆境的性质，还取决于物种或个体。例如，同样是应对季节性缺水造成的干旱，落叶植物通常会在短时间内消耗掉叶片中的氮，进行大量固碳，促使叶片在很短时间内凋零，以此提高植物应对干旱能力；常绿植物则一般通过改变叶部形态，形成皮质的硬叶，减少蒸腾，这类植物不会在短期内急剧耗氮，而是通过延长叶片的生命周期，实现常年固碳，应对干旱。在不同发育时期植物应对逆境的方式也非一成不变。美国红橡木(*Quercus rubra*)在幼树时期如果遭遇干旱主要采取逃避干旱的方式，进行抵御，但是成熟林则会通过自身调节，分配更多的碳到根部，促进根系的生长，提高根系吸水能力，抵御干旱。在实际的生长过程中，植物应对逆境的方式是灵活多样的，可能是多种抵御方式的综合，具体的研究中应该结合其生长环境、发育特点的实际情况，具体问题具体分析，综合考虑相关因素，才能对植物的逆境及抗逆性得出正确结论，采取合理的应对措施。

13.1.2 逆境条件下植物形态结构和生理生化的变化

13.1.2.1 逆境条件下植物形态结构的变化

逆境条件下植物的形态结构会发生相应的变化，响应短期的逆境胁迫。例如，干旱条件下植物的叶片形态会发生变化，其叶脉会变粗，表皮细胞变小，气孔密度增加，叶毛变多，同时叶片角质层加厚，肉质化，栅栏组织增多，海绵组织更加致密。

逆境胁迫不仅会影响植物整体形态，同时也会对微观结构造成伤害。逆境往往使细胞受到伤害，造成细胞膜结构受损，膜质变性，细胞透性被破坏，细胞区隔化被打破；细胞核、叶绿体、线粒体等细胞器结构变形、损伤。其中，细胞透性的改变是植物逆境伤害的重要特征之一。细胞透性对逆境反应灵敏，低温、干旱、水涝、高温、多盐和二氧化硫伤害都会导致细胞透性的破坏，使大量电解质和非电解质向外渗漏，造成逆境伤害。

短期的逆境会对植物的形态结构造成伤害，而长期在逆境条件下生存的植物，会逐步形成特定的形态和结构来抵抗逆境。例如，生长于我国海南地区的红树林，其生长环境为阳光强烈、富含盐分的海边，为了适应高光、干旱、高盐、水淹的环境特点，在长期的进化中红树林的叶片革质具有泌盐组织，拥有密集、发达的支持根系和呼吸根，并利用胎生的方式进行繁殖。

13.1.2.2 逆境条件下植物细胞生理与生化代谢

(1)渗透调节

当植物处于干旱、高盐、低温等与水分代谢相关的逆境胁迫时，细胞失水，细胞内水势升高，渗透势降低，难以继续吸收环境中的水分。此时，植物细胞会主动积累溶质，增加细胞内溶质浓度，使细胞内渗透势升高，水势降低，继续从外界环境吸收水分，维持正常的生长。这种在含水量不变的情况下，通过增加或减少细胞内的溶质浓度，改变细胞的渗透势，调节细胞内外的渗透平衡，称为渗透调节(osmotic adjustment)。渗透调节是植物对逆境的适应性反应，其主要作用是维持细胞的膨压和细胞膜的稳定性，在一定范围内维持细胞内的代谢稳定性。渗透调节物质大致分为2大类：一类是由外界进入细胞的无机离子；一类是在细胞内合成的有机物质(如脯氨酸、甜菜碱山梨糖醇、蔗糖等)。通过这些物质的主动积累，细胞一方面可以维持膨压的稳定，保障正常的生理生化代谢；另一方面能够继续从外界吸收水分，维持生长。

(2)逆境蛋白和逆境基因

逆境条件下植物大量逆境基因被诱导表达，进而产生大量的逆境蛋白。逆境蛋白的产生是植物对多变环境的主动适应。逆境蛋白的种类繁多，但在不同胁迫下产生的逆境蛋白存在一定的共性，这些蛋白包括保护蛋白以及水解酶类等，通过它们的调节功能植物能够产生抗性。目前，已知的逆境蛋白主要包括热击蛋白(heat shock protein, HSP)、冷诱导蛋白、水分胁迫蛋白(water stress protein)、病程相关蛋白(pathogenesis related protein, PR)及脱水蛋白(dehydrin)等。这些蛋白往往在正常生长的植株中含量不高，但是在逆境条件下，会大量合成。例如，杨树(*Populus* sp.)脱水蛋白 Peudhnl 在未胁迫的植株中仅有少量表达，而在 PEG6000 和 NaCl 处理后，该蛋白在桦树根和叶中大量积累，且在复水后这种积累仍能持续。

(3)酶活代谢

在不同逆境下植物代谢反应的总趋势是一致的，即水解作用增强，合成作用减弱，从而使植物体内淀粉、蛋白质等大分子化合物降解为可溶性糖、肽及氨基酸等物质。植物可以通过改变代谢途径提高抗逆性。逆境胁迫能显著影响植物体内的碳代谢途径，使植物的 C_3 光合作用途径向 C_4 或者 CAM 光合作用途径转变。

(4)自由基

自由基(free radical)又称游离基，是指外层轨道含有未配对电子的原子、原子团或特殊状态的分子、能独立存在的含有 1 个或多个不配对电子的原子或原子团。逆境胁迫下会引起植物体内产生过多的活性氧自由基。生物体内的活性氧(reactive oxygen species, ROS)是指化学反应性能比氧更活泼的含氧物质。植物细胞内存在活性氧的产生和清除系统。在正常情况下，两者处于平衡状态，ROS 的活性很低，对植物没有伤害。在植物遭受逆境胁迫时，ROS 的浓度超过正常水平，蛋白质、脂类、DNA 受到影响，引发和加剧生物膜脂过氧化作用，膜系统遭破坏，膜透性改变，从而引起细胞结构的破坏，细胞内生理生化反应紊乱，对植物体造成伤害。

(5)区隔化

内膜系统将细胞质分隔成不同的区域，即所谓的区隔化。区隔化是细胞的高等性状，它不仅使细胞内表面积增加了数十倍，各种生化反应能够有条不紊地进行，而且细胞代谢能力也比原核细胞大为提高。细胞区隔化对于植物抗逆有重要的意义。例如，ABA 在细胞叶片中的区隔化，能够在贮藏大量 ABA 应对胁迫的前提下，保证气孔对 ABA 的敏感度。

13.2　水分胁迫及其伤害

13.2.1　干旱

13.2.1.1　干旱的类型和植物体内水分亏缺的度量

干旱(drought)是使植物体的水分平衡难以维持的不利气象及土壤条件组合，按其成因可分为土壤干旱、大气干旱和生理干旱 3 类。土壤干旱是指土壤中有效水的缺乏或不足，植物根系无法获得维持其正常生理活动所需的水分。大气干旱是指大气高温、低湿，植物蒸腾过强，根系吸收的水分不能补偿蒸腾的消耗。大气干旱时土壤不一定缺水，但持久的大气干旱会使土壤失水过多而引起土壤干旱。有时大气和土壤并不干旱，但由于土温过低或土壤溶液渗透势太低而妨碍根系吸水，也会使植物体丧失水分平衡，这种情况称为生理干旱。

干旱对植物的危害，是植物体丧失水分平衡后造成较长时间(几天到几周)的水分亏缺，从而影响了植物的正常生命活动。植物体的水分亏缺程度，通常用水势或相对含水量(relative water content, RWC)来表示。水势是目前使用最广泛的水分度量指标，植物水分亏缺越严重，水势值就越低。图 13-1 为土壤水分不断减少过程中，根部和叶部的水势变化。土壤干旱造成的植物水分亏缺，表现在根水势和叶水势的逐步下降上。叶水势在白昼的周期性降低，是大气干旱加重了水分亏缺所造成的，根水势的日变化是由叶水势的变化所引起的。在用水势的绝对值作为水分亏缺指标时，需要注意：由于植物对环境的进化适应和生理适应不尽相同，水分逆境开始时的水势亦有差异。相对含水量指植物组织实际含水量占同组织饱和含水量的百分比，是一个常被用来指标植物水分亏缺程度的参数。其计算式如下：

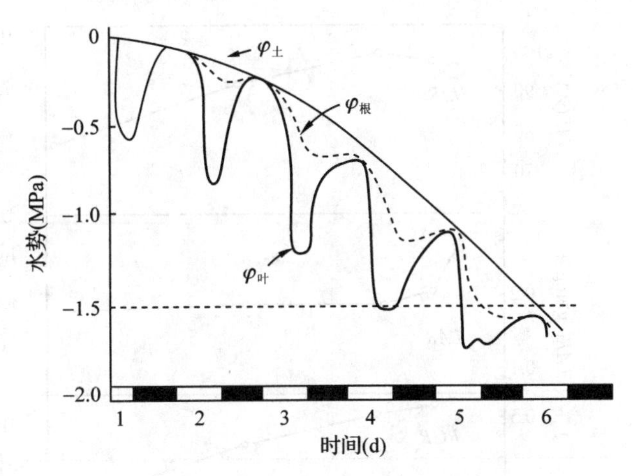

图 13-1 土壤水分不断减少的过程中植物叶、根和土壤的水势变化

水平虚线所示为相当于多数农作物萎蔫系数的土壤水势

$$\text{相对含水量} = \frac{\text{组织原鲜重} - \text{组织干重}}{\text{组织水饱和后鲜重} - \text{组织干重}} \times 100$$

作为水分亏缺指标，相对含水量在组织轻微缺水时不如水势灵敏。因为在接近水饱和的组织中，含水量的微小变化就会导致压力势的显著变化，水势也会因此而有明显改变。

为了便于比较，肖庆德(T. C. Hsiao，1973)对一般中生植物的水分亏缺程度制定了如下划分标准：

轻度亏缺 植物水势比处于缓蒸腾条件下的供水良好的植物略低零点几个兆帕；或相对含水量减低 8%~10% 左右。

中度亏缺 水势下降稍多一些，但不超过 1.2~1.5 MPa；或相对含水量减低于 10%，但少于 20%。

严重亏缺 水势下降超过 1.5 MPa；或相对含水量减低 20% 以上。

13.2.1.2 植物在干旱条件下的生理反应

(1)生长

植物的生长对水分逆境高度敏感，特别是叶子，轻度的水分亏缺就足以使叶生长显著减弱。水分亏缺对生长的影响有直接的和间接的 2 种。直接影响是缺水时，细胞紧张度降低，使细胞不能增大和正常分裂。间接影响是通过缺水对光合作用的不利效应而影响生长。从图 13-2 中可以看到，叶生长对缺水的敏感程度远远超过光合作用。当叶水势降至 −0.4 MPa 时，叶

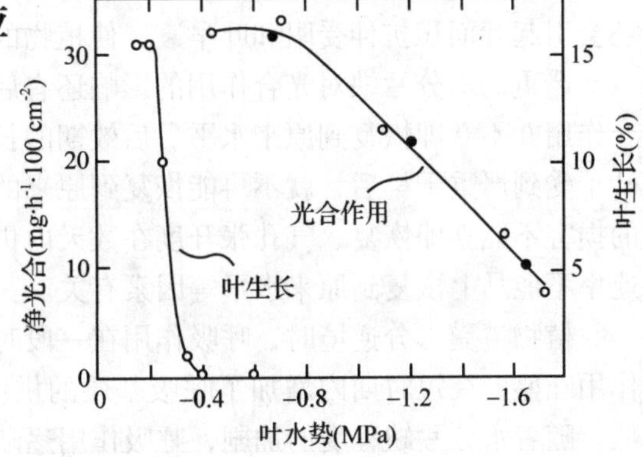

图 13-2 盆栽向日葵的水分亏缺程度与叶生长速率和光合速率的关系(引自 Boyer，1970)

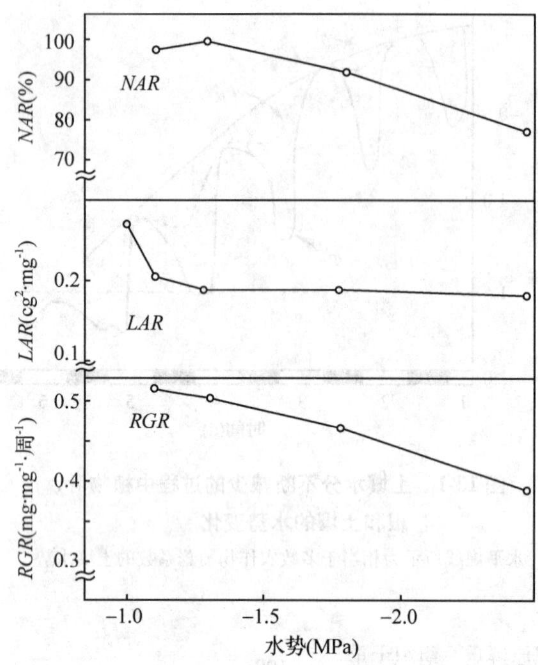

图 13-3　土壤水分逆境对杨树苗的净同化速率(*NAR*)、叶面积比(*LAR*)和相对生长速率(*RGR*)的效应

生长已完全停止，但光合作用还未受到影响。此时缺水对叶生长的影响，显然是直接影响。图 13-3 表示土壤水分逆境对杨树苗木的净同化速率(*NAR*)、叶面积比(*LAR*)和相对生长速率(*RGR*)的效应。叶面积比对土壤水分逆境最为敏感，但是净同化速率显然对植物的相对生长速率起着更大的决定性作用。

水分亏缺时的叶生长反应可以看作植物对水分逆境的一种适应，特别是在叶层尚未完全郁闭时。叶生长的停止限制了蒸腾面积的增长，使植物的耗水量受到控制从而减缓了土壤水分的消耗。

植物对缺水的生长反应还表现在根冠比的变化上。不少物种在遇到缓慢发展的水分逆境时，能自动调整根部与冠部的生长速率，使根冠比率提高，借以维持植物体的水分平衡。这种现象可能与光合产物的分配有关。在中等程度的水分逆境下，叶生长已受到抑制，但光合作用仍能进行。本来用于叶生长的光合产物转而供应根部的生长，因此根生长反而有所促进。如果水分逆境严重抑制了光合作用，则根生长也将降低。

(2)光合作用和呼吸作用

水分亏缺发展到一定程度时，植物光合作用受阻。干旱抑制光合作用的原因有 2 个：一是通过对气孔运动的影响。水分亏缺使气孔张开度减小甚至完全关闭，气孔阻力增大影响了 CO_2的吸收。试验证明，气孔关闭和光合作用下降出现在相同的叶水势下。二是通过对叶绿体的影响。严重的水分逆境下叶绿体变形，叶绿体片层膜系统受损，使希尔反应减弱，光系统Ⅱ活力下降，电子传递和光合磷酸化受到抑制。水分逆境除影响光合作用外，还会引起叶面积扩伸受阻和叶早衰，使植物的同化能力进一步受到损害。

严重的水分亏缺对光合作用的影响还有后效，即重新供水使植物水分亏缺解除后，光合作用并不立即恢复到原来水平。后效期的长短与干旱的严重程度呈正相关。一般较老的叶子受到严重干旱后，就不再能恢复到原来的光合水平，水分亏缺的后效，与叶绿体所受的损害不能立即恢复、气孔张开度在数天内仍比较小，以及有关酶类和其他蛋白质的合成速率不能马上恢复到原来水平等因素有关。

植物遭受水分逆境时，呼吸作用在一段时间内显著加强，这是因为在缺水条件下水解作用旺盛，在短时期内增加了呼吸基质的供应。由于呼吸的增强，净光合强度就变得更低。随着水分亏缺程度的加剧，呼吸作用逐渐降到正常水平以下。

(3)渗透势

缓慢发展的水分逆境，会使有些植物细胞中溶质含量提高，从而使渗透势明显下降，这种现象称为渗透调节。渗透调节能使植物在降低水势的情况下，较少地损失压力势和含水量。这意味着植物在水分逆境下仍能保持一定的生长能力和生理功能。

渗透调节会引起植物水势的下降，这样可使植物有足够的水势差从低水势的土壤中吸收水分。植物水势降低后究竟能从土壤中额外吸收到多少水分？这取决于土壤的性质。当植物水势下降一定数值时，在黏质土壤中获得的水分较在砂质土壤中为多。

渗透调节发生在中等水平的水分逆境下：调节范围有一定限度，并且没有后效，增加的溶质在水分逆境解除后的几天中就会消失。并不是所有植物都有渗透调节现象，但一些耐旱树木有很强的渗透调节能力。例如，大洋洲的乔木粉绿相思树便具有很强的渗透调节能力，这种树木在水势低至 -6.0 ~ -5.0 MPa 时仍能保持光合能力。

(4) 激素

水分逆境影响植物体内细胞分裂素和脱落酸水平及其比例关系，同时也影响乙烯的产生。根部合成细胞分裂素对水分逆境很敏感，萎蔫后伤流液中细胞分裂素活性几乎降低一半。脱落酸却在水分逆境下大量形成和积累，失水叶片中脱落酸含量能成倍增加。脱落酸能有效地促进气孔关闭。试验证明，用脱落酸处理植物后，经 8 min 气孔开始关闭，0.5 h 内完全关闭。细胞分裂素的作用恰好相反，使气孔在失水时不能迅速关闭，所以脱落酸能缓和植物体水分亏缺，细胞分裂素能加剧植物体水分亏缺。在干旱时 CTK/ABA 比例的改变是一种保护性生理反应，有利于植物保持较好的水分状况。水分亏缺还能诱导乙烯的产生，干旱条件下植物器官的脱落，便与内源乙烯的产生有关。

(5) 酶活力

植物体内的酶活力对水分逆境的反应不一，总体来说，水分逆境使参与合成反应的酶类和一些本身周转很快的酶类活性下降，而使水解酶类和某些氧化酶的活性增加。

13.2.1.3 干旱伤害的机理

在轻度和中度的水分逆境下，植物在外观上的主要表现是生长速度的下降。严重干旱时，就会产生一些明显的症状，如叶子卷曲、起皱、产生坏死斑点和过早凋落等。这些症状，通常在基部的叶子上首先出现。干旱进一步加重时，树木会发生顶梢枯死的现象，这种现象可以延续数年，然后整株枯死。茎干开裂也是在严重干旱时出现的现象，在针叶树中尤为常见。开裂有时限于树皮部分，有时可深达髓部。

严重干旱使植物受害致死的原因，主要有以下几种机理。

(1) 原生质体假说

这种假说认为，使植物死亡的原因不是失水本身，而是失水和再吸水时对细胞原生质造成的机械损伤。植物细胞因干旱而失水时，不会产生质壁分离现象，而是细胞壁被原生质体牵引向内收缩，细胞壁较为坚硬，收缩程度有限，于是原生质体受到很大的张力，这种张力会破坏原生质。如果细胞壁较薄或较柔软，失水收缩时原生质体所受张力不大，不致于遭受伤害，但在细胞重新吸水时，细胞壁吸水膨胀比原生质体快，这时原生质体会受到强大的张力而被撕裂。这个假说有一定的事实根据，如细胞失水收缩时确实在原生质中测得张力，在失水而死的细胞中观察到有撕裂的原生质附着在细胞壁上，如果先使细胞在高渗溶液中发生质壁分离以排除产生张力的原因，失水时就不易死亡。机械伤害假说的最大不足之处，是没有从分子水平上和干旱时的代谢反应联系起来，因此不能解释植物耐旱的所有现象。

(2)蛋白凝聚假说

这种假说由莱维特(Levitt)在1962年提出，他认为细胞大量失水后，蛋白质分子上的各个具有活性的表面彼此靠近，—SH基氧化成二硫键，蛋白质分子内或分子间形成很多硫桥，破坏了蛋白质正常的二级、三级结构(图13-4)，使蛋白质凝聚变性，从而导致细胞的死亡。提出这个假说的根据，是发现失水的白菜叶子中二硫键含量增加，失水越严重，二硫键含量越高。另一方面还发现菜豆叶绿体失水时，间质中的蛋白质发生凝聚。假说认为，耐旱植物含有能抗—SH氧化的特殊蛋白质。这种蛋白质具有特殊的空间结构，不易脱水，不易变性。植物耐旱性的强弱取决于这种蛋白质的有无或多少。

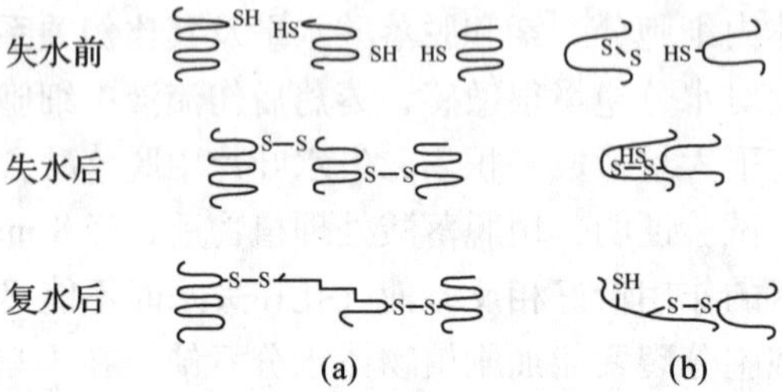

图13-4 细胞失水时由于蛋白质分子间二硫键形成而破坏了分子空间构型的可能机理

(a)蛋白质分子因失水而靠近时，相邻肽键外部的硫氢基氧化成二硫键，重新吸水时由于牢固的二硫键的拉扯，使蛋白质的空间结构发生变化 (b)一个蛋白质分子外部的硫氢键与另一个蛋白质分子内部的二硫键失水而靠近，产生分子间的二硫键，重新吸水时由于分子间二硫键的拉扯而使蛋白质结构破坏

(3)膜伤害假说

这种假说认为，水分逆境造成细胞脱水时，首先影响质膜和液泡膜的透性。这主要是由于脱水引起膜蛋白变性和改变了膜脂—蛋白质的构象，从而使膜结构发生变化，不能保持正常的透性。膜透性受到破坏后，离子从液泡进入原生质，使细胞内的离子丧失平衡。同时酶的区隔也受到破坏，膜上的酶游离下来，直接影响酶的活力。在此之后，发生代谢失调，能量供应受阻和膜系统的进一步破坏，最后使细胞死亡。

13.2.1.4 植物的抗旱性

(1)根系的抗旱特性

根是植物的主要吸水器官，根系分布的深度和广度对植物的抗旱能力有重大影响。在严重干旱时死亡率最高的常是一些浅根性树种。具有很深主根的树木抗旱力较强，甚至在栽植后的头几年就能经受住夏季干旱的考验。因此，苗木的根/冠比(苗木地下部分与地上部分干重之比)与抗旱能力有密切关系。在干燥生境中，桉属的2种植物 *Eucalyptus socialia* 在与 *Eucalyptus incrassata* 的竞争中能获得优势，主要由于前者有较大的根/冠比。沙漠中的小灌木骆驼刺根的直径有8~10 cm，长度超过30 m，深达地下水层，根系面积较地上部分面积大几千倍，因此能在极其干旱的沙漠中生长。

(2)地上部分的抗旱特性

植物体的水分绝大部分是通过叶子散失的，所以地上部分的抗旱特性主要表现在叶部。叶片变小，栅栏组织高度发达，角质层加厚，叶面和气孔前室中质沉积，以及气孔下陷等形态、解剖学特点，都足以降低蒸腾，使植物能适应干旱的环境。

植物气孔反应的灵敏度也是一个重要的抗旱特征。抗旱力较强的植物，常在干旱来临、叶子含水量开始下降时，气孔就灵敏地做出反应而迅速关闭。例如，能在干燥生境上生长的美国黄松和山地松，当叶水势降到 -1.7 ~ -1.4 MPa 时气孔就完全关闭，而抗旱力弱的北美黄杉和巨冷杉，气孔关闭时的叶水势分别为 -2.2 ~ -1.9 MPa 和 -2.5 MPa。气孔反应灵敏固然有利于植物的保水，但这是以牺牲光合作用为代价的。所以，在水分供应始终较好的情况下，气孔反应灵敏的抗旱植物的产量，却低于气孔反应迟钝的不抗旱植物。因为前者在水分亏缺并不严重时，气孔就关闭了。在长期干旱的生境中，气孔关闭并不能解决干旱与饥饿间的尖锐矛盾。像仙人掌之类的多浆植物，叶子退化，气孔白天关闭，蒸腾强度极小，能适应降雨稀少的干旱生境，但光合速率同时降低，使生长受到很大限制。

(3)细胞和原生质的抗旱特性

在干旱地区植物细胞的“小型化”，亦有助于提高抗旱能力。根据依尔津(Iljin)的假说，细胞失水时原生质体中所以出现张力，是因为细胞体积(即原生质体的体积)缩小而它的表面积(即细胞壁的面积)并未随之缩小的缘故。一般球形或立方形的细胞，细胞越大，体积与面积比就越大。一个直径为 100 μm 的大细胞，当丧失 50% 水分时，体积/面积之比从原来的 16.6 变为 13.0，下降了 3.6；而一个直径为 10 μm 的小细胞，丧失 50% 水分时，体积/面积之比从 1.66 变为 1.30，仅下降 0.36，所以小细胞失水时原生质受到的张力比大细胞要小得多。狭长的细胞、扁平的细胞或者边缘曲折的细胞(如有些表皮细胞)，与体积相同的球形或立方形细胞相比，体积/面积之比要小得多，失水收缩时产生的张力也较小。

液泡小而原生质和贮藏物质所占比例大的细胞，耐干旱的能力亦较强，因为这种细胞在脱水时不易引起原生质的急剧变形。种子之所以能忍受强烈的失水，即与此有关。植物忍受干旱的能力，关键还是在于原生质的性质。有些沙漠植物能在含水量极低的情况下(水分仅占鲜重的 30%)长期存活。有些植物能失水至风干状态，但获得水分后能很快恢复正常生命活动，继续生长，苦苣苔科的 *Ramondia nathaliae* 和 *Haberled rodopensis* 即属于此类。原生质的这种高度耐脱水能力究竟基于何种理化特性？是否因为含有能抗—SH 基氧化的特殊蛋白质？目前尚不清楚。

植物的抗旱能力，往往也反映在代谢的稳定性上。即在失水不太严重时仍能维持正常的代谢，或不易造成不可逆的破坏。代谢的稳定性主要在于膜结构的稳定性，膜结构的稳定性显然与膜蛋白的耐脱水能力密切相关。细胞在脱水过程中的代谢产物脯氨酸已证明与抗旱性有关，在干旱条件下，抗旱植物的脯氨酸含量普遍高于不抗旱植物，因此，有人认为脯氨酸含量可以作为植物抗旱性的生化指标。

13.2.1.5 提高植物抗旱性的措施

(1)抗旱锻炼

植物的抗旱能力，有可能通过锻炼得到提高。所谓锻炼，就是使植物处于亚致死量的逆境下，经过一定时间后使植物提高对这种逆境的抵抗能力。植物具有对环境条件产生反应而改变其形态和生理特征的适应性，锻炼就是利用植物这种适应性来提高其抗逆能力。抗旱锻炼是将植物在适当的缺水条件下处理若干时间，使之能适应以后的干旱环境。例如，农业上的"蹲苗"措施就是通过限制对幼苗的水分供应，使植物获得较强的抗旱能力，实质上就是一种抗旱锻炼。种子在播种前进行抗旱锻炼是一个理想的办法，因为不会影响到营养生长，而且便于控制。具体做法是：将种子湿润 1～2 d 后，在 15～25 ℃下干燥，反复数次，然后播种。由于硼能够提高植物对干旱和高温的抗性，生产中也可采用硼酸稀溶液代替水来浸种。经过抗旱锻炼后，会发生一些类似旱生植物的形态结构变化，如根/冠比增大，叶表皮细胞减小和气孔变小等，其原生质的亲水性能也可能有所增强。抗旱锻炼在农业生产中已取得了成功，例如，云南大叶茶经过锻炼后，在干旱条件下也能获得较大的生长量。

(2) 抗蒸腾剂

施用抗蒸腾剂也能提高植物的抗旱能力。抗蒸腾剂是能够降低蒸腾作用的化学药剂，如醋酸苯汞、α-羟基喹啉硫酸盐等，它们的作用是促进气孔关闭。如将 10^{-4} mol·L^{-1}的醋酸苯汞溶液喷洒在叶面上，能使气孔持续 2 周开度减小。但这些药剂对植物或多或少会有毒害，使用时应控制浓度，并且不宜长期使用。脱落酸能促使气孔关闭，也可用作抗蒸腾剂。另外一种降低蒸腾的办法是在叶面上喷一层无色塑料、硅油或低黏度蜡的薄膜，不阻止 CO_2 和 O_2 的吸收和释放，只阻止水分的透过，以制止蒸腾失水。但是薄膜的透性很难达到如此理想的程度，在减少蒸腾的同时，光合作用不可避免会受到影响。

(3) 矿质营养

磷钾肥均能提高植物的抗旱性。磷可以增加有机磷化合物的合成，促进原生质的生成，增加抗旱能力。钾可以改善植物的糖代谢，增加细胞的渗透势，维持气孔保卫细胞的紧张度，有利于气孔张开，促进光合作用。一些微量元素也有助于提高植物的抗旱性。例如，硼可以增强有机物的运输能力，提高植物的保水能力；铜能改善糖与蛋白质的代谢，平衡渗透势稳定。

13.2.2　水涝

13.2.2.1　涝害类型及其伤害机理

由于降水过多，农田土壤过湿、淹水或洪水泛滥而造成的自然灾害叫作水涝（waterlogging）。水涝害可分为 3 类：①由于连阴雨或积雪融化，土壤水分长期处于饱和状态，作物根系因缺氧而生长滞缓，产量降低，称为湿害；②雨水过于集中，排泄不畅，田间积水，危害根系，引起植物萎蔫、落花、落果、空壳瘪粒以至倒伏、霉烂，称为涝害；③大雨引起山洪暴发、河水泛滥，淹没农作物，危害林木，冲毁农田、畜舍和农业设施，称为洪水害。降水过多、过于集中是发生水涝害的直接原因。

土壤中水分过多对植物是有害的。在积水的土壤中只有极少数树种才能维持生存，这并不是水分本身对植物不利，而是由于以下 2 种间接原因。

第一，当土粒空隙充满水分时，空气就被逐出。在缺氧情况下，根部有氧呼吸受阻，不能为植物主动吸收水分和吸收矿质提供必需的能量。无氧呼吸的比例增大后，贮藏物质迅速消耗，并引起乙醇等有毒物质的积聚。

第二，土壤积水时，由于氧气供应不足，土壤中嫌气微生物的活动占优势，土壤氧化还原电势下降，有害的还原物质如硫化氢、氧化亚铁、锰以及丁酸、乳酸等有机酸大量积聚，会直接毒害根系。

因此，植物受涝致死的原因，是失水、饥饿和中毒引起的全部生理活动的紊乱。如果水涝严重，植物地上部分被淹没，则死亡发展更快。植物受涝后，通常表现为水分严重亏缺，蒸腾作用减弱，叶子发黄，自下而上落叶。这些现象和受旱的植物有相似之处。受涝后叶子的偏上生长、茎部肿胀和皮孔增生等现象可能是乙烯的效应，因为已发现受涝植物乙烯的含量显著增高。乙烯增加的原因：一是由于淹水时植物体内乙烯向外扩散受到阻碍；二是植物体内乙烯的合成受到淹水的刺激。布雷德福和杨(Bradford and Yang，1981)证实在淹水的根中有乙烯前体氨基环丙烷羧酸(ACC)的大量合成，因缺氧条件能刺激S-腺苷甲硫氨酸(SAM)转化为ACC，ACC上输到植物地上部分后，与氧接触立即转变为乙烯。

13.2.2.2 提高植物抗涝性的措施

植物的抗涝方式以避涝为主，如水生植物体内都有发达的气隙，从叶部到根部互相联结，能保证氧气的供应。陆生植物也有从地上部向地下部输送氧气的能力，这种能力的大小与植物的抗涝性关系很大。水稻抗涝性之所以较强，由于它地上部分吸收的氧气平均50%以上可运送到根部，而小麦只有30%，大豆只有20%。氧气的运输也是通过皮层中的气隙，水稻皮层内的细胞大多崩溃瓦解，形成特殊的通气组织，所以有很强的输氧能力。淹水条件能促进植物通气组织的形成，其原因与乙烯的产生有关。在受淹植物中氧的亏缺激发了乙烯的生物合成，乙烯的增加刺激了纤维素酶的活力，从而导致通气组织的形成和发展。当然这并不排除淹水和乙烯对通气组织形成的直接效应。有许多抗涝性强的树种，例如欧洲桦、白柳、爆竹柳和彼氏杨(*Populus petromskiana*)等，也能通过叶面或茎部皮孔吸入氧气并运输到根部。扭叶松是针叶树中比较抗涝的，在这个树种的根部中柱内发现有充满气体的大空腔。中柱中的空气可以通过木质部和韧皮部迅速运输。

除通气组织外，皮孔增生和不定根形成对抗涝也很重要。土壤淹水时，皮孔是氧气进入茎和根的重要孔道，植物组织产生的乙醇、乙醛等挥发性物质也可通过皮孔排出体外。汤章城和考兹洛夫斯基(Tang and Kozlowski，1982)在淹水的大果栎中发现，皮孔增生与乙烯的增加有密切关系。抗涝植物通常能在靠近水涝土壤表面处迅速发生不定根。柳树就有这种能力，当植株受淹时常在近水面的茎干上产生大量不定根。不定根的形成与乙烯有关，植物体内生长素下运时，受到因淹水而暂时增加的乙烯的阻断，因此局部积累在接近水面的茎部导致不定根的形成。接近水面处氧分压通常较高，也有利于不定根的发端和维持其正常生理活动。不定根具有较高的吸水效率，对减轻由水淹引起的植物水分亏缺有重要作用。

抗涝植物还有生理上的特点。抗涝植物受涝时体内乙醇的积累较不抗涝植物为少，说明二者在代谢途径上存在差异。根据抗涝植物不积累乙醇而积累苹果酸的事实，克雷福德

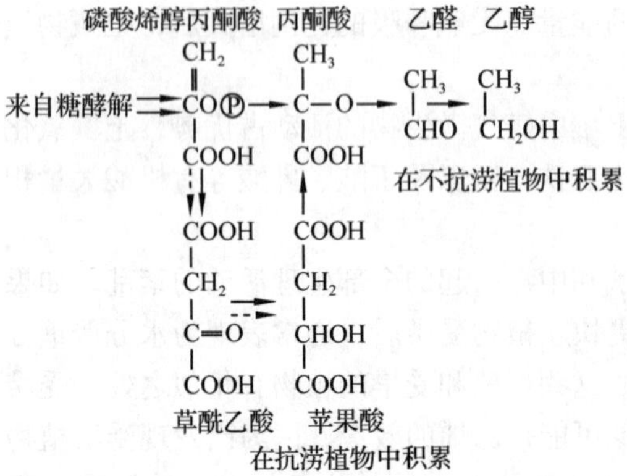

磷酸烯醇丙酮酸 丙酮酸 乙醛 乙醇

来自糖酵解 ⇌ $CH_2{=}CO(P)COOH$ → $CH_3C(O)COOH$ → CH_3CHO → CH_3CH_2OH

在不抗涝植物中积累

$COOH-CH_2-C(=O)-COOH$ → $COOH-CH_2-CHOH-COOH$

草酰乙酸　苹果酸

在抗涝植物中积累

图 13-5　抗涝植物和不抗涝植物中无氧呼吸代谢途径

和泰勒(Crawford and Tyler, 1969)提出了图13-5中所示的抗涝和不抗涝植物的无氧呼吸代谢途径。在无氧条件下，抗涝植物的糖酵解产物磷酸烯醇丙酮酸经由草酰乙酸转变为毒性不大的苹果酸，在植物中积累。当有氧条件恢复时，苹果酸还能再被代谢。此外，在水生植物中还发现有莽草酸的积累。

13.3　温度胁迫及其伤害反应

植物正常的生长发育需要合适的温度条件，温度过高或者过低都会对植物产生不利的影响，这种由温度引起的不利影响即为温度胁迫。按照温度区分，温度胁迫可以分为高温胁迫和低温胁迫2大类，其中低温胁迫又分为冷害和冻害2种情况。冰点以上的低温对植物造成的伤害叫作冷害；冰点以下低温对植物的危害称作冻害。

13.3.1　高温

13.3.1.1　高温及其对植物的危害

由高温引起的伤害的现象称作热害(heat injury)。植物对高温胁迫的适应称为抗热性(heat resistance)。植物受高温伤害后会出现一系列症状：叶子出现水渍状烫伤，随后变褐、坏死、脱落；花瓣、花药失水；子房萎缩脱落；树干开裂，深达韧皮部，造成韧皮部的偏心生长。

高温对植物的危害，有直接伤害和间接伤害2种。

(1)直接伤害

直接伤害是高温直接影响原生质组分的结构，一般在接触高温的当时或事后很快就出现热害的症状，如树木的“日灼病”就是典型的直接伤害。日灼病通常发生在受到强烈日光曝晒的茎干南侧，在树皮上出现深陷的溃伤，成年树上的溃伤可延长到数尺，死亡的树皮常剥落而露出边材。高温造成直接伤害的原因有2个。

蛋白质变性　高温使肽链间的氢键断裂，破坏了蛋白质分子的空间构象。温度对蛋白质分子的最初影响是变性，这种变性通常是可逆的，如果变性的蛋白质又在高温的继续影响下凝聚起来，就造成分子构象的不可逆破坏。在一般情况下凝聚作用发生很快，据推测可能与—SH转变为—S—S—有关，因为已在一些植物中证实，蛋白质在高温下凝聚，则分子中二硫键含量增加，硫氢基含量下降。原生质含水量越高，越易受高温伤害，原因是蛋白质侧链间存在较多水分时，氢键更易断裂。此外，蛋白质必须有充足的水分才能自由移动和展开其空间构象，同时也较易变性。植物种子之所以能抗高温，即与其含水量低有关。

膜脂的液化　植物在高温下，膜脂被液化，并且联结膜脂与膜蛋白的静电键或疏水键断裂，使膜脂游离出来，膜系统于是受到彻底破坏。当然，膜蛋白变性凝聚也是引起生物膜破坏的一个原因。膜脂中脂肪酸的饱和程度能影响液化温度。饱和程度越高，越不易液化。在用藻类所做的试验中发现，耐热物种脂肪酸的饱和程度较不耐热物种为高。

(2)间接伤害

间接伤害是指在较低的高温下(如45 ℃以下)引起植物代谢紊乱，使植物受害。其发展过程通常较为缓慢。造成间接伤害的原因主要有以下3个。

饥饿 由于光合作用的最适温度低于呼吸作用的最适温度，在高温下呼吸速率大于光合速率，植物只能靠消耗体内贮存的养分来维持生命，时间一久，植物会饥饿致死。

氨毒害 高温抑制含氮有机物的合成，造成氨的积累，毒害细胞。由于有机酸能与氨结合形成酰胺，解除氨的毒害，所以有机酸含量高的植物抗热能力也较强。肉质植物之所以能耐高温，主要就是依靠体内旺盛的有机酸代谢。

蛋白质破坏 高温条件下蛋白质的合成速率下降，水解作用加强，造成原生质蛋白质的破坏。其原因可从3个方面来考虑：①高温下膜结构的损坏，引起膜结合酶与游离酶活力的失调；②某些热敏感酶类的失活；③高温下氧化磷酸化的解偶联，影响蛋白质合成所需能量的供应。除蛋白质外，诸如维生素与辅酶有关的物质，在高温下也会受到破坏。

13.3.1.2 植物的耐热性

植物的耐热性，与蛋白质的耐热性(即热稳定性)有密切关系。蛋白质的耐热性可能体现在它防止不可逆变性或凝聚的能力上。试验证明，耐热植物的酶具有较高的热稳定性。在高温下生长的植物与在常温下生长的植物相比，酶的热稳定性也较高，这似乎说明酶(或蛋白质)的热稳定性与其形成时刻的温度有关，加上植物体内脂肪酸的饱和程度也受环境温度的影响，抗热锻炼的基础可能就在于此。植物耐热性的另一重要因素，可能是耐热植物具有较强的蛋白质合成能力，能迅速补偿在高温下被破坏的蛋白质或酶。在某些耐热细菌中发现，如果营养缺乏，限制了蛋白质的合成，这些细菌的酶类失活温度就降低得与一般细菌相仿，耐热能力完全丧失。树木对森林火灾的抗性也属于抗热性，但这主要取决于树皮的绝热效应，而与原生质的耐热性关系不大。

13.3.2 冷害

13.3.2.1 冷害及其对植物的伤害

冷害(chilling injury)是指0 ℃以上的低温对植物造成的伤害。植物受冷害后会出现伤斑，组织变得柔软萎蔫，花芽分化被破坏，结实率降低等现象。

植物受到寒害时，生理上主要出现如下变化。

(1)水分平衡的失调

植物遭受寒害后，吸水能力和蒸腾速度都显著下降，但吸水受抑的程度甚于蒸腾，因此破坏了植物体的水分平衡。寒潮过后，受害植物往往叶尖、叶片甚至整个枝条干枯。

(2)光合和呼吸的变化

低温影响叶绿素的生物合成，并且还直接影响光合过程。所以植物遭受寒害后，光合速率显著下降，寒害持续越久，光合下降越大。呼吸速率在寒害期间明显上升，随后则迅速下降。呼吸上升是一种病理现象，因为低温破坏线粒体结构，使氧化磷酸化解偶联，呼吸释放的能量大部分转化为热能，而 ATP 形成很少。低温下原生质环流的停止，可能就与 ATP 含量下降有关。

(3)输导组织的破坏

木本植物遭受寒害后，常引起输导组织的破坏。如三叶橡胶树在气温降至5 ℃时，韧皮部与木质部的活细胞就受害死亡，发生“破皮流胶”现象。胶液内流会堵塞导管，阻止水分向上部运输，使植物的水分平衡状况更加恶化。韧皮部的受害会影响光合产物的运转，使非绿色部分的饥饿现象更加严重。

(4)代谢的紊乱

植物遭受寒害后，代谢的协调性受到破坏，总的趋势是合成作用减弱，水解作用增强，并且引起许多有毒中间产物的积累。

13.3.2.2 植物的抗冷性

1973 年，莱昂斯(Lyons)根据生物膜结构功能和温度的关系提出“膜质相变”的原理来解释植物的冷害机理，他认为冷害首先是损害生物膜。当温度降到一定程度时，细胞的生物膜(包括质膜、液泡膜和细胞器膜)首先发生膜脂的相变，膜脂从液晶相变为凝胶相。膜脂中的脂肪酸链由无序排列变为有序排列，膜的结构和厚度发生变化，膜上可能出现孔道或龟裂。因此，一方面使膜的透性增大，膜内的离子外渗，影响原有的离子平衡，另一方面使结合在膜上的酶的活力发生变化，引起膜结合酶与游离酶间的反应速度失去平衡。以上这一系列变化，使物质代谢失调和有毒物质在组织内积累(如乙醇、乙醛、γ-酮酸、酚和绿原酸等)。当冷害的效应发展到使膜脂发生降解时，便造成组织的死亡；如果尚未达到使膜脂降解的程度，寒潮解除后，膜的功能仍能逐渐恢复，正常的代谢也会重新建立。所以莱昂斯将膜脂降解作为冷害的不可逆指标。

由于冷害引起的一系列有害效应归因于膜脂的相变，所以膜脂的相变温度与抗冷性有密切关系，不同植物的膜脂相变温度是不同的。试验证明，相变温度受膜脂中脂肪酸成分的影响，膜脂中不饱和脂肪酸成分的增加能有效地降低膜脂的相变温度。在多种植物中发现，抗冷物种线粒体膜中不饱和脂肪酸的含量大于不抗寒物种。膜脂中不饱和脂肪酸的含量与环境温度有关，低温有利于不饱和脂肪酸的形成。这有助于说明有些植物的抗冷力可以通过低温锻炼而提高的现象。

13.3.3 冻害

冻害(freezing injury)是指0 ℃以下的低温对植物造成的伤害。植物受冻后的一般症状：叶片呈烫伤状，细胞失去膨压，组织柔软，叶色变褐等。温带地区冬季的气温经常低于0 ℃，所以冻害是冬季作物和树木越冬的严重威胁。

13.3.3.1 冻害及其对植物的伤害

冻害主要是由植物体结冰所引起的，植物体的结冰有以下2 种类型。

(1)细胞间结冰

细胞间结冰通常发生在温度缓慢下降的情况下。由于细胞间隙中溶液的浓度一般小于原生质和液泡液的浓度，所以在缓慢降温时，细胞间隙中的水分先达到冰点而结冰，结冰降低了细胞间隙中的水气压，使周围细胞内的水分通过蒸发向细胞间隙的冰晶体凝集，于是冰晶体的体积逐渐增大。细胞间结冰对原生质的伤害有2个方面：一是由于脱水效应；二是由于机械损伤。细胞间隙中结冰时使原生质体内的水分向外移动，导致原生质体脱水。原生质失水后蛋白质分子互相靠拢引起二硫键的形成，破坏了蛋白质的正常构型。细胞脱水又使原生质和液泡中盐类离子和有机酸浓度提高，更促进了蛋白质的变性和凝聚。膜蛋白当然也受到同样的伤害，加上脱水时原生质体收缩引起的膜脂层的破裂，使膜结构破坏，正常透性丧失。冰冻造成的机械损伤来自2个方面：一是细胞间隙中冰晶体扩大时对细胞的挤压会使原生质体受到机械伤害；二是在冰晶体形成时细胞失水和冰晶体融化时细胞重新吸水的过程中，由于细胞壁和原生质缩胀程度不一致，会使原生质受到巨大张力而被撕裂。

(2)细胞内结冰

当环境温度迅速下降时，不仅细胞间隙中结冰，细胞内也会同时结冰。细胞内结冰一般先在原生质中开始，然后是在液泡中。细胞内冰晶体的体积小，数量多，它们的形成会对生物膜、细胞器和衬质的结构造成不可逆的机械伤害。原生质是有高度结构的，复杂有序的生命活动是在这些结构的基础上进行的，原生质结构的破坏必然导致代谢的紊乱和细胞的死亡。细胞内结冰在自然条件下是难得发生的，但一旦发生，植物就很难继续存活。

13.3.3.2 植物的抗冻性和抗冻锻炼

植物的抗冻方式主要是耐冻而不是避冻，因为植物无法避免低温的影响而保持一定的体温。当低温来临时，植物体的温度很快就会与环境温度达成平衡。细胞汁液虽具有一定浓度，但一般也只能使其冰点下降1～5 ℃左右。水的过冷现象可以降低结冰温度，但这种过冷状态并不稳定，只能借以渡过短暂的低温期。因此，在冰冻温度下，植物组织的结冰几乎是不可避免的。植物的抗冻性主要取决于原生质对冰冻造成的脱水和机械力(压力和张力)的耐受能力。这种能力在不同物种和品种间有显著差别，有些植物在开始结冰的温度下就明显受害，有些植物的受害温度可低至零下几十摄氏度(表13-2)。同一植物的不同器官和组织对冻害的抵抗能力也有差异(图13-6)。

表13-2 冬季一些常绿阔叶树和针叶树开始结冰的温度和开始表现受害的温度

植物种类	冻害温度(℃)	开始结冰温度(℃)	耐冻性(℃)
蓝桉 *Eucalyplus globulus*	-3	-3	0
柠檬 *Citrus limon*	-5	-5	0
欧洲夹竹桃 *Nerium oleander*	-7	-7	0
油橄榄 *Olea europaea*	-10	-10	0
意大利五针松 *Pinus pinea*	-11	-7	4
常绿柞 *Quercus ilex*	-13	-8	5

（续）

植物种类	冻害温度(℃)	开始结冰温度(℃)	耐冻性(℃)
罗马柏木 *Cupressus sempervirens*	-14	-5	9
紫杉 *Taxus baccata*	-20	-6	14
欧洲冷杉 *Abies alba*	-30	-7	23
挪威云杉 *Picea abies*	-38	-7	31
瑞士五针松 *Pinus cembra*	-42	-7	35

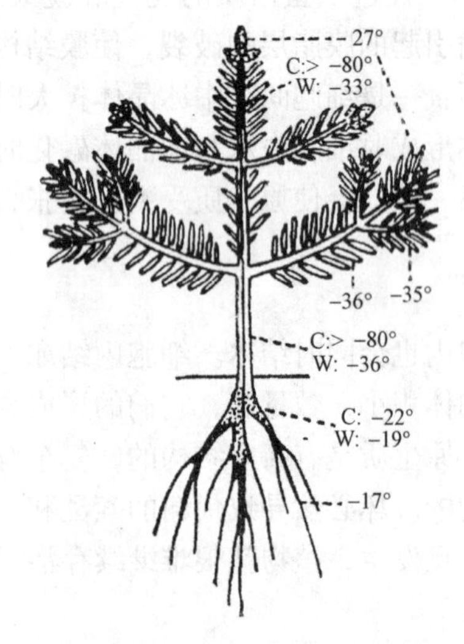

图 13-6　云杉苗木不同器官和组织冬季的抗冻性

C：韧皮部；W：木质部

以造成50%伤害的温度(℃)表示。最敏感部分涂黑色，最抗冻部分为白色。

植物的抗冻性有明显的季节变化。例如，许多温带树木，在冬季能耐受-50 ℃甚至更低的温度，但在夏季-5～-2 ℃的温度就足以使其死亡。这说明树木从秋季开始有一个自然提高其抗冻能力的过程，这个过程称为“抗冻锻炼”。到了春季，抗冻能力又逐渐趋于消失，称为“锻炼解除”。抗冻锻炼与秋季的自然条件有密切关系，根据杜曼诺夫(TyMAHOB)的理论，植物只有在当年生长结束之后，才能进入锻炼，就一般温带树木而言，生长的停止须经短日的诱导。整个锻炼过程分2～3个阶段。第一阶段在夜温降至0 ℃左右的环境下进行，并要求有充足的光照条件。第二阶段在气温低于0 ℃并逐步降低(-5～-3 ℃)的条件下进行，这一阶段与光照的关系不大。植物通过了这2个阶段后，才能无危险地进入锻炼的最终阶段，在不低于-15～-10 ℃的长期低温条件下，使原生质获得最大的抗冻性。锻炼解除通常在翌年2月末开始，4月中旬解除速度最快，以后平缓进行，到6月完全解除。据测定，北美乔松在8月底9月初抗冻性就开始提高，到11月下旬，抗冻能力达到最大，能耐受-40 ℃以下的低温。翌年4月，锻炼很快地解除，抗冻能力降到-15 ℃左右。此后抗冻能力继续下降，但速度缓慢，到6月降到-4 ℃左右的最低值。美国落叶松的抗冻锻炼和锻炼解除进程与北美乔松相似，但较为平缓(图13-7、图13-8)。

在锻炼过程中植物体究竟发生了什么变化？这是一个尚未解决的问题。在锻炼的第一阶段，植物体内的糖、蛋白质，脂类和核酸都有显著增加，但这些物质并不都与抗冻性有直接关系。因为发现：①在不同植物中这些物质的变化趋势并不完全一致；②在锻炼解除期这些物质的消长与抗冻性的变化相关很差；③有些不抗冻植物在低温环境下也有类似的变化，但不能提高其抗冻性，如马铃薯块茎在0～5 ℃的低温贮藏期间也发现体内淀粉转变为糖，氨基酸合成蛋白质，但抗冻性毫不增大。值得注意的是，锻炼期间磷脂的含量和脂肪酸的不饱和程度常有所增加，已知这些变化可以提高生物膜结构在低温下的稳定性。西米诺维奇等(1963，1967，1968)在刺槐上做了一个有名的试验，他们用不同时期的环割来控制树皮中有机物质的含量，然后将树皮制成活体切片检验其抗冻性。结果发现“饥

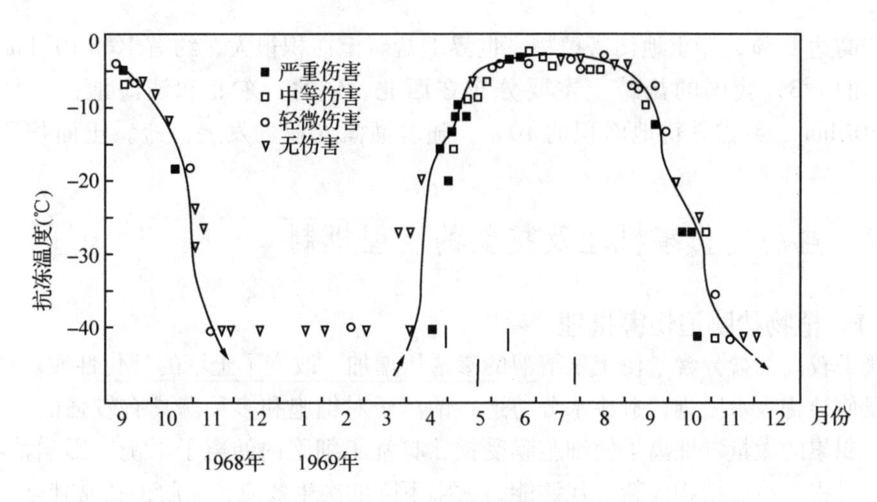

图 13-7　北美乔松的抗冻趋势

抗冻温度指树木能够安全经受的最低温度

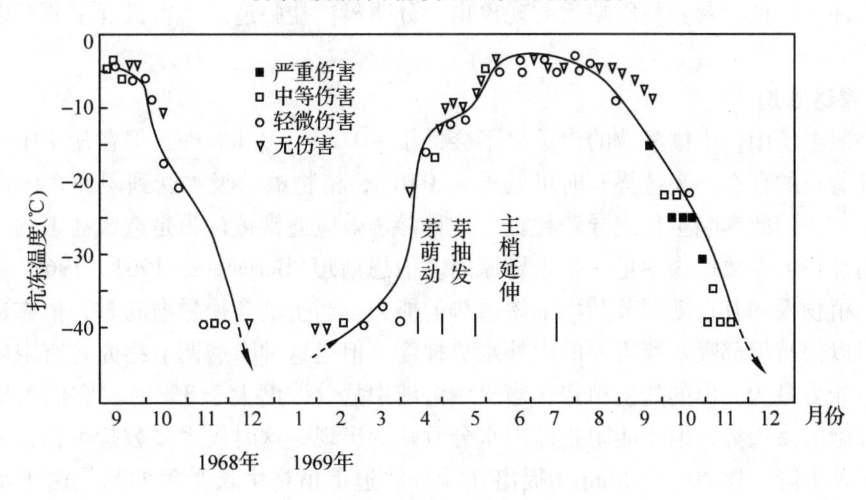

图 13-8　美国落叶松的抗冻趋势

抗冻温度指树木能够安全经受的最低温度

饿”的组织仍能获得很大的抗冻能力(-45 ~ -30 ℃)，在这种“饥饿”组织中，磷脂仍在继续合成，但在总脂含量上并无变化。他们的试验否定了锻炼期间一般有机物质的变化与抗冻性的直接关系，但也暗示了磷脂的独特作用。

13.4　盐胁迫及其伤害反应

13.4.1　盐胁迫

盐害(salt injury)是指土壤中盐分过多对植物造成的伤害。通常把含 NaCl 和 Na_2SO_4 为主的土壤称为盐土；把含 Na_2CO_3 和 $NaHCO_3$ 为主的土壤称为碱土。但两者常常同时存在，因此统称为盐碱土。一般土壤含盐分在 0.2%~0.5% 时就不利于植物的生长，而盐碱土的含盐量却高达10%，严重地伤害植物。世界上盐碱土面积很大，约有10×10^8 hm^2，约占灌溉农田的1/3，我国的盐碱土主要分布在西北、华北、东北和滨海地区，总面积达2 700 $\times10^4$ hm^2，约占总耕地面积的10%。随着灌溉农业的发展，盐碱土面积还将不断扩大。

13.4.2 盐胁迫伤害机理及抗盐的生理机制

13.4.2.1 植物盐胁迫伤害机理

土壤中较高的盐分含量使土壤溶液的渗透压增加，改变了土壤的理化性质。高浓度的盐分含量使植物吸水困难，造成水分胁迫；钠离子对细胞和多种酶具有较强的毒害作用，植物体内积累的大量毒性离子使细胞膜受损，打乱了细胞内的离子平衡，影响植物生理、生化反应过程，造成植物体新陈代谢能力大幅下降的次生效应；盐胁迫通常伴随着氧自由基及其衍生物的胁迫作用，这些胁迫能严重破坏细胞结构，导致细胞死亡；在盐胁迫存在的外界条件下，植物营养物质缺乏的现象也十分明显。盐胁迫的伤害机理主要有以下3个方面。

(1)渗透胁迫

在一般土壤中，土壤溶液的渗透势不会低于-0.2～-0.1 MPa，但在盐土中，由于大量可溶性盐类的存在，渗透势有时可低于-10MPa，植物根部吸水受到阻碍，体内水分不能保持平衡，因此影响生长或导致死亡。这种渗透效应通常被认为是造成盐害的一个重要原因，而且在大多数植物中是一个主导原因。伯恩斯坦(Bernstein，1961，1963，1964)等人发现，植物根部有自动调节其内部渗透势的能力。当土壤含盐量增高时，依靠这种调节能力，可以保持根部吸水所需要的内外水势梯度。但是这种渗透调节终究是有限度的。即使是调节能力最为突出的盐生植物，当土壤溶液中盐分浓度大于3%时，它们虽然仍能继续降低细胞的渗透势，但不能阻止体内水分亏缺的出现，这时候大多数盐生物种的生长速率都会显著下降。1898年Schimper提出在盐分胁迫下植物生长受到抑制是由于水分亏缺造成的。植物水分亏缺的原因是因为土壤中含有大量可溶性盐，降低了土壤渗透势，使根系吸水困难或根本不能吸水，即所谓的生理干旱。所以，在盐碱地区，虽然土壤含水量大，但由于含盐量也很高，植物吸水不足容易导致生理干旱。

(2)离子胁迫

离子胁迫是由于植物选择性地吸收土壤中的某些离子而致使另一些离子的吸收受到影响。在盐碱土壤环境下，土壤中富集了钠盐等盐类，如果吸收钠离子过多，多余的钠离子就会与钙离子竞争细胞壁上的位点，致使对钙离子的吸收下降，造成植物结实少、过早衰老的严重后果。同时，随着土壤中盐浓度的增加，不仅氯离子和硫酸根离子在土壤中积累，植物体内氯离子浓度也会增加，影响磷酸盐的吸收，导致植物缺锌。过量的氯离子会影响硝态氮和磷酸盐的吸收，导致植物缺素，使叶缘枯黄，阻碍植株正常生长。

大多数木本植物(包括乔木、藤本植物和观赏树木)对氯离子和钠离子特别敏感。木本植物叶中Cl^-的积累达到叶干重的0.5%～1.0%时，就会出现独特的叶绿或叶尖坏死现象。叶中Na^+的含量达到叶干重的0.25%～0.5%时，也会发生叶的坏死。比较抗盐的核果类树木，在盐渍环境中生长受抑量的一半归结于氧离子的毒害，另一半归结于渗透效应。根据现有资料，离子毒害效应可用对生物膜的影响来说明，在外界高浓度盐分的影响下，植物细胞通过渗透调节相应积累起高浓度的盐离子，使生物膜的结构发生变化，从而影响了膜的正常透性和改变了一些膜结合酶类的活力，使细胞代谢失调，出现叶绿素破坏，花青素积聚，蛋白质合成受阻，以及酮酸、某些氨基酸(如脯氨酸、亮氨酸、酪氨酸和蛋氨酸)和氨、丁二胺等毒物的积累。毒物积累是盐害的重要原因。

(3)生理代谢紊乱

土壤中盐分过多会抑制蛋白质合成，使叶绿素和类胡萝卜素的含量降低，抑制 PEP 羧化酶和 RUBP 羧化酶的活性，使植物净光合速率下降。盐胁迫会导致呼吸作用不稳，研究发现，低盐时质膜上的 Na^+- ATP、K^+- ATP 酶活化，刺激呼吸反应；高盐分过多会抑制蛋白质合成，促进蛋白质分解。盐胁迫还会使植物体内积累有毒物质，将 NH_3和游离氨基酸转化成具有一定毒性的腐胺、尸胺，进而被氧化生成 NH_3和 H_2O_2，伤害细胞。

13.4.2.2 植物抗盐的生理机制

植物对土壤盐分过多的抵抗能力称为抗盐性(salt resistance)。有些植物对盐分有高度的适应能力，能在盐渍土上正常生长，这类植物称为盐生植物。在盐生植物中根据其抗盐生理基础的不同，又可分为3类：第一类是真盐生植物，如盐角草、碱蓬等，这类植物具有高度耐盐能力，它们能在细胞中积累大量盐分，借以保持很低的水势。在非盐渍土上它们也能生长，但施用一定量的 NaCl 后，发育更为良好。第二类是淡盐生植物，如艾蒿、胡颓子等。这类植物的根对盐的透性极小，能防止土壤中的盐分进入植物体。它们依靠体内大量积存的有机酸和糖类来保持低水势，借以从盐土中获取水分。第三类是泌盐植物，如海岸红树、柽柳、匙叶草等，它们的茎、叶表面密布许多泌盐腺，能将吸收的盐排出体外，使之不在体内积累而中毒。

一般非盐生植物的抗盐能力有限，但在程度上尚存在差别，有些植物对盐分极为敏感，有些植物则能抗一定程度的盐渍。植物的抗盐能力与下列生理特性有关。

(1)限制盐离子的吸收和转移

对大多数木本植物来说，特异离子毒性是造成盐害的重要因素。非盐生植物则一般在尽量减少对盐离子吸收的同时将部分盐离子输送到衰老组织以保护幼嫩组织。不同植物对土壤中 Cl^-浓度抗性的差异，主要归因于植物在吸收 Cl^-和向叶中转移 Cl^-速度上的差异。在柑橘、鳄梨和核果类树木的各种砧木间，Cl^-转移的速度有2~3倍的差异，因此对土壤 Cl^-浓度的抗性也有同样的差异。在葡萄的各种砧木间，转移 Cl^-的速度可相差15倍之多。通过使用能限制阳离子转移的砧木或品种，能明显增强这类植物的抗盐能力。

(2)生长调节物质的变化

盐渍条件也和干旱条件一样，能使叶中脱落酸的含量显著增高，细胞分裂素的含量显著下降。这种变化能诱导气孔关闭从而抑制蒸腾作用和减少盐分吸收，并且还会限制根中盐离子向木质部的转移，因此有助于抵抗盐害。

(3)保护物质的形成

植物体内形成的某些产物，例如糖类，某些氨基酸(主要是脯氨酸)、酰胺，花青素、胡萝卜素、核酸以及蛋白质等，主动进行渗透调节以适应盐分过多而产生的水分胁迫。斯特隆戈诺夫(Ctoporohob，1973)等认为，植物在多盐条件下的生存，取决于代谢过程的调节以及保护性代谢产物与毒性代谢产物间数量之比。能产生较多保护物质的植物将具有较强的抗盐性。如盐胁迫下苦楝叶片中脯氨酸含量显著上升。作为抗盐林木，沙枣和刺槐都可以通过渗透调节减轻胁迫伤害，又如，小麦、大麦等作物在盐渍条件下将吸收的盐离子积累于液胞中，增加溶质浓度，降低水势以防止细胞脱水。同时，耐盐植物在高盐条件下往往抑制某些酶的活性，而活化另一些酶，特别是水解酶的活性。例如，耐盐微生物在 85 ℃和 4.27 mol·L^{-1} NaCl 条件下 RNA 酶活性最大，但在低盐条件下能忍受很低温度。向日葵和欧洲海蓬子的光合磷酸化受到 NaCl 刺激，玉米幼苗用 NaCl 处理时可提高过氧化物酶活性，大麦幼苗在盐渍条件下仍保持丙酮酸激酶活性，但不耐盐的植物则缺乏这种特性。

(4)呼吸作用的增强

在某些植物(豌豆、玉米、棉花)的水培试验中发现，在培养液中如加进 NaCl，在一定浓度范围内，植物组织的呼吸强度明显提高，而呼吸商保持不变。从供 NaCl 较多的水培豌豆中分离出线粒体，其呼吸强度在盐的刺激下增加了 25%~75%，但磷酸化/氧化比(P/O)保持不变。这些现象表明，呼吸的增强可能是一种对多盐的适应性反应，因为可借此获得更多的有用能量，有助于将盐离子与细胞的要害部分区隔开来，并加强细胞内的维修活动。可是增强呼吸意味着有机物质消耗量的增加，这又意味着总生长量的减弱。

(5)代谢调节

通过利用代谢产物与盐类的结合，可以减轻离子对原生质体的毒害作用。如细胞中的清蛋白可提高亲水胶体对盐类凝固作用的抵抗力，避免原生质受电解质影响而凝固。同时，当细胞内氢离子浓度与含水量发生变化，以及盐类进入细胞时，可维持原生质的稳定性。此外，某些盐生植物在盐渍条件下可将 C_3 途径转变为 C_4 光合途径，这种改变使植物减少了水分消耗。其原因是 Cl^- 离子可活化 C_4 途径的关键酶。例如，槐树受盐胁迫后净光合速率上升，并且在一定时间和一定浓度的胁迫条件下能维持其光合速率不低于不施盐的对照。同时，许多的盐生 C_4 植物如红松等的光合作用需要较高的盐分浓度，低浓度或无盐条件下反而造成光合作用的下降。

为了了解抗盐机理，对盐生植物和非盐生植物的比较生理学上有不少研究。例如，研究发现，从盐生植物中分离出来的酶，在对盐的敏感程度上，与从非盐生植物中的酶并无区别。这一事实表明，盐生植物的抗盐能力并非由于酶的强大耐盐性，而是依靠细胞在高盐条件下仍能维持完善的内部区隔，使酶实际上不受高浓度盐离子的影响。此外发现，取自盐生植物 *Salicornia* 的愈伤组织，在抗盐能力上与取自非盐生植物的愈伤组织并无区别。这种现象似乎表明植物的抗盐能力是完整植株的一种特性，而不是由个别部分的单独的生理活动所决定的。

13.4.2.3　提高树木抗盐性的途径

(1)抗盐植物或品种的筛选和培育

植物的抗盐能力因物种而异。在非盐生植物中，抗盐能力也有很大差异。根据在苏北的实地调查，在树木中苦楝、臭椿和乌桕是抗盐性较强的，在含盐率0.4%~0.6%的土壤中尚能存活，在含盐率0.2%~0.3%的土壤中能生长良好。刺槐、槐树、紫穗槐、皂角和侧柏的抗盐性次之，土壤含盐率在0.2%~0.3%时可望存活，在0.1%时可望生长良好。樟树、核桃、珊瑚朴的抗盐力很弱，朴树、榔榆、麻栎、白栎和板栗等则极不抗盐，在土壤含盐率达0.1%时即难存活。

筛选抗盐品种是提高作物抗盐性的最便捷途径。可以采用有效的抗盐生理生化指标，对现有品种进行筛选。研究表明，低 Na^+/K^+ 的比率是筛选抗盐品种的指标之一，耐盐性强的桑树品种可以在盐胁迫下维持较低水平的 Na^+ 和较高水平的 K^+。近年来，针对意大利杨、胡杨、落羽杉、绒毛白蜡、槐树、刺槐、柽柳、桑树、红树和苦楝等树种耐盐性评价和筛选的研究正在逐步开展。同时，可利用组织培养技术选育抗盐突变体；利用基因工程技术转移抗盐基因等培育抗盐新品种。目前对 *BADH* 基因转入植物体内提高抗盐性的情况进行了研究。有人认为转入 *codA* 基因后，柿树的耐盐性得到了有效提高，国外实验室获得了转入 *HAL2* 基因的耐盐柑橘。国内对胡杨耐盐锌指蛋白基因、Na^+/H^+ 反向运输载体蛋白基因、H^+-ATPase 的基因和 *NHX* 基因等都进行了相关研究。

(2)植物生长物质处理

利用生长物质促进植物迅速生长，稀释细胞内盐分，有利于稀盐植物抗盐性的提高。例如，大麦、小麦可喷施 5 $mg \cdot L^{-1}$ IAA 溶液，促进快速生长，减轻盐分危害，增加产量；棉花可用50 $mg \cdot L^{-1}$ IAA 处理，抗盐效果明显。

(3)抗盐锻炼

植物的抗盐能力可以通过抗盐锻炼来提高。锻炼方法之一是将吸胀的种子用相应的盐溶液(抗氯盐用0.3%~0.4%的 NaCl 或 $CaCl_2$，抗硫酸盐用0.25%的 $MgSO_4$)浸泡数小时至24 h，然后播种。据报道用硼酸溶液浸种也有良好效果。金杰里和斯特隆戈诺夫等人宣称，经过这样处理后，不仅提高了当代植物的抗盐力，并能将抗盐力至少传给最近的一代。另一种锻炼方法是在苗期分次向土壤中施盐，使土壤含盐量逐步提高，幼苗逐渐适应后，就能在含盐多的土壤中生长。丁静等用乌桕、槐树苗木所做的试验证明，这种逐渐盐渍处理对增强苗木的抗盐性确有一定作用。此外，在盐渍化土壤中施用适量的氮、磷、钾肥均可改善植物的生理状况，从而提高抗盐性。用根外施肥法施以尿素、过磷酸钙或微量元素也能增强植物的抗盐能力。而合理灌溉和增施有机肥也能提高植物的抗盐能力。

13.5 植物对逆境的感知和反应

逆境条件下，植物体能够通过特定的受体感知胁迫刺激，并通过一系列的信号转导过程将这些刺激进行传递，进而调节蛋白和基因表达，调控植物的生理生化代谢，抵抗逆境胁迫。这一过程就是植物的逆境信息传递。一般而言，植物的逆境信息传递可以分为长距离信息传递和细胞内信号转导2类，二者共同构成逆境信息传递的主要内容，对植物的抗逆性进行系统调节。

13.5.1 植物逆境信号的长距离信息传递

逆境条件下的长距离信息传递主要是指当植物感受逆境刺激的位点和植物应答刺激的

位点处于植物的不同部位时，植物体会通过细胞间长距离的信号传递来实现对植株整体生理和代谢平衡的调节。

13.5.1.1　水信号

水信号(hydraulic signal)是指能够传递逆境信息，进而使植物做出适应性反应的植物体内水流(water mass flow)或水压(hydraustatic pressure)的变化。水信号是通过植物体内水连续体系中的压力变化来传递的。Malane 认为控制植物系统反应的水力学信号由两部分组成：一部分为快速反应(膨压的作用)，即压力变化的快速传递；另一部分为从受旱根系而来的水(细胞汁液)的物理流动(渗透势的作用)，这是一个慢速反应过程。这两部分共同实现水信号对植物抗性的调节。

13.5.1.2　化学信号

植物体内参与长距离信号的化学物质主要是激素类物质，其中乙烯和茉莉酸甲酯属于易挥发的气体物质，可以通过植物体内的气腔网络迅速传递。而脱落酸、细胞分裂素、水杨酸等则主要通过韧皮部进行传递，但目前也有研究认为水杨酸不能作为长距离信号参与植物抗性调节。

经典的化学信号长距离信息传递的实例便是分根试验。干旱条件下，植物气孔迅速关闭，传统的观点认为根系感知干旱信号并调节气孔关闭是由水力学信号的长距离传递造成的，然而这种理论不足以解释所有植物在干旱条件下的反应。1988 年，Passioura 等在利用压力室给干旱条件下的小麦根系加压，通过增加气压来补偿土壤水势的下降，进而维持叶水势的下降，结果气孔导度和叶片生长仍然受到抑制。这证明存在一种非水力学的信号调控叶片对干旱的应答。1985 年，Blackman 等在玉米上进行的分根实验，将同一植株根系分为两部分，一部分根系进行干旱，另一部分正常浇水，结果地上部叶片水势没有明显变化，但气孔导度和叶片生长均下降，重新浇水或将受干旱的根系切除，则叶片生长恢复正常。后来的研究证明这种信号就是长距离的 ABA 信号。

除植物激素之外半乳糖等寡聚糖类、系统素等多肽类物质也可作为长距离信号调节植物抗性。

13.5.1.3　电信号

电信号(electrical signal)指的是植物体内能够传递信息的电位波动。电信号的短距离传递需要通过共质体和质外体途径，而长距离传递则是通过维管束。动作电波便是植物电信号的一种。以往对电信号的研究主要集中在一些特殊植物上，例如，含羞草感知机械刺激后叶片关闭同时伴随电信号的产生，捕虫植物在捕虫时动作电位幅度为 110 ~ 115 mV，传递速度可达 6 ~ 30 cm · s^{-1}。现在越来越多的研究在一些普通植物上展开，然而更深入的机理揭示仍需要大量的研究。

13.5.1.4　pH 值信号

1988 年，Wilkinson 和 Davies 发现木质部汁液 pH 值的升高也能像 ABA 一样作为一种信号，从根部传递到叶片调节气孔的运动。随后在向日葵、番茄、鸭跖草及葡萄等物种上的研究也证明木质部汁液中的 pH 值变化是一种长距离的信号，能够协同根源 ABA 调控植物对干旱等逆境的抗性。

13.5.2 植物逆境信号的细胞内转导

当植物感受逆境后，细胞内会启动一系列的信号转导过程，这一过程涉及钙离子等第二信使的调节，以及蛋白可逆磷酸化和细胞内的基因表达的调控。

逆境条件下，植物细胞内的信号转导与 ABA 介导的信号转导密切相关。一般认为，干旱、高盐及温度胁迫下都会引起 ABA 含量迅速升高，进而引发一系列逆境信号转导。1996 年，Kloosterzie 等将干旱条件下的信号转导分为 ABA 依赖路径及 ABA 不依赖路径。前一类逆境基因的表达依赖于内源 ABA 的积累或外源 ABA 处理，如 *rd*28、*rd*29 等。此类基因涉及 2 条信号转导路径：一条路径直接受 ABA 响应元件（ABA responsive element，ABRE）、偶联元件（coupling element，CE）等顺式作用元件及反式作用因子（transacting factor）的调控，不需要其他蛋白的生物合成；另一条路径需要中间蛋白的生物合成，由 ABA 引发合成的中间蛋白作为转录因子作用于靶序列促成基因表达。后一类逆境基因表达除了能被 ABA 诱导表达外，还受干旱、低温、高盐等其他环境因子的诱导。Motoaki 等利用 Microarry 对 ABA 处理下的拟南芥 7 000 个基因进行分析，发现 245 个基因受 ABA 诱导，其中很多基因同时对高盐、低温、干旱胁迫进行了应答（图 13-9）。越来越多的研究表明逆境条件和 ABA 信号引起的逆境基因表达有很大程度的交叉、重叠，形成了许多逆境信息传递链的节点，ABA 的细胞内信号转导也因此形成了复杂的网络（图 13-10）。由此可见，信号路径的交叉对话（cross-talk）在逆境信号转导中举足轻重，而在这些交叉对话中的节点蛋白（point protein）往往在植株抗性的获得上意义非凡，这也是植物交叉适应的一个原因。

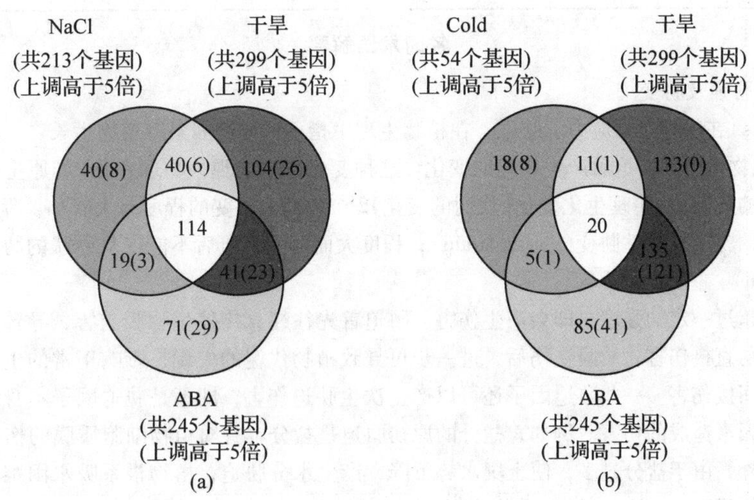

图 13-9 胁迫条件及 ABA 信号诱导的基因表达（引自 Motoaki，2002）

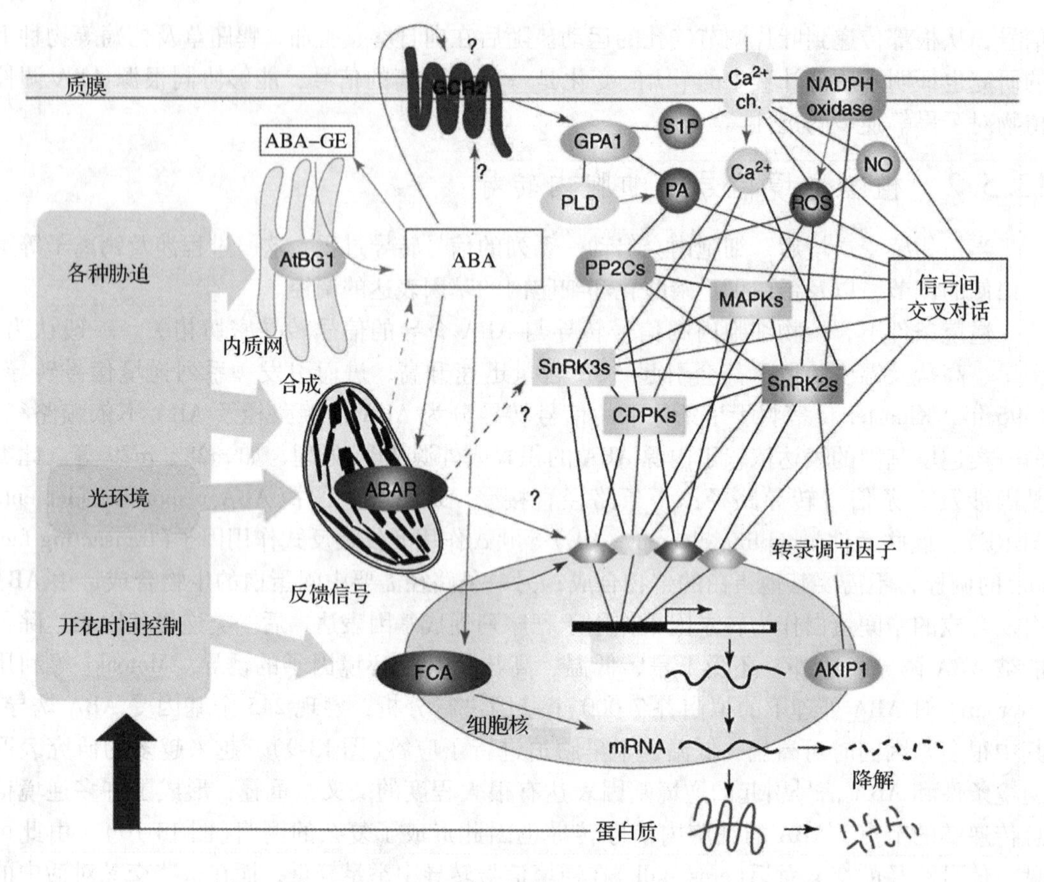

图 13-10　ABA 细胞内信号转导机制(引自 Takashi，2007)

知识窗

名词术语解释

1. 胁迫、胁强及胁变

胁迫(stress)在物理上指应力、胁强，在植物生理中指不利环境因素对植物生长产生的影响。胁变(strain)是指植物体受到胁迫后产生相应的变化。这种变化可以表现为物理变化(如原生质流动的变慢或停止，叶片的萎蔫)和生理生化变化(代谢的变化)2 个方面。胁变的程度有大有小，程度小而解除胁迫后又能复原的胁变称弹性胁变(elastic strain)；程度大而解除胁迫后不能恢复原状的胁变称为塑性胁变(plastic strain)。

胁迫因子超过一定的强度，即会产生伤害。胁迫首先往往直接使生物膜受害，导致透性改变，这种伤害称为原初直接伤害。质膜受伤后，进一步可导致植物代谢的失调、影响正常的生长发育，此种伤害称为原初间接伤害。一些胁迫因子还可以产生次生胁迫伤害，即不是胁迫因子本身作用，而是由它引起的其他因素造成的伤害。例如，盐分的原初胁迫是盐分本身对植物细胞质膜的伤害及其导致的代谢失调。另外，由于盐分过多，使土壤水势下降，产生水分胁迫，植物根系吸水困难，这种伤害称为次生伤害。如果胁迫急剧或时间延长，则会导致植物死亡。

2. 永久萎蔫点

在严重干旱的土壤中，植物水势会降低到永久萎蔫点(permannent wilting point)之下。此时，土壤的水势等于或低于植物的渗透势，植物丧失从土壤中继续吸收水分的能力。永久萎蔫点的大小与植物本身的渗透势有关，因此不仅取决于土壤的固有特征，同时也取决于植物的种类。

3. 植物的交叉适应

早在1975年，布斯巴(Boussiba)等就指出，植物也像动物一样，存在着"交叉适应"现象(cross adaptation)，即植物经历了某种逆境后，能提高对另一些逆境的抵抗能力，这种对不良环境之间的相互适应作用，称为交叉适应。莱维特(Levitt)认为低温、高温等8种刺激都可提高植物对水分胁迫的抵抗力。缺水、缺肥、盐渍等处理可提高烟草对低温和缺氧的抵抗能力；干旱或盐处理可提高水稻幼苗的抗冷性；低温处理能提高水稻幼苗的抗旱性；外源ABA、重金属及脱水可引起玉米幼苗耐热性的增加；冷驯化和干旱则可增加冬黑麦和白菜的抗冻性。

小　结

植物逆境生理是一个复杂的信息传递网络，涉及众多的生理生化过程。随着逆境胁迫程度的加剧，植物体首先会通过受体感知到不利环境的影响，此后植物体内的氧化还原平衡被打破，自由基和活性氧产生，植物逆境激素及渗透调节物质被大量合成，植物体竭力维持细胞的渗透平衡和细胞结构的完整。此时，如果胁迫在达到致死量前解除，植物将有可能通过自身的调节存活下来，但是如果胁迫过于强烈，植物则会死亡。逐步增加的低水平的胁迫能够帮助植物体获得相应的抗性，这些抗性的获得从短期看是某些逆境相关基因的表达，逆境蛋白活性的提高，以及逆境调节物质的积累，一旦胁迫解除，这些短期的改变都将恢复到正常的状态；从长期看，植物有可能通过对不利环境的适应形成特殊的形态结构或代谢机制，而这些改变是不可逆的，随着物种繁殖被一代代地遗传下来，这也是实现植物抗逆的最彻底、有效的途径。

在植物逆境生理的调节中，植物激素ABA扮演着非常重要的角色，几乎所有的逆境胁迫都离不开ABA的调节。近年来，随着科学的发展，对ABA功能及其作用机理的研究越来越深入，ABA信号转导已经成为植物学科的至关重要的研究领域，然而遗憾的是这些研究并没有真正地在生产上解决好植物的抗逆性问题。由此可见植物的抗逆性是非常复杂的。但不可否认，ABA作用机理的剖析，尤其是其长距离信息传递机理的剖析仍然是植物逆境生理研究的重要问题，或许在不久的将来，我们可以利用这些研究的积累结合分子育种的手段获得真正意义上的抗逆植物。

植物的逆境生理绝对不是单一、孤立的生理变化，植物对逆境的抵抗与植物本身的生理状态息息相关，良好的生理状态和足够的营养储备能够帮助植物应付突如其来的不利环境条件，提高植物在逆境条件下的存活率。因此，植物抗逆性的提高除了依赖植物自身的调节外，还应该注重人为管理的重要性。在实际生产中，要注意因地制宜，选择适合当地土壤和环境条件的植物进行合理栽培，并配合科学的肥水及修剪措施，最大程度地挖掘植物的抗逆潜力。

思考题

1. 试述植物响应非生物胁迫的生理过程。
2. 简述植物渗透调节能力与其抗逆性的关系。
3. 简述脱落酸在植物逆境胁迫中的作用。
4. 何谓植物的交叉适应性?
5. 简述生物膜结构、组成与植物抗逆性的关系。
6. 简述高温、干旱与低温致死的原因。
7. 简述植物抗旱的生理生化机制。
8. 试述植物耐盐的生理机制。

环境污染与植物响应

环境污染(environment pollution)特指人类直接或间接地向环境排放超过其自净能力的物质或能量，从而使环境的质量降低、生态系统失去平衡、对人类的生存与发展造成不利影响的现象。污染可以按污染物的存在空间分布分为海洋污染、陆地污染和大气污染；也可以按其存在的介质分为：空气污染、水污染和土壤污染。当污染发生时，植物不能像动物一样逃离或躲避，因此，污染物会对植物的生长、发育造成损害甚至导致植物死亡。然而植物在长期的系统发育中会逐渐形成对不良环境的适应和抵抗能力，有些植物在一定范围内通过一系列物理、生理和生化机制对污染环境产生一定的修复能力。

环境污染包括大气污染、水体污染和土壤污染。污染物会对植物的生长、发育造成损害甚至导致植物死亡。有些植物在长期的系统进化过程中，对污染环境产生了适应性，并且对污染环境具有一定的修复作用。植物修复方式包括：植物萃取、根际过滤、植物降解、植物挥发、植物固定和根降解。植物对污染的抗性受多因子的影响。植物的抗污染能力可以通过多种方式得到一定的提高。

14.1 环境污染和植物伤害

14.1.1 大气污染和植物伤害

14.1.1.1 大气污染物的种类

大气污染是指大气中污染物的浓度达到或超过了有害程度，导致破坏生态系统和人类的正常生存和发展，对人和生物造成危害和影响的过程。大气污染的形成既有自然原因，如火山爆发、森林火灾、岩石风化等；也有人为原因，如机动车尾气排放、工业生产和居民生活的废气排放等。

大气污染物可分为一次污染物和二次污染物。一次污染物是指直接从各种排放源进入大气的各种气体、蒸汽和颗粒物，如 SO_2、碳氧化物、氮氧化物、碳氢化合物等。二次污染物是指由一次污染物在大气中相互作用或与大气中正常组分相互作用，经化学反应或光化学反应形成的与一次污染物的物理、化学性质完全不同的新的大气污染物。如 NO 和烯烃类物质等在阳光（紫外线）的作用下发生各种化学反应，形成 O_3、醛类（RCHO）和过氧乙酰硝酸酯（PAN）等有害气体物质，再与大气中的硫酸液滴、硝酸液滴接触成为浅蓝色的烟雾，即光化学烟雾。

14.1.1.2　大气污染物的主要入侵途径

气孔是大气污染物入侵植物的主要途径。白天气孔张开，既有利于 CO_2 同化，也有利于有毒气体进入。有的气体直接对气孔开度有影响，如 SO_2 促使气孔张开，增加叶片对 SO_2 的吸收；而 O_3 则促使气孔关闭。另外，角质层对 HF 和 HCl 有相对高的透性，它是二者进入叶肉的主要途径。

花的各种组织（如雌蕊的柱头）也很容易受污染物伤害而造成受精不良和空瘪率提高。植物的其他暴露部分，如芽、嫩梢等也可受到侵染。

14.1.1.3　大气污染的伤害方式

大气污染物在大气中达到一定的含量且此状况持续一段时间后，不同的植物就表现出不同程度的伤害特征。一般而言，大气污染物对植物的危害程度不仅与植物的类型、发育阶段有关，而且与有害气体的种类、浓度、持续时间有关。目前主要采用观察植物外观伤害症状（通常观察植物叶片）来判断植物的受害程度。植物在不同的大气污染物作用下，叶片的可见伤害因伤斑的部位、形状、颜色和受害叶龄等特征的不同而互相区别。污染物进入细胞后如果积累浓度超过了植物敏感阈值即产生伤害，危害方式可分为急性、慢性和隐性 3 种。

(1) 急性伤害

急性伤害指在较高浓度有害气体短时间（几小时、几十分钟或更短）的作用下所发生的组织坏死。叶组织受害时最初呈灰绿色，然后质膜与细胞壁解体，细胞内含物进入细胞间隙，转变为暗绿色的油浸或水渍斑，叶片变软，坏死组织最终脱水而变干，并且呈现白色或象牙色到红色或暗棕色。

(2) 慢性伤害

慢性伤害指由于长期接触亚致死浓度的污染空气，而逐步破坏叶绿素的合成，使叶片缺绿，变小，畸形或加速衰老，有时在芽、花、果和树梢上也会有伤害症状。

(3) 隐性伤害

隐性伤害从植株外部看不出明显症状，生长发育基本正常，只是由于有害物质积累使代谢受到影响、导致作物品质和产量下降。

14.1.1.4　主要大气染物对植物的伤害

(1) SO_2

SO_2 是我国目前最主要的大气污染物，排放量大，危害严重。SO_2 与水气结合易形成酸雨，酸雨会使植物膜保护酶活性降低，膜脂过氧化加剧，破坏膜的选择透性。SO_2通过气孔进入叶内，溶于水中，产生重亚硫酸离子（HSO_3^-）、亚硫酸离子（SO_3^{2-}）和氢离子（H^+）。H^+降低细胞 pH 值，干扰代谢过程；SO_3^{2-}和 HSO_3^- 直接破坏蛋白质的结构，使酶失活。

SO_2伤害后可能出现的主要症状为：叶背面出现暗绿色水渍斑，叶失去原有的光泽，常伴有水渗出；叶片萎蔫；有明显失绿斑，呈灰绿色；失水干枯，出现坏死斑。

(2)氮氧化物

大气中的氮氧化物包括 NO_2、NO 和硝酸雾，其中 NO_2所占比例最大，毒性最强。NO_2的伤害程度与光照条件有关，植物处于强光下危害较轻，因为NO_2进入叶片后形成硝酸和亚硝酸，在强光下，硝酸还原酶和亚硝酸还原酶活性提高，NO_2最终转化为 NH_3参与植物体内氮素同化过程。

叶片受到伤害后，最初形成不规则水渍斑，然后扩展到全叶，并产生不规则白色或黄褐色的坏死斑点。

(3)O_3

O_3是光化学烟雾中的主要成分，所占比例最大，氧化能力极强。O_3主要的危害机理主要有以下4类。①破坏质膜：O_3能氧化膜中蛋白质和不饱和脂肪酸，导致细胞内含物外渗；②破坏细胞正常氧化还原过程：O_3能把—SH 氧化为—S—S 键，破坏以—SH 基为活性基的酶类，影响细胞内各种代谢活动；③抑制光合作用：O_3阻碍叶绿素合成，破坏叶绿体结构，致使光合速率下降；④改变呼吸途径：O_3抑制糖酵解，促进戊糖磷酸途径形成。

O_3伤害症状一般出现于成熟的叶片，嫩叶不易出现症状。受害后的伤斑可分4种类型：呈红棕紫色或褐色；叶表面变白或无色，严重时扩展到叶背；叶两面坏死，呈白色或橘红色，叶薄如纸；褪绿，有的呈黄斑。

(4)氟化物

氟化物是对植物毒性很强的污染物，包括 HF、F_2、SiF_4等，其中毒性最强、排放量最大的是 HF。HF 可以干扰代谢，抑制酶活性；使气孔扩散阻力增大，孔口变狭，影响气孔运动；使叶绿素合成受阻，叶绿体被破坏，降低光合速率。

HF 危害植物的症状，主要在嫩叶、幼芽上首先发生。叶尖与叶缘出现红棕色至黄褐色的坏死斑，在受害组织与正常组织之间常形成明显的界限，有时会在两者之间产生一条红棕色带。

(5)氯气

氯气进入植物组织后会破坏叶绿素，使叶片产生褐色伤斑，严重时使全叶漂白、枯卷，甚至脱落；受害组织与健康组织无明显界限。

14.1.1.5 植物对大气污染的响应

(1)生理生化特性影响

大气污染物侵害后，植物的生长、代谢、繁殖会受到影响。实际上，在植物伤害症状出现之前大气污染物对光合或呼吸作用及其他代谢过程已发生作用。如 O_3 会引起膜脂过氧化、降低叶绿素含量、降低光合作用、改变线粒体数目和同化物分配等；CO_2 浓度提高会降低叶片中氮的浓度、降低 Rubisco 酶和抗氧化剂的浓度等。

(2)表皮结构的响应

气孔是植物的呼吸通道，因此污染状况下植物气孔也产生相应的变化以适应环境。如 O_3 浓度越高，山杨(*Populus tremuloides*)的气孔开度越小(Mankovska *et al.*, 2005)。由于植物对大气污染的抗性受气孔开度的影响，因此，在遇到导致气孔关闭或开度下降的情况如干旱、洪涝和高温等会增加植物对大气污染的抗性。

植物表皮蜡质是覆盖在植物表面最外层，不溶解于水而溶解于有机溶剂的一类混合物的总称。蜡质层是植物表面的基本结构组成，是外界影响植物表面的第一步。在污染物环境下，植物叶片蜡质层的结构、组成和含量等有大量研究，例如，山杨在 CO_2 和 O_3 浓度提高时，蜡质含量会分别提高 16% 和 23%(Percy *et al.*, 2002)。

(3)植物对大气污染的忍耐指标

在大气污染对植物影响的研究中，不同学者往往采用不同的衡量指标来判断植物对污染物的敏感性和抗性。然而，不同植物对相同的污染物或是同一植物对不同的污染物，在受害或是防御上可能会有不同的机制，因此，单纯用一种指标并不能客观地反映植物对污染物的响应情况。例如，在相同的污染情况下，腊肠树(*Cassia fistula*)、番石榴(*Psidium guajava*)和刺黄果(*Carissa carandas*)的株高、叶面积、叶绿素和抗坏血酸浓度等都随污染程度的上升而下降，而大气污染使前 2 个种的根/茎(干重比)增加，却使最后一个种的比值下降(Pandey, 2005)。因此，分析植物对污染物的敏感性和抗性时应该对多种指标进行综合分析。

知识窗

酸　雨

酸雨(acid rain, acid precipitation)是通常称法，指 pH 值小于 5.6 的雨水，也包括雪、雾、雹等其他形式的大气降水。科学上称为酸沉降(acid deposition)，包括湿沉降如酸雨、酸雪、酸雾、酸霰、酸雹和干沉降如二氧化硫、氮氧化物和氯化合物等气体酸性物。酸雨是大气污染的突出表现，不仅污染湖泊、森林和土壤，危及生物，而且对金属和建筑物也有损害。植物作为陆地生态系统的主体，是酸雨污染的主要受体。酸雨发生时，植物细胞膜过氧化加重，膜结构破坏，透性增大，细胞内的电解质离子外渗增加，会造成细胞离子平衡失调，代谢紊乱，严重时导致细胞解体或死亡。线粒体和叶绿体结构被破坏，从而导致呼吸作用减弱，叶绿素含量和叶绿体的光还原活性降低。当酸雨酸度超过植物叶片耐受阈限时，叶片常出现褪绿、出现坏死斑、失水萎蔫、过早落叶或早衰等可见伤害症状，并随着酸雨酸度增高和淋溶时间的延长受害越严重。酸雨会破坏花的结构，使得花序主轴不伸长、花柄缩短、花蕾脱落、花萼变色、花粉受到明显的损伤甚至丧失发芽能力，因此会严重影响植物的有性生殖。此外，在酸雨影响下，土壤酸化必然对土壤微生物、土壤的理化性质及肥力产生一个动态影响，也必然对生长其上的植物群落的组成和演替发生影响。总之，酸雨对植物个体，对整个森林生态系统都造成巨大危害。

14.1.2 水体污染和植物伤害

14.1.2.1 水体污染分类

水体污染是指水体因某种污染物的介入，而导致其化学、物理、生物或者放射性等方面特性的改变，从而影响水的有效利用，危害人体健康或者破坏生态环境，造成水质恶化的现象。

水体污染可以根据来源不同分为生活污染、工业污染和农业污染 3 类。①工业污染：即工业生产中废水排放所造成的水污染，总体来说，排放量大，成分复杂，有毒物质含量高，污染严重并难以处理；②农业污染：主要是农药、化肥的过量使用和水土流失造成的污染，同时也包括由于渔业养殖投放饵料、鱼药造成水体的局部污染；③生活污染：主要指城镇、村庄和风景旅游区中的粪便及有机废弃物和废水造成的水污染。

水体污染还可以根据污染物的排放方式分为点源污染和面源污染 2 类。所谓点源污染是指污染物以点状形式排放而造成的水污染；面源污染则是指污染物以面积形式排放而造成的水污染。大多数情况下，工业污染和生活污染以点源形式出现，而农业污染多以面源形式出现。

14.1.2.2 水体污染对植物的影响

水体污染物主要包括重金属、洗涤剂、氰化物、有机物、含氮化合物、漂白粉、酚类、油脂、染料等。

污染水质中的各种金属包括汞、铬、铅、铝、硒、铜、锌、镍等，其中有些是植物必需的微量元素，但在水中含量太高，也会对植物造成严重危害。重金属对植物的危害可能与蛋白质变性有关：置换某些酶蛋白中的金属离子，抑制酶的活性，干扰正常代谢；与膜蛋白结合，破坏质膜的选择透性。

酚类化合物是一种常见的有机污染物，来自石化、炼焦、煤气等废水。水中酚类化合物含量达到 $50 \sim 100\ mg \cdot L^{-1}$时，就会使水稻等生长受抑制，叶色变黄。当含量再增高时，叶片会失水，内卷，根系变褐，逐渐腐烂。

污水中氰化物包括有机氰化物和无机氰化物。氰化物浓度过高对植物呼吸有强烈的抑制作用，使水稻、油菜、小麦等多种作物的生长和产量均受影响。

三氯乙醛对小麦的危害很大。在小麦种子萌发时期，它可以使小麦第一心叶的外壁形成一层坚固的叶鞘，以阻止心叶吐出和扩展，以致不能顶土出苗。苗期受害则出现畸形苗，萎缩不长，植株矮化，茎基膨大，分蘖丛生，叶片卷曲老化，麦根短粗，逐渐干枯死亡。

其他如甲醛、洗涤剂、石油等污染物对植物的生长发育也都有不良影响。

知识窗

水体富营养化

水体污染中比较严重的一种现象是水体富营养化。水体富营养化指的是由于人类活动引起的氮、磷过量输入湖泊、河流、海湾等缓流水体，导致水质恶化，引起藻类及其他浮游生物迅速繁殖，水体溶解氧量下降，鱼类及其他生物大量死亡的现象。水体出现富营养化现象时，浮游藻类大量繁殖，形成水华。因占优势的浮游藻类的颜色不同，水面往往呈现蓝色、红色、棕色、乳白色等。在近海中，夜光藻、无纹多藻等占优势，藻层呈红色，被称为“赤潮”；而在江河、湖泊中，则被称为藻花，或被称为“水花”或“水华”。富营养化可分为天然富营养化和人为富营养化。天然富营养化，整个过程十分缓慢，而人类活动可导致水体在短短几年之内出现富营养化，给供水、水利、航运、养殖、旅游以及人类健康造成巨大危害。目前，水体富营养化已经成为当今世界水污染治理的难题，是全球范围内普遍存在的环境问题。

14.1.3　土壤污染和植物伤害

14.1.3.1　土壤污染物类型

土壤污染是指土壤中积累的有害、有毒物质超出了土壤的自净能力，使土壤的理化性质改变，土壤微生物的活动受到抑制和破坏，进而危害了作物生长和人畜健康。

土壤污染主要来自水体污染和大气污染。污水灌溉农田，有毒物质会沉积于土壤；空气污染物受重力作用随雨、雪落于地表渗入土壤内，造成土壤污染；施用某些残留量较高的化学农药，也会污染土壤。概括地说，土壤污染物可以分为3类：①有毒化学物质，包括无机和有机污染物，主要指农药、化肥、重金属离子及其盐类等；②放射性污染物，包括固体和液体放射性废弃物等；③病原体，包括病虫害和致病微生物等。

14.1.3.2　土壤污染对植物的影响

土壤污染物包括无机污染物和有机污染物。目前关于土壤污染，研究较多的是土壤重金属对植物的影响。植物遭受重金属毒害最普遍症状是矮化、黄化和根伸长受到抑制。对大多数重金属来说，植物最先受到伤害的部位是根尖，重金属对细胞分裂和伸长的抑制是导致植株矮化和根伸长受阻的主要原因。

(1)铜(Cu)

Cu是植物生长的必需营养元素，在光合作用、呼吸作用、碳水化合物分配等许多生理过程中都起着重要作用。但是当土壤中Cu含量高于某一临界值时，就会对植物生长产生一定的毒害作用，通常表现为失绿症和生长受阻。因此，Cu中毒会降低植物的光合作用，对作物的生长和产量会造成影响。其中失绿可能是由于缺Fe引起的，叶面喷施Fe肥可减轻这种失绿症状。

(2)锌(Zn)

Zn也是植物的微量营养元素之一，含量过高时便会造成土壤污染。过量的Zn可致植物中毒，也可间接影响植物对Fe的吸收，造成缺Fe失绿和生长受阻，甚至导致死亡。Zn处理超过200 $mg \cdot kg^{-1}$时，可使水稻叶片绿色变淡，分蘖减少，物候期延迟，产量下降。

(3)镉(Cd)

Cd 是毒性最强的重金属元素之一。土壤中 Cd 污染会破坏叶绿体结构，使叶绿素含量下降，从而影响植物的生长发育。例如，水稻受 Cd 毒害后，表现为叶片失绿，出现褐色条纹，严重时根系少而短，根毛发育不良。

不同于其他污染物，重金属很难从环境中彻底移走，因为它们不能通过物理、化学或生物的方法降解。重金属对植物产生毒害的机制包括：膜脂过氧化，使细胞膜透性发生改变；与蛋白质或酶的巯基结合，从而改变其结构和功能；与必需元素竞争结合位点；破坏 DNA 分子并导致基因的破坏。

土壤有机污染也引起了广泛关注，其中农药是主要有机污染物，如 DDT、六六六、敌敌畏等(其中 DDT、六六六等已禁用)。此外，石油、化工、制药、油漆、染料等工业排出的三废中的石油、多环芳烃、多氯联苯等也是常见的有机污染物。有些有机污染物不易分解，在土壤中长期残留，并在植物体内富集，从而造成作物减产，甚至对植物造成毒害。

大气污染、水体污染和土壤污染是一个综合因素，它们对植物的危害是一个连续的过程。多种污染的共同侵袭是加快植株死亡的主要原因。

14.2 植物修复与植物的抗污染能力

14.2.1 植物修复

14.2.1.1 植物修复的概念

植物修复(phytoremediation)是指依据特定植物对某种环境污染物的吸收、超量积累、降解、固定、转移、挥发及促进根际微生物共存体系等特性，利用在污染地种植植物的方法，实现部分或完全修复土壤污染、水体污染和大气污染目标的一种环境污染原位治理技术。

植物在长期的系统进化过程中，对污染环境产生以下 3 种适应类型。一是植物可以逃避环境污染，依靠自身的调节功能，在污染物浓度较高的环境中也能进行正常的生理活动；二是植物吸收环境污染物后，通过自身适应性调节，对污染物产生超耐性；三是植物本身特性决定能超量吸收某种或某些污染物，并以这些元素作为自身生长的营养需求。第一种类型对污染物基本没有影响或影响较小，因此对污染环境的修复作用不大；而第二、三种类型的植物能吸收并积累污染物，可以起到修复污染环境的作用。

从分类上来说，具有污染修复潜能的植物分布非常广泛。如十字花科(Brassicaceae)、禾本科(Poaceae)、豆科(Fabaceae)、菊科(Asteraceae)、杨柳科(Salicaceae)、藜科(Chenopodiaceae)等都有多种具有修复潜能的植物。

14.2.1.2 植物修复的类型

植物修复污染环境的方式多种多样，可归纳为以下 6 种。

(1)植物萃取

植物萃取(phytoextraction)指富集污染物能力较高的植物从土壤、水和大气中直接吸取重金属、有机污染物、粉尘等，并将其转运蓄积到该植株的地上可收割部分，将植物富集部位收获后通过热处理、微生物处理、物理或化学处理等达到消除环境污染的目的。

(2)根际过滤

根际过滤(rhizofiltration)指在植物根际范围内，借助植物根系生命活动，以吸收、富集和沉淀等方式达到去除污染水体中污染物的目的。根虑引起的污染物富集只发生在植物根系或植物的水下部分。如凤眼莲具有发达的纤维状根系和很高的生物量，能够在水中有效地去除镉、硒和铜等有毒元素。

(3)植物降解

植物降解(phytodegradation)指植物本身通过体内的新陈代谢作用或借助于自身分泌的物质，将所吸收的污染物在体内分解为简单的小分子如 CO_2 和 H_2O，或转化为毒性微弱甚至无毒性的物质。

(4)植物挥发

植物挥发(phytovolatilization)指植物将污染物吸收到体内后，将其降解转化为气态物质，或把原先非挥发性的污染物变为挥发性污染物，再通过叶面释放到大气中。如有毒的 Hg^{2+} 经植物挥发后变成低毒的 Hg。

(5)植物固定

植物固定(phytostabilization)指植物活动降低污染物在环境中的移动性或生物有效性，达到固定、隔绝、阻止其进入地下水体或食物链，以减少其对生物与环境的危害。

(6)根降解

根降解(rhizodegradation)指通过植物根系及其周围微生物的活动，使污染物释放、吸收和转化而降低或去除其毒性。大多数植物都能形成菌根——土壤中真菌菌丝与高等植物营养根系形成的一种特殊的联合共生体。如丛枝菌根真菌在重金属耐受和积累中起了很重要的作用，因为真菌能帮助植物从土壤中更好地吸收矿质营养，促进植物生长，而且真菌组织中能富集大量重金属(Gaur and Adholeya，2004)。

14.2.1.3　植物修复的评价

植物修复是就地修复，不会破坏景观，是一项对环境友好的、绿色的、低技术要求的修复方法，与传统的修复技术相比，成本要低得多。植物修复既可应用于土壤、地表水，也可用于地下水；在修复土壤时，对土壤肥力和土壤结构没有破坏，还能增加土壤有机质含量和土壤肥力，同时能减少土壤侵蚀的发生；能永久解决被修复基质中的污染问题，而不是将污染物从一个基质搬运到另一个基质，甚至还有可能回收一些重金属，而且适用的污染物广泛。

然而植物修复也存在一定的缺点：①要求植株具有高生物量，而且植株对污染物的耐性要高，否则当污染物浓度太高时，植物不能生长；②它受植物根系分布的限制，处于根系分布之外的污染物很难被清除；③由于根系或地上部分生长慢，清除污染物要求的时间太长，某些生物量低和生长慢的超富集植物在修复金属污染物时要十几年甚至更长的时间；④由于植物修复富集了重金属和放射性核素污染物，要对其材料进行处理和风险分析；⑤植物生长受季节、气候、病虫害的影响；⑥超积累植物对重金属具有一定的选择性，一种超积累植物往往只对1种或2种重金属具有富集能力，因此种植单一的修复植物难以清除土壤中的所有污染物。

自然界中，往往是多种污染物混合污染，因此除了寻找和培育高效修复型植物外，今后的研究方向应把注意力放在提高植物对复合污染的修复能力上。

知识窗

超积累植物

超积累植物(hyperaccumulator)是指地上部组织中对重金属元素的吸收量超过一般植物100倍以上，但不影响正常生长的植物。超积累植物相当于一个太阳能驱动泵将土壤中的过量元素不断泵到植株体内。关于超积累植物的衡量标准基本趋于一致，即超积累植物至少应同时具备2个特征：一是临界含量特征，广泛采用的参考值是植物茎或叶中重金属富集的临界含量：Co、Cu、Ni、Pb、As为1 000 mg·kg^{-1}，Mn、Zn为10 000 mg·kg^{-1}，Cd为100 mg·kg^{-1}，Au为1 mg·kg^{-1}；二是转移特征，即植物地上部(主要指茎或叶)重金属含量大于其根部重金属含量；除此之外，理想的修复植物还应该对污染物具有较强的耐受性，而且具有较大的生物量。目前，自然界中已经发现400余种植物具有重金属超积累能力。一些具有显著积累重金属能力的植物见表1。

表1 已知超积累植物地上部分的金属含量 mg·kg^{-1}

金属	植物种	含量
Cd	天蓝遏蓝菜 *Thlaspi caerulescens*	1 800
Cu	高山甘薯 *Ipomoea alpina*	12 300
Co	星香草 *Haumaniastrum robertii*	10 200
Pb	圆叶遏蓝菜 *Thlaspi rotundifolium*	8 200
Mn	粗脉叶澳洲坚果 *Macadamia neurophylla*	51 800
Ni	九节木属 *Psychotria douarrei*	47 500
Zn	天蓝遏蓝菜 *Thlaspi caerulescens*	51 600

注：引自Cunningham，1995。

超积累植物积累高浓度的金属，这一过程会涉及重金属离子在根部区域的活化、吸收、地上部分的运输、贮存以及忍耐等方面。金属积累最终是一个耗能过程，那么金属超积累对植物会有什么进化优势呢？当然，这一特性可以使植物在高浓度金属环境下正常生长发育，是对环境胁迫的一种适应。此外，有研究表明叶子中积累的金属可以使超积累植物躲避昆虫等的伤害(Boyd and Martens，1994)。

14.2.2 植物的抗污染能力

14.2.2.1 植物的污染抗性

不同植物对污染的抗性有很大差异，即使同一物种，对不同污染物的响应也不尽相同。有些植物能有效吸收和富集有机污染物，而有些植物对重金属的耐受性特别高，其体内重金属含量是相同环境下其他植物的100倍或1 000倍。此外，抗性还受器官类型、发育时期、污染程度及其他环境条件的影响。

14.2.2.2　抗污染植物及绿化植物的筛选

(1)抗污染植物的筛选

室内熏气实验法　该法是在不同浓度的各类大气污染物作用下观察植物的反应特性，从而确定植物对污染物的抗性。室内熏气实验可以明确地判断不同浓度的单一污染物对植物的伤害作用，以此筛选单一污染物下的抗性植物。当植物面临着多种混合污染物的作用时，单一污染气体熏气实验的结论则无能为力。

污染地区树木调查法　通过调查与污染源不同距离的植物生长状况以及受伤害程度，从而初步判断不同植物对有害气体的抵抗能力。此法直接在混合污染物作用下研究植物的伤害特征，克服了室内熏气实验法仅适合单一污染物作用的局限性，而且可以直观地选出本地污染环境下敏感植物种类和真正的抗性植物种类。但是，此法主要通过表面观察来粗略判断植物对污染物的抗性等级，不同的使用者得出的结论可能偏差很大，可比较性差。

(2)绿化树种的筛选

选择城市绿化树种的目的是要最大限度地降解大气污染物，但仅仅考虑吸污能力的大小并非科学的选择标准，这是因为植物对污染物的吸附能力与受害症状没有绝对关系。因此，绿化树种的选择不仅要考虑到吸污指标，同时还要考虑抗污指标。

根据植物对大气污染物的抗性和吸污能力，确定城市环境绿化可选用的植物种类级别。一级选用树种：吸污能力强，抗污能力强；二级选用树种：吸污能力弱，抗污能力强；三级选用树种：吸污能力强，抗污能力弱；不可选用树种：吸污能力弱，抗污能力弱(刘艳菊和丁辉，2001)。

(3)提高植物抗污染力的措施

进行抗性锻炼　用较低浓度的污染物预先处理种子或幼苗，经处理后的植株对被处理的污染物的抗性会提高。

改善土壤条件　通过改善土壤条件，可增强对污染的抵抗力。如当土壤 pH 值过低时，施入石灰可以中和酸性，改变植物吸收阳离子的成分，可增强植物对酸性气体的抗性；加入有机酸等螯合试剂可以促进重金属元素从固相土壤中解析出来，进而促进一些植物对重金属的吸收。

培育抗污染力强的品种　利用常规方法或生物技术方法选育出抗污力强的品种。例如，将细菌汞代谢相关基因在植物中表达，可以提高植物对 Hg^{2+} 的耐受性。

14.2.2.3　植物与环境保护

植物在环境保护中具有多方面的作用，例如，可以固土保水、防治风沙、调节温湿度、绿化环境。此外，植物还可以净化污染物和监测预报污染情况。

净化环境　植物不断地吸收工业燃烧和生物释放的 CO_2 并放出 O_2，使空气中的 CO_2 和 O_2 处于动态平衡，而且植物对各种污染物有吸收、积累和代谢作用，从而起到对环境的净化作用。例如，地衣、垂柳、臭椿、山楂、板栗、夹竹桃、丁香等吸收 SO_2 能力较强，能积累较多硫化物；刺楸和榆树等叶片表面上的绒毛、皱纹及分泌的油脂等可以阻挡、吸附和黏着粉尘；松树、柏树、桉树、樟树等可分泌挥发性物质，杀灭细菌，有效减少空气中细菌数；水生植物中的水葫芦、浮萍、金鱼藻、黑藻等能吸收与积累水中的酚、氰化物、汞、铅、镉、砷等物。

监测环境污染 是环境保护的重要环节，除了应用化学分析或仪器分析进行监测外，植物监测也是一个重要的手段。植物监测就是以植物与环境的相互关系为依据，以污染物对植物的影响及植物对污染物的反映为指标来监测环境的污染情况。一般选用对污染物高度敏感的植物作为指示植物，当环境污染物稍有积累时，植物就呈现出明显的伤害症状。常用的指示植物见表 14-1。

表 14-1 常用的有毒污染物的指示植物

污染物质	敏感植物名称
SO_2	紫花苜蓿、棉花、核桃、大麦、芝麻、落叶松、雪松、马尾松、杜仲、地衣
HF	唐菖蒲、玉米、郁金香、桃、雪松、落叶杜鹃、杏、李
Cl_2	萝卜、复叶槭、落叶松、油松、菠萝、桃
NO_2	番茄、大豆、莴苣、向日葵、杜鹃
O_3	烟草、苜蓿、大麦、菜豆、花生、白杨、矮牵牛
Hg	女贞、柳树
As	水葫芦

小 结

环境污染包括大气污染、水体污染和土壤污染。大气污染物主要包括 SO_2、光化学烟雾、氟化物、氯气；水体污染物有酚类化合物、氰化物、重金属及酸雨等；土壤污染物主要来自大气及水体污染。

污染物会对植物的生长、发育造成损害甚至导致植物死亡。然而，有些植物在长期的系统进化过程中，对污染环境产生了适应性，并且对污染环境具有一定的修复作用。植物修复方式包括：植物萃取、根际过滤、植物降解、植物挥发、植物固定和根降解。在对重金属污染修复的研究中，很多涉及超积累植物的筛选。

植物对污染的抗性受物种、器官类型、发育阶段、污染程度和其他环境因子的影响。有些植物可以大量吸收污染物而不受伤害，起到对环境的净化作用；而有些植物对某些污染物较敏感，当环境污染物稍有积累时，植物就呈现出明显的伤害症状，因此，可以利用这些植物检测环境污染。植物的抗污染能力可以通过抗性锻炼、改善土壤条件、培育抗污染力强的品种和化学调控的方法得到一定提高。

思考题

1. 大气污染对植物的伤害方式有哪些？植物是如何适应大气污染的？
2. 植物修复包括哪几种类型？各自的特点是什么？
3. 植物修复有哪些优缺点？
4. 如何提高植物的抗污染力？
5. 在环境保护中，植物发挥了什么作用？

次生代谢与植物防御

> 植物次生代谢物作用广泛。植物次生代谢物可划分为三大类，即萜类、酚类和含氮化合物类。萜类的生物合成有两条途径：甲羟戊酸途径和甲基赤藓醇磷酸途径，二者均形成异戊烯基焦磷酸(IPP)。IPP为合成各种萜类的基本活性单元。酚类主要由莽草酸途径和丙二酸途径合成而来。含氮次生代谢物的生物合成大多源于氨基酸，主要包括生物碱和生氰苷等抗食草动物保护剂。植物针对草食性昆虫的防御策略主要分为构成性防御反应和诱导性防御反应。

15.1 植物次生代谢物及其作用

植物的自然生境中存在着多种多样的潜在天敌，包括各种细菌、病毒、真菌、线虫、螨虫、昆虫、哺乳动物和其他食草动物。植物由于自身所限不能像动物一样通过移动来躲避食草动物和病原菌的攻击，须采用其他方式实现自我保护。植物各器官的表皮(蜡质外层)和周皮(次生保护组织)除了能够起到防止水分损失的作用，还可作为外部屏障阻止细菌和真菌的侵入。除此之外，一类称之为次生代谢物的植物化合物可以保护植物免受各种食草动物和病原菌的伤害。有些次生代谢物还具有其他的重要功能，比如，起结构支持作用(如木质素)，或作为引诱信号的色素(如花青素)等。

次生代谢物(secondary metabolite)是植物利用至少4条次生代谢途径(secondary metabolism pathway)合成的对其生长发育似乎没有直接作用的一类量大且多样的有机化合物(图15-1)，也称次生产物(secondary product)或天然产物(natural product)。次生代谢物在诸如光合作用、呼吸作用、溶质运输、转运、蛋白合成、营养同化、分化，乃至碳水化合物、蛋白质、核酸和脂类等初生代谢物(primary metabolite)的形成过程中，均无明确得以认可的直接作用。次生代谢物与初生代谢物的另一个区别是，它们在植物界的分

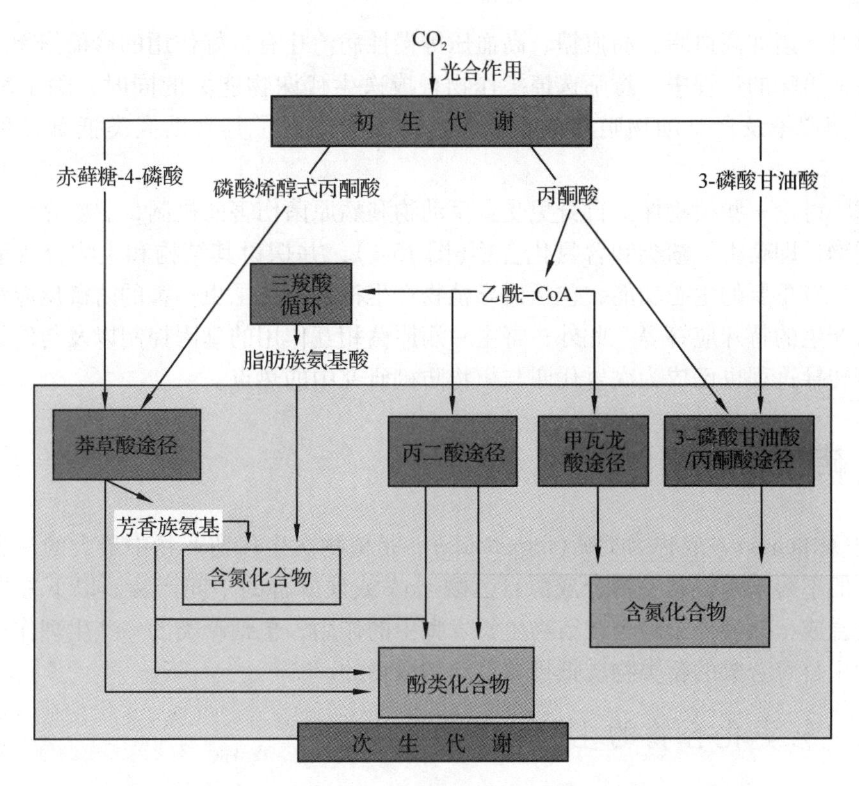

图 15-1 植物次生代谢物的生物合成及其与初生代谢物间的关系

(注：本章图表主要编译自 Taiz and Zeiger 编 *Plant Physiology* 第 2 ~ 5 版)

布往往有严格的局限性，如某些次生代谢物仅仅出现于一种植物，或一组近缘的几种植物中，而初生代谢物通常都广泛分布于植物界。

多年来人们对于次生代谢物在植物适应环境方面所发挥的作用不甚明了，仅将其视为代谢过程中形成的无功能的末端产物或代谢废物。对于这些次生代谢物的研究最早可追溯到 19 世纪和 20 世纪早期的有机化学家，他们因次生代谢物在医药、毒药、香料和工业材料方面的重要性而对其产生了兴趣。现在我们知道，许多次生代谢物具有重要的生态功能，主要体现在 3 个方面：①保护植物抵御食草动物啃食和病原菌侵染；②作为引诱剂(气味、颜色、味道)以吸引传粉昆虫和散播种子的动物；③担当植物-植物竞争和植物-微生物共生中的媒介。可见，植物的竞争和生存能力受到来自其次生代谢物生态功能的深刻影响。

植物次生代谢与农林业也息息相关。正是次生代谢物这类具防御性功能的化合物的存在帮助植物抵御了来自真菌、细菌和食草动物的伤害，从而提高了其繁殖适度(reproductive fitness)。另外，又正是因为次生代谢物的大量存在使得许多植物不适于作为人类的食物。为此，人类专门对于许多重要的农作物进行了人为选择以获得次生代谢物含量较低的品种，这当然也使这些人工选择获得的作物品种对病虫害更敏感。值得指出的是，随着中医理论被广泛认可和现代医学理论的发展和完善，人类越来越深刻地认识到，原来因味涩、苦和气味不受欢迎等原因被排斥的许多农作物或野生资源，恰恰是含有大量次生代谢产物，对时下诸如高血脂、高血糖、高血压等慢性病治疗有良好作用的珍稀作物。人类在漫长的追求美味的过程中有意筛选掉了作物合成次生代谢物能力的同时，除了削弱了其抵御病原菌侵染及食草动物啃食的功能外，还大大降低了其帮助人类抵御各种疾病的作用。

本章将讨论一些植物保护自身免受食草动物和病原菌伤害的机制，主要介绍3类植物次生代谢物，即萜类、酚类和含氮化合物(图15-1)，并探讨其结构和生物合成途径。次生代谢物具有重要的生态功能，包括诱导植物产生抵抗草食昆虫伤害的防御反应和对病原菌攻击所产生的特殊应答等。此外，寄主－病原菌相互作用的基因控制以及与侵染有关的细胞信号转导过程也已成为次生代谢与植物防御研究中的热点。

15.2 萜类化合物

萜类(terpenes)，或称为类萜(terpenoids)，是植物次生代谢产物中最大的一类，种类繁多且一般不溶于水，其生物合成源自乙酰-CoA或糖酵解的中间产物。以下首先概述萜类的生物合成，然后介绍萜类在植物生长发育中的作用，包括萜类的一些生理作用及植物是如何利用自身合成的萜类物质抵御食草动物取食的。

15.2.1 萜类化合物的生物合成

15.2.1.1 萜类的基本组成单位

萜类是由带有分支的异戊烷[isopentane，图15-2(a)]碳骨架作为五碳单元(也称为C_5单位)相互连接形成。萜类的基本结构单元有时也称为异戊二烯单位(isoprene unit)。因为萜类能够在高温下分解为结构如图15-2(b)所示的异戊二烯，有时也称萜类为类异戊二烯(isoprenoid)。

H_3C, H_3C $\rangle CH-CH_2-CH_3$

(a)

H_3C, H_2C $\rangle CH-CH=CH_2$

(b)

图15-2 异戊烷(a)和异戊二烯(b)的结构式

萜类的种类依据其所含C_5单位的数量而定，但由于其中存在着大量的代谢修饰，五碳骨架辨认起来会很困难。萜类可分为：10碳萜，包含2个C_5单位，称为单萜；15碳萜，包含3个C_5单位，又叫作倍半萜；20碳萜，包含4个C_5单位，称为双萜。相对分子质量更大的萜类包括三萜(30碳)、四萜(40碳)和多萜($[C_5]_n$碳，$n>8$)。

15.2.1.2 萜类的生物合成途径

萜类的生物合成源自于初生代谢(primary metabolism)产物，一般至少具有2种不同的合成途径。目前对于甲羟戊酸途径(mevalonic acid pathway)的研究已较为透彻。在甲羟戊酸途径中，首先3分子的乙酰-CoA分步结合形成甲羟戊酸(图15-3)，然后顺次通过焦磷

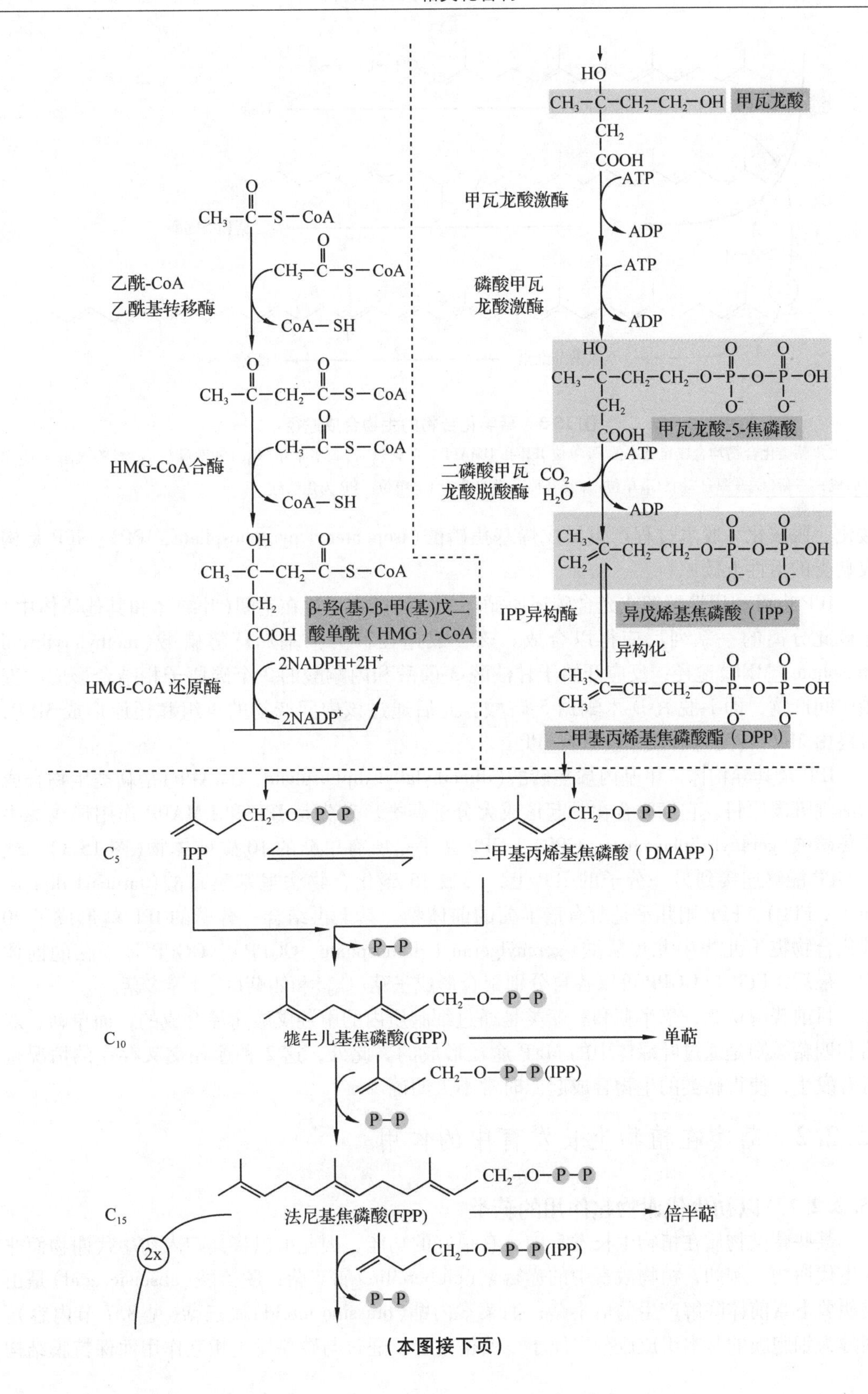

HO
$CH_3-C-CH_2-CH_2-OH$
甲瓦龙酸
CH_2
COOH
ATP
甲瓦龙酸激酶
ADP
ATP
磷酸甲瓦
龙酸激酶
ADP
甲瓦龙酸-5-焦磷酸
ATP
二磷酸甲瓦
龙酸脱酸酶
CO_2
H_2O
ADP
IPP异构酶
异戊烯基焦磷酸（IPP）
异构化
二甲基丙烯基焦磷酸酯（DPP）
$CH_3-C-S-CoA$
乙酰-CoA
乙酰基转移酶
CoA－SH
HMG-CoA合酶
β-羟(基)-β-甲(基)戊二
酸单酰（HMG）-CoA
2NADPH+2H+
HMG-CoA 还原酶
2NADP+
C_5
IPP
二甲基丙烯基焦磷酸（DMAPP）
C_{10}
牻牛儿基焦磷酸(GPP)
单萜
(IPP)
C_{15}
法尼基焦磷酸(FPP)
倍半萜
2x

（本图接下页）

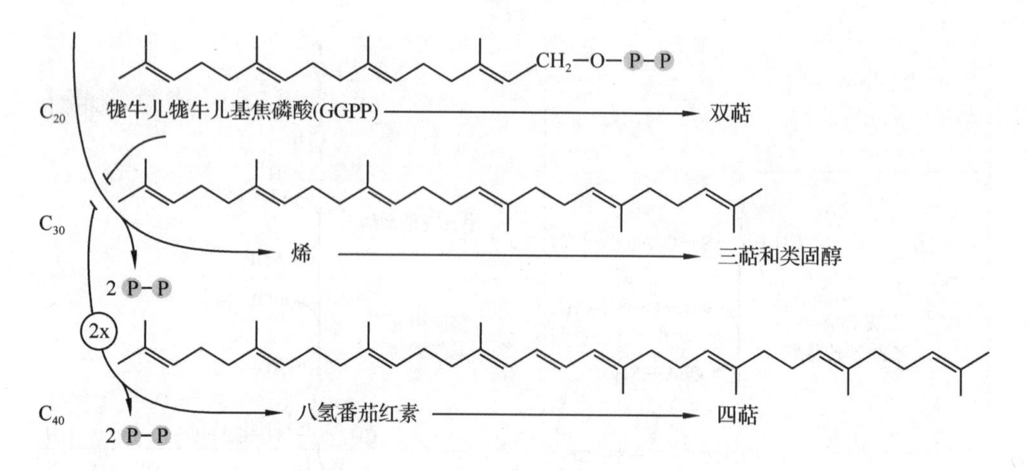

图 15-3　萜类化合物的生物合成途径

主要萜类化合物均合成自基本的 C_5 单位 IPP 和 DMAPP。单萜（C_{10}）、倍半萜（C_{15}）和双萜（C_{20}）经顺次添加 C_5 单位而成；三萜（C_{30}）源自 2 个 C_{15} 单位；四萜（C_{40}）源自 2 个 C_{20} 单位。PP 为焦磷酸。

酸化、脱羧化和脱水过程产生异戊烯基焦磷酸（isopentenyl pyrophosphate，IPP）。IPP 是构成萜类的活性五碳原料。

IPP 也可利用糖酵解或光合碳还原循环的中间产物通过在空间（叶绿体和其他质体中）上彼此分离的一系列反应得以合成。该合成途径称为甲基赤藓醇磷酸（methylerythritol phosphate，MEP）途径，反应开始于甘油醛-3-磷酸和丙酮酸的 2 个碳原子相结合形成的五碳中间产物，即 1-脱氧-D-木酮糖-5-磷酸。此后通过该中间产物的重组和还原形成 MEP，最终由 MEP 转变为活性五碳原料 IPP。

IPP 及其异构体二甲基丙烯焦磷酸（dimethylallyl diphosphate，DMAPP）是萜类生物合成的活性五碳原料，它们联合在一起形成大分子萜类。首先是 IPP 和 DMAPP 作用形成牻牛儿焦磷酸（geranyl diphosphate，GPP），GPP 几乎是所有单萜的 10 碳前体物（图 15-3）。然后 GPP 能够连接到另一分子的 IPP 上，形成 15 碳化合物法尼基焦磷酸（farnesyl diphosphate，FPP），FPP 则几乎是所有倍半萜的前体物。其上再结合一分子的 IPP 就形成了 20 碳化合物牻牛儿牻牛儿焦磷酸（geranylgeranyl diphosphate，GGPP），GGPP 是二萜的前体物。最后，FPP 和 GGPP 可以各自分别聚合形成三萜（C_{30}）和四萜（C_{40}）等多萜。

目前普遍认为，倍半萜和三萜类是通过细胞质内的甲羟戊酸途径合成的，而单萜、双萜和四萜类则是通过叶绿体中的 MEP 途径形成的。此外，这 2 种途径交叉存在的情况也时有发生，使得萜类的生物合成起源时常不太明确。

15.2.2　萜类在植物生长发育中的作用

15.2.2.1　以初生代谢物起作用的萜类

某些萜类物质在植物生长发育中具有很好的功能，因此可以将其归入初生代谢物而非次生代谢物。例如，植物激素中的赤霉素（gibberellin）属双萜；脱落酸（abscisic acid）是由类胡萝卜素前体降解产生的倍半萜；油菜素内酯（brassinosteroid）属三萜（见 8.7 节内容）。固醇为细胞膜的基本组成成分，属于三萜衍生物，通过与磷酯发生相互作用而保持膜结构稳定。红、橙、黄色的类胡萝卜素均为四萜类，它们在光合作用中作为天线色素而发挥作用。此外，还具有保护光合组织免受光氧化作用伤害的功能(见第4章相关内容)。长链多萜醇又称为长醇，在细胞壁中作为糖载体，并在糖蛋白合成中发挥作用(见第1章)。衍生于萜类的侧链，如叶绿素的植醇侧链(见第4章相关内容)，有助于某些特定的分子固定在细胞内的膜(如类囊体膜)上。

上述这些萜类化合物，因其在植物正常的生长发育(也就是初生代谢)过程中均发挥重要作用，被归于初生代谢产物，而其他绝大多数萜类物质则都被认为是对植物初生代谢作用不大的次生代谢物，但越来越多的研究发现它们实际上在植物防御各种天敌和逆境中发挥着重要作用。

15.2.2.2 具防御食草动物作用的萜类

对于许多以植物为食的昆虫和哺乳动物来说，萜类化合物是其毒性拒食剂；因此在植物界中它们似乎具有重要的防御功能。例如，存在于菊科植物叶片和花中的单萜酯拟除虫菊酯(pyrethroid)，具剧烈的杀虫作用。该化合物在自然环境中残留量低并且对于哺乳动物无毒害的特点，使其不论是天然的还是人工合成的，在杀虫剂市场上都成为紧俏商品。在松树和杉木等针叶树种中，单萜类积累于针叶、树枝和树干的树脂道中。这些化合物对于包括树皮甲虫在内的许多昆虫具有毒性。树皮甲虫在全球范围内对针叶树种造成严重危害，而许多针叶树可通过产生大量的单萜类化合物以抵御树皮甲虫的肆虐侵袭。

许多植物含有挥发性的单萜和倍半萜混合物，称为精油(essential oil)，它们使植物具有自身特有的气味特征。薄荷、柠檬、罗勒和鼠尾草是典型的精油植物。薄荷油中的主要单萜成分是薄荷醇；柠檬油中的主要单萜成分为柠檬烯(图15-4)。众所周知，精油具有排斥昆虫的特性。它们常存在于突出表皮的纤毛中，并起到“告知”所在植物具有毒性的作用，从而使潜在的草食者望而却步。在纤毛组织中，萜类物质贮存在修饰的细胞壁胞外空间中。使用蒸馏法可以将精油从植物中提取出来，成为香水和食品调味剂中的重要成分。

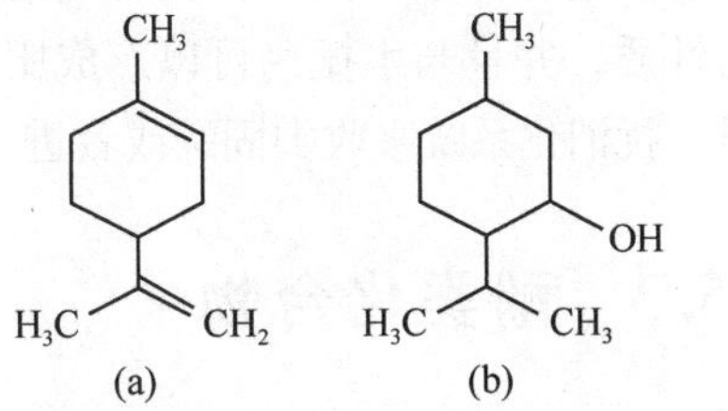

CH_3 CH_3 OH H_3C CH_2 H_3C CH_3 (a) (b)

图15-4 柠檬烯(a)和薄荷醇(b)结构图

2种众所周知的单萜作为合成它们的植物抵御昆虫和其他取食者的防御物质。

柠檬苦素(limonoid)属于非挥发性的抗食草动物萜类化合物，是一类存在于柑橘水果中具有苦味的三萜(C_{30})。其中，效力最强的昆虫拒食物质为印楝素[azadirachtin，图15-5(a)]，它是非洲和亚洲楝树中结构复杂的柠檬苦素类化合物之一，对于一些昆虫而言，只需要1/500 000 000的剂量即可发挥作用，其毒性效果多样，且对于哺乳动物毒性很低。因此，印楝素作为昆虫控制剂的商业潜力极大，现已有若干含有印楝素的制剂在北美和印度市场销售。植物蜕皮激素，最初在常见的蕨类植物欧亚水龙骨(*Polypodium vulgare*)中分离得到，是一类与昆虫蜕皮激素[图15-5(b)]具有相同基本结构的植物类固醇。当昆虫摄入植物蜕皮激素后就会导致其蜕皮和其他一些发育进程紊乱，并最终导致死亡。此外，近来还发现，植物蜕皮激素还具有抵御植物寄生虫——线虫的防御功能，具有抵御脊椎食草动物活性功能的三萜类[包括强心苷(cardenolide)和皂苷(saponin)]。强心苷属于糖苷类

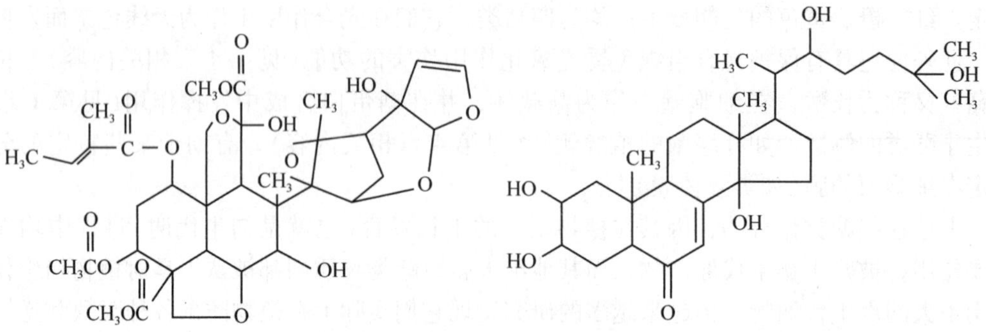

(a)　　(b)

图 15-5　2 种三萜烯的结构

(a)印楝素　(b)α-蜕皮激素

二者均为强效杀虫剂。印楝素对超过 200 种以上的昆虫有效，可视其为天然杀虫剂。α-蜕皮激素，是一种源自植物的昆虫 β-蜕皮激素(20-羟基蜕皮激素)的甾族激素前体，可引起植食昆虫的不规律蜕皮。

化合物(化合物中含有一个或多个糖基)，具有苦味并且对于哺乳动物毒性极大。强心苷对人心肌具有显著效果，通过影响 Na^+/K^+-ATP 酶以发挥作用。安全剂量的强心苷具有缓慢加强心跳的作用。从毛地黄(洋地黄)中提取的强心苷现已作为上百万病人的处方药，治疗各种类型的心脏疾病。皂苷是类固醇和三萜糖苷化合物，因其具有肥皂一样的性质而得名。皂苷分子中同时存在着脂溶性(类固醇或三萜)和水溶性(糖)两种成分使其具有去污性质，并且与水振荡可以形成肥皂泡沫。皂苷因与类固醇形成复合物而具毒性，可以通过干扰消化系统吸收类固醇或者进入血液后破坏细胞膜而对脊椎动物取食者产生毒害作用。

15.3　酚类化合物

植物产生为数庞大种类多样的酚类次生代谢物，其结构中均含有苯酚基团，即含有 1 个或多个在 1 个芳香环上带有 1 个羟基功能基团的结构。酚类化合物(phenolic compound or phenolics)是一类化学结构上迥异的化合物，有 10 000 多种，其中一些只溶于有机溶剂，另一些是水溶性的羧酸和糖苷，其余则为相对分子质量大且不溶的聚合物。

酚类化合物在化学上的差异决定其在植物中的功能上具有多样性。它们中的许多化合物作为防御性化合物起到抵御食草动物和病原菌危害的作用，其他则在诸如机械支持、吸引传粉和果实传播生物、吸收有害的紫外辐射，或者削弱近邻竞争植物的生长等方面扮演角色。以下首先简述酚类化合物的生物合成，然后探讨一些主要酚类化合物构成及它们在植物中所发挥的防御作用。

15.3.1　植物酚类化合物的生物合成及分类

15.3.1.1　大部分植物酚类生物合成的中间体为苯丙氨酸

从代谢角度看，植物酚类化合物的生物合成具有若干条不同的途径，因此形成的酚类物质也各不相同。其中的 2 个基本途径是莽草酸途径(shikimic acid pathway)和丙二酸途径

(malonic acid pathway，图 15-6)。莽草酸途径参与大多数植物酚类物质的生物合成。丙二酸途径则在真菌和细菌中作为酚类次生代谢产物生物合成的重要途径，而在高等植物中却不太重要。

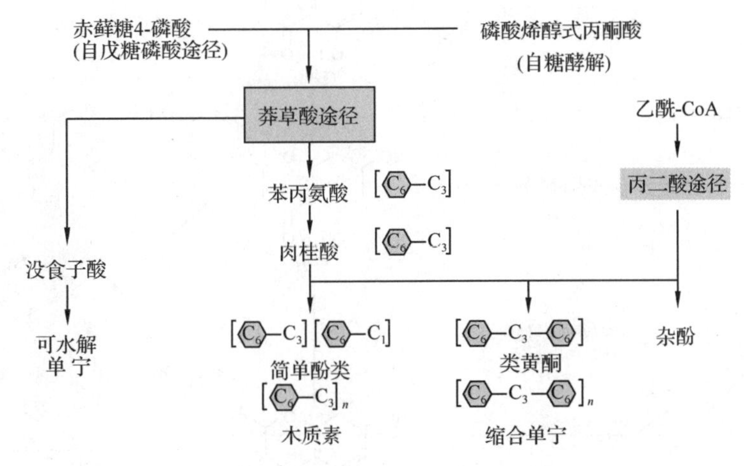

图 15-6 植物酚类化合物生物合成途径

高等植物中，许多酚类物质至少有一部分源自苯丙氨酸，后者是莽草酸途径的产物。方括号里显示了碳骨架的基本排列：C_6 表示苯环；C_3 为一个三碳链

莽草酸途径将来自于糖酵解和戊糖磷酸途径的简单碳水化合物前体物转化为 3 种芳香族氨基酸(aromatic amino acid)，即苯丙氨酸(phenylalanine)、酪氨酸(tyrosine)和色氨酸(tryptophan)。莽草酸途径以其中的一个中间产物莽草酸而得名。著名的广谱除草剂草甘磷(glyphosate)就是通过阻断此途径中的一个步骤从而达到除草目的的。莽草酸途径存在于植物、真菌和细菌中，但在动物中并未发现。动物不能合成上述 3 种芳香族氨基酸，因此它们是动物饮食中的必需营养，必须借助于非动物性食物予以补充。

植物中数量最为庞大的一类次生酚类化合物的形成过程开始于苯丙氨酸，随后通过从苯丙氨酸上除去 1 个氨分子，形成反式肉桂酸(*trans*-cinnamic acid，图 15-7)。这个反应是由苯丙氨酸解氨酶(phenylalanine ammonia lyase，PAL)催化完成的，PAL 可能是植物次生代谢中研究最多的酶，它处在初生代谢和次生代谢的分叉点上，因此由 PAL 催化的反应在许多酚类化合物形成过程中是重要的调控步骤。

一些环境因素，如低营养水平、光(通过作用于光敏色素)和真菌感染，能增加 PAL 的活性，而控制位点似乎位于转录起始部位。例如，真菌侵入可激活编码 PAL 的信使 RNA 转录，从而增加了植物中 PAL 的数量，进而促进酚类化合物的合成。许多植物种中 PAL 活性的调控因为多重 PAL 编码基因(即基因家族)的存在而变得更为复杂，其中的一些基因家族成员仅在特殊的组织或某些环境条件下才表达。

PAL 催化后，反应随之进入增加大量的羟基和其他的取代基阶段。反式肉桂酸、对-香豆酸(*p*-coumaric acid)和它们的衍生物属简单酚类化合物，含有 1 个苯环和 1 个三碳侧链，称为苯丙烷类(phenylpropanoid)。简单酚类化合物广泛分布于维管植物中，并在若干不同方面发挥作用。苯丙烷类酚类化合物包含如下 3 类：①简单苯丙烷类，如反式肉桂酸、对-香豆酸和它们的衍生物(如咖啡酸)，都具有一个基本的苯丙烷类碳骨架[即 1 个

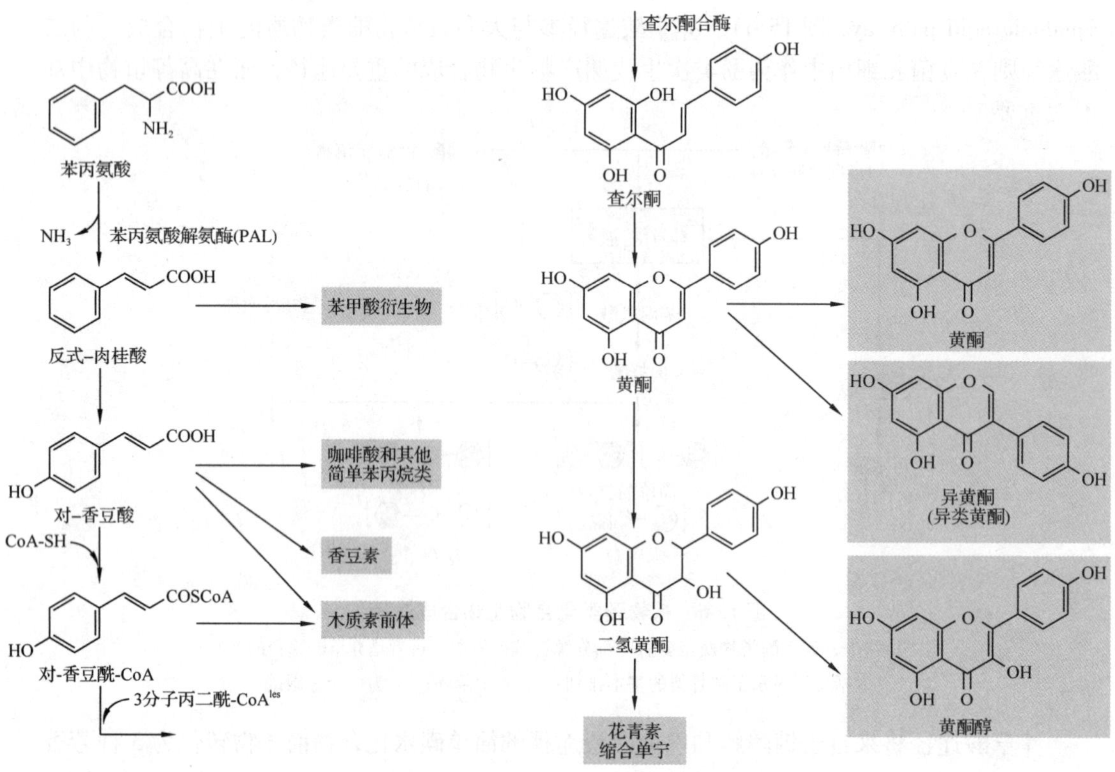

图 15-7　从苯丙氨酸开始的酚类化合物的生物合成

许多植物酚类的形成，包括简单苯丙烷类、香豆素、苯甲酸衍生物、木质素、花青素、异黄酮、缩合鞣质及其他一些类黄酮，都从苯丙氨酸起始

苯环上带 1 个三碳侧链，图 15-8(a)]；②苯丙烷内酯，又称香豆素(coumarin)，也具有 1 个苯丙烷类碳骨架[图 15-8(b)]；③安息香酸衍生物，其碳骨架(即 1 个苯环上带 1 个一碳侧链)来自于苯丙氨酸，是通过裂解掉三碳侧链上的 1 个二碳片断而形成的[图 15-8(c)]。像许多其他的次生代谢物一样，植物也能够对简单酚类化合物的基本碳骨架进行修饰，从而形成更为复杂的产物。

鉴于绝大多数酚类化合物的生物合成途径已经查明，研究者们已经将其关注点转向这些途径是如何进行调控的。在一些情况下，像 PAL 这样特殊的酶对于反应途径中流量的控制十分重要。若干转录因子通过连接某些生物合成基因的启动子区域并激活转录过程，对酚类代谢进行调节。这些因子中的其中一些，激活更大的基因组并促其发生转录。

15.3.1.2　可为紫外光激活而致毒的简单酚类

许多简单酚类化合物在植物针对真菌和草食昆虫的防御中发挥十分重要的作用。其中特别受到关注的是，某些称为呋喃香豆素(furanocoumarin)的香豆素类物质[具一个呋喃环取代基，图 15-8(b)]，具有光致毒性。所谓的光致毒性是指这些化合物是通过光的激活从而产生毒性作用的。阳光的紫外光 A 区段(UV-A，320 ~ 400 nm)将呋喃香豆素激发为高能电子状态。激发态的呋喃香豆素能够插入 DNA 双螺旋，结合到胞嘧啶和/或胸腺嘧啶的嘧啶基上，从而阻碍转录和修复并最终导致细胞死亡。

具光致毒性的呋喃香豆素类物质在芹菜、欧洲防风草和欧芹等一些伞形科植物中的含量特别高。例如，当芹菜处于逆境或病害情况下，这些化合物的水平能够增高约100倍。众所周知的"采摘芹菜的人，甚至一些顾客会因处理受逆或病害芹菜而患上皮疹"就是一个很好的例证。一些昆虫通过生活在柔软滑顺的丝网上或卷曲的叶片内，以适应在含有呋喃香豆素和其他光致毒性化合物的植物上生存，因为它们能够滤掉具有激发作用的紫外光波段。

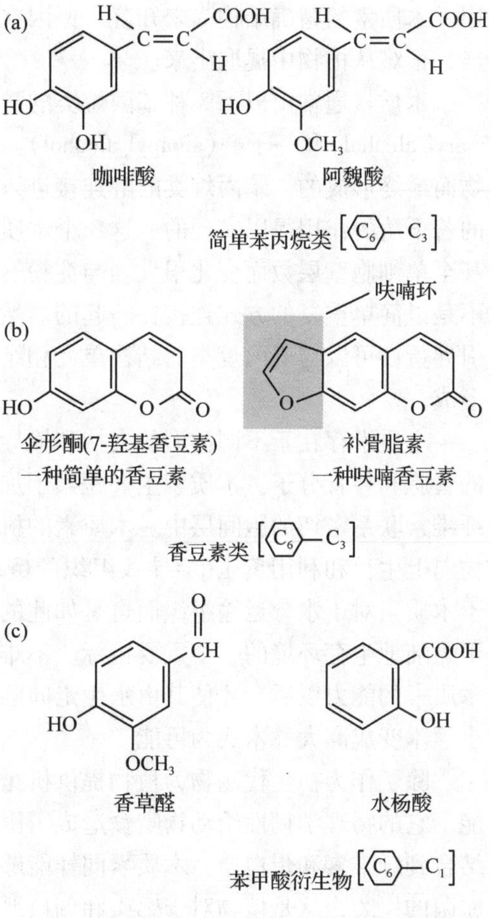

图 15-8 植物中的几种简单酚类化合物的结构

(a)咖啡酸和阿魏酸，可被释放到土壤中并抑制邻近植物的生长 (b)补骨脂素，是一种香豆素，对食草昆虫具光致毒性 (c)水杨酸，是一种植物荷尔蒙，参与对植物病原菌的防御

15.3.1.3 释放酚类进入土壤可限制其他植物生长

通过叶片、根系和腐烂的树枝，植物释放多种初生和次生代谢物进入环境。针对这些化合物对相邻植物作用的研究称为植化相克学(allelopathy)。植物释放化学物质进入土壤能够削弱近邻植物的生长，有利于其自身获取更多的光照、水分和营养元素，从而增强其生态适应性(ecological adaptability)，进而提高其繁殖适度。一般来说，"植化相克学"指的是植物对于其近邻物种的有害作用，当然严格定义也应该包括其有益效果。

简单苯丙烷类和安息香酸衍生物常常因其植化相克活性为人们所关注。土壤中含有一定量的诸如咖啡酸(caffeic acid)和阿魏酸[ferulic acid，图15-8(a)]之类的化合物，而实验室研究表明，这类化合物具有抑制许多植物种子萌发和幼苗生长的作用。在实际环境中它们是否具有同样的作用目前尚无定论，因为毕竟实验室条件下的研究采用的上述化合物的浓度通常比其在环境中能够检测到的浓度要高得多。

植化相克因其在农业上的应用潜力而得到了极大的关注。由于杂草或上代作物所引起的作物减产，在一些情况下就是植化相克的结果。植化相克学的研究结果必将为我们开拓一个令人期待的前景，即利用基因工程技术培育出克制杂草的植化相克作物新品种。

15.3.1.4 高度复合的酚类大分子木质素

植物中仅次于纤维素的最丰富的有机物质就是木质素，它是高度分支的苯丙烷类基团(即1个苯环上带1个三碳侧链)的聚合体，同时具有初生代谢物和次生代谢物的双重作用。木质素的精确结构尚未知晓，原因在于其与细胞壁中的纤维素和其他的多聚糖共价相连，很难从植物中提取出来。

木质素通常由以下 3 种苯丙烷类的醇组成，即松柏醇(coniferyl alcohol)、香豆醇(coumaryl alcohol)和芥子醇(sinapyl alcohol)。这些醇是由苯丙烷类转变并经过各种肉桂酸衍生物而最终形成的。苯丙烷类的醇连接进入并形成聚合体的过程，是通过产生自由基中间体的若干酶的作用得以实现的。这 3 个木质素结构单元的组成比例依植物种类、植物器官、甚至单细胞壁层数而变化很大。与淀粉、橡胶或纤维素的聚合体不同，木质素的结构单元不是以简单重复的方式连接在一起的。然而最近的研究却表明，在木质素的生物合成中，引导蛋白可以与苯丙烷类的结构单元相结合从而形成一个平台，便于指导大的重复单元的形成。

木质素存在于不同类型的支持和输导组织的细胞壁中，最具代表性的莫过于木质部中的管胞和导管分子。木质素主要积累于加厚的次生壁中，也存在于初生壁和与纤维素、半纤维素联系密切的胞间层中。木质素的机械硬度起到加固茎和维管组织的作用，从而使植物向上生长和利用负压(会导致组织的倒塌)通过木质部输导水分和矿物质成为可能。由于木质素对于水分运输组织而言是如此的重要，可将植物对其合成能力视为衡量植物适应干燥陆地生存环境的一个重要指标。不难理解，正是植物在长期的进化过程中获得了合成木质素的能力以后，才使其由水生走向陆生、从匍匐走向直立，由草本进化为木本，从矮小灌木变成高大乔木成为可能。

除了作为初生代谢物为植物提供机械支持作用外，木质素还具有重要且显著的保护功能。它的物理学韧性给动物啃食造成了困难，其化学耐久性使食草动物更不宜消化。通过结合到纤维素和蛋白质，木质素同样能够降低这些化合物的可消化性。木质化也阻止了病原菌的侵袭，这是植物对于感染和创口恶化的一种普遍性防御反应。

15.3.2　类黄酮的 4 个主要类型

类黄酮(flavonoid)是植物酚类化合物中数量最为庞大的一个分支。类黄酮的基本碳骨架共包含 15 个碳原子，由 2 个芳香环通过 1 个三碳桥连接而成[图 15-9(a)]。这个结构来源于 2 个独立的生物合成途径，即丙二酸途径(malonic acid pathway)和莽草酸途径[图 15-9(b)]。

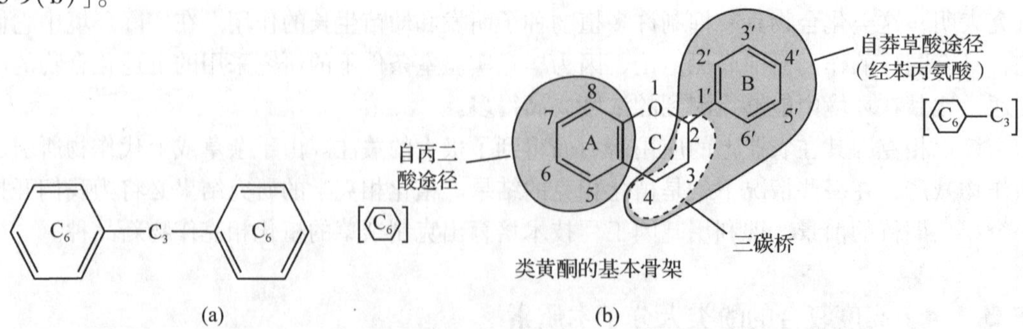

图 15-9　类黄酮基本碳骨架结构示意

(a)含 15 个 C 的结构式　(b)附有碳原子编号的类黄酮的基本骨架

类黄酮的基本碳骨架上可以带有若干取代基。羟基通常存在于其3，5，7碳位，当然也可以处在其他碳位上。糖的存在非常普遍，事实上，大多数类黄酮的天然存在形式即为糖苷。羟基和糖基的存在增大了类黄酮的水溶性，而像甲醚或修饰过的异戊烯基单元这样的取代基则使类黄酮具有亲脂性(疏水性)。不同类型的类黄酮在植物中发挥不同的功能，主要包括着色和防御2个方面。依据类黄酮结构中三碳桥的氧化程度，可将其划分为不同的类别。以下主要讨论花青素(anthocyanin)、黄酮(flavone)、黄酮醇(flavonol)和异黄酮(isoflavone)或异类黄酮(isoflavonoid)等4种类黄酮(图15-7)。

15.3.2.1 引诱动物的具色黄酮花青素

植物和动物之间不仅仅只存有猎食者和猎物之间的取食与被取食的关系，还存在着互惠共生的相互联系。动物摄取植物的花蜜或果肉，作为回报它们在植物的传粉和播种方面发挥极其重要的作用。植物不同器官，包括叶片、花、果等，所含有的次生代谢物通过提供给取食者以视觉和/或嗅觉的信号，使其帮助植物更好地完成传粉和播种。

植物中的具色色素作为视觉线索可为植物吸引传粉昆虫和种子传播者。这些色素主要分为2种类型：类胡萝卜素和类黄酮。正如我们所看到的那样，类胡萝卜素是黄、橘黄和红色萜类化合物，在光合作用中起到天线色素的作用(见第4章)。类黄酮属于酚类化合物，包含一系列范围很广的带有颜色的物质。其中分布最为广泛的具色类黄酮为花青素。植物中一部分具有红、粉、紫、蓝等各种色彩主要就是这些花青素在发挥作用。花青素使花和果实带有颜色，从而在吸引动物传粉和传播果实方面发挥至关重要的作用。

花青素属于糖苷类，其糖基一般位于三碳位上[图15-10(a)]，当然有时也在其他部位出现。去掉糖基的花青素称为花青素苷或花色素[anthocyanidin，图15-10(b)]。花青素的颜色受到诸多因素的影响，包括花色素B环上的羟基和甲氧基的数目，通过酯键连接到主要骨架上的芳香酸存在与否，以及作为这些化合物贮存库的液泡的pH值等。花青素也存在于带有螯合金属离子和黄酮辅色素的超分子复合体中。鸭跖草的蓝色素就是由一个大的由6分子的花青素、6分子黄酮和2分子连接的镁离子组成的复合体。最常见的花色素及其颜色如图15-10和表15-1所示。

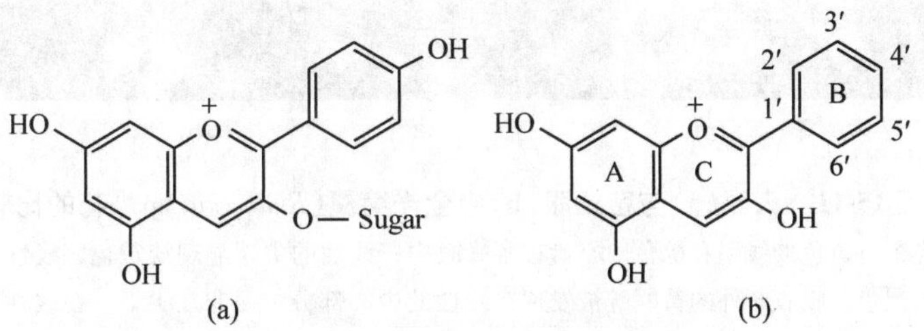

HO OH O+ O— Sugar OH (a)

HO O+ A C OH OH B 2′ 3′ 4′ 5′ 6′ 1′ (b)

图15-10 花青素(a)和花青素苷(b)的结构

花青素的颜色在一定程度上取决于环B的取代基。羟基团数量的增加，促使向吸收更长波长偏移，显示更蓝的颜色。羟基团被甲氧基($—OCH_3$)取代吸收朝向更短波长，显示更红的颜色。

表 15-1　取代基对花青素颜色的影响

花青素苷	取代基	颜色
天竺葵色素、花葵素	4′—OH	橙红色
矢车菊苷元	3′—OH，4′—OH	浅紫色
飞燕草苷元、翠雀素	3′—OH，4′—OH，5′—OH	浅蓝紫色
芍药花青素、甲基花青素	3′—OCH_3，4′—OH	玫瑰红
矮牵牛苷配基、碧冬茄苷元、3′-甲花翠素	3′—OCH_3，4′—OH，5′—OCH_3	紫色

鉴于诸多因素都能够对花青素的颜色产生影响，并且类胡萝卜素也可能同时发挥作用，“自然界中花和果实会如此绚丽多彩”就不难理解了。此外，花色彩的进化还受到来自具有不同颜色偏好的各种传粉生物选择压力的影响，这方面的研究内容十分有趣，当属生态和生物进化学的研究范畴。

15.3.2.2　保护植物免受紫外伤害的黄酮和黄酮醇

花中还存在着另外 2 类类黄酮化合物，即黄酮和黄酮醇(图 15-7)。这些类黄酮通常较之花青素吸收更短波长的光，不能为人眼所见。比起人类，蜜蜂等昆虫却具有更为宽广的可视光谱范围，从而能够对黄酮和黄酮醇做出视觉反应，视其为导引信号(图 15-11)。花中的黄酮醇常常形成对称性的图案，如条纹、斑点或者同心圆状，被称为“花蜜指标”，由于其对于昆虫而言十分醒目，可作为标示花粉和花蜜位置的指示标。

(a)　　(b)

图 15-11　人眼(a)与蜜蜂眼(b)中金光菊属(*Rudbeckia* sp.)花的比较

人眼中，金光菊有黄色的线型和棕色中心盘；蜜蜂眼中，线性的尖端显现淡黄色，线性的中心部分显现为深黄色，中心盘为黑色。吸收紫外的黄酮醇被发现在线性的中心部分，而非在尖端。在线性部分黄酮醇的分布增加了蜜蜂眼中中心盘的大小，后者帮助蜜蜂定位花粉和花蜜。

黄酮及黄酮醇不仅仅存在于花中，它们也存在于所有绿色植物的叶片中。这两类类黄酮因其大量存在于叶片和茎的外表皮中，强烈吸收光线中的 UVB 光谱区段(280 ~ 320 nm)且不影响具光合活性的可见光波长的通过，从而起到保护细胞免受过量的 UVB 辐射的作用。此外，将植物暴露在增强的 UVB 光照射下，可以诱导其增强黄酮和黄酮醇的合成。

UVB 还可诱导 DNA 突变及对生物大分子有潜在伤害作用的氧化应激。

缺乏查尔酮合成酶的拟南芥突变植株不能产生类黄酮类化合物，使这些植株较之野生型个体而言对于 UV-B 辐射更为敏感，正常光照条件下不能良好生长。遮蔽掉紫外光后则能够正常生长。简单的苯丙烷酯类在拟南芥的紫外光保护中也具有重要的作用。

近来还发现了黄酮及黄酮醇具有其他方面的功能，例如，黄酮和黄酮醇通过豆类的根系分泌进入土壤，介导豆类植物与固氮共生菌的相互作用。最近的研究还表明，这些类黄酮类化合物在植物发育中作为极性植物激素运输的调节因子也发挥着重要的调控作用。

15.3.2.3 具广谱药理活性的异黄酮

异黄酮是黄酮结构中一类依靠芳香环(B 环)的位置移动形成的黄酮异构体(图 15-7)，故称为异黄酮。异黄酮绝大部分存在于豆科植物中，具有若干不同的活性。其中的一些(如鱼藤酮)具有强烈的杀虫作用；另一些则具有抗雌激素的效果。例如，在富含异黄酮的苜蓿草草场上生活的羊经常会不孕。原因在于异黄酮环系统具有与类固醇相似的三维结构[图 15-5(b)]，从而可与雌激素受体相结合。大豆食品具有抗癌的益处是异黄酮在发挥作用。

过去几年中，异黄酮以其植物抗毒素的作用而闻名，植物合成这种具有抗微生物活性的化合物对细菌或真菌侵染做出反应，以限制其进一步的扩散(植物抗毒素将在本章 15.5 节详述)。

15.3.2.4 阻止食草动物取食的单宁

除木质素外，单宁(tannin)也是具有防御性质的植物酚类聚合物。单宁一词最初用于形容能够通过制革过程将天然动物兽皮转变为皮革的化合物。单宁与动物兽皮的胶原蛋白相结合，从而增强其抗热、水和细菌的性能。大多数单宁的相对分子质量介于 600 ~ 3 000 Da之间。

单宁分为 2 种类型，即缩合单宁(condensed tannin)和可水解单宁或水解单宁(hydrolyzable tannin)。缩合单宁是由类黄酮单位聚合形成的化合物[图 15-12(a)]。它们是木本植物中共有的组成成分。由于缩合单宁通常能够被强酸水解为花色素，故有时也将其称为“前花色素”(proanthocyanidin)。水解单宁是由不同组分形成的多聚体，包括酚酸(尤其是没食子酸)和简单糖类[图 15-12(b)]。水解单宁较之缩合单宁相对分子质量更小且更易被水解(仅需加入弱酸即可)。

单宁是作用范围广泛的毒素，能够显著地减弱许多进食了单宁的食草动物的生长，甚至导致其死亡。此外，单宁还作为拒食剂针对多种动物发挥作用。牛、鹿和猴等哺乳动物可特征性地躲避取食含有高单宁的植物或植物部位。比如，未成熟果实中就经常含有非常高的单宁，以保护果实不被取食直到果实足够成熟可以传播种子。

一般来说，农作物产生的次生代谢物较少，但其中也有例外。例如，苹果、黑莓、茶和葡萄等一些含有单宁的食物，因其具有一定的收敛性而备受青睐。近来的研究表明，红酒中的多聚酚类物质单宁，具有阻止内皮素-1(endothelin-1)形成的作用。内皮素-1 是一种能够使血管收缩的信号分子。红酒具有诸多健康益处，尤其是适量饮用红酒能够降低

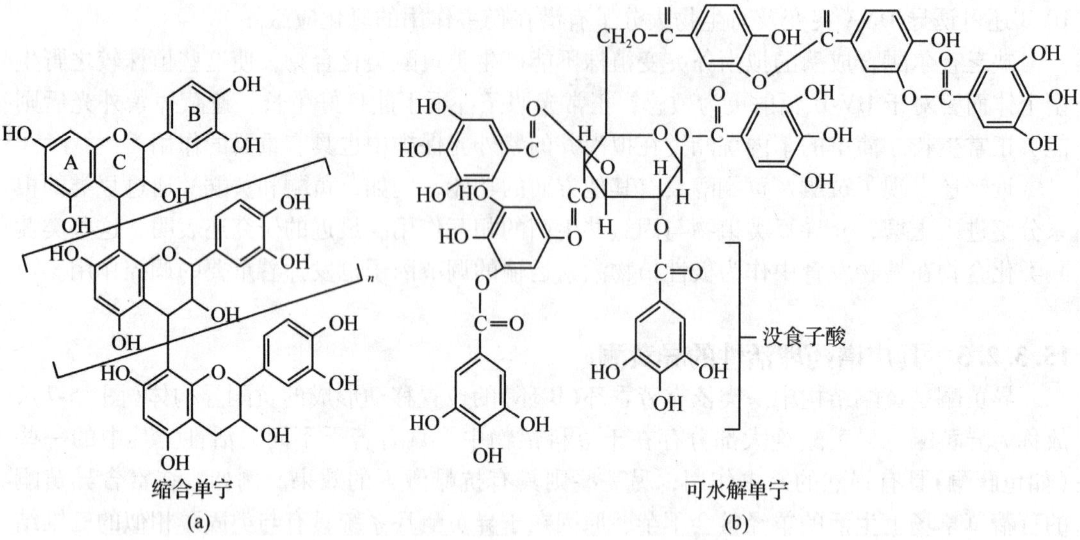

图 15-12　单宁结构示意

(a)缩合单宁的一般结构(1≤n≤10)。B 环上可能有第三个羟基

(b)漆树的可水解单宁，由葡萄糖和 8 分子没食子酸组成

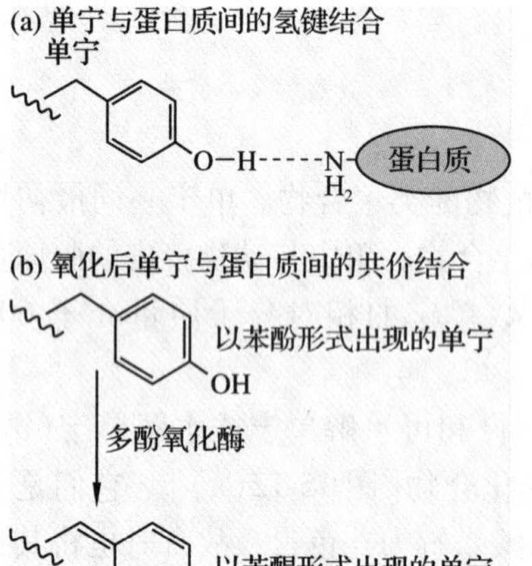

图 15-13　单宁与蛋白质间的相互作用机制

(a)氢键在单宁酚羟基和蛋白质带负电性的位点之间形成　(b)酚羟基与蛋白质共价结合，并通过氧化酶(多酚氧化酶)激活

心脏疾病的发生，就是由于其中含有单宁的作用。

适量摄入某些特殊的聚合酚类物质有益于人体健康，但是大多数单宁的防御性质主要取决于其具有的毒性。单宁的毒性通常是由于它能够与蛋白质发生非特异性结合造成的。长期以来一直认为，动物肠道中的植物单宁复合体蛋白之所以能够形成，是由于在单宁的羟基基团和蛋白质的负电位点之间形成了氢键[图 15-13(a)]。近来的研究则表明，单宁及其他的酚类物质也能够以共价方式与饮食蛋白相结合[图 15-13(b)]。许多植物的叶片含有能够在食草动物肠道中将酚类物质氧化为其相应醌类形式的酶。醌类是高度亲电子的活性分子，很容易与蛋白质的亲核—NH_2 和—SH基团发生作用。不论蛋白质与单宁的结合机制如何，其过程总会对食草动物的营养吸收产生不利影响。单宁能够使食草动物消化酶失活并且产生难以消化的复杂的单宁聚合体，即植物蛋白-单宁聚合物。

长期以富含单宁的植物为食的食草动物似乎产生了某些适应性，能够从它们的消化系统中除去单宁。例如，兔子和啮齿动物等哺乳动物，其唾液蛋白中的脯氨酸含量高达25%~45%，而脯氨酸对于单宁具有高度亲合性。摄入富含单宁的食物诱导分泌这些唾液蛋白，从而极大地削弱了单宁的毒性效果。大量存在的脯氨酸残基使这些蛋白具备良好的可塑性，形成开放式结构，并且具有高度的疏水性，有利于与单宁的结合。植物单宁也具有防御微生物的作用。例如，在许多树木无生命的心材部分含有大量的单宁，能抵御真菌和细菌的腐蚀。

15.4 含氮化合物

大量种类繁多的植物次生代谢物在其结构中都含有氮，其生物合成起源于常见氨基酸。这其中就包括众所周知的抗食草动物保护剂生物碱(alkaloid)和生氰苷(cyanogenic glycoside)，它们还因其具有的医药特性且对人类具有毒性而备受关注。本节将讲述不同含氮次生代谢物(nitrogen-containing secondary metabolite)的结构及生物学特性，涉及的含氮化合物(nitrogen-containing compounds)包括生物碱、生氰苷、芥子苷(sinigrin)及非蛋白质氨基酸(nonprotein amino acid)。

15.4.1 生物碱对动物的生理作用

生物碱是含氮次生代谢物中的一个大家族，有15 000种以上，在大约20%的维管植物种类中均有存在。这些化合物中的氮原子通常是杂环(由氮原子和碳原子共同构成)的组成部分。生物碱类物质以其对于脊椎动物具有显著的药理作用而为人熟知。如同生物碱一词所暗示的那样，大多数生物碱均呈碱性。在细胞质(pH 7.2)和液泡(pH 5~6)的pH值环境下，氮原子发生质子化，从而使生物碱带有正电荷，并且通常具有水溶性。

生物碱通常合成自少数几种常见氨基酸，尤其是赖氨酸、酪氨酸和色氨酸，当然也有一些生物碱的碳骨架中包含有源自萜类合成途径的组分。表15-2中列出了主要的生物碱类型及合成它们的氨基酸前体物。包括烟碱及其相关物质(图15-14)在内的若干不同类型的生物碱均起源于鸟氨酸，而鸟氨酸是精氨酸生物合成的中间产物。B族维生素烟碱酸是烟碱中嘧啶(六元环)环的前体，而烟碱的吡咯环(五元环)则来源于鸟氨酸。烟碱酸也是NAD^+和$NADP^+$的组成成分，是多种代谢途径的重要电子载体。

一个世纪以来人们一直在探讨植物中生物碱的作用。生物碱曾经一度被认为是含氮废物(类似于动物中的尿素和尿酸)、储氮化合物或生长调节剂，但很少有证据证实这些作用。现已确认大多数生物碱因其普遍的毒性和拒食能力而具有抵御猎食动物，尤其是哺乳动物的功能。已有大量的牲畜由于进食了含有生物碱的植物而导致死亡的例子。美国每年由于大量进食了诸如羽扇豆、燕尾草和千里光等含氮植物而中毒的放牧牲畜数量极大。这种现象之所以会发生，可能是由于这些家畜与野生动物相比，没有经历过躲避有毒植物的自然选择而造成的。事实上，另有一些牲畜似乎更偏好以含氮植物为食。

几乎所有的生物碱摄入足够的量都会对肌体造成毒害。例如，番木鳖碱(strychnine)、阿托品(atropine)和毒芹碱(coniine)都是典型的致毒剂。然而以较低剂量使用时，许多生物碱却能起到有效的药理作用。吗啡、可卡因和东莨菪碱只是作为药用的植物生物碱中的

表 15-2　主要生物碱、其合成前体及举例

生物碱类别	结构	生物合成前体	举例
吡咯		鸟氨酸	烟碱(尼古丁)
托品烷、莨菪烷		鸟氨酸	古柯碱、可卡因
哌啶	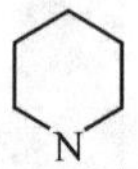	赖氨酸或乙酸	毒芹碱(2-丙基六氢吡啶)
双吡咯	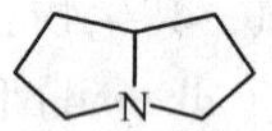	鸟氨酸	倒千里光碱
喹嗪	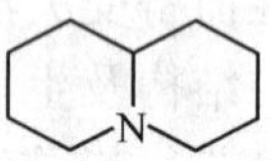	赖氨酸	羽扇豆碱
异喹嗪	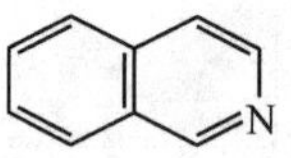	酪氨酸	吗啡、可待因(鸦片碱)
吲哚	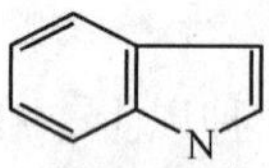	色氨酸	裸盖菇素、利血平、番木鳖碱

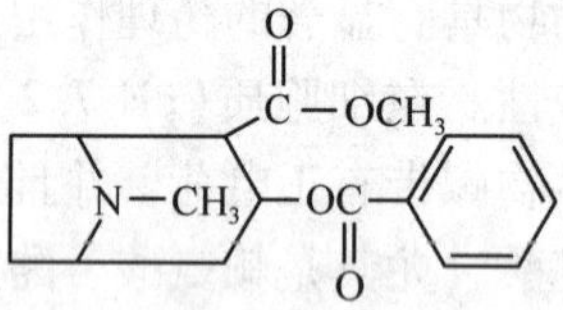

可卡因 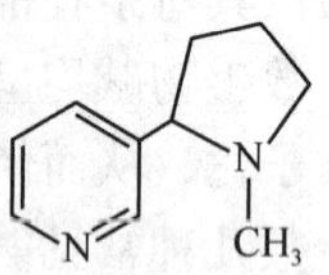　尼古丁

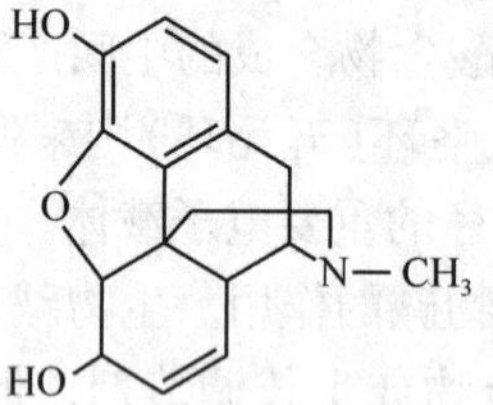

吗啡 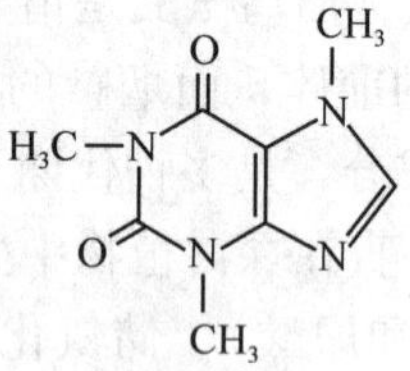　咖啡因

图 15-14　代表性生物碱化学结构

寥寥几个，其他的生物碱，包括可卡因、烟碱和咖啡因(图 15-14)还可作为兴奋剂或镇静剂广泛用于非医药用途。

生物碱在动物细胞水平的作用模式变化很大。许多生物碱都会对神经系统的组成起到干扰作用，尤其是化学递质；另一些生物碱则作用于生物膜转运、蛋白质合成或多种酶的活性调控作用方面。其中的一组生物碱——吡咯生物碱，揭示了食草动物是如何适应植物

防御性物质，甚至为己所用的。在植物中吡咯生物碱以天然无毒的N-氧化物形式存在。在一些草食昆虫呈碱性的消化管道中，这些生物碱迅速还原为不带电荷、疏水性的叔生物碱(tertiary alkaloid)，它们能够轻易穿过生物膜从而发挥毒性。然而，一些草食昆虫如千里光蛾，却能够在其消化管中再次将这些叔吡咯生物碱转变为无毒的N-氧化物形式，从而可以将这些N-氧化物形式的生物碱贮存在体内，并为己所用助其防御猎食者。

并不是所有的植物生物碱都是由其自身产生的。许多草类利用内源性真菌共生体(在植物质外体中生长)合成各种不同类型的生物碱。带有真菌共生体的草类通常生长迅速，并且与不具有共生体的草类相比能够更好地防御昆虫和哺乳食草动物。带有讽刺意味的是，某些真菌共生草类(如高牛毛草)是重要的牧场草种，当其生物碱含量太高时就会对牲畜造成毒害。因此，人们正在努力培育具有一定生物碱含量水平的，既不会高到对牲畜造成毒性，同时仍然能够保护草类防御昆虫的牧草品种。

15.4.2 释放毒性物质氢氰酸的生氰苷

除生物碱外，还有多种生氰保护性物质存在于植物中，其中2类分别为生氰苷和芥子苷，它们自身不具有毒性但当植物受到损伤时可以快速降解释放出有毒物质，其中一些是挥发性物质。生氰苷能释放出毒性气体氰化氢或氢氰酸(HCN)。

植物体中生氰苷的降解是一个2步的酶促反应过程。反应的第一步是，糖由糖苷酶催化裂解，糖苷酶催化糖从生氰苷分子中脱离分开(图15-15)。反应的第二步是，水解产物α-醇腈(hydroxynitrile or cyanohydrin)，能够以较低的速率自发地降解释放出HCN，醇腈裂解酶(hydroxynitrile lyase)可以加快这个过程。

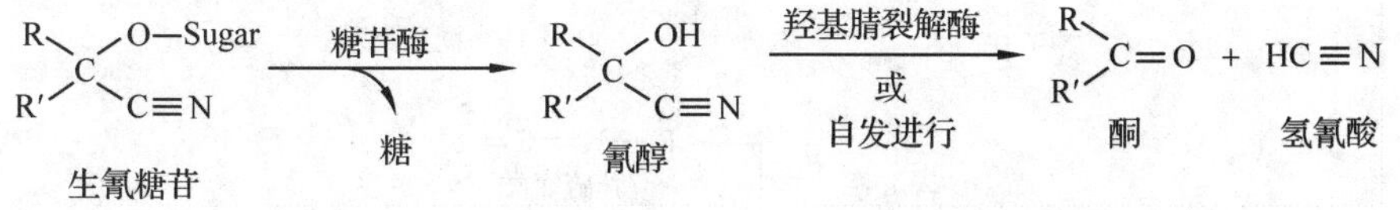

R, R′—C(—O—Sugar)—C≡N（生氰糖苷） —糖苷酶（−糖）→ R, R′—C(—OH)—C≡N（氰醇） —羟基腈裂解酶 或 自发进行→ R, R′—C=O（酮） + HC≡N（氢氰酸）

图15-15 生氰糖苷在酶催化水解作用下释放氢氰酸

R和R′代表烷基或者芳基取代基。例如，如果R是苯基，R′是氢，糖是二糖β-龙胆二糖，即为苦杏仁苷。

正常情况下在完整的植物体中生氰苷不会发生降解，这是因为其与降解性酶类在空间上分别存在于不同的细胞区室或组织中。例如，在高粱中生氰蜀黍苷存在于表皮细胞的液泡中，而水解和裂解酶则存在于叶肉细胞中。一般情况下，这个区室化作用防止了生氰苷发生降解，然而当叶片受到碾碎性伤害时，如被食草动物进食，不同组织的细胞内含物混合在一起，从而生成HCN。生氰苷广泛分布于植物界，时常存在于豆类、杂草和玫瑰科的一些种中。

大量的证据均表明，生氰苷在某些植物中具有保护性功能。HCN是一种作用快速的毒性物质，能够对金属蛋白产生抑制作用，例如，线粒体呼吸中关键的细胞色素氧化酶。生氰苷的存在阻止昆虫和其他食草动物的取食，如蜗牛和鼻涕虫。然而就像其他类型的次生代谢物一样，一些食草动物也对生氰苷植物产生了适应性，能够忍耐大剂量HCN。许多热带国家出产碳水化合物含量很高的主食作物木薯，其块茎中生氰苷的含量很高。传统的处理方法如磨、碾、浸泡、干燥，都能够去除或降解掉大部分木薯块茎中的生氰苷。然而由于慢性氰化物中毒所引起的肢体局部麻痹仍然普遍存在于以木薯为主要食物来源的地区，这是因为运用传统的去毒方法，并不能够彻底地从木薯中去除掉所有的生氰苷。此外，在消费木薯的人群中有很大一部分营养匮乏，这又加剧了生氰苷所引起的中毒效果。鉴于此，人们正在努力尝试运用传统育种和基因工程的方法以降低木薯中生氰苷的含量。然而完全去除掉木薯中的生氰苷并不是人们最终想要的结果，因为这些物质很可能会在木薯的长期贮存过程中发挥抵御害虫的作用。

15.4.3　释放挥发性毒素的芥子苷

第二类植物糖苷芥子苷，又称硫苷，也是通过分解作用释放出防御性物质。芥子苷主要存在于十字花科及其相关属植物中，卷心菜、花椰菜、萝卜等蔬菜的气味和味道就是由于芥子苷分解所产生的化合物而形成的。

芥子苷的降解由水解酶催化进行，此酶称为葡糖硫苷酶(thioglucosidase)或黑芥子酶(myrosinase)，其催化糖苷和硫原子之间的化学键发生断裂，从而将糖苷裂解下来(图15-16)。随后糖苷配基(芥子苷分子中的非糖部分)发生结构重排并失去硫，从而产生刺激性并具有化学反应活性的物质，包括异硫氰酸酯和腈类物质，这2种物质的生成取决于不同的水解条件。这些产物作为食草动物毒性剂和拒食剂而发挥其防御功能。像生氰苷一样，芥子苷及其水解酶在完整的植物体中也分别存在于不同部位，只有当植物遭到碾碎性伤害时，才能够发生接触。

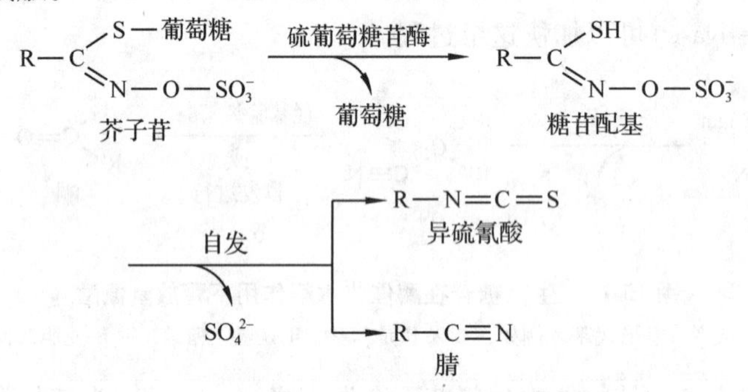

图15-16　芥子苷水解形成芥菜味挥发物的反应

R代表许多烷基或者芳基取代基。例如，如果R是$CH_2=CH—CH_2—$，则为黑芥子硫苷酸酯，后者是黑芥菜种子和山葵根中的一种主要的芥子苷。

就像其他的次生代谢物一样，某些动物也对含芥子苷植物产生了适应性。对于卷心菜产生了适应性的昆虫(如蝴蝶等)而言，芥子苷则作为成虫刺激剂诱使其进食和产卵，而芥子苷水解产物异硫氰酸酯则作为挥发性引诱物而发挥作用。此外，它们的幼虫还能使水解反应条件发生改变，从而产生低毒性的腈类物质。

近来，关于植物中芥子苷防御作用的研究大量集中于油菜或甘蓝型油菜(北美和欧洲的主要油料作物)。植物育种学家尝试降低油菜籽中芥子苷的水平，以便在榨油后能够再次利用剩下的高蛋白油菜籽粕作为动物饲料。人们曾经首次试种过低芥子苷油菜品种，但最终却因严重的虫害问题而未获成功。最近培育出了新型的油菜品种，其种子中芥子苷的含量很低而叶片中的较高，这一品种不仅能仰仗其叶片中的高含量芥子苷较好地抵御害虫，同时又可以因其种子中的低水平芥子苷在榨油后被再次利用以满足动物饲料之需。

15.4.4　保护植物防御食草动物的非蛋白氨基酸

植物和动物使用20种常见氨基酸构成它们的蛋白质。然而在许多植物中却还含有这20种氨基酸以外的特殊氨基酸，即非蛋白氨基酸，它们不用于蛋白质合成而是以游离状态存在，发挥保护作用。非蛋白氨基酸在结构上与常见氨基酸相似。例如，刀豆氨酸就是精氨酸的类似物，而氮杂环丁烷-2-羧酸(azetidine-2-carboxylic acid)则在结构上与脯氨酸非常相近(图15-17)。

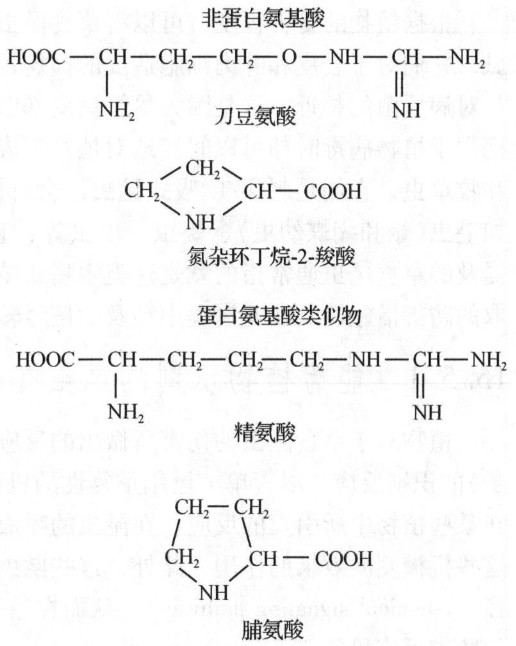

非蛋白氨基酸

HOOC—CH(NH_2)—CH_2—CH_2—O—NH—C(=NH)—NH_2

刀豆氨酸

CH_2—CH_2—CH—COOH（四元环，含NH）

氮杂环丁烷-2-羧酸

蛋白氨基酸类似物

HOOC—CH(NH_2)—CH_2—CH_2—CH_2—NH—C(=NH)—NH_2

精氨酸

CH_2—CH_2—CH_2—CH—COOH（五元环，含NH）

脯氨酸

图15-17　非蛋白氨基酸及其蛋白氨基酸类似物

非蛋白氨基酸不是蛋白的组成成分，在植物细胞中以自由形式作为防御化合物出现，可干扰氨基酸的摄入甚至造成翻译的中断。

非蛋白氨基酸的毒性机理各不相同。一些阻止蛋白质氨基酸的合成或摄取；另一些，如刀豆氨酸则可被错误地结合进入蛋白质。比如，在食草动物摄入刀豆氨酸后，其体内的酶会错误地将刀豆氨酸识别为精氨酸，并将其结合到精氨酸转运RNA分子上，从而使其替代精氨酸参与蛋白质的合成。其结果是通常导致蛋白丧失功能，因为这种替代会造成蛋白质的三维结构发生改变或破坏其催化位点。

研究发现，一些非蛋白氨基酸，包括4-N-草酰-2，4-二氨基丁酸、二氨基丁酸、2，3-二氨基丙酸、3-N-草酰-2，3-二氨基丙酸、2-氨基-6-N-草酰脲基丙酸以及上述这些氨基酸的乙二酰形式通常出现在豆科植物中，而这些化合物对反刍动物往往具有毒性。能够合成非蛋白氨基酸的植物则不易受到这些化合物的毒害。刀豆(*Canavalia ensiformis*)在其种子中合成大量的刀豆氨酸，但它具有区分刀豆氨酸和精氨酸的蛋白合成机制，因此不会错误地将刀豆氨酸用以合成其自身蛋白。一些专以含有非蛋白氨基酸植物为食的昆虫也具有相似的生化适应性。

15.5　针对草食昆虫的诱导性植物防御

植物在长期的进化过程中发展出了多种多样的针对草食昆虫的防御策略。这些防御策略可以归纳为2大类，即构成性防御反应和诱导性防御反应。构成性防御反应(constitutive defense)是一种在通常情况下就存在的防御机制，常常带有种特异性，并且可以以贮存化合物、共轭化合物(以降低毒性)、或者活性化合物的前体物(一旦植物受到伤害很容易转变为其活性形式)等形式存在。在本章已经讲述过的具有防御功能的化合物中绝大多数都属于构成性防御反应的范畴。然而在某些情况下，同一个防御性化合物也可以同时参与上述2种反应机制。诱导性防御反应(induced defense)开始于实际伤害发生之后。从反应原理角度来看，诱导性防御反应占用的植物资源较少，但是它们必须能够被快速激活以发挥作用。

根据植物的受害程度，可以将草食昆虫分为3类：①韧皮部取食昆虫，比如蚜虫和粉虱，它们对于表皮和叶肉细胞造成的损伤较轻。植物对于韧皮部取食昆虫做出的防御反应与对病原菌的相近，这是因为尽管韧皮部取食昆虫对于植物造成的直接伤害较小，但当其携带了植物病毒时却可以间接地对植物造成严重的伤害。②细胞汁液取食昆虫，比如螨虫和牧草虫，它们是刺穿/吮吸式昆虫，会对植物造成中等程度的伤害。③咀嚼式昆虫，比如毛虫(蛾和蝴蝶幼虫)、蝗虫、甲虫等，它们对植物造成的伤害最为严重。以下论述中提及的草食昆虫通常指的就是这类咀嚼式昆虫。在此将讨论植物为避免食草动物伤害所采取的防御措施以及在此过程中涉及的信号转导过程。

15.5.1　能为植物识别的昆虫唾液中的特殊化合物

植物对于草食昆虫的伤害所做出的反应涉及创口反应和对某些昆虫分泌物(称为诱导子)的识别反应。尽管单纯运用重复性的机械创伤手段就能诱使植物产生类似于草食昆虫在某些植物中所引发的反应；在昆虫的唾液中还存在着这样一些化学物质，它们具有放大这些机械刺激效果的作用。此外，这些昆虫诱导子(elicitor)还能够激活全身性信号转导途径(systemical signaling pathway)，从而在进一步的伤害到来之前就预先启动植物末梢区域的防御反应机制。

昆虫唾液及其体内的诱导子经鉴定为脂肪酸-氨基酸共轭物(或脂肪酸酰胺)。这些化合物所激发的反应不同于单纯的创伤反应，与咀嚼式昆虫所引起的反应非常相似。这些化合物的生物合成很大程度上取决于植物作为脂肪酸来源的亚麻酸(18:3)和亚油酸(18:2)。当昆虫摄入含有这些脂肪酸的植物组织后，消化管道酶将植物脂肪酸与昆虫氨基酸(如谷氨酰胺)结合在一起。该类型的诱导子被首次发现之后，人们又陆续发现了其他类型的诱导子。但近年来的研究表明，随着植物种的不同，其相应诱导子的活性也会有很大差异。

在昆虫食草过程中，诱导子会被昆虫分泌到唾液中成为唾液的一部分，并进入食草位点。一旦植物识别出昆虫唾液中的诱导子，就会随之激活一系列复杂的信号转导过程，以发挥防御作用。

15.5.2　激活众多防御反应的茉莉酸

在大多数的植物防御过程中都涉及一个重要的信号转导途径，即茉莉酸途径(jasmonate pathway)，产生茉莉酸(JA)(图15-18)。在植物对于草食昆虫的防御反应中，JA的水平急剧上升，并触发植物产生许多涉及植物防御的蛋白。JA因其在植物中所处的地位与哺乳动物中的类二十烷酸相似(类二十烷酸是哺乳动物肿胀反应和其他的生理过程中的核心物质)，引起了植物生物学家对其结构和生物合成的关注。植物中茉莉酸的合成开始于亚麻酸，亚麻酸从膜脂中释放出来后通过茉莉酸途径转变为JA。有2个细胞器，即叶绿体和过氧化物酶体，参与了茉莉酸的生物合成。在叶绿体中源于亚麻酸的中间产物环

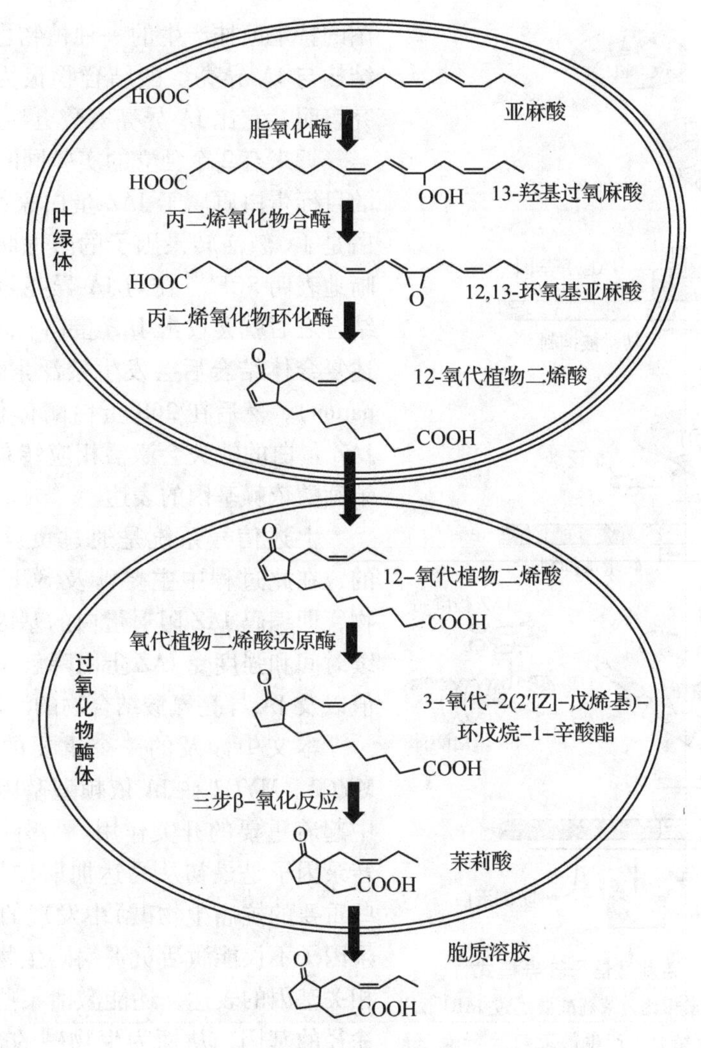

图 15-18　由亚麻酸至茉莉酸的生物合成途径

开始 3 个酶促反应发生于叶绿体，形成环化的 12-氧代植物二烯酸。该化合物后被运输至过氧化物酶体，然后先被还原再通过 β-氧化最后转化为茉莉酸。

化，而后进入过氧化物酶体通过 β-氧化途径最终转变为茉莉酸。

众所周知，JA 可以诱导大量植物防御代谢基因的转录。其中一些负责编码所有主要次生代谢途径中起关键作用的酶。这些基因的激活机制是逐渐被搞清楚的。研究发现，JA 与其他一些植物激素，如生长素和赤霉素（见第 8 章内容）等的信号转导机制极为相似（图 15-19）。然而与上述这些激素不同的是，JA 首先必须在 JAR（一种羧酸—结合酶）蛋白的催化作用下与氨基酸结合才能被激活。例如，JAR1 酶就对 JA 和异亮氨酸呈现出较高的底物专一性且在对依赖 JA 的防御性信号转导过程中发挥重要的作用。

有生物活性的 JA-异亮氨酸（JA-IIe）结合物此后又会与 COI1 和 F-box 蛋白结合形成 SCF 蛋白复合体（SCF^{COI1}）。SCF^{COI1}是重要的调节因子，主要参与蛋白质经多次泛素化作用被降解的过程。SCF^{COI1}首先被认为是冠菌素的一种重要的信号因子，冠菌素是丁香假单胞

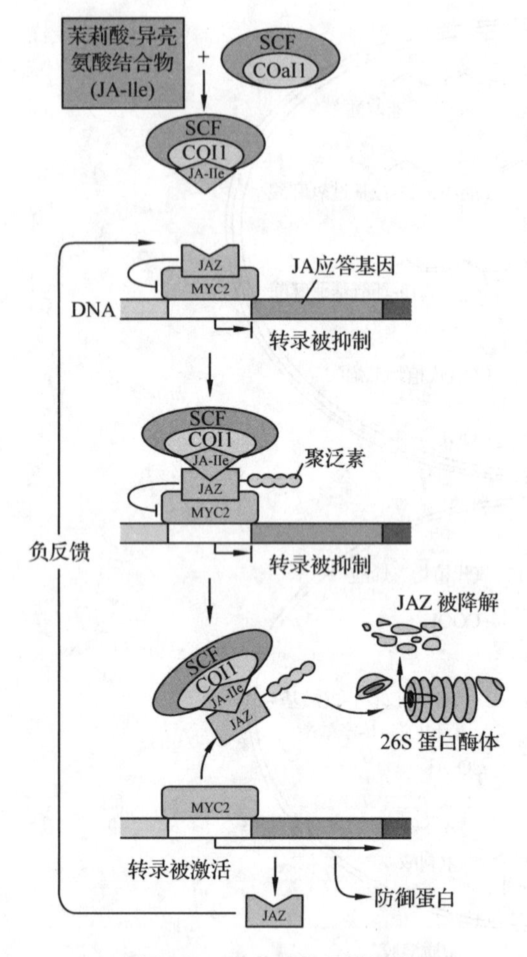

图 15-19　茉莉酸信号转导模式

与其他信号激素相比，茉莉酸要通过 JAR1 酶先与一个氨基酸共轭结合。产生的茉莉酸-异亮氨酸(JA-IIe)结合物接着与 COI1 结合作为 SCF^{COI1} 蛋白复合体的一部分。这个复合体定位于 JAZ，一种转录作用的阻遏物，导致该蛋白于 26S 蛋白酶体聚泛素化并于随后降解。转录因子例如 MYC2 接着启动茉莉酸依赖基因转录并编码防御蛋白。此外，JAZ 基因被激活，实现该信号途径的反馈调控。

菌的特定菌株产生的一种植物性毒素因子，其结构与 JA-异亮氨酸结合物极为相近。已有研究表明，它比 JA-异亮氨酸更易与 COI1 结合。

近来有 2 个独立的实验同时鉴定出 SCF^{COI1} 的目标蛋白质属于 JAZ 蛋白家族成员，JAZ 蛋白是 JA 激活转录因子的阻遏物。研究结果清晰地表明 SCF^{COI1} 在与 JA-异亮氨酸结合物紧密结合之后就会攻击 JAZ 蛋白。JAZ 蛋白在与上述复合体结合后会发生聚泛素化(polyubiquitination)，然后在 26S 蛋白酶体作用下被降解。JAZ 蛋白的缺失会激活相应转录因子进而引发茉莉酸依赖基因的表达。

上述信号系统是通过负反馈通路来调节的，在此过程中主要涉及 SCF^{COI1} 的主要目标物，即编码 JAZ 阻遏蛋白的基因。该反应的持续时间和强度受 JAZ 蛋白降解率和合成率的比值以及 JA-异亮氨酸结合物的浓度的共同调节。

本文中涉及的一个重要的转录因子就是 MYC2。MYC2 在 JA 依赖型基因被激活的过程中起着重要的开关作用。另外一个 JA 依赖型转录因子是最初从马达加斯加长春花(产生一些重要的抗癌生物碱)中发现的 ORCA3，该转录因子不仅能激活负责编码生物碱生物合成的相关基因的表达，还能激活某些参与初生代谢途径的基因，从而为生物碱的合成提供前体，因此可将其视为马达加斯加长春花(*Catharanthus roseus*)代谢中的主要调控因子。

JA 在抵御昆虫方面发挥了重要作用，其直接证据来自于对于突变体拟南芥株系的研究。这种突变株系仅能够产生低水平的 JA，所以很容易被蕈蚊等害虫侵害死亡，而这些害虫通常是不会对拟南芥造成伤害的。通过外施 JA 可以恢复这些突变株的抵抗能力。

若干其他的信号化合物，包括乙烯、水杨酸、水杨酸甲酯等，也会被草食性昆虫诱导产生。一般而言，诱导性防御反应的完全激活需要这些信号化合物协同一致地发挥作用。

15.5.3　抑制食草动物消化作用的植物蛋白

在多种由 JA 诱导产生的植物防御性物质中有一类是对于食草动物消化具有干扰作用的蛋白。例如，一些豆科植物合成的具有抑制淀粉消化酶作用的 α-淀粉酶抑制子，及在其他植物种类中产生的防御性蛋白凝集素(lectin)，它们通过结合到碳水化合物或含有碳水化合物的蛋白上而发挥作用。当植物凝集素被食草动物摄入后，会与其消化管道上皮细胞相结合，从而干扰食草动物的营养吸收。

植物中最著名的抗消化蛋白当属蛋白酶抑制子，存在于豆类、番茄以及其他一些植物中，这些物质阻碍食草动物水解蛋白酶发挥作用。在进入食草动物消化道后，蛋白酶抑制子牢固且特异性地结合到蛋白水解酶(如胰岛素和胰凝乳蛋白酶)的活性位点上，阻碍食草动物对蛋白的消化。以含有蛋白抑制子的植物为食的昆虫其生长发育速度缓慢，这种状况可以通过在其饮食中补充氨基酸得以缓解。

蛋白抑制子的防御作用已通过转基因烟草试验得以证实。经转基因作用增加蛋白抑制子积累的植物较之未经转基因调控的植物而言，受草食昆虫为害较小。与芥子苷一样，一些草食昆虫可以产生消化蛋白酶用以抵抗植物蛋白抑制子的作用，从而对其产生适应性。

15.5.4 可引发植物全身性防御的食草动物伤害

马铃薯一旦遭到昆虫咬食会在远离受伤部位的健康区域乃至整株植物体迅速积累蛋白酶抑制子。在马铃薯幼龄植株中，蛋白酶抑制子的全身性防御是被一系列复杂事件所激活的(图 15-20)。其发生顺序为：①受损伤马铃薯叶片合成前系统素(prosystemin)，它是一个由 200 个氨基酸组成的大分子前体蛋白；②前系统素经蛋白分解作用生成由 18 个氨基酸组成的短多肽，称为系统素(systemin)；③系统素由受损细胞释放进入质外体；④系统素在相邻的完整组织(韧皮薄壁细胞)中与位于质膜上的细胞表面受体相结合；⑤系统素与其受体的结合引发了胞内信号转导过程，并进一步激活了 JA 的生物合成和积累；⑥随后 JA 通过韧皮部被运输至植物全身各部分目标组织并释放出来，从而使目标组织中编码蛋白抑制子的基因活化并表达，最终达成全身性防御(systemic defense)。

继系统素首先被发现之后，人们又在马铃薯中发现了许多类系统素的信号肽。这些信号肽在调节植物对食草昆虫以及其他害虫和病毒的防御性反应方面发挥着重要作用。研究表明，这些信号肽不仅仅存在于茄科植物中，在其他一些植物如拟南芥和番薯属植物中也存在。

15.5.5 具复杂生态功能的由食草动物诱导产生的挥发性物质

草食性昆虫伤害诱导植物产生并释放挥发性有机化合物(也称挥发物)的实施，充分表明次生代谢物本质上具有复杂的生态功能。植物散发出的挥发性物质在组成上经常具有草食性昆虫的种间特异性，其组成涵盖了来自于3 条主要次生代谢途径的代表性物质：萜类、生物碱和酚类化合物。此外，对于机械创伤，植物还能够释放脂类衍生物，如所谓的绿叶挥发物(green-leaf volatile)，它是由 6 个碳的醛、醇及酯组成的混合物。这些挥发物具有多方面的生态功能，通常可以吸引攻击性草食昆虫的天敌(捕食者或寄生虫)，这些天敌利用挥发性物质作为信号寻找其猎物或寄主。蛾类产卵会诱发叶片释放挥发物，后者能够防止其他雌蛾在叶片上的进一步产卵及取食。另外，许多挥发物不散发到空气中而是存留在叶片表面，以其味道起到拒食剂的作用。

植物具有识别草食昆虫种类的能力，并据此做出不同的反应。例如，生长在美国西部

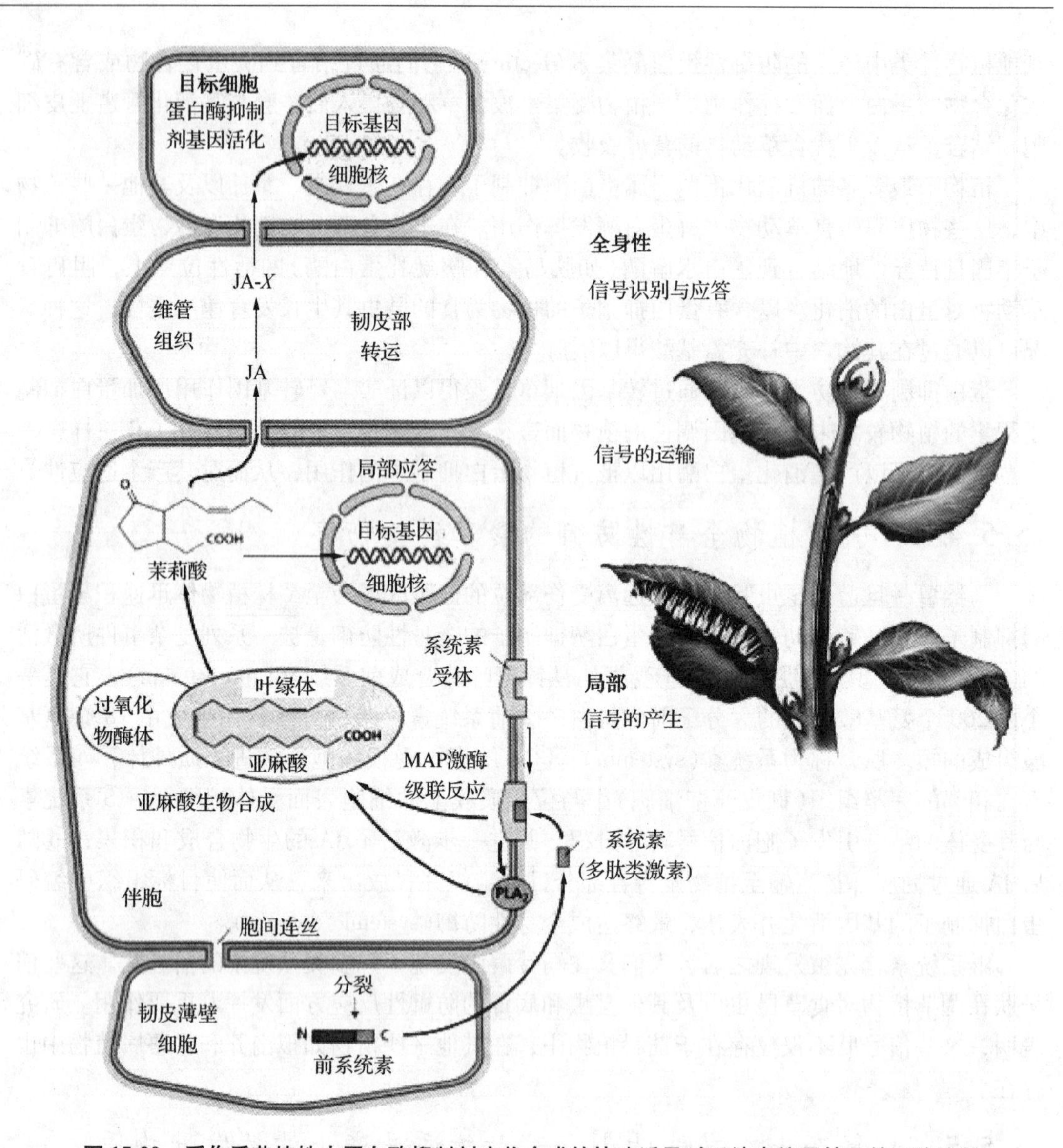

图 15-20　受伤番茄植株中蛋白酶抑制剂生物合成的快速诱导时系统素信号转导的可能途径

损伤番茄叶片韧皮薄壁细胞中合成前系统素，前系统素经蛋白分解加工成系统素。系统素由韧皮薄壁细胞释放并结合到相邻伴胞质膜上的受体上。这一结合激活包括磷脂酶 A2(PLA2)和促分裂原激活蛋白(MAP)激酶在内的信号转导级联反应，引发茉莉酸(JA)的生物合成。然后 JA 很可能以一种 JA-X 的结合态形式经筛分子运往未受伤叶片。在未受伤叶片的目标叶肉细胞中，JA 启动信号转导途径，促成编码蛋白酶抑制剂的基因表达。在这一途径的多个阶段，胞间连丝加快了信号的转导。

大盆地沙漠的野生烟草(*Nicotiana attenuata*)，伴随着草食性昆虫的取食其体内的尼古丁含量升高。然而，当其受到能够忍耐尼古丁的毛虫攻击时，这种野生烟草体内尼古丁的水平却不会提高，而是转为释放挥发性萜类物质，以吸引这种毛虫的猎食天敌。由此可见，野生型烟草及其他植物具有某种辨识方式，以确定对其叶片造成伤害的草食昆虫的类型。植物对于草食昆虫类型的辨识能力很可能是通过如下 2 种方式实现的，即草食昆虫的伤害类型和口腔分泌物中化合物的化学差异。

挥发物在植物保护中具有增强其他植物(个体)防御反应的增效作用。除了吸引食草昆虫的天敌外，受害植物释放出的某些挥发物还能够作为信号物质，引发相邻植物与防御有关的基因表达。除了若干萜类物质以外，具有增效作用的挥发物还包括绿叶挥发物(green-leaf volatiles)。例如，将谷类植物暴露于绿叶挥发物中，其JA相关基因会被迅速诱导进行表达，JA合成会增加。然而，更为重要的发现则是，绿叶挥发物会使暴露于其中的谷类植物对于随后发生的草食昆虫攻击，做出更为强烈的防御反应。研究业已证明，绿叶挥发物能够作用于一系列植物，使其防御机制更为敏感活跃，包括诱导产生植物抗毒素和别的抗菌化合物等，将在本章15.6节介绍。

15.5.6　昆虫在进化中获得了应对植物防御的机制

尽管植物进化出了多种化学防御机制，草食性昆虫也通过植物—昆虫之间的相互进化过程获得了相应的应对机制以躲避或克服这些植物防御，这种适应过程属于协同进化(reciprocal evolution)方式中的一种。这些适应与植物防御反应一致，有2种类型：构成型(总是活跃的)和诱导型(经由植物激活)。构成型适应(constitutive adaptation)广泛存在于那些专属取食草食昆虫中(仅以少数几种植物为食)；与之相反，诱导型适应(induced adaptation)则更多地存在于普遍取食植物的草食昆虫中(以多种植物为食，取食广泛)。尽管不总是那么明显，但在大多数自然环境中植物—昆虫相互作用已经达成了一种均势状态，使双方在非最佳条件下都能够发展和生存。

15.6　针对病原菌的植物防御

尽管植物不具备像动物一样复杂的免疫系统，它却也能像动物一样防止来自于环境中的真菌、细菌、病毒、线虫等对其进行的侵染侵袭。以下讲述植物针对病原菌侵染所进化出的多种防御机制，包括抗菌剂的产生和称为过敏反应(hypersensitive response)的一套程序性细胞死亡。最后讨论2种特殊的植物免疫类型：全身获得抗性(systemic acquired resistance，SAR)和诱导型全身性抗性(induced systemic resistance，ISR)。

15.6.1　病原菌进化出多种机制侵染宿主植物

植物不断受到各种病原菌的侵染。为侵染成功，它们便进化出了各种入侵宿主植物的机制。一些病原菌直接通过分泌溶胞酶从而渗透到植物表皮或者细胞壁，还有一些病原菌则通过天然的入口如气孔和皮孔等进入植物体，更有一类病原菌通过如食草昆虫等侵害产生的伤口进入植物体。此外，许多病毒以及其他类型的被食草昆虫携带的病原菌可以作为载体从昆虫的取食位点侵入到植物体中。韧皮部取食者诸如粉虱和蚜虫的病原菌可以直接进入到植物体的维管系统，通过维管系统进而扩散到整个植物体中。

这些病原菌一旦进入植物体中，就会通过以下3种入侵机制中的一种来利用宿主植物，将宿主植物作为其存活的基质：①神经或死体营养性病原菌(necrotrophic pathogen)主要通过分泌细胞壁降解酶或毒素来攻击宿主植物，其中病原菌分泌的毒素可以最终杀死被感染的植物细胞，进而引发大面积的组织损伤。之后这些死的组织就会成为病原菌的食物来源。②活体或生体营养性病原菌(biotrophic pathogen)采取的是另一种不同的攻击策略。一旦被感染后，植物组织仍然会大面积存活，只有很少一部分细胞会因病原菌的继续侵染而受损。③半活体营养性病原菌(hemibiotrophic pathogen)攻击宿主植物的过程，最初也是活体营养性阶段，和前面活体营养性的病原菌入侵一样，宿主细胞仍然是活体状态。该阶段之后进入死体营养性阶段，此过程中会产生大量的组织损伤。

尽管上述侵蚀和感染策略各自都很成功，但在自然生态系统中植物的流行性疾病却很少发生。这是因为植物在进化过程中也逐渐形成了有效的抗病原菌防御机制。后面还将对此类防御机制做进一步阐述。

15.6.2　宿主植物被侵染前后的防御机制

体外试验表明，在已经提及的各类次生代谢物中有一些具有强烈的抗菌活性，推测其在完整的植物体中具有抵抗病原菌的作用。皂苷便是其中的一种，它是一类三萜物质，能够通过与固醇结合破坏真菌细胞膜。利用基因方法进行的试验已充分表明，皂苷具有抵御燕麦病原菌的作用。低水平皂苷的突变燕麦株系较之野生型燕麦对于病原真菌的抵抗能力差。有趣的是，正常生长在燕麦上的真菌菌株对于其植物体中的一种主要皂苷具有解毒作用。然而，这种真菌株系的突变体却不具备皂苷解毒能力，从而不能对燕麦造成感染，但又可以在不含有任何皂苷的燕麦上生长。

病原菌侵染后，植物会调动一系列防御机制以抵御入侵的微生物。其中一个普遍的防御机制就是过敏反应(hypersensitive response)，即感染部位的相邻细胞会迅速死亡，使病原菌不能获取养料，从而阻止其扩散。在过敏反应发生后，一小部分死亡组织从病原菌企图侵染的部位脱落，而植物体的其他部分则不受影响。

感染后至过敏反应开始前，经常会发生活性氧和一氧化氮(NO)的快速积累，即在感染部位相邻区域的细胞中会发生毒性化合物的大爆发，包括超氧阴离子(O_2^-)、过氧化氢(H_2O_2)和羟基自由基(·OH)，它们是通过还原分子氧形成的。还原分子氧产生O_2^-的过程是通过定位于质膜(图15-21)上的NADPH-依赖型氧化酶催化完成的，O_2^-接着又依次被转变为·OH和H_2O_2。在这些活性氧中羟基自由基是最强的氧化剂形式，它能够引起一系列有机分子发生自由基链式反应，导致脂质超氧化、酶失活和核酸降解。活性氧既作为过敏反应的组成部分而发挥作用，又能直接杀死病原体。

在受感染的叶片中，NO的迅速产生与活性氧爆发是相伴发生的。NO作为动植物许多信号途径的第二信使，其合成过程是通过NO合酶催化精氨酸实现的。在NO产生的过程中，细胞质中钙离子浓度的升高对于激活NO合酶的活性似乎是必不可少的；而NO和各类活性氧水平的共同增高则对于启动过敏反应又是不可或缺的，即单独增高其中的一种物质并不能引起细胞死亡反应的发生。

许多种植物受到真菌或细菌侵染后，会合成木质素或胼胝质(见第10章内容)。这些聚合物具有屏蔽作用，可以阻挡病原体向植物的其他部位扩散。与之相似的一个反应则是细胞壁蛋白的修饰作用。在受到病原体攻击后细胞壁某些富含脯氨酸的蛋白在H_2O_2介导反应的作用下变为氧化交联状态。这个过程强化了受感染部位附近细胞的细胞壁，从而增

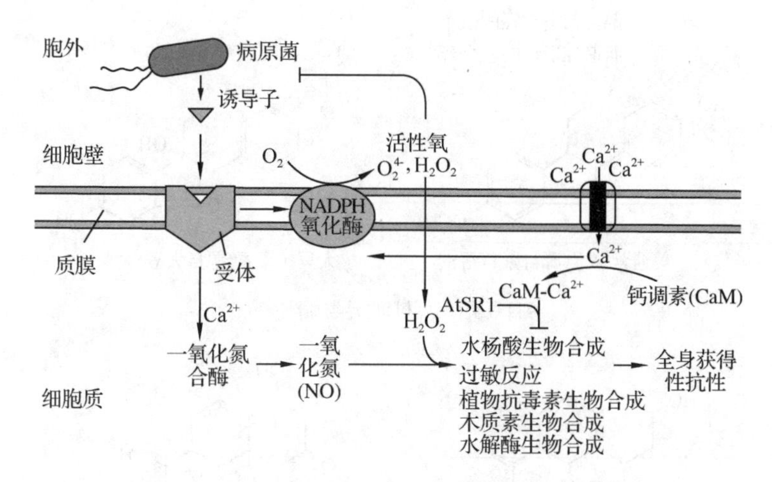

图 15-21　许多类型的抗病原防御物质通过感染被诱发

病原分子的片段，称为诱导子，启动了一个复杂的信号途径，导致防御响应的激活。爆发的氧化活性和 NO 产物激发了高灵敏度的响应和其他防御机制。Ca^{2+} 对于一些防御激活来说是必需的，同时它也是水杨酸生物合成的负调控。

强了植物对于病原菌的抵抗能力。

另一种防御侵染的反应是形成水解酶，水解酶具有降解病原菌细胞壁的作用。真菌的侵害诱导植物合成葡聚糖酶、几丁质酶等一系列水解酶类。几丁质是真菌细胞壁的主要组成成分，它是由 N-乙酰氨基葡萄糖形成的聚合物。这些水解酶的诱导产生与病原菌的侵染关系十分密切，因此又称为病原菌相关蛋白(pathogen-related protein，PRP)或病原菌相关(pathogen-related)蛋白，即 PR 蛋白。

15.6.3　植物被病原菌侵染后会产生大量植物抗毒素

对于细菌和真菌侵染引起的植物反应而言，研究最为充分的可能当属植物抗毒素(phytooalexin)的合成。植物抗毒素是一类有很强的抗微生物活性并在化学上种类繁多的次生代谢物，通常围绕受感染部位积累。

植物抗毒素的产生对于植物来说似乎是一种分布广泛，且十分普遍的防御病原菌的机制。然而，不同科植物中植物抗毒素的次生代谢产物类型却不尽相同。例如，在紫花苜蓿和大豆等豆科植物中异黄酮是其普遍的植物抗毒素，然而在马铃薯、烟草、番茄等茄科植物中其植物抗毒素则为各类倍半萜(图 15-22)。

植物抗毒素并不预先存在于未受感染的植物体中，其合成是在植物受到病原菌攻击之后才迅速发生的，这是因为病原菌侵染激活产生了一条新的合成途径。这条合成途径的活化产生取决于基因转录的开启，即植物抗毒素合成途径的形成是从基因转录、翻译适当的 mRNA、再到合成途径中的酶，这样一个从头形成的过程。植物体中并不预先存在合成植物抗毒素所必需的任何酶系统。

通过生物测定已经证明，较高浓度的植物抗毒素对于病原菌具有毒性，然而人们对这类化合物在完整植物体中防御功能上的重要性尚未完全了解。最近通过对于基因修饰的植株和病原菌的实验研究，首次获得了其在植物体内作用的直接证据。例如，烟草在被转入

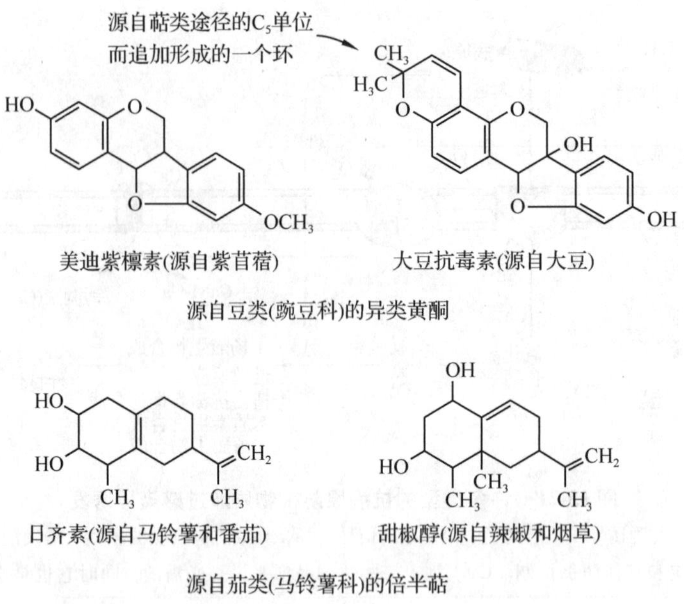

源自萜类途径的C_5单位
而追加形成的一个环

CH_3 H_3C HO O OH OH OCH_3

美迪紫檀素(源自紫苜蓿)　　大豆抗毒素(源自大豆)

源自豆类(豌豆科)的异类黄酮

HO HO CH_2 CH_3 CH_3 OH HO CH_2 CH_3 CH_3 CH_3

日齐素(源自马铃薯和番茄)　　甜椒醇(源自辣椒和烟草)

源自茄类(马铃薯科)的倍半萜

图 15-22　几个发现于 2 种不同科植物的植物抗毒素结构

了对苯丙烷类植物抗毒素白藜芦醇的生物合成有催化作用的基因后，较之非转基因植株对病原真菌具有更强的抵抗力。还有一个与之相似的例子，如拟南芥对于病原真菌的抗性取决于色氨酸衍生物，一种称为凯莫莱素(camalexin)的植物抗毒素。由于凯莫莱素缺陷型突变体植株不能合成凯莫莱素，因此其缺陷型突变体植株与野生型植株相比更易受到病原真菌的伤害。其他的实验还表明，带有编码植物抗毒素降解酶的转基因病原菌能够侵染对野生型真菌具有抗性的植物。

15.6.4　一些植物能识别病原菌释放的特殊物质

同种植物个体之间对于病原菌的抵抗能力各不相同、差异很大，这些差异取决于植物的反应速度和强度。例如，抗性植株与易染病植株相比对于病原菌的反应更为迅速活跃。因此，了解植物是如何感知病原体的存在进而启动防御机制就显得尤为重要。

防御机制的第一阶段是识别各类病原体。植物体内存在着各种受体可以识别所谓的微生物关联分子模式(microbe-associated general molecular patterns，MAMPs)。这些诱导子是在进化过程中逐渐保留下来的病原菌衍生的分子，如源于真菌细胞壁或者细菌鞭毛的结构成分。目前人们研究的最透彻的诱导子是 pep13，一种来自于疫霉属生物、定位在细胞壁上的谷氨酰胺转移酶的 13 个氨基酸序列，以及 flg22，一段由细菌鞭毛蛋白(flagellin)衍生而来的 22 个氨基酸多肽。

MAMPs 被认为是特殊的受体，可以激活特殊的植物防御反应，包括产生大量的植物抗毒素。MAMPs 受体的效力极强，对于一种受体而言，一种植物可以识别一个完整的具有特殊 MAMP 的分类群。例如，鞭毛蛋白(f1g22) 受体 FLS2 能够使植物识别可移动(有鞭毛)的细菌。又如，pep13 的非典型受体能够使植物识别所有的病原卵菌，那些病原菌因此就不能使植物发病。上述防御策略也被认为是自然或先天性免疫(innate immunity)。

植物的另一种对病原菌产生特殊抗性的机制是，通过植物 *R* 基因(或抗性基因)产物和无毒的病原菌衍生的基因产物之间的相互作用实现的。研究人员业已分离出 20 多种植物抗性 *R* 基因，它们在植物对于真菌、细菌乃至线虫的防御中发挥作用。大多数 *R* 基因编码蛋白受体具有识别和结合病原菌产生的特殊分子的作用，从而使植物感知病原菌的存在(图 15-21)。这些特异性的病原菌诱导子包括蛋白质、多肽、固醇和多糖片段，它们是由病原菌细胞壁或外侧细胞膜产生的，当然也可以通过分泌过程形成。

几乎所有的 *R* 基因产物都是带有富含亮氨酸重复区域的蛋白，这个富含亮氨酸的区域在整个氨基酸序列中的数目不等。该区域可能涉及诱导子结合和病原菌识别。此外，*R* 基因产物还对于启动信号途径，激活各种抗病原菌防御模式发挥了不可或缺的作用。一些 *R* 基因编码结合 ATP 或 GTP 的核苷结合位点，而另一些则编码蛋白激酶区域。

R 基因产物在细胞中的分布不止一处，一些似乎结合到细胞膜外侧从而能够快速地识别出诱导子，而另一些则存在于细胞质中，识别进入细胞的病原菌的分子或其他表明病原菌感染的代谢改变。*R* 基因是植物中非常庞大的一类基因家族，通常聚集成簇存在于基因组中。*R* 基因的这种簇生结构强化了由染色体交换作用推动产生的基因多样性现象，从而使 *R* 基因的变异性更为丰富。

对于植物疾病的研究表明，植物和病原菌株之间存在着复杂的寄生关系模式。一般来说，易受到某种病原菌株感染的植物，对于另一些病原菌则具有抗性。这种植物和病原菌株之间的寄生特异性取决于寄主 *R* 基因产物和病原菌负责编码特异性诱导子的 *avr* 基因的产物之间的相互作用，即植物抗性需要寄主植物受体(*R* 基因产物)对于诱导子(病原菌 *avr* 基因的产物)的快速识别。

15.6.5 暴露于诱导子下会诱导植物启动信号介导级联反应

一旦 *R* 基因识别出病原菌的诱导子，在几分钟之内就会启动复杂的信号途径，从而最终做出防御反应。引起这些级联反应的上游因子当属细胞膜离子透性的瞬时改变。*R* 基因受体活化刺激 Ca^{2+} 和 H^+ 进入细胞及 K^+ 和 Cl^- 流出细胞。Ca^{2+} 进入细胞激活氧化爆发反应，直接起到防御作用，同时也活化刺激了其他的防御反应。由病原菌刺激引起的信号介导途径的其他组成部分包括氮氧化物、分裂原活化蛋白(mitogen-activated protein，MAP)激酶、钙依赖型蛋白激酶、茉莉酸和水杨酸。除了在抗性反应中成为全身性激活过程中的一种重要因子外，水杨酸在植物抵抗各种病原菌反应而引发的各种局部过敏反应中也发挥着重要的调节作用。例如，通过激活 PR 蛋白，植物在受到病原菌攻击后就会诱导产生与发病机理相关的蛋白，进而对植物发挥保护功能。

除了形成脂类这种韧皮部流动信号物质形式，植物还产生挥发性空气传播信号物质。例如，水杨酸甲酯、水杨酸盐都能够作为挥发性全身获得性抗性诱导信号向植物远端甚至向相邻植物进行传播(图 15-23)。

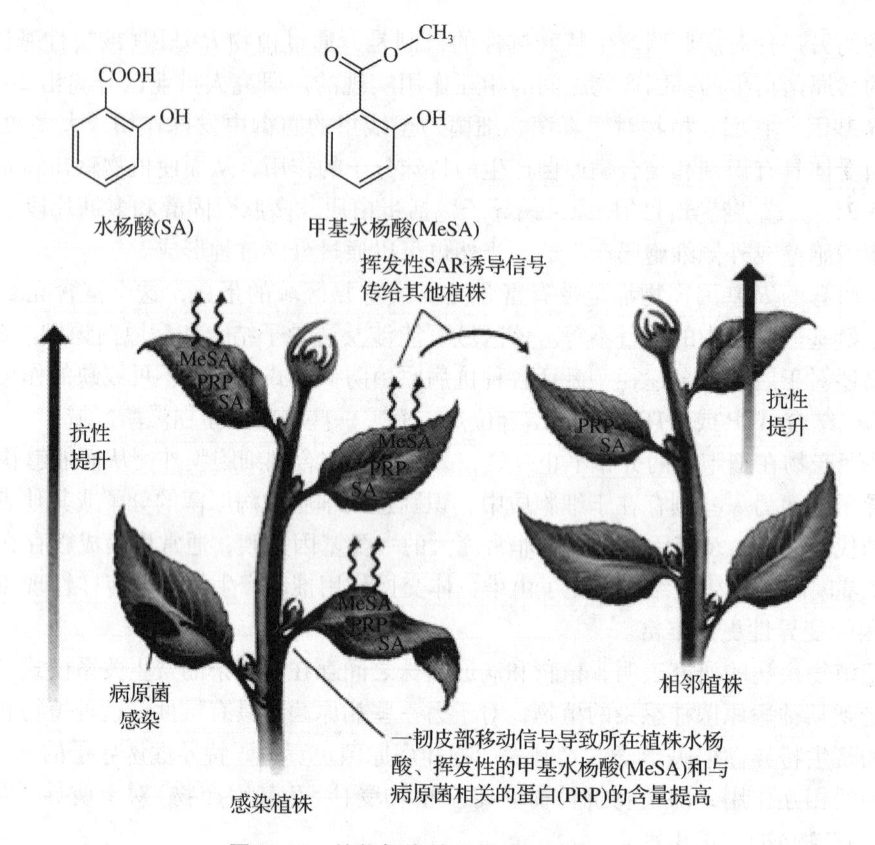

图 15-23　植物挥发性空气传播信号示意

借助于全身获得性抗性(SAR)，最初的病原菌感染可提高植株对接下来感染的抗性。SAR 经由韧皮部从感染部位传递至植株的其他部位，提升了植株的抗性。这一过程中，水杨酸(SA)及其甲酯(MeSA)的水平显著提高，并诱发病原菌相关蛋白(PR 蛋白)的形成。SAR 建立过程中通常有甲基水杨酸酯释放出来，它有可能作为 SAR 诱导的挥发性信号对相邻植株起防御性作用。

15.6.6　与病原菌的一次单一相遇可使植物增强对接下来侵染的抗性

幸免于某处一次病原菌的侵染后，植物通常可以建立起对接下来发生于自身其他任何地方侵染的防御，并享受由此形成的针对各种病原菌的可能侵染的保护。这种称为全身获得性抗性(systemic acquired resistance，SAR；图 15-23)的机制在感染后的几天内即可建立完成。SAR 似乎源自前面已经提及的某种 PR 蛋白(如几丁质酶及其他一些水解酶)水平的提升。

尽管 SAR 诱导的机制仍不清楚，一种内生信号分子即水杨酸(salicylic acid)很可能参与其中。这种苯甲酸衍生物在植物开始受到攻击后于侵染部位迅速积累，而且被认为有助于在植物的其他部分建立起 SAR。水杨酸由侵染部位向其他部位转导速率的测定试验表明，其移动的速率(3 cm · h^{-1})极快，难于以简单扩散解释，很可能涉及维管系统。以烟草为材料的研究显示，是水杨酸甲酯在其维管中扮演着移动信号的角色。然而，其他植物中很可能采用的是其他方式来完成 SAR 的转导。拟南芥的一个于韧皮部中特异表达的 *DIR*1(defective in induced resistance 1)基因的突变体，其 SAR 反应受阻。*DIR*1 基因编码一脂转移蛋白，表明拟南芥中的长距离信号转导可能源自脂类。另一种在侵染部位积累并可能在 SAR 中扮演一定角色的化合物是 H_2O_2。然而，同水杨酸一样，H_2O_2不太可能作为一长距离信号。除韧皮部内的信号移动外，借助于挥发物的空中信号转导也可能诱发 SAR。例如，水杨酸甲酯很可能以挥发性 SAR 诱发信号的角色发挥作用，将 SAR 信号通过空中传递到较长距离的植株的其他部位乃至相邻的植株上去。

15.6.7　非病原细菌与植物间的相互作用可引发诱导型全身性抗性

全身获得性抗性(SAR)是在植物遭受病原菌感染后产生的。与其相反，诱导型全身性抗性(ISR)是由非病原细菌激活产生的(图 15-24)。植物根系一旦被根际细菌占据后，不仅会刺激根瘤的形成，还会引发整个植物体的信号串联，涉及茉莉酸和乙烯的信号串联会导致整个植物体的防御机制被激活，进而引发病原菌攻击后的植物体内防御机制的准备工作呈增强模式。这种全身性防御激活方式并不涉及作为信号成分的水杨酸，也不会诱导典型的 PR 蛋白的积累。

某些特定的防御措施可以通过 ISR 立即开始各种反应，其他的防御性反应则仅仅在植物体遭受病原菌感染后才能被引发，并导致更快更强的反应。此种防御性策略的优点在于可减少防御性机制中相关储备的直接投入，这也将直接影响植物对病原菌的应对能力，并导致其在各种激活模式和反应模式中的相关产物减少，生长速度减慢。ISR 与前文中提到的绿叶挥发物引发的防御性反应的最初阶段涉及的一些反应过程极为相似。

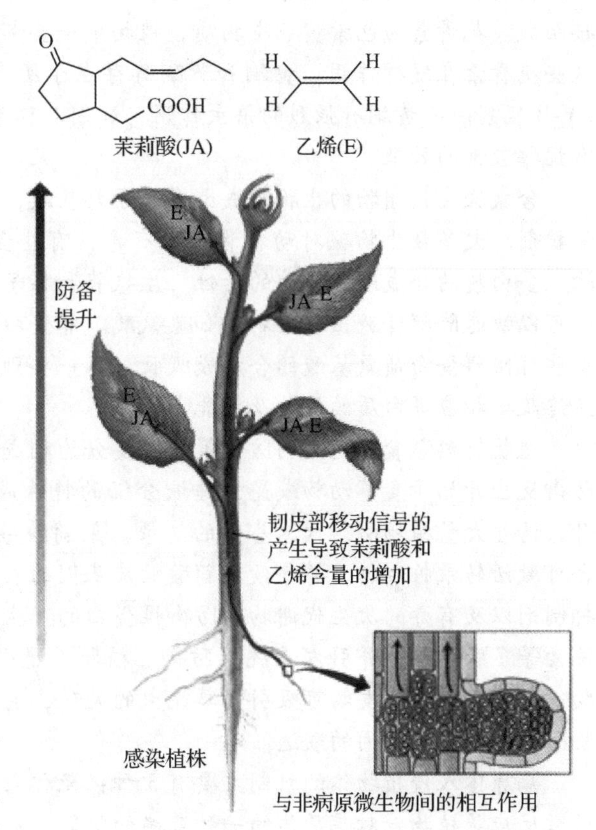

图 15-24　植物诱导型全身性抗性产生示意

暴露于非病原微生物可能会增强植株借助于诱导型全身性抗性(ISR)建立起的对未来病原菌侵染的抗性。非病原微生物如根瘤菌激活包括能诱发植株全身 ISR 的茉莉酸和乙烯在内的信号转导途径。ISR 的特点是，通过增强针对病原菌侵染的防备以提升植株的抗性，而非采取激活直接防御机制。

小　结

植物次生代谢物作用广泛，如可作为防御性化合物、可吸引传粉昆虫和种子传播动物、可作为植物-植物竞争关系中以及植物-微生物共生关系中的媒介。植物次生代谢物可划分为 3 大类：萜类、酚类和含氮化合物类。与初生代谢物广泛存在于各种植物中相反，次生代谢物在植物界中呈现非常严格而局限的分布。某一特定的次生代谢物一般只存在于某一种或一小类近缘植物中。

萜类的生物合成有2条途径：甲羟戊酸途径和甲基赤藓醇磷酸途径，二者均形成异戊烯基焦磷酸(IPP)。IPP为合成各种萜类的基本活性单元。有些萜类在植物的生长和发育过程中有重要作用，而另一些则是毒素或草食昆虫杀虫剂。

酚类主要由莽草酸途径和丙二酸途径合成而来。黄酮包括花青素、黄酮类、黄酮醇类和异类黄酮类。其基本碳骨架总共包含15个碳原子，是由2个芳香环通过1个三碳桥连接而成。花青素为色素黄酮类物质，植物中一些部分具有红、粉、紫、蓝等色彩主要就是这些花青素在发挥作用。黄酮和黄酮醇存在于所有绿色植物叶子中，保护细胞免受过量UV-B辐射。异黄酮有强烈的杀虫作用，还因其环系统具有与类固醇相似的三维结构而具有抗雌激素的效果。

含氮次生代谢物的生物合成大多源于氨基酸，主要包括生物碱和生氰苷等抗食草动物保护剂。大多数生物碱对动物和人体有毒，有些会干扰神经系统，也有些会影响膜的运输、蛋白质的合成或各种酶的活性。生氰苷和芥子苷自身不具有毒性，但当植物受到损伤时可以快速降解释放出有毒物质如氢氰酸。非蛋白氨基酸也可保护植物防御食草动物，如有些可阻碍蛋白质氨基酸的合成或吸收，另一些则可被错误地识别而参与蛋白质的合成，最终改变相应蛋白质的结构及功能。

植物针对草食性昆虫的防御策略主要分为构成性防御反应和诱导性防御反应。诱导性防御反应开始于食草动物或昆虫唾液分泌的特殊成分(诱导子)。此后茉莉酸水平急剧上升，诱导大量植物防御代谢基因的转录。茉莉酸-异亮氨酸复合体与一个受体复合物的结合可激活转录抑制物，并导致茉莉酸响应基因的表达。茉莉酸可诱导外源凝集素、蛋白酶抑制剂以及有毒的次生代谢物等防御性蛋白的产生。草食性昆虫伤害诱导植物合成诸如系统素等多肽信号，并引发系统性防御。植物在遭受昆虫的伤害后会释放挥发性有机化合物，即挥发物。挥发物可吸引食草昆虫的天敌，也能作为相邻植物间的信号从而引发与植物防御机制相关基因的表达。

病原体入侵植物体的机制主要有3种：死体营养型、活体营养型以及半活体营养型。过敏反应是植物针对病原体的一种普遍的防御反应。在过敏反应中，被感染部位周围的细胞会迅速死亡，限制了病原体的传播。过敏反应开始前，经常会发生活性氧和一氧化氮的快速积累。有些植物含有能识别进化过程中保留下来的源自病原菌成分的受体，即所谓的病原菌相关分子模式。植物*R*基因产物和源于病原菌的*avr*基因产物的相互作用会识别特殊的病原菌。被病原菌感染后仍存活下来的植物，对相应病原菌的抗性通常会提高，此即全身获得性抗性。植物与非致病型细菌间的相互作用可通过一个由茉莉酸和乙烯调节的反应引发诱导型全身性抗性。

思考题

1. 次生碳代谢指的是什么？次生碳代谢包括哪几条途径？
2. 植物次生代谢产物的主要功能是什么？
3. 酚类化合物生物合成途径的关键中间产物是什么？植物是如何实现对其调控的？

4. 结构上生物碱在哪些方面有别于其他次生化合物？它们可能发挥的生态作用如何？
5. 种子中最可能形成的是哪类防御性化合物？
6. 茉莉酸的合成前体是什么？
7. 什么叫过敏反应？过敏反应是通过何种化学物质介导的？
8. 哪些基因参与了植物—病原菌间的相互识别？
9. 遭遇病原菌时植物能像动物那样做出免疫反应吗？

树木的分子调控机制与基因工程

"基因"是指产生一条多肽链或功能 RNA 所必需的全部核苷酸序列。基因表达就是遗传信息的转录和翻译过程。真核生物基因组中仅有很小部分的序列可以编码蛋白质。真核基因调控主要在转录水平上进行的。使用人工手段通过基因重组技术创造生物新品种或物种的技术就是基因工程。目前最常见的林木基因工程技术是农杆菌介导的 Ti 质粒基因转化研究。利用来自真核生物、原核生物、病毒等的功能基因，在树木生长发育、木材形成、抗旱、盐，抗虫、病等领域，林木基因工程取得了很大进展。

生物在生长发育过程中，一切活动最终都可以归纳到遗传信息的展现。遗传信息存在于核酸分子的编码中，表现为特定的核苷酸序列。遗传信息的展现可按照一定的时间程序发生改变，而且随着内外环境条件的变化而加以调整，这就是时空调节(temporal regulation)和适应性调节(adaptive regulation)，也就是生物的分子调控。

如果人为地对携带遗传信息的分子(通常是 DNA)进行设计和施工，就是基因工程(genetic engineering)。基因工程是将生物的某个基因通过基因载体运送到另一种(个)生物的活性细胞中，并使之无性繁殖并行使正常功能，从而创造生物新品种或物种的技术。基因工程的核心是重组 DNA 技术。基因工程开辟了生物学研究的新时代，它的兴起标志着人类已经进入通过设计和创建新基因而实现生物生长发育的分子调控时代。

一般来讲，基因工程的实现主要分为 3 个步骤：基因克隆、基因重组和基因表达。到目前为止，基因工程技术在医药、食品和农业等领域中已得到了广泛运用。20 世纪 70 年代开始的第二次农业"绿色革命"，就是基因工程技术大规模使用的结果。通过导入优良基因，人们可以控制植物获得新的性状，调节生长发育周期，影响各器官的形成等。自 1983 年首次获得转基因烟草、马铃薯以来，短短十余年间，植物基因工程的研究和开发进展十分迅速。国际上获得转基因植株的植物已达 100 种以上，包括水稻、玉米、马铃薯、棉花、大豆、油菜、亚麻、向日葵等作物；番茄、黄瓜、芥菜、甘蓝、花椰菜、胡萝卜、茄子、生菜、芹菜等蔬菜；苜蓿、白三叶草等牧草；苹果、核桃、李、木瓜、甜瓜等瓜果；矮牵牛、菊花、香石竹、伽蓝菜等花卉以及杨树等造林树种。转基因植物研究取得了令人鼓舞的突破性发展。

本章着重介绍分析基因工程在林业上的研究成果和相关问题。

16.1 基因与基因表达调节

16.1.1 基因与基因组

“基因”是指产生一条多肽链或功能 RNA 所必需的全部核苷酸序列。基因表达就是遗传信息的转录和翻译过程。一般来说，基因由编码区和非编码区两部分组成的。编码区是指能够编码蛋白质的核苷酸序列。非编码区是指不能编码蛋白质的核苷酸序列。非编码区虽然不能编码蛋白质，但是对于遗传信息的表达是不可缺少的。这是因为在非编码区上，有调控遗传信息表达的核苷酸序列，主要包括启动子、终止子等。

基因组(genomics)是一种生物遗传物质的总和。相对来说，真核生物的基因组无论在容量还是在结构上，都要比原核生物复杂得多。而植物基因组又要比其他真核生物复杂。原因在于：①植物基因组包括细胞核基因组、线粒体基因组和质体基因组。②植物基因组长度的差异变化是整个生物界中最大的。例如，拟南芥单倍体基因组只有 $6\ 300 \times 10^4$ 个碱基对，而百合的单倍体基因组有 $1\ 000 \times 10^8$ 个碱基对。③在植物中重复序列大小的变化也很大。在拟南芥中，重复序列仅 20% 左右，而在小麦或豌豆中，80% 以上的序列是重复序列。相比而言，大肠杆菌基因组几乎全部是简单序列，而人类基因组中的重复序列也仅为 50% 左右。

2000 年，第一个植物(拟南芥)基因组(125 Mb)测序完成。同年，人类基因组草图基本完成。2005 年，第一个木本植物杨树基因组测序完成。相应地，小麦、水稻、棉花等一系列重要的植物基因组也陆续完成或开展。从这些被破译的基因组中，人们得到的生物信息量可能比人类进行基因组时代以前所获得的知识总和还要多。由此，生物信息学、功能基因组学、比较基因组、蛋白质组学、代谢组学等新兴学科应运而生。可以毫不夸张地说，基因组学改变了生物学。

知识窗

杨树基因组计划

2002 年，美国能源部橡树岭国家实验室(ORNL)和联合基因组研究所(JGI)启动了杨树全基因组的测序计划。2006 年，杨树全基因组序列公布。杨树全基因组已初步鉴定出 45 555 个蛋白编码基因。杨树全基因组序列和注释信息可通过互联网获取(http：//genome. jgi-psf. org/Poptr1/Poptr1. home. html)。

16.1.2　基因的表达与调控

每种生物在生长发育和分化的过程中，各种相关基因有条不紊的表达起着至关重要的作用。真核生物基因组中仅有很小部分的序列是编码蛋白质的。在哺乳动物，只有2%的DNA序列编码蛋白质，这部分序列的DNA信息通过转录和翻译成为具有各种功能的蛋白质。其中，有些基因的表达是比较恒定的，其转录产物在所有的组织细胞中都存在，这类基因称为管家基因(housekeeping genes)，其表达称为组成性表达(constitutive gene expression)。有些基因的表达会因为细胞对信号分子的反应而发生变化，称为可调控的基因表达(regulated gene expression)。

同原核生物一样，真核基因调控主要也是在转录水平上进行的。真核生物的转录调控大多数是通过顺式作用元件(cis-acting element)和反式作用因子(transacting factor)复杂的相互作用来实现的。顺式作用元件是指那些和被转录的结构基因在距离上比较接近的DNA序列，包括启动子(及启动子上游近侧序列)及增强子等。反式作用因子(简称反式因子)，也称转录因子(transcription factors)，是一类在细胞核内发挥作用的蛋白质因子。一般来说，反式因子具有2个必需的结构域，一个是能与顺式元件结合的结构域，能识别特异的DNA序列；另一个是激活结构域，其功能是与其他反式因子或RNA聚合酶结合。真核生物基因转录的启动一般由多个转录因子参与，而不同转录因子组合的相互作用能启动不同基因的转录。

16.2　树木基因工程的常见方法与载体

由于林木基因工程具有目的性强、时间短的特点，可打破种间杂交不亲和的界限，加速林木新品种的培育。因此，依靠现代基因工程技术，可极大地缩短林木育种周期，加速育种进程，创造新种质，选育新品种，对营造优质人工林，缓解木材供需矛盾，保护生态环境具有重要意义。1987年，首先将除草甘膦抗性基因通过根癌农杆菌导入杨树NC5339无性系中获得成功，标志着林木基因工程开始启动。

在随后的几十年里，转基因植物这一技术日趋完善，并在提高植物抗性、改良作物品质以及作为生物反应器等方面发展迅速。用于植物转基因的技术主要包括以下3类：①载体转化系统(Ti质粒转化载体、Ri质粒转化载体、病毒转化载体等)；②DNA直接导入转化系统(聚乙二醇、电激仪、基因枪、离子束等)；③种质转化系统(花粉管通道法、生殖细胞浸泡法、胚囊子房注射法)。目前，根癌农杆菌介导的Ti质粒转化载体是植物基因工程中使用最多、机理最清楚、技术最成熟的、也是最重要的一种转化系统载体转化系统。在植物，包括木本植物，真正意义上使用基因工程技术并取得良好效果的工作主要是利用农杆菌进行的基因转化研究所获得的。

16.2.1　农杆菌介导的基因转移的基本原理

农杆菌(Agrobacterium)是生活在植物根表面，依靠由根组织渗透出来的营养物质生存的一类普遍存在于土壤中的革兰氏阴性细菌。农杆菌主要有2种：根癌农杆菌(Agrobacterium tumefaciens)和发根农杆菌(Agrobacterium rhizogenes)。根癌农杆菌能在自然条件下趋化性地感染140多种双子叶植物或裸子植物的受伤部位，并诱导产生冠瘿瘤，进而引起转化细胞癌变。而发根农杆菌则诱导产生发状根，其特征是大量增生高度分支的根系。

根癌农杆菌的Ti质粒和发根农杆菌的Ri质粒上有一段T-DNA，农杆菌通过侵染植物伤口进入细胞后，可将T-DNA插入到植物基因组中。因此，可以通过将目的基因插入到经过改造的T-DNA区，借助农杆菌的感染实现外源基因向植物细胞的转移和整合，然后通过细胞和组织培养技术，得到转基因植物。建立一个有效的遗传转化体系是林木基因工程的基本前提。遗传转化的过程包括：建立高效的组培再生系统、构建携带外源基因的合适载体系统、建立高效的基因转化系统等。

农杆菌介导法起初只用于双子叶植物中，近几年来，农杆菌的介导转化在一些单子叶植物(尤其是水稻)中也得到了广泛应用。另外，在提高遗传转化效率方面，一些新技术，如超声波辅助农杆菌介导法(sonication-assisted agrobacterium-mediated transformation, SAAT)、基因枪与农杆菌介导结合法以及负压与农杆菌介导结合法等，均可增强农杆菌浸染，提高转化效率，在林木遗传转化方面也取得了一定的进展。

16.2.2 农杆菌介导基因转移的常用载体

16.2.2.1 Ti质粒与植物基因转化载体

由于野生型Ti质粒体积较大，且具有毒性，近年来人们对Ti质粒进行改造，得到一些新型载体，例如，pBI121，pMON129，pLGV2382，pBIN19等。pBI121质粒大小约为13 kb，除了含有T-DNA区外，还含有：①Npt-Ⅱ编码区，能够对卡那霉素产生相应的抗性；②CaMV35S启动子与GUS报告基因，CaMV35S启动子能够在大肠杆菌与植物中表达外源基因，GUS基因(β-葡糖苷酸酶基因)的产物能与X-GLUC反应产生蓝色沉淀；③7个单一的酶切位点，可以插入外源DNA片段。

16.2.2.2 选择标记与报告基因

标记基因，有时也称选择基因或抗性基因，它们的主要功能是在一定的选择条件下把转化体选择出来。一般来说，即使是最优的转化体系，获得的转化细胞的比例也不会超过1/10 000。这时候，标记基因的存在就至关重要了。由于标记基因的产物能够对选择剂产生抗性，因此转化细胞不受选择剂的影响，能正常生长、发育、分化，从而把转化体选择出来。选择标记按其性质特点可分为3大类型：抗生素类标记、生化类标记及荧光素类标记。其中最常用的是抗生素类标记基因。

对在选择剂选择条件下再生的细胞、组织或植株还要进一步地筛选，以确定其是否属于真正的基因转化体。这就是报告基因的主要作用。报告基因的第二个作用是在转化系统中通过瞬时表达检测来确定转化是否成功，或检测转化的基因是否能在转化细胞中得到表达，因此起到报告的作用。报告基因有时也可以用于启动子表达特性评估和亚细胞区定位研究等。

16.3　树木基因工程的应用与进展

在林业基因工程方面，来自真核生物、原核生物、病毒等的功能基因都在林木基因工程研究方面有成功的例子。由于基因转录与表达模式在真核生物、原核生物体内都遵循基本相同的规律，因此原则上，不同来源的基因都可以在林木基因工程的相关研究上得到应用。但是，由于真核和原核生物的表达与调控模式存在一定差异，即使是同样真核来源的基因，在不同宿主细胞内的表达与调控不尽相关，因此，在功能基因的选择方面，还是存在许多的限制。到目前为止，在基因工程研究领域，还没有一个可对相关功能基因进行甄别的通用型规则。一个基因能否在相应宿主细胞内得到预期的表达效果，还需要通过实践操作来检验。已知的是，当基因来源与宿主亲缘关系越近，则越容易得到预期的表达效果。根据这一原则，在林业基因工程研究方面，首选的当然就是林木来源的功能基因。遗憾的是，到目前为止，得到系统研究并明确阐述功能的树木来源的基因还很少，这极大地限制了林木基因工程的发展。

尽管如此，树木基因工程研究还是取得了一些进展。据不完全统计，全球范围内已对近百个树种进行了遗传转化研究。中国科学院田颖川研究员于1989年开始研究将苏云金杆菌(Bt)杀虫蛋白基因转入欧洲黑杨，于1993年获得了一批高表达抗虫的转Bt阳性植株，这些转基因杨树于1994年进入田间试验，2002年推向商品化，成为世界上第一批商品化生产的转基因树木。目前为止，中国已经成功地对杨树、核桃、苹果、枫香(*Liquidambar formosana*)、白桦(*Betula platyphylla*)、枸杞(*Lycium chinense*)、泡桐(*Paulownia fortunei*)、枣树(*Zizyphus jujuba*)、佛手(*Citrus medica* var. *sarcodactylis*)、悬铃木(*Platanus* × *acerifolia*)等近50种树种进行了遗传转化研究，涉及的基因有抗虫、抗病、抗逆境、耐贮存、材性改良、生殖发育调控等方面。以下就对近年来林木生长性状改良基因工程、缩短林木育种周期、促进开花基因工程和林木抗旱耐盐基因工程等方面的研究进展进行简单评述。

16.3.1　树木材性改良的基因工程进展

影响树木材性的因素主要包括木质素、纤维素等大分子的生物合成、定向排列以及沉积方式等。目前，关于树木材性改良方面的主要工作集中在对木质素或纤维素生物合成途径进行调控。通过对改变木质素或纤维素的生物合成途径关键酶基因或相关调控因子的表达量，可以有效地改变转基因树木中木质素或纤维素的含量，从而达到改良树木材性的目的。木质素合成可以简要概括为两大步骤：木质素前体即单木质酚生成以及单木质酚脱氢聚合生成木质素的过程。从20世纪60年代以来，人们一直不断地对木质素生物合成途径进行研究，以便最终可以通过控制木质素的生物合成而达到控制木质素的含量的目的。到今天为止，木质素单体合成的生物途径已经相对清楚，几乎木质素生物合成途径中所有酶基因都已被克隆。同时，直接应用基因工程的方法来改变木质素含量的研究已有报道。由于木材的一个重要用途——造纸工业中需要有效地去除木质素，因此在这些研究中，较常见的内容是使用反义技术在转基因树木中降低木质素含量。在转基因树木中降低木质素单体生物合成途径中的重要酶基因(如CAD、CCR4CL等)的表达量可以导致木质素含量的显著降低。在林木木质素改良基因工程中第一次具有生产应用潜力的研究是转4CL基因杨树研究的成功。在该研究中，转基因杨树木质素含量比对照下降20%以上。此外，控制木质素组成成分的研究也获得了成功。通过木质素单体生物合成途径中的另一部分酶基因(如COMT，CCoAO MT，C3H等)的含量可以使木质素结构疏松，易于去除木质素。但是，在所有这些研究中，真正具有应用价值的成果并不多。这主要是因为木质素合成途径十分复杂，涉及许多基因的参与，且某些环节与其他代谢途径有交叉关系，因此，抑制单一酶的表达活性，往往会造成植物的不正常生长。

16.3.2　缩短育种周期和促进开花基因工程进展

由于林木有较长的幼年期，许多性状只在成年期才能充分表现出来，因此限制了林木研究进程。目前的研究表明，通过调节植物内源激素平衡、改良木材生长性状可加快育种进程，有着更为广阔的应用空间。目前调节林木内源激素的基因主要有来自于根癌农杆菌的Ti质粒*iaaM*、*iaaH*基因和来自于发根农杆菌的Ri质粒*rolA*、*rolB*、*rolC*基因。Tuominen等将来自根癌农杆菌的生长素合成基因*iaaM*和*iaaH*转化杨树，转基因杨树植株变得矮小、生长速度下降、叶片及胸径变小。转*rolC*基因的杨树表型发生改变(如顶端优势降低、植株矮化和节间缩短)，而将拟南芥*LEY*基因导入杨树，*LFY*基因超量表达的杨树可以在5个月内开花，而通常情况下杨树开花至少需要7年以上的营养生长。

16.3.3　树木抗旱耐盐基因工程研究进展

在抗旱耐盐基因工程研究方面，主要通过增加渗透性代谢产物的合成能力及增强植物对活性氧自由基的排除能力来增强植物的抗旱性。与抗旱有关的基因包含甘露醇、脯氨酸、甘肌醇甲酯等渗透保护物质生物合成的关键酶相关基因、胚胎后期发生丰富基因(*Lea*)或*Lea*相关基因、编码转录因子的调节基因、解毒酶和氧化胁迫相关的酶基因等。邹维华等将反义磷脂酶基因转入美洲黑杨G2中，耐盐性实验表明转化植株抗NaCl能力比对照有不同程度的提高。2004年，我国科学家培育出了世界上第一个可用于大田生产的转基因抗盐碱杨树——中天杨。无疑，这将为沙漠地带、盐碱荒地改造和解决高度工业污染地区的绿化问题找到一条新的途径。

16.3.4　树木抗虫基因工程研究进展

目前应用于林木的抗病基因主要有苏云金杆菌杀虫结晶蛋白基因(*Bt*)和抗菌肽基因(*LcI*)、昆虫蛋白酶抑制剂基因(*CpTI*)、植物凝集素基因(*Lec*)、昆虫特异性神经蝎毒素基因(*AlIT*)等。目前的研究以农杆菌介导法转化*Bt*基因为主。1991年，McCown等利用电激法将*Bt*基因导入银白杨×大齿杨和欧洲黑杨×毛果杨杂种中，均获得抗舞毒蛾和天幕毛虫转基因植株，这是首次获得抗虫效果明显的转*Bt*基因树木的研究成果。Scorza等用洋李痘病毒(PPV)的外壳蛋白(CP)基因导入杏树，提高了转基因植株对病毒的抗性。

16.3.5　树木抗病基因工程研究进展

林木病害是导致林业减产的主要原因之一。但是在林业上，抗病毒基因工程研究相对起步较晚。1992 年，Johal 等首次克隆了玉米抗叶斑病基因，这是第一个植物抗病基因。目前常用的抗病毒基因有杨树花叶病毒外壳蛋白(*PMV2CP*)基因、洋李痘病毒的外壳蛋白(*PPV*)基因和黄瓜花叶病毒外壳蛋白(*CMV2CP*)基因等几种。在杨树抗病工程的研究中，Harvey 的研究表明，win6 和 win8 所编码的几丁质酶可以降解侵染杨树的真菌或细菌的细胞壁。将杨树花叶病毒的外壳蛋白基因(*PMV2CP*)导入杨树可以明显增强转基因杨树对 PMV 侵染的抵抗能力。

小　结

林木基因工程的研究对提高林木抗性、加速林木世代交替、抵抗环境污染、维持生态平衡、提供优质木材等各方面将发挥越来越重要的作用。目前在林木基因工程研究中尚有一些问题亟待解决：①林木遗传转化效率相对较低，特别是针叶树种，建立转基因体系还比较困难；②林木树体高大，生长周期很长，外源基因在转基因植株中的时空表达特性还有待继续深入研究；③林木来源的有价值的功能基因数目偏少。

目前，作为林木研究的模式植物杨树(*Populus trichocarpa*)全基因组框架图已经完成，并且杨树功能基因组学，基因的表达研究、转录组学、蛋白质组学和代谢组学也在相继开展，都为转基因林木的研究提供了坚实的基础。林木功能基因的鉴定正在以前所未有的速度开展，这些都为林木基因工程的研究提供坚实的基础。同时，林木遗传转化技术得到不断的发展和完善。相信在不久的将来，在林木生长发育、木材形成、抗旱、盐，抗虫、病等基因工程领域内将取得突破性进展。

思考题

1. 什么是基因？什么是基因组？
2. 基因工程技术包括哪些基本步骤？有哪些应用价值？
3. 目前植物转基因技术有哪些？最常见的技术是什么？
4. 在基因工程中，常见的选择标记与报告基因有哪些？它们的主要作用分别是什么？
5. 目前林木基因工程研究的主要进展有哪些？存在的困难主要有哪些？

参考文献

蔡庆生 . 2011. 植物生理学[M]. 北京：中国农业大学出版社 .
葛莘 . 2004. 高级植物分子生物学[M]. 北京：科学出版社 .
蒋德安 . 2011. 植物生理学[M]. 2 版 . 北京：高等教育出版社 .
蒋高明 . 2004. 植物生理生态学[M]. 北京：高等教育出版社 .
蒋科技，皮妍，等 . 2010. 植物内源茉莉酸类物质的生物合成途径及其生物学意义[J]. 植物学报，45(2)：137 – 148.
李合生 . 2002. 现代植物生理学[M]. 北京：高等教育出版社 .
李合生 . 2006. 现代植物生理学[M]. 2 版 . 北京：高等教育出版社 .
刘卫群 . 2009. 生物化学[M]. 北京：中国农业出版社 .
刘艳菊，丁辉 . 2001. 植物对大气污染的反应与城市绿化[J]. 植物学通报，18：577 – 586.
楼士林，杨盛昌，龙敏南，等 . 2002. 基因工程[M]. 北京：科学出版社 .
陆景陵 . 2003. 植物营养学(上册)[M]. 2 版 . 北京：中国农业大学出版社 .
孟庆伟 . 2011. 植物生理学[M]. 北京：中国农业出版社 .
倪迪安，许智宏 . 2001. 生长素的生物合成、代谢、受体和极性运输[J]. 植物生理学通讯，37(4)：346 – 352.
诺贝尔 . 2010. 物理化学与环境[M]. 北京：科学出版社 .
欧阳石文，赵开军，等 . 2002. 植物的系统素及其信号转导[J]. 植物生理学通讯，38(1)：83 – 87.
潘瑞炽，王小菁，李娘辉 . 2008. 植物生理学[M]. 6 版 . 北京：高等教育出版社 .
潘瑞炽，等 . 2004. 植物生理学 [M]. 5 版 . 北京：高等教育出版社 .
潘瑞炽 . 2006. 植物生理学 [M]. 6 版 . 北京：高等教育出版社 .
潘瑞炽 . 2012. 植物生理学 [M]. 7 版 . 北京：高等教育出版社 .
沈海龙 . 2005. 植物组织培养[M]. 北京：中国林业出版社 .
沈黎明 . 1996. 基础生物化学[M]. 北京：中国林业出版社 .
宋纯鹏 . 1998. 植物衰老生物学 [M]. 北京：北京大学出版社 .
王关林，方宏筠 . 2009. 植物基因工程[M]. 2 版 . 北京：科学出版社 .
王镜岩，朱圣庚，徐长法 . 2002. 生物化学[M]. 北京：高等教育出版社 .
王三根 . 2008. 植物生理生化[M]. 北京：中国农业出版社 .
王沙生，高荣孚，吴贯明 . 1990. 植物生理学[M]. 2 版 . 北京：中国林业出版社 .
王沙生，高荣孚 . 1979. 植物生理学[M]. 北京：农业出版社 .
王新鼎 . 1998. 高等植物的韧皮部运输//余叔文，汤章城 . 植物生理与分子生物学[M]. 2 版 . 北京：科学出版社 . 401 – 402.
王忠 . 2000. 植物生理学[M]. 北京：中国农业出版社 .
王忠 . 2009. 植物生理学[M]. 2 版 . 北京：中国林业出版社 .
武维华 . 2003. 植物生理学 [M]. 北京：科学出版社 .
武维华 . 2008. 植物生理学[M]. 2 版 . 北京：科学出版社 .
杨彩菊 . 2006. 蔗糖诱导马铃薯块茎形成的信号分子功能研究[D]. 昆明：云南师范大学 .
叶兴国，佘茂云，王轲，等 . 2012. 植物组织培养再生相关基因鉴定、克隆和应用研究进展[J]. 作物学报，38：191 -201.
翟中和，王喜忠，丁明孝. 2000. 细胞生物学[M]. 北京：高等教育出版社.
张法勇，刘向东，高秀丽. 2005. 木本植物组织培养器官发生植株再生研究进展 [J]. 河北林果研究，20：234 -238.
张继澍. 2006. 植物生理学[M]. 北京：高等教育出版社.
张治安. 2009. 植物生理学[M]. 吉林：吉林大学出版社.
赵琼，何文容，等. 2010. 拟南芥乙烯信号转导机理的遗传学和化学生物学研究[J]. 生命科学，22(11)：1167 -1172.
郑集，陈钧辉. 1998. 普通生物化学[M]. 北京：高等教育出版社.
郑穗平，郭勇，潘力. 2009. 酶学[M]. 北京：科学出版社.
郑勇平. 1992. PV曲线在杨树耐旱性鉴别中的应用[J]. 浙江林学院学报，9(1)：36 -41.
朱玉贤，李毅，郑晓峰. 2007. 现代分子生物学[M]. 北京：高等教育出版社.
ADAMS P, NELSON D E, Yamada S, *et al.*. 1998. Tansley review n. 97 growth and development of Mesembryanthemum crystallinum (*Aizoaceae*)[J]. New Phytologist, 138: 171 -190.
ALBERTS B, BRAY D, LEWIS J, *et al.*. 1994. Molecular Biology of the Cell[M]. 3rd. New York: Garland Science.
ALBERTS B, JOHNSON A, LEWIS J, *et al.*. 2002. Molecular Biology of the Cell[M]. 4th edition. New York: Garland Science.
AMASINO R. 2010. Seasonal and developmental timing of flowering [J]. The Plant Journal, 61: 1001 -1013.
ANDRADE G, SHAH R, JOHANSSON S, *et al.*. 2011. Somatic embryogenesis as a tool for forest tree improvement: a case - study in *Eucalyptus globules* [J]. BMC Proceedings, 5(Suppl 7): 128.
ANDREWS T J, and LORIMER G H. 1987. Rubisco: Structure, mechanisms, and prospects for improvement [J]. In The Biochemistry of Plants, Vol. 10: Photosynthesis, M. D. Hatch and N. K. Boardman, eds., Academic Press, San Diego, pp. 131 -218.
BASKIN J M, BASKIN C C. 2004. A classification system of seed dormancy[J]. Seed Science research, 14: 1 -16.
BASSHAM T A. 1965. Photosynthesis: The path of carbon. In: Plant Biochemistry. J. Bonner and E. Varner, eds., 2nd New York: Academic Press, pp. 875 -902.
BAUD S, BOUTIN J P, MIQUEL M, *et al.*. 2002. An integrated overview of seed development in *Arabidopsis thaliana* ecotype WS [J]. Plant Physiol. Biochem., 40: 151 -160.
BECK E, and ZIEGLER P P. 1989. Biosynthesis and degradation of starch in higher plants[J]. Annu. Rev. Plant Physiol. Plant Mol. Biol., 40: 95 -117.
BENJAMIN CLÉMENÇON. 2012. Yeast Mitochondrial Interactosome Model: Metabolon Membrane Proteins Complex Involved in the Channeling of ADP/ATP[J]. Int. J. Mol. Sci., 13: 1858 -1885.
BERG J M, TYMOCZKO J L, STRYER L. 2002. Biochemistry[M]. U. S. A. W. H. Freeman.
BEWLEY J D. 1997. Seed germination and dormancy[J]. The Plant Cell, 9: 1055 -1066.
BLEECKER B A, PATTERSON S E. 1997. Last Exit: Senescence, Abscission, and Meristem Arrest in Arabidopsis [J]. Plant Cell, 9: 1169 -1179.
BOUWMEESTER H J, KARSSEN C M. 1992. The dual role of temperature in the regulation of seasonal changes in dormancy and germination of seeds of *Polygonum persicaria* L[J]. Oecologia, 90: 88 -94.
BOYD R S, MARTENS S N. 1994. Nickle hyperaccumulated by *Thlaspi montanum* var. montanum is acutely toxic to an insect herbivore[J]. Oikos, 70: 21 -25.

BUCHANAN B B. Gruissem W, Jones R L. 2000. Biochemistry & Molecular Biology of Plants [M]. Rockville: American Society of Plant Physiologists.

BUCHANAN B B, GRUISSEM W, JONES R. 2006. 植物生物化学与分子生物学[M]. 瞿礼嘉，译. 北京：科学出版社.

BUCHANAN B B. 1980. Role of light in the regulation of chloroplast enzymes. *Annu. Rev. Plant Physiol.* 31: 341 – 374.

BURNELL J N, and HATCH M D. 1985. Light-dark modulation of leaf pyruvate, Pi dikinase. *Trends Biochem. Sci.* 10: 288 – 291.

C NOVAS F M, AVILA C, *et al.*. 2007. Ammonium assimilation and amino acid metabolism in conifers[J]. J. Exp. Bot, 58(9): 2307 – 2318.

CAMPBELL M A. 2006. Dormancy and the cell cycle[M]. In: Setlow J K., ed. Genetic engineering, vol 27, Springer Science + Business Media, Inc..

CARBAJOSA J V, CARBONERO P. 2005. Seed maturation: developing an intrusive phase to accomplish a quiescent state [J]. Int. J. Dev. Biol., 49: 645 – 651.

CHAO W S, FOLEY M E, HORVATH D P, *et al.*. 2007. Signals regulating dormancy in vegetative buds[J]. International Journal of Plant Developmental Biology, 1: 49 – 56.

CHOLLET R, VIDAL J, and O'LEARY M H. 1996. Phosphoenolpyruvate carboxylase: A ubiquitous, highly regulated enzyme in plants. Annual Review of Plant Physiology and Plant Molecular Biology, 47: 1040 – 2519.

CUNNINGHAM S D, BERTI W R, HUANG J W. 1995. Remediation of contaminated soils and sludges by green plants[M]. In: HINCHEE R E, MEANS J L, BURRIS D R., eds. Bioremediation of inorganics. Columbus, Ohio: Battelle Press.

DANIEL J. COSGROVE. 1997. Creeping walls, softening fruit, and penetrating pollen tubes: The growing roles of expansins. PNAS, 94: 5504 – 5505.

DOUCE R, NEUBURGER M. 1999. Biochemical dissection of photorespiration[J]. Curr. Op. Plant Biol. 2: 214 – 222.

DOUGLAS BORCHMAN and MARTA C. 2010. Yappert. Lipids and the ocular lens[J]. J Lipid Res. 51(9): 2473 – 2488.

DRUART N, JOHANSSON A, BABA K, *et al.*. 2007. Environmental and hormonal regulation of the activity-dormancy cycle in the cambial meristem involves stage-specific modulation of transcriptional and metabolic networks [J]. Plant Journal, 50: 557 – 573.

EDWARDS G, and WALKER D. 1983. C3, C4: Mechanisms, and Cellular and Environmental Regulation of Photosynthesis. Berkeley: University of California Press.

FLÜGGE U I, and HELDT H W. 1991. Metabolite translocators of the chloroplast envelope. Annu. Rev. Plant Physiol. Plant Mol. Biol. 42: 129 – 144.

FRANK W. TELEWSKI. 2006. A unified hypothesis of mechanoperception in plants[J]. Am. J. Bot. 93(10): 1466 – 1476.

GAN S S, AMASINO R M. 1997. Making Sense of Senescence [J]. Plant Physiol., 113: 313 – 319.

GAUR A, ADHOLEYA A. 2004. Prospects of arbuscular mycorrhizal fungi in phytoremediation of heavy metal contaminated soils[J]. Current Science, 86: 528 – 534.

GIOVANNONI J J. 2004. Genetic Regulation of Fruit Development and Ripening [J]. Plant Cell, 16: S170 – S180.

HARFOUCHE ANTOINE, MEILAN RICHARD, ALTMAN ARIE. 2011. Tree genetic engineering and applications to sustainable forestry and biomass[J]. Trends in Blotechnology, 29: 9 – 17.

HARPER J L. 1977. Population biology of plants[M]. New York: Academic Press.

HATCH M D, BOARDMAN N K, 1987. The Biochemistry of Plants, Vol. 10[M]: Photosynthesis. Academic Press, San Diego.

HELDT H W. 1979. Light-dependent changes of stromal H^+ and Mg^{2+} concentrations controlling CO_2 fixation[M]. In: Photosynthesis II (Encyclopedia of Plant Physiology, New Series, vol. 6). GIBBS M and LATZKO E, eds., Berlin: Springer, pp. 202 – 207.

HOPKINS W G, HÜNER N P A. 2004. Introduction to plant physiology [M]. 3rd. New York: John Wiley& Sons, inc.

HOPKINS W. 1995. Introduction to plant physiology[M]. New York, Chichester, Brisbane, Toronto, Singapore: John Wiley & Sons, Inc.

HSU C Y, LIU Y, LUTHE D S, *et al.*. 2006. Poplar *FT2* shortens the juvenile phase and promotes seasonal flowering [J]. The Plant Cell, 18: 1846 – 1861.

HUBER S C, HUBER J L, MCMICHAEL R W Jr. 1994. Control of plant enzyme activity by reversible protein phosphorylation[J]. Int. Rev. Cytol., 149: 47 – 98.

JAVIER FERNANDEZ-MARTINEZ, MICHAEL P ROUT. 2009. Nuclear Pore Complex Blogenesis[J]. Curr Opin Cell Biol., 21(4): 603 – 612.

JOTHAM R. AUSTIN, II, L. ANDREW STAEHELIN. 2011. Three-Dimensional Architecture of Grana and Stroma Thylakoids of Higher Plants as Determined by Electron Tomography[J], Plant Physiology, 155: 1601 – 1611.

KHERRAZ K, KHERRAZ K, *et al.*. 2011. Homology modeling of Ferredoxin-nitrite reductase from *Arabidopsis thaliana* [J]. Bioinformation, 6(3): 115 – 119.

KLIMEŠOV J, KLIMEŠ L. 2007. Bud banks and their role in vegetative regeneration-A literature review and proposal for simple classification and assessment[J]. Perspectives in Plant Ecology, Evolution and Systematics, 8: 115 – 129.

KOST B, BAO Y Q, CHUA N H. 2002. Cytoskeleton and plant organogenesis [J]. Phil. Trans. R. Soc. Lond., 357: 777 – 789.

LAMBERS H. 1998. Plant Physiological Ecology[M]. 2nd. New York: Springer.

LANG G A, EARLY J D, Martin G C, *et al.*. 1987. Endo –, para, and ecodormancy: physiological terminology and classification for dormancy research[J]. HortScience, 22: 371 – 377.

LEE A G. 2006. Ion channels: a paddle in oil[J]. Nature, 444, 697.

LEEGOOD R C, LEA P J, Adcock M D, *et al.*. 1995. The regulation and control of photorespiration[J]. J. Exp. Bot., 46: 1397 – 1414.

LEHNINGER A L, NELSON D L, COX M M. 2005. Lehninger Principles of Biochemistry [M]. San Francisco: W. H. Reeman.

LIM P O, KIM H J, NAM H G. 2007. Leaf Senescence [J]. Annu. Rev. Plant Biol., 58: 115 – 136.

LORIMER G H. 1981. The carboxylation and oxygenation of ribulose-1, 5-bisphosphate: The primary events in photosynthesis and photorespiration[J]. Annu Rev. Plant Physiol., 32: 349 – 383.

MACKINNON R. 2004. Potassium channels and the atomic basis of selective ion conduction (Nobel Lecture) [J]. Angew. Chem. Int. Ed., 43: 4265 – 4277.

MOTOAKI S, JUNKO I, MARI N, *et al.*. 2002. Monitoring the expression pattern of around 7 000 Arabidopsis genes under ABA treatments using a full-length cDNA microarray[J]. Funct ntegr Genomics., 2: 282 – 291.

M. MALONE. 1993. Hydraulic signals. Philosophical Transactions [M]. Biological Sciences, 341 (1295): 33 - 39.

NARENDRA TUTEJA, SHILPI MAHAJAN. 2007. Calcium Signaling Network in Plant[M]. Plant Signal Behav, 2(2): 79 - 85.

NARENDRA TUTEJA, SHILPI MAHAJAN. 2007. Calcium Signaling Network in Plant[J]. Plant Signal Behav., 2(2): 79 - 85.

NELSON D L, COX M M. 2005. Lehninger Principles of Biochemistry[M]. 3rd ed. 周海梦, 等译. 北京: 高等教育出版社.

NILSEN E, ORCUTT D M. 1966. The Physiology of Plants Under Stress -Abiotic factors[M]. New York: John Wiley and Sons, Inc, 689.

NINA V FEDOROFF. 2002. Cross-Talk in Abscisic Acid Signaling[J]. Science, 40: 1 - 12.

OGREN W L. 1984. Photorespiration: Pathways, regulation and modification[J]. Annu Rev. Plant Physiol., 35: 415 - 442.

O'LEARY M H. 1982. Phosphoenolpyruvate carboxylase: An enzymologist's view[J]. Annu Rev. Plant Physiol., 33: 297 - 315.

PALLARDY S G. 2008. Physiology of woody plants[M]. 3th. Burlinton: Academic Press.

PANDEY J. 2005. Evaluation of air pollution phytotoxicity downwind of a phosphate fertilizer factory in India[J]. Environmental Monitoring and Assessment, 100: 249 - 266.

PERCY K E, AWMACK C S, LINDROTH R L, *et al.*. 2002. Altered performance of forest pests under atmospheres enriched by CO_2 and O_3[J]. Nature, 420: 403 - 407.

PURTON S. 1995. The chloroplast genome of *Chlamydomonas*[J]. Sci. Prog.. 78: 205 - 216.

REA P A. 2007. Plant ATP - binding cassette tansporters[J]. Annu. Rev. Plant Biol., 58: 347 - 375.

RIEFLER M, NOVAK O, STRNAD M, *et al.*. 2006. Arabidopsis cytokinin receptor mutants reveal functions in shoot growth, leaf senescence, seed size, germination, root development and cytokinin metabolism[J]. The Plant Cell, 18: 40 - 54.

Robert D. Goldman, Boris Grin, Melissa G. Mendez, *et al.*. 2008. Intermediate Filaments: Versatile Building Blocks of Cell Structure[J]. Curr Opin Cell Biol., 20(1): 28 - 34.

RON MITTLER. 2006. Abiotic stress, the field environment and stress combination[J]. Trends in Plant Science, 11: 15 - 19.

SANTNER A, ESTELLE M. 2009. Recent advances and emerging trends in plant hormone signalling[J]. Nature, 459: 1071 - 1078.

SCHORMANN P, JACQUOT J P. 2000. Plant thioredoxin systems revisited[J]. Ann. Rev. Plant Physiol. Plant Mol. Biol., 51 1040 - 2519.

SEEFELDT L C, HOFFMAN B M, *et al.*. 2009. Mechanism of Mo - Dependent Nitrogenase[J]. Annu Rev Biochem., 78: 701 - 722.

SEGAMI S, NAKANISHI Y, *et al.*. 2010. Quantification, organ-specific accumulation and intracellular localization of type II H^+ - pyrophosphatase in *Arabidopsis thaliana* [J]. Plant and Cell Physiology, 51: 1350 - 1360.

SHIMIZU-SATO S, MORI H. 2001. Control of outgrowth and dormancy in axillary buds[J]. Plant Physiology, 127: 1405 - 1413.

SHIRLEY PEPKE, TAMARA KINZER-URSEM, STEFAN MIHALAS, *et al.*. 2010. A dynamic model of interactians of Ca^{2+}, calmodulin, and catalytic subunits of Ca^{2+}/ calmodulin-dependent protein kinase II[J]. PLoS Computational Biology, 6(2): e1000675.

SINGH S K, RAO D N, AGRAWAL M, *et al.*. 1991. Air pollution tolerance index of plants[J]. Journal of Environmental Management, 32: 45 – 55.

STITT M. 1990. Fructose-2, 6-bisphosphate as a regulatory molecule in plants[J]. Annu. Rev. Plant Physiol. Plant Mol. Biol., 41: 153 – 185.

SUNG S, AMASINO R M. 2005. Remembering winter: toward a molecular understanding of vernalization[J]. Annual Review Plant Biology, 56: 491 – 508.

TAIZ L, ZEIGER E. 2002. plant physiology[M]. 3rd. Sunderland: Sinauer Associates, Inc.

TAIZ L, ZEIGER E. 2006. plant physiology[M]. 4th. Sunderland: Sinauer Associates Inc.

TAIZ L, ZEIGER E. 2010. plant physiology[M]. 5th. Sunderland: Sinauer Associates, Inc.

TAKASHI HIRAYAMA AND KAZUO SHINOZAKI. 2007. Perception and transduction of abscisic acid signals: keys to the function of the versatile plant hormone ABA[J]. Trends in Plant Science, 12: 343 – 350.

TOLBERT N E. 1981. Metabolic pathways in peroxisomes and glyoxysomes[J]. Annu. Rev. Biochem., 50: 133 – 157.

UMEZAWA T, NAKASHIMA K, MIYAKAWA T, *et al.*. 2010. Molecular basis of the core regulatory network in ABA responses: sensing, signaling and transport[J]. Plant and Cell Physiology, 51: 1821 – 1839.

WILLIAM J. LUCAS, BYUNG-CHUN YOO, FRIEDRICH KRAGLER. 2001. RNA as a long-distance information macromolecule in plants Nature Reviews[J]. Molecular Cell Biology, 2: 849 – 857.